Lecture Notes in Mathematics

Edited by A. Dold and B. Eckmann

Subseries: Institut de Mathématiques, Université de Strasbourg

Adviser: P. A. Meyer

1204

Séminaire de Probabilités XX 1984/85

Proceedings

T0222530

Edité par J. Azéma et M. Yor

Springer-Verlag

Berlin Heidelberg New York London Paris Tokyo

Editeurs

Jacques Azéma
Marc Yor
Laboratoire de Probabilités
4, Place Jussieu, Tour 56, 75230 Paris Cédex 05 – France

Mathematics Subject Classification (1980): 60GXX, 60HXX, 60JXX

ISBN 3-540-16779-X Springer-Verlag Berlin Heidelberg New York
ISBN 0-387-16779-X Springer-Verlag New York Berlin Heidelberg

Printed in Germany

Printing and binding: Beltz Offsetdruck, Hemsbach/Bergstr.
2146/3140-543210

SÉMINAIRE DE PROBABILITÉS XX

TABLE DES MATIÈRES

POISSON REPRESENTATION OF STRICT REGULAR STEP FILTRATIONS*

F. B. Knight

0. Introduction

This paper is an outgrowth of the ideas of a previous paper by the author [6]. It is therefore convenient to begin by summarizing the relevant hypotheses and conclusions from Section 2 of [6]. We assume that $(\Omega,\mathcal{F},P)$ is a complete probability space on which is a filtration $\mathcal{F}_t^o$, $t \geq 0$, augmented in the usual way to right-continuous $\mathcal{F}_t \supset \mathcal{F}_{t+}^o$ and satisfying the three conditions:

1) $\mathcal{F}_{0+}^o \equiv (\phi,\Omega)$,
2) $L^2(\Omega,\mathcal{F}_\infty,P)$ is separable (it suffices here that each $\mathcal{F}_t^o$ be countably generated), and
3) all $\mathcal{F}_t$-martingales are strict in the sense of [8], or equivalently any martingale starting at 0 of the form $XI_{\{t \geq T\}}$ is indistinguishable from 0. (We always assume that martingales have right-continuous paths with left limits for $t > 0$, abbreviated r.c.ℓ.ℓ)

According to the result of [8, p. 220], 3) is equivalent to assuming $\mathcal{F}_{T-} = \mathcal{F}_T$ for all $\mathcal{F}_t$-optional T, and we have argued in [6] that 1) and 3) express the fact that there is randomness of time without randomness of place (in particular, since $X_T \in \mathcal{F}_{T-}$ for any martingale X_t, the "place" X_T is predetermined at the time T). Under these conditions, we obtain a representation of any $X \in L^2(\mathcal{F}_t,P)$ with $EX = 0$ in the form (Theorem 2.4 of [6])

$$(0.1)\qquad X = \sum_{i < n_c(t)+1} \int h_i^{(c)}(u)\,dB_i(u \wedge \langle M_i^c\rangle_t) + \sum_{j < n_p(t)+1} \int k_j^{(d)}(u)\,dP_j(u \wedge \langle M_j^d\rangle_t)$$

where (B_i,P_j) is a "halted $n_c(t) + n_p(t)$ - dimensional Lévy process with Brownian and Poisson components". The precise definition (Definition 2.2 of [6]) of "halted" need not be repeated here, since the verbal expression is both shorter and simpler. The meaning is simply

*Research supported in part by N.S.F. Grant 83-03305

that (B_i, P_j) becomes a vector of mutually independent Brownian motions and compensated Poisson processes when we prolong them indefinitely beyond the "halting times" $(\langle M_i^c\rangle_t, \langle M_j^d\rangle_t)$, by attaching independent continuations of the same type in a product probability space.

In the above representation, (B_i, P_j) are fixed, independently of t and $X \in L^2(F_t, P)$, while the halting times are free of X, so that only the integrands $h_i^{(c)}(u)$ and $k_j^{(d)}(u)$ depend on X.

The representation (0.1) is not basically a new result. Rather, it is mainly an application of a known change-of-variables formula in stochastic integrals and an argument used in a different setting by P. A. Meyer [11]. However, a serious deficiency of the representation is of course that these integrands are not, in general, measurable over the filtration generated by (B_i, P_j), so we cannot regard the theorem as giving a canonical reduction of F_t to the filtration of such a halted Brownian-and-Poisson process. In more detail, we define (B_i, P_j) by time changes $\tau_i^{(c)}(u)$ and $\tau_j^{(d)}(u)$ of corresponding martingales (M_i^c, M_j^d), where $\tau_i^{(c)}(u)$ (resp. $\tau_j^{(d)}(u)$) is the inverse of $\langle M_i^c\rangle_v$ (resp. $\langle M_j^d\rangle_v$), in such a way that $h_i^{(c)}(u) = h_i(\tau_i^{(c)}(u-))$ (resp. $h_j^{(d)}(u) = h_j(\tau_j^{(d)}(u-))$) is a previsible process of the time-changed filtration $F_{\tau_i^{(c)}(t)}$ (resp. $F_{\tau_j^{(d)}(t)}$). At this point, one loses sight of the meaning of (0.1) in terms of (B_i, P_j) since the integrands introduce additional information.

Our objective in the present paper is to rectify this situation in a particular case, previously introduced by Lepingle, Meyer, and Yor [9] as "hypothesis (BO)". Our result here is perhaps not surprising, but it is our hope that the same prescription will work in greater generality. Indeed, there is no known counterexample to its working under 1)-3) alone, but it is clear that the method used under (BO), namely transfinite induction, is limited to that case. Here we will denote (BO) as:

4) There are no continuous martingales other than constants, and there is a single F_t-optional set D whose sections for each $w \in \Omega$ are well-ordered in t, and which contains the discontinuity times of any martingale up to a P-null set.

The essential meaning of 4) is given in [9] as follows (on p. 608, line -4, a T_α should be $T_{\alpha+1}$ for the proof). Let $T_0 = 0$, and for each ordinal α let $T_{\alpha+1}(w) = \inf\{t > T_\alpha(w)\colon (w,t) \in D\}$, and for limit ordinals β let $T_\beta = \sup_{\alpha<\beta} T_\alpha$, where α and β exhaust the countable ordinals. Then the family (T_α) are stopping times which, for every square-integrable martingale M_t, contain a.s. all the discontinuity times of M_t. It is easy (and instructive) to connect this hypothesis with the quantities obtained in [6]. For example, under condition 2) above we obtained in [6, Lemma 2.5 and the Remark following its proof], a single square integrable martingale M_d whose times of discontinuity contain those of any other, P-a.s. Thus the second part of 4) simply means that the discontinuity times of M_d are a.s. well-ordered (since a subset of a well-ordered set is also well-ordered). For the initiated reader, a yet simpler description is available in terms of the author's prediction process construction [5, Essay I] which will be used again in the sequel. Here we transfer the filtration to a canonical space of sequences of r.c.ℓ.ℓ. paths, for example by using a sequence $M_n(t) = E(X_n | \mathcal{F}_t)$ where $\{X_n\}$ is linearly dense in $L_0^2(\Omega, \mathcal{F}, P)$ (as in [6, Theorem 2.4], where the subscript 0 indicates $EX_n = 0$). Then the prediction process Z_t of $(\mathcal{F}_t, P)$ is well-defined, and its times of discontinuity contain those of any martingale a.s. (and conversely, they equal those of M_d a.s. when M_d is represented on the canonical space--this is really an extension of the representation theory of Doob [3, I, §6]). Thus our hypothesis is that the times of discontinuity of Z_t are well-ordered (we can redefine Z_t on a P-null set to ensure that this holds everywhere).

The basic consequence of 4), as derived in [9, 2.2)], may be interpreted as saying that under 4) $\mathcal{F}_t$ is generated by a step process (for the exact definition of which, see for example P. A. Meyer [10]). Thus, according to [9, 2.2)], if $\mathcal{F}_{T_\alpha}$ is the usual stopped σ-field of T_α, we have $\mathcal{F}_\infty = \bigvee_\alpha \mathcal{F}_{T_\alpha}$ and for any stopping time T,

$$\mathcal{F}_T \cap \{T_\alpha \le T < T_{\alpha+1}\} = \mathcal{F}_{T_\alpha} \cap \{T_\alpha \le T < T_{\alpha+1}\}$$

for each α. Now for any Borel set E in the state space of Z_t and $s > 0$, we have

$$\{Z_{T_\alpha+s} \in E\} \cap \{T_\alpha + s < T_{\alpha+1}\} = \{Z_{T_\alpha+s} \in E\} \cap \{Z_{T_\alpha+u} \text{ is continuous, } 0 < u \le s\},$$

so taking $T = T_\alpha + s$ it follows by the strong Markov property of Z_t at T_α that on $\{Z_{T_\alpha+u}$ is continuous, $0 < u \le s\}$ (which is an element of $\mathcal{F}_T$) we have

$$I\{Z_{T_\alpha+s} \in E\} \cap \{T_\alpha+s < T_{\alpha+1}\} = P\{Z_{T_\alpha+s} \in E | F_{T_\alpha} \text{ and }$$

$$\{Z_{T_\alpha+u} \text{ is continuous, } 0 < u \le s\}\}$$

$$= P^{Z_{T_\alpha}}\{Z_s \in E | Z_u \text{ is continuous, } 0 < u \le s\}.$$

Consequently, on $\{T_\alpha+s < T_{\alpha+1}\}$, $Z_{T_\alpha+s} = f(Z_{T_\alpha}, s)$ where $f(z,s)$ is non-random, from which it follows that F_t is generated (up to P-null sets) by the step process $W_t = Z_{T_\alpha}$ on $\{T_\alpha \le t < T_{\alpha+1}\}$, all α. It may be remarked that, besides the usual requirements for a step process, this W_t also has left limits (along with Z_t).

Having stated our hypotheses 1)-4), we turn to discussion of conclusions. Instead of halted Lévy processes as in [6], we will obtain stopped Lévy processes in the usual sense, but only after prolonging them beyond the natural time span $\lim_{t \to \infty} \langle M_j^d \rangle_t$.

<u>Definition 0.2.</u> Let $(Y_k(t), k < N+1)$, $N \le \infty$, be processes defined on the same space. We say that (Y_k) is a <u>stopped</u> N-dimensional Lévy process if there are measurable $0 \le T_k \le \infty$ such that

a) $Y_k(t) = Y_k(t \wedge T_k)$, $k < N+1$, $0 \le t$, and

b) there is a sequence $(W_k; W_k(0) = 0, k < N+1)$ of independent Lévy processes (processes with homogeneous, independent increments) on a disjoint space such that, if we construct the product probability space (Ω^*, F^*, P^*) and on it define $Y_k^*(t) = Y_k(t \wedge T_k) + W_k(t - (t \wedge T_k))$, $t \ge 0$, then (Y_k^*) is a sequence of independent Lévy processes, <u>and</u> $(T_k) \overset{def}{=} \underline{T}$ is a stopping vector of $(Y_k^*) \overset{def}{=} \underline{Y}^*$ with respect to the generated filtrations $F_{\underline{t}}^* \supset F_{\underline{t}+}^{o*}$, $\underline{t} = (t_k)$. In other words, for any $t_k \ge 0$, $\bigcap_k \{T_k \le t_k\} \in \overline{\sigma}\{Y_k^*(s_k), s_k \le t_k, k < N+1\}$ where, here and in the sequence, $\overline{\sigma}\{\cdot\}$ denotes the generated σ-field $\sigma\{\cdot\}$ augmented by all P-null sets.

Remark. That these last σ-fields contain $F^{o*}_{\underline{t}+}$ follows as in the case $N = 1$. For a fairly general treatment of vector-valued stopping times, see [T. Kurtz, 7]. Of course, the above definition is a transparent extension of the case $N = 1$.

It is trivial that a stopped Lévy process is also a halted Lévy process in the sense of [6], so Theorem 2.3 of [6] implies that the laws of Y^*_k and W_k coincide unless $P\{T_k = 0\} = 1$ or $P\{T_k = \infty\} = 1$, when the question becomes mute. We will prove an extension of (0.1) in which $(P_j(u \wedge \langle M^d_j \rangle_t), \; j < n_p(t)+1)$ becomes, for each t, a stopped Poisson process in u. It is therefore important to understand how these processes are related for different t. Suppose, therefore, that $\underline{U} \leq \underline{T}$ are such that both $\underline{Y}(t) = \underline{Y}(t \wedge \underline{T})$ and $\underline{Y}(t \wedge \underline{U})$ are stopped Lévy processes. Even if U_k or T_k are permitted to be 0 or ∞ a.s. it is easy to see that we can use the same $\underline{W} = (W_k)$ in Definition 0.2 to extend either process. However, we can extend $\underline{Y}(t \wedge \underline{U})$ to a Lévy process in another way. Namely, let $\underline{Y}^*$ be the extension of $\underline{Y}(t \wedge \underline{T})$ using $\underline{W}$. Then we can recover $\underline{Y}$ from $\underline{Y}^*$ using the stopping vector $\underline{T}$, and therefore we recover W_k on $\{T_k < \infty\}$ for each k in such a way that W_k is independent of $\underline{Y}$. Since $\underline{Y}(t \wedge \underline{U})$ is also a stopped Lévy process, if we follow the same prescription to recover $\underline{U}$, but we apply it to $\underline{Y}^*$ instead of the continuation of $\underline{Y}(t \wedge \underline{U})$, we again recover a process with the same law as W_k on $\{U_k < \infty\}$ which is independent of $\underline{Y}(t \wedge \underline{U})$. Then it follows that $\underline{Y}^*$ is also a continuation of $\underline{Y}(t \wedge \underline{U})$ as prescribed by Definition 0.2. But this means that we actually recovered $\underline{Y}(t \wedge \underline{U})$ a.s. (not just a process having the same law). Therefore, we can use the same continuation $\underline{Y}^*$ to recover both processes. Similarly, if we have a continuous family $(\underline{T}(t), 0 \leq t \leq \infty)$ which is non-decreasing in t, and each $\underline{T}(t)$ makes $\underline{Y}$ a stopped Lévy process, then we can recover all the processes $\underline{Y}(u \wedge \underline{T}(t))$, up to a fixed P-null set, from the single process $\underline{Y}(u \wedge \underline{T}(\infty))$.

1. The Representation Theorem

We require here only the cases $N = 1$ or $N = \infty$ from Definition 0.2 (the general case being needed only if there are continuous martingales). Besides, the case $N = 1$ is probably well-known, but we present it first for simplicity.

Theorem 1.1. a). Suppose, beside 1)-4), that for every t we have $P\{$the number of times a discontinuity in $(0,t]$ is finite$\} = 1$. Then there is a stopped Poisson process $P(u)$ on (Ω, F, P), and a continuous family $T(t)$, $0 \le t$, of stopping times of $P^*(u)$, such that, for every t, $F_t = \overline{\sigma}(P(u \wedge T(t)),\ 0 < u)$.

Theorem 1.1 b) is the converse and is stated following the proof.

Proof. We make use of the martingale $\hat{M}_d$ referred to above, whose times of discontinuity equal those of the entire filtration F_t in the sense explained. (This is not a deep result, and probably not new.) Moreover, under 1)-3) we know by Lemma 2.5 of [6] that $\hat{M}_d$ generates all the square-integrable martingales of mean 0, in the sense that for any such M we have $M(t) = \int_0^t h(s)d\hat{M}_d(s)$ for a previsible $h(s)$,

$$E\int_0^t h^2(s)d\langle\hat{M}_d\rangle_s < \infty .$$

To clarify the implications of 4) in this situation, we again view the problem on the canonical sequence space where the process Z_t is well-defined and generates F_t. Indeed, let us go one step farther and view the problem as defined on the canonical "prediction" space of Z_t itself, as defined in [5, Essay I, Definition 2.1].* The advantage of this step is that the Lévy system of Z_t, used to construct M_d in [6], originally is defined on the canonical path space of a Ray compactification for Z_t, in accordance with [2]. Then, as explained in [5, Essay IV, Theorem 1.2], we can identify the Ray-left-limit process with Z_{t-}, $t > 0$, excepting a P-null set of paths if necessary, in order to transfer the Lévy system for fixed P to the path space of Z_t. Now the point here is that the Lévy system ([5, Essay IV, Theorem 1.2]) consists of $(N_Z, \overline{H}_Z)$ where $N_Z(z_1,dz_2)$ is a kernel in the usual sense and $\overline{H}_Z$ is an <u>additive functional</u> of Z_t (this is an advantage of using the canonical space of Z_t). On this space we have, just as in

*It can be shown, although it is tedious and will be omitted here, that the collection of all P satisfying 1)-4) on the canonical prediction space of Z_t defines a complete Borel packet (stochastically closed set for (Z_{t-},Z_t)). In order to avoid this argument, we simply consider Z_t on the Borel space of <u>all</u> r.c.ℓ.ℓ. paths with values in the prediction state space H_0 and left limits in H (= all probability measures on the sequence space). Then our particular P defines completed σ-fields F_t which suffice to prove Theorem 1.1, in view of [5, Essay I, Definition 2.1, 2)]. This is, again, simply the device of representing the problem on a more convenient probability space.

Lemma 2.5 of [6],

$$(1.1)\qquad \hat{M}_d(t) = \sum_{s \le t} f(Z_{s-}, Z_s) - \int_0^t d\overline{H}_Z(s) \int_{H_0} N_Z(Z_{s-}, dz) f(Z_{s-}, z) .$$

Then the assumption 4) and the strong Markov property of Z_t at times T_α imply, just as for Z_t itself, that the increment

$$(1.2)\qquad \overline{H}_Z(T_\alpha + s) - \overline{H}_Z(T_\alpha) = \overline{H}_Z(s) \circ \theta^Z_{T_\alpha}$$

is P-a.s. a fixed function of Z_{T_α} on $\{T_\alpha + s < T_{\alpha+1}\}$. (Here we have used the translation operators θ^Z_t of Z_t, which are not available on the original sequence space but only on the "prediction space" of Z_t). The same reasoning applies to any other additive functional of Z_t which obeys (1.2) at each T_α. In particular, this is true for $\hat{M}_d(t)$.

For the present theorem, we need still more, namely a martingale which generates the given σ-fields F_t, in the sense that $F_t = \overline{\sigma}(M_s, s \le t)$. It is possible to show that $\hat{M}_d$ does have this property, but the proof requires several results which at present have no very convenient source (originally they were proved under extraneous hypotheses such as "absolute continuity", whose availability under 1)-4) is not clear). We will sketch the argument, and then show how to avoid it by constructing a different martingale which makes the desired property obvious.

It is easy to choose a sequence $0 < f_n < 1$ such that $(R^Z_\lambda f_n(z),\ 0 < \lambda \text{ rational})$ generates the σ-field of H (for example, as in Lemma 2.5 of [6], where R^Z_λ is the resolvent of Z_t) and therefore

$$F_t = \overline{\sigma}(R^Z_\lambda f_n(Z_s),\ s \le t,\ 0 < \lambda \text{ rational}).$$

Then the generating martingale additive functionals of Kunita-Watanabe

$$M_{f_n,\lambda}(t) = R^Z_\lambda f_n(Z_t) - R^Z_\lambda f_n(Z_0) + \int_0^t (f_n(Z_s) - \lambda R^Z_\lambda f_n(Z_s))ds$$

have the same discontinuous as $R^Z_\lambda f_n(Z_t)$, and it follows that

$$F_t = \overline{\sigma}(M_{f_n,\lambda}(s), \quad s \le t, \quad 0 < \lambda \text{ rational}).$$

This is clear because the right side contains the generated σ-field of the step process $W_t = Z_{t_\alpha}$ on $\{T_\alpha \le t < T_{\alpha+1}\}$, in view of the quasi-left-continuity of Z_t at limit ordinals β (all the discontinuity times of Z_t are totally inaccessible when 3) is assumed). Thus to show that $\hat{M}_d$ generates F_t it suffices to show that each $M_{f_n,\lambda}$ is measurable over the generated σ-fields of $\hat{M}_d$. At this point we can invoke Motoo's Theorem for right processes ([2, (2.5)]) to project $M_{f_n,\lambda}$ onto the subspace of martingale additive functionals generated by $\hat{M}_d$, and since $\hat{M}_d$ generates all square-integrable martingales (using previsible integrands) it follows that it also generates the subset of all martingale additive functionals. Thus we obtain <u>functions</u> $g_{n,\lambda}(z)$ such that

$$M_{f_n,\lambda}(t) = \int_0^t g_{n,\lambda}(Z_{s-})d\hat{M}_d(s),$$

and it is clear by induction on α that the discontinuities

$$\Delta M_{f_n,\lambda}(T_\alpha) = g_{n,\lambda}(Z_{T_{\alpha-}})\Delta\hat{M}_d(T_\alpha)$$

are in the α-field generated by $(\hat{M}_d(t \wedge T_\alpha), 0 < t)$. Then it follows that $\hat{M}_d$ generates F_t in the required sense.

To avoid this argument, we can also directly construct a martingale $M^*(t)$ which obviously generates F_t, as follows. It is well-known that there is a bounded, one-to-one, Borel function $f^*(x_1,x_2,\ldots)$: $X_1^\infty(0,1) \longleftrightarrow (0,1)$. (In fact, any two uncountable Lusin spaces are isomorphic [1, Appendix to Chap. III, Theoreme 80].) It follows that if we order the collection

$$(\lambda R_\lambda^Z f_n, \ 1 \le n, \ 0 < \lambda \text{ rational}) = (g_1,g_2,\ldots) ,$$

then the process $h^*(Z_s) = f^*(g_1(Z_s),g_2(Z_s),\ldots)$ does generate F_t, since it generates $\sigma(R_\lambda^Z f_n(Z_s))$ for each n and λ. Here again, since the process is a fixed function of Z_{T_α} on $\{T_\alpha \le s < T_{\alpha+1}\}$, it suffices to generate its "discontinuities" $h^*(Z_s) - h^*(Z_{s-})$ at all times T_α. On the other hand, from (1.1) we know that for any $\varepsilon > 0$ and $k > 0$,

$$M^*_{\varepsilon,K}(t) = \sum_{s \le t} (h^*(Z_s) - h^*(Z_{s-}) + K) I_{\{f(Z_{s-},Z_s) > \varepsilon\}}$$

$$- \int_0^t d\bar{H}_Z(s) \int_{\{f(Z_{s-},z) > \varepsilon\}} N_Z(Z_{s-},dz)(h^*(z) - h^*(Z_{s-}) + K)$$

is a square-integrable martingale additive functional with $E(M^*_{\varepsilon,K}(t))^2 \le \left(\frac{1+K}{\varepsilon}\right)^2 E(\hat{M}_d(t))^2$. Now let $M^*_3(t) = M^*_{1/3,6}(t)$ and $M^*_n(t) = M^*_{n^{-1},2n}(t) - M^*_{(n-1)^{-1},2n}(t)$, $n > 3$. The martingales $M^*_n(t)$, $3 \le n$, are orthogonal (having no jumps in common) and together they generated F_t in the sense required. Also, the jumps of $M^*_n(t)$ are of size $2n - 1 < \Delta M^*_n(t) < 2n + 1$. It is easy to check that the intervals $(2^{-n}(2n-1), 2^{-n}(2n+1))$, $n \ge 3$, are disjoint. Therefore, if we define

$$M^*(t) = \sum_{n=3}^{\infty} 2^{-n} M^*_n(t) ,$$

we obtain a square integrable martingale whose jumps determine uniquely those of all the M^*_n. Then $M^*(t)$ generates F_t as required. We note explicitly, for use in Theorem 1.2 a) below, that no use was made so far of the extra "finite number of jumps" assumption. Thus M^* generates F_t under 1)-4) above.

Under the extra assumption of finitely many jumps in finite time, we next replace M^* by a local martingale with unit jumps. We can write, for a certain $g(z_1,z_2)$ whose exact expression in terms of h^*, f, etc.

need not concern us,

$$(1.3) \qquad M^*(t) = \sum_{s \le t} g(Z_{s-},Z_s) - \int_0^t d\overline{H}_Z(s) \int_{H_0} N_Z(Z_{s-},dz)g(Z_{s-},z) .$$

Now let $T_1, T_2, \ldots$ as before denote the successive jump times, so that $P\{\lim_{n\to\infty} T_n = \infty\} = 1$ in the present case (these jump times are the same for $M^*(t)$ as for Z_t, P-a.s.). It follows easily from the definition of a Lévy system and the optimal stopping theorem for martingales that for each n the expression

$$M_1^d(t \wedge T_n) = \sum_{s \le (t \wedge T_n)} I_{\{Z_{s-} \ne Z_s\}} - \int_0^{t \wedge T_n} d\overline{H}_Z(s) N_Z(Z_{s-},H)$$

is a square integrable martingale with

$$E^2 M_1^d(T_n) = E \sum_{s \le T_n} I_{\{Z_{s-} \ne Z_s\}} \le n .$$

Thus if we define

$$M_1^d(t) = \sum_{s \le t} I_{\{Z_{s-} \ne Z_s\}} - \int_0^t d\overline{H}_Z(s) N_Z(Z_{s-},H) ,$$

we obtain a locally square integrable local martingale. Now letting

$$h(Z_{v-}) = \left(\int N_Z(Z_{v-},dz)g(Z_{v-},z)\right)(N_Z(Z_{v-},H))^{-1}$$

where $0/0 = 0$, it follows that for each n,

$$M^*(t \wedge T_n) = \int_0^{t \wedge T_n} h(Z_{v-})dM_1^d(v) .$$

Indeed, both sides have the same continuous part, and an application of Schwartz' inequality (as in [6, (2.7)]) shows that the right side is square integrable. Then the difference is a pure-jump martingale, which must be 0 by 3). Consequently, we see easily by induction on n that $M^*(t \wedge T_n)$ and $M_1^d(t \wedge T_n)$ generate the same σ-fields, and hence letting $n \to \infty$ we obtain that likewise M_1^d generates F_t. In other words, F_t is generated by the process $\sum_{s \le t} I_{\{Z_{s-} \neq Z_s\}}$ alone (since the compensator is a fixed function of Z_T in $\{T_n \le t < T_{n+1}\}$, and it is clear by induction that $Z_{T_n} \varepsilon\ \sigma(T_1,\dots,T_n)$).

Now we define, as in [6], $P_1(u \wedge \langle M_1^d\rangle_t) = M_1^d(\tau_1(u) \wedge t)$, where $\tau_1(u) = \inf\{s: \langle M_1^d\rangle_s > u\}$ is the inverse of

$$\langle M_1^d\rangle_t = \int_0^t d\overline{H}_Z(s) N_Z(Z_{s-},H) ,$$

in such a way that

$$P_1(u \wedge \langle M_1^d\rangle_t) = M_1^d(t) \quad \text{for} \quad u \ge \langle M_1^d\rangle_t .$$

It follows immediately by a theorem of S. Watanabe [13], as in the case of [6, Theorem 2.4], that $P_1(u \wedge \langle M_1^d\rangle_t)$ is a halted compensated Poisson process for each t. We need to show that it is actually a stopped compensated Poisson process, whose generated σ-field equal F_t. We note that $P_1(u)$ is defined for all $u < \lim_{t\to\infty} \langle M_1^d\rangle_t = \langle M_1^d\rangle_\infty$. Now on $\{\langle M_1^d\rangle_\infty < \infty\}$, $P_1(u)$ obviously has a.s. only finitely many jumps in $(0,\langle M_1^d\rangle_\infty)$, and it is clear that if we define $P_1(\langle M_1^d\rangle_\infty) = \lim_{t\to\infty} P_1(\langle M_1^d\rangle_t)$ then $P_1(u \wedge \langle M_1^d\rangle_\infty)$ is again a halted compensated Poisson process (the joint distributions of its product space continuation for all u are the limits as $t \to \infty$ of those of the continuations of $P_1(u \wedge \langle M_1^d\rangle_t)$), hence the continuation is again a compensated Poisson process).

We will reconstruct M_1^d from $P_1(u \wedge \langle M_1^d\rangle_\infty)$. Recalling that, given Z_{T_n}, $\langle M_1^d\rangle_t$ is a.s. a fixed function of t in $\{T_n \le t < T_{n+1}\}$, while $Z_{T_n}\ \varepsilon\ \sigma(T_1,T_2,\dots,T_n)$, let $A_n(t;t_1,\dots,t_n)$, $0 \le n$, $t_1 < \dots < t_n \le t$, denote a choice continuous in t and measurable in $(t_1,\dots,t_n)$, in such a way that if $T_1,T_2,\dots$ are given then $\langle M_1^d\rangle_t = A_n(t;T_1,\dots,T_n)$; $T_n \le t \le T_{n+1}$, defines $\langle M_1^d\rangle_t$ conditional on $\{T_1,T_2,\dots\}$ (in case $n = 0$, we just have $\langle M_1^d\rangle_t = A_0(t)$). Such A_n are easy to construct by

considering an arbitrary choice defined for rational t, since $\langle M_1^d\rangle_t$ is continuous in t. Then by definition of $P_1(u)$ we have a.s.
$P_1(A_0(T_1)) = M_1^d(T_1)$, $P_1(A_1(T_2;T_1)) = M_1^d(T_2),\dots,$
$P_1(A_n(T_{n+1};T_1,\dots,T_n)) = M_1^d(T_{n+1})$ for all $T_{n+1} < \infty$ (we recall that there is zero probability that any T_n occurs interior to an interval in which $\langle M_1^d\rangle_t$ remains constant). Letting $S_1 < S_2 < \dots$ denote the successive jump times of $P_1(u \wedge \langle M_1^d\rangle_\infty)$ it follows that
$S_1 = A_0(T_1),\dots,S_{n+1} = A_n(T_{n+1};T_1,\dots,T_n)$ for all n with $T_{n+1} < \infty$.
Thus to reconstruct M_1^d from $P_1(u \wedge \langle M_1^d\rangle_\infty)$ we need only define

$$T_1 = \inf\{t: S_1 = A_0(t)\},\dots,T_{n+1} = \inf\{t > T_n: S_{n+1} = A_n(t;T_1,\dots,T_n)\}$$

for all n with $S_{n+1} < \infty$, and then $M_1^d(t) = P_1(A_n(t;T_1,\dots,T_n))$ on $\{T_n \le t \le T_{n+1}\}$ for all n, where $\inf\{\phi\} = \infty$ and $T_{n+1} = \infty$ when $S_{n+1} = \infty$ (on an exceptional set where the corresponding $\langle M_1^d\rangle_t$ is discontinuous, we take $M_1^d \equiv 0$).

It is immediate that, apart from the exceptional set, we have for $s \le t$, $M_1^d(s) \in \sigma(P_1(u \wedge \langle M_1^d\rangle_t), 0 \le u)$ since for $n \ge 0$ the right side contains $\{S_n I_{\{T_n \le t\}}, 1 \le n\}$ and therefore also $\{T_n I_{\{T_n \le t\}}, 1 \le n\}$. But this is equally true if we replace $P_1(u)$ by the ordinary Poisson process $P(u) = P_1(u) + u$, as in the statement of the theorem. Finally, to see that $\langle M_1^d\rangle_t$ is a stopping time of the continued process $P^*(u)$ (Definition 0.2), we can use a result of Pittenger [12] explained below, provided we show that (considered on the product space) we have $M_1^d(t) \in \overline{\sigma}(P^*(u), 0 \le u)$ for all t. For this it is enough that $T_n \in \overline{\sigma}(P^*(u), 0 \le u)$ for each n. Now let $S_1^* < S_2^* < \dots$ denote the discontinuity times of P^*. Then

$$S_n = \begin{cases} S_n^* & \text{on } \{S_n < \infty\} \\ \infty & \text{on } \{S_n = \infty\}, \end{cases}$$

and

$$T_1 = \begin{cases} \inf\{t: S_1^* = A_0(t)\} & \text{on } \{S_1 < \infty\} \\ \infty & \text{on } \{S_1 = \infty\} \end{cases} .$$

But on $\{S_1 = \infty\}$ we have $S_1^* > \langle M_1^d\rangle_\infty = A_0(\infty)$, so $T_1 = \inf\{t: S_1^* = A_0(t)\}$ holds everywhere. Suppose for induction that $T_1, T_2, \ldots, T_n \in \overline{\sigma}(P^*(u), 0 \leq u)$. Since

$$T_{n+1} = \begin{cases} \inf\{t > T_n: S_{n+1}^* = A_n(t;T_1,\ldots,T_n)\} & \text{on } \{S_{n+1} < \infty\} \\ \infty & \text{on } \{S_{n+1} = \infty\} \end{cases},$$

where $S_{n+1}^* > \langle M_1^d\rangle_\infty = A_n(\infty;T_1,\ldots,T_n)$ on $\{S_n < \infty = S_{n+1}\}$, it follows that (with $\inf\{\phi\} = \infty$) $T_{n+1} = \inf\{t > T_n: S_{n+1}^* = A_n(t;T_1,\ldots,T_n)\}$ holds everywhere on $\{S_n < \infty\} = \{T_n < \infty\}$. Then by induction $T_{n+1} \in \overline{\sigma}(P^*(u), 0 \leq u)$, as required.

If we apply the same reasoning to the stopped martingale $M_1^d(t \wedge t_0)$ for fixed t_o, we get a different Poisson continuation $P^*(t;t_o)$ which coincides with the former up to time $\langle M_1^d\rangle_{t_o}$. The above argument now shows that $\langle M_1^d\rangle_{t_o}$ is in the completed σ-fields of the continuation of $P^*(t;t_o)$.

Once again, an argument of [A. O. Pittenger, 12, §6] shows immediately that $\langle M_1^d\rangle_{t_o}$ is a stopping time of the generated σ-fields F_t^* of $P^*(t;t_o)$. The proof of this result will be included in a more general case needed below for Theorem 1.2 a), so we postpone it here. Let us simply state the result we need as

<u>Lemma 1.2</u> (Pittenger). Let X_t be a Borel right process with semigroup P^x, and let $0 \leq R \in F_\infty$ (= the usual completed, generated σ-field of X_t). Then if, for a fixed P^μ, we have the strong Markov property $P^\mu\{\theta_R^{-1}S|F_R\} = P^{X_R}(S)$ on $\{R < \infty\}$ for all $S \in F_\infty^o$, where $F_R = \sigma(X(t \wedge R), 0 \leq t) \vee \sigma(R)$, then R is an F_t^μ-stopping time.

In our case, X_t is a canonical realization of the ordinary Poisson process $P^*(t;t_o)$, and $R \overset{a.s.}{=} \langle M_1^d\rangle_{t_o}$. The strong Markov property at R follows immediately from the definition of the halted Poisson process $P(u \wedge \langle M_1^d\rangle_{t_o})$.

Let us remark, finally, that the converse of Theorem 1.1 a) is also true (but we must be careful to include the fact that $\langle M\rangle_t$ is continuous).

<u>Theorem 1.1</u>. b). Let $P^*(u)$ be an ordinary Poisson process, and let $T(t)$ be a non-decreasing family of F^*_t-stopping times with $T(t)$ continuous in t and $T(o) = 0$. Then the family $F_t = \overline{\sigma}\{P^*(u \wedge T(t)),\ 0 < u\}$ satisfies 1)-4), and has finitely many times of discontinuity in finite time intervals.

<u>Proof</u>. It follows by the optional sampling theorem of Doob that for each t_o, $P^*(t_o \wedge T(t)) - (t_o \wedge T(t))$ is a martingale, hence $P^*(T(t)) - T(t)$ is a local martingale, and locally square integrable. Since $T(t)$ is continuous, it is clear that $\langle P^*(T(\cdot)) - T(\cdot)\rangle_t = T(t)$. Now we can use $P^*(T(t)) - T(t)$ the same way as $M^d_1(t)$ above to define for each t a stopped Poisson process, which is obviously the same as $P^*(u \wedge T(t))$. Therefore, $\overline{\sigma}(P^*(u \wedge (T(t))),\ 0 < u) \subset \overline{\sigma}(P^*(T(u)),\ u \leq t)$. According to the reconstruction of $\{P^*(T(u)),\ u \leq t\}$ from $\{P^*(u \wedge T(t)),\ 0 < u\}$ given in the preceeding proof, we also have $\overline{\sigma}(P^*(T(u)),\ u \leq t) \subset \overline{\sigma}(P^*(u \wedge T(t)),\ 0 < u)$, so that $F_t = \overline{\sigma}(P^*(T(u)),\ u \leq t)$. Now it is clear that the fields generated by $P^*(T(t))$ as on the right do satisfy 1)-4) and have finitely many times of discontinuity in finite times, concluding the proof (that there are no continuous martingales follows routinely because $T(t)$ is a fixed function of $(S_1,\dots,S_n)$ on $\{S_n \leq T(t) < S_{n+1}\}$, where (S_n) denote the jump times of $P^*(t)$).

It is obvious that if the discontinuity times have a finite accumulation point with positive probability, the conclusion of a) does not hold. Indeed, there cannot be a finite N and a stopped N-dimensional Poisson process generating F_t. Nevertheless, we have

<u>Theorem 1.2</u>. a). Under 1)-4) above, there is a stopped Poisson process $(P_n(u),\ 1 \leq n) = \underline{P}(u)$, and a continuous family $(T_n(t)) = \underline{T}(t)$ of stopping vectors of $\underline{P}^*(u)$ (of dimension $N = \infty$) such that, for every t, $ET_n(t) < \infty$, $1 \leq n$, and $F_t = \overline{\sigma}(P_n(u \wedge T_n(t)),\ 1 \leq n,\ 0 < u)$.

Proof. The proof is essentially the same as for Theorem 1.1 a) except for two difficulties: first, the original order of the jump times T_α is not preserved in the combined set of jump times of (P_n), and second, we must use transfinite induction on α so the case of limit ordinals α is a new feature. Neither problem, however, causes any great difficulty, as we shall see.

We go back to expression (1.3) for the locally square integrable martingale $M^*(t)$ which generates F_t, and for $1 \leq n$ set

$$(1.4) \qquad M_n^*(t) = \sum_{s \leq t} g(Z_{s-},Z_s) I_{\{|g(Z_{s-},Z_s)| > \frac{1}{n}\}}$$
$$- \int_0^t d\overline{H}_Z(s) \int_H N_Z(Z_{s-},dz) g(Z_{s-},z) I_{\{|g(Z_{s-},z| > \frac{1}{n}\}}.$$

Then the sequence M_1^*, $M_2^* - M_1^*$, ..., $M_{n+1}^* - M_n^*$, ... is orthogonal and together they generate F_t. Moreover, each has only finitely many jumps in finite times. Then we can proceed exactly as for $M^*(t)$ in Theorem 1.1 to show that the sequence

$$(1.5) \qquad M_1^d(t) = \Big(\sum_{s \leq t} I_{\{|g(Z_{s-},Z_s)| > 1\}}\Big)$$
$$- \int_0^t d\overline{H}_Z(s) \int_H N_Z(Z_{s-},dz) I_{\{|g(Z_{s-},z)| > 1\}} ,$$

$$M_{n+1}^d(t) = \sum_{s \leq t} I_{\{\frac{1}{n+1} < |g(Z_{s-},Z_s)| \leq \frac{1}{n}\}}$$
$$- \int_0^t d\overline{H}_Z(s) \int_H N_Z(Z_{s-},dz) I_{\{\frac{1}{n+1} < |g(Z_{s-},z)| \leq \frac{1}{n}\}}, \quad 1 \leq n ,$$

is locally square integrable, and

$$(1.6) \qquad M^d_{n+1}(t) = \int_0^t h_n(Z_{s-})d(M^*_{n+1} - M^*_n)(s)$$

for suitable $h_n(z)$, $1 \le n$, with an analogous expression for $M^d_1(t)$. Now it follows as before by induction on α that for each finite integer α, $M^*(t \wedge T_\alpha)$ and $(M^d_n(t \wedge T_\alpha), 1 \le n)$ generate the same σ-fields. Moreover, if this is true for α, then since Z_s is a fixed function of Z_α on $\{T_\alpha \le s < T_{\alpha+1}\}$, it is likewise true for $\alpha + 1$. Suppose finally that β is a limit ordinal. Then $\lim_{\alpha \uparrow \beta} T_\alpha = T_\beta$, and $T_\alpha < T_\beta$ on $\{T_\alpha < \infty\}$. Thus Z_t, which under 3) has only totally inaccessible times of discontinuity, is a.s. continuous at T_β on $\{T_\beta < \infty\}$. Therefore

$$\bar{\sigma}(Z_{s \wedge T_\beta}, s \le t) = \bigvee_{\alpha < \beta} \bar{\sigma}(Z_{s \wedge T_\alpha}, s \le t)$$

$$= \bigvee_{\alpha < \beta} \bar{\sigma}(M^d_n(s \wedge T_\alpha), 1 \le n, s \le t)$$

$$= \bar{\sigma}(M^d_n(s \wedge T_\beta), 1 \le n, s \le t)$$

which completes the induction step. It is well known that there exists a sequence $\alpha_k \uparrow$ of countable ordinals with $P\{T_{\alpha_k} \uparrow \infty\} = 1$ (we will review the proof of this just before Lemma 1.3 below). Consequently we obtain as required

$$(1.7) \qquad F_t = \lim_{k \to \infty} \bar{\sigma}(M^d_n(s \wedge T_{\alpha_k}), 1 \le n, s \le t)$$

$$= \bar{\sigma}(M^d_n(s), 1 \le n, s \le t).$$

At the same time, we note explicitly that, since each $M^d_n(t)$ is continuous at limit ordinals β (along with Z_t), (1.7) implies that F_t

is generated entirely by the times of discontinuity $T_\alpha \leq t$ of the combined sequence $(M_n^d, 0 \leq n)$. In symbols, $\mathcal{F}_t = \overline{\sigma}\{T_\alpha I_{\{T_\alpha \leq t\}}, \alpha \in \chi_0\}$.

We now set $P_n(u \wedge \langle M_n^d\rangle_t) = M_n^d(\tau_n(u) \wedge t)$, $1 \leq n$, $0 < u$ where $\tau_n(u) = \inf\{s: \langle M_n^d\rangle_s > u\}$. The definitions are obviously consistent in t, which defines $P_n(u \wedge \lim_{t\to\infty} \langle M_n^d\rangle_t)$ for all n and u. It follows by [13] or [11, Theorem 2'] that $(P_n(u \wedge \langle M_n^d\rangle_t), 1 \leq n)$ is a halted compensated Poisson process for each t (as also in [6, Theorem 2.4, Case 2]), and letting $t \to \infty$ we obtain by convergence of distribution that $(P_n(u \wedge \langle M_n^d\rangle_\infty))$ is likewise (as in Theorem 1.1 a) above). Thus our problem is again to show that this is a stopped compensated Poisson process, and we will follow the same line of argument as in Theorem 1.1, by reconstructing (M_n^d) from (P_n). We know that the M_n^d have no jump times in common, so we introduce the notation (T_α, n_α) for the jump times and their associated processes, setting for completeness $n_\alpha = 0$ if α is a limit ordinal of if $T_\alpha = \infty$. We also know that in each $\{T_\alpha \leq t < T_{\alpha+1}\}$, each $\langle M_n^d\rangle_t$ is a fixed function of t and $\{(T_\beta, n_\beta), \beta \leq \alpha\}$. Since $\langle M_n^d\rangle_t$ is continuous, we can again introduce functions $A_{\alpha,n}$ such that $A_{\alpha,n}(t; (t_\beta, n_\beta), \beta \leq \alpha) = \langle M_n^d\rangle_t$ on $\{T_\alpha \leq t < T_{\alpha+1}\}$ given $(T_\beta, n_\beta) = (t_\beta, n_\beta)$, $\beta \leq \alpha$, where each $A_{\alpha,n}$ is continuous in t for $t_\alpha \leq t$, and measurable in $((t_\beta, n_\beta), \beta \leq \alpha)$ over the product Borel field.

For $\alpha = 0$ we just write $A_{o,n}(t)$. Thus, apart from a fixed P-null set, we have

$$P_n(A_{\alpha,n}(t; (T_\beta, n_\beta), \beta \leq \alpha)) = M_n^d(t) \tag{1.8}$$

on $\{T_\alpha \leq t \leq T_{\alpha+1}\}$ for all n and α, where we again use the fact that each M_n^d is a.s. constant during the level stretches of $\langle M_n^d\rangle$ (easily seen by optional stopping of the martingale $(M_n^d)^2 - \langle M_n^d\rangle$ at times $T_r = \inf\{t > r: \langle M_n^d\rangle_t \neq \langle M_n^d\rangle_r\}$).

Next, suppose that $P_n(u \wedge \langle M_n^d\rangle_t)$, $0 < u$, $1 \leq n$, are given for fixed t, and let us reconstruct $(M_n^d(s),\ 0 < s \leq t)$ outside a P-null set as follows. Let $S(k,n)$ denote the kth jump time of $P_n(u \wedge \langle M_n^d\rangle_t)$, $1 \leq k$, or ∞ if there are $< k$ jumps, and set

$$(1.9)\qquad T_1(t) = \inf\{s\colon S(1,n) = A_{o,n}(s) \text{ for some } n\}.$$

We note that $T_1(t)$ coincides a.s. with the first time of discontinuity T_1 on $\{T_1 \leq t\}$, and in this case it occurs for a unique $n = n_1$. Indeed, we have $M_n^d(s) = P_n(A_{o,n}(s))$, $0 \leq s \leq T_1$, for all n, and since $\inf(\phi) = \infty$, $T_1(t) = \infty$ is equivalent to "$S(1,n) = \infty$ for all n". Thus we have determined $M_n^d(s \wedge t \wedge T_1)$ for all s and n. Assume now that for a countable ordinal α we determined $((T_\beta(t),n_\beta),\ \beta \leq \alpha)$ in such a way that a.s.

$$(1.10a)\qquad T_\beta(t) = \begin{cases} T_\beta & \text{on } \{T_\beta \leq t\} \\ \infty & \text{elsewhere} \end{cases},$$

and consequently on $\{T_\beta \leq s \leq T_{\beta+1} \wedge t\}$, for all $n,s,\beta < \alpha$,

$$(1.10b)\qquad M_n^d(s \wedge t \wedge T_{\beta+1}) = P_n(A_{\beta,n}(s;(T_\gamma(t),n_\gamma),\ \gamma \leq \beta) \wedge t) \text{ a.s.}$$

Then by the inaccessibility of jumps, if α is a limit ordinal we have also determined

$$(1.11)\qquad M_n^d(t \wedge T_\alpha) = \lim_{\beta \uparrow \alpha} M_n^d(t \wedge T_\beta),$$

so in any case $M_n^d(s \wedge t \wedge T_\alpha)$ is determined for all s. Then we define

$$(1.12)\qquad T_{\alpha+1}(t) = \inf\{s > T_\alpha(t)\colon S(k,n) = A_{\alpha,n}(s;(T_\beta,n_\beta),\ \beta \leq \alpha)$$
$$> A_{\alpha,n}(T_\alpha;(T_\beta,n_\beta),\ \beta \leq \alpha) \text{ for some } n \text{ and } k\},$$

with $\inf \phi = \infty$. Since $A_{\alpha,n}(s;(T_\beta,n_\beta),\ \beta \le \alpha) \ge \langle M_n^d\rangle_{T_\alpha}$, it follows by (1.10b) and the continuity of $\langle M_n^d\rangle_s$ that for each n only one k is possible in (1.12) on the basis of $M_n^d(s \wedge t \wedge T_\alpha)$, namely the first k exceeding the number of jumps of $M_n^d(s \wedge t \wedge T_\alpha)$, $0 < s$. Moreover, it follows from 4) (well-ordering of jump times) that the n in (1.12) is uniquely determined on $\{T_{\alpha+1} \le t\}$, P-a.s., where it equals $n_{\alpha+1}$. Consequently, we see that a.s.

$$T_{\alpha+1}(t) = \begin{cases} T_{\alpha+1} & \text{on } \{T_{\alpha+1} \le t\} \\ \infty & \text{elsewhere} \end{cases},$$

as required, and this extends the determination (1.10b) of M_n^d to $M_n^d(s \wedge t \wedge T_{\alpha+1})$. Finally, if α is a limit ordinal and we have determined $((T_\beta(t),n_\beta),\ \beta < \alpha)$ satisfying (1.10a) and (1.10b) with T_β in place of T_α, then we need only set $T_\alpha(t) = \lim_{\beta \uparrow \alpha} T_\beta(t)$, $n_\alpha = 0$, and repeat (1.11) to extend the determination to $\beta = \alpha$. Thus by transfinite induction, applying (1.12) whenever n and k are uniquely determined, and setting $T_{\alpha+1}(t) = \infty$ otherwise, we determine $T_\alpha(t)$ for all α, P-a.s., from $(P_n(u \wedge \langle M_n^d\rangle_t),\ 1 \le n,\ 0 < u)$, which simultaneously determine $(M_n^d(s \wedge t))$ by (1.10b). It can be seen easily that these definitions are consistent in t, so that apart from a single P-null set we have determined T_α $(= \lim_{t \to \infty} T_\alpha(t))$ for all α, and for all t and n, from $(P^n(u \wedge \langle M_n^d\rangle_\infty),\ 1 \le n,\ 0 < u)$.

To show that the $(T_\alpha(t))$ thus determined are stopping vectors of the continuation $(P_n^*(u))$ (or more precisely that when we extend (Ω,F,P) to the product space (Ω^*, F^*, P^*) the $(T_\alpha(t))$, as functions of (w,w') depending only on $w \in \Omega$, are stopping vectors of the augmented generated σ-fields of $(P_n^*(u))$), it will be enough by Lemma 1.3 below to show that $(T_\alpha(t)) \in \overline{\sigma}(P_n^*(u),\ 1 \le n,\ 0 < u)$ for all α and t. This will then imply that $M_n^d(t)$ is also in $\overline{\sigma}(P_n^*(u),\ 1 \le n,\ 0 < u)$. As in Theorem 1.1 a) above, we can just as well treat the case of (T_α) and then specialize to $T_\alpha(t)$ by using the stopped processes $M_n^d(s \wedge t)$. The necessary induction on α is then quite analogous to that of Theorem 1.1. We let $S^*(k,n)$ denote the successive jump times of P_n^*, and $S(k,n)$ the jump times of $P_n(u \wedge \langle M_n^d\rangle_\infty)$ on Ω^*. Then $S^*(k,n) \leq S(k,n)$, and $S^*(k,n) = S(k,n)$ unless $S(k,n) = \infty$. We claim that (1.9) implies $T_1 = \inf\{s\colon S^*(1,n) = A_{o,n}(s)$ for some $n\}$, a.s. Clearly the above is $\leq T_1$. Suppose for contradiction that it is $< T_1$ at a certain sample point. Then there is an n_o with

$$\inf\{s\colon S^*(1,n_o) = A_{o,n_o}(s)\} < \inf\{s\colon S(1,n) = A_{o,n}(s)\} \quad \text{for all } n.$$

In particular, $S^*(1,n_o) < \infty$ and $S(1,n_o) = \infty$. But this implies $S^*(1,n_o) > \langle M_{n_o}^d\rangle_\infty = A_{o,n_o}(\infty)$, which is a contradiction.

Suppose next, for induction, that $T_\beta \in \overline{\sigma}(\underline{P}^*)$, $\beta \leq \alpha$. We want to show that we can replace $S(k,n)$ by $S^*(k,n)$ in (1.12), namely that

$$(1.13) \quad T_{\alpha+1} = \inf\{s > T_\alpha\colon S^*(k,n) = A_{\alpha,n}(s;(T_\beta,n_\beta),\ \beta \leq \alpha)$$

$$> A_{\alpha,n}(T_\alpha;(T_\beta,n_\beta),\ \beta \leq \alpha \quad \text{for some } n \text{ and } k\}.$$

Obviously we may assume $T_\alpha < \infty$ and that the right side is also finite. Hence it this is false at a certain sample point there is an n_o and k_o with

$$(1.14) \quad \inf\{s > T_\alpha\colon S^*(k_o,n_o) = A_{\alpha,n_o}(s;(T_\beta,n_\beta),\ \beta \leq \alpha)$$

$$> A_{\alpha,n_o}(T_\alpha;(T_\beta,n_\beta),\ \beta \leq \alpha)\}$$

$$< \inf\{s > T_\alpha : S(k,n) = A_{\alpha,n}(s;(T_\beta,n_\beta), \beta \le \alpha)$$

$$> A_{\alpha,n}(T_\alpha;(T_\beta,n_\beta), \beta \le \alpha)\}, \text{ all } k \text{ and } n.$$

This implies (with $n = n_o$) that $S^*(k_o,n_o) < S(k_o,n_o)$ and $S(k_o,n_o) = \infty$, which last implies $S^*(k_o,n_o) > \langle M^d_{n_o} \rangle_\infty$. Now we distinguish two cases: a) $T_\alpha < T_{\alpha+1} = \infty$, and b) $T_\alpha < T_{\alpha+1} < \infty$. In case a) we have $S(k,n_o) \neq A_{\alpha,n_o}(s;(T_\beta,n_\beta), \beta \le \alpha)$ for all k and s when the right side exceeds its value at $s = T_\alpha$, whence $\langle M^d_{n_o} \rangle_\infty = A_{\alpha,n_o}(\infty;(T_\beta,n_\beta), \beta \le \alpha)$, which contradicts $S^*(k_o,n_o) > \langle M^d_{n_o} \rangle_\infty$. In case b) we have a unique $n_{\alpha+1}$ such that

$$T_{\alpha+1} = \inf\{s > T_\alpha : S(k,n_{\alpha+1}) = A_{\alpha,n}(s;(T_\beta,n_\beta), \beta \le \alpha)$$

$$> A_{\alpha,n}(T_\alpha;(T_\beta,n_\beta), \beta \le \alpha) \text{ for some } k\}.$$

Now we observe that without loss of generality we can assume that $k_o - 1$ is the number of jumps of P_{n_o} by time $\langle M^d_{n_o} \rangle_{T_\alpha}$. Otherwise, since P_{n_o} and $P^*_{n_o}$ agree up to time $\langle M^d_{n_o} \rangle_{T_{\alpha+1}}$, we could reduce k_o in (1.14) and strengthen the inequality (it also is clear that no smaller k_o than this is possible when $T_\alpha < \infty$). But since

$$S^*(k_o,n_o) > \langle M^d_{n_o} \rangle_\infty \ge \langle M^d_{n_o} \rangle_t = A_{\alpha,n_o}(t;(T_\beta,n_\beta), \beta \le \alpha)$$

for $T_\alpha \le t \le T_{\alpha+1}$, the left side of (1.14) is not less than $T_{\alpha+1}$ if

$$A_{\alpha,n_o}(T_{\alpha+1};(T_\beta,n_\beta), \beta \le \alpha) > A_{\alpha,n_o}(T_\alpha;(T_\beta,n_\beta), \beta \le \alpha) ,$$

as follows by the definition of $T_{\alpha+1}$. This contradicts (1.14) with $n = n_{\alpha+1}$. On the other hand, if

$$A_{\alpha,n_o}(T_{\alpha+1};(T_\beta,n_\beta),\ \beta \le \alpha) = A_{\alpha,n_o}(T_\alpha;(T_\beta,n_\beta),\ \beta \le \alpha)$$

then the left side of (1.14) is still at least $T_{\alpha+1}$, and the same contradiction obtains, proving (1.13). Finally, if α is a limit ordinal and $T_\beta \in \overline{\sigma}(\underline{P}^*)$, $\beta < \alpha$, then clearly $T_\alpha = \lim_{\beta \to \alpha} T_\beta \in \overline{\sigma}(\underline{P}^*)$. Thus by induction we have shown that $T_\alpha \in \overline{\sigma}(\underline{P}^*)$ for all countable ordinals α.

Now to obtain $M_n^d(t) \in \overline{\sigma}(\underline{P}^*)$, we note first that $T_\alpha(t) \in \overline{\sigma}(\underline{P}^*)$ by applying the above proof to $(M_n^d(s \wedge t,\ 0 < s)$. Now let α_k be an increasing sequence of ordinals with $P\{\lim_{k\to\infty} T_{\alpha_k}(t) \ge t\} = 1.$** Then $M_n^d(t) = \lim_{k\to\infty} M_n^d(t \wedge T_{\alpha_k}(t)$ a.s., which is in $\overline{\sigma}(\underline{P}^*)$ as required.

We turn now to the demonstration that each $\langle M_n^d\rangle_t$ is a stopping vector of the continuation $(\underline{P}^*)$. This is an immediate consequence of the following lemma, which is easily generalized farther as indicated in the proof.

<u>Lemma 1.3</u>. Let $(B_i,P_j;i < m+1,\ j < n+1)$; $m,n \le \infty$ be a halted Brownian-and-compensated-Poisson process, with halting vector $\underline{T} = (S_i,T_j;i < m+1,\ j < n+1)$ and product space continuation (B_i^*,P_j^*) so that $P_j^*(t)(= P_j(t \wedge T_{m+j}) + \hat{P}_j(t - (t \wedge T_{m+j}))$, with P_j and $\hat{P}_j$ independent) is a compensated Poisson process, $j < n+1$. Then in order that $(B_i,P_j;i < m+1,\ j < n+1)$ be a stopped Brownian-and-compensated-Poisson process (Def. 0.2) with stopping vector $\underline{T}$ is is necessary and sufficient that $\underline{T} \in \overline{\sigma}(B_i^*(s),\ P_j^*(s),\ 0 \le s)$.

<u>Proof</u>. For notational convenience we take $m = 0$. The general case is treated by obvious modification. The necessity is also obvious, so we assume $\underline{T} \in \overline{\sigma}(\underline{P}^*)$. Replacing $\underline{T}$ by $(T_j \wedge t)$, and then letting $t \to \infty$, we may and do assume that all components are finite.

**The existence of such a sequence is easily shown. Consider $E(T_\alpha(t) \wedge t)$, which is non-decreasing in α, and strictly increasing unless $E(T_\alpha(t) \wedge t) = t$. Then clearly $(\sup_{\alpha \text{ countable}} E(T_\alpha(t) \wedge t)) \le t$ and there exists a sequence α_k with $\lim_{k\to\infty} E(T_{\alpha_k}(t) \wedge t) = \sup_\alpha E(T_\alpha(t) \wedge t)$. If this were $< t$, then letting $\alpha_\infty = \lim_{k\to\infty} \alpha_k$, we would have $E(T_{\alpha_\infty+1}(t) \wedge t) > \sup_\alpha(T_\alpha(t) \wedge t)$, a contradiction. Therefore $E(T_{\alpha_\infty}(t)) = t$ as required.

We now take, without loss of generality, $\underline{P}^*(=(P_j^*))$ to be the coordinate process on the canonical space Ω^* of sequences (w_j) of r.c.ℓ.ℓ. paths, and for any $\underline{t} = (t_j)$ we define the translation operator $\theta_{\underline{t}}$ by $\theta_{\underline{t}}(w_j(s)) = (w_j(t_j + s))$. By definition of a halted Lévy process, $\underline{T}$ satisfies the strong Markov property

$$(1.15) \qquad P(\theta_{\underline{T}}^{-1}S|G_{\underline{T}}) = P^{(\underline{P}^*(\underline{T}))}(S), \; S \in \sigma(\underline{P}^*).$$

Here, to avoid notational confusion, we write P rather than P^* for the probability, and $P^{\underline{x}}$ for the probability of an n-tuple of independent compensated Poisson processes starting at $\underline{x}$, and we write also $G_{\underline{t}}$ for the uncompleted filtration, with $G_{\underline{T}} = \sigma(P_j^*(t \wedge T_j), \; j < n+1, \; 0 \leq t)$.

It is important to note that $\underline{T} \in G_{\underline{T}}$ (even without knowing $\underline{T}$ is a stopping vector) because the continuous part of $P_j^*(t \wedge T_j)$ is $-t$ for $t \leq T_j$ and $-T_j$ for $t \geq T_j$. The lemma actually can be generalized to an arbitrary right-continuous strong Markov process with parameter $\underline{t}$, simply by replacing $G_{\underline{T}}$ by $G_{\underline{T}} \vee \sigma(\underline{T})$ in (1.15) and thereafter.

We fix $\underline{t}$, and show that over the set $\{\underline{T} \leq \underline{t}\}$, where $\leq$ is taken component-wise, we have

$$(1.16) \qquad P(\theta_{\underline{t}}^{-1}S|G_{\underline{t}} \vee G_{\underline{T}}) = P^{\underline{P}^*(\underline{t})}(S), \; S \in \sigma(\underline{P}^*).$$

To this effect, we note first that

$$(1.17) \qquad G_{\underline{t}} \vee G_{\underline{T}} = G_{\underline{T}} \vee \sigma(\underline{P}^*(\underline{T} + (\underline{u} \wedge (\underline{t} - \underline{T}) \vee \underline{0}));\underline{0} \leq \underline{u}).$$

Indeed, the right side is included in the left by composition of measurable functions, since each $(P_j^*(s), \; s \leq t_j)$ is measurable in $(s,(w_j))$ with respect to $\mathcal{B}[0,t_j] \times G_{\underline{t}}$. Conversely, for $\underline{s} \leq \underline{t}$ and $\underline{A} = \times_{k=1}^{m} A_k$, with finite $m \leq n$ and Borel sets A_k, we can write

$$\{\underline{P}^*(\underline{s}) \in \underline{A}\} = \bigcup_{K \subset \{1,\dots,m\}} \Big[\bigcap_{k \in K} (\{s_k \leq T_k\} \cap$$

$$\cap \{P_k^*(s_k \wedge T_k) \varepsilon A_k\}) \cap \bigcap_{\{k \notin K\}} (\{s_k > T_k\}$$

$$\cap \{P_k^*(T_k + (s_k - T_k) \wedge (t_k - T_k)) \varepsilon A_k\})] ,$$

where K ranges over all disjoint subsets. Then by filling in extra $A_k = R$ for the coordinates not included in $\{k \notin K\}$ it is easy to see that this set is in the right side of (1.17), as required.

Next, for $S_1 = \bigcap_{i=1}^{N} (\underline{P}^*(\underline{T} + (\underline{u}_i \wedge (\underline{t} - \underline{T}) \vee \underline{0})) \varepsilon \underline{A}_i)$, with $\underline{A}_i$ as above, $1 \leq i \leq N$, we will show that on $\{\underline{T} \leq \underline{t}\}$ we have

$$(1.18) \qquad E(I_{\theta_{\underline{t}}^{-1}(S) \cap S_1} | G_{\underline{T}}) = E(P^{\underline{P}^*(\underline{t})}(S) I_{S_1} | G_{\underline{T}});\ S \varepsilon \sigma(\underline{P}^*) .$$

Indeed, using (1.15) and routine measurability argument the right side becomes

$$E^{\underline{P}^*(\underline{T})}(P^{\underline{P}^*(\underline{t}-\underline{T})}(S); \theta_{\underline{T}}(S_1))$$

on $\{\underline{T} \leq \underline{t}\}$, where we define

$$\theta_{\underline{T}} S_1(w) = \{w' \varepsilon \bigcap_{i=1}^{N} (\underline{P}^*(\underline{u}_i \wedge (\underline{t} - \underline{T}(w)), w') \varepsilon \underline{A}_i)\}.$$

But the left side of (1.18) becomes

$$E(I_{\theta_{\underline{T}}(\theta_{\underline{t}}^{-1}(S) \cap S_1)}) = E^{\underline{P}^*(\underline{T})}(I_{\theta_{\underline{t}-\underline{T}}^{-1}(S)} I_{\theta_{\underline{T}}(S_1)}) ,$$

where for fixed $\underline{T}$ we have $\theta_{\underline{T}}(S_1) \varepsilon G_{\underline{t}-\underline{T}}$. Thus by the (simple) Markov property of $\underline{P}^*$ at time $\underline{t} - \underline{T}$ this becomes the same as the right side, proving (1.18) for such S_1. Both sides being monotone in S_1, (1.18) follows. Then it follows that if $S_2 \varepsilon G_{\underline{T}}$ with $S_2 \subset \{\underline{T} \leq \underline{t}\}$ we have

$$P((\theta_{\underline{t}}^{-1}S)\cap S_1\cap S_2)=E(P^{\underline{P}^*(\underline{t})}(S);\ S_1\cap S_2)\ ,$$

and because finite unions of such $S_1 \cap S_2$ generate the trace of $\mathcal{G}_{\underline{t}} \vee \mathcal{G}_{\underline{T}}$ on $\{\underline{T} \le \underline{t}\}$ by (1.17), this implies (1.16).

Now we can show that $\{\underline{T} \le \underline{t}\}$ is in the augmentation of $\mathcal{G}_{\underline{t}}$, as required. First of all, changing $\underline{T}$ on a P-null set if necessary, we may and shall assume that $\underline{T} \in \sigma(\underline{P}^*)$ (the definition of a halted or stopped Lévy process is immune to such a change). It follows that there is a Borel function $f(\underline{x}_m;\ 1 \le m)$ such that $I_{\{\underline{T} \le \underline{t}\}}(w) = f(\underline{P}^*(\underline{t}_m, w);\ 1 \le m)$ for some vector sequence $(\underline{t}_m)$. Moreover, replacing each $\underline{t}_m$ by the pair $\underline{t}_m \wedge \underline{t}$ and $\underline{t}_m \vee \underline{t}$, and for each j changing f to depend on $P_j^*(\underline{t}_m \wedge \underline{t})_j$ if this equals $P_j^*(\underline{t}_{m,j})$ but to depend on $P_j^*(\underline{t}_m \vee \underline{t})_j = P_j^*(\underline{t}_{m,j})$ otherwise, we can assume that each $\underline{t}_m$ is either $\le \underline{t}$ or $\ge \underline{t}$. Next we introduce sets $C(w)$, $w \in \Omega^*$, given by

$$C(w)=\{w'\in\Omega^*:\ 1=f(\underline{P}^*(\underline{t}_m,w),\ \underline{t}_m\le\underline{t};\ \underline{P}^*(\underline{t}_m-\underline{t},w'),\ \underline{t}_m\not\le\underline{t})\}.$$

In other words, we fix the coordinates $\underline{t}_m \le \underline{t}$, and translate the rest of the coordinates by $\underline{t}$. Since f is Borel in any subset of coordinates, it is easy to see that $C(w) \in \mathcal{F}^*$ for each w, and that $P^{\underline{x}}(C(w))$ is measurable in $(\underline{x}, w)$ with respect to $\mathcal{B}^\infty \times \mathcal{F}^*$, $\mathcal{B}^\infty$ denoting the Borel field of R^∞. Indeed, this is trivially true if, for Borel f_1 and f_2,

$$I_{\{\underline{T}\le\underline{t}\}}=f_1(\underline{P}^*(\underline{t}_m,w);\ \underline{t}_m\le\underline{t})f_2(\underline{P}^*(\underline{t}_m,w);\ \underline{t}_m\not\le\underline{t})$$

and linear combinations of such products generate all bounded Borel f by monotone closure. Finally, by the same reasoning and the Markov property, we have

$$(1.19)\qquad P(\{\underline{T}\le\underline{t}\}\,|\,\mathcal{G}_{\underline{t}})=P^{\underline{P}^*(\underline{t},w)}(C(w))\ ,$$

and in the same way

$$(1.20)\qquad P(\theta_{\underline{t}}^{-1}S\cap\{\underline{T}\le\underline{t}\}\,|\,\mathcal{G}_{\underline{t}})=P^{\underline{P}^*(\underline{t},w)}(S\cap C(w)),\ S\in\sigma(\underline{P}^*).$$

Returning to (1.16) it follows that for $S_2 \in G_{\underline{t}}$ we have

$$P(\theta_{\underline{t}}^{-1}S \cap \{\underline{T} \leq \underline{t}\} \cap S_2) = E(P^{\underline{P}^*(\underline{t})}(S); \{\underline{T} \leq \underline{t}\} \cap S_2).$$

Since $P^{\underline{P}^*(\underline{t})}(S) \in G_{\underline{t}}$, (1.19) and (1.20) now imply

$$(1.21) \quad P(\theta_{\underline{t}}^{-1}(S) \cap \{\underline{T} \leq \underline{t}\} \cap S_2) = E(P^{\underline{P}^*(\underline{t})}(S)P^{\underline{P}^*(\underline{t})}C(w); S_2)$$

$$= E(P^{\underline{P}^*(\underline{t})}(S \cap C(w)); S_2),$$

and consequently

$$P^{\underline{P}^*(\underline{t})}(S)P^{\underline{P}^*(\underline{t})}C(w) = P^{\underline{P}^*(\underline{t})}(S \cap C(w)), \text{ P-a.s.}$$

Since $\sigma(P^*)$ is separable, this identity holds P-a.s. for all $S \in \sigma(P^*)$, and taking $S = C(w)$ yields $P^{\underline{P}^*(\underline{t})}C(w) = 0$ or 1, P-a.s. But $\{w: P^{\underline{P}^*(\underline{t})}C(w) = 1\} \in G_{\underline{t}}$, and we see from (1.21) that this set is P-a.s. equal to $\{\underline{T} \leq \underline{t}\}$, since finite unions of $\theta_{\underline{t}}^{-1}(S) \cap S_2$ generate $\sigma(P^*)$. Therefore $\{\underline{T} \leq \underline{t}\} \in G_{\underline{t}}$ up to a P-null set, and hence $\underline{T}$ is a stopping vector of the augmented filtration.

Final Remark. The converse of Theorem 1.2 a), analogous to Theorem 1.1 b) proved above, is also true, but we omit the proof at present. It is easiest to assume $E\underline{T}(t) < \infty$ for all t, which was the case in Theorem 1.2 a) anyway. The main point is that any filtration

$$F_t = \sigma(B_i^*(s \wedge T_i^c(t)), i < m+1; P_j^*(s \wedge T_j^d(t)), j < n+1; 0 < s)$$

where $\underline{T}(t) = (T_i^c(t), T_j^d(t))$ is continuous in t, $\underline{T}(0) = \underline{0}$, $E\underline{T}(t) < \infty$, and each $\underline{T}(t)$ is a strict stopping vector, automatically satisfies 1)-3). To get the absence of continuous martingales, one then requires only absence of the B_i^* (Brownian) terms. Thus the well-ordering of discontinuity times is unnecessary for the converse, provided we also omit it from the conclusion. Since this argument has its natural setting in greater generality than the present paper, we will defer it to a later date.

References

1. C. Dellacherie and P.-A. Meyer, Probabilités et Potentiel. Publ. de L'institut de Math. de L'univ. Strasbourg No. XV (1975).

2. A. Benveniste and J. Jacod, Systèmes de Lévy des processus de Markov. Inventiones math., 21 (1973), 183-198.

3. J. L. Doob, Stochastic Processes. Wiley, 1953.

4. F. B. Knight, Essentials of Brownian motion and diffusion. Math. Surveys 18, Amer. Math. Soc. (1981).

5. F. B. Knight, Essays on the prediction process. Lecture Notes Series 1, Inst. of Math. Statist. (1981).

6. F. B. Knight, On strict-sense forms of the Hida-Cramer representation. Seminar on Stochastic Processes, 1984. Cinlar, Chung, Getoor, editors. Birkhäusen (to appear).

7. T. Kurtz, Representations of Markov processes as multiparameter time changes. The Annals of Prob. 8 (1980), 682-715.

8. Y. LeJan, Temps d'arret stricts et martingales de saut. Z. Wahrscheinlichkeitstheorie verw. Geb. 44 (1978), 213-225.

9. D. Lepingle, P. A. Meyer, and M. Yor, Extrémalité et remplissage de tribus pour certaines martingales purement discontinues. Sém. de Prob. XV, 1979/80. Lecture Notes in Math. #850, Springer-Verlag, 604-617.

10. P. A. Meyer, Generation of σ-fields by step processes. Sém. de Prob. X. Lecture Notes in Math. #511, Springer-Verlag (1976), 118-124.

11. P. A. Meyer, Demonstration simplifiée d'un theoreme de Knight. Sém. de Prob. V. Lecture Notes in Math. #191, Springer-Verlag (1971), 191-195.

12. A. O. Pittenger, Regular birth times for Markov processes. The Annals of Prob. 9, #5 (1981), 769-780.

13. S. Watanabe, On discontinuous additive functionals and Lévy measures of a Markov process. Jap. J. Math. 34 (1964), 53-79.

SUR LA REPRESENTATION INTEGRALE DES MARTINGALES DU PROCESSUS DE POISSON

par F. Fagnola et G. Letta

INTRODUCTION. Dans le Sém. Prob. VIII, L.N. 381, p.25, C. Dellacherie donne une démonstration très simple du théorème de représentation prévisible pour les processus de Wiener et de Poisson à partir des théorèmes bien connus d'unicité en loi pour ces processus. Cette démonstration comportait une erreur, rectifiée dans le Sém. Prob. IX, L.N. 465, p. 494 pour le processus de Wiener. A notre connaissance, bien que la méthode de Dellacherie ait été étendue à des cas beaucoup plus généraux par Yor (thèse, non publié) et par Jacod-Yor (ZW 38, 1977, p. 83-125), personne n'a jamais publié de démonstration complète selon la méthode tout à fait élémentaire de Dellacherie, dans le cas du processus de Poisson. C'est ce que nous nous proposons de faire ici.

Cette rédaction (préparée en collaboration avec P.A. Meyer) est une forme abrégée, destinée au Séminaire de Probabilités, d'une version plus détaillée, préparée à Pise pour un public moins spécialisé.

NOTATIONS. Sur un espace probabilisé complet $(\Omega,\mathcal{F},P)$ on considère un processus de Poisson (N_t) nul en 0, d'intensité 1, et la filtration $(\mathcal{F}_t)$ engendrée par N et satisfaisant aux conditions habituelles. On désigne par T_n les instants de sauts successifs de N. par X le processus de Poisson compensé (N_t-t). Comme le compensateur prévisible de N est continu, les temps d'arrêt T_n sont totalement inaccessibles.

Voici le résultat qui est vraiment établi dans le travail de Dellacherie (le cas borné est explicitement traité, le cas minoré s'obtient par la même démonstration).

LEMME 1. <u>Toute martingale locale</u> Y , <u>nulle en</u> 0, <u>minorée par une constante et orthogonale à</u> X (i.e., $[Y,X]$ est une martingale locale) <u>est nulle</u>.

Nous allons en déduire que <u>toute martingale locale</u> Y <u>nulle en</u> 0 <u>est une intégrale stochastique prévisible</u> $\int_0^t H_s dX_s$. Par arrêt, on peut se ramener au cas où Y est uniformément intégrable. Puis, par un nouvel arrêt au temps $\inf\{t : |Y_t|\geqq n\}$, on peut se ramener au cas où $Y^*=\sup_t |Y_t|$ est intégrable. La démonstration procède alors en deux lemmes très simples.

LEMME 2. <u>Pour tout</u> n <u>on a</u> $\mathcal{F}_{T_n}=\mathcal{F}_{T_n-}$.

<u>Démonstration</u>. Il suffit de démontrer que toute v.a. bornée U , $\mathcal{F}_{T_n}$-mesurable et orthogonale à $\mathcal{F}_{T_n-}$, est nulle (rappelons qu'une v.a. V

est $\mathcal{F}_{T_n-}$-mesurable si et seulement s'il existe un processus prévisible H tel que $V=H_{T_n}$). Il est très facile de vérifier que le processus $Y_t=UI_{\{t\geq T_n\}}$ est une martingale bornée. Comme $\Delta X_{T_n}=1$, on a $[Y,X]=Y$, qui est une martingale ; d'après le lemme 1, $Y=0$, donc $U=0$. ▯

LEMME 3. <u>Toute martingale locale</u> Y <u>nulle en</u> 0, <u>continue aux instants</u> T_n, <u>est nulle</u> (comme plus haut on peut supposer $Y^*\varepsilon L^1$).

<u>Démonstration</u>. Nous allons d'abord montrer que Y n'a pas de sauts positifs. Il suffit de montrer que pour tout k , le temps d'arrêt

$$S = \inf\{t : \tfrac{1}{k}\leq\Delta Y_t\leq k\}$$

est p.s. infini. Or soit Z_t le processus croissant $\Delta Y_S I_{\{t\geq S\}}$; son compensateur prévisible $\tilde{Z}$ ne peut sauter aux temps totalement inaccessibles T_n , et Z n'y saute pas par hypothèse, donc la martingale minorée $\tilde{Z}-Z$ est telle que $[\tilde{Z}-Z,X]=0$. D'après le lemme 1, elle est nulle, et $Z=\tilde{Z}$. Alors $S=\inf\{t: \tilde{Z}_t\geq 1/k\}$ est un temps d'arrêt prévisible, donc $E[\Delta Y_S]=0$: comme $\Delta Y_S\geq 0$ sur $\{S<\infty\}$ on en déduit $\Delta Y_S=0$, et enfin $S=+\infty$ p.s..

On montre de même que Y n'a pas de sauts négatifs, donc elle est continue. On peut alors se ramener par arrêt au cas où Y est bornée, et déduire du lemme 1 que $Y=0$. ▯

DEMONSTRATION DU THEOREME. Puisque $\mathcal{F}_{T_n}=\mathcal{F}_{T_n-}$, il existe pour tout n un processus prévisible H^n tel que $\Delta Y_{T_n}=H^n_{T_n}$. Soit $H=\Sigma_n H^n I_{]T_{n-1},T_n]}$: c'est un processus prévisible, et on a $\Delta Y_{T_n}=H_{T_n}$ pour tout n . On a pour tout n $E[\int_0^{T_n}|H_s|dN_s] = E[\Sigma_1^n|\Delta Y_{T_n}|]<\infty$, donc $E[\int_0^{T_n}|H_s|ds] < \infty$, donc l'intégrale stochastique $\int_0^t H_s dX_s$ existe et est une martingale locale Y'_t ; or $Y-Y'$ n'a pas de sauts aux instants T_n , donc elle est nulle d'après le lemme 3. ▯

Scuola Normale Superiore
56100 PISA, Italie.

SUR L'EXISTENCE DE L'OPERATEUR CARRÉ DU CHAMP

par P.A. Meyer

1. Soit (P_t) un semi-groupe de Markov droit sur un espace d'états E . Nous introduisons sa réalisation continue à droite canonique $(\Omega,\ X_t,\ P^{\mu},\ (\mathcal{F}^{\mu}_t),\ \mathcal{F}^{\mu},\ \ldots\ldots\theta_t)$ toute la litanie habituelle : seule la durée de vie ζ n'y est pas, car on ne perd aucune généralité à supposer tout de suite le semi-groupe markovien.

On se propose de trouver une condition analytique entraînant la propriété suivante, de nature probabiliste :

Pour toute loi μ, toute martingale (M_t) de carré intégrable sur l'espace probabilisé $(\Omega,(\mathcal{F}^{\mu}_t),P^{\mu})$ - qui satisfait aux conditions habituelles - le crochet oblique $d\langle M,M\rangle_t$ est absolument continu par rapport à dt .

Ce problème est étudié dans le Sém. Prob. X, LN in M. 511, p.143-146 et 162-163. Le résultat fondamental, dû pour l'essentiel à Kunita, nous dit que la propriété ci-dessus a lieu si et seulement si le domaine étendu du générateur L de (P_t) est une algèbre, ce qui permet de définir un opérateur carré du champ pour le semi-groupe ($\Gamma(f,g) = L(fg)-fLg-gLf$).

Le domaine étendu étant inaccessible dans sa totalité, cette condition analytique est inutilisable : il faut la remplacer par l'existence d'une algèbre suffisamment riche Λ contenue dans le domaine. Et c'est ici que la réponse donnée par le Sém. Prob. X p. 163 est insuffisante : il est exigé que l'algèbre Λ soit stable par la résolvante, condition très gênante.

Nous nous proposons dans cette note de lever cette restriction.

2. Soit f une fonction bornée, universellement mesurable sur E. Nous disons que f appartient au domaine étendu du générateur L, et que $Lf=g$, si

i) pour tout $p>0$ la fonction $U_p(|g|)$ est finie ($U_p=\int_0^{\infty}e^{-ps}P_s ds$)

ii) on a $f=U_p(pf-g)$ pour tout $p>0$ (on pose alors $Lf=g$).

Le processus

$$(1)\qquad C^f_t = f(X_t) - f(X_0) - \int_0^t g(X_s)ds$$

est alors une martingale càdlàg., sous toute loi P^x. L'intégrale stochastique $\int_0^t e^{-ps}dC^f_s$ s'écrit

$$(2)\qquad C^{f,p}_t = e^{-pt}f(X_t) - f(X_0) - \int_0^t e^{-ps}(g-pf)\circ X_s\, ds\ .$$

Voici le lemme principal de Kunita (Sém. Prob. X, p. 144 ; nous ne donnerons pas de démonstration, celle-ci étant à peu près classique)

THEOREME 1. Soit f appartenant au domaine étendu de L. Pour que f^2 appartienne au domaine étendu de L, il faut et il suffit que le crochet $d\langle C^f, C^f\rangle_t$ soit absolument continu par rapport à dt .

3. Soit Λ une partie du domaine-L^{∞} de L : autrement dit, pour toute $f\in\Lambda$, f appartient au domaine étendu, et de plus $g=Lf$ est bornée (cette hypothèse sera discutée à la fin de la note). Nous dirons que Λ est pleine si

(3) la seule mesure signée bornée λ, ne chargeant pas les ensembles de potentiel nul, orthogonale aux $(pI-L)f$ ($f\in\Lambda$, $p>0$) est la mesure 0.

L'orthogonalité à $(pI-L)f$ pour tous les p signifie que λ est orthogonale à f et Lf : la condition est donc une sorte de propriété de densité-faible de $\Lambda\cup L\Lambda$ dans L^{∞} . En pratique, on vérifiera la propriété pour Λ, et en omettant la condition sur les ensembles de potentiel nul. Si Λ est une algèbre engendrant la tribu borélienne, par exemple, le tour est joué.

4. Voici le résultat essentiel de cette note : c'est une extension du théorème fondamental de Kunita-Watanabe sur les espaces stables de fonctionnelles additives d'un processus de Markov. Il est tout à fait satisfaisant que la démonstration repose sur l'équivalence (représentation prévisible) <=> (extrémalité) due à Jacod-Yor (cf. Yor, Sém. Prob. XII, LN 649, p. 264-309), l'un des plus jolis résultats de la théorie.

THEOREME 2. Soit Λ une partie pleine du domaine de L . Le sous-espace stable engendré, sous la loi P^x, par les martingales C^f pour $f\in\Lambda$, contient toutes les martingales locales nulles en 0.

Démonstration. Le théorème de Jacod-Yor nous ramène à la vérification de l'extrémalité de la loi P^x dans l'ensemble des lois de probabilité pour lesquelles $X_0=x$ p.s., et les processus (C^f_t), $f\in\Lambda$ - processus qui sont uniformément bornés sur tout intervalle fini $[0,t]$ - sont des martingales. Mieux : on se ramène trivialement à vérifier l'extrémalité dans l'ensemble des lois satisfaisant à cette condition, et absolument continues par rapport à P^x. Nous allons prouver

La seule loi $Q\ll P^x$, sous laquelle les C^f sont des martingales pour $f\in\Lambda$, est égale à P^x.

Pour la clarté de la démonstration, nous commençons par oublier dans (3) le membre de phrase << ne chargeant pas les ensembles de potentiel nul >>. Soient $s>0$, $A\in\mathcal{F}_s$. Nous voulons établir que sous la loi Q, on a pour tout t et toute fonction continue bornée j sur E

(4) $E[I_A\, j(X_{s+t})] = E[I_A\, P_t(X_s,j)$ (espérances sous la loi Q)

Cela entraînera en effet que le processus X est markovien sous la loi Q, avec le même semi-groupe et la même loi initiale ε_x que sous la loi P^x, d'où l'identité des deux lois.

Comme d'habitude, il suffit d'établir l'égalité des transformées de Laplace :

$$E[I_A(\int_s^\infty j(X_u)e^{-pu}du - e^{-ps}U_p j(X_s)] = 0 .$$

Désignons par $\lambda_s(j)$ cette expression : λ_s est une mesure signée bornée, et pour vérifier qu'elle est nulle, il suffit de vérifier (d'après (3)) que $\lambda_s(pf-Lf)=0$ si $f\in\Lambda$. Or ceci exprime précisément que $C^{f,p}$ est une martingale sous la loi Q - et $C^{f,p}$ est une intégrale stochastique par rapport à C^f, bornée sur tout intervalle fini.

Lorsqu'on utilise l'hypothèse (3) sous la forme un peu plus faible indiquée, on procède ainsi : la loi Q étant absolument continue par rapport à P^x, le processus $U_p j(X_s)$ est continu à droite sous la loi Q . Le raisonnement précédent ne démontre plus que la mesure λ_s est nulle, mais il le démontre encore pour la mesure $\int_0^h \lambda_{s+u}du$, qui ne charge pas les ensembles de potentiel nul. D'autre part, on a

$$\lambda_s(j) = \lim_{h\to 0} \frac{1}{h}\int_0^h \lambda_{s+u}(j)du = 0 .$$

5. Nous appliquons ce résultat à l'existence de l'opérateur carré du champ.

THEOREME 3. <u>Supposons qu'il existe dans le domaine</u>-L^∞ <u>une partie pleine</u> Λ , <u>telle que pour tout</u> $f\in\Lambda$ <u>le crochet</u> $d\langle C^f,C^f\rangle_t$ <u>soit absolument continu par rapport à</u> dt . <u>Alors le semi-groupe admet un opérateur carré du champ</u>.

<u>Démonstration</u>. Nous nous plaçons d'abord sous une loi P^x. L'ensemble $\mathcal{L}$ des martingales locales M telles que $H\cdot M=0$ pour tout processus prévisible H, borné et négligeable pour la mesure $dP^x\times dt$, est évidemment un sous-espace stable. Les éléments de $\mathcal{L}$ qui sont localement de carré intégrable sont exactement ceux dont le crochet est absolument continu.

D'après le théorème précédent, l'existence d'une partie pleine satisfaisant à l'énoncé entraîne que $\mathcal{L}$ contient toutes les martingales locales. En particulier, il contient toutes les martingales C^f, $C^{f,p}$, f appartenant au domaine étendu. Appliquant le théorème 1, on voit que le domaine étendu est une algèbre, et l'on est ramené au théorème de Kunita. Il serait d'ailleurs assez facile de démontrer le théorème de Kunita lui même à partir du théorème 2, sans avoir à se rattacher à une théorie préalable.

6. Nous terminons par quelques remarques.

a) L'hypothèse de continuité absolue n'a pas été utilisée - en particulier, lorsque nous avons parlé du domaine-L^∞, la classe d'ensembles négligeables utilisée était celle des ensembles de potentiel nul.

b) Il est parfois nécessaire d'établir le théorème 2 ou 3 sans supposer les fonctions f ou Lf bornées pour $f\in\Lambda$. Sans vouloir donner d'énoncé formel, indiquons les modifications à apporter, aux hypothèses et à la démonstration.

- Les éléments de Λ sont maintenant assujettis aux conditions $U_p|f|<\infty$, $U_p(|Lf|)<\infty$, $f=U_p(pf-Lf)$. Il en résulte que les processus C^f, $C^{f,p}$ appartiennent à la classe (D) sur tout intervalle fini, sous les lois P^x.
- Dans la démonstration du théorème 2, ce qu'on cherche à établir est une propriété d'extrémalité, donc on peut supposer, non seulement que $Q<<P^x$, mais que Q est majorée par un multiple de P^x. Donc les processus C^f, $C^{f,p}$ sont des martingales de la classe (D) sous la loi Q, sur tout intervalle fini.

La mesure $\int_0^h \lambda_{s+u}du$ de la fin de la démonstration est majorée par un multiple de la mesure $\varepsilon_x U_p$, donc elle intègre $|f|+|Lf|$. On peut donc établir qu'elle est nulle en ajoutant dans l'hypothèse (3) que $pf-Lf$ soit λ-intégrable pour tout $p>0$, $f\in\Lambda$. Le passage à la limite à la fin ne fait plus intervenir $f\in\Lambda$, mais j continue bornée, et ne pose aucun problème nouveau.

Institut de Recherche Mathématique Avancée, Université Louis-Pasteur

67084-Strasbourg Cedex

(laboratoire associé au CNRS)

SUR LE THEOREME DE REPRESENTATION PAR RAPPORT A L'INNOVATION

M. PONTIER, C. STRICKER, J. SZPIRGLAS

°°°°°

Nous généralisons un peu, dans ce papier, le théorème de représentation prévisible par rapport à l'innovation qui a été établi par FUJISAKI, KALLIANPUR et KUNITA [3].

On considère le modèle de filtrage suivant : le processus d'observation Y d'un signal X, définis tous deux sur un espace de probabilité filtré $(\Omega, \underline{\underline{A}}, \underline{\underline{F}}, \mathbb{P})$, et une $\underline{\underline{F}}$-semi-martingale continue de la forme :

$$(1) \qquad Y_t = \int_0^t h_s \, ds + W_t$$

où W est un $(\underline{\underline{F}}, \mathbb{P})$-mouvement brownien à valeurs dans $\mathbb{R}^n$ et h est un processus $\underline{\underline{F}}$-progressivement mesurable à valeurs dans $\mathbb{R}^n$ tel que :

$$(2) \qquad \int_0^t \| h_s \|^2 ds < \infty \quad , \mathbb{P} \text{ p.s. } , \forall t \geq 0$$

Sous les hypothèses (1) et (2), on sait d'après ([6], corollaire 2) que Y est pour sa filtration naturelle, $\underline{\underline{G}}^Y$, complétée et rendue continue à droite, une semi-martingale spéciale admettant une décomposition vérifiant des conditions analogues à (1) et (2), à savoir :

$$(3) \qquad Y_t = \int_0^t \hat{h}_s \, ds + I_t$$

où I, appelé "processus d'innovation" de Y, est une $\underline{\underline{G}}^Y$-martingale de processus croissant t (c'est donc un $\underline{\underline{G}}^Y$-mouvement brownien) et $\hat{h}$ est un processus adapté tel que :

$$(4) \qquad \int_0^t \| \hat{h}_s \|^2 ds < \infty \quad \mathbb{P} \text{ p.s. } \forall t \geq 0.$$

Par l'unicité de la décomposition des semi-martingales spéciales, dès que l'on peut définir une $\underline{\underline{G}}^Y$-projection prévisible du processus h, elle coïncide nécessairement avec $\hat{h}$.

Dans le cas où h est borné, on a le théorème de représentation par rapport à l'innovation : toute $\underline{\underline{G}}^Y$-martingale se représente comme intégrale stochastique de processus $\underline{\underline{G}}^Y$- prévisibles par rapport à l'innovation I. On montre ici que le résultat est encore vrai sous les hypothèses (1) et (2) qui généralisent un peu celles de [3] et, dans le même temps, on précise leur démonstration.

On introduit maintenant quelques notations et définitions. Pour un processus générique Z défini sur un espace de probabilité $(\Omega, \underline{\underline{A}}, \mathbb{P})$, à valeurs dans un espace mesurable $(E, \underline{\underline{F}})$, on considère les filtrations suivantes : la filtration naturelle de Z complétée des ensembles $\mathbb{P}$-négligeables de $\underline{\underline{A}}$, $\underline{\underline{N}}$, que l'on note $\underline{\underline{F}}^Z$:

(5) $$\underline{\underline{F}}_t^Z = \sigma(Z_s \; ; \; s \leq t) \vee \underline{\underline{N}}$$

et la régularisée à droite de $\underline{\underline{F}}^Z$, notée $\underline{\underline{G}}^Z$:

(6) $$\underline{\underline{G}}_t^Z = \bigwedge_{\varepsilon>0} \underline{\underline{F}}^Z_{t+\varepsilon}$$

Cette filtration $\underline{\underline{G}}^Z$ vérifie les conditions usuelles de (1).

Pour une filtration $\underline{\underline{F}}$ sur $(\Omega, \underline{\underline{A}}, \mathbb{P})$ et un $\underline{\underline{F}}$-temps d'arrêt T, on définit les tribus suivantes : celle des évènements antérieurs à T, notée $\underline{\underline{F}}_T$ et formée des éléments A de $\underline{\underline{F}}_\infty$ tels que

(7) $$A \cap \{T \leq t\} \in \underline{\underline{F}}_t \qquad \forall t \geq 0 \; ;$$

et la tribu des évènements strictement antérieurs à T, notée $\underline{\underline{F}}_{T^-}$ et engendrée par $\underline{\underline{F}}_0$ et les ensembles de la forme

(8) $$A \cap \{t < T\}, \text{ où } A \in \underline{\underline{F}}_t \text{ et } t \geq 0.$$

On rappelle que le couple $(X, \underline{\underline{F}})$ - où X est une $\underline{\underline{F}}$-martingale continue - possède la <u>propriété de représentation prévisible</u> si toute $\underline{\underline{F}}$-martingale Y admet une version séparable qui peut se représenter comme une intégrale stochastique de X, soit :

(9) $$Y_t = Y_0 + \int_0^t f_s . dX_s$$

avec f processus $\underline{\underline{F}}$-prévisible tel que $E \int_0^t f_s^2 \, d\langle X,X\rangle_s$ est fini pour tout t positif, où $\langle X,X\rangle$ désigne le processus croissant de X. Il est connu que lorsque X est un mouvement brownien, les filtrations $\underline{\underline{F}}^X$ et $\underline{\underline{G}}^X$ coïncident et $(X, \underline{\underline{F}}^X)$ possède la propriété de représentation prévisible.

La démonstration de [3] utilise implicitement le fait que les tribus $\underline{\underline{F}}^{z}_{T}$ et $\underline{\underline{F}}^{z^T}_{\infty}$ coïncident pour un $\underline{\underline{F}}^{z}$-temps d'arrêt (où $Z^T_t = Z_{T\wedge t}$) ce qui n'est pas vrai en général. Pour contourner cette difficulté, on utilise des résultats de [2] (qui ont également servi dans [5] pour l'étude des filtrations naturelles des processus à valeurs dans une variété).

On montre la proposition suivante :

Proposition 1. Sous les hypothèses (1) et (2), le couple $(I, \underline{\underline{G}}^Y)$ possède la propriété de représentation prévisible.

La démonstration s'appuie sur la proposition suivante de [2]:

Proposition 2 (prop. 4 de [2]). Soient deux processus X et Y, et T un temps d'arrêt tel que :

(10) $$X^T = Y^T \quad \mathbb{P} \text{ p.s.}$$

Si S est un $\underline{\underline{G}}^X$-temps d'arrêt $\mathbb{P}$ p.s. strictement inférieur à T, alors S est un $\underline{\underline{G}}^Y$-temps d'arrêt et l'on a :

(11) $$\underline{\underline{G}}^X_S = \underline{\underline{G}}^Y_S$$

Démonstration : Soit t un réel positif, A dans $\underline{\underline{G}}$. On pose :

(12) $$B = A \cap \{S < t\}$$

et (a_i) l'ensemble des dyadiques de $[0,t[$. Soit :

(13) $$S_n = \sum_{k=0}^{\infty} \frac{k+1}{2^n} 1\{\frac{k}{2^n} \leqq S < \frac{k+1}{2^n}\}$$

L'évènement $B \cap \{S_n = a_i\}$ est $\underline{\underline{G}}^X_{a_i}$ mesurable et $\underline{\underline{G}}^X_{a_i}$ est séparable (aux ensembles négligeables près). Il existe donc un ensemble dénombrable de $[0\ a_i]$ $D_i = \{s^i_o, s^i_1, \ldots, s^i_p, \ldots\}$ et des fonctions boréliennes f^i_n de $\mathbb{R}^{D_i}$ à valeurs dans $\{0,1\}$:

(14) $$f^i_n(X_{s^i_o}, X_{s^i_1}, \ldots) = B \cap \{S_n = a_i\}$$

Des définitions (13) et (14), on tire :

(15) $$1_{A\cap\{S<t\}} = \lim_{n\to\infty} 1_{A\cap\{S_n<t\}} = \lim_{n\to\infty}\sup_i 1_{B\cap\{S_n=a_i\}} =$$

$$= \lim_{n\to\infty}\sup_i 1_{\{S_n=a_i\}} f_n^i(X_{s_p^i}) = \lim_{n\to\infty}\sup_i 1_{\{S_n=a_i\}} f_n^i(X^T_{s_p^i})$$

En effet, si S est supérieur ou égal à t, il est supérieur à s_p^i et $X_{s_p^i} = X^T_{s_p^i}$; sinon, il existe pour n assez grand un indice i tel que, pour tout p :

(16) $$s_p^i \leqq a_i = S_n < T$$

Lorsque A = Ω, on a même mieux :

(17) $$1_{\{S<t\}} = \lim_{n\to\infty}\sup_i f_n^i(X^T_{s_p^i})$$

ce qui montre que S est un $\underline{\underline{G}}^Y$-temps d'arrêt. Il en est donc de même pour les S_n. De $X^T = Y^T$ on déduit alors que A appartient à $\underline{\underline{G}}^Y_S$: $\underline{\underline{G}}^x_S \subset \underline{\underline{G}}^y_S$. On a évidemment l'inverse par symétrie et donc l'égalité (11).

Démonstration de la proposition 1. Lorsque h est borné sur un intervalle de temps fini, l'idée est de faire un changement de probabilité équivalente pour laquelle Y est un mouvement brownien ; en effet, dans ce cas, la martingale locale L définie par :

(18) $$L_t = \exp\left(-\int_0^t \hat{h}_u\, dI_u - \frac{1}{2}\int_0^t \|\hat{h}_u\|^2 du\right)$$

est une martingale uniformément intégrable sur [0,s] pour tout s fini. Sous l'hypothèse plus large (2) ce n'est plus le cas, et on est amené à localiser :

(19) $$T_n = \inf\{t\geqq 0/L_t \leqq 1/n \text{ ou } \int_0 \|\hat{h}_u\|^2 du \geqq n\}\wedge n \ ; \ n \geq 2$$

Ces temps d'arrêt sont $\underline{\underline{G}}^Y$-prévisibles comme débuts d'ensembles prévisibles fermés à droite ; ils sont de plus strictement positifs et strictement croissants.Le processus arrêté L^{T_n} est une $\underline{\underline{G}}^Y$-martingale de carré intégrable minorée par 1/n. La probabilité $\mathbb{P}^n = L^{T_n}.\mathbb{P}$ est donc équivalente à $\mathbb{P}$. On pose :

(20) $$Y_t^n = I_t + \int_0^{t\wedge T_n} \hat{h}_u\, du$$

Le théorème de Girsanov montre que Y^n est un $(\underline{\underline{G}}^Y, P^n)$-mouvement brownien. Par ailleurs, les processus Y et Y^n coïncident jusqu'au temps d'arrêt T_n. La stricte croissance de la suite (T_n) et la proposition 2 montrent que T_{n-1} est un $\underline{\underline{G}}^{Y^n}$-temps d'arrêt et que

$$(21) \qquad \underline{\underline{G}}^Y_{t\wedge T_{n-1}} = \underline{\underline{G}}^{Y_n}_{t\wedge T_{n-1}}$$

On peut alors conclure la démonstration : si Z est une $(\underline{\underline{G}}^Y, \mathbb{P})$-martingale de carré intégrable, $Z^{T_{n-1}}$ est une $(\underline{\underline{G}}^Y_{\cdot\, T_{n-1}}, P)$-martingale et donc $(Z/L)^{T_{n-1}}$ est une $(\underline{\underline{G}}^Y_{\cdot\wedge T_{n-1}}, P^n)$-martingale et aussi $(\underline{\underline{G}}^Y_{\cdot\wedge T_{n-1}}, \mathbb{P}^n)$-martingale, de carré intégrable ($L^{T_{n-1}}$ est minorée). On obtient, par la propriété de représentation du brownien Y^n l'existence d'un processus ϕ^n, $\underline{\underline{G}}^{Y_n}$ -prévisible, tel que :

$$(22) \qquad (Z/L)_t^{T_{n-1}} = Z_o + \int_o^{t\wedge T_{n-1}} \phi^n(u) d\, Y_u^n$$

La formule de Itô appliquée au produit L x Z/L donne :

$$(23) \qquad Z_{t\wedge T_{n-1}} = Z_o + \int_o^{t\wedge T_{n-1}} \psi^n(u)\, dI_u$$

avec $\psi^n = \psi^n 1_{]\!]0,T_{n-1}]\!]}$ processus $\underline{\underline{G}}^{Y_n}$ -prévisible, mais aussi, par (21), $\underline{\underline{G}}^Y$-prévisible. On peut choisir les ψ^n de sorte que $\psi^m = \psi^n 1_{]\!]0,T_{m-1}]\!]}$ si $m < n$; et les temps d'arrêt T_n croissant vers l'infini, on peut donc définir un processus ψ $\underline{\underline{G}}^Y$-prévisible coïncidant avec ψ^n sur $]\!]0,T_{n-1}]\!]$ tel que :

$$(24) \qquad Z_t = Z_o + \int_o^t \psi(u)\, d\, I_u,$$

ce qui achève la démonstration.

<u>Remarque</u>. Comme nous l'a suggéré JACOD, il n'existe qu'une seule probabilité $\mathbb{P}$ sur $(\Omega, \underline{\underline{G}}^Y_\infty)$ telle que Y soit une $(\underline{\underline{G}}^Y, \mathbb{P})$ semi-martingale de caractéristiques locales $(\int_o^t \hat{h}_s\, ds, \delta_{ij}\, dt, 0)$. Dans ce cas, le $\underline{\underline{G}}^Y$-mouvement brownien a nécessairement la propriété de représentation prévisible, grâce à la proposition (12.21) de [4].

REFERENCES

[1] C. DELLACHERIE & P.A. MEYER : "Probabilités et potentiels", tomes 1 et 2, Hermann, Paris (1975 et 1980).

[2] H.J. ENGELBERT and J. HESS : "Intégral Représentation with respect to stopped Continuous Local Martingales", Stochastic 4 (1980), p. 121-142.

[3] M. FUJISAKI, G. KALLIANPUR and KUNITA : "Stochastic Differential Equations for the Nonlinear Filtering Problem", Ozaka J. Math. 9 (1972), p. 19-40.

[4] J. JACOD : "Calcul stochastique et Problèmes de Martingales", L.N. in Math n° 714, Springer-Verlag (1979).

[5] M. PONTIER & J. SZPIRGLAS : "Filtrage non linéaire avec observation sur une variété" - A paraître dans Stochastics, 1985.

[6] C. STRICKER : "Quelques remarques sur les semi-martingales gaussiennes et le problème de l'innovation". Filtering and Control of Random Processes ; Proc. of ENST-CNET Coll, Feb. 23-24 1983 ; L.N. in Control and Inf. Sc. n° 61, Springer-Verlag, p. 260-276.

[7] J. SZPIRGLAS & MAZZIOTTO : "Modèle général de filtrage non linéaire et équations différentielles stochastiques associées", Ann. I.H.P. vol. XV n° 2 (1979) p. 147-173.

[8] M. ZAKAI : "On the optimal filtering of diffusion processes", Zeit. für Wahrshein. 11 (1969) p. 230-249.

QUAND L'INEGALITE DE KUNITA-WATANABE EST-ELLE UNE EGALITE ?

par LIN Cheng de

Etant donné un espace probabilisé $(\Omega,\underline{\underline{F}},P)$ muni d'une filtration $(\underline{\underline{F}}_t)_{t\geq 0}$ vérifiant les conditions habituelles, soient X et Y deux $\underline{\underline{F}}_t$-semimartingales, H et K deux processus $\underline{\underline{F}}_t$-prévisibles ; on a alors l'inégalité de Kunita-Watanabé :

$$\Big\{\int_0^\infty |H_sK_s|\,|d[X,Y]_s|\Big\}^2 \leqq \int_0^\infty H_s^2\,d[X]_s \int_0^\infty K_s^2\,d[Y]_s$$

où $[X]$ est une abréviation de $[X,X]$ (et de même $\langle X\rangle$ pour $\langle X,X\rangle$) ; si $\langle X\rangle$ et $\langle Y\rangle$ existent, on a aussi l'inégalité pour le crochet oblique. On se pose le problème suivant : quand est-ce que ces inégalités deviennent des égalités ? Dans ce travail, on étudie le cas essentiel : quand a-t-on

$$[X,Y]^2 = [X][Y] \quad \text{et} \quad \langle X,Y\rangle^2 = \langle X\rangle\langle Y\rangle$$

La première partie de ce travail traite le cas du crochet droit. Pour le cas où X et Y sont deux martingales locales, on trouve une condition nécessaire et suffisante sur les trajectoires de X et Y analogue à celle pour l'inégalité de Schwarz, i.e. il existe une relation linéaire entre les trajectoires de X et Y. Mais la dépendance linéaire s'écrit à l'aide d'une v.a. douée d'une certaine mesurabilité. Cette condition nécessaire et suffisante peut être étendue au cas où X et Y sont deux semimartingales chacune étant définie à un processus continu à variation finie près.

La deuxième partie de ce travail traite le cas du crochet oblique. On suppose que X et Y sont deux martingales telles que $\langle X\rangle$ et $\langle Y\rangle$ existent, autrement dit que X et Y sont deux martingales de carré localement intégrale. Dans ce cas on trouve seulement une condition nécessaire et une condition suffisante sur le comportement des trajectoires de X et Y. Des contre-exemples (pour des filtrations qui ne sont pas quasi-continues à gauche) montrent qu'aucune de ces deux concitions ne peut être à la fois nécessaire et suffisante. Pour des semimartingales dont les crochets obliques existent, ces deux résultats restent vrais à un processus continu à variation finie près.

PARTIE I : <u>Crochet droit</u>

A. <u>Cas où</u> $X,Y\in\underline{\underline{M}}_{loc}$

<u>Rappel</u> 1 : Soient $X\in\underline{\underline{M}}_{loc}$, T un t.d'a. et γ une v.a. $\underline{\underline{F}}_T$-mesurable. Posons $N=\gamma(X-X^T)$; alors on a $N\in\underline{\underline{M}}_{loc}$ et $[N,L]=\gamma([X,L]-[X,L]^T)$ pour toute martingale locale L.

Lemme 1 : Soient X et Y deux martingales locales telles que l'on ait $[X,Y]^2 = [X][Y]$. Posons $S = \inf\{s : [X]_s > 0\}$. Il existe alors une v.a. $\gamma \in \underline{\underline{F}}_S$ telle que $1_{\{S<\infty\}}[X,Y] = \gamma[X]$ et $1_{\{S<\infty\}}[Y] = \gamma^2[X]$

Démonstration : Supposons d'abord S = 0, et rappelons le résultat déterministe suivant. Soient a(t), b(t) deux fonctions positives croissantes et c(t) une fonction à variation dinie telles qu'on ait pour tout s,t

$$|c(t)-c(s)|^2 = |a(t)-a(s)||b(t)-b(s)|.$$

Si, de plus, on a $c^2(t) = a(t)b(t)$ pour tout t, alors on a pour tout t

$$a(t) = k^2 b(t)$$

où k est une constante non nulle. On déduit de cela (et du lemme 1) qu'il existe une v.a. k , jamais nulle, telle que $[X,Y]^2 = [X][Y] = k^2[X]$, et donc un processus mesurable ε à valeurs dans $\{-1,+1\}$, càdlàg, tel que $[X,Y]_t = \varepsilon_t k[X]_t$ pour tout t. Montrons par l'absurde que les trajectoires de ε sont constantes. Supposons qu'il existe un couple (s,t), $0<s<t$, tel que $\varepsilon_s = -\varepsilon_t$ sur une partie A non vide de Ω. Comme

$$[X,Y]_s^t = [X,Y]_t - [X,Y]_s = \varepsilon_t k([X]_t + [X]_s) \text{ sur A}$$

on a

$$[X]_t[Y]_t \geq [X]_s^t[Y]_s^t \geq ([X,Y]_s^t)^2 = k^2([X]_t + [X_s])^2 \text{ sur A}$$

Mais, par hypothèse, on a $X_s > 0$, d'où $[X]_t[Y]_t > k^2[X_t]^2$ sur A et finalement $[Y_t] > k^2[X]_t$ sur A, ce qui est absurde. Il ne nous reste plus alors qu'à poser $\gamma = \varepsilon_t k$ pour obtenir une v.a. γ telle que, pour tout t,

$$[X,Y]_t = \gamma[X]_t \quad \text{et} \quad [Y]_t = \gamma^2[X]_t .$$

Enfin, pour le cas général, il suffit de poser $\underline{\underline{G}}_t = \underline{\underline{F}}_{S+t}$, $\underline{X}_t = X_{S+t}1_{\{S<\infty\}}$ et $\underline{Y}_t = Y_{S+t}1_{\{S<\infty\}}$. En utilisant le résultat ci-dessus, on a les deux égalités désirées, et comme γ est égal, pour tout $t>0$, au quotient de $1_{S<\infty\}}[X,Y]_{S+t}$ par $[X]_{S+t}$, il est clair que γ est $\underline{\underline{F}}_S$-mesurable.

Lemme 2 : Posons $S = \inf\{t : [X]_t > 0>$ et $R = \inf\{t : [Y]_t > 0\}$. Si on a $[X,Y]^2 = [X,][Y]$, alors on a

$$\Omega = \{\omega : S(\omega) \vee R(\omega) = \infty\} \cup \{\omega : S(\omega) = R(\omega) < \infty\} \text{ p.s.}$$

Autrement dit, si les deux processus [X] et [Y] sont non constants sur une trajectoire, ils démarrent en même temps. La démonstration est triviale. Nous omettrons désormais les "p.s." quand il n'y aura pas risque de confusion, et, dans toute cette partie I, nous conserverons les notations S et R pour les deux t.d'a. définis ci-dessus.

Theorème 1 : Soient X et Y deux martingales locales. Pour que l'on ait $[X,Y]^2 = [X][Y]$, il faut et il suffit qu'il existe une v.a. $\gamma \in \underline{\underline{F}}_S$ (resp $\gamma \in \underline{\underline{F}}_R$) telle que $\{\gamma \neq 0\} = \{S \vee R < \infty\} = \{S = R < \infty\}$ et que $\gamma X - Y = 0$ (resp $X - \gamma Y = 0$) sur $\{S \vee R < \infty\}$.

Démonstration : D'abord la suffisance. Pas de problèmes sur $\{S \vee R = \infty\}$. L'ensemble $F = \{S \vee R < \infty\}$ est égal par hypothèse à $\{S = R < \infty\}$ et appartient donc à $\underline{\underline{F}}_S\cap\underline{\underline{F}}_R$. Posons $M=\gamma(X-X^S)$, $N=1_F(Y-Y^R)$; on a $M,N\in\underline{\underline{M}}_{o,loc}$ et $M-N=0$ d'où

$$1_F\{\gamma^2[X]-2\gamma[X,Y]+[Y]\} = 1_F\{\gamma^2([X]-X_S^2 1_{[\![S,\infty[\![})-2\gamma([X,Y]-X_SY_S1_{[\![S,\infty[\![}) + ([Y]-Y_S^2 1_{[\![S,\infty[\![})\} = [M-N] = 0,$$

et finalement $[X,Y]^2 = [X][Y]$ sur $\{S\vee R<\infty\}$. Passons à la nécessité. D'après les lemmes 1 et 2 on a $\{\gamma\neq 0\} = \{S\vee R<\infty\} = \{S=R<\infty\}\in\underline{\underline{F}}_S\cap\underline{\underline{F}}_R$. Avec les mêmes notations F,M,N que précédemment, on a

$$[M-N] = \gamma^2([X]-[X]^S)-2\gamma([X,Y]-[X,Y]^S)+1_F([Y]-[Y]^S) = 0$$

d'où $M-N = \gamma(X-X^S)-1_F(Y-Y^R) = 0$. D'autre part, sur $\{S<\infty\}$, on a

$$\gamma X_S^2 = \gamma[X]_S = [X,Y]_S = X_SY_S \quad , \quad \gamma^2X_S^2 = \gamma^2[X]_S = [Y]_S = Y_S^2$$

d'après le lemme 1, d'où $Y_S = \gamma X_S$. Ainsi, on a $\gamma X-Y=0$ sur $\{S\vee R<\infty\}$.

B. <u>Cas où</u> $X,Y\in\underline{\underline{S}}$

Soit $X = M+A = M+A^d+A^c$ une décomposition de la semimartingale X, où M appartient à $\underline{\underline{M}}_{loc}$, A est à variation finie et A^d,A^c sont les parties discontinue, continue de A. Comme A^c ne joue pas de rôle dans le calcul du crochet droit, il nous suffit de considérer le problème quand

$$X = M+A^d = M+\sum_n \Delta A_{S_n}1_{[\![S_n,\infty[\![} \qquad \text{et} \qquad Y = N+B^d = N+\sum_n \Delta B_{T_n}1_{[\![T_n,\infty[\![}$$

où (S_n) et (T_n) sont deux suites de t.d'a. telles que, pour tout $i\neq j$, on ait $[\![S_i]\!]\cap[\![S_j]\!]=\emptyset$ et $[\![T_i]\!]\cap[\![T_j]\!]=\emptyset$.

<u>Théorème</u> 2 : Soient X et Y deux semimartingales, et $X = M+A^c+A^d$ et $Y = N+B^c+B^d$ des décompositions de celles-ci. Pour que $[X,Y]^2=[X][Y]$, il faut et il suffit qu'il existe une v.a. $\gamma\in\underline{\underline{F}}_S$ (resp $\gamma\in\underline{\underline{F}}_R$) telle que $\{\gamma\neq 0\} = \{S\vee R<\infty\} = \{S=R<\infty\}$ et que $\gamma(X-A^c)-(Y-B^c)=0$ sur $\{S\vee R<\infty\}$ (resp $(X-A^c)-\gamma(Y-B^c)=0$ sur $\{S\vee R<\infty\}$).

La démonstration est analogue à celle du théorème 1 ; nous la laissons au lecteur.

PARTIE II : <u>Crochet oblique</u>

A. <u>Cas où</u> $X,Y\in\underline{\underline{M}}^2_{loc}$

On va donner quelques résultats concernant les martingales locales. Pour toute martingale locale X, le fait que son crochet oblique $\langle X\rangle$ existe est équivalent à dire que X est une martingale de carré localement intégrable. Donc, pour toute la suite, on prend $X,Y\in\underline{\underline{M}}^2_{loc}$ et on pose

$$S = \inf\{s : \langle X\rangle_s>0\} \quad , \quad R = \inf\{s : \langle Y\rangle_s>0\}.$$

On a le résultat suivant, analogue à celui pour le crochet droit :

<u>Théorème</u> 3 : Si $\langle X,Y\rangle^2 = \langle X\rangle\langle Y\rangle$, alors il existe une v.a. $\gamma\in\underline{\underline{F}}_S$ (resp $\gamma\in\underline{\underline{F}}_R$) telle que $\{\gamma\neq 0\} = \{S\vee R<\infty\} = \{S=R<\infty\}$ et que $\gamma X-Y=0$ (resp $X-\gamma Y=0$) sur $\{S\vee R<\infty\}$.

<u>Démonstration</u> : La preuve se décompose en deux parties :

(i) il existe une v.a. $\gamma\in\underline{\underline{F}}_S$ telle que $\{\gamma\neq 0\} = \{S\vee R<\infty\} = \{S=R<\infty\}$ et que $\gamma(X-X^S)-(Y-Y^S)=0$ sur $\{S\vee R<\infty\}$

(ii) on a $\gamma X^S - Y^S = 0$ sur $\{S \vee R < \infty\}$.

Voyons (i). Il est bien connu que, pour tout $X, Y \in \underline{\underline{M}}^2_{loc}$, il existe une unique décomposition de Y par rapport à X de la forme

$$Y_t = \int_0^t H_s\, dX_s + L_t$$

où (H_s) est un processus prévisible tel que $\int_0^{\cdot} H_s^2\, d[X]_s$ soit localement intégrable et où (L_s) est une martingale de carré localement intégrable orthogonale à X (cf [4],[5]). . Pour tout $t \in \mathbb{R}_+$, quitte à arrêter X,Y à un t.d'a. convenable, on a

$$<X,Y>_t^2 = \{\int_0^t H_s\, d<X>_s\}^2 \leqq <X>_t \int_0^t H_s^2\, d<X>_s \leqq$$

$$\leqq <X>_t \{\int_0^t H_s^2\, d<X>_s + <L_t>\} = <X>_t <Y>_t$$

Donc, d'après l'hypothèse, on a pour presque toute trajectoire

(1) $\quad <X>_t <L>_t = 0$ pour tout $t > 0$

(2) $\quad <X>_t \int_0^t H_s^2\, d<X>_s = \{\int_0^t H_s^2\, d<X>_s\}^2$ pour tout $t > 0$

D'après (2), il existe, pour presque tout ω, une constante $k(\omega)$ telle que

$$H_s(\omega) = k(\omega) \quad d<X>_s(\omega)\text{-p.p.}$$

et donc, pour tout $t \geq 0$, on a sur $\{S < \infty\}$

$$<X,Y>_{S+t}/<X>_{S+t} = <X>_{S+t}^{-1} \int_0^{S+t} H_s\, d<X>_s = k .$$

Posons $\gamma = k 1_{\{S<\infty\}}$; on a alors $\gamma \in \underline{\underline{F}}_S$, γ nulle hors de $\{S<\infty\}$ et aussi $1_{\{S<\infty\}} <Y>_{S+t}/<X>_{S+t} = \gamma^2$. Par conséquent on a pour tout $t \in \mathbb{R}_+$

(3) $\quad 1_{\{S<\infty\}} <X,Y>_t = \gamma <X>_t \quad$ et $\quad 1_{\{S<\infty\}} <Y>_t = \gamma^2 <X>_t$.

Considérons maintenant la martingale locale suivante

$$M_t = 1_{\{\gamma \neq 0\}} (Y - Y^S) - \gamma (X - X^S)$$

Comme on a

$$<M>_t = 1_{\{\gamma\neq 0\}} \{(<Y>_t + \gamma^2 <X>_t - 2\gamma <X,Y>_t) - (<Y^S>_t + \gamma^2 <X^S>_t - 2\gamma <X^S, Y^S>_t)\} = 0,$$

on a $\gamma(X - X^S) - (Y - Y^S) = M = 0$ sur $\{\gamma \neq 0\}$. Et il résulte de (3) qu'on a $\{\gamma\neq 0\} = \{S \vee R < \infty\} = \{S = R < \infty\}$, d'où la conclusion désirée. Passons à (ii).

On va d'abord montrer le fait suivant : pour $X \in \underline{\underline{M}}^2_{loc}(P)$ et $F \in \underline{\underline{F}}$, si on a $1_F <X>_\infty = 0$, alors on a $1_F X = 0$. En effet, posons $B = \{(t,\omega) : <X>_t(\omega) = 0\}$: B est un ensemble prévisible et donc

$$Y_t(\omega) = \int_0^t 1_B(s,\omega)\, dX_s(\omega) = 0$$

car Y est une P-martingale et $<Y>_\infty = 0$. Mais, pour la loi $Q = 1_F P/P(F)$, X est encore une semimartingale et $\mathbb{R}_+ \times F$ est prévisible, d'où

$$1_{F(\omega)} X_t(\omega) = Q\text{-}\int_0^t 1_{\mathbb{R}_+\times F}(s,\omega)\, dX_s(\omega) = Q\text{-}\int_0^t 1_{\mathbb{R}_+\times F}(s,\omega) 1_B(s,\omega)\, dX_s(\omega)$$

$$= Q\text{-}\int_0^t 1_{\mathbb{R}_+\times F}(s,\omega)\, dY_s(\omega) = 0$$

Ceci fait, posons $F_1 = \{S<\infty,\ <X>_S = 0\}$ et $F_2 = \{<X>_S < 0\}$ si bien qu'on a $\{S < \infty\} = F_1 \cup F_2$. Comme $1_{F_1} <X^S>_\infty = 1_{F_1} <X>_S = 0$, on a $1_{F_1} X^S = 0$. Par ailleurs, d'après (1) de (i), on a $1_{F_1} <L>_\infty = 0$ d'où $1_{F_1} <Y>_S = \int_0^S H_s^2\, d<X>_s = 0$ et donc $1_{F_1} Y^S = 0$. Par conséquent, on a $1_{F_1}(\gamma X^S - Y^S) = 0$. Ensuite on regarde la restriction S' du t.d'a. S à F_2 : il est le début du fermé prévisible $\{(s,\omega) : <X>_s(\omega) > 0$ et $<X>_{s-}(\omega) = 0\}$ et est donc prévisible. Soit alors (S_n) une suite de t.d'a. annonçant le t.d'a. S'. Pour chaque n on a $1_{F_2}X^{S_n} = 0$, d'où $1_{F_2}X^{S-} = 0$. Par conséquent, on a

$$1_{F_2}X^S = X_S 1_{[S',\infty[}$$
$$1_{F_2}Y^S = H^S X^S 1_{[S',\infty[} = kX_S 1_{[S',\infty[} = \gamma X_S 1_{[S',\infty[}$$

(voir la démonstration de (i) où $H_s(\omega) = k(\omega)$ $d\langle X\rangle_s$-p.p. ; ici on a $\Delta\langle X\rangle_S(\omega) > 0$), d'où $1_{F_2}(\gamma X^S - Y^S) = 0$.

Dans le sens inverse de celui du théorème 3 , on a le résultat suivant, qui est moins fort que l'analogue pour le crochet droit.

Théorème 4 : Soit γ une v.a. $\underline{\underline{F}}_{S-}$-mesurable (resp $\underline{\underline{F}}_{R-}$-mesurable) telle que $\{\gamma \neq 0\} = \{S \vee R < \infty\} = \{S = R < \infty\}$, et posons $F = \{S \vee R < \infty\}$. Si $1_F(\gamma X - Y) = 0$ (resp $1_F(X - \gamma Y) = 0$), alors $\langle X,Y\rangle^2 = \langle X\rangle\langle Y\rangle$.

Démonstration : Par hypothèse, il existe un processus Z tel qu'on ait $Y = \gamma X + 1_{F^c}Z$; on pose $L = 1_{F^c}Z$. Soit $G = \{\omega : \langle X\rangle_S = 0\}$: comme G appartient à $\underline{\underline{F}}_S$, la restriction S_G de S à G est un t.d'a. et ${}^1H = \gamma 1_{]S_G,\infty[}$ est un processus prévisible. De même soit $K = \{\omega : \langle X\rangle_S > 0\}$: S_K est le début du fermé prévisible $\{\langle X\rangle_s > 0, \langle X\rangle_{s-} = 0\}$ et est donc un t.d'a. prévisible, et ${}^2H = \gamma 1_{[S_K,\infty)}$ est un processus prévisible, $S_K \geq S$ impliquant $\gamma \in \underline{\underline{F}}_{S_K-}$. Maintenant, si on pose $H = {}^1H + {}^2H$, on a $Y = \int H\,dX + L$. Il est évident que L appartient à $\underline{\underline{M}}^2_{loc}$. Comme on sait que $1_F\langle X\rangle = 0$ implique $1_F X = 0$, on est assuré que $X1_{\{S=\infty\}} = 0$. De même $Y1_{\{R=\infty\}} = 0$, et par conséquent $Z1_{\{R=\infty\}} = 0$. Donc on a $XL = 1_{F^c}XZ = 1_{\{S=\infty\}\cup\{R=\infty\}}XZ = 0$, d'où L est orthogonale à X. Ainsi

$$\langle Y\rangle = \int H^2\,d\langle X\rangle + \langle L\rangle = \gamma^2\langle X\rangle + \langle L\rangle .$$

Il est évident que $1_{\{R=\infty\}}\langle L\rangle = 0$, d'où $1_{\{R=\infty\}}L = 0$ et donc $1_{\{S<\infty\}}L = 0$.
D'autre part si on pose

$$\underline{G} = \{\langle L\rangle_S = 0\} \quad , \quad \underline{K} = \{\langle L\rangle_S > 0\} \quad , \quad {}^1\underline{H} = 1_{]S_{\underline{G}},\infty[}$$
$${}^2\underline{H} = 1_{[S_{\underline{K}},\infty[} \quad , \quad \underline{H} = {}^1\underline{H} + {}^2\underline{H}$$

avec le même raisonnement que ci-dessus on a $1_{\{S<\infty\}}L = \int \underline{H}\,dL \in \underline{\underline{M}}^2_{loc}$. Comme $1_{\{S<\infty\}}L = 0$, on a $1_{\{S<\infty\}}\langle L\rangle = \int \underline{H}^2\,d\langle L\rangle = 0$, d'où $1_F\langle L\rangle = 0$. Finalement sur F on a $\langle X,Y\rangle = \int H\,d\langle X\rangle = \gamma\langle X\rangle$, $\langle Y\rangle = \gamma^2\langle X\rangle$ d'où $\langle X,Y\rangle^2 = \langle X\rangle\langle Y\rangle$, et, sur F^c, le résultat est trivial.

Maintenant, en conséquence des théorèmes 4 et 5, on sait tout de suite que, pour toutes les filtrations $(\underline{\underline{F}}_t)$ totalement continues (i.e. on a $\underline{\underline{F}}_T = \underline{\underline{F}}_{T-}$ pour tout t.d'a. T), il existe une condition nécessaire et suffisante, analogue à celle pour le crochet droit, pour que $\langle X,Y\rangle^2 = \langle X\rangle\langle Y\rangle$. Mais en réalité on peut établir mieux :

Corollaire 1 : Supposons $(\underline{\underline{F}}_t)$ quasi-continue à gauche (i.e. on a $\underline{\underline{F}}_T = F_{T-}$ pour tout t.d'a. prévisible T). Pour que $\langle X,Y\rangle^2 = \langle X\rangle\langle Y\rangle$, il faut et il suffit qu'il existe une v.a. $\gamma \in \underline{\underline{F}}_S$ (resp $\gamma \in \underline{\underline{F}}_R$) telle que $\{\gamma \neq 0\} = \{S \vee R < \infty\} = \{S = R < \infty\}$ et que $\gamma X - Y = 0$ (resp $X - \gamma Y = 0$) sur $\{S \vee R < \infty\}$.

<u>Démonstration</u> : Il suffit de remarquer que, dans la démonstration du théorème 4, S_K est un t.d'a. prévisible majorant S si bien que γ est $\underline{\underline{F}}_{S_K}$-mesurable et donc $\underline{\underline{F}}_{S_K-}$-mesurable si $(\underline{\underline{F}}_t)$ est quasi-continue à gauche. Le reste de la démonstration est alors inchangé, ${}^2H$ étant prévisible.

Dans le cas général, comme le montrent les contre-exemples suivants, nous n'avons pas de condition nécessaire et suffisante analogue à celle du crochet droit pour que $\langle X,Y\rangle^2 = \langle X\rangle\langle Y\rangle$. En effet, c'est la mesurabilité de γ, la v.a. citée dans les théorèmes 3 et 4, qui fait problème. Le contre-exemple 1 nous montre que "γ est $\underline{\underline{F}}_{S-}$-mesurable " n'est pas une condition nécessaire pour avoir $\langle X,Y\rangle^2 = \langle X\rangle\langle Y\rangle$ tandis que le contre-exemple 2 nous montre que, dans l'énoncé du théorème 4, on ne peut pas remplacer la $\underline{\underline{F}}_{S-}$-mesurabilité de γ par la $\underline{\underline{F}}_S$-mesurabilité de γ pour avoir l'égalité désirée.

<u>Contre-exemple</u> 1 : Soient $(\Omega',\underline{\underline{F}}',P')$ et $(\Omega'',\underline{\underline{F}}'',P'')$ deux espaces probabilisés complets suffisamment riches, Ω' et Ω'' étant disjoints. Soient Z' et Z'' deux processus de Poisson sur Ω' et Ω'' respectivement, $(\underline{\underline{G}}_t)$ et $(\underline{\underline{H}})_t$ leurs filtrations naturelles complétées, M et N les martingales locales compensées de Z' et Z''. Posons $\Omega = \Omega' \cup \Omega''$, $\underline{\underline{F}} = \underline{\underline{F}}' \;\; \underline{\underline{F}}''$, $P = \frac{1}{2}(P'+P'')$ et soit $(\underline{\underline{F}}_t)$ la filtration telle que $\underline{\underline{F}}_t$ soit la tribu engendrée par les ensembles P-négligeables pour $t<1$ et soit égale à $\underline{\underline{G}}_{t-1} \;\; \underline{\underline{H}}_{t-1}$ pour $t \geq 1$. Il est évident que $(\underline{\underline{F}}_t)$ vérifie les conditions habituelles. Définissons deux processus X et Y par

$$X_t = 0 \text{ pour } t<1 \quad , \quad X_t = M_{t-1}1_{\Omega'} + N_{t-1}1_{\Omega''} \text{ pour } t \geq 1$$
$$Y_t = 0 \text{ pour } t<1 \quad , \quad Y_t = M_{t-1}1_{\Omega'} - N_{t-1}1_{\Omega''} \text{ pour } t \geq 1$$

Il est facile de voir que X et Y sont deux martingales de carré localement intégrable et qu'on a $Y = \gamma X$ p.s. où γ est une v.a. $\underline{\underline{F}}_1$-mesurable ($\gamma=1$ sur Ω' et $\gamma=-1$ sur Ω'') qui n'est pas $\underline{\underline{F}}_{1-}$-mesurable. Il est évident que $S=R=1$ et que $\langle X\rangle_1 = \langle Y\rangle_1 = 0$, d'où $X^S = Y^S = 0$. On a donc

$$\langle Y\rangle = \langle Y-Y^S\rangle = \langle \gamma(X-X^S)\rangle = \gamma^2\langle X\rangle \quad , \quad \langle X,Y\rangle = \langle X,\gamma(X-X^S)\rangle = \gamma\langle X\rangle \; ,$$

d'où $\langle X,Y\rangle^2 = \langle X\rangle\langle Y\rangle$.

<u>Contre-exemple</u> 2 : Soient Ω l'intervalle $[0,1]$, P la mesure de Lebesque sur $[0,1]$ et $\underline{\underline{F}}$ la tribu borélienne de $[0,1]$ complétée. Prenons pour $(\underline{\underline{F}}_t)$ la filtration telle que $\underline{\underline{F}}_t$ soit la tribu engendrée par les ensembles négligeables pour $t<1$ et soit égale à $\underline{\underline{F}}$ pour $t \geq 1$. Il est évident que $(\underline{\underline{F}}_t)$ vérifieles conditions habituelles mais qu'elle n'est pas quasi-continue à gauche. Prenons deux v.a. $\underline{\underline{F}}$-mesurable α et β, diffuses, de carré intégrable, indépendantes. Posons

$$X_t = 0 \text{ pour } t<1 \quad , \quad X_t = \alpha - E\alpha \text{ pour } t \geq 1$$
$$L_t = (\beta - E\beta)X_t$$

Alors X et L sont deux martingales de carré intégrable. Il est évident que tout t.d'a. non constant est $\geqq 1$; donc, pour tout t.d'a. T, on a, grâce à l'indépendance de α et β,

$$E[X_T L_T] = E[X_T^2(\beta - E\beta)] = 0$$

d'où X et L sont orthogonales. Posons maintenant

$$Y = (E\beta)X + L$$

Y est une martingale de carré intégrable, et il est clair que $Y = \beta X$ et que $\{S \vee R < \infty\} = \{S=1\} = \{R=1\} = \Omega$. Comme α et β sont diffuses, L et $\langle L\rangle$ ne peuvent s'annuler p.p.. Donc, sur $\{\langle L\rangle_\infty > 0\}$, on a

$$\langle X,Y\rangle_\infty^2 = (\langle X,(E\beta)X+L\rangle_\infty)^2 = (E\beta)^2\langle X\rangle_\infty^2 < (E\beta)^2\langle X\rangle_\infty^2 + \langle X\rangle_\infty\langle L\rangle_\infty$$
$$= \langle X\rangle_\infty \langle L\rangle_\infty$$

B. Cas où $X, Y \in \underline{\underline{S}}$

Comme dans le cas du crochet droit, les théorèmes 3 et 4 s'étendent aussi au cas où X et Y sont deux semimartingales dont les crochets obliques existent. L'existence du crohet oblique d'une semimartingale X équivaut à dire que X est une semimartingale spéciale, de décomposition canonique $X = M + A$, où M est une martingale de carré localement intégrable et où A est un processus prévisible à variation finie. En effet, si $\langle X\rangle$ existe, alors $[X]$ est localement intégrable, donc aussi $[X]^{1/2}$, d'où X est une semimartingale spéciale. Soit $X = M + A$ sa décomposition canonique (M est une martingale locale et A un processus prévisible à variation finie) ; d'après le lemme de Yoeurp, $[M,A]$ est une martingale locale, donc $\langle M,A\rangle$ est nul, d'où $\langle X\rangle = \langle M\rangle + \langle A\rangle$, et le fait que $\langle M\rangle$ existe montre que M est une martingale de carré localement intégrable. La réciproque est triviale. Par conséquent on peut supposer que

$$X = M + A^d + A^c \quad \text{et} \quad Y = N + B^d + B^c$$

avec $M,N \in \underline{\underline{M}}^2_{loc}$, A^c et B^c (resp A^d et B^d) étant des processus prévisibles à variation finie continus (resp purement discontinus). On a alors les deux théorèmes suivants :

Théorème 5 : Soient X et Y deux semimartingales dont les crochets obliques existent. Supposons qu'on ait $\langle X,Y\rangle^2 = \langle X\rangle\langle Y\rangle$. Alors il existe une v.a. $\gamma \in \underline{\underline{F}}_S$ (resp $\gamma \in \underline{\underline{F}}_R$) telle que $\{\gamma \neq 0\} = \{S \vee R < \infty\} = \{S = R < \infty\}$ et $\gamma(X - A^c) - (Y - B^c) = 0$ (resp $(X - A^c) - \gamma(Y - B^c) = 0$) sur $\{S \vee R < \infty\}$.

N.B. : Ainsi, la différence entre γX et Y (resp X et γY) est un processus dont les trajectoires sont à variation finie p.s. ; mais ce processus n'est pas forcément adapté.

Théorème 6 : Soit γ une v.a. $\underline{\underline{F}}_{S-}$-mesurable (resp $\underline{\underline{F}}_{R-}$-mesurable) telle que $\{\gamma \neq 0\} = \{S \vee R < \infty\} = \{S = R < \infty\}$. Si on a $\gamma(X - A^c) - (Y - B^c) = 0$ (resp $(X - A^c) - \gamma(Y - B^c) = 0$) sur $\{S \vee R < \infty\}$, alors on a $\langle X,Y\rangle^2 = \langle X\rangle\langle Y\rangle$.

La démonstration du théorème 5 est très proche de celle du théorème 3 et celle du théorème 6 de celle du théorème 4. Donc nous ne détaillerons pas les démonstrations, nous contentant de remarquer deux faits : premièrement, pour toute semimartingale spéciale X dont la décomposition continue de comporte pas de partie continue à variation finie, on a

$$\forall F \in \underline{\underline{F}} \quad [(1_F \langle X \rangle = 0) \Rightarrow (1_F X = 0)] ;$$

deuxièmement, il existe une sorte de décomposition entre nos deux semimartingales X et Y, analogue à la décomposition orthogonale entre deux martingales de carré localement intégrable utilisée dans les démonstrations des théorèmes 3 et 4. Plus précisément, on a $Y = \int H\,dX + L$ où H est un processus prévisible et où L est une semimartingale telle que $\langle X,L \rangle = 0$. Cette décomposition est essentiellement unique lorsque X et Y ne possèdent pas de parties continues à variation finie dans leur décomposition. On peut établir ces deux faits comme suit. Pour le premier, il est facile de voir que X est nul pour $F = \Omega$; pour le cas général, on peut utiliser le même procédé que dans le cas des martingales localement de carré intégrable pour obtenir le résultat désiré. Pour le second, par la technique de localisation, on peut supposer $\langle X \rangle$ et $\langle Y \rangle$ intégrables ; d'après l'inégalité de Kunita-Watanabé, on sait alors que $\langle X,Y \rangle$ engendre sur la tribu prévisible une mesure absolument continue par rapport à celle engendrée par $\langle X \rangle$. Prenons maintenant pour H la dérivée de Radon-Nikodym correspondante, pour L le processus $Y - \int H\,dX$ et vérifions que $\langle X,L \rangle = 0$. On a $\langle X,L \rangle = \langle X,Y \rangle - \langle X, \int H\,dX \rangle$ et

$$\langle X, \int H\,dX \rangle = [X, \int H\,dX]^p = (\int H\,d[X])^p = \int H\,d\langle X \rangle ,$$

d'où $\langle X,L \rangle = \langle X,Y \rangle - \int H\,d\langle X \rangle$. Par définition de H, on voit que $\langle X,L \rangle$ engendre une mesure nulle sur la tribu prévisible ; autrement dit, $\langle X,L \rangle$ est une martingale locale, et comme elle est prévisible, elle est nulle. L'unicité de ce type de décomposition résulte du premièrement.

L'auteur remercie T. JEULIN pour la remarque qui simplifie beaucoup la démonstration dans la première partie.

Bibliographie :

[1] C. Dellacherie : Capacités et Processus stochastiques. Springer-Verlag, 1972.

[2] C. Dellacherie et P.A. Meyer : Probabilités et Potentiel, 2e édition, Chapitres I-IV. Hermann, Paris, 1975.

[3] H. Kunita et S. Watanabé : On Saquare Integrable Martingales, Nagoya Math. J. 30, 1967.

[4] P.A. Meyer : Un cours sur les Intégrales Stochasiques, Seminaire de Proba. X, L.N. in Math. n°511. Springer-Verlag, 1976.

[5] K.A. Yen : An Introduction to the Theory of Martingale and Stochastic Integral (in Chinese). Shangai, 1981.

Laboratoire de Calcul de Probabilités et Statistiques
Université de ROUEN

GROSSISSEMENT D'UNE FILTRATION
ET RETOURNEMENT DU TEMPS D'UNE DIFFUSION

E.PARDOUX

1. Introduction .

Soit $\{ X_t, 0 \leq t \leq 1 \}$ un processus de diffusion dans $\mathbb{R}^d$ solution de l'E.D.S:

$$dX_t = b(t,X_t)dt + \sigma(t,X_t)dW_t$$

où $\{W_t, 0 \leq t \leq 1 \}$ est un mouvement brownien standard dans $\mathbb{R}^\ell$. Continuant le travail de [2], nous nous posons la question suivante: existe-t-il un brownien standard dans $\mathbb{R}^\ell$ $\{\overline{W}_t, 0 \leq t \leq 1 \}$ et des coefficients $\{ \overline{b}(t,x), \overline{\sigma}(t,x); 0 \leq t \leq 1, x \in \mathbb{R}^d \}$ tels que le processus $\overline{X}_t = X_{1-t}, 0 \leq t \leq 1$, soit solution de :

$$d\overline{X}_t = \overline{b}(t,\overline{X}_t)dt + \overline{\sigma}(t,\overline{X}_t)\, d\overline{W}_t$$

Notre méthode consiste à identifier $\{\overline{W}_t\}$,en résolvant un problème de grossissement de filtration . On pourrait probablement déduire le résultat ci-dessous de ceux de Jeulin [4] et de Jacod [3] , mais cela ne semble pas possible de façon directe sans faire des hypothèses plus fortes que celles que nous utilisons ici. En outre, il nous paraît intéressant de donner une démonstration "directe" du résultat. On trouvera dans l'introduction de[2] une bibliographie sur le retournement du temps des diffusions .

2. Le résultat.

On suppose définis sur un espace de probabilité(Ω,F,P) un vecteur aléatoire X_0 à valeurs dans $\mathbb{R}^d$ et un mouvement brownien standard $\{W_t, 0 \leq t \leq 1 \}$ à valeurs dans $\mathbb{R}^\ell$ indépendant de X_0 . Soit $b, \sigma^i (i = 1,\dots,\ell)$ des applications mesurables de $[0,1] \times \mathbb{R}^d$ à valeurs dans $\mathbb{R}^d$ qui satisfont :

$$(\mathrm{H1}) \left\{ \begin{array}{l} \exists K > 0 \text{ t.q. } \forall (t,x,y) \in [0,1] \times \mathbb{R}^d \times \mathbb{R}^d, \\ |b(t,x)-b(t,y)| + \sum_1^\ell |\sigma^i(t,x) - \sigma^i(t,y)| \leq K|x-y| \\ |b(t,x)| + \sum_1^\ell |\sigma^i(t,x)| \leq K(1 + |x|) \end{array} \right.$$

Soit $\{X_t, t \in [0,1] \}$ le processus de Markov solution de l'E.D.S. au sens de Ito :

(1) $X_t = X_o + \int_o^t b(s,X_s)ds + \int_o^t \sigma^i(s,X_s)dW_s^i \ , 0 \leq t \leq 1$

Ici et dans la suite, nous utilisons la convention de sommation sur indices répétés .

Pour $t \in [0,1]$, on pose :

$$\mathring{G}^t \triangleq \sigma\{ W_s - W_t , \ t \leq s \leq 1 \}$$

G^t désignera la tribu obtenue en complétant $\mathring{G}^t$ par les ensembles de P-mesure nulle de F , et :

$$H^t \triangleq G^t \vee \sigma(X_1) = G^t \vee \sigma(X_t)$$

$\{G^t\}$ et $\{H^t\}$ sont des " filtrations rétrogrades ", i.e. des suites décroissantes de tribus . Il est clair que $\{W_t - W_1, t \in [0,1]\}$ est un "G^t-mouvement brownien rétrograde ",i.e. $\forall \ 0 \leq s \leq t \leq 1$, $W_s - W_t$ est un vecteur aléatoire gaussien de loi $N(0,(t-s)I)$, indépendant de G^t. La question posée est : $\{W_t - W_1\}$ est-il une " H^t-semimartingale rétrograde " ? Et si oui , quelle est sa décomposition de Doob-Meyer ?

Pour pouvoir donner une réponse à ces questions , formulons tout d'abord une seconde hypothèse :

(H2)
(i) la loi de X_o admet une densité $p_o \in L^2(\mathbb{R}^d ; \frac{dx}{1+|x|^k})$; pour un certain $k \in \mathbb{N}$

(ii) $\frac{\partial^2 a_{ij}}{\partial x_i \partial x_j} \in L^\infty(]0,1[\times \mathbb{R}^d)$,où $a(t,x) \triangleq \sigma(t,x) \ \sigma^*(t,x)$, et σ désigne la matrice $d \times \ell$, de colonnes $\sigma^i, i=1..\ell$.

On trouvera dans [2] la démonstration (purement analytique) du :

Lemme 2.1. Si(H1)et(H2)sont satisfaites, alors pour presque tout t dans [0,1], la loi de X_t possède une densité $p(t,x)$,et $\exists m \in \mathbb{N}$ tel que :

$$\int_0^1 \int_{\mathbb{R}^d} (1+ |x|^m)^{-1} (p^2(t,x) + \sum_1^\ell (\sigma^i . \nabla p)^2(t,x))dx \ dt < \infty$$

où ∇ désigne le gradient par rapport à x, et . le produit scalaire dans $\mathbb{R}^d$.

□

Notons que dans l'énoncé ci-dessus ∇p est pris au sens des distributions. Grâce à (H1), on peut multiplier cette distribution par σ^i,et le résultat du lemme signifie en particulier que les distributions $\sigma^i . \nabla p$, $i = 1... \ell$, sont des fonctions de $L^2_{loc}(]0,1[\times \mathbb{R}^d)$.

On a le :

Théorème 2.2. Supposons (H1) et (H2) satisfaites . Alors le processus $\{\hat{W}_t, t \in [0,1]\}$,dont la i-ème composante est donnée par :

$$\hat{W}^i_t = W^i_t - W^i_1 - \int_t^1 p(s,X_s)^{-1}\, \mathrm{div}(\sigma^i p)(s,X_s)ds$$

est un H^t mouvement brownien rétrograde (ici et dans toute la suite, chaque terme contenant p^{-1} est remplacé par zéro lorsque p est nul).

Ce résultat sera démontré au § 4 .

Remarque 2.3. Il est clair que si l'on remplace X_o dans (H2)par X_{t_o} $(t_o > 0)$, on a le théorème 2.2. avec 0 remplacé par t_o . En particulier ,si(H2) est vraie avec X_o remplacé par X_{t_o} , $\forall\, t_o > 0$, alors $\{\hat{W}_t, t \in]0,1]\}$ est un H^t mouvement brownien rétrograde . Signalons en outre que(ii) dans (H2) peut être remplacée par l'hypothèse :

$\exists\, \alpha > 0$.t.q. $a(t,x) \geq \alpha I$, $\forall (t,x) \in [0,1] \times \mathbb{R}^d$.

□

Remarque 2.4. Il est clair que $\{t; p(t,X_t) = 0\}$ est p.s. de mesure de Lebesgue nulle. Donc le choix d'une valeur à donner à l'expression contenant p^{-1}, lorsque p est nul, est arbitraire . Signalons que Zheng [7] a montré que sous certaines conditions supplémentaires de régularité sur p , le processus (t,X_t)ne rencontre p.s. jamais l'ensemble$\{(t,x); p(t,x) = 0\}$.

□

Définissons ce que nous appellerons " intégrale de Ito rétrograde ". Si $\{\hat{W}_t, t \in [0,1]\}$est un H^t mouvement brownien rétrograde, et $\{\varphi_t, t \in [0,1]\}$ un processus H^t adapté à trajectoires continues, on pose :

$$\int_t^1 \varphi_s \oplus d\hat{W}_s = \lim_{n\to\infty} \sum_{i=0}^{n-1} \varphi_{t^n_{i+1}} (\hat{W}_{t^n_{i+1}} - \hat{W}_{t^n_i})$$

où $t = t^n_o < t^n_1 < \ldots < t^n_n = 1$, et $\delta_n = \sup_i t^n_{i+1} - t^n_i \to 0$,quand $n \to \infty$

On déduit alors du théorème 2.2. le :

Corollaire 2.4. (i) $\{X_t, t \in [0,1]\}$ est solution de l'E.D.S.rétrograde:

$$dX_t = \hat{b}(t,X_t)dt + \sigma^i(t,X_t) \oplus d\hat{W}^i_t$$

où : $\hat{b}_i(t,x) \triangleq b_i(t,x) - (p(t,x))^{-1} \frac{\partial}{\partial x_j}(a_{ij}p)(t,x)$

(ii) $\{\overline{X}_t, t \in [0,1]\}$ est solution de l'E.D.S :

$$d\overline{X}_t = \overline{b}(t,\overline{X}_t)dt + \sigma^i(t,\overline{X}_t)d\overline{W}^i_t$$

où : $\overline{b}(t,x) = -\hat{b}(1-t,x)$, $\overline{\sigma}(t,x) = -\sigma(1-t,x)$, et $\overline{W}_t = W_{1-t}$.

Preuve : (i) résulte du théorème 2.2., en tenant compte de la correction intégrale de Ito progressive-intégrale de Ito rétrograde .(ii) résulte de (i) en changeant t en 1-t .

□

3. Deux Lemmes.

Nous rappelons tout d'abord un résultat qui est démontré dans [2] :

Lemme 3.1 . Supposons (H1) et (H2) satisfaites . Alors $(\sigma^i.\nabla p)(t,x)= 0$ dt x dx p.p. sur l'ensemble $\{(t,x) \in [0,1] \times \mathbb{R}^d ;\ p(t,x)= 0\}$, i= 1,..,$\ell$

□

Lemme 3.2. Supposons (H1)satisfaite. Soit g mesurable bornée , de $\mathbb{R}^d$ à valeurs dans $\mathbb{R}$, à support compact . Fixons $t \in [0,1]$. Pour $(s,x)\in [0,t]\times \mathbb{R}^d$, on pose :

$$v(s,x) = E\,[g(X_t)/\ X_s = x\ ]$$

Alors , $\forall\, n \in \mathbb{N}$,

$$\sup_{0\le s\le t} \int_{\mathbb{R}^d} (1+|x|^n)\ v^2(s,x)\ dx < \infty$$

Preuve : Soit $\varphi \in C^2(\mathbb{R}^d)$, t.q. $\varphi(x) = \rho(|x|)$, avec $\rho : \mathbb{R}_+ \to [\,1,+\infty\,[$ fonction strictement croissante, telle que $\rho(u) = u$, pour $u \ge 2$. On pose $\psi(x)= \mathrm{Log}\ \varphi(x)$, et on note P_{sx} la loi de $\{X_u, u \in [\,s,1\,]\}$, sachant que $X_s = x$. Sous P_{sx},

$$\psi(X_t)= \psi(x)+ \int_s^t (b(X_u).\nabla\psi(X_u)+ \frac{1}{2}\ \mathrm{Tr}\ [a(X_u)\,\partial^2\psi(X_u)]\ )du +$$
$$+ \int_s^t \nabla\ \psi(X_u)\ \sigma(X_u)dW_u$$

Il résulte du choix de φ que les intégrands sous les intégrales par rapport à du et à dW_u sont des processus bornés . Donc $\exists$ c t.q. :

$$|\psi(X_t)- \psi(x)| \le c(t-s) + |M_t^s|$$

où $\{M_u^s,\ u \in [s,1\,]\}$ est une martingale continue avec $M_s^s= 0$ et $\langle M^s\rangle_t \le c(t-s)$.

Soit $k \in \mathbb{R}_+ - \{0\}$ et $x \in \mathbb{R}^d$,t.q. $|x| > k$.

$$P_{sx}(\ |X_t| \le k) = P_{sx}(\ \psi(X_t)\le\ \psi(k))$$
$$\le P_{sx}(|\ \psi(X_t)- \psi(x)| \ge \psi(x) - \psi(k))$$
$$\le P_{sx}(\ |M_t^s| \ge\ \psi(x)- \psi(k)- c(t-s))$$
$$\le 2\ \exp\left[- \frac{(\psi(x)- \psi(k)- c(t-s))^2}{2\ c\ (t-s)}\right]$$

pourvu que $\psi(x) \geq \psi(k) + c(t-s)$. La dernière inégalité est bien connue (cf.par ex. [6,page 87]).

Posons $A = \sup_{x \in \mathbb{R}^d} |g(x)|$ et $B = \sup_{x \in \mathrm{Sup}(g)} |x|$.

$$v^2(s,x) \leq A^2 \; P_{sx}(X_t \leq B)$$

$$\leq 2A^2 \exp\left(- \frac{[\psi(x) - \psi(B) - c(t-s)]^2}{2\,ct} \right)$$

$\forall\, s \in [0,t]$, $\forall\, x$ t.q. $\psi(x) \geq \psi(B) + ct$. Soit $D \geq 2$ tel que $\psi(x) \geq \psi(B) + ct$, dès que $|x| \geq D$.

$$\int_{\mathbb{R}^d} (1+|x|^n) v^2(s,x)dx \leq A^2 \int_{\{|x| \leq D\}} (1+|x|^n)dx + 2A^2 \int_{\{|x| \geq D\}} (1+|x|^n)\exp\left(\frac{-(\psi(x)-\alpha)^2}{2\,ct}\right)dx$$

Il reste donc à montrer :

$$\int_{\{|x| \geq D\}} (1+|x|^n) \exp\left(\frac{-(\mathrm{Log}|x| - \alpha)^2}{\beta} \right) dx < \infty \,, \quad \forall \alpha, \beta > 0 \,; D \geq 2$$

Or, à un facteur près qui dépend de la dimension d, l'expression ci-dessus vaut :

$$\int_{\mathrm{Log}\,D}^{\infty} [e^{du} + d^{(n+d)u}] \exp\left[- \frac{(u-\alpha)^2}{\beta}\right] du < \infty$$

□

4. Preuve du théorème 2.2

Grâce aux Lemmes 2.1 et 3.1 , le processus :

$$\hat{W}_t^i = W_t^i - W_1^i - \int_t^1 \frac{\mathrm{div}(\sigma^i p)(u,X_u)}{p(u,X_u)} du$$

est bien défini . Posons :

$$T_n = \begin{cases} 0 & \text{si } |X_1| \leq n \\ 1 & \text{si } |X_1| > n \end{cases}$$

$\{T_n, n \in \mathbb{N}\}$ est une suite de "H^t-temps d'arrêt rétrogrades". Nous allons montrer que $\forall t \in [0,1]; i = 1,\ldots,\ell; n \in \mathbb{N}$, $\hat{W}^i_{t \vee T_n}$ est une variable aléatoire intégrable,et que si $0 \leq s < t \leq 1$,

$$(2) \qquad E(\hat{W}^i_{t \vee T_n} - \hat{W}^i_{s \vee T_n} / H^t) = 0$$

Ceci suffira à montrer que $\{\hat{W}^i_t, t \in [0,1]\}$ est une H^t-martingale locale rétrograde, donc un H^t-mouvement brownien, compte tenu de sa variation quadratique .

$$E(W^i_{t\vee T_n} - W^i_{s\vee T_n}/H^t) = 1_{\{|X_1|\leq n\}}\, E(W^i_t - W^i_s/H^t)$$
$$= 1_{\{|X_1|\leq n\}}\, E(W^i_t - W^i_s/X_t)$$

v étant défini comme au lemme 3.2, avec g satisfaisant les mêmes conditions, appliquons formellement la formule de Ito pour différentier la martingale $v(u,X_u)$. On obtient formellement (dans ce qui suit, l'indice i est fixé) :

$$E[(W^i_t-W^i_s)g(X_t)] = E[(W^i_t-W^i_s)\int \nabla v\,\sigma^i(u,X_u)\,dW^i_u\,]$$
$$= E\int_s^t (\sigma^i\,\nabla v)(u,X_u)du$$
$$= \int_s^t\int_{\mathbb{R}^d} p(u,x)(\sigma^i\,\nabla v)(u,x)dx\,du$$

D'où, après intégration par parties :

(3) $$E\,[(W^i_t-W^i_s)g(X_t)] = -\int_s^t\int_{\mathbb{R}^d} \operatorname{div}(\sigma^i p)(u,x)v(u,x)dx\,du$$

Admettons un instant cette égalité. Grâce au lemme 3.1,

(4) $$\int_s^t\int_{\mathbb{R}^d} \operatorname{div}(\sigma^i p)(u,x)v(u,x)dx\,du = E[g(X_t)\int_s^t \frac{\operatorname{div}(\sigma^i p)(u,X_u)}{p(u,X_u)}du]$$

D'après (4), il résulte des lemmes 2.1 et 3.2 que la v.a.r. qui apparait sous l'espérance dans le membre de droite de (4) est intégrable, $\forall$ g bornée et à support compact.

Donc $E(\,|\int_s^t \frac{\operatorname{div}(\sigma^i p)(u,X_u)}{p(u,X_u)}du\,|/H^t) < \infty$ p.s.,

et, en choisissant $t = 1$ et $g(x) = 1_{\{|x|\leq n\}}$, on obtient que la v.a.r. $\int_{t\vee T_n}^1 (p(u,X_u))^{-1}\operatorname{div}(\sigma^i p)(u,X_u)du$ est intégrable. Donc $\hat{W}^i_{t\vee T_n}$ est intégrable, et d'après (3) + (4) :

$$E(W^i_t-W^i_s/H^t) = -E(\int_s^t (p(u,X_u))^{-1}\operatorname{div}(\sigma^i p)(u,X_u)du/H^t)$$

ce qui entraîne (2).

Il ne nous reste plus qu'à démontrer le :

<u>Lemme 4.1.</u> L'égalité (3) est satisfaite.

<u>Preuve :</u> Supposons tout d'abord, outre (H1) et (H2), que b et σ sont de classe C^2 en x et σ à support compact dans $[0,1]\times\mathbb{R}^d$, et que g est de classe C^∞.

Alors - cf. [1] - v est de classe $C^{1,2}$, et satisfait l'équation de Kolmogorov :

$$\frac{\partial v}{\partial u}(u,x) + L\,v(u,x) = 0$$

où L est le générateur infinitésimal de $\{X_t\}$.
Alors les calculs qui mènent ci-dessus à (3) sont justifiés, toutes les intégrabilités découlant aisément du fait que σ est à support compact .

Revenons aux hypothèses du théorème, en supposant encore g de classe C^∞ . On peut construire une suite $\{ b_n, \sigma_n ; n \in \mathbb{N} \}$ de coefficients qui satisfont les conditions ci-dessus, satisfont(H1) et (H2)uniformément en n, et tels que $\forall R > 0$,

$$\lim_{n \to \infty} \int_0^T \sup_{|x| \leq R} \left(|b(s,x)-b_n(s,x)| + \sum_1^{\ell} |\sigma^i(s,x) - \sigma_n^i(s,x)|\right) ds = 0$$

Alors , $\forall n \in \mathbb{N}$,

$$(3^n) \qquad E^n [(W_t^i - W_s^i) g(X_t)] = - \int_s^t \int_{\mathbb{R}^d} \operatorname{div}(\sigma_n^i p^n)(u,x) v^n(u,x) dx\, du$$

En outre, d'après [6] , $P^n_{ux} \Rightarrow P_{ux}$, et $P^n \Rightarrow P$. On peut donc passer à la limite dans le membre de gauche de (3^n), et de plus

$$v^n(u,x) \to v(u,x) \quad , \quad \forall (u,x) .$$

D'autre part, il résulte de la preuve du Lemme 3.2 que $| v^n(s,x)|$ est majorée par une fonction indépendante de n, et qui appartient à $L^2( ]0,1[\times \mathbb{R}^d ; (1+|x|^m)\, dt\, dx)$.

Donc $v^n \to v$ dans $L^2( ]0,1[\times \mathbb{R}^d ; (1+|x|^m) dt\, dx)$.

Il résulte du Lemme 2.1 que $\operatorname{div}(\sigma_n^i p^n)$ reste dans un borné de $L^2( ]0,1[\times \mathbb{R}^d ; (1+|x|^m)^{-1} dt\, dx)$ donc, quitte à extraire une sous-suite , $\operatorname{div}(\sigma_n^i p^n)$ converge faiblement dans $L^2( ]0,1[\times \mathbb{R}^d ; (1+|x|^m)^{-1} dt\, dx)$. Sa limite ne peut qu'être la limite au sens des distributions de la même suite, qui est $\operatorname{div}(\sigma^i p)$.
On peut donc prendre la limite dans le second membre de (3^n). (3) est établi avec g de classe C^∞ . Le passage à g mesurable borné et à support compact quelconque est facile .

□

5. Conclusion .

Avec des hypothèses très proches de celles de [2] ,mais cependant un peu plus rigides , la méthode de grossissement de filtration donne un résultat de retournement du temps plus complet, puisqu'elle permet d'identifier non seulement $\bar{b}$ et $\bar{\sigma}$, mais aussi $\bar{W}$,y compris lorsque σ est dégénéré . Le résultat démontré ici avait été annoncé dans [5] , et utilisé dans l'étude du problème de lissage non linéaire.

Remerciement: Je tiens à remercier J.Jacod , qui m'a suggéré une simplification dans ma démonstration initiale.

Bibliographie :

[1] A.Friedmann : Stochastic differential equations and applications Vol 1,Acad.Press (1975)

[2] U.Haussmann - E.Pardoux : Time reversal of diffusions , Annals of Probability, à paraître (1985)

[3] J. Jacod : Grossissement initial, Hypothèse (H')et Théorème de Girsanov. in Grossissement de filtrations: exemples et applications, T. Jeulin et M.Yor eds, Lecture Notes in Mathematics 1118, 15-35, Springer Verlag (1985).

[4] T.Jeulin : Semi-martingales et grossissement d'une filtration, Lecture Notes in Mathematics 833, Springer Verlag (1980).

[5] E.Pardoux : Time reversal of diffusion processes and non linear smoothing , in Systems and Optimization, A. Bagchi et H. Th. Jongen eds , Lecture Notes in Control and Information Sciences 66, 171 - 181, Springer-Verlag (1985)

[6] D.Stroock-S.Varadhan : Multidimensional diffusion processes, Springer Verlag (1979).

[7] W.Zheng : Semi-martingales with smooth densities-the problem of " nodes". à paraître . Voir aussi la bibliographie de cet article .

U.E.R. de Mathématiques
Université de Provence
3,Place V.Hugo
13331 Marseille Cedex 3

UNE CLASSE DE PROCESSUS STABLE
PAR RETOURNEMENT DU TEMPS

Jean PICARD*

1. Introduction

L'objet de ce travail est d'étudier, pour certains processus stochastiques X_t, $0 \leq t \leq 1$, les propriétés du processus retourné $\overline{X}_t = X_{1-t}$. Il est bien connu que si X est un processus de Markov, alors $\overline{X}$ en est également un. Si X est un processus de diffusion, solution d'une équation différentielle

$$dX_t = b(t, X_t)dt + \sigma(t, X_t)dW_t, \tag{1.1}$$

sous certaines hypothèses de regularité ([4]), le processus $\overline{X}$ est solution d'une équation analogue

$$d\overline{X}_t = \overline{b}(t, \overline{X}_t) + \overline{\sigma}(t, \overline{X}_t)d\overline{W}_t. \tag{1.2}$$

Cependant, il est souvent utile d'obtenir une majoration sur le coefficient de dérive $\overline{b}$ et une telle propriété semble délicate à atteindre en utilisant la formule explicite pour $\overline{b}$: dans le cas où σ ne dépend pas de x, voir [3] pour des hypothèses suffisantes pour que $\overline{b}$ soit borné ou à croissance linéaire. En revanche, supposons que l'on s'intéresse non pas à $\overline{b}(t,x)$ pour t fixé, mais seulement à la variable $\overline{\xi} = \int_0^1 |\overline{b}(t, \overline{X}_t)|^2 dt$; nous allons décrire dans ce papier une méthode probabiliste permettant d'estimer les moments de cette variable, ce qui est parfois suffisant — pour un exemple d'application au filtrage non linéaire de ce type de résultat, voir la conclusion de [8]. Cette méthode permet de plus de quitter le cadre markovien en autorisant la dérive $b(t, X)$ à dépendre de toute la trajectoire de X avant t; elle a déjà été utilisée ([2]) dans le cas $\sigma = I$ pour estimer l'espérance de $\overline{\xi}$; elle consiste à construire un modèle de référence pour lequel on a une expression simple du retourné et par rapport auquel la loi du processus considéré initialement est absolument continue. La construction de ce modèle de référence fait l'objet de la section 2; elle est analogue à la construction des processus de Nelson de [10] mais ici le coefficient de diffusion n'est pas supposé constant et peut être dégénéré; elle utilise le résultat de [7]. En section 3, ce modèle est utilisé pour décrire une classe de processus telle que si X appartient à cette classe, $\overline{X}$ y appartient aussi; cette section utilisera les résultats décrits dans [6] sur l'absolue continuité des lois de processus de Itô. En section 4, on donne des propriétés d'intégrabilité des processus de cette classe qui se conservent par retournement du temps; un exemple d'utilisation est décrit en section 5. En conclusion, nous noterons le lien avec d'autres problèmes de grossissement de filtrations.

2. Construction du modèle de référence

Nous commençons par introduire quelques données. L'espace de probabilité sera le produit $\Theta = \mathbf{R}^m \times \mathbf{C}(\mathbf{R}^d)$ (m et d entiers strictement positifs), où $\mathbf{C}(\mathbf{R}^d)$ est l'espace des fonctions continues de $[0,1]$ dans $\mathbf{R}^d$ muni de sa tribu borélienne, de la mesure de Wiener $\mathcal{W}$; quant à l'espace $\mathbf{R}^m$, il est muni de la mesure de Lebesgue λ et d'une mesure de probabilité $q_0.\lambda$ absolument continue. On munit alors Θ de la probabilité produit Q, on considère la variable $X_0(x,w) = x$, le processus $W_t(x,w) = w(t)$ et la filtration $\mathcal{F}_t$ complétée engendrée par la variable initiale X_0 et W. On note $\mathbf{S}^m = \mathbf{R}^m \cup \{\Delta\}$ le compactifié de $\mathbf{R}^m$ obtenu en ajoutant un point

* INRIA, Route des Lucioles, Sophia Antipolis, 06560 Valbonne (France)

à l'infini. On considère également deux fonctions boréliennes β et σ definies sur $[0,1] \times \mathbf{R}^m$ à valeurs respectivement dans $\mathbf{R}^m$ et $\mathbf{R}^m \otimes \mathbf{R}^d$; les hypothèses sur q_0, β et σ sont les suivantes:
(a) q_0 est à valeurs strictement positives et admet des dérivées d'ordre 2 localement bornées;
(b) $\beta(t,x)$, ainsi que ses dérivées jusqu'à l'ordre 3 par rapport à x sont continues en (t,x), et pour tout $(s,x) \in [0,1] \times \mathbf{R}^m$, l'équation $\dot{X}_t = \beta(t,X_t)$ $(0 \leq t \leq 1)$ admet une solution telle que $X_s = x$; on notera $\phi_t^s(x)$ cette solution;
(c) $\sigma(t,x)$ ainsi que ses dérivées jusqu'à l'ordre 2 par rapport à x sont continues en (t,x).

D'après (b), ϕ_t^s est un difféomorphisme 3 fois dérivable de $\mathbf{R}^m$ sur lui-même et $(\phi_t^s)^{-1} = \phi_s^t$; l'image de la mesure $q_0.\lambda$ par ϕ_t^0 est absolument continue par rapport à la mesure de Lebesgue et on notera $q(t,x)$ sa densité, soit

$$q(t,x) = \det\left[J(\phi_0^t)(x)\right] q_0(\phi_0^t(x)) \tag{2.1}$$

où $J(\phi_0^t)$ désigne la matrice jacobienne de ϕ_0^t. En particulier on a $q(t,x) > 0$ pour tout (t,x); de plus, q est de classe C^1 et solution de l'équation de Fokker-Planck du premier ordre

$$\frac{\partial q}{\partial t} + \sum_{i=1}^{m} \frac{\partial(\beta_i q)}{\partial x_i} = 0. \tag{2.2}$$

On définit également la fonction $F(t,x)$ à valeurs dans $\mathbf{R}^d$ par

$$F_j(t,x) = \frac{1}{2q(t,x)} \sum_{i=1}^{m} \frac{\partial(\sigma_{ij} q)}{\partial x_i}(t,x). \tag{2.3}$$

Alors F est une fonction localement lipschitzienne en x uniformément en t donc il existe un unique temps d'arrêt ς à valeurs dans $]0,1] \cup \{\infty\}$ et un unique processus adapté continu X_t à valeurs dans $\mathbf{S}^m$ tel que $X_t = \Delta$ p.s. sur $\{\varsigma \leq t \leq 1\}$ et

$$X_t = X_0 + \int_0^t (\beta + \sigma F)(s,X_s)ds + \int_0^t \sigma(s,X_s) \circ dW_s \quad \text{p.s. sur } \{t < \varsigma\} \tag{2.4}$$

où le "o" signifie que l'intégrale est prise au sens de Stratonovitch. Notre but est d'étudier le comportement de $\overline{X}_t = X_{1-t}$ sur $\{\varsigma = \infty\}$; pout tout temps t compris entre 0 et 1, nous noterons $\bar{t} = 1 - t$; $\overline{\mathcal{F}}_t$ sera la filtration engendrée par la variable initiale X_1 et le processus $W_1 - W_{\bar{t}}$; il s'agit de savoir si $W_1 - W_{\bar{t}}$, qui est un mouvement brownien pour sa filtration naturelle, reste une $\overline{\mathcal{F}}_t$ semimartingale. Nous commençons par un cas où on peut utiliser directement le résultat de [7].

Proposition 1. *Outre les hypothèses (a), (b) et (c), supposons que β et σ sont à support compact et que q_0 est bornée. Alors ς est presque sûrement infini et la loi de X_t est absolument continue par rapport à la mesure de Lebesgue de densité $q(t,.)$; de plus, le processus*

$$\overline{W}_t^0 = W_{\bar{t}} - W_1 - 2\int_{\bar{t}}^1 F(s,X_s)ds \tag{2.5}$$

est un $\overline{\mathcal{F}}_t$ mouvement brownien et $\overline{X}_t$ est solution de

$$\overline{X}_t = \overline{X}_0 + \int_0^t (-\beta + \sigma F)(\bar{s},\overline{X}_s)ds + \int_0^t \sigma(\bar{s},\overline{X}_s) \circ d\overline{W}_s^0. \tag{2.6}$$

Démonstration. La propriété de non explosion est évidente; écrivons (2.4) sous la forme de Itô, soit

$$X_t = X_0 + \int_0^t (\beta + b)(s,X_s)ds + \int_0^t \sigma(s,X_s)dW_s \tag{2.7}$$

avec
$$b_i = \sum_{j=1}^{d} \sigma_{ij} F_j + \frac{1}{2} \sum_{j=1}^{d} \sum_{k=1}^{m} \frac{\partial \sigma_{ij}}{\partial x_k} \sigma_{kj}.$$

En utilisant la définition (2.3) ainsi que la fonction $a = \sigma\sigma^*$ (où l'astérisque désigne la transposée), on obtient
$$b_i = \frac{1}{2q} \sum_{k=1}^{m} \frac{\partial(a_{ik}q)}{\partial x_k}, \quad \text{d'où} \quad \frac{1}{2} \sum_{i,k=1}^{m} \frac{\partial^2(a_{ik}q)}{\partial x_i \partial x_k} = \sum_{i=1}^{m} \frac{\partial(b_i q)}{\partial x_i}.$$

En associant cette égalité à (2.2), on montre que q est solution de l'équation de Fokker-Planck
$$\frac{\partial q}{\partial t} + \sum_{i=1}^{m} \frac{\partial\big((\beta_i + b_i)q\big)}{\partial x_i} = \frac{1}{2} \sum_{i,k=1}^{m} \frac{\partial^2(a_{ik}q)}{\partial x_i \partial x_k}. \tag{2.8}$$

Si on peut en déduire que q est la densité de X_t, la propriété sur $\overline{W}^0$ se déduira immédiatement de [7] et (2.6) sera obtenue en retournant (2.4), l'intégrale de Stratonovitch se comportant comme une intégrale de Stieltjes. Il ne reste donc qu'à montrer que (2.8) implique que q est la densité de X_t; cela se fait par une technique classique; on commence par supposer que les coefficients q_0, β et σ sont très réguliers (par exemple infiniment différentiables); on en déduit que b est également régulier; en fixant t et une fonction g C^∞ à support compact, on considère, pour $s \le t$, l'espérance $u(s,x)$ de $g(X_t)$ pour la probabilité solution du problème de martingales associé à (2.7) avec condition initiale x à l'instant s; alors u est régulière et est solution de l'équation rétrograde
$$\frac{\partial u}{\partial t} + \frac{1}{2} \sum_{i,k=1}^{m} a_{ik} \frac{\partial^2 q}{\partial x_i \partial x_k} + \sum_{i=1}^{m} (\beta_i + b_i) \frac{\partial q}{\partial x_i} = 0, \qquad u(t,.) = g.$$

Cette équation est l'équation adjointe de (2.8) et on peut montrer par intégration par parties que $\int u(s,x)q(s,x)dx$ est une fonction constante; en égalant les valeurs en 0 et t, on a $\int g(x)q(t,x)dx = \mathbf{E}\big[g(X_t)\big]$ donc q est bien la densité de X_t. Le cas général, pour lequel les coefficients sont moins réguliers, s'en déduit par approximation. □

Nous donnons maintenant un critère de compacité sur les ensembles de lois sur $\mathbf{C}(\mathbf{S}^m)$ (espace des fonctions continues de $[0,1]$ dans $\mathbf{S}^m$).

Lemme 2. *Soit G_r une suite d'ouverts de $\mathbf{S}^m$ qui croissent vers $\mathbf{R}^m$; pour $x \in \mathbf{C}(\mathbf{S}^m)$ et $\alpha, r > 0$, soit*
$$C_{\alpha,r}(x) = \sup\{|x(t) - x(s)| \,;\, |t-s| \le \alpha \text{ et } \forall u \in [s,t]\ x(u) \in G_r\}$$

où par convention, le sup *sur un ensemble vide est* 0. *Alors pour qu'une famille de probabilités (P^n) sur $\mathbf{C}(\mathbf{S}^m)$ soit tendue, il est suffisant que pour tout (ε, η, r) strictement positifs, il existe un $\alpha = \alpha(\varepsilon,\eta,r) > 0$ tel que*
$$\limsup_{n\to\infty} P^n\left[C_{\alpha,r}(.) \ge \varepsilon\right] \le \eta. \tag{2.9}$$

Démonstration. Soit δ une distance sur $\mathbf{S}^m$ compatible avec sa topologie, telle que $\delta(x,y) \le |x-y|$ si x et y sont finis. Alors (P^n) est tendue si et seulement si pour tout (ε,η), il existe un $\alpha > 0$ tel que
$$\limsup_{n\to\infty} P^n\left[\sup_{|t-s|\le\alpha} \delta\big(x(s),x(t)\big) \ge \varepsilon\right] \le \eta. \tag{2.10}$$

On suppose que la condition du lemme est satisfaite et on veut montrer (2.10). Pour cela, nous allons majorer la distance entre $x(s)$ et $x(t)$ en utilisant le module de continuité $C_{\alpha,r}(x)$. On notera δ_r le diamètre pour la distance δ du complémentaire G_r^c de G_r. Fixons $\alpha, r > 0$, s et t tels que $s \leq t \leq s + \alpha$, et $x \in \mathbf{C}(\mathbf{S}^m)$; si la trajectoire x reste dans G_r entre s et t alors $\delta(x(s), x(t)) \leq C_{\alpha,r}(x)$; sinon, soit $s_1 = \inf\{u \geq s\,;\, x(u) \notin G_r\}$ et $s_2 = \sup\{u \leq t\,;\, x(u) \notin G_r\}$; alors

$$\begin{aligned}\delta(x(s), x(t)) &\leq \delta(x(s), x(s_1)) + \delta(x(s_1), x(s_2)) + \delta(x(s_2), x(t)) \\ &\leq 2C_{\alpha,r}(x) + \delta_r. \end{aligned} \tag{2.11}$$

L'inégalité (2.11) est donc vraie dans les deux cas et pour tout r; comme G_r^c est une suite de compacts qui décroît vers $\{\Delta\}$, on en déduit que $\delta_r \downarrow 0$ lorsque $r \uparrow \infty$; en choisissant r tel que $\delta_r \leq \varepsilon/2$ et $\alpha = \alpha(\varepsilon/4, \eta, r)$, (2.10) est satisfaite. □

Pour généraliser la proposition 1 au cas où le processus X peut exploser, nous allons agrandir l'espace Θ et exploiter la notion de variable aléatoire floue décrite dans [5]; soit $\widetilde{\Theta} = \Theta \times \mathbf{C}(\mathbf{R}^d) \times \mathbf{C}(\mathbf{S}^m)$; les variables définies sur Θ sont identifiées naturellement à des variables définies sur $\widetilde{\Theta}$.

Proposition 3. *Il existe sur $\widetilde{\Theta}$ deux filtrations $\mathcal{G}_t$ et $\overline{\mathcal{G}}_t$, un processus continu $\widetilde{X}_t$ à valeurs dans $\mathbf{S}^m$, un processus continu $\overline{W}_t$ à valeurs dans $\mathbf{R}^d$ et une probabilité $\widetilde{Q}$ dont la projection sur Θ est Q, tels que*

(i) les processus $\widetilde{X}_t$ et $\widetilde{\overline{X}}_t = \widetilde{X}_{1-t}$ sont respectivement $\mathcal{G}_t$ et $\overline{\mathcal{G}}_t$ adaptés;

(ii) pour chaque t fixé, la loi de $\widetilde{X}_t$ ne charge que $\mathbf{R}^m$ et est absolument continue par rapport à la mesure de Lebesgue de densité $q(t,.)$;

(iii) les processus W_t et $\overline{W}_t$ sont respectivement sous $\widetilde{Q}$ des $\mathcal{G}_t$ et $\overline{\mathcal{G}}_t$ mouvements browniens;

(iv) sur $\{\varsigma = \infty\}$, les relations $\widetilde{X}_t = X_t$ et

$$\overline{W}_t = W_{\bar{t}} - W_1 - 2\int_{\bar{t}}^1 F(s, X_s)ds \tag{2.12}$$

sont vérifiées $\widetilde{Q}$ p.s.

Démonstration. Les processus $\overline{W}$ et $\widetilde{X}$ sont définis par

$$\overline{W}_t(x, w, \overline{w}, \widetilde{x}) = \overline{w}(t) \qquad \text{et} \qquad \widetilde{X}_t(x, w, \overline{w}, \widetilde{x}) = \widetilde{x}(t);$$

d'autre part, $\mathcal{G}_t$ et $\overline{\mathcal{G}}_t$ seront les filtrations engendrées respectivement par $(W, \widetilde{X})$ et $(\overline{W}, \widetilde{\overline{X}})$; pour chaque entier n, soit q_0^n, β^n et σ^n des fonctions vérifiant les hypothèses de la proposition 1 et coïncidant avec q_0, β et σ sur $\{(t,x);\ |x| < n\}$; ces coefficients permettent de définir des flots $(\phi_t^s)^n(x)$, des densités q^n et des fonctions F^n comme en (2.1) et (2.3). On a $(\phi_t^s)^n(x) = \phi_t^s(x)$ dès que $|\phi_u^s(x)| < n$ pour $u \in [s,t]$, donc d'après (2.1) et son analogue pour q^n, $q^n = q$ sur $[0,1] \times G_n$ avec

$$G_n = \{x;\ \forall (s,t) \quad |\phi_s^t(x)| < n\}. \tag{2.13}$$

D'après (2.3), on a $F^n = F$ sur ce même ensemble; remarquons que comme $\phi_s^t(x)$ est continu en (s,t,x), les G_n sont une suite d'ouverts qui croissent vers $\mathbf{R}^m$.

Soit maintenant Q^n la probabilité sur $\widetilde{\Theta}$ dont la projection sur Θ est $q_0^n.\lambda \otimes \mathcal{W}$ et telle que Q^n p.s.,

$$\widetilde{X}_t = X_0 + \int_0^t (\beta^n + \sigma^n F^n)(s, \widetilde{X}_s)ds + \int_0^t \sigma^n(s, \widetilde{X}_s) \circ dW_s \tag{2.14}$$

$$\overline{W}_t = W_{\bar{t}} - W_1 - 2\int_{\bar{t}}^{1} F^n(s, \widetilde{X}_s)ds. \tag{2.15}$$

La proposition 1 montre que $\overline{W}_t$ est un $(\overline{\mathcal{G}}_t, Q^n)$ mouvement brownien. Pour montrer que (Q^n) forme une famille tendue, il suffit de montrer que les lois sous Q^n de chacune des quatre composantes X_0, W, $\overline{W}$ et $\widetilde{X}$ forment des familles tendues. Pour les trois premières, c'est facile, et on a même plus en ce qui concerne les deux premières: pour toute fonction g borélienne bornée définie sur Θ,

$$\lim_{n\to\infty} \mathbf{E}_{Q^n}\left[g(X_0, W)\right] = \mathbf{E}_Q\left[g(X_0, W)\right]. \tag{2.16}$$

Il reste à étudier la loi P^n de $\widetilde{X}$; pour cela, on utilise le lemme 2, la condition (2.9) se déduisant de

$$\begin{aligned}\limsup_{n\to\infty} P^n\left[C_{\alpha,r}(x) \geq \varepsilon\right] &= P^r\left[C_{\alpha,r}(x) \geq \varepsilon\right] \\ &\leq P^r\Big[\sup_{|t-s|\leq\alpha} |\widetilde{X}_t - \widetilde{X}_s| \geq \varepsilon\Big].\end{aligned}$$

Donc (Q^n) est tendue; soit $\widetilde{Q}$ une valeur d'adhérence: il existe une sous-suite $\mathbf{N}' \subset \mathbf{N}$ tel que $(Q^n, n \in \mathbf{N}')$ converge étroitement vers $\widetilde{Q}$. En fait, la convergence est plus forte: d'après (2.16) et le corollaire 2.9 de [5], pour toute fonction borélienne bornée g définie sur $\widetilde{\Theta}$, continue par rapport au couple des deux dernières composantes,

$$\lim_{\mathbf{N}'\ni n\to\infty} \mathbf{E}_{Q^n}\left[g(X_0, W, \overline{W}, \widetilde{X})\right] = \mathbf{E}_{\widetilde{Q}}\left[g(X_0, W, \overline{W}, \widetilde{X})\right]. \tag{2.17}$$

Vérifions les conclusions de la proposition; (i) est évident; la densité de $\widetilde{X}_t$ sous Q^n est $q^n(t,.)$, donc on déduit facilement (ii) par passage à la limite; d'autre part, W est un mouvement brownien et, pour $0 \leq s \leq t \leq 1$, la propriété d'indépendance de $W_t - W_s$ et de $(W_u, \widetilde{X}_u; u \leq s)$ passe également à la limite donc W est bien un $\mathcal{G}_t$ mouvement brownien; on procède de même avec $\overline{W}$ et on obtient (iii). Il reste donc à démontrer (iv). Soit $\varsigma_r = \inf\{t;\ X_t \notin G_r\}$; soit $A_r = \{\varsigma_r = \infty\}$ et $A = \{\varsigma = \infty\}$; les équations (2.4) et (2.14) coïncidant jusqu'en ς_n, l'unicité de la solution implique que pour tout $n \geq r$, la relation $X_t = \widetilde{X}_t$ est valable Q^n p.s. sur A_r; par (2.15), l'équation (2.12) est valable dans les mêmes conditions, donc pour toute fonction continue bornée sur $\widetilde{\Theta}$,

$$\mathbf{E}_{Q^n}\left[g(X_0, W, \overline{W}, \widetilde{X})1_{A_r}\right] = \mathbf{E}_{Q^n}\left[g(X_0, W, \overline{W}^0, X)1_{A_r}\right] \tag{2.18}$$

où $\overline{W}^0$ est défini par (2.5) sur A, 0 ailleurs. En utilisant (2.17), on peut passer à la limite en n dans (2.18) et déduire que conditionnellement à A_r, les processus $(X_0, W, \overline{W}, \widetilde{X})$ et $(X_0, W, \overline{W}^0, X)$ ont même loi sous $\widetilde{Q}$; d'autre part, $(\overline{W}^0, X)$ est mesurable par rapport à la tribu de (X_0, W) car X est une solution forte de (2.4); ces deux propriétés impliquent que les processus $(\overline{W}^0, X)$ et $(\overline{W}, \widetilde{X})$ sont $\widetilde{Q}$ indistingables sur A_r, donc sur A en faisant tendre r vers l'infini. □

Remarque 1. Il n'y a pas en général unicité d'une probabilité $\widetilde{Q}$ satisfaisant les conditions de la proposition car rien n'est précisé au sujet du comportement de $\widetilde{X}$ au voisinage du point à l'infini.

Remarque 2. Si le processus X n'explose pas, la proposition 3 dit que les conclusions de la proposition 1 restent vraies; en revanche, si X peut exploser, alors $\overline{X}$ n'est pas nécessairement $\overline{\mathcal{G}}_t$ adapté: en effet, $1 - \varsigma$ qui est le premier instant où $\overline{X}_t$ quitte Δ est aussi le dernier temps de passage de $\widetilde{\overline{X}}_t$ en Δ, donc n'est pas en général un $\overline{\mathcal{G}}_t$ temps d'arrêt. Cependant, (2.6) reste vraie sur A pourvu que $\overline{X}$ soit remplacé par $\widetilde{\overline{X}}$.

3. Retournement du temps pour une classe de processus

Dans cette section, on se donne un espace de probabilité $(\Omega, \mathcal{A}, P)$ dont la structure assure l'existence de versions régulières des probabilités conditionnelles; soit $\mathcal{A}_t \subset \mathcal{A}$ une filtration et soit U_t $(0 \le t \le 1)$ un processus $\mathcal{A}_t$ adapté à valeurs dans $\mathbf{R}^d$; on dira que U appartient à la classe $\mathcal{L}(\mathcal{A}_t)$ si et seulement si il existe un processus $\mathcal{A}_t$ adapté b_t et un $\mathcal{A}_t$ mouvement brownien B_t tels que

$$P\Big(\int_0^1 |b_t|^2 dt < \infty\Big) = 1 \tag{3.1}$$

et

$$U_t = \int_0^t b_s ds + B_t. \tag{3.2}$$

Si (b, B) satisfait (3.1) et (3.2), alors b sera appelé la dérive (pour $\mathcal{A}_t$) de U: un tel processus est unique à un ensemble $dt \otimes P$ négligeable près. Soit $\mathcal{U}_t$ la filtration engendrée par U; il résulte des théorèmes 7.4, 7.6 et 7.11 de [6] que si U appartient à $\mathcal{L}(\mathcal{A}_t)$ alors il appartient à $\mathcal{L}(\mathcal{U}_t)$ et que de plus

Proposition 4. *Un processus U appartient à la classe $\mathcal{L}(\mathcal{U}_t)$ si et seulement si sa loi est absolument continue par rapport à la mesure de Wiener $\mathcal{W}$. Dans ce cas, si b_t est sa dérive et si R est sa loi, alors*

$$\frac{dR}{d\mathcal{W}}(U) = \exp\left\{\int_0^1 b_t^* dU_t - 1/2 \int_0^1 |b_t|^2 dt\right\} \qquad P \text{ p.s.} \tag{3.3}$$

Nous utiliserons également les deux lemmes

Lemme 5. *Soit $(\Gamma, \mathcal{T})$ un espace mesurable dans lequel varie un paramètre γ. Sur $(\Omega, \mathcal{A})$, on considère une famille (P^γ) de probabilités dépendant de façon mesurable de γ. Soit U_t un processus $\mathcal{A}$ mesurable engendrant la filtration $\mathcal{U}_t$; si pour tout γ, U_t appartient sous P^γ à $\mathcal{L}(\mathcal{U}_t)$, alors il admet une dérive b^γ qui est $\mathcal{T} \otimes \mathcal{U}_t$ adaptée.*

Lemme 6. *Soit ψ une application mesurable d'un espace $(\Omega_1, \mathcal{F}_1)$ dans un espace $(\Omega_2, \mathcal{F}_2)$; soit P_1 et Q_1 deux probabilités sur Ω_1 telles que $P_1 \ll Q_1$, soit P_2 et Q_2 leurs images par ψ; on suppose qu'il existe une application mesurable ψ^- de Ω^2 dans Ω^1 telle que $\psi^- \circ \psi(\omega) = \omega$ pour tout ω hors d'une partie Q_1-négligeable. Alors $P_2 \ll Q_2$ et*

$$\frac{dP_2}{dQ_2}(\psi(.)) = \frac{dP_1}{dQ_1} \qquad Q_1 \text{ p.s.}$$

Le lemme 5 se vérifie en montrant que dans la démonstration du théorème 7.11 de [6], toutes les étapes peuvent se faire de façon mesurable en γ; le lemme 6 est élémentaire. Nous décrivons maintenant la classe des processus que nous allons retourner. Soit Y_t un processus $\mathcal{A}$-mesurable à valeurs dans $\mathbf{R}^m$. On dira que Y appartient à la classe $\mathcal{R}$ s'il existe des fonctions β et σ et un processus U_t tels que

(i) la loi de Y_0 est absolument continue par rapport à la mesure de Lebesgue;
(ii) si $\mathcal{V}_t$ est la filtration complétée engendrée par Y_0 et U, alors U appartient à la classe $\mathcal{L}(\mathcal{V}_t)$;
(iii) les fonctions β et σ vérifient les hypothèses (b) et (c) de §2;
(iv) le processus Y est solution de

$$Y_t = Y_0 + \int_0^t \beta(s, Y_s) ds + \int_0^t \sigma(s, Y_s) \circ dU_s. \tag{3.4}$$

Lemme 7. *Les conditions (i) et (ii) sont équivalentes à l'absolue continuité de la loi de* (Y_0, U_t) *par rapport à* $\lambda \otimes \mathcal{W}$*. Dans ce cas, si* b *est la dérive de* U *pour* $\mathcal{V}_t$*, si* R *désigne la loi de* (Y_0, U) *sur* Θ *et si* p_0 *est la densité de la loi de* Y_0 *par rapport à* λ*, alors*

$$\frac{dR}{d(\lambda \otimes \mathcal{W})}(Y_0, U) = p_0(Y_0) \exp\left\{\int_0^1 b_t^* dU_t - 1/2 \int_0^1 |b_t|^2 dt\right\} \qquad P \text{ p.s.} \tag{3.5}$$

Démonstration. Soit P^y une version régulière de la probabilité P conditionnée par Y_0. On peut voir que si $U \in \mathcal{L}(\mathcal{V}_t)$ alors pour presque tout y, U est de classe $\mathcal{L}(\mathcal{U}_t)$ sous P^y ("presque tout" étant pris au sens de la loi de Y_0); la réciproque de cette propriété est une conséquence du lemme 5. En utilisant la proposition 4, il apparaît que (ii) est réalisée si et seulement si pour presque tout y, la loi de U sous P^y est absolument continue par rapport à $\mathcal{W}$, la densité étant fournie par (3.3). On peut alors conclure à l'aide de raisonnements élémentaires sur les lois conditionnelles. □

Nous passons maintenant au principal résultat de la section, c'est-à-dire le

Théorème 8. *Si* Y *appartient à la classe* $\mathcal{R}$*, alors* $\overline{Y}_t = Y_{1-t}$ *y appartient aussi.*

Pour obtenir ce résultat, nous allons en fait démontrer l'énoncé plus précis

Proposition 9. *Soit* Y *un processus de la classe* $\mathcal{R}$*, associé aux fonctions* β*,* σ *et au processus* U*; alors* $\overline{Y}$ *est de la classe* $\mathcal{R}$ *et est associé aux fonctions* $-\beta(\bar{t}, x)$*,* $\sigma(\bar{t}, x)$ *et au processus* $\overline{U}_t = U_{\bar{t}} - U_1$*; de plus, pour toute densité* q_0 *vérifiant l'hypothèse (a) de §2, considérons* q *et* F *définis par (2.1) et (2.3) et posons*

$$\eta_t = U_t - \int_0^t F(s, Y_s) ds \tag{3.6}$$

et

$$\overline{\eta}_t = \eta_{\bar{t}} - \eta_1 - 2\int_{\bar{t}}^1 F(s, Y_s) ds; \tag{3.7}$$

soit R *et* $\overline{R}$ *les lois de* (Y_0, η) *et* $(\overline{Y}_0, \overline{\eta})$*; alors ces deux lois sont absolument continues par rapport à* $\lambda \otimes \mathcal{W}$ *et leurs densités par rapport à* $Q = q_0.\lambda \otimes \mathcal{W}$ *et* $\overline{Q} = q_1.\lambda \otimes \mathcal{W}$ *(avec* $q_1 = q(1, .)$*) vérifient*

$$\frac{dR}{dQ}(Y_0, \eta) = \frac{d\overline{R}}{d\overline{Q}}(\overline{Y}_0, \overline{\eta}) \qquad P \text{ p.s.} \tag{3.8}$$

Démonstration. Sous les hypothèses et notations de la proposition le processus Y est solution de

$$Y_t = Y_0 + \int_0^t (\beta + \sigma F)(s, Y_s) ds + \int_0^t \sigma(s, Y_s) \circ d\eta_s. \tag{3.9}$$

En particulier, Y est adapté à la filtration complétée engendrée par (Y_0, η); on montre alors en utilisant (3.6) que les filtrations complétées engendrées par (Y_0, U) et (Y_0, η) coïncident et que si on note cette filtration $\mathcal{V}_t$, on a $\eta \in \mathcal{L}(\mathcal{V}_t)$; en appliquant le lemme 7 pour (Y_0, η) à la place de (Y_0, U), on obtient $R \ll \lambda \otimes \mathcal{W}$ donc aussi $R \ll Q$; de plus, R ne charge que la partie $A = \{\varsigma = \infty\}$, donc si Q^A est la probabilité Q conditionnée par l'événement A, on a $R \ll Q^A$ et

$$\frac{dR}{dQ^A} = Q(A)\frac{dR}{dQ} \qquad Q^A \text{ p.s.},$$

ce qui implique

$$\frac{dR}{dQ^A}(Y_0,\eta) = Q(A)\frac{dR}{dQ}(Y_0,\eta) \qquad P \text{ p.s.} \tag{3.10}$$

D'autre part, en utilisant la proposition 3, on peut construire une application mesurable ψ_1 de Θ dans $\widetilde{\Theta}$ telle que

$$\psi_1(X_0,W) = (X_0,W,\overline{W},\widetilde{X}) \qquad \widetilde{Q} \text{ p.s. sur } A$$

De même, on peut construire ψ_2 de $\mathbf{S}^m \otimes \mathbf{C}(\mathbf{R}^d)$ dans $\widetilde{\Theta}$ telle que

$$\psi_2(\widetilde{X}_1,\overline{W}) = (X_0,W,\overline{W},\widetilde{X}) \qquad \widetilde{Q} \text{ p.s. sur } A$$

En considérant les applications projections

$$\psi_1^-(x,w,\overline{w},\widetilde{x}) = (x,w) \qquad \text{et} \qquad \psi_2^-(x,w,\overline{w},\widetilde{x}) = (\widetilde{x}(1),\overline{w}),$$

on en déduit deux applications $\psi = \psi_2^- \circ \psi_1$ et $\psi^- = \psi_1^- \circ \psi_2$ telles que

$$\psi(X_0,W) = (X_1,\overline{W}^0) \qquad \text{et} \qquad \psi^-(X_1,\overline{W}^0) = (X_0,W) \qquad Q^A \text{ p.s.}$$

(où $\overline{W}^0$ est défini par (2.5)). En notant $\overline{A} = \psi(A)$, alors $\overline{A}$ est l'ensemble des $(\overline{X}_0,\overline{W}^0)$ tels que la solution de (2.6) n'explose pas et on peut montrer que $Q(A) = \overline{Q}(\overline{A})$ et que l'image de Q^A par ψ est $\overline{Q}^{\overline{A}}$; de plus, comme $\psi(Y_0,\eta) = (\overline{Y}_0,\overline{\eta})$ P p.s., $\overline{R}$ est l'image de R par ψ donc par le lemme 6, $\overline{R} \ll \overline{Q}^{\overline{A}}$ et

$$\frac{d\overline{R}}{d\overline{Q}^{\overline{A}}}(\overline{Y}_0,\overline{\eta}) = \frac{dR}{dQ^A}(Y_0,\eta) \qquad P \text{ p.s.} \tag{3.11}$$

De plus

$$\frac{d\overline{Q}^{\overline{A}}}{d\overline{Q}}(\overline{Y}_0,\overline{\eta}) = \frac{1}{\overline{Q}(\overline{A})} \qquad P \text{ p.s.} \tag{3.12}$$

En combinant les équations (3.10), (3.11), (3.12) et $Q(A) = \overline{Q}(\overline{A})$, on obtient $\overline{R} \ll \overline{Q}$ et (3.8). En utilisant le lemme 7 et en remarquant que

$$\overline{\eta}_t = \overline{U}_t - \int_0^t F(\overline{s},\overline{Y}_s)ds, \tag{3.13}$$

on montre que $(\overline{Y}_0,\overline{U})$ vérifient les propriétés (i) et (ii) de la définition de $\mathcal{R}$. Il suffit alors d'utiliser

$$\overline{Y}_t = \overline{Y}_0 - \int_0^t \beta(\overline{s},\overline{Y}_s)ds + \int_0^t \sigma(\overline{s},\overline{Y}_s) \circ d\overline{U}_s, \tag{3.14}$$

pour terminer la démonstration. □

4. Intégrabilité de la dérive du processus retourné

Dans cette section nous reprenons les notations précédentes et nous considérons un processus Y de la classe $\mathcal{R}$ associé à un processus U. Nous savons que $\overline{Y}$ est de classe $\mathcal{R}$ et associé à $\overline{U}_t = U_{\overline{t}} - U_1$. Nous allons voir que certaines propriétés d'intégrabilité sur la dérive de U se conservent également par retournement du temps. Pour cela, nous aurons besoin d'un lemme portant sur l'intégrabilité du logarithme de la densité d'une probabilité par rapport à une autre. Ce lemme généralise la méthode de [2]. Un résultat analogue a déjà été utilisé dans [8] dans le cas de lois équivalentes.

Lemme 10. *Sur l'espace filtré $(\Theta, \mathcal{F}, \mathcal{F}_t)$ de §2 muni d'une probabilité $Q = q_0.\lambda \otimes \mathcal{W}$, soit $R \ll Q$ une autre probabilité; alors W est pour la probabilité R dans la classe $\mathcal{L}(\mathcal{F}_t)$ et si b est la dérive, alors pour tout $0 < k < \infty$,*

$$\mathbf{E}_R\left[\left(\log^+ \frac{dR}{dQ}\right)^k\right] < \infty \tag{4.1}$$

si et seulement si

$$\mathbf{E}_R\left[\left(\int_0^1 |b_s|^2 ds\right)^k + \left(\log^+ \frac{dR}{dQ}\Big|_{\mathcal{F}_0}\right)^k\right] < \infty \tag{4.2}$$

avec $\log^+ x = \log x \vee 0$.

Démonstration. Par le lemme 7, W est bien dans $\mathcal{L}(\mathcal{F}_t)$; si b est la dérive, le processus $W_t^R = W_t - \int_0^t b_s ds$ est un R mouvement brownien et par (3.5)

$$\frac{dR}{dQ} = \frac{dR}{dQ}\Big|_{\mathcal{F}_0} . \exp\left\{\int_0^1 b_s^* dW_s - 1/2\int_0^1 |b_s|^2 ds\right\} \qquad R \text{ p.s.} \tag{4.3}$$

Remarquons aussi que dans (4.1) et (4.2), on peut, sans modifier le résultat remplacer la fonction $\log^+ x$ par $\log^{++} x = \log x \vee 1$; si x et y sont positifs, on a

$$\log^{++}(xy) \leq \log^{++} x + \log^+ y. \tag{4.4}$$

Dans les calculs qui vont être faits, les constantes seront notées C_k mais pourront varier d'une ligne à l'autre. En notant M_0 la densité de R par rapport à Q sur $\mathcal{F}_0$, on a

$$\begin{aligned}\mathbf{E}_R\left[\left(\log^{++}\frac{dR}{dQ}\right)^k\right] &\leq C_k\,\mathbf{E}_R\left[\left(\log^{++} M_0\right)^k + \left|\int_0^1 b_s^* dW_s^R\right|^k + 1/2\left(\int_0^1 |b_s|^2 ds\right)^k\right]\\ &\leq C_k\,\mathbf{E}_R\left[\left(\log^{++} M_0\right)^k + \left(\int_0^1 |b_s|^2 ds\right)^{k/2} + 1/2\left(\int_0^1 |b_s|^2 ds\right)^k\right]\end{aligned} \tag{4.5}$$

par les inégalités de Burkholder-Davis-Gundy, ce qui montre que (4.2) implique (4.1); pour établir la réciproque, supposons que $\left(\log^{++} dR/dQ\right)^k$ est intégrable; la fonction $\left(\log^{++}(1/x)\right)^k$ étant convexe, comme

$$\frac{1}{M_0} \geq \mathbf{E}_R\left[\frac{dQ}{dR} \mid \mathcal{F}_0\right] \qquad R \text{ p.s.} \tag{4.6}$$

on en déduit par l'inégalité de Jensen que

$$\left(\log^{++} M_0\right)^k \leq \mathbf{E}_R\left[\left(\log^{++}(dR/dQ)\right)^k \mid \mathcal{F}_0\right] \tag{4.7}$$

donc $(\log^{++} M_0)^k$ est intégrable; d'autre part considérons la Q-martingale

$$M_t \equiv \frac{dR}{dQ}\Big|_{\mathcal{F}_t} = M_0 \exp\left\{\int_0^t b_s^* dW_s - 1/2\int_0^t |b_s|^2 ds\right\}; \tag{4.8}$$

alors pour la probabilité R, M_t ne s'annule presque sûrement jamais et M_t^{-1} est une martingale locale. Soit τ un temps d'arrêt à valeurs dans $[0,1]$ tel que $\int_0^\tau |b_s|^2 ds$ et $\sup_{t\leq\tau}\left|\int_0^t b_s^* dW_s^R\right|$ soient uniformément bornés; on a

$$\begin{aligned}\mathbf{E}_R\left[\left(\int_0^\tau |b_s|^2 ds\right)^k\right] &\leq C_k\mathbf{E}_R\left[\left|\int_0^\tau b_s^* dW_s^R\right|^k + \left(\log^{++}(M_\tau/M_0)\right)^k\right]\\ &\leq C_k\mathbf{E}_R\left[\left(\int_0^\tau |b_s|^2 ds\right)^k\right]^{1/2} + C_k\mathbf{E}_R\left[\left(\log^{++}(M_\tau/M_0)\right)^k\right]\end{aligned} \tag{4.9}$$

donc

$$\mathbf{E}_R\left[\left(\int_0^\tau |b_s|^2 ds\right)^k\right] \le C_k + C_k \mathbf{E}_R\left[\left(\log^{++}(M_\tau/M_0)\right)^k\right]. \tag{4.10}$$

Comme $M_0 M_\tau^{-1}$ est minoré par une constante strictement positive, on peut trouver une fonction ψ convexe bornée définie sur $\mathbf{R}_+$ telle que

$$\psi(x) \le \left(\log^{++}(1/x)\right)^k \quad \text{et} \quad \psi(M_0 M_\tau^{-1}) = \left(\log^{++}(M_\tau/M_0)\right)^k.$$

On peut montrer que $\psi(M_0 M_t^{-1})$ est une R-sous-martingale (en effet, c'est une sous-martingale locale bornée), donc

$$\mathbf{E}_R\left[\left(\log^{++}(M_\tau/M_0)\right)^k\right] \le \mathbf{E}_R \psi(M_0 M_1^{-1}) \le \mathbf{E}_R\left[\left(\log^{++}(M_1/M_0)\right)^k\right]. \tag{4.11}$$

Comme $\log^{++}(M_1/M_0) \le \log^{++} M_1 + \log^+ M_0^{-1}$, on déduit de (4.10) et (4.11) que

$$\mathbf{E}_R\left[\left(\int_0^\tau |b_s|^2 ds\right)^k\right] \le C_k \mathbf{E}_R\left[1 + \left(\log^{++}(dR/dQ)\right)^k + \left(\log^+ M_0^{-1}\right)^k\right]. \tag{4.12}$$

En appliquant cette inégalité aux temps d'arrêt

$$\tau = \tau_r = \inf\left\{t \ge 0;\ \left|\int_0^t b_s^* dW_s^R\right| + \int_0^t |b_s|^2 ds \ge r\right\} \wedge 1,$$

comme $\tau_r \uparrow 1$ R p.s. lorsque $r \uparrow \infty$, on déduit du lemme de Fatou que (4.12) est également vérifiée pour $\tau = 1$. Pour achever la démonstration, il suffit de remarquer que comme M_0^{-1} est R-intégrable (d'intégrale inférieure ou égale à 1), tous les moments de $\log^+ M_0^{-1}$ sont finis. □

Le lemme 10 permet de compléter le résultat de la proposition 9 et d'obtenir le

Théorème 11. *Soit Y un processus de la classe $\mathcal{R}$ associé à un processus U par (3.4); alors $\overline{Y}_t = Y_{\bar{t}}$ est dans $\mathcal{R}$ et associé à $\overline{U}_t = U_{\bar{t}} - U_1$. De plus, soit b et $\bar{b}$ les dérives de U et $\overline{U}$ pour les filtrations engendrées respectivement par (Y_0, U) et $(\overline{Y}_0, \overline{U})$; notons p_0 et p_1 les densités des lois de Y_0 et Y_1 par rapport à la mesure de Lebesgue. Soit q_0 une densité vérifiant l'hypothèse (a) de §2, soit F et $q_1 = q(1,.)$ définis par (2.1) et (2.3). Pour tout $0 < k < \infty$, si $\log^+(p_0/q_0)^k(Y_0)$ et $\left(\int_0^1 |b_s - F(s, Y_s)|^2 ds\right)^k$ sont intégrables, alors $\log^+(p_1/q_1)^k(\overline{Y}_0)$ et $\left(\int_0^1 |\bar{b}_s - F(\bar{s}, \overline{Y}_s)|^2 ds\right)^k$ le sont aussi.*

Démonstration. On définit η et $\bar{\eta}$ par (3.6) et (3.7) et on considère les lois R et $\overline{R}$ de (Y_0, η) et $(\overline{Y}, \bar{\eta})$. En appliquant deux fois le lemme 10 pour (Q, R) puis pour $(\overline{Q}, \overline{R})$, il suffit de montrer que l'intégrabilité de $\left(\log^+ dR/dQ\right)^k$ pour R implique l'intégrabilité de $\left(\log^+ d\overline{R}/d\overline{Q}\right)^k$ pour $\overline{R}$; mais cela résulte immédiatement de (3.8). □

Remarque. Pour pouvoir utiliser le théorème 11, il reste à faire le choix d'un coefficient de dérive markovien β et d'une densité initiale de référence q_0; c'est ce que nous allons faire pour un cas particulier.

5. Exemple et conclusion

Dans le cadre général de notre modèle, la seule partie de la dérive pouvant être non markovienne est celle qui peut se factoriser par σ; cependant, si $\sigma\sigma^*$ est elliptique, cette condition de factorisation n'est plus restrictive; nous allons maintenant décrire un exemple de ce cas. Supposons que σ est borné, à dérivées premières bornées et dérivées secondes continues, que $a = \sigma\sigma^*$

est uniformément elliptique, que la loi de Y_0 a une densité p_0 par rapport à la mesure de Lebesgue et que Y_t satisfait

$$Y_t = Y_0 + \int_0^t f_s ds + \int_0^t \sigma(s, Y_s) dB_s \tag{5.1}$$

avec $\int_0^1 |f_s|^2 ds < \infty$ P p.s. Cette équation peut se mettre sous la forme (12) avec $\beta = 0$ et

$$U_t = B_t + \int_0^t \sigma^* a^{-1}(s, Y_s) \left(f_s - \frac{1}{2} \sum_{j=1}^{d} \sum_{k=1}^{m} \frac{\partial \sigma_j}{\partial x_k} \sigma_{kj}(s, Y_s) \right) ds \tag{5.2}$$

où σ_j désigne le vecteur formé de la jième colonne de σ. On déduit du théorème 8 que le retourné $\overline{Y}$ de Y peut s'écrire

$$\overline{Y}_t = \overline{Y}_0 + \int_0^t \overline{f}_s ds + \int_0^t \sigma(\overline{s}, \overline{Y}_s) d\overline{B}_s \tag{5.3}$$

avec $\int_0^1 |\overline{f}_s|^2 ds < \infty$ p.s. Choisissons $q_0(x) = C_m/(1 + |x|^{m+1})$ où C_m est tel que q_0 est une densité de probabilité; alors $q(t, .) = q_0$ et F est borné; on peut alors déduire du théorème 11 que, pour $0 < k < \infty$, si $\left(\log^+ |Y_0|\right)^k$, $\left(\log^+ p_0(Y_0)\right)^k$ et $\left(\int_0^1 |f_s|^2 ds\right)^k$ sont intégrables, alors $\left(\int_0^1 |\overline{f}_s|^2 ds\right)^k$ l'est aussi, ce qui répond au problème posé dans l'introduction. Remarquons que l'hypothèse d'existence d'une densité pour Y_0 ne peut être supprimée (voir le cas du mouvement brownien issu de 0), mais cette densité peut être très irrégulière et peut ne charger qu'une partie de $\mathbf{R}^m$.

Nous avons dans ce travail montré que certaines propriétés d'intégrabilité de la dérive d'un processus se conservent par retournement du temps; le point fondamental de la méthode utilisée était de remarquer que ces propriétés sont directement liées à l'absolue continuité de la loi du processus par rapport à un modèle de référence dont on connaît le comportement. Nous nous sommes limités au cas où le processus admet une densité par rapport à la mesure de Lebesgue en tout instant t; une généralisation pourrait consister à étudier le cas où la loi initiale est portée par une sous-variété V_0 de $\mathbf{R}^m$ et où les champs de vecteurs β et σ_i sont tels que la loi du processus à l'instant t est portée par $V_t = \phi_t^0(V_0)$; pour construire le modèle de référence, on pourrait probablement utiliser un résultat du type de [1].

De plus, cette technique d'utilisation d'un modèle de référence peut être employée dans d'autres circonstances: sur un espace $(\Omega, \mathcal{A}, P)$, si Y un processus de la classe $\mathcal{R}$, alors pour toute probabilité $P' \ll P$, d'après le lemme 7, Y est aussi de la classe $\mathcal{R}$ pour P'. Par exemple, P' peut être la loi P conditionnée par un événement A tel que $P(A) > 0$; dans ce cas, on a $dP'/dP = 1_A/P(A)$; de plus, en utilisant le lemme 10, on voit facilement que l'existence des moments pour P de $\int_0^1 |b_s|^2 ds$ implique l'existence des mêmes moments pour P' de $\int_0^1 |b'_s|^2 ds$ et cette existence se transmet également au processus retourné. En remplaçant l'événement A par la tribu engendrée par une partition dénombrable de Ω, on retrouve la situation de [9]; d'une façon générale, les méthodes employées dans ce travail sont peut-être utiles dans d'autres problèmes de grossissement de filtration —ceux pouvant être résolus au moyen d'une transformation de Girsanov.

Références

[1] R.J. Elliott et B.D.O. Anderson, Reverse time diffusions, *Stochastic Processes and their Applications* **19** (1985), 327–339.

[2] H. Föllmer, An entropy approach to the time reversal of diffusion processes, *Stochastic Differential Systems* (Marseille 1984), Lect. N. in Cont. and Inf. Sc. **69**, Springer, 1985.

[3] U.G. Haussmann, On the drift of a reversed diffusion, *Stochastic Differential Systems* (Marseille 1984), Lect. N. in Cont. and Inf. Sc. **69**, Springer, 1985.

[4] U.G. Haussmann et E. Pardoux, Time reversal of diffusions, à paraître, Ann. of Prob. 1985

[5] J. Jacod et J. Mémin, Sur un type de convergence intermédiaire entre la convergence en loi et la convergence en probabilité, *Séminaire de Probabilités XV*, Lect. N. in Math. **850**, Springer, 1981.

[6] R.S. Liptser et A.N. Shiryayev, *Statistics of random processes, Part I, General theory*, Springer, 1977.

[7] E. Pardoux, Grossissement d'une filtration et retournement du temps d'une diffusion, *Séminaire de Probabilités XX*, this volume.

[8] J. Picard, An estimate of the error in time discretization of nonlinear filtering problems, *Proc. 7th MTNS Symposium* (Stockholm 1985), à paraître.

[9] M. Yor, Entropie d'une partition et grossissement initial d'une filtration, *Grossissements de filtrations: exemples et applications* (Paris 1982/83), Lect. N. in Math. **1118**, Springer, 1985.

[10] W.A. Zheng, Tightness results for laws of diffusion processes, application to stochastic mechanics, *Ann. Inst. Henri Poincaré, Proba. et Stat.* **21** (1985), 103–124.

ESTIMATIONS DE GRANDES DÉVIATIONS POUR LES PROCESSUS DE DIFFUSION A PARAMÈTRE MULTIDIMENSIONNEL

H. Doss * et M. Dozzi **

INTRODUCTION

On utilise les techniques introduites en [1] et [4] pour démontrer les estimations de Ventsel et Freidlin dans le cadre de la théorie des processus à plusieurs paramètres, solutions d'équations différentielles stochastiques. L'extension de ces résultats au cas multidimensionnel n'est pas réductible à la théorie connue pour les processus à un paramètre à valeurs $\mathbb{R}^d$; elle se présente, en fait, comme la démonstration d'estimations de grandes déviations pour les perturbations aléatoires de diffusions en dimension infinie, à valeurs l'espace des fonctions continues $\underline{C}([0,T]^n, \mathbb{R}^d)$.

On considère, d'abord, les grandes déviations pour le mouvement Brownien B à n paramètres (Théorème 1) comme conséquence des résultats de grandes déviations pour des mesures Gaussiennes sur un espace de Banach séparable. Ce résultat est étendu ensuite aux solutions d'équations différentielles stochastiques par rapport à B (Théorème 3). Comme dans le cas d'un paramètre unidimensionnel, les démonstrations se font à l'aide d'une inégalité exponentielle pour les martingales fortes à n paramètres et d'un théorème de Caméron-Martin. La section finale contient une application à l'étude de l'équation de la chaleur en dimension infinie.

I. GRANDES DÉVIATIONS POUR LE MOUVEMENT BROWNIEN À N PARAMÈTRES

Soit $B = (B_{(t_1,\ldots,t_n)})_{(t_1,\ldots,t_n)\in[0,T]^n}$ un mouvement Brownien à valeurs $\mathbb{R}^d$, à n paramètres, issu de zéro, défini sur un espace de probabilités

* Université de Paris VI, Laboratoire de Probabilités, 4, Place Jussieu (Tour 56), 75230 Paris Cedex 05.

** Institut für math. Statistik, Universität Bern, Sidlerstr.5, CH-3012 Berne.
Recherche soutenue par le Fonds national Suisse de la recherche scientifique (bourse No. 82.185.0.84) et effectuée lors de la visite au Laboratoire de Probabilités, Université de Paris VI.

$(\Theta,(\mathcal{F}_t)_{t=(t_1,\dots,t_n)},P)$. Notons W la loi du processus $B=(B_{(t_1,\dots,t_n)})$ sur l'espace des fonctions continues $\Omega=\mathcal{C}([0,T]^n,\mathbb{R}^d)$, muni de la norme uniforme.

Soit H le sous-ensemble de Ω défini par

$$(*)\ H=\{\gamma\in\Omega \text{ t.q. } \gamma(t_1,\dots,t_n)=\int_{[0,t_1]\times\dots\times[0,t_n]}\dot\gamma(s_1,\dots,s_n)ds_1\dots ds_n$$

$$\text{pour tout } (t_1,\dots,t_n)\in[0,T]^n \text{ et tout } \dot\gamma\in L^2([0,T]^n,\mathbb{R}^d)\}.$$

H est muni du produit scalaire $(\gamma,\eta)=\int_{[0,T]^n}\dot\gamma_s\cdot\dot\eta_s ds$ qui en fait un espace de Hilbert.

Soit μ l'application de Ω dans $[0,+\infty]$ définie par

$$(1)\qquad \mu(\gamma)=\begin{cases}\frac{1}{2}\int_{[0,T]^n}|\dot\gamma(s)|^2ds & \text{si } \gamma\in H,\\ +\infty & \text{sinon.}\end{cases}$$

On vérifie aisément que, pour tout $a\in\mathbb{R}_+$, $\{\mu\le a\}$ est un compact de l'espace de Banach Ω.

<u>THÉORÈME 1.</u> Pour tout Borélien A de Ω, on a les estimations suivantes:

$$(2)\qquad -\inf_{\gamma\in\mathring{A}}\mu(\gamma)\le\overline{\lim_{\varepsilon\to 0}}\ \varepsilon^2\log P\{\varepsilon B\in A\}\le-\inf_{\gamma\in\bar{A}}\mu(\gamma),$$

où $\mathring{A}$ et $\bar{A}$ désignent respectivement l'intérieur et l'adhérence de A.

La preuve de ce Théorème est une conséquence du résultat général suivant (cf [9] p.65).

<u>PROPOSITION 2.</u> Soit E un espace de Banach séparable et ν une mesure Gaussienne centrée sur E, de covariance $(\rho(t,t'))_{(t,t')\in(E^*)^2}$ (E^* désignant le dual topologique de E). Soit $\mathcal{H}$ un espace de Hilbert et $S:\mathcal{H}\to E$ une application linéaire, injective et continue. On suppose que pour tout $t\in E^*$, on a $\|S^*(t)\|^2_{\mathcal{H}}=\rho(t,t)$. La transformée de Cramer $\tilde\nu$ de ν est alors donnée par la formule:

$$\tilde\nu(x)=\begin{cases}\frac{1}{2}\|S^{-1}(x)\|^2_{\mathcal{H}} & \text{si } x\in S(\mathcal{H})\\ +\infty & \text{sinon.}\end{cases}$$

<u>Preuve du Théorème 1.</u> Soit $S: H \longrightarrow \Omega$ l'injection canonique, alors S est continue, car si $\gamma \in H$, on a, d'après l'inégalité de Schwartz: $\|\gamma\|_{\Omega} \leq \sqrt{T^n}\|\gamma\|_H$. Ω^* s'identifie à l'ensemble des mesures bornées sur $[0,T]^n$, à valeurs $\mathbb{R}^d$. Soit $(\rho(\alpha,\beta))_{(\alpha,\beta)\in(\Omega^*)^2}$ la covariance de la mesure Gaussienne W. Il suffit, d'après la Proposition précédente, de vérifier que, pour tout $\alpha \in \Omega^*$ $\|S^*(\alpha)\|_H^2 = \rho(\alpha,\alpha)$. Si $(\alpha,\beta)\in(\Omega^*)^2$, on a:

$$\rho(\alpha,\beta) = E_W \{\int_{[0,T]^n} \omega(s_1,\dots,s_n)\cdot\alpha(ds_1,\dots,ds_n) \int_{[0,T]^n} \omega(s'_1,\dots,s'_n)\cdot\beta(ds'_1,\dots,ds'_n)\}$$

$$= \sum_{i=1}^d \int_{[0,T]^n\times[0,T]^n} (s_1\wedge s'_1)\cdots(s_n\wedge s'_n)\alpha_i(ds_1,\dots,ds_n)\beta_i(ds'_1,\dots,ds'_n)$$

si $\alpha=(\alpha_1,\dots,\alpha_d)$, $\beta=(\beta_1,\dots,\beta_d)$

$$= \sum_{i=1}^d \int_{[0,T]^{3n}} 1_{(u_1\leq s_1\wedge s'_1,\dots,u_n\leq s_n\wedge s'_n)} \alpha_i(ds_1,\dots,ds_n)\beta_i(ds'_1,\dots,ds'_n)du_1\dots du_n$$

$$= \sum_{i=1}^d \int_{[0,T]^n} \alpha_i([u_1,T],\dots,[u_n,T])\beta_i([u_1,T],\dots,[u_n,T])du_1\dots du_n \ .$$

D'autre part, $S^*\alpha$ est la forme linéaire sur H:

$$h\in H \longrightarrow \alpha(Sh) = \alpha(h) = \sum_{i=1}^d \int_{[0,T]^n} \alpha_i(ds_1,\dots,ds_n)h_i(s_1,\dots,s_n)$$

$$= \sum_{i=1}^d \int_{[0,T]^n\times[0,T]^n} \alpha_i(ds_1,\dots,ds_n)\, 1_{(s'_1\leq s_1,\dots,s'_n\leq s_n)} \dot{h}_i(s'_1,\dots,s'_n)ds'_1\dots ds'_n$$

$$= \sum_{i=1}^d \int_{[0,T]^n} \dot{h}_i(s'_1,\dots,s'_n)\alpha_i([s'_1,T],\dots,[s'_n,T])ds'_1\dots ds'_n$$

donc $\|S^*(\alpha)\|_H^2 = \sum_{i=1}^d \int_{[0,T]^n} (\alpha_i([s'_1,T],\dots,[s'_n,T]))^2 ds'_1\dots ds'_n = \rho(\alpha,\alpha)$. □

On se propose maintenant d'étendre le résultat de grandes déviations, énoncé en (2) pour le mouvement Brownien, aux solutions d'équations stochastiques à paramètre multidimensionnel, en suivant une démarche analogue à celle de [4].

II. ESTIMATIONS DE VENTSEL ET FREIDLIN

On supposera, dans la suite, que $(\mathcal{F}_t)_{t\in[0,T]^n}$ est la filtration engendrée par le mouvement Brownien $B=(B^1,\ldots,B^d)$, à valeurs $\mathbb{R}^d$, à n paramètres issu de zéro. Pour $\varepsilon>0$, soit $X^\varepsilon=(X_t^\varepsilon)_{t\in[0,T]^n}$ la solution de

$$X_t^\varepsilon = x_t^\varepsilon + \varepsilon\int_{[0,t]}\sigma(X_s^\varepsilon)dB_s + \int_{[0,t]} b^\varepsilon(X_s^\varepsilon)ds , \tag{3}$$

où $x^\varepsilon\in\mathcal{C}([0,T]^n,\mathbb{R}^p)$, $\sigma=(\sigma^{i,j})_{i=1,\ldots,p;j=1,\ldots,d}$, $\sigma^{i,j}: \mathbb{R}^p \to \mathbb{R}$,

$b^\varepsilon=(b^{\varepsilon,i})_{i=1,\ldots,p}$, $b^{\varepsilon,i}: \mathbb{R}^p \to \mathbb{R}$.

On suppose que

1) $\sigma^{i,j}$ et $b^{\varepsilon,i}$ sont lipschitziennes, pour tous i,j;
2) $x^\varepsilon \to x$ dans $\mathcal{C}([0,T]^n,\mathbb{R}^p)$ quand $\varepsilon \to 0$,
   $b^\varepsilon \to b$ uniformément sur $\mathbb{R}^p$, quand $\varepsilon \to 0$.

Pour l'existence et l'unicité de la solution X^ε de l'équation (3), sous les hypothèses précédentes, voir, par exemple [5].

Soit maintenant H l'espace de Hilbert défini par (*) et $\Omega=\mathcal{C}([0,T]^n,\mathbb{R}^d)$; soit $\Phi_x:H\subset\Omega \to \Omega'=\mathcal{C}([0,T]^n,\mathbb{R}^p)$ donnée par

$$\Phi_x(\gamma)(t) = x_t + \int_{[0,t]}\sigma(\Phi_x(\gamma)(s))d\gamma_s + \int_{[0,t]} b(\Phi_x(\gamma)(s))ds \tag{4}$$

où $\gamma\in H$, $x\in\Omega'$, $t\in[0,T]^n$. On définit $\lambda:\Omega' \to [0,+\infty]$ par

$$\lambda(\omega) = \begin{cases} \inf_{\gamma\in\Phi_x^{-1}(\omega)} \mu(\gamma) & \text{si } \Phi_x^{-1}(\omega) \text{ est non vide,} \\ +\infty & \text{sinon.} \end{cases} \tag{5}$$

Pour A, Borélien de Ω' (muni de la norme uniforme), on posera $\Lambda(A) = \inf_{\omega\in A}\lambda(\omega)$. On considère le processus $(X_t^\varepsilon)_{t\in[0,T]^n}$, solution de (3), comme une application mesurable X^ε de Ω dans Ω', Ω étant muni de la mesure de Wiener W.

THÉORÈME 3. Sous les hypothèses 1) et 2), on a les propriétés suivantes:

1) Pour tout $a\in\mathbb{R}_+$, $\{\lambda\le a\}$ est compact dans l'espace de Banach Ω';

ii) Pour tout Borélien A de Ω', on a

$$-\Lambda(\mathring{A}) \leq \overline{\lim_{\varepsilon\to 0}} \varepsilon^2 \log P\{X^\varepsilon \in A\} \leq -\Lambda(\bar{A}) .$$

Dans le cas où $b^\varepsilon=0$, $x^\varepsilon=0$, $p=d$, $\sigma=\mathrm{Id}$, le Théorème 3 se réduit au résultat de grandes déviations pour εB (Théorème 1). Pour démontrer ce Théorème, on se ramène au cas du mouvement Brownien grâce aux estimations suivantes:

Soient $\gamma\in H$, $z\in\mathcal{C}([0,T]^n,\mathbb{R}^p)$ et $h=\Phi_z(\gamma)$ donnée par l'équation (4) où on remplace x par z.

<u>LEMME 4.</u> Pour tout a, R, $\rho>0$, il existe ε_0, α, $r>0$ tels que

(6) $$P\{\| X^\varepsilon-h\|_T>\rho,\ \|\varepsilon B-\gamma\|_T<\alpha\} \leq \exp(-\frac{R}{\varepsilon^2})$$

pour tout $\varepsilon\in]0,\varepsilon_0]$, γ tel que $\mu(\gamma)\leq a$, z tel que $\|z-x\|_T<r$ ($\|\cdot\|_T$ désigne la norme uniforme sur $\mathcal{C}([0,T]^n,\cdot)$).

La preuve du Lemme 4 est basée sur une extension, au cas d'un paramètre multidimensionnel, des propriétés suivantes:

<u>PROPOSITION 5</u> (majoration exponentielle). Soit $M=(M_t)$ une $(\mathcal{F}_t,P)$-martingale forte continue, nulle sur les axes. Supposons qu'il existe une fonction $f:\mathbb{R}_+^n \longrightarrow]0,+\infty[$ telle que, pour tout t, $P(A_t>f_t)=0$, où $A=(A_t)$ est le processus croissant continu associé à M (cf [2]). Il existe alors des constantes a_n et b_n dépendant de n seulement tel que

(7) $$P\{\sup_{s\in[0,t]} |M_s|\geq c\} \leq a_n \exp(-\frac{c^2}{b_n f_t}) \quad \text{pour tout } c>0.$$

<u>Preuve.</u> Fixons $t>0$ et posons $D=\{(s,\omega);|M_s(\omega)|\geq c\}\cap[0,t]\times\Omega$ et L=début (D). L'inégalité (7) se démontre en suivant une démarche analogue à celle de [12] qui consiste à décomposer M sur L et d'appliquer (7) aux martingales fortes à m paramètres ($m<n$) qui interviennent dans cette décomposition. Pour $n=2$, par exemple, on pose $X^1_{s_1}=M(D\cap[0,s_1]\times[0,t_2])$ et $X^2_{s_2}=M(D\cap[0,t_1]\times[0,s_2])$ $(s\leq t)$. X^1 et X^2 sont alors des martingales à paramètre unidimensionnel et pour $s\in L$ $M_s=X^1_{s_1}+X^2_{s_2}-M(D)$, où $M(D)=X^1_{t_1}=X^2_{t_2}$ [12].
On a donc

$$P(\sup_{s\in[0,t]}|M_s|\geq c) \leq P(\sup_{0\leq s_1\leq t_1}|X^1_{s_1}|\geq\tfrac{c}{3}) + P(\sup_{0\leq s_2\leq t_2}|X^2_{s_2}|\geq\tfrac{c}{3})$$

et on obtient (7) en appliquant l'inégalité exponentielle classique à

X^1 et X^2. □

Remarques. 1) La démonstration de la proposition 5 n'exige pas que la filtration soit engendrée par le mouvement brownien.

2) La validité de l'inégalité exponentielle (7) pour tout $c>0$ implique que les moments exponentiels $E\{\exp(\lambda|M_t|)\}$ sont finis pour tout $\lambda>0$. Or, dans [8], il est démontré, pour $n=2$, que $E\{\exp(\lambda J_1(B))\} =+\infty$ pour $\lambda>1,81\ldots$ où $J_.(B)$ est la mesure produit associée au drap Brownien. Comme $J_.(B)$ est une martingale (mais pas une martingale forte), (7) n'est pas valable pour toutes les martingales continues de carré intégrable.

PROPOSITION 6 (formule de Caméron-Martin). Soit $\gamma\in H$ où H est l'espace de Hilbert donné par (*). On définit une nouvelle probabilité Q sur la tribu $\tilde{\mathcal{F}}_{(T,\ldots,T)}$ en posant $Q=M_{(T)}\cdot P$, où $M_{(T)} = \exp\left(\int_{[0,T]^n}\dot{\gamma}_s dB_s - \frac{1}{2}\|\gamma\|_H^2\right)$. Alors le processus $\tilde{B} = (B_t-\gamma_t)_{t\in[0,T]^n}$ est un $(\mathcal{F}_t,Q)$-mouvement Brownien.

Preuve. On peut se référer soit aux résultats sur l'équivalence des mesures Gaussiennes de [7] p. 113, en particulier, dont les démonstrations s'étendent facilement au cas d'un paramètre multidimensionnel, soit à [6] où la Proposition est démontrée pour $n=2$ (et γ pas nécessairement déterministe).

LEMME 7 (du type Gronwall). Soient f et g des fonctions définies sur $\mathbb{R}_+^n$ où f est continue, croissante ($f(]t,t'])\geq 0$ pour tout $]t,t']\subset\mathbb{R}_+^n$) et g est croissant pour l'ordre ($g_t\leq g_{t'}$, pour tous $t<t'$). Supposons qu'il existe des constantes $K_1,K_2\geq 0$ telles que, pour tout t, $g_t \leq K_1 + K_2\int_{]0,t]} g_s df_s$.

Alors $g_t \leq 2K_1\sum_{j=0}^{[2K_2f_t]+1}(2K_2f_t)^j$ où $[x]$ est la partie entière de x.

Preuve. Elémentaire et laissée au lecteur.

Preuve du Lemme 4. Le procédé suivi est analogue à la méthode utilisée dans le cas d'un indice unidimensionnel [4]. Vu le caractère local de l'estimation cherchée, on peut supposer σ et b^ε uniformément bornées. On démontre d'abord le Lemme en se ramenant au cas où $\gamma\equiv 0$ et en considérant, au lieu de X^ε, Y^ε vérifiant:

$$Y_t^\varepsilon = x_t^\varepsilon + \varepsilon\int_{[0,t]}\sigma(Y_s^\varepsilon)dB_s + \int_{[0,t]}c^\varepsilon(s,Y_s^\varepsilon)ds$$

où $\qquad c^\varepsilon(s,y) = \sigma(y)\dot{\gamma}_s + b^\varepsilon(y) \qquad$ pour $y\in\mathbb{R}^p$.

Montrons que, pour tout $R>0$, $\rho>0$ et $a>0$, il existe $\alpha>0$ tel que si $0\leq\varepsilon\leq 1$ et $\mu(\gamma)\leq a$, alors:

(8) $$P\{\|\int_{[0,\cdot]}\varepsilon\sigma(Y_s^\varepsilon)dB_s\|_T>\rho,\ \|\varepsilon B\|_T<\alpha\} \leq \exp(-R/\varepsilon^2)\ .$$

Soient $t^k = (\frac{k_1T}{N}, \frac{k_2T}{N},\ldots,\frac{k_nT}{N})$ où $k=(k_1,\ldots,k_n)$, $0\leq k_i\leq N$, $i=1,\ldots,n$ et $Y^{\varepsilon,N}$ défini par $Y_t^{\varepsilon,N}=Y_{t^k}^{\varepsilon,N}$ si $t\in[t^k,t^{k+1}[$, en posant $k+1=(k_1+1,\ldots,k_n+1)$. Alors:

(9) $$P\{\|\int_{[0,\cdot]}\varepsilon\sigma(Y_s^\varepsilon)dB_s\|_T > \rho, \|\varepsilon B\|_T < \alpha\}$$
$$\leq P\{\| Y^\varepsilon-Y^{\varepsilon,N}\|_T>\delta\} + P\{\| Y^\varepsilon-Y^{\varepsilon,N}\|_T\leq\delta,\ \|\int_{[0,\cdot]}\varepsilon(\sigma(Y_s^\varepsilon)-\sigma(Y_s^{\varepsilon,N}))dB_s\|_T > \rho/2\}$$
$$+ P\{\|\int_{[0,\cdot]}\varepsilon\sigma(Y_s^{\varepsilon,N})dB_s\|_T > \rho/2,\ \|\varepsilon B\|_T < \alpha\} = A_1 + A_2 + A_3.$$

σ étant lipschitzienne, on vérifie, grâce à l'inégalité exponentielle, que, pour δ bien choisi, on a $A_2 \leq \frac{1}{2}\exp(-R/\varepsilon^2)$ pour tout $0\leq\varepsilon\leq 1$. De plus,

$$A_1 \leq \sum_{k_1,\ldots,k_n=0}^{N-1} P\{\sup_{t\in[t^k,t^{k+1}[}\| Y_t^\varepsilon-Y_{t^k}^\varepsilon\| > \delta\}$$
$$\leq \sum_{k_1,\ldots,k_n=0}^{N-1}\{P(\sup_{t\in[t^k,t^{k+1}[}|\int_{[0,t]\div[0,t^k]}\varepsilon\sigma(Y_s^\varepsilon)dB_s| > \delta/2)$$
$$+ P(\sup_{t\in[t^k,t^{k+1}[}|\int_{[0,t]\div[0,t^k]}c^\varepsilon(s,Y_s^\varepsilon)ds| > \delta/2)\}\ .$$

En appliquant (7) et l'hypothèse que $\mu(\gamma)\leq a$, on conclut qu'il existe $N_0=N_0(a,R,\delta)$, tel que, pour $N\geq N_0$, on a $A_1 \leq \frac{1}{2}\exp(-R/\varepsilon^2)$ pour tout $0\leq\varepsilon\leq 1$. δ et N_0 étant ainsi choisis, on vérifie aisément que A_3 (où on pose $N=N_0$) est identiquement nul si α est assez petit. Ceci démontre (8)
On écrit maintenant:

(10) $$Y^\varepsilon_t - h_t = \int_{[0,t]} \{[\sigma(Y^\varepsilon_s) - \sigma(h_s)]\dot{\gamma}_s + [b(Y^\varepsilon_s) - b(h_s)]\}ds + I_t$$

où $$I_t = x^\varepsilon_t - z_t + \int_{[0,t]} [b^\varepsilon(Y^\varepsilon_s) - b(Y^\varepsilon_s)]ds + \varepsilon\int_{[0,t]} \sigma(Y^\varepsilon_s)dB_s .$$

Appliquons le Lemme 7 à $g_t := \sup_{s\le t}|Y^\varepsilon_s - h_s|$. On obtient $g_{(T)} \le C(a)\|I\|_T$

où $C(a)$ est une constante qui dépend de a (et des constantes de Lipschitz de σ et b). De plus, puisque $x^\varepsilon \to x$ et $b^\varepsilon \to b$ uniformément, lorsque $\varepsilon \to 0$, il existe $\varepsilon_0 > 0$ et $n > 0$ tels que

$$g_{(T)} \le C(a)\|\varepsilon\int_{[0,\cdot]} \sigma(Y^\varepsilon_s)dB_s\|_T + \rho/2$$

pour tout $\varepsilon \in]0,\varepsilon_0]$ et z tel que $\|x-z\|_T < r$.

Il existe donc $\alpha > 0$ tel que

(11) $$P\{\|Y^\varepsilon - h\|_T > \rho,\ \|\varepsilon B\|_T < \alpha\}$$

$$\le P\{\|\varepsilon\int_{[0,\cdot]} \sigma(Y^\varepsilon_s)dB_s\|_T > \frac{\rho}{2C(a)},\ \|\varepsilon B\|_T < \alpha\} \le \exp(-R/\varepsilon^2)$$

pour tout $\varepsilon \in]0,\varepsilon_0]$ et z tel que $\|x-z\|_T < r$.

Considérons enfin sur $(\Omega, \mathcal{F}_{(T)})$ la probabilité Q^ε définie par:

$$\frac{dQ^\varepsilon}{dP} = \exp\left(\frac{1}{\varepsilon}\int_{[0,T]} \dot{\gamma}_s dB_s - \frac{1}{2\varepsilon^2}\|\gamma\|^2_H\right) ,$$

alors $\tilde{B}^\varepsilon_t = B_t - \frac{1}{\varepsilon}\gamma_t$ est un Q^ε-mouvement Brownien (Proposition 6) et

$$X^\varepsilon_t = x^\varepsilon_t + \int_{[0,t]} [b^\varepsilon(X^\varepsilon_s) + \sigma(X^\varepsilon_s)\dot{\gamma}_s]ds + \varepsilon\int_{[0,t]} \sigma(X^\varepsilon_s)d\tilde{B}^\varepsilon_s \quad Q^\varepsilon\text{-p.s.}$$

Soit $A = \{\|X^\varepsilon - h\|_T > \rho,\ \|\varepsilon B - \gamma\|_T < \alpha\}$ et $V^\varepsilon = \exp(-\frac{1}{\varepsilon}\int_{[0,T]} \dot{\gamma}_s dB_s)$, alors

$$P(A) \le E_{Q^\varepsilon}\left(\frac{dP}{dQ^\varepsilon};\ A\cap(V^\varepsilon < \exp(\lambda/\varepsilon^2))\right) + P(V^\varepsilon > \exp(\lambda/\varepsilon^2))$$

$$\le \exp\left(\frac{-\lambda+a}{\varepsilon^2}\right) + \exp\left(\frac{a+\lambda}{\varepsilon^2}\right)Q_\varepsilon\{\|X^\varepsilon - h\|_T > \rho,\ \|\varepsilon\tilde{B}^\varepsilon\| < \alpha\} .$$

On choisit λ pour que $\exp\left(\frac{-\lambda+a}{\varepsilon^2}\right) \le \frac{1}{2}\exp(-R/\varepsilon^2)$ puis ε_0, α, $r > 0$ pour que le deuxième terme soit inférieur à $\frac{1}{2}\exp(-R/\varepsilon^2)$ pour tout $\varepsilon \in]0,\varepsilon_0]$, z tel que $\|z-x\|_T < r$ et γ tel que $\mu(\gamma) \le a$. □

<u>Remarque.</u> Il nous semble intéressant de remarquer que le Lemme 4 reste valable si on remplace les composantes B^i (i=1,...,d) de B par des martingales fortes $M_t^i := \int_{[0,t]} \varphi_s^i dB_s^i$ où (φ_t^i) est un processus adapté tel que $0<c<\varphi^i<C$, c et C étant des constantes.

<u>Preuve du Théorème 3.</u> Soit $\Phi=\Phi_x: H\subset\Omega \longrightarrow \Omega'=\mathcal{C}([0,T]^n, \mathbb{R}^p)$ l'application définie par (4). Soit a>0 et $K(a)=\{\lambda\leq a\}\subset\Omega'$. μ étant la transformée de Cramer du mouvement Brownien (donnée par (1)), on vérifie, à l'aide du Lemme 7, que la restriction de Φ à $\{\mu\leq a\}$ est continue pour la topologie de la convergence uniforme. $\{\mu\leq a\}$ étant compact dans l'espace de Banach Ω, on en déduit que $K(a)=\Phi(\{\mu\leq a\})$ est compact dans Ω', d'où i).
Pour démontrer ii), il suffit de prouver que:
pour tout $\delta>0$, tout a>0 et tout $h\in\Omega'$ tel que $\lambda(h)<\infty$, on a:

$$\overline{\lim_{\varepsilon\to 0}}\ \varepsilon^2\log P\{d(X^\varepsilon,K(a))\geq\delta\} \leq -a$$

où $d(X^\varepsilon,K(a))$ désigne la distance de X^ε au compact K(a) dans Ω'

$$\underline{\lim}_{\varepsilon\to 0}\ \varepsilon^2\log P\{d(X^\varepsilon,h)\leq\delta\} \geq -\lambda(h) .$$

Compte tenu du Lemme 4, la preuve de ces deux dernières inégalités suit, pas à pas, la démonstration faite dans le cas unidimensionnel (cf [4]). Nous laissons au lecteur le soin de la transcrire ici.

<u>Remarque.</u> Le Théorème 3 reste valable si les intégrands σ et b^ε dans (3) dépendent non seulement de X_s^ε, mais aussi du passé de X^ε avant s. Il est alors nécessaire de modifier les conditions de Lipschitz pour σ et b^ε (voir [5]).

III. UNE APPLICATION

Soit $(t_1,\dots,t_{n-1})\in\mathbb{R}_+^{n-1}$ et $t\in\mathbb{R}_+$. Considérons, pour $\bar{t}=(t,t_1,\dots,t_{n-1})$ l'équation:

$$(12)\quad X_{\bar{t}}^\varepsilon = x_{(0,t_1,\dots,t_{n-1})} + \varepsilon B_{\bar{t}} + \int_{[0,\bar{t}]} b(X^\varepsilon_{(s,s_1,\dots,s_{n-1})})ds\,ds_1\dots ds_{n-1} \quad (\varepsilon>0)$$

où $(B_{\bar{t}})_{\bar{t}\in[0,T]^n}$ est un mouvement Brownien réel à n paramètres, $b: \mathbb{R}\longrightarrow\mathbb{R}$

est lipschitzienne* et $x\in\mathcal{C}([0,T]^n, \mathbb{R})$. Pour tout $t\in\mathbb{R}_+$, on pose $\overline{X}^\varepsilon_t = (X^\varepsilon_{\overline{t}})_{(t_1,\ldots,t_{n-1})\in[0,T]^{n-1}}$ et $\overline{x} = (x_{(0,t_1,\ldots,t_{n-1})})_{(t_1,\ldots,t_{n-1})\in[0,T]^{n-1}}$.

On définit ainsi une diffusion $\overline{X}^\varepsilon = (\overline{X}^\varepsilon_t)_{t\in[0,T]}$ à valeurs l'espace $\Omega^{(n-1)} := \mathcal{C}([0,T]^{n-1}, \mathbb{R})$, solution de l'équation différentielle stochastique:

$$\overline{X}^\varepsilon_t = \overline{x} + \varepsilon\overline{B}_t + \int_0^t \overline{b}(\overline{X}^\varepsilon_u)du \tag{13}$$

où $\overline{B}_t = (B_{\overline{t}})_{(t_1,\ldots,t_{n-1})\in[0,T]^{n-1}}$ et $\overline{b}: \Omega^{(n-1)} \to \Omega^{(n-1)}$ est défini par:

$$\overline{b}(\omega) = \int_{[0,\cdot]} b(\omega_{s_1,\ldots,s_{n-1}})ds_1\ldots ds_{n-1} \quad (\omega\in\Omega^{(n-1)}) .$$

On vérifie que $\overline{B} = (\overline{B}_t)_{t\in[0,T]}$ est un processus de Wiener à valeurs l'espace de Banach $\Omega^{(n-1)}$.

<u>LEMME 8.</u> $\overline{X}^\varepsilon$ a comme générateur infinitésimal l'opérateur L^ε défini par

$$L^\varepsilon\varphi(\omega) = \frac{\varepsilon^2}{2}\Delta\varphi(\omega) + \varphi'(\omega)\cdot\overline{b}(\omega) \tag{14}$$

où φ est une fonction test, deux fois continûment différentiable au sens de Fréchet sur l'espace $\Omega^{(n-1)}$, à dérivées bornées (on notera $\mathcal{C}^2_b$ l'ensemble de ces fonctions) et Δ est le Laplacien généralisé.

<u>Preuve.</u> Rappelons la formule d'Itô dans l'espace de Wiener classique ([7], chap. III.5): pour $t<t'$, on a

$$\varphi(\overline{X}^\varepsilon_{t'}) = \varphi(\overline{X}^\varepsilon_t) + \int_t^{t'}\varphi'(\overline{X}^\varepsilon_s)\cdot d\overline{B}_s + \int_t^{t'}\{\varphi'(\overline{X}^\varepsilon_s)\cdot\overline{b}(\overline{X}^\varepsilon_s) + \frac{\varepsilon^2}{2}\operatorname{tr}\varphi''(\overline{X}^\varepsilon_s)\}ds \tag{15}$$

où $\operatorname{tr}\varphi''(\omega) = \Delta\varphi(\omega) = \sum_{i\in\mathbb{N}}\varphi''(\omega)(e_i,e_i)$, $(e_i)_{i\in\mathbb{N}}$ étant une b.o. de l'espace de Caméron-Martin $H\subset\Omega^{(n-1)}$ ([7] p.171). Comme l'intégrale stochastique dans (15) est une martingale, on a, P-p.s.

$$\frac{1}{t'-t}\{E(\varphi(\overline{X}^\varepsilon_{t'})|\overline{X}^\varepsilon_s, s\leq t) - \varphi(\overline{X}^\varepsilon_t)\} \xrightarrow[t'\downarrow t]{} \varphi'(\overline{X}^\varepsilon_t)\cdot\overline{b}(\overline{X}^\varepsilon_t) + \frac{\varepsilon^2}{2}\operatorname{tr}\varphi''(\overline{X}^\varepsilon_t). \quad \square$$

<u>Remarque.</u> Puisque $\varphi'(\omega)$ s'identifie à une mesure bornée sur $[0,T]^{n-1}$, on a:

* de classe C^2 à dérivées bornées

$$\varphi'(\omega)\cdot\bar{b}(\omega) = \int_{[0,T]^{n-1}}\bar{b}(\omega)(t_1,\dots,t_{n-1})\,\varphi'(\omega)(dt_1,\dots dt_{n-1})$$
$$= \int_{[0,T]^{n-1}}\int_0^{t_1}\!\!\dots\int_0^{t_{n-1}} b(\omega_{s_1,\dots,s_{n-1}})ds_1\dots ds_{n-1}\,\varphi'(\omega)(dt_1,\dots,dt_{n-1}) .$$

Soit maintenant V: $\Omega^{(n-1)} \longrightarrow \mathbb{R}$ de classe $\mathcal{C}_b^2$. Considérons la solution de l'équation aux dérivées partielles suivante sur l'espace $\Omega^{(n-1)}$:

$$(16)\qquad \begin{cases} \frac{\partial}{\partial t}\Psi(t,\omega) = \frac{\varepsilon}{2}\Delta\Psi(t,\omega) + \frac{\partial}{\partial\omega}\Psi(t,\omega)\cdot\bar{b}(\omega) + \frac{1}{\varepsilon}V(\omega)\Psi(t,\omega) , \\ \Psi(0,\omega) = \varphi(\omega) \quad ; \quad (t,\omega)\in[0,T]\times\Omega^{(n-1)},\ \varphi\in\mathcal{C}_b^2 . \end{cases}$$

THÉORÈME 9. Il existe une solution unique de (16), de classe C^1 en t et $\mathcal{C}^2$ en ω. Elle est donnée par la formule

$$(17)\qquad \Psi(t,\omega) = E\{\varphi(\bar{X}_t^{\sqrt{\varepsilon},\omega})\exp(\frac{1}{\varepsilon}\int_0^t V(\bar{X}_s^{\sqrt{\varepsilon},\omega})ds)\}$$

où $\bar{X}^{\varepsilon,\omega}$ est la solution de (13) avec, comme donnée initiale, $\bar{x}=\omega$.

Preuve. En utilisant le calcul différentiel stochastique établi dans le cadre des espaces de Banach (cf [7]), la démonstration est une transcription, en dimension infinie, des méthodes développées en [3]. □

Le Théorème 3 permet d'étudier le comportement de $\Psi=(\Psi^\varepsilon(t,\omega))$ quand $\varepsilon\longrightarrow 0$, en appliquant les résultats de [10].

COROLLAIRE. Soit Ψ^ε la solution de (16) avec, comme donnée initiale φ.
i) On a

$$(18)\qquad \varepsilon \log \Psi_1^\varepsilon(t,\omega) \underset{\varepsilon\to 0}{\longrightarrow} S(t,\omega) := \sup_{\gamma\in H}\{\int_0^t V(\Phi_s^\omega(\bar{\gamma}))ds-\mu(\gamma)\}$$

où $H\subset\Omega^{(n)}$ est donné par (*), $\bar{\gamma}_t=(\gamma_{(t,t_1,\dots,t_{n-1})})_{(t_1,\dots,t_{n-1})\in[0,T]^{n-1}}$,

$\bar{\gamma}=(\bar{\gamma}_t)_{t\in[0,T]}\in\mathcal{C}([0,T],\Omega^{(n-1)})$ et $\Phi^\omega(\bar{\gamma})$ est solution de

$$(19)\qquad \Phi_t^\omega(\bar{\gamma}) = \omega + \bar{\gamma}_t + \int_0^t \bar{b}(\Phi_s^\omega(\bar{\gamma}))do \quad (t\in[0,T],\ \omega\in\Omega^{(n-1)}) .$$

ii) Supposons que $S(t,\omega)$ soit atteint en un point unique $\gamma=\gamma^{(t,\omega)}\in H$ (ce qui est réalisé pour tout t assez petit), alors

(20)
$$\frac{\Psi_{\varphi}^{\varepsilon}(t,\omega)}{\Psi_{1}^{\varepsilon}(t,\omega)} \xrightarrow[\varepsilon\to 0]{} \varphi(\gamma_t^{(t,\omega)}) .$$

(19) et (20) sont des conséquences des Théorèmes (3.4) et (3.6) de [10].

On s'est restreint ici à l'étude de la solution de l'équation (12). On peut montrer, plus généralement, que la solution de l'équation (3) définit, en fait, une diffusion $(\overline{X}_t)_{t\in[0,T]}$ (où

$$\overline{X}_t = (X_{(t,t_1,\ldots,t_{n-1})})_{(t_1,\ldots,t_{n-1})\in[0,T]^{n-1}} ,$$

à valeurs l'espace $\mathcal{C}([0,T]^{n-1}, \mathbb{R}^p)$, solution d'une équation différentielle stochastique relative au processus de Wiener $(\overline{B}_t)_{t\in[0,T]}$ (avec

$$\overline{B}_t = (B_{(t,t_1,\ldots,t_{n-1})})_{(t_1,\ldots,t_{n-1})\in[0,T]^{n-1}} ,$$

dont les coefficients s'expriment explicitement (ce qui sera fait dans un travail ultérieur). Le Théorème 3 est une démonstration des estimations de grandes déviations pour les petites perturbations aléatoires de diffusions de ce type.

Remerciement. Nous remercions Monsieur J.B. Walsh de son aide pour la correction de la preuve de la proposition 5.

RÉFÉRENCES

[1] AZENCOTT R.: Grandes déviations et applications. École d'été de St. Flour VII 78. Lecture Notes in Math. 774, Springer (1980).
[2] CAIROLI R., WALSH J.B.: Stochastic integrals in the plane. Acta Math. 134 (1975), 111-183.
[3] DOSS H.: Sur une résolution stochastique de l'équation de Schrödinger à coefficients analytiques. Commun. Math. Phys. 73 (1980), 247-264.
[4] DOSS H., PRIOURET P.: Petites perturbations de systèmes dynamiques avec reflexion. Séminaire de Probabilités XVII, Lecture Notes in Math. 986 (1983), 353-370.
[5] DOZZI M., PURI M.L.: Strong solutions of stochastic differential equations for multiparameter processes. Preprint.
[6] KOREZLIOGLU H., MAZZIOTTO G., SZPIRGLAS J.: Nonlinear filtering equations for two-parameter semimartingales. Stochastic Processes and their Applications 15 (1983), 239-269.
[7] KUO H.H.: Gaussian measures in Banach spaces. Lecture Notes in Math. 463, Springer Verlag, Berlin (1975).
[8] NUALART D.: On the distribution of a double stochastic integral. Z. Wahrscheinlichkeitstheorie verw. Gebiete 65 (1983), 49-60.
[9] STROOCK D.W.: An introduction to the theory of large deviations. Springer Verlag, New York (1984).
[10] VARADHAN S.R.S.: Asymtotic probabilities and differential equations. Comm. Pure Appl. Math. 19 (1966), 261-286.
[11] VENTSEL A.D., FREIDLIN M.J.: Random Perturbations of Dynamical Systems, Springer Verlag, New York (1984).
[12] WALSH J.B.: Convergence and regularity of multiparameter strong martingales. Z. Wahrscheinlichkeitstheorie verw.Gebiete 46(1979), 177-192.

POINTS, LIGNES ET SYSTEMES D'ARRET FLOUS ET PROBLEME D'ARRET OPTIMAL

G. MAZZIOTTO et A. MILLET

1 - INTRODUCTION : Dans le cadre de la théorie classique des processus à un indice réel, la méthode de compactification de l'ensemble des temps d'arrêt, due à Baxter et Chacon /1/, permet d'étudier l'existence de temps d'arrêt maximisant la quantité $E(Y_T)$, quand T parcourt l'ensemble des temps d'arrêt, et quand Y est un processus suffisamment régulier donné. Des résultats de ce type ont été obtenus d'abord par Bismut /2/, puis par Edgar, Millet et Sucheston /8/; cette méthode est aussi exposée dans le cours de N. El Karoui /9/ sur l'arrêt optimal. Le principe en est le suivant. L'ensemble des temps d'arrêt peut être plongé dans un ensemble convexe, appelé ensemble des temps d'arrêt flous, dont l'ensemble des éléments extrémaux coïncide avec l'ensemble des temps d'arrêt. D'autre part, on montre que cet ensemble des temps d'arrêt flous s'identifie à un sous-ensemble fermé de la boule unité du dual d'un espace de Banach muni de sa topologie faible. La trace de cette topologie est appelée la topologie de Baxter et Chacon; c'est de cette façon qu'elle est présentée et étudiée par Meyer /15/, et aussi par Ghoussoub /10/. Finalement, on vérifie que, si le processus Y est régulier (cf. /15/, /2/ ou /8/), alors l'application $T \to E(Y_T)$ définie sur l'ensemble des temps d'arrêt se prolonge par une fonction continue sur l'ensemble des temps d'arrêt flous muni de la topologie de Baxter et Chacon. Pour résoudre le problème de l'existence d'un temps d'arrêt optimal, il ne reste plus qu'à faire appel à un résultat de topologie (cf. /3/, fasc. XV-2.7, Proposition 1) pour montrer que la fonction atteint son maximum en au moins un élément extrémal, c'est à dire sur un temps d'arrêt. Dans le cas où les tribus sont séparables, on peut aussi conclure en utilisant le théorème de représentation de Choquet, comme dans /8/.

Il était bien évidemment tentant d'essayer d'adapter cette méthode pour résoudre le problème de l'arrêt optimal, sur des points d'arrêt, d'un processus à deux indices. Cette idée a été exploitée dans les travaux de Millet /17/, de Dalang /5/ et de Mazziotto et Millet /13/.

Dans la première partie de cette note, on a essayé d'expliquer en quoi l'extension la plus immédiate de cette méthode de compactification ne semble pas permettre de résoudre le problème d'arrêt optimal sur le plan, en dehors du cas facile où on travaille avec une filtration constante (cf. /10/, /5/). Dans la deuxième partie, on présente une nouvelle résolution du problème, qui fait toujours appel aux techniques de compactification, mais qui s'inspire de l'étude faite dans /17/ et /13/. Dans ces références, on introduisait les notions de chemin croissant flou et de tactique floue qui généralisent les définitions de Krengel et Sucheston /11/, de Mandelbaum et Vanderbei /12/ et de Walsh /19/. Elles nécessitent de travailler avec plusieurs relations d'ordre partiel sur le plan. Nous pensons que l'approche adoptée dans cette note est plus naturelle que celle de /17/ et /13/, car elle ne fait appel qu'à la notion de ligne d'arrêt avec l'ordre partiel habituel.

Au préalable, il est indispensable de rappeler quelques définitions et notations classiques (cf. /4/, /20/ ou /16/). Les processus que l'on considère ici sont indexés sur le compactifié d'Alexandrov $\overline{\mathbb{K}}^2 = \mathbb{K}^2 \cup \{\infty\}$ de l'ensemble $\mathbb{K}^2 = \mathbb{N}^2$ ou $\mathbb{R}_+^2$. L'ordre partiel adopté sur $\overline{\mathbb{K}}^2$ est le suivant :

$$z = (s,t) \leq z' = (s',t') \iff s \leq s' \text{ et } t \leq t' \; ; \qquad z \leq \infty \; .$$

On notera aussi dans le dernier paragraphe :

$$z = (s,t) \curlywedge z' = (s',t') \iff s \leq s' \text{ et } t \geq t' \; .$$

Sur un espace de probabilité complet $(\Omega, \underline{\underline{F}}_\infty, \mathbb{P})$, on considère une filtration à deux indices $\underline{\underline{F}} = (\underline{\underline{F}}_{s,t} \; ; \; (s,t) \in \mathbb{K}^2)$, c'est à dire une famille croissante (pour l'ordre partiel) de sous-tribus de $\underline{\underline{F}}_\infty$, telle que $\underline{\underline{F}}_{0,0}$ contient tous les ensembles $\mathbb{P}$-négligeables de $\underline{\underline{F}}_\infty$. Dans le cas où $\mathbb{K} = \mathbb{R}_+$, on suppose de plus que la filtration est continue à droite (cad), i.e. : $\forall\, s,t \in \mathbb{K} : \underline{\underline{F}}_{s,t} = \bigcap \{\underline{\underline{F}}_{s+u,t+v} \; ; \; u,v > 0\}$. De plus on supposera que la tribu $\underline{\underline{F}}_\infty$ est séparable. Remarquons qu'il n'est pas nécessaire ici de considérer la condition d'indépendance conditionnelle classiquement notée F4 (cf. e.g. /16/), et que les propriétés de la filtration sont conservées par un changement de probabilité équivalente.

Un point d'arrêt (p.a.) est une variable aléatoire (v.a.), (S,T), à valeurs dans $\overline{\mathbb{K}}^2$, telle que $\{(S,T) \leq (s,t)\} \in \underline{\underline{F}}_{s,t}$, $\forall\, (s,t) \in \mathbb{K}^2$. L'ensemble des points d'arrêt est noté $\underline{\underline{T}}$. Si (S,T) est un point d'arrêt, on pose $\underline{\underline{F}}_{S,T} = \{A \in \underline{\underline{F}}_\infty : A \cap \{(S,T) \leq (s,t)\} \in \underline{\underline{F}}_{s,t} \, , \; \forall\, (s,t) \in \mathbb{K}^2\}$. On vérifie aisément que (S,T) est une v.a. mesurable par rapport à la tribu $\underline{\underline{F}}_{S,T}$.

Une ligne d'arrêt (l.a.) est définie comme le début d'un ensemble aléatoire dans $\Omega \times \overline{\mathbb{K}}^2$, fermé et progressivement mesurable (cf. /14/ et /16/). L'ensemble des lignes d'arrêt est noté $\underline{\underline{L}}$. Remarquons que si L est une ligne d'arrêt, alors $\{(s,t) \geq L\} \in \underline{\underline{F}}_{s,t}$, $\forall\, (s,t) \in \mathbb{K}^2$; on définit aussi une tribu en posant : $\underline{\underline{F}}_L = \{A \in \underline{\underline{F}}_\infty : A \cap \{L \leq (s,t)\} \in \underline{\underline{F}}_{s,t} \, , \; \forall\, (s,t)\}$.

2 - POINTS D'ARRET FLOUS : Cette notion est l'extension la plus naturelle de celle des temps d'arrêt flous selon /1/ et /15/.

Définition 1 : Un point d'arrêt flou est un processus $A = (A_z ; z \in \overline{\mathbb{K}}^2)$ positif, adapté, continu à droite et admettant des limites dans les trois autres quadrants (cf. /16/ pour cette notion), tel que

i) $A_\infty = 1$, $A_{\overline{0,0}} = 0$,

ii) $\forall\, s,s',t,t' \in \mathbb{K}$ tels que $(s,t) \leq (s',t')$:

$$A_{s,t} + A_{s',t'} - A_{s,t'} - A_{s',t} \geq 0 .$$

On note $\underline{\underline{T}}_f$ l'ensemble des points d'arrêt flous. Un point d'arrêt flou peut être considéré comme étant la fonction de répartition d'une probabilité aléatoire sur $\overline{\mathbb{K}}^2$. On montre aisément que $\underline{\underline{T}}_f$ est convexe et qu'il y a une correspondance biunivoque entre les points d'arrêt $Z \in \underline{\underline{T}}$ et les points d'arrêt flous $A \in \underline{\underline{T}}_f$ tels que $\forall\, z$: $A_z \in \{0,1\}$ p.s.; il suffit de poser $A_z = 1\!\!1_{\{z \geq Z\}}$. De plus on peut munir $\underline{\underline{T}}_f$ d'une topologie le rendant compact, en l'identifiant avec un sous-ensemble du dual faible de l'ensemble de Banach $\underline{\underline{C}}(\overline{\mathbb{K}}^2)$ des processus X continus sur $\overline{\mathbb{K}}^2$, muni de la norme $\|X\| = E(\sup_z |X_z|)$. Tous ces résultats, établis par Ghoussoub /10/, sont analogues à ceux de la théorie classique, obtenus dans /1/ ou /15/. De plus, si la filtration $\underline{\underline{F}}$ est constante, alors l'ensemble des éléments extrémaux du convexe $\underline{\underline{T}}_f$ s'identifie exactement avec l'ensemble des v.a. sur $\overline{\mathbb{K}}^2$ (cf. /10/, Proposition I.2). En revanche la généralisation à une filtration quelconque annoncée par Dalang /5/ nous semble pour le moins rapide. En effet, l'exemple suivant montre qu'il existe des situations où l'ensemble des éléments extrémaux de $\underline{\underline{T}}_f$ contient strictement $\underline{\underline{T}}$.

Exemple: Soient $\mathbb{K} = \mathbb{N}$, $\Omega = [0,1[$ muni de la tribu borélienne et de la mesure de Lebesgue. Posons

$$\underline{\underline{F}}_{0,0} = \underline{\underline{F}}_{1,0} = \underline{\underline{F}}_{0,1} = \{\emptyset, \Omega\} ,$$

$$\underline{\underline{F}}_{0,2} = \sigma([0,1/3[) , \underline{\underline{F}}_{1,1} = \sigma([1/3,2/3[) , \underline{\underline{F}}_{2,0} = \sigma([2/3,1[)$$

$$\underline{\underline{F}}_{i,j} = \bigvee_{z \leq (i,j)} \underline{\underline{F}}_z \quad \text{si} \quad i+j \geq 3 .$$

Posons

$$a_{0,2} = 1/2\ 1\!\!1_{[1/3,1[} , \quad a_{1,1} = 1/2\ 1\!\!1_{[0,1/3[\cup[2/3,1[}$$

$$a_{2,0} = 1/2\ 1\!\!1_{[0,2/3[} \text{ et } a_{i,j} = 0 \text{ si } i+j \neq 2 .$$

Pour tout $z \in \overline{\mathbb{N}}^2$, soit $A_z = \sum_{z' \leq z} a_{z'}$.

Alors $(A_z ; z \in \overline{\mathbb{K}}^2)$ est un point d'arrêt flou pour la filtration $(\underline{\underline{F}}_z ; z \in \overline{\mathbb{K}}^2)$.

Montrons que c'est un élément extrémal. Pour cela, supposons qu'il existe des points d'arrêt flous $(A'_z ; z \in \bar{\mathbb{K}}^2)$ et $(A''_z ; z \in \bar{\mathbb{K}}^2)$ et $\lambda \in]0,1[$ tels que $A = \lambda A' + (1-\lambda)A''$.
Alors, pour $z = (s,t)$ tel que $s+t < 2$: $A'_z = A''_z = 0$, et pour $z \geq (2,2)$: $A'_z = A''_z = 1$. Comme A' et A" sont adaptés, il existe des constantes α , $\bar{\alpha}$, β, $\bar{\beta}$, γ et $\bar{\gamma}$ telles que $A'_{0,2} = \alpha 1\!\!1_{[1/3,1[} + \bar{\alpha} 1\!\!1_{[0,1/3[}$,

$$A'_{1,1} = \beta 1\!\!1_{[0,1/3[\,\cup\,[2/3,1[} + \bar{\beta} 1\!\!1_{[1/3,2/3[}\ ,\quad A'_{2,0} = \gamma 1\!\!1_{[0,2/3[} + \bar{\gamma} 1\!\!1_{[2/3,1[}$$

Puisque la probabilité engendrée par A' est nécessairement absolument continue par rapport à celle engendrée par A, on a $\bar{\alpha} = \bar{\beta} = \bar{\gamma} = 0$.
D'autre part comme $A'_{2,2}$ vaut 1, on a $1 = \alpha + \beta$ sur $[2/3,1[$, $1 = \beta + \gamma$ sur $[0,1/3[$ et $1 = \alpha + \gamma$ sur $[1/3,2/3[$. On en déduit que $\alpha = \beta = \gamma = 1/2$.
Finalement $A = A' = A''$, ce qui signifie que A est extrémal.

3 - <u>LIGNES D'ARRET FLOUES</u> : Etant donnée une ligne de séparation (resp. une ligne d'arrêt) L, le processus A défini par $A_z = 1\!\!1_{\{z \geq L\}}$ pour tout $z \in \bar{\mathbb{K}}^2$, est croissant pour l'ordre sur $\bar{\mathbb{K}}^2$ (i.e. $z' \geq z$ entraîne $A_{z'} \geq A_z$ p.s.), à valeurs 0 ou 1, continu à droite et mesurable (resp. adapté). Cette remarque suggère la définition suivante.

<u>Définition 2</u> : On appelle ligne de séparation floue (resp. ligne d'arrêt floue) un processus A mesurable (resp. adapté) qui est croissant pour l'ordre, continu à droite et à valeurs dans $[0,1]$.

On note $\underline{\underline{L}}_f$ (resp. $\underline{\underline{L}}_{fb}$ (b pour "brut")) l'ensemble des lignes d'arrêt (resp. des lignes de séparation) floues. Evidemment $\underline{\underline{L}} \subset \underline{\underline{L}}_f \subset \underline{\underline{L}}_{fb}$.
Avec cette définition, il est facile de vérifier que l'ensemble des lignes de séparation floues et l'ensemble des lignes d'arrêt floues sont convexes De plus on a le résultat suivant.

<u>Proposition 1</u> : L'ensemble des éléments extrémaux de l'ensemble des lignes de séparation floues (resp. des lignes d'arrêt floues) coïncide avec l'ensemble des lignes de séparation (resp. des lignes d'arrêt).

<u>Démonstration</u> : Elle est analogue à celle de la théorie classique pour les v.a. ou les t.a. sur $\bar{\mathbb{K}}$. On montre qu'une ligne de séparation (resp. d'arrêt) floue A qui ne vaut pas p.s. 0 ou 1 peut s'écrire comme combinaison convexe de deux autres lignes de séparation (resp. d'arrêt) floues A' et A" distinctes de A. En effet s'il existe un point $(s,t) = z$ tel que $\mathbb{P}(\{0 < A_z < 1\}) > 0$, on peut choisir $\lambda \in]0,1[$ tel que les processus A' et A" définis par :

. $\forall z \in \bar{\mathbb{K}}^2 : \quad A'_z = (A_z \wedge \lambda)/\lambda \qquad$ et $\quad A''_z = ((A_z - \lambda) \vee 0)/(1-\lambda)$

soient distincts et vérifient $A = \lambda A' + (1-\lambda)A''$. De plus, les processus A' et A" sont mesurables (resp. adaptés), croissants et continus à droite. On en déduit que les éléments extrémaux A de $\underline{\underline{L}}_{fb}$ (resp. $\underline{\underline{L}}_f$) prennent p.s. les valeurs 0 ou 1. Or nécessairement : $A_z = 1\!\!1_{\{A_z = 1\}} = 1\!\!1_{\{z \geq L\}}$, où L est le début de l'ensemble $\{A = 1\}$ qui est mesurable (resp. progressif). Donc L est une ligne de séparation (resp. d'arrêt). La réciproque est immédiate.

Dans le reste de cette note, on convient que $\mathbb{K} = \mathbb{R}_+$; le cas discret est analogue, en plus simple. Notons $\bar{\mathbb{R}} = \mathbb{R} \cup \{\infty\}$ le compactifié d'Alexandrov de $\mathbb{R}$. De façon évidente, on peut paramétrer par $\bar{\mathbb{R}}$ une ligne de séparation L grâce à l'intersection L_a de L et de la droite Δ_a d'équation: $s - t = a$, lorsque a parcourt $\mathbb{R}$, et en représentant le point à l'infini de $\bar{\mathbb{K}}^2$ par $a = \infty$. De manière identique, une ligne de séparation floue A définit pour toute droite Δ_a une probabilité aléatoire μ_a sur $\bar{\mathbb{R}}_+$, et un processus croissant continu à droite (à un indice) A^a, obtenus par:

$$\forall u < v \in \bar{\mathbb{R}}_+ : \mu_a(]u,v]) = A^a_v - A^a_u \quad ,$$

$$\forall a \in \mathbb{R} : A^a_u = A_{a+u,u} \; 1\!\!1_{\{u \geq -a\}} \; , \; A^a_\infty = A_\infty = 1 \quad ,$$

$$\text{et} \quad A^\infty = 1\!\!1_{\{\infty\}} \quad .$$

Du fait que le processus A est croissant pour l'ordre sur $\mathbb{K}^2$, on a nécessairement les inégalités suivantes :

$$\forall a \leq b \in \mathbb{R} : \forall u \in \mathbb{R}_+ : A^a_u \leq A^b_u \quad \text{et} \quad A^b_u \leq A^a_{b-a+u} \quad .$$

Inversement, une famille de processus croissants à un indice , soit $(A^a = (A^a_u ; u \in \bar{\mathbb{R}}_+) ; a \in \bar{\mathbb{R}})$ qui vérifie les inégalités précédentes détermine une et une seule ligne de séparation floue A.

Le résultat suivant montre qu'une ligne de séparation floue définit une application linéaire continue de l'espace de Banach des processus continus à indice dans $\bar{\mathbb{K}}^2$, $\underline{\underline{C}}(\bar{\mathbb{K}}^2)$, dans celui des processus continus à (un) indice dans $\bar{\mathbb{R}}$, $\underline{\underline{C}}(\bar{\mathbb{R}})$.

<u>Proposition 2</u> : Soit A une ligne de séparation floue représentée par la famille des processus croissants $(A^a = (A^a_u ; u \in \bar{\mathbb{R}}_+) ; a \in \bar{\mathbb{R}})$. Pour tout processus $X = (X_{s,t} ; (s,t) \in \bar{\mathbb{K}}^2)$ de $\underline{\underline{C}}(\bar{\mathbb{K}}^2)$, le processus A(X) défini par :

$$\forall a \in \mathbb{R} : A(X)_a = \int_{\bar{\mathbb{R}}_+} X_{u+a,u} \, dA^a_u \quad \text{et} \quad A(X)_\infty = X_\infty$$

appartient à $\underline{\underline{C}}(\bar{\mathbb{R}})$. De plus, l'application $X \to A(X)$ est linéaire continue de $\underline{\underline{C}}(\bar{\mathbb{K}}^2)$ dans $\underline{\underline{C}}(\bar{\mathbb{R}})$, de norme égale à 1.

La démonstration de ce résultat est analogue à celle faite pour les chemins croissants flous dans /13/ (Proposition 2.4).

Le dual de $C(\bar{\mathbb{R}})$, soit $C'(\bar{\mathbb{R}})$, est l'ensemble des mesures aléatoires V sur $\bar{\mathbb{R}}$ de norme le supremum essentiel de la variation totale finie (cf. /7/, /10/). On identifie la mesure V avec le processus V indicé sur $\bar{\mathbb{R}}$ défini par:

$$\forall\, b \in \mathbb{R} : V_b = V(]-\infty,b]) \quad \text{et} \quad V_\infty = V(\bar{\mathbb{R}}) .$$

On notera $\int_{\bar{\mathbb{R}}} f(u)\, dV_u$ l'intégrale d'une fonction f sur $\bar{\mathbb{R}}$ relativement à la mesure V.

Grâce à la Proposition 2, on plonge l'ensemble $\underline{\underline{L}}_{fb}$ des lignes de séparation floues dans l'ensemble des applications bilinéaires continues sur $\underline{\underline{C}}(\bar{\mathbb{K}}^2) \otimes \underline{\underline{C}}'(\bar{\mathbb{R}})$ (cf. /18/, Théorème III-6.2, et aussi /13/ pour le cas des chemins croissants flous). Etant donnée une ligne de séparation floue représentée par le processus à deux indices A, ou la famille de processus à un indice $(A^a ; a \in \bar{\mathbb{R}})$, on lui associe donc la forme linéaire Ψ_A sur $\underline{\underline{C}}(\bar{\mathbb{K}}^2) \otimes \underline{\underline{C}}'(\bar{\mathbb{R}})$ définie par :

$$\Psi_A(X,V) = E\Big(\int_{\bar{\mathbb{R}}} dV_a \int_{\bar{\mathbb{R}}_+} X_{u+a,u}\, dA^a_u\Big) , \quad \forall\, X \in \underline{\underline{C}}(\bar{\mathbb{K}}^2) , \ \forall\, V \in \underline{\underline{C}}'(\bar{\mathbb{R}}) .$$

L'inégalité $|\Psi_A(X,V)| \leq \|X\|.\|V\|$, montre que Ψ_A appartient à la boule unité de $(\underline{\underline{C}}(\bar{\mathbb{K}}^2) \otimes \underline{\underline{C}}'(\bar{\mathbb{R}}))'$. La topologie faible $\sigma((\underline{\underline{C}}(\bar{\mathbb{K}}^2) \otimes \underline{\underline{C}}'(\bar{\mathbb{R}}))', \underline{\underline{C}}(\bar{\mathbb{K}}^2) \otimes \underline{\underline{C}}'(\bar{\mathbb{R}}))$ est localement convexe (cf. /3/, fasc.XVIII, IV-1.2). La restriction de cette topologie à l'ensemble $\underline{\underline{L}}_{fb}$, appelée topologie de Baxter et Chacon, le rend relativement compact. Remarquons aussi que la séparabilité de la tribu $\underline{\underline{F}}_\infty$ entraîne celle de la topologie faible sur $(\underline{\underline{C}}(\bar{\mathbb{K}}^2) \otimes \underline{\underline{C}}'(\bar{\mathbb{R}}))'$ et la métrisabilité de la topologie de Baxter et Chacon sur $\underline{\underline{L}}_{fb}$ (cf. /15/).

Le résultat suivant caractérise les éléments de $(\underline{\underline{C}}(\bar{\mathbb{K}}^2) \otimes \underline{\underline{C}}'(\bar{\mathbb{R}}))'$ qui correspondent à des lignes d'arrêt ou de séparation floues. Dans la suite on notera V^u la mesure de Dirac au point u pour tout $u \in \bar{\mathbb{R}}$.

<u>Proposition 3</u> : L'ensemble des lignes d'arrêt floues $\underline{\underline{L}}_{fb}$ est en correspondance biunivoque avec l'ensemble des formes bilinéaires continues Ψ sur $\underline{\underline{C}}(\bar{\mathbb{K}}^2) \times \underline{\underline{C}}'(\bar{\mathbb{R}})$ qui satisfont les conditions suivantes pour $X \in \underline{\underline{C}}(\bar{\mathbb{K}}^2)$ et $V \in \underline{\underline{C}}'(\bar{\mathbb{R}})$ quelconques :

a) $\forall\, A \in \underline{\underline{F}}_\infty : \Psi(1\!\!1_A X,V) = \Psi(X, 1\!\!1_A V)$.

b) $\Psi(1,V) = E(V_\infty)$ et $\Psi(X,V^\infty) = E(X_\infty)$.

c) $|\Psi(X,V)| \leq \|X\|.\|V\|$.

d) $X \geq 0$ et V positive $\Rightarrow \Psi(X,V) \geq 0$.

e) $\forall\, a \in \mathbb{R}$, $\forall$ X tel que $X = 0$ sur Δ_a : $\Psi(X,V^a) = 0$.

f) $\forall$ f positive continue et décroissante sur $\mathbb{R}_+$, $\forall\, \xi$ v.a. positive intégrable, et $\forall\, a \leq b \in \mathbb{R}$:

$$\Psi(f^1 \xi, V^a) \geq \Psi(f^1 \xi, V^b) \quad \text{et} \quad \Psi(f^2 \xi, V^a) \leq \Psi(f^2 \xi, V^b)$$

où $f^1(s,t) = f(s)$ et $f^2(s,t) = f(t)$, $\forall\, s,t \in \mathbb{K}$.

g) $\forall z \in \mathbb{K}^2$, $\forall f$ continue sur $\mathbb{K}^2$ nulle hors de $[0,z]$,
$\forall \xi$ v.a. positive intégrable, $\forall a \in \mathbb{R}$:

$$\Psi(f\,\xi, V^a) = \Psi(f\, E(\xi/\underline{\underline{F}}_z), V^a) \quad .$$

Démonstration: Il est facile de vérifier que les conditions a) à g) sont satisfaites dans le cas où l'application Ψ est associée à une ligne d'arrêt floue. Il faut établir la réciproque. Pour chaque a réel, la forme linéaire $\Psi(.,V^a)$ sur $\underline{\underline{C}}(\bar{\mathbb{K}}^2)$ définit, grâce aux conditions b), c), d) et e), une probabilité sur $(\Omega \times \bar{\mathbb{K}}^2, \underline{\underline{F}}_\infty \otimes \underline{\underline{\bar{\mathbb{K}}}}^2)$ de support $\Omega \times \Delta_a$ et de projection $\mathbb{P}$ sur Ω. On en déduit, selon /15/, qu'il existe un processus croissant cad-lag $A^a = (A^a_s ; s \in \bar{\mathbb{R}}_+)$ tel que : $A^a_\infty = 1$, $A^a_{(0 \vee (-a))-} = 0$, $A^\infty = \mathbb{1}_{\{\infty\}}$ et

$$\forall X \in \underline{\underline{C}}(\bar{\mathbb{K}}^2) \; : \; \Psi(X,V^a) = E(\int_{\bar{\mathbb{R}}_+} X_{u+a,u}\, dA^a_u) \quad .$$

On déduit de la condition f) que pour a et b réels:

$$\forall s \in \mathbb{R}_+ \;,\; \forall a < b \; : \; A^a_s \leq A^b_s \quad \text{et} \quad A^b_s \leq A^a_{s+b-a} \qquad \text{p.s.} \; .$$

Les ensembles de probabilité 1 où les processus précédents sont croissants cad-lag et ceux où les inégalités ci-dessus sont satisfaites dépendent évidemment de a, b et s. Néanmoins on peut trouver un sous-ensemble de probabilité 1 sur lequel les processus A^a sont croissants cad-lag et vérifient les relations précédentes quand a et b parcourent l'ensemble des rationnels. Pour a réel quelconque, on définit A^a comme la limite décroissante d'une suite de processus $(A^{a(n)} ; n \in \mathbb{N})$ où la suite $(a(n);n \in \mathbb{N})$ est rationnelle et décroît vers a. Il reste à s'assurer que la famille des processus $(A^a ; a \in \bar{\mathbb{R}})$ ainsi construite permet d'exprimer la forme bilinéaire Ψ par la relation

$$\forall X \in \underline{\underline{C}}(\bar{\mathbb{K}}^2) \;,\; \forall V \in \underline{\underline{C}}'(\bar{\mathbb{R}}) \; : \; \Psi(X,V) = E(\int_{\bar{\mathbb{R}}} dV_a \int_{\bar{\mathbb{R}}_+} X_{u+a,u}\, dA^a_u) \; .$$

Ceci est vrai par définition de A^a pour les processus V du type de V^a, pour a réel quelconque. La condition a) et la linéarité montrent que la relation est encore vérifiée pour des processus V étagés. Grâce à la condition c), on étend par densité cette relation à tous les processus V dans $\underline{\underline{C}}'(\bar{\mathbb{R}})$. Enfin la condition g) entraîne, par un passage à la limite, que la v.a. A^a_u est $\underline{\underline{F}}_{u+a,u}$-mesurable.

Comme conséquence immédiate de cette Proposition, nous avons l'important résultat de compacité suivant, analogue à celui de Baxter et Chacon pour les temps d'arrêt flous (cf. /1/, /15/, 10/), et à celui établi dans /17/ et /13/ pour les chemins croissants optionnels flous.

Proposition 4 : L'ensemble des lignes d'arrêt floues est compact pour la topologie de Baxter et Chacon.

Démonstration: On vérifie aisément que les conditions de la Proposition 3 définissent un sous-ensemble faiblement fermé de la boule unité de $(\underline{\underline{C}}(\bar{\mathbb{K}}^2) \otimes \underline{\underline{C}}'(\bar{\mathbb{R}}))'$, qui est faiblement compacte d'après le théorème de Banach. La compacité de $\underline{\underline{L}}_f$ en découle immédiatement.

4 - SYSTEMES d'ARRET FLOUS : La notion que l'on étudie dans ce paragraphe est tout à fait similaire à celle de tactique ou stratégie floue introduite dans /17/ et /13/. Elle nous servira plus loin à résoudre le problème d'arrêt d'une manière analogue à celle développée dans ces mêmes références. Cependant, elle nous semble plus naturelle dans la mesure où elle s'appuie sur l'ordre partiel "habituel" de $\mathbb{R}_+^2$, et non pas sur l'ordre partiel "perpendiculaire" qui sert à définir les chemins croissants optionnels (cf. /19/).

On considère l'espace $\underline{\underline{C}}'(\bar{\mathbb{R}})$ muni de la topologie faible $\sigma(\underline{\underline{C}}'(\bar{\mathbb{R}}),\underline{\underline{C}}(\bar{\mathbb{R}}))$. L'ensemble des variables aléatoires floues, noté $\underline{\underline{V}}_{fb}$, est le sous-ensemble de la boule unité qui correspond à des processus V croissants cad-lag sur $\mathbb{R}$, tels que : $\lim_{u\downarrow-\infty} V_u = 0$, $\lim_{u\uparrow+\infty} V_u \leq V_\infty = 1$. La restriction de la topologie faible à $\underline{\underline{V}}_{fb}$ est appelée topologie de Baxter et Chacon. Il est bien connu que $\underline{\underline{V}}_{fb}$ est convexe, compact, et que l'ensemble de ses éléments extrémaux, qui correspond aux processus qui ne prennent que les valeurs 0 ou 1, s'identifie avec l'ensemble $\underline{\underline{V}}_b$ des v.a. sur $\bar{\mathbb{R}}$ (cf. /1/, /15/, /10/). De plus cette topologie sur $\underline{\underline{V}}_{fb}$ est métrisable si $\underline{\underline{F}}_\infty$ est séparable.

Définition 3 : On appelle système d'arrêt flou brut un couple $S = (A,V)$ formé d'une ligne de séparation floue $A \in \underline{\underline{L}}_{fb}$ et d'une v.a. floue $V \in \underline{\underline{V}}_{fb}$. Un système d'arrêt flou est un système d'arrêt flou brut $S = (A,V)$ tel que A soit une ligne d'arrêt floue et tel que V soit $\underline{\underline{F}}_A$-mesurable, soit par définition:

$$\forall\, b \in \mathbb{R},\ \forall\, z \in \mathbb{R}_+^2 :\ V_b\, A_z \text{ est } \underline{\underline{F}}_z\text{-mesurable .}$$

On appelle système d'arrêt un système d'arrêt flou (A,V) tel que les processus A et V ne prennent que les valeurs 0 ou 1.

On note $\underline{\underline{S}}_{fb}$ (resp. $\underline{\underline{S}}_f$, $\underline{\underline{S}}$) l'ensemble des systèmes d'arrêt flous bruts (resp. systèmes d'arrêt flous, systèmes d'arrêt). Le résultat suivant précise les propriétés géométriques de ces ensembles. Il est analogue à celui obtenu dans /13/ et /17/ pour les stratégies floues.

Proposition 5 : i) Etant donné $(A,V) \in \underline{\underline{S}}_f$, la coupe en A de $\underline{\underline{S}}_f$: $\underline{\underline{S}}_f(A) = \{V' \in \underline{\underline{V}}_{fb} \text{ t.q. } (A,V') \in \underline{\underline{S}}_f\}$ est convexe dans $\underline{\underline{V}}_{fb}$ et l'ensemble de ses éléments extrémaux coïncide avec $\underline{\underline{V}}_b \cap \underline{\underline{S}}_f(A)$.
ii) Etant donné $(A,V) \in \underline{\underline{S}}_f$ avec $V \in \underline{\underline{V}}_b$, la coupe en V de $\underline{\underline{S}}_f$: $\underline{\underline{S}}_f(V) = \{A' \in \underline{\underline{L}}_f \text{ t.q. } (A',V) \in \underline{\underline{S}}_f\}$ est convexe dans $\underline{\underline{L}}_f$ et l'ensemble de ses points extrémaux coïncide avec $\underline{\underline{L}} \cap \underline{\underline{S}}_f(V)$.

Démonstration: Elle est identique à celle de la Proposition 2.8 de /13/. L'assertion i) est simple à établir; on montre ii). Soit $(A,V) \in \underline{\underline{S}}_f$

avec $V \in \underline{\underline{V}}_b$. Etant donné $A \in \underline{\underline{S}}_f(V)$, on pose

$$\forall z \in \bar{\mathbb{K}}^2 : A'_z = (\lambda \wedge A_z)/\lambda \quad \text{et} \quad A''_z = ((A_z - \lambda) \vee 0)/(1-\lambda) \ ;$$

montrons tout d'abord que (A',V) et (A",V) sont dans $\underline{\underline{S}}_f(V)$. Comme A' et A" sont des lignes d'arrêt floues de manière évidente, il reste à vérifier la condition d'adaptation. Par exemple pour (A',V) on a pour $b \in \mathbb{R}$:

$$\begin{aligned} V_b\,(\lambda \wedge A_z) &= V_b\, A_z\, \mathbb{1}_{\{\lambda \geq A_z\}} + \lambda\, V_b\, \mathbb{1}_{\{\lambda < A_z\}} \\ &= V_b\, A_z\, \mathbb{1}_{\{\lambda \geq A_z\}} + \lambda\, \mathbb{1}_{\{V_b A_z > 0\}}\, \mathbb{1}_{\{\lambda < A_z\}}\ , \end{aligned}$$

car V_b s'écrit aussi $\mathbb{1}_{\{V_b > 0\}}$ si V est extrémal. Cette dernière expression est $\underline{\underline{F}}_z$-mesurable. Le raisonnement est identique pour (A",V). Donc si A ne prend pas p.s. les valeurs 0 ou 1, alors il ne peut pas être extrémal, puisqu'on a : $A = \lambda A' + (1-\lambda)A''$ avec A, A', A" distincts. On a déjà vu que les éléments de $\underline{\underline{L}}_f$ qui ne prennent que les valeurs 0 ou 1 sont des lignes d'arrêt. On a ainsi démontré l'assertion ii), puisque l'extrémalité des éléments de $\underline{\underline{L}} \cap \underline{\underline{S}}_f$ est évidente.

On munit maintenant l'ensemble des systèmes d'arrêt flous bruts $\underline{\underline{S}}_{fb}$ de la topologie produit des topologies de Baxter et Chacon sur $\underline{\underline{L}}_{fb}$ et $\underline{\underline{V}}_{fb}$, appelée également topologie de Baxter et Chacon. Par définition $\underline{\underline{S}}_{fb}$ s'identifie à un sous-ensemble fermé de l'espace localement convexe $(\underline{C}(\bar{\mathbb{K}}^2) \otimes \underline{C}'(\bar{\mathbb{R}}))' \times \underline{C}'(\bar{\mathbb{R}})$. Le résultat suivant précise les propriétés topologiques de $\underline{\underline{S}}_f$.

<u>Proposition 6</u> : L'ensemble des systèmes d'arrêt flous $\underline{\underline{S}}_f$ est fermé dans $\underline{\underline{S}}_{fb}$, donc compact pour la topologie de Baxter et Chacon.

<u>Démonstration</u>: Elle est tout à fait analogue à celle de la Proposition 2.10 de /13/ pour les stratégies floues; on en rappelle ici les grandes lignes seulement. Dans un premier temps, on montre que l'ensemble $\underline{\underline{S}}_f$ est en correspondance biunivoque avec le sous-ensemble des couples (Ψ,Φ) de $(\underline{C}(\bar{\mathbb{K}}^2) \otimes \underline{C}'(\bar{\mathbb{R}}))' \times \underline{C}'(\bar{\mathbb{R}})$ tels que Ψ s'identifie à une ligne d'arrêt floue A et Φ à une v.a. floue V, et tels que les conditions suivantes soient satisfaites. Pour tout (s,t), toute fonction $f \in C(\bar{\mathbb{K}}^2)$ nulle hors de $[(0,0),(s,t)]$, pour toute fonction $g \in C(\bar{\mathbb{R}})$ nulle hors de $]-\infty,b]$ et pour toute v.a. intégrable ξ, on a pour $-t \leq a \leq s$:

$$E\Big[(\xi - E(\xi/\underline{\underline{F}}_{s,t}))\int_{\bar{\mathbb{R}}} g(u)\, dV_u \int_{\bar{\mathbb{R}}_+} f(v+a,v)\, dA^a_v\Big] = 0 \quad .$$

On établit cette caractérisation comme la Proposition 3 précédente, et comme la Proposition 2.9 de /13/. Dans un deuxième temps, on vérifie que pour des fonctions f et g, $a \in \mathbb{R}$, et pour une v.a. ξ comme ci-dessus, l'application définie sur $\underline{\underline{S}}_{fb}$ par $(A,V) \to E(\xi \int_{\bar{\mathbb{R}}} g(u)\, dV_u \int_{\bar{\mathbb{R}}_+} f(v+a,v)\, dA^a_v)$ est bilinéaire et bicontinue, donc continue (cf. /18/, III Théorème 5.1). On en déduit ensuite aisément que $\underline{\underline{S}}_f$ est fermé dans $\underline{\underline{S}}_{fb}$ et que $\underline{\underline{S}}_f$ est donc compact, car $\underline{\underline{S}}_{fb}$ est lui même compact comme sous-ensemble fermé de la boule unité de $(C(\overline{\mathbb{R}}^2) \otimes C'(\overline{\mathbb{R}}))' \times C'(\overline{\mathbb{R}})$.

5 - SYSTEMES D'ARRET ET POINTS D'ARRET OPTIMAUX : Dans ce paragraphe on résout un problème d'optimisation pour les systèmes d'arrêt, puis pour les points d'arrêt. Soit $Y = (Y_z \; ; \; z \in \overline{\mathbb{R}}^2)$ un processus s.c.s. adapté, positif et borné. Le problème considéré dans le premier paragraphe consiste à établir l'existence d'un point d'arrêt T* tel que

$$E(Y_{T^*}) = \sup\{ E(Y_T) \; ; \; T \in \underline{\underline{T}} \} \quad .$$

Dans /13/ et /17/, un tel résultat est obtenu en utilisant les notions de chemins croissants optionnels flous et de stratégies floues. On prouve ce résultat ici dans le cadre des systèmes d'arrêt flous. On étudie ensuite l'identité entre systèmes d'arrêt et points d'arrêt.

On définit une forme bilinéaire G sur l'espace vectoriel localement convexe engendré par $\underline{\underline{S}}_{fb}$ en posant :

$$\forall \, (A,V) \in \underline{\underline{S}}_{f,b} \; : \; G(A,V) = E\left(\int_{\overline{\mathbb{R}}} \left(\int_{\overline{\mathbb{R}}_+} Y_{a+t,t} \, dA_t^a \right) dV_a \right) .$$

Proposition 7 : Soit Y un processus continu (ou semi-continu supérieurement) sur $\overline{\mathbb{R}}^2$ tel que $E(\sup_z |Y_z|) < \infty$. Alors la forme bilinéaire G est continue (s.c.s.) sur $\underline{\underline{S}}_f$ pour la topologie de Baxter et Chacon.

Démonstration: Soit Y continu. Montrons que les applications partielles G(A,.) et G(V,.) sont continues sur $\underline{\underline{V}}_f$ et $\underline{\underline{L}}_f$ respectivement, pour (A,V) fixé de $\underline{\underline{S}}_f$. D'après la Proposition 2, le processus $(\int_{\overline{\mathbb{R}}_+} Y_{a+t,t} \, dA_t^a ; a \in \overline{\mathbb{R}})$ est continu, et donc G(A,.) est une forme linéaire continue sur $\underline{\underline{V}}_f$ par définition de la topologie de Baxter et Chacon sur $\underline{\underline{V}}_f$. La continuité de la forme linéaire G(.,V) est évidente par définition de la topologie sur $\underline{\underline{L}}_f$. Comme la tribu $\underline{\underline{F}}_\infty$ est supposée séparable, les topologies de Baxter et Chacon considérées ici sont métrisables. On utilise alors un résultat d'analyse (cf. /18/, III-Théorème 5.1) pour déduire des continuités des applications partielles, la continuité de la forme bilinéaire G sur l'espace vectoriel engendré par $\underline{\underline{S}}_{fb}$. L'approximation des processus s.c.s. par des processus continus prouvée dans /5/ permet d'achever la démonstration lorsque le processus Y est s.c.s..

On établit maintenant l'existence de systèmes d'arrêt optimaux par le même procédé que dans /13/.

Proposition 8 : Etant donné un processus Y semi-continu supérieurement, il existe au moins un système d'arrêt (A*,V*) tel que :

$$G(A^*,V^*) = \sup\{ G(A,V) \; ; \; (A,V) \in \underline{\underline{S}}_f \} \quad .$$

Démonstration: L'application G étant s.c.s. sur le compact $\underline{\underline{S}}_f$, il existe un système d'arrêt flou (A**,V**) solution du problème d'optimisation posé. Pour A** fixé, l'application G(A**,.) est linéaire s.c.s. sur la coupe $\underline{\underline{S}}_f(A^{**})$. Comme $\underline{\underline{S}}_f$ est fermé, l'ensemble $\underline{\underline{S}}_f(A^{**})$ l'est aussi et est donc compact. De plus, il est contenu dans un espace localement convexe $C'(\overline{\mathbb{R}})$ pour la topologie faible. On déduit d'un résultat de topologie générale (cf. /3/ XV, 2.7, Proposition 1) que G(A**,.) atteint son maximum en un élément extrémal, c'est à dire une v.a. V*, d'après la Proposition 5. On fixe alors V*, et on considère l'application G(.,V*) sur $\underline{\underline{S}}_f(V^*)$. Cet ensemble est compact car c'est un sous-ensemble fermé de $\underline{\underline{L}}_f$, et il est contenu dans un espace topologique localement convexe, $(C(\overline{\mathbb{R}}^2) \otimes C'(\overline{\mathbb{R}}))'$. De plus, d'après la Proposition 5, du fait que V* est une v.a., $\underline{\underline{S}}_f(V^*)$ est convexe et ses points extrémaux sont des lignes d'arrêt. Comme précédemment, on obtient que G(.,V*) réalise son maximum en un élément extrémal A*. Finalement, on a

$$G(A^*,V^*) = G(A^{**},V^*) = G(A^{**},V^{**}) = \sup\{ G(A,V) \ ; (A,V) \in \underline{\underline{S}}_f \} ,$$

et (A*,V*) est un système d'arrêt.

Pour conclure, il nous faut maintenant préciser les rapports existant entre les systèmes d'arrêt introduits ici et les points d'arrêt.

Pour tout $a \in \mathbb{R}$, soit Δ_a la droite d'équation $s - t = a$. Tout point $z = (s,t)$ de $\mathbb{R}^2$ admet une représentation paramétrique (a,u) définie par $u = t$, $a = s - t$; on suppose que le point à l'infini de $\overline{\mathbb{R}}^2_+$ est représenté par tous les couples (a,∞) où $a \in \overline{\mathbb{R}}$. Soit L une ligne d'arrêt fixée non réduite à $\{\infty\}$. Pour tout $a \in \mathbb{R}$, notons L_a l'intersection de L avec Δ_a, et soit $(a,L(a))$ la représentation paramétrique de L_a. On convient que ∞ appartient à toutes les lignes d'arrêt. Définissons une nouvelle filtration $\tilde{\underline{\underline{F}}}$ associée à la représentation paramétrique de $\overline{\mathbb{R}}^2_+$. On étend la filtration $\underline{\underline{F}}$ à $\mathbb{R}^2$ en supposant que si $t \in \mathbb{R}^2 \setminus \mathbb{R}^2_+$, $\underline{\underline{F}}_t$ est la tribu des ensembles négligeables. Pour tout $(a,u) \in \mathbb{R} \times \mathbb{R}_+$, posons $\tilde{\underline{\underline{F}}}_{(a,u)} = \underline{\underline{F}}_{(a+u,u)}$; soit $\tilde{\underline{\underline{F}}}_{(a,u)} = \underline{\underline{F}}_\infty$ pour $(a,u) \in (\overline{\mathbb{R}} \times \overline{\mathbb{R}}_+) \setminus (\mathbb{R} \times \mathbb{R}_+)$. On vérifie facilement qu'une v.a. $Z = (S,T)$, de représentation paramétrique $(\alpha = S - T, \upsilon = T)$, est un ($\underline{\underline{F}}$) point d'arrêt si et seulement si la v.a. (α,υ) est un $\tilde{\underline{\underline{F}}}$-point d'arrêt, c'est à dire si :

$$\{\alpha \leq a\} \cap \{\upsilon \leq u\} \in \tilde{\underline{\underline{F}}}_{(a,u)} \quad , \forall a \in \mathbb{R} \text{ et } \forall u \in \mathbb{R}_+ .$$

De même, si A est une ligne d'arrêt floue, alors pour tout $a \in \mathbb{R}_+$, le processus A^a est adapté à la filtration $\tilde{\underline{\underline{F}}}^a = (\tilde{\underline{\underline{F}}}_{(a,u)} \ ; u \in \mathbb{R}_+)$.

On se donne maintenant un système d'arrêt (A,V). Il est clair d'après la Définition 3 qu'il détermine de manière unique une ligne d'arrêt d'arrêt L, telle que $\forall z \in \mathbb{R}^2_+ : A_z = 1\!\!1_{\{L \leq z\}}$, et une variable aléatoire α dans $\overline{\mathbb{R}}$, telle que $\forall a \in \mathbb{R} : \quad V_a = 1\!\!1_{\{\alpha \leq a , \alpha \neq \infty\}}$. De plus α est $\underline{\underline{F}}_L$-mesurable.

Le résultat suivant montre qu'un système d'arrêt définit en fait un point d'arrêt.

Lemme 9 : Etant donné une ligne d'arrêt L et une variable aléatoire $\underline{\underline{F}}_L$-mesurable α à valeurs dans $\overline{\mathbb{R}}$, le point aléatoire Z défini comme l'intersection de L avec la droite Δ_α d'équation $s - t = \alpha$ sur $\{L \neq \infty$ et $\alpha \neq \infty\}$, et comme le point à l'infini de $\overline{\mathbb{R}}^2_+$ sur $\{L = \infty$ ou $\alpha = \infty\}$, est un point d'arrêt.

Démonstration : Le point Z, de coordonnées cartésiennes (S,T), a pour représentation paramétrique $(\alpha, L(\alpha))$. Pour prouver que Z est un point d'arrêt, il suffit de montrer que pour tout $a \in \mathbb{R}$ et $u \in \mathbb{R}_+$, l'événement $\{\alpha \leq a \ , \ L(\alpha) \leq u\}$ appartient à la tribu $\widetilde{\underline{\underline{F}}}_{(a,u)}$.
Comme l'application $a \to L(a)$ est décroissante et continue, on a

$$\{\alpha \leq a \ , \ L(\alpha) \leq u\} = \bigcap_n \bigcup_{k=-\infty}^{[a2^n]} \{k2^{-n} < \alpha \leq (k+1)2^{-n} \ ; \ L((k+1)2^{-n} \leq u\}$$

Comme α est $\underline{\underline{F}}_L$-mesurable, le membre de droite de cette égalité appartient à la tribu $\widetilde{\underline{\underline{F}}}_{(a,u)} = \bigcap_n \widetilde{\underline{\underline{F}}}_{(a+2^{-n},u)}$; ceci permet de conclure.

On peut remarquer que pour une ligne d'arrêt quelconque L, la tribu $\underline{\underline{F}}_L$ peut être assez petite. Il est facile de voir que si Z est un p.a. porté p.s. par L (i.e. $\mathbb{P}(Z \in L$ ou $Z = \infty) = 1$), alors $\underline{\underline{F}}_L \subset \underline{\underline{F}}_Z$. En revanche, si Z est un p.a. quelconque et si L est le début de $\{z : z \geq Z\}$, alors $\underline{\underline{F}}_L = \underline{\underline{F}}_Z$. Ces considérations nous amènent au résultat suivant.

Lemme 10 : Soit $Z = (S,T)$ un point d'arrêt. La ligne d'arrêt début de $\{z : z \geq Z\}$, L, et la variable aléatoire $\alpha = S - T$ définissent un système d'arrêt qui détermine Z au sens du Lemme 9.

Démonstration : Il s'agit de vérifier que α est bien $\underline{\underline{F}}_L$-mesurable. Or on a $\underline{\underline{F}}_L = \underline{\underline{F}}_Z$, donc $Z = (S,T)$ est $\underline{\underline{F}}_L$-mesurable; cela entraîne que $\alpha = S - T$ l'est aussi. Le système d'arrêt (A,V) est alors défini par

$$\forall z \in \mathbb{R}^2_+ : A_z = 1\!\!1_{\{z \geq L\}} \quad \text{et} \quad \forall a \in \mathbb{R} : V_a = 1\!\!1_{\{\alpha \leq a\}} \quad .$$

Il est ensuite évident qu'il détermine Z au sens du Lemme 9.

Ce résultat suggère de plonger l'ensemble des points d'arrêt dans l'ensemble des systèmes d'arrêt, lui même contenu dans l'ensemble des systèmes d'arrêt flous. Cependant, comme la représentation du Lemme 10 n'est pas nécessairement unique, on ne peut parler d'identification, et il faut s'assurer que celà ne soulève aucune difficulté quant au problème posé. C'est l'objet du lemme suivant.

Lemme 11 : Soit (A,V) un système d'arrêt et soit Z le point d'arrêt associé par le Lemme 9. Pour tout processus s.c.s. Y sur $\overline{\mathbb{K}}^2$ tel que $E(\sup_Z |Y_Z|) < \infty$, on a

$$G(A,V) = E(Y_Z) \quad .$$

Démonstration : La vérification est immédiate pour des processus Y continus. Le cas où Y est s.c.s. borné résulte alors immédiatement du résultat d'approximation de /5/. On étend ensuite au cas général.

En conclusion, la fonction G atteint son maximum en un système d'arrêt (A*,V*) d'après la Proposition 8. Ce système d'arrêt détermine un point d'arrêt Z* d'après le Lemme 9, et le maximum de G vaut $E(Y_{Z^*})$ d'après le Lemme 11. D'après les Lemmes 10 et 11, on a aussi

$$\sup_{Z\in\underline{\underline{T}}} E(Y_Z) = \sup_{(A,V)\in\underline{\underline{S}}} G(A,V) \ .$$

Finalement, en récapitulant, on a bien :

$$\sup_{Z\in\underline{\underline{T}}} E(Y_Z) = E(Y_{Z^*})$$

Nous pouvons donc résumer l'étude précédente dans le

Théorème 12 : Soit Y un processus indicé par $\overline{\mathbb{K}}^2$, semi-continu supérieurement tel que $E(\sup_Z |Y_Z|) < \infty$. Alors il existe un point d'arrêt optimal Z*, i.e. tel que

$$\sup_{Z\in\underline{\underline{T}}} E(Y_Z) = E(Y_{Z^*}) \ .$$

REFERENCES:

/1/ J.R. BAXTER et R.V. CHACON : Compactness of stopping times. Z. Wahr. v. Geb. 40 (1981), 169-181.

/2/ J.M. BISMUT : Temps d'arrêt optimal, quasi-temps d'arrêt et retournement du temps. Ann. Prob. 7-6 (1979), 933-964.

/3/ N. BOURBAKI : Espaces vectoriels topologiques. Hermann, Paris 1971.

/4/ R. CAIROLI et J.B. WALSH : Stochastic integrals in the plane. Acta Mathematica 134 (1975), 11-183.

/5/ R.C. DALANG : Sur l'arrêt optimal de processus à temps multidimensionnel continu. Sém. Proba. XVIII. Lect. N. Maths 1059, Springer-Verlag, Berlin 1984.

/6/ C. DELLACHERIE et P.A. MEYER : Probabilités et Potentiel. Hermann, Paris 1975.

/7/ C. DELLACHERIE, P.A. MEYER et M. YOR : Sur certaines propriétés des espaces H1 et BMO. Sém. Proba XII. Lect. N. Maths 649. Springer-Verlag, Berlin 1978.

/8/ G.A. EDGAR, A. MILLET et L. SUCHESTON : On compactness and optimality of stopping times. Martingale Theory in Harmonic Analysis and Banach spaces. Lect. N. Maths 939. Springer-Verlag, Berlin 1981, pp. 36-61.

/9/ N. EL KAROUI : Les aspects probabilistes du controle stochastique. Ecole d'Eté de Saint-Flour IX-1979. Lect. N. Maths 876, Springer-Verlag, Berlin 1981.

/10/ N. GHOUSSOUB : An integral representation of randomized probabilities and its applications. Sém. Proba. XVI. Lect. N. Maths 920. Springer-Verlag, Berlin 1982.

/11/ U. KRENGEL et L. SUCHESTON : Stopping rules and tactics for processes indexed by directed sets. J. Mult. Anal. 11 (1981), 199-229.

/12/ A. MANDELBAUM et R.J. VANDERBEI : Optimal stopping and supermartingales over partially ordered sets. Z. Wahr. V. Geb. 57 (1981), 253-264.

/13/ G. MAZZIOTTO et A. MILLET : Stochastic control of two-parameter processes. Proposé pour publication 1984.

/14/ E. MERZBACH : Stopping for two-dimensional stochastic processes. Stoch. Proc. and Appl. 10 (1980), 49-63.

/15/ P.A. MEYER : Convergence faible et compacité des temps d'arrêt d'après Baxter et Chacon. Sém. Proba XII. Lect. N. Maths 649. Springer-Verlag, Berlin 1978.

/16/ P.A. MEYER : Théorie élémentaire des processus à deux indices. Colloque ENST-CNET sur les processus à deux indices. Lect. N. Maths 863. Springer-Verlag, Berlin 1981.

/17/ A. MILLET : On randomized tactics and optimal stopping in the plane. Annals Prob. 13 (1985), à paraître.

/18/ H.H. SCHAEFER : Topological vector spaces. Springer-Verlag, Berlin 1971.

/19/ J.B. WALSH : Optional increasing paths. Colloque ENST-CNET sur les processus à deux indices. Lect. N. Maths 863. Springer-Verlag, Berlin 1981.

/20/ E. WONG et M. ZAKAI : Martingales and stochastic integrals for processes with a multidimensional parameter. Z. Wahr. V. Geb. 29 (1974), 109-122.

G. MAZZIOTTO

PAA/TIM/MTI - C.N.E.T.
38-40, rue du Général Leclerc
92 131 - ISSY LES MOULINEAUX

A. MILLET

Université d'Angers, Faculté des Sciences
2, boulevard Lavoisier
49 045 - ANGERS

PREDICTABLE LOCAL TIMES AND EXIT SYSTEMS

Haya Kaspi
Department of Industrial Engineering
Technion, Haifa 32000
ISRAEL

Bernard Maisonneuve
I. M. S. S.
47-X 38040 Grenoble Cedex
FRANCE

1. INTRODUCTION.

Let $X = (\Omega, \mathcal{F}, \mathcal{F}_t, X_t, \theta_t, P^x)$ be the canonical realization of a Hunt semi-group (P_t) on a state space $(E, \mathcal{E})$ and let M be the closure of the random set $\{t > 0 : X_t \in B\}$, where B is in $\mathcal{E}$. We set $R = \inf\{t>0 : t \in M\} = \inf\{t>0 : X_t \in B\}$. If M has no isolated point a.s., the predictable additive functional with 1-potential $P^{\cdot}(e^{-R})$ is a local time of M (the set of its increase points is M a.s. by [5], p. 66). This restriction on M is essential, as proved by the following example of Azéma. Consider a process which stays at 0 for an exponential time and then jumps to 1 and moves to the right with speed 1. For $B = \{1\}$, R is totally inaccessible and $M = \{R\}$ cannot have a predictable local time.

One can always define an optional local time for M, as recalled in section 2. One unpleasant feature of such a local time is that it may jump at times t where $X_t \notin \bar{B}$, so that the associated time changed process is not necessarily $\bar{B}$ valued. Nevertheless, one can construct a local time which avoids this unpleasant feature by using the methods of [4] (see Remark 2). Here we shall give a direct construction by taking the $(\mathcal{F}_{D_t})$ dual predictable projection of the process Λ_t of § 2, where as usual

$$D_t = \inf\{s>t : s \in M\} .$$

We shall also prove the existence of a related $(\mathcal{F}_{D_t})$ predictable exit system in full generality, whereas the existence of an $(\mathcal{F}_t)$ predictable exit system requires some special assumptions as noted by Getoor and Sharpe [2] (see V of [8] for sufficient conditions). From this one can deduce conditioning formulae like in the optional case ([8]).

2. THE $(\mathcal{F}_{D_t})$ PREDICTABLE LOCAL TIME.

Let X be like previously and let M be an optional random closed set, homogeneous in $(0,\infty)$ and such that $M = \overline{M\setminus\{0\}}$. The following notations are taken from [6]:

$$R = \inf\{s>0 : s\in M\} \quad (\inf \emptyset = +\infty) ,$$

$$R_t = R\circ\theta_t , \quad D_t = t + R_t , \quad \hat{\mathcal{F}}_t = \mathcal{F}_{D_t} ,$$

$$F = \{x\in E : P^x\{R=0\} = 1\} ,$$

$$G = \{t>0 : R_{t-} = 0 , \ R_t>0\} ,$$

$$G^r = \{t\in G : X_t \in F\} ,$$

$$G^i = \{t \in G : X_t \notin F\} .$$

For every homogeneous subset Γ of G we shall set

$$\Lambda_t^\Gamma = \sum_{\substack{s\in\Gamma \\ s\le t}} (1-e^{-R_s}) , \qquad L_t^\Gamma = \sum_{\substack{s\in\Gamma \\ s\le t}} P^{X_s}(1-e^{-R}) .$$

The process (Λ_t) defined by

$$\Lambda_t = \int_0^t 1_M(s)ds + \Lambda_t^G , \quad t\ge 0 ,$$

is an $(\hat{\mathcal{F}}_t)$ adapted additive functional with support (or set of increase) M. Its $(\mathcal{F}_t)$ dual optional projection (L_t^0) is a local time for M (i.e. an $(\mathcal{F}_t)$ adapted additive functional with support M). Its jump part is $(L_t^{G^i})$, as it follows easily from [6] for example. But this jump part is too big with respect to the discussion of section 1.

THEOREM 1. 1) The set I of isolated points of M $(I\subset G)$ is $(\mathcal{F}_t)$ optional and $(\hat{\mathcal{F}}_t)$ predictable. Each $(\mathcal{F}_t)$ stopping time T in $I\cup\{\infty\}$ is $(\hat{\mathcal{F}}_t)$ predictable and satisfies $\hat{\mathcal{F}}_{T-} = \mathcal{F}_T$.

2) The set $G^{-i} = \{t\in G\backslash I : X_{t-} \notin F\}$ is $(\mathcal{F}_t)$ predictable. For each $(\mathcal{F}_t)$ predictable stopping time T in $G^{-i}\cup\{\infty\}$ one has $\hat{\mathcal{F}}_{T-} = \mathcal{F}_T$.

3) The set $G^{-r} = \{t\in G\backslash I : X_{t-}\in F\}$ is (a countable union of graphs of) $(\hat{\mathcal{F}}_t)$ totally inaccessible (stopping times).

THEOREM 2. There exists an $(\mathcal{F}_t)$ adapted local time (L_t) for M which is, under each measure P^μ, the $(\hat{\mathcal{F}}_t)$ dual predictable projection of (Λ_t). Its jump part is $L^d = L^{I\cup G^{-i}}$.

It will be convenient in the sequel to write simply o.,p.,s.t.,d.p. for optional, predictable, stopping time(s), dual projection(s).

Remark 1. We know that $T\notin G^r$ a.s. for each s.t. T. Hence $I\cup G^{-i}\subset G^i$

a.s. by Theorem 1, and L^d is less than the jump part of L^0. When M is related to a Borel set B like in § 1, we have $X_t \in \overline{B}$ for $t \in I \cup G^{-i}$ a.s., since $X_T = X_{T-} \in \overline{B}$ a.s. on $\{T<\infty\}$ for each p.s.t. T in $G^{-i} \cup \{\infty\}$. Therefore our local time L is really local.

<u>Proof</u>. (a) The set I is $(\mathcal{F}_t)$ optional (see (3.3) of [7]) and can be written as a countable union of graphs of $(\mathcal{F}_t)$ s.t. . Let T be one of these s.t. and let $g_T = \sup\{s<T : s \in M\}$ $(\sup \emptyset = 0)$. By (2.4) of [7], g_T is an $(\hat{\mathcal{F}}_t)$ s.t. . Consider $T_n = \inf\{t \ge g_T : R_t \le \frac{1}{n}\}$ for $n \in \mathbb{N}$. Since $T_n < T$ on $\{T<\infty\}$ and $T_n \uparrow T$, T is $(\hat{\mathcal{F}}_t)$ predictable (it is announced by the sequence $(T_n \wedge n)$). In addition $\hat{\mathcal{F}}_{T-} = \bigvee_n \hat{\mathcal{F}}_{T_n \wedge n} = \bigvee_n \hat{\mathcal{F}}_{T_n} = \bigvee_n \mathcal{F}_{D_{T_n}}$ and $D_{T_n} = T$ on $\{T<\infty\}$, so that $\hat{\mathcal{F}}_{T-} \cap \{T<\infty\} = \mathcal{F}_T \cap \{T<\infty\}$ and $\hat{\mathcal{F}}_{T-} = \mathcal{F}_T$. The first part of Theorem 1 is established.

(b) Let T be an $(\hat{\mathcal{F}}_t)$ p.s.t. which is a left accumulation point of M on $\{T<\infty\}$. If T is announced by a sequence (T_n) , it is also announced by the sequence (D_{T_n}) of (F_t) s.t., so that T is $(\mathcal{F}_t)$ predictable and satisfies $\hat{\mathcal{F}}_{T-} = \bigvee_n \hat{\mathcal{F}}_{T_n} = \bigvee_n \mathcal{F}_{D_{T_n}} = \mathcal{F}_{T-} = \mathcal{F}_T$ the last equality following from the quasi-left continuity of $(\mathcal{F}_t)$.

(c) Consider the $(\mathcal{F}_t)$ p. part $G^{i,p}$ and the $(\mathcal{F}_t)$ totally inaccessible part $G^{i,i}$ of the $(\mathcal{F}_t)$ o. set $G^i \backslash I$:

$$G^{i,p} = \{t \in G^i \backslash I : X_{t-} = X_t\} ,$$

$$G^{i,i} = \{t \in G^i \backslash I : X_{t-} \neq X_t\} .$$

It follows from b) that $\hat{\mathcal{F}}_{T-} = \mathcal{F}_T$ for each $(\mathcal{F}_t)$ p.s.t. in $G^{i,p} \cup \{\infty\}$ and that $G^{i,i}$ is $(\hat{\mathcal{F}}_t)$ totally inaccessible.

(d) It follows from (a), (c) that L^I and $L^{G^{i,p}}$ are the $(\hat{\mathcal{F}}_t)$ d.p.p. of Λ^I and $\Lambda^{G^{i,p}}$ under each measure P^μ . Now consider under P^μ , the $(\hat{\mathcal{F}}_t)$ d.p.p. of $\Lambda^{G^r \cup G^{i,i}}$: it is continuous since G^r and $G^{i,i}$ are $(\hat{\mathcal{F}}_t)$ totally inaccessible (for G^r see (3.2) of [7]) and carried by M (recall that $M\backslash\{0\} = \{t>0 : R_{t-}=0\}$ is $(\hat{\mathcal{F}}_t)$ p.), hence it is $(\mathcal{F}_t)$ adapted ([5], p. 56 or [9], p. 229) and thus it is P^μ-indistinguishable from the continuous additive functional (K_t) which is the $(\mathcal{F}_t)$ d.p.p. of $\Lambda^{G^r \cup G^{i,i}}$. Therefore the $(\mathcal{F}_t)$ adapted additive functional

$$L_t = \int_0^t 1_M(s)ds + K_t + L_t^{I \cup G^{i,p}}$$

is the $(\hat{\mathcal{F}}_t)$ d.p.p. of (Λ_t) under P^μ . Since the support of Λ is the $(\hat{\mathcal{F}}_t)$ p. set M , the support of L is M a.s. The proof of both theorems will be complete if we show that $G^r \cup G^{i,i} = G^{-r}$ a.s. and $G^{i,p} = G^{-i}$ a.s. But the continuous part L^c of L is carried by F since $\{t \in M : X_t \notin F\}$ is a.s. countable. Therefore $X_{t-} \in F$ for $t \in G^r \cup G^{i,i}$ a.s. ; on the other hand $X_{t-} = X_t \notin F$ for $t \in G^{i,p}$ a.s. ∎

Remark 2. We indicate here how to construct a local time by using the methods of [4]. Consider the local time of equilibrium of order 1 $(\bar{L}_t)$ (see [5]) for the perfect kernel of M, and define $\bar{G}^i = \{t \in G , \Delta \bar{L}_t > 0$ or $t \in \bar{I}^g\}$, where $\bar{I}^g$ is the left closure of I. Then $L' = \bar{L}^c + L^{\bar{G}^i}$ is a local time such that $\{t : t \notin I , \Delta L'_t > 0\}$ is $(\mathcal{F}_t)$ predictable and thus is good with respect to the discussion of § 1. One can even show that L^c is absolutely continuous with respect to $\bar{L}^c$, and that $I \cup G^{-i}$ and $\bar{G}^i$ are indistinguishable.

3. THE $(\mathcal{F}_{D_t})$ PREDICTABLE EXIT SYSTEM.

In this section we shall assume that R is $\mathcal{F}^*$ measurable, where $\mathcal{F}^*$ is the universal completion of $\mathcal{F}^0 = \sigma(X_t , t \in \mathbb{R}_+)$. The universal completion of $\mathcal{E}$ will be denoted by $\mathcal{E}^*$.

THEOREM 3. There exists an $\mathcal{E}^*$ measurable positive function ℓ on E, carried by F, and a kernel $_*P$ from $(E,\mathcal{E}^*)$ to $(\Omega,\mathcal{F}^*)$ such that (L is defined as in Theorem 2)

(i) $\int_0^t 1_M(s)ds = \int_0^t \ell \circ X_s dL_s$,

(ii) $P^\cdot \sum_{s \in G} Z_s f \circ \theta_s = P^\cdot \int_0^\infty Z_s \, {_*P}^{X_s}(f) dL_s$

for all positive $(\hat{\mathcal{F}}_t)$ predictable Z and $\mathcal{F}^*$ measurable f ,

(iii) $\ell + {_*P}^\cdot(1-e^{-R}) \equiv 1$ on E and
$_*P^\cdot \equiv P^\cdot / P^\cdot(1-e^{-R})$ on $E \setminus F$.

The system $(L, {_*P})$ will be called the $(\mathcal{F}_{D_t})$ predictable "exit system" (according to the terminology of [6]). Note that in (ii) X_s can be replaced by Y_{s-}, where $Y_s = X_{D_s}$.

Proof. - Let $_*P^\cdot$ be defined on $E \setminus F$ as in (iii). The equality (ii) is immediate with $I \cup G^{-i}$ and L^d instead of G and L, due to Theorem 1. By the arguments of [6] we then establish the existence of a kernel N from $(E,\mathcal{E}^*)$ into $(\Omega,\mathcal{F}^*)$ such that $N^{\cdot}\{R=0\} = 0$ and

$$P^{\cdot} \sum_{s\in G^{-r}} Z_s((1-e^{-R})f)\circ\theta_s = P^{\cdot}\int_0^{\infty} Z_s N^{X_s}(f)dL_s^c$$

for all positive $(\mathcal{F}_t)$ p. Z. This formula extends to positive $(\hat{\mathcal{F}}_t)$ p. Z by the argument of (d) of Section 2. If ℓ is a Motoo density of $(\int_0^t 1_M(s)ds)$ relative to (L_t^c), the kernel N can be modified in such a way that $\ell + N^{\cdot}(1) = 1$. We can also assume that ℓ is carried by F. Setting $_*P^{\cdot}(f) = N^{\cdot}(\frac{f}{1-e^{-R}})$ on F, we get (ii) with G^{-r} and L^c instead of G and L and the proof is complete.

From this result one can extend some results of [8] and [3] (based on the $(\mathcal{F}_t)$ p. exit system). For analogous results without duality see Boutabia's thesis [1].

REFERENCES.

[1] BOUTABIA, H., "Sur les lois conditionnelles des excursions d'un processus de Markov". Thèse de 3e cycle, Grenoble, 1985.

[2] GETOOR, R.K., SHARPE, M.J., Last exit decompositions and distributions. Indiana Univ., Math. J., 23, 377-404 (1973).

[3] GETOOR, R.K., SHARPE, M.J., Excursions of dual processes. Adv. Math., 45 No. 3, 259-309 (1982).

[4] KASPI, H., Excursions of Markov processes : an approach via Markov additive processes. Z. Wahrsch. verw. Geb. 64, 251-268 (1983).

[5] MAISONNEUVE, B., Systèmes Régénératifs. Astérisque 15 (Soc. Math. France) 1974.

[6] MAISONNEUVE, B., Exit Systems. Ann. Prob. 3, 399-411 (1975).

[7] MAISONNEUVE, B., Entrance-Exit results for semi-regenerative processes. Z. Wahrsch. verw. Geb. 32, 81-94 (1975).

[8] MAISONNEUVE, B., On the structure of certain excursions of a Markov process. Z. Wahrsch. verw. Geb. 47, 61-67 (1979).

[9] MAISONNEUVE, B., MEYER, P.A., Ensembles aléatoires markoviens homogènes IV. Séminaire de Probabilités VIII. Lecture Notes 381. Springer 1974.

<u>Note</u>. There is an error in Theorem V.3 of p. 64 of [5]. The functionnal (A_t) should be assumed $(\hat{\mathcal{F}}_t)$ p. and the condition $H_U^\lambda \Phi(y) < \Phi(y)$ should be required for each $(\hat{\mathcal{F}}_t)$ s.t. U such that $P^y\{U>0\} > 0$. For the proof of the converse part (1.3 of p. 65) one considers the predictable s.t. $T = S_{\{A_S>0\}}$ and a sequence (T_n) that announces T. One has $A_{T_n \wedge S} \le A_{S-} = 0$. Hence $H^\lambda_{T_n \wedge S}\Phi(y) = \Phi(y)$ by (13) and $T_n \wedge S = 0$ P^y-a.s. by assumption. Since $T_n \wedge S \uparrow T \wedge S = S$, we have $S = 0$ P^y-a.s. and the proof is complete. Note also that Definition V.7, should be modified accordingly.

SIMPLIFIED MALLIAVIN CALCULUS

by James Norris

We aim to show, as economically as possible, using the Malliavin Calculus that the solution x_t of a certain stochastic differential equation:

$$dx_t = X_o(x_t)dt + X_i(x_t)\partial w_t^i$$

$$x_o = x \in \mathbb{R}^d$$

has a smooth probability density function on $\mathbb{R}^d$, whenever the following hypothesis is satisfied at the starting point x :

$$H_1 : \quad X_1,\ldots,X_m; \quad [X_i,X_j]_{i,j=0}^m; \quad [X_i[X_j,X_k]]_{i,j,k=0}^m; \ \ldots \text{ etc.},$$

$$\text{evaluated at } x, \text{ span } \mathbb{R}^d.$$

We assume above that:

- $X_0,X_1,\ldots,X_m$ are C^∞ vector fields on $\mathbb{R}^d$ satisfying certain boundedness conditions,

- $w_t \equiv (w_t^1,\ldots,w_t^m)$ is an $(\mathcal{F}_t, \mathbb{P})$-Brownian motion on $\mathbb{R}^m$.

We use ∂w_t to denote the Stratonovich differential, the symbol dw_t being reserved for the Itô differential. We sum the index i from 1 to m whenever it is repeated. Of course

$$[X_i,X_j] \equiv DX_j \cdot X_i - DX_i \cdot X_j .$$

Programmes for establishing this result have been given by Malliavin, Stroock [12], [13], Bismut [3] and others, though only Stroock [13] has obtained the full result. All are agreed that the proof splits naturally into two parts: namely, for a certain $d \times d$ random matrix C_t, associated with x_t, known as the Malliavin Covariance Matrix,

$$C_t^{-1} \in L^p(\mathbb{P}) \text{ for all } p < \infty \Rightarrow x_t \text{ has } C^\infty \text{ density}$$

and

$$H_1 \text{ holds at } x \Rightarrow C_t^{-1} \in L^p(\mathbb{P}) \text{ for all } t > 0 \text{ and } p < \infty .$$

Our proof of the first implication, given in Sections 1 to 3, uses Bismut's approach, which seems the most efficient in this context. We have made some simplifications of Bismut's work and been more explicit in iterating the integration by parts formula. Simplified versions of Bismut [3] have also been given by Bichteler and Fonken [1] and Fonken [6].

Our proof of the second implication, given in Section 4, follows for the most part Meyer's [10] presentation of Stroock's [13] argument. But by the application of a new semimartingale inequality (Lemma 4.1) we are able to shorten the argument considerably.

Before we start on the probabilistic arguments we give a well known result from Fourier analysis which explains how we set about obtaining smooth density.

Theorem 0.1

Let X be an $\mathbb{R}^d$-valued random variable with law μ. Let $n \geq d+1$. Suppose there exists a constant $C_n < \infty$ such that for all multi-indices α with $|\alpha| \leq n$,

$$\mathbb{E}[D^\alpha f(X)] \leq C_n \|f\|_\infty, \quad \text{for all} \quad f \in C_b^n(\mathbb{R}^d).$$

Then there exists $g \in C^{n-d-1}(\mathbb{R}^d)$ such that

$$\mu(dy) = g(y)dy .$$

Proof

Let

$$\hat{\mu}(u) = \frac{1}{(2\pi)^{d/2}} \int_{\mathbb{R}^d} e^{-i\langle u|x\rangle} \mu(dx) , \quad u \in \mathbb{R}^d .$$

Then for $|\alpha| \leq n$, and $f_u(x) \equiv e^{-i\langle u|x\rangle}$,

$$\begin{aligned} |u^\alpha||\hat{\mu}(u)| &= \frac{1}{(2\pi)^{d/2}} \left| \int_{\mathbb{R}^d} D^\alpha f_u(x)\mu(dx) \right| \\ &= \frac{1}{(2\pi)^{d/2}} |\mathbb{E}[D^\alpha f_u(X)]| \\ &\leq C_n / (2\pi)^{d/2} . \end{aligned}$$

So for $|\alpha| \le n-d-1$, and $|\beta| \le d+1$,

$$|\widehat{D^\alpha \mu}(u)| = |u^\alpha||\hat{\mu}(u)|$$

$$\le |u^\beta|^{-1} C_n \,/\, (2\pi)^{d/2} .$$

Hence

$$\widehat{D^\alpha \mu} \in L^1(\mathbb{R}^d) , \quad |\alpha| \le n-d-1 .$$

So, inverting the Fourier transform,

$$D^\alpha \mu \in C_b(\mathbb{R}^d) , \quad |\alpha| \le n-d-1 . \qquad \square$$

Acknowledgement

This work was supported by the Science and Engineering Research Council.

1. L^p-Estimates and Differentiability in Initial Data for S.D.E's.

In this section we first state two well known results for reference. Then in Proposition 1.3 we deduce our main technical result on s.d.e's. This result enables us to deal easily with certain s.d.e's arising in Sections 2 and 3 whose coefficients are not globally Lipschitz; so that the technical difficulties they present do not become confused with the ideas of Malliavin Calculus. Sections 2 and 3 should perhaps be read before the proof of Proposition 1.3 - for motivation.

We use systematically the symbol $C(p_1,...,p_n)$ to denote a finite constant depending only on $p_1,...,p_n$.

Proposition 1.1 (Existence and L^p-Estimates for Solutions of S.D.E's)

For $i = 0,1,...,m$, let $X_i : \Omega \times [0,T] \times \mathbb{R}^d \to \mathbb{R}^d$ be previsible, and differentiable as a function of $x \in \mathbb{R}^d$. Fix $p < \infty$. Suppose there exists a constant $B < \infty$ such that, for $i = 0,1,...,m$,

$$\mathbb{E}[\sup_{t \le T} |X_i(\omega,t,0)|^p] \le B ,$$

and $|DX_i| \le B$ on $\Omega \times [0,T] \times \mathbb{R}^d$.

Then, for each $x \in \mathbb{R}^d$, the s.d.e.

$$\left.\begin{aligned} dx_t &= X_o(t,x_t)dt + X_i(t,x_t)dw_t^i \\ x_o &= x \end{aligned}\right\} \tag{1.1}$$

has a unique strong solution with

$$\sup_{|x|\le R} \mathbb{E}[\sup_{s\le t}|x_s - x|^p] \le C(p,T,d,R,B)t^{p/2} \tag{1.2}$$

for all $t \in [0,T]$.

<u>Proof</u>:

For the existence of the solution x_t see (for example) Bichteler and Jacod [2], Theorem (A.6). The L^p-bound is a straightforward exercise in Burkholder-Davis-Gundy inequalities and Gronwall's Lemma. □

<u>Proposition 1.2</u> (<u>Differentiability Theorem for S.D.E's.</u>)

Let $X_0, X_1, \ldots, X_m$ be C^∞ vector fields on $\mathbb{R}^d$, with bounded derivatives of all orders. Then there exists a map $\phi : \Omega \times [0,\infty) \times \mathbb{R}^d \to \mathbb{R}^d$ such that

(i) For each $x \in \mathbb{R}^d$, $x_t(\omega) \equiv \phi(\omega,t,x)$ is the unique solution of the s.d.e.

$$\left.\begin{aligned} dx_t &= X_0(x_t)dt + X_i(x_t)dw_t^i \\ x_o &= x \end{aligned}\right\} \tag{1.3}$$

(ii) For each ω and t the map $\phi(\omega,t,\cdot)$ is C^∞ on $\mathbb{R}^d$ with derivatives of all orders satisfying the s.d.e's obtained from (1.3) by successive formal differentiation. (So, for example, $U_t(\omega) \equiv D\phi(\omega,t,x)$ and $W_t(\omega) \equiv D^2\phi(\omega,t,x)$ satisfy the s.d.e's

$$\left.\begin{aligned} dU_t &= DX_o(x_t)U_t dt + DX_i(x_t)U_t dw_t^i \\ U_0 &= I \in \mathbb{R}^d \otimes \mathbb{R}^d \end{aligned}\right\} \tag{1.4}$$

and

$$\left.\begin{aligned} dW_t &= DX_0(x_t)W_t dt + DX_i(x_t)W_t dw_t^i + D^2X_0(x_t)(U_t,U_t)dt \\ &\quad + D^2X_i(x_t)(U_t,U_t)dw_t^i \\ W_0 &= 0 \in (\mathbb{R}^d \otimes \mathbb{R}^d) \otimes \mathbb{R}^d \end{aligned}\right\} \qquad (1.5)$$

respectively.)

Proof:

This result is well known. See for example Carverhill and Elworthy [4]: the s.d.e's for the derivatives are obtained using Itô's Formula from the associated s.d.e. on the diffeomorphism group.

In Section 2 we will require an extension of Proposition 1.2 in which the hypothesis is weakened to allow a wider class of vector fields, which we now define. The extension is made in Proposition 1.3.

Definition of $\mathcal{S}(d_1,\ldots,d_k)$

For $d_1,\ldots,d_k,d \in \mathbb{N}\setminus\{0\}$, with $d_1+\ldots+d_k = d$, and $\alpha \in \mathbb{N}$, we denote by $\mathcal{S}_\alpha(d_1,\ldots,d_k)$ the set of $X \in C^\infty(\mathbb{R}^d,\mathbb{R}^d)$ of the form

$$X(x) = \begin{pmatrix} X^{(1)}(x^1) \\ \vdots \\ X^{(j)}(x^1,\ldots,x^j) \\ \vdots \\ X^{(k)}(x^1,\ldots,x^k) \end{pmatrix} \quad \text{for } x = \begin{pmatrix} x^1 \\ \vdots \\ x^k \end{pmatrix}, \qquad (1.6)$$

where $\mathbb{R}^d$ is identified with $\mathbb{R}^{d_1} \times \ldots \times \mathbb{R}^{d_k}$, and such that

$$\|X\|_{\mathcal{S}_{\alpha,N}} \equiv \sup_{x\in\mathbb{R}^d}\left(\sup_{0\le n\le N} \frac{|D^nX(x)|}{(1+|x|^\alpha)} \vee \sup_{1\le j\le k} |D_jX^{(j)}(x)|\right)$$

$$< \infty \quad \text{for all } N \in \mathbb{N}.$$

We denote

$$\mathcal{S}(d_1,\ldots,d_k) = \bigcup_{\alpha\in\mathbb{N}} \mathcal{S}_\alpha(d_1,\ldots,d_k).$$

When manipulating $S(d_1,\dots,d_k)$ vector fields below we will often assume without comment they are given in the form (1.6).

To provide some motivation for this definition note that equations (1.3), (1.4) and (1.5) may be considered together as a single s.d.e. for (x_t,U_t,W_t) whose coefficients are $S(d,d^2,d^3)$ but do not satisfy the hypothesis of Proposition 1.2.

A similar class of "lower triangular" coefficients is introduced by Stroock [12], §6 in his version of the Malliavin Calculus to play more or less the same role that $S(d_1,\dots,d_k)$ will play below.

Proposition 1.3

Let $X_0,X_1,\dots,X_m \in S_\alpha(d_1,\dots,d_k)$. Then there exists a map $\phi : \Omega \times [0,\infty) \times \mathbb{R}^d \to \mathbb{R}^d$ such that:

(i) For each $x \in \mathbb{R}^d$, $x_t(\omega) \equiv \phi(\omega,t,x)$ is the unique solution of the s.d.e.

$$\left.\begin{aligned} dx_t &= X_0(x_t)dt + X_i(x_t)dw_t^i \\ x_0 &= x \end{aligned}\right\} \tag{1.7}$$

(ii) For each ω and t, the map $\phi(\omega,t,\cdot)$ is C^∞ on $\mathbb{R}^d$ with derivatives of all orders satisfying the s.d.e's obtained from (1.7) by formal differentiation.

(iii)
$$\begin{aligned} &\sup_{|x|\le R} \mathbb{E}[\sup_{s\le t} |D^N\phi(\omega,s,x)|^p] \\ &\le C(p,t,R,N,d_1,\dots,d_k,\alpha, \|X_0\|_{S_{\alpha,N}},\dots,\|X_m\|_{S_{\alpha,N}}) \end{aligned} \tag{1.8}$$

for all $p < \infty$, $t \ge 0$, $R < \infty$ and $N \in \mathbb{N}$.

Furthermore the following approximation result holds. Let $(X_{i,n})$, $i = 0,1,\dots,m$, be sequences in $S_\alpha(d_1,\dots,d_k)$ such that, for all n and $N \in \mathbb{N}$,

$$\begin{aligned} &X_{i,n} = X_i \quad \text{on} \quad \{|x| \le n\}, \\ &\sup_{n\in\mathbb{N}} \|X_{i,n}\|_{S_{\alpha,N}} < \infty . \end{aligned} \tag{1.9}$$

Let ϕ_n denote the flow map associated with the s.d.e.

$$\left.\begin{aligned} dx_t &= X_{o,n}(x_t)dt + X_{i,n}(x_t)dw_t^i \\ x_o &= x \end{aligned}\right\} \qquad (1.10)$$

then

$$\sup_{|x|\le R} \mathbb{E}[\sup_{s\le t} |D^N\phi_n(\omega,s,x) - D^N\phi(\omega,s,x)|^p] \to 0 \qquad (1.11)$$

as $n \to \infty$, for all $p < \infty$, $t \ge 0$, $R < \infty$ and $N \in \mathbb{N}$.

Proof

(a) We show (1.7) has a unique solution with

$$\sup_{|x|\le R} \mathbb{E}[\sup_{s\le t} |x_s|^p]$$

$$\le C(p,t,R,d_1,\ldots,d_k,\alpha, \|X_o\|_{S_{\alpha,o}},\ldots, \|X_m\|_{S_{\alpha,o}}) .$$

Write (1.7) as a system of s.d.e's $(j = 1,\ldots,k)$

$$\left.\begin{aligned} dx_t^j &= X_o^{(j)}(x_t^1,\ldots,x_t^j)dt + X_i^{(j)}(x_t^1,\ldots,x_t^j)dw_t^i \\ x_o^j &= x^j \in \mathbb{R}^{d_j} . \end{aligned}\right\} \qquad (1.12j)$$

We show by induction on j that (1.12j) has a unique solution with

$$\sup_{|x|\le R} \mathbb{E}[\sup_{s\le t} |x_s^j|^p] \le C_j(p) \qquad (1.13j)$$

where $C_j(p)$ depends as C above. Suppose true for $1,\ldots,j-1$. Let

$$\tilde{X}_i(\omega,t,x^j) = X_i^{(j)}(x_t^1(\omega),\ldots,x_t^{j-1}(\omega),x^j) .$$

Then, for $i = 0,1,\ldots,m$ and $p < \infty$,

$$\sup_{|x|\le R} \mathbb{E}[\sup_{s\le t} |\tilde{X}_i(\omega,s,0)|^p]$$

$$\le 2^p \|X_i\|_{S_{\alpha,o}}^p (1 + (j-1)^{\alpha p/2}(C_1(\alpha p) + \ldots + C_{j-1}(\alpha p))) ,$$

$$|D\tilde{X}_i| \le \|X_i\|_{S_{\alpha,o}} .$$

So Proposition 1.1 applies to the s.d.e. (1.12j) when rewritten in the form

$$dx_t^j = \tilde{X}_o(t,x_t^j)dt + \tilde{X}_i(t,x_t^j)dw_t^i$$

$$x_o^j = x^j$$

and (1.13j) follows from (1.2).

(b) Here and in part (d) of the proof we make use of a particular choice of approximating coefficients which also satisfy the hypothesis of Proposition 1.2. For $j = 1,\dots,k$, choose a sequence (ψ_n^j) in $C^\infty(\mathbb{R}^{d_j},[0,1])$ such that for all $n \in \mathbb{N}\setminus\{0\}$:

$$1_{\{|x^j|\le n\}} \le \psi_n^j \le 1_{\{|x^j|\le 3n\}},$$

$$\|D\psi_n^j\|_\infty \le \frac{1}{n},$$

$$\sup_{n\in\mathbb{N}} \|D^N\psi_n^j\|_\infty < \infty, \quad \text{for all } N \in \mathbb{N}.$$

Let

$$\psi_n^{(j)} = \psi_n^1 \cdot \ldots \cdot \psi_n^j, \quad j = 1,\dots,k, \quad \text{and} \quad \psi_n^{(o)} \equiv 1,$$

$$X_{i,n}^{(j)} = X_i^{(j)} \cdot \psi_n^{(j-1)} \cdot \psi_{n^\alpha}^j,$$

$$X_{i,n} = \begin{pmatrix} X_{i,n}^{(1)} \\ \vdots \\ X_{i,n}^{(k)} \end{pmatrix}$$

It is easy to check that Proposition 1.2 applies to the s.d.e. with coefficients $X_{o,n}, X_{1,n},\dots,X_{m,n}$. Denote by ϕ_n the flow map thus obtained. Observe that for each $x \in \mathbb{R}^d$ the solution x_t of (1.7) obtained in (a) satisfies

$$x_t(\omega) = \phi_n(\omega,t,x) \quad \text{for all} \quad t \in [0,\tau_n(\omega,x)), \quad \text{a.s.}$$

where $\tau_n(\omega,x) \equiv \inf\{t \ge 0 : |\phi_n(\omega,t,x)| = n\}$.

Note also that since $\phi_n(\omega,t,\cdot)$ is continuous the set $\{x : \tau_n(\omega,x) > t\}$ is open in $\mathbb{R}^d$ for all ω,t and n.

Since $\phi_n(\omega,t,x) = \phi_{n+1}(\omega,t,x)$ for all $t \in [0,\tau_n(\omega,x))$ and all $x \in \mathbb{R}^d$, a.s., we may piece together a map $\phi : \{(\omega,t,x) : t < \zeta(\omega,x)\} \to \mathbb{R}^d$, where $\zeta(\omega,x) \equiv \lim_{n\to\infty} \tau_n(\omega,x)$, such that

$$\phi(\omega,t,x) = \phi_n(\omega,t,x) \quad \text{on} \quad \{(\omega,t,x) : t < \tau_n(\omega,x)\}$$

and $\phi(\omega,t,\cdot)$ is C^∞ on the open set

$$\{x : t < \zeta(\omega,x)\} \quad \text{for all } \omega \text{ and } t .$$

For fixed $x \in \mathbb{R}^d$, (a) implies $\zeta(\omega,x) = \infty$ a.s. so $\phi(\omega,t,x)$ "is" the solution of (1.7). Moreover the derivatives of ϕ must satisfy the s.d.e's obtained from (1.7) by successive differentiation, since they agree with the derivatives of ϕ_n up to τ_n.

Thus parts (i) and (ii) of the proposition will be established as soon as it is shown that $\zeta(\omega,x) = \infty$ for all x,a.s. This is actually a rather delicate point (see for example Leandre [8] or Elworthy [5] p.91).

(c) Proof of (iii) and the approximation result.

Fix $x \in \mathbb{R}^d$. For $i = 0,1,\dots,m$, let $(X_{i,n})$ be a sequence in $S_\alpha(d_1,\dots,d_k)$ satisfying (1.9). Denote by ϕ and ϕ_n the flow maps associated with equations (1.7) and (1.10) respectively. (We have shown in part (b) that these may be defined up to explosion time $\zeta(\omega,x)$ and that, for fixed x, $\zeta(\omega,x) = \infty$ a.s.) For $N \in \mathbb{N}$, let

$$U_t^N = D^N\phi(\omega,t,x) \quad \text{and} \quad U_t^N(n) = D^N\phi_n(\omega,t,x) .$$

Now fix $N \in \mathbb{N}$. Successive differentiation of (1.7) generates a system of s.d.e's for $(U_t^0,U_t^1,\dots,U_t^N)$ with coefficients in $S_{\alpha'}(d_1,\dots,d_k;dd_1,\dots,dd_k;\dots;d^Nd_1,\dots,d^Nd_k)$ for some α' (depending on α and N). Moreover the $S_{\alpha'}$ -norm of these coefficients may be bounded by a quantity depending only on the $S_{\alpha,N}$-norm of the coefficients of (1.7), and N. (It may help to recall (1.4) and (1.5) where s.d.e's for the first two derivatives are written out.)

Assertion (iii) now follows from part (a) of the proof.

Applying the above argument to ϕ_n and using (1.9) we have

$$\sup_{n\in\mathbb{N}} \sup_{|x|\le R} \mathbb{E}[\sup_{s\le t} |D^N\phi_n(\omega,s,x)|^p] < \infty \qquad (1.14)$$

for all $p<\infty$, $t\ge 0$, $R<\infty$ and $N\in\mathbb{N}$.

$$\mathbb{E}[\sup_{s\le t} |U_s^N - U_s^N(n)|^p]$$

$$= \mathbb{E}[\sup_{s\le t} |U_s^N - U_s^N(n)|^p \cdot 1_{\{\sup_{s\le t}|x_s|\ge n\}}] \quad \text{by } (1.9)$$

$$\le n^{-1}\, \mathbb{E}[\sup_{s\le t} |U_s^N - U_s^N(n)|^p \cdot \sup_{s\le t}|x_s|]$$

$$\le 2^p n^{-1}\Big(\mathbb{E}[\sup_{s\le t} |U_s^N|^{2p}]^{\frac{1}{2}} + \mathbb{E}[\sup_{s\le t} |U_s^N(n)|^{2p}]^{\frac{1}{2}}\Big)$$

$$\cdot\, \mathbb{E}[\sup_{s\le t}|x_s|^2]^{\frac{1}{2}} .$$

So (1.11) follows from (1.14).

(d) We show $\zeta(\omega,x)=\infty$, for all $x\in\mathbb{R}^d$, a.s.

We recall the particular choice of approximating coefficients used in part (b). We show firstly that $(X_{i,n})$ satisfies (1.9) for $i=0,1,\ldots,m$. It suffices to observe that

$$|D^N X_{i,n}^{(j)}| = \Big|\sum_{r=0}^{N} \binom{N}{r} D^r X_i^{(j)} D^{N-r}(\psi_n^{(j-1)}\psi_{n^\alpha}^{j})\Big|$$

$$\le \sum_{r=0}^{N} \binom{N}{r}(1+|x|^\alpha)\,\|X_i\|_{\mathcal{S}_{\alpha,N}}$$

$$\cdot \sup_{n\in\mathbb{N}} \sup_{r\le N} \|D^r(\psi_n^{(j-1)}\psi_{n^\alpha}^{j})\|_\infty$$

and, since

$$|X_i^{(j)}\cdot\psi_n^{(j-1)}(x^1,\ldots,x^j)|$$

$$\le \sup_{x\in\mathbb{R}^d} |X_i^{(j)}\psi_n^{(j-1)}(x^1,\ldots,x^{j-1},0)| + (1+|x^j|)\,\|D_j X_i^{(j)}\|_\infty$$

$$\leq \|X_i\|_{\mathcal{S}_{\alpha,o}} [(1+(3n)^\alpha) + (1+|x^j|)]$$

we have

$$|D_j X^{(j)}_{i,n}| = |D_j X^{(j)}_i \cdot \psi^{(j-1)}_n \cdot \psi^j_{n^\alpha} + X^{(j)}_i \cdot \psi^{(j-1)}_n \cdot D\psi^j_{n^\alpha}|$$

$$\leq \|X_i\|_{\mathcal{S}_{\alpha,o}} (1 + 2(1+(3n)^\alpha)/n^\alpha).$$

Thus (1.9) holds. We deduce (1.11) :

$$\sup_{|x|\leq R} \mathbb{E}[\sup_{s\leq t} |D^N\phi_n(\omega,s,x) - D^N\phi(\omega,s,x)|^p] \to 0$$

as $n \to \infty$, for all $p < \infty$, $t \geq 0$, $R < \infty$ and $N \in \mathbb{N}$.

We turn now to a well known inequality of Sobolev.
For C^∞ functions ψ on $\mathbb{R}^d$ define

$$\|\psi\|^R_{p,N} = \sum_{M=0}^{N} \left(\int_{|x|<R} \left|D^M\psi(x)\right|^p dx \right)^{1/p},$$

$$\|\psi\|^R_{\infty,N} = \sum_{M=0}^{N} \sup_{|x|\leq R} |D^M\psi(x)| .$$

Then (Sobolev, [11]), for each R and $N \geq 0$, there exist $\tilde{R} > R$, $\tilde{N} > N$, $p < \infty$ and a constant $K < \infty$ such that

$$\|\psi\|^R_{\infty,N} \leq K\|\psi\|^{\tilde{R}}_{p,\tilde{N}} \quad \text{for all } \psi \in C^\infty(\mathbb{R}^d).$$

It follows from (1.11) that

$$\mathbb{E}\left(\sup_{s\leq t} \int_{|x|\leq R} \left|D^N\phi_n(\omega,s,x) - D^N\phi_m(\omega,s,x)\right|^p dx\right) \to 0$$

as $n,m \to \infty$, for all $p < \infty$, $t \geq 0$, $R < \infty$ and $N \in \mathbb{N}$.

So, extracting a subsequence if necessary, there exists a null set $\Gamma \subseteq \Omega$ such that for $\omega \notin \Gamma$

$$\sup_{s\leq t} \int_{|x|\leq R} \left|D^N\phi_n(\omega,s,x) - D^N\phi_m(\omega,s,x)\right|^p dx \to 0 \qquad (1.15)$$

for all t,R,N and $p < \infty$. By the Sobolev inequality, (1.15) then holds for all t,R,N and $p = \infty$.
In particular, for $\omega \notin \Gamma$, $\phi_n(\omega,s,x)$ converges to $\phi(\omega,s,x)$ uniformly on compact subsets of $[0,\infty) \times \mathbb{R}^d$. So $\zeta(\omega,x) = \infty$ for all x, for $\omega \notin \Gamma$.

2. The Bismut Integration by Parts Formula

For $X_0, X_1, \ldots, X_m \in S(d_1, \ldots, d_k)$ and $x \in \mathbb{R}^d$, by Proposition 1.3, the s.d.e.

$$\left.\begin{aligned} dx_t &= X_0(x_t)dt + X_i(x_t)dw_t^i \\ x_0 &= x \end{aligned}\right\} \tag{2.1}$$

has a unique solution with $\sup_{s\le t}|x_s| \in L^p(\mathbb{P})$ for all $t \ge 0$ and $p < \infty$.

We obtain in this section an integration by parts formula involving x_t under conditions sufficiently general for the purposes of Section 3. The formula first appeared in Bismut [3] as Theorem 2.1, but written without the helpful Dx_t notation of Bichteler and Fonken [1]. We follow in outline Meyer's simplification of Bismut's proof [9] but work in greater generality. This generality is needed for the iterations of the integration by parts formula involved in proving the smooth density result.

The integration by parts formula is obtained by viewing a perturbed solution of (2.1) in two ways. Let $u : \mathbb{R}^d \to \mathbb{R}^m \otimes \mathbb{R}^r$ be C^∞ and bounded, with all its derivatives of polynomial growth. For $h \in \mathbb{R}^r$, let

$$w_t^h = w_t + \int_0^t u(x_s).h \, ds$$

The perturbed process x_t^h is defined by

$$\left.\begin{aligned} dx_t^h &= X_0(x_t^h)dt + X_i(x_t^h)\, dw_t^{h,i} \\ x_0^h &= x \end{aligned}\right\} \tag{2.2}$$

or equivalently (writing $(u(x_s).h)^i$ for the ith component)

$$\left.\begin{aligned} dx_t^h &= (X_0(x_t^h) + X_i(x_t^h)(u(x_t).h)^i)dt + X_i(x_t^h)dw_t^i \\ x_0^h &= x \end{aligned}\right\} \tag{2.2}'$$

Using Girsanov's Theorem a new probability measure $\mathbb{P}^h$ may be found to make w_t^h an $\mathbb{R}^m$ - Brownian motion. Since x_t is a measurable function of the path $(w_s)_{s\le t}$, (2.2) thus implies that the law of x_t^h under $\mathbb{P}$ is independent of $\bar{h}$, i.e.

$$\frac{\partial}{\partial h}\int_\Omega f(x_t^h)\,d\mathbb{P}^h = 0 \qquad \text{for all} \quad f \in C_b(\mathbb{R}^d).$$

Using (2.2) one can show x_t^h is differentiable in h and a differentiation under the integral sign is possible yielding an integration by parts formula.

Let

$$Z_t^h = \exp\left(-\int_0^t (u(x_s).h)^i dw_s^i - \frac{1}{2}\int_0^t |u(x_s).h|^2 ds\right) \tag{2.3}$$

and let

$$\mathbb{P}^h = Z_t^h \mathbb{P} \text{ on } \mathcal{F}_t .$$

<u>Lemma 2.1</u>

(a) For each $h \in \mathbb{R}^r$, Z_t^h satisfies the s.d.e.

$$\left.\begin{aligned} dZ_t^h &= -Z_t^h (u(x_t).h)^i dw_t^i \\ Z_0 &= 1 \end{aligned}\right\} \tag{2.4}$$

(b) For all $t \ge 0$ and $p < \infty$

$$\sup_{|h|\le 1} \mathbb{E}\left(\sup_{s\le t} |Z_s^h|^p\right) < \infty \tag{2.5}$$

(c) Under $\mathbb{P}^h$, w_t^h is an $\mathbb{R}^m$-Brownian motion.

<u>Proof</u>:

(a) Use Itô's Formula

(b) Apply Proposition 1.3 to the system of s.d.e's.

$$\left.\begin{aligned} dh_t &= 0\ , \quad h_0 = h \\ dx_t &= X_0(x_t)dt + X_i(x_t)dw_t^i\ , \quad x_0 = x \\ dZ_t &= -Z_t(u(x_t).\psi(h_t)h_t)^i dw_t^i\ , \quad Z_0 = 1 \end{aligned}\right\}$$

where ψ is a C^∞ function of compact support on $\mathbb{R}^r$ with $\psi(h) = 1$ for $|h| \le 1$.

The coefficients lie in $S(r,d,1)$!

(c) By (a) and (b), z_t^h is the exponential associated with the martingale $-\int_0^t (u(x_s)h)^i dw_s^i$ and is itself a martingale. So by the Girsanov Theorem (see example Jacod [7], Theorem 7.24), w_t being a $\mathbb{P}$-martingale,

$$w_t^h = w_t - \langle -\int_0^{\cdot} (u(x_s)h)^i dw_s^i, w \rangle_t$$

is a $\mathbb{P}^h$- martingale. But the quadratic variation of w_t^h under $\mathbb{P}^h$ is exactly that of w_t under $\mathbb{P}$. So by Levy's characterization of Brownian motion we have (c).

In the next proposition we obtain, for each ω, differentiability in a parameter of solutions of s.d.e's by the trick of turning the parameter into a starting point.

<u>Proposition 2.2</u> <u>(Differentiability with respect to a parameter)</u>

Let $X_0, X_1, \ldots, X_m \in S(d_1,\ldots,d_k)$ and $d_1 + \ldots + d_k = d$.
Let $u : \mathbb{R}^d \to \mathbb{R}^m \otimes \mathbb{R}^r$ be C^∞ with all derivatives of polynomial growth. Then there exists a function

$$\phi : \Omega \times [0,\infty) \times \mathbb{R}^r \times \mathbb{R}^d \to \mathbb{R}^d$$

such that

(i) For each $(h,x) \in \mathbb{R}^r \times \mathbb{R}^d$, $x_t^h(\omega) \equiv \phi(\omega,t,h,x)$ is the unique solution of (2.2)':

$$dx_t^h = (X_0(x_t^h) + X_i(x_t^h)(u(x_t).h)^i)dt + X_i(x_t^h)dw_t^i$$

$$x_0^h = x .$$

(ii) For each ω and t, $\phi(\omega,t,\cdot,\cdot)$ is continuously differentiable on $\mathbb{R}^r \times \mathbb{R}^d$ with

$$\sup_{|h|\le 1} \mathbb{E}\left\{\sup_{s\le t} \left|\frac{\partial\phi}{\partial h}(\omega,s,h,x)\right|^p\right\} < \infty$$

for all $x \in \mathbb{R}^d$, $t \ge 0$ and $p < \infty$.

(iii) Define $Dx_t^h \equiv \frac{\partial \phi}{\partial h}(\omega,t,h,x)$. Then Dx_t^h satisfies the s.d.e. obtained by differentiating (2.2)' formally:

$$\left.\begin{aligned} dDx_t^h &= \left\{DX_0(x_t^h)Dx_t^h + DX_i(x_t^h)Dx_t^h(u(x_t).h)^i\right\} dt \\ &\quad + X_i(x_t^h)u(x_t)^i\, dt + DX_i(x_t^h)Dx_t^h\, dw_t^i \\ Dx_0^h &= 0 \in \mathbb{R}^d \otimes \mathbb{R}^r \end{aligned}\right\} \qquad (2.6)$$

(where $u(x_t)^i$ denotes the ith row of $u(x_t)$).

Proof:

Apply Proposition 1.3 to the system of s.d.e's.

$$\left.\begin{aligned} dh_t &= 0, \quad h_0 = h \\ dx_t &= X_0(x_t)dt + X_i(x_t)dw_t^i, \quad x_0 = x \\ dx_t^h &= (X_0(x_t^h) + X_i(x_t^h)(u(x_t).\psi(h_t)h_t)^i)dt + X_i(x_t^h)dw_t^i \\ x_0^h &= x \end{aligned}\right\} \qquad (2.7)$$

where $\psi : \mathbb{R}^r \to \mathbb{R}$ is C^∞, of compact support and $\psi(h) = 1$ for $|h| \le 1$. This system has $S(r;d_1,\ldots,d_k;d_1,\ldots,d_k)$ coefficients. The conclusion of Proposition 1.3, parts (i)-(iii), implies (i), (ii) and (iii) above.

<u>Theorem 2.3</u> <u>(Integration by Parts Formula)</u>

Let $X_0, X_1, \ldots, X_m \in S(d_1,\ldots,d_k)$. Let x_t be the solution of (2.1) :

$$\left.\begin{aligned} dx_t &= X_0(x_t)dt + X_i(x_t)dw_t^i \\ x_0 &= x \in \mathbb{R}^d. \end{aligned}\right\}$$

Let $u : \mathbb{R}^d \to \mathbb{R}^m \otimes \mathbb{R}^r$ be C^∞, with all derivatives of polynomial growth. Then the linear s.d.e.

$$\left.\begin{aligned} dDx_t &= DX_0(x_t)Dx_t dt + DX_i(x_t)Dx_t dw_t^i \\ &\quad + X_i(x_t)u(x_t)^i dt \\ Dx_0 &= 0 \in \mathbb{R}^d \otimes \mathbb{R}^r \end{aligned}\right\} \qquad (2.8)$$

has a unique solution with $\sup_{s\le t}|Dx_t| \in L^p(\mathbb{P})$ for all $t \geq 0$ and $p < \infty$.

Furthermore, for any function $f : G \to \mathbb{R}$, where G is an open subset of $\mathbb{R}^d$ with $x_t \in G$ a.s., such that f is differentiable and $Df(x_t)$ and $f(x_t) \in L^2(\mathbb{P})$,

$$\mathbb{E}\left\{Df(x_t)Dx_t\right\} = \mathbb{E}\left\{f(x_t)\int_0^t u(x_s)^i dw_s^i\right\} . \qquad (2.9)$$

Remark:

Equations (2.1) and (2.8) combine to form a system of s.d.e's with $S(d_1,\ldots,d_k;\ d.d_1,\ldots,d.d_k)$ coefficients. This is the crucial observation for iterations of the formula.

Proof:

Assume for now u and all its derivatives are bounded. Let x_t^h be the solution of (2.2)/(2.2)'. Define z_t^h by (2.3). We make three observations:

(i) By Lemma 2.1 (c)

$$\frac{\partial}{\partial h}\mathbb{E}\left\{f(x_t^h)z_t^h\right\} = 0 \quad \text{for all} \quad f \in C_b^1(\mathbb{R}^d). \qquad (2.10)$$

(ii) By Proposition 2.2 we may assume $x_t^h(\omega)$ is differentiable in h a.s. with

$$\sup_{|h|\le 1}\mathbb{E}\left(\left|\frac{\partial x_t^h}{\partial h}\right|^p\right) < \infty \quad \text{for all} \quad t \geq 0 \text{ and } p < \infty.$$

(iii) For each ω, z_t^h is evidently differentiable in h with

$$\frac{\partial}{\partial h} z_t^h = -z_t^h\left\{\int_0^t u(x_s)^i dw_s^i + \int_0^t u(x_s)^T u(x_s)h\,ds\right\}$$

so by Lemma 2.1 (b)

$$\sup_{|h|\le 1}\mathbb{E}\left(\left|\frac{\partial}{\partial h} z_t^h\right|^p\right) < \infty \quad \text{for all} \quad t \geq 0 \text{ and } p < \infty.$$

It follows that we may differentiate (2.10) under the expectation sign at 0 to obtain (2.9). Equation (2.8) is just (2.6) with $h = 0$.

It remains to relax the boundedness conditions on u and f. For f as in the statement of the theorem take a sequence f_n in $C_b^1(\mathbb{R})$ with

$$|f_n| \leq |f|, |Df_n| \leq |Df| \text{ and } f_n \to f, \ Df_n \to Df$$

(pointwise) on G. Then (2.9) extends to f by the Dominated Convergence Theorem.

We extend the result to functions u with derivatives of polynomial growth by means of an approximating sequence of compactly supported functions u_n. Choose C^∞ functions $\psi_n : \mathbb{R}^d \to [0,1]$ with

$$1_{\{|x| \leq n\}} \leq \psi_n \leq 1_{\{|x| \leq n+1\}}$$

with derivatives of all orders uniformly bounded in n and on $\mathbb{R}^d$. Let $u_n = u.\psi_n$ then (2.8)/(2.9) holds for u_n. Since $\sup_{s \leq t} |x_s|^p \in L^p(\mathbb{P})$ for all $t \geq 0$ and $p < \infty$,

$$\int_0^t u_n(x_s)^i dw_s^i \to \int_0^t u(x_s)^i dw_s^i \quad \text{in} \quad L^p(\mathbb{P})$$

for all $p < \infty$ and $t \geq 0$. We may thus extend (2.8)/(2.9) to u by taking the limit as $n \to \infty$, provided that (with an obvious notation)

$$Dx_t(n) \to Dx_t \quad \text{in} \quad L^p(\mathbb{P}) \ , \quad \text{some } p \geq 2$$

But by virtue of our assumptions on ψ_n this is a consequence of the approximation result of Proposition 1.3 applied to the system of s.d.e's

(2.1) and

(2.8) with u replaced by u_n.

<u>Alternative proof</u>:

One can avoid using the full strength of Proposition 1.3 by establishing the formula first for X_i bounded with bounded derivatives of all orders then extending to $X_i \in S(d_1,\ldots,d_k)$ by the same approximation as was used in parts (b) and (d) of the proof of Proposition 1.3. Thus the use of the Sobolev inequality in Proposition 1.3 may be avoided.

3. Application of the Integration by Parts Formula: Smooth Density and the Covariance Matrix

We fix vector fields $X_0, X_1, \ldots, X_m$ on $\mathbb{R}^d$ which are assumed C^∞ with bounded first derivatives and higher derivatives of polynomial growth. We obtain a sufficient condition for the s.d.e.

$$\left.\begin{aligned} dx_t &= X_0(x_t)dt + X_i(x_t)dw_t^i \\ x_0 &= x \end{aligned}\right\} \qquad (3.1)$$

to have a smooth density.

We will make use of two processes U_t and V_t associated to the s.d.e. (3.1), which are in fact the derivative of the flow associated to (3.1) and its inverse. However we will regard them as defined by the following s.d.e's.

$$\left.\begin{aligned} dU_t &= DX_0(x_t)U_t dt + DX_i(x_t)U_t dw_t^i \\ U_0 &= I \in \mathbb{R}^d \otimes \mathbb{R}^d \end{aligned}\right\} \qquad (3.2)$$

$$\left.\begin{aligned} dV_t &= -V_t\left(DX_0(x_t) - \sum_{i=1}^m DX_i(x_t)^2\right)dt - V_t DX_i(x_t)dw_t^i \\ V_0 &= I \in \mathbb{R}^d \otimes \mathbb{R}^d \end{aligned}\right\} \qquad (3.3)$$

The system $\{(3.1),(3.2),(3.3)\}$ has $S(d,d^2,d^2)$ coefficients so by Proposition 1.3

$$\sup_{s \le t} |U_s| \text{ and } \sup_{s \le t} |V_s| \in L^p(\mathbb{P}), \text{ for all } p < \infty \text{ and } t \ge 0.$$

Furthermore an easy application of Itô's Formula shows that for U_t and V_t so defined we indeed have $U_t^{-1} = V_t$ for all $t \ge 0$, a.s.

We now make the optimal choice of perturbation u for the process x_t. We aim by this choice to make the matrix Dx_t non-degenerate. Recall that

$$dDx_t = DX_0(x_t)\, Dx_t\, dt + DX_i(x_t)Dx_t\, dw_t^i + X_i(x_t)\, u(x_t)^i\, dt$$

So

$$\begin{aligned} d(V_t\, Dx_t) &= V_t dDx_t + dV_t Dx_t + \langle V_t, Dx_t\rangle \\ &= V_t X_i(x_t).u(x_t)^i\, dt \end{aligned}$$

Thus $\quad Dx_t = U_t\int_0^t V_s X_i(x_s).u(x_s)^i\, ds$. So we would like to take "$u(x_s)^i = (V_s X_i(x_s))^T$". That we can allow u to depend on V_t as well as x_t follows by the technical device of applying Theorem 2.3 not to (3.1) but to {(3.1),(3.3)}. We then choose $u(x,V) = (VX_i(x))^T$ ($x \in \mathbb{R}^d$, $V \in \mathbb{R}^d \otimes \mathbb{R}^d$) so that $Dx_t = U_t C_t$, where

$$C_t = \int_0^t V_s X_i(x_s) \otimes V_s X_i(x_s)\, ds \tag{3.4}$$

- the Malliavin Covariance Matrix.

The main result of this section is that if for some $t > 0$, $C_t^{-1} \in L^p(\mathbb{P})$ for all $p < \infty$, then x_t has a smooth density.

Assume for the rest of this section that for a certain $t > 0$, $C_t^{-1} \in L^p(\mathbb{P})$ for all $p < \infty$. Then since $Dx_t = U_t C_t$, $Dx_t^{-1} \in L^p(\mathbb{P})$ for all $p < \infty$.

The following definition will be used to provide classes of functions to which the Integration by Parts Formula applies.

Definition:

For an $\mathbb{R}^n$-valued random variable Y, denote by $\mathcal{D}[Y]$ the set of all functions $f : \mathbb{R}^n \to \mathbb{R}$ such that for some open set $W \subseteq \mathbb{R}^n$:
(i) $Y \in W$ a.s., (ii) $f|_W$ is C^∞ and (iii) $D^\alpha f(Y) \in L^2(\mathbb{P})$ for all $\alpha \geq 0$.

The point of this definition is that the inverse map on d×d matrices lies in $\mathcal{D}[Dx_t]$.

Recall the remark following Theorem 2.3: if a process y_t satisfies an s.d.e. with $\mathcal{S}(d_1,\dots,d_k)$ coefficients, then (y_t, Dy_t) satisfies one with $\mathcal{S}(d_1,\dots,d_k;\, dd_1,\dots,dd_k)$ coefficients. So (for a fixed $u(y_t)$) we may define inductively

$$D^n y_t = D(D^{n-1} y_t) .$$

In particular let

$$y_t^{(0)} = (x_t, V_t, R_t)$$

where

$$R_t = \int_0^t (V_s X_i(x_s))^T dw_s^i$$

then $y_t^{(0)}$ satisfies an s.d.e. with $\mathcal{S}(d,d^2,1)$ coefficients so we may define for $n \geq 1$

$$y_t^{(n)} = (y_t^{(0)}, Dy_t^{(0)}, \ldots, D^n y_t^{(0)}) .$$

Theorem 3.1

Suppose for some $t > 0, C_t^{-1} \in L^p(\mathbb{P})$ for all $p < \infty$. Then for each $n \geq 1$ and $k = 1,\ldots,d$ there exists a map

$$A_k^n : \mathcal{D}[y_t^{(n)}] \to \mathcal{D}[y_t^{(n+1)}]$$

such that:

$$\mathbb{E}\,[(D_k f)(x_t) g(y_t^{(n)})] = \mathbb{E}\,[f(x_t)(A_k^n g)(y_t^{(n+1)})] \tag{3.5}$$

for all $f \in C_b^1(\mathbb{R}^d)$ and $g \in \mathcal{D}[y_t^{(n)}]$ (where D_k is the kth partial derivative).

Proof:

Apply Theorem 2.3 to the process $y_t^{(n)}$ and the matrix function F such that

$$y_t^{(n)} \to f(x_t)\,\Psi(Dx_t) g(y_t^{(n)})$$

(where $\Psi(D) \equiv D^{-1}$ for $D \in \mathbb{R}^d \otimes \mathbb{R}^d$). The components of F are all $\mathcal{D}[y_t^{(n)}]$ since $Dx_t^{-1} \in L^p(\mathbb{P})$ for all $p < \infty$. So we have the following equality in $(\mathbb{R}^d \otimes \mathbb{R}^d) \otimes \mathbb{R}^d$

$$\mathbb{E}\,[Df(x_t)Dx_t \otimes \Psi(Dx_t)g(y_t^{(n)})]$$

$$+ \mathbb{E}\,[f(x_t)D\Psi(Dx_t)D^2x_t g(y_t^{(n)})]$$

$$+ \mathbb{E}\,[f(x_t)\Psi(Dx_t) \otimes Dg(y_t^{(n)})Dy_t^{(n)}]$$

$$= \mathbb{E}\,[f(x_t)\Psi(Dx_t)g(y_t^{(n)}) \otimes R_t]$$

Summing the (k,j,j) component over j and rearranging we have (3.5) with

$$(A_k^n g)(y_t^{(n+1)}) \equiv \sum_{j=1}^{d} \Big\{ \Psi(Dx_t)g(y_t^{(n)}) \otimes R_t$$

$$-D\Psi(Dx_t)D^2x_t g(y_t^{(n)}) - \Psi(Dx_t) \otimes Dg(y_t^{(n)})Dy_t^{(n)} \Big\}_{(k,j,j)}$$

The fact that $A_k^n g \in \mathcal{D}[y_t^{(n+1)}]$ follows from $g \in \mathcal{D}[y_t^{(n)}]$ and $Dx_t^{-1} \in L^p(\mathbb{P})$ for all $p < \infty$.

Theorem 3.1 is ready-made for iteration, which we now perform and which leads immediately to the main result.

Theorem 3.2

Suppose for some $t > 0$, $C_t^{-1} \in L^p(\mathbb{P})$ for all $p < \infty$. Then the law of x_t has a C^∞ density with respect to Lebesgue measure on $\mathbb{R}^d$.

Proof:

Let $g(y_t^{(1)}) \equiv 1$ then $g \in \mathcal{D}[y_t^{(1)}]$. By repeated application of Theorem 3.1, for each $n \geq 1$,

$$\mathbb{E}\,[(D_{k_1} \cdots D_{k_n}) f(x_t)] = \mathbb{E}\,[f(x_t)(A^n_{k_n} \circ \cdots \circ A^1_{k_1}\, g)(y_t^{n+1})]$$

for all $f \in C_b^\infty(\mathbb{R}^d)$.

So $\quad |\mathbb{E}\,[(D_{k_1} \ldots D_{k_n}) f(x_t)]| \leq c(k_1,\ldots,k_n)\, \| f \|_\infty$,

where $c(k_1,\ldots,k_n) = \mathbb{E}\,[|(A^n_{k_n} \circ \cdots \circ A^1_{k_1} g)(y_t^{(n+1)})|]$.

The result follows by Theorem 0.1. □

4. Non-Degeneracy of the Covariance Matrix under the H_1 condition.

It is convenient in this section to relabel the coefficient X_0 appearing in (3.1) as $\tilde{X}_0$, whilst preserving in all other respects the set up of §3. This is because we wish to reserve the symbol X_0 for the dt coefficient $X_0 \equiv \tilde{X}_0 - \frac{1}{2} DX_i \cdot X_i$ of the associated Stratonovich s.d.e.:

$$\left.\begin{aligned} dx_t &= X_0(x_t)dt + X_i(x_t)\partial w_t^i \\ x_0 &= x \in \mathbb{R}^d \end{aligned}\right\}.$$

We show that the covariance matrix C_t, defined at (3.4), satisfies $C_t^{-1} \in L^p(\mathbb{P})$ for all $p < \infty$ and $t > 0$, provided that the following local condition on the vector fields $X_0,\ldots,X_m$ is met:

H_1 : $X_1,\ldots,X_m;\ [X_i,X_j]_{i,j=0}^{m};\ [X_i[X_j,X_k]]_{i,j,k=0}^{m};\ \ldots$ etc., evaluated at x, span $\mathbb{R}^d$.

This result, combined with Theorem 3.2, completes the task of showing that H_1 is sufficient for the smooth density of $x_t, t>0$.

The proof of the main result is given in Theorem 4.2 following Meyer [10], himself following Stroock [13]. The new contribution is the semimartingale inequality set out in Lemma 4.1.

Lemma 4.1

Let $\alpha, y \in \mathbb{R}$. Let $\beta_t, \gamma_t \equiv (\gamma_t^1, \dots, \gamma_t^m)$ and $u_t \equiv (u_t^1, \dots, u_t^m)$ be previsible processes. Let

$$a_t = \alpha + \int_0^t \beta_s ds + \int_0^t \gamma_s^i dw_s^i \qquad \text{and}$$

$$Y_t = y + \int_0^t a_s ds + \int_0^t u_s^i dw_s^i \quad .$$

Suppose T is a bounded stopping time ($T \le t_0$ say) such that for some constant $C < \infty$:

$$|\beta_t|, \quad |\gamma_t|, \quad |a_t| \;\&\; |u_t| \le C \text{ for all } t \le T.$$

Then for any $q > 8$ and $\nu < (q-8)/9$

$$\mathbb{P}\left\{\int_0^T Y_t^2 dt < \varepsilon^q \text{ and } \int_0^T (|a_t|^2 + |u_t|^2) dt \ge \varepsilon\right\}$$
$$\le \text{const}(C, t_0, q, \nu) e^{-1/\varepsilon^\nu} \; .$$

Proof

We adopt some notation. Let

$$A_t = \int_0^t a_s ds \; ,$$

$$M_t = \int_0^t u_s^i dw_s^i \; ,$$

$$N_t = \int_0^t Y_s u_s^i dw_s^i \; ,$$

$$\text{and } Q_t = \int_0^t A_s \gamma_s^i dw_s^i \; .$$

Define for $\varepsilon, \delta > 0$

$$B_1(\varepsilon, \delta) = \{\langle N,N\rangle_T < \varepsilon \text{ and } \sup_{t \le T} |N_t| \ge \delta\},$$

$$B_2(\varepsilon,\delta) = \{\langle M,M\rangle_T < \varepsilon \text{ and } \sup_{t\le T}|M_t| \ge \delta\}$$

and $$B_3(\varepsilon,\delta) = \{\langle Q,Q\rangle_T < \varepsilon \text{ and } \sup_{t\le T}|Q_t| \ge \delta\}$$

By a well known exponential martingale inequality,

$$\mathbb{P}(B_i(\varepsilon,\delta)) \le 2e^{-\delta^2/2\varepsilon} \quad \text{for } i = 1,2,3.$$

Let $q_1 = \frac{1}{2}(q-\nu)$, $q_2 = \frac{1}{2}(\frac{1}{2}q_1-\nu)$ and $q_3 = \frac{1}{2}(2q_2-\nu)$.

Then $q_3 = \frac{1}{8}(q-9\nu) > 1$. For $i = 1,2,3$, let $\delta_i = \varepsilon^{q_i}$.

We will choose below in an appropriate way $\varepsilon_i > 0$ such that $B_i \equiv B_i(\varepsilon_i,\delta_i)$ has probability $0(e^{-1/\varepsilon^\nu})$, $i = 1,2,3$. For our choice of ε_1, ε_2, ε_3 we will show further that

$$\left\{\int_0^T Y_t^2 dt < \varepsilon^q \text{ and } \int_0^T (|a_t|^2+|u_t|^2)dt \ge \varepsilon\right\} \subseteq B_1 \cup B_2 \cup B_3$$

for sufficiently small ε, thus completing the proof.

Suppose that $\omega \notin B_1 \cup B_2 \cup B_3$ and $\int_0^T Y^2 dt < \varepsilon^q$.

Then $\langle N,N\rangle_T = \int_0^T Y_t^2|u_t|^2 dt < C^2\varepsilon^q$. Choose $\varepsilon_1 = C^2\varepsilon^q$.

Then since $\omega \notin B_1$, $\sup_{t\le T}\left|\int_0^t Y_s u_s^i dw_s^i\right| < \delta_1 = \varepsilon^{q_1}$.

Also $$\sup_{t\le T}\left|\int_0^t Y_s a_s ds\right| \le \left(t_0\int_0^T Y_t^2 a_t^2 dt\right)^{\frac{1}{2}} < t_0^{\frac{1}{2}} C \varepsilon^{q/2}$$

Thus $$\sup_{t\le T}\left|\int_0^t Y_s dY_s\right| < (1 + t_0^{\frac{1}{2}} C \varepsilon^{\nu/2})\varepsilon^{q_1}.$$ By Itô's Formula

$$Y_t^2 = y^2 + 2\int_0^t Y_s dY_s + \langle M,M\rangle_t.$$ So

$$\int_0^T \langle M,M\rangle_t dt = \int_0^T Y_t^2 dt - Ty^2 - 2\int_0^T\int_0^t Y_s dY_s dt$$

$$< \varepsilon^q + 2t_0(1 + t_0^{\frac{1}{2}} C\varepsilon^{\nu/2})\varepsilon^{q_1}$$

$$< (2t_0+1)\varepsilon^{q_1} \quad \text{for sufficiently small } \varepsilon.$$

Since $\langle M,M\rangle_t$ is an increasing process, we must have $\langle M,M\rangle_{T-\gamma} < (2t_0+1)\varepsilon^{q_1}/\gamma$ and hence $\langle M,M\rangle_T < (2t_0+1)\varepsilon^{q_1}/\gamma + C^2\gamma$, for any $\gamma > 0$. Choose $\gamma = (2t_0+1)^{1/2}\varepsilon^{q_1/2}$ and $\varepsilon_2 = (1+C^2)(2t_0+1)^{1/2}\varepsilon^{q_1/2}$. Then since $\omega \notin B_2$

$$\sup_{t\leq T}|M_t| < \delta_2 = \varepsilon^{q_2} .$$

Recall that $\int_0^T Y^2 dt < \varepsilon^q$ so that

$$\text{Leb}\,\{t \in [0,T] : |Y_t| \geq \varepsilon^{q/3}\} \leq \varepsilon^{q/3} \quad \text{and so}$$

$$\text{Leb}\,\{t \in [0,T] : |y+A_t| \geq \varepsilon^{q/3} + \varepsilon^{q_2}\} \leq \varepsilon^{q/3} .$$

So for each $t \in [0,T]$, there exists $s \in [0,T]$ such that $|s-t| \leq \varepsilon^{q/3}$ and $|y+A_s| < \varepsilon^{q/3} + \varepsilon^{q_2}$. Therefore $|y+A_t| \leq |y+A_s| + \left|\int_s^t a_r dr\right| < (1+C)\varepsilon^{q/3} + \varepsilon^{q_2}$. In particular $|y| < (1+C)\varepsilon^{q/3} + \varepsilon^{q_2}$ so for all $t \in [0,T]$, $|A_t| < 2\left((1+C)\varepsilon^{q/3} + \varepsilon^{q_2}\right) \leq 3\varepsilon^{q_2}$ for sufficiently small ε.

By Itô's Formula

$$\int_0^T a_t^2\, dt = \int_0^T a_t\, dA_t = a_T A_T - \int_0^T A_t(\beta_t dt + \gamma_t^i dw_t^i).$$

We have $|a_T A_T| < 3C\,\varepsilon^{q_2}$,

$$\left|\int_0^T A_T \beta_t dt\right| < 3C\, t_0 \varepsilon^{q_2} \quad \text{and}$$

$$\langle Q,Q\rangle_t = \int_0^T A_t^2 |\gamma_t|^2 dt < 9C^2\, t_0\, \varepsilon^{2q_2} .$$

So, since $\omega \notin B_3$, choosing $\varepsilon_3 = 9C^2\, t_0\, \varepsilon^{2q_2}$:

$$|Q_T| = \left|\int_0^T A_t \gamma_t^i\, dw_t^i\right| < \delta_3 = \varepsilon^{q_3}$$

Therefore $\int_0^T a_t^2 dt < 3C(1+t_0)\,\varepsilon^{q_2} + \varepsilon^{q_3} \leq 2\,\varepsilon^{q_3}$ for sufficiently small ε.

We have thus shown that for

$$\varepsilon_1 = C^2\ \varepsilon^q$$
$$\varepsilon_2 = (1+C^2)(2t_0+1)^{\frac{1}{2}}\,\varepsilon^{q_1/2} \quad \text{and}$$
$$\varepsilon_3 = 9C^2\, t_0\, \varepsilon^{2q_2},$$

for any $\omega \notin B_1 \cup B_2 \cup B_3$ such that $\int_0^T Y_t^2 dt < \varepsilon^q$ we have for sufficiently small ε (depending only, as the reader may easily check, on C, t_0, q and ν).

$$\int_0^T (|a_t|^2 + |u_t|^2)dt < 2\varepsilon^{q_3} + (1+C^2)(2t_0+1)^{\frac{1}{2}}\varepsilon^{q_1/2} < \varepsilon \text{ for}$$

sufficiently small ε.

It is furthermore clear that, for i = 1,2,3

$$\left(\delta_i^2 \,/\, 2\varepsilon_i\right)^{-1} = 0(\varepsilon^\nu) \quad \text{as } \varepsilon \to 0$$

with constants depending only on C, t_0, q and ν.

Remark

The above lemma is more powerful than we actually need. It suffices in Theorem 4.2 that

$$\mathbb{P}\left\{\int_0^T Y_t^2 dt < \varepsilon^q \text{ and } \int_0^T (|a_t|^2 + |u_t|^2)dt \geq \varepsilon\right\} = 0(\varepsilon^p) \quad \text{for all } p < \infty.$$

However, if it were necessary to establish that

$$\mathbb{E}\left[\exp(\nu|C_t^{-1}|)\right] < \infty \quad \text{for some } \nu > 0,$$

Lemma 4.1 would still provide good enough estimates.

Theorem 4.2

Suppose H_1 is satisfied at x, and t > 0.
Then $C_t^{-1} \in L^p(\mathbb{P})$ for all $p < \infty$.

Proof:

In this proof t > 0 is fixed. Let K_ℓ be the set of vector fields appearing as brackets of length at most ℓ in H_1. Fix an integer ℓ such that K_ℓ spans $\mathbb{R}^d$ at x. Then

$$\delta \equiv \inf_{|v|=1} \left\{\sup_{K \in K_\ell} \langle K(x) | v \rangle^2\right\} > 0$$

For a given B > 0 define the stopping time

$$T = \inf\{s \geq 0 : |x_s - x| \geq 1/B \text{ or } |V_s - I| \geq 1/B\} \wedge t.$$

Then for $\varepsilon \in (0,t)$,

$$\left\{T \leq \varepsilon\right\} = \left\{\sup_{s \leq \varepsilon}|x_s - x| \vee \sup_{s \leq \varepsilon} |V_s - I| \geq 1/B\right\}$$

By Proposition 1.2(b)

$$\mathbb{E}\left(\sup_{s \leq \varepsilon}|x_s - x|^p \vee \sup_{s \leq \varepsilon}|V_s - I|^p\right) = O(\varepsilon^{p/2}) \quad \text{for all } p < \infty.$$

It follows that $T^{-1} \in L^p(\mathbb{P})$ for all $p < \infty$.

Since the coefficients X_i, $i = 0,1,\ldots,m$ and their derivatives are continuous, by choosing B sufficiently large we have

(a) $\sup_{s \leq T}|V_s K(x_s)| \leq B$ for all $K \in \mathcal{K}_{\ell+2}$

(b) For all $v \in S$ $(S \equiv \{u \in \mathbb{R}^d : |u| = 1\})$, there exists $K \in \mathcal{K}_\ell$ and a neighbourhood N of v in S such that

$$\inf_{s \leq T, u \in N} \langle V_s K(x_s) | u\rangle^2 \geq \delta/2$$

We deduce immediately from (b) and the fact $T^{-1} \in L^p(\mathbb{P})$ for all $p < \infty$ that:

(c) For all $v \in S$, there exist $K \in \mathcal{K}_\ell$ and a neighbourhood N of v in S such that

$$\sup_{u \in N} \mathbb{P}\{\int_0^T \langle V_s K(x_s)|u\rangle^2 ds < \varepsilon\} \leq \mathbb{P}\{\frac{\delta T}{2} < \varepsilon\} = O(\varepsilon^p) \quad \text{for all } p < \infty.$$

We divide the remainder of the proof into two parts.

Claim 1

(d) $\Rightarrow C_t^{-1} \in L^p(\mathbb{P})$ for all $p < \infty$, where

(d) For all $v \in S$, there exist $i \in \{1,\ldots,m\}$ and a neighbourhood N of v in S with

$$\sup_{u \in N} \mathbb{P}\{\int_0^T \langle V_s X_i(x_s)|u\rangle^2 ds < \varepsilon\} = O(\varepsilon^p) \quad \text{for all } p < \infty.$$

Claim 2

(c) $\Rightarrow$ (d)

Proof of Claim 1

To show $C_t^{-1} \in L^p(\mathbb{P})$ for all $p < \infty$, it suffices to show $(\det C_t)^{-1} \in L^p(\mathbb{P})$, for all $p < \infty$; so it suffices to show

$\lambda_{min}^{-1} \in L^p(\mathbb{P})$, for all $p < \infty$, (where λ_{min} is the smallest eigenvalue of C_t)

i.e. $\mathbb{P}\{\inf_{v\in S} \int_0^t \sum_{i=1}^m \langle V_s X_i(x_s)|v\rangle^2 ds < \varepsilon\} = O(\varepsilon^p)$, for all p.

So it suffices to show

$$\mathbb{P}\{\inf_{v\in S} \int_0^T \sum_{i=1}^m \langle V_s X_i(x_s)|v\rangle^2 ds < \varepsilon\} = O(\varepsilon^p), \quad \text{for all } p.$$

By our choice of T the random quadratic forms

$$v \to \int_0^T \sum_{i=1}^m \langle V_s X_i(x_s)|v\rangle^2 ds \text{ are uniformly Lipschitz on } S.$$

Denote their common Lipschitz constant by Θ and cover S with balls of radius ε/Θ, centre v_j. The number of these balls may be chosen less than $D(\varepsilon/\Theta)^{-d}$ for some fixed $D < \infty$. Note that

$$\int_0^T \sum_{i=1}^m \langle V_s X_i(x_s)|v\rangle^2 ds < \varepsilon \quad \text{for some } v \in S$$

$$\Rightarrow \int_0^T \sum_{i=1}^m \langle V_s X_i(x_s)|v_j\rangle^2 ds < 2\varepsilon \quad \text{for some } j.$$

So $\mathbb{P}\{\inf_{v\in S} \int_0^T \sum_{i=1}^m \langle V_s X_i(x_s)|v\rangle^2 ds < \varepsilon\}$

$$\le D(\varepsilon/\Theta)^{-d} \sup_j \mathbb{P}\{\int_0^T \sum_{i=1}^m \langle V_s X_i(x_s)|v_j\rangle^2 ds < 2\varepsilon\}.$$

So to show $C_t^{-1} \in L^p(\mathbb{P})$ for all $p < \infty$ it suffices to show

$$\sup_{v\in S} \mathbb{P}\{\int_0^T \sum_{i=1}^m \langle V_s X_i(x_s)|v\rangle^2 ds < \varepsilon\} = O(\varepsilon^p) \text{ for all } p < \infty,$$

which by compactness of S is equivalent to (d).

Proof of Claim 2

Let $v \in S$ and suppose (c) holds. Choose $K \in \mathcal{K}_\ell$ and a neighbourhood N of v in S with

$$\sup_{u\in N} \mathbb{P}\{\int_0^T \langle V_s K(x_s)|u\rangle^2 ds < \varepsilon\} = O(\varepsilon^p) \quad \text{for all } p < \infty.$$

We may write K in the form $\pm[X_{i_k},[\ldots,[X_{i_2},X_{i_1}]\ldots]]$ where

$i_1,\ldots,i_k \in \{0,1,\ldots,m\}$, $i_1 \neq 0$ and $k \leq \ell$. Define

$$K_1 = X_{i_1}$$

$$K_j = [X_{i_j},K_{j-1}] \quad j = 2,\ldots,k$$

so $K = K_k$. We show by induction on j (decreasing) that for

$j = 1,\ldots,k$,

$$\sup_{u\in N} \mathbb{P}\{\int_0^T \langle V_s K_j(x_s)|u\rangle^2 ds < \varepsilon\} = O(\varepsilon^p) \quad \text{for all} \quad p < \infty$$

which completes the proof of (d) - with $i = i_1$.

By Itô's Formula

$$d(V_s K_{j-1}(x_s)) = V_s[X_i,K_{j-1}](x_s)dw_s^i$$

$$+ V_s([X_o, \; K_{j-1}](x_s) + \tfrac{1}{2}[X_i,[X_i,K_{j-1}]](x_s))ds.$$

Let $Y_s = \langle V_s K_{j-1}(x_s)|u\rangle$,

$y = \langle K_{j-1}(x)|u\rangle$,

$a_s = \langle V_s([X_o \; ,K_{j-1}](x_s) + \tfrac{1}{2}[X_i,[X_i,K_{j-1}]](x_s))|u\rangle$

and

$u_s^i = \langle V_s[X_i,K_{j-1}](x_s)|u\rangle$.

It is easy to check the conditions of Lemma 4.1 hold for

$Y_s = y + \int_0^s a_r dr + \int_0^s u_r^i dw_r^i$, with C chosen independently of $u \in N$.

So we have for $q > 8$,

$$\mathbb{P}\{\int_0^T \langle V_s K_{j-1}(x_s)|u\rangle^2 ds < \varepsilon^q \quad \text{and}$$

$$\int_0^T \Big[\langle V_s([X_o \; ,K_{j-1}](x_s) + \tfrac{1}{2}[X_i,[X_i,K_{j-1}]](x_s))|u\rangle^2$$

$$+ \sum_{i=1}^m \langle V_s[X_i,K_{j-1}](x_s)|u\rangle^2\Big] ds \geq \varepsilon\}$$

$$= O(\varepsilon^p) \quad \text{for all} \quad p < \infty \quad \text{uniformly in} \quad u \in N.$$

If $i_j \neq 0$ this is all that is required to complete the inductive step.

If $i_j = 0$, we apply Lemma 4.1 as above but with K_{j-1} replaced by $[X_i, K_{j-1}]$, $i = 1,\ldots,m$ to deduce

$$\mathbb{P}\left\{\int_0^T \langle V_s[X_i,K_{j-1}](x_s)|u\rangle^2 ds < \varepsilon^q \text{ and } \int_0^T \langle V_s[X_i,[X_i,K_{j-1}]](x_s)|u\rangle^2 ds \geq \varepsilon\right\}$$

$$= O(\varepsilon^p) \text{ for all } p < \infty \quad (i \text{ is not summed}).$$

Hence

$$\mathbb{P}\left\{\int_0^T \langle V_s K_{j-1}(x_s)|u\rangle^2 ds < \varepsilon^{q^2} \text{ and } \int_0^T \Big(\sum_{i=1}^m \langle V_s[X_i,[X_i,K_{j-1}]](x_s)|u\rangle\Big)^2 ds > \varepsilon\right\}$$

$$= O(\varepsilon^p) \quad \text{for all} \quad p < \infty.$$

But then

$$\mathbb{P}\left\{\int_0^T \langle V_s K_{j-1}(x_s)|u\rangle^2 ds < \varepsilon^{q^2} \text{ and } \int_0^T \langle V_s[X_0 \quad ,K_{j-1}](x_s)|u\rangle^2 ds \geq 3\varepsilon\right\}$$

$$= \quad O(\varepsilon^p) \quad \text{for all} \quad p < \infty$$

(using the first application of Lemma 4.1), which completes the inductive step. □

Finally, Theorems 3.2 and 4.2 combine to give:

<u>Theorem 4.3</u>

Let $X_0,\ldots,X_m$ be C^∞ vector fields on $\mathbb{R}^d$. Let $\tilde{X}_0 \equiv X_0 + \frac{1}{2} DX_i \cdot X_i$. Suppose that $\tilde{X}_0, X_1,\ldots,X_m$ have bounded derivatives and higher derivatives of polynomial growth. Suppose that H_1 is satisfied at some $x \in \mathbb{R}^d$. Then, for any $t > 0$, the solution x_t of the s.d.e.

$$\left.\begin{aligned} dx_t &= X_0(x_t)dt + X_i(x_t)\partial w_t^i \\ x_0 &= x \end{aligned}\right\}$$

has a C^∞ density with respect to Lebesgue measure on $\mathbb{R}^d$. □

References

1. K. Bichteler and D. Fonken, "A Simple Version of the Malliavin Calculus in Dimension One", Lecture Notes in Mathematics 939 (Springer 1982).

2. K. Bichteler and J. Jacod, "Calcul de Malliavin pour les Diffusions avec Sauts: Existence d'une Densité dans le cas Unidimensionel", Lecture Notes in Mathematics 986 (Springer 1983) 132-157.

3. J.M. Bismut, "Martingales, the Malliavin Calculus and Hypoellipticity under General Hormander's Conditions", Z. Wahrs 56 (1981) 469-505.

4. A.P. Carverhill and K.D. Elworthy, "Flows of Stochastic Dynamical Systems: The Functional Analytic Approach", Z. Wahrs 65 (1983) 245-267.

5. K.D. Elworthy, Stochastic Differential Equations on Manifolds (C.U.P. 1982).

6. D. Fonken, "A Simple Version of the Malliavin Calculus with Applications to the Filtering Equation" (Preprint).

7. J. Jacod, Calcul Stochastique et Problèmes de Martingales, Lecture Notes in Mathematics 714 (Springer 1979).

8. R. Leandre, "Un Exemple en Theorie des Flots Stochastiques", Lecture Notes in Mathematics 986 (Springer 1983) 158-161.

9. P.A. Meyer, "Variation des Solutions d'une E.D.S.", Lecture Notes in Mathematics 921 (Springer 1982) 151-164.

10. P.A. Meyer, "Malliavin Calculus, and some Pedagogy", (Preprint).

11. S.L. Sobolev, Applications of Functional Analysis in Mathematical Physics (Amer. Math. Soc., Providence 1963).

12. D. Stroock, "The Malliavin Calculus, Functional Analytic Approach", J. Funct. Anal. 44 (1981) 212-257.

13. D. Stroock, "Some Applications of Stochastic Calculus to Partial Differential Equations", Lecture Notes in Mathematics 976 (Springer 1983) 267-382.

James Norris,
Mathematical Institute,
24-29 St. Giles,
OXFORD

Present address:
Statistical Laboratory
16 Mill Lane
CAMBRIDGE

PROPRIETES D'ABSOLUE CONTINUITE DANS LES ESPACES DE DIRICHLET ET APPLICATION AUX EQUATIONS DIFFERENTIELLES STOCHASTIQUES

Nicolas BOULEAU et Francis HIRSCH

A lipschitzian functional calculus is valid in Dirichlet spaces for the Dirichlet form and its "carré du champ" operator ; this is proved for the univariate calculus in [B1] in the locally compact case and in [BH1] on general measurable spaces. Here we extend these results to a multivariate calculus in the case of the Dirichlet space of the Ornstein-Uhlenbeck semigroup on the Wiener space. This is done by establishing a general density criterium for multivariate random variables : the "density property of the image of the energetic volume". The application to lipschitzian S.D.E. goes through a crucial factorisation lemma and leads us to three theorems on existence of densities for the laws of the solutions of S.D.E., including the uniformly degenerated case.

PRESENTATION

Nous ne rappellerons pas les éléments de la théorie des espaces de Dirichlet, pour lesquels nous renvoyons à [D1] et [F2] dans le cas localement compact, à [K1] dans le cas d'un espace de Banach avec des hypothèses généralisant l'espace de Wiener, et à [BH1] dans le cas d'un espace mesurable général.

Soulignons simplement qu'un espace de Dirichlet est un cadre plus général que ceux dans lesquels on étudie usuellement les fonctions sur l'espace d'état d'un processus de Markov, ceci étant rendu possible par la symétrie du semigroupe. Les fonctions d'un espace de Dirichlet ne sont pas en général des semi-martingales sur les trajectoire du processus associé. Fukushima a montré [F2] qu'elles se décomposent en somme d'une martingale et d'un processus d'énergie nulle, et a établi un calcul fonctionnel de classe C^1 (dans le cas d'un espace de Dirichlet régulier et local sur un espace localement compact) pour la partie martingale continue, ce qui est une façon de retrouver le calcul fonctionnel de classe C^1 établi par Le Jan [L1] pour l'énergie locale et l'opérateur carré du champ s'il existe.

Lorsqu'on fait opérer des fonctions d'une seule variable le calcul fonctionnel peut être étendu (propriété de densité de l'énergie-image) aux fonctions (localement) lipschitziennes (qui contiennent les différences de convexes) et ceci même dans le cadre général d'un espace d'état mesurable. C'est ce qui est fait en [BH1] où des conséquences en sont tirées pour les E.D.S. unidimensionnelles en particularisant l'étude au semi-groupe d'O.U. sur l'espace de Wiener. Mais le cas univarié est facilité par des propriétés particulières (la continuité des contractions notamment [A1]) et nous émettions en [BH1] la conjecture suivante :

Si $f = (f_1,\ldots,f_n)$ est un n-uplet de fonctions dans l'espace de Dirichlet $\mathbb{D}$ sur l'espace mesuré (Ω,F,m) pourvu d'un opérateur carré du champ Γ, l'image par f de la mesure $\det[\Gamma(f_i,f_j)]_{1\le i,j\le n}\cdot m$ est absolument continue par rapport à la mesure de Lebesgue sur $\mathbb{R}^n$.

Nous démontrons ici cette conjecture dans le cas particulier de la forme de Dirichlet associée au semi-groupe d'O.U. sur l'espace de Wiener. Ceci donne l'absolue continuité de la loi d'un variable aléatoire vectorielle sous des hypothèses plus faibles que celles utilisées jusqu'à présent dans le calcul de Malliavin [M1] pour l'étude des E.D.S. (hypothèses A1 et A2 de [W1]) et même que celles utilisées récemment par Nualart et Zakaï [NZ1.section 5]. La démarche est d'utiliser la représentation de l'opérateur carré du champ comme somme de carrés de dérivées partielles [M2] pour se ramener à des résultats en dimension finie tels qu'exposés par Federer [F1]. Le critère d'absolue continuité et le calcul fonctionnel lipschitzien sont appliqués ici aux E.D.S. de type markovien avec des coefficients de diffusion et de dérive lipschitziens en la variable d'espace et mesurables en la variable de temps, c'est à dire sous les hypothèses classiques assurant l'existence et l'unicité des solutions. La méthode permet de dire quelque chose dans le cas uniformément dégénéré, notamment que si X_t est une diffusion de dimension n dont le coefficient de diffusion a un rang qui n'est pas inférieur à $k<n$, alors la projection de X_t sur presque tout sous-espace de dimension k a une loi absolument continue, le presque tout étant au sens de la probabilité invariante sur la grassmannienne d'indice k. Nous remercions D. LAMBERTON pour sa contribution décisive à ce résultat.

Le plan de l'étude est le suivant :

I - Cas fini-dimensionnel

II - Critère d'absolue continuité en dimension infinie

III - Lien avec les formes de Dirichlet générales

IV - Forme associée au semi-groupe d'O.U. sur l'espace de Wiener

V - Application aux équations différentielles stochastiques

VI - Conséquence du critère et de la relation fondamentale

Les principaux résultats ont été annoncés dans [BH2].

I - CAS FINI-DIMENSIONNEL

Nous donnons dans cette partie, les résultats sur les fonctions de $\mathbb{R}^m$ dans $\mathbb{R}^n$, qui nous seront utiles. Ils sont tirés de [F1]. On désigne par λ^n la mesure de Lebesgue sur $\mathbb{R}^n$.

A. Soit f une fonction Lebesgue-mesurable de $\mathbb{R}$ dans $\mathbb{R}$. f est dite approximativement dérivable en $a \in \mathbb{R}$, de dérivée approximative égale à b si

$$\forall \varepsilon > 0 \quad \lim_{\eta \to 0} \frac{1}{\eta} \lambda^1 \{x \in [a-\eta, a+\eta] \ ; \ |f(x)-f(a)-(x-a)b| > \varepsilon |x-a|\} = 0$$

On note alors $b = \mathrm{apf}'(a)$.

Une conséqence immédiate de la définition est :

Si il existe $\tilde{f}$ tel que $f = \tilde{f}$ λ^1-pp et si $\tilde{f}$ est dérivable λ^1-pp, alors f est approximativement dérivable λ^1-pp et

$$\mathrm{apf}' = \tilde{f}' \quad \lambda^1\text{-pp}.$$

B. De même, si f est une fonction mesurable de R^m dans R, on peut, en considérant les restrictions de f aux parallèles aux axes de coordonnées, définir $ap \frac{\partial f}{\partial x_i}$ pour $1 \leq i \leq m$ et $ap \overrightarrow{grad} f = (ap \frac{\partial f}{\partial x_1}, \dots, ap \frac{\partial f}{\partial x_m})$.

. Si f est une fonction mesurable de R^m dans R^n, $f = (f_1, \dots, f_n)$, et si $m \leq n$, on pose

$$apJ_n f = \left\{ \sum_{\lambda \in \Lambda(n,m)} \left[\text{dét} \left[ap \frac{\partial f_i}{\partial x_{\lambda(j)}} \right]_{1 \leq i,j \leq n} \right]^2 \right\}^{1/2}$$

où $\Lambda(n,m)$ désigne l'ensemble des applications strictement croissantes de $\{1,2,\dots,n\}$ dans $\{1,2,\dots,m\}$.

. Il résulte alors des théorèmes 3.1.4, 3.1.8, 3.2.3, 3.2.11 de [F1] le théorème suivant

Théorème . Soit $f : R^m \longrightarrow R^n$ une fonction Lebesgue-mesurable. On suppose $m \geq n$ et

$$\forall 1 \leq j \leq m \quad \forall 1 \leq i \leq n \qquad ap \frac{\partial f_i}{\partial x_j} \text{ est défini } \lambda^m - \text{p.p.}$$

Il existe alors un ensemble A de R^m de complémentaire λ^m-négligeable tel que, pour toute partie B mesurable de R^m,

$$\int_B apJ_n f(x)\, d\lambda^m(x) = \int_{R^n} \mathcal{H}^{m-n} \left[A \cap B \cap f^{-1}(\{y\}) \right] d\lambda^n(y)$$

où $\mathcal{H}^{m-n}$ désigne la mesure de Haussdorff m-ndimensionnelle.

C. On déduit immédiatement du théorème le corollaire suivant :

Corollaire : Soient m et n deux entiers non nuls quelconques et f une fonction Lebesgue-mesurable de R^m dans R^n.

On suppose

$$\forall 1 \leq j \leq m \quad \forall 1 \leq i \leq n \;,\; ap \frac{\partial f_i}{\partial x_j} \text{ est défini } \lambda^m - \text{pp.}$$

<u>Alors, pour toute partie</u> B λ^n<u>-négligable de</u> $\mathbb{R}^n$,

$$\int_{f^{-1}(B)} \det\left[\langle ap\ \overrightarrow{\text{grad}f_i},\ ap\ \overrightarrow{\text{grad}f_j}\rangle\right]_{1\leq i,j\leq n} d\lambda^m = 0$$

<u>où</u> $\langle\ ,\ \rangle$ <u>désigne le produit scalaire canonique de</u> $\mathbb{R}^m$.

Le résultat est en effet évident si $m < n$ car le déterminant considéré est identiquement nul. Si $m \geq n$, le déterminant est nul en un point si et seulement si $apJ_n f$ est nul en ce point. Il suffit donc d'appliquer le théorème précédant en remplaçant B par $f^{-1}(B)$.

II - <u>CRITERE D'ABSOLUE CONTINUITE EN DIMENSION INFINIE</u>

A . Dans ce premier paragraphe nous donnons les hypothèses, définitions et notations valables pour toute la suite. Elles ont inspirées de [K1].

. On considère un espace de Fréchet séparable réel Ω, muni de sa tribu borélienne F^o et d'une mesure de probabilité m. Pour tout y de Ω, on note τ_y la translation $x \in \Omega \longrightarrow x+y \in \Omega$. τ_y agit aussi sur les mesures.

. Un élément de ξ de Ω sera dit <u>admissible</u> si, $\xi \neq 0$ et pour tout t de $\mathbb{R}$, $\tau_{t\xi}m$ est absolument continue par rapport à m (pour pour t, $\tau_{t\xi}m$ est alors équivalente à m).

. Pour $\xi \in \Omega$, $\xi \neq 0$, on note σ_ξ la mesure

$$\int_{\mathbb{R}} \tau_{t\xi} m\, dt.$$

σ_ξ est une mesure borélienne σ-finie et finie sur les compacts (en effet, si $\varphi \in \Omega'$ (dual topologique de Ω) et $\varphi(\xi) = 1$, $\sigma_\xi(\varphi^{-1}([-n,n]) = 2n)$.

Si ξ est admissible, σ_ξ est évidemment équivalente à m ; on notera alors k_ξ un représentant borélien, strictement positif en tout point, de la densité $\dfrac{dm}{d\sigma_\xi}$, et on a

(*) $\forall\varphi$ borélienne ≥ 0 $\qquad \displaystyle\int \varphi(\omega)dm(\omega) = \iint \varphi(\omega+t\xi)\, k_\xi(\omega+t\xi)\, dm(\omega)dt$.

. Pour ξ dans Ω, on note D_ξ l'ensemble des fonctions boréliennes u de Ω dans $\mathbb{R}$ telles qu'il existe une fonction borélienne $\tilde{u}$ de Ω dans $\mathbb{R}$ (appelée dans la suite associée à u) vérifiant

$$u = \tilde{u} \text{ m-pp et } \forall\omega \in \Omega \quad t \longrightarrow \tilde{u}(\omega + t\xi)$$

est une fonction absolument continue sur (tout intervalle compact de) $\mathbb{R}$. Il est évident que si $u \in D_\xi$, toute fonction égale m-pp à u est aussi dans D_ξ (avec même fonction associée).

On pourra donc aussi considérer les éléments de D_ξ comme des classes.

B . On suppose, dans ce paragraphe, que ξ est un élément admisible.

Nous allons définir, dans la proposition suivante, la "dérivée directionnelle" $\nabla_\xi u$ d'un élément u de D_ξ.

Proposition 1 : Si u appartient à D_ξ, $t^{-1}[u\circ\tau_{t\xi} - u]$ converge en probabilité quand t tend vers 0. On note $\nabla_\xi u$ cette limite ($\nabla_\xi u$ est donc une classe qui ne dépend que de la classe de u). Si $\tilde{u}$ est associée à u, on a

$$\lim_{t\to 0} t^{-1}\,[\tilde{u}(\omega + t\xi) - \tilde{u}(\omega)] = \nabla_\xi u(\omega) \quad \text{m-pp}.$$

Preuve : Soit u dans D_ξ et $\tilde{u}$ associée à u. On pose

$$\Delta = \left\{\omega \;;\; \lim_{t\to 0} t^{-1}\,[\tilde{u}(\omega + t\xi) - \tilde{u}(\omega)] \text{ existe}\right\}$$

Par continuité de l'application $t \longrightarrow \tilde{u}(\omega + t\xi)$ pour tout ω, il est facile de voir que Δ est un borélien.

D'autre part, pour tout ω, $\omega + s\xi \in \Delta$ pour presque tout s (relativement à λ^1).

Il résulte alors de (*), ξ étant admissible, que $m(\Delta) = 1$.

Donc $t^{-1}[\tilde{u}\circ\tau_{t\xi} - \tilde{u}]$ converge presque partout et donc en probabilité quand t tend vers 0. On en déduit la proposition.

Remarque : Si u appartient à D_ξ et $\tilde{u}$ est associé à u, on peut définir un représentant de $\nabla_\xi u$ en posant

$$\forall\omega \quad \nabla_\xi u(\omega) = \liminf_{t \longrightarrow 0} t^{-1}[\tilde{u}(\omega + t\xi) - \tilde{u}(\omega)].$$

Pour un tel représentant on a

$$\forall\omega \quad \nabla_\xi u(\omega + t\xi) = \frac{\partial}{\partial t} \tilde{u}(\omega + t\xi) \quad d\lambda^1(t) - pp$$

(où $\frac{\partial}{\partial t} \tilde{u}(\omega + t\xi)$ désigne $\lim_{h\to 0} h^{-1}[\tilde{u}(\omega + (t+h)\xi) - \tilde{u}(\omega + t\xi)]$ lorsque la limite existe).

Dans les raisonnements et expressions qui suivent, on supposera toujours que c'est ce représentant qui est choisi.

__Proposition 2__ : __Si__ u __appartient à__ D_ξ , __pour m-presque tout__ ω, $t \longrightarrow u(\omega + t\xi)$ __admet en__ λ^1__-presque tout__ t __une dérivée approximative égale à__ $\nabla_\xi u(\omega + t\xi)$.

__Preuve__ : Soit $\tilde{u}$ associé à u. D'après (*)

$$\iint |u(\omega + t\xi) - \tilde{u}(\omega + t\xi)| \, k_\xi(\omega + t\xi) \, dm(\omega) \, dt = 0 .$$

Donc il existe un borélien Ω_o avec $m(\Omega_o) = 1$ et

$$\forall\omega \in \Omega_o \quad \int |u(\omega + t\xi) - \tilde{u}(\omega + t\xi)| k_\xi(\omega + t\xi) \, dt = 0 .$$

Ainsi

$$\forall\omega \in \Omega_o \qquad u(\omega + t\xi) = \tilde{u}(\omega + t\xi) \qquad d\lambda_1(t) - pp .$$

Comme $t \longrightarrow \tilde{u}(\omega + t\xi)$ est dérivable $d\lambda^1(t)$ - pp de dérivée $\nabla_\xi u(\omega + t\xi)$, le résultat découle de la remarque de I.A.

C. On considère maintenant $(\xi_n)_{n\geq 1}$ une suite (éventuellement finie) d'éléments admissibles et on pose

$$D = \left\{ u \in \bigcap_{n\geq 1} D_{\xi_n} \; ; \sum_{n\geq 1} (\nabla_{\xi_n} u)^2 \text{ fini m-pp} \right\} .$$

Pour u et v dans D, on pose

$$\Gamma(u,v) = \sum_{n\geq 1} \nabla_{\xi_n} u \, \nabla_{\xi_n} v .$$

<u>Théorème 3</u> : <u>Soit</u> ℓ <u>un entier non nul et</u> $u = (u_1,\dots,u_\ell)$ <u>un élément de</u> D^ℓ . <u>Alors l'image par</u> u <u>de la mesure</u>

$$\text{dét}\ [\Gamma(u_i,u_j)]_{1\le i,j\le \ell}\ dm$$

<u>est absolument continue par rapport à la mesure de Lebesgue</u> λ^ℓ.

<u>Preuve</u> : . Soit n un entier non nul et u un élément de D. D'après la proposition 2 précédente, il existe un borélien Ω_1 avec $m(\Omega_1) = 1$ et $\forall\omega \in \Omega_1 \quad t \longrightarrow u(\omega + t\xi_1)$ approximativement dérivable $d\lambda^1(t)$ - pp de dérivée approximative $\nabla_{\xi_1} u(\omega + t\xi_1)$.

Si $t_2,\dots,t_n$ appartiennent à $\mathbb{R}$, $\{\omega\ ;\ \omega + t_2\xi_2 +\dots+ t_n\xi_n \notin \Omega_1\}$ est m-négligable.

Donc

$\forall t_2,\dots, t_n \in \mathbb{R}$, pour m-presque tout ω,

$\text{ap}\dfrac{\partial}{\partial t_1}[u(\omega + t_1\xi_1 +\dots+ t_n\xi_n)]$ existe $d\lambda^1(t_1)$ - pp et vaut $\nabla_{\xi_1} u(\omega + t_1\xi_1+\dots+t_n$

Donc $\text{ap}\dfrac{\partial}{\partial t_1}[u(\omega +t.\xi)]$ existe $dm \times d\lambda^n$ - pp et par conséquent, pour m-presque tout ω, $\text{ap}\dfrac{\partial}{\partial t_1}[u(\omega + t.\xi)]$ existe $d\lambda^n$ - pp. et vaut

$\nabla_{\xi_1} u(\omega +t.\xi)$. On obtient un résultat analogue pour les autres dérivées directionnelles.

. Soit maintenant $u = (u_1,\dots,u_\ell)$ un élément de D^ℓ et n un entier non nul. Appliquant ce qui précède et le Corollaire de I.C., on obtient, en posant

$$H_n u = \det\left[\left(\sum_{i=1}^{n} \nabla_{\xi_i} u_j\ \nabla_{\xi_i} u_k\right)\right]_{1\le j,k\le \ell} \quad :$$

Il existe un borélien Ω_0 avec $m(\Omega_0) = 1$ tel que, pour tout ω de Ω_0 et toute partie B λ^{ℓ}-négligeable de $\mathbb{R}^{\ell}$

$$\int 1_B \circ u(\omega + t.\xi)\ H_n u(\omega + t.\xi)\ \ d\lambda^n(t) = 0\ .$$

Il en résulte que, si B est λ^{ℓ}-négligeable,

$$\iint 1_B \circ u(\omega + t.\xi)\ H_n u(\omega + t.\xi)\ k_{\xi_1}(\omega + t_1\xi_1)\ dm(\omega)\ d\lambda^n(t) = 0$$

puis, utilisant (*) ,

$$\int \cdots \iint 1_B \circ u(\omega + \sum_{i=2}^{n} t_i\xi_i)\ H_n u(\omega + \sum_{i=2}^{n} t_i\xi_i)\ dm(\omega)\ dt_2 \ldots dt_n = 0$$

D'après la positivité de l'expression sous l'intégrale on peut introduire $k_{\xi_2}(\omega + t_2\xi_2)$ puis réutiliser (*) etc...

Au bout de n opérations on obtient $\int 1_B \circ u\ \ H_n u\ dm = 0$.

Il suffit alors de faire tendre n vers l'infini.

III - LIEN AVEC LES FORMES DE DIRICHLET GENERALES

A. Rappelons qu'on appelle forme de Dirichlet sur $(\Omega,\mathcal{F},m)$ une forme bilinéaire symétrique positive ((,)) définie sur un sous-espace dense $\mathbb{D}$ de $L^2(m)$, telle que

. la forme est fermée (i.e. $\mathbb{D}$ muni de la norme $||f|| = [((f,f)) + (f,f)]^{1/2}$, où (,) est le produit scalaire dans $L^2(m)$, est complet).

. les contractions normales opérent (i.e. si f appartient à $\mathbb{D}$ et T est une application de $\mathbb{R}$ dans $\mathbb{R}$ telle que

$$\forall x,y \in \mathbb{R}\ |Tx - Ty| \leq |x - y| \text{ et } T(0) = 0\ ,$$

alors $T\circ f \in \mathbb{D}$ et $((T\circ f,\ T\circ f)) \leq ((f,f))$.

Une forme de Dirichlet est dite admettre un carré du champ (propriété (R) de [BH1]) si

$$\forall f \in \mathbb{D} \cap L^{\infty}(m)\ \exists \tilde{f} \in L^1(m)\quad \forall h \in \mathbb{D} \cap L^{\infty}(m)\quad 2((hf,f)) - ((h,f^2)) = \int h\tilde{f}dm.$$

On pose alors $\tilde{f} = \Gamma(f,f)$ et Γ se prolonge en une application bilinéaire symétrique positive de $\mathbb{D} \times \mathbb{D}$ dans $L^1(m)$ appelée carré du champ.

B. Un élément $\bar{\xi}$ de Ω sera dit <u>strictement admissible</u> si ξ est admissible

et s'il existe un représentant k_ξ de $\dfrac{dm}{d\sigma_\xi}$ tel que

$$\forall \omega \in \Omega \quad \forall T > 0 \quad \exists \alpha > 0 \quad k_\xi(\omega + t\xi) \geq \alpha$$

pour presque tout t de $[-T,T]$.

La proposition suivante est très proche, pour l'énoncé et la démonstration, d'une proposition analogue de [Kl].

<u>Proposition 4</u> : <u>Soit ξ un élément strictement admissible</u>. <u>Si</u> (u_n) <u>est une suite de</u> D_ξ <u>et s'il existe</u> u <u>et</u> v <u>boréliennes telles que</u> $u_n \longrightarrow u$ <u>en probabilité et</u> $\int |v - \nabla_\xi u_n| dm \longrightarrow 0$, <u>alors</u> u <u>appartient à</u> D_ξ <u>et</u> $\nabla_\xi u = v$.

<u>Preuve</u> : Soit $\tilde{u}_n$ associé à u_n. Il existe un représentant de $\nabla_\xi u_n$ tel que

$$\forall \omega \ \forall t \qquad \tilde{u}_n(\omega + t\xi) = \tilde{u}_n(\omega) + \int_0^t \nabla_\xi u_n(\omega + s\xi)\, ds.$$

$$\int |v(\omega) - \nabla_\xi u_n(\omega)| dm(\omega) = \iint |v(\omega + t\xi) - \nabla_\xi u_n(\omega + t\xi)| k_\xi(\omega + t\xi)\, dm(\omega)\, dt .$$

Donc en utilisant l'hypothèse de stricte admissibilité, on voit qu'il existe un borélien Ω_1 avec $m(\Omega_1) = 1$ et

$$\forall \omega \in \Omega_1 \qquad \tilde{u}_n(\omega) \longrightarrow u(\omega)$$

$$\text{et } \forall a < b \quad \int_a^b |v(\omega + t\xi) - \nabla_\xi u_n(\omega + t\xi)| dt \longrightarrow 0$$

(où, par abus de notations, on note encore $(\tilde{u}_n)$ et (u_n) des suites extraites).

Il en résulte

$$\forall \omega \in \Omega_1 \quad \forall t \quad \tilde{u}_n(\omega + t\xi) \longrightarrow u(\omega) + \int_0^t v(\omega + s\xi)\, ds.$$

Posons $\Omega_o = \Omega_1 + R\,\xi$. On peut supposer Ω_1 σ-compact et donc Ω_o borélien. On pose alors

$$\forall\omega \in \Omega_o \qquad \tilde{u}(\omega) = \overline{\lim_{n\to\infty}}\, \tilde{u}_n(\omega)$$

$$\forall\omega \notin \Omega_o \qquad \tilde{u}(\omega) = 0 \ .$$

Il est clair que $\tilde{u} = u$ m-pp et $\forall\omega$ $t \longrightarrow \tilde{u}(\omega + t\xi)$ est absolument continue.

En outre

$$\forall\omega \in \Omega_o \ \frac{\partial}{\partial t}\tilde{u}(\omega + t\xi) = v(\omega + t\xi) \quad d\lambda^1(t) - \text{pp}.$$

Donc u appartient à D_ξ et $\nabla_\xi u(\omega + t\xi) = v(\omega + t\xi)$ $m \times \lambda^1$ - pp, soit, d'après (*), $\nabla_\xi u = v$ m-pp. □

C. On considère maintenant $(\xi_n)_{n\geq 0}$ une suite d'éléments strictement admissibles telle que

$$\forall\varphi \in \Omega' \quad \sum_n |\varphi(\xi_n)|^2 < +\infty \ .$$

On pose

$$D = \left\{u \in \left[\bigcap_n D_{\xi_n}\right] \cap L^2(m) \ ; \ \sum_n \left[\nabla_{\xi_n} u\right]^2 \in L^1(m)\right\}$$

$$\text{et } ((u,v)) = \frac{1}{2}\sum_n \int \nabla_{\xi_n} u \ \nabla_{\xi_n} v \ dm \ .$$

<u>Proposition 5</u>. $\left[D, ((\ \ ,\ \ ))\right]$ <u>est une forme de Dirichlet admettant pour carré de champ</u>

$$\Gamma(u,v) = \sum_n \nabla_{\xi_n} u \ \nabla_{\xi_n} v \ .$$

. On remarque d'abord que, si $u \in D_\xi$ et g lipchitzienne de R dans R, si $\tilde{u}$ est associée à u, $go\tilde{u} = gou$ dm-pp et $\forall\omega$ $t \longrightarrow go\tilde{u}(\omega + t\xi)$ absolument continue, donc gou appartient à D_ξ. Utilisant un résultat pour les fonctions d'une variable on obtient aussi

$$\forall\omega \ \frac{\partial}{\partial t} go\tilde{u}(\omega + t\xi) = g'o\tilde{u}(\omega + t\xi) \ \frac{\partial\tilde{u}}{\partial t}(\omega + t\xi) \ dt\text{-pp}$$

(où g' est un représentant de la dérivée de g).

On a donc

$$\nabla_\xi(gou)(\omega + t\xi) = g'o\tilde{u}(\omega + t\xi)\ \nabla_\xi u(\omega + t\xi) \quad dm \times dt\text{-pp} ,$$

et par conséquent

$$\nabla_\xi(gou) = (g'ou)(\nabla_\xi u) \quad m\text{-pp} .$$

On en déduit que les contractions normales opérent sur $\mathbb{D}$.

. Montrons que $\mathbb{D}$ est dense dans L^2.

Si K est un compact de Ω, l'ensemble des restrictions à K des fonctions de la forme $\cos\varphi$ et $\sin\varphi$ pour φ décrivant Ω' est total dans l'ensemble $C(K)$ des fonctions continues sur K muni de la topologie de la convergence uniforme. Or, par exemple,

$$\cos\varphi \in \left[\bigcap_{n\geq 1} D_{\xi_n}\right] \cap L^2(m) \text{ et}$$

$$\forall n \quad \nabla_{\xi_n}(\cos\varphi) = -(\sin\varphi)(\varphi(\xi_n)) .$$

Donc $\cos\varphi \in \mathbb{D}$ et, de même, $\sin\varphi \in \mathbb{D}$.

Si $f \in L^\infty(m)$ et si (K_n) est une suite croissante de compacts telle que $m\left[\bigcup_n K_n\right] = 1$, d'après ce qui précède, pour tout n il existe h_n dans $\mathbb{D}$ tel que

$$\int_{K_n} |f-h_n|^2\, dm \leq 1/n .$$

Soit alors g une contraction de $\mathbb{R}$ vérifiant

$$\forall x \quad |g(x)| \leq ||f||_\infty \quad \text{et} \quad \forall x \in [-||f||_\infty, +||f||_\infty] \quad g(x) = x ,$$

on a

$$\int_{K_n} |f - goh_n|^2\, dm \leq 1/n$$

et donc

$$\int |f- goh_n|^2\, dm \leq 1/n + 4||f||_\infty^2\, m(\Omega \setminus K_n) .$$

D'après le premier point de la démonstration, goh_n appartient à $\mathbb{D}$ pour tout n, et donc f est limite dans $L^2(m)$ d'une suite de $\mathbb{D}$. $L^\infty(m)$ étant dense dans $L^2(m)$, la densité de $\mathbb{D}$ dans $L^2(m)$ est démontrée.

. Montrons que la forme est fermée : soit (f_p) une suite de Cauchy dans $D_1\left[\text{i.e } D \text{ muni de } \left[((\ ,\ )) + \|\ \|^2_{L^2(m)}\right]^{1/2}\right]$.

Il existe f dans $L^2(m)$ tel que f_p tend vers f dans $L^2(m)$ et donc en probabilité et, pour tout n, il existe v_n de $L^2(m)$ tel que $\nabla_{\xi_n} f_p$ converge vers v_n dans $L^2(m)$.

D'après la proposition 4, $f \in D_{\xi_n}$ et $\nabla_{\xi_n} f = v_n$.

La suite (f_p) étant de Cauchy, il est facile de voir que f appartient à D et que f_p converge vers f dans D_1.

. Enfin, en raisonnant comme au premier point, il est facile de voir que :

$$\forall f,h \in D \cap L^\infty(m) \quad 2((fh,f)) - ((h,f^2)) = \int h\Gamma(f,f)dm$$

donc la forme admet un carré du champ donné par Γ.

IV - <u>FORME ASSOCIEE AU PROCESSUS D'ORNSTEIN-UHLENBECK SUR L'ESPACE DE WIENER</u>

A - . Dans cette partie, on suppose que

$$\Omega = \left\{\omega \in C(\mathbb{R}_+ ; \mathbb{R}^d) ; \omega(o) = 0\right\}$$

muni de la topologie de la convergence compacte, F^o est la tribu borélienne et m la mesure de Wiener.

On note aussi $\omega(t) = B_t(\omega)$.

Pour la mesure m, $(B_t)_{t\geq 0}$ est alors le mouvement brownien standard de $\mathbb{R}^d$.

. Le semi-groupe d'Ornstein-Uhlenbeck peut-être défini comme le semi-groupe markovien symétrique $(P_t)_{t\geq 0}$ sur $L^2(m)$ tel que, si on note pour tout $\alpha \in L^2(\mathbb{R}_+, \mathbb{R}^d)$

$$e_\alpha = \exp\left\{i \int \alpha(s).dB_s\right\} \text{ et } q(\alpha) = \int |\alpha(s)|^2\, ds ,$$

on ait

$$\forall\alpha \in L^2(\mathbb{R}_+, \mathbb{R}^d) \quad P_t(e_\alpha) = C_{e^{-t/2}\alpha} \exp\left\{\frac{1}{2}\, q(\alpha)(e^{-t}-1)\right\}$$

On peut lui associer, de la façon classique, une forme de Dirichlet en posant

$$D = D\,((-A)^{1/2}) \quad \text{et} \quad ((f,f)) = \|(-A)^{1/2} f\|^2_{L^2(m)}$$

(où A désigne le générateur infinitésimal de $(P_t)_{t\geq 0}$).

B – . Suivant [M2], on appelle fonctions de Cameron-Martin, les éléments ξ de Ω de lA forme

$$\xi(t) = \int_0^t \xi'(s)ds$$

avec $\xi' \in L^2(\mathbb{R}_+, \mathbb{R}^d)$ (en abrégé, $\xi \in$ C.M.)

<u>Proposition 6</u> : <u>Si</u> $\xi \in$ C.M <u>et</u> $\xi \neq 0$, ξ <u>est strictement admissible</u>.

<u>Preuve</u> : En effet, d'après la formule de Cameron-Martin,

$$\tau_{t\xi} m = \exp\left\{t\int \xi'(s).dB_s - \frac{1}{2}\, t^2 q(\xi')\right\} m$$

donc ξ est admissible. Un calcul simple donne

$$\sigma_\xi = \sqrt{2\pi}\,\left[q(\xi')\right]^{-1/2} \exp\left\{\frac{1}{2q(\xi')}\left[\int \xi'(s).dB_s\right]^2\right\} m\ .$$

Il est facile de voir qu'il existe un représentant h_ξ de $\int \xi'(s)dB_s$, fini partout, et un ensemble A de mesure 1 tel que

$$\forall\omega \in A \quad \forall t \quad h_\xi(\omega + t\xi) = h_\xi(\omega) + t\, q(\xi')$$

$$\forall\omega \notin A \quad \forall t \quad h_\xi(\omega + t\xi) = 0\ .$$

Posant alors

$$k_\xi(\omega) = \frac{1}{\sqrt{2\pi}}\, [q(\xi')]^{1/2} \exp\left\{-\frac{1}{2q(\xi')}\, h^2_\xi(\omega)\right\}$$

on a

$$\forall \omega \notin A \quad \forall t \quad k_{\xi}(\omega + t\xi) = \frac{1}{\sqrt{2\pi}} \, [q(\xi')]^{1/2}$$

$$\forall \omega \in A \ \forall t \quad k_{\xi}(\omega + t\xi) = k_{\xi}(\omega) \exp\left\{-t h_{\xi}(\omega) - t^2 \frac{q(\xi')}{2}\right\}$$

ce qui prouve que ξ est strictement admissible.

__Proposition 7__ : __Si__ $(\xi_n)_{n\geq 1}$ __est une suite de fonctions de Cameron-Martin telle que__ $(\xi'_n)_{n\geq 1}$ __est une base orthonormale de__ $L^2(\mathbb{R}_+,\mathbb{R}^d)$, __alors pour tout__ φ __de__ Ω'

$$\sum_n |\varphi(\xi_n)|^2 < +\infty \ .$$

__Preuve__ : En effet, si $\varphi \in \Omega'$, il existe $\mu_1,\ldots,\mu_d$ mesures à support compact sur $\mathbb{R}_+$ tel que

$$\varphi(\omega) = \sum_{i=1}^{d} \int \omega_i(t) \, d\mu_i(t) \ .$$

Donc

$$\forall n \qquad \varphi(\xi_n) = \sum_{i=1}^{d} \int \int_0^t \xi'_{n,i}(s)ds \ \ d\mu_i(t) \ .$$

$$= \sum_{i=1}^{d} \int \mu_i([s,+\infty[)\xi'_{n,i}(s)ds = \int \mu([s,+\infty[).\xi'_n(s)ds.$$

Donc

$$\sum_n |\varphi(\xi_n)|^2 = \int |\mu([s,+\infty[)|^2 \, ds \quad < +\infty \ .$$

Soit alors $(\xi_n)_{n\geq 1}$ comme dans la proposition précédente. Les résultats de III s'appliquent et on peut définir une forme de Dirichlet :

$$\hat{\mathbb{D}} = \left\{ f \in \left[\bigcap_n D_{\xi_n}\right] \cap L^2(m) \ ; \ \sum_{n=1}^{\infty} \left[\nabla_{\xi_n} f \right]^2 \in L^1(m) \right\}$$

et $$((f,f))^{\sim} = \frac{1}{2}\int \sum_{n=1}^{\infty}\left[\nabla_{\xi_n} f\right]^2 dm .$$

C. On conserve des notations des paragraphes A. et B. précédents.

<u>Proposition 8</u> : $\mathbb{D} = \tilde{\mathbb{D}}$ <u>et</u> $\forall f \in \mathbb{D} = \tilde{\mathbb{D}}$ $((f,f)) = ((f,f))^{\sim}$.

<u>Preuve</u> : Pour simplifier les expressions, nous allons raisonner sur les complexifications naturelles des formes de Dirichlet considérées.

. Soit $A = \{\alpha : \mathbb{R}_+ \longrightarrow \mathbb{R}^d$, support α compact et α à variation bornée$\}$.

D'après [M2], $\{e_\alpha ; \alpha \in A\}$ est total dans l'espace de Hilbert $\mathbb{D}_1$.

D'autre part, si $\alpha \in A$, e_α admet pour représentant

$$e_\alpha(\omega) = \exp\left\{-i\int \omega(s).d\alpha(s)\right\} .$$

Donc si $\xi \in \Omega$, pour ce représentant e_α

$$\forall t \in \mathbb{R} \quad e_\alpha(\omega + t\xi) = e_\alpha(\omega)\exp\left\{-\,it\int \xi(s).d\alpha(s)\right\} .$$

Par conséquent

$$\forall \xi \in C.M \quad \forall \alpha \in A \quad e_\alpha \in D_\xi \text{ et } \quad \nabla_\xi\, e_\alpha = e_\alpha\left[-i\int \xi(s).d\alpha(s)\right] = -i\,\varphi_\alpha(\xi)e_\alpha$$

avec $\varphi_\alpha \in \Omega'$.

En particulier

$$\forall \alpha \in A \quad e_\alpha \in \tilde{\mathbb{D}} \text{ et}$$

$$\forall \alpha, \beta \in A \quad ((e_\alpha, e_\beta))^{\sim} = \frac{1}{2}\, e^{-\frac{q(\alpha-\beta)}{2}}\, q(\alpha,\beta)$$

(avec $q(\alpha,\beta) = \int \alpha.\beta\, ds$) .

Or il est facile de voir que

$$\forall\alpha,\ \beta \in A \quad ((e_\alpha,\ e_\beta)) = \frac{1}{2}\, e^{-\frac{q(\alpha-\beta)}{2}}\, q(\alpha,\beta)$$

On en déduit, par un raisonnement de densité classique que

$$D \subset \tilde{D} \text{ et } \forall f \in D \quad ((f,f)) = ((f,f))^{\sim} .$$

. Considérons $\alpha \in A$, $\xi \in C.M$ et $f \in D_\xi \cap L^2(m)$ tel que $\nabla_\xi f \in L^2(m)$.
Soit $\tilde{f}$ associé à f.

$$\int \nabla_\xi f(\omega)\, e_\alpha(\omega)\, dm(\omega) = \iint \frac{\partial}{\partial t}\, \tilde{f}(\omega + t\xi) e^{itq(\alpha,\xi')-th_\xi(\omega) - \frac{t^2}{2} q(\xi')} k_\xi(\omega) e_\alpha(\omega) dm(\omega)$$

(avec des notations précédemment introduites.)
Donc

$$\int \nabla_\xi f(\omega)\, e_\alpha(\omega)\, dm(\omega) = \iint \tilde{f}(\omega + t\xi)\, e_\alpha(\omega + t\xi)\, k_\xi(\omega + t\xi)\, [-iq(\alpha,\xi') + h_\xi(\omega + t\xi)]\, dm(\omega)dt$$

$$= \int f(\omega) e_\alpha(\omega)\, [-iq(\alpha,\xi') + h_\xi(\omega)] dm(\omega) .$$

D'autre part, d'après la théorie générale des formes de Dirichlet, $P_t f$ appartient à D et donc à $\tilde{D}$. On a donc, en appliquant ceci à $P_t f$

$$\int \nabla_\xi(P_t f) e_\alpha dm = \int (P_t f)\, e_\alpha[-iq(\alpha,\xi') + h_\xi] dm$$

$$= \int f P_t [e_\alpha(-iq(\alpha,\xi') + h_\xi)] dm ,$$

et, d'autre part,

$$\int P_t(\nabla_\xi f)\, e_\alpha dm = \int (\nabla_\xi f)(P_t e_\alpha)\, dm$$

$$= \int f\ P_t e_\alpha \left[-ie^{-t/2} q(\alpha,\xi') + h_\xi\right] dm .$$

Or on voit facilement, comme $h_\xi = \int \xi' dB_s$, que

$$P_t(e_\alpha h_\xi) = (P_t e_\alpha)[e^{-t/2} h_\xi + iq(\alpha,\xi')(1-e^{-t})] ,$$

d'où

$$\int [\nabla_\xi(P_t f) - e^{-t/2} P_t(\nabla_\xi f)] e_\alpha \, dm = 0 .$$

Donc, par densité, si $\xi \in C.M$,

$\forall f \in D_\xi \cap L^2(m)$ avec $\nabla_\xi f \in L^2(m)$, $\nabla_\xi(P_t f) = e^{-t/2} P_t(\nabla_\xi f)$

. Supposons alors $f \in \hat{\mathbb{D}}$. Pour tout $t > 0$ $P_t f \in \mathbb{D}$ et

$$((P_t f, P_t f))^\sim \leq e^{-t}((f,f))^\sim \leq ((f,f))^\sim .$$

Comme $P_t f \longrightarrow f$ dans $L^2(m)$ quand t tend vers 0, par un raisonnement de compacité faible, $P_t f$ converge vers f faiblement dans $\hat{\mathbb{D}}_1$. $\mathbb{D}$ est donc faiblement dense dans $\hat{\mathbb{D}}_1$ et donc aussi fortement. $\mathbb{D}$ étant fermé dans $\hat{\mathbb{D}}_1$ (car complet), $\mathbb{D} = \hat{\mathbb{D}}$.

D. On déduit, en particulier, de tout ce qui précède le théorème suivant : (propriété de densité de l'image du volume énergétique).

<u>Théorème 9</u> : <u>Si</u> $\mathbb{D}$ <u>est le domaine de la forme de Dirichlet associée au semi-groupe d'Ornstein-Uhlenbeck</u>, Γ <u>l'opérateur carré du champ correspondant, on a</u> :

$\forall n \in \mathbb{N} \setminus \{0\}$, $\forall u = (u_1,\ldots,u_n) \in \mathbb{D}^n$, <u>l'image par</u> u <u>de la mesure</u> $\det[\Gamma(u_i,u_j)]_{1\leq i,j\leq n} dm$ <u>est absolument continue par rapport à la mesure de Lebesgue</u> λ^n. <u>En particulier, si</u> $\det[\Gamma(u_i,u_j)]_{1\leq i,j\leq n}$ <u>est non nul</u> m-<u>presque partout, la loi de</u> u <u>est absolument continue par rapport à</u> λ^n.

V - <u>APPLICATION AUX EQUATIONS DIFFERENTIELLES STOCHASTIQUES</u>

A. Les notations sont les mêmes qu'en IV, on pose en outre F la tribu complétée de F° pour m,

$F_t^o = \sigma(B_s, s \leq t)$, $F_t = F_t^o \vee$(m-négligeables de F).

Rappelons que $\mathcal{E}((.,.))$ dénote la forme de Dirichlet associée au semi-groupe d'O.U. de domaine $\mathbb{D}$. On note $\mathbb{D}_1$ l'espace $\mathbb{D}$ muni de la norme $||\cdot||_1$ définie par

$$||f||_1 = [((f,f)) + \int f^2 dm]^{1/2} .$$

Pour $T \in \mathbb{R}_+$, on introduit l'espace $H(T,\mathbb{R}^n)$ des classes pour l'égalité $\lambda^1 \times m$-ps de processus $h(t,u)$ mesurables,$(F_t)_{t\in[o,T]}$-adaptés,à valeurs $\mathbb{R}^n$, tels que

$$||h||_{H(T,\mathbb{R}^n)} = \left[\int_o^T \sum_{i=1}^n ||h_i(t)||_1^2 \, dt \right]^{1/2} < \infty .$$

$H(T,\mathbb{R}^n)$ s'identifie au sous-espace fermé de l'espace de Hilbert $L^2(([o,T],\lambda^1),\mathbb{D}_1^n)$ des classes qui contiennent un processus mesurable adapté.

On pose $\mathbb{D}_1(T) = \mathbb{D}_1 \cap L^2(\Omega,F_T,m)$ et on note $Q(T)$ l'ensemble des combinaisons linéaires des e_α pour α à support dans $[o,T]$, alors $Q(T)$ est dense dans $\mathbb{D}_1(T)$.

<u>Lemme 10</u> . <u>Soit</u> $R(T,\mathbb{R}^n)$ <u>l'ensemble des processus de la forme</u>

$$r(t) = \sum_{j=0}^{k-1} q_j \, 1_{]jT/k,(j+1)T/k]}(t)$$

<u>où</u> $q_j \in [Q(jT/k)]^n$, <u>alors</u> $R(T,\mathbb{R}^n)$ <u>est dense dans</u> $H(T,\mathbb{R}^n)$.

<u>Preuve</u> : cf lemme 5.1 de [BH1]

Remarquons que ce lemme entraine que toute classe élément de $H(T,\mathbb{R}^n)$ possède un représentant prévisible.

<u>Lemme 11</u> . <u>Soit</u> $u(t,\omega)$ <u>un processus dont la classe est dans</u> $H(T,\mathbb{R})$, <u>alors il existe un processus prévisible</u> $v(t,\omega) \in L^1([o,T] \times \Omega,\lambda^1 \otimes m)$ <u>tel que pour</u> λ^1<u>-presque tout</u> $t \leq T$

$$v(t) = \Gamma(u(t),u(t)) \text{ mps} .$$

<u>Preuve</u> . Si $q \in Q(t)$, $\Gamma(q,q)$ est F_t-mesurable et si $r \in R(T,\mathbb{R})$ on a explicitement

$$\Gamma(r(t),r(t)) = \sum_{j=0}^{k-1} \Gamma(q_j,q_j) 1_{]jT/k,(j+1)T/k]}(t)$$

qui est prévisible.

Or si r est p sont deux processus de $H(T,\mathbb{R})$ l'inégalité aisée suivante

$$||\Gamma(r,r)-\Gamma(p,p)||_{L^1([o,T]\times\Omega,\lambda^1\times m)}\leq||r-p||_H(||r||_H+||p||_H)$$

montre que lorsque r_n tend vers u dans H, $\Gamma(r_n,r_n)$ converge dans $L^1([o,T]\times\Omega,\lambda^1\times m)$, le lemme en découle par extraction de sous-suite. □

Les relations entre carré du champ et intégrale stochastique sont exprimées par le théorème suivant :

<u>Théorème 12</u> . <u>Soient</u> $\alpha\in H(T,\mathbb{R}^{n\times d})$, $\beta\in H(T,\mathbb{R}^n)$ <u>et</u>

$$(12,1)\qquad X(t)=x+\int_o^t\alpha(s)dB_s+\int_o^t\beta(s)\,ds \quad \text{où}\quad x\in\mathbb{R}^n,$$

<u>alors</u>

a) <u>pour tout</u> $t\in[o,T]$, $X(t)\in D^n$ <u>et</u>

$$(12,2)\qquad \sum_{i=1}^n((X_i(t),X_i(t)))\leq(d+1)\left[||\alpha||^2_{H(T,\mathbb{R}^{n\times d})}+||\beta||^2_{H(T,\mathbb{R}^n)}\right]$$

b) <u>pour tout</u> i,j,k <u>on a</u> $\int_o^T[\Gamma(X_i(s),\alpha_{jk}(s))]^2ds<+\infty$ mps,

<u>et</u>

$$(12,3)\quad \Gamma(X(t),X(t)^*)=\sum_{k=1}^d\int_o^t[\Gamma(X(s),\alpha_{.k}(s)^*)+\Gamma(\alpha_{.k}(s),X(s)^*)]dB^k_s$$
$$+\int_o^t[\Gamma(X(s),\beta(s)^*)+\Gamma(\beta(s),X(s)^*)+\Gamma(\alpha(s),\alpha(s)^*)+\alpha(s)\alpha(s)^*]ds.$$

<u>Preuve</u> . Dans (12,3) les notations sont matricielles X(t) est une matrice colonne, $X(t)^*$ sa transposée.

Le fait que les intégrales stochastiques en (12,1) et (12,3) soient définies et ne dépendent que des classes pour l'égalité $\lambda^1\times m$-ps est démontré par exemple en [P1].

La preuve donnée en [BH1] du cas unidimensionnel donne facilement le résultat. □

B. Equations différentielles stochastiques.

On considère $\sigma:\mathbb{R}_+\times\mathbb{R}^n\longrightarrow\mathbb{R}^{n\times d}$ et $b:\mathbb{R}_+\times\mathbb{R}^n\longrightarrow\mathbb{R}^n$ des applications telles que pour tous i,j les composantes σ_{ij} et b_j appartiennent à l'ensemble des applications g de $\mathbb{R}_+ \times \mathbb{R}^n$ dans $\mathbb{R}$ telles que

$$(\text{H.L})\quad \left\{\begin{array}{ll} 1)\ (t,x) \longrightarrow g(t,x) \text{ est mesurable,} & \\ 2)\ \forall t \leq T\ ,\ |g(t,x) - g(t,y)| \leq A(T)|x-y| & \forall x,y \in \mathbb{R}^n, \\ 3)\ \forall t \leq T\ ,\ |g(t,x)| \leq A(T)(1 + |x|) & \forall x \in \mathbb{R}^n, \\ \text{où } A \text{ est une fonction croissante de } \mathbb{R}_+ \text{ dans } \mathbb{R}_+. & \end{array}\right.$$

On considère l'équation différentielle stochastique

$$(*)\qquad X(t) = x + \int_0^t \sigma(s,X(s))dB_s + \int_0^t b(s,X(s))ds$$

$$x \in \mathbb{R}^n.$$

Par la méthode classique d'itération de Picard qui démontre l'existence et l'unicité de la solution de (*), en utilisant les espaces fonctionnels $H(t,\mathbb{R}^n)$, on montre par le théorème 12 le résultat suivant :

__Proposition 13__ . __L'équation__ (*) __a une solution__ X __unique à l'indistinguabilité près, la norme__ $||X(t)||_1$ __est bornée sur__ $[o,T]$ __donc__ $X \in H(T,\mathbb{R}^n)$.

On en déduit aisément que les hypothèses du théorème 12 sont vérifiées avec $\alpha(s) = \sigma(s,X(s))$ et $\beta(s) = b(s,X(s))$, on a donc les conclusions du théorème 12 et

$$(13,1))\quad \Gamma(X(t),X(t)^*) = \sum_{k=1}^{d} \int_0^t [\Gamma(X(s),\sigma_{.k}(s,X(s))^*) + \Gamma(\sigma_{.k}(s,X(s)),X(s)^*)]dB_s^k$$

$$+ \int_0^t [\Gamma(X(s),b(s,X(s))^*) + \Gamma(b(s,X(s)),X(s)^*)$$

$$+ \Gamma(\sigma(s,X(s)),\sigma(s,X(s))^*) + \sigma(s,X(s))\sigma(s,X(s))^*]ds.$$

__Lemme 14 de factorisation__. __Soient__ $u \in H(T,\mathbb{R}^n)$ __et__ F __une application de__ $\mathbb{R}_+ \times \mathbb{R}^n$ __dans__ $\mathbb{R}^n$ __telle que chaque composante__ F_i __vérifie__ (H.L. 1 et 2). __Alors il existe un processus__ U __prévisible à valeurs__ $\mathbb{R}^n$ __borné tel que pour__ λ^1__-presque tout__ t

$$\Gamma(F(t,u(t)),u(t)^*) = U(t)\,\Gamma(u(t),u(t)^*) \qquad m\text{-ps}.$$

et

$$\Gamma(F(t,u(t)),F(t,u(t))^*) = U(t)\Gamma(u(t),u(t)^*)U^*(t) \quad m\text{-ps}.$$

Ce lemme étant crucial nous donnons la démonstration avec quelques détails.

Sous-lemme 1. *Si* A *est une matrice* $n \times n$ *symétrique semi définie positive,*

$$\lim_{\varepsilon \downarrow 0} \varepsilon(A + \varepsilon I)^{-1} = P^A$$

où P^A *est la projection orthogonale sur* $\operatorname{Ker}A$.

Preuve . Il suffit de prendre une base de R^n constituée d'une base de KerA et d'une base de ImA, pour que le raisonnement s'écrive avec évidence. □

Sous-lemme 2 . *Si* A *est une matrice symétrique* $n \times n$ *semi définie positive,* B *et* C *deux matrices* $n \times n$ *telles qu'il existe une matrice* H *telle que*

$$B = HA \text{ et } C = HAH^*,$$

alors $J = \lim_{\varepsilon \downarrow 0} B(A + \varepsilon I)^{-1}$ *existe, on a*

$$B = JA \quad \text{et} \quad C = JAJ^*$$

et J *est donnée par* $J = H\tilde{P}^A$ *où* $\tilde{P}^A$ *est la projection orthogonale sur* Im A.

Preuve. Si l'on remarque que

$$B(A + \varepsilon I)^{-1} = H(I - \varepsilon(A + \varepsilon I)^{-1}),$$

il n'est que d'appliquer le sous-lemme 1. □

Preuve du lemme de factorisation

Soit $u \in H(T,R^n)$.

a) Fixons $t \in [0,T]$ tel que $||u(t)||_1 < +\infty$.

Il existe des fonctions $F_p(s,y)$ vérifiant (H.L. 1 et 2) avec la même constante que F, de classe C^1 en x telles que

$$\forall (s,y) \in [o,T] \times \mathbb{R}^n \lim_{p\uparrow\infty} F_p(s,y) = F(s,y).$$

Par le calcul fonctionnel de classe C^1(c.f.[BH1]), on a, pour tous p,q dans $\mathbb{N}$, les égalités m-p.s.

$$(14,1) \quad \begin{cases} \Gamma(F_p(t,u(t)),u(t)^*) & = F'_p(t,u(t))\,\Gamma(u(t),u(t)^*) \\ \Gamma(F_p(t,u(t)),F_q(t,u(t))^*) & = F'_p(t,u(t))\,\Gamma(u(t),u(t)^*)\,F'_q(t,u(t))^*, \end{cases}$$

où F'_p désigne la matrice jacobienne de F_p.

Quitte à extraire une sous-suite on peut supposer que $F_p(t,u(t))$ converge vers $F(t,u(t))$ faiblement dans $\mathbb{D}^n_1$ et en prenant des combinaisons linéaires convexes que la convergence est forte.

Alors les composantes de $\Gamma(F_p(t,u(t)),u(t)^*)$ et de $\Gamma(F_p(t,u(t)),F_q(t,u(t))^*)$ convergent dans $L^1(m)$ vers celles de $\Gamma(F(t,u(t)),u(t)^*)$ et de $\Gamma(F(t,u(t)),F_q(t,u(t))^*)$ resp. lorsque $p\uparrow\infty$. Et aussi $\Gamma(F(t,u(t)),\ F_q(t,u(t))^*) \xrightarrow[q\uparrow\infty]{} \Gamma(F(t,u(t)),F(t,u(t))^*)$ dans L^1.

Considérons une sous-suite p_k telle que

$$\forall i,j \quad \frac{\partial F^i_{pk}}{\partial x_j}(t,u(t)) \longrightarrow \Phi_{ij} \quad \text{pour } \sigma(L^\infty(m),\ L^1(m)),$$

en prenant les limites dans $\sigma(L^1,L^\infty)$ à partir de (14,1), il existe une matrice $\Phi(t) \in L^\infty(m)$ telle que m-presque surement pour tout $q \in \mathbb{N}$

$$(14,2) \qquad \Gamma(F(t,u(t)),\ u(t)^*) = \Phi(t)\Gamma(u(t),u(t)^*)$$

$$\Gamma(F(t,u(t)),\ F_q(t,u(t)^*) = \Phi(t)\Gamma(u(t),u(t)^*)\ F'_q(t,u(t))$$

donc en faisant tendre q vers l'infini suivant la même sous-suite p_k dans la deuxième égalité on a

$$(14,3) \qquad \Phi(F(t,u(t)),\ F(t,u(t))^*) = \Phi(t)\Gamma(u(t),u(t)^*)\ \Phi(t)^* \quad \text{m-ps.}$$

avec $||\Phi_{ij}(t)||_\infty \leq A(T)$ la constante de F dans (H.L.2).

b) t étant toujours fixé comme au a), par le sous-lemme 2,

$$\Gamma(F(t,u(t)),u(t)^*)[\Gamma(u(t),u(t)^*) + \varepsilon I]^{-1}$$

converge m-ps lorsque $\varepsilon\downarrow o$ vers J(t) avec

$$\Gamma(F(t,u(t),u(t)^*) = J(t)\Gamma(u(t),u(t)^*)$$
$$\Gamma(F(t,u(t)),F(t,u(t))^*) = J(t)\Gamma(u(t),u(t)^*)J(t)^*,$$

où $J(t) = \Phi(t)\ \tilde{P}^{\Gamma(u(t),u(t)^*)}$,

donc $|J_{ij}(t)| \leq n\ A(T)$.

c) Posons maintenant

$$U(t,\omega) = \underset{k\uparrow\infty}{\underline{\lim}}\ [\Gamma(F(t,u(t)),\ u(t)^*)]_p \left\{[\Gamma(u(t),u(t)^*)]_p + \frac{1}{k}\ I\right\}^{-1}$$

si cette $\underline{\lim}$ est telle que $|U_{ij}(t,\omega)| \leq n\ A(T)\ \forall i,j$, $= 0$ sinon,

où $[\Gamma(.,.)]_p$ désigne les versions prévisibles données par le lemme 11. Alors U est prévisible borné et satisfait l'énoncé par le a) et le b). □

D'après ce lemme de factorisation, l'équation (13,1) peut s'écrire

$$\Gamma(X(t),X(t)^*) = \sum_{k=1}^{d} \int_0^t \left\{U_k(s),\ \Gamma(X(s),X(s)^*)\right\} dB_s^k$$

$$+ \int_0^t \left[\langle V(s),\Gamma(X(s),X(s)^*)\rangle + \sum_{k=1}^{d} U_k(s)\Gamma(X(s),X(s)^*)U_k(s)^* + \sigma(s,X(s))\sigma(s,X(s))^*\right] ds$$

où $\langle A,B\rangle = AB + BA$

avec U_k, V prévisibles bornés.

Il est alors classique (cf par exemple [S1]) qu'il existe un processus M(t) continu à valeurs $GL(\mathbb{R}^n)$ tel qu'on ait l'équation fondamentale suivante :

$$\Gamma(X(t),X(t)^*) = \int_0^t M(t)M(s)^{-1}\ \sigma(s,X(s))\ \sigma(s,X(s))^* M(s)^{-1*} M(t)^* ds.$$

VI - <u>CONSEQUENCES DU CRITERE ET DE L'EQUATION FONDAMENTALE</u>

Posons $A_k = \{(t,y) : \sigma(t,y)$ est de rang $\geq k\}$ et soit T_k le début essentiel de A_k c'est à dire

$$T_k = \inf\{t : \int_0^t 1_{A_k}(s,X_s)\ ds > 0\}.$$

T_k est un (F_t)- temps d'arrêt comme début d'un ensemble prévisible donc progressif.

<u>Remarque 15</u> . <u>si</u> $k = 1$, T_1 <u>est déterministe</u>. <u>Si</u> x_t <u>est la solution de</u> $x_t = x + \int_0^t b(s,x_s)ds$ <u>on a</u>

$$T_1 = \sup\left\{t \geq 0 \ \int_0^t \sum_{ij} \sigma_{ij}{}^2(s,x_s)ds = 0\right\} .$$

<u>Preuve</u> . Posons pour la démonstration

$$t_x = \sup\left\{t \geq 0 \ \int_0^t \sum_{ij} \sigma_{ij}{}^2(s,x_s)ds = 0\right\}$$

a) On a $\int_0^{T_1} \sigma_{ij}(s,X_s)dB_s^j = 0$ m-ps $\forall ij$

donc

$$X_t(\omega) = x_t \quad \text{sur } [[o,T]] \text{ donc } T_1 \leq t_x$$

b) On a $\int_0^{t_x} \sigma_{ij}{}^2(s,x_s)ds = 0 \quad \forall ij$

donc, pour $t \leq t_x$, x_t est aussi solution de

$$x_t = x + \int_0^t \sigma(s,x_s)dB_s + \int_0^t b(s,x_s)ds$$

donc $X_t = x_t$ m-ps sur $[o,t_x]$

donc $\int_0^{t_x} \sigma_{ij}{}^2(s,X_s)ds = 0$ mps , donc $t_x \leq T_1$. □

<u>Lemme 16</u> . a) <u>Pour</u> m-p.<u>tout</u> ω <u>on a si</u> $t > 0$

$$\left[\forall v \in R^n \ \limsup_{\varepsilon \downarrow 0} \frac{1}{\varepsilon} \int_{t-\varepsilon}^t v^* \sigma(s,X_s)\, \sigma(s,X_s)^* v ds > 0 \Rightarrow v^* \Gamma(X_t,X_t{}^*)v > 0\right]$$

b) <u>Si</u> $(t,x) \longrightarrow \sigma(t,x)$ <u>est continue ou seulement si</u> $\forall v \in R^n$ $(t,x) \longrightarrow v^*\sigma(t,x)\sigma^*(t,x)v$ <u>est sci</u>, <u>alors si</u> $t > 0$ <u>pour</u> mp. tt.ω

$$(\forall v \in R^n \ v^*\sigma(t,X_t)\sigma^*(t,X_t)\ v \neq 0 \ \Rightarrow \ v^*\Gamma(X_t,X_t{}^*)\ v \neq 0).$$

<u>Preuve</u> . Il suffit de démontrer le a). Notons pour cela que par la

continuité du processus $M(t)$

$$\forall\delta > 0\ \exists\ t_1(\underline{\omega}) < t : (|M(t)\, M(s)^{-1} - I| \leq \delta\ ,\ \forall s \in [t_1,t])$$

où $|.|$ désigne la norme dans $\mathbb{R}^{n\times n}$.

Par l'équation (14,5) pour tout $v \in \mathbb{R}^n$ on a

$$v^*\Gamma(X(t),X(t)^*)v \geq \int_{t_1}^{t} v^*\sigma(s,X(s)\sigma(s,X(s))^*v\, ds - 2\,\delta k|v|^2(t-t_1)$$

où $k(t,\omega)$ majore $|\sigma(s,X_s)\sigma(s,X_s)^*|$ (hypothèse H.L.3).

On en déduit que pour tout $\tau \in [t_1,t]$

$$v^*\Gamma(X(t),X(t)^*)v \geq (t-\tau)\left[\frac{1}{t-\tau}\int_{\tau}^{t} v^*\sigma(s,X(s))\sigma(s,X(s))^* v ds - 2\delta k|v|^2\right]$$

Donc si on note $l(t,w,v)$ la limite supérieure de l'énoncé, choisissant $\tau \in [t_1,t]$ de sorte que

$$\frac{1}{t-\tau}\int_{\tau}^{t} v^*\sigma(s,X(s))\sigma(s,X(s))^*\ v\ ds \geq \frac{l(t,\omega,v)}{2}$$

il suffit de prendre $\delta < \dfrac{l(t,\omega,v)}{4k(t,\omega)|v|^2}$ pour voir que

$v^*\Gamma(X(t),X(t)^*)v > 0$. □

On en déduit le théorème suivant.

<u>Théorème 17</u> . <u>Soit</u> H <u>un sous-espace vectoriel de</u> $\mathbb{R}^n$ <u>et</u> B_H <u>une application linéaire de</u> $\mathbb{R}^n$ <u>dans</u> H, <u>on suppose que</u> $\forall v \in \mathbb{R}^n (t,x) \longrightarrow v^*\sigma(t,x)\sigma^*(t,x)v$ <u>est sci et que</u>

$$\forall (t,x) \in \mathbb{R}_+^* \times \mathbb{R}^n \quad \mathrm{Image}(B_H\sigma(t,x)) = H.$$

<u>Alors</u> si $t > 0$ <u>la variable aléatoire</u> $B_H X_t$ <u>a une loi absolument continue par rapport</u> <u>à la mesure de Lebesgue sur</u> H.

<u>Preuve</u> . Par la propriété de densité de l'image du volume énergétique (théorème 9) il suffit de montrer que m.ps. $(\forall\xi \in H,\ \xi \neq 0 \Rightarrow \xi^*\Gamma(B_H X(t),(B_H X(t))^*)\,\xi \neq 0)$

donc que $(B^*_H\xi)^* \Gamma(X_t,X^*_t)\, B^*_H\, \xi \neq 0$

donc par le lemme 16 que

$$\text{m.ps.}(\forall\xi \in H,\ \xi \neq 0\ ,\quad (B^*_H\xi)^*\, \sigma(t,X_t)\sigma^*(t,X_t)B^*_H\, \xi \neq 0)$$

autrement dit que

$$\text{m.ps.}\ (\xi \in H \longmapsto \sigma^*(t,X_t)B^*_H\, \xi \in \mathbb{R}^d \text{ est injective})$$

donc que

$$\text{m.ps.}\ (u \in \mathbb{R}^d \longmapsto B_H\sigma(t,X_t)\, u \in H \text{ est surjective})$$

ce qui est le cas.

<u>Remarque 18</u> . Plus généralement si $v^*\sigma(.,.)\sigma(.,.)^*v$ n'est plus supposée sci, sous les hypothèses (H.L.) on aura la conclusion du théorème si on suppose qu'il existe une fonction continue ε de $\mathbb{R}^*_+ \times \mathbb{R}^n$ dans $\mathbb{R}^*_+$ telle que pour λ^1-presque tout t

$\forall y \in \mathbb{R}^n$, la matrice $B_H\sigma(t,y)\sigma(t,y)^*B^*_H - \varepsilon(t,y)I_H$ est semi définie positive sur H x H.

Reprenons les notations qui précèdent la remarque 15.

<u>Théorème 19</u> . <u>Si</u> $m\,(t > T_n) > 0$, <u>la loi conditionnelle de</u> $X(t)$ <u>sachant</u> $(t > T_n)$ <u>est absolument continue par rapport à</u> λ^n.

<u>Preuve</u> . Si $t > T_n(\omega)$, il existe $S \subset [o,t]$ avec $\lambda^1(S) > 0$ tel que si $s \in S$

$$v^*\sigma(s,X(s,\omega))\sigma(s,X(s,\omega))^*\ v \geq \lambda(s)|v|^2 \text{ avec } \lambda(s) > 0$$

d'où en prenant $v = M(s,\omega)^{-1*}u$

$$\int_o^t u^*M(s)^{-1}\sigma(s,X(s)\sigma(s,X(s))^*M(s)^{-1*}u\ ds \geq k(\omega)|u|^2$$

où $k(\omega) = \displaystyle\int_o^t \frac{\lambda(s)}{|M(s)|^2}\, ds > 0$.

Donc si $t > T_n(\omega)$ $\quad M(t)^{-1}\Gamma(X(t),X(t)^*)\ M(t)^{-1*}$ est inversible donc on a

$$\det(\Gamma(X(t),X(t)^*) > 0 \text{ sur } (t > T_n) \text{ m.ps.} \qquad \square$$

En fait on a une propriété de permanence analogue à celle du théorème 19 même dans le cas dégénéré quoiqu'un peu moins simple à exprimer :

<u>Théorème 20</u> . <u>Soit</u> t <u>tel que</u> $m(t > T_k) > 0$, <u>alors pour presque tout</u>

<u>sous-espace vectoriel</u> H <u>de</u> $\mathbb{R}^n$ <u>de dimension</u> k, <u>la projection de</u> X_t <u>sur</u> H a, <u>conditionnellement</u> à $(t > T_k)$ <u>une loi absolument continue par rapport à la mesure de Lebesgue sur</u> H.

Dans cet énoncé le "presque-tout" est à prendre au sens le plus naturel : pour la probabilité invariante sur la grassmannienne d'indice k de $\mathbb{R}^n$ considérée comme espace homogène sur lequel opère le groupe orthogonal O(n).

Nous établirons d'abord un lemme purement déterministe.

<u>Lemme 21</u> . <u>Notons</u> λ_n <u>la mesure de Lebesgue sur le dual</u> $\mathbb{R}^{n*}$ <u>de</u> $\mathbb{R}^n$. <u>Alors si</u> A <u>est une matrice</u> n x n <u>de rang</u> k, $1 \le k \le n-1$

$$\lambda_n^{\otimes(n-k)}\left\{(\xi_1,\dots,\xi_{n-k}) \in (\mathbb{R}^{n*})^{n-k} : \operatorname{Ker}A \cap \bigcap_{i=1}^{n-k} \operatorname{Ker}\xi_i \neq (0)\right\} = 0 .$$

<u>Preuve</u> . a) Supposons d'abord $k = n-1$, il existe $u \in \mathbb{R}^n$ $u \neq 0$ tel que $\operatorname{Ker}A = (\lambda u, \lambda \in \mathbb{R})$.

La relation linéaire imposée aux composantes de ξ fait que $\lambda_n(\xi \in \mathbb{R}^{n*} : \xi(u) = 0)$ est nul.

b) On pose $k = n-p$, on raisonne par récurrence sur p.

Soit $u_1,\dots,u_p$ une base de KerA, on voit qu'il faut évaluer

$$\lambda_n^{\otimes p}((\xi_1,\dots,\xi_p) : \text{dét}(\xi_i(u_j))_{1\le i,j\le p} = 0) .$$

Si on développe le déterminant selon la dernière ligne les mineurs sont des fonctions réelles $f_i(\xi_1,\dots,\xi_{p-1})$ $i = 1,\dots,p$ qui par hypothèse de récurrence sont telles que

$$(21,1) \qquad \lambda_n^{\otimes(p-1)}((\xi_1,\dots,\xi_{p-1}) : f_i(\xi_1,\dots,\xi_{p-1}) = 0) = 0$$

Or si $(\eta_1,\dots,\eta_p) \neq 0$ on a comme pour le a)

$$(21,2) \qquad \lambda_n(\xi_p : \xi_p(\eta_1 u_1 + \dots + \eta_p u_p) = 0) = 0 .$$

D'où par (21,1) et (21,2) en prenant $\eta_i = (-1)^{i+p} f_i(\xi_1,\dots,\xi_{p-1})$

$$\text{on a } \lambda_n^{\otimes p}((\xi_1,\dots,\xi_p) : \text{dét}(\xi_i(u_j)) = 0) = 0 . \qquad \square$$

<u>Lemme 22</u> . <u>Soit</u> $(\Omega,\mathcal{A},P)$ <u>un espace de probabilité et</u> A <u>une matrice</u> n x n <u>aléatoire de rang</u> $\geq$ k , <u>alors pour</u> $\lambda_n^{\otimes(n-k)}$ <u>presque tout</u> $(\xi_1,\dots\xi_{n-k}) \in (\mathbb{R}^{n*})^{n-k}$,

$$P\left\{\mathrm{Ker}A \cap \bigcap_{i=1}^{n-k} \mathrm{Ker}\xi_i \neq \langle 0\rangle\right\} = 0$$

<u>**Preuve**</u> . C'est un conséquence du lemme précédant par le théorème de Fubini.

a) Supposons d'abord que $A(\omega)$ soit toujours exactement de rang k. Pour la mesure produit $\lambda_n^{\otimes(n-k)} \otimes P$ sur $(\mathbb{R}^{n*})^{n-k} \times \Omega$, l'ensemble

$$\left\{((\xi_1,\ldots,\xi_{n-k}),\omega) \ : \ \mathrm{Ker}A \cap \bigcap_{i=1}^{n-k} \mathrm{Ker}\xi_i \neq \langle 0\rangle\right\}$$

est négligeable d'où le résultat.

b) Maintenant si A est de rang $\geq$ k, on partage Ω en sous ensemble Ω_m où A est de rang m avec $k \leq m \leq n$. Alors le fait que si $k \leq m$ c'est à dire si $n-k \geq n-m$

$$\lambda_n^{\otimes(n-m)} \otimes P\left\{((\xi_1,\ldots,\xi_{n-m}),\omega) \ : \ \mathrm{Ker}A \cap \bigcap_{i=1}^{n-m} \mathrm{Ker}\xi_i \neq \langle 0\rangle\right\} = 0$$

implique que

$$\lambda_n^{\otimes(n-k)} \otimes P\left\{((\xi_1,\ldots,\xi_{n-k}),\omega) \ : \ \mathrm{Ker}A \cap \bigcap_{i=1}^{n-k} \mathrm{Ker}\xi_i \neq \langle 0\rangle\right\} = 0$$

donne le résultat. □

Définisons une probabilité μ_k sur l'ensemble G(n,k) des sous-espaces vectoriels de dimension k de $\mathbb{R}^n$ en posant si $E \subset G(n,k)$

$$\mu_k(E) = (\tilde{\lambda}_n)^{\otimes(n-k)}\left\{(\xi_1,\ldots,\xi_{n-k}) \in (\mathbb{R}^{n*})^{n-k} : \bigcap_{i=1}^{n-k} \mathrm{Ker}\xi_i \in E\right\}$$

où $\tilde{\lambda}_n$ est une probabilité équivalente à λ_n invariante par le groupe orthogonal. Il est clair que μ_k est invariante lorsque le groupe orthogonal opère sur G(n,k), une telle probabilité est unique (parce que G(n-k) est isomorphe à l'espace homogène $O(n)/_{O(k)\times O(n-k)}$ et les groupes O(n) et O(k)xO(n-k) sont unimodulaires parce que compacts.)

Le lemme 22 s'exprime alors en disant que pour μ_k-presque tout sous-espace H de dimension k,

$$P\left\{\mathrm{Ker}A \cap H \neq \langle 0\rangle\right\} = 0$$

Le théorème 20 est maintenant aisé à démontrer.

On repart de la relation fondamentale :

$$M(t)^{-1}\Gamma(X(t),X(t)^*)M(t)^{-1*} = \int_0^t M(s)^{-1}\sigma(s,X(s))\sigma(s,X(s))^* M(s)^{-1*}ds.$$

La matrice $M(t)^{-1}\Gamma(X(t),X(t)^*)M(t)^{-1*}$ est croissante au sens des matrices semi-définies positives lorsque t croît. Si $t > T_k$ par un raisonnement analogue à la preuve du théorème 19,

$$M(t)^{-1}\Gamma(X(t),X(t)^*)M(t)^{-1*}$$

est de rang $\geq k$ donc aussi $\Gamma(X(t),X(t)^*)$.

On applique ce qui précède à la matrice aléatoire $\Gamma(X(t),X(t)^*)$ définie sur $\Omega\setminus\{t \leq T_k\}$ et la relation

$$m(\mathrm{Ker}\ \Gamma(X(t),X(t)^*) \cap H = 0) = 1$$

s'exprime aussi sous la forme (P_H désignant la projection orthogonale sur H)

$$m(\forall u \in H \quad u^*\Gamma(P_H X(t),(P_H X(t))^*)\ u = 0 \ \Rightarrow\ u = 0) = 1$$

ce qui par la propriété de densité de l'image du volume énergétique (théorème 9) donne le résultat.

N. BOULEAU
CERMA-ENPC
La Courtine B.P. 105
93194 NOISY-LE-GRAND
FRANCE

F. HIRSCH
ENS de CACHAN
61 avenue du Président Wilson
94230 CACHAN
FRANCE

BIBLIOGRAPHIE

[A1] .A. ANCONA Continuité des contractions dans les espaces de Dirichlet Ann. Inst. Fourier XXV, Fasc.3-4 (1975)

[B1] .N. BOULEAU Désintégration des mesures d'énergie dans les espaces de Dirichlet et propriété de densité des temps d'occupation Note C.R.A.S t 298 s.I n°7 (1984)

[BH1] .N. BOULEAU - F. HIRSCH Formes de Dirichlet générales et densité des variables aléatoires réelles sur l'espace de Wiener J. of funct. Anal. à paraître

[BH2] .N. BOULEAU - F. HIRSCH Calculs fonctionnels dans les espaces de Dirichlet et application aux équations stochastiques Note C.R.A.S. à paraître

[D1] .J. DENY Méthodes hilbertiennes en théorie du potentiel C.I.M.E. Potential theory, Cremonese (1970)

[E1] R.J. ELLIOTT Stochastic calculus and applications Springer (1982)

[F1] .R. FEDERER Geometric measure theory Springer (1969)

[F2] .F. FUKUSHIMA Dirichlet forms and Markov processes North-Holland (1980)

[K1] .S. KUSUOKA Dirichlet forms and diffusion processes on Banach spaces J. Fac. Sci. univ. Tokyo, Sect IA, 29, (1982)

[L1] .Y. LE JAN Mesures associées à une forme de Dirichlet, applications Bull. Soc. Math. France, 106, Fasc. 1, (1978)

[M1] .P. MALLIAVIN Implicit functions in finite corank on the Wiener space. Tanigushi Symp. Katata 1982 pp 369-386

[M2] .P.A. MEYER Note sur le processus d'Ornstein-Uhlenbeck Sem. Prob. XVI, pp 95-132 lect. n. in math 920 (1982)

[NZ1] .D. NUALART - M. ZAKAI Generalized stochastic integrals and the Malliavin calculus Z.f.W à paraître

[P1] .P. PRIOURET Diffusions et équations différentielles stochastiques Ecole d'Eté de Prob. St Flour lect. n. in math 390 Springer (1973)

[S1] .D.W. STROOCK The Malliavin calculus, a functional analytic approach J. of funct. Anal., 44, 212-257 (1981)

[W1] S. WATANABE Lectures on stochastic differential equations and Malliavin calculus Tata institute, Bombay 1984

THEORIE DE LITTLEWOOD-PALEY-STEIN ET PROCESSUS STABLES

N. BOULEAU

D. LAMBERTON

A la suite des travaux de Stein [15] sur la théorie de Littlewood-Paley pour les semi-groupes markoviens symétriques, P.A. Meyer ([10] et[12]) et N. Varopoulos [16] ont montré qu'on pouvait obtenir une partie des résultats de cette théorie par des méthodes purement probabilistes. L'architecture de cette approche suggère très naturellement de l'étendre au cas où le mouvement brownien auxiliaire est remplacé par un processus à accroissements indépendants à sauts positifs. C'est ce que nous faisons ici en nous limitant essentiellement, pour avoir des formules plus explicites, au cas des processus stables. L'ensemble de la méthode peut se développer de façon analogue, le rôle du semi-groupe de Cauchy (subordonné d'ordre $\frac{1}{2}$) étant joué par le semi-groupe subordonné d'ordre $\frac{1}{\alpha}$ ($\alpha \in]1,2[$).

Le bilan de cette extension est schématiquement le suivant :

- Obtention probabiliste d'un théorème de multiplicateur plus général que celui de [16], mais sans atteindre le théorème de Stein, généralisé par Cowling dans [6].
- Obtention de nouvelles inégalités par rapport à celles obtenues de façon probabiliste dont certaines (inégalités complètes) sont aussi nouvelles par rapport à l'approche de Stein. Ceci conduit à propos du problème des transformées de Riesz (cf [12], [13] et [1]), sous des hypothèses convenables, à l'équivalence de la norme L^p de la racine carrée de l'opérateur carré du champ $\sqrt{\Gamma(f,f)}$ avec d'autres expressions que celle de $\sqrt{-A}\, f$.

Cet article est une version détaillée de la note [2].

§ 1 - PROCESSUS STABLES A SAUTS POSITIFS

Nous avons regroupé dans ce paragraphe les quelques résultats sur les processus stables qui permettent la mise en oeuvre de la méthode. Considérons un réel $\alpha \in]1,2[$ et notons $Y^{(\alpha)} = (Y_t^{(\alpha)})_{t \geq 0}$ le processus à accroissements indépendants stationnaires de fonction caractéristique :

$$\mathbb{E}(e^{iuY_t^{(\alpha)}} \mid Y_0^{(\alpha)}) = \exp[iuY_0^{(\alpha)} - t\,\frac{\alpha(\alpha-1)}{\Gamma(2-\alpha)} \int_0^{+\infty} \frac{1 - e^{iux} + iux}{x^{\alpha+1}}\,dx]$$

$$= \exp[iuY_0^{(\alpha)} + t|u|^{\alpha}(\cos\frac{\pi\alpha}{2} - i\,\mathrm{sgn}(u)\sin\frac{\pi\alpha}{2})]$$

L'existence de $Y^{(\alpha)}$ est assurée par la formule de Lévy-Khintchine (cf [7] chap. XVII ou [3]). $Y^{(\alpha)}$ est un processus stable d'ordre α : $(Y_{\lambda t}^{(\alpha)} - Y_0^{(\alpha)})_{t\geq 0}$ et $\lambda^{1/\alpha}(Y_t^{(\alpha)} - Y_0^{(\alpha)})_{t\geq 0}$ ont même loi. De plus, la mesure de Lévy du processus $Y^{(\alpha)}$ (équivalente à $1_{]0,+\infty[}(x)\,\frac{dx}{x^{\alpha+1}}$) ne charge pas $]-\infty,0[$, ce qui entraîne que les sauts de $(Y_t^{(\alpha)})_{t\geq 0}$ sont presque sûrement positifs (cf [3] p.7). Soit $(\pi_t^{(\alpha)})_{t\geq 0}$ le semi-groupe de transition de $Y^{(\alpha)}$, considéré comme processus de Markov sur $\mathbb{R}$.

D'après [5], pour toute fonction f de classe C^2 sur $\mathbb{R}$, uniformément continue bornée, ainsi que ses deux premières dérivées, on a :

$$\lim_{t\to 0} \frac{\pi_t^{(\alpha)} f(y) - f(y)}{t} = B^{(\alpha)} f(y)$$

avec $B^{(\alpha)} f(y) = \frac{\alpha(\alpha-1)}{\Gamma(2-\alpha)} \int_0^{+\infty} \frac{f(y+v) - f(y) - vf'(y)}{v^{1+\alpha}}\,dv$, et la convergence est uniforme en y. Notons qu'on peut définir $B^{(\alpha)} f$ sur $\mathbb{R}_+$ pour f de classe C^2 à dérivées bornées, définie sur $\mathbb{R}_+$.

Nous noterons $(\Omega^Y, (\mathcal{G}_t^y)_{y\in\mathbb{R}}, \mathbb{P}^y, Y_t^{(\alpha)})$ la réalisation canonique du processus $Y_t^{(\alpha)}$. Dans la suite, la loi initiale de $Y^{(\alpha)}$ sera toujours une mesure de Dirac ε_y , $y \in \mathbb{R}$. Posons, pour $a \in \mathbb{R}$: $T_a = \inf\{t \geq 0 \mid Y_t^{(\alpha)} \leq a\}$.

En utilisant la stabilité du processus $Y_t^{(\alpha)}$ et le fait que ses trajectoires ne sont pas croissantes ($\alpha > 1$), on voit facilement que $\mathbb{P}^y(T_a < \infty) = 1$, pour tous réels a et y.

Remarquons que si $y > a$, on a :

$$\left.\begin{array}{l} T_a = \inf\{t \geq 0 \mid Y_t^{(\alpha)} = a\} \\ \text{et} \\ Y_{T_a}^{(\alpha)} = a \end{array}\right\} \quad \mathbb{P}^y \text{ p.s.}$$

C'est une conséquence immédiate de la positivité des sauts.

On peut caractériser simplement la loi de T_0 sous la probabilité $\mathbb{P}^y$, pour $y \geq 0$:

PROPOSITION 1.1 :

Pour tous réels y et λ positifs ou nuls :

$$\mathbb{E}^y(e^{-\lambda T_0}) = e^{-y\lambda^{1/\alpha}}.$$

Cette proposition se déduit du lemme suivant :

LEMME 1.2 :

Pour tout $p \geq 0$: $\mathbb{E}^0(e^{-pY_t^{(\alpha)}}) = e^{tp^\alpha}$.

On peut en effet, à partir de ce lemme, raisonner comme dans le cas tout à fait classique du mouvement brownien : pour tout réel $p > 0$, le processus $M_t = \exp(-pY_t^{(\alpha)} - t\,p^\alpha)$ est une martingale sous la probabilité $\mathbb{P}^0$ (en raison du lemme et de l'indépendance des accroissements). Arrêtée à l'instant T_{-y}, $y > 0$, cette martingale est uniformément bornée par e^{py} ($Y_{T_{-y}}^{(\alpha)} = -y$ $\mathbb{P}^0$ p.s.). On peut donc écrire : $\mathbb{E}^0(M_{T_{-y}}) = \mathbb{E}^0(M_0) = 1$, ce qui donne : $\mathbb{E}^0(e^{-p^\alpha T_{-y}}) = e^{-py}$. En prenant $p = \lambda^{1/\alpha}$ et en tenant compte de l'invariance par translation de $Y^{(\alpha)}$, on obtient la proposition 1.1.

Démonstration du lemme 1.2 :

Il suffit de montrer :

$$(*) \qquad \forall\, p \geq 0 \qquad \mathbb{E}^0(e^{-pY_t^{(\alpha)}}) < \infty .$$

Supposant, en effet, ce point acquis, on voit facilement que la fonction $z \mapsto \mathbb{E}^0(e^{-zY_t^{(\alpha)}})$ est continue sur $\{z \in \mathbb{C} \mid \operatorname{Re} z \geq 0\}$ et analytique dans $\{z \in \mathbb{C} \mid \operatorname{Re} z > 0\}$ et on déduit le lemme 1.2 de l'expression de la fonction caractéristique de $(Y_t^{(\alpha)})$ par prolongement analytique.

Pour montrer (*), introduisons la suite (Z^n) des processus à accroissements indépendants stationnaires, issus de 0, définis par :

$$\mathbb{E}(e^{iuZ_t^n}) = \exp\left[t\,\frac{\alpha(\alpha-1)}{\Gamma(2-\alpha)}\int_{1/n}^{\infty}\frac{e^{iux}-1-iux}{x^{\alpha+1}}\,dx\right].$$

Il est clair que la suite Z^n converge en loi vers $Y^{(\alpha)}$ (issu de 0). Chaque processus (Z_t^n) est, à une dérive près, un processus croissant et on a, sans difficulté :

$$\mathbb{E}(e^{-pZ_t^n}) = \exp\left[t\,\frac{\alpha(\alpha-1)}{\Gamma(2-\alpha)}\int_{1/n}^{\infty}\frac{e^{-px}-1+px}{x^{\alpha+1}}\,dx\right]$$

$$\leq \exp\left[t\,\frac{\alpha(\alpha-1)}{\Gamma(2-\alpha)}\int_{0}^{\infty}\frac{e^{-px}-1+px}{x^{\alpha+1}}\,dx\right].$$

D'où, par convergence étroite :

$$\mathbb{E}^0(e^{-pY_t^{(\alpha)}}\wedge M) \leq \exp\left[t\,\frac{\alpha(\alpha-1)}{\Gamma(2-\alpha)}\int_{0}^{\infty}\frac{e^{-px}-1+px}{x^{\alpha+1}}\,dx\right]$$

pour tout $M > 0$, ce qui entraîne (*).

Dans la suite nous utiliserons encore deux résultats classiques : le premier donne l'expression du noyau potentiel du processus $Y_t^{(\alpha)}$ tué en 0 (cf [14]) ; le second caractérise le noyau de Lévy du processus $(Y_t^{(\alpha)})_{t\geq 0}$ (cf [9], p.151 à 162).

<u>PROPOSITION 1.3</u> [14] :

<u>Pour toute fonction positive, borélienne sur</u> $\mathbb{R}_+$ <u>et pour</u> $a \geq 0$ <u>on a</u> :

$$\mathbb{E}^a\left(\int_0^{T_0} f(Y_t^{(\alpha)})\,ds\right) = \int_0^{\infty} g_\alpha(a,y)\,f(y)\,dy$$

<u>avec</u> :

$$g_\alpha(a,y) = \frac{1}{\Gamma(\alpha)}\left[y^{\alpha-1} - |y-a|^{\alpha-1}\,\mathbb{1}_{[a,+\infty[}(y)\right].$$

PROPOSITION 1.4 :

Pour tout réel y, pour tout processus prévisible positif $(H_t)_{t\geq 0}$ et pour toute fonction positive ρ , borélienne sur $\mathbb{R}^2$, nulle sur la diagonale :

$$\mathbb{E}^y\Big(\sum_{0<s} H_s\, \rho(Y_{s-}^{(\alpha)}, Y_s^{(\alpha)})\Big) = \mathbb{E}^y\Big(\int_0^\infty ds\, H_s \int_0^\infty \frac{\alpha(\alpha-1)\, du}{\Gamma(2-\alpha)u^{1+\alpha}}\, \rho(Y_s^{(\alpha)}, Y_s^{(\alpha)}+u)\Big)$$

§ 2 - LE THEOREME DE MULTIPLICATEUR

Soit $(E,\mathcal{E},m)$ un espace mesuré de mesure m σ-finie et soit $(T_t)_{t\geq 0}$ un semi-groupe markovien, symétrique, fortement continu sur $L^2(E,\mathcal{E},m)$. Pour pouvoir utiliser les outils probabilistes, nous supposerons que E est une partie borélienne d'un espace métrique compact et que le semi-groupe $(T_t)_{t\geq 0}$ est induit sur $L^2(E,\mathcal{E},m)$ par le semi-groupe de transition $(P_t)_{t\geq 0}$ d'un processus de Markov $(X_t)_{t\geq 0}$, à valeurs dans E , vérifiant les hypothèses droites (cf [17] ou [8]). Notons que P.A. Meyer a montré dans [12] comment, dans le cas général, on pouvait se ramener à ce type d'hypothèses.

A partir de la représentation spectrale du semi-groupe :

$$P_t = \int_{[0,\infty[} e^{-t\lambda}\, dE_\lambda$$

on définit, pour toute fonction M borélienne bornée sur $\mathbb{R}^+$, un opérateur T_M , borné sur L^2 , en posant :

$$T_M = \int_{[0,\infty[} M(\lambda)\, dE_\lambda .$$

Pour un réel $\alpha \in [1,2]$, notons $\mathcal{L}_\alpha$ la classe des fonctions M de la forme :

$$M(\lambda) = \mathbb{1}_{\{\lambda>0\}}\lambda \int_0^\infty r(y)\, y^{\alpha-1}\, e^{-y\lambda^{1/\alpha}}\, dy$$

où $r(y)$ est une fonction borélienne bornée sur $\mathbb{R}_+$. Un calcul simple, utilisant les lois stables sur $\mathbb{R}_+$, permet de montrer que si $\alpha \leq \beta$, $\mathcal{L}_\alpha$ contient $\mathcal{L}_\beta$. L'objet de ce paragraphe est de donner une démonstration probabiliste du résultat suivant :

<u>THEOREME 2.1</u> :

<u>Si</u> $\alpha \in]1,2[$ <u>et si</u> $M \in \mathcal{L}_\alpha$, <u>l'opérateur</u> :

$$T_M = \int_{]0,+\infty[} M(\lambda)\, dE_\lambda$$

<u>définit un opérateur linéaire borné sur</u> $L^p(E,\mathcal{E},m)$ <u>pour tout</u> $p \in]1,+\infty[$.

Cet énoncé généralise celui de N. Varopoulos [16], (qui a traité le cas $\alpha = 2$) mais sans atteindre le théorème de Stein [15], qui correspond à $\alpha = 1$. Notons aussi que, par une méthode analytique (méthode de "transfert"), M. G. Cowling a obtenu dans [6] un théorème de multiplicateur, avec des hypothèses plus faibles à la fois pour la fonction M et pour le semi-groupe.

Introduisons, avec les notations usuelles, la réalisation canonique $(\Omega,\mathcal{F}^\mu_t,\mathbb{P}^\mu,X_t)$ du processus droit X_t . Nous notons $\overline{E}$ le compactifié de Ray de E ; Ω est alors l'espace des applications de $\mathbb{R}_+$ dans E, continues à droite pour la topologie de E et pour celle de $\overline{E}$, pourvues de limites à gauche dans $\overline{E}$ (cf [17] ou [8], chap. X et XI). Pour introduire un processus stable $(Y^{(\alpha)}_t)$ indépendant de (X_t) posons : $\hat{\Omega} = \Omega \times \Omega^Y$. Pour toute loi μ sur E et pour tout $a \in \mathbb{R}_+$, la mesure $\hat{\mathbb{P}}^{\mu}_a = \mathbb{P}^\mu \otimes \mathbb{P}^a$ définit sur $\hat{\Omega}$ (muni des tribus produits) une loi de probabilité pour laquelle $Z_t = (X_t,Y^{(\alpha)}_t)$ est un processus de Markov de semi-groupe de transition $(P_t \otimes \pi^{(\alpha)}_t)_{t\geq 0}$, de loi initiale : $\mu_a = \mu \otimes \varepsilon_a$. $(\hat{\mathcal{F}}^{\mu_a}_t)_{t\geq 0}$ désignera la filtration usuelle dûment complétée pour $\hat{\mathbb{P}}^{\mu_a}$.

Suivant une démarche parallèle à celle de [10], [16] nous allons étudier le processus $(Z_t)_{t\geq 0}$ en l'arrêtant au temps :

$$T_0 = \inf\{t \geq 0 \mid Y^{(\alpha)}_t = 0\} .$$

Dans cette étude, apparaîtra le semi-groupe subordonné à (P_t) par le semi-groupe stable unilatéral d'ordre $1/\alpha$, défini par :

$$Q^{(\alpha)}_y = \int \sigma^{(\alpha)}_y(ds)\, P_s \qquad y \geq 0$$

où $\sigma_y^{(\alpha)}$ est la mesure de probabilité sur $\mathbb{R}_+$, de transformée de Laplace :

$$\int e^{-ps}\sigma_y^{(\alpha)}(ds) = e^{-yp^{1/\alpha}}$$

D'après la proposition 1.1, $\sigma_y^{(\alpha)}$ est la loi de T_0 sous $\hat{\mathbb{P}}^{\mu}_y$, quelle que soit la mesure μ (indépendance des processus). On voit facilement que $\sigma_y^{(\alpha)}$ admet une densité par rapport à la mesure de Lebesgue, pour $y > 0$:

$$\sigma_y^{(\alpha)}(ds) = \rho_y^{(\alpha)}(s)\, ds ,$$

avec

$$\rho_y^{(\alpha)}(s) = \frac{1}{2\pi}\int_{-\infty}^{\infty} e^{isu}\, e^{-y|u|^{1/\alpha}(\cos\frac{\pi}{2\alpha} + i\,\mathrm{sgn}(u)\sin\frac{\pi}{2\alpha})}\, du .$$

Notons enfin qu'en représentation spectrale, on a :

$$Q_y^{(\alpha)} = \int_{[0,+\infty[} dE_\lambda\, e^{-y\lambda^{1/\alpha}} .$$

Le semi-groupe $(Q_y^{(\alpha)})$ va jouer le rôle tenu dans [10] par le "semi-groupe de Cauchy" associé à P_t.

Pour une fonction f mesurable bornée sur E, posons, pour $x \in E$ et $y \geq 0$: $F^{(\alpha)}_{(x,y)} = Q_y^{(\alpha)}f(x)$. On voit facilement que : $F^{(\alpha)}_{(x,y)} = \mathbb{E}^{(x,y)}(f(X_{T_0}))$.

<u>Notations</u> : <u>Dans la suite pour alléger les écritures nous n'indiquons plus systématiquement la dépendance en</u> α <u>et notons</u> Y_t <u>pour</u> $Y_t^{(\alpha)}$, Q_t <u>pour</u> $Q_t^{(\alpha)}$, <u>etc...</u>

En raisonnant exactement comme dans [10] (p.130-132) et en utilisant la proposition 1.3, on obtient sans peine la proposition suivante :

<u>PROPOSITION 2.2</u> :

i) <u>Le processus défini par</u> : $M_t^f = F(X_{t\wedge T_0}, Y_{t\wedge T_0})$ <u>est une martingale sous toute loi</u> $\hat{\mathbb{P}}^{\mu_a}$.

ii) <u>La loi de</u> X_{T_0} <u>sous la mesure</u> $\hat{\mathbb{P}}^{m_a}$ <u>est</u> m.

iii) <u>Pour toute fonction</u> j <u>borélienne positive sur</u> $E \times \mathbb{R}_+$, <u>on a</u> :

$$\mathbb{E}^{m_a}\Big[\int_0^{T_0} j(X_s, Y_s)ds \,\Big|\, X_{T_0}\Big] = \int_0^\infty g_\alpha(a,y)\, Q_y(j(\cdot,y))(X_{T_0})dy .$$

Nous allons montrer que la martingale M^f est continue à droite et préciser ses sauts. Pour cela, nous aurons besoin de définir F sur $\overline{E} \times \mathbb{R}_+$. Soit $\overline{f}$ la fonction définie sur $\overline{E}$ en posant : $\overline{f}(x) = f(x)$ si $x \in E$ et $\overline{f}(x) = 0$ si $x \in \overline{E} \setminus E$ et soit $(\overline{P}_t)$ le semi-groupe de transition associé à (P_t), défini sur $\overline{E}$ (cf [17] p. 154). La fonction $\overline{f}$ est universellement mesurable bornée et on peut poser, pour $(x,y) \in \overline{E} \times \mathbb{R}_+$: $\overline{F}_{(x,y)} = \overline{Q}_y \overline{f}(x) = \int \sigma_y(ds) \overline{P}_s \overline{f}(x)$.

Il est clair que la fonction ainsi définie prolonge F et nous la noterons encore F.

PROPOSITION 2.3 :

Pour toute loi $\mathbb{P}^{\hat{\mu}_a}$, la martingale (M_t^f) est continue à droite et $\Delta M_t^f = (F(X_t, Y_t) - F(X_{t-}, Y_{t-}))\, \mathbb{1}_{\{t \leq T_0\}}$ à une indistingabilité près.

Nous aurons besoin de deux lemmes, concernant la regularité des fonctions $y \mapsto F_{(x,y)}$ et $x \mapsto F_{(x,y)}$ respectivement, analogues au lemme 5 de [10](p.153).

LEMME 2.4 :

Pour tout $y_0 > 0$, la fonction $y \mapsto F_{(x,y)}$ est continue sur $[y_0, +\infty[$, uniformément en x.

Démonstration :

On peut démontrer plus (et c'est nécessaire pour le paragraphe 3). En partant de résultats classiques sur l'holomorphie des semi-groupes subordonnés (cf [18]) ou en raisonnant directement sur l'expression de ρ_y, on montre que l'application de $[0,+\infty[$ dans $L^1(\mathbb{R}_+, ds)$ qui à y associe ρ_y admet un prolongement analytique borné, défini dans un cône ouvert contenant l'axe des réels positifs. On en déduit sans peine que l'application $y \mapsto F(x,y)$ est de classe C^∞ sur $]0,+\infty[$ et que pour tout entier n, l'application : $(x,y) \mapsto \frac{\partial^n}{\partial y^n} F(x,y)$ est uniformément bornée sur $E \times [y_0,+\infty[$, pour tout $y_0 > 0$.

LEMME 2.5 :

Pour tout $y > 0$ *l'application* $x \mapsto F(x,y)$ *est régulière sur les trajectoires de* (X_t) : *pour toute loi* μ *et pour* $\mathbb{P}^\mu$ *presque tout* ω , *l'application* $t \mapsto F(X_t(\omega),y)$ *est continue à droite et pourvue de limites à gauche vérifiant* :

$$F(X_t(\omega),y)_- = F(X_{t^-}(\omega),y).$$

Démonstration :

Notons $\overline{U}_p$ la résolvante du semi-groupe $\overline{P}_t$. Il suffit de montrer que la fonction $F_y : x \mapsto F(x,y)$ peut s'écrire : $F_y = \overline{U}_p\,\overline{g}$ pour un $p > 0$ et pour une fonction $\overline{g}$ universellement mesurable bornée ([8] p.34). On montre tout d'abord (comme dans [10] p.154) que la fonction $t \mapsto \overline{P}_t F_y(x)$ est dérivable à droite sur $[0,\infty[$. Notant $\overline{f}$ le prolongement de f, égal à 0 sur $\overline{E} \setminus E$, on a en effet, pour $t \geq 0$ et $h > 0$:

$$\frac{\overline{P}_{t+h} F_y(x) - \overline{P}_t F_y(x)}{h} = \frac{1}{h}\int_0^{+\infty} \rho_y(s)\,\overline{P}_{s+t+h}\overline{f}(x)\,ds - \frac{1}{h}\int_0^{+\infty} \rho_y(s)\,\overline{P}_{s+t}\overline{f}(x)\,ds$$

$$= \int_h^{+\infty} \left(\frac{\rho_y(s-h) - \rho_y(s)}{h}\right) \overline{P}_{s+t}\overline{f}(x)\,ds - \frac{1}{h}\int_0^h \rho_y(s)\,\overline{P}_{s+t}\overline{f}(x)\,ds$$

Le second terme tend vers 0 quand h tend vers 0 car ρ_y est continue, nulle en 0. Pour le premier terme, on peut utiliser la forme explicite de $\frac{d\rho_y}{ds}$, pour appliquer le théorème de convergence dominée. On a alors :

$$\lim_{h\to 0} \frac{\overline{P}_{t+h} F_y(x) - \overline{P}_t F_y(x)}{h} = -\int_0^\infty \frac{d\rho_y}{ds}(s)\,\overline{P}_s\overline{P}_t\,\overline{f}(x)\,ds$$

Il en résulte que la fonction $t \mapsto \overline{P}_t F_y(x)$ est dérivable à droite pour tout x et que sa dérivée à droite est égale à $\overline{P}_t\,\overline{g}_y(x)$, en notant $\overline{g}_y$ la fonction universellement mesurable bornée définie par :

$\overline{g}_y(x) = -\int_0^\infty \frac{d\rho_y}{ds}(s)\,\overline{P}_s\,\overline{f}_{(x)}\,ds$. Un raisonnement du même type montre que

cette dérivée à droite est continue, ce qui entraîne que la fonction $\overline{P}.\,F_y(x)$ est de classe C^1. On voit alors immédiatement que :

$\overline{U}_p(pF_y - \overline{g}_y) = F_y$, pour tout $p > 0$.

Démonstration de la proposition 2.3 :

Pour s positif ou nul et $t \geq s$, on a :

$$M_t^f - M_s^f = F(X_{t\wedge T_0}, Y_{t\wedge T_0}) - F(X_{s\wedge T_0}, Y_{s\wedge T_0})$$

$$= F(X_{t\wedge T_0}, Y_{t\wedge T_0}) - F(X_{t\wedge T_0}, Y_{s\wedge T_0}) + F(X_{t\wedge T_0}, Y_{s\wedge T_0}) - F(X_{s\wedge T_0}, Y_{s\wedge T_0})$$

Quand $t \to s$, les deux termes du second membre tendent vers 0, $\hat{\mathbb{P}}^{\mu_a}$ p.s., par l'application des lemmes 2.4 et 2.5, ce qui donne la continuité à droite. On raisonne de façon semblable pour les limites à gauche.

Nous pouvons maintenant démontrer le théorème de multiplicateur.

Démonstration du théorème 2.1 :

Considérons une fonction f, borélienne bornée sur E et prenons pour mesure initiale du processus (Z_t), une mesure μ_a avec $a > 0$ et μ, probabilité sur E, absolument continue par rapport à m. Construisons maintenant la projection de la martingale (M_t^f) sur l'espace des martingales de carré intégrable, purement discontinues, nulles en 0, continues en dehors des temps de sauts de (Y_t) (cf [11] chapitre II). On peut trouver une suite $(T_n)_{n\in\mathbb{N}}$ de temps d'arrêt, totalement inaccessibles, à graphes disjoints, épuisant les temps de saut de $(Y_t)_{t\geq 0}$. Posons :

$$A_t^n = \Delta M_{T_n}^f \, \mathbb{1}_{\{t \geq T_n\}}$$

et notons (M_t^n) la martingale compensée du processus à variation intégrable A_t^n (cf [11] chapitre I) : $M_t^n = \overset{c}{A_t^n}$. Les martingales $M^1, .., M^n, ...$ sont purement discontinues, deux à deux orthogonales (au sens fort). De plus :

$$\mathbb{E}^{\mu_a}(\sum_n M^{n^2}) \leq \mathbb{E}^{\mu_a}(\sum_{s>0} \Delta M_s^2) \leq \mathbb{E}^{\mu_a}(M_\infty^2) .$$

La série $\sum_n M^n$ est donc convergente dans l'espace des martingales de carré intégrable. Sa somme, que nous noterons (U_t^f), est une martingale purement discontinue, nulle en 0.

Notons que les temps de sauts de X_t sont indépendants des temps de sauts de Y_t. Les temps de sauts de Y_t sont totalement inaccessibles et ont par conséquent, des lois diffuses. On en déduit que leurs graphes ne rencontrent pas ceux des temps de sauts de (X_t) ($\mathbb{P}^{\mu_a}$ p.s.). Il en résulte que les processus ΔU_t^f et $\mathbb{1}_{\{t \leq T_0\}}(F(X_t, Y_t) - F(X_t, Y_{t-}))$ sont indistinguables.

On fait maintenant jouer à U_t^f le même rôle que la projection sur le mouvement brownien utilisée dans [16]. L'inégalité :

$$[U^f, U^f]_\infty = \sum_{s>0} (\Delta U_s^f)^2 \leq [M, M]_\infty ,$$

jointe à l'inégalité de Burkholder, entraîne :

$$\mathbb{E}^{\mu_a} |U_\infty^f|^p \leq C_p \mathbb{E}^{\mu_a} |M_\infty^f|^p , \quad \text{pour} \quad 1 < p < \infty$$

avec C_p ne dépendant que de p. Pour une fonction r, borélienne bornée sur $\mathbb{R}_+$, introduisons la martingale :

$$V_t = \int_0^t r(Y_{s-})\, dU_s^f .$$

Une nouvelle application de l'inégalité de Burkholder montre que :

$$\mathbb{E}^{\mu_a} |V_\infty|^p \leq C'_p \mathbb{E}^{\mu_a} |M_\infty^f|^p , \quad 1 < p < \infty .$$

Si m est une mesure bornée, on peut remplacer μ_a par m_a. Si m est seulement σ-finie, on peut définir (V_t) en décomposant l'espace E, à l'aide d'une partition formée d'ensembles boréliens de m-mesure finie comme dans [16] et écrire également :

$$1 < p < \infty \qquad (\mathbb{E}^{m_a} |V_\infty|^p)^{1/p} \leq K_p (\mathbb{E}^{m_a} |M_\infty^f|^p)^{1/p}$$

ce qui entraîne que :
$$\| \mathbb{E}^{m_a}(V_\infty | X_{T_0}) \|_p \leq K_p (\mathbb{E}^{m_a} |M_\infty^f|^p)^{1/p}$$
$$= K_p (\mathbb{E}^{m_a} |f(X_{T_0})|^p)^{1/p}$$
$$= K_p \| f \|_p$$

puisque la loi de X_{T_0} est m. Nous supposons à partir de maintenant que f est nulle en dehors d'un ensemble de m-mesure finie.

On a alors, pour toute fonction φ, borélienne bornée sur E, nulle en dehors d'un ensemble de m-mesure finie, telle que $\int |\varphi(x)|^{p'} \, dm(x) \leq 1$, avec $\frac{1}{p} + \frac{1}{p'} = 1$:

$$(1) \qquad | \mathbb{E}^{m_a}(V_\infty \, \varphi(X_{T_0}))| \leq K_p \| f \|_p .$$

Pour calculer le premier membre de cette inégalité, posons :

$$\Phi(x,y) = Q_y \varphi(x) \quad \text{et} \quad W_t = \Phi(X_{t\wedge T_0}, Y_{t \wedge T_0}) \quad : \quad (W_t)$$

est donc la martingale (M_t^φ) et on a :

$$\mathbb{E}^{m_a}(V_\infty \, \varphi(X_{T_0})) = \mathbb{E}^{m_a}(V_\infty W_\infty)$$

$$= \mathbb{E}^{m_a}\Big(\sum_{s>0} \Delta W_s \Delta V_s \Big)$$

puisque la martingale (V_t) est purement discontinue, nulle en 0. Nous avons, à une indistinguabilité près, les égalités suivantes :

$$\Delta V_s = r(Y_{s-}) \, \Delta U_s^f = \mathbb{1}_{\{0<s\leq T_0\}} \, r(Y_{s-}) \, (F(X_s,Y_s) - F(X_s,Y_{s-}))$$

$$\Delta V_s \Delta W_s = \mathbb{1}_{\{0<s\leq T_0\}} \, r(Y_{s-})(F(X_s,Y_s) - F(X_s,Y_{s-}))(\Phi(X_s,Y_s) - \Phi(X_{s-},Y_{s-}))$$

$$= \mathbb{1}_{\{0<s\leq T_0\}} \, r(Y_{s-})(F(X_s,Y_s) - F(X_s,Y_{s-}))(\Phi(X_s,Y_s) - \Phi(X_s,Y_{s-}))$$

car les temps de sauts de (Y_s) sont des temps de continuité pour (X_s).
D'où :

$$\mathbb{E}^{m_a}(V_\infty \, \varphi(X_{T_0})) = \mathbb{E}^{m_a}\Big(\sum_{0<s\leq T_0} r(Y_{s-})(F(X_s,Y_s) - F(X_s,Y_{s-}))(\Phi(X_s,Y_s) - \Phi(X_s,Y_{s-}))\Big)$$

$$= \mathbb{E}^{m_a}\Big(\sum_{0<s\leq T_0} \Lambda(X_s,Y_{s-},Y_s)\Big)$$

en posant, pour $(x,y_1,y_2) \in E \times \mathbb{R}_+ \times \mathbb{R}_+$:

$$\Lambda(x,y_1,y_2) = r(y_1)(F(x,y_2) - F(x,y_1))(\Phi(x,y_2) - \Phi(x,y_1)).$$

Terminons le calcul sans nous préoccuper, pour le moment, des justifications techniques. En prenant une espérance conditionnelle par rapport à Y et en utilisant l'invariance de m par le semi-groupe (P_t), puis le noyau de Lévy de (Y_t) (proposition 1.4), on obtient :

$$\mathbb{E}^{m_a}(V_\infty \varphi(X_{T_0})) = \int m(dx)\,\mathbb{E}^{(x,a)}(\,\mathbb{E}^{(x,a)}(\sum_{0<s\leq T_0} \Lambda\,(X_s,Y_{s-},Y_s)\,|\,Y\,))$$

$$= \int m(dx)\,\mathbb{E}^{a}(\sum_{0<s\leq T_0} \Lambda\,(x,Y_{s-},Y_s))$$

$$= \int m(dx)\,\mathbb{E}^{a}(\int_0^{T_0} ds \int_0^{+\infty} \frac{\alpha(\alpha-1)}{\Gamma(2-\alpha)}\,\frac{du}{u^{1+\alpha}}\Lambda(x,Y_s,Y_s+u))$$

D'où, par la proposition 1.3 :

$$\mathbb{E}^{m_a}(V_\infty\ \varphi(X_{T_0})) = \frac{\alpha(\alpha-1)}{\Gamma(2-\alpha)} \int m(dx) \int_0^{+\infty} dy\ g_\alpha(a,y) \int_0^{+\infty} \frac{du}{u^{1+\alpha}}\,\Lambda(x,y,y+u)\ .$$

Notant $<,>$ le produit scalaire dans $L^2(E,\mathcal{E},m)$, on peut écrire :

$$\mathbb{E}^{m_a}(V_\infty\varphi(X_{T_0})) = \frac{\alpha(\alpha-1)}{\Gamma(2-\alpha)} \int_0^{+\infty} dy\ g_\alpha(a,y)r(y) \int_0^{+\infty} \frac{du}{u^{1+\alpha}} < Q_{y+u}\varphi - Q_y\varphi,\ Q_{y+u}f - Q_y f>$$

$$= \frac{\alpha(\alpha-1)}{\Gamma(2-\alpha)} \int_0^{+\infty} dy\ g_\alpha(a,y)r(y) \int_0^{+\infty} \frac{du}{u^{1+\alpha}} < \varphi, Q_{2y+2u}f - 2Q_{2y+u}f + Q_{2y}f>,$$

compte-tenu de la symétrie du semi-groupe $(Q_y)_{y\geq 0}$ par rapport à m.
En représentation spectrale, on peut écrire :

$$Q_{2y+2u}f - 2Q_{2y+u}f + Q_{2y}f = \int_{[0,+\infty[} e^{-2y\lambda^{1/\alpha}}(e^{-u\lambda^{1/\alpha}}-1)^2 d\,E_\lambda f\,.$$

D'où :

$$\mathbb{E}^{m_a}(V_\infty\varphi(X_{T_0})) = \frac{\alpha(\alpha-1)}{\Gamma(2-\alpha)} \int_0^{\infty} dy\ g_\alpha(a,y)r(y) \int_0^{+\infty} \frac{du}{u^{1+\alpha}} \int_{[0,+\infty[} e^{-2y\lambda^{1/\alpha}}(e^{-u\lambda^{1/\alpha}}-1)^2 d<E_\lambda f,\varphi>$$

$$= \frac{\alpha(\alpha-1)}{\Gamma(2-\alpha)} \int_0^{\infty} dy\ g_\alpha(a,y)r(y) \int_{[0,+\infty[} d<E_\lambda f,\varphi>\lambda e^{-2y\lambda^{1/\alpha}} \int_0^{+\infty} \frac{dv}{v^{1+\alpha}}\,(e^{-v}-1)^2$$

$$(2)\quad \mathbb{E}^{m_a}(V_\infty\varphi(X_{T_0})) = \frac{(2^{\alpha-1}-1)}{\Gamma(\alpha)} \int_0^{\infty} dy\ g_\alpha(a,y)r(y) \int_{[0,+\infty[} d<E_\lambda f,\varphi>\lambda e^{-2y\lambda^{1/\alpha}}$$

Notons que pour justifier tous ces calculs il suffit de montrer que :

$$\mathbb{E}^{m_a}(\sum_{0<s\leq T_0} |F\,(X_s,Y_s) - F\,(X_s,Y_{s-})\|\,\Phi\,(X_s,Y_s) - \Phi(X_s,Y_{s-})|) < \infty$$

ce qui résulte immédiatement de l'inégalité de Cauchy-Schwarz et du fait que les martingales M^f et M^φ sont dans L^2.

En reportant l'expression (2) dans l'inégalité (1) on obtient :

$$| < T_{a,M} f, \varphi > | \leq K_p \frac{\Gamma(\alpha)}{2^{\alpha-1}-1} \| f \|_p$$

en notant $T_{a,M}$ le multiplicateur associé à la fonction :

$$M_a(\lambda) = \lambda \int_0^\infty dy\ r(y)\ g_\alpha(a,y)\ e^{-2y\lambda^{1/\alpha}}$$

et le théorème 2.1 s'obtient en faisant tendre a vers l'infini.

§ 3 - LES FONCTIONS DE LITTLEWOOD-PALEY

Dans [10] et [12] certaines inégalités de Littlewood-Paley sont obtenues à partir de l'inégalité de Burkholder et de la formule d'Ito. Nous allons indiquer quelles inégalités on obtient en appliquant cette méthode dans le cadre de notre étude. Les inégalités "radiales" sont déjà contenues dans le travail de Stein [15] mais les inégalités "complètes" semblent nouvelles.

1) Fonctions "radiales"

PROPOSITION 3.1 :

Le processus $< M^f, M^f >$ vérifie :

$$< M^f, M^f >_t \geq \frac{\alpha(\alpha-1)}{\Gamma(2-\alpha)} \int_0^{T_0 \wedge t} ds \int_0^\infty \frac{du}{u^{1+\alpha}} (F(X_s, Y_s+u) - F(X_s, Y_s))^2$$

Démonstration :

On a : $$[M^f, M^f]_t \geq \sum_{T_0 \wedge t \geq s > 0} (F(X_s, Y_s) - F(X_s, Y_{s-}))^2 .$$

En prenant les projections duales prévisibles des deux membres et en utilisant le noyau de Lévy, on obtient la proposition.

Définissons alors la fonction de Littlewood-Paley $G^{\to}_{\alpha}$:

$$G^{\to}_{\alpha}(f)(x) = \left[\frac{\alpha(\alpha-1)}{\Gamma(2-\alpha)} \int_0^{\infty} dy\ y^{\alpha-1} \int_0^{\infty} \frac{(F^{(\alpha)}(x,y+u) - F^{(\alpha)}(x,y))^2}{u^{1+\alpha}} du\right]^{1/2}$$

Nous dirons, selon la terminologie de [10], qu'une fonction $f \in L^p$ est "sans partie invariante" si $\frac{1}{t} \int_0^t P_s f \to 0$ dans L^p quand $t \to \infty$. La méthode de P.A. Meyer donne alors le résultat suivant :

THEOREME 3.2 :

Pour $p \in]1,+\infty[$, il existe des constantes c_p et c'_p telles que

i) $\forall\ f \in L^p$ $\qquad \| G^{\to}_{\alpha}(f) \|_p \leq c_p \| f \|_p$.

ii) Pour toute fonction $f \in L^p$, sans partie invariante :

$$(\alpha-1) \| f \|_p \leq c'_p \| G^{\to}_{\alpha}(f) \|_p$$

Notons que les constantes c_p et c'_p ne dépendent pas de $\alpha \in]1,2[$.

Remarque 3.3 :

Ces inégalités sont plus faibles que l'inégalité générale de Stein ([12] p.111). Un calcul simple montre en effet que :

$$G^{\to}_{\alpha}(f) \leq 2\sqrt{\frac{\Gamma(\alpha)(\alpha-1)}{\alpha}} \left(\int_0^{+\infty} y\left(\frac{\partial Q_y^{(\alpha)} f}{\partial y}\right)^2 dy\right)^{1/2}.$$

Cette majoration par la "fonction g de Littlewood-Paley-Stein" du semi-groupe $Q_y^{(\alpha)}$ permet en particulier, pour α voisin de 1, une estimation plus précise de $\| G^{\to}_{\alpha}(f) \|_p$ que le théorème 3.2 .

Démonstration du théorème 3.2 :

On procède comme dans [10]:

a) Le cas $p = 2$ se traîte à l'aide de la représentation spectrale. On obtient, pour f sans partie invariante :

$$\| G^{\to}_{\alpha}(f) \|_2 = \sqrt{\frac{(2^{\alpha-1}-1)\Gamma(\alpha)}{2^{\alpha-1}}}\ \| f \|_2$$

ce qui permet de déduire ii) de i).

b) Le cas $p > 2$ se traîte à partir de la proposition 3.1 en utilisant l'inégalité de Burkholder et la proposition 2.2 .

c) Donnons un peu plus de détails pour le cas $p < 2$:
On suppose f positive et on applique la formule d'Ito à la martingale M_t^f et à la fonction $u \mapsto (u+\varepsilon)^p$, pour $\varepsilon > 0$, comme dans [10] p.168.
Après intégration, on obtient, en ne gardant que les termes de sauts :

$$\mathbb{E}^{(x,a)}(M_t^f+\varepsilon)^p \geq \mathbb{E}^{(x,a)}\Big(\sum_{0<s\leq t} (M_s^f+\varepsilon)^p - (M_{s-}^f+\varepsilon)^p - p(M_{s-}^f+\varepsilon)^{p-1}(M_s^f-M_{s-}^f)\Big)$$

pour $(x\ a) \in E \times \mathbb{R}_+$.

D'où en faisant tendre ε vers 0 et t vers l'infini :

$$\mathbb{E}^{(x,a)}(f(X_{T_0}))^p \geq \mathbb{E}^{(x,a)}\left(\sum_{0<s\leq T_0} (M_s^f)^p - (M_{s-}^f)^p - p(M_{s-}^f)^{p-1}(M_s^f - M_{s-}^f)\right) .$$

Les termes de sauts étant positifs, on diminue le second membre en ne gardant que les temps de discontinuité de (Y_t), de sorte que :

(2)

$$\mathbb{E}^{(x,a)}(f(X_{T_0}))^p \geq \mathbb{E}^{(x,a)}\Big(\sum_{0<s\leq T_0} F^p(X_s,Y_s) - F^p(X_s,Y_{s-}) - pF^{p-1}(X_s,Y_{s-})(F(X_s,Y_s)-F(X_s,Y_{s-}))\Big)$$

Posons maintenant : $F^*(x) = \sup_{y\geq 0} |Q_y f(x)|$.
En écrivant la formule de Taylor à l'ordre 2 pour la fonction $u \mapsto u^p$ et en utilisant le fait que p est inférieur à 2, on voit que :

$$F^p(x,y_2) - F^p(x,y_1) - pF^{p-1}(x,y_1)(F(x,y_2) - F(x,y_1))$$

$$\geq \frac{p(p-1)}{2}(F^*(x))^{p-2}(F(x,y_2) - F(x,y_1))^2$$

pour $(x,y_1,y_2) \in E \times \mathbb{R}_+ \times \mathbb{R}_+$.

D'où, en intégrant l'inégalité (2) par rapport à m :

$$\| f\|_p^p \geq \frac{p(p-1)}{2}\mathbb{E}^{m_a}\Big(\sum_{0<s\leq T_0} F^{*^{p-2}}(X_s)(F(X_s,Y_s) - F(X_s,Y_{s-}))^2\Big).$$

En utilisant l'invariance de m par P_t, le noyau de Lévy et la proposition 1.3, on obtient, après avoir fait tendre a vers l'infini :

$$\| f \|_p^p \geq \frac{p(p-1)}{2} \frac{\alpha(\alpha-1)}{\Gamma(\alpha)\Gamma(2-\alpha)} \int m(dx)\, F^*(x)^{p-2} \int_0^{+\infty} y^{\alpha-1} dy \int_0^{\infty} \frac{(F(x,y+u)-F(x,y))^2}{u^{1+\alpha}} du$$

On conclut exactement comme dans [10] en utilisant l'inégalité de Hölder et le fait que :

$$\| F^* \|_p \leq c_p \| f \|_p \text{ , pour } 1 < p < \infty$$ (cf, par exemple, [15] p106-107)

2) Fonctions complètes

Notons $(A, \mathcal{D}(A))$ le générateur infinitésimal étendu du semi-groupe (P_t) (défini comme dans [10] p.142). Nous supposons maintenant que (P_t) admet un opérateur carré du champ, c'est-à-dire que $\mathcal{D}(A)$ est une algèbre. L'opérateur carré du champ est alors défini sur $\mathcal{D}(A) \times \mathcal{D}(A)$ par la relation : $\Gamma_1(f,g) = A(f\,g) - fA(g) - gA(f)$.

On peut alors calculer le processus $< M^f, M^f >$, sous toute loi $\hat{\mathbb{P}}^m_a$, comme dans [10].

PROPOSITION 3.4 :

On a, à une $\hat{\mathbb{P}}^m_a$-indistinguabilité près :

$$< M^f, M^f >_t = \int_0^{t\wedge T_0} \Gamma(F^{(\alpha)}, F^{(\alpha)})(X_s, Y_s^{(\alpha)}) ds$$

avec :

$$\Gamma(F^{(\alpha)}, F^{(\alpha)})(x,y) = \Gamma_1(F_y^{(\alpha)}, F_y^{(\alpha)})(x) + \frac{\alpha(\alpha-1)}{\Gamma(2-\alpha)} \int_0^{\infty} \frac{du}{u^{1+\alpha}} (F^{(\alpha)}(x,y+u) - F^{(\alpha)}(x,y))^2.$$

Cette proposition se démontre exactement comme dans [10] (théorème 4 p.158). On utilise notamment les démonstrations des lemmes 2.4 et 2.5 pour montrer que :

$$A_x F^{(\alpha)}(.,y) + B_y^{(\alpha)} F^{(\alpha)}(x,.) = 0.$$

Introduisons maintenant deux fonctions de Littlewood-Paley "complètes", analogues aux fonctions $G(f)$ et $H(f)$ de [12] :

$$G_\alpha(f) = \left(\int_0^{+\infty} y^{\alpha-1}\, \Gamma(F^{(\alpha)},F^{(\alpha)})(.,y)\, dy\right)^{1/2}$$

$$H_\alpha(f) = \left(\int_0^{+\infty} y^{\alpha-1}\, Q_y^{(\alpha)}\left[\Gamma(F^{(\alpha)},F^{(\alpha)})(.,y)\right] dy\right)^{1/2}$$

On peut, comme dans [12] p.155, définir ces fonctions lorsque f prend ses valeurs dans un espace de Hilbert séparable $\mathcal{H}$ (en choisissant, par exemple, une base orthonormée).

<u>THEOREME 3.5</u> :

i) <u>Pour</u> $p \geq 2$, <u>il existe une constante</u> C_p <u>telle que, pour toute fonction</u> $f \in (L^2 \cap L^\infty) \otimes \mathcal{H}$:

$$\|H_\alpha(f)\|_p \leq C_p \|f\|_{L^p(\mathcal{H})}.$$

ii) <u>Si</u> $(P_y)_{y \geq 0}$ <u>est un semi-groupe de diffusion (au sens de [12]) et si</u> $p \in]1,2]$, <u>il existe une constante</u> C_p <u>telle que, pour toute fonction</u> $f \in (L^1 \cap L^\infty) \otimes \mathcal{H}$:

$$\|G_\alpha(f)\|_p \leq C_p \|f\|_{L^p(\mathcal{H})}.$$

<u>Démonstration</u> :

La méthode est exactement celle de [12]. La première inégalité s'obtient à partir de la proposition 3.4 en utilisant l'inégalité de Burkholder et la proposition 2.2. Pour la seconde inégalité, on écrit une formule d'Ito (cf [12], p.157-158) qui fait apparaître les crochets $\langle M^{fc},M^{fc}\rangle$ de la martingale associée à f (ou à ses coordonnées). Compte-tenu du fait que (P_y) est une diffusion, on voit que $M^{fc} = M^f - U^f$ (avec les notations de la démonstration du théorème 2.1). Et on peut alors, à l'aide de la proposition 3.4, achever le raisonnement comme dans [12].

Dans [12] les inégalités "complètes" sont utilisées pour montrer, sous certaines hypothèses, l'équivalence des normes $\|\sqrt{\Gamma_t(f,f)}\|_p$ et $\|\sqrt{-A}\, f\|_p$ ("problème des transformées de Riesz"). Les résultats de Meyer sur les semi-groupes de convolution [12] et le semi-groupe d'Ornstein-Uhlenbeck [13] ont été généralisés par Bakry dans [1].

Nous nous plaçons maintenant sous des hypothèses permettant des démonstrations simples. Ce sont les hypothèses de Bakry [1] p.173 : on suppose que $\Gamma_{\dagger}(f,f)$ peut se mettre sous la forme $\sum_i (K_i f)^2$, les opérateurs (K_i) laissant stable l'algèbre $\mathscr{D}$ des bonnes fonctions de [1] et vérifiant : $[A,K_i] = hK_i$, où h est une fonction positive. Ces hypothèses sont vérifiées par les semi-groupes de convolution sur $\mathbb{R}^d$ (h=0) et par le semi-groupe d'Ornstein-Uhlenbeck en dimension finie ou infinie (h=1).

Elle permettent des démonstrations assez simples utilisant les inégalités de Littlewood-Paley pour les semi-groupes sous-markoviens symétriques, dues à Coifmann-Rochberg-Weiss [4] (cf [1] p.173-174). On peut alors énoncer le résultat suivant :

THEOREME 3.6 :

Si le semi-groupe de diffusion P_t vérifie les hypothèses précédentes et si $p \geq 2$, il existe une constante C_p telle que :

$$\frac{1}{C_p} \left\| \left[\frac{\alpha(\alpha-1)}{\Gamma(2-\alpha)} \int_0^\infty \frac{du}{u^{1+\alpha}} (Q_u^{(\alpha)} f-f)^2\right]^{\frac{1}{2}} \right\|_p \leq \|\sqrt{-A} f\|_p \leq \frac{C_p}{\alpha-1} \left\| \left[\frac{\alpha(\alpha-1)}{\Gamma(2-\alpha)} \int_0^\infty \frac{du}{u^{1+\alpha}} (Q_u^{(\alpha)} f-f)^2\right]^{\frac{1}{2}} \right\|$$

Dans cette équivalence, on peut remplacer $\|\sqrt{-A}\, f\|_p$ par $\|\sqrt{\Gamma_{\dagger}(f,f)}\|_p$ (cf [1]).

§ 4 - COMPLEMENTS

1) Il est à signaler que les seules propriétés utilisées de façon essentielle dans notre travail sont la positivité des sauts du processus $Y_t^{(\alpha)}$ et la finitude du temps T_0, et qu'une étude plus générale est possible. Considérons un P.A.I.S. réel (Y_t) sans diffusion et à sauts positifs :

$$\mathbb{E}^0(e^{iuY_t}) = \exp(-t\,\psi(u))$$

avec

$$\psi(u) = -ibu + \int_1^\infty (1-e^{iux})d\nu(x) + \int_0^1 (1-e^{iux} + iux)d\nu(x)$$

où ν est une mesure positive intégrant $x^2 \wedge 1$, que nous supposerons non nulle, et b un réel quelconque. Pour $p \geq 0$, posons :

$$\tilde{\psi}(p) = bp + \int_1^\infty (1-e^{-px})d\nu(x) + \int_0^1 (1-e^{-px}-px)d\nu(x).$$

La fonction ψ admet un prolongement analytique défini dans le demi-plan $\{z \in \mathbb{C} \mid \mathrm{Re}\, z \geq 0\}$ et on peut écrire : $\psi(u) = \tilde{\psi}(-iu)$. En raisonnant exactement comme dans le paragraphe 1, on montre que pour tout réel $p \geq 0$:

$$\mathbb{E}^0(\exp(-pY_t)) = \exp(-t\,\tilde{\psi}(p))$$

et que le processus : $M_t = \exp[-pY_t + t\,\tilde{\psi}(p)]$ est une martingale sous la loi $\mathbb{P}^0$.

La fonction $\tilde{\psi}$ est strictement concave, nulle en 0 : ou bien elle est positive (et croissante), ou bien elle prend des valeurs négatives et il existe un réel $q_0 \geq 0$ tel que : $\tilde{\psi}(p) \geq 0$ si $p \in [0,q_0]$ et $\tilde{\psi}(p) < 0$ si $p \in]q_0,+\infty[$.

a) <u>La fonction $\tilde{\psi}$ est positive</u> : alors $\mathbb{E}^0(e^{-pY_t}) \leq 1$, $\forall p > 0$, ce qui entraîne : $\mathbb{P}^0(Y_t < 0) = 0$. Les trajectoires sont presque sûrement croissantes et donc, avec les notations du paragraphe 1 : $\mathbb{P}^y(T_0 = \infty) = 1$, pour tout $y > 0$. Il est clair que la méthode de Meyer-Varopoulos ne peut s'appliquer.

b) <u>La fonction $\tilde{\psi}$ prend des valeurs négatives</u> : alors, pour un réel p tel que $\tilde{\psi}(p) < 0$ (c'est-à-dire pour $p > q_0$), la martingale $\exp[-pY_t + t\,\tilde{\psi}(p)]$, arrêtée au temps T_{-y} $(y > 0)$, est uniformément bornée sous la loi $\mathbb{P}^0$ et on en déduit que :

$$\forall p > q_0, \forall y > 0,\ \mathbb{E}^0(\exp[T_{-y}\,\tilde{\psi}(p)]\,\mathbb{1}_{\{T_{-y} < \infty\}}) = e^{-py}$$

$$\text{et} \qquad \mathbb{E}^y(\exp[\tilde{\psi}(p)\,T_0]\,\mathbb{1}_{\{T_0 < \infty\}}) = e^{-py}$$

ce qui entraîne en particulier : $\mathbb{P}^y(T_0 < \infty) = e^{-q_0 y}$.

Dans le cas $q_0 = 0$, c'est-à-dire lorsque $\tilde{\psi}$ est négative (comme dans le cas des processus stables à sauts positifs) on a donc : $T_0 < \infty$, $\mathbb{P}^y$ p.s.

Notons maintenant φ la réciproque de la restriction de la fonction $-\tilde{\psi}$ à $[q_0,+\infty[$, φ est définie sur $[0,+\infty[$, $\varphi(0)=q_0$ et on a :

$$\mathbb{E}^y(\exp(-pT_0)\ \mathbb{1}_{\{T_0<\infty\}}) = \exp(-y\ \varphi(p)) .$$

Cela entraîne en particulier que φ est une fonction de Bernstein. Dans le cas $q_0 > 0$, le semi-groupe associé est un semi-groupe de sous-probabilités.

Introduisons maintenant un semi-groupe markovien symétrique (P_t) avec les hypothèses et les notations du paragraphe 2 et montrons comment, dans le cas b), on peut reprendre la méthode de Meyer-Varopoulos en remplaçant le processus $(Y_t^{(\alpha)})$ par (Y_t) :

- le prolongement "Y-harmonique" de f est défini par :

$$F(x,y) = \mathbb{E}^{x,y}(f(X_{T_0})\ \mathbb{1}_{\{T_0<\infty\}})$$
$$= Q_y f(x) \qquad \text{pour } (x,y) \in E\times\mathbb{R}_+$$

où (Q_y) est le semi-groupe subordonné à (P_t) à l'aide de la fonction de Bernstein φ ; notons que (Q_y) est sous-markovien si $q_0 > 0$ et qu'en représentation spectrale on a : $Q_y = \int_{[0,\infty[} e^{-y\,\varphi(\lambda)}\,dE_\lambda$.

- On montre sans difficulté que le processus $M_t^f = F(X_{t\wedge T_0}, Y_{t\wedge T_0})$ est une martingale. L'étude de la régularité de M^f (cf lemmes 2.4 et 2.5) semble poser des problèmes dans le cas général. Pour y échapper, nous supposerons que P_t est un semi-groupe de Feller sur E, l.c.d. : il suffit alors de prendre f continue, nulle à l'infini.

- Il reste à calculer le potentiel de Green du processus (Y_t) tué en 0. Le noyau potentiel peut se caractériser par une transformée de Laplace :

<u>PROPOSITION 4.1</u> :

<u>Pour toute fonction borélienne positive</u> j <u>sur</u> $\mathbb{R}_+$, <u>et pour</u> $y > 0$ <u>on a</u> :

$$\mathbb{E}^y\left(\int_0^{T_0} j(Y_s)\,ds\right) = \int_{\mathbb{R}_+} \mu_y(da)\,j(a)$$

où μ_y est la mesure positive définie par sa transformée de Laplace :

$$\int_{\mathbb{R}_+} \mu_y(ds)\, e^{-ps} = \frac{e^{-q_0 y} - e^{-py}}{-\tilde{\psi}(p)} .$$

Par la même méthode que dans le paragraphe 2, on obtient (au moins pour les semi-groupes de Feller) le théorème de multiplicateur suivant :

THEOREME 4.2 :

Soit r une fonction borélienne bornée sur $\mathbb{R}_+$, soit μ la mesure positive sur $\mathbb{R}_+$ de transformée de Laplace définie pour $p > q_0$ par : $\int \mu(ds)\, e^{-ps} = \dfrac{1}{\varphi^{-1}(p)}$.

L'opérateur $T_M = \int_{]0,\infty[} M(\lambda)\, dE_\lambda$, défini par :

$$M(\lambda) = [\varphi^{-1}(2\varphi(\lambda)) - 2\lambda] \int_{\mathbb{R}_+} \mu(dy)\, r(y)\, e^{-2y\varphi(\lambda)}$$

est borné sur tous les espaces L^p $1 < p < \infty$.

2) On peut aussi remplacer le processus $(Y_t^{(\alpha)})$ par l'opposé $(-N_t)$ d'un processus de Poisson d'intensité λ, en imposant au processus $(X_t, -N_t)$ une mesure initiale de la forme $\mu \otimes \varepsilon_n$, avec n entier positif. Le prolongement naturel de f est alors défini sur $E \times \mathbb{N}$ par la relation : $F(x,n) = \mathbb{E}^{(x,n)}(f(X_{T_0})) = (\lambda U_\lambda)^n f(x)$, (U_λ) étant la résolvante de P_t. En utilisant les mêmes outils que précédemment, on obtient, par exemple, l'inégalité suivante, valable pour $p \geq 2$:

$$\left\| \left(\frac{1}{\lambda} \sum_{n=1}^{\infty} (\lambda U_\lambda)^{n} \Gamma_1\left((\lambda U_\lambda)^n f, (\lambda U_\lambda)^n f\right) \right)^{1/2} \right\|_p \leq c_p \| f \|_p .$$

CERMA - ENPC

Ecole Nationale des Ponts
et Chaussées

La Courtine - BP 105

93194 NOISY-LE-GRAND

BIBLIOGRAPHIE :

[1] D. BAKRY, Transformations de Riesz pour les semi-groupes symétriques, Séminaire de probabilité XIX, LNM 1123, Springer-Verlag (1985).

[2] N. BOULEAU et D. LAMBERTON, "Théorie de Littlewood-Paley et processus stables", C.R.A.S., Paris, 299 (1984) 931-934.

[3] J.L. BRETAGNOLLE, "Processus à accroissements indépendants" Ecole d'été de Probabilités de Saint-Flour, L.N.M. 307, Springer-Verlag (1973) 1-27.

[4] R.R. COIFMAN, R. ROCHBERG, G. WEISS, Applications of tranference : the L^p version of Von Neumann's inequality and the Littlewood-Paley-Stein theory Linear spaces and approx. pp. 53-67, Birkaüser (1978).

[5] Ph. COURREGE, "Générateur infinitésimal d'un semi-groupe de convolution sur $\mathbb{R}^n$ et formule de Lévy-Khintchine" Bull. Sc. Math. 2e série, 88 (1964), 3-30.

[6] M.G. COWLING, "Harmonic Analysis on semi-groups" Annals of Math. 117 (1983) 267-283.

[7] W. FELLER, "An introduction to probability theory and its applications" Volume II, 2e édition, John Wiley, New-York, 1971.

[8] R.K. GETOOR,"Markov processes : Ray and Right processes", L.N.M. 440, Springer-Verlag, 1975.

[9] P.A. MEYER, "Intégrales stochastiques IV", Séminaire de Probabilités I, Strasbourg, L.N.M. 309, (1967), Springer-Verlag, 142-162.

[10] P.A. MEYER, "Démonstration probabiliste de certaines inégalités de Littlewood-Paley" Séminaire de Probabilités X, Strasbourg, L.N.M. 511, (1976), 125-183.

[11] P.A. MEYER, "Un cours sur les intégrales stochastiques" Séminaire de Probabilités X, Strasbourg, L.N.M. 511, (1976), 245-400.

[12] P.A. MEYER, "Retour sur la théorie de Littlewood-Paley", Séminaire de Probabilités XV, Strasbourg, L.N.M. 850, (1981), 151-166.

13] P.A. MEYER, "Quelques résultats analytiques sur le processus d'Ornstein-Uhlenbeck en dimension infinie"
Theory and application of random fields,
Lect. Notes in control and Inform. Sc. 49 (1983), Springer.

Voir aussi P.A. MEYER, "Transformations de Riesz pour les lois gaussiennes"
L.N.M. 1059, Springer (1984).

14] S.C. PORT, "Hitting times and potentials for recurrent stable processes"
Jnal Analyse Math. 20 (1968), 371-395.

15] E.M. STEIN, "Topics in harmonic analysis related to the Littlewood-Paley theory"
Annals of Math. Studies, Princeton University Press, 1970.

16] N. VAROPOULOS, "Aspects of probabilistic Littlewood-Paley theory"
J. of Fnal Analysis 38 (1980) 25-60.

17] J.B. WALSH et P.A. MEYER, "Quelques applications des résolvantes de Ray"
Invent. Math. 14 (1971) 143-166.

18] K. YOSIDA, "Functional analysis"
3e édition, Springer-Verlag (1971).

ELEMENTS DE PROBABILITES QUANTIQUES

par P.A. Meyer

Les exposés qui suivent ont été faits à Strasbourg pendant l'année universitaire 1984/85, devant des auditeurs en nombre variable, parmi lesquels D.Bakry, M.Emery, O.Gebuhrer, J-L.Journé, M.Ledoux, R.Léandre sont parvenus à tenir aussi longtemps que le conférencier. Le texte que l'on trouvera ci-après a été considérablement amélioré grâce à leurs remarques. Nous espérons que le travail sera poursuivi en 85/86, et que les exposés pourront être réunis en un volume séparé.

L'idée de tenir un séminaire sur ce sujet est née à Bangalore en 1982, en écoutant les exposés de R.L. Hudson et K.R. Parthasarathy sur le calcul stochastique non commutatif, renouvelée à Bénarès en 1984 au cours de discussions avec L. Accardi. Tous nos remerciements vont à ceux-ci, ainsi qu'à J. Lewis et R.F. Streater, pour leur aide et leurs encouragements répétés. De nombreuses occasions de discussions avec des physiciens théoriciens ont été fournies par des rencontres régulières à Strasbourg (RCP 25 du CNRS) et à Bielefeld (BiBoS), ou irrégulières (Heidelberg, Ascona...). Nous remercions aussi le programme d'échange Franco-Britannique pour une fructueuse mission de 15 jours en Angleterre.

TABLE DES MATIERES ET MODE D'EMPLOI

Pour une lecture suivie, on fera bien de se borner à lire les sections indispensables pour notre but (qui est le calcul stochastique non commutatif), marquées d'un i dans la table des matières. On peut aussi parcourir les sections marquées d'un c, qui ont une valeur "culturelle" (elles contiennent le plus souvent les motivations physiques, dans la mesure où le rédacteur lui même les a comprises). Les sections marquées d'un m sont en marge du texte, et on fera bien de les omettre.

ELEMENTS DE PROBABILITES QUANTIQUES. I

Les notions fondamentales

par P.A. Meyer

La théorie moderne des probabilités est toujours écrite par les mathématiciens dans le système axiomatique de Kolmogorov. La plupart des physiciens pensent que ce système est insuffisant pour décrire certains aspects du monde réel, et utilisent une autre axiomatique, due pour l'essentiel à von Neumann (et d'ailleurs contemporaine de celle de Kolmogorov , sinon légérement antérieure). Bien que la mécanique quantique soit une théorie essentiellement probabiliste, les probabilités utilisées par les physiciens sont longtemps restées assez rudimentaires, à l'inverse de leur analyse fonctionnelle, et les probabilistes « classiques » ont pu se permettre de les ignorer. Mais il n'en est plus du tout de même aujourd'hui. En particulier, on assiste depuis quelques années à une floraison de travaux sur le calcul stochastique non commutatif, qui présentent une version très attirante du calcul d'Ito pour des processus d'opérateurs.

Ce séminaire a pour but de préparer quelques auditeurs probabilistes, tous dépourvus de connaissances techniques en physique , à lire ces travaux récents. Nous avons essayé d'utiliser un langage et des notations aussi proches que possible de nos habitudes (par exemple "loi", " variable aléatoire " plutôt qu'"état", "observable"). De même, l'organisation des exposés est guidée par le développement probabiliste, et non par celui des idées physiques. Une première rédaction de ce texte a un peu circulé : celle que l'on trouvera ici est notablement plus courte sur les questions générales touchant aux fondements de la mécanique quantique, qui finalement ne nous servaient à rien.

I . Ω , $\underline{\underline{A}}$, P .

Ce paragraphe contient les définitions fondamentales de l'axiomatique de von Neumann, avec des commentaires.

1. L'ensemble Ω des probabilistes est ici remplacé par un espace de Hilbert complexe . Le produit scalaire sur Ω , noté $<\,,\,>$, sera supposé linéaire par rapport à la seconde variable, antilinéaire par rapport à la première : lorsque Ω est de la forme $L^2_{\mathbb{C}}(E,\underline{\underline{E}},\mu)$, où μ est une mesure positive, le produit scalaire sera donc

$$< f,g > \ = \int_E \overline{f}(x)g(x)\mu(dx) \ .$$

Nous supposerons toujours que Ω est <u>séparable</u>.

Les physiciens utilisent souvent la notation de Dirac, qui s'interprète ainsi : le choix d'une base orthonormale (e_i) de Ω étant sous-entendu, on peut identifier $x = \Sigma_i x^i e_i \in \Omega$ à la matrice colonne $|x> = (x^i)$, et aussi à la matrice ligne $<x| = x^* = (\overline{x}_i)$ où $x_i = \Sigma_j x^j \delta_{ji}$. Le produit scalaire $<x|y>$ ("bracket") est alors une notation contractée pour $<x||y> = x^* y$, le produit de la matrice ligne $<x|$ ("bra") par la matrice colonne $|y>$ ("ket"). L'antilinéarité par rapport à la <u>première</u> variable provient alors des conventions usuelles du calcul matriciel.

2. La tribu $\underline{\underline{A}}$ des probabilités classiques va être représentée ici par l'ensemble des <u>sous-espaces fermés</u> de Ω ; plus précisément, ceux-ci correspondent aux événements, l'indicatrice de l'événement A étant remplacée par le projecteur (orthogonal) I_A correspondant.

L'ensemble de ces événements est muni d'une structure qui rappelle la structure familière des tribus : l'inclusion $\subset$ correspond à l'inclusion usuelle des sous-espaces (pour les projecteurs, $A \subset B \Leftrightarrow I_A I_B = I_B I_A = I_A$) ; l'événement minimal (impossible) correspond au sous-espace $\{0\}$, au projecteur 0 ; l'événement maximal (certain) à Ω et au projecteur I. L'opération qui correspond à $\cap$, ici notée $\wedge$, se traduit par l'intersection des sous-espaces, et celle qui correspond à $\cup$, notée $\vee$, s'obtient en considérant le sous-espace fermé engendré par la réunion. Enfin, à l'opération ^{c} (complémentaire) correspond l'opération $A \mapsto A^\perp$ ou $I_A \mapsto I - I_A$ (orthogonal). On remarquera qu'à bien des égards, la situation est plus simple qu'en probabilités classiques : il n'y a pas d'ensembles non-mesurables, les opérations $\vee, \wedge$ ont un sens sans restriction de dénombrabilité.

COMMENTAIRES. a) La grande différence avec la logique usuelle est l'absence de <u>distributivité</u>. Par exemple, on a bien pour tout événement (sous-espace fermé) A

$$A \wedge A^\perp = \{0\} \ , \quad A \vee A^\perp = \Omega$$

mais cela ne permet pas de décomposer un événement quelconque B suivant A et $A^\perp$, i.e. d'écrire que $B = (B \wedge A) \vee (B \wedge A^\perp)$: les événements B qui possèdent cette propriété sont exactement ceux pour lesquels I_B et I_A <u>commutent</u>. Par exemple, dans la fameuse expérience idéale des deux fentes d'Young, qui depuis Feynman figure au début de tous les cours de mécanique quantique, A ($A^\perp$) pourra être l'événement " la particule passe par la première (seconde) fente " et B l'événement " la particule arrive en une certaine région de l'écran " ; l'expérience contredit un usage naïf de la phrase " la particule arrivant sur l'écran a dû passer soit par la première fente, soit par la seconde ".

b) Comme en probabilités classiques, on ne peut se contenter de travailler sur l'énorme tribu de tous les événements possibles, on doit distinguer des sous-tribus. Or il se produit ici un phénomène nouveau : partant d'un ensemble de projecteurs, on ne peut se borner à le stabiliser pour les opérations de la "logique" : on voudrait aussi pouvoir considérer comme des v.a. les combinaisons linéaires finies de projecteurs (au moins à coefficients réels), et considérer les événements naturellement liés à de telles v.a.. Nous étudierons plus loin explicitement le cas de deux projecteurs ne commutant pas, et nous verrons que cela introduit inévitablement une infinité non dénombrable de projecteurs...

La notion d'algèbre d'événements perd donc de son importance, au profit de la notion d'algèbre d'opérateurs bornés, stable pour l'opération * de passage à l'adjoint. Les C^*-algèbres jouent le rôle des algèbres de fonctions continues, souvent utilisées en théorie de la mesure, tandis que les algèbres de von Neumann jouent le rôle des tribus. Pour l'instant, nous travaillerons uniquement sur l'ensemble de tous les événements possibles, ou sur l'algèbre de tous les opérateurs bornés, ce qui nous évitera de recourir à ces notions un peu trop raffinées.

c) Une conséquence de la définition des événements, sans aucun parallèle en probabilités classiques, est la suivante : tout sous-espace fermé étant somme directe de sous-espaces orthogonaux de dimension 1, tout événement se trouve être une " réunion dénombrable d'événements élémentaires disjoints ", un peu comme si tout borélien était dénombrable !

Par analogie avec les notations classiques, nous désignerons par $\{\omega\}$, dans cet exposé, le sous-espace $\mathbb{C}\omega$ de dimension 1 engendré par un vecteur non nul ω . Cette notation, qui prête à confusion avec le singleton $\{\omega\}$ de la théorie des ensembles, ne sera pas utilisée après les premiers paragraphes.

3. Tout naturellement, une mesure positive μ (une loi) sera une fonction d'événement, positive, dénombrablement additive (telle que $\mu(\Omega)=1$). Le mot état est utilisé par les physiciens comme synonyme de loi . Puisque tout sous-espace est somme directe de sous-espaces de dimension 1, une mesure est déterminée par sa valeur sur ceux-ci (un peu à la manière des points d'un espace probabilisé classique dénombrable) .

L'analogue de la mesure classique qui, sur un espace dénombrable, associe à tout point la masse 1, est ici la mesure qui à tout sous-espace associe sa dimension. Nous ne faisons que la mentionner en passant, car nous ne travaillerons que sur des mesures bornées.

Exemple fondamental. Soit $\omega\in\Omega$. Pour tout sous-espace fermé A posons $\mu(A) = <\omega, I_A\omega> = \|I_A\omega\|^2$; μ est manifestement une mesure positive de masse totale $\mu(\Omega) = \|\omega\|^2$, donc une loi si ω est de norme 1 . On notera que cette mesure ne change pas si l'on remplace ω par $c\omega$, avec $|c|=1$.

Dans la situation où nous nous sommes placés , où l'on n'impose aucune restriction aux projecteurs de la tribu ou aux vecteurs de l'espace, on peut montrer que l'on obtient ainsi les <u>points extrémaux</u> de l'ensemble des lois de probabilité (comme les ε_x en probabilités classiques). Ces lois sont dites <u>pures</u>[1], et nous utiliserons pour les désigner la notation ε_ω, qui est suggestive et peu dangereuse. On a $\varepsilon_\omega = \varepsilon_{c\omega}$ si $|c|=1$.

Il y a une différence essentielle avec la situation classique : les lois pures ne donnent pas une réponse déterministe (0 ou 1) à toutes les questions : si ω est un vecteur normalisé, A un sous espace fermé, $\varepsilon_\omega(A)$ vaut 1 si $\omega\in A$, 0 si $\omega\in A^\perp$, mais pour ω en position générale prend des valeurs quelconques de $]0,1[$. Par exemple, si A est le sous-espace $\{\phi\}$ engendré par un vecteur normalisé ϕ, on a $\varepsilon_\omega(A) = |<\omega,\phi>|$.

On peut évidemment, à partir des lois pures, définir de nouvelles lois par <u>mélange</u> $\int\varepsilon_\omega m(d\omega)$, où m est une loi de probabilité au sens classique sur la boule unité de Ω (compacte métrisable pour sa topologie faible) portée par la sphère unité Ω_1 (borélienne). Si l'on désigne par μ ce mélange, on a pour tout vecteur normalisé ϕ

$$\mu(\{\phi\}) = \int\varepsilon_\omega(\{\phi\})m(d\omega) = \int|<\omega,\phi>|^2 m(d\omega) = q(\phi)$$

où $q(.)=\int|<\omega,.>|^2 m(d\omega)$ est une <u>forme quadratique positive</u> sur Ω . On a alors pour tout sous-espace fermé A

$$\mu(A) = \Sigma_i\; q(e_i) \text{ , où } (e_i) \text{ est une base orthonormale de } A ,$$

expression qui ne dépend pas de la base choisie, et se désigne par la notation $Tr(q|_A)$, la trace de $q|_A$ (q restreinte à A) par rapport à la forme quadratique fondamentale donnée par le produit scalaire. En particulier, si l'on prend $A=\Omega$, on voit que $Tr(q)=1$.

La forme quadratique q est continue, et il existe un unique opérateur borné W tel que l'on ait

$$q(x) = < x,Wx > \quad (\text{par polarisation, } <x,Wy> = \int<x,\omega><\omega,y>m(d\omega))$$

Cet opérateur est autoadjoint positif, de trace 1 (on l'appelle parfois <u>opérateur de densité</u>, <u>opérateur statistique</u>). Il a l'avantage de fournir une représentation explicite et unique de la loi μ , alors que la mesure m définissant le mélange n'était pas du tout unique. Par exemple, si ω est un vecteur normalisé, on a $q(x)=|<x,\omega>|^2$ et l'opérateur W est le projecteur sur $\{\omega\}$, $Wx=<\omega,x>\omega$ (aussi noté $|\omega><\omega|$ chez Dirac).

---

1. La notion d'état pur est <u>définie</u> par la propriété d'extrémalité, et les états purs ne sont associés à des vecteurs unitaires, en général, que si l'on ne restreint ni les événements, ni les vecteurs (par des règles de supersélection). Je remercie vivement R.F. Streater d'avoir rectifié des erreurs de la première version sur ce point, et sur quelques autres.

4. Voici un exemple pathologique, illustrant le fait (déjà mentionné au n°2) que les projecteurs ne sont pas le point de départ naturel en probabilités non commutatives.

On prend $\Omega = \mathbb{C}^2$. Alors il y a un seul espace de dimension 0, un seul espace de dimension 2, et toute une famille d'espaces de dimension 1 sur lesquels les opérations $\wedge$ et $\vee$ sont triviales. La seule condition imposée à une mesure de probabilité au sens précédent est que $\mu(A)+\mu(A^\perp) = 1$ pour tout sous-espace de dimension 1. Il existe donc un ensemble énorme de lois de probabilité qui ne sont pas des mélanges. Mais par ailleurs, on peut montrer que seuls les mélanges se prolongent bien des projecteurs aux opérateurs quelconques par additivité.

En fait, on peut montrer que cette situation est particulière à la dimension 2 ! C'est un résultat non trivial, dû à Gleason, dont la démonstration a été récemment simplifiée (1984) par R. Cooke, M. Keane et W. Moran :

THEOREME. Dès que $\dim(\Omega) \geq 3$, toute loi de probabilité sur Ω est un mélange.

Désormais, nous oublierons l'exemple pathologique ci-dessus, et nous définirons les lois de probabilité comme des mélanges. Si W est l'opérateur statistique associé à la loi, on peut alors définir l'espérance de tout opérateur borné A par la formule $E_\mu[A] = Tr(AW) = Tr(WA)$ (voir l'appendice).

II. VARIABLES ALEATOIRES, ETC.

1. Soit $(E,\underline{\underline{E}})$ un espace mesurable classique, et soit X une v.a. réelle.

La v.a. X est uniquement définie par la famille des sous-ensembles mesurables $\{X \leq t\} = E_t$, famille croissante, continue à droite, d'intersection vide et de réunion E. Si de plus μ est une loi sur E, la connaissance des probabilités $\mu(E_t)$ nous donne la fonction de répartition de X, et du même coup toutes les informations probabilistes utiles.

En probabilités quantiques, il est tout naturel de définir une v.a. X comme une famille croissante et continue à droite de sous-espaces fermés de Ω , qu'il n'y a aucun inconvénient à noter $\{X \leq t\}$, d'intersection réduite à $\{0\}$ et de réunion dense dans Ω . Nous désignerons par J_t le projecteur sur $\{X \leq t\}$. En analyse hilbertienne, une telle famille de sous-espaces ou de projecteurs est appelée une famille spectrale. Les physiciens emploient le mot d'observable de préférence à celui de v.a.. (On dit aussi : résolution de l'identité)

Si μ est une loi (i.e. un état) la fonction $t \mapsto \mu(\{X \leq t\})$ est la fonction de répartition d'une loi de probabilité au sens classique sur $\mathbb{R}$, que nous appellerons la loi de X sous μ (ou dans l'état μ). Comme d'habitude, on dira que X est intégrable, appartient à L^p, etc. si la loi de X admet un moment d'ordre 1, d'ordre p ... En particulier, si $\mu = \varepsilon_\omega$ (état pur la fonction de répartition de X est $< \omega, J_t\omega >$.

Soit x un vecteur de Ω . La courbe $x_t = J_t x$ à valeurs dans Ω est un peu analogue à une martingale de carré intégrable, et la fonction croissante $< x, J_t x > = \|x_t\|^2$ analogue au crochet de cette martingale, c'est pourquoi nous la noterons $<x,x>_t$. Comme en théorie des martingales, on peut "polariser" le crochet en posant $<x,y>_t = < x_t, y_t >$. Comme en théorie des martingales encore, on peut définir de manière unique, par isométrie, pour toute fonction borélienne bornée f sur $\mathbb{R}$ (réelle ou complexe) un opérateur analogue à l'intégrale stochastique, $J_f = \int f(s) dJ_s$, tel que

$$< x, J_f y > = \int f(s) d<x,y>_s$$

l'intégrale au second membre étant une intégrale de Stieltjes. Tout cela est presque évident pour qui connaît l'intégrale d'Ito ! Notons les propriétés suivantes (où * désigne le passage à l'adjoint)

$$J_1 = I \ , \ J_{f+g} = J_f + J_g \ , \ J_{fg} = J_f J_g \ , \ J_{\overline{f}} = J_f^* \ , \ J_t = \int I_{\{s \leq t\}} dJ_s$$

En particulier, si f est l'indicatrice I_A d'un ensemble borélien, J_f (que nous noterons aussi J_A) est un projecteur. Soit alors h une fonction borélienne réelle ; nous pouvons définir une nouvelle v.a. Y en convenant que le projecteur $I_{\{Y \leq t\}}$ est égal à $J_{\{h \leq t\}}$, et la loi de Y sous μ est l'image par h de la loi de X sous μ , comme en probabilités classiques. Il n'y a aucun inconvénient à noter Y=h(X) comme d'habitude.

Finalement, notre famille spectrale $t \mapsto J_t$ a été prolongée en une <u>mesure à valeurs projecteurs</u>, ou <u>mesure spectrale</u>, $A \mapsto J_A$, A parcourant la tribu borélienne de $\mathbb{R}$. De plus, nous avons <u>intégré</u> ci-dessus les fonctions boréliennes bornées par rapport à la mesure spectrale. Tout cela est très facile.

2. Soit $(E,\underline{\underline{E}})$ un espace mesurable. Nous appellerons <u>v.a.</u> X <u>à valeurs dans</u> E (les physiciens ne disent malheureusement pas <u>observable à valeurs dans</u> E) une <u>mesure spectrale</u> $A \mapsto J_A^X$, où A parcourt la tribu $\underline{\underline{E}}$. Autrement dit, une famille de projecteurs possédant les propriétés suivantes :

$$J_\emptyset^X = 0, \ J_E^X = I \ , \ J_{A\cap B}^X = J_A^X J_B^X \ , \ J_{A\cup B}^X = J_A^X + J_B^X \text{ si } A\cap B = \emptyset \ , \ J_{A_n} \downarrow 0 \text{ si } A_n \downarrow \emptyset \ .$$

On peut définir les J_f^X pour f $\underline{\underline{E}}$-mesurable bornée, avec des propriétés analogues à celles que l'on a écrites plus haut ; pour un bon espace mesurable $(E,\underline{\underline{E}})$, cela n'exige aucune théorie nouvelle : il suffit de plonger $(E,\underline{\underline{E}})$ dans $\mathbb{R}$! Si μ est une loi quantique, l'application $A \mapsto \mu(J_A^X)$ est une loi de probabilité sur E , que l'on appelle la <u>loi de la v.a.</u> X .

<u>Exemple fondamental</u>. Soit $(E,\underline{\underline{E}},P)$ un espace probabilisé, et soit $\Omega = L^2(\mu)$. On définit une v.a. X sur Ω, à valeurs dans E, en posant

$$J_A^X(f) = I_A f \quad \text{pour tout} \quad f \in L^2$$

La loi de cette v.a. sous la loi quantique ε_f est la loi de probabilité

$A \mapsto < f, J_A f > = \int_A |f|^2(x)P(dx)$ sur E . En particulier, si f=1, la loi de cette v.a. est exactement P .

En probabilités classiques, étant données deux v.a. réelles X et Y, il est possible de définir une v.a. Z=(X,Y) à valeurs dans $\mathbb{R}^2$, qui admet X et Y comme marges. En probabilités quantiques, remarquons que si U et V sont deux parties boréliennes de $\mathbb{R}^2$, on a $J_U^Z J_V^Z = J_{U\cap V}^Z = J_V^Z J_U^Z$: deux projecteurs quelconques d'une mesure spectrale commutent. Prenant $U=A\times\mathbb{R}$, $V=\mathbb{R}\times B$, nous voyons que J_A^X et J_B^Y doivent commuter, quelles que soient les parties A,B (boréliennes) de $\mathbb{R}$. On dit alors que les v.a. X et Y elles mêmes commutent. Ainsi

> En probabilités quantiques, deux v.a. X et Y ne peuvent être considérées comme les marges d'une même v.a. que si elles commutent.

Cette condition nécessaire est aussi suffisante : la démonstration de ce fait est très voisine de celle du théorème des bimesures en probabilités classiques (cf. par ex. Dellacherie-Meyer, Probabilités et potentiels A, III.74). Plus généralement, les v.a. d'une famille quelconque (X_i) admettent une loi jointe si elles commutent, et peuvent alors être considérées comme formant un processus stochastique au sens classique.

Soient X et Y deux v.a. réelles qui commutent : rien n'est plus facile que de définir leur somme, en les considérant comme marges d'une même v.a. Z à valeurs dans $\mathbb{R}^2$: le sous-espace $\{X+Y\leq t\}$ s'écrit $\{Z \in \{x+y\leq t\}\}$. En revanche, l'addition de deux v.a. réelles qui ne commutent pas est une opération délicate, sans signification intuitive immédiate, et tout de même fondamentale. Elle va nous amener à associer à toute v.a. un opérateur linéaire unique, l'addition des v.a. correspondant à l'addition des opérateurs.

3. Nous commençons par le cas où la v.a. X est bornée. Cela signifie qu'il existe deux nombres $a\leq b$ tels que $J_t=0$ pour $t<a$, $J_t=I$ pour $t\geq b$. Pour tout polynôme f , la fonction f(t) étant bornée sur [a,b], nous pouvons définir l'opérateur $\int f(t)dJ_t^X = J_f$. En particulier, nous poserons

$$\mathfrak{X} = \int t\,dJ_t^X \quad .$$

qui est borné autoadjoint. Pour tout polynôme f , $f(\mathfrak{X})$ est un opérateur borné défini de manière évidente, et c'est précisément $\int f(t)dJ_t^X$: l'habitude est d'identifier X et $\mathfrak{X}$, d'écrire f(X) pour $f(\mathfrak{X})$, de noter plus généralement f(X) pour J_f lorsque f est borélienne. L'opérateur $\mathfrak{X}$ est positif ($\forall\omega$, $<\omega, \mathfrak{X}\omega > \geq 0$) si et seulement si la v.a. X est positive ($J_t^X = 0$ pour $t<0$).

Inversement, si Y est un opérateur borné autoadjoint (i.e. $<\omega,Y\phi>=<Y\omega,\phi>$ pour $\omega,\phi\in\Omega$), on peut montrer sans grandes difficultés, par passage à la limite à partir du cas des polynômes, qu'il existe un calcul symbolique borélien sur Y, i.e., que l'on peut définir raisonnablement f(Y) pour f borélienne (même complexe) sur $\mathbb{R}$, de telle sorte que pour f=1 $f(Y)=I$, pour $f(t)=t$ $f(Y)=Y$, $(f+g)(Y)=f(Y)+g(Y)$, $(fg)(Y)=f(Y)g(Y)$, $\overline{f}(Y)=(f(Y))^*$, et que l'on ait aussi une propriété de continuité que nous n'expliciterons pas (au sens de la topologie forte des opérateurs). Il en résulte que les opérateurs $J_t^Y=I_{]-\infty,t]}(Y)$ forment une famille spectrale, et que l'on peut associer une v.a. à tout opérateur a.a. borné. Plus généralement, on peut associer une v.a. complexe à tout opérateur borné normal (i.e. commutant à son adjoint). Ces résultats ne sont pas difficiles.

Cela permet de définir diverses opérations sur l'ensemble des v.a. bornées : la somme X+Y d'abord : la somme de deux opérateurs a.a. bornés est évidemment un opérateur a.a. borné, mais on n'a aucune relation simple permettant d'obtenir une information sur la loi de la somme X+Y lorsque X et Y ne commutent pas (exceptée l'additivité des espérances). Par exemple, on peut parfaitement avoir dans un état donné Y=0 p.s., et des lois différentes pour X et X+Y !

Deux autres opérations importantes préservant le caractère a.a. sont les applications

$$(X,Y)\mapsto i[X,Y]=i(XY-YX) \quad , \quad (X,Y)\mapsto XY+YX \text{ (parfois noté } \{X,Y\} \text{).}$$

Elles n'ont pas de signification probabiliste simple.

5. Nous restons dans le cas des v.a. bornées pour établir les fameuses relations d'incertitude. Soient X,Y deux observables (v.a.) bornées, U et V les v.a. XY+YX et i(XY-YX). Nous écrivons l'inégalité de Schwarz sous la forme

$$\langle X\omega,X\omega\rangle\langle Y\omega,Y\omega\rangle \geqq |\langle X\omega,Y\omega\rangle|^2 = (\mathrm{Re}\langle\ \rangle)^2+(\mathrm{Im}\langle\ \rangle)^2$$
$$= \tfrac{1}{4}\langle \omega,U\omega\rangle^2 + \tfrac{1}{4}\langle \omega,V\omega\rangle^2 .$$

Ce qui s'écrit encore, sous la loi ε_ω

(1) $$E_\omega[X^2]E_\omega[Y^2] - \tfrac{1}{4}E_\omega[U]^2 \geqq \tfrac{1}{4}\langle \omega,V\omega\rangle^2 = \tfrac{1}{4}E_\omega[V]^2 .$$

Les relations d'incertitude s'obtiennent en oubliant le terme négatif au second membre d'une part, et d'autre part en remplaçant X par $X-E_\omega[X]$, Y par $Y-E_\omega[Y]$, ce qui ne modifie pas le commutateur, donc le second membre. On aboutit ainsi à une borne inférieure pour le produit des variances de deux v.a. ne commutant pas.

Mais il est intéressant aussi d'interpréter la formule (1) complète, et de l'étendre à des lois non nécessairement pures. Introduisons la forme quadratique

$$\phi_\omega(r,s) = E_\omega[(rX+sY)^2] = r^2a(\omega) + 2rsb(\omega)+s^2c(\omega) \quad \text{où } a(\omega)=E_\omega[X^2], \text{ etc.}$$

La relation (1) nous dit que, dans tout état pur ε_ω , le discriminant $\Delta(\omega) = ac-b^2$ satisfait à l'inégalité

(2) $$\sqrt{\Delta(\omega)} \geqq \tfrac{1}{2}|E_\omega[V]| \quad .$$

Or la fonction $\sqrt{ac-b^2}$ sur le cône des matrices $\binom{ab}{bc}\geq 0$ est concave. Pour le voir , il suffit de vérifier que si A,B sont des matrices strictement positives, la fonction $t \mapsto \sqrt{\det(A+tB)}$ est concave dans tout intervalle où A+tB est positive. Par une transformation $A \mapsto U^*AU$, $B \mapsto U^*BU$ on peut se ramener au cas où B=I. Les valeurs propres de A étant réelles, det(A+tI) a ses racines réelles, et l'hyperbole $y^2=\det(A+xI)$ est placée comme il faut.

Ayant fait cela, on peut intégrer (2) par rapport à une mesure $m(d\omega)$ pour étendre aux mélanges la relation (2), puis (1), et enfin la relation d'incertitude elle même.

Note. Pour les états purs, la forme des relations d'incertitude que nous avons donnée remonte à Schrödinger , Sitz. Preuss. Akad. Wiss. 1930 (référence empruntée à un preprint de S. Golin, BiBoS Bielefeld n°17). Pour les états non purs, je l'ai apprise dans Cushen-Hudson, a quantum mechanical central limit theorem, J. Appl. Prob. 8, 1971. Il en existe des formes plus raffinées, faisant intervenir une fonctionnelle du type "entropie" (1).

La démonstration pour les états non purs est peu satisfaisante. En voici une autre (pour les détails, voir l'appendice). Soit HS l'espace de Hilbert des opérateurs de Hilbert-Schmidt, avec son produit scalaire $<U,V>=\mathrm{Tr}(U^*V)$. L'opérateur de densité W définissant la loi de probabilité ($E[X]=\mathrm{Tr}(WX)$ pour toute v.a. bornée X) peut se mettre sous la forme K^*K, où K est un élément de HS de norme 1 (puisque W est positif, on peut prendre $K=K^*=\sqrt{W}$). Associons maintenant à notre v.a. X un opérateur $\mathfrak{X}$ sur HS par $\mathfrak{X}U=UX$ (à droite, l'opération est la composition des opérateurs). Nous avons

$$<U,\mathfrak{X}V>_{HS} = \mathrm{Tr}(U^*VX) = \mathrm{Tr}(XU^*V) = \mathrm{Tr}((UX)^*V) = <\mathfrak{X}U,V>_{HS}$$

donc $\mathfrak{X}$ est a.a.. Si X est un projecteur ($X^2=X$) , $\mathfrak{X}$ est un projecteur, et si $X=\int t dE_t$ (projecteurs spectraux dans Ω) on a $\mathfrak{X} = \int t d\mathcal{E}_t$ avec les projecteurs correspondants. Enfin, la loi de X sous W nous est donnée par

$$P\{X\leq t\} = \mathrm{Tr}(WE_t) = \mathrm{Tr}(K^*KE_t) = <K,\mathcal{E}_t K>_{HS} = P\{\mathfrak{X}\leq t\}$$

la dernière probabilité étant calculée sous ε_K dans l'espace de Hilbert HS. Ce changement d'espace de Hilbert ramène donc les mélanges aux lois "pures", ou plus exactement aux lois associées à des vecteurs normalisés, et notre première démonstration s'applique.

6. Passons aux v.a. X non bornées. Soit J_t le projecteur sur $\{X\leq t\}$. Nous définissons un opérateur $\mathfrak{X}$ de la manière suivante

- Son domaine $\mathcal{D}$ est exactement l'ensemble des $\omega\in\Omega$ pour lesquels l'intégrale $\int t^2 d<\omega,J_t\omega>$ est convergente, c.à d. tels que $E_\omega[X^2]<\infty$.
- Pour $\omega\in\mathcal{D}$, $\mathfrak{X}\omega$ est défini par

$$<\phi, \mathfrak{X}\omega> = \int t\,d<\phi,J_t\omega> \quad \text{pour tout } \phi\in\Omega$$

1. I. Białynicki-Birula, J. Mycielski, Comm. Math. Phys. 44, 1975.

L'intégrale du côté droit est absolument convergente, et définit une forme linéaire continue en la variable ϕ, d'après l'inégalité (qui pour le probabiliste est très proche de l'inégalité de Kunita-Watanabe)

$$\int|f(t)||g(t)||d<\phi,J_t\omega>| \leqq (\int|f(t)|^2 d<\phi,J_t\phi>)^{1/2}(\int|g(t)|^2 d<\omega,J_t\omega>|)^{1/2}$$

ici avec $f(t)=t$, $g(t)=1$.

On montre sans peine que le domaine $\mathcal{D}$ est <u>dense</u>, que l'opérateur $\mathfrak{X}$ est <u>symétrique</u> sur son domaine, i.e. $< \phi, \mathfrak{X}\omega > = < \mathfrak{X}\phi, \omega >$ pour tout couple d'éléments de $\mathcal{D}$. Mais il est beaucoup mieux que cela : il est <u>autoadjoint</u> au sens très précis suivant :

($\omega\in\mathcal{D}$ et $\mathfrak{X}\omega=\theta$) <=> (la forme linéaire $\phi\longmapsto < \mathfrak{X}\phi,\omega >$ sur $\mathcal{D}$ est continue, et $< \mathfrak{X}\phi,\omega > = < \phi,\theta >$)

Inversement, un théorème fondamental dit que, pour tout opérateur a.a. ξ il existe une v.a. X (une famille spectrale !) et une seule telle que l'opérateur $\mathfrak{X}$ associé soit égal à ξ . Comme dans le cas borné, on identifiera désormais v.a. et opérateur associé.

COMMENTAIRE. L'objet probabiliste intéressant est la famille spectrale, mais en fait, c'est l'<u>opérateur</u> qui a une signification mécanique ou physique, et la famille spectrale est construite à partir de celui-ci.

Il est donc fondamental de savoir vérifier qu'un opérateur donné est autoadjoint. Ou plus exactement (un opérateur étant presque toujours défini par extension à partir d'un domaine assez restreint sur lequel on sait bien calculer), qu'un opérateur symétrique défini sur un domaine dense admet une fermeture autoadjointe. Il y a une gigantesque littérature consacrée à des théorèmes de ce genre, à tous les degrés de généralité.

Nous n'aurons besoin dans la suite que de deux théorèmes, qui nous fourniront toutes les v.a. dont nous aurons besoin :

1) <u>Soit</u> $(U_s)_{s\in\mathbb{R}}$ <u>un groupe à un paramètre</u>, <u>fortement continu</u>, <u>d'opérateurs unitaires de</u> Ω , <u>et soit</u> iX <u>son générateur</u> : <u>le domaine de</u> X <u>est l'ensemble des</u> $\omega\in\Omega$ <u>tels que</u> $\frac{d}{ds}U_s\omega|_{s=0}$ <u>existe au sens de la norme de</u> Ω, <u>et</u> $X\omega = \frac{1}{i}\frac{d}{ds}U_s\omega|_{s=0}$. <u>Alors</u> X <u>est a.a.</u> .

Inversement, si X est un opérateur a.a., $X=\int t dJ_t$ (où les J_t sont les projecteurs spectraux), nous définirons dans un instant les opérateurs $\int f(t)dJ_t$ pour f borélienne complexe. Alors les opérateurs

$$U_s = \int e^{ist} dJ_t$$

constituent un groupe unitaire fortement continu, de générateur iX. La connaissance de ce groupe détermine complètement la loi μ de la v.a. X sous la loi ε_ω :

$$E_\omega[e^{isX}] = < \omega,U_s\omega > \quad .$$

L'ensemble de ces deux résultats constitue le <u>théorème de Stone</u>.

Dans de très nombreuses situations physiques, l'opérateur X est non seulement a.a., mais <u>a.a. positif</u> (i.e., la v.a. est positive, la famille spectrale J_t satisfait à $J_t=0$ pour $t<0$), et l'observable correspondante a la signification physique de l'<u>énergie</u> (X est appelé l'<u>hamiltonien</u>[1]). on remplace alors les exponentielles complexes par des exponentielles réelles, la transformée de Fourier par une transformation de Laplace :

2) <u>Soit $(P_s)_{s\in\mathbb{R}_+}$ un semi-groupe fortement continu de contractions positives de Ω , et soit $-X$ son générateur : le domaine de X est formé des $\omega\in\Omega$ tels que $\frac{d}{ds}P_s\omega|_{s=0}$ existe au sens de la norme, et $X\omega=-\frac{d}{ds}P_s\omega|_{s=0}$. Alors X est a.a. positif.</u>

Inversement, pour tout opérateur a.a. positif, on définit un semi-groupe (P_s) du type ci-dessus en posant

$$P_s = \int e^{-ist}dJ_t \qquad (J_t \text{ famille spectrale de } X)$$

et la connaissance du semi-groupe détermine la loi de X par

$$E_\omega[e^{-sX}] = <\omega,P_s\omega> \quad (s>0).$$

En pratique, Ω sera très souvent un espace $L^2(\mu)$, et (P_s) sera un semi-groupe de transition sousmarkovien du type couramment utilisé en théorie des processus de Markov.

7. Nous ne distinguons plus désormais l'opérateur X de sa famille spectrale (J^X_t). Pour toute fonction borélienne complexe f , définissons un opérateur noté $f(X) = \int f(t)dJ^X_t$, comme nous l'avons fait plus haut lorsque f était bornée.

- Le domaine de f(X) est exactement formé des $\omega\in\Omega$ tels que

$$\int|f(t)|^2\, d<\omega,J_t\omega> < \infty \ ,$$

- Pour un tel ω , $f(X)\omega=\theta$ est caractérisé par

$$<\phi,\theta> = \int f(t)d<\phi,J_t\omega> \text{ pour tout } \phi\in\Omega \ .$$

Un tel opérateur est fermé, et son adjoint est $\bar{f}(X)$. Nous n'insisterons pas sur cette notion, qui est facile à utiliser. Lorsque l'on tronque à n la fonction f , on obtient des opérateurs <u>bornés</u> $f_n(X)=\int f(s)I_{\{|f|<n\}}(s)dJ^X_s$, et pour tout ω appartenant au domaine $f_n(X)\omega$ converge en norme vers $f(X)\omega$.

Nous allons appliquer cela aux relations d'incertitude, pour des opérateurs a.a. X et Y <u>non nécessairement bornés</u>, et en nous plaçant pour simplifier sous une loi pure ε_ω . Rappelons qu'il s'agit de minorer le produit $E_\omega[X^2]E_\omega[Y^2]$ (cf.(1)) : on peut donc supposer que les deux facteurs sont finis, ce qui revient à dire que ω <u>appartient aux domaines de</u> X <u>et de</u> Y. Dans ces conditions, on a comme dans le cas borné

$$E_\omega[X^2]E_\omega[Y^2] \geq |<X\omega,Y\omega>|^2 = (Re< >)^2+(Im< >)^2$$

1. Plus exactement, en physique on écrit $U_t=e^{itX/\hbar}$, où X est l'hamiltonien.

On ne peut déduire cela directement de l'inégalité de Schwarz, mais on peut écrire l'inégalité déjà établie pour les opérateurs tronqués $X_n = \int_{-n}^{n} t dJ_t^X$, $Y_n = \ldots$ et passer à la limite. Négligeant le premier terme on obtient la relation d'incertitude

$$E_\omega[X^2]E_\omega[Y^2] \geqq \frac{1}{4}|\langle X\omega,Y\omega\rangle - \langle Y\omega,X\omega\rangle|^2$$

qui est formellement $\frac{1}{4}|\langle\omega,i[X,Y]\omega\rangle|^2$ - mais on n'a pas eu besoin de définir ce commutateur de manière précise. Cette remarque, due à Kraus et Schröter, Int. J. of Th. Phys. 8, 1973, figure dans le livre de Beltrametti et Cassinelli, The Logic of Quantum Mechanics, Encycl. Math. Appl. n°15 .

III. NOYAUX .

1. Puisque les lois de probabilité sont remplacées ici par des opérateurs de densité, a.a. positifs à trace égale à 1, l'espace classique des mesures bornées est remplacé tout naturellement par l'<u>espace des opérateurs à trace</u> sur Ω . Nous en rappelons en appendice la définition précise, et quelques propriétés importantes. Pour souligner l'analogie classique, nous le désignerons ici par $\mathfrak{M}_{\mathbb{C}}(\Omega)$ (l'espace des opérateurs <u>a.a.</u> à trace, le cône positif, l'ensemble des lois de probabilité, sont notés $\mathfrak{M}$, $\mathfrak{M}^+$, $\mathfrak{M}_1^+=\mathcal{P}$).

En probabilités classiques, étant donnés deux espaces mesurables $(E,\underline{\underline{E}})$, $(F,\underline{\underline{F}})$, un <u>noyau sousmarkovien de</u> E <u>dans</u> F est une application $x\overset{N}{\longmapsto}N_x$ associant à tout point de E une sous-probabilité N_x sur F (si N_x est une probabilité pour tout x, N est un <u>noyau markovien</u>) , de telle sorte que $x\longmapsto N_x(A)$ soit $\underline{\underline{E}}$-mesurable pour tout ensemble $A\in\underline{\underline{F}}$. L'application N se prolonge alors par intégration

- en une application $\lambda\longmapsto\lambda N$ ($\lambda N(dy)=\int\lambda(dx)N(x,dy)$) de $\mathfrak{M}(E)$ dans $\mathfrak{M}(F)$,
- en une application $f\longmapsto Nf$ ($Nf(x)=\int N(x,dy)f(y)$) de l'espace des v.a. bornées sur F dans l'espace des v.a. bornées sur E .

Une application mesurable de E dans F peut s'interpréter comme un noyau markovien N de E dans F, tel que pour tout $x\in E$ $N(x,.)$ soit une masse unité $\varepsilon_{n(x)}$ (autrement dit, un noyau qui transforme les lois pures en lois pures). On sait le rôle fondamental que jouent, en probabilités classiques, les <u>semi-groupes (sous)markoviens</u>, leurs générateurs, les évolutions markoviennes associées.

Toutes ces notions ont été étendues aux probabilités quantiques, avec plus ou moins de simplicité et d'utilité - car il ne suffit pas de poser des définitions, il faut encore qu'elles servent à quelque chose en physique ! Un livre très agréable à lire sur ces sujets, pour un mathématicien du moins, est celui de E.B. Davies , <u>Quantum Theory of Open Systems</u>, Academic Press 1976.

<u>La lecture de ce paragraphe n'est pas indispensable pour la suite.</u>

Nous nous bornerons ici à un peu de vocabulaire. Nous remplaçons notre premier espace mesurable classique $(E,\underline{\underline{E}})$ par l'espace de Hilbert Ω , muni de la << tribu >> de tous ses projecteurs. Quant au second espace, il est clair que nous obtenons deux notions de noyaux, selon que nous le prenons du type classique ou du type quantique. C'est la seconde notion qui est la plus importante.

1) La première notion est celle d'une application N associant, à tout $A \in \underline{\underline{F}}$, une v.a. $N(I_A)$ au sens quantique comprise entre 0 et 1, c'est à dire un opérateur a.a. positif compris entre 0 et I ($0 \leq \langle\omega, N(I_A)\omega\rangle \leq \langle\omega,\omega\rangle$ pour tout $\omega\in\Omega$). Nous exigeons une propriété d'additivité complète :

(3) $A=\cup_n A_n$, A_n disjoints $\Rightarrow N(I_A) = \Sigma_n N(I_{A_n})$

série convergente pour la topologie forte des opérateurs. Dans ces conditions, on peut aussi définir un opérateur a.a. positif $N(f)$ compris entre 0 et 1 pour toute fonction mesurable f comprise entre 0 et 1, par intégration, etc. Nous ne donnerons pas de détails ici. Si les $N(I_A)$ étaient des projecteurs, l'additivité complète (3) entraînerait que tous ces opérateurs $N(f)$ commutent, mais il n'en est plus de même dans la situation où nous sommes maintenant.

Les v.a. quantiques comprises entre 0 et 1 sont souvent appelées effets, et Davies appelle observables les noyaux du type que nous venons de définir. Nous n'utiliserons aucun de ces deux mots dans la suite.

2) Soient Ω et Φ deux espaces de Hilbert, $\mathfrak{M}(\Omega)$, $\mathfrak{M}(\Phi)$ les espaces de mesures bornées correspondants. Il semble naturel d'appeler noyau sousmarkovien de Ω dans Φ une application linéaire positive N de $\mathfrak{M}(\Omega)$ dans $\mathfrak{M}(\Phi)$, qui diminue la trace (elle diminue alors la norme-trace, donc est continue). La situation est meilleure ici qu'en probabilités classiques, où l'on ne sait pas caractériser simplement les applications entre espaces de mesures provenant de noyaux. L'extension aux mesures complexes est immédiate. Nous verrons dans l'appendice que le dual de $\mathfrak{M}_{\mathbb{C}}(\Omega)$ est $\mathcal{L}(\Omega)$, l'espace de tous les opérateurs bornés, le dual de $\mathfrak{M}(\Omega)$ est $\mathcal{L}_a(\Omega)$, l'espace des opérateurs a.a. bornés. Par transposition, N définit donc une application linéaire, continue positive, de $\mathcal{L}_a(\Phi)$ dans $\mathcal{L}_a(\Omega)$ (et de même sans les $_a$), et cela correspond exactement à l'application $f \mapsto Nf$ dans le cas classique.

Le mot opération est souvent utilisé pour désigner ce que nous appelons ici un noyau sousmarkovien. Nous ne l'emploierons pas.

Exemple : si A est un opérateur continu de Ω dans Ω , A^* son adjoint, on peut poser, pour tout opérateur borné T sur Ω

$$N(T) = ATA^*$$

Il est très facile de vérifier que cet opérateur est positif si T est positif, et nous verrons en appendice que $N(\cdot)$ diminue la trace si A^*A est une contraction. Plus généralement, si les A_n sont des opérateurs bornés tels que $\Sigma_n A_n^* A_n$ soit une contraction , on définit un noyau sousmarkovien sur Ω en posant

$$N(T) = \Sigma_n A_n T A_n^* .$$

Un important théorème, dû à Stinespring , affirme que l'on obtient ainsi les noyaux sur Ω qui possèdent une propriété très raisonnable : la positivité complète (identique à la positivité dans un contexte commutatif, mais ici strictement plus forte). Cela signifie que si l'on fait la somme Ω_n de n copies de Ω , de sorte qu'un opérateur borné sur Ω_n se lit comme une matrice (n,n) d'opérateurs bornés sur Ω , l'extention naturelle de N en une application de $\mathfrak{M}(\Omega_n)$ dans lui-même est encore positive, quel que soit n. La positivité complète doit être considérée comme faisant partie de la définition des noyaux en probabilités quantiques. Voir K. Kraus, States, Effects and Operations, LN in Phys. 190, p. 42. Cf. surtout Evans et Lewis, Dilations of Irreversible Evolutions in Algebraic Quantum Theory, Dublin Inst for Adv. Studies 1977. Nous espérons revenir sur ce sujet.

IV . APPENDICE

Cet appendice tente de répondre à une question épineuse. Que faut il savoir au juste en analyse fonctionnelle pour aborder les travaux de probabilités quantiques ? La réponse évidente est : tout , beaucoup d'auteurs ne faisant (comme ailleurs en mathématiques) aucun effort pour être compris des non-spécialistes, et adoptant tout de suite le langage des algèbres de von Neumann... Or une expérience de quelques mois m'a montré que, dans la plupart des cas, on a besoin surtout d'un peu de vocabulaire, et de quelques résultats généraux, toujours les mêmes, et plutôt faciles et agréables à apprendre. Nous tâcherons peu à peu d'en faire la liste.

Cet appendice contient le vocabulaire des C^*-algèbres, dont on se servira avec plaisir dans les exposés ultérieurs, et quelques compléments sur les opérateurs bornés (surtout les opérateurs à trace). Pour les démonstrations, on pourra se reporter à Bratteli-Robinson, Operator Algebras and Quantum Statistical Mechanics, Springer, ou à Pedersen, C^*-Algebras and Their Automorphism Groups, Acad. Press. B-R est bien réduit à l'essentiel, les démonstrations parfois un peu lourdes. Pedersen est parfait, son seul défaut est d'être trop complet ! L'appendice ne contient rien sur les opérateurs non bornés : cf Reed-Simon, Methods of Modern Math. Physics, I-VIII.

1. Vocabulaire des C^*-algèbres. Les éléments de la théorie de Gelfand étant très facilement accessibles , nous supposerons connue la notion d'algèbre de Banach $\mathcal{C}$ sur $\mathbb{C}$ (à unité 1 , norme notée $\| \ \|$) munie d'une involution notée * . Rappelons la définition du spectre d'un élément a de $\mathcal{C}$ (nous le notons Sp(a) : c'est l'ensemble des $\lambda \in \mathbb{C}$ tels que $a-\lambda 1$ ne soit pas

inversible) : c'est un compact non vide du plan complexe, et le <u>rayon spectral</u> $r(a)$ est par définition $\sup_{\lambda \in Sp(a)} |\lambda|$. On a

(1) $$r(a) = \inf_n \|a^n\|^{1/n} = \lim_n \|a^n\|^{1/n} \leq \|a\| .$$

Soit A un opérateur borné dans un espace de Hilbert. On a

$$\|A\|^2 = \sup_{\|x\|\leq 1} < Ax, Ax > = \sup_x < A^*Ax, x > \leq \|A^*A\| .$$

Une algèbre de Banach à unité dans laquelle la norme possède cette propriété sera appelée <u>C^*-algèbre</u>, et nous n'en considèrerons pas d'autre. Une <u>C^*-algèbre concrète</u> est une sous*algèbre fermée de l'algèbre des opérateurs bornés $\mathcal{L}(H)$ d'un Hilbert H . Une <u>algèbre de von Neumann</u> est une C^*-algèbre concrète qui est fermée dans $\mathcal{L}(H)$ pour la topologie forte (ou faible, cela revient au même) des opérateurs.

Dans toute C^*-algèbre, on a en fait (très facilement)

(2) $$\|a^*a\| = \|a\|^2 , \quad \|a\| = \|a^*\| , \quad \|1\| = 1 .$$

<u>Vocabulaire</u>. Un élément a d'une C^*-algèbre est

- <u>autoadjoint</u> si $a=a^*$ - <u>unitaire</u> si $a^*a=aa^*=I$
- <u>normal</u> si $a^*a=aa^*$ - un <u>projecteur</u> si $a=a^*$, $a^2=a$.

Pour tout élément <u>normal</u> n on a $r(n)=\|n\|$. Pour tout b, b^*b est a.a., donc normal, donc $\|b\|^2=\|b^*b\|=r(b^*b)$. Or le rayon spectral s'exprime au moyen de la structure d'algèbre seule : celle-ci détermine donc entièrement la norme.

Un élément unitaire (resp. a.a.) a son spectre contenu dans le cercle unité (resp. l'axe réel).

Probablement, le plus important des résultats élémentaires de la théorie est celui qui permet le <u>calcul symbolique continu</u> : soit a un élément a.a., et soit P un polynôme ; on définit de manière évidente $P(a) \in \mathcal{G}$. Alors

THEOREME. <u>Posons</u> $\|P\|_a = \sup_{\lambda \in Sp(a)} |P(\lambda)|$. <u>Alors</u> $\|P(a)\|=\|P\|_a$, <u>et l'application</u> $P \mapsto P(a)$ <u>se prolonge en un isomorphisme de l'algèbre des fonctions complexes continues sur</u> Sp(a) (avec la norme uniforme) <u>sur l'algèbre fermée engendrée dans</u> $\mathcal{G}$ <u>par</u> a et I . <u>On a</u> $f(a)^*=\overline{f}(a)$ <u>et</u> $Sp(f(a))=f(Sp(a))$.

On a le même résultat pour a <u>normal</u> , à condition de considérer l'algèbre fermée engendrée par a, a^* et I , et des éléments $P(a,a^*)$, où $P(.,.)$ est un polynôme, et $\|P\|_a = \sup_{\lambda \in Sp(a)} |P(\lambda,\overline{\lambda})|$. Ce théorème figure dans à peu près tous les traités sur les algèbres de Banach.

> Le lecteur se demandera sans doute à quelle condition doit satisfaire une C^*-algèbre pour que le calcul symbolique <u>borélien</u> soit possible sur ses a.a. sans sortir de l'algèbre. Pour une C^*-algèbre concrète d'opérateurs sur un Hilbert séparable, cela caractérise les algèbres de von Neumann (Pedersen, C^*-algebras and their automorphism groups, Academic Press, th. 2.8.8.) de même que la propriété des classes monotones (th. 2.4.3).

On dit qu'un élément a.a. b est <u>positif</u> si son spectre est contenu dans $\mathbb{R}_+$: le calcul symbolique continu montre que b admet une racine carrée positive $a=\sqrt{b}$, et l'on montre que a est le seul élément a.a. positif tel que $a^2=b$. Un résultat trivial pour les C^*-algèbres concrètes, mais non trivial en général, est le très important

THEOREME. <u>Pour tout</u> $a\in\mathcal{G}$, a^*a <u>est positif</u>.

Inversement, tout élément positif b s'écrit a^*a, avec $a=\sqrt{b}$.

Un résultat bien utile est le suivant : tout élément a de norme ≤ 2 est somme de 4 unitaires. Il suffit de poser $q=\frac{1}{4}(a^*+a)$, $p=\frac{i}{4}(a^*-a)$, a.a. ; $u^{\pm}=q\pm i\sqrt{1-q^2}$, $v^{\pm}=ip\pm\sqrt{1-p^2}$; ces opérateurs sont unitaires, et leur somme est 2q+2ip=a. Pour un joli raffinement, cf. Pedersen, th. 1.1.12.

Il faut se méfier de la notion d'ordre pour les opérateurs qui ne commutent pas. Par exemple, la relation $0\leq a\leq b$ entraîne $\sqrt{a}\leq\sqrt{b}$, mais non $a^2\leq b^2$! Les livres contiennent sur ce sujet des résultats techniques utiles.

On appelle <u>loi de probabilité</u> (ou <u>état</u>) sur la C^*-algèbre $\mathcal{G}$ une forme linéaire μ sur $\mathcal{G}$, positive ($\mu(a^*a)\geq 0$) et telle que $\mu(\mathbf{1})=1$. On a tout naturellement une inégalité de Schwarz

(3) $$|\mu(a^*b)| \leq \mu(a^*a)^{1/2}\,\mu(b^*b)^{1/2}$$

et en faisant $b=\mathbf{1}$ et en remarquant que $a^*a\leq \|a\|^2\mathbf{1}$ on voit que μ est continue, de norme 1 . Tout naturellement, on appellera <u>mesures</u> (réelles) les formes linéaires continues λ telles que $\lambda(a)=\lambda(a^*)$, et l'on peut montrer que toute mesure est combinaison linéaire de deux lois. L'ensemble des lois de probabilité est convexe compact pour sa topologie faible : il contient donc beaucoup de points extrémaux, appelés <u>lois pures</u>. Par exemple, si $\mathcal{G}\subset\mathcal{L}(H)$ est une C^*-algèbre concrète, et x est un vecteur normalisé de H, $\mu(a)=\langle x,ax\rangle$ est une loi de probabilité, mais non nécessairement pure si $\mathcal{G}\neq\mathcal{L}(H)$.

On dit que la loi μ est <u>fidèle</u>, si $\mu(a^*a)=0 \Rightarrow a=0$ (cela veut dire aussi que si b est autoadjoint positif et $\mu(b)=0$, alors b=0). On dit que μ est une <u>trace</u> si $\mu(ab)=\mu(ba)$, ce qui équivaut (d'après le théorème de décomposition en quatre unitaires ci-dessus) à l'invariance unitaire de μ : $\mu(uau^*)=\mu(a)$ pour tout u unitaire et tout a. Il n'existe pas de loi traciale sur $\mathcal{L}(H)$ si H est de dimension infinie, mais les C^*-algèbres que nous rencontrerons par la suite admettront des traces - c'est une excellente raison de considérer d'autres algèbres que $\mathcal{L}(H)$!

Le théorème de Hahn-Banach permet d'établir l'existence de beaucoup de lois de probabilité, et le théorème de Krein-Milman celle de beaucoup de lois pures. En particulier, toute C^*-algèbre séparable admet une loi <u>fidèle</u>.

Soit μ une loi sur $\mathcal{G}$. Nous posons $<a,b>_\mu=\mu(a^*b)$ et désignons par H_μ l'espace hilbertien séparé-complété de $\mathcal{G}$ pour ce produit scalaire.

A tout $a\in\mathcal{A}$ est associé un <u>vecteur</u> $\tilde{a}$ de H_μ (si μ est fidèle, le $\sim$ est inutile) et un <u>opérateur borné</u> T_a sur H_μ défini par

(4) $$T_a(\tilde{b}) = (ab)^\sim$$

On définit ainsi une <u>représentation</u> de $\mathcal{A}$ dans $\mathcal{L}(H)$ (et l'on peut montrer que $\|T_a\|$ est exactement la norme de a dans $\mathcal{A}/I$, I étant le noyau : en particulier si μ est fidèle, $\|T_a\|=\|a\|$). L'ensemble des $T_a\tilde{1}$ est dense dans H_μ : on dit que $\tilde{1}$ est un <u>vecteur cyclique</u> pour la représentation (et inversement, toute représentation admettant un vecteur cyclique s'obtient de cette manière). Si μ est fidèle, la relation $T_a\tilde{1}=0$ entraîne $a=0$, et le vecteur $\tilde{1}$ est dit <u>séparant</u> pour la représentation.

Cela suffit à fixer notre vocabulaire pour la suite. Tout ce qui vient d'être exposé (et qui est tout juste une introduction aux C^*-algèbres) constitue vraiment une belle et agréable théorie, polie par de nombreux rédacteurs successifs, et parvenue à sa forme définitive. Par ailleurs, l'axiomatisation « C^*-algébrique » des probabilités quantiques semble être très généralement considérée comme la meilleure manière d'aborder les problèmes difficiles de mécanique statistique ou de théorie des champs.

2. <u>Opérateurs à trace, etc.</u>

On a vu que les opérateurs positifs de trace 1 jouent le rôle des lois de probabilité sur $\mathcal{L}(H)$. Il est donc important de faire un catalogue de leurs propriétés. Nous donnons quelques démonstrations en langage télégraphique.

a) Soit $a\in\mathcal{L}(H)$. Etant donnée une base o.n. (e_n), on pose

(5) $$\|a\|_2 = (\Sigma_n \|ae_n\|^2)^{1/2} \leqq +\infty$$

A priori cela dépend de la base. Mais soit (e'_n) une seconde base. On a

$$\|a\|_2^2 = \Sigma_{nm} |<ae_n,e'_m>|^2 = \Sigma_{nm}|<e_n,a^*e'_m>|^2 = \|a^*\|'^2_2$$

D'abord $e_n=e'_n$ nous donne $\|a\|_2=\|a^*\|_2$, puis on voit que $\|a\|_2$ ne dépend pas de la base o.n.. On l'appelle la <u>norme de Hilbert-Schmidt</u> de a , et les opérateurs de norme HS finie forment l'espace (noté HS ou $\mathcal{L}^2$) des opérateurs de Hilbert-Schmidt. Par opposition, l'espace $\mathcal{L}(H)$ et sa norme seront notés parfois $\mathcal{L}^\infty$, $\| \ \|_\infty$. Tout vecteur unitaire pouvant entrer dans une base o.n., on a $\|a\|_\infty \leqq \|a\|_2$. Pour tout opérateur borné b on a d'après (5)

(6) $$\|ba\|_2^2 = \Sigma_n \|bae_n\|^2 \leqq \|b\|_\infty^2\|a\|_2^2 \quad \text{et} \quad \|ab\|_2^2 \leqq \|b\|_\infty^2\|a\|_2^2$$

par passage à l'adjoint. Ceci est très important ! En particulier, $\|ab\|_2 \leqq \|a\|_2\|b\|_2$.

Il est clair sur (5) que la norme $\| \ \|_2$ est associée à un produit scalaire hermitien $<a,b>_{HS} = \Sigma_{nm} <ae_n,be_m>$. On montre sans peine que HS est <u>complet</u>. HS est aussi (avec l'involution * et la norme $\| \ \|_2$) une algèbre de Banach d'un type bien particulier (algèbre de Hilbert), cette structure jouant un rôle en théorie de l'intégration non commutative.

Soit a un opérateur de HS, et soit (a_{nm}) sa matrice dans la base (e_n). Soit a(k) l'opérateur de rang fini obtenu en remplaçant a_{nm} par 0 si $n \geq k$ ou $m \geq k$: alors a(k) tend vers a en norme HS, donc en norme $\| \ \|_\infty$ (en particulier, a est un opérateur compact, mais nous n'aurons pas besoin de cela, je pense). Il y a encore beaucoup à dire sur les HS, mais nous n'aurons à utiliser que ce qui précède, qui est très facile.

b) $\mathcal{L}(H)$ est analogue à ℓ^∞, HS à ℓ^2, nous allons définir l'analogue de ℓ^1.

D'abord, soit a un opérateur borné <u>positif</u>, et soit $b=a^{1/2}$. On a dans toute base (e_n)

(7) $\quad \|b\|_2^2 = \Sigma_n < be_n, be_n > = \Sigma_n < e_n, ae_n > \leq +\infty$

Ceci ne dépend pas de la base, et se note tr(a). Ainsi, pour un opérateur positif, tr(a) est toujours défini, unitairement invariant ($tr(uau^*)=tr(a)$ pour u unitaire : cela revient à changer (e_n)), fini ssi $a^{1/2} \in HS$.

Plus généralement, soit a un opérateur <u>produit de deux</u> HS : a=bc . On a $\Sigma_n |<e_n, ae_n>| = \Sigma_n |<b^*e_n, ce_n>| \leq \|b\|_2 \|c\|_2 < \infty$, et

(8) $\quad \Sigma_n < e_n, ae_n > = <b^*, c>_{HS}$ [1]

montrant que ceci est indépendant de la base (côté droit) et de la décomposition a=bc (côté gauche). L'idée est que les produits de deux HS sont les opérateurs <u>intégrables</u>, tr(a) définie par (8) étant l'<u>intégrale</u>. Alors (7) exprime la propriété familière que l'intégrale a un sens ($\leq +\infty$) pour les fonctions positives. On va préciser cela.

Soit a un opérateur borné quelconque : a^*a est positif, on note $|a|$ sa racine carrée (choix arbitraire : pourquoi pas aa^* ?). Un résultat élémentaire (et facile) affirme que l'on peut écrire $a=u|a|$, $|a|=u^*a$, où u est un opérateur de norme ≤ 1 , unitaire si a est inversible, uniquement caractérisé par quelques propriétés simples (<u>décomposition polaire</u> de a).

THEOREME. (a <u>est un produit de deux</u> HS) <=> ($tr(|a|)<\infty$).

On écrira alors $a \in \mathcal{L}^1$, on dira que a est un <u>opérateur à trace</u> (ou <u>nucléaire</u>) , on posera $\|a\|_1 = tr(|a|)$.

<u>Dém</u>. Supposons $tr|a|<\infty$, soit $b=|a|^{1/2} \in HS$. Alors $a=u|a|=(ub)b$ est un produit de deux HS. Inversement, soit a=hk un produit de deux HS. On a $|a|=u^*a = (u^*h)k$ et par (8)

(9) $\quad \|a\|_1 \leq \|h^*u\|_2 \|k\|_2 \leq \|h\|_2 \|k\|_2 \quad (\ \|u\|_\infty \leq 1 \ ).$

Noter aussi que si $b=|a|^{1/2}$, $|tr(a)| = |<b^*u, b>_{HS}| \leq \|b^*u\|_2 \|b\|_2 \leq \|b\|_2^2 = \|a\|_1$.

On en tire plusieurs conséquences intéressantes .

1. Noter que pour deux HS b,c , $<b,c>_{HS}$ s'écrit $tr(b^*c)$.

~ <u>Si</u> $a\in\mathcal{L}^1$, $h\in\mathcal{L}^\infty$, <u>on a</u> $ah\in\mathcal{L}^1$, $\|ah\|_1\leq\|a\|_1\|h\|_\infty$. En effet, si $|a|^{1/2}=b$ on a (déc. polaire) $a=ubb$, $ah=(ub)(bh)$, $\|ah\|_1\leq\|ub\|_2\|bh\|_2\leq\|b\|_2\|b\|_2\|h\|_\infty$.

~ <u>Si</u> $a\in\mathcal{L}^1$ <u>on a</u> $a^*\in\mathcal{L}^1$ <u>avec même norme</u>. Ecrivons $a=u|a|$ (déc. polaire), d'où $a^*=|a|u^*$; le précédent donne $\|a^*\|_1\leq\|a\|_1$ et l'égalité. Par passage à l'adjoint, on peut récrire le précédent avec h à gauche.

~ Si $a\in\mathcal{L}^1$, $h\in\mathcal{L}^\infty$, on a $tr(ah)=tr(ha)$. En effet, si h est <u>unitaire</u>, $b=ha$, cela se ramène à $tr(h^{-1}bh)=tr(b)$, invariance unitaire de la trace. On en déduit le cas général, tout opérateur borné étant combinaison linéaire de 4 unitaires.

Voici maintenant le seul résultat non trivial de ce n° :

THEOREME. <u>Soient</u> $a,b\in\mathcal{L}^1$. <u>Alors</u> $a+b\in\mathcal{L}^1$ <u>et</u> $\|a+b\|_1\leq\|a\|_1+\|b\|_1$.

<u>Dém</u>. On écrit les trois décompositions polaires $a=u|a|$, $b=v|b|$, $a+b=w|a+b|$. Alors $|a+b|=w^*(a+b)=w^*u^*|a|+w^*v^*|b|$. On en déduit que pour une base o.n. (e_n)

$$\Sigma_1^k <e_n,|a+b|e_n> \leqq \Sigma_1^k< e_n,w^*u^*|a|e_n>+< e_n,w^*v^*|b|e_n> \leqq \|a\|_1+\|b\|_1 .$$

Donc $tr(|a+b|)$ est bien finie, etc.

~ Si a est a.a., de décomposition spectrale (E_λ), il est facile de voir que $|a|$ ne peut avoir une trace finie que si le spectre est discret (λ_n), et $\|a\|_1=\Sigma_n|\lambda_n|\dim(E_{\lambda_n})$. On en déduit que $a\in\mathcal{L}^1 \Rightarrow a^+,a^-\in\mathcal{L}^1$, $\|a\|_1=Tr(a^+)+Tr(a^-)$. Ceci correspond à la décomposition de Jordan des mesures (réelles).

Avant de passer au n° suivant, remarquons que l'espace des opérateurs à trace a une double interprétation en théorie de la mesure classique : soit comme espace des fonctions intégrables (espace $\mathcal{L}^1$) soit comme espace des mesures bornées (espace $\mathfrak{M}$) . La même situation se rencontre sur $\mathbb{N}$ pour ℓ^1 : comme espace de mesures, c'est le dual de c_o (suites tendant à 0 à l'infini, adhérence en norme des suites finies). Comme espace de fonctions intégrables, son dual est ℓ^∞ .

3. <u>Propriétés de dualité</u>. Nous désignerons par l'indice $_r$ (pour <u>réel</u>) les sous-espaces de $\mathcal{L}^1,\mathcal{L}^2,\mathcal{L}^\infty$ formés d'opérateurs a.a..

Nous désignerons par $\mathcal{F}$ l'espace des opérateurs <u>de rang fini</u>, engendré par les opérateurs de rang 1 , c'est à dire

$$E_{xy} : E_{xy}(z) = <y,z>x$$

On a $E^*_{xy}=E_{yx}$, $E^*_{xy}E_{yx}=\|y\|^2E_{xx}$, $\|E_{xy}\|_1=\|x\|\|y\|$. L'adhérence en norme de $\mathcal{F}$ est l'espace des opérateurs compacts, mais nous n'avons pas besoin de le savoir.

THEOREME. <u>Le dual de</u> $(\mathcal{F},\|.\|_\infty)$ <u>est</u> $(\mathfrak{M}=\mathcal{L}^1,\|.\|_1)$ (en particulier, $\mathcal{L}^1$ est complet !), <u>et le dual de</u> $(\mathcal{L}^1,\|.\|_1)$ <u>est</u> $(\mathcal{L}^\infty,\|.\|_\infty)$. <u>On a le même énoncé pour les sous-espaces réels</u> (=a.a.) <u>correspondants</u>.

Dans les deux cas, la forme de dualité est $(a,h)\longmapsto tr(ah)$.

Dém. 1) Nous remarquons que pour un opérateur positif a, $tr(a)=\sup_{h\in\mathcal{F}_1} tr(ah)$. Cela se voit sur (7), en prenant pour h une matrice diagonale finie qui tend vers l'identité ($\mathcal{F}_1=\{h\in\mathcal{F}, \|h\|_\infty\leq 1\}$). Si a n'est pas positif, on écrit $a=u|a|$, $|a|=u^*a$, $tr(|a|) = \sup_{h\in\mathcal{F}_1} tr(u^*ah) = \sup_h tr((hu^*)a)$ et comme $hu^*\in\mathcal{F}_1$ on a

$$\|a\|_1 \leq \sup_{b\in\mathcal{F}_1} tr(ab) \text{ (d'où l'égalité) .}$$

Si a est a.a., on peut prendre b a.a., mais cela se voit par un calcul direct sur la décomposition spectrale.

2) Soit φ une forme linéaire continue sur $\mathcal{F}$ pour $\|.\|_\infty$. Alors φ est continue pour $\|.\|_2$ qui est plus forte, donc est de la forme $\varphi(h)=tr(ah)$ avec $a\in HS$. D'après 1) ci-dessus, on voit que $a\in\mathfrak{M}$. Le reste de cette partie est facile.

3) Si $\|x\|=\|y\|=1$, on a en utilisant une base o.n. dont le premier élément est y , $hE_{xy}(e_n)=h(x)$ si n=1, 0 si $n\neq 1$, donc $tr(hE_{xy}) = \langle y,hx\rangle$. Donc

$$\|h\|_\infty \leq \sup_{\|a\|_1\leq 1} tr(ah) \text{ (d'où l'égalité) .}$$

Si h est a.a. on peut se borner à travailler sur les E_{xx} , donc sur des opérateurs a eux aussi autoadjoints.

4) Soit φ une forme linéaire continue sur $\mathcal{L}^1$. Alors $(y,x)\longmapsto\varphi(E_{xy})$ est une forme hermitienne continue, qui peut donc s'écrire $\langle y,hx\rangle$ pour un $h\in\mathcal{L}$; la norme de h est égale à celle de φ d'après le petit calcul ci-dessus. Les formes $\varphi(.)$ et $tr(h.)$ sont égales sur les E_{xy} , et il suffit de vérifier que ceux-ci forment un ensemble dense. Les détails sont faciles. ▯

Essayons d'adapter à la situation présente notre vieux langage probabiliste, plus suggestif que celui de l'analyse fonctionnelle. Nous dirons que des lois ρ_i convergent <u>vaguement</u> (suivant un filtre sur l'ensemble d'indices I) vers l'opérateur ρ si $tr(\rho_i a) \longrightarrow tr(\rho a)$ pour tout opérateur de rang fini a : il suffit de le vérifier pour les E_{xy} , et nous voyons que cela revient à la topologie faible des opérateurs. L'opérateur limite est positif et en prenant une base o.n. quelconque, on voit que $tr(\rho)\leq 1$. Comme $\mathcal{L}^1$ est un dual, et comme il suffit pour identifier un opérateur de connaître ses éléments de matrice dans une base o.n., nous avons le résultat simple

L'ensemble des mesures positives de masse ≤ 1 est compact métrisable pour la topologie vague (= faible).

Nous dirons que les ρ_i convergent <u>étroitement</u> vers ρ si l'on a de plus $tr(\rho)=1$. Dans le cas classique, cela équivaut à la convergence de l'intégrale de toute fonction continue bornée. Ici, nous aurons

PROPOSITION. <u>Si</u> $\rho_i \to \rho$ <u>étroitement</u> , $tr(\rho_i a)\to tr(\rho a)$ <u>pour tout</u> a <u>borné</u>. Inversement, d'ailleurs, la convergence de la trace correspond à a=I .

On voit donc que la topologie étroite n'est autre que la topologie faible $\sigma(\mathcal{L}^1,\mathcal{L}^\infty)$, du moins sur les ensembles bornés de mesures positives.

Démonstration. Il suffit de traiter le cas d'un opérateur a.a. borné. Tout opérateur a.a. borné est limite en norme d'opérateurs a.a. bornés à spectre discret (approximation de Lebesgue usuelle + calcul symbolique borélien), donc on peut supposer que a admet une base o.n. qui le diagonalise. Dans cette base, on a $\mathrm{tr}(\rho_i a)=\Sigma_n \lambda_n \rho_{nn}(i)$ (λ_n valeur propre de a suivant e_n , $\rho_{nn}(i)$ élément de matrice de ρ_i) et de même pour ρ . On est alors ramené à un problème classique de convergence étroite sur $\mathbb{N}$, d'ailleurs évident. ▯

Pour les suites, on a un résultat plus fort. Davies (Comm. M. Phys. 15, 1969, lemme 4.3, p.291) démontre que toute suite (ρ_n) étroitement convergente satisfait à une " condition de Prokhorov " du type suivant : pour tout $\varepsilon>0$, il existe un projecteur p de rang fini tel que l'on ait pour tout n $\|\rho_n - p\rho_n p\|_1 < \varepsilon$. On en déduit qu'en fait la convergence des ρ_n vers leur limite a lieu en norme trace. Ceci illustre la ressemblance entre la théorie des probabilités quantiques dans l'axiomatique de von Neumann et les probabilités classiques discrètes (cf. Dunford-Schwartz, Linear Operators I, Cor. 14 p. 296). Si au lieu de travailler sur la tribu de tous les projecteurs, ou l'algèbre de tous les opérateurs, on se place sur une algèbre de von Neumann, ce résultat cesse d'être vrai (il ne l'est déjà plus en probabilités commutatives non discrètes !). Ce sujet est étudié par Dell'Antonio, Comm. Pure Appl. M. 20, 1967.

4. Topologies faibles. Nous terminons cet exposé par quelques résultats très simples concernant, non plus $\mathcal{L}^1=\mathfrak{M}$, mais $\mathcal{L}(H)=\mathcal{L}^\infty$. Ces résultats sont indispensables pour la théorie des algèbres de von Neumann.

Tout le monde connaît la topologie faible des opérateurs ($(a_i \to a) \Leftrightarrow (\langle y,a_i x\rangle \to \langle y,ax\rangle$ pour tout couple (x,y)), autrement dit les semi-normes fondamentales sont les $p_{xy}(a)=|\langle y,ax\rangle|$), et la topologie forte des opérateurs ($(a_i \to a) \Leftrightarrow (a_i x \to ax$ en norme pour tout x), semi-normes fondamentales $q_x(a)=\|ax\|$). On a la proposition suivante, qui est utile parce qu'elle permet d'appliquer le th. de Hahn-Banach :

PROPOSITION. Le dual de $\mathcal{L}$ est le même pour les deux topologies.

Ce dual est explicitement connu : il est très simple de voir qu'il est formé des combinaisons linéaires de formes $a \mapsto \langle y,ax\rangle$, ou encore (de manière un peu plus pédante) de formes $a \mapsto \mathrm{tr}(ah)$, où h est de rang fini (Bourbaki, EVT II, § 6, prop.3 : mais en fait c'est redémontré ci-dessous).

Dém. Soit f une forme continue sur $\mathcal{L}$ pour la top. forte. Il existe des x_i en nombre fini tels que ($\sup_i \|ax_i\| \leqq 1$) $\Rightarrow$ ($|f(a)|\leqq 1$). Soit p le projecteur sur le sous-espace engendré par les x_i : la relation ap=0 entraîne $ax_i=0$ pour tout i donc f(a)=0, et il en résulte que f(a)=f(ap) pour tout a . Ecrivons p sous la forme $p(.)=\Sigma_k <y_k,.>y_k$ et posons pour tout x $h_x^k(.) = <y_k,.>x$, opérateur de rang 1 : on a $ap = \Sigma_k h^k_{a(y_k)}$, donc $f(a) = \Sigma_k f(h^k_{a(y_k)})$. Mais $x \mapsto f(h_x^k)$ est une forme linéaire continue sur H, donc de la forme $<z_k,.>$, et il reste $f(a)=\Sigma_k <z_k, a(y_k)>$, le résultat désiré. ▯

La troisième topologie faible utile sur $\mathcal{L}^\infty$ est la topologie $\sigma(\mathcal{L}^\infty,\mathcal{L}^1)$ associée à la dualité avec les opérateurs à trace. Elle porte en théorie des algèbres de von Neumann le nom malheureux de topologie <u>ultrafaible</u> (on utilise plutôt <u>σ-faible</u> dans les livres récents) . Remarquons que tout opérateur à trace s'écrit comme produit bc de deux HS, et que tr(bca) s'écrit dans une base o.n. (e_n)

$$tr(bca) = tr(cab) = \Sigma_n <c^*e_n,ab(e_n)> = \Sigma_n < x_n,ay_n>$$

avec $\Sigma_n \|x_n\|^2< \infty$, $\Sigma_n \|y_n\|^2 < \infty$: il est facile d'en déduire que la topologie "σ-faible" est définie par les semi-normes fondamentales[1]

$$r_{(x_n),(y_n)}(a) = \Sigma_n |<x_n,ay_n>| \quad (\Sigma_n \|x_n\|^2< \infty , \Sigma_n \|y_n\|^2< \infty)$$

Mais cela n'est pas important. Ce qui compte, c'est que

- Une forme linéaire continue pour cette topologie provient d'un opérateur à trace.
- Sur les boules fermées de $\mathcal{L}(H)$, cette topologie est compacte, donc coïncide avec la topologie faible (séparée et moins forte), donc est aussi métrisable.

1. Le sens de σ dans σ-faible est un peu le même que dans "σ-additive".

ELEMENTS DE PROBABILITES QUANTIQUES. II

Quelques exemples discrets

Cet exposé contient surtout une série d'exemples : celui du spin et de quelques systèmes de spins . Cette série se poursuit dans l'exposé III, l'exemple du couple canonique ayant été détaché en raison de son importance (et de sa longueur).

I. LE "SPIN"

1. En probabilités classiques, l'espace mesurable non trivial le plus simple a deux points, et une v.a. à valeurs dans cet espace décrit une question à laquelle on ne peut répondre que par oui ou non. En formant des produits de tels espaces élémentaires, on construit des espaces arbitrairement compliqués (ainsi, l'espace $\{0,1\}^{\mathbb{N}}$ est non dénombrable, et porte des lois diffuses).

L'analogue quantique de cet espace mesurable a fait son apparition en mécanique à propos du spin, d'où le titre de ce paragraphe. Mais il s'agit en fait d'une question de pure probabilité , et notre lecteur n'apprendra pas ce qu'est le spin ! Nous nous bornerons à indiquer la traduction du langage probabiliste au langage des physiciens.

Considérons l'espace de Hilbert $H = L^2_{\mathbb{C}}(\mu)$, où μ est la loi de probabilité sur l'ensemble $\{-1,1\}$ qui attribue à chacun de ces deux points la masse 1/2. Ce sera pour nous le modèle naturel d'un espace de Hilbert de dimension (complexe) 2 . L'interprétation probabiliste fournit des bases orthonormales distinguées : soit ν la fonction qui prend les valeurs

$$\nu(-1)=0 \ , \quad \nu(1)=1$$

nous pouvons prendre comme base orthonormale, soit

$$|+> = \sqrt{2}\,\nu \qquad\qquad |-> = \sqrt{2}\,(1-\nu)$$

soit

$$1 \ , \quad X = 2\nu-1 \quad (\text{ application identique de } \{-1,1\} \text{ dans } \mathbb{R} \text{ })$$

Dans ce paragraphe, nous nous servirons plus de la première, et plus de la seconde lorsque nous traiterons des systèmes plus compliqués.

Tout vecteur de H s'écrit $\omega = u|+> + v|->$; supposons ω normalisé. On a $|u|^2+|v|^2=1$, de sorte qu'il existe un angle unique θ entre 0 et π tel que

$$|u| = \cos(\theta/2) \ , \ |v| = \sin(\theta/2) \ .$$

Nous pouvons alors écrire $u=|u|e^{ia}$, $v=|v|e^{ib}$. Comme la loi ε_ω ne change pas si l'on remplace ω par $c\omega$ avec $|c|=1$, nous pouvons normaliser cette représentation en supposant b=-a. Nous atteignons donc toutes les <u>lois pures</u> en nous limitant à des vecteurs normés de la forme

(1) $$\omega_{\Theta,\phi} = \cos(\Theta/2)e^{-i\phi/2}|+ > + \sin(\Theta/2)e^{i\phi/2}|- >$$

avec $0\leqq\Theta\leqq\pi$, $0\leqq\phi\leqq 2\pi$ par exemple. En faisant un peu attention aux cas $\Theta=0,\pi$ où cette représentation est singulière, on voit que <u>les lois pures sont paramétrées par les points de la sphère</u> S_2, Θ étant la latitude (mesurée à partir du pôle Nord) et ϕ la longitude (à partir de Ox).

Puisque notre espace H est un $L^2(\mu)$, où μ est une mesure sur $\mathbb{R}$, il porte une v.a. quantique (observable) naturelle, qui est l'opérateur de multiplication par l'application identique . Comme μ est portée par l'ensemble $\{-1,1\}$, les valeurs de cette observable sont -1,1. Nous la désignerons conventionnellement par σ_z, et son interprétation physique est celle d'une mesure du spin suivant Oz (ce spin pouvant être trouvé soit "vers le haut", soit "vers le bas"). La matrice de cette observable, dans la base $|+ >$, $|- >$, est $\begin{pmatrix}1 & 0\\ 0 & -1\end{pmatrix}$. Plus généralement, nous pouvons écrire <u>toutes les observables</u> (opérateurs a.a.) dans la base $|\pm >$, sous la forme suivante, où les coefficients x,y,z,t sont <u>réels</u>

(2) $$A = \begin{pmatrix} t+z & x-iy \\ x+iy & t-z \end{pmatrix} = tI + x\sigma_x + y\sigma_y + z\sigma_z$$

où les matrices σ sont les <u>matrices de Pauli</u>

(3) $$\sigma_x = \begin{pmatrix}0 & 1\\ 1 & 0\end{pmatrix} \quad , \quad \sigma_y = \begin{pmatrix}0 & -i\\ i & 0\end{pmatrix} \quad , \quad \sigma_z = \begin{pmatrix}1 & 0\\ 0 & -1\end{pmatrix} .$$

Si l'on donne à t,x,y,z des valeurs complexes, on écrit ainsi tous les opérateurs sur H.

La loi de la v.a. σ_z dans l'état pur associé à $\omega_{\Theta,\phi}$ correspond, en probabilités classiques, au remplacement de μ par $|\omega_{\Theta,\phi}|^2\mu$; ainsi

$$P_{\Theta,\phi}\{\sigma_z=+1\} = \cos^2(\Theta/2) \quad , \quad P_{\Theta,\phi}\{\sigma_z=-1\} = \sin^2(\Theta/2) .$$

Une loi de probabilité (mélange) sur H est une matrice du type (2), mais de plus <u>positive et de trace</u> 1, ce qui nous donne t=1/2 . Il est donc plus commode de l'écrire sous la forme

(4) $$W = \frac{1}{2}\begin{pmatrix} 1+z & \bar{r} \\ r & 1-z \end{pmatrix} \quad \text{avec} \quad r=x+iy$$

La positivité s'écrit $< \binom{u}{v}, W\binom{u}{v} > \geqq 0$, soit $r\bar{r}\leq 1-z^2$, et enfin $x^2+y^2+z^2\leq 1$. Les lois sont donc paramétrées par les points de la boule unité de $\mathbb{R}^3$. Cherchons à retrouver ainsi le paramétrage des points extrémaux (lois pures) par la sphère unité : la matrice du projecteur sur le vecteur de norme 1

$\omega = u|+> + v|->$ étant $\begin{pmatrix} \bar{u}u & \bar{v}u \\ \bar{u}v & \bar{v}v \end{pmatrix}$, si u,v sont donnés par (1) on a

(5) $\quad W_{\theta,\phi} = \frac{1}{2}(I+\sigma_{\theta,\phi})\ ,\quad \sigma_{\theta,\phi} = \begin{pmatrix} \cos\theta & \sin\theta e^{-i\phi} \\ \sin\theta e^{i\phi} & -\cos\theta \end{pmatrix}$

(6) $\quad x = \sin\theta\cos\phi\ ,\ y = \sin\theta\sin\phi,\ z = \cos\phi$ dans (4)

Les matrices (5) sont aussi celles de <u>tous les projecteurs orthogonaux</u> sur des sous-espaces de dimension 1 (i.e., autres que 0 et I) : $W_{\theta,\phi}$ admet les vecteurs propres $\omega_{\theta,\phi}$ et $\omega_{\pi+\theta,\phi}$ (orthogonaux dans $\mathbb{C}^2$, opposés dans $\mathbb{R}^3$) avec les valeurs propres 1,0 respectivement.

Dans la situation physique du spin (pour une particule de spin 1/2), $\sigma_{\theta,\phi}$ représente une mesure de spin dans la direction du vecteur (6) . Sous la loi $\varepsilon_{0,\phi}$ (ϕ arbitraire), pour laquelle une mesure du spin suivant Oz donnerait toujours la réponse + , donc pour laquelle, du point de vue classique, il ne resterait <u>plus rien d'aléatoire</u>, l'observable $\sigma_{\theta,\phi}$ fournit une réponse + avec probabilité $\cos^2(\theta/2)$, une réponse - avec probabilité $\sin^2(\theta/2)$, d'où une moyenne de $\cos\theta$. Plus généralement, si l'on a filtré les particules dé manière que leur spin soit toujours dans la direction du vecteur unitaire a, une mesure du spin dans la direction du vecteur unitaire b donnera la valeur moyenne a.b (plus exactement, $\frac{\hbar}{2}$a.b), résultat comparable à ceux que l'on obtient en optique pour la lumière polarisée, mais cette valeur moyenne provenant de l'accumulation de "tirages au sort" individuels fournissant chacun une réponse discrète $\pm \frac{\hbar}{2}$.

Nous regroupons ici quelques formules concernant les matrices de Pauli, qui seront utiles plus tard

(7) $$\sigma_x\sigma_y = -\sigma_y\sigma_x = i\sigma_z \text{ (deux autres formules par permutation circulaire)}$$
$$\sigma_x\sigma_x = \sigma_y\sigma_y = \sigma_z\sigma_z = I\ .$$

Les matrices $\mathbf{i}=-i\sigma_x$, $\mathbf{j}=-i\sigma_y$, $\mathbf{k}=-i\sigma_z$ sont les matrices traditionnellement utilisées pour représenter les quaternions : on a $\mathbf{ij} = \mathbf{k} = -\mathbf{ji}$ (et deux autres formules par permutation circulaire), $\mathbf{i}^2=\mathbf{j}^2=\mathbf{k}^2= -\mathbf{1}$.

2. Il est très facile de donner des exemples de <u>groupes unitaires</u> représentant des évolutions hamiltoniennes. Avec les notations des physiciens

$$U_t = e^{itH/\hbar}$$

où H est un opérateur a.a., nécessairement borné ici, qui représente l'observable énergie. Excluant le cas où H est proportionnel à I, H admet deux vecteurs propres orthogonaux et normés, avec deux valeurs propres qui représentent deux "niveaux d'énergie" . Comme remplacer H par H+cI avec c réel ne change $e^{itH/\hbar}$ que par un facteur de module 1, et l'énergie n'est jamais définie en physique qu'à une constante additive près, on peut normaliser la situation en supposant que les deux niveaux d'énergie sont -E et

$+E$ avec $E>0$. On ne perd aucune généralité essentielle en supposant que les deux vecteurs propres sont respectivement $|->$ et $|+>$ (cela revient à un changement de base). Alors on a $H=E\sigma_z$ et

$$(8) \qquad e^{itH/\hbar} = \begin{pmatrix} e^{itE/\hbar} & 0 \\ 0 & e^{-itE/\hbar} \end{pmatrix}$$

Si l'état initial était $\omega_{\theta,\phi}$, l'état à l'instant t $U_t\omega_{\theta,\phi}$ est décrit par

$$\theta_t=\theta \quad , \quad \phi_t = \phi - tE/\hbar$$

Comme θ reste constant, on voit que dans une telle évolution, la probabilité des réponses +,- pour l'observable σ_z reste inchangée. En revanche, les lois des observables σ_u varient périodiquement au cours du temps. La signification physique de (8) est que le vecteur représentant le spin tourne autour de Oz d'un mouvement uniforme (précession de Larmor).

3. Avant de donner des exemples d'évolutions irréversibles, nous introduisons certaines matrices remarquables, qui reparaîtront sous des formes diverses dans tous les exposés ultérieurs.

Nous nous plaçons dans la base $|->$, $|+>$: l'état $|->$ sera appelé <u>état vide</u>, et nous le noterons ϕ , et l'état $|+>$ <u>état occupé</u> (nous sommes donc en train de changer d'interprétation physique : il ne s'agit plus de mesurer un spin !). Nous appelons <u>opérateur de création</u> b^+ et <u>opérateur d'annihilation</u> b^- les opérateurs de matrices

(9) $b^+ = \begin{pmatrix} 0 & 0 \\ 1 & 0 \end{pmatrix}$ transforme l'état vide en état occupé,

$b^- = \begin{pmatrix} 0 & 1 \\ 0 & 0 \end{pmatrix}$ transforme l'état occupé en état vide.

Ces opérateurs sont adjoints l'un de l'autre. On appelle opérateur <u>nombre de particules</u> l'opérateur a.a.

(10) $N = b^+b^- = \begin{pmatrix} 0 & 0 \\ 0 & 1 \end{pmatrix}$ qui vaut 0 dans l'état vide, 1 dans l'état occupé.

[En physique, les « particules » en question sont des individus insociables appelés <u>fermions</u> : dès qu'un fermion a occupé une place, il empêche tout autre fermion d'approcher, c'est pourquoi un nombre de fermions ne peut être que 0 ou 1 dans une place donnée]. On remarquera que

$$(11) \qquad b^++b^- = \sigma_x \ , \quad i(b^+-b^-) = \sigma_y \ , \quad [b^-,b^+] = \sigma_z = I-2N$$

D'autre part, en calculant des <u>anticommutateurs</u> ($\{A,B\}=AB+BA$)

$$(12) \qquad \{b^-,b^-\}=\{b^+,b^+\}=0 \ , \ \{b^-,b^+\}=I$$

qui est une forme élémentaire des <u>relations d'anticommutation canoniques</u>. La situation présente est trop élémentaire, et le langage se comprendra mieux lorsque nous aurons vu d'autres exemples.

On notera que, lorsque l'on identifie l'espace de Hilbert H à $L^2(\mu)$ comme au début, l'opérateur de multiplication par X est égal à σ_x .

4. Sur notre espace de Hilbert de dimension 2, l'espace des mesures bornées réelles coïncide avec celui des opérateurs a.a., puisque tout opérateur a.a. a une trace finie. On voit sur la représentation (2) qu'il est de dimension réelle 4, et non 2 comme en probabilités classiques (il y a beaucoup plus d'"événements"). Un semi-groupe de noyaux markoviens sur $\mathfrak{M}$ est donné par une équation

(13) $$W_t = e^{tG}(W_0) \quad \text{ou} \quad \dot{W}_t = G(W_t)$$

où le générateur G est une application linéaire de $\mathfrak{M}$ dans $\mathfrak{M}$, et l'opérateur linéaire e^{tG} préserve la positivité et la trace. On a écrit $e^{tG}(.)$, $G(.)$ pour éviter la confusion possible avec un produit de matrices (2,2), alors qu'ici G serait plutôt une matrice (4,4). Nous allors recherche la forme des générateurs possibles, en recopiant le livre de Davies.

Remarquons d'abord que l'ensemble des générateurs de semi-groupes de noyaux markoviens est un cône convexe. En effet, remplacer G par λG ($\lambda>0$) revient à changer de temps sur le semi-groupe, tandis que si G et G' sont les générateurs de deux semi-groupes markoviens P_t et P'_t, le semi-groupe d'opérateurs $e^{t(G+G')}$ est donné par la formule classique de Trotter-Kato (facile à justifier en dimension finie)

$$e^{t(G+G')} = \lim_n \, (P_{t/n}P'_{t/n})^n$$

et il est clair qu'il préserve la positivité et la trace.

- Un premier type de générateurs est donné par les <u>évolutions hamiltoniennes</u> : on considère un groupe unitaire $U_t = e^{itH}$, que l'on fait agir sur les mesures W par

(14) $$P_t(W) = W_t = U_t W U_t^*$$

Nous avons alors $\quad G(W) = i[H,W]$

Cette évolution préserve les lois pures : si $W=\varepsilon_\omega$, on a $W_t=\varepsilon_{U_t\omega}$. Du point de vue physique, c'est un comportement réversible, analogue aux flots déterministes de la mécanique classique.

- Voici un second type de générateurs . Nous nous donnons un opérateur K arbitraire, et nous posons

(15) $$G(W) = 2KWK^* - ((K^*K)W+W(K^*K)) = [KW,K^*]+[K,WK^*] \; .$$

Posons $Q_t = e^{tG}$. Il est clair que si W est a.a., $G(W)$ est a.a., donc $Q_t(W)$ également. Ensuite, on a $\mathrm{Tr}(G(W))=0$ pour tout W, d'où il résulte que Q_t préserve la trace. Reste à vérifier que Q_t préserve la positivité. Pour cela, on écrit G sous la forme $G_1 + G_2$, où

$$G_1(W) = KWK^* \quad , \quad G_2(W) = -(JW+WJ) \text{ avec } J=K^*K$$

et l'on vérifie que e^{tG_1} et e^{tG_2} préservent la positivité. Pour le premier, on écrit

$$e^{tG_1}(W) = W + tKWK^* + \frac{t^2}{2!}K^2WK^{*2} + \dots$$

qui est une somme d'opérateurs positifs si $W \geq 0$ et $t \geq 0$ (on a un semi-groupe et non un groupe). Pour G_2 , on a

$$e^{tG_2}(W) = e^{-tJ}We^{-tJ}$$

qui est positif si W est positif, J étant a.a.. Tout ceci vaut sur un espace de dimension quelconque, et l'on peut démontrer de plus que les noyaux ainsi construits sont <u>complètement positifs</u>.

5. Voici des exemples plus concrets, sur l'espace à deux points. Cette fois ci, nous appellerons l'état $|- >$ <u>état fondamental</u>, $|+ >$ <u>état excité</u>, ce qui constitue une troisième interprétation physique. Nous allons donner un modèle d'évolution irréversible pour un système à deux états, que l'on appelle <u>atome de Wigner-Weisskopf</u>. Nous prendrons pour G un générateur

$$G = h + c_-g_- + c_+g_+ \tag{16}$$

où h est un générateur du premier type (hamiltonien)

$$h(W) = i[H,W] \quad \text{avec} \quad H = \begin{pmatrix} \omega_- & 0 \\ 0 & \omega_+ \end{pmatrix}$$

et c_-, c_+ sont des constantes positives, g_-, g_+ des générateurs du second type (irréversibles)

$$g_-(W) = 2b^-Wb^+ - b^+b^-W - Wb^+b^-$$

$$g_+(W) = 2b^+Wb^- - b^-b^+W - Wb^-b^+$$

Appelons <u>lois diagonales</u> les lois de la forme $W=\begin{pmatrix} \lambda_- & 0 \\ 0 & \lambda_+ \end{pmatrix}$. On peut montrer que l'évolution (16) préserve les lois diagonales, les coefficients $\lambda_-(t)$, $\lambda_+(t)$ à l'instant t satisfaisant à l'équation différentielle suivante[1] (les coefficients $\omega_\pm$ n'interviennent pas)

$$\dot{\lambda}_- = -2c_+\lambda_- + 2c_-\lambda_+$$

$$\dot{\lambda}_+ = 2c_+\lambda_- - 2c_-\lambda_+$$

En particulier, si $c_+=0$ et $\lambda_-(0)=0$, $\lambda_+(0)=1$, on a $\lambda_+(t)=e^{-2ct}$, $\lambda_-(t) = 1-e^{-2ct}$. L'évolution des probabilités décrit l'idée intuitive d'un état excité instable, tendant à revenir à un état fondamental stable (évolution d'un atome radioactif). Il s'agit sans doute du modèle le plus simple possible d'évolution non hamiltonienne (irréversible) que l'on rencontre dans la nature.

Pour toutes ces questions, voir le livre de Davies <u>Quantum Theory of Open Systems</u>, Academic Press.

1. La même que pour les chaînes de Markov à deux états.

II. DEUX EVENEMENTS

La lecture de ce paragraphe n'est pas indispensable pour la suite, mais elle constitue, il me semble, un excellent exercice, instructif à bien des égards. Il s'agit d'étudier " la tribu engendrée par deux événements ". Le contenu du paragraphe est emprunté à M.A. Rieffel et A. van Daele, A bounded operator approach to Tomita-Takesaki theory, Pacific J.M. 69, 1977, et à travers eux, en partie, à Halmos, Two subspaces, Trans. AMS 144, 1969, et même Dixmier, Rev. Sci. 86, 1948. Les principales applications des résultats présentés ici ne concernent pas les probabilités quantiques, mais la théorie des algèbres de von Neumann (quelques indications dans le dernier n° du paragraphe).

1. Soit Ω un espace de Hilbert complexe, et soient A,B deux événements (sous-espaces fermés). Les quatre sous-espaces $A\cap B$, $A\cap B^{\perp}$, $A^{\perp}\cap B$, $A^{\perp}\cap B^{\perp}$ sont stables par les projecteurs I_A et I_B , de même que leur somme K . Sur K les projecteurs I_A et I_B commutent, et les v.a. I_A et I_B ont donc une loi jointe sous toute loi ε_{ω} ($\omega\in K$) et tout mélange de telles lois. Tout se passe donc comme en probabilités classiques. Les phénomènes proprement quantiques se produisent sur le sous-espace $H=K^{\perp}$ (également stable par I_A et I_B). <u>Nous nous restreindrons donc à</u> H, autrement dit, nous supposons désormais que les sous-espaces sont "en position générale"

(1) $$A\cap B = A^{\perp}\cap B^{\perp} = \{0\} = A\cap B^{\perp} = A^{\perp}\cap B .$$

Nous désignons par p,q les projecteurs sur A et B . Nous posons alors

(2) $$c = p-q \quad , \quad s = p+q-I$$

Ce sont des opérateurs a.a. satisfaisant aux relations

(3) $$c^2+s^2=I \quad , \quad cs+sc = 0 \quad (cs = [p,q]) .$$

Les notations c et s sont là pour rappeler la trigonométrie. Il est clair que les opérateurs I+c, I-c, I+s, I-s sont positifs, d'où les représentations spectrales

(4) $$c = \int_{-1}^{1} \lambda dE_{\lambda} \quad , \quad s = \int_{-1}^{1} \lambda dF_{\lambda} .$$

Tirons quelques conclusions de (1). La relation cx=0 entraîne px=qx, donc px=qx=0, donc $x\in A^{\perp}\cap B^{\perp}$, et enfin x=0 : c <u>est injectif</u> . Un raisonnement tout analogue montre que I-s, I+s <u>sont injectifs</u>. En utilisant la seconde moitié des relations (1) on verra que s, I-c, I+c <u>sont injectifs</u>. L'injectivité de c signifie que $\int I_{\{0\}}(s)dE_s=0$, et de même pour s . Dans la situation étudiée par Rieffel et van Daele, on suppose seulement la moitié de gauche de (1), de sorte que s, I-c, I+c ne sont pas nécessairement injectifs.

Posons

(5) $$j = \int_{-1}^{1} \mathrm{sgn}(\lambda)dE_\lambda \quad , \quad d = \int_{-1}^{1} |\lambda| dE_\lambda$$

Comme c est injectif, j est un opérateur a.a. de carré I : une symétrie. D'autre part, d est a.a. positif. D'après (4) , on a $d^2=I-s^2$: comme d est positif, c'est la racine carrée de $1-s^2$, ainsi $d=|c|=(1-s^2)^{1/2}$, et d commute avec c,s,p,q . Enfin $djp=cp=(p-q)p=(I-q)(p-q)=(I-q)dj=d(I-q)j$. Comme d est injectif, cela entraîne

(6) $$jp=(I-q)j \text{ , d'où en passant à l'adjoint } jq=(I-p)j$$

et par addition

(7) $$js = -sj \quad , \; jc = cj$$

(la seconde relation est simplement rappelée : elle résulte de (5)). Nous dirons que j est la symétrie principale (principale, parce que son existence n'exige que la première moitié de (1))

Supposant la seconde moitié de (1), on construit de même la symétrie secondaire k et l'opérateur a.a. positif e , tels que

(8) $$s = ke = ek \;, \quad e = |s| = (1-c^2)^{1/2} \;, \; e \text{ commute à } c,s,p,q \;,$$

(9) $$kc = -ck \;, \; ks=sk \;.$$

Les deux symétries j,k anticommutent. En effet, k anticommute à c , donc à tout polynôme impair en c , donc à la fonction impaire $j=\mathrm{sgn}(c)$. Nous faisons un dessin, en désignant par M le sous-espace $\{jx=x\}$, par N le sous-espace $\{kx=x\}$.

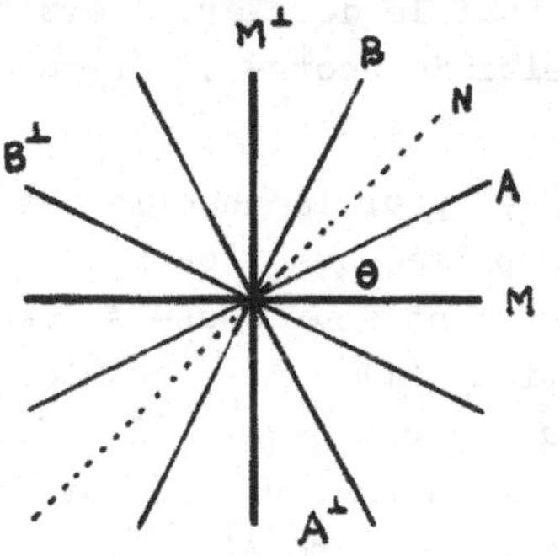

Il n'est pas difficile de vérifier que l'opérateur $kj = i_0$ est tel que $i_0^2=-I$, est une bijection de M sur $M^\perp$. Si l'on représente H comme $M \oplus M^\perp$ et que l'on identifie $M^\perp$ à M par i_0 , tout opérateur borné sur H se représente comme une matrice (2,2) d'opérateurs sur M. En particulier

$$j = \begin{pmatrix} I & 0 \\ 0 & -I \end{pmatrix} \;, \quad k = \begin{pmatrix} 0 & I \\ I & 0 \end{pmatrix} \;, \quad i_0 = \begin{pmatrix} 0 & -I \\ I & 0 \end{pmatrix} \quad (\text{ I identité de M })$$

Si nous posons $\ell=-ijk$ (où i est l'opérateur de multiplication par $i \in \mathbb{C}$) la matrice de ℓ est la troisième matrice de Pauli, et il n'est pas difficile alors de vérifier que l'ensemble des opérateurs de la forme

$$a = u + vj + wk + z\ell$$

où u,v,w,z sont des fonctions boréliennes bornées de l'opérateur d (ou e qui commute avec tous les autres, est exactement l'algèbre de v.N. engendrée par p et q, c'est à dire l'analogue quantique de la tribu engendrée par les deux événements. Cela illustre deux faits : la "tribu" engendrée par deux événements contient, dès que ceux-ci ne commutent pas, une infinité non dénombrable de projecteurs. D'autre part, le caractère fondamental du spin comme phénomène quantique élémentaire.

2. Les résultats de cette section ne nous serviront pas, mais il est difficile de quitter ce sujet sans signaler combien il est intéressant. Le lecteur pourra se reporter à l'article cité de Rieffel-Van Daele.

a) Tout ce que nous avons fait plus haut peut se faire pour un espace de Hilbert réel (sauf l'extrême fin où nous avons posé $\ell=ijk$). La figure de la page précédente suggère de considérer A et B, dans le "système d'axes" $M, M^{\perp}$, comme définis par des "équations" $y=(\mathrm{tg}\theta)x$, $y=(\mathrm{cotg}\theta)x$, où θ est l'"angle" entre M et A. Cette trigonométrie a, semble t'il, des applications en statistique . Voici (d'après Halmos puis R-vD) le sens qu'on peut lui attribuer. Les opérateurs d et e commutent, laissent stable M : désignons par $\underline{d}$, $\underline{e}$ leurs restrictions à M , et convenons de poser

$$(\cos 2\theta)=\underline{d}\ ,\ (\sin 2\theta)=\underline{e}\ ;\ (\cos^2\theta)=\tfrac{1}{2}(I+\underline{d}),\ (\sin^2\theta)=\tfrac{1}{2}(I-\underline{d})\ ;$$
$$(\mathrm{tg}\theta)=\left(\frac{I-\underline{d}}{I+\underline{d}}\right)^{1/2},\ (\mathrm{cotg}\theta)=\left(\frac{I+\underline{d}}{I-\underline{d}}\right)^{1/2}$$

tous opérateurs bornés sur M, sauf le dernier. Alors on peut montrer que A est le graphe de $(\mathrm{tg}\theta)$, B celui de $(\mathrm{cotg}\theta)$, lorsqu'on identifie $M^{\perp}$ à M par i_0, et donc H à $M\times M$.

b) Dans la situation intéressante pour la théorie des algèbres de vN, H est un espace de Hilbert complexe, que l'on munit aussi de la structure réelle $(x,y)=\mathrm{Re}\langle x,y\rangle$, et A et B sont deux sous-espaces réels, satisfaisant à la première moitié des relations (1) (mais on n'aura pas $A\cap B^{\perp}=\{0\}$), et liés par la relation $B=iA$ (ou encore $ip=qi$). L'opérateur s est alors $\mathbb{C}$-linéaire, mais c,j sont antilinéaires. Un élément de structure très important est le groupe unitaire U_t (noté Δ^{it})

$$U_t = (I-s)^{it}(I+s)^{-it}$$

qui commute avec j et laisse toute la figure invariante. Peut être aurons nous l'occasion d'y revenir.

III. SYSTEMES FINIS DE SPINS

Ce paragraphe est le développement logique des deux précédents : l'étude d'un spin était celle de l'espace mesurable quantique $L^2(\mu)$, où μ est une loi de Bernoulli, et nous allons considérer maintenant un système fini de v.a. de Bernoulli indépendantes.

Ce paragraphe est très important, car les analogies avec ce que nous ferons plus tard en temps continu sont étonnamment étroites. Néanmoins, le lecteur fera peut être bien de parcourir l'exposé III avant de revenir ici.

Un court appendice a permis au rédacteur d'apprendre un peu d'algèbre. Il n'est pas indispensable pour la lecture des exposés ultérieurs.

1. Donnons nous un entier M, et une famille finie ν_i de v.a. indépendantes ($i=1,\dots,M$), prenant la valeur 1 avec probabilité p, la valeur 0 avec probabilité $q=1-p$. Nous pouvons réaliser tout cela sur $E=\{0,1\}^M$, espace à 2^M points, et nous désignons par μ_p la loi de probabilité Nous posons

(1) $$X_i = \frac{\nu_i - p}{\sqrt{pq}}$$

v.a. de moyenne nulle et de variance unité. Les v.a. suivantes, où A parcourt l'ensemble des parties de $\{1,\dots,M\}$

(2) $$X_A = \prod_{i\in A} X_i \qquad (X_\emptyset = 1)$$

constituent une base orthonormale de l'espace $\Psi = L^2(\mu_p)$. Nous désignerons par Ψ_n le sous-espace de Ψ engendré par les X_A , $|A|=n$.

Une v.a. Y s'écrit de manière unique sous la forme $\Sigma_A\, y_A X_A$ ($y_A \in \mathbb{C}$), et l'on a $<Y,Z> = \Sigma_A\, \overline{y}_A z_A$; on sait aussi calculer l'espérance de Y , égale à $y_\emptyset = <1,Y>$. Quant à la multiplication, elle est complètement décrite par l'associativité, la commutativité, le fait que $X_\emptyset=1$ est élément unité, et la règle (qui découle de (1))

(3) $$X_i^2 = 1 + cX_i \quad , \text{ avec } \quad c = \frac{1-2p}{\sqrt{pq}} \; .$$

En particulier, lorsque $p=1/2$, $c=0$, on a la formule explicite

(4) $$X_A X_B = X_{A\Delta B} \quad (\text{ différence symétrique }) \; .$$

Nous allons maintenant prendre une formulation purement algébrique de notre problème : considérons un espace de Hilbert complexe Ψ de dimension 2^M , avec une base orthonormale réelle notée X_A ($A\subset\{1,\dots,M$; dire que la base est réelle revient à dire que Ψ est muni d'une conjugaison, etc.). <u>Pour chaque valeur de</u> p , nous avons mis en évidence une structure possible d'algèbre associative et commutative sur Ψ, admettant $X_\emptyset$ comme unité (nous écrirons toujours $X_\emptyset=1$), et caractérisée par (3).

Le travail que nous allons faire, et qui est analogue en temps discret à celui que nous ferons plus tard en temps continu, consiste à décrire de manière purement algébrique ces divers opérateurs de multiplication sur Ψ, à partir des opérateurs de création et d'annihilation de type symétrique. Ensuite, nous définirons d'autres opérateurs, de type antisymétrique, qui nous permettront de définir d'autres structures d'algèbre sur Ψ, celles-ci non commutatives, et d'une extrême importance en physique et en mathématiques (algèbres de Clifford ; spineurs).

2. Nous commençons par les opérateurs du type symétrique : ils sont définis par

$$(5)\qquad \begin{aligned} a_k^+(X_A) &= X_{A\cup\{k\}} \quad \text{si } k\notin A\,,\quad 0 \text{ sinon} \qquad (\text{ création }) \\ a_k^-(X_A) &= X_{A\setminus\{k\}} \quad \text{si } k\in A\,,\quad 0 \text{ sinon} \qquad (\text{ annihilation }) \end{aligned}$$

Il est très facile de vérifier que $< X_B, a_k^- X_A> = < a_k^+ X_B, X_A >$, donc ils sont adjoints l'un de l'autre. L'opérateur

$$(6)\qquad N_k = a_k^+ a_k^- \quad : \quad N_k X_A = X_A \text{ si } k\in A\ ,\ 0 \text{ sinon}$$

est donc a.a.. Si l'on calcule $a_k^- a_k^+$, on trouve $I-N_k$, donc

$$(6)\qquad \begin{aligned} &[a_k^-,a_k^+] = I-2N_k\ , \qquad [a_k^-,a_j^+] = 0 \text{ si } k\neq j \\ &[a_k^-,a_j^-] = [a_k^+,a_j^+] = 0 \quad \text{quels que soient } j,k \end{aligned}$$

En fait, on a $a_k^- a_k^+ + a_k^+ a_k^- = I$, et en regardant bien, on s'aperçoit que chaque couple (a_k^-,a_k^+) est une copie du couple (b^-,b^+) du § I, (9), tous ces couples commutant entre eux. Autrement dit, nous considérons un système de spins commutant entre eux. Les v.a. de spin sont (§ I, (11))

$$(7)\qquad q_k = a_k^+ + a_k^- \quad , \quad p_k = i(a_k^+ - a_k^-) \quad .$$

Les q_k commutent tous entre eux, et peuvent donc être considérés comme des v.a. classiques. Si l'on regarde comment q_k opère , on voit que

$$q_k X_A = X_{A\Delta\{k\}}$$

Comparant cela à (4), on voit que q_k est l'opérateur de multiplication par X_k correspondant à $p=1/2$. Il est facile d'expliciter l'opérateur de multiplication par X_k correspondant à $p\neq 1/2$, $c\neq 0$: en regardant comment cette multiplication opère sur X_A pour $k\in A$ et $k\notin A$, on trouve que

$$(8)\qquad X_k \overset{p}{\cdot} X_A = (q_k + cN_k)X_A \quad .$$

Il est clair que sous la loi ε_1 , les v.a. q_k+cN_k sont indépendantes, équidistribuées, avec la même distribution que $(\nu_i - p)/\sqrt{pq}$ en (1) : cela résulte de l'équivalence unitaire entre Ψ muni des opérateurs q_k+cN_k et l'espace $L^2(\mu_p)$ muni des opérateurs de multiplication par X_k .

Quelle est dans ces conditions la loi des v.a. p_k, p_k+cN_k ? Désignons par $\mathcal{F}$ (pour rappeler la transformation de Fourier) l'opérateur unitaire sur Ψ défini par

(9) $$\mathcal{F}X_A = i^{|A|}X_A$$

opérateur qui préserve $X_\emptyset=1$, et qui satisfait à

(10) $$\mathcal{F}^{-1}a_k^+\mathcal{F} = ia_k^- \;,\; \mathcal{F}^{-1}a_k^-\mathcal{F} = a_k^+ \;,\; \mathcal{F}^{-1}N_k\mathcal{F} = N_k$$

et donc à $\mathcal{F}^{-1}(q_k+cN_k)\mathcal{F} = p_k+cN_k$, $\mathcal{F}^{-1}(p_k+cN_k)\mathcal{F} = -q_k+cN_k$. On voit (comme $\mathcal{F}$ préserve 1) que les v.a. p_k+cN_k et q_k+cN_k ont même loi sous ε_1 .

Remarquer que sous la loi ε_1 , on a p.s. $N_k=0$, et que cependant q_k et q_k+cN_k n'ont pas la même loi.

Il est facile d'écrire au moyen des opérateurs de création et d'annihilation tous les opérateurs sur Ψ . Remarquons en effet que tout vecteur $x\in\Psi$ non nul peut être ramené à un multiple non nul de 1 par un produit d'annihilateurs convenable, puis que ce vecteur peut être transformé en un vecteur quelconque y par une somme de produits de créateurs convenables. Autrement dit, l'algèbre engendrée par les a_j^- et les a_k^+ opère sur Ψ de manière irréductible, et d'après un théorème (facile) d'algèbre, c'est alors l'algèbre de tous les opérateurs sur Ψ . Au moyen des relations

$$a_k^-a_k^+ = I - a_k^+a_k^- \qquad a_k^{+2}=a_k^{-2}=0 \;,$$

et de la commutation d'opérateurs d'indices j,k différents, on peut exprimer tout produit de créateurs et d'annihilateurs comme une combinaison linéaire de produits $a_A^+a_B^-$ où tous les créateurs sont à gauche des annihilateurs, et où A et B sont deux parties quelconques de $\{1,\dots,M\}$. Comme le nombre de ces opérateurs est 2^{2M} , i.e. juste ce qu'il faut pour engendrer toutes les matrices $(2^M,2^M)$, ils forment une base de l'ensemble de tous les opérateurs sur Ψ . Autre écriture (unique) : $a_A^+N_Ba_C^-$ avec A,B,C disjoints.

Nous interrompons provisoirement l'étude de ces opérateurs. Nous verrons plus tard qu'ils constituent une approximation discrète des opérateurs de création et d'annihilation de l'espace de Fock symétrique.

2. Nous passons aux opérateurs de création et d'annihilation antisymétriques, décrivant des systèmes de spins qui anticommutent, au lieu de commuter. Si k est un indice, B une partie de $\{1,\dots,M\}$, nous désignons par n(k,B) (resp. n'(k,B)) le nombre des éléments de B strictement inférieurs (resp. supérieurs) à k . Il est clair que $n(k,B)+n'(k,B) = |B|-I_B(j)$. On pose ensuite pour toute partie A $n(A,B) = \Sigma_{k\in A}\, n(k,B)$, et de même n'(A,B) : n(A,B) est le nombre d'inversions observé lorsqu'on écrit B à droite de A (A,B étant rangés par ordre croissant), et n'(A,B)=n(B,A). On a

$$n(A,B) + n(B,A) = |A||B| - |A\cap B| \;.$$

On pose

$$(11)\qquad \begin{aligned} b_k^+(X_A) &= (-1)^{n(k,A)} X_{A\cup\{k\}} \quad \text{si } k\notin A \text{ , 0 sinon} \\ b_k^-(X_A) &= (-1)^{n(k,A)} X_{A\setminus\{k\}} \quad \text{si } k\in A \text{ , 0 sinon} \end{aligned}$$

Ces opérateurs sont adjoints l'un de l'autre. Contrairement aux opérateurs (5), qui ne sont qu'une approximation des opérateurs de création et d'annihilation de l'espace de Fock symétrique, ce sont <u>exactement</u> les opérateurs de création et d'annihilation de l'espace de Fock antisymétrique, construit sur un espace de Hilbert de dimension M, ici $H=\Psi_1$.

Comme dans la section précédente, chaque couple (b_k^+,b_k^-) représente un spin - mais ces spins, au lieu de commuter, vont <u>anti</u>commuter. On vérifie en effet les <u>relations d'anticommutation canoniques</u>

$$(12)\qquad \{b_j^-,b_k^-\} = \{b_j^+,b_k^+\} = 0 \ , \qquad \{b_j^-,b_k^+\} = \delta_{jk} I \ .$$

Notons aussi que $b_k^+b_k^- = N_k$ (le même que tout à l'heure) et que la transformation de Fourier $\mathcal{F}$ opère sur les $b_k^{\pm}$ exactement comme (10).

Comme plus haut aussi, nous construisons des opérateurs autoadjoints

$$(13)\qquad r_k = b_k^+ + b_k^- \ , \quad s_k = i(b_k^+ - b_k^-)$$

qui satisfont eux aussi à des relations d'anticommutation simples

$$(12')\qquad \{r_j,s_k\} = 0 \ , \quad \{r_j,r_k\} = \{s_j,s_k\} = 2\delta_{jk} I$$

en particulier, $r_j^2=s_j^2=I$: <u>r_j et s_j sont des symétries</u> . Si A est une partie de $\{1,\ldots,M\}$, que nous écrivons $A=\{i_1<i_2\ldots<i_k\}$, nous posons $r_A = r_{i_1}\ldots r_{i_k}$ et de même s_A . Comme dans la section précédente, l'algèbre d'opérateurs engendrée par les $b_k^{\pm}$ et l'identité (ou, ce qui revient au même les r_k,s_k et I) contient tous les opérateurs sur Ψ . En jouant à saute-mouton grâce à l'anticommutation, et en réduisant les puissances grâce à $r_j^2=s_j^2=I$, on voit que <u>les opérateurs</u> r_As_B <u>forment une base de l'espace de tous les opérateurs sur</u> Ψ.

Recopions quelques formules sur les opérateurs ainsi construits

$$(14)\qquad r_kX_B = (-1)^{n(k,B)} X_{B\Delta\{k\}} \quad \text{, donc} \quad r_AX_B = (-1)^{n(A,B)} X_{A\Delta B}$$

Ensuite, nous avons $s_kX_B = i(-1)^{n(k,B)} X_{B\Delta\{k\}}(I_{B^c}(k)-I_B(k))$. Ce dernier facteur (+1 si $k\notin B$, -1 si $k\in B$) peut s'écrire $(-1)^{n(k,B)+n'(k,B)+|B|}$. Donc

$$(15)\qquad \begin{aligned} s_kX_B &= i(-1)^{n'(k,B)}(-1)^{|B|} X_{B\Delta\{k\}} \\ s_AX_B &= i^{|A|}(-1)^{n'(A,B)+|A||B|+|A|-1} X_{A\Delta B} \end{aligned}$$

Enfin, nous avons

$$(16)\qquad r_Ar_B = (-1)^{n(A,B)} r_{A\Delta B} = (-1)^{n(A,B)+n'(A,B)} r_Br_A \quad \text{(de même pour s)}$$

En particulier, $r_A^2 = s_A^2 = (-1)^{n(A,A)} I$, avec $n(A,A)=|A|(|A|-1)/2$. D'autre part

(17) $$s_B r_A = (-1)^{|A|\,|B|} r_A s_B \quad .$$

3. L'algèbre de Clifford.

Donnons nous un entier ν , et considérons une algèbre $\mathfrak{a}$ sur $\mathbb{C}$, à unité 1, engendrée en tant qu'algèbre par 1 et par ν générateurs ε_k assujettis aux relations

(18) $$\varepsilon_i^2 = 1 \ , \quad \varepsilon_i\varepsilon_j + \varepsilon_j\varepsilon_i = 0 \quad (i \neq j) \quad .$$

Alors, si nous définissons comme ci-dessus les produits ε_A , ces règles entraînent que les ε_A engendrent $\mathfrak{a}$ en tant qu'espace vectoriel. Si les ε_A forment un système libre, nous connaissons la table de multiplication $\varepsilon_A\varepsilon_B = (-1)^{n(A,B)}\varepsilon_{A\Delta B}$, et l'algèbre est déterminée à isomorphisme près : on l'appelle algèbre de Clifford de dimension 2^ν, et nous la noterons $\underline{\underline{C}}(\nu)$.

Les résultats obtenus plus haut peuvent s'exprimer en disant que les r_i d'une part, les s_i d'autre part, sont les générateurs d'une algèbre d'opérateurs isomorphe à $\underline{\underline{C}}(M)$, et les (r_i, s_j) pris ensemble les générateurs d'une algèbre isomorphe à $\underline{\underline{C}}(2M)$. Mais nous avons vu que l'algèbre engendrée par les (r_i, s_j) est l'algèbre de tous les opérateurs sur Ψ . Cela va avoir une conséquence importante.

Considérons une algèbre du type précédent, à 2M générateurs. L'application $I \mapsto 1$, $r_i \mapsto \varepsilon_i$, $s_i \longmapsto \varepsilon_{M+i}$ se prolonge en un homomorphisme de l'algèbre engendrée par les (r_i, s_j) sur $\mathfrak{a}$. Mais l'algèbre de tous les opérateurs sur Ψ n'admet pas d'idéal non trivial, donc le noyau est nul, et les ε_A sont forcément libres . Autrement dit, en dimension $\nu=2M$ paire, il n'y a qu'un seul type d'algèbre satisfaisant à (18), et il est isomorphe à l'algèbre de toutes les matrices $(2^\nu, 2^\nu)$. Ce que nous avons montré s'énonce en langage algébrique en disant que $\underline{\underline{C}}(2M)$ est une algèbre simple. Nous construirons plus loin un opérateur σ sur Ψ, tel que $\sigma^2 = I$, anticommutant aux r_i, s_j : comme σ est une combinaison linéaire des $r_A s_B$, il existe une algèbre du type (18) avec $\nu = 2M+1$ telle que les ε_A ne soient pas libres, et cela signifie que $\underline{\underline{C}}(2M+1)$ n'est pas simple.

Les algèbres de Clifford ont une très grande importance en mathématiques et en physique. J'ai trouvé magnifique l'exposé de J. Helmstetter , Algèbres de Clifford et algèbres de Weyl, Cahiers Math. n°25, Montpellier 1982. Je le recommande vivement.

Remarques. a) Dans une algèbre de Clifford $\underline{\underline{C}}(\nu)$ à ν générateurs ε_i, les $\nu-1$ éléments $i\varepsilon_{12}, \ldots i\varepsilon_{1n}$ satisfont aux relations d'anticommutation et à la propriété de liberté, donc engendrent une algèbre de Clifford isomorphe à $\underline{\underline{C}}(\nu-1)$, que l'on appelle l'algèbre paire.

b) Comment rendre les définitions précédentes aussi indépendantes que possible du choix d'une base ? Soit H l'espace vectoriel complexe engendré par les ε_i , et soit (,) la forme bilinéaire complexe non dégénérée (pas une forme hermitienne !) pour laquelle les ε_i constituent une base orthonormale. La multiplication ne dépend que de H et de la forme (,). En effet, elle est décrite par la relation

$$uv + vu = (u,v)1 \quad \text{si } u,v \text{ appartiennent à } H$$

qui pour les éléments d'une base orthonormale quelconque redonnent (18). Les éléments de l'algèbre de Clifford engendrée par H sont alors appelés spineurs sur H .

(L'espace de Minkowski de la relativité restreinte est muni d'une forme bilinéaire réelle non dégénérée : lorsqu'on le complexifie, on obtient une structure du type précédent, et la théorie des spineurs et de l'algèbre de Clifford $\underline{\underline{C}}(4)$ se trouve ainsi étroitement liée à la théorie de la relativité. Nous n'avons pas à parler ici de ce genre d'applications de l'algèbre de Clifford).

c) L'algèbre de Clifford non triviale la plus simple est $\underline{\underline{C}}(2)$, et nous l'avons déjà rencontrée à propos du spin. Si nous prenons M=1, l'espace Ψ a pour base naturelle $(1,X)$, et l'espace de tous les opérateurs sur Ψ a pour base (I,r,s,rs) , avec la table de multiplication $r^2=s^2=I$, $rs=-sr$. Si l'on choisit pour base (I,r,s,irs), la table de multiplication est celle des matrices de Pauli. Si l'on choisit $(I,ir,is,-rs)$, la table est celle des quaternions (à coefficients complexes). L'algèbre paire est engendrée par I et rs, sa table de multiplication est celle de $\mathbb{C}$.

4. Définition d'un produit de Clifford sur Ψ . Nous avons promis au début du paragraphe de définir d'autres multiplications intéressantes pour nos v.a. de Bernoulli X_i : nous y arrivons.

Définissons une structure d'algèbre (nous n'exigeons pas l'associativité a priori) par la table de multiplication

$$X_A \cdot X_B = (-1)^{n(A,B)} X_{A\Delta B} \tag{19}$$

Un coup d'oeil à (14) montre qu'alors r_A est l'opérateur $X_A\cdot$: comme la composition des opérateurs est associative, la multiplication l'est aussi, et les propriétés $X_i^2=1$, $X_iX_j+X_jX_i=0$ montrent que Ψ est une algèbre de Clifford $\underline{\underline{C}}(M)$. Plus tard, nous étendrons cela à une famille continue de v.a. de Bernoulli, i.e. au mouvement brownien.

Nous avons plongé Ψ dans l'algèbre $\mathcal{L}(\Psi)$ des opérateurs sur Ψ, par l'application $X_A \mapsto r_A$ (prolongée par linéarité). En ramenant sur Ψ la norme $\| \ \|$, le passage à l'adjoint * , nous obtiendrons une C^*-algèbre fort intéressante. Nous allons en dégager la structure.

Rappelons d'abord, pour bien fixer le langage, que Ψ est un e.v. complexe, muni d'une conjugaison $x \mapsto \overline{x}$ qui laisse fixe les X_A . Nous avons donc sur Ψ le produit hermitien $\langle x,y\rangle$, et la forme bilinéaire (produit scalaire euclidien) $(x,y)=\langle\bar{x},y\rangle$. On a pour le produit de Clifford $\overline{uv} = \bar{u}.\bar{v}$ (nous omettrons les . la plupart du temps désormais).

On voit sur (14) que les opérateurs r_A sont unitaires, donc $r_A^* = r_A^{-1}$, ce qui nous donne

(20) $$X_A^* = (-1)^{n(A,A)}X_A = (-1)^{|A|(|A|-1)/2}\,X_A$$

l'extension aux autres éléments se faisant par antilinéarité. Les propriétés $(uv)^*=v^*u^*$, $u^{**}=u$ sont héritées de $\mathcal{L}(\Psi)$. Si l'on pose

(21) $$\rho(u) = \bar{u}^*$$

on obtient une application linéaire de Ψ dans Ψ , telle que $\rho^2=I$: c'est le prolongement de (20) par linéarité. On a $\rho(uv)=\rho(v)\rho(u)$; la matrice de ρ dans la base (X_A) étant une diagonale réelle, ρ est un opérateur a.a..

Norme. La première chose que l'on voit , c'est que les r_A ont une norme d'opérateur égale à 1, donc $\|X_A\|=1$, et en particulier $\|X_i\|=1$. Il est intéressant de calculer aussi la norme de l'opérateur $X_f=\Sigma_i f^i X_i$. Si f est réelle et sa norme hilbertienne est 1, on peut faire entrer X_f dans une base à laquelle s'appliquent les calculs précédents, et on en déduit que $\|X_f\| = \|f\|$ pour f réelle. Pour f complexe telle que $\langle f,f\rangle=\|f\|^2=1$, posons $\alpha=\langle\bar{f},f\rangle$, nombre complexe de module ≤ 1, et soient F l'opérateur de multiplication par X_f , G l'opérateur a.a. positif F^*F. On a

$$G^2 = F^*(F^*F+FF^*)F - (F^*F^*)(FF) = 2G - |\alpha|^2 I$$

donc la plus grande valeur propre de G vaut $1+\sqrt{1-|\alpha|^2}$: elle est égale à $\|G\|$ et à $\|F\|^2=\|X_f\|^2$.

Loi de probabilité. L'espérance d'une v.a. $\Sigma_A \lambda_A X_A$ au sens de la situation probabiliste de départ est tout simplement égale à $\lambda_\emptyset$. Du point de vue algébrique, c'est une forme linéaire distinguée : elle est caractérisée par sa nullité sur les Ψ_n $(n>0)$ et la propriété $E(1)=1$.

Remarquons que tous les r_A sont des matrices de trace nulle, sauf $r_\emptyset=I$. Ainsi, si l'on identifie les éléments de Ψ aux opérateurs de multiplication de Clifford correspondants, on a $E[x]=2^{-M}\mathrm{Tr}(x)$ pour tout $x\in\Psi$. Comme le produit et la conjugaison dans Ψ correspondent à la multiplication et au passage à l'adjoint sur les opérateurs associés, on a

$$E[xy] = E[yx] \quad , \quad E[y^*y] \geq 0 \quad \text{pour } x,y\in\Psi .$$

Nous avons donc une loi de probabilité au sens C^*-algébrique, qui est une trace. Le produit scalaire euclidien dans Ψ est $(x,y)=E[xy]$, et le produit scalaire hermitien $\langle x,y\rangle=E[x^*y]$.

Un dernier élément de structure intéressant sur l'algèbre Ψ est l'opérateur a.a. de carré I

(21) $$\sigma(X_A) = (-1)^{|A|}X_A$$

Il est très facile de vérifier que $\sigma(xy)=\sigma(x)\sigma(y)$ (c'est un automorphisme de l'algèbre de Clifford) et qu'il anticommute aux opérateurs p_i et q_j (mais les opérateurs p_i, q_j, σ n'engendrent pas une algèbre isomorphe à $\underline{\underline{C}}(2M+1)$: il n'y a pas la place). Si nous posons $\tau=\rho\sigma=\sigma\rho$, nous avons le petit tableau suivant, qui nous dit par quel coefficient l'opérateur de la colonne de gauche opère sur le "k-ième chaos" Ψ_k, suivant la classe de k mod. 4

(22)

opérateur / classe de k :	0	1	2	3	
σ :	1	-1	1	-1	automorphisme
ρ :	1	1	-1	-1	inversent le sens
τ :	1	-1	-1	1	des produits
$\mathcal{F}$:	1	i	-1	-i	transforme les r_i en s_i

On retrouve tous ces objets en temps continu, en remplaçant les v.a. de Bernoulli par le mouvement brownien, à propos du calcul stochastique sur les fermions.

5. Une remarque. Dans la première partie du paragraphe, nous avons rencontr non seulement les v.a. de Bernoulli symétriques, satisfaisant à $X_j^2=1$, mais des v.a. satisfaisant à $X_j^2=1+cX_j$ avec $c\neq 0$. Existe t'il des objets analogues dans le cas non commutatif ?

La première idée, pour construire des v.a. ne commutant pas possédant la propriété ci-dessus, consiste à copier ce que nous avons fait pour les v.a. commutatives, c'est à dire à introduire les opérateurs a.a. $\xi_j=r_j+cN_j$. Ceux-ci satisfont à $\xi_j^2=1+c\xi_j$, mais leur composition ne présente aucune propriété algébrique simple. En revanche, si l'on pose

$$\eta_j = r_j+\frac{c}{2}(I+s_j) \quad , \quad \zeta_j = s_j + \frac{c}{2}(I+r_j)$$

ces opérateurs satisfont à

$$\eta_j^2 = I + c\eta_j \quad , \quad \zeta_j^2 = I + c\zeta_j$$

$$\{\eta_j,\eta_k\} = c(\eta_j+\eta_k) \ , \ \{\zeta_j,\zeta_k\} = c(\zeta_j+\zeta_k) \ , \ \{\eta_j,\zeta_k\} = \frac{c}{2}(\eta_j+\eta_k+\zeta_j+\zeta_k-\frac{c}{2}I)$$

L'expression exacte ne nous intéresse pas vraiment : ce qui nous intéresse, c'est qu'en regardant seulement les η_j , il existe une algèbre associative engendrée par des générateurs $1,\varepsilon_j$ satisfaisant aux relations

(23) $$\varepsilon_j^2 = 1+c\varepsilon_j \ , \quad \varepsilon_i\varepsilon_j+\varepsilon_j\varepsilon_i = c(\varepsilon_i+\varepsilon_j) \ (i\neq j)$$

et telle que les ε_A soient libres (les $\eta_A\zeta_B$ ci-dessus formant manifestement une base de l'algèbre des opérateurs sur Ψ). Savoir si cette algèbre présente une utilité quelconque est une autre affaire !

APPENDICE.

Nous nous proposons ici de décrire, d'après l'exposé de Helmstetter cité plus haut, et aussi d'après le début d'un article très considérable de Sato, Miwa et Jimbo, Holonomic Quantum Fields I, Publ. RIMS Kyoto 14, 1977, comment l'algèbre de Clifford permet de représenter les éléments du groupe orthogonal d'un espace euclidien complexe H. Cela ne nous servira pas de manière immédiate, mais je pense qu'il peut y avoir des situations analogues intéressantes en temps continu.

Reprenons donc notre espace de dimension finie H, avec sa base X_i (orthonormale à la fois pour la structure hilbertienne complexe et pour la structure euclidienne complexe), et notre espace Ψ des spineurs sur H, avec sa base X_A , à 2^M éléments.

Soit g un élément inversible de Ψ ; posons pour $x\in\Psi$ $T_g x=gx\sigma(g^{-1})$. On vérifie sans peine, σ étant un automorphisme, que $T_g T_{g'}=T_{gg'}$, mais T_g n'est pas en général un automorphisme de l'algèbre (si g est impair, on a $T_g 1=-1$). On dit que g appartient au groupe de Clifford si, de plus, T_g préserve H . S'il en est ainsi, T_g préserve le produit scalaire euclidien (,) sur H . En effet, soit $x\in H$. On a $\sigma(T_g x)=\sigma(g)\sigma(x)g^{-1}$ et $\sigma(x)=-x$, et d'autre part notre hypothèse entraîne que $\sigma(T_g x)=-T_g x$. Donc

$$\sigma(g)xg^{-1} = gx\sigma(g^{-1})$$

$$(T_g x,T_g x) =(T_g x)^2 = gx\sigma(g^{-1}).\sigma(g)xg^{-1} = g(x^2)g^{-1} = x^2 = (x,x) .$$

Exemple fondamental. Soit $g\in H$ tel que $g^2=(g,g)=1$. Alors $g^{-1}=g$ et $T_g x = -gxg$. Si $x\in H$ est colinéaire à g, on a $T_g x=-x$, et si x est orthogonal à g on a $xg=-gx$, $T_g x=x$. Donc T_g est la symétrie par rapport à l'hyperplan $g^\perp$ de H . On en déduit que tout g non isotrope ($(g,g)\neq 0$) appartient au groupe de Clifford, ($T_{cg} = T_g$ pour tout scalaire $c\neq 0$).

Le lemme suivant est classique :

LEMME. Toute transformation orthogonale sur H est un produit de symétries, et en conséquence est de la forme T_g , où g est un produit d'éléments de H non isotropes.

(Démonstration télégraphique, d'après Helmstetter : on raisonne par récurrence sur la dimension M de H . Si S est une transformation orthogonale et s'il existe x non isotrope tel que Sx=x, S laisse stable l'hyperplan $x^\perp$, et on peut utiliser l'hypothèse de récurrence dans cet hyperplan: Tout revient donc à trouver un produit de symétries U tel que US laisse fixe un vecteur non isotrope. Soit x un vecteur non isotrope normalisé ($x^2=1$) et soient $u=Sx-x$, $v=Sx+x$. Si u est non isotrope on peut prendre $U=T_u$. Si u est isotrope, on a $4(x,x) = (Sx-x,Sx-x)+(Sx+x,Sx+x) = u^2+v^2 = v^2$, donc $v^{-1}=v/2$, et $xSx = -(Sx)x$. Ainsi T_v transforme Sx en $-v(Sv)v/2 = -x$, puis $T_x(-x)=x$, donc $T_xT_vSx =x$ et on a gagné .)

Ainsi toute transformation orthogonale se représente sous la forme T_g, où $g = g_1\ldots g_k$ est un produit d'éléments de H . Nous allons étudier l'unicité de cette représentation.

Les produits $\mu(g)=g\rho(g)$ et $\nu(g)=g\tau(g)$ ne dépendent que de g . Or le premier vaut $g_1\ldots g_k g_k \ldots g_1 = \Pi_i\,(g_i,g_i)$, et le second vaut la même chose, multipliée par $(-1)^k$. On a évidemment $\mu(g)\mu(g')=\mu(gg')$, $\nu(g)\nu(g')=\nu(gg')$. Lorsque les g_i sont réels, $\mu(g)$ et $\nu(g)$ sont réels et $\mu(g)=|\nu(g)|$, de sorte que le second contient un peu plus d'information.

THEOREME. <u>Tout élément du groupe orthogonal sur</u> H <u>est la restriction à</u> H <u>d'une transformation</u> T_g , <u>où</u> g <u>est un produit d'éléments de</u> H <u>non isotropes</u>. <u>Si l'on normalise</u> g <u>par la condition</u> $\mu(g)=1$, g <u>est déterminé à un facteur</u> ±1 <u>près</u>.

<u>Démonstration</u>. L'existence a déjà été vue. Pour l'unicité, désignons par Ξ l'élément de base $X_1\ldots X_M$, appartenant au "chaos d'ordre M" Ψ_M .

LEMME. <u>Si</u> g <u>commute à tout élément de</u> H, g <u>est dans</u> Ψ_0 <u>pour</u> M <u>pair</u>, <u>dans</u> $\Psi_0+\Psi_M$ <u>pour</u> M <u>impair</u> (si g anticommute à tout élément de H, on a g=0 pour M impair, $g\in\Psi_M$ pour M pair).

Ici g est un élément quelconque de Ψ, non nécessairement décomposable. Traitons par ex. le cas de la commutation. Ecrivons $g=\Sigma_A\, g_A$, où g_A est proportionnel à X_A . La relation $X_i g=gX_i$ entraîne $X_i X_A=X_A X_i$ pour tout A tel que $g_A\neq 0$; or les relations de commutation de X_i et X_A dépendent de i, sauf si A est vide ou plein, donc $g\in\Psi_0+\Psi_M$. On conclut en remarquant que Ξ commute avec H pour M impair, anticommute pour M pair. ▯

Passons au théorème. Supposons que $T_g|_H=I$, ou encore $gx=x\sigma(g)$ pour $x\in H$. Cela entraîne $(g+\sigma(g))x=x(g+\sigma(g))$. D'après le lemme, $g+\sigma(g)$ appartient à Ψ_0 si M est pair, à $\Psi_0+\Psi_M$ si M est impair - en fait à Ψ_0 dans les deux cas, car lorsque M est impair, $g+\sigma(g)$, qui est pair, n'a pas de composante suivant Ψ_M .

Donc $g+\sigma(g)\in\Psi_0$, et l'on peut écrire g=c+i avec c scalaire et i impair. Alors i anticommute à tout $x\in H$, donc d'après le lemme i=0 ou $i\in\Psi_M$ si M est pair. Comme i est impair on a i=0 dans les deux cas, et g est un scalaire c.

Soit g un élément du groupe de Clifford (non nécessairement décomposable a priori). Soit γ un élément décomposable induisant la même transformation orthogonale. Le résultat qui vient d'être établi montre que $g\gamma^{-1}$ est un scalaire, <u>donc en fait</u> g <u>était décomposable</u>. Si l'on norme g convenablement, g est déterminé à un facteur ±près, et cette ambiguité ne peut être levée.

REMARQUE. $T_g x = gxg^{-1}$ si g est pair, $-gxg^{-1}$ si g est impair. Lorsque M est pair (ce qui est le cas intéressant) on peut toujours se ramener à la première forme, car $\Xi x\Xi^{-1}=-x$ pour $x\in H$. On peut montrer que g s'écrit toujours $g_1\ldots g_k$ avec $k\leq n$, mais nous n'aurons pas besoin de ce résultat.

ELEMENTS DE PROBABILITES QUANTIQUES. III

Le couple canonique

Cet exposé est entièrement consacré à la notion de couple canonique. Il s'agit d'un modèle d'espace mesurable quantique, engendré par deux v.a. P,Q satisfaisant à une forme précisée de la relation d'Heisenberg

$$[P,Q] = \frac{1}{i}\hbar I \quad .$$

Ce modèle est fondamental pour la mécanique quantique, si important aussi pour les probabilités quantiques que je me rappelle avoir lu la phrase, un peu exagérée mais bien significative « les couples canoniques jouent en probabilités quantiques le rôle des variables aléatoires classiques » .

Nous commençons par définir rigoureusement le couple canonique, sans commutateurs d'opérateurs non bornés, et par en donner le modèle classique (de Schrödinger). Nous donnons la forme précise des relations d'incertitude, puis introduisons, à propos de l'oscillateur harmonique quantique, un second modèle, avec les opérateurs de création et d'annihilation. Nous donnons quelques exemples de lois de probabilité sur un couple canonique, pures ou non (les lois gaussiennes). Nous reproduisons enfin certains résultats classiques sur les « fonctions de Wigner » et leurs fonctions caractéristiques.

I. LE THEOREME DE STONE-Von NEUMANN

1. Le théorème de Stone-von Neumann est un résultat fondamental (considérablement généralisé par Mackey, mais nous ne nous occuperons pas ici de cette extension), qui est particulièrement attirant pour les probabilistes, parce qu'il s'exprime très bien dans leur langage usuel. En fait, il a été redécouvert par des probabilistes ! (O. Hanner, Deterministic and non-deterministic processes, Ark. Math 1, 1950 (temps discret) ; G. Kallianpur et V. Mandrekar , Multiplicity and representation theory of purely non-deterministic stochastic processes. Teor. Veroj. 10, 1965, et Ark. för Mat., 6, 1965). Voir aussi Lazaro-Meyer, Questions de théorie des flots, Sém. Prob. IX, Lecture Notes 465, Springer 1975. et ZW 18, 1971, p.116-118.

Voici la situation étudiée par ces auteurs. On considère un espace probabilisé classique $(\Omega,\mathcal{F},P)$, muni d'un flot (un groupe mesurable $(\theta_t)_{t\in\mathbb{R}}$ de transformations de Ω préservant P) et d'une filtration $(\mathcal{F}_t)_{t\in\mathbb{R}}$, liés par la relation

$$\text{si } f \text{ est } \mathcal{F}_t\text{-mesurable, } f\circ\theta_s \text{ est } \mathcal{F}_{s+t}\text{-mesurable .}$$

On pose

$$U_t f = f\circ\Theta_t \quad , \quad E_t f = E[f|\mathcal{F}_t]$$

de sorte que (U_t) est un groupe unitaire, (E_t) une famille de projecteurs, et que l'on a

(1) $$U_t E_s = E_{s+t} U_t \quad .$$

On dit que le flot est un K-flot (ou est purement stochastique) si la tribu $\mathcal{F}_{-\infty}$ est dégénérée. Cela signifie que si l'on se restreint aux fonctions d'intégrale nulle, les espaces de Hilbert $\mathcal{H}_t=L^2_0(\mathcal{F}_t)$ constituent une famille spectrale sur l'espace $\mathcal{H}=L^2_0(\mathcal{F}_t)$.

Il est clair maintenant que la situation probabiliste précédente admet une version purement hilbertienne : un espace de Hilbert $\mathcal{H}$, muni d'une famille spectrale $(\mathcal{H}_t)_{t\in\mathbb{R}}$ et d'un groupe unitaire (U_t), les projecteurs spectraux E_t étant liés au groupe par (1). Un exemple intéressant de cette situation hilbertienne (lié à un flot aussi, mais en mesure infinie), que nous appellerons le modèle, est le suivant :

$\mathcal{H} = L^2(\mathbb{R})$ (mesure de Lebesgue) , $\mathcal{H}_t=L^2(]-\infty,t])$, $U_t f(x) = f(x-t)$.

Revenons à la situation probabiliste. On appelle hélice du flot un processus $(X_t)_{t\in\mathbb{R}}$, possédant les propriétés suivantes :

1) $X_0=0$; $X_t\in L^2(\mathcal{F}_t)$ pour $t\geqq 0$; $E[X_t-X_s|\mathcal{F}_s]=0$ pour $0\leqq s\leqq t$ (propriété de martingale pour $t\geqq 0$) ; $E[X_t^2]=t$.

2) $X_{t+s}-X_s = U_s X_t$ pour tout (s,t) (X est une "fonctionnelle additive").

On peut alors définir pour toute fonction $f\in L^2(\mathbb{R})$ une intégrale stochastique $\int f(s)dX_s=I_f$ étendue à $\mathbb{R}$ entier, et l'on a $E[I_f^2]=\|f\|_2$. De plus

$$U_t(\int f(s)dX_s) = \int f(s-t)dX_s \quad , \quad E_t(\int f(s)dX_s) = \int_{-\infty}^{t} f(s)dX_s$$

Si nous désignons par $L^2(X)$ l'espace des intégrales stochastiques I_f pour $f\in L^2(\mathbb{R})$, nous voyons donc que $L^2(X)$ est stable par les opérateurs U_t et E_t, et isomorphe au modèle. Le théorème de structure des flots filtrés affirme alors l'existence d'une famille (X^i) d'hélices, telle que l'on ait $L^2_0(\mathcal{F}) = \oplus_i L^2(X^i)$. La démonstration, voisine de celle de résultats classiques en théorie des processus de Markov, ne présente aucune difficulté pour un probabiliste (cf. par ex. ZW 18, 1971).

Si l'on revient à la situation hilbertienne générale, on s'aperçoit que l'on n'a qu'une simple traduction à faire, et on obtient le théorème suivant :

THEOREME. Soit $\mathcal{H}$ un espace de Hilbert, muni d'une famille spectrale $(\mathcal{H}_t)_{t\in\mathbb{R}}$ et d'un groupe unitaire (U_t) fortement continu, les projecteurs spectraux E_t étant liés aux (U_t) par la relation (1). Alors $\mathcal{H}$ est somme directe hilbertienne d'une famille de sous-espaces stables, isomorphes au modèle.

Le mot <u>stable</u> signifie : stable par les U_t et les E_t (et fermé). On dit que $\mathcal{H}$ est <u>irréductible</u> s'il ne contient aucun sous espace stable distinct de $\{0\}$ et de $\mathcal{H}$ entier. Montrons que le modèle est irréductible. D'après le théorème lui même, il suffit de montrer que le modèle ne contient qu'une seule hélice normalisée. Nous omettons la discussion un peu délicate des "p.p." : soit (X_t) une hélice normalisée. Pour $t\geqq 0$, $X_t - X_0 = X_t$ est orthogonale à $L^2(]-\infty,0])$, donc $X_t(x)=0$ pour $x\leqq 0$. Pour $t\geqq 0$, $h\geqq 0$, $t\leqq x\leqq t+h$ on a $X_{t+h}(x)-X_t(x)=X_h(x-t)$ et $X_t \in L^2(]-\infty,t])$ est nul en x , donc $X_{t+h}(x)=X_h(x-t)$. Il en résulte qu'il existe une fonction $F(x)$ (non nécessairement dans L^2) nulle sur $\mathbb{R}_+$ telle que

$$X_t(x) = F(x-t) \quad \text{pour } t\geqq 0,\ x\geqq 0$$

Ecrivant que pour $t>0$, $h>0$, $X_{t+h}-X_t$ est nulle sur $]-\infty,t]$, on voit que F est égale p.p. à une constante c . Alors

$$\text{pour } t>0 \text{ , } X_t = cI_{]0,t]}$$

La normalisation nous donne $c=1$, puis on a pour $t<0$ $X_t=-I_{[t,0]}$. L'unicité est établie.

Nous allons modifier légèrement l'énoncé et les notations. Au lieu de prendre comme groupe unitaire $U_t f(x)=f(x-t)$ sur le modèle, nous prendrons

(2) $$U_t f(x) = f(x+\hbar t)$$

dont le générateur P ($U_t=e^{itP}$) opère par

(3) $$Pf(x) = \frac{\hbar}{i}\frac{d}{dx}f(x) \quad \text{si cette dérivée existe au sens } L^2 .$$

Au lieu d'utiliser la famille spectrale, nous faisons intervenir le groupe unitaire associé

(4) $$V_t f = \int e^{itu} dE_u \quad , \quad V_t f(x) = e^{itx}f(x)$$

dont le générateur Q ($V_t=e^{itQ}$) opère par

(5) $$Qf(x)=xf(x) \text{ si cette fonction appartient à } L^2 .$$

La traduction des relations de commutation (1), après ces changements de notation, est la <u>relation de Weyl</u> entre les deux semi-groupes :

(6) $$U_t V_s = e^{i\hbar st} V_s U_t$$

et nous avons le théorème suivant :

THEOREME. <u>Soit</u> $\mathcal{H}$ <u>un espace de Hilbert complexe</u>, <u>muni de deux groupes unitaires fortement continus satisfaisant à</u> (6). <u>Alors</u> $\mathcal{H}$ <u>est somme directe hilbertienne de sous-espaces stables orthogonaux isomorphes au modèle</u>. <u>En particulier</u>, $\mathcal{H}$ <u>est isomorphe au modèle si et seulement s'il est irréductible</u>.

Nous dirons que deux opérateurs a.a. P,Q forment un <u>couple canonique</u> si les groupes unitaires qu'ils engendrent satisfont à (6). Nous supposerons le plus souvent, implicitement, que ces groupes opèrent de manière

<u>irréductible</u>. On notera bien que la notion est de nature " mesurable ", antérieure à la donnée d'une loi de probabilité quantique.

<u>Exemple d'application du théorème</u>. Prenons le modèle lui même, avec $\hbar=1$ pour simplifier, et posons $U'_t=V_{-t}$, $V'_t=U_t$ ($P'=-Q$, $Q'=P$). Alors les nouveaux groupes opèrent irréductiblement, et satisfont à (6), donc il existe un isomorphisme unique de $L^2(\mathbb{R})$ sur lui même transformant x en D, D en -x : c'est la transformation de Fourier.

COMMENTAIRE. Dans l'interprétation probabiliste ci-dessus, le paramètre t du groupe unitaire (U_t) avait une signification temporelle. <u>Il n'en est pas ainsi en physique</u> . Les groupes unitaires représentant une évolution en physique sont presque toujours de la forme $e^{itH/\hbar}$, avec un hamiltonien H représentant une énergie <u>positive</u>, tandis que l'opérateur P a un spectre non borné inférieurement.

II. CALCULS SUR LES COUPLES CANONIQUES

1. <u>Les relations d'incertitude</u>. Il est bon de retrouver les relations d'incertitude par un raisonnement direct sur le modèle, dans le cas explicite du couple canonique. Nous prendrons $\hbar=1$ pour alléger les notations.

Un élément ω de $L^2(\mathbb{R})$ tel que $E_\omega[Q^2]<\infty$, $E_\omega[P^2]<\infty$ est une fonction dérivable au sens L^2, telle que

$$\int|\omega(x)|^2dx < \infty \ , \ \int|\omega'(x)|^2dx < \infty \ , \ \int x^2|\omega(x)|^2dx < \infty .$$

La dérivabilité-L^2 entraîne en particulier que ω admet une version continue. Nous normalisons ω , et il s'agit de vérifier que

$$E_\omega[P^2]E_\omega[Q^2] = \langle\omega,P^2\omega\rangle\langle\omega,Q^2\omega\rangle = \|P\omega\|^2\|Q\omega\|^2 = (\int|\omega'|^2dx)(\int x^2|\omega|^2dx) \geq \tfrac{1}{4}$$

D'après l'inégalité de Schwarz, il suffit que $\int|x\omega(x)\omega'(x)|dx \geq 1/2$.
Si nous remplaçons ω par $|\omega|$, nous préservons la dérivabilité-L^2 et diminuons le module de la dérivée en presque tout point, donc nous pouvons supposer ω réelle. Nous avons alors $2\int_a^b x\omega\omega'dx = x\omega^2(x)|_a^b - \int_a^b \omega^2dx$ sur tout intervalle fini ; comme $x\omega\in L^2$, on peut trouver des $a_n\to-\infty$, $b_n\to+\infty$ tels que le premier terme à droite tende vers 0, et il reste $2\int x\omega\omega'dx = -\int\omega^2dx = -1$, d'où le résultat annoncé. Cette démonstration est due à H. Weyl.

<u>Etats d'incertitude minimale</u>. Nous conservons la convention $\hbar=1$. Recherchons les fonctions $\omega(x)$ réalisant le minimum dans la relation précédente. Nous avons déjà fait remarquer que le remplacement de ω par $|\omega|$ diminue les deux espérances, donc on peut supposer ω réelle. L'égalité étant atteinte dans l'inégalité de Schwarz $(\int\omega^2dx)(\int x\omega'^2dx)=(\int x\omega\omega'dx)^2$, on a $\omega'(x)=cx\omega(x)$ où c est une constante, d'où la forme de ω

$$\omega(x) = (2\pi c)^{-1/4}e^{-x^2/4c} \qquad (c>0 \text{ du fait que } \omega\in L^2) .$$

Il pourrait a priori exister des fonctions <u>complexes</u> de même module, réalisant elles aussi le minimum. Ecrivant $\omega=\Theta|\omega|$, et remarquant que $|\omega|$ calculée ci-dessus ne s'annule pas, on voit que Θ est dérivable. Alors on a $|\omega'|^2 \geqq |\omega|'^2$ là où $\Theta'\neq 0$, donc Θ est constante, et finalement se réduit à un facteur de phase de module 1.

Revenant aux incertitudes (variances au lieu des moments du second ordre) et rétablissant $\hbar$, on peut recopier dans un cours de mécanique quantique l'expression des << fonctions d'onde >> d'incertitude minimale, exprimées sur la représentation en position (q) ou en impulsion (p) ; $\langle q\rangle$ ou $\langle p\rangle$ est la notation des physiciens pour une moyenne.

$$\text{(7)}\qquad \begin{aligned} \phi_q(x) &= (2\pi c_q)^{-1/4}\exp\left[\frac{-ix\langle p\rangle}{\hbar} - \frac{(x-\langle q\rangle)^2}{4c_q}\right] \\ \phi_p(u) &= (2\pi c_p)^{-1/4}\exp\left[\frac{-iu\langle q\rangle}{\hbar} - \frac{(u-\langle p\rangle)^2}{4c_p}\right] \end{aligned} \qquad c_p c_q = \hbar^2/4$$

($\phi_p(u)$ est, à un facteur de phase près que nous avons supprimé, la transformée de Fourier de $\phi_q(x)$). On notera que la belle normalisation probabiliste, celle qui fait correspondre à une loi gaussienne réduite en q une loi gaussienne réduite en p, correspond à $\hbar^2/4=1$, donc à <u>$\hbar=2$</u> (c'est le même phénomène que pour le laplacien, les probabilistes utilisant $\frac{1}{2}\Delta$ et les analystes Δ).

2. <u>Opérateurs de Weyl</u>. Nous avons défini $U_r=e^{irP}$, $V_s=e^{isQ}$. Existe t'il une manière raisonnable de définir

$$W_{r,s} = e^{i(rP+sQ)} \quad ?$$

Un résultat formel, classique en théorie des groupes, dit que

$$\text{si } [A,[A,B]]=[B,[A,B]]=0,\ e^{A+B}=e^Ae^Be^{-[A,B]/2}=e^Be^Ae^{[A,B]/2}$$

Comme ici, $[P,Q]=-i\hbar I$, il est tentant de poser

$$W_{r,s} = U_rV_se^{rs[P,Q]/2} = U_rV_se^{-i\hbar rs/2} = V_sU_re^{i\hbar rs/2}$$

ou sur le modèle, en ajoutant un paramètre t pour faire plus joli

$$\text{(8)}\qquad e^{i(rP+sQ+tI)}f(x) = W_{r,s,t}f(x) = e^{i(t+\hbar rs/2)}e^{isx}f(x+\hbar r)$$

Il est alors immédiat de vérifier que ces opérateurs $W_{r,s,t}$ sont effectivement unitaires, et se composent suivant la règle

$$W_{r,s,t}\,W_{r',s',t'} = W_{r+r',s+s',\,t+t'+\hbar(rs'-r's)/2}$$

qui pour $\hbar=1$ est la loi de composition des matrices

$$(r,s,t) = \exp\begin{pmatrix} 0 & r & t \\ 0 & 0 & s \\ 0 & 0 & 0 \end{pmatrix} = \begin{pmatrix} 1 & r & t+rs/2 \\ 0 & 1 & s \\ 0 & 0 & 1 \end{pmatrix}$$

qui constituent le <u>groupe de Heisenberg</u> (le modèle fournit une représentation unitaire irréductible de ce groupe). Nous oublierons le paramètre t dans la suite, ainsi que le groupe d'Heisenberg. Nous retiendrons plutôt la formule sans t

$$(9) \qquad W_{r,s} W_{r',s'} = e^{i\hbar(rs'-r's)/2} W_{r+r',s+s'}$$

qui signifie que les $W_{r,s}$ forment une <u>représentation unitaire projective</u> du groupe additif $\mathbb{R}^2$: ce n'est pas une vraie représentation unitaire, mais elle fait intervenir un facteur de phase de module 1, de sorte que le groupe opère sur les événements, sur les lois de probabilité (en préservant les lois pures). Cette action du groupe $\mathbb{R}^2$ nous permet de dire comment se transforment les événements ou les lois de probabilité sous l'effet des changements de coordonnées sur l'espace des (p,q) (transformations de Galilée).

Une forme abrégée des relations de Weyl consiste à poser $W_z=W_{r,s}$ pour $z=r+is$. On a alors, en considérant $\mathbb{R}^2$ comme espace de Hilbert complexe

$$(10) \qquad W_z W_{z'} = e^{i\hbar \operatorname{Im}<z,z'>/2} W_{z+z'}$$

qui est la forme la plus importante des relations de Weyl en physique : elle se généralise en effet à un espace de Hilbert complexe quelconque, sans avoir besoin de le considérer comme complexifié d'un espace de Hilbert réel (ce qui lui donne un caractère plus intrinsèque).

Nous verrons dans un exposé suivant comment on peut étendre (10) en une représentation unitaire projective W_a du <u>groupe des déplacements</u> de H ((10) correspond aux translations seules).

Une extension relativement triviale des résultats ci-dessus consisterait à considérer un système de Weyl $W_{r,s}$ indexé par $\mathbb{R}^N \times \mathbb{R}^N$, correspondant à un système de N couples canoniques (P_i,Q_i) commutant entre eux. Malgré l'intérêt physique du cas N=3, nous n'en dirons rien.

3. <u>Définitions de divers opérateurs</u>. On a dit dans l'exposé I que l'addition d'opérateurs a.a. non bornés est toujours une opération délicate. Ici, les opérateurs P,Q du couple canonique ont un excellent domaine commun stable, l'espace $\underline{\underline{S}}$ de Schwartz (fonctions C^∞ dont toutes les dérivées sont rapidement décroissantes), et l'on peut donc formellement définir un opérateur f(P,Q) pour tout polynôme f . Il est facile de reconnaître si cet opérateur est symétrique sur $\underline{\underline{S}}$; supposant cela vérifié, il se pose deux problèmes

i) f(P,Q) admet il une extension autoadjointe (autrement dit, peut on considérer f(P,Q) comme une v.a. ?),

ii) Cette extension est elle unique ?

Dans cette section, nous résoudrons le premier problème pour certains opérateurs simples, et ne dirons rien du second.

Opérateurs rP+sQ. Nous avons construit plus haut les opérateurs unitaires $W_{r,s}$, qui représentent formellement $e^{i(rP+sQ)}$. Il est donc tout naturel de définir rP+sQ comme

(11) $$rP+sQ = \frac{1}{i}\frac{d}{dt}W_{tr,ts}|_{t=0}$$

Un calcul immédiat sur la formule explicite (8) montre que cette définition est correcte sur l'espace $\underline{\underline{S}}$. Ces opérateurs sont en principe des "observables" : je me rappelle avoir lu, dans un article de physique, qu'ils sont le meilleur exemple d'observables que personne ne sait observer !

Soit μ une loi quantique pour le couple canonique : nous avons dit dans l'exposé I que (P,Q) n'ont pas de loi jointe, mais les opérateurs de Weyl en fournissent des substituts partiels. Par exemple, la fonction caractéristique, que nous étudierons en détail plus bas

(12) $$\hat{\mu}(r,s) = E_{\mu}[e^{i(rP+sQ)}]$$

(elle n'est pas de type positif en général). En particulier, si $\omega(q)$ est une "fonction d'onde" normalisée

$$\int|\omega(q)|^2 đq=1 \quad (đq=dq/\sqrt{2\pi}\ ^{(1)})$$

on a d'après (8)

(13) $$\begin{aligned}\hat{\varepsilon}_{\omega}(r,s) &= <\omega,W_{r,s}\omega> = \int \overline{\omega}(q)\omega(q+\hbar r)e^{i\hbar rs/2}e^{isq}\, đq \\ &= \int\overline{\omega}(x-\hbar\tfrac{r}{2})\omega(x+\hbar\tfrac{r}{2})e^{isx}\, đx\end{aligned}$$

Par exemple, dans le cas de l'incertitude minimale, rencontré plus haut ($\hbar=1$ pour simplifier)

$$\omega(q) = c_q^{-1/4}\, e^{-x^2/4c_q}$$

on trouve pour fonction caractéristique $e^{-c_q s^2/2-r^2/8c_q}$, qui paraît curieusement dissymétrique en r et s - mais il n'en est rien : si l'on introduit c_p , lié à c_q par la relation d'incertitude minimale $c_pc_q=1/4$, on a

(14) $$\hat{\varepsilon}_{\omega}(r,s) = \exp(-\tfrac{1}{2}(c_pr^2+c_qs^2))$$

qui d'ailleurs est de type positif : cet état ressemble un peu plus aux lois classiques que la plupart des lois quantiques ! C'est l'exemple le plus simple de loi gaussienne quantique (on en verra d'autres).

Opérateur PQ+QP . Lorsque A et B sont deux opérateurs a.a. bornés, AB+BA est a.a.. Que se passe t'il ici ? Sur le modèle, et sur les bonnes fonctions, PQ+QP est l'opérateur $-i\hbar(xD+2I)$, et il est facile de construire le groupe unitaire correspondant : il s'agit des dilatations

$$\Lambda_t f(x) = e^{\hbar t}f(xe^{2\hbar t}) \quad .$$

1. Le choix de cette normalisation est le meilleur pour la formule de Plancherel.

<u>L'oscillateur harmonique quantique</u>. Voici l'occasion de rappeler certains points qui figurent au début de tous les cours de mécanique quantique. Pour le mouvement d'une particule de masse m sous l'action d'un potentiel $V(x)$, la mécanique classique introduit les coordonnées $q=x$, $p=m\dot{x}$ (position et impulsion) et l'hamiltonien $H(p,q)=\frac{p^2}{2m}+V(q)$ (énergie). La mécanique quantique comporte un procédé de traduction (quantification) qui remplace $H(p,q)$ par l'opérateur

$$H(P,Q) = \frac{P^2}{2m} + V(Q) \quad \text{(sur les bonnes fonctions)}$$

que l'on espère pouvoir prolonger uniquement en un opérateur a.a. sur $L^2(\mathbb{R})$ (ou $L^2(\mathbb{R}^n)$ si l'on travaille à plusieurs dimensions : alors P est à interpréter comme l'opérateur vectoriel $-i\hbar\,\mathrm{grad}$, et P^2 comme $-\hbar^2\Delta$). Une gigantesque littérature est consacrée à ce problème, sous toutes sortes d'hypothèses sur le potentiel V ... Ce point étant supposé acquis, l'analogue du flot des équations d'Hamilton sur l'espace des (p,q) est constitué par le groupe unitaire $U_t = e^{itH/\hbar}$: si l'état initial de la particule est décrit par une fonction d'onde $\psi_o \in L^2(\mathbb{R}_n)$, l'état à l'instant t est représenté par $\psi_t=U_t\psi_o$, l'équation d'évolution $\dot{U}_t=iHU_t/\hbar$ se lisant comme l'équation de Schrödinger

$$\dot{\psi}_t = iH\psi_t/\hbar \qquad \text{ou} \qquad -i\hbar\dot{\psi} = -\frac{\hbar^2}{2m}\Delta\psi + V\psi \quad .$$

On recherche la solution comme superposition de solutions stationnaires $\psi(x,t) = e^{itE/\hbar}\phi(x)$, et l'on tombe sur l'équation qui donne les fonctions propres

$$-\frac{\hbar^2}{2m}\Delta\phi + V\phi = E\phi$$

Nous n'allons pas du tout étudier ces problèmes, qui n'ont rien de probabiliste, mais étudier un cas particulier fondamental, celui de l'<u>oscillateur harmonique quantique</u> à une dimension.

Dans le cas de l'oscillateur harmonique classique, le potentiel est $V(x)=kx^2$, et les solutions sont des fonctions sinusoïdales de pulsation ω donnée par $k=m\omega^2$. L'hamiltonien quantique est donc $H(P,Q)=\frac{P^2}{2m}+\frac{m\omega^2}{2}Q^2$. Par des transformations simples, on peut se ramener à une forme réduite, que nous étudierons ici , celle où

$$H(P,Q) = \tfrac{1}{2}(P^2+Q^2) \quad \text{(on supposera aussi } \hbar=1 \text{) .}$$

Cet opérateur admet il au moins une extension a.a. ? Il existe pour aborder ce problème une méthode probabiliste, fondée sur la formule de Feynman-Kac, et extrêmement puissante. Posons $H_o=\frac{1}{2}P^2$. Alors le <u>semi-groupe du mouvement brownien</u> sur $\mathbb{R}$, que nous désignerons ici par (Π_t), est un semi-groupe de noyaux markoviens, et peut aussi être interprété comme semi-groupe fortement continu de contractions de $L^2(\mathbb{R})$, positives au sens hilbertien. Si nous désignons par $-L_o$, pour un instant, le générateur de ce semi-groupe (au sens précis du terme, avec son domaine naturel), il est bien connu que L_o réalise l'extension a.a. cherchée de H_o, et nous ne les distinguerons plus. De plus, on a

$$\Pi_t f(x) = E^x[f(X_t)]$$

où $(X_\cdot)$ est un mouvement brownien issu du point x , ce que rappelle la notation E^x pour l'espérance . Maintenant, si nous posons

$$\Gamma_t f(x) = E^x[f(X_t)\exp(-\int_0^t Vf(X_s)ds)]$$

nous obtenons un semi-groupe de noyaux positifs (sousmarkoviens si $V\geq 0$). Si ce semi-groupe est fortement continu sur $L^2(\mathbb{R})$ - là se trouve le noeud du problème ! - son générateur $-L$ sera l'extension a.a. désirée de $-L_o-V$. Le cas où $V(x)=\frac{1}{2}x^2$ ne présente aucune difficulté.

Remarquons que H admet la fonction propre normalisée (dans $L^2(dx)$)

(15) $$\phi_o(x) = \pi^{-1/4}\, e^{-x^2/2}$$

avec la valeur propre 1/2 . L'opérateur

(16) $$N = H - \tfrac{1}{2}I$$

qui admet ϕ_o comme vecteur propre avec la v.p. 0, sera dans la suite plus important que H . La fonction (15), qui correspond à la borne inférieure du spectre de H, est appelée état fondamental de l'oscillateur harmonique (ground state). On notera qu'elle est réelle et partout $\neq 0$.

La connaissance de ϕ_o nous permet de voir d'une autre manière que H admet une extension a.a.. Soit γ la mesure gaussienne $\phi_o(x)^2dx$; alors la transformation $f \mapsto f/\phi_o$ est un isomorphisme de $L^2(\mathbb{R})$ sur $L^2(\gamma)$. Si l'on travaille sur ce dernier espace comme espace de Hilbert fondamental (" ground state transformation ") , Qf se lit encore xf, Pf devient $-i(Df-xf)$, Hf devient $-\frac{1}{2}D^2f + xDf + \frac{f}{2}$, Nf devient $-(\frac{1}{2}D^2-xD)f$. On reconnaît là l'opérateur d'Ornstein-Uhlenbeck changé de signe, de sorte que e^{-tN} est bien un semi-groupe markovien, et que N admet bien une extension autoadjointe. Cette méthode peut, elle aussi, être considérablement généralisée.

Nous reprendrons plus loin l'étude de l'oscillateur harmonique quantique, qui nous fournira dans un cas concret et simple tous les éléments de la théorie que nous verrons plus tard en dimension infinie : opérateurs de création et d'annihilation, vecteurs cohérents, etc. Pour le moment, revenons à quelques remarques simples sur le couple canonique.

4. Remarques sur le couple canonique.

a) La structure fondamentale de la mécanique classique, sous forme hamiltonienne, est une structure symplectique, qui permet d'écrire les équations d'Hamilton sous forme intrinsèque : sous la forme très élémentaire que nous rencontrons ici, cela se manifeste par des notations un peu différentes des nôtres, que l'on rencontre fréquemment dans la littérature.

On peut munir l'espace $\mathbb{R}^2=\mathbb{C}$ ($p+iq=z$) de la forme alternée

$$\sigma(p,q\ ;\ p',q') = \binom{p\ p'}{q\ q'} = pq'-qp' = \mathrm{Im}\langle z,z'\rangle$$

La définition correspondante de la transformée de Fourier d'une mesure μ (par exemple : ce pourrait être une distribution) est

(17) $$\hat{\mu}(r,s) = \int \exp(i\binom{r\ p}{s\ q})\mu(dp,dq)$$

et celle des opérateurs de Weyl est $W_{p,q}=e^{i(qP-pQ)}$ (de sorte que la correspondance avec la notation antérieure est $r=q$, $s=-p$). La relation de commutation est inaltérée : $W_{p,q}W_{p',q'} = \exp(i\frac{\hbar}{2}|{p\ p' \atop q\ q'}|)W_{p+p',q+q'}$.

Le caractère naturel de ces notations apparaît bien si l'on remarque que les transformations linéaires (dites canoniques)

$$P' = aP + bQ \quad , \quad Q' = cP + dQ$$

qui préservent la relation $[P,Q]=i\hbar I$ (ou les relations de Weyl) sont les transformations unimodulaires ($ad-bc=1$), i.e. celles qui préservent la forme σ .

b) Considérons une famille $(\widetilde{W}_{rs})$ d'opérateurs unitaires sur un espace Ω, satisfaisant aux relations de commutation de Weyl, mais non nécessairement irréductible. D'après le théorème de Stone-von Neumann, Ω est somme directe de sous-espaces stables Ω_n, qui sont des copies du modèle, et que nous identifierons à celui-ci. Si $\omega\in\Omega$ est un vecteur normalisé, nous pouvons le décomposer en $\omega=\Sigma_n c_n\omega_n$, chaque ω_n étant un vecteur normalisé de Ω_n, avec $\Sigma_n |c_n|^2=1$. On a alors

$$<\omega,\widetilde{W}_{rs}\omega> = \Sigma_n |c_n|^2 <\omega_n, W_{rs}\omega_n>$$

Du côté droit, nous avons la fonction caractéristique d'une loi quantique sur le modèle, non pure en général : le mélange $\Sigma_n |c_n|^2\varepsilon_{\omega_n}$. Du côté gauche, nous avons $E[e^{i(r\tilde{P}+s\tilde{Q})}]$ sous la loi ε_ω sur Ω . Cela illustre bien la différence entre lois associées à un vecteur et lois pures, et montre aussi comment on peut utiliser des couples canoniques non irréductibles pour construire des lois sur le modèle.

En dimension infinie, la notion de modèle unique, fournie par le théorème de Stone-von Neumann, fera défaut, et l'on devra parler plutôt de lois de probabilité sur la C^*-algèbre de Weyl.

On notera aussi l'analogie entre cette construction, et la construction de processus canoniques en probabilités classiques : construire un processus continu (par ex.) sur un espace probabilisé auxiliaire plus riche, et se ramener au processus des coordonnées sur $C(\mathbb{R}_+)$ en prenant une mesure image.

Illustrons ce procédé. Soient (P_0,Q_0) et (P_1,Q_1) deux couples canoniques qui commutent . Par exemple, on peut les réaliser sur $L^2(\mathbb{R}^2)$, les opérateurs Q_j ($j=0,1$) étant les multiplications par les coordonnées x_j , et les P_j les dérivées partielles $i\hbar D_j$. Posons

$$\tilde{Q} = aQ_0 + bQ_1 \quad , \quad \tilde{P} = aP_0 - bP_1 \qquad (a,b \text{ réels })$$

Un calcul formel montre que $[\tilde{P},\tilde{Q}] = (a^2-b^2)i\hbar I$, et il est donc naturel de prendre $a^2-b^2=1$ (nous aurions pu considérer des coefficients plus généraux, mais ce ne sera pas utile). Les opérateurs (P,Q) forment alors un couple canonique, dont les opérateurs de Weyl sont

$$\tilde{W}_{rs}f(x_0,x_1) = e^{i\hbar rs/2}\, e^{is(ax_0+bx_1)} f(x_0+a\hbar r,\ x_1-b\hbar r)$$

et ce couple n'est pas irréductible (par exemple, le sous-espace des f nulles p.p. sur un ensemble de la forme $\{bx_0+ax_1 \in A\}$ est stable par les $\tilde{W}_{rs}$).

Soient ω_0 et ω_1 deux vecteurs normalisés du modèle, et soit ω le vecteur normalisé $\omega_0 \otimes \omega_1$ (autrement dit, $\omega_0(x_0)\omega_1(x_1)$). Nous avons

$$< \omega, \tilde{W}_{rs}\omega > = < \omega_0, W_{ar,as}\omega_0 > < \omega_1, W_{br,-bs}\omega_1 >$$

Si nous prenons en particulier pour ω_j deux copies du vecteur d'incertitude minimale (cf. (13),(14)) nous obtenons à gauche une fonction caractéristique de la forme

(17) $\qquad \exp(-\frac{1}{2}(\lambda r^2+\mu s^2)) \qquad$ avec $\lambda=(a^2+b^2)c_p$, $\mu=(a^2+b^2)c_q$

le coefficient a^2+b^2 étant >1 dès que $b\neq 0$. On a donc construit par ce procédé des <u>lois gaussiennes quantiques qui ne sont pas d'incertitude minimale</u> (on peut encore " faire tourner les axes " par une transformation canonique du type considéré en a)).

Ces lois gaussiennes quantiques forment exactement la classe des lois limites dans la généralisation naturelle du théorème limite central élémentaire (v.a. indépendantes équidistribuées avec moment du second ordre) Voir Cushen et Hudson, A Quantum-Mechanical Central Limit Theorem, J. Appl. Prob. 8, 1971, p. 454-469.

On utilisera plus tard exactement le même procédé pour construire, non pas des v.a. gaussiennes quantiques, mais des mouvements browniens quantiques. Mais il y aura une différence importante : on ne pourra plus ramener la loi sur le modèle de départ (cf. les lois gaussiennes classiques : les lois de deux mouvements browniens de variances différentes sont étrangères).

5. <u>Opérateurs de création et d'annihilation</u>.

Posons, sur les bonnes fonctions (nous travaillons sur le modèle)

(18) $\qquad a^- = \frac{1}{\sqrt{2}}(Q+iP) \qquad , \quad a^+ = \frac{1}{\sqrt{2}}(Q-iP)$

(- pour annihilation, + pour création). Ces opérateurs non bornés ne sont pas a.a., ni même normaux. On a pour $f,g \in \underline{\underline{S}}$

$$< f,a^- g > = < a^+ f,g >$$

de sorte que $(a^{\pm})^*$ a un domaine dense, et est une extension fermée de $a^{\mp}$. On peut montrer (mais nous n'en aurons pas besoin) que la fermeture de a^+ est <u>exactement</u> l'adjoint de a^- , et inversement - d'où les notations a,a^* fréquemment utilisées pour a^-,a^+.

Cette section est une préparation à la théorie de l'espace de Fock. Cependant, nous <u>utilisons des normalisations différentes</u> de celles qui nous seront commodes en dimension infinie. Nous prenons ici $\hbar=1$, là bas $\hbar=2$, et nous aurons de plus un choix de normes différent sur les sous-espaces propres. Le lecteur trouvera donc quelques différences dans les formules.

a) La présentation "algébrique" de la théorie de l'oscillateur harmonique (et plus généralement du couple canonique) que nous allons donner maintenant, figure dans tous les livres de mécanique quantique. Elle remonte à Dirac, semble t'il.

Nous avons d'abord les formules suivantes (sur le domaine dense $\underline{\underline{S}}$, stable par a^+ et a^-)

$$[a^-,a^+] = I$$

(19) $$a^+a^- = N = \frac{1}{2}(P^2+Q^2-I)$$

$$Na^- = a^-(N-I) \ , \ Na^+=a^+(N+I)$$

L'écriture $N=a^*a$ suggère fortement que N , convenablement étendu, est a.a. positif, ce qui sera confirmé. La troisième formule montre que, si h est un vecteur propre de N (appartenant à $\underline{\underline{S}}$) avec valeur propre λ, $a^{\pm}h$ est encore vecteur propre, avec valeur propre $\lambda\pm1$. Nous saurons donc fabriquer toute une échelle de vecteurs propres, à condition d'en avoir un seul. Celui-ci nous est fourni par le vecteur déjà vu en (15)

(20) $$\phi_o(x) = \pi^{-1/4}e^{-x^2/2}$$

pour lequel on a $\phi_o'(x)=-x\phi(x)$, donc $a^-\phi_o=0$. A partir de là, nous engendrons les fonctions propres de N (appartenant à $\underline{\underline{S}}$)

(20) $$\phi_n = a^{+n}\phi_o \text{ (non normalisées) , } h_n = c_n\phi_n \text{ (normalisées).}$$

Le vecteur ϕ_o jouera un rôle fondamental dans la suite : on l'appelle le <u>vide</u>.

Aucun des vecteurs ϕ_n n'est nul. En effet, la relation $a^+\phi=0$ entraîne $0 = <a^+\phi,a^+\phi> = < \phi,a^-a^+\phi > = < \phi,(I+a^+a^-)\phi > = < \phi,\phi > + < a^-\phi,a^-\phi >$, donc $<\phi,\phi>=0$. Déterminons les constantes c_n .

$$c_{n+1}^{-2} = < \phi_{n+1},\phi_{n+1} > = < a^+\phi_n,a^+\phi_n> = < a^-a^+\phi_n,\phi_n > =$$
$$= < (N+I)\phi_n,\phi_n > = (n+1)<\phi_n,\phi_n> = (n+1)c_n^{-2}$$

D'où (à des facteurs de module 1 près)

$$c_n = (n!)^{-1/2} \qquad h_n = (n!)^{-1/2} a^{+n} \phi_o$$

et la matrice de a^+ et de a^- dans la base orthonormale (h_n) (nous ne savons pas encore que c'est une base !) : on en déduira les matrices de P et Q dans cette même base, dont l'expression remonte au tout premier travail de Heisenberg sur la << mécanique des matrices >>

(21) $$a^+ h_n = \sqrt{n+1}\, h_{n+1} \ , \quad a^- h_n = \sqrt{n}\, h_{n-1} \quad (a^- h_o = 0) \ .$$

On peut calculer explicitement les fonctions h_n sur le modèle : nous préférons travailler sur le modèle gaussien vu au n°3 , dans lequel l'espace de Hilbert est $L^2(\gamma)$, Q et P sont représentés par x, $-i(D-x)$, $a^- = D/\sqrt{2}$, $a^+ = (2x-D)/\sqrt{2}$, et $\phi_o = 1$. Alors

(22) $$h_n(x) = (2^n n!)^{-1/2} (2x-D)^n 1 = (2^n n!)^{-1/2} H_n(x)$$

où les $H_n(x)$ sont les polynômes d'Hermite sous la forme usuelle en analyse (non en probabilités), de série génératrice

(23) $$\sum_n \frac{t^n}{n!} H_n(x) = e^{2tx-t^2} \ .$$

Dans le modèle usuel sur $L^2(\mathbb{R})$, il y aurait un facteur $\phi_o(x)$ à droite de (22). Si nous avions pris $\hbar=2$, la loi gaussienne γ serait réduite, et nous aurions les polynômes des probabilistes, quelques $\sqrt{2}$ disparaissant.

Dans le modèle usuel, l'espace de Hilbert $\mathcal{H}$ engendré par les h_n (ou encore par les $K(x)\phi_o(x)$, où $K(x)$ est un polynôme) est stable par translation (la formule (23) nous dit comment calculer $\phi_o(x-t)$), c. à d. stable par le groupe $U_t = e^{itP}$. On vérifie sans peine qu'il est stable par le groupe $V_t = e^{itQ}$. D'après l'irréductibilité du modèle, c'est $L^2(\mathbb{R})$ entier. On en déduit que les h_n forment une base orthonormale, qui est une base de vecteurs propres pour N . Cela nous donne la représentation spectrale de N (ou plutôt, de son extension naturelle comme opérateur a.a. positif, ou comme v.a. à valeurs entières positives)

(24) $$N = \Sigma_n nE_n \quad \text{où } E_n \text{ est le projecteur sur } \mathbb{C}h_n \ .$$

REMARQUE. Nous avons déjà vu deux réalisations du couple canonique : la première, celle de Schrödinger, sur $L^2(\mathbb{R})$; la seconde, liée à l'oscillateur harmonique, sur un $L^2(\gamma)$ gaussien. Nous venons d'en voir une troisième, sur l'espace ℓ^2 (correspondant à l'observable N), les opérateurs P,Q étant représentés comme les matrices de Heisenberg.

6. Vecteurs cohérents. Nous allons introduire maintenant une notion qui jouera un grand rôle en dimension infinie (mais encore une fois, les normalisations ne se correspondent pas tout à fait).

Nous associons à tout nombre complexe z le vecteur (dit <u>exponentiel</u>, ou <u>cohérent</u>

(25) $$\mathcal{E}(z) = \Sigma_n \left(\frac{z}{\sqrt{2}}\right)^n \frac{\phi_n}{n!} = \Sigma_n \frac{z^n}{\sqrt{2^n n!}} h_n$$

(le coefficient $\sqrt{2}$ sera justifié un peu plus bas : il provient de la normalisation). Le vecteur unitaire associé est

(26) $$\tilde{z} = e^{-|z|^2/4}\,\mathcal{E}(z) .$$

Sous la loi $\varepsilon_{\tilde{z}}$, l'observable N admet une <u>loi de Poisson</u> de moyenne $|z|^2/2$ Quelle est la loi de l'observable Q ? La fonction génératrice (23) nous donne (pour t complexe aussi)

$$\phi_o(x)e^{2tx-t^2} = \Sigma_n \frac{t^n 2^{n/2}}{\sqrt{n!}} h_n(x)$$

qui s'identifie à (25)-(26) pour z=t/2 . Dans le modèle $L^2(\mathbb{R})$, le vecteur $\tilde{z}$ s'écrit donc

(27) $$\tilde{z}(x) = \exp[zx - \tfrac{1}{4}(z^2+|z|^2)]\phi_o(x)$$

et dans le domaine $L^2(\gamma)$, $\tilde{z}$ est une exponentielle normalisée, et $\mathcal{E}(z)$ est simplement l'exponentielle complexe e^{zx} . La densité correspondante est, dans le modèle $L^2(\mathbb{R})$, et en posant z=u+iv

(28) $$|\tilde{z}(x)|^2 = \pi^{-1/2}\, e^{-x^2} \exp[2ux-x^2]$$

qui est une <u>gaussienne de moyenne</u> u (de là le $\sqrt{2}$ de (25) !). Autrement dit, l'utilisation des vecteurs cohérents correspond un peu à une formule de Cameron-Martin, permettant de passer d'un mouvement brownien à un mouvement brownien avec dérive non nulle.

On appelle <u>états classiques</u> les mélanges

(29) $$\tilde{\mu} = \int \varepsilon_{\tilde{z}}\; \mu(dz) \quad \text{(où } \mu \text{ est une loi sur } \mathbb{C} \text{) .}$$

D'après le livre de Davies, Quantum Theory of Open Systems, ces mélanges sont fort importants en optique quantique. Nous nous en servirons ici pour donner une construction des lois gaussiennes quantiques d'incertitude non minimale, plus directe que celle du n°4 . L'opérateur de densité W (opérateur positif de trace 1) associé au mélange est donné par

(30) $$< \omega, W\psi > = \int <\omega,\tilde{z}><\tilde{z},\psi>\; \mu(dz)$$

d'où sa matrice $(W_{nm}) = < h_n, Wh_m >$

$$W_{nm} = (2^n n!\; 2^m m!)^{-1/2} \int \bar{z}^n z^m e^{-|z|^2/2}\; \mu(dz) .$$

Si μ est invariante par rotation, W est diagonale (i.e., est une fonctio de l'observable N). Nous remarquons que dans tous les cas, il est facile de déterminer la loi de l'observable N par sa fonction génératrice $E_W[\lambda^N]$. En effet, sous $\varepsilon_{\tilde{z}}$ cette fonction génératrice est $e^{(\lambda-1)z^2/2}$ (loi de

Poisson), donc sous la loi (29) on a

(31) $$E[\lambda^N] = \int e^{(\lambda-1)|z|^2/2}\,\mu(dz)\ .$$

Enfin, calculons la "fonction caractéristique" jointe de P et Q sous la loi (29) : il suffit de la connaître sous $\varepsilon_{\tilde{z}}$ et d'intégrer en $\mu(dz)$

(32) $$E_{\tilde{z}}[e^{i(rP+sQ)}] = <\tilde{z}, W_{rs}\tilde{z}> \ = e^{-(r^2+s^2)/4}\, e^{i(rv+su)}$$

d'après (8) et (27). Si $z=u+iv$, on trouve une " loi jointe " gaussienne de variance minimale, mais <u>de moyenne</u> (u,v). On en déduit que pour tout état classique, la fonction caractéristique est de type positif.

Nous allons appliquer ces calculs au cas où μ est elle même une loi gaussienne invariante par rotation

$$\mu(dz) = (2\pi)^{-1} a e^{-a|z|^2/2}\,dudv \qquad (\ z = u+iv\ )$$

Un calcul élémentaire, que nous ne ferons pas, montre que la loi de Q ou de P est gaussienne, de moyenne 0 et de variance $(a+2)/2a$: on retrouve donc les couples gaussiens quantiques d'incertitude non minimale (par une méthode qui ne s'étend pas en dimension infinie). Il est plus instructif de rechercher la loi de N . On a d'après (31)

$$E_W[\lambda^N] = \frac{a}{a+1-\lambda} = \frac{1-b}{1-\lambda b} \quad \text{pour} \quad b=1/1+a$$

Donc $P\{N=n\} = (1-b)b^n$, loi géométrique, et enfin

$$W = e^{-cN}/\mathrm{Tr}(e^{-cN}) \qquad \text{avec} \quad b=e^{-2c}\ .$$

Les probabilistes connaissent bien le <u>semi-groupe d'Ornstein-Uhlenbeck</u> e^{-tN}. L'opérateur de densité W est un élément de ce semi-groupe, normalisé pour lui donner une trace unité. L'interprétation physique est la suivante : lorsque l'on a affaire à un système physique d'hamiltonien H, il est admis que l'opérateur $e^{-H/kT}$ normalisé (si possible) pour avoir la trace 1 représente un état d'équilibre statistique d'un grand nombre de copies du système à la température T, k étant la constante de Boltzmann. L'hamiltonien H de l'oscillateur harmonique ne différant de N que par une constante, celle-ci disparaît par normalisation, et les lois gaussiennes du couple canonique apparaissent comme des états d'équilibre statistique de l'oscillateur, l'incertitude minimale ayant lieu pour T=0.

La partie de cet exposé qu'il est recommandé de lire avant l'exposé IV (espace de Fock) est terminée. Les paragraphes suivants ne doivent être considérés que comme des compléments.

III. FONCTIONS DE WIGNER

La théorie présentée dans ce paragraphe est un thème, d'importance assez mineure, qui se fait entendre depuis les débuts de la mécanique quantique. On ne le trouve pas couramment exposé dans les livres, soit parce qu'il n'est pas très utile, soit peut être parce qu'il est jugé un peu "hétérodoxe" par rapport à la philosophie générale des opérateurs. Pourtant ses créateurs (H. Weyl 1931, E. Wigner, Phys. Rev. 40, 1932) ne sont pas des marginaux ! Ce qui est attirant pour un probabiliste, c'est d'abord l'analogie avec des êtres bien connus, ensuite l'apparition de " lois jointes" non nécessairement positives, alors que celles-ci présentent aussi un certain intérêt en analyse.

Les références suivantes sont excellentes : Pool, J. Math. Phys, 7, 1966 Cushen-Hudson, J. Appl. Prob. 8, 1971. Combe-Guerra-Rodriguez-Sirugue-S. Collin, Proc. VII Int. Congr. Math. Phys., Physica 124A, 1984. Pour les physiciens, les exposés classiques sont : Moyal, Proc. Cambridge Phil. Soc. 45, 1949. Fano, Rev. Mod. Phys. 29, 1957. Baker, Phys. Rev. 109, 1958. Je les trouve difficiles à lire.

1. Nous allons travailler sur le couple canonique à une dimension, donc sur $\mathbb{R}^2$. Précisons nos notations pour la transformation de Fourier : si $\mu(dx,dy)$ est une mesure, sa transformée de Fourier (notée $\mathcal{F}\mu$ ou $\hat{\mu}$) est

$$\hat{\mu}(u,v) = \int e^{i(ux+vy)}\mu(dx,dy)$$

(on pourrait préférer la forme symplectique uy-vx). Pour avoir une belle formule d'inversion, nous identifions une fonction f(x) ou f(x,y) à la mesure $f(x)\not{d}x$ ou $f(x,y)\not{d}x\not{d}y$, où $\not{d}=d/\sqrt{2\pi}$. Alors pour $f\in\underline{\underline{S}}$ la formule d'inversion est simplement

$$\hat{f}(u,v) = \int e^{i(ux+vy)}f(x,y)\not{d}x\not{d}y \quad ; \; f(x,y) = \int e^{-i(ux+vy)}\hat{f}(u,v)\not{d}u\not{d}v$$

et la norme L^2 est préservée sans aucun coefficient. On peut aussi définir les transformations de Fourier partielles $\mathcal{F}_1$ et $\mathcal{F}_2$.

Remettons aussi sous les yeux du lecteur les définitions relatives aux opérateurs de Weyl. Si l'on s'est donné une loi quantique, d'opérateur de densité ρ , sa <u>fonction caractéristique</u> est

(1) $$F(r,s) = E[e^{i(rP+sQ)}] = Tr(\rho W_{r,s}) \quad .$$

Nous rappelons les relations de Weyl, sous leur forme réelle et complexe (celle-ci nous servira plus loin)

(2) $$W_{rs}W_{r's'} = e^{i\hbar(rs'-sr')/2}\, W_{r+r',s+s'} \;\; ; \;\; W_z W_{z'} = e^{i\hbar \operatorname{Im}\langle z,z'\rangle/2}\, W_{z+z'} .$$

Nous prenons $\hbar=1$ dans toute la suite. Sous une loi pure ω , nous avons

(3) $$F_{\omega}(r,s) = \int \overline{\omega}(x)\omega(x+r)e^{irs/2}e^{isx}dx = \int\overline{\omega}(x-\tfrac{r}{2})\omega(x+\tfrac{r}{2})e^{isx}dx$$

Nous allons commencer par donner un sens plus large à cette formule. Soit $K(x,y)\in\underline{\underline{S}}(\mathbb{R}\times\mathbb{R})$. Nous posons, en suivant Pool :

$$TK(x,y) = K(x-\tfrac{y}{2},x+\tfrac{y}{2})$$

T est une bijection de $\underline{\underline{S}}$ sur $\underline{\underline{S}}$, qui est aussi unitaire. Ensuite, nous prenons une transformée de Fourier par rapport à la première variable

(4) $$\mathcal{F}_1 TK(s,y) = \int K(x-\tfrac{y}{2},x+\tfrac{y}{2})e^{isx}dx$$

et nous obtenons encore un isomorphisme unitaire de $\underline{\underline{S}}$ sur $\underline{\underline{S}}$, qui se prolonge en un isomorphisme de $L^2(\mathbb{R}^2)$ sur lui même. Revenant à (3), nous voyons que nous avons simplement appliqué cet isomorphisme à $K(x,y)=\overline{\omega}(x)\omega(y)$. D'où un résultat dont on se doutait bien, mais qui est devenu évident : $F_{\omega}(.,.)$ détermine uniquement $\overline{\omega}\otimes\omega$, donc aussi ω à un facteur de module 1 près.

Seconde propriété : puisque $F_{\omega}(r,s)$ est une "fonction caractéristique", il est naturel de se demander si elle est la transformée de Fourier de quelque chose, cet objet devant jouer le rôle de "loi jointe" pour (P,Q). Or la réponse est claire sur (4) : $\mathcal{F}_1 TK = (\mathcal{F}_1\mathcal{F}_2)(\mathcal{F}_2^{-1}TK)$, cette dernière parenthèse étant l'objet cherché. Comme la transformée de Fourier $\mathcal{F}=\mathcal{F}_1\mathcal{F}_2$ est un isomorphisme de $L^2(\mathbb{R}^2)$ sur lui même, l'"objet" est encore un élément de L^2. Dans le cas particulier de (3), c'est la fonction de Wigner

(5) $$f_{\omega}(p,q) = \int F_{\omega}(r,s)e^{-i(rp+sq)}dr\,ds = \int\overline{\omega}(q-\tfrac{y}{2})\omega(q+\tfrac{y}{2})e^{-ipy}dy$$ [1]

Cette fonction est réelle, mais non nécessairement positive. C'est pourquoi l'on dit souvent que les fonctions de Wigner définissent des "probabilités négatives" . Sauf erreur de ma part, il y a une différence plus profonde avec les probabilités ordinaires : la fonction de Wigner est dans L^2, mais non nécessairement dans L^1 (quelles hypothèses sur ω faut il pour cela ?).

Il est clair d'après la discussion ci-dessus que la correspondance que nous avons établie entre les "fonctions d'ondes" ω et leurs fonctions caractéristiques $F_{\omega}(r.s)$ ou leurs fonctions de Wigner $f_{\omega}(p,q)$ s'étend à tous les noyaux $K(x,y)\in L^2(\mathbb{R}\times\mathbb{R})$ (i.e. aux opérateurs de H-S sur $L^2(\mathbb{R})$)

(6) $$F_K(r,s) = \int K(x-\tfrac{r}{2},x+\tfrac{r}{2})e^{isx}dx \quad , \quad f_{\omega}(p,q) = \int K(q-\tfrac{y}{2},q+\tfrac{y}{2})e^{-ipy}dy$$

(intégrales au sens de Plancherel), les applications $K\mapsto F_K$, f_K étant des isomorphismes de $L^2(\mathbb{R}\times\mathbb{R})$.

Avant de poursuivre la discussion mathématique, il faudrait indiquer pourquoi H. Weyl a été cité parmi les pères de ce sujet. Le problème qui

1. Intégrales au sens de Plancherel (la première) et de Lebesgue (la 2e).

préoccupe Weyl est de donner une règle précise permettant d'associer, à une observable classique $f(p,q)$, une observable quantique $f(P,Q)$ - ce n'est pas évident, même pour un polynôme, en raison de la non-commutativité ! La règle de Weyl consiste à écrire formellement

$$f(P,Q) = \int e^{-(rP+sQ)}\,\hat{f}(r,s)\,dr\,ds$$

$\hat{f}(r,s)$ est en général une distribution. Ce problème et celui des fonctions de Wigner sont souvent présentés ensemble, mais nous ne nous y intéressons pas ici (je n'y connais rien).

2. Dans ce n°, nous indiquons quelques propriétés de la fonction caractéristique d'une loi quantique (correspondant à l'opérateur de densité ρ) . Il sera commode de considérer (r,s) comme l'élément $z=r+is$ de l'espace de Hilbert complexe $\mathbb{C}$!

a) La première remarque est que $F(0)=1$, $|F(.)| \leq 1$.

b) Etablissons la <u>continuité</u> de $F(.)$. Nous traitons d'abord le cas de $F_\omega(z)$. On remarque que $s \mapsto \omega(.+s)$ est continue dans L^2, donc $s \mapsto \overline{\omega}(.)\omega(.+s)$ est continue dans L^1, et le résultat se voit sur la première expression (3).

La continuité, établie pour les lois pures ε_ω , s'étend alors aux mélanges par convergence dominée.

c) Nous avons ensuite la proposition suivante, qui rappelle le théorème de Bochner :

THEOREME 1. <u>Pour qu'une fonction</u> $F(z)$ <u>sur</u> $\mathbb{C}$ <u>soit la fonction caractéristique d'une loi quantique, il faut et il suffit qu'elle soit continue, et que la fonction sur</u> $\mathbb{C}\times\mathbb{C}$

(7) $$\Phi(z,z') = F(z'-z)e^{-i\,\mathrm{Im}<z,z'>/2}$$

<u>soit un noyau de type positif</u> (i.e. les formes hermitiennes $\Sigma_{jk}\, \overline{\lambda}_j\lambda_k\Phi(z_j,z_k)$ sont positives , pour tout choix des $z_j \in \mathbb{C}$ en nombre fini).

<u>Démonstration</u>. Pour la nécessité, on écrit que l'opérateur a.a. positif $(\Sigma_j\, \lambda_j W_{z_j})^*(\Sigma_k\, \lambda_k W_{z_k})$ a une espérance positive, et on utilise la relation de Weyl sous la forme complexe rappelée en (2) plus haut . Pour la suffisance, on considère l'espace autoreproduisant associé à Φ, i.e. l'espace engendré par les masses unité δ_z avec le produit hermitien $<\delta_z,\delta_{z'}>=\Phi(z,z')$ convenablement séparé et complété pour définir un Hilbert complexe H . On définit des opérateurs unitaires W_u $(u\in\mathbb{C})$ sur H par

$$W_u\delta_z = e^{i\,\mathrm{Im}<u,z>/2}\,\delta_{u+z}$$

et l'on constate que ces opérateurs satisfont aux relations de Weyl (tout ceci est très facile). On a aussi $<\delta_z,W_u\delta_{z'}> = e^{i\,\mathrm{Im}(\ldots)/2}F(u+z'-z)$, d'où la continuité de $u \mapsto W_u$ pour la topologie faible des opérateurs, et pour $z,z'=0$, l'identification de $F(u)$ à $<\delta_0,W_u\delta_0>$. Le sous-espace stable engendré par δ_0 contient les δ_z , donc il est dense, et H est séparable. Nous avons donc réalisé sur H une représentation des relations de Weyl, à laquelle on peut appliquer le th. de Stone-von Neumann, à un détail près : nous avons présenté celui-ci sous une hypothèse de continuité <u>forte</u>, et non faible, des deux groupes unitaires : il est tout à fait classique en analyse fonctionnelle que pour des semi-groupes de contractions (a fortiori des groupes unitaires) continuité forte et faible sont équivalentes.

D'après le th. de S-vN, H se décompose en une somme directe de copies du modèle. Par le même raisonnement qu'au paragraphe précédent, 4 b), cela revient à munir le modèle d'une loi quantique qui est un <u>mélange</u>, et la fonction F(u) est alors interprétée comme fonction caractéristique d'une telle loi. Nous empruntons à Cushen-Hudson une jolie conséquence du th. 1 .

COROLLAIRE. <u>Si</u> F <u>et</u> G <u>sont deux fonctions caractéristiques</u> (au sens quantique) <u>leur produit</u> FG <u>est une fonction caractéristique au sens classique</u>.

En effet, soient $\Phi(z,z')$ et $\Psi(z,z')$ les noyaux de type positif (7) correspondants : $\overline{\Psi}$ est aussi de type positif , et aussi le produit $\Phi\overline{\Psi}$ (résultat classique sur les n.t.p.). La multiplication enlève les exponentielles, et il ne reste que FG(z'-z).

d) Nous n'avons pas encore montré que la connaissance de la fonction caractéristique $F_\rho(r,s)$ de la loi quantique ρ détermine celle-ci. En voici la démonstration la plus naturelle : connaître F_ρ détermine $Tr[\rho W_z]$ pour tout z . Or les combinaisons linéaires des W_z sont denses dans l'espace $\mathcal{L}$ de tous les opérateurs bornés sur $L^2(\mathbb{R})$, considéré comme dual de l'espace des opérateurs à trace, et muni de sa topologie faible : cela revient[1] à vérifier que le commutant des W_z est réduit aux multiples de l'identité, et signifie exactement que le couple canonique est irréductible (cela sera vu plus tard). Donc F_ρ détermine $Tr(\rho a)$ pour tout opérateur borné a, et donc ρ.

Voici une démonstration plus élémentaire, qui rejoint l'idée de l'exposé I, fin du n°5 sur le rôle des opérateurs de H-S comme extensions naturelles des fonctions d'onde. Choisissons une base orthonormale (ω_i) dans lequel ρ soit diagonalisé ($\rho = \Sigma_i\ \lambda_i|\omega_i\rangle\langle\omega_i|$ en notation de Dirac, avec des λ_i positifs de somme 1). Alors ρ est représenté par un noyau

$$\rho f(x) = \int K(x,y)f(y)dy \quad \text{avec} \quad K(x,y) = \Sigma_i\ \lambda_i\overline{\omega}_i(x)\omega_i(y) \in L^2(\mathbb{R}\times\mathbb{R})$$

On a d'autre part

$$F_\rho(r,s) = \Sigma_i\ \lambda_i F_{\omega_i}(r,s) = \Sigma_i\ \lambda_i \int \overline{\omega}_i(x-\tfrac{r}{2})\omega_i(x+\tfrac{r}{2})e^{isx}\,dx$$

On reconnaît là, appliqué au noyau K , l'opérateur (4) : celui-ci étant bijectif, la connaissance de F_ρ détermine le noyau K, et donc ρ lui-même.

1. D'après le th. de densité de von Neumann.

e) Nous pouvons maintenant démontrer très simplement le très joli théorème de continuité du type de Lévy, établi par Cushen et Hudson :

THEOREME. Soit (ρ_n) une suite de lois quantiques pour le couple canonique, dont les fonctions caractéristiques $f_n(r,s)$ convergent simplement vers une fonction $f(r,s)$ continue en 0. Alors f est la fonction caractéristique d'une loi ρ, et les ρ_n convergent étroitement vers ρ (i.e. $tr(\rho_n a)$ tend vers $tr(\rho a)$ pour tout opérateur borné a).

Démonstration. D'après l'appendice à l'exposé I, nous savons que l'on peut se ramener par compacité au cas où les ρ_n convergent faiblement dans l'espace HS des opérateurs de Hilbert-Schmidt, vers un opérateur ρ, qui est positif et de trace $\leqq 1$. Nous savons aussi que la convergence étroite équivaut à la propriété $tr(\rho)=1$.

D'après les résultats de Pool rappelés plus haut, les $f_n(r,s)$ convergent faiblement dans $L^2(\mathbb{R}\times\mathbb{R})$ vers la fonction caractéristique $F_\rho(r,s)$. Comme ils sont uniformément bornés et convergent simplement vers $f(r,s)$, on a $F_\rho(r,s)=f(r,s)$ p.p.. Comme f est supposée continue en 0, et que F_ρ l'est aussi, on a $F_\rho(0) = f(0) = 1$, et le théorème est établi. La démonstration est plus simple que celle du théorème de Lévy, parce que nous travaillons a priori sur une classe de lois plus restreinte (les lois sur $\mathbb{R}$ ne peuvent pas toutes se relever sur le couple canonique quantique !)

Soit $g(r,s)=\exp(-\frac{1}{4}(r^2+s^2))$: les gf_n sont des fonctions caractéristiques ordinaires, et convergent simplement vers gf continue à l'origine. D'après le théorème de Lévy classique, on a convergence uniforme sur tout compact. Divisant par g, on obtient le même résultat pour les f_n elles mêmes, et en particulier la continuité de f partout, et la relation $f=F_\rho$ partout.

Cushen et Hudson utilisent ce résultat pour donner une forme simple du théorème limite central pour les lois quantiques, exactement comme dans le cas classique. Nous renvoyons à leur article pour les détails.

REMARQUES. 1) Il y a un véritable intérêt mathématique à utiliser le formalisme symplectique dans ces questions. Voir la théorie de la "convolution gauche" dans Loupias et Miracle-Sole, Comm. M. Phys. 2, 1966 (après D.Kastler, Comm. M. Phys. 1).

2) Soit Π l'opérateur de parité sur $\mathbb{R}$ ($\Pi f(x)=f(-x)$). Une petite manipulation de la formule (5) montre que $f_\omega(p,q) = 2\langle\omega, W_{2p,-2q}\Pi\omega\rangle$ (cette formule due à Combe et al., article cité, est plus jolie en formalisme symplectique. On l'étend aux mélanges : en dimension 1, et avec $\hbar=1$ toujours

$$F_\omega(r,s) = tr(\rho W_{r,s}) \quad , \quad f_\omega(r,s) = 2tr(\rho W_{2p,-2q}\Pi) \quad .$$

3) Moyal et d'autres se préoccupent de traduire l'équation de Schrödinger en équation d'évolution des fonctions de Wigner : Combe et al. ont souligné les analogies frappantes avec une équation de Kolmogorov .

ELEMENTS DE PROBABILITES QUANTIQUES. IV

Probabilités sur l'espace de Fock

Cet exposé est le plus important de la série ; il commence par des préliminaires un peu ennuyeux, où l'on introduit des objets de nature algébrique : les espaces de Fock symétrique et antisymétrique. Puis l'on donne l'interprétation probabiliste de l'espace de Fock symétrique : c'est l'espace L^2 du mouvement brownien. Ensuite, on s'aperçoit (en suivant Hudson et Parthasarathy[1]) que l'espace de Fock a une structure probabiliste extraordinairement riche : non seulement on peut y voir un mouvement brownien, mais beaucoup de mouvements browniens qui ne commutent pas, et des processus de Poisson, et bien d'autres choses. On retrouve ici tous les ingrédients rassemblés dans les exposés précédents.

I. ESPACE DE FOCK

1. Soient $\mathcal{H}$ et $\mathcal{K}$ deux espaces de Hilbert (complexes ou réels). Nous allons utiliser dans ce paragraphe un certain nombre de résultats triviaux concernant le produit tensoriel algébrique $\mathcal{H}\underline{\otimes}\mathcal{K}$ et son complété le produit tensoriel hilbertien $\mathcal{H}\otimes\mathcal{K}$, mais cela n'exige aucune connaissance en algèbre. En pratique, nos espaces de Hilbert seront toujours des espaces $L^2(H,\lambda)$ et $L^2(K,\mu)$, et dans ce cas $\mathcal{H}\otimes\mathcal{K}$ est tout simplement $L^2(H\times K,\lambda\times\mu)$, le produit tensoriel de deux éléments f et g étant la fonction $f\otimes g : (x,y)\longmapsto f(x)g(y)$ sur $H\times K$.

Un peu plus généralement, chaque fois que $\mathcal{H}$ sera interprété comme un espace de fonctions sur un ensemble H, $\mathcal{K}$ comme un espace de fonctions sur K, le produit tensoriel algébrique $\mathcal{H}\underline{\otimes}\mathcal{K}$ pourra s'interpréter comme l'espace vectoriel engendré par les fonctions $f\otimes g$ sur $H\times K$ ($f\in\mathcal{H}$, $g\in\mathcal{K}$) le produit scalaire étant donné, d'autre part, par

$$< f\otimes g, f'\otimes g' > = < f,f' >< g,g' > .$$

En mécanique quantique, si $\mathcal{H}$ et $\mathcal{K}$ sont les espaces de Hilbert décrivant deux systèmes physiques, $\mathcal{H}\otimes\mathcal{K}$ permet de décrire l'ensemble des deux systèmes. Les lois pures $\varepsilon_{f\otimes g}$ décrivent des états de cet ensemble dans lesquels les deux systèmes n'interagissent pas (cf. la notion classique d'indépendance, décrite par une loi produit).

Exemples. 1) Si l'on se donne une base o.n. $(f_i)_{i\in I}$ de $\mathcal{H}$ ($(g_j)_{j\in J}$ de $\mathcal{K}$), un élément x de $\mathcal{H}$ s'identifie à la fonction $(<f_i,x>)_i = (x_i)$ sur I, $\mathcal{H}$

1. Principalement Comm. Math. Phys. 93, 1984, p. 301-323.

s'identifie à $\ell^2(I)$, $\mathcal{K}$ à $\ell^2(J)$ de même, $\mathcal{H}\otimes\mathcal{K}$ admet les $f_i\otimes g_j$ comme base o.n., et s'identifie à $\ell^2(I\times J)$.

2) On peut identifier $\mathcal{H}$ à l'espace des formes antilinéaires sur $H=\mathcal{H}$, en associant à $x\in\mathcal{H}$ la fonction $<.,x>$ (on n'a pas le choix : l'identification doit être linéaire. L'espace des fonctions $<x,.>$ sera identifié à l'antidual $\mathcal{H}'$ de $\mathcal{H}$). Alors $\mathcal{H}\otimes\mathcal{H}$ s'identifie à un espace de formes (anti)-bilinéaires sur $\mathcal{H}\times\mathcal{H}$, et $\mathcal{H}\otimes\mathcal{H}'$ à un espace de formes linéaires par rapport à la seconde variable, antilinéaires par rapport à la première, i.e. s'écrivant $<x,Ay>$ où A est un opérateur. On vérifie sans peine que $\mathcal{H}\otimes\mathcal{H}'$ représente l'espace des opérateurs de Hilbert-Schmidt.

Faisons un petit catalogue de propriétés utiles.

a) Si $A : \mathcal{H}\longrightarrow\mathcal{H}'$ et $B : \mathcal{K}\longrightarrow\mathcal{K}'$ sont deux opérateurs bornés, on définit sans peine $A\otimes B : \mathcal{H}\otimes\mathcal{K} \longrightarrow \mathcal{H}'\otimes\mathcal{K}'$ satisfaisant à

$$A\otimes B(f\otimes g) = (Af)\otimes(Bg)$$

et l'on a des propriétés de composition immédiates. Nous aurons besoin de savoir que

(1) $$\|A\otimes B\| \leq \|A\|\|B\|.$$

ce qui entraînera que l'opérateur se prolonge par continuité aux complétés. Pour établir (1), on peut se ramener aux deux cas où $\mathcal{K}=\mathcal{K}'$, $B=I$ et où $\mathcal{H}=\mathcal{H}'$, $A=I$, le cas général s'obtenant par composition. Traitons le second. Soit $z=\Sigma_i\, x_i\otimes y_i \in \mathcal{H}\otimes\mathcal{K}$, de sorte que $(I\otimes B)(z)= \Sigma_i\, x_i\otimes By_i = z'$. Par le procédé usuel d'orthogonalisation, on peut supposer que les x_i forment un système orthonormal dans $\mathcal{H}$, de sorte que les $x_i\otimes y_i$ et les $x_i\otimes By_i$ forment des systèmes orthogonaux dans leurs espaces respectifs. On a alors

$$\|z\|^2 = \Sigma_i\, \|y_i\|^2 \quad , \quad \|z'\|^2 = \Sigma_i\, \|By_i\|^2$$

et la propriété est alors évidente.

b) On peut définir des produits tensoriels à plusieurs facteurs, et nous nous bornerons la plupart du temps à des facteurs identiques. Il y a une << associativité >> triviale du produit tensoriel, qui nous permet d'écrire simplement $\mathcal{H}^{\otimes n}$. Nous aurons toujours affaire à un $\mathcal{H}$ de la forme $L^2(E,\lambda)$, donc $\mathcal{H}^{\otimes n}$ sera, concrètement, un espace de (classes de) fonctions sur E^n. Si (e_i) est une base o.n. de $\mathcal{H}$, les $e_{i_1}\otimes e_{i_2}\ldots\otimes e_{i_n}$ forment une base o.n. de $\mathcal{H}^{\otimes n}$.

Avant de décrire le cas de n facteurs , faisons quelques remarques sur la cas n=2. On dispose de la notion de fonction de 2 variables (et de forme bilinéaire) symétrique ou antisymétrique, et l'on définit

$$x\circ y = \tfrac{1}{2}(x\otimes y+y\otimes x) \quad , \quad x\wedge y = \tfrac{1}{2}(x\otimes y-y\otimes x)$$

ces vecteurs engendrant respectivement les sous-espaces fermés $\mathcal{H}\circ\mathcal{H}$, $\mathcal{H}\wedge\mathcal{H}$ de $\mathcal{H}\otimes\mathcal{H}$ constitués des formes (anti)bilinéaires symétriques ou antisymétriques

Si l'on gardait pour le produit scalaire de formes symétriques ou antisymétriques la même valeur que dans $\mathcal{H}\otimes\mathcal{H}$, on aurait

$$<x\circ y,x'\circ y'> = \frac{1}{2}[<x,x'><y,y'> + <x,y'><y,x'>]$$

$$<x\wedge y,x'\wedge y'> = \frac{1}{2}[<x,x'><y,y'> - <x,y'><y,x'>]$$

Il y a de très bonnes raisons de supprimer ces coefficients $\frac{1}{2}$, en se rappelant alors qu'une forme symétrique ou antisymétrique n'a pas la même norme dans son propre espace et dans le gros espace $\mathcal{H}\otimes\mathcal{H}$: cela nous permettra plus bas d'avoir une identification parfaite de la situation algébrique et de son interprétation probabiliste au moyen des chaos de Wiener.

Il y a un seul cas où cela ne peut se faire décemment : celui où $\mathcal{H}$ est de dimension 1, que nous avons vu sous un autre nom dans l'exposé III. Alors $\mathcal{H}\circ\mathcal{H}=\mathcal{H}\otimes\mathcal{H}$ s'identifie à $\mathbb{C}$, et de même aux étages supérieurs. De là certaines différences dans les formules.

Si les (e_i) forment une base o.n. de $\mathcal{H}$, les $e_i\wedge e_j$ $(i<j)$ forment une base o.n. de $\mathcal{H}\wedge\mathcal{H}$, et les $e_i\circ e_j$ $(i\leq j)$ une base orthogonale de $\mathcal{H}\circ\mathcal{H}$, avec $\|e_i\circ e_j\|^2=1$ si $i\neq j$, 2 si $i=j$.

Tout cela s'étend sans peine à n dimensions : $\mathcal{H}^{\otimes n}$ s'interprète comme un espace de formes n-(anti)linéaires continues, et le groupe symétrique $\Sigma(n)$ opère sur $\mathcal{H}^{\otimes n}$: si σ est une permutation, l'opérateur $\bar{\sigma}$ associé sur $\mathcal{H}^{\otimes n}$ satisfait à

$$\bar{\sigma}(x_1\otimes\ldots\otimes x_n) = x_{\sigma(1)}\otimes\ldots\otimes x_{\sigma(n)} \quad ,$$

et l'on définit alors les opérateurs de symétrisation et d'antisymétrisation

$$\mathbf{s} = \frac{1}{n!}\Sigma\,\bar{\sigma} \quad , \quad \mathbf{a} = \frac{1}{n!}\Sigma\,\varepsilon(\sigma)\bar{\sigma} \quad (\ \varepsilon(\sigma),\text{ signature de } \sigma\ )$$

qui sont des projecteurs de $\mathcal{H}^{\otimes n}$ sur les espaces $\mathcal{H}^{\circ n}$ et $\mathcal{H}^{\wedge n}$ de formes(1) respectivement symétriques et antisymétriques. En particulier, par symétrisation ou antisymétrisation du produit $x_1\otimes\ldots\otimes x_n$, on définit le produit symétrique $x_1\circ\ldots\circ x_n$ et le produit extérieur $x_1\wedge\ldots\wedge x_n$. On fait de ces deux espaces des espaces de Hilbert, en convenant (comme dans le cas où n=2) que le produit scalaire de deux éléments du petit espace est égal à n! fois leur produit scalaire dans le gros espace $\mathcal{H}^{\otimes n}$.

Commentaire. En mécanique quantique, si $\mathcal{H}$ est l'espace de Hilbert décrivant un objet, $\mathcal{H}^{\otimes n}$ est l'espace de Hilbert décrivant n copies du même objet. Mais les objets de la mécanique quantique sont vraiment des objets "élémentaires", i.e. doués d'un très petit nombre de propriétés, et il est interdit de leur en imaginer d'autres - en particulier, d'imaginer que les n objets ont été peints de couleurs différentes pour que l'on puisse les distinguer les uns des autres. Les n copies doivent être considérées comme formant un seul système indissociable. En pratique, on n'a rencontré dans la nature que deux types d'objets, quant à la manière dont ils s'associent

1. Nous noterons souvent $\mathcal{H}_n$ le n-ième espace, dans les deux cas.

avec des compagnons indistinguables : les bosons, pour lesquels l'espace à n objets est le produit tensoriel symétrique $\mathcal{H}^{\circ n}$, et les fermions, pour lesquels c'est le produit antisymétrique $\mathcal{H}^{\wedge n}$.

Ceci décrit des systèmes d'objets en nombre n fixé. Mais on a été amené (en particulier pour les besoins de la mécanique quantique relativiste, où des particules peuvent apparaître ou disparaître) à considérer des systèmes d'objets en nombre fini, mais a priori indéterminé, et susceptible de varier. L'espace de Hilbert correspondant est la somme directe hilbertienne des espaces à n objets, y compris un espace à 0 objet (engendré par un vecteur normalisé Ω_0 appelé vide). Cette somme directe hilbertienne est appelée espace de Fock symétrique ou antisymétrique suivant le cas, construit sur l'espace de Hilbert $\mathcal{H}$. Nous le noterons $\Phi^{\circ}(\mathcal{H})$ (bosons) ou $\Phi^{\wedge}(\mathcal{H})$ (fermions), mais le plus souvent simplement Φ . Nous nous intéresserons davantage au cas symétrique, qui est plus étroitement lié aux probabilités, et au calcul stochastique classique - quoique, nous le verrons, l'espace antisymétrique ait aussi des relations avec le mouvement brownien.

Dans les applications à la physique, $\mathcal{H}$ pourra être $L^2(\mathbb{R}^3)$, ou $L^2(\mathbb{R}^4)$, ou le produit tensoriel de l'un de ces espaces avec un espace de dimension finie (particules à spin). Dans les applications probabilistes, $\mathcal{H}$ sera $L^2(\mathbb{R}_+)$, moins souvent $L^2(\mathbb{R})$. Notre ambition n'est pas d'aborder les "problèmes mathématiques de la théorie quantique des champs" . Cependant, il est possible que certaines propriétés purement ≪ mesurables ≫ soient transférables de $L^2(\mathbb{R}_+)$ à tous les espaces de Fock (comme cela se produit en théorie des mesures à accroissements indépendants, où les résultats établis, au moyen de la théorie des martingales, pour les p.a.i. non homogènes, peuvent être transférés à tous les espaces mesurables lusiniens).

Soulignons enfin que, lorsque $\mathcal{H}$ est donné comme un espace $L^2_{\mathbb{C}}$, il se trouve muni d'une structure plus riche : il y a un sous-espace réel, une conjugaison complexe $x \longmapsto \overline{x}$. Tout cela se transporte sur l'espace de Fock. En particulier, de manière concrète, nous distinguerons dans $\mathcal{H}^{\circ}$ le vecteur vide $\Omega_0=1\in\mathbb{R}$, et la loi de probabilité ε_1 qui lui est associée sur l'espace de Fock (nous l'appellerons la loi naturelle)

2. Dans cette section, nous étudions un peu la structure algébrique de l'espace de Fock, et en particulier nous définissons les opérateurs de création et d'annihilation, qui ne nous quitteront plus de toute la suite.

Cas symétrique. Nous commençons par exhiber une base orthogonale de l'espace de Fock. Soit (e_i) une base o.n. de $\mathcal{H}$. Identifions $\mathcal{H}$ à un espace de formes (anti)linéaires sur lui-même, $\mathcal{H}^{\circ n}$ à un espace de formes n-linéaires symétriques (plus exactement anti..., mais oublions cela) sur $\mathcal{H}^n$. Or une forme n-linéaire symétrique est uniquement déterminée par le polynôme sur $\mathcal{H}$ qui lui est associé, et le produit symétrique correspond à la multiplication de ces polynômes (pour les éléments très particuliers sur lesquels le produit symétrique a été défini jusqu'à maintenant). Nous adoptons donc les notations bien connues pour les algèbres de polynômes : on appelle multiindice un élément α de $I^{\mathbb{N}}$ (où I est l'ensemble d'indices de la base) qui n'est différent de 0 que pour des indices en nombre fini $i_1,\dots,i_k$ pour lesquels α vaut $\alpha_1,\dots,\alpha_k$; on pose $|\alpha|=\alpha_1+\dots+\alpha_k$, $\alpha!=\alpha_1!\dots\alpha_k!$. On identifie e_i au polynôme $X_i=<.,e_i>$, le produit symétrique $e_\alpha =$ $e_{i_1}\circ\dots\circ e_{i_1}\circ e_{i_2}\dots\circ e_{i_2}\dots e_{i_k}\circ\dots\circ e_{i_k}$ (with $\alpha_1, \alpha_2, \dots, \alpha_k$ factors) au polynôme $X^\alpha=X_{i_1}^{\alpha_1}\dots X_{i_k}^{\alpha_k}$. Ces divers éléments constituent une base de l'algèbre des polynômes. Quant au produit scalaire que nous avons mis, il en fait une base orthogonale, avec $\|X^\alpha\|^2=\alpha!$. Lorsque $\mathcal{H}$ est de dimension finie, on retrouve ainsi le très utile produit scalaire ($<P,Q>$ = terme constant de $\overline{P(D)}Q$)[1] de la théorie des harmoniques sphériques, ce qui confirme que nos conventions sont raisonnables.

Dans le langage de l'espace de Fock, cette multiplication s'appelle[2] produit de Wick d'éléments (d'ordre fini) de l'espace de Fock. L'algèbre des polynômes ne décrit que la somme non complétée des $\mathcal{H}^{\circ n}$: la somme complétée peut s'interpréter comme un espace de Hilbert de fonctions entières (ou plus naturellement, antientières !), qui n'est pas stable par multiplication. La coutume est de noter $:X^\alpha:$ les "monômes de Wick" écrits plus haut.

Cas antisymétrique. L'espace de Fock antisymétrique admet une base orthonormale formée des éléments e_A , où A est une partie finie $(i_1,\dots,i_n)$ de l'ensemble d'indices I : supposant celui-ci ordonné totalement de manière arbitraire, on peut supposer $i_1<i_2\dots<i_n$, et alors

$$e_A = e_{i_1}\wedge e_{i_2}\dots\wedge e_{i_n}$$

Ici encore, la somme non complétée des $\mathcal{H}^{\wedge n}$ porte une multiplication associative, celle de l'algèbre extérieure, pour laquelle

$$e_A e_B = (-1)^{n(A,B)} e_{A\cup B} \quad \text{si } A\cap B=\emptyset \text{ , } = 0 \text{ sinon .}$$

Le coefficient n(A,B) a été défini dans l'exposé II, §3, qui présente en fait la théorie de l'espace de Fock antisymétrique lorsque $\mathcal{H}$ est de dimension finie. Celui-ci, contrairement à l'espace de Fock symétrique, est alors de dimension finie .

Opérateurs de création et d'annihilation.

Nous commençons par l'opérateur de création, qui fait monter d'un degré dans l'échelle : si $h\in\mathcal{H}$, on pose

(2) $\quad a_h^+(x_1\circ\dots\circ x_n) = h\circ x_1\circ\dots\circ x_n \quad , \quad b_h^+(x_1\wedge\dots\wedge x_n) = h\wedge x_1\dots\wedge x_n$

1. P(D) est interprété comme un opérateur de dérivation $\Sigma_\alpha\, a_\alpha D^\alpha$.
2. Sauf erreur ! Ainsi $\mathcal{E}(f)$ (cf. (9)) est écrit $:e^f:$.

En particulier $a_h^+1=h$, $b_h^+1=h$. Pour calculer la norme de $a_h^+ : \mathcal{H}^{\circ n} \mapsto \mathcal{H}^{\circ n+1}$, on peut se ramener au cas où $h=e_1$ dans une base orthonormale (e_n) de $\mathcal{H}$, et l'on voit alors que $\|a_h^+\| = \sqrt{n}\|h\|$, de sorte que a_h^+ considéré comme opérateur sur Φ (admettant comme domaine la somme non complétée Φ_0 des $\mathcal{H}_n$) n'est pas borné. En revanche, dans le cas antisymétrique, b_h^+ est de norme $\|h\|$.

L'opérateur d'annihilation est défini pour chaque degré de l'échelle comme l'adjoint du précédent. Un calcul simple montre que sur $\mathcal{H}^{\circ n+1}$

(3) $\qquad a_h^-(x_0\circ\ldots\circ x_n) = \Sigma_i <h,x_i> x_0\circ\ldots\circ\hat{x}_i\circ\ldots\circ x_n$,

où le ^ signifie l'omission de x_i . En particulier $a_h^-1=0$. De même pour le cas antisymétrique

(4) $\qquad b_h^-(x_0\wedge\ldots\wedge x_n) = \Sigma_i (-1)^i x_0\wedge x_1\ldots\wedge\hat{x}_i\wedge\ldots\wedge x_n$.

On notera que l'application $h \mapsto a_h^-$ ou b_h^- est antilinéaire.

Les opérateurs bornés b_h^-, b_h^+ sont évidemment adjoints l'un de l'autre.[1] Dans la situation symétrique, une discussion est nécessaire. Etendons d'abo[rd] (sans changer de notation) le domaine de $a_h^\pm$ à tous les $x=\Sigma_n x_n$ $(x_n\in\mathcal{H}_n)$ tels que $\Sigma_n \|a_h^\pm x_n\|^2<\infty$, en posant $a_h^\pm x=\Sigma_n a_h^\pm x_n$. Il est très facile de vérifier que nous obtenons ainsi un opérateur fermé, qui est en fait la fermeture de l'opérateur $a_h^\pm$ précédemment défini. De plus, l'adjoint de $a_h^\pm$ est $a_h^\mp$. En effet, pour $x,y\in\Phi_0$ (somme non complétée) $< x,a_h^-y > = <a_h^+x,y >$ Cela s'étend à $y\in\Phi_0$, $x\in\mathcal{D}(a_h^+)$, montrant que dans ce cas $< x,a_h^-.>$ sur Φ_0 est continue : donc $a_h^+ \subset a_h^{-*}$. Inversement, si $x\in\mathcal{D}(a_h^{-*})$, $a_h^{-*}(x)=z$, on a pour $y\in\Phi_0$ $<x,a_h^-y>=<z,y>$. Posant $x=\Sigma x_n$, $z=\Sigma z_n$ ($x_n,z_n\in\mathcal{H}_n$) on voit que $z_n= a_h^+x_{n-1}$, donc $\Sigma_k\|a_h^+x_k\|^2<\infty$, $x\in\mathcal{D}(a_h^+)$, $a_h^+x=z$. Cela justifie les notations a_h, a_h^* souvent utilisées pour a_h^-,a_h^+ (recopié dans Bratteli-Robinson).

D'après les évaluations de normes faites plus haut, si $x=\Sigma_n x_n$ $(x_n\in\mathcal{H}_n)$ avec $\Sigma_n n\|x_n\|^2<\infty$, x appartient au domaine de a_h^+ et a_h^- .

Relations de commutation et d'anticommutation.

Un calcul immédiat sur la définition des opérateurs $a^\pm$, $b^\pm$ montre que, sur la somme non complétée Φ_0, on a

(5) $\qquad [a_h^-,a_k^+] = <h,k>I \qquad$ et de même $\qquad \{b_h^-,b_k^+\} = <h,k>I$

Il est tentant de définir sur Φ_0 les opérateurs suivants, qui sont de bons candidats pour avoir une extension autoadjointe

(6) $\qquad Q_h = a_h^+ + a_h^- \quad , \quad P_h = i(a_h^+ - a_h^-)$

et pour satisfaire à une relation de commutation du type d'Heisenberg (avec $\hbar=2$: normalisation probabiliste !)

(7) $\qquad [P_h,P_k] = [Q_h,Q_k] = 0 \quad ; [P_h,Q_k] = \frac{2}{i}<h,k>I$.

1. Mais peut être omise sans inconvénient pour la suite.

Comme d'habitude, il faudra transformer cela en une forme plus précise les relations de commutation : la forme de Weyl (cf. n°3 plus bas).

Dans le cas antisymétrique, on aura des opérateurs autoadjoints bornés

(8) $$R_h = b_h^+ + b_h^- \quad , \quad S_h = i(b_h^+ - b_h^-) \ .$$

Vecteurs cohérents

Ici, nous nous restreignons au cas symétrique. Pour $f \in \mathcal{H}$, nous posons

(9) $$\mathcal{E}(f) = \mathbf{1} + \Sigma_n \frac{f^{\circ n}}{n!} \quad (\|f^{\circ n}\|^2 = n!\|f\|^{2n} : \text{la série converge}).$$

Ces vecteurs sont appelés vecteurs cohérents . Ce sont les mêmes que dans l'exposé précédent (espace de Fock sur un espace $\mathcal{H}$ de dimension 1), mais ce n'est pas tout à fait évident avec les différences de normalisation ! Ici nous ne les normalisons pas au sens hilbertien, mais par la condition $<\mathbf{1},\mathcal{E}(f)> = 1$. Notons la formule importante

(10) $$<\mathcal{E}(f),\mathcal{E}(g)> = \Sigma_n (n!)^{-2} < f^{\circ n},g^{\circ n}> = \Sigma_n <f,g>^n/n! = e^{<f,g>} \ .$$

L'espace vectoriel fermé engendré par les vecteurs cohérents contient tous les vecteurs $f^{\circ n} = \frac{d^n}{dt^n}\mathcal{E}(tf)|_{t=0}$: il est donc dense dans Φ . Les vecteurs cohérents servent très naturellement de << fonctions-test >> dans les calculs d'opérateurs non bornés sur l'espace de Fock. Par exemple, les opérateurs de création et d'annihilation opèrent sur les vecteurs cohérents par les règles suivantes

(11) $$a_h^-\mathcal{E}(f) = <h,f>\mathcal{E}(f)^{(1)} , \quad a_h^+\mathcal{E}(f) = \frac{d}{dt}\mathcal{E}(f+th)|_{t=0} \ .$$

Nous recopions aussi quelques formules, que le lecteur pourra vérifier, et qui serviront plus tard

(12) $$\begin{aligned} &< a_h^-\mathcal{E}(f),a_k^-\mathcal{E}(g) > = \ <f,h><k,g>< \mathcal{E}(f),\mathcal{E}(g) > \\ &< a_h^+\mathcal{E}(f),a_k^+\mathcal{E}(g) > = \{<f,k><h,g> + <h,k>\} < \mathcal{E}(f),\mathcal{E}(g) > \\ &< a_h^+\mathcal{E}(f),a_k^-\mathcal{E}(g) > = \ <k,g><h,g>< \mathcal{E}(f),\mathcal{E}(g) > \ . \end{aligned}$$

Il nous arrivera souvent de définir des opérateurs par leur valeur sur les vecteurs cohérents. Le lemme suivant est commode à cet effet. La démonstration est recopiée dans Guichardet, Symmetric Hilbert Spaces, LN 261.

LEMME. Soit (f_i) une famille finie d'éléments distincts de $\mathcal{H}$. Alors les vecteurs cohérents $\mathcal{E}(f_i)$ sont linéairement indépendants.

Dém. Supposons une relation $\Sigma_{i=1}^k \overline{\lambda}_i\mathcal{E}(f_i) = 0$, avec des $\lambda_i \neq 0$. Pour tout $g \in \mathcal{H}$ on a $\Sigma_1^k < \overline{\lambda}_i\mathcal{E}(f_i),\mathcal{E}(g) > = 0$, ce qui d'après (10) donne $\Sigma_1^k \lambda_i \exp<f_i,g> = 0$. Remplaçons g par g+th , dérivons k fois pour t=0 . Il vient

1. Les vecteurs cohérents sont les vecteurs propres communs des a^- : c'est le moyen le plus commode de vérifier qu'il s'agit bien de la même chose que dans l'exposé précédent.

$$\Sigma_1^k \lambda_i < f_i,.>^p = 0 \ , \ p=0,1,\ldots,k-1$$

Les λ_i étant $\neq 0$, le déterminant est <u>identiquement nul</u>. Or c'est un déterminant de Vandermonde $\prod_{i<j} <f_j-f_i,.>$. Pour tout couple i,j l'ensemble des x tels que $<f_j-f_i,x>\neq 0$ est un ouvert, dense puisque $f_i\neq f_j$. L'intersection de ces ouverts est donc non vide, ce qui contredit le résultat précédent.

3. Dans cette section, nous allons construire les <u>opérateurs de Weyl</u>. Nous recopions la présentation de Hudson-Parthasarathy.

Considérons le <u>groupe des déplacements</u> de l'espace de Hilbert $\mathcal{H}$. Un élément du groupe s'écrit $\lambda=(u,U)$, où u est un vecteur et U un opérateur unitaire, λ opérant de la manière suivante

$$\lambda.h = Uh+u \quad \text{pour} \quad h\in\mathcal{H} ,$$

de sorte que la loi de composition dans le groupe est, si $\mu=(v,V)$

$$\lambda\mu = (u,U)(v,V) = (u+Uv,UV).$$

Nous allons faire agir le groupe sur l'espace de Fock : d'abord sur les vecteurs cohérents

(13) $$W_\mu\mathcal{E}(h) = e^{-<v,Vh>-|v|^2/2}\mathcal{E}(\mu.h) = e^{-A_\mu(h)}\mathcal{E}(\mu.h)$$

Nous vérifions la formule

$$\underset{(a)}{A_{\lambda\mu}(h)} = \underset{(b)}{A_\lambda(\mu.h)} + \underset{(c)}{A_\mu(h)} - i\mathrm{Im}<u,Uv>$$

En effet , $a = < u+Uv,UVh > + |u+Uv|^2/2$

$b = < u,U(Vh+v)> + |u|^2/2$

$c = < v,Vh > + |v|^2/2 = < Uv,UVh > + |v|^2/2$

Donc la différence a-b-c vaut $-<u,Uv>+ \frac{1}{2}(<u,Uv>+<Uv,u>)=-\frac{1}{2}[<u,Uv>-\overline{<u,Uv>}]$.

A partir de là, nous obtenons la relation de Weyl

(14) $$W_\lambda W_\mu = e^{-i\mathrm{Im}<u,Uv>}W_{\lambda\mu}$$

qui est très voisine de la formule (10) de l'exposé précédent : on a en plus l'opérateur unitaire U au lieu de I, et on a ici $\hbar=2$ (et le signe opposé devant i). Nous avons d'après (13)

$$< W_\mu\mathcal{E}(h),W_\mu\mathcal{E}(k) > = e^{-\overline{A_\mu(h)}}e^{-A_\mu(k)}< \mathcal{E}(\mu.h),\mathcal{E}(\mu.k) > .$$

Ce dernier produit scalaire vaut $e^{<\mu.h,\mu.k>}$ d'après (10). Il nous reste finalement l'exponentielle de

$$-\overline{<v,Vh>} - <v,Vk> -|v|^2 + <Vh+v,Vk+v> = < Vh,Vk > = <h,k>$$

exponentielle qui vaut $< \mathcal{E}(h),\mathcal{E}(k) >$ d'après (10). Les W_μ opèrent ainsi de manière unitaire sur le sous-espace dense des vecteurs cohérents, donc ils s'étendent de manière unique en des opérateurs ~~unitaires~~ isométriques, inversibles donc unitaires sur Φ . La formule (17) nous dit que l'on a construit une <u>représentation unitaire projective</u>

du groupe des déplacements, et celle-ci nous servira, en prenant les générateurs de groupes à un paramètre, à construire autant d'opérateurs a.a. que nous le voudrons... à condition d'avoir vérifié un minimum de continuité. Celle-ci ne présente pas de difficulté, si l'on remarque que $f \to \mathcal{E}(f)$ est faiblement continue en restriction aux bornés (10), et que l'on utilise la formule explicite (13) sur les vecteurs cohérents.

COMMENTAIRE. La C^*-algèbre engendrée par les opérateurs W_λ correspondant aux translations seulement est appelée la C^*-algèbre des relations de commutation canoniques (CCR en anglais). Elle est étudiée en détail dans le second volume du livre de Bratteli-Robinson. En tant que C^*-algèbre abstraite, i.e. dans la topologie de la norme des opérateurs, c'est un être plutôt antipathique : on peut montrer que deux opérateurs W_u et W_v différents sont toujours à la distance 2 (la plus grande distance permise entre deux unitaires) : cf. B-R th. 5.2.8., p.20.

4. Pour interpréter les opérateurs W_λ lorsque $\lambda=(0,U)$ est une rotation pure, il nous reste à introduire une dernière notion algébrique, d'ailleurs très simple. Nous avons rappelé en 1 a) au début du paragraphe la notion de produit tensoriel $A\otimes B : \mathcal{H}\otimes\mathcal{K} \to \mathcal{H}\otimes\mathcal{K}$ de deux opérateurs bornés $A : \mathcal{H}\to\mathcal{H}$ et $B : \mathcal{K}\to\mathcal{K}$. Cela se généralise à n facteurs sans la moindre difficulté, et permet en particulier de définir $A^{\otimes n} : \mathcal{H}^{\otimes n} \to \mathcal{H}^{\otimes n}$: on définit alors $A^{\circ n}$ et $A^{\wedge n}$ par restriction aux sous-espace symétrique et antisymétrique. Nous étudierons ici le premier, mais tout (sauf l'utilisation des vecteurs cohérents) va de même pour le second. On a

$$A^{\circ n}(x_1\circ\ldots\circ x_n) = Ax_1\circ\ldots\circ Ax_n \quad ; \quad \|A^{\circ n}\| \leq \|A\|^n \text{ (cf. (1)) .}$$

Nous définissons maintenant l'opérateur $\Phi(A)$, dont le domaine est l'ensemble des $x=\Sigma_n x_n$ ($x_n \in \mathcal{H}^{\circ n}$) tels que $\Sigma_n \|A^{\circ n}(x_n)\|^2 < \infty$, et la valeur

(15) $\quad \Phi(A)x = \Sigma_n A^{\circ n}x_n$ ($\Phi(A)$ s'appelle la "seconde quantification de A")

$\Phi(A)$ est fermé, de domaine dense (si A est une contraction, $\Phi(A)$ est aussi une contraction). On a $\Phi(I)=I$, $\Phi(AB)=\Phi(A)\Phi(B)$, $\Phi(A)^*=\Phi(A^*)$. Si A est unitaire, $\Phi(A)$ est unitaire. Les vecteurs cohérents appartiennent toujours au domaine, et l'on a

(16) $$\Phi(A)\mathcal{E}(f) = \mathcal{E}(Af) \text{ .}$$

Si l'on compare (16) et (13), on voit alors que $W_{0,U}$ est simplement l'opérateur unitaire $\Phi(U)$.

Une autre manière d'étendre à l'espace de Fock un opérateur A défini sur $\mathcal{H}$ consiste à poser formellement

(17) $$\lambda(A) = \frac{d}{dt}\Phi(e^{tA})|_{t=0} \quad \left(\text{ ou } \frac{1}{i}\frac{d}{dt}\Phi(e^{itA}) \right)$$

de sorte que, en supposant toujours A borné, $\lambda(A)$ applique $\mathcal{H}^{\circ n}$ dans lui même, par la formule

(18) $$\lambda(A)(x_1 o \ldots o x_n) = (Ax_1) o x_2 \ldots o x_n + x_1 o (Ax_2) o \ldots o x_n + \ldots$$

Après quoi, on définit comme d'habitude le domaine de $\lambda(A)$ comme l'ensemble des $h=\Sigma_n h_n \in \Phi$ tels que $\Sigma_n \|\lambda(A)h_n\|^2 < \infty$, et $\lambda(A)h=\Sigma_n \lambda(A)h_n$, ce qui donne un opérateur fermé. Les vecteurs cohérents appartiennent toujours au domaine, et il est facile en comparant (17) et (11) de voir que

(19) $$\lambda(A)\mathcal{E}(f) = a^+_{Af}\,\mathcal{E}(f)$$

ce qui peut d'ailleurs se voir aussi sur (18). On en tire

(20) $$< \mathcal{E}(f), \lambda(A)\mathcal{E}(g) > = <f,Ag> e^{<f,g>} .$$

Voici un petit formulaire concernant ces opérateurs, qu'il n'est pas utile de regarder en détail dès maintenant

(21) $$< \lambda(A)\mathcal{E}(f), \lambda(B)\mathcal{E}(g) > = \{<Af,g><f,Bg> + <Af,Bg>\} < \mathcal{E}(f),\mathcal{E}(g) >$$

(22) $$< a^-_h\mathcal{E}(f), \lambda(B)\mathcal{E}(g) > = <f,h><f,Bg>< \mathcal{E}(f),\mathcal{E}(g) >$$

(23) $$< a^+_h\mathcal{E}(f), \lambda(B)\mathcal{E}(g) > = \{<h,g><f,Bg> + <h,Bg> \} < \mathcal{E}(f),\mathcal{E}(g) > .$$

5. Un modèle discret de l'espace de Fock symétrique.

Maintenant que nous avons un peu décrit la structure algébrique de l'espace de Fock symétrique, nous pouvons comparer celui-ci au modèle fini de l'exposé II, § III. Nous avions là un espace de Hilbert $\mathcal{H}$ de dimension finie M , avec une base orthonormale (X_i) (qui pour nous étaient des v.a. de Bernoulli symétriques) choisie une fois pour toutes. $\mathcal{H}$ était plongé dans un espace de Hilbert Ψ de dimension finie 2^M, muni d'une décomposition $\Psi=\oplus_n \Psi_n$ en "chaos" ($\Psi_0=\mathbb{C}$, $\Psi_1=\mathcal{H}$). L espace Ψ comporte beaucoup moins d'éléments de base que l'espace de Fock Φ : au lieu de tous les X^α indexés par les multiindices, nous ne conservons que les X_A indexés par les multiindices ne comportant que des 1 et des 0, i.e. par les parties de $\{1,\ldots,M\}$. Ces éléments sont orthonormés dans Ψ .

Rappelons la définition des opérateurs de création et d'annihilation

(24) $$a^+_k(X_A) = X_{A\cup\{k\}} \text{ si } k\notin A \text{ , 0 sinon ; } a^-_k(X_A) = X_{A\setminus\{k\}} \text{ si } k\in A, \text{ 0 sin}$$

et les relations de commutation

(25) $$[a^-_k,a^-_j] = [a^+_k,a^+_j] = 0 \;;\; [a^-_k,a^+_j] = \begin{cases} 0 & \text{si } k\neq j \\ I-2N_k & \text{si } k=j \end{cases} \quad (N_k=a^+_k a^-_k)$$

Nous avons aussi les opérateurs a.a. associés

(26) $$q_k=a^+_k+a^-_k \text{ , } p_k=i(a^+_k-a^-_k) \qquad (q_k X_A = X_{A\Delta\{k\}}) .$$

Les opérateurs p_k,q_k sont, pour k fixé, des opérateurs a.a. de carré I qui anticommutent (opérateurs de spin : la troisième matrice de Pauli est ici représentée par $2N_k-I$), les divers spins commutant entre eux. Si l'on pose

(27) $$p_A = \prod_{k\in A} p_k \quad , \quad q_B = \prod_{k\in B} q_k$$

on a $q_A q_B = q_{A\Delta B}$, $p_A p_B = p_{A\Delta B}$, $p_A q_B = (-1)^{|A\cap B|} q_B p_A$.

Notre espace Ψ se trouve muni de diverses structures d'algèbres : la première, celle qui correspond au produit symétrique o , consiste à poser

(28) $$X_A \circ X_B = X_{A\cup B} \text{ si } A\cap B=\emptyset \text{ , 0 sinon}$$

La seconde (qui correspond à ce que nous appellerons plus tard le <u>produit de Wiener</u> sur l'espace de Fock) est le <u>produit de Bernoulli</u> symétrique, défini par

(29) $$X_A X_B = X_{A\Delta B}$$

(nous avons vu aussi dans l'exposé II un produit de Clifford sur Ψ - laissons le de côté pour l'instant - et d'autres produits de Bernoulli, correspondant à l'interprétation des X_i comme v.a. de Bernoulli non symétriques).

L'espace Ψ , description d'un système de spins qui commutent, est un objet très familier pour les physiciens. Mais l'idée de considérer Ψ comme une <u>approximation</u> de l'espace de Fock , pour M grand (que nous empruntons à un exposé de J.L. Journé) semble beaucoup moins banale. Nous allons la développer un peu ici, et la relier au point de vue sur l'espace de Fock présenté par Guichardet, Symmetric Hilbert Spaces, LN in M. 261.

Nous commençons par poser, pour $f=\Sigma_k f_k X_k \in \mathcal{H}$

(30) $$a_f^+ = \Sigma_k f_k a_k^+ \ , \quad a_f^- = \Sigma_k \bar{f}_k a_k^-$$

ces opérateurs étant mutuellement adjoints (le lecteur définira tout seul q_f, p_f pour f réelle) . Introduisons les <u>vecteurs cohérents</u>

(31) $$\mathcal{E}(f) = \Sigma_n \frac{f^{\circ n}}{n!} = \prod_k (1+f_k X_k) \text{ (produit de Bernoulli (29))}$$

Lorsque le nombre de points M devient très grand, k étant identifié au site kT/M sur l'intervalle $[0,T]$, f_k étant pris de la forme $f(kT/M)\sqrt{T/M}$ où f est une bonne fonction sur $[0,T]$, l'expression (31) " tendra vers" une exponentielle stochastique brownienne (en un sens à préciser). D'autre part on a des expressions très analogues à (11)

(32) $$a_g^- \mathcal{E}(f) = (\Sigma_k \frac{\bar{g}_k f_k}{1+f_k X_k})\mathcal{E}(f) \quad , \quad a_g^+ \mathcal{E}(f) = (\Sigma_k \frac{g_k X_k}{1+f_k X_k})\mathcal{E}(f) = \frac{d}{dt}\mathcal{E}(f+tg)|_{t=0}$$

Identifions un élément de Ψ à son développement $\Sigma_A f_A X_A$ dans la base orthonormale (X_A) : nous voyons que Ψ s'identifie à l'ensemble des fonctions $A \mapsto f(A)$ <u>définies sur l'ensemble des parties de</u> $\{1,\dots,M\}$. Par exemple, dans cette interprétation le vecteur cohérent $\mathcal{E}(f)$ est donné par

(33) $$\mathcal{E}(f)(A) = \prod_{k\in A} f(k)$$

Quant aux opérateurs de création et d'annihilation, ils sont tout retournés

(34) $a_k^- f(A) = f(A\cup\{k\})$ si $k\notin A$, 0 sinon ; $a_k^+ f(A) = f(A\setminus\{k\})$ si $k\in A$, 0 sinon

comme on le voit à partir de (24) en prenant $f=X_B$.

REMARQUE. L'ensemble $\mathcal{P}$ des parties de $\{1,\dots,M\}$, muni de l'opération Δ, est un groupe compact ; le groupe dual s'identifie aussi à $\mathcal{P}$, si l'on associe à une partie A le caractère $\chi_A(B)=(-1)^{|A\cap B|}$. En particulier, munissons $\mathcal{P}$ de sa mesure de Haar (qui place la masse 2^{-M} en tout $A\in\mathcal{P}$) ; les v.a. $X_k = \chi_{\{k\}}$ sont des v.a. de Bernoulli symétriques indépendantes, et l'on a $\chi_A = \prod_{k\in A} X_i = X_A$. Ce qui précède est donc de l'analyse de Fourier sur $\mathcal{P}$. Par analogie avec les opérateurs de Weyl $W_{r,s}$, Combe, Rodriguez, Sirugue et S.-Collin ont défini des opérateurs $W_{A,B}$, réalisant une représentation unitaire projective de $\mathcal{P}\times\mathcal{P}$. Voir leur article, Weyl Quantisation of Spin Systems, dans LN in Phys. 106, Feynman Path Integrals Marseille 1978.

Passage au véritable espace de Fock. Voici le point de vue de Guichardet pour exposer la théorie de l'espace de Fock sur $L^2(T,\mu)$, où T est un bon espace mesurable, et μ est une mesure diffuse sur T. Soit $\mathcal{P}$ l'ensemble des parties finies de T (c'est un groupe pour la différence symétrique Δ). Nous munissons $\mathcal{P}$ d'une structure mesurable et d'une mesure λ de la manière suivante : identifions T à une partie borélienne de $\mathbb{R}_+$; alors l'ensemble $\mathcal{P}_n$ des parties à n éléments s'identifie au sous-ensemble de $\mathbb{R}_+^n$ formé des n-uples $\{s_1<\dots<s_n\}$, qui est borélien, et que l'on munit de la mesure λ_n induite par $\mu^{\otimes n}$ (si n=0, $\mathcal{P}_0=\{\emptyset\}$ et $\lambda_0=\varepsilon_\emptyset$). On pose alors $\lambda=\Sigma_n \lambda_n$. Du fait que μ est diffuse, il est facile de vérifier que $L^2(\mathcal{P}_n,\lambda_n)$ est isomorphe à $L^2(\mu)^{\circ n}$, donc $L^2(\mathcal{P},\lambda)$ est isomorphe à l'espace de Fock.

Dans cette représentation, on a pour $h\in L^2(T)$, $f\in L^2(\lambda)$

(35) $a_h^- f(A) = \int f(A\cup\{t\})\overline{h}(t)\mu(dt)$, $a_h^+ f(A) = \Sigma_{t\in A}\, h(t)f(A\setminus\{t\})$.

Nous reviendrons plus tard sur cette représentation. Notons seulement que le modèle fini que nous avons donné consiste à prendre au sérieux le cas où la mesure μ n'est pas nécessairement diffuse (ce qui se produit en particulier lorsque T est fini).[1]

Nous écrirons souvent dA pour $\lambda(dA)$ sur $\mathcal{P}$, pour alléger la notation.

1. Profitons de ce blanc pour indiquer que la théorie rigoureuse de l'espace de Fock est due à J.M. Cook, the Mathematics of Second Quantization, Trans. AMS 74, 1953 (longtemps après Fock, 1932-34). Tout ce qui a été exposé fait partie du folklore maintenant (mais notre présentation emprunte plusieurs détails à Neveu, Processus Aléatoires Gaussiens, Presses Univ. Montréal, 1968).

II. INTERPRETATIONS PROBABILISTES

1. Soit (X_t) une martingale, définie sur un espace probabilisé filtré [1] $(\Omega,\mathcal{F},P,(\mathcal{F}_t)_{t\geq 0})$, nulle en 0, telle que $E[X_t^2]<\infty$ pour tout t et que $<X,X>_t=t$. Pour l'instant, nous travaillons sur des martingales réelles, pour simplifier. Appelons quadrant chronologique le sous-ensemble C_n de $\mathbb{R}_+^n$ formé (pour n>1) des n-uples tels que $s_1<s_2\ldots<s_n$ ($C_1=\mathbb{R}_+$), que nous munirons de la mesure de Lebesgue $\lambda_n=ds_1\ldots ds_n$. Pour toute fonction $f\in L^2(C_n)$, on sait définir l'intégrale stochastique multiple

(1) $$J_n(f) = \int_{C_n} f(s_1,\ldots,s_n)dX_{s_1}\ldots dX_{s_n}$$

Ces v.a. appartiennent à $L^2(\Omega)$, avec une norme

$$\|J_n(f)\|^2 = \int_{C_n} |f(s_1,\ldots,s_n)|^2 ds_1\ldots ds_n$$

et pour $m\neq n$, $J_m(f)$ et $J_n(g)$ sont orthogonales. Dans le cas du mouvement brownien, ces résultats sont dus à Wiener, ont été généralisés par Ito (J. Math. Soc. Japan 3, 1951 ; Jap. J. Math 22, 1953). La démonstration pour des martingales générales est essentiellement la même (voir Sém. Prob. X , LN in M. 511, p.325-331).

Soit maintenant une fonction $f\in L^2(\mathbb{R}_+^n)$; on désire lui associer une intégrale stochastique $I_n(f)\in L^2(\Omega)$. Négligeant[2] ce qui se passe sur les diagonales (n-uples dont deux coordonnées au moins coïncident), qui forment un ensemble de mesure nulle, il est clair que le problème consiste à définir les intégrales stochastiques sur les copies du quadrant chronologique

$$\int_{s_{\sigma(1)}<s_{\sigma(2)}<\ldots} f(s_1,\ldots,s_n)dX_{s_1}\ldots dX_{s_n} \qquad (\ \sigma \text{ permutation }\ )$$

et la solution traditionnelle consiste à décider que cette intégrale est égale à

(2) $$\int_{C_n} f(u_{\tau(1)},\ldots,u_{\tau(n)})dX_{u_1}\ldots dX_{u_n} \quad \text{avec} \quad \tau=\sigma^{-1}$$

et en particulier à poser, si f est une fonction symétrique appartenant à $L^2(\mathbb{R}_+^n)$

(3) $$I_n(f) = n!J_n(f)$$

Nous avons alors $\|I_n(f)\|^2 = (n!)^2\int_{C_n} |f(s_1\ldots s_n)|^2 ds_1..ds_n = n!\|f\|^2_{L^2(\mathbb{R}_+^n)}$, qui est précisément la convention que nous avions adoptée pour la norme de f en tant qu'élément de $\mathcal{H}^{\circ n}$, lorsque $\mathcal{H}=L^2(\mathbb{R}_+)$. Par conséquent, si

1. Nous supposerons que $\mathcal{F}$ est engendrée par les v.a. X_t.
2. Il n'y a pas là de nécessité logique : nous décrivons seulement ce qui se fait d'habitude.

nous associons à un élément $\Sigma_n f_n$ de l'espace de Fock symétrique la somme des v.a. $\Sigma_n I_n(f_n)$ dans $L^2(\mathcal{F})$ (en convenant que pour n=0, $I_n(f_o)$ est la v.a. constante f_o), nous plongeons l'espace de Fock symétrique Φ^o isométriquement dans $L^2(\mathcal{F})$.

Nous ferons la remarque suivante : la propriété (2) est une pure convention, et rien ne nous empêche de mettre un facteur ε_σ devant l'intégrale (2). Alors, la formule (3) aura lieu non plus pour f symétrique, mais pour f antisymétrique, et nous plongerons dans $L^2(\mathcal{F})$ l'espace de Fock $\Phi^\wedge$. Tout le problème est de savoir si cela présente quelque intérêt : je pense que oui, et je tâcherai de montrer que cela fournit une définition simple des algèbres de Clifford de dimension infinie utilisées en physique, avec un peu d'intuition probabiliste en plus.

Le problème se pose maintenant de savoir quelle est l'image de Φ (symétrique ou antisymétrique) dans $L^2(\mathcal{F})$, i.e. quel est le sous-espace de L^2 engendré par les intégrales stochastiques multiples $J_n(f)$. En particulier, on s'intéresse au cas où cet espace est $L^2(\mathcal{F})$ tout entier[1]. Comme les i.s. multiples (1) sont des i.s. $\int H_s dX_s$ de processus prévisibles (en interprétant l'i.s. multiple comme i.s. itérée), une condition nécessaire pour cela est que (X_t) possède la propriété de représentation prévisible. Les probabilistes ne semblent pas disposer d'une liste complète de martingales de carré intégrable X_t possédant la PRP et de crochet $\langle X,X\rangle_t=t$, mais en voici quelques représentants

- Le mouvement brownien standard : $X_t^o=B_t$.
- Les processus de Poisson compensés : $X_t^\rho = \rho(\nu_t^\rho - \frac{t}{\rho^2})$, où ν^ρ est un processus de Poisson à sauts unité, d'intensité $1/\rho^2$ ($\rho\in\mathbb{R}\setminus\{0\}$; lorsque $\rho\to 0$ on retrouve le mouvement brownien, qui peut être noté X_t^o .

Ceci fournit les seuls éléments de la liste qui soient à accroissements indépendants et homogènes dans le temps. Il est facile de construire des martingales Y non homogènes dans le temps, en posant

$$dY_t = dX_t^{\rho(t)} \qquad (\rho(t)=0 \text{ est permis }) \tag{4}$$

où $\rho(t)$ peut être une fonction borélienne arbitraire du temps. On peut conjecturer que cette liste est, en fait, complète.

COMMENTAIRE. Chaque fois qu'un espace de Hilbert H est interprété comme un espace $L^2(\Omega)$, il porte une observable à valeurs dans Ω (ou si l'on préfère une mesure spectrale indexée par la tribu de Ω). Ainsi, le fait que l'espace de Fock admette des interprétations browniennes ou poissonniennes signifie que cet objet, purement algébrique, porte des observables à valeurs

---

1. Segal a construit, au moyen du mt brownien complexe, une intéressante interprétation probabiliste de l'espace de Fock dans laquelle celui-ci n'est pas L^2 tout entier.

dans l'espace des trajectoires continues ou des trajectoires ponctuelles.

Soit P la loi sur Ω ; puisque P est une loi de probabilité, la constante 1 appartient à L^2, et détermine une loi quantique ε_1 , sous laquelle la loi de notre observable est P . Dans le cas particulier de l'espace de Fock, la constante 1 correspond au vecteur-vide **1** dans toutes les interprétations probabilistes que nous avons vues. Ainsi sous la loi naturelle $\varepsilon_{\mathbf{1}}$, les observables décrites plus haut ont une loi brownienne, resp. des lois de processus de Poisson de toutes intensités. Mais rien ne nous impose de rester pour toujours dans le vide ; l'idée de départ de ces notes a été de chercher une interprétation de ce genre, pour la mécanique stochastique de Nelson, à l'intérieur de la mécanique quantique traditionnelle : existe t'il une manière naturelle de choisir un vecteur f de Φ (plus exactement, il faut rester en temps fini) tel que, sous la loi ε_f , l'observable "brownienne" se transforme[1] en une diffusion de Nelson ? Les autres processus sur l'espace de Fock se transformeraient sans doute de manière intéressante. Mais c'est là sans doute un travail de physicien, plutôt que de mathématicien (et de toute façon, il dépasse nos capacités en mécanique quantique).

Quoi qu'il en soit, nous revenons à Hudson-Parthasarathy : nous allons d'abord étudier l'interprétation brownienne, en montrant comment se traduisent les divers êtres algébriques introduits au paragraphe I. Puis nous construirons les processus de Poisson de divers paramètres, et parlerons un peu de l'algèbre de Clifford continue.

2. Vecteurs cohérents et exponentielles stochastiques.

Nous allons commencer par montrer que les vecteurs cohérents ont toujours une interprétation probabiliste simple.

Si (M_t) est une semimartingale nulle en 0, son exponentielle de Doléans $Z=\mathcal{E}(M)$ est par définition la solution de l'équation différentielle stochastique $Z_t=1+\int_0^t Z_{s-}dM_s$, et il est connu que Z admet un développement convergent en probabilité

$$Z_t = 1 + \int_0^t dM_{s_1} + \int_{s_1<s_2<t} dM_{s_1} dM_{s_2} + \dots$$

qui est tout simplement la solution de l'e.d.s. par la méthode d'itération (cf. Emery, ZW 41, 1978, p. 256). En particulier, prenons $M_t = \int_0^t f(s)dX_s$, où (X_t) est une martingale de crochet $\langle X,X\rangle_t=t$. Abrégeant $fI_{[0,t]}$ en $f_{t]}$, et utilisant les notations du n° précédent, nous voyons que le n-ième terme de cette somme est $\frac{1}{n!}I_n(f_{t]}{}^{\circ n})$. Si f appartient à $L^2(\mathbb{R}_+)$, la série converge dans $L^2(\Omega)$, et le processus (Z_t) est une vraie martingale bornée dans L^2, donc convergeant dans L^2 vers une v.a. Z_∞ . La v.a. Z_∞ est

1. Cela exigerait un certain élargissement du formalisme : remplacer $L^2(\mathbb{R}_+)$ par $L^2(\mathbb{R}_+,\mathbb{R}^3)$ pour disposer de plusieurs browniens, introduire un espace de Hilbert initial pour donner à X_0 une loi non dégénérée. Nous restons ici dans la situation la plus simple possible.

l'élément de $L^2(\Omega)$ qui correspond au vecteur $\Sigma_n \frac{1}{n!} f^{on}$, autrement dit, c'est l'interprétation probabiliste du vecteur cohérent $\mathcal{E}(f)$.

Traitons explicitement les cas particuliers vus plus haut

- <u>Cas brownien</u> . On a alors, d'après l'expression explicite de l'exponentielle de Doléans dans le cas des martingales continues

$$(5) \qquad \mathcal{E}(f) = \exp\left(\int_0^\infty f_s dB_s - \frac{1}{2}\int_0^\infty f_s^2 ds\right)$$

- <u>Cas poissonniens</u>. Si (X_t) est le processus de Poisson compensé (4), de saut ρ_t (s'il se produit un saut) à l'instant t, on a pour l'exponentielle de Doléans

$$\mathcal{E}(f) = \exp\left(\int_0^\infty f_s dX_s\right) \prod_{s\in S} (1+f_s\rho_s)e^{-f_s\rho_s}$$

où S est l'ensemble aléatoire des sauts de $X_.$. Si la fonction f/ρ est intégrable, cette expression se simplifie et devient

$$(6) \qquad \mathcal{E}(f) = \exp\left(-\int_0^\infty f_s ds/\rho_s\right)\prod_{s\in S}(1+f_s\rho_s)$$

REMARQUES. a) L'espace de Hilbert $\mathcal{H}=L^2(\mathbb{R}_+)$ se trouve muni d'un sous-espace réel, et d'une <u>conjugaison</u> $f \mapsto \overline{f}$: on notera que la quantité $\int_0^\infty f^2 ds$ qui apparaît dans (5) est égale à $<\overline{f},f>$, et n'est pas une quantité intrinsèque de la structure hilbertienne de $\mathcal{H}$.

b) Toute identification de l'espace de Fock à un espace $L^2(\Omega)$ munit Φ de structures supplémentaires : par exemple, on peut parler de la réalité, de la positivité, de l'appartenance à L^p... de certains éléments de l'espace de Fock. Celui-ci se trouve en fait plongé dans le beaucoup plus gros espace de toutes les v.a. sur Ω, avec sa conjugaison complexe et sa multiplication. En particulier, on peut regarder comment se multiplient les éléments de l'espace de Fock, dans chacune des diverses identifications. Comme nous considérons plusieurs identifications à la fois, il faut bien préciser quelle identification on utilise pour définir ces divers produits.

Sur l'importance, en mécanique quantique, de ces méthodes non purement hilbertiennes, on pourra consulter les premières pages de Gross, Existence and Uniqueness of Physical Ground States, J.Funct. Anal. 10, 1972.

Par exemple, dans l'identification brownienne, les éléments des chaos de Wiener $\mathcal{H}_n$ appartiennent à tous les L^p, et la somme non complétée Φ_0 des $\mathcal{H}_n$ est une algèbre pour le "produit de Wiener". Les vecteurs cohérents appartiennent, eux aussi, à tous les L^p, leur produit de Wiener étant donné, d'après (5), par la formule

$$(7) \qquad \mathcal{E}(f)\mathcal{E}(g) = \mathcal{E}(f+g)e^{\int f_s g_s ds} = e^{<\overline{f},g>}\,\mathcal{E}(f+g)^{(1)}$$

ce qui montre que le produit de Wiener est "presque" intrinsèque : sa définition n'exige que l'addition d'un seul élément de structure non hilbertien sur $\mathcal{H}$, la conjugaison complexe $f \mapsto \overline{f}$.

1.Dans l'interprétation brownienne associée au m^t brownien conjugué P_t, on a un autre produit de Wiener, pour lequel $\mathcal{E}(f)\mathcal{E}(g)=\exp(-<\overline{f},g>)\mathcal{E}(f+g)$.

la fonction caractéristique de P_h

$$E[e^{iP_h}] = <1,W_{-h}1> = <1,e^{-\|h\|^2/2}\mathcal{E}(-h)> \quad (\S I,(13)\ ;\ 1=\mathcal{E}(0)\ )$$
$$= e^{-\|h\|^2/2}$$

d'où il résulte que les v.a. P_h forment un espace gaussien, et en particulier les v.a. P_t correspondant à $h=I_{[0,t]}$ forment un mouvement brownien standard.

D'autre part, un calcul direct sur l'exponentielle de Doléans montre que, pour h réelle

(10) $$a_h^-\mathcal{E}(f) = \langle h,f\rangle\mathcal{E}(f) = \nabla_h\mathcal{E}(f)\ ,\quad a_h^+\mathcal{E}(f) = \frac{d}{dt}\mathcal{E}(f+th)|_0 = (\tilde{h}-\nabla_h)\mathcal{E}(f)$$

de sorte que, sur les vecteurs cohérents, on a

(11) $$a_h^+ + a_h^- = \tilde{h}\ ,\qquad i(a_h^+-a_h^-) = i(\tilde{h} - 2\nabla_h)\ (\text{ cf. } (9))$$

Les formules (11) justifient l'assertion faite au §I, (6) : Q_h et P_h étaient de bons candidats pour avoir des extensions a.a. : Q_h en tant qu'opérateur de multiplication, P_h en vertu de (9). On notera que si $h=I_{[0,t]}$, $Q_h=Q_t$ est simplement l'opérateur de multiplication de Wiener par B_t. D'autre part, e^{iQ_h} représente l'opérateur de multiplication de Wiener par $e^{i\tilde{h}}$. D'après (7) et la formule (13) du §I, on a

(12) $$e^{iQ_h}\mathcal{E}(g) = e^{-\|h\|^2/2}\mathcal{E}(ih)\mathcal{E}(g) = e^{i\int h_s g_s ds-\|h\|^2/2}\mathcal{E}(g+ih) = W_{ih}\mathcal{E}(g)$$

Jusqu'à maintenant, nous avons travaillé sur l'espace $\mathcal{E}$ des combinaisons linéaires de vecteurs cohérents. Est-ce que cela détermine les opérateurs par fermeture ? Par exemple : si $f\in\mathcal{D}(Q_h)$ ($f\in L^2$, $\tilde{h}f\in L^2$) existe t'il des $f_n\in\mathcal{E}$ tels que $f_n\to f$, $\tilde{h}f_n\to\tilde{h}f$? La réponse est oui, mais même dans ce cas simple, il faut réfléchir un peu : on se ramène par troncation à f bornée, on choisit des $f_n\in\mathcal{E}$ tendant vers f dans L^4 (par ex.), et on utilise le fait que $\tilde{h}\in L^4$ de sorte que $\tilde{h}f_n\to\tilde{h}f$ dans L^2.

COMMENTAIRES. a) Il existe un jeu consistant à regarder un dessin, et à y découvrir sept visages placés à l'envers dans les arbres, la rivière et le panier du pêcheur à la ligne. Il en va de même ici pour l'espace du mouvement brownien : partant du processus $B_t = Q_t$, qui est un objet bien familier, nous ne savions pas qu'il y avait, caché dans le paysage, un second mouvement brownien (P_t) exactement semblable.

La transformation qui permet de retourner le dessin est classique : c'est la transformation de Fourier-Wiener : étant donnée une v.a. g développée suivant les chaos de Wiener comme $g=\Sigma_n g_n$, on a $\mathcal{F}g = \Sigma_n i^n g_n$. Ou encore, $\mathcal{F}(\mathcal{E}(h))=\mathcal{E}(ih)$: c'est un isomorphisme de $L^2(\Omega)$ qui transforme Q_h en P_h , P_h en $-Q_h$. Cf. Hida, Brownian Motion, p. 182-184.

b) On notera, dans la discussion qui précède, le rôle particulier joué par les éléments réels de $\mathcal{H}$: l'espace de Wiener est un espace de trajectoires

c) Cela explique sans doute pourquoi le produit de Wiener est bien plus utilisé que les autres. Un résultat important affirme que, si A est une contraction de l'espace $\mathcal{H}$ (préservant le sous-espace réel), son extension $\Phi(A)$ à l'espace de Fock préserve la positivité au sens de Wiener. Surgailis a étudié le problème analogue pour la positivité au sens de Poisson : il faut pour cela imposer à A des conditions beaucoup plus fortes. Sur tout cela, on pourra consulter B. Simon, the $P\phi_2$ euclidean quantum field theory, Princeton Univ. Press 1974, et D. Surgailis, On multiple Poisson stochastic integrals and associated Markov semi-groups. Prob. and M. Stat. 3, 1984. Voir aussi le travail d'exposition de J. Ruiz de Chavez, Sém. Prob. XIX, LN in M. 1123.

3. Interprétation brownienne des opérateurs $a^{\pm}$

Etant donné un élément h de $\mathcal{H}=L^2(\mathbb{R}_+)$, nous désignerons par $\underset{\sim}{h}$ la fonction de Cameron-Martin $\int_0^{\cdot} h_s ds$, et par $\tilde{h}$ la v.a. $\int_0^{\infty} h_s dB_s$. Dans tout ce n°, et sauf mention du contraire, nous supposons h réelle.

La formule de Cameron-Martin-Girsanov nous dit que l'espace de Wiener admet des translations par les fonctions de Cameron-Martin, qui transforment la mesure de Wiener en une mesure équivalente. Plus précisément, voici un groupe à un paramètre de transformations préservant la mesure

$$G_t f(\omega)= f(\omega+t\underset{\sim}{h})\exp(-t\tilde{h}(\omega)- \frac{t^2}{2}\|h\|^2) \qquad \text{(th. de Girsanov)}$$

d'où l'on déduit un groupe de transformations unitaires de $L^2(\Omega)$

$$(8) \qquad T_t f(\omega)= f(\omega+t\underset{\sim}{h})\exp(-\frac{t}{2}\tilde{h}(\omega)- \frac{t^2}{4}\|h\|^2)$$

On a par un calcul explicite

$$T_{-2t}\mathcal{E}(g) = \exp(-t\int g_s h_s ds - \frac{t^2}{2}\|h\|^2)\mathcal{E}(g+th)$$

ce qui, comparé à (13), identifie T_{-2t} comme l'opérateur de Weyl $W_{th,I}$ (dans ce n°, les opérateurs de Weyl seront liés à des translations pures, de sorte que nous omettons désormais la mention de I).

Il est facile d'identifier le générateur du groupe à un paramètre T_t : nous désignons par ∇_h l'opérateur de dérivation suivant $\underset{\sim}{h}$, par $\tilde{h}$ l'opérateur de multiplication (de Wiener) par la v.a. $\tilde{h}$. Alors le générateur de (T_t) est $\nabla_h-\frac{1}{2}\tilde{h}$, et par conséquent

$$(9) \qquad W_{th} = e^{-itP_h} \qquad \text{où} \quad P_h = i(\tilde{h}-2\nabla_h)\ ^{(1)}$$

Les opérateurs W_h pour h réelle commutent tous entre eux (§I, (14)), donc nous pouvons considérer les opérateurs a.a. P_h comme des v.a. au sens classique. Munissons l'espace de Fock de sa loi naturelle ε_1 , et cherchons

1. Nos conventions concernant l'opérateur de Weyl n'étaient pas les mêmes en dimension finie et infinie (cf. formule (14) du §I), c'est pourquoi nous avons un signe - dans la formule de gauche. On verra que $W_{ith}=e^{itQ_h}$.

réelles, et n'admet pas de translations complexes. Si h=u+iv, on peut bien définir formellement $\nabla_h=\nabla_u+i\nabla_v$, mais cela ne correspond à rien de concret. Il n'en va pas de même dans l'interprétation probabiliste construite par Segal au moyen du mouvement brownien complexe[1].

c) Nous avons $E[P_h^2]=\|h\|^2=E[Q_h^2]$, donc $(P_h/\|h\|, Q_h/\|h\|)$ est un couple canonique en état d'<u>incertitude minimale</u> ($\hbar^2/4=1$ dans cet exposé). Il résulte de la discussion de l'exposé III que si l'on fait une transformation canonique simple

$$U_h = aP_h+bQ_h \ , \ V_h = cP_h+dQ_h \ , \ a,b,c,d,h \text{ réels, } ad-bc=1$$

on obtiendra toutes sortes de lois gaussiennes quantiques, mais on ne sortira jamais du cas d'incertitude minimale. On a par exemple

$$e^{ibQ_h} = W_{ibh} \ , \ e^{iaP_h} = W_{-ah} \ , \ e^{itU_h}=W_{(-a+ib)th}$$

ces opérateurs commutent tous entre eux, donc on peut considérer les U_h comme formant un espace de v.a. classiques, gaussiennes sous la loi naturelle ε_1, avec la loi

$$E[e^{iU_h}] = e^{-(a^2+b^2)\|h\|^2/2}$$

On obtient donc des mouvements browniens de variances arbitrairement grandes ou petites, et de même pour les mouvements browniens conjugués V_h, mais en conservant toujours le discriminant de la forme quadratique figurant dans la << loi jointe >>, qui reste égal à 1 .

Cela amène à un problème très intéressant : peut on trouver des lois quantiques (non pures) sous lesquelles les processus (P_t,Q_t) soient des mouvements browniens en état d'incertitude non minimale ? La réponse, contrairement à ce qu'on a vu en dimension finie, est NON : cette construction est possible, mais non sur l'espace de Fock. On y reviendra.

> Dans un langage abstrait, cela signifie que la C^*-algèbre des relations de commutation (i.e. la C^*-algèbre engendrée par les W_z) admet des représentations qui ne sont pas des sommes directes de copies de la représentation de Fock : le théorème de Stone-von Neumann n'est plus vrai en dimension infinie. Le raisonnement que nous avons employé en dimension finie pour revenir sur le modèle est alors en défaut.

4. <u>Opérateurs nombres de particules</u> ; <u>constructions de processus de Poisson</u>

L'opérateur <u>nombre de particules</u> N est (au signe près) le laplacien naturel sur l'espace de Wiener, rendu familier aux probabilistes par le << calcul de Malliavin >> : si $f = \Sigma_n f_n$ est le développement de $f\in L^2$ suivant les chaos de Wiener,

(13) $$f\in\mathcal{D}(N) \iff \Sigma_n n^2\|f_n\|^2 < \infty \ , \text{ et } \ Nf = \Sigma_n nf_n \ .$$

Les opérateurs $P_t=e^{-tN}$ forment le <u>semi-groupe d'Ornstein-Uhlenbeck</u> sur

1. The Complex-Wave representation of the free Boson field. Topics in Funct. Analysis, Adv. in M. Supplementary Studies vol. 3. Academic Press 1978.

l'espace de Wiener (cf. par exemple Sém. Prob. XVI, LN in M. 920, p. 95-132 : là bas L=N/2). On a sur le développement de Wiener $f=\Sigma_n f_n$

$$P_t f = \Sigma_n e^{-nt} f_n \quad ; \quad P_t \mathcal{E}(h) = \mathcal{E}(e^{-t}h)$$

On reconnaît là l'opérateur $\Phi(A)$ associé à la contraction $A=e^{-t}I$ (§I, (16)), d'où l'on tire aussi que $N=\lambda(I)$ (§I, (17)). Signalons la <u>formule de Mehler</u> (Sém. Prob. XVI, p.96) - dont nous ne nous servirons pas

$$P_t f(\omega) = \int f(e^{-t}\omega + (1-e^{-2t})^{1/2} w)\mu(dw)$$

où μ est la mesure de Wiener.

A côté de l'opérateur N, nous introduirons toute une famille d'opérateurs N_t (nombres de particules jusqu'à l'instant t) et même N_α , qui seront formellement des intégrales stochastiques $\int \alpha_s dN_s$: N_t est l'opérateur nombre de particules sur l'espace de Fock associé à $L^2([0,t])$, prolongé naturellement au gros espace de Fock. Voici les définitions précises.

Soit α une fonction borélienne réelle. Considérons l'opérateur unitaire sur $L^2(\mathbb{R}_+)$

$$\lambda_\alpha \cdot f = e^{i\alpha} f \qquad (\lambda(\alpha)\lambda(\beta)=\lambda(\alpha+\beta))$$

(ceci correspond au choix d'une phase arbitraire en chaque point, et peut, du point de vue physique, être interprété comme une << transformation de jauge >> , d'où le nom de << gauge operators >> utilisé par Hudson-Parthasarathy pour les N_α). Les opérateurs $\Phi(\lambda_\alpha)$ sont des opérateurs de Weyl sans terme de translation (§I, (15) et (13)), les opérateurs $\Phi(\lambda_{s\alpha})$ forment un groupe unitaire fortement continu, que nous noterons e^{isN_α} . En particulier, si $\alpha=1$ nous obtenons N , si $\alpha=I_{[0,t]}$ nous obtenons N_t . Nous avons $N_\alpha=\lambda(m_\alpha)$ (§I,(19)), m_α étant l'opérateur de multiplication par α dans $L^2(\mathbb{R}_+)$. Cet opérateur est borné sur chaque chaos $\mathcal{H}_n$ si et seulement si α est bornée. Notons la formule utile (et facile à vérifier)

(14) $$< \mathcal{E}(f), N_\alpha \mathcal{E}(g) > = (\int \alpha_s \bar{f}_s g_s ds) < \mathcal{E}(f), \mathcal{E}(g) > \qquad (\alpha \text{ bornée }).$$

Nous arrivons à l'un des résultats les plus frappants (pour un probabiliste) de Hudson-Parthasarathy : comment on construit un processus de Poisson compensé en ajoutant, à un mouvement brownien, un processus p.s. nul ! La somme d'opérateurs a.a. non bornés ne commutant pas (15) devra être proprement définie, c'est là l'essentiel de la démonstration.

THEOREME. <u>Soit ϕ une fonction réelle, appartenant à</u> $L^2(\mathbb{R}_+)$ (<u>ou plus généralement à</u> L^2_{loc}). <u>Les opérateurs a.a.</u>

(15) $$\Pi_t^\phi = N_t + \int_0^t \phi_s dQ_s$$

<u>commutent tous. Considérés comme v.a. sous la loi naturelle</u> ε_1, <u>ils forment un processus de Poisson compensé d'intensité</u> $\phi_s^2 ds$, <u>à sauts unité</u>.

Dém. Supposons ϕ bornée, et traitons un cas un peu plus général en remplaçant $I_{[0,t]}$ par α, fonction bornée à support compact. Introduisons un groupe à un paramètre de déplacements, indexé par $u\in\mathbb{R}$, et les opérateurs de Weyl correspondants $W(u)$

$$\Theta(u).f = e^{iu\alpha}f + \phi(e^{iu\alpha}-1)$$

$$W(u)\varepsilon(f) = \exp[\int(e^{iu\alpha_s}-1)\phi_s f_s ds + (\cos(u\alpha_s)-1))\phi_s^2 ds]\varepsilon(\Theta(u).f)$$

(§I, (13)). Ces opérateurs ne forment pas un groupe unitaire, mais en les multipliant par un facteur de phase $\exp[i\int\phi_s^2\sin(u\alpha_s)ds]$, on obtient un tel groupe

(16) $\quad K(u)\varepsilon(f) = \exp[\int(e^{iu\alpha_s}-1)(\phi_s f_s+\phi_s^2)ds]\varepsilon(\Theta(u).f)$

Donc l'opérateur $\frac{1}{i}\frac{d}{du}K(u)|_0 = C_\alpha^\phi$ est a.a.. En effectuant la dérivation, on trouve que sur les vecteurs cohérents

(17) $\quad C_\alpha^\phi = N_\alpha + \int\alpha_s\phi_s dQ_s + (\int\alpha_s\phi_s^2 ds)I$.

La remarque suivante simplifie le calcul : on introduit les opérateurs de Weyl (cf. (12))

$$\exp(iuN_\alpha) = W_{\lambda(u)},\ \lambda(u).f=e^{iu\alpha}f \ ;\ \exp(iuQ_{\phi\alpha}) = W_{\mu(u)}$$
$$\mu(u).f = f+iu\phi\alpha .$$

Alors $W_{\lambda(u)}W_{\mu(u)}=W_{\lambda(u)\mu(u)}$ (I,(14)), où

$$\lambda(u)\mu(u).f = e^{iu\alpha}f + iue^{iu\alpha}\alpha\phi$$

ne diffère de $\Theta(u).f$ que par un terme du second ordre en u. Ainsi

$$\frac{1}{i}\frac{d}{du}W_{\Theta(u)}|_0 = \frac{1}{i}\frac{d}{du}W_{\lambda(u)\mu(u)}|_0 = N_\alpha + Q_{\alpha\phi}$$

sur les vecteurs cohérents. Le facteur de phase introduit pour former K(u) donne alors le dernier terme de (17).

On remarque ensuite que tous les opérateurs K(u) correspondant à une même fonction ϕ , mais à des fonctions α arbitraires, commutent. Il en résulte que les opérateurs C_α^ϕ peuvent être considérés comme des v.a. classiques, dont la fonction caractéristique sous la loi ε_1 est

$$E[\exp(iuC_\alpha^\phi)] = \langle 1, K(u)1 \rangle = \exp[\int(e^{iu\alpha_s}-1)\phi_s^2 ds]$$

Si nous prenons $\alpha=I_{[0,t]}$, nous trouvons une loi de Poisson de moyenne $\int_0^t\phi_s^2 ds$, ce qui nous donne pour (15) une loi de Poisson compensée. En faisant varier α, il est facile de vérifier que (15) est en fait un processus de Poisson compensé.

REMARQUES. Les divers processus de Poisson (15) correspondant à des intensités différentes ne commutent pas. Leurs commutateurs se déduisent aisément des relations

(18) $\quad [N_\alpha, Q_h] = i\int\alpha_s h_s dP_s \quad , \quad [N_\alpha, P_h] = -i\int\alpha_s h_s dQ_s$.

La transformation unitaire de Fourier-Wiener transforme Q_h en P_h , P_h en $-Q_h$, et préserve N (et le vecteur-vide **1**). Elle transforme donc les processus $N_t+\int_0^t \phi_s dQ_s$ en $N_t+\int_0^t \phi_s dP_s$, et ceux-ci ont donc les mêmes lois sous ε_1 .

5. <u>Interprétation poissonnienne</u>.

Supposons que la fonction ϕ ne s'annule jamais, et posons $\rho=1/\phi$. Alors le processus stochastique

(19) $$Y_t = \int_0^t \frac{1}{\phi_s} d\Pi_s^{\phi}$$

réalise explicitement sous la loi ε_1 , une martingale de carré intégrable, de crochet $\langle Y,Y\rangle_t=t$, et du type décrit en (4).

Cependant, cela ne suffit pas tout à fait : nous avons bien construit sur l'espace de Fock un processus d'opérateurs (19) qui sous la loi ε_1 a la loi demandée, mais nous n'avons pas vérifié que celui-ci <u>engendre</u> l'espace de Fock. Autrement dit, il s'agit de vérifier ceci : si nous partons d'une martingale X sur $(\Omega,\mathcal{F},P)$ ayant la loi (4) et engendrant la tribu $\mathcal{F}$, et si nous <u>identifions</u> Φ à $L^2(\mathcal{F})$, est ce que l'opérateur (19) se lit comme l'opérateur de multiplication par la v.a. X_t ?

Nous avons calculé plus haut en (16) et (17) l'effet de l'opérateur e^{iuY_t} sur un vecteur cohérent $\mathcal{E}(f)$ (nous supposerons $f\phi$ intégrable)

$$e^{iuY_t}\mathcal{E}(f) = \exp(-iu\int_0^t \alpha_s\phi_s^2 ds)\exp(iuC_\alpha^\phi)\mathcal{E}(f) \quad \text{avec} \quad \alpha=\phi^{-1}I_{[0,t]}$$
$$= \exp[\int_0^t (e^{iu/\phi_s}-1)(f_s\phi_s+\phi_s^2)ds - iu\phi_s ds]\mathcal{E}(e^{iu\alpha}f + (e^{iu\alpha}-1)\phi)$$

Dans l'interprétation probabiliste explicite au moyen de la martingale X, nous avons d'après (6)

$$\mathcal{E}(f) = \exp(-\int f_s\phi_s ds)\prod_{s\in S}(1+f_s/\phi_s)$$

et l'exponentielle de Doléans du côté droit se calcule de même, ce qui donne pour le côté droit tout entier

$$\{\exp(-iu\int_0^t \phi_s ds)\prod_{s\in S_t} e^{iu/\phi_s}\}\mathcal{E}(f) \ , \ S_t=S\cap[0,t] \ .$$

Dans le facteur { } on reconnaît bien $e^{iuX_t} = \exp[\sum_{s\in S_t}\frac{1}{\phi_s} - \int_0^t \phi_s ds]$.

6. <u>Expression " algébrique " des divers produits</u>. (<u>Heuristique</u>).

Qu'y a t'il de commun aux diverses interprétations probabilistes de l'espace de Fock ? Dans la théorie algébrique du §I, nous avions développé $\mathcal{H}$ dans une base orthonormale discrète (e_i), tandis que maintenant nous le développons dans une << base continue >>

$$\mathcal{H} = \int_0^\infty f_s dX_s \quad \text{où la norme de cette i.s. est } (\int|f_s|^2 ds)^{1/2}$$

Autrement dit, les <u>éléments de base formels</u> sont les $e_t=dX_t/\sqrt{dt}$.

Un élément f de l'espace de Fock se développe en une série d'intégrales stochastiques multiples

$$f = f_0 + \Sigma_{n\geq 1} J_n(f_n) \quad , \quad f_n \in L^2(C_n) \text{ (le quadrant chronologique, cf. n°1 de ce paragraphe)}$$

(20) $$J_n(f_n) = \int_{s_1<\ldots<s_n} f(s_1,\ldots,s_n)dX_{s_1}\ldots dX_{s_n} \in \mathcal{H}_n$$

$$\|J_n(f_n)\|^2 = \int_{s_1<\ldots<s_n} |f(s_1,\ldots,s_n)|^2 ds_1\ldots ds_n$$

Connaissant ce développement, on peut calculer E[f], qui est simplement la constante f_0. Mais par ailleurs rien n'indique quelle est la martingale de carré intégrable (X_t) utilisée. Il s'agit simplement, encore une fois, d'une représentation du n-ième chaos $\mathcal{H}_n$ au moyen d'une "base continue" e_A indexée par l'ensemble des parties finies à n éléments A de $\mathbb{R}_+$, identifiées aux n-uples croissants $\{s_1<\ldots<s_n\}$: formellement, $e_A = dX_{s_1}\ldots dX_{s_n}/\sqrt{ds_1\ldots ds_n}$, ou en notation plus condensée $dX_A/\sqrt{dA}$, tandis que $f(s_1,\ldots,s_n) = f(A)$ se lit $<f,e_A>/\sqrt{dA}$. Voir la remarque page suivante.

On est obligé de préciser la martingale X lorsque l'on veut <u>multiplier</u> entre eux les éléments des chaos. Pour expliquer comment cela se fait, prenons deux éléments du premier chaos, $\int f_s dX_s$ et $\int g_t dX_t$. Formellement, leur produit devrait s'écrire

(21) $$\int_{s<t} f_s g_t dX_s dX_t + \int_{s=t} f_s g_t dX_s dX_t + \int_{s>t} f_s g_t dX_s dX_t$$

Le premier terme ne pose aucun problème : c'est un élément du second chaos. Il en est de même du dernier, si on l'écrit $\int_{t<s} g_t f_s dX_t dX_s$ (cela suppose implicitement que $dX_t dX_s = dX_s dX_t$). Reste le terme du milieu : c'est là que se voit la martingale : dans le cas brownien, on a

(22_a) $$dX_t^2 = dt \;\; ^{(1)}$$

et dans le cas poissonnien, avec saut de hauteur ρ_t à l'instant t

(22_b) $$dX_t^2 = dt + \rho_t dX_t$$

comme on le voit en écrivant que $dX_t = \rho_t d\nu_t - \frac{1}{\rho_t} dt$, où ν est un processus de Poisson d'intensité dt/ρ_t^2 : si ρ est bornée inférieurement, les intégrales stochastiques sont des intégrales de Stieltjes ; sur la diagonale on a simplement $\int f_s g_s \rho_s^2 d\nu_s = \int f_s g_s \rho_s [dX_s + \frac{1}{\rho_s} ds]$. Un peu de réflexion (qui n'a pas vraiment besoin ici d'être rendue tout à fait rigoureuse) montrera que les règles (22), plus l'associativité et la commutativité, permettent de multiplier les éléments de deux chaos d'ordre quelconque, de la même manière que ci-dessus pour le chaos d'ordre 1. Nous allons nous intéresser surtout au produit de Wiener.

1. On peut remarquer aussi que le produit de Wick correspond à $dX_t^2 = 0$.

REMARQUE. Les notations e_A, dX_A sont faites pour suggérer une analogie formelle avec le modèle discret de la fin de l'exposé II : si (B_t) est un mouvement brownien, P. Lévy écrivait déjà $B_t = \int_0^t \mathrm{sgn}(dB_t)\sqrt{dt}$, ce qui suggère que $dB_t/\sqrt{dt} = \mathrm{sgn}(dB_t)$ est une v.a. de Bernoulli.

Voici un petit dictionnaire pour passer du discret au continu. Il n'est justifié par aucun raisonnement rigoureux, mais il est utile. On imagine des sites le long de $\mathbb{R}_+$, aux points de la forme kdt, le k-ième site (au point t) portant une v.a. de Bernoulli symétrique

$$X_k = dX_t/\sqrt{dt}$$

Reprenons tout le langage du modèle discret : q_k , qui est l'opérateur de multiplication par X_k , se lit $dQ_t/\sqrt{dt}$; p_k se lit $dP_t/\sqrt{dt}$. On convient de traduire

(23) a_k^- par $da_t^-/\sqrt{dt}$, a_k^+ par $da_t^+/\sqrt{dt}$, $N_k=a_k^+a_k^-$ par dN_t

Les formules de l'exposé II deviennent alors :

(24) $da_t^+da_t^-=dN_t dt$ (=0 au premier ordre), $da_t^-da_t^+=dt-dN_t dt$ (=dt au premier ordre)

(25) $\left[\frac{da_t^-}{\sqrt{dt}}, \frac{da_t^+}{\sqrt{dt}}\right] = I-2dN_t$ (= I au premier ordre).

(26) $\left[\frac{dP_t}{\sqrt{dt}}, \frac{dQ_t}{\sqrt{dt}}\right] = \frac{2}{i}(I-2dN_t)$ ($= \frac{2}{i}I$ au premier ordre ; $\hbar=2$!)

Les relations au premier ordre seront correctes en calcul stochastique, et nous donneront les formules d'Ito ; les relations au second ordre sont plus douteuses, mais (24), par exemple, est susceptible d'une interprétation raisonnable, que nous verrons plus tard. Enfin, notons que les opérateurs ($dQ_t/\sqrt{dt}$, $dP_t/\sqrt{dt}$, $I-2dN_t$) constituent formellement un trio de Pauli.

Pour les processus de Poisson $X_t=Q_t+\rho N_t$, le passage du discret au continu à partir de $X_k=q_k+cN_k$ (formule (8) de l'exposé II) se fait en remplaçant comme ci-dessus X_k par $dX_t/\sqrt{dt}$, N_k par dN_t , et en prenant $c=\rho/\sqrt{dt}$. La formule $X_k^2=1+cX_k$ devient $dX_t^2=dt+\rho dX_t$ comme il se doit.

La principale conséquence de l'analogie discrète concerne les <u>produits</u>. Nous avions défini sur le modèle discret une multiplication associative et commutative, donnée par la table

$$e_A e_B = e_{A\Delta B}$$

Si on lit e_A comme $dX_A/\sqrt{dA}$ (si $A=\{s_1,\ldots,s_n\}$, $e_A=dX_{s_1}\ldots dX_{s_n}/\sqrt{ds_1\ldots ds_n}$) on voit apparaître la règle de multiplication

(27) $dX_A dX_B = dX_{A\Delta B}\, d(A\cap B)$ (on écrit dA pour $\lambda(dA)$ sur $\mathcal{P}$)

qui est la généralisation de (22_a), et décrit le produit de Wiener : pour multiplier $dX_{s_1}\ldots dX_{s_m}$ par $dX_{t_1}\ldots dX_{t_n}$, on sépare les éléments $u_1,\ldots,u_k$ communs aux deux ensembles $\{s_1,\ldots,s_m\}$ et $\{t_1,\ldots,t_n\}$,

$$s_{i_1}=t_{j_1}=u_1 \; , \; \ldots \; s_{i_k}=t_{j_k}=u_k$$

et on remplace $dX_{s_1}dX_{t_1}$ par du_1,... $dX_{s_k}dX_{t_k}$ par du_k (c'est la signification du d(A∩B) dans (27)). Nous donnerons plus bas la <u>formule de multiplication</u> des intégrales stochastiques, qui exprime cela de manière rigoureuse.

Mais surtout, nous avions défini sur le modèle discret une autre multiplication, <u>associative</u>, <u>mais non commutative</u> : la multiplication de Clifford

$$e_A e_B = (-1)^{n(A,B)} e_{A\Delta B}$$

(exposé II, § III, formule (19)) , qui indique la possibilité de définir sur l'espace de Wiener un <u>produit de Clifford continu</u>. Or nous avions vu, sur le modèle discret, la relation entre le produit de Clifford et les systèmes de spins qui <u>anti</u>commutent, i.e. les systèmes finis de fermions. Ici nous arriverons à rapprocher étroitement les espaces de Fock symétrique et antisymétrique, les bosons et les fermions. Ceci vient d'être réalisé par Hudson et Parthasarathy, par une autre méthode (utilisant le calcul stochastique ; cf. exposé V).

7. <u>Formule de multiplication de Wiener</u>.

Nous avons défini au début du paragraphe l'intégrale stochastique étendue à $\mathbb{R}_+^m$

$$I_m(f) = \int_{\mathbb{R}_+^m} f(s_1,\dots,s_m)dX_{s_1}\dots dX_{s_m}$$

Lorsque f est symétrique, cette intégrale est égale à $m!\int_{C_m} f(s_1..s_m)dX_{s_1}...X_{s_m}$ (ou $m!\int_{\mathcal{P}_m} f(A)dX_A$ dans la notation du n° précédent) ; si f^m n'est pas symétrique, on a simplement $I_m(f)=I_m(\mathbf{s}(f))$, où $\mathbf{s}(f)$ est la symétrisée de f. La symétrisation diminuant la norme L^2, on a toujours $\|I_m(f)\|^2 \leqq m!\|f\|^2$.

Soient f et g deux fonctions appartenant respectivement à $L^2(\mathbb{R}^m)$ et $L^2(\mathbb{R}^n)$, et soit p un entier $\leqq m\wedge n$; nous définissons une "contraction" $f\underset{p}{-}g$, qui est une fonction sur $\mathbb{R}^{m+n-2p}$:

$$(28) \qquad f\underset{p}{-}g(s_1,\dots,s_{m-p},t_1,\dots t_{n-p})=\int f(s_1,\dots,s_{m-p},u_1,\dots,u_k)\, g(u_k,\dots,u_1,t_1,\dots t_{n-p})du_1\dots du_k$$

L'ordre des indices est ici indifférent, mais ce sera le bon ordre pour le cas antisymétrique. On remarquera que, si f et g sont symétriques, $f\underset{p}{-}g$ n'est pas symétrique en général.

Plus généralement, soient α,β deux injections de $\{1,\dots,p\}$ dans $\{1,\dots,m\}$ et $\{1,\dots,n\}$ respectivement ; en remplaçant $s_{\alpha(i)}$ et $t_{\beta(i)}$ par u_i et en intégrant par rapport à $du_1\dots du_p$ (et en numérotant de 1 à m+n-2p les variables restantes, de la gauche vers la droite) on définit une contraction $f\underset{\alpha\beta}{=}g$ (qui nous servira plus bas en (31) seulement).

Voici la <u>formule de multiplication des intégrales de Wiener</u> . Cette formule est classique, et il en existe de nombreuses démonstrations. Voir par ex. Shigekawa, J.M. Kyoto 20, 1980, p.276, Lemme 4.1.

THEOREME. Soient f et g deux fonctions symétriques sur $\mathbb{R}_+^m$ et $\mathbb{R}_+^n$ respectivement. On a

$$(29) \qquad I_m(f)I_n(g) = \Sigma_{p=0}^{m\wedge n} \; p!\binom{m}{p}\binom{n}{p} I_{m+n-2p}(f \underset{p}{-} g)$$

REMARQUE. Le cas où m=1 mérite d'être explicité. Dans ce cas, p ne prend que les valeurs 0,1 et m+n-2p = m+1,m-1. La formule se réduit alors à

$$(30) \qquad \tilde{f} I_m(g) = a_f^+ I_m(g) + a_f^- I_m(g) \qquad (\text{ cf. } (11)) \; .$$

Démonstration. Il suffit de démontrer la formule lorsque $f=a^{\otimes m}$, $g=b^{\otimes n}$, car on atteint par polarisation le cas où $f=a_1 \circ \ldots \circ a_m$, $g=b_1 \circ \ldots \circ b_n$ (produits symétriques) puis, par densité, toutes les fonctions symétriques. Dans ce cas, on a $f \underset{p}{-} g = \langle \bar{a},b\rangle^p a^{\otimes m-p} \otimes b^{\otimes n-p}$. L'intégrale $I_{m+n-2p}(.)$ ne changeant pas par symétrisation, on peut remplacer cela par $\langle \bar{a},b\rangle^p a^{\circ m} \circ b^{\circ n}$.

On sait que $\mathcal{E}(ra)=\Sigma_m r^m I_m(a^{\circ m})/m!$, $\mathcal{E}(sb)=\Sigma_n s^n I_n(b^{\circ n})/n!$ (cf. §I). La formule (7) nous dit aussi que

$$\mathcal{E}(ra)\mathcal{E}(sb) = \mathcal{E}(ra+sb)e^{rs\langle \bar{a},b\rangle} \; .$$

On développe l'exponentielle, puis $(ra+sb)^k$ par la formule du binôme, puis on identifie dans les deux membres les coefficients de $r^m s^n$, et on obtient le résultat désiré.

VARIANTES DE LA FORMULE. 1) Ici nous ne supposons pas nécessairement f et g symétriques. On a

$$I_m(f)I_n(g) = \Sigma_{p=0}^{m\wedge n} \; \frac{1}{p!}\Sigma_{\alpha,\beta} \; I_{m+n-2p}(f \underset{\alpha\beta}{=} g)$$

(α,β) parcourant l'ensemble des couples d'injections de $\{1,..,p\}$ dans $\{1,...m\}$, $\{1,...,n\}$. Cette formule est celle de Shigekawa[1] elle s'établit par récurrence en commençant avec (30). Sa signification combinatoire est très simple : elle ne fait qu'exprimer la décomposition de

$$dX_{s_1}\ldots dX_{s_m} dX_{t_1}\ldots dX_{t_n} I_{\{s_1\neq\ldots\neq s_m\}} I_{\{t_1\neq\ldots\neq t_n\}}$$

suivant le nombre p de coïncidences entre un s_i et un t_j.

2) Nous allons exprimer (29) dans le langage du calcul sur les parties finies de $\mathbb{R}_+$. Posons

$$J_m(f) = \int_{s_1<\ldots<s_m} f(s_1,\ldots,s_m)dX_{s_1}..dX_{s_m} = \int_{\mathcal{P}_m} f(A)dX_A = I_m(f)/m!$$

et $J_n(g)$ de même. D'après (29), on a pour $J_m(f)J_n(g)$ l'expression

$$\Sigma_p \frac{1}{(m-p)!(n-p)!} \int_{\{s_1\neq..\neq s_{m-p}\neq t_1..\neq t_{n-p}\}} h^p(s_1,..s_{m-p},t_1..,t_{n-p})dX_{s_1}\ldots dX_{s_{m-p}} dX_{t_1}..dX_{t_{n-p}}$$

avec

$$h^p(\ldots) = \frac{1}{p!}\int f_m(s_1,\ldots,s_{m-p},u_1\ldots,u_p)g_n(u_p,\ldots,u_1,t_1,\ldots t_{n-p})du_1\ldots du_p$$

1. Référence en dernière ligne, page précédente.

Posons $H=\{u_1,\ldots,u_p\}$, $K=\{s_1,\ldots,s_{m-p}\}$, $L=\{t_1,\ldots,t_{n-p}\}$; on a

$$h^p(K,L) = \int_{\mathcal{P}_p} f(H\cup K)g(H\cup L)\,dH \quad , |K|=m-p,\ |L|=n-p,\ K\cap L=\emptyset .$$

Cette fonction n'est pas symétrique en toutes ses variables. Nous nous permettrons de désigner par la même lettre sa symétrisée, qui est pour $C\in\mathcal{P}_{m+n-2p}$

$$h^p(C) = \binom{m+n-2p}{m-p}^{-1} \Sigma_{|K|=m-p,\ K+L=C}\, h^p(K,L)$$

où la notation $K+L=C$ signifie (ici et dans la suite) $K\cup L=C$, $K\cap L=\emptyset$.
Il nous reste alors

$$J_m(f)J_n(g) = \Sigma_{p=0}^{m\wedge n} \frac{1}{(m+n-2p)!} \int_{u_1\neq\ldots\neq u_{m+n-2p}} h^p(u_1,\ldots,u_{m+n-2p})dX_{u_1}\ldots dX_{m+n-2p}$$

(intégrale d'une fonction symétrique). Le coefficient en tête est juste ce qu'il faut pour réduire l'intégration à $\mathcal{P}_{m+n-2p}$. Ainsi

$$\left(\int_{\mathcal{P}_m} f(A)dX_A\right)\left(\int_{\mathcal{P}_n} g(B)dX_B\right) = \Sigma_{p=0}^{m\wedge n} \int_{\mathcal{P}_{m+n-2p}} h(C)dX_C$$

où pour $|C|=m+n-2p$ on a $h(C)= \int_{\mathcal{P}_p} dH\ \Sigma_{K+L=C,\ |K|=m-p}\ f(H\cup K)g(H\cup L)$

Mais si l'on considère f (resp. g) comme une fonction sur $\mathcal{P}$ qui n'est différente de 0 que sur $\mathcal{P}_m$ ($\mathcal{P}_n$)), il n'est pas nécessaire de spécifier du tout les indices, et l'on aboutit à la formule sympathique suivante, valable au moins pour des fonctions f,g nulles hors de la réunion d'un nombre fini de $\mathcal{P}_k$

$$(31)\qquad \left(\int_{\mathcal{P}} f(A)dX_A\right)\left(\int_{\mathcal{P}} g(B)dX_B\right) = \int_{\mathcal{P}} f\times g(C)dX_C$$

$$f\times g(C) = \int_{\mathcal{P}} dM\ \Sigma_{K+L=C}\ f(M\cup K)g(M\cup L)$$

Cette formule est la version intégrale de (27).

Notons que les formules de multiplication Poissonniennes ont été traitées par D. Surgailis, On Multiple Poisson Stochastic Integrals and Associated Markov Semigroups, Probability and M. Stat 3, 1984, p. 227-231.

3) Nous allons nous livrer à un exercice ennuyeux, mais instructif : celui de vérifier sur la formule (31) un résultat connu a priori, l'<u>associativité</u> du produit de Wiener. Cela rendra plus facile le travail correspondant sur le produit de Clifford.

Il s'agit de comparer les deux quantités

$$(f\times g)\times h(C) = \int dMdN\ \Sigma_{K+L=N\cup P,\ P+Q=C}\ f(M\cup K)g(M\cup L)h(N\cup Q)$$

$$f\times(g\times h)(C) = \int dMdN\ \Sigma_{K+L=M\cup Q,\ P+Q=C}\ f(M\cup P)g(N\cup K)h(N\cup L)$$

Note : des calculs voisins, mais moins maladroits, figurent dans l'exp. V, §III.

Puisque C est fixe, et les mesures dM et dN sont diffuses, on ne modifie pas les intégrales en supposant que M et N sont disjoints, et disjoints de C . On transforme ces expressions respectivement en

$$\int dMdN\ \Sigma_{\substack{U+V+W=C\\ T\subset N}} f(M\cup T\cup U)g(M\cup T'\cup V)h(N\cup W)\quad (T'=N\setminus T)$$

$$\int dMdN\ \Sigma_{\substack{U+V+W=C\\ S\subset M}} f(M\cup U)g(N\cup S\cup V)h(N\cup S'\cup W)\quad (S'=M\setminus S)$$

Il suffit de vérifier l'égalité pour U,V,W fixés. Posant alors $\underline{f}(.)=f(.\cup U)$, $\underline{g}(.)=g(.\cup V)$, $\underline{h}(.)=h(.\cup W)$, et enlevant les _ ensuite, <u>on se ramène au cas où</u> $U=V=W=\emptyset$. Nous pouvons aussi supposer que $f(A),g(A),h(A)$ ne sont $\neq 0$ que pour $|A|=p,q,r$ respectivement. La première intégrale n'est alors $\neq 0$ que si

$$|M|+|T|=p,\quad |M|+|N|-|T|=q\ ,\quad |N|=r$$

et il en résulte aisément qu'il existe trois entiers i,j,k tels que

$$r=j+k\ ,\quad |T|=j,\quad |T'|=k\ ,\quad |M|=i\ ,\quad p=i+j\ ,\quad q=i+k$$

La première intégrale vaut donc

$$(32)\qquad \int_{P_i\times P_{j+k}} dMdN\ \Sigma_{\substack{T+T'=N\\ |T|=j}} f(M\cup T)g(M\cup T')h(N)\ .$$

Nous utilisons le lemme suivant[1]:

LEMME. <u>Pour toute fonction</u> ϕ <u>sur</u> $P_j\times P_k$ <u>on a</u> (avec les réserves usuelles d'intégrabilité)

$$(33)\qquad \int_{P_{j+k}} dN\ \Sigma_{\substack{T+T'=N\\ |T|=j}} \phi(T,T') = \int_{P_j\times P_k} \phi(T,T')dTdT'\ .$$

<u>Démonstration</u>. Il suffit de traiter le cas où $\phi(T,T')=a(T)b(T')$. Le côté gauche vaut

$$\int_{u_1<\dots<u_{j+k}} \binom{j+k}{j}\ \tilde{\phi}(u_1,\dots,u_{j+k})du_1\dots du_{j+k}$$

où $\tilde{\phi}$ est la symétrisée de $\phi(s_1,\dots,s_j,t_1,\dots,t_k)$ (déjà symétrique en les j premières et les k dernières variables). Le numérateur (j+k)! disparaît lorsqu'on intègre sur $\mathbb{R}^{j+k}$ entier au lieu du quadrant chronologique, et on obtient

$$\frac{1}{j!k!}\int\tilde{\phi}(u_1,\dots,u_{j+k})du_1\dots du_{j+k}$$

Mais maintenant nous pouvons à nouveau remplacer $\tilde{\phi}$ par ϕ, et comme $\phi=ab$ nous avons $(\frac{1}{j!}\int a(s_1,\dots,s_j)ds_1..ds_j)(\frac{1}{k!}\int b(t_1,\dots,t_k)dt_1..dt_k)$, soit $\int_{P_j\times P_k} a(T)b(T')dTdT'$, le résultat désiré.

Ce lemme nous permet alors de donner à (32) la forme

$$(34)\qquad \int_{P_i\times P_j\times P_k} dAdBdC\ f(A\cup B)g(A\cup C)h(B\cup C)$$

1. On trouvera dans l'exp. V, § III, (7), une forme moins maladroite de ce lemme, avec d'autres applications.

dans laquelle l'association des indices j et k a disparu ; la seconde intégrale se réduirait à la même forme.

8. Multiplication de Clifford continue.

L'étude du "bébé Fock" dans l'exposé II a conduit à la définition d'une multiplication de Clifford, satisfaisant à

$$e_A * e_B = (-1)^{n(A,B)} e_{A\Delta B}$$

Les règles de correspondance entre le bébé Fock et le Fock adulte nous amènent donc à tenter de multiplier les chaos, suivant la formule analogue à (27)

$$(35) \qquad dX_A * dX_B = (-1)^{n(A,B)} dX_{A\Delta B}\, d(A\cap B) \; .$$

Cette fois-ci, nous adopterons la convention antisymétrique du début de l'exposé, autrement dit, nous poserons $\hat{I}_n(f)=n!J_n(f)$ pour f antisymétrique appartenant à $L^2(\mathbb{R}_+^n)$ - le ^ (∧) est là pour éviter des confusions.

a) Nous commençons par expérimenter un peu, pour voir ce que signifie cette règle : nous allons calculer

$$J_1(h)*J_2(k) = (\int h_r dX_r)*(\int_{s<t} k_{st} dX_s dX_t) =$$

$$= \int_{r<s<t} h_r k_{st} dX_r dX_s dX_t - \int_{s<r<t} h_r k_{st} dX_s dX_r dX_t + \int_{s<t<r} h_r k_{st} dX_s dX_t dX_r$$

$$+ \int_{r=s<t} h_r k_{rt} dX_r^2 dX_t - \int_{s<t=r} h_r k_{sr} dX_s dX_r^2$$

$$= \int_{u<v<w} (h_u k_{vw} - h_v k_{uw} + h_w k_{vw}) dX_u dX_v dX_w + \int dX_u (\int_0^u h_r k_{ru} dr - \int_u^\infty h_r k_{ur} dr)$$

Convenons de désigner encore par k le prolongement antisymétrique de cette fonction à $\mathbb{R}_+^2$. Ce que nous calculons est alors $\frac{1}{2} I_1(h)*I_2(k)$. Nous avons d'autre part

$$h(u)k(v,w)-h(v)k(u,w)+h(w)k(v,w) = 3h\wedge k(u,v,w)$$

donc le premier terme de la dernière ligne vaut $\frac{1}{2}I_3(h\wedge k)$. Dans le second terme, l'intégrale intérieure est simplement $\int_0^\infty h_r k_{ru} dr$: c'est le demi-produit intérieur de h et k. En revenant au § I, formules (2) et (4), nos deux termes sont $\frac{1}{2}I_3(b_h^+ k)$ et $\frac{1}{2}I_1(b_h^- k)$.

Ce fait est général : nous avons travaillé sur le second chaos, mais le cas général n'est pas plus profond (seulement plus lourd à écrire) : nous avons établi que

(36) L'opérateur de multiplication $I_1(h)*$ est égal à $R_h = b_h^+ + b_h^-$.

b) Il faut maintenant transformer la règle de calcul (35) en une expression intégrale. Nous imiterons ce qui a été fait pour le produit de Wiener en posant

(37)
$$\left(\int_{\mathcal{P}} f(A)dX_A\right)*\left(\int_{\mathcal{P}} g(B)dX_B\right) = \int_{\mathcal{P}} f\times g(C)dX_C$$
$$f\times g(C) = \int_{\mathcal{P}} dM\, \Sigma_{K+L=C}\, (-1)^{n(M\cup K, M\cup L)} f(M\cup K)g(M\cup L)$$

Le résultat principal est le suivant :

THEOREME. L'opération $*$ est associative.

Nous disposons pour démontrer ce théorème de la relation

(39) $$(-1)^{n(A,B\Delta C)}(-1)^{n(B,C)}=(-1)^{n(A,B)}(-1)^{n(A\Delta B,C)}$$

qui équivaut à l'associativité $e_A(e_Be_C)=(e_Ae_B)e_C$ en dimension finie, vue dans l'exposé II.

Nous allons suivre exactement la démonstration d'associativité faite pour le produit de Wiener :

$$(f\times g)\times h(C) = \int dN\, \Sigma_{P+Q=C}\, (-1)^{n(N\cup P,N\cup Q)}(f\times g)(N\cup P)h(N\cup Q)$$
$$= \int dMdN\, \Sigma_{\substack{K+L=N\cup P\\ P+Q=C}}(-1)^{n(N\cup P,N\cup Q)+n(M\cup K,M\cup L)} f(M\cup K)g(M\cup L)h(N\cup Q)$$

On pose $N=T+T'$, $P=U+V$, $K=U\cup T$, $L=V\cup T'$, $W=Q$. On abrège aussi $(-1)^{n(A,B)}$ en $(-^{A,B})$ pour avoir de la place. On arrive ainsi à

$$(f\times g)\times h(C) = \int dMdN\, \Sigma_{\substack{U+V+W=C\\ T+T'=N}}\, (-^{N\cup U\cup V,N\cup W})(-^{M\cup U\cup T,M\cup V\cup T'})f(M\cup U\cup T)g(M\cup V\cup T')\, h(W\cup N)$$

Exactement de la même manière

$$f\times(g\times h)(C) = \int dMdN\, \Sigma_{\substack{U+V+W=C\\ S+S'=M}}\, (-^{M\cup U,M\cup V\cup W})(-^{N\cup V\cup S,N\cup W\cup S'})f(M\cup U)g(N\cup V\cup S)\, h(N\cup W\cup S')$$

Il suffit de vérifier l'égalité des intégrales correspondant à U,V,W fixés. On pose $F(A)=f(A\cup U)$, $G(A)=g(A\cup V)$, $H(A)=h(A\cup W)$, ce qui fait disparaître U,V,W des fonctions (mais non des n(.,.)). On peut aussi supposer que F,G,H ne sont $\neq 0$ que sur $\mathcal{P}_p,\mathcal{P}_q,\mathcal{P}_r$ respectivement, et écrire $p=i+j$, $q=i+k$, $r=j+k$. La première intégrale à évaluer vaut alors (en appliquant le lemme comme au n° précédent)

$$\int_{\mathcal{P}_i\times\mathcal{P}_j\times\mathcal{P}_k} dMdTdT'\, (-^{U\cup V\cup T\cup T',W\cup T\cup T'})(-^{U\cup M\cup T,V\cup M\cup T'})F(M\cup T)G(M\cup T')H(T\cup T')$$

La seconde intégrale est de la même forme,

$$\int_{\mathcal{P}_i\times\mathcal{P}_j\times\mathcal{P}_k} dSdS'dN\, (-^{U\cup V\cup S'\cup N,W\cup S'\cup N})(-^{U\cup S\cup S',V\cup S\cup N})F(S\cup S')G(S\cup N)H(S'\cup N)$$

Pour rapprocher les deux formules, nous remplaçons dans la première

M par S, T par S', T' par N

et nous sommes alors ramenés à vérifier que

$$\underbrace{(-^{U\cup S\cup S',V\cup W\cup S\cup S'})(-^{V\cup N\cup S,W\cup N\cup S'})}_{\text{seconde formule}} = \underbrace{(-^{U\cup S\cup S',V\cup S\cup N})(-^{U\cup V\cup S'\cup N,W\cup S'\cup N})}_{\text{première formule traduite}}$$

et la formule (39) s'applique, avec

$$A=UUSUS' \quad , \quad B=VUSUN \quad , \quad C=WUS'UN \quad .$$

(Noter que S,S',N sont p.s. disjoints, et disjoints de U,V,W).

c) Les résultats les plus importants concernent le cas des opérateurs de multiplication de Clifford par les éléments du premier chaos, i.e. les opérateurs $R_h=I_1(h)*$. Comme dans toute algèbre de Clifford, on a

(40) $$\{R_h,R_k\} = \langle\bar{h},k\rangle I \quad .$$

Ensuite, rappelons la notation $\hat{I}_n(f)=n!J_n(f)$ pour f antisymétrique sur $\mathbb{R}_+^n$, et l'extension de cette notation aux fonctions non nécessairement antisymétriques par la convention $\hat{I}_n(f)=\hat{I}_n(\mathbf{a}(f))$. La relation $R_f=b_f^+ + b_f^-$ permet de demontrer par récurrence le résultat suivant : si (e_i) est une base orthonormale de $L^2(\mathbb{R}_+)$, on a

(41) $$\hat{I}_p(e_{i_1}\wedge\ldots\wedge e_{i_p}) = I_1(e_{i_1})*\ldots*I_1(e_{i_p}) \quad .$$

Posons alors pour $A=\{i_1<\ldots<i_p\}$

(42) $$e_A=e_{i_1}\wedge\ldots\wedge e_{i_p} \quad , \quad X_A=\hat{I}_p(e_A)$$

Les e_A forment une base o.n. de l'espace de Fock antisymétrique, et les X_A forment une base orthogonale de l'espace L^2 du mouvement brownien. En utilisant (41), l'associativité du produit de Clifford, et (42), on aboutit à la formule familière

(43) $$X_A*X_B = (-1)^{n(A,B)}X_{A\Delta B}$$

(mais A,B sont des parties de $\mathbb{N}$, non de $\mathbb{R}_+$!).

d) Dans le cas symétrique, nous sommes passés de la formule de multiplication détaillée (29) à la formule condensée (31). Ici, la formule condensée (37) nous a servi de définition ; on peut faire le passage en sens inverse pour obtenir une formule détaillée, qui (grâce à notre définition des contractions en (28)) est exactement semblable à (29) :

(44) $$\hat{I}_m(f)*\hat{I}_n(g) = \Sigma_{p=0}^{m\wedge n}\, p!\binom{m}{p}\binom{n}{p}\hat{I}_{m+n-2p}(f\underset{p}{-}g) \quad .$$

e) <u>Le mouvement brownien des fermions</u>. Si h est un élément réel de $L^2(\mathbb{R}_+)$, l'opérateur R_h est a.a. borné, de norme $\|h\|$: en fait, $\frac{1}{\|h\|}R_h$ est une symétrie de l'espace de Wiener, une v.a. de Bernoulli sous la loi ε_1 puisqu'elle ne prend que les valeurs ±1 et a une espérance nulle.

En posant $\beta_t=R_{I_{[0,t]}}$, on définit un processus stochastique quantique sans analogue classique (les v.a. à des instants différents ne commutent pas) que l'on appelle le <u>mouvement brownien des fermions</u>. C'est l'un des objets les plus intéressants du calcul stochastique quantique

(Voir par ex. les articles de Barnett, Streater et Wilde, The Ito-Clifford Integral I-IV : J. Funct. An 48, 1982 , J. London M. Soc. 27, 1983 , Comm. M. Phys. 89, 1983 et J. Oper. Thy 11, 1984). Du point de vue probabiliste, c'est simplement le mouvement brownien de tout le monde, mais opérant sur son propre L^2 par multiplication de Clifford au lieu de Wiener.

On peut s'en faire une représentation intuitive de la manière suivante :

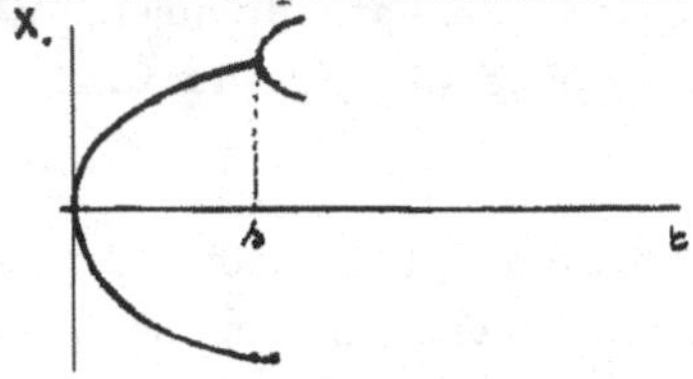

Tant qu'on ne l'observe pas, la << particule >> à l'instant t est en résonance entre les points $\pm\sqrt{t}$. Si on la regarde à l'instant s, et que l'on a observé la valeur $+\sqrt{s}$ par exemple, la particule est perturbée, et son << mouvement >> se poursuit sur une parabole de sommet $(s,\sqrt{s})$ et non plus (0,0) (figure ci-dessus). L'opérateur de multiplication de Clifford par $(X_{t+h}-X_t)$ a une norme égale à $\sqrt{h}$, ce qui en probabilités classiques signifierait que le mouvement brownien fermionique est un processus continu en <u>norme uniforme</u> - ce qui ne se produit jamais pour une martingale classique.

L'espace de Fock ne porte pas un seul mouvement brownien fermionique $R_t = b_t^+ + b_t^-$, mais deux , car $S_t = i(b_t^+ - b_t^-)$ en est un aussi . Plus précisément, on peut établir la relation

(44) $$R_h x = h*x \;,\quad S_h x = i\sigma(x)*h \qquad (\text{ h réelle })$$

où σ est l'automorphisme de l'algèbre de Clifford défini dans l'exposé II, §III, (21) (multiplicateur $(-1)^p$ sur le p-ième chaos) ; à partir de là, en regardant soigneusement ce qui se passe sur chaque chaos (c'est ennuyeux, mais je crois l'avoir fait sérieusement), on vérifie que

(45) $$\mathcal{F} R_h = S_h \mathcal{F}$$ (h réelle, $\mathcal{F}$ transformée de Fourier-Wiener

de sorte que la relation entre R_h (m^t brownien fermionique) et Q_h (m^t brownien ordinaire) se trouve exactement reproduite entre S_h et P_h .

L'étude du bébé Fock suggère que les accroissements dR_u et dS_v anticommutent, et que l'on peut plonger le tout dans une vaste algèbre de Clifford La fin de l'exposé II (formule (23)) suggère aussi l'existence d'algèbres de Poisson non commutatives, mais vraiment, cela suffit.

REMARQUE. Le mouvement brownien fermionique peut être observé à un instant fixe s comme sur le dessin, mais on peut aussi décider de le regarder aux instants 0,1/M,2/M,... Cela donne des courbes aléatoires formées d'arcs de paraboles ; lorsque $M\to\infty$, i.e. lorsqu'on regarde tout le temps le m^t br^n fermionique, on obtient un mouvement brownien ordinaire.

III. COMPLEMENTS DIVERS

Ce paragraphe est un fourre-tout, où l'on a rassemblé divers résultats intéressants sur l'espace de Fock, ne dépendant pas du calcul stochastique quantique de l'exposé V. Ils peuvent être lus maintenant, ou plus tard lorsque le besoin s'en fera sentir.

1. Opérateurs sur l'espace de Fock : forme normale.

Cette section est purement formelle : le contenu sera justifié plus tard de manière correcte. Elle est suggérée par le rapprochement entre le début du livre de Berezin, The Method of Second Quantization (Academic Press 1966 pour la traduction anglaise), et un tout récent preprint de H. Maassen, Quantum Markov Processes on Fock Space Described by Integral Kernels. Il s'agit seulement de montrer pourquoi il s'agit de la même chose dans un système de notations différent.

Nous avons vu plus haut que l'espace de Fock se représente agréablement dans une << base orthonormale continue >> $dX_{s_1}\ldots dX_{s_n}/\sqrt{ds_1\ldots ds_n}$ ou, en notation condensée, $dX_A/\sqrt{dA}$. Nous allons introduire une notation analogue pour définir des opérateurs sur l'espace de Fock. La notation de Berezin consiste à introduire des opérateurs

$$\Sigma_{n,m}\int K(s_1,\ldots,s_m,t_1,\ldots,t_n)a^+_{s_1}\ldots a^+_{s_m}a^-_{t_1}\ldots a^-_{t_n}ds_1..ds_m dt_1..dt_n$$

notation que nous préférons remplacer par des expressions du type << intégrale stochastique >> (K symétrique en les s_i et les t_j séparément)

$$(1)\qquad \Sigma_{n,m}\int K(s_1,\ldots,s_m,t_1,\ldots,t_n)da^+_{s_1}\ldots da^+_{s_m}da^-_{t_1}\ldots da^-_{t_n}$$

ou en notation condensée , comme on l'a fait pour les i.s. ordinaires

$$(2)\qquad \int_{P\times P} K(A,B)da^+_A da^-_B$$

Un tel opérateur est dit en forme normale, parce que les a^+ sont tous placés à gauche des a^- .

Que peut signifier une telle notation ? Nous allons nous laisser guider par le << bébé Fock >> dans les calculs formels suivants sur les << éléments de base >> . On doit avoir

$$da^+_A\, dX_L = dX_{A\cup L} \text{ si } A\cap L=\emptyset \text{ , 0 sinon}$$

(le "vrai" calcul formel concerne $da^+_A/\sqrt{dA}$ et $dX_L/\sqrt{dL}$, le résultat étant $dX_{A\cup L}/\sqrt{dA\cup L}$, mais les facteurs $\sqrt{\ldots}$ s'éliminent) . Ensuite

$$da^-_B\, dX_L = dX_{L\setminus B}\, dB \text{ si } B\subset L \text{ , 0 sinon}$$

Par conséquent, en composant

$$(3)\qquad da^+_A da^-_B\, dX_L = dX_{A\cup(L\setminus B)}dB \text{ si } B\subset L,\ A\cap(L\setminus B)=\emptyset, \text{ 0 sinon .}$$

Maintenant, nous essayons de regrouper cela sous forme intégrale, en calculant

$$\left(\int_{\mathcal{P}\times\mathcal{P}} K(A,B)da_A^+da_B^-\right)\left(\int_{\mathcal{P}} f(L)dX_L\right) = \int_{\substack{\mathcal{P}\times\mathcal{P}\times\mathcal{P}\\ B\subset L,\ A\cap(L\setminus B)=\emptyset}} K(A,B)f(L)dX_{A\cup(L\setminus B)}dB$$

Nous regroupons les termes correspondant à $A\cup(L\setminus B)=H$: B doit être disjoint de H, A contenu dans H, L s'écrit alors $B\cup(H\setminus A)$. Pour H fixe, la condition de disjonction de B et de H est réalisée dB-p.s.. Ainsi

$$(4)\quad \begin{gathered}\left(\int_{\mathcal{P}\times\mathcal{P}} K(A,B)da_A^+da_B^-\right)\left(\int_{\mathcal{P}} f(L)dX_L\right) = \int_{\mathcal{P}} (K\cdot f)(H)\ dX_H\\ K\cdot f(H) = \int_{\mathcal{P}} \sum_{A\subset H} K(A,B)f(B\cup(H\setminus A))dB = \int_{\mathcal{P}} \Sigma_{U+V=H} K(U,B)f(B\cup V)dB\ .\end{gathered}$$

<u>Ceci est précisément la formule donnée par Maassen</u>. On remarquera que dans l'intégration en B, A parcourant l'ensemble des parties d'un ensemble fini H fixe, B et A seront presque sûrement disjoints, alors que dans le calcul formel (et sur le bébé Fock) c'était seulement $L\setminus B$ qui devait être disjoint de A. Le résultat est que les représentations de Berezin ou de Maassen << oublient >> l'opérateur N. On peut imposer $K(A,B)=0$ si $A\cap B\neq\emptyset$.

Conformément à nos notations de l'exposé V, nous noterons da_s° l'opérateur dN_s . Nous avons en transposant les résultats du bébé Fock

$$da_B^\circ\ dX_L = dX_L \quad \text{si } B\subset L \text{ , 0 sinon}$$

(formule (6) p. II.11 et formule (23) p. IV.24). Par conséquent

$$da_A^+da_B^\circ da_C^-\ dX_L = dX_{A\cup(L\setminus C)}dC \quad \text{si } C\subset L,\ B\subset L\setminus C,\ A\cap(L\setminus C)=\emptyset \text{ , 0 sinon}$$

$$(5)\quad \begin{gathered}\left(\int K(A,B,C)da_A^+da_B^\circ da_C^-\right)\left(\int f(L)dX_L\right) = \int K\cdot f(H)\ dX_H \quad \text{où } K\cdot f(H) \text{ vaut}\\ \int_{\mathcal{P}} \Sigma_{A\subset H,B\subset H,A\cap B=\emptyset} K(A,B,C)f(C\cup(H\setminus A))dC = \int \sum_{U+V+W=H} K(U,V,C)f(C\cup V\cup W)dC\end{gathered}$$

La formule (4) correspond au cas où $K(A,B,C)=K(A,C)$ si $B=\emptyset$, 0 sinon .

(Suite exposé V, § III).

2. <u>Vecteurs-test sur l'espace de Fock</u>.

Dans le " calcul de Malliavin ", on rencontre naturellement une classe de fonctions-test sur l'espace de Wiener : celle des fonctions qui, pour tout k et tout p, appartiennent au domaine-L^p de l'opérateur N^k. On peut montrer que ces fonctions-test forment une algèbre, et les utiliser pour construire une théorie des distributions sur l'espaces de Wiener (cf. S. Watanabe, Malliavin's Calculus in Terms of Generalized Wiener Functionals, Proceedings of the Bangalore Conf. on Random Fields, LN in C. and I. 49, p. 284). D'un point de vue hilbertien, le seul critère dont on dispose pour vérifier qu'un vecteur donné $f = \Sigma_n f_n$ ($f_n\in\Phi_n$) est un vecteur-test nous est fourni par l'inégalité

$$\|f_n\|_p \leqq (p-1)^n \|f_n\|_2$$

qui nous dit que, si la série $\Sigma_n\ c^n\|f_n\|_2$ converge pour tout $c>0$, f est une fonction-test au sens de Malliavin. Ce critère est manifestement grossier, mais en l'absence de meilleure définition, nous dirons que f est un vecteur-test sur l'espace de Fock si $\Sigma_n\ c^n\|f_n\|^2$ converge pour tout $c>0$ (le remplacement de $\|f_n\|$ par $\|f_n\|^2$ ne change évidemment rien). Par exemple, les vecteurs cohérents sont des vecteurs-test.[1]

Voici un premier résultat :

THEOREME. L'espace des vecteurs-test est stable pour le produit de Wiener.

Remarque. Il ne peut rien y avoir de tel pour le produit de Poisson : Surgailis a montré en effet qu'il existe des éléments du second chaos dont le carré de Poisson est une v.a. qui n'appartient plus à L^2. En revanche, la même démonstration que ci-dessous s'applique au produit de Clifford.

Démonstration. Tout repose sur la formule (29). Nous allons considérer une fonction

$$f = \Sigma_n\ F_n \quad ;\ F_n = I_n(f_n)\ ,\ f_n \text{ symétrique, } \|f_n\|^2_{L^2(\mathbb{R}^n_+)} = \|F_n\|^2/n!$$

où la somme sera pour commencer supposée finie. Nous allons appliquer (29) pour calculer le développement $g=\Sigma_p\ G_p$ de $g=f^2$, et majorer $\Sigma_p\ c^p\|G_p\|^2$ en fonction de $\Sigma_n\ u^n\|F_n\|^2$ pour $u>0$ assez grand, dépendant de c seulement. Le passage aux sommes infinies se fait alors sans difficulté.

Nous avons d'après (29)

$$g = \Sigma_{\substack{m,n\\ k\leqq m\wedge n}}\ k!\binom{m}{k}\binom{n}{k} I_{m+n-2k}(f_m \overline{\overline{k}}\ f_n)$$

Posons $m=k+\mu$, $n=k+\nu$, $p=m+n-2k=\mu+\nu$. Nous avons alors

$$G_p = \Sigma_k\ G_{pk} \quad \text{avec} \quad G_{pk} = \Sigma_{\mu+\nu=p}\ k!\binom{k+\mu}{k}\binom{k+\nu}{k} I_p(f_{k+\mu} \overline{\overline{k}}\ f_{k+\nu})\ .$$

A droite, nous avons $\|I_p(f_{k+\mu} \overline{\overline{k}}\ f_{k+\nu})\|^2 \leqq p!\|f_{k+\mu} \overline{\overline{k}}\ f_{k+\nu}\|^2$ (la symétrisation diminue la norme) $\leqq p!\|f_{k+\mu}\|^2\|f_{k+\nu}\|^2$. Si nous posons $\|F_n\|^2=a_n$, nous avons donc

$$\|I_p(f_{k+\mu} \overline{\overline{k}}\ f_{k+\nu})\|^2 \leqq \frac{p!}{(k+\mu)!(k+\nu)!}\ a_{k+\mu}a_{k+\nu}\ .$$

Nous écrivons que $a_n \leqq Mu^{-n}$, où $u\geqq 4$ sera choisi plus tard, et M dépend de u (propriété de fonction-test de f). Nous avons alors

$$\|G_{pk}\| \leqq \Sigma_{\mu+\nu=p}\ \frac{(k+\mu)!(k+\nu)!}{\mu!\nu!k!}\ M\ \Big(\frac{p!}{(k+\mu)!(k+\nu)!}\Big)^{1/2} u^{-k-p/2}$$

Nous écrivons tout ce gros paquet de factorielles sous la forme

---

1. Pourrait on faire du calcul de Malliavin en utilisant ces vecteurs-test ?

$$\left(\frac{(k+\mu)!}{k!\ \mu!}\right)^{1/2} \left(\frac{(k+\nu)!}{k!\ \nu!}\right)^{1/2} \left(\frac{p!}{\mu!\nu!}\right)^{1/2}$$

et nous majorons grossièrement les coefficients binômiaux par $2^{k+\mu}$, $2^{k+\nu}$, 2^p respectivement, ce qui nous laisse un majorant 2^{p+k} pour le tout. Comme il y a p termes dans la somme, nous avons

$$\|G_{pk}\| \leqq pM\left(\frac{2}{\sqrt{u}}\right)^p \left(\frac{2}{u}\right)^k$$

Comme nous avons supposé $u \geqq 4$, nous en déduisons $\|G_p\| \leqq 2pM\left(\frac{2}{\sqrt{u}}\right)^p$, et pour avoir une bonne majoration de $\Sigma_p\ c^p\|G_p\|$ il suffit de prendre u assez grand.

Nous allons maintenant étudier une famille d'opérateurs sur l'espace de Fock, qui laissent stable l'espace des vecteurs-test. Ces opérateurs A sont donnés par des matrices d'opérateurs bornés $A^n_m : \Phi_n \longrightarrow \Phi_m$, possédant la propriété suivante :

(6) Pour tout j il existe k et C tels que $\|A^n_m\| \leqq Cn^k m^{-j}$.

Vérifions que si h est un vecteur-test, Ah (est bien défini et) est un vecteur test. Pour procéder correctement, nous prenons d'abord h dans la somme non complétée $\oplus_n \Phi_n$, avec une majoration de la forme

(7) $\|h_n\| \leqq Kn^{-\alpha}$ (α sera choisi plus loin)

et nous posons $j_m = \Sigma_n\ A^n_m\ h_n$.

On a $\|j_m\|^2 = \Sigma_{n,p} < A^n_m h_n, A^p_m h_p > \leqq \Sigma_{n,p}\ \|A^n_m\|\|A^p_m\|\|h_n\|\|h_p\|$

$$\Sigma_m\ m^{\ell}\|j_m\|^2 \leqq \Sigma_{m,n,p}\ m^{\ell}(Cm^{-j}n^k)(Cm^{-j}p^k)(Kn^{-\alpha})(Kp^{-\alpha}) \quad ((6)\text{ et }(7))$$

$$= C^2K^2(\Sigma_m\ m^{\ell-2j})(\Sigma_i\ i^{k-\alpha})^2$$

Nous commençons par fixer j assez grand pour que la première somme converge, puis dans (6) nous choisissons C et k en fonction de j , puis dans (7) nous choisissons $\alpha > k+1$. Le prolongement aux vecteurs-test est immédiat.

Plus précisément, l'opérateur A est continu de l'espace des vecteurs-test dans lui-même, pour la topologie associée aux semi-normes $q_{\ell}(h) = \sup_n n^{\ell}\|h_n\|$. On vérifie sans peine que les opérateurs matriciels du type précédent forment un espace stable par composition. En effet, si j étant donné on peut trouver C et ℓ tels que $\|B^p_m\| \leqq Cp^{\ell}m^{-j}$, puis C' et k tels que $\|A^n_p\| \leqq C'n^{-k}p^{-\ell-2}$, la série d'opérateurs $\Sigma_p\ A^n_p B^p_m$ est convergente et sa norme est majorée par $C''n^k m^{-j}$.

Les opérateurs de la forme a^+_h , a^-_h , N_h sont du type précédent. Par exemple, a^+_h est représenté par une matrice A telle que $A^n_m = 0$ si $m \neq n+1$, et $\|A^n_{n+1}\| \leqq c\sqrt{n}$, donc $\|A^n_m\| \leqq Cn^k m^{-j}$ avec $k=j+1/2$.

Il en résulte que tous les opérateurs polynômiaux en les a_f^+ , a_g^- , N_h sont représentés par des matrices satisfaisant à (6) - mieux, la matrice adjointe satisfait aux mêmes propriétés, et il n'est pas difficile de voir que si A' est l'opérateur (de l'espace des vecteurs-test dans lui même) défini par la matrice adjointe $A^{*n}_{m} = (A^m_n)^*$, A et A' sont mutuellement adjoints sur l'espace des vecteurs-test.

ELEMENTS DE PROBABILITES QUANTIQUES. V

Calcul stochastique non commutatif

Avec cet exposé, nous abordons l'essentiel des travaux de Hudson et Parthasarathy, qui est le développement d'un calcul stochastique analogue au calcul d'Ito, mais relatif à des processus qui ne commutent pas, ainsi que la possibilité de résoudre des équations différentielles stochastiques linéaires (du type " exponentielle stochastique ") dont les solutions fourniront ensuite, par projection, des semi-groupes d'évolution.

Contrairement à Hudson-Parthasarathy, nous nous placerons dans la situation la plus simple possible : celle de l'espace de Fock sans adjonction d'aucun espace de Hilbert auxiliaire. C'est que notre but est purement pédagogique, et que nous n'avons aucune raison de rechercher la généralité maximale. Les extensions viendront plus tard.

§ I . INTEGRALES STOCHASTIQUES DE PROCESSUS D'OPERATEURS

1. Filtration de l'espace de Fock

Si f est un élément de $L^2(\mathbb{R}_+)$, nous avons désigné par $f_{t]}$, $f_{[t}$ les fonctions $fI_{[0,t]}$, $fI_{[t,\infty[}$; pour alléger, nous écrirons parfois f_t au lieu de $f_{t]}$ lorsqu'il n'y aura pas de confusion possible avec la valeur de f en t . Φ désignant toujours l'espace de Fock, nous conviendrons de désigner par $\Phi_{t]}$ (ou simplement Φ_t comme ci-dessus) et $\Phi_{[t}$ les sous-espaces engendrés respectivement par les vecteurs cohérents de la forme $\mathcal{E}(f_{t]})$, $\mathcal{E}(f_{[t})$. Si $s\leqq t$, on pose $\Phi_{st} = \Phi_{[s}\cap\Phi_{t]}$.

Certaines propriétés purement algébriques de ces espaces peuvent se lire sur une interprétation probabiliste de Φ : pour fixer les idées, considérons l'interprétation brownienne : (X_t) est un mouvement brownien avec $X_0=0$, $\mathcal{F}$ et $\mathcal{F}_t$ sont les tribus engendrées respectivement par toutes les v.a. X_s et par les X_s, $s\leqq t$, $\mathcal{G}_t$ est la tribu engendrée par les accroissements X_u-X_t pour $u\geqq t$; nous savons que Φ s'identifie alors à $L^2(\mathcal{F})$, et il est clair que $\Phi_{t]}$ et $\Phi_{[t}$ s'identifient respectivement à $L^2(\mathcal{F}_t)$ et $L^2(\mathcal{G}_t)$. Nous en déduisons alors les propriétés hilbertiennes suivantes :

- La famille $(\Phi_{t]})$ est croissante, continue à droite et à gauche, avec $\Phi_0=\mathbb{C}.1$.
- La famille $(\Phi_{[t})$ est décroissante, continue à droite et à gauche, avec $\Phi_{[\infty}=\mathbb{C}.1$.
- Si s<t, Φ_{st} est engendré par les vecteurs cohérents $\mathcal{E}(fI_{[s,t[})$, et si

$s=t$, $\Phi_{ss}=\mathbb{C}.1$.

Le projecteur E_t sur $\Phi_{t]}$ est l'espérance conditionnelle par rapport à $\mathcal{F}_t$, dans l'interprétation brownienne (et dans toute autre interprétation probabiliste).

Soient $u\in\Phi_{t]}$, $v\in\Phi_{[t}$; notons $b(u,v)$, pour un instant, le produit de ces deux v.a. dans l'interprétation brownienne. L'indépendance de $\mathcal{F}_t$ et $\mathcal{G}_t$ entraîne que $\|b(u,v)\|^2=\|u\|^2\|v\|^2$, de sorte que $b(.,.)$ est une application bilinéaire continue de $\Phi_{t]}\times\Phi_{[t}$ dans Φ , satisfaisant à

$$b(\mathcal{E}(f_{t]}),\mathcal{E}(f_{[t})) = \mathcal{E}(f)$$

ce qui d'ailleurs caractérise uniquement b par densité. Il est facile de voir qu'il existe un isomorphisme unique de $\Phi_{t]}\otimes\Phi_{[t}$ sur Φ qui transforme $u\otimes v$ en $b(u,v)$: dans l'interprétation brownienne, cela signifie que la mesure de Wiener peut se représenter comme le produit d'une mesure de Wiener "avant t" par une mesure de Wiener " après t" , ce qui identifie $L^2(\mathcal{F})=\Phi$ à $L^2(\mathcal{F}_t)\otimes L^2(\mathcal{G}_t)$.

En réalité, tout ceci est indépendant du choix d'une interprétation probabiliste particulière : la seule chose qui compte est d'avoir affaire à des processus à accroissements indépendants. C'est pourquoi nous n'écrirons pas $b(u,v)$, ni même $u\otimes v$, mais simplement uv . Si l'on a $s<t$, si u,v,w sont des éléments de $\Phi_{s]}$, Φ_{st}, $\Phi_{[t}$ respectivement, on a $uv\in\Phi_{t]}$, $vw\in\Phi_{[s}$, et $(uv)w=u(vw)$. Tout cela reflète la structure de produit tensoriel continu de l'espace de Fock Φ , notion que nous ne tenterons pas de présenter de manière abstraite.

Opérateurs Φ_t-adaptés.

Nous éviterons, dans les discussions de cet exposé, de regarder de trop près les problèmes de domaines d'opérateurs non bornés. En règle générale, nous considérerons des opérateurs définis sur l'espace (noté $\mathcal{E}$ dans la suite) des combinaisons linéaires finies de vecteurs cohérents - les opérateurs étant prolongés par fermeture à partir de $\mathcal{E}$, chaque fois que cela est possible. Le prix payé pour cette solution de facilité est l'absence d'une bonne notion de composition d'opérateurs.

Nous dirons qu'un opérateur A défini sur $\mathcal{E}$ est Φ_t-adapté (en tant que probabilistes nous dirons aussi Φ_t-mesurable) si

(1) On a $A\mathcal{E}(f_{t]})\in\Phi_t$,

(2) On a $A\mathcal{E}(f)=(A\mathcal{E}(f_{t]})\mathcal{E}(f_{[t})$,

pour tout $f\in L^2(\mathbb{R}_+)$.

Une famille (A_t) d'opérateurs, telle que pour tout t A_t soit un opérateur Φ_t-mesurable, sera appelée un processus adapté (d'opérateurs).

a) Ces définitions appellent plusieurs commentaires. D'abord, si A est borné, la Φ_t-mesurabilité signifie que dans la représentation $\Phi=\Phi_{t]}\otimes\Phi_{[t}$, A est de la forme $B\otimes I$, où B est un opérateur borné sur Φ_t. Par exemple, l'opérateur d'espérance conditionnelle E_t n'est pas Φ_t-mesurable (en revanche, l'opérateur d'espérance conditionnelle brownien par rapport à la tribu engendrée par les X_s, $s\geq t$, est Φ_t-mesurable !)

Nous avons vu de nombreux opérateurs Φ_t-mesurables : les opérateurs Q_h, P_h, N_h , $a_h^{\pm}$, lorsque h est à support dans [0,t].

b) Comme pour les opérateurs bornés, on a une définition satisfaisante de la Φ_t-mesurabilité des opérateurs autoadjoints : il suffit d'écrire que leurs projecteurs spectraux sont Φ_t-mesurables. D'une façon générale, les opérateurs bornés Φ_t-mesurables formant une algèbre de vN, il existe des moyens efficaces pour définir et étudier les opérateurs, non nécessairement bornés, << affiliés >> à cette algèbre. Nous n'utiliserons rien de tout cela, et nous en tiendrons à (1)-(2).

2. Espérances conditionnelles

Soit M un opérateur borné. Il existe un opérateur borné Φ_t-mesurable N unique satisfaisant à

(3) $$N(uv) = (E_tMu)v \quad \text{si} \quad u\in\Phi_t \ , \ v\in\Phi_{[t}$$

où E_t est, rappelons le, le projecteur orthogonal sur Φ_t. Si M est non borné de domaine contenant $\mathcal{E}$, on se bornera à définir N sur $\mathcal{E}$ par cette formule : $N\mathcal{E}(f) = (E_tM\mathcal{E}(f_{t]}))\mathcal{E}(f_{[t})$.

Montrons que N joue le rôle d'espérance conditionnelle de M par rapport à Φ_t , sous la loi naturelle ε_1 . Soient K et H deux opérateurs bornés Φ_t-mesurables ; alors

(4) $$< 1, K^*NH1 > = < 1, K^*MH1 > .$$

En effet, posant $u=K1$, $v=H1$, cela s'écrit $< u,Mv > = < u,Nv >$, évident puisque $Nv=E_tMv$. Il apparaît que la seule propriété du vecteur (normalisé) 1 intervenant dans ce raisonnement est $1\in\Phi_t$. Quant à l'unicité, la formule (4) détermine $<u,Nv>$ pour deux éléments arbitraires u,v de Φ_t, et cela détermine l'opérateur Φ_t-mesurable N .

Cela permet de définir (sous la loi naturelle) la notion de martingale d'opérateurs : c'est un processus adapté (M_t) d'opérateurs contenant tous $\mathcal{E}$ dans leur domaine, et possédant la propriété usuelle de compatibilité avec les espérances conditionnelles $E_1[\,.\,|\Phi_t]$, soit

(5) $$\text{pour } s<t, \quad E_sM_t\mathcal{E}(f_{s]}) = M_s\mathcal{E}(f_{s]})$$

En pratique, on vérifiera cela sous la forme

(6) $$< \mathcal{E}(g_{s]}),\ M_t\mathcal{E}(f_{s]}) > = < \mathcal{E}(g_{s]}),\ M_s\mathcal{E}(f_{s]}) > .$$

Exemple. Les opérateurs de multiplication par X_t, dans une interprétation probabiliste quelconque, forment évidemment une martingale d'opérateurs.

Cela s'applique aux opérateurs Q_t (multiplication dans une interprétation brownienne), P_t (multiplication dans une autre interprétation brownienne), Q_t+cN_t (multiplication dans une interprétation poissonnienne). Par combinaison linéaire, nous en déduisons trois martingales d'opérateurs

(7) $$a_t^+ \ , \ a_t^- \ , \ a_t^\circ = N_t$$

que nous appellerons les <u>trois martingales fondamentales</u> sur l'espace de Fock. A partir de ces trois processus d'opérateurs , par rapport auxquels on définira plus loin des intégrales stochastiques, se développera le <u>calcul stochastique non commutatif</u>.

<u>Commentaire</u>. Pourquoi <u>trois</u> martingales fondamentales ? La première conjecture de Hudson-Parthasarathy était que deux ($a^\pm$) suffiraient à construire une bonne théorie. Puis la martingale a° a été découverte : y a t'il des raisons sérieuses de penser que la liste est maintenant complète ?

De telles raisons sérieuses ont été fournies par J.L. Journé, qui a examiné le modèle discret (le " bébé Fock " de la fin de l'exposé IV, §I) - c'est la réussite de cette démarche qui nous a amenés à utiliser systématiquement le modèle discret dans notre présentation de l'espace de Fock . Voici le raisonnement dans le cas discret.

Le « bébé Fock » Ψ est l'espace $L^2(\Omega)$, où $\Omega=\{-1,1\}^M$ avec la loi P sous laquelle les coordonnées X_i sont des v.a. de Bernoulli symétriques indépendantes. Nous représentons la base (X_A) des polynômes de Walsh dans l'ordre

$$X_\emptyset \,|\, X_1 \,|\, X_2, X_{12} \,|\, X_3, X_{13}, X_{23}, X_{123} \,|\, X_4, X_{14} \ldots$$

Ecrivons $\Psi=\Psi_M$ pour être bien explicites. Les traits verticaux successifs délimitent des segments de la base, de tailles $1, 2^1, 2^2, 2^3 \ldots$ qui peuvent être identifiés aux bases naturelles de $\Psi_0, \Psi_1, \ldots$ Tout élément X_A de la base peut s'écrire $X_A X_B$, où A est une partie de $\{1,\ldots,n\}$ et B une partie de $\{n+1,\ldots,M\}$: ceci est l'analogue discret de la décomposition de l'espace de Fock en produit tensoriel continu, et nous pouvons dire qu'un opérateur U sur Ψ est Ψ_n-adapté s'il est de la forme $V\otimes I$, où V agit sur Ψ_n , autrement dit si dans la décomposition précédente de la base on a $U(X_A X_B)=V(X_A)X_B$. Pour fixer les idées prenons M=2. Une matrice 4×4 est Ψ_0-adaptée si elle s'écrit $\begin{vmatrix} a & & & 0 \\ & a & & \\ & & a & \\ 0 & & & a \end{vmatrix}$ et Ψ_1-adaptée si elle s'écrit $\begin{vmatrix} a & b & & 0 \\ c & d & & \\ & & a & b \\ 0 & & c & d \end{vmatrix}$.

Dans ces conditions, l'espérance conditionnelle d'une matrice U par rapport à Ψ_n s'obtient en isolant le bloc $2^n \times 2^n$ en haut à gauche, en le répétant le long de la diagonale, et en remplissant le reste par des zéros. Ainsi, si U est une matrice 4×4 $U=\begin{vmatrix} A & B \\ C & D \end{vmatrix}$ où $A=\begin{vmatrix} a & b \\ c & d \end{vmatrix}$, les deux matrices écrites ci-dessus sont les espérances conditionnelles $E[U|\Psi_0]$ et $E[U|\Psi_1]$.

Le problème de représentation des martingales consiste à représenter une différence $E[U|\Psi_n]-E[U|\Psi_{n-1}]$ comme une combinaison linéaire, à coefficients matriciels Ψ_{n-1}-adaptés, d'un nombre minimum de matrices Ψ_n-adaptées d'espérance conditionnelle $E[.|\Psi_{n-1}]$ nulle. Le cas n=2 va rendre ici la situation claire :

Reprenant $U=\begin{vmatrix} A & B \\ C & D \end{vmatrix}$, nous avons $U-E[U|\Psi_2] = \begin{vmatrix} 0 & B \\ C & D-A \end{vmatrix}$, et cette différence s'écrit sous la forme

$$\begin{vmatrix} 0 & B \\ C & D-A \end{vmatrix} = \begin{vmatrix} B & 0 \\ 0 & B \end{vmatrix}\begin{vmatrix} 0 & I \\ 0 & 0 \end{vmatrix} + \begin{vmatrix} C & 0 \\ 0 & C \end{vmatrix}\begin{vmatrix} 0 & 0 \\ I & 0 \end{vmatrix} + \begin{vmatrix} D-A & 0 \\ 0 & D-A \end{vmatrix}\begin{vmatrix} 0 & 0 \\ 0 & I \end{vmatrix}$$

Or les trois matrices d'espérance conditionnelle nulle représentent a_2^- , a_2^+ et N_2 . Le cas général est exactement semblable, A,B,C,D,I désignant des matrices $2^n \times 2^n$ au lieu de 2x2 .

3. Espérances conditionnelles (digression)

Il n'est pas usuel de savoir calculer des espérances conditionnelles d'opérateurs en probabilités quantiques. Nous allons montrer que les calculs faits plus haut s'étendent à des lois pures ε_ϕ , à condition d'imposer à ϕ une condition assez naturelle.

Soit ϕ un vecteur normalisé de Φ, Nous supposons que ϕ admet une factorisation (où b peut être supposé normalisé)

(8) $$\phi = ab \ , \ a\in\Phi_{t]} \ , \ b\in\Phi_{[t}$$

et nous définissons, pour tout opérateur borné M, un opérateur borné N_o sur $\Phi_{t]}$ par la formule suivante (suggérée par R.L. Hudson)

(9) $$< u,N_o v > \ = \ < ub \ , \ M(vb) > \quad (u\in\Phi_{t]} \ , \ v\in\Phi_{t]}) \ .$$

Soit N l'extension $N_o \otimes I_{[t}$ de N_o à Φ . Montrons que N joue le rôle d'espérance conditionnelle $E_\phi[M|\Phi_t]$. Avec les notations de (4)

$$< \phi,K^*MH\phi > = < ab, K^*MH(ab) > = < K(ab), MH(ab) > = < ub, M(vb) >$$
où u=Ka, v=Hb

$$\underset{(9)}{=} < u,N_o v > = < ub, N(vb) > \text{ (b normalisé)}$$
$$= < K(ab), NH(ab) > = < \phi, K^*NH\phi > .$$

On remarquera que, si l'on doit avoir ainsi des espérances conditionnelles à tout instant t, la condition de factorisation (8) doit avoir lieu à tout instant, ce qui impose à ϕ d'être un << état multiplicatif >> dans l'espace de Fock. Il n'est pas très naturel dans ce cas d'imposer la normalisation de b , et cela fait apparaître un facteur $1/\|b\|^2$ à droite de (9).

Nous allons écrire explicitement N dans une interprétation probabiliste, ce qui mettra en évidence les analogies avec les formules de changement de loi de type classique.

Désignons par β la v.a. $E_t[|b|^2]$ ($|b|^2$ dépend de la multiplication, don de l'interprétation probabiliste) et supposons que β soit >0 p.p.. Alors

(10) pour $v\in\Phi_{t]}$, $w\in\Phi_{[t}$, on a $N(vw) = \frac{1}{\beta}E_t[\bar{b}M(vb)]w$

Avant de démontrer cela, supposons que M soit l'opérateur de multiplication par une v.a. (encore notée M !). Alors la formule (10) exprime simplement que N est l'opérateur de multiplication par $\frac{1}{\beta}E_t[M\beta]$, l'espérance conditionnelle classique de M sous la loi βP.

Pour vérifier (10), on écrit

$$< \phi, K^*MH\phi > = < K(a)b, M(H(a)b) > = < K(a), \bar{b}M(H(a)b) >$$
$$= < u, E_t(\bar{b}M(vb)) > = < ub, \tfrac{1}{\beta}E_t(\bar{b}M(vb))b >$$
$$= < \phi, K^*NH\phi >$$

où N est l'opérateur défini par (10).

4. Définition d'intégrales stochastiques d'opérateurs.

Soit (H_t) un processus adapté d'opérateurs . Sous des hypothèses raisonnables, nous allons définir des intégrales stochastiques des trois types

(11) $$I_t^+(H) = \int_0^t H_s da_s^+ \quad , \; I_t^-(H) = \int_0^t H_s da_s^- \quad , \; I_t^o(H) = \int_0^t H_s dN_s .$$

Les objets ainsi désignés seront des opérateurs , dont le domaine contient les vecteurs $\mathcal{E}(f)$ ($f\in L^2_{loc}$ pour $I^\pm$, $f\in L^\infty_{loc}$ pour I^o).

Nous ferons les hypothèses minimales suivantes (outre l'adaptation, et l'inclusion $\mathcal{E} \subset \mathcal{D}(H_t)$ pour tout t)

(12) Soit $u\in L^2(\mathbb{R}_+)$; posons $U_t=\mathcal{E}(u_{t]})$. Alors l'application $t\mapsto K_t=H_tU_t$ est mesurable, et l'on a
$$\int_0^t \|K_s\|^2 ds < \infty \text{ pour tout t fini .}$$

Si les opérateurs H_t admettent des adjoints H_t^*, satisfaisant aux mêmes hypothèses (12), nous dirons que (H_t) satisfait à l'hypothèse (12^*).

Comme dans toute théorie de l'intégrale stochastique, on est amené à faire des vérifications par passage à la limite à partir de processus simples, ou étagés. Il s'agira ici de processus de la forme

(13) $H_0=0$, $H_t=H_{t_i}$ pour $t_i<t\leq t_{i+1}$, $H_t=0$ pour $t>t_n$

où $0<t_1\ldots<t_n$ est une subdivision finie, et H_{t_i} est Φ_{t_i} -adapté pour i=0,..,n-1. L'i.s. se réduit dans ce cas à une somme finie, comme toujours.

Le cas de a^-. Nous commençons par le cas de $I_t^-(H)$, qui est presque trivial. Lorsque le processus H est supposé simple, l'intégrale stochastique peut s'écrire

$$I_\infty^-(H)\mathcal{E}(u) = \Sigma_i\, H_{t_i}(a_{t_{i+1}}^- - a_{t_i}^-)\mathcal{E}(u)$$

Compte tenu de la propriété $a_h^-\mathcal{E}(u) = <h,u>\mathcal{E}(u)$, cela nous laisse

(14) $$I_\infty^-(H)\mathcal{E}(u) = \int_0^\infty H_s\mathcal{E}(u)u_s\, ds$$

formule qui peut s'étendre directement à tout processus d'opérateurs (même non adapté !) possédant la propriété :

$$\int_0^{\infty} \|H_s \mathcal{E}(u)\|^2 \, ds < \infty$$

Dans le cas adapté, on a $\|H_s\mathcal{E}(u)\|^2 = \|H_s\mathcal{E}(u_s)\|^2 \|\mathcal{E}(u_{[s})\|^2$, et ce dernier facteur est borné supérieurement et inférieurement : la propriété équivaut donc à (12) écrite pour $t=+\infty$ (la localisation pour t fini est immédiate).

Remarquons aussi une fois pour toutes que si l'on a défini un opérateur sur les vecteurs cohérents, le prolongement aux combinaisons linéaires de ceux-ci ne pose aucun problème, grâce au lemme d'indépendance (IV, §I, 2 ; p. IV.7).

La formule suivante est la première d'une longue liste ; elle ne fait que traduire (14)

$$(15) \qquad \boxed{< \mathcal{E}(u),\, I_t^-(H)\mathcal{E}(v) > \,=\, \int_0^t < \mathcal{E}(u),\, v_s H_s \mathcal{E}(v) > ds}$$

REMARQUE. La formule (14) sous forme différentielle s'écrit simplement

$$(H_s da_s^-)\mathcal{E}(f) = H_s(da_s^- \mathcal{E}(f)) = H_s(f_s ds \mathcal{E}(f)) = H_s\mathcal{E}(f) f_s ds$$

Dans une expression comme $H_s da_s^-$, l'adaptation entraîne que les deux symboles H_s et da_s^- peuvent être traités comme des opérateurs qui commutent (ils agissent sur deux parties différentes du produit tensoriel continu).

Considérons maintenant deux processus adaptés (H_t) et (K_t) satisfaisant aux hypothèses ci-dessus. Nous avons d'après (14)

$$< I_t^-(H)\mathcal{E}(u),\, I_t^-(K)\mathcal{E}(v) > \,=\, < \int_0^t H_r\mathcal{E}(u) u_r dr,\, \int_0^t K_s \mathcal{E}(v) v_s ds >$$

d'où par dérivation

$$(16) \qquad \boxed{\frac{d}{dt} < I_t^-(H)\mathcal{E}(u), I_t^-(K)\mathcal{E}(v) > \,=\, < I_t^-(H)\mathcal{E}(u), v_t K_t \mathcal{E}(v) > + < u_t H_t \mathcal{E}(u), I_t^-(K)\mathcal{E}(v) >}$$

Formellement, ceci est une formule d'Ito (nous le verrons plus tard) : en effet, le côté gauche nous permet d'évaluer $< \mathcal{E}(u), d[I_t^+(H^*) I_t^-(K)]\mathcal{E}(v) >$. C'est pourquoi la formule est importante.

L'inégalité de Schwarz appliquée à (14) nous donne immédiatement

$$(17) \qquad \sup_t \|I_t^- \mathcal{E}(u)\| \leqq \|u\| \left(\int_0^{\infty} \|H_s \mathcal{E}(u)\|^2 ds \right)^{1/2} .$$

<u>Le cas de a^+</u>. Dans cette section, nous allons supposer que le processus adapté H est <u>simple</u> : toutes les vérifications sont alors immédiates. Il restera un problème d'approximation d'un processus adapté général par des processus simples, que nous discuterons plus loin (remarque au n°5).

Supposons H non seulement simple, mais élémentaire, i.e. tel que seul un H_{t_i} soit non nul. On a alors

$$< \mathcal{E}(u),\, I_\infty^+(H)\mathcal{E}(v) > \,=\, < \mathcal{E}(u_{t_i]})\mathcal{E}(u_{[t_i}), H_{t_i}\mathcal{E}(v_{t_i})(a^+_{t_{i+1}} - a^+_{t_i})\mathcal{E}(v_{[t_i}) >$$

$$= < \mathcal{E}(u_{t_i]}), H_{t_i}(v_{t_i]}) > < \mathcal{E}(u_{[t_i}), (a^+_{t_{i+1}} - a^+_{t_i})\mathcal{E}(v_{[t_i}) >$$

Dans le second facteur, l'on fait passer l'opérateur a^+ de l'autre côté, ce qui fait apparaître

$$(\int_{t_i}^{t_{i+1}} \overline{u}_s ds) < \mathcal{E}(u_{[t_i}), \mathcal{E}(v_{[t_i}) >$$

Recomposant alors les deux facteurs, on obtient - d'abord pour H élémentaire, puis pour H simple (et plus tard sous l'hypothèse (12))

$$(18) \qquad \boxed{< \mathcal{E}(u), I_t^+(H)\mathcal{E}(v) > = \int_0^t < u_s\mathcal{E}(u), H_s\mathcal{E}(v) > ds}$$

Cette formule se déduit formellement de (15) en écrivant que $I_t^+(H)$ et $I_t^-(H^*)$ sont adjoints l'un de l'autre.

Il nous faut ensuite la formule analogue à (16) : celle-ci comporte un terme supplémentaire, qui correspond à un crochet non trivial dans une formule d'Ito. Ici encore, on traite le cas élémentaire, puis le cas simple, et l'extension est remise à plus tard.

$$(19) \qquad \boxed{\begin{aligned}\frac{d}{dt}< I_t^+(H)\mathcal{E}(u), I_t^+(K)\mathcal{E}(v) > &= < u_t I_t^+(H)\mathcal{E}(u), K_t\mathcal{E}(v) > + \\ &+ < H_t\mathcal{E}(u), v_t I_t^+(K)\mathcal{E}(v) > + < H_t\mathcal{E}(u), K_t\mathcal{E}(v) >\end{aligned}}$$

Indiquons aussi la formule analogue pour les intégrales des deux types.

$$(20) \qquad \boxed{\frac{d}{dt}< I_t^-(H)\mathcal{E}(u), I_t^+(K)\mathcal{E}(v) > = < u_t I_t^-(H)\mathcal{E}(u), K_t\mathcal{E}(v)> + < u_t H_t\mathcal{E}(u), I_t^+(K)\mathcal{E}(v)>}$$

Nous déduisons de (19) une inégalité analogue à (17), mais un peu plus délicate[1] ; nous posons

$$M_t = I_t^+(H) \;, \quad A_t = \|M_t\mathcal{E}(u)\|^2 \;, \quad A_t^* = \sup_{s\leq t} A_s \;, \quad B_t = \int_0^t \|H_s\mathcal{E}(u)\|^2 ds \;.$$

Nous avons alors d'après (19)

$$\|M_t\mathcal{E}(u)\|^2 = 2\int_0^t \mathcal{R} < u_s M_s\mathcal{E}(u), H_s\mathcal{E}(u) > ds + \int_0^t \|H_s\mathcal{E}(u)\|^2 ds$$

d'où en appliquant l'inégalité de Schwarz et prenant un sup

$$A_t^* \leq 2\|u\| A_t^{*1/2} B_t^{*1/2} + B_t$$

et enfin

$$(21) \qquad \sup_t \|I_t^+(H)\mathcal{E}(u)\| \leq (\|u\| + \sqrt{\|u\|^2+1})(\int_0^\infty \|H_s\mathcal{E}(u)\|^2 ds)^{1/2} \;.$$

<u>Le cas de N</u>. On utilise la formule

$$< \mathcal{E}(u), (N_{t_{i+1}} - N_{t_i})\mathcal{E}(v) > = (\int_{t_i}^{t_{i+1}} \overline{u}_s v_s ds) < \mathcal{E}(u), \mathcal{E}(v) >$$

pour établir, pour H élémentaire puis simple, les formules suivantes

$$(22) \qquad \boxed{< \mathcal{E}(u), I_t^\circ\mathcal{E}(v) > = \int_0^t < u_s\mathcal{E}(u), v_s H_s\mathcal{E}(v) > ds}$$

1. Les trois formules analogues viennent d'un exposé de J.L. Journé.

$$(23)\quad \boxed{\begin{aligned}&\tfrac{d}{dt}< I_t^o(H)\mathcal{E}(u),\ I_t^o(K)\mathcal{E}(v) > = < u_t I_t^o(H)\mathcal{E}(u),\ v_t K_t \mathcal{E}(v) > + \\ &\qquad + < u_t H_t \mathcal{E}(u),\ v_t I_t^o(K)\mathcal{E}(v) > + < u_t H_t \mathcal{E}(u),\ v_t K_t \mathcal{E}(v) >\end{aligned}}$$

Etablissons la formule analogue à (21), en prenant cette fois $M_t = I_t^o(H)$. Nous avons d'après (23)

$$A_r = \|M_r \mathcal{E}(u)\|^2 = 2\int_0^r |u_s|^2 \mathcal{R}<M_s\mathcal{E}(u), H_s\mathcal{E}(u)> ds + \int_0^r |u_s|^2 \|H_s\mathcal{E}(u)\|^2 ds$$

$$|A_r - C_r| \leqq 2\|u\| \left(\int_0^r \|M_s\mathcal{E}(u)\|^2 |u_s|^2 \|H_s\mathcal{E}(u)\|^2 ds\right)^{1/2} \ ; \ C_r = \int_0^r |u_s|^2 \|H_s\mathcal{E}(u)\|^2 ds$$

$$\leqq 2\|u\| A_r^{*1/2} C_r^{1/2}$$

Passant au sup sur $r \in [0,t]$, nous avons $A_t^* \leqq 2\|u\| A_t^{*1/2} C_t^{1/2} + C_t$, et comme pour (21), l'inégalité

$$(24) \qquad \sup_t \|I_t^o(H)\mathcal{E}(u)\| \leqq (\|u\| + \sqrt{\|u\|^2+1}) \left(\int_0^\infty |u_s|^2 \|H_s\mathcal{E}(u)\|^2 ds\right)^{1/2}$$

avec un second membre un peu moins sympathique que (21). Toutefois, on ne peut espérer mieux : on a en effet $C_t \leqq 2\|u\| A_t^{*1/2} C_t^{1/2} + A_t^*$, de sorte que les deux quantités sont équivalentes. C'est pourquoi, dans les raisonnements concernant les i.s. relatives à (N_t), il est préférable d'utiliser des vecteurs cohérents $\mathcal{E}(u)$, où u est (localement) borné.

Pour conclure le formulaire, il reste les formules mixtes, analogues à (20). Seule la seconde est non triviale.

$$(25)\quad \boxed{\begin{aligned}&\tfrac{d}{dt}<I_t^o(H)\mathcal{E}(u),\ I_t^{\pm}(K)\mathcal{E}(v)> = < u_t H_t \mathcal{E}(u),\ v_t I_t^{\pm}(K)\mathcal{E}(v) > + \\ &\begin{matrix}(\text{ cas } -) \\ (\text{ cas } +)\end{matrix} \qquad + \begin{cases} < I_t^o(H)\mathcal{E}(u),\ v_t K_t \mathcal{E}(v) > \\ < u_t I_t^o(H)\mathcal{E}(u),\ K_t\mathcal{E}(v) > + < H_t\mathcal{E}(u), v_t K_t \mathcal{E}(v) > \end{cases}\end{aligned}}$$

5. Interprétation au moyen d'i.s. classiques.

Savoir intégrer relativement à a^+, a^- revient à savoir intégrer un processus d'opérateurs (H_t) relativement aux mouvements browniens conjugués Q et P. Or certains probabilistes se sont intéressés à la définition d'intégrales stochastiques du type $\int_0^t H_s dB_s$ relativement au mouvement brownien, leur idée étant d'ailleurs de considérer l'élément différentiel $H_s dB_s$ comme un vecteur (H_s appliqué au vecteur dB_s) plutôt qu'un opérateur (H_s composé avec l'opérateur de multiplication par dB_s). Nous allons reprendre la discussion précédente sous cet angle.

Soit $\mathcal{E}(u) = U_\infty$ un vecteur cohérent (une exponentielle stochastique) ; on pose $\mathcal{E}(u_{t]}) = U_t$, et $K_t = H_t U_t$ - ceci est un processus adapté, de carré intégrable sur tout intervalle fini ; nous ne perdrons aucune vraie généralité en le supposant de carré intégrable sur $\mathbb{R}_+$ et (conformément aux lois du calcul stochastique) en le remplaçant par une projection prévisible. Lorsque H est un processus simple, nous pouvons définir de manière évidente l'intégrale stochastique d'opérateurs $J_t=\int_0^t H_s dB_s$ pour $t\leq+\infty$, et l'on a d'après la propriété d'adaptation de (H_t)

$$J_\infty U_\infty = \Sigma_i\ (H_{t_i} U_{t_i})(B_{t_{i+1}} - B_{t_i})\mathcal{E}(u_{[t_i})$$

Or nous avons $\mathcal{E}(u_{[t_i})=U_\infty/U_t$, et nous obtenons l'expression suivante, qui acquiert un sens pour des processus adaptés non nécessairement simples

$$(26)\qquad J_\infty U_\infty = (\int_0^\infty H_s dB_s)\mathcal{E}(u) = U_\infty(\int_0^\infty K_s/U_s\ dB_s\ )\quad \text{où}\quad K_s=H_sU_s$$

Posons $V_t=\int_0^t K_s/U_s\ dB_s$, $\mathcal{J}_t=U_tV_t = J_t\mathcal{E}(u_{t]})$. Nous avons $J_\infty U_\infty=\mathcal{J}_\infty$. D'autre part, on a

$$\mathcal{J}_t = \int_0^t U_s dV_s + V_s dU_s + d[U,V]_s\quad ,\quad dU_t = u_t U_t dB_t$$

d'où pour $\mathcal{J}_t$ une équation différentielle stochastique linéaire non homogène

$$(27)\qquad \mathcal{J}_t = \int_0^t K_s(dB_s+u_s ds) + \int_0^t u_s \mathcal{J}_s dB_s\ .$$

On peut refaire ce raisonnement en remplaçant (B_t) par (X_t), une autre martingale fondamentale d'une interprétation probabiliste, mais il faut prendre garde à deux détails : d'abord, à bien choisir pour (K_t) une version càdlàg.

$$K_t = (H_{t_i} U_{t_i})\mathcal{E}(u_{]t_i,t]})\ \text{pour}\ t_i\leq t<t_{i+1}$$

et ensuite, à la possibilité d'annulation de (U_t), ce qui fait qu'une formule du genre de (26) cesse d'être correcte. En revanche, on a une formule analogue à (27)

$$(28)\qquad \mathcal{J}_t = \int_0^t K_{s-}(dX_s+u_s d[X,X]_s) + \int_0^t u_s \mathcal{J}_{s-} dX_s$$

Peut être est il bon de rappeler que la notion de produit de v.a. change avec l'interprétation probabiliste utilisée.

On peut utiliser l'équation (27) ou (28) pour établir des inégalités de normes, mais celles-ci sont moins bonnes que (17), (21) ou (24). Signalons que les versions antérieures indiquaient une inégalité fausse concernant le cas discontinu.

REMARQUE. L'équation (28) garde un sens pour un processus d'opérateurs non simple, si l'on note que les intégrales stochastiques à gauche ne dépendent (pour un processus de Poisson compensé) que de la classe du processus (K_t) pour la mesure $dP\times dt$.

On peut aussi, pour définir ces intégrales, utiliser un procédé de régularisation. Posons par convention $H_t=0$ pour $t<0$, puis définissons des régularisés continus, pour $\varepsilon>0$

$$H_t^{\varepsilon} = \frac{1}{\varepsilon}\int_0^{\varepsilon} H_{t-s}ds \qquad \text{(a un sens sur le domaine commun } \mathcal{E} \text{)}$$

Pour ce processus adapté, il n'y a aucun problème de définition en (28) : le processus (K_t^{ε}) admet une unique version continue. Lorsque $\varepsilon \to 0$, on a ensuite un passage à la limite en norme L^2.

Cela résout aussi le problème d'approximation par des processus simples : pour les processus continus (H_t^{ε}), on utilise simplement des sommes de Riemann, permettant d'étendre toutes les formules fondamentales (15) à (24). Puis l'on passe encore une fois à la limite lorsque $\varepsilon \to 0$.

Cette démonstration n'est pas tout à fait satisfaisante, puisqu'elle utilise à la fois deux procédés de définition différents de l'i.s. d'opérateurs. La démonstration de Hudson-Parthasarathy (Comm. Math. Phys 93, 1984, Prop. 3.2 p. 305) est plus pure.

II. Développement du calcul stochastique

Le calcul stochastique non commutatif sur l'espace de Fock est le calcul des intégrales stochastiques par rapport aux trois processus a_t^{ε} ($\varepsilon = +,-,\circ$), auquel on ajoute le temps t . C'est un outil bien moins développé[1] que le calcul stochastique classique, car

- On n'a pas défini d'i.s. par rapport à des martingales plus générales que les processus ci-dessus ; on n'a pas de formules d'isométrie, mais seulement des inégalités ; on ne sait pas bien changer de loi.
- On ne dispose pas d'une variété suffisante de processus << à variation finie >> (on n'intègre que par rapport à dt).

On voit donc que le calcul stochastique quantique correspond à l'ancien calcul d'Ito - et encore : on ne sait bien ni ajouter et multiplier les opérateurs comme on fait pour les v.a., ni écrire une fonction C^2 d'opérateurs à la manière de la formule d'Ito. La principale application du calcul stochastique quantique, pour l'instant, consiste à résoudre des équations différentielles stochastiques <u>linéaires</u> (du type exponentiel) décrivant des processus d'opérateurs <u>unitaires</u> sur l'espace de Fock.

1. Définition des crochets

La formule la plus fondamentale du calcul stochastique classique est sans aucun doute la <u>formule d'intégration par parties</u>

$$d(XY) = X_-dY + Y_-dX + [dX,dY] \quad ,$$

de laquelle la formule d'Ito générale se déduit sans grande difficulté. Ici, en raison du danger de confusion avec les commutateurs, nous noterons simplement $dX_t dY_t$ le crochet $[dX_t,dY_t]$. Nous nous proposons de calculer les "crochets" $da_t^{\varepsilon}da_t^{\eta}$, où $\varepsilon,\eta = +,-,\circ$. Cela suppose d'abord que l'on sache définir les produits $a_t^{\varepsilon}a_t^{\eta}$. Plus précisément, nous voulons montrer

1. Barnett-Streater-Wilde ont une théorie plus complète pour les fermions.

$$< \mathcal{E}(u),\ a_t^{\varepsilon}a_t^{\eta}\mathcal{E}(v) > = < a_t^{-\varepsilon}\mathcal{E}(u),\ a_t^{\eta}\mathcal{E}(v) >$$

Ce point résulte de ce qui a été dit dans l'exposé IV, §III, 2 sur les opérateurs définis par de bonnes matrices (en particulier les a_t^{ε}) : ces opérateurs agissent non seulement sur les vecteurs cohérents, mais sur les vecteurs-test, et on a une bonne stabilité par composition, etc. Nous ne donnerons pas de détails.

Nous avons alors, d'après l'exposé IV, §I, (12)

$$< \mathcal{E}(u),\ a_t^{+}a_t^{-}\mathcal{E}(v) > = < a_t^{-}\mathcal{E}(u), a_t^{-}\mathcal{E}(v) > = (\int_0^t \bar{u}_s ds)(\int_0^t v_s ds) < \mathcal{E}(u),\mathcal{E}(v)>$$

de même $< \mathcal{E}(u),\ a_t^{-}a_t^{+}\mathcal{E}(v) > = (\int_0^t \bar{u}_s ds)(\int_0^t v_s ds + t) < \mathcal{E}(u),\mathcal{E}(v) >$

et de même avec a^{o} (formules (21)-(23) de l'exposé IV, en se rappelant que $N_t = \lambda(m_t)$, la multiplication par $I_{[0,t]}$). Nous comparons cela avec les formules tirées de cet exposé-ci, (15) et (18) par exemple

$$<\mathcal{E}(u),(\int_0^t a_s^{+}da_s^{-})\mathcal{E}(v)> = \int_0^t <\mathcal{E}(u),v_s a_s^{+}\mathcal{E}(v)>ds = (\int_0^t v_s ds \int_0^r \bar{u}_r dr) <\mathcal{E}(u),\ \mathcal{E}(v) >$$

$$<\mathcal{E}(u),(\int_0^t a_s^{-}da_s^{+})\mathcal{E}(v)> = (\int_0^t \bar{u}_s ds \int_0^s v_r dr) < \mathcal{E}(u),\mathcal{E}(v) > .$$

Nous obtenons deux formules d'intégration par parties (sur les vecteurs cohérents)

$$(1_a) \qquad a_t^{+}a_t^{-} = \int_0^t a_s^{+}da_s^{-} + a_s^{-}da_s^{+}\ , \quad a_t^{-}a_t^{+} = \int_0^t a_s^{+}da_s^{-} + a_s^{-}da_s^{+} + Ids$$

qui s'expriment comme des calculs de "crochets"

$$(2_a) \qquad da_t^{+}da_t^{-} = 0,\quad da_t^{-}da_t^{+} = dt$$

On pourra vérifier de même que

$$(1_b) \qquad (a_t^{+})^2 = 2\int_0^t a_s^{+}da_s^{+}\ ,\quad (a_t^{-})^2 = 2\int_0^t a_s^{-}da_s^{-}\ ,$$

c'est à dire, pour les "crochets"

$$(2_b) \qquad da_t^{+}da_t^{+} = 0\ ,\ da_t^{-}da_t^{-} = 0 \quad .$$

Mais en réalité, ce n'est pas nécessaire : il suffit d'utiliser (2_a), et les crochets d'Ito $dQ_t^2=dt$, $dP_t^2=dt$, bien connus de tous. De même les relations $dP_t dt=dQ_t dt=0$ nous donneront $da^{\pm}dt=0$ sans autre travail. Quant à (32), elle s'exprime sur les mouvements browniens conjugués par

$$dQ_t dP_t = -dP_t dQ_t = idt$$

qui nous redonne le commutateur $[\ dP_t,dQ_t\ ] = \frac{2}{i}dt$. La table de multiplication doit être complétée par l'adjonction de $a^{o}=N$. Une vérification directe donne

$$(1_c) \qquad \begin{aligned} a_t^{+}N_t &= \int_0^t a_s^{+}dN_s + N_s da_s^{+}\ , \quad & N_t a_t^{+} &= \int_0^t N_s da_s^{+} + a_s^{+}dN_s + da_s^{+} \\ a_t^{-}N_t &= \int_0^t a_s^{-}dN_s + N_s da_s^{-} & N_t a_t^{-} &= \int_0^t N_s da_s^{-} + a_s^{-}dN_s \end{aligned}$$

et $$(N_t)^2 = 2\int_0^t N_s dN_s + N_s$$

c'est à dire pour les " crochets"

(2c) $da_t^+ dN_t = 0$, $dN_t da_t^+ = da_t^+$; $da_t^- dN_t = da_t^-$, $dN_t da_t^- = 0$; $dN_t dN_t = dN_t$

Comme d'habitude, il n'est pas nécessaire d'établir toutes ces formules : on peut utiliser les résultats probabilistes concernant les processus de Poisson compensés $X_t = Q_t + cN_t$, $Y_t = P_t + cN_t$, qui satisfont à $dX_t^2 = dt + cdX_t$, $dY_t^2 = dt + cdY_t$. De même, les probabilités nous donneront directement $dN_t dt = 0$.

Les quatre " crochets " non nuls sont évidemment les seuls à retenir. Si l'on ordonne naturellement $(-,\circ,+)$, ils correspondent à des couples croissants

(3) $$\boxed{da_t^- da_t^+ = dt \quad , \quad da_t^- da_t^\circ = da_t^- \ , \ da_t^\circ da_t^+ = da_t^+ \ , \quad da_t^\circ da_t^\circ = da_t^\circ}\ .$$

2. Variations quadratiques.

La lecture de cette section n'est pas indispensable.

Nous désignons par $[0,T]$ un intervalle borné fixe, par t_i^n le point $i2^{-n}T$, souvent abrégé en t_i s'il n'y a pas d'ambiguïté ; nous posons

$$\Delta_i^n t = 2^{-n}T = t_{i+1}^n - t_i^n \text{ , abrégé en } \Delta t \ ;$$

$$\Delta_i^n a^\varepsilon = a_{t_{i+1}^n}^\varepsilon - a_{t_i^n}^\varepsilon \qquad (\ \varepsilon = -,\circ,+\ ), \text{ abrégé en } \Delta_i a^\varepsilon \text{ ou } \Delta_i^\varepsilon\ .$$

L'étude de la variation quadratique consiste à déterminer la limite (sur le domaine $\mathcal{E}$) des sommes

(4) $$Q_n^{\varepsilon\eta} = \Sigma_i\ \Delta_i^n a^\varepsilon\ \Delta_i^n a^\eta \qquad (\ \varepsilon,\eta = -,\circ,+\ )$$

lorsque $n \longrightarrow \infty$. Comme en probabilités classiques, cette limite est un " crochet" au sens du n° précédent. Désignant par $Q^{\varepsilon\eta}$ cette limite, nous nous occuperons aussi d'un problème (suggéré par Nelson en probabilités classiques, mais avec un conditionnement que nous ne ferons pas ici), qui consiste à étudier la limite de

$$(Q_n^{\varepsilon\eta} - Q^{\varepsilon\eta})/\Delta^n t$$

autrement dit, à pousser l'étude des variations quadratiques jusqu'au second ordre.

Nous commençons par remarquer que, pour tout vecteur cohérent $\mathcal{E}(u)$, les "sommes de Riemann"

$$\Sigma_i\ a_{t_i}^\varepsilon (a_{t_{i+1}}^\eta - a_{t_i}^\eta)\mathcal{E}(u) = \Sigma_i\ a_{t_i}^\varepsilon \Delta_i^\eta \mathcal{E}(u)$$

(n est sous-entendu) convergent en norme vers l'intégrale stochastique $(\int_0^T a_s^\varepsilon da_s^\eta\ )\mathcal{E}(u)$. En effet, la somme de Riemann elle même est l'intégrale stochastique d'un processus étagé convergeant vers (a_t^ε), et on applique alors à la différence l'inégalité (17) si $\varepsilon=-$, (21) si $\varepsilon=+$, et si $\varepsilon=\circ$ une inégalité du type (28) . On a d'autre part

$$a_T^\varepsilon a_T^\eta = \Sigma_i \, a^\varepsilon_{t_{i+1}} a^\eta_{t_{i+1}} - a^\varepsilon_{t_i} a^\eta_{t_i}$$

$$Q_n^{\varepsilon\eta} = a_T^\varepsilon a_T^\eta - \Sigma_i a^\varepsilon_{t_i}(a^\eta_{t_{i+1}} - a^\eta_{t_i}) - \Sigma_i \, (a^\varepsilon_{t_{i+1}} - a^\varepsilon_{t_i}) a^\eta_{t_i}$$

(noter la commutation des derniers opérateurs). Cette expression tend en norme, sur les vecteurs cohérents, vers

$$a_T^\varepsilon a_T^\eta - \int_0^T (a_s^\varepsilon da_s^\eta + a_s^\eta da_s^\varepsilon) = \int_0^T da_s^\varepsilon da_s^\eta$$

exactement comme en calcul stochastique classique. Nous passons à l'étude au second ordre. Considérons d'abord la somme la plus intéressante

(5) $S_n^{+-}\mathcal{E}(u) = \frac{1}{\Delta t}\Sigma_i \, \Delta_i^+\Delta_i^-\mathcal{E}(u) = \Sigma_i (a^+_{t_{i+1}} - a^+_{t_i})(a^-_{t_{i+1}} - a^-_{t_i})/(t_{i+1}-t_i)$

Appliquons cet opérateur à $\mathcal{E}(u)$: nous obtenons

$$S_n^{+-}\mathcal{E}(u) = (\int_0^T u_s^n da_s^+)\mathcal{E}(u)$$

où u_s^n vaut $\frac{1}{t_{i+1}-t_i}\int_{t_i}^{t_{i+1}} u_r dr$ pour $s \in]t_i, t_{i+1}]$. Il est bien connu que u_s^n converge dans L^2 vers u_s sur $[0,T]$, et par conséquent l'expression précédente converge en norme vers $a^+_{uI_{[0,T]}}\mathcal{E}(u)$, c'est à dire, d'après la formule IV.I, (19), vers $N_T\mathcal{E}(u)$. <u>Ainsi</u>, S_n^{+-} <u>converge vers</u> N_T : c'est tout à fait satisfaisant, car nous avons vu en IV, §II, (24) que l'étude du bébé Fock suggère la formule $da_t^+ da_t^- = dN_t dt$ - exactement ce que nous venons de voir.

Notre satisfaction s'arrête là, car dans la théorie du bébé Fock, nous avons $a_k^- a_k^- = 0$. Ici, nous avons bien $da_s^- da_s^- = 0$, et le bébé Fock donne donc une prédiction correcte au premier ordre. Mais au second ordre, exactement la même démonstration que ci-dessus va nous donner

$$\lim_n S_n^{--}\mathcal{E}(u) = \lim_n \frac{1}{\Delta t}(a^-_{t_{i+1}} - a^-_{t_i})^2\mathcal{E}(u) = \lim_n (\int_0^T u_s^n u_s ds)\mathcal{E}(u)$$

(6)
$$= (\int_0^T u_s^2 \, ds)\mathcal{E}(u)$$

La famille d'opérateurs M_t définis par $M_t\mathcal{E}(u) = (\int_0^t u_s^2 ds)\mathcal{E}(u)$ nous fournit un nouvel exemple de martingale d'opérateurs.

Le cas de S_n^{-+} se ramène aisément à celui de S_n^{+-}, puisqu'on connaît le commutateur :

$$S_n^{+-} = \frac{1}{\Delta t}(\Sigma_i \, (a^+_{t_{i+1}} - a^+_{t_i})(a^-_{t_{i+1}} - a^-_{t_i}) - TI) = S_n^{-+} \rightarrow N_T .$$

Reste l'étude de S_n^{++} : cette somme <u>ne peut pas avoir une limite</u>. En effet, si les quatre sommes avaient des limites, il en serait de même des sommes

$$\Sigma_i \, ((Q_{t_{i+1}} - Q_{t_i})^2 - (t_{i+1}-t_i))/(t_{i+1}-t_i) \qquad (\text{ resp. } P_{t_{i+1}} - P_{t_i})$$

Or une telle somme comporte n variables de même loi que ξ^2-1, où ξ est normale centrée réduite : sa norme dans L^2 tend donc vers l'infini. Cela indique que notre martingale (M_t) ci-dessus était pathologique : elle n'admet pas d'adjoint raisonnable.

Formellement, cette martingale est une intégrale stochastique $\int_0^t H_s da_s^-$, où $H_s\mathcal{E}(u)=u_s\mathcal{E}(u)$ est un opérateur défini sur beaucoup de vecteurs cohérents (les $\mathcal{E}(u)$ avec u continue), mais non fermable.

3. Equations différentielles stochastiques linéaires.

En probabilités classiques, on résout des équations différentielles stochastiques gouvernées par une ou plusieurs semimartingales directrices scalaires, et dont la solution est une semimartingale à valeurs dans une variété E (par exemple). Dans la théorie la plus ancienne, celle d'Ito, les semimartingales directrices sont le temps t , et un ou plusieurs mouvements browniens scalaires B_t^i jouant le rôle de << source de bruit >> . Fréquemment, la solution de l'e.d.s. fournit un processus de Markov sur la variété E : prenant une espérance (avec point initial variable), elle fournit un semi-groupe de Markov, de générateur donné.

En probabilités quantiques, c'est notre espace de Fock Φ , avec ses trois martingales fondamentales, qui joue le rôle de << source de bruit non commutatif >> ; plus précisément, Φ remplace un mouvement brownien scalaire Si l'on voulait l'analogue de n mouvements browniens, il faudrait utiliser $\Phi^{\otimes n}$ (qui est aussi l'espace de Fock sur $L^2(\mathbb{R}_+,\mathbb{R}^n)$). Nous nous bornerons à n=1, pour la simplicité.

Le rôle de la << variété >> E sera joué par un espace de Hilbert fixe $\mathcal{B}$ (n'abusons pas de la lettre H !) appelé espace de Hilbert initial. Le rôle du processus de diffusion solution de l'e.d.s. (autrement dit, une famille de v.a. définies sur l'espace Ω du brownien, à valeurs dans E) est joué par une famille d'opérateurs X_t sur l'espace de Hilbert $\mathcal{B}\otimes\Phi$, admettant pour domaine commun $\mathcal{B}\underline{\otimes}\mathcal{E}_b$, l'ensemble des combinaisons linéaires finie de vecteurs $b\otimes\mathcal{E}(u)$, où b parcourt $\mathcal{B}$, et u est un élément borné de $L^2(\mathbb{R}_+)$. Ici encore, nous évitons la généralité (et la complexité) maximale : au lieu de $\mathcal{B}$ entier, b pourrait être restreint à un sous-espace dense $\mathcal{B}_0$, comme font Hudson-Parthasarathy. Nous écrirons assez souvent bh ($b\in\mathcal{B}$, $h\in\Phi$) au lieu de $b\otimes h$, pour alléger les notations.

La notion de processus adapté d'opérateurs s'étend sans difficulté à la situation présente : c'est une famille d'opérateurs H_t , admettant comme domaine commun $\mathcal{B}\underline{\otimes}\mathcal{E}_b$, et possédant les propriétés

$$H_t(b\mathcal{E}(u_{t]}))\in\mathcal{B}\otimes\Phi_t\ ,\quad H_t(b\mathcal{E}(u))=(H_t(b\mathcal{E}(u_{t]}))\mathcal{E}(u_{[t})\quad \text{pour tout } t$$

Pour un tel processus, tel en outre que $t\mapsto H_t(b\mathcal{E}(u))$ soit dans $L^2_{loc}(\mathbb{R}_+,\mathcal{B}\otimes\Phi)$

on peut définir des intégrales stochastiques

$$(7) \qquad I_t^\varepsilon(H) = \int_0^t H_s d(I\otimes a_s^\varepsilon) \qquad (\varepsilon=-,\circ,+)$$

aussi notées, simplement, $\int_0^t H_s da_s^\varepsilon$. La théorie est parallèle à celle du paragraphe précédent, sans aucune difficulté nouvelle, et nous la laissons au lecteur. Nous inventerons un quatrième << indice ε >> (invisible à l'oeil nu) pour représenter l'intégration par rapport à ds . Avec cette convention, nous avons la formule suivante (qui généralise (15), (18) et (22))

$$(8) \quad < a\mathcal{E}(u), \Sigma_\varepsilon I_t^\varepsilon(H^\varepsilon) b\mathcal{E}(v) > = \int_0^t < a\mathcal{E}(u), v_s H_s^-(b\mathcal{E}(v)) > ds$$
$$+ \int_0^t < a\mathcal{E}(u)u_s, v_s H_s^\circ(b\mathcal{E}(v)) > ds + \int_0^t < a\mathcal{E}(u)u_s, H_s^+(b\mathcal{E}(v)) > ds$$
$$+ \int_0^t < a\mathcal{E}(u), H_s(b\mathcal{E}(v)) > ds .$$

REMARQUE. Il est intéressant de noter que, si l'on connaît le processus d'opérateurs $J_t = \sum_\varepsilon I_t^\varepsilon(H^\varepsilon)$, on connaît aussi les quatre processus adaptés H_t^ε . Supposons continues à droite, pour simplifier, toutes les fonctions $s \mapsto < a\mathcal{E}(u), H_s^\varepsilon(b\mathcal{E}(v)) >$; fixons t, et posons

$$v'_s = v_s \text{ pour } s\leq t \ , \ v'_s=0 \text{ pour } s>t$$

Alors on a

$$\frac{d}{ds} < a\mathcal{E}(u'), J_s(b\mathcal{E}(v')) >|_{s=t+} = < a\mathcal{E}(u_{t]}), H_t(b\mathcal{E}(v_{t]})) >$$

grâce à l'hypothèse de continuité à droite faite plus haut ; en utilisant l'adaptation, cela détermine $H_t(b\mathcal{E}(v_{t]}))$, puis $H_t(b\mathcal{E}(v))$. Cela permet de déterminer H , puis de se ramener au cas où H=0 . Posons ensuite

$$v''_s = v_s \text{ pour } s\leq t \ , \ 1 \text{ pour } t<s\leq t+1, \ 0 \text{ pour } s>t+1$$

Nous avons (en supposant H=0)

$$\frac{d}{ds} < a\mathcal{E}(u'), J_s(b\mathcal{E}(v'')) >|_{s=t+} = < a\mathcal{E}(u_{t]}), H_t^-(b\mathcal{E}(v_{t]})) >$$
$$\frac{d}{ds} < a\mathcal{E}(u''), J_s(b\mathcal{E}(v')) >|_{s=t+} = < a\mathcal{E}(u_{t]}), H_t^+(b\mathcal{E}(v_{t]})) >$$

qui permet d'extraire H^-, H^+, et de se ramener au cas où H, H^-, H^+ sont nuls. On a dans ce cas

$$\frac{d}{ds} < a\mathcal{E}(u''), J_s(b\mathcal{E}(v'')) >|_{s=t+} = < a\mathcal{E}(u_{t]}), H_t^\circ(b\mathcal{E}(v_{t]})) >$$

toujours grâce à la continuité à droite.

Nous aurons besoin aussi d'intégrales stochastiques des types suivants

$$(9) \qquad \int_0^t H_s(L\otimes da_s^\varepsilon) \quad \text{et} \quad \int_0^t (L\otimes da_s^\varepsilon) H_s \ ,$$

où L est un opérateur borné (pour simplifier) sur $\mathcal{B}$: ce sont des intégrales du type (7), relatives aux processus adaptés $H_s(L\otimes I)$ et $(L\otimes I)H_s$ respectivement : alors que H_s commute avec l'élément differentiel $I\otimes da_s^\varepsilon$, il ne commute pas en général avec $L\otimes da_s^\varepsilon$.

Nous pouvons maintenant décrire le genre d'équations différentielles stochastiques linéaires (tout est linéaire en mécanique quantique) que nous considérerons :

$$(10) \qquad U_t = I + \int_0^t \Sigma_\varepsilon\, U_s(L_\varepsilon \otimes da_s^\varepsilon)$$

où les L_ε sont quatre opérateurs bornés sur $\mathcal{B}$. L'inconnue (U_t) est un processus d'opérateurs adapté, possédant la propriété de continuité à droite faible utilisée à la page précédente. On s'intéressera tout spécialement au cas où la solution de (10) est un processus d'opérateurs unitaires (ou, plus précisément, prolongeables en opérateurs unitaires). En même temps que (10), on considérera (sans donner de détails) l'e.d.s. analogue où U_s est placé à droite.

Existence de la solution. Soit $\alpha=(\varepsilon_1,\ldots,\varepsilon_n)$ un multiindice de longueur $|\alpha|=n$. Introduisons les opérateurs

$$(11) \qquad L_\alpha = L_{\varepsilon_1}\ldots L_{\varepsilon_n} \quad , \quad I_t^\alpha = \int_{s_1<s_2\ldots<s_n\leq t} da_{s_1}^{\varepsilon_1}\ldots da_{s_n}^{\varepsilon_n}$$

Si M est une borne des $\|L_\varepsilon\|$, on a $\|L_\alpha\|\leq M^n$. D'autre part, on vérifie aisément (par récurrence) que (I_t^α) est un processus adapté, continu à droite d'opérateurs sur Φ, satisfaisant à une inégalité de la forme

$$(12) \qquad \|I_t^\alpha \mathcal{E}(u)\|^2 \leq C^n t^n/n! \quad \text{pour} \quad t\in[0,T]$$

où C est une constante ≥ 1, dépendant des normes de u dans L^2 et L^∞, et de T (il faut appliquer une inégalité de Schwarz lors de l'intégration par rapport à dt) : cf (17), (21), (24). Il est alors facile de calculer les approximants de la solution de (10) par la méthode d'itération

$$(13) \qquad U_t^{(n)}(bh) = bh + \Sigma_{|\alpha|\leq n}\, L_\alpha(b) I_t^\alpha(h) \qquad (h=\mathcal{E}(u))$$

et la présence de n! au dénominateur de (12) montre que ces sommes convergent en norme - on vérifie sans peine que la limite est une solution de (10). Il est peut être intéressant de souligner que (13) reste dans le produit tensoriel algébrique $\mathcal{B}\underline{\otimes}\Phi$, pour n fini.

REMARQUE. On voit que les opérateurs L_ε n'ont pas vraiment besoin d'être bornés : il suffit qu'ils admettent un domaine commun stable $\mathcal{B}_0$ (auquel appartiendra le vecteur b) et que $\|L_\alpha(b)\|$ soit à croissance suffisamment lente.

D'autre part, les approximants de l'équation analogue à (10), mais avec U_s à droite, diffèrent de (13) par le fait que les indices $\varepsilon_1\ldots\varepsilon_n$ dans la définition de I_t^α sont remplacés par $\varepsilon_n\ldots\varepsilon_1$, en ordre inverse.

Unicité de la solution. Il s'agit de vérifier qu'une famille (W_t) d'opérateurs sur $\mathcal{B}\otimes\mathcal{E}_b$, adaptée, continue à droite, et telle que

$$W_t = \int_0^t \Sigma_\varepsilon\, W_s(L_\varepsilon \otimes da_s^\varepsilon)$$

est nécessairement nulle. Pour cela, on raisonne comme plus haut, en vérifiant par récurrence une inégalité de la forme

$$\|W_t(b\mathcal{E}(u))\|^2 \leqq C^n t^n/n! \quad \text{pour } t\in[0,T]$$

qui, pour $n\to\infty$, entraîne $W_t=0$.

Quelques identités. L'existence de la solution ayant été établie, nous recopions quelques relations établies au paragraphe I. Les relations sont longues à écrire, mais immédiates quant à leur substance. D'abord :

$$(14) \quad \frac{d}{dt}\langle a\mathcal{E}(u),U_t(b\mathcal{E}(v))\rangle = v_t\langle a\mathcal{E}(u),U_tL_-(b\mathcal{E}(v))\rangle + \bar{u}_tv_t\langle a\mathcal{E}(u),U_tL_\circ(b\mathcal{E}(v))\rangle$$
$$+ \bar{u}_t\langle a\mathcal{E}(u),U_tL_+(b\mathcal{E}(v))\rangle + \langle a\mathcal{E}(u),U_tL(b\mathcal{E}(v))\rangle .$$

(Cf. §I, (15),(18),(22)). On a écrit partout $L_\varepsilon(b\mathcal{E}(v))$ au lieu de $L_\varepsilon\otimes I(\ )$.

Application : Définissons un opérateur J_t sur $\mathcal{B}$ par

$$\langle a,J_tb\rangle = \langle a\mathcal{E}(u),U_t(b\mathcal{E}(v))\rangle \qquad (u,v \text{ fixés })$$

Il résulte sans peine des majorations faites dans la démonstration d'existence que J_t est borné. On a

$$(15) \qquad \frac{d}{dt}J_t = J_t(v_tL_-+\bar{u}_tv_tL_\circ+\bar{u}_tL_++L)$$

qui est une équation d'évolution non homogène (sauf si $u=v=0$, cas où l'on a simplement $J_t=e^{tL}$).

La formule suivante est plus longue, c'est pourquoi on a posé $a\mathcal{E}(u)=\alpha$, $b\mathcal{E}(v)=\beta$. On adopte la même convention que plus haut (L_ε pour $L_\varepsilon\otimes I$). Pour la justification, voir §I, (16), (19),...(25).

$$(16) \quad \frac{d}{dt}\langle U_t(a\mathcal{E}(u)),U_t(b\mathcal{E}(v))\rangle =$$
$$v_t[\langle U_tL_+\alpha,U_t\beta\rangle + \langle U_t\alpha,U_tL_-\beta\rangle + \langle U_tL_+\alpha,U_tL_\circ\beta\rangle] +$$
$$+ \ \bar{u}_tv_t[\langle U_tL_\circ\alpha,U_t\beta\rangle + \langle U_t\alpha,U_tL_\circ\beta\rangle + \langle U_tL_\circ\alpha,U_tL_\circ\beta\rangle] +$$
$$+ \ \bar{u}_t[\langle U_tL_-\alpha,U_t\beta\rangle + \langle U_t\alpha,U_tL_+\beta\rangle + \langle U_tL_\circ\alpha,U_tL_+\beta\rangle] +$$
$$+ \ [\langle U_tL\alpha,U_t\beta\rangle + \langle U_t\alpha,U_tL\beta\rangle + \langle U_tL_+\alpha,U_tL_+\beta\rangle] .$$

[Variante : si X est un opérateur borné sur $\mathcal{B}$, on peut calculer de même $\frac{d}{t}\langle U_t\alpha,(X\otimes I)U_t\beta\rangle$: abrégeant comme plus haut $X\otimes I$ en X, le seul changement est le remplacement, partout au second membre, de U_t par XU_t à droite de la virgule].

Application : Comme plus haut, fixons u et v et définissons un opérateur borné K_t sur $\mathcal{B}$ par

$$\langle a,K_tb\rangle = \langle U_t(a\mathcal{E}(u)),U_t(b\mathcal{E}(v))\rangle$$

Alors on a en récrivant (16)

$$\frac{d}{dt}\langle a,K_tb\rangle = v_t[\langle L_+a,Kb\rangle + \langle a,KL_-b\rangle + \langle L_+a,KL_\circ b\rangle] + \bar{u}_tv_t[\ldots.$$

d'où pour K_t une équation d'évolution linéaire non homogène

$$(17)\quad \frac{d}{dt}K_t = v_t(L_+^*K_t+K_tL_-+L_+^*K_tL_\circ) + \bar{u}_tv_t(L_\circ^*K_t+K_tL_\circ+L_\circ^*K_tL_\circ) + \bar{u}_t(L_-^*K_t+K_tL_++L_\circ^*K_tL_+) + (L^*K_t+K_tL+L_+^*K_tL_+)\ .$$

[<u>Variante</u>. On aurait la même équation d'évolution (17) si l'on avait défini K_t par $\langle a,K_tb\rangle = \langle\, U_t(a\mathcal{E}(u)),XU_t(b\mathcal{E}(v))\,\rangle$.]

4. Application aux évolutions unitaires.

Dans cette section, nous allons déterminer les conditions, nécessaires et suffisantes, pour que les opérateurs U_t solutions de l'é.d.s. (10) soient prolongeables en des opérateurs unitaires sur $\mathcal{B}\otimes\Phi$.

<u>Conditions nécessaires</u>. Nous supposons les U_t isométriques. Le côté gauche de (16) est donc nul, et comme u,v sont arbitraires, nous obtenons les quatre équations

$$(18)\qquad L_+^*+L_-+L_+^*L_\circ=0\ ,\quad L_\circ^*+L_\circ+L_\circ^*L_\circ=0\ ,\quad L_-^*+L_++L_\circ^*L_+=0\ ,\quad L^*+L+L_+^*L_+=0\ .$$

Nous considérons ensuite les opérateurs U_t^*, également isométriques : ils satisfont eux aussi à une é.d.s., et à des conditions analogues, parmi lesquelles nous retiendrons

$$(18')\qquad L_\circ^*+L_\circ+L_\circ L_\circ^*=0\ .$$

On en déduit

$$(19_1)\qquad W = I+L_\circ \text{ est unitaire}$$

Après quoi la première et la troisième équation (18) sont équivalentes, et nous donnent

$$(19_2)\qquad L_+=-WL_-^*,\ L_-=-L_+^*W$$

Enfin, la dernière équation (18) peut s'écrire

$$(19_3)\qquad L = iH - \tfrac{1}{2}L_+^*L_+ = iH - \tfrac{1}{2}L_-L_-^*$$

où H est autoadjoint borné.

<u>Conditions suffisantes</u>. Inversement, donnons nous W,H,L_- (par exemple) et déterminons $L_\circ$ par (19_1), L_+ par (19_2) et L par (19_3). Montrons que les U_t sont prolongeables en unitaires.

La famille d'opérateurs $K_t=\langle\mathcal{E}(u),\mathcal{E}(v)\rangle I$ satisfait à l'équation d'évolution (17), d'après ces hypothèses. Comme cette équation a une solution unique, pour laquelle $K_0=\langle\mathcal{E}(u),\mathcal{E}(v)\rangle I$, on a $\langle U_t(a\mathcal{E}(u)),U_t(b\mathcal{E}(v))\rangle = \langle a\mathcal{E}(u),b\mathcal{E}(v)\rangle$, et les U_t sont prolongeables en opérateurs isométriques - en particulier bornés, et l'on peut parler de leurs adjoints U_t^*, qui satisfont alors à une é.d.s. analogue. En raisonnant de même sur celle-ci, on voit que les U_t^* sont aussi isométriques, donc les U_t sont unitaires.

<u>Redescente sur l'espace initial</u> $\mathcal{B}$. Etant donné un opérateur borné H

sur $\mathcal{B}\otimes\Phi$, définissons un opérateur $\tilde{H} = \mathbb{E}_{1}[H]$ sur $\mathcal{B}$ en posant

$$<a,\tilde{H}b> = < a\otimes 1, H(b\otimes 1) >$$

L'application $\mathbb{E}_1$ est ainsi notée, parce qu'elle est analogue à une espérance conditionnelle par rapport à la position initiale, en probabilités classiques. En particulier, nous nous intéresserons aux opérateurs

$$P_t = \mathbb{E}_1[U_t] \text{ sur } \mathcal{B} \quad , \text{ et } \quad \rho_t : X \longmapsto \mathbb{E}_1[U_t^* X U_t] \text{ sur } \mathcal{L}(\mathcal{B}) .$$

D'après (15) et (17)(variante), nous pouvons écrire

$$\frac{d}{dt}P_t = P_t L \qquad (L = iH - \tfrac{1}{2}L_- L_-^*)$$

$$\frac{d}{dt}\rho_t X = G(\rho_t X) \text{ où } G(Y) = L^*Y + YL + L_+^* Y L_+$$

$$= -i[H,Y] + (L_+^* Y L_+ - \tfrac{1}{2}L_+^* L_+ Y - \tfrac{1}{2}Y L_+^* L_+)$$

de sorte que ces familles d'opérateurs sont des semi-groupes à générateur borné, donc uniformément continus. Le premier est un semi-groupe de contractions de $\mathcal{B}$, le second un semi-groupe de noyaux sous-markoviens (cf. exposé I, fin du §III) sur l'espace des "mesures" $\mathcal{M}(\mathcal{B})$: un semi-groupe d'opérateurs sur $\mathcal{L}(\mathcal{B})$, positifs (même complètement positifs) et diminuant la trace. La théorie des é.d.s. a permis une nouvelle approche du problème des dilatations unitaires de tels semi-groupes d'opérateurs. Nous espérons en parler dans un exposé ultérieur.

§ III. OPERATEURS DEFINIS PAR DES NOYAUX.

1. Nous reprenons la théorie de Maassen, des opérateurs définis par des noyaux : notre but est de parvenir à un véritable calcul stochastique, pour une classe d'opérateurs stable par composition. Nous allons traiter de façon plus complète les opérateurs introduits de manière formelle au § III, exposé IV.

Nous commençons par introduire une classe restreinte de vecteurs-test. Identifiant le vecteur $\int_{\mathcal{P}} f(H)dX_H \in \Phi$ à la fonction $f=(f_n)$ sur $L^2(\mathcal{P})$, nous dirons que f est un vecteur-test (au sens restreint, ou au sens de Maassen) si

1) f est à support borné : il existe $T<\infty$ tel que $f(H)=0$ pour $H\not\subset[0,T]$.
2) Il existe $M<\infty$ tel que $|f(H)|\leq M^{|H|}$ p.p..

On a alors $\|f_n\|_2 \leq M^n T^n/n!$, donc f est un vecteur-test au sens de l'exposé IV, III.2 . Les conditions précédentes sont satisfaites, d'autre part, par les vecteurs cohérents $\mathcal{E}(u)$ si u est bornée à support dans $[0,T]$, et par les éléments $f_n(s_1,\dots,s_n)$ des chaos de Wiener, où f_n est bornée à support borné.

L'espace des vecteurs-test de Maassen est stable par transformation de Fourier-Wiener. Il n'est pas intrinsèque sur l'espace de Fock $\Phi(L^2(\mathbb{R}_+))$, en ce sens que les conditions ne sont pas invariantes sous l'action des opérateurs $\Phi(U)$ associés à un opérateur unitaire U sur $L^2(\mathbb{R}_+)$.

Dans la suite du paragraphe, le mot vecteur-test est pris au sens restreint, sauf mention du contraire.

Nous définissons maintenant les noyaux. Nous avons vu dans l'exposé IV qu'il y en a deux classes : des noyaux K(A,B) permettant de représenter les opérateurs $a^{\pm}$ et une classe naturelle qu'ils engendrent par intégrales stochastiques, et des noyaux K(A,B,C) permettant d'introduire, de plus, les opérateurs $N_t=a_t^{\circ}$. Dans les deux cas, les conditions imposées seront les mêmes : outre la mesurabilité sur $\mathcal{P}^2$ resp. $\mathcal{P}^3$:

1) Une condition de support borné : K=0 si $A\cup B$, ou $A\cup B\cup C$, n'est pas contenu dans [0,T].

2) Une condition de majoration : $|K(A,B,C)|\leqq M^{|A|+|B|+|C|}$ (ou[1] la forme analogue, plus simple, pour K(A,B)).

Nous faisons opérer les noyaux sur les vecteurs-test par la formule

(1) $$Kf(H) = \int_{\mathcal{P}} \Sigma_{A\subset H,\ B\subset H,\ A\cap B=\emptyset}\, K(A,B,C)f(C\cup H\backslash A)dC$$ [2]

Les noyaux à deux arguments sont les noyaux K(A,B,C) nuls pour $B\neq\emptyset$: ils opèrent par la formule plus simple

(1') $$Kf(H) = \int_{\mathcal{P}} \Sigma_{A\subset H}\, K(A,B)f(B\cup H\backslash A)dB\ .$$

On peut imposer K(A,B,C)=0 si A,B,C ne sont pas disjoints

Nous avons un premier résultat, très simple :

THEOREME. Si f est une fonction-test, Kf est une fonction-test.

Dém. Nous pouvons supposer que les constantes T et M figurant dans les définitions de K et f sont les mêmes. En (1), seuls les termes pour lesquels $A,B,C,C\cup H\backslash A$ sont contenus dans [0,T] donnent une contribution non nulle : comme A et $H\backslash A$ sont dans [0,T], on voit que Kf est à support dans [0,T] aussi. Nous avons ensuite, en décomposant suivant les valeurs de $|C|=n$, et en remarquant que C est p.s. disjoint de H fixé

$$|Kf(H)| \leqq \Sigma_{A,B}\ \Sigma_n\ M^{|A|+|B|+n}M^{n+|H|-|A|}\ \frac{T^n}{n!}$$

ce dernier facteur étant l'intégrale de dC sous les conditions $|C|=n$, $C\subset[0,T]$. Les facteurs $M^{|A|}$ disparaissent, $M^{|H|}$ sort, et l'on est ramené à

$$\Sigma_{B\subset H\backslash A}\ M^{|B|} = (1+M)^{|H\backslash A|}\ ,\quad \Sigma_{A\subset H}\ (1+M)^{|H\backslash A|} = (2+M)^{|H|}$$

$$|Kf(H)| \leqq (M(2+M))^{|H|}\ \Sigma_n\ M^{2n}T^n/n!$$

qui est une inégalité du type cherché.

---

1. Bien entendu, en jouant sur M cela équivaut à une condition du type $O(M^{|A|+|B|+|C|})$. 2. La convergence absolue de cette intégrale résulte de majorations analogues à celles que l'on fait plus bas.

2. Quelques exemples de noyaux.

a) Les deux formules (35), à la fin du §I de l'exp. IV, nous permettent d'écrire les noyaux correspondants aux opérateurs $a_h^{\pm}$ (h bornée à support borné). Ce sont des noyaux à deux arguments

$$K_h^-(A,B) = 0 \text{ si } |A|\neq 0 \text{ ou } |B|\neq 1 \ ; \quad K_h^-(\emptyset,\{t\}) = \bar{h}(t)$$

(2)

$$K_h^+(A,B) = 0 \text{ si } |A|\neq 1 \text{ ou } |B|\neq 0 \ ; \quad K_h^+(\{t\},\emptyset) = h(t) \ .$$

b) Dans l'exp. IV, §II, formule (31), nous avons écrit la formule de multiplication de Wiener

(3) $$g\times f(H) = \int_{\mathcal{P}} \Sigma_{A\subset H}\, g(A\cup B)f(B\cup H\setminus A)dB$$

qui montre que le noyau de l'opérateur M_g de multiplication de Wiener par une fonction-test g est simplement $M_g(A,B)=g(A\cup B)$.

c) Cela va nous permettre de déterminer les noyaux de certains opérateurs de Weyl, $W_{ih} = e^{iQ_h}$ (h réelle, bornée à support borné). En effet, ceci est un opérateur de multiplication de Wiener par $e^{i\tilde{h}} = \mathcal{E}(ih)e^{-\|h\|^2/2}$, et le vecteur cohérent $\mathcal{E}(ih)$ se lit comme la fonction-test

$$g(A) = \prod_{s\in A} (ih(s))$$

Ainsi le noyau de l'opérateur de Weyl W_k pour $k=ih$ (h réelle) est

(4) $$e^{-\|h\|^2/2} \prod_{s\in A\cup B} (ih(s)) = e^{-\|k\|^2/2} \prod_{s\in A} k(s) \prod_{s\in B} (-\bar{k}(s))$$

Nous allons en déduire le noyau de l'opérateur de Weyl $W_h=e^{-iP_h}$ pour h réelle, grâce à la remarque suivante. Soit $\mathcal{F}$ la transformation de Fourier-Wiener (multiplication par i^n sur le n-ième chaos). Si un opérateur X est représenté par un noyau $K(A,B)$, l'opérateur $\mathcal{F}^{-1}X\mathcal{F}$ admet le noyau $i^{|B|-|A|}K(A,B)$ et l'opérateur $\mathcal{F}X\mathcal{F}^{-1}$ le noyau $i^{|A|-|B|}K(A,B)$. Ici on a $-P_h=\mathcal{F}Q_h\mathcal{F}^{-1}$, et la même relation pour les exponentielles. Par conséquent, le noyau de W_h pour h réelle est

(4') $$e^{-\|h\|^2/2}\, i^{|A|-|B|} \prod_{s\in A\cup B} (ih(s)) = e^{-\|h\|^2/2} \prod_{s\in A} h(s) \prod_{s\in B} (-\bar{h}(s)) \ .$$

Maassen montre que la formule valable en toute généralité pour le noyau de W_f (f complexe, bornée à support borné) est

(5) $$e^{-\|f\|^2/2} \prod_{s\in A} f(s) \prod_{s\in B} (-\bar{f}(s)) \ .$$

Cette formule peut en principe se déduire des deux cas particuliers que nous venons d'indiquer, et de la formule de composition des noyaux, que nous donnons plus loin (Maassen procède différemment).

d) Nous passons à l'opérateur a_h° , qui va justifier l'introduction des noyaux à trois arguments.

Nous prenons

(6) $K(A,B,C)=0$ si $|A|\neq 0$ ou $|B|\neq 1$ ou $|C|\neq 0$, $K(\emptyset,\{t\},\emptyset)=h(t)$

et alors

$$Kf(H) = \int_{\mathcal{P}_0} \sum_{t\in H} K(\emptyset,\{t\},C)f(C\cup H)dC = (\Sigma_{t\in H} h(t))f(H)$$

qui représente bien l'opérateur $a_h^o=N_h=\lambda(m_h)$ (exposé IV, §II.4, et §I, formule (18) : rappelons que $\lambda(X)$ est la " seconde quantification différentielle" d'un opérateur X sur $L^2(\mathbb{R}_+)$, et m_h l'opérateur de multiplication par h).

(Autres exemples au n°5)

3. Composés et adjoints

Les résultats de cette section (indiqués sans démonstration par Maassen) reposent sur la formule (33) de l'exposé IV, §II.7, que nous recopions sous la forme qui nous convient ici :

(7) $$\int_{\mathcal{P}}(\sum_{A+A'=U} \phi(A,A')dU = \int_{\mathcal{P}\times\mathcal{P}} \phi(A,A')dAdA' .$$

Nous commençons par le résultat le plus simple, qui concerne les adjoints : si l'on pose $K^*(A,B)=\overline{K(B,A)}$, on a pour tout couple (f,g) de vecteurs-test

(9) $$< g,Kf > = < K^*g,f >$$

ce qui revient à vérifier que

(10) $$\int\overline{g}(H) \sum_{A+A'=H} K(A,B)f(A'\cup B)\, dHdB = \int f(\lambda) \sum_{\alpha+\alpha'=\lambda} K(\mu,\alpha)\overline{g}(\alpha'\cup\mu)d\lambda d\mu$$

Nous transformons la première et la seconde expression respectivement en

$$\int \overline{g}(A\cup A')K(A,B)f(A'\cup B)dAdA'dB \text{ et } \int f(\alpha\cup\alpha')K(\mu,\alpha)\overline{g}(\alpha'\cup\mu)d\alpha d\alpha' d\mu$$

grâce à (7). Pour vérifier l'égalité il suffit de poser $\mu=A$, $\alpha=B$, $\alpha'=A'$.

On a un résultat analogue pour les noyaux à trois arguments, en posant $K^*(A,B,C)=\overline{K(C,B,A)}$. Cette fois ci, on a

$$<g,Kf> = \int g(H) \sum_{A+A'+A''=H} K(A,A',C)f(C\cup A'\cup A'')dHdC$$

$$= \int g(A\cup A'\cup A'')K(A,A',C)f(C\cup A'\cup A'')dAdA'dA''dC$$

par une double application de (7), et on continue comme ci-dessus.

Nous passons à la composition des noyaux : désignant par la même lettre le noyau et l'opérateur associé, le résultat de Maassen nous dit (dans le cas des noyaux à deux arguments) que si K,L sont deux noyaux, l'opérateur composé LK est associé au noyau (nous laissons le lecteur vérifier que c'en est bien un)

(11) $$M(A,B) = \int \Sigma_{\substack{U+U'=A\\ V+V'=B}} L(U,V\cup C)K(U'\cup C,V')dC$$

Un calcul sans mystère donne en effet

$$Mf(H) = \int \Sigma_{R+R'+R''=H,\, S+S'=T} L(R,S\cup C)K(R'\cup C,S')f(T\cup R'')dCdT$$

qui se transforme, grâce à (7), en

(▯) $\int \Sigma_{R+R'+R''=H} L(R,S\cup C)K(R'\cup C,S')f(S\cup S'\cup R'')dSdS'dC$

D'autre part, un autre calcul sans mystère donne

$$LKf(H) = \int \Sigma_{\alpha+\alpha'+\alpha''=H,\ \beta+\beta'=\varepsilon} L(\alpha,\varepsilon)K(\alpha'\cup\beta,\gamma)f(\alpha''\cup\beta'\cup\gamma)d\varepsilon d\gamma$$

qui devient de la même façon

(▯▯) $\int \Sigma_{\alpha+\alpha'+\alpha''=H} L(\alpha,\beta\cup\beta')K(\alpha'\cup\beta,\gamma)f(\alpha''\cup\beta'\cup\gamma)d\beta d\beta' d\gamma$

Pour identifier (▯) et (▯▯), il suffit de poser

$$\alpha=R \quad \alpha'=R' \quad \alpha''=R'' \quad \beta=C \quad \beta'=S \quad \gamma=S' .$$

La formule de composition des noyaux à trois arguments est nettement plus compliquée : en posant M=LK comme dans (11), on a

(12) $$M(A,B,C) = \int \sum_{\substack{\alpha+\alpha'+\alpha''=A \\ \beta+\beta'+\beta''=B \\ \gamma+\gamma'+\gamma''=C}} L(\alpha,\alpha'\cup\beta\cup\beta',\gamma\cup\gamma'\cup X)K(X\cup\alpha'\cup\alpha'',\beta'\cup\beta''\cup\gamma',\gamma'')dX$$

J'ai bien vérifié que cette formule donne correctement le composé, et que M est un noyau ; je n'ai pas vérifié que l'opération ainsi définie entre noyaux est associative (ce qui ne résulte pas de l'associativité de la composition : un opérateur ne détermine pas uniquement son noyau).

4. Intégrales stochastiques

Nous abordons la partie la plus surprenante du travail de Maassen : la manière dont se calcule le noyau d'une intégrale stochastique d'opérateurs

$$I_T^\varepsilon(K) = \int_0^T K_s da_s^\varepsilon \qquad (\varepsilon = -,\circ,+)$$

pour une famille adaptée (K_s) d'opérateurs associés à des noyaux (nous identifions désormais un opérateur à son noyau). Dire que la famille est adaptée voudra dire, sur les noyaux correspondants, que

$$K_s(A,B,C)=0 \text{ si } A\cup C \not\subset [0,s[\ , \ K_s(A,B,C)=K_s(A,B\cap[0,s[,C)$$

(nous écrivons [0,s[plutôt que [0,s], parce que cela correspond à la prévisibilité classique, qui est une hypothèse naturelle). Remarquons de manière heuristique que le <<noyau>> de l'<<opérateur>> da_s^ε est donné par

$$da_s^-(\emptyset,\emptyset,\{s\})=1 \quad , \quad da_s^\circ(\emptyset,\{s\},\emptyset)=1 \quad , \quad da_s^+(\{s\},\emptyset,\emptyset)=1$$

et $da_s^\varepsilon(A,B,C)=0$ dans tous les autres cas. Ainsi le noyau de $K_s da_s^\varepsilon = dI_s^\varepsilon$ s'obtient ainsi ($\vee A$ désignant le plus grand élément de l'ensemble A, et A- l'ensemble $A\setminus\{\vee A\}$

$$dI_s^+(A,B,C) = K_s(A-,B,C) \text{ si } \vee A=s \text{ , 0 sinon}$$
$$dI_s^\circ(A,B,C) = K_s(A,B-,C) \text{ si } \vee B=s \text{ , 0 sinon}$$
$$dI_s^-(A,B,C) = \ldots$$

Toujours de manière heuristique, on est amené aux formules suivantes pour les noyaux des intégrales stochastiques I^{ε}_{∞} (on élimine T de la notation : il suffit de remplacer K_s par 0 pour s>T)

(13) $I^{\varepsilon}(A,B,C) = K_{VA}(A-,B,C),\ K_{VB}(A,B-,C),\ K_{VC}(A,B,C-)\quad (\varepsilon=+,\circ,-)$.

Noter une formule analogue pour $g = \int f_s dB_s$ (i.s. ordinaire): $g(A) = f_{VA}(A-)$.

Nous allons vérifier que ces formules sont correctes (par une méthode différente de celle de Maassen, dont on parlera plus loin). Tout d'abord, si les K_t sont des noyaux, pour lesquels la condition de majoration a lieu uniformément en t sur tout intervalle [0,T], il est facile de vérifier que I^{ε}_T est un noyau. Prenant ε=+ par exemple, nous allons vérifier la formule

$$\langle\mathcal{E}(u),I^{\varepsilon}\mathcal{E}(v)\rangle = \int\langle\mathcal{E}(u),K_t\mathcal{E}(v)\rangle\bar{u}_t dt$$

qui caractérise l'intégrale stochastique (§I, (18)). Nous avons comme ci-dessus supposé que $K_t=0$ pour t>T, de sorte que tout se passe sur [0,T].

a) Nous partons d'une formule déjà utilisée au n°3 (entre (10) et (11)) mais avec des notations différentes ; L est un noyau quelconque

(14) $\langle f,Lg\rangle = \int \bar{f}(A\cup U\cup V)L(U,V,W)g(V\cup W\cup A)dAdUdVdW$

b) Nous remplaçons f,g par $\mathcal{E}(u),\mathcal{E}(v)$: ainsi $f(A)=\prod_{s\in A}u(s)$ - notons en passant que $\int f(A)dA = \exp(\int f(s)ds)$, comme on le vérifie en explicitant la mesure dA . Comme dans (14) les quatre ensembles A,U,V,W sont p.s. disjoints, l'intégrale en A sort, et il reste

(15) $\langle\mathcal{E}(u),L\mathcal{E}(v)\rangle = (\int\prod_{s\in A}\bar{u}v(s)dA))(\int\prod_{s\in U\cup V}\bar{u}(s)\prod_{s\in V\cup W}v(s)L(U,V,W)dUdVdW)$

le premier facteur valant $\exp(\int\bar{u}vds)=\langle\mathcal{E}(u),\mathcal{E}(v)\rangle$.

c) Nous remplaçons L par $I^{+}(U,V,W)=K_{VU}(U-,V,W)$. Nous appliquons le théorème de Fubini, et fixons V,W en posant $k_t(U)=K_t(U,V,W)$, $i^{+}(U)= I^{+}(U,V,W)=k_{VU}(U-)$. La formule à vérifier est alors

$$\int\prod_{s\in U}\bar{u}(s)i^{+}(U)dU = \int\bar{u}(t)dt\int\prod_{s\in A}\bar{u}(s)k_t(A)dA$$

qui se ramène à la formule évidente

$$\int_{s_1<\dots<s_n<t}\bar{u}(s_1)\dots\bar{u}(s_n)\bar{u}(t)f(s_1,\dots,s_n,t)ds_1\dots ds_n dt$$
$$= \int\bar{u}(t)dt\int_{s_1<\dots<s_n}\bar{u}(s_1)\dots\bar{u}(s_n)f(s_1,\dots,s_n,t)ds_1\dots ds_n$$

pour une fonction $f(s_1,\dots,s_n,t)$ nulle si $\{s_1,\dots,s_n\}\not\subset[0,t[$. Les autres formules se vérifient de même.

COMMENTAIRE. On voit l'assouplissement que la théorie des noyaux apporte au calcul stochastique de Hudson-Parthasarathy : les opérateurs ne sont plus définis seulement sur les vecteurs cohérents, mais sur un domaine commun stable (les fonctions test) ; ils sont composables et admettent des adjoints ; sous des conditions de norme très raisonnables, les intégrales stochastiques d'opérateurs donnés par des noyaux sont encore données par des noyaux. Par exemple, tous les opérateurs I_t^α du paragraphe précédent, formule (11), sont des noyaux (dont la norme doit être facile à estimer). Dans ces conditions, les ≪ formules d'Ito ≫ peuvent être mises sous leur forme habituelle de différentielle stochastique d'un composé d'opérateurs, et non plus sous la forme un peu maladroite des paragraphes précédents.

Il resterait cependant beaucoup de détails à écrire, et nous préférons nous arrêter.

REMARQUE. Avec les notations précédentes, on a aussi

$$\int k_t(U)dUdt = \int i^+(U)dU$$

et de même, bien sûr, pour $|k_t(U)|^2$ et $|i^+(U)|^2$. Cela signifie (remarque Maassen) que si l'on munit l'espace des noyaux de la norme $\|K\|_2$ (norme dans $L^2(dAdBdC)$, qui bien sûr n'est pas la norme de Hilbert-Schmidt de l'opérateur associé), et l'espace des processus adaptés de noyaux de la norme $(\int \|K_t\|_2^2 dt)^{1/2}$, l'intégration par rapport à da^+, et de même da^-, da°, est isométrique comme dans le cas classique.

5. Application aux fermions.

Rappelons la formule de multiplication de Clifford de deux fonctions

(16) $$g*f(H) = \int_{\mathcal{P}} (\Sigma_{A+B=H}\, g(A\cup M)f(B\cup M))(-1)^{n(A\cup M,B\cup M)}dM$$

Il ne semble pas que l'opérateur $g*$ (où g est une fonction-test) soit donné par un noyau - en tout cas, ce n'est pas évident, contrairement à la multiplication de Wiener. Mais nous allons voir qu'il en est bien ainsi lorsque g appartient au premier chaos . Nous retrouverons ainsi, par la méthode de Maassen, les résultats de Hudson-Parthasarathy sur la représentation des opérateurs de création et d'annihilation de fermions comme intégrales stochastiques par rapport aux opérateurs correspondants pour les bosons (voir leur preprint : Unification of Fermion and Boson Stochastic Calculus, Juin 1985)[1]

a) La méthode de H-P repose sur l'emploi de l'opérateur $J_t=(-1)^{N_t}$, qui est aussi la seconde quantification (exposé IV, §1, (15))

---

1. J'ai appris tout récemment l'existence d'une série de travaux de P. Garbaczewski sur l'unification des bosons et des fermions. Le plus proche de notre point de vue est : Representations of the CAR generated by representations of the CCR Fock space. Comm.M.Phys. 43, 1975, 131-136.

$\phi(M_t)$ de l'opérateur M_t de multiplication par la fonction

$$m_t(s)=-1 \text{ pour } s<t,\ m_t(s)=+1 \text{ pour } s\geqq t\ .$$

Notre premier travail va consister à montrer que cet opérateur J_t est donné par un noyau de la forme (t omis pour alléger)

(17) $$J(\emptyset,B,\emptyset) = j(B)\ ,\qquad J(A,B,C)=0 \text{ si } A\cup C\neq\emptyset\ .$$

Comment opère un noyau de la forme (17) ? On a d'après (1)

(18) $$Jf(H) = f(H)\phi(H)\quad ,\text{ avec }\quad \phi(H)=\Sigma_{B\subset H}\ j(B)$$

Mais inversement, la fonction ϕ étant donnée, on peut calculer j par la formule d'inversion de Moebius

$$j(B) = \Sigma_{C\subset B}\ (-1)^{|B-C|}\phi(C)$$

Le cas qui nous intéresse est celui où $\phi(C)=(-1)^{|C\cap[0,t[|}$, de sorte que $j(B)=(-2)^{|B\cap[0,t[|}$: l'ordre de croissance est bien celui qui convient à un noyau ; $|B\cap[0,t[|$ s'écrit plus agréablement $n(t,B)$.

Nous rétablissons l'indice t, et calculons les intégrales stochastiques

(19) $$\beta_g^{\pm} = \int g(s)J_s da_s^{\pm}\qquad (\ g \text{ bornée à support borné }\ )$$

Appliquant (13), nous trouvons pour ces opérateurs les noyaux

$$\beta_g^{+}(\{s\},B,\emptyset) = \beta_g^{-}(\emptyset,B,\{s\}) = g(s)(-2)^{n(s,B)}$$

et 0 dans les autres cas. Par conséquent

$$\beta_g^{+}f(H) = \Sigma_{s\in H}\ (-1)^{n(s,H)}g(s)f(H\backslash\{s\})$$

$$\beta_g^{-}f(H) = \int ds\ (-1)^{n(s,H)}g(s)f(H\cup\{s\})$$

Si l'on compare cela à la formule (16), dans laquelle on prend $g(A)=0$ si $|A|\neq 1$, $g(\{s\})=g(s)$, on voit que l'<u>opérateur de multiplication de Clifford par un élément</u> g <u>du premier chaos est égal à</u> $\beta_g^{+}+\beta_g^{-}$. Pour établir que β_g^{+} et β_g^{-} sont les opérateurs de création et d'annihilation fermioniques, il faut encore travailler un peu, mais nous nous arrêterons là.

FIN PROVISOIRE DES NOTES

UNE MARTINGALE D'OPERATEURS BORNÉS, NON REPRESENTABLE EN INTEGRALE STOCHASTIQUE

par J.L. Journé et P.A. Meyer

Dans la théorie des martingales d'opérateurs sur l'espace du mouvement brownien (ou l'espace de Fock si l'on préfère), décrite dans les exposés IV et V des << éléments de probabilités quantiques >> de ce volume (abrégé en [EPQ] ci-dessous), le mouvement brownien scalaire est remplacé par le trio (a_t^ε) , $\varepsilon=-,\circ,+$ des processus d'annihilation, de jauge (ou de nombre) et de création. Hudson et Parthasarathy ont conjecturé l'existence d'un théorème de représentation des martingales analogue au théorème classique pour les martingales scalaires, et ont établi ce théorème (avec Lindsay) pour le cas particulier des martingales de Hilbert-Schmidt.

Cette note montre que la représentation est impossible en général pour les martingales bornées : le contre-exemple (dû au premier auteur) est ici présenté sous un aspect différent de la rédaction initiale : il apparaît que les martingales représentables possèdent une propriété de variation quadratique plus forte que les martingales bornées générales.

1. Les notations sont celles de [EPQ] : rappelons que le trio (a^-,a°,a^+) est noté $(A,\Lambda,A^\dagger)$ chez Hudson-Parthasarathy, et que les vecteurs cohérents (pour nous $\mathcal{E}(u)$ ou simplement $\mathcal{E}u$: ce sont les exponentielles stochastiques browniennes usuelles) sont notés chez eux $\psi(u)$.

Si u est un élément de $L^2(\mathbb{R}_+)$, u_t désigne $uI_{[0,t]}$, $u_{[t}$ désigne $uI_{[t,\infty[}$, plus rarement u_{st} désigne $uI_{[s,t]}$.

Soit M un opérateur borné ; son espérance conditionnelle M_t à l'instant t est un opérateur borné, qui agit sur les vecteur cohérents par

$$M_t\mathcal{E}u = (E_tM\mathcal{E}u_t).\mathcal{E}(u_{[t})$$

E_t est l'opérateur d'espérance conditionnelle brownien usuel, que l'on applique à la v.a. $M\mathcal{E}u_t$, et le point . désigne un produit ordinaire de v.a.. On notera que $M_t\mathcal{E}u$ n'est pas $\mathcal{F}_t$-mesurable : du point de vue probabiliste, l'objet intéressant est le processus adapté $X_t=M_t\mathcal{E}u_t$.

Nous désignons par $C^{1/2}$ l'algèbre des fonctions bornées sur $\mathbb{R}_+$, höldériennes d'exposant 1/2.

Nous commençons par un lemme très simple.

LEMME 1. Pour $u,v \in L^2 \cap L^\infty$, les fonctions scalaires

$$F(t) = < \mathcal{E}v, M_t\mathcal{E}u_t> = < \mathcal{E}v_t, M_t\mathcal{E}u_t >$$

$$G(t) = < \mathcal{E}v,\ M_t\mathcal{E}u >$$

appartiennent à $C^{1/2}$.

Dém. On a $\|\mathcal{E}u_t\|^2 = \exp(\|u_t\|^2)$ borné par $\exp(\|u\|^2)$, et pour $s<t$

$$\|\mathcal{E}u_t - \mathcal{E}u_s\|^2 = \|\mathcal{E}u_s\|^2\ \|\mathcal{E}u_{st} - 1\|^2 = \exp(\|u_s\|^2)(\exp(\|u_{st}\|^2) - 1)$$

Comme u est bornée, le dernier facteur est majoré par $C|t-s|$. Donc la fonction $\mathcal{E}(u_t)$ appartient à l'espace $C^{1/2}$ (à valeurs hilbertiennes). Il en est de même de $M\mathcal{E}u_t$, et un raisonnement trivial de bilinéarité montre que F(t) appartient à $C^{1/2}$(scalaire). Quant à G(t), on l'écrit

$$<\mathcal{E}(v_t)\mathcal{E}(v_{[t}), (M_t\mathcal{E}(u_t))\mathcal{E}(u_{[t})> = F(t)<\mathcal{E}(v_{[t}), \mathcal{E}(u_{[t})>$$

Ce dernier facteur vaut $\exp(\int_t^\infty \bar{v}(s)u(s)ds)$: il est lipschitzien borné.

Le lemme 1 entraîne que le processus $X_t = M_t\mathcal{E}u_t$ est "scalairement à variation quadratique finie" . Pour les martingales représentables, on a une propriété plus forte.

LEMME 2. Pour $u \in L^2 \cap L^\infty$, et si la martingale est représentable, la fonction X_t est à variation quadratique finie (en norme).

Dém. Il suffit de regarder séparément les fonctions

$$X_t^\varepsilon = M_t^\varepsilon \mathcal{E}u_t \quad , \quad M_t^\varepsilon = \int_0^t H_s^\varepsilon da_s^\varepsilon$$

pour $\varepsilon = -, \circ, +$. Une variante des inégalités (17),(21),(24) de [EPQ], exposé V , nous donne pour $s<t$

$$\|M_t^\varepsilon \mathcal{E}u - M_s^\varepsilon \mathcal{E}u\|^2 \leq C(u)\int_s^t \|H_r^\varepsilon \mathcal{E}u\|^2\, dr$$

où C(u) ne dépend que des normes de u dans L^2 et L^∞ . Nous avons ensuite

$$X_t^\varepsilon - X_s^\varepsilon = (M_t^\varepsilon \mathcal{E}u_t - M_s^\varepsilon \mathcal{E}u_t) + (M_s^\varepsilon \mathcal{E}u_t - M_s^\varepsilon \mathcal{E}u_s)$$

Le premier terme se majore par l'inégalité précédente, en remplaçant u par u_t . Pour majorer le second, on l'écrit $(M_s\mathcal{E}u_s)(\mathcal{E}u_{st} - 1)$, dont la norme a pour carré

$$\|M_s\mathcal{E}u_s\|^2(\exp(\int_s^t |u_r|^2 dr) - 1\ )$$

Le premier facteur est borné, le second en $C(t-s)$.

2. Nous allons maintenant construire une martingale bornée et un vecteur $u \in L^2 \cap L^\infty$ telle que X_t ne soit pas à variation quadratique finie.

Nous prendrons pour M la seconde quantification $\Phi(H)$ d'une contraction H de $L^2(\mathbb{R}_+)$: dans ce cas, $M\mathcal{E}u_t = \mathcal{E}Hu_t$ et $M_t\mathcal{E}u_t = X_t$ vaut $\mathcal{E}((Hu_t)_t)$.

Nous prendrons pour H la restriction à $L^2(\mathbb{R}_+)$ de la transformation de Hilbert sur $L^2(\mathbb{R})$ (autrement dit, pour $f \in L^2(\mathbb{R}_+)$, nous identifions f à un élément de $L^2(\mathbb{R})$ nul sur $\mathbb{R}_-$, nous prenons sa transformée de Hilbert sur $\mathbb{R}$ et la restreignons à $\mathbb{R}_+$) ; la transformation de Hilbert étant unitaire, H est bien une contraction. Voici Hf lorsque f est une fonction caractéristique d'intervalle $[\lambda,\mu]$

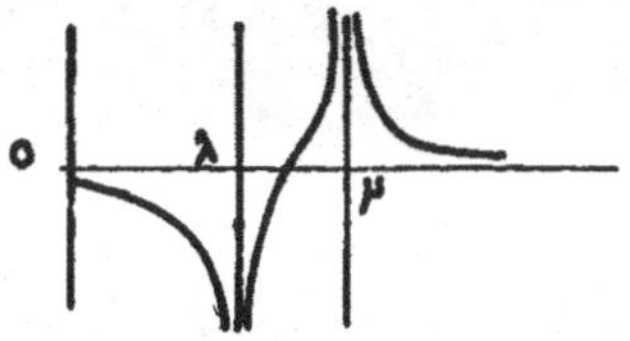

$$Hf(s) = \frac{1}{\pi}\log\left|\frac{s-\lambda}{s-\mu}\right| \quad .$$

Nous prendrons pour u une fonction de la forme

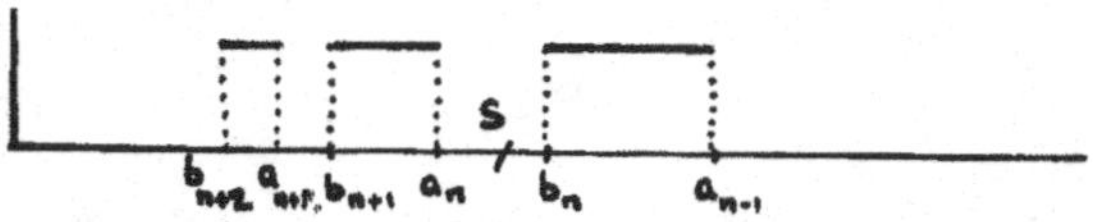

avec $\quad 0< \ldots <a_n<b_n \ldots <a_2<b_2 \quad , \quad , \lim_n b_n=\lim_n a_n=0 \quad ;$

u vaut 1 sur les intervalles $[b_3,a_2]$, $[b_4,a_3]$ $\ldots[b_{n+1},a_n]\ldots$ et 0 partout ailleurs. Les longueurs des intervalles sont

(1) $\quad |a_2-b_2|=|a_2-b_3|= 1/2\log^2 2 \qquad |a_n-b_n|=|a_n-b_{n+1}|=1/n\log^2 n$.

Ces valeurs importent peu pour l'instant. Nous avons

$$\sum_n \|M_{b_n}\varepsilon u_{b_n}-M_{a_n}\varepsilon u_{a_n}\|^2 = \Sigma_n \|\varepsilon((Hu_{b_n})_{b_n})-\varepsilon((Hu_{a_n})a_n)\|^2$$

Mais en fait $u_{b_n}=u_{a_n}$: on peut donc écrire le terme de droite

$$\|\varepsilon((Hu_{a_n})_{a_n})\|^2\,\|\varepsilon((Hu_{a_n})_{a_nb_n})-1\|^2$$

Le premier facteur est supérieur à 1 : la convergence de la série de gauche (qui a lieu si M est représentable) entraîne donc celle de la série

$$\Sigma_n \left[\ \exp\left(\int_{a_n}^{b_n}|Hu_{a_n}(s)|^2ds\right) - 1\ \right]$$

des seconds facteurs, puis celle de la série

(2) $$\Sigma_n \int_{a_n}^{b_n} |Hu_{a_n}(s)|^2ds \quad .$$

Lorsque s appartient à l'intervalle $]a_n,b_n[$ (figure ci-dessus), on a

$$Hu_{a_n}(s) = \frac{1}{\pi}\log\frac{s-b_{n+1}}{s-a_n}\,\frac{s-b_{n+2}}{s-a_{n+1}}\cdots \geq \frac{1}{\pi}\log\frac{s-b_{n+1}}{s}$$

Nous sommes donc ramenés à montrer la divergence de

$$\Sigma_n \int_{a_n}^{b_n} (\log(s-b_{n+1})-\log s)^2ds$$

Comme logs appartient à $L^2([0,b_2])$, on peut négliger ce terme, et se limiter à établir la divergence de

$$\Sigma_n \int_{a_n}^{b_n} \log^2(s-b_{n+1})ds$$

que nous minorons encore par $(b_n-a_n)\log^2(a_n-b_{n+1})$, c'est à dire

$$\Sigma_n \log^2(n\log^2 n)/n\log^2 n = +\infty \ .$$

La démonstration est achevée.

A remark on the paper " Une martingale d'opérateurs bornés, non représentable en intégrale stochastique ", by J.L. Journé and P.A. Meyer

by

K.R. Parthasarathy

Indian Statistical Institute, Delhi Centre
7, S.J.S. Sansanwal Marg, New Delhi 110016

Recently, J.L. Journé has constructed a remarkable example of a bounded operator valued quantum martingale X in the usual filtration of the boson Fock space $\mathcal{F}_+(L_2(0,\infty))$ which does not admit the representation

$$dX = E\,dA^\dagger + F\,d\Lambda + G\,dA \tag{1}$$

in the sense of [1] over the domain $\mathcal{E}$, where E,F,G are adapted operator processes, $A^\dagger,\Lambda,A$ are respectively the creation, conservation (gauge) and annihilation martingales, and $\mathcal{E}$ is the linear manifold generated by exponential vectors. In [3], a necessary and sufficient regularity condition was found for a bounded operator valued martingale X to satisfy (1) with E,F,G being bounded operator valued processes satisfying the condition

$$\int_0^t (\|E(s)\|^2 + \|G(s)\|^2)\, ds < \infty \quad \text{for all } t .$$

The purpose of this note is to indicate the possibility of achieving the representation (1) for the Journé example provided $\mathcal{E}$ is suitably restricted and the strictness of the definition of an adapted process is relaxed.

We begin with a class of examples of quantum martingales determined by second quantization of integral operators. Let $K(\cdot,\cdot)$ be a complex valued continuous function on $[0,\infty)\times[0,\infty)$. For every $t>0$ define the bounded operator K_t on $L_2([0,\infty))$ by

$$(K_t f)(s) = \chi_{[0,t]}(s) \int_0^t K(s,\tau) f(\tau)\, d\tau + \chi_{(t,\infty)}(s) f(s) \tag{2}$$

where χ_C denotes the indicator function of the set C. Let K_∞ denote the integral operator defined by

$$(K_\infty f)(s) = \int_0^\infty K(s,\tau) f(\tau)\, d\tau . \tag{3}$$

If K_∞ is a bounded operator on $L_2[0,\infty)$ then $\|K_t\| \leq \max(1, \|K_\infty\|)$ for all t . Let $X_K(t)$ denote the operator on Fock space defined by the relations

$$X_K(t)\psi(f) = \psi(K_t f) \quad \text{for} \quad f \in L_2[0,\infty) \tag{4}$$

where $\psi(f)$ is the exponential vector corresponding to f. Then $X_K(t)$, the second quantization of K_t, is defined on the domain $\mathcal{E}$ and an easy computation shows that

$$< \psi(f\chi_{[0,a]}),\ X_K(t)\psi(g\chi_{[0,a]}) > = < \psi(f\chi_{[0,a]}), X_K(a)\psi(g\chi_{[0,a]}) >$$

for all $t \geqq a$. In other words, $X_K = \{X_K(t),\ t \geqq 0\}$ is a quantum martingale with domain $\mathcal{E}$, and $X_K(0)$ = identity. If K_∞ is a contraction then K_t is a contraction for every t and hence $X_K(t)$ can be extended to a contraction on Fock space. In other words, X_K becomes a contraction valued operator martingale.

By straightforward differentiation we obtain the relation

$$\frac{d}{dt} < \psi(f),\ X_K(t)\psi(g) > = \tag{5}$$
$$<\psi(f), X_K(t)\psi(g)>\{-\bar{f}(t)g(t)+\bar{f}(t)\int_0^t K(t,s)g(s)ds+g(t)\int_0^t K(s,t)\bar{f}(s)ds\}$$

in the generalized sense of absolute continuity. In the language of [1], (5) is equivalent to saying that X_K obeys the quantum stochastic differential equation

$$dX_K = X_K L dA^\dagger - X_K d\Lambda + MX_K dA \tag{6}$$

where L and M are adapted processes of operators defined on the domain $\mathcal{E}$ by the relations

$$\left.\begin{aligned} L(t) &= a(\chi_{[0,t]}\overline{K(t,\cdot)}) \\ M(t) &= a^\dagger(\chi_{[0,t]}\overline{K(\cdot,t)}) \end{aligned}\right\} \tag{7}$$

and $a, a^\dagger$ are the usual annihilation and creation fields over $L_2[0,\infty)$. Since $\mathcal{E}$ is left invariant by the operators $X_K(t)$, $a(h)$ for all $t \geqq 0$, $h \in L_2[0,\infty)$, it follows that the coefficients $X_K L$, $-X_K$, MX_K of $dA^\dagger$, $d\Lambda$ and dA respectively in (6) are all well defined adapted processes on the domain $\mathcal{E}$ satisfying the inequalities

$$\int_0^t \{ \|X_K(s)L(s)\psi(f)\|^2 + |f(s)|^2 \|X_K(s)\psi(f)\|^2 + \|M(s)X_K(s)\psi(f)\|^2 \}\, ds < \infty \tag{8}$$

for all t. We remark that the finiteness of the third integral in (8) follows from the canonical commutation rules.

We now try to relax the conditions on the kernel K. As long as K_T is a bounded operator for each t and

$$\int_0^t (|K(s,t)|^2 + |K(t,s)|^2)\, ds < \infty \quad \text{for each } t \tag{9}$$

it is clear that $L(t)$ and $M(t)$ are well defined on $\mathcal{E}$ by (7) and condition (8) obtains. This implies (6). In the example of Journé, $K(s,t) = (s-t)^{-1}$ and (9) breaks down. Then the definition of L(t) and M(t) by (7) does not make any sense. To face this situation we have to interpret equation (6) in a weak sense and we proceed as follows.

Let $\mathcal{L} \subset L_2[0,\infty)$ denote the linear manifold of functions f which satisfy the local Lipschitz's condition

$$\|f\|_{\ell,t} = \sup_{0\leqq x,y\leqq t} \left|\frac{f(x)-f(y)}{x-y}\right| < \infty \quad \text{for all } t .$$

Denote by $\mathcal{E}(\mathcal{L})$ the linear manifold generated by the set $\{\psi(f),\ f\in\mathcal{L}\}$. For the kernel $K(s,t) = (s-t)^{-1}$ we define the martingale X_K as before and observe that for $f,g\in\mathcal{L}$

$$\frac{d}{dt} < \psi(f),\ X_K(t)\psi(g) > =$$
$$< \psi(f),\ X_K(t)\psi(g) > \left\{ -\bar{f}(t)g(t) + \int_0^t \frac{\bar{f}(t)g(s)-\bar{f}(s)g(t)}{t-s}\, ds \right\} \quad (10)$$

The last integral in the above equation can be written as

$$\bar{f}(t) \int_0^t \frac{g(s)-g(t)}{t-s}\, ds + g(t) \int_0^t \frac{\bar{f}(t)-\bar{f}(s)}{t-s}\, ds .$$

This suggests the introduction of the Schwartz-Fock space $\mathcal{F}_S$ of sequences of distributions in the following sense. Any element of $\mathcal{F}_S$ is of the form $\lambda=(c,\lambda_1,\lambda_2,\ldots)$ where λ_n is a symmetric distribution (in the sense of Schwartz) in the space $\mathbb{R}^n$ for n=1,2,..., and $c\in\mathbb{C}$. Let $\mathfrak{M}$ be an arbitrary dense linear manifold in $L_2[0,\infty)$ and let $\mathcal{E}(\mathfrak{M})$ be the linear manifold in Fock space generated by $\{ \psi(f),\ f\in\mathfrak{M} \}$. Let $E = \{ E(t),\ t\geq 0 \}$ be a family of linear maps $E(t) : \mathcal{E}(\mathfrak{M}) \rightarrow \mathcal{F}_S$ satisfying the following conditions :

1) For any C_c^∞ function f on $[0,\infty)$, the series

$$< \psi(f),\ E(t)\psi(g) > = 1 + \Sigma_{n=1}^{\infty}\ n!^{-1/2} (E(t)\psi(g))_n(\bar{f}^{\otimes n}) \qquad (11)$$

converges absolutely, where $(E(t)\psi(g))_n$ denotes the n-th term of the sequence $E(t)\psi(g)$ (a symmetric distribution on $\mathbb{R}^n$).

2) The scalar quantity

$$< \psi(f),\ E(t)\psi(g) > \exp(- \int_t^\infty \bar{f}(s)g(s)ds)$$

depends only on the values of f and g on the interval [0,t] and is a Borel function of t .

Then we say that E is a <u>generalized adapted process</u> with domain $\mathcal{E}(\mathfrak{M})$. If X,E,F,G,H are five generalized adapted processes over $\mathcal{E}(\mathfrak{M})$ such that

$$< \psi(f),\ X(t_2)\psi(g)-X(t_1)\psi(g) > = \int_{t_1}^{t_2} < \psi(f),\ \bar{f}(s)E(s)\psi(g) +$$
$$+ \bar{f}(s)g(s)F(s)\psi(g) + H(s)\psi(g) > ds \quad \text{for all } f\in C_c^\infty,\ g\in\mathfrak{M},\ t_1<t_2$$

we say that

$$dX = EdA^\dagger + Fd\Lambda + GdA + Hdt$$

on the domain $\mathcal{E}(\mathfrak{M})$. With these conventions it is straightforward to verify that the Journé martingale X_K obeys the generalized quantum stochastic differential equation

$$dX_K = EdA^\dagger + Fd\Lambda + GdA$$

where E,F,G are generalized adapted processes over the domain $\mathcal{E}(\mathcal{L})$, defined by

$$E(t)\psi(g) = (\int_0^t \frac{g(s)-g(t)}{t-s} ds)\psi(K_t g) ,$$

$$F(t)\psi(g) = -\psi(K_t g),$$

$$G(t)\psi(g) = (1,\lambda_1,\lambda_2,\dots) \in \mathcal{F}_S ,$$

where for any test function ϕ on $\mathbb{R}^n$

$$\lambda_n(\phi) = n!^{-1/2} \Sigma_{j=1}^n \int_{\mathbb{R}^n} \chi_{[0,t]}(x_j)h(x_1)\dots\hat{h}(x_j)\dots h(x_n) \times \frac{\phi(x_1,\dots x_{j-1},t,x_{j+1}\dots x_n)-\phi(x_1,\dots,x_n)}{t-x_j} dx_1\dots dx_n ,$$

here $h=K_t g$, and the symbol ^ over a term implies its omission.

Just as the derivative of a bounded function on the line could be a distribution, it seems that the 'partial derivatives' of a bounded operator valued quantum martingale X in Fock space, with respect to the fundamental creation, conservation and annihilation martingales could be generalized adapted processes determining X .

I wish to thank P.A. Meyer for presenting me a detailed account of the example in [2], W. von Waldenfels and M. Schurmann for their patient hearing of several preliminary accounts of the contents of the present exposition.

REFERENCES

[1]. R.L. Hudson and K.R. Parthasarathy. Quantum Ito's formula and stochastic evolutions. Comm. Math. Phys. 93, 301-323 (1984).

[2]. J.L. Journé and P.A. Meyer. Une martingale d'opérateurs bornés, non représentable en intégrale stochastique. This volume.

[3]. K.R. Parthasarathy and K.B. Sinha. Stochastic integral representation of bounded quantum martingales in Fock space. Preprint, Indian Statistical Institute, Delhi.

Note. The norm conventions on Fock space are those of [1], and are slightly different from those used elsewhere in this volume (these would require a factor $n!^{-1}$ instead of $n!^{-1/2}$ in formula (11)).

QUELQUES REMARQUES AU SUJET DU CALCUL STOCHASTIQUE SUR L'ESPACE DE FOCK

par P.A. Meyer

Cette note est un complément aux exposés IV-V des << Eléments de Probabilités Quantiques >> (référence [E] ci-dessous). Nous présentons d'abord quelques remarques sur les relations entre intégrales stochastiques d'opérateurs et intégrales stochastiques ordinaires, qui nous paraissent éclairer certains points de [E]. Ensuite, nous démontrons un résultat sur la représentation des martingales d'opérateurs : cette partie est fortement influencée par un travail récent de Parthasarathy et Sinha (exposé par K.R. Parthasarathy à Strasbourg en Octobre 85) et par des remarques (inédites) de J.L. Journé.

I. RAPPELS ET NOTATIONS.

Nous désignons par Φ, $\Phi_{t]}$, $\Phi_{[t}$, $\Phi_{[s,t]}$ les espaces de Fock symétriques construits respectivement sur les espaces de Hilbert $L^2(\mathbb{R}_+)$, $L^2([0,t])$, $L^2([t,\infty[)$, $L^2([s,t])$. Le plus souvent, nous identifierons Φ à l'espace $L^2(\Omega,\underline{\underline{F}},P)$, où Ω est l'espace des applications continues et nulles en 0 de $\mathbb{R}_+$ dans $\mathbb{R}$, muni de la tribu $\underline{\underline{F}}$ engendrée par le processus (B_t) des applications coordonnées, et P est la mesure de Wiener. Si l'on désigne par $\underline{\underline{F}}_{t]}$, $\underline{\underline{F}}_{[t}$, $\underline{\underline{F}}_{[s,t]}$ les tribus engendrées r spectivement par les v.a. $(B_r)_{r\leq t}$, $(B_r-B_t)_{r\geq t}$, $(B_r-B_s)_{s\leq r\leq t}$, les espaces $\Phi_{t]}$, $\Phi_{[t}$, $\Phi_{[s,t]}$ s'identifient respectivement à $L^2(\underline{\underline{F}}_t)$, $L^2(\underline{\underline{F}}_{[t})$, $L^2(\underline{\underline{F}}_{[s,t]})$ (cf. [E], exposé IV).

L'identification de Φ à $L^2(P)$ munit Φ de structures supplémentaires, et permet d'utiliser les ressources du calcul stochastique usuel. En particulier, nous appellerons <u>produit de Wiener</u> le produit de deux éléments de Φ dans l'identification à $L^2(P)$, lorsque le résultat de la multiplication appartient encore à $L^2(P)$. De même, lorsqu'on identifie l'espace de Fock à l'espace L^2 associé à un processus de Poisson compensé ([E], p. IV.14), on voit apparaître de même les <u>produits de Poisson</u> sur l'espace de Fock, dont nous ferons un usage plus limité.

Dans toute cette note, les lettres u,v,w désignent des éléments de $L^2(\mathbb{R}_+)$, et plus précisément des <u>fonctions en escalier à support compact</u>. On désigne par $\mathcal{E}$ l'espace des combinaisons linéaires finies de vecteurs cohérents $\varepsilon(u)$ du type précédent : <u>tous les opérateurs rencontrés dans cette note ont pour domaine</u> $\mathcal{E}$. Ce domaine est beaucoup plus petit que celui qu'emploient Parthasarathy et Simha, mais il est dense dans Φ, et son utilisation sera très commode.

Une autre différence avec Parthasarathy-Simha est l'absence d'un espace de Hilbert initial. Celui-ci est indispensable dans les applications, mais il ne nous apporterait ici que des difficultés de notation, sans intérêt mathématique.

Un opérateur $H : \mathcal{E} \rightarrow \Phi$ est dit s-adapté si pour tout u on a

$$H\mathcal{E}(u_{s]}) \in \Phi_{s]} \ , \quad H\mathcal{E}(u)=(H\mathcal{E}(u_{s]}))\mathcal{E}(u_{[s}) \ .$$

Cette dernière expression contient un produit de variables aléatoires, et semble donc n'être pas intrinsèque sur l'espace de Fock. Mais il s'agit du produit ab d'un élément $a=H\mathcal{E}(u_{s]})$ de $\Phi_{s]}$ par un élément $b=\mathcal{E}(u_{[s})$ de $\Phi_{[s}$; dans ce cas, ab appartient toujours à Φ, et s'interprête sans référence à une interprétation probabiliste, comme image de $a\otimes b$ dans l'isomorphisme canonique de $\Phi_{s]}\otimes\Phi_{[s}$ sur Φ.

Parthasarathy et Simha n'imposent à leurs opérateurs aucune condition de continuité. Nous avons trouvé utile de toujours imposer que

$$(1) \qquad \forall u \ , \ \sup_{a\in\mathbb{R}} \|H\mathcal{E}(u_{a]})\| < \infty \ .$$

Pour un opérateur s-adapté, il suffit de vérifier cela pour $a\leq s$.

Un processus (adapté) d'opérateurs est une famille (H_s), telle que H_s soit s-adapté pour tout s . En particulier, une martingale d'opérateurs est un processus (M_t) tel que $M_0=0$ (hypothèse simplificatrice) et que, pour s<t

$$(2) \quad \forall u,v \quad < \mathcal{E}(v_{s]}), M_t\mathcal{E}(u_{s]}) > = < \mathcal{E}(v_{s]}), M_s\mathcal{E}(u_{s]}) > .$$

Nous renvoyons à [E] pour la définition des trois martingales fondamentales (a_t^-) (annihilation), (a_t^+) (création) , et (a_t°) (que nous appellerons désormais la martingale de comptage. A partir de ces trois processus, l'intégrale stochastique permet de définir les martingales représentables, de la forme ([E], p. V.6-9)

$$(3) \qquad M_t = \Sigma_\varepsilon \int_0^t H_r^\varepsilon da_r^\varepsilon = \Sigma_\varepsilon \ M_t^\varepsilon \qquad (\varepsilon = -,\circ,+)$$

où les trois processus adaptés (H_t^ε) satisfont à une hypothèse légèrement renforcée par rapport à celle de [E], dans l'esprit de (1)

$$(4) \qquad \sup_{a\in\mathbb{R}} \|H_t^\varepsilon\mathcal{E}(u_{a]})\| \leq f(t,u)$$

fonction localement intégrable en t, dépendant du choix de u. Une telle condition assure que le processus (M_t) satisfait à (1).

II. EXPRESSION << EXPLICITE >> DES MARTINGALES REPRESENTABLES

Dans cette section, nous reprenons le thème de la page V.10 de [E], c'est à dire l'expression des i.s. d'opérateurs au moyen d'i.s. classiques. L'élément u de $L^2\cap L^\infty$ reste fixé, et il est inutile de le supposer étagé ; de même, les inégalités renforcées (4), (1) sont inutiles.

Nous gardons la notation (3), et nous posons pour abréger

(5) $L_t = M_t \mathcal{E}(u_{t]})$, $L_t^\varepsilon = M_t^\varepsilon \mathcal{E}(u_{t]})$, $K_t^\varepsilon = H_t^\varepsilon \mathcal{E}(u_{t]})$.

Nous nous proposons de montrer que <u>le processus ordinaire</u> (L_t) <u>est une semimartingale</u>, satisfaisant à une e.d.s. linéaire

(6) $L_t = \int_0^t u_r L_r dB_r + \int_0^t u_r K_r^- dr + (u_r K_r^\circ + K_r^+) dB_r$.

Tout cela a lieu dans l'interprétation brownienne, mais nous verrons en fait que la même propriété reste vraie dans toutes les interprétations probabilistes (le sens de cette phrase sera expliqué plus loin), et que l'é.d.s. (6) est <u>intrinsèque</u> sur l'espace de Fock.

Cette section fournira des conditions nécessaires pour que (M_t) soit représentables. Dans la section III, nous verrons qu'un très léger renforcement de ces conditions dans l'esprit de (1), (4), les rend aussi suffisantes.

L'équation (6) étant linéaire, il suffit de traiter séparément les trois termes de la représentation.

a) Nous commençons par le cas d'une martingale d'annihilation

$$M_t = \int_0^t H_r da_r^-$$

Alors, d'après la formule explicite (14) de [E], p. V.6,

$$M_t \mathcal{E}(u) = \int_0^t H_r \mathcal{E}(u)\, u_r dr \ .$$

Remplaçons u par $u_{t]}$, posons $\mathcal{E}(u_{t]}) = U_t$. Nous avons en utilisant le produit de Wiener dans la dernière formule

$$L_t = M_t \mathcal{E}(u_{t]}) = \int_0^t H_r \mathcal{E}(u_{t]}) u_r dr = U_t \int_0^t \frac{K_r}{U_r} dr$$

Transformant cela grâce à une intégration par parties, nous trouvons

(7) $L_t = \int_0^t u_r L_r dB_r + \int_0^t u_r K_r dr$,

qui est bien un cas particulier de (6).

b) Nous allons établir le caractère intrinsèque de l'équation (7) :

de manière heuristique, on peut dire que le produit de Wiener, présent à la ligne précédente, a disparu de (7), parce que les seuls produits qui figurent dans (7) sont les « produits » $L_r dB_r$ d'éléments de $\Phi_{r]}$ par des éléments de $\Phi_{[r}$, qui sont intrinsèques.

La courbe (B_t) dans l'espace de Fock possède les propriétés suivantes

i) $B_0 = 0$; si $s \leq t$, $B_t - B_s \in \Phi_{[s,t]}$ (en particulier, $B_t \in \Phi_{t]}$)

ii) $<\mathbb{1}, B_t - B_s> = 0$ (on en déduit $B_t - B_s \perp \Phi_s$)

iii) $\|B_t - B_s\|^2 = t-s$.

Cela permet, étant donnée une courbe adaptée (h_t) telle que $\int_0^t \|h_r\|^2 dr < \infty$ pour tout t, de définir une intégrale stochastique intrinsèque $\int_0^t h_r dB_r$ (ou $\int_0^t h_r \otimes dB_r$ si l'on préfère !) : la méthode est toujours celle d'Ito, commencer par une courbe étagée et prolonger par isométrie. Autrement dit, la structure de produit tensoriel continu de l'espace de Fock permet de définir de vraies intégrales stochastiques par rapport à la courbe (B_t) (et non pas seulement des i.s. $\int_0^t f(s)dB_s$ de fonctions déterministes). Cela donne un sens intrinsèque aux relations (6) ou (7). Quant à l'existence et l'unicité de la solution de (6) ou (7), considérées comme définissant L, nous ne nous en occupons pas, puisque nous avons à notre disposition la théorie des e.d.s. classiques - Mais cette théorie, probablement facile, mériterait d'être écrite dans le cas général d'espaces de Hilbert munis d'une structure de produit tensoriel continu sur $\mathbb{R}_+$.

c) Traitons ensuite le cas d'une i.s. de la forme

$$M_t = \int_0^t H_r dQ_r \qquad (Q_r = a_r^- + a_r^+)$$

Q_t est l'opérateur de multiplication de Wiener par B_t, et le calcul explicite est fait dans [E], page V.10 formule (27) :

$$L_t = \int_0^t u_r L_r dB_r + \int_0^t K_r (dB_r + u_r dr)$$

Ceci est le cas particulier de la formule (6) correspondant à $H_t^\circ = 0$, $H_t^+ = H_t^- = H_t$; ayant établi la formule (6) pour a^- et $a^- + a^+$, elle se trouve établie pour a^+ par différence.

d) Considérons le processus d'opérateurs

$$X_t = a_t^- + a_t^\circ + a_t^+ = Q_t + N_t \quad (\text{dans [E], } a_t^\circ \text{ s'appelle aussi } N_t)$$

D'après les résultats de Hudson-Parthasarathy reproduits dans [E], p. IV.20-22, il existe un isomorphisme entre Φ et un espace $L^2(\Omega, \underline{\underline{F}}, P)$ portant un processus de Poisson compensé (ξ_t), à sauts unité et d'intensité 1, isomorphisme sous lequel

- ($\xi_.$) engendre la tribu $\underline{\underline{F}}$,
- le vecteur vide $\mathbb{1}$ devient la fonction 1,
- l'opérateur X_t devient l'opérateur de multiplication par ξ_t sur $L^2(\Omega)$.

Identifions Φ à $L^2(\Omega)$ par cet isomorphisme. La courbe (ξ_t) = ($X_t \mathbb{1}$) devient (comme $a_t^\circ \mathbb{1} = 0$) <u>la même courbe</u> (B_t) <u>que précédemment</u>, et les i.s. classiques d'une courbe adaptée (h_t) par rapport au processus de Poisson (ξ_t) - nous n'insistons pas ici sur le caractère prévisible du processus (h_t), comme nous l'avons maladroitement fait dans [E] -

se lisent à nouveau comme des i.s. intrinsèques sur l'espace de Fock, relatives à la courbe (B_t). D'après un calcul esquissé dans [E], p. V.10 formule (29), on a pour la martingale

$$M_t = \int_0^t H_r dX_r$$

en posant toujours $L_t=M_t\mathcal{E}(u_{t]})$, $K_t=H_t\mathcal{E}(u_{t]})$, l'é.d.s. de Poisson

(8) $$L_t = \int_0^t u_r L_r d\xi_r + \int_0^t K_r(d\xi_r + u_r d[\xi,\xi]_r)$$

(à vrai dire, je ne suis pas tout à fait content de la démonstration de [E] : mieux vaudrait vérifier à la main que (8) donne le bon résultat dans le cas étagé, et passer ensuite à la limite).

Comme (ξ_t) est un processus de Poisson compensé à sauts unité et d'intensité 1, on a $d[\xi,\xi]_s=d\xi_s+ds$. Revenant sur l'espace de Fock, on remplace $d\xi_s$ par dB_s, et on obtient le cas particulier de (6) correspondant à $H_t^-=H_t^\circ=H_t^+=H_t$. La formule relative à H° tout seul s'obtient alors par différence.

e) Le calcul précédent se généralise à toutes les interprétations probabilistes, en ce sens que la martingale fondamentale Y_t de [E], formule (L9) p. V.22 est toujours telle que $Y_t\mathbb{1}=B_t=a_t^+\mathbb{1}$: l'intégrale stochastique en dB_t de la formule (6) s'interprète toujours comme une i.s. classique par rapport à la martingale fondamentale de l'interprétation probabiliste, et le processus (L_t) est toujours une semimartingale, quelle que soit l'interprétation utilisée.

f) Revenons à (6) : nous allons en tirer un certain nombre de conséquences.

Les inégalités données dans [E], pages V.7-9, formules (17), (21), (24), nous donnent pour s<t

$$\|M_t\mathcal{E}(u_{s]})-M_s\mathcal{E}(u_{s]})\|^2 \leqq C(u)\int_s^t f(r,u)dr$$

où f(.,u) est une fonction localement intégrable, dépendant de u . On peut faire entrer la constante C(u) dans la fonction. Si les coefficients de la représentation H^ε satisfont à l'hyôthèse (1), on obtient sur la martingale une inégalité plus forte, de la forme

(9) $$\sup_{a\in\mathbb{R}} \|M_t\mathcal{E}(u_{a]})-M_s\mathcal{E}(u_{a]})\|^2 \leqq \int_s^t f(r,u)dr .$$

Pour s=0, on obtient une majoration de $\|M_t\mathcal{E}(u_{a]})\|$, uniforme pour $t\leqq t_0$ et a quelconque.

Considérons ensuite, pour s<t

$$M_t\mathcal{E}(u_{t]})-M_t\mathcal{E}(u_{s]}) = (M_t-M_s)\mathcal{E}(u_{t]}) - (M_t-M_s)\mathcal{E}(u_{s]}) + M_s(\mathcal{E}(u_{t]})-\mathcal{E}(u_{s]})).$$

Les deux premiers termes ont, d'après (9), une majoration de la forme

$(\int_s^t f(r,u)dr)^{1/2}$. Le dernier peut s'écrire $(M_s\mathcal{E}(u_{s]}))(\mathcal{E}(u_{[s,t]})-1)$; le premier facteur a une norme majorée d'après (9), le second une norme en $|t-s|^{1/2}$. Regroupant tout cela, on a ici encore une majoration de la forme

$$\|M_t\mathcal{E}(u_{t]})-M_t\mathcal{E}(u_{s]})\|^2 \leqq \int_s^t f(r,u)dr$$

et l'on peut d'ailleurs remplacer u par $u_{a]}$ sans modifier le second membre. Avec un peu plus de travail, on obtient

$$(10) \qquad \|M_t\mathcal{E}(u_{b]})-M_t\mathcal{E}(u_{a]})\|^2 \leqq \int_a^b f(r,u)dr \qquad (\ a<b \text{ arbitraires })$$

où l'on peut choisir une même fonction localement intégrable $f(.,u)$ pour tous les $t \leqq t_\circ$.

Les démonstrations de Parthasarathy-Simha n'utilisent que des inégalités du type (9), pour la martingale M et la martingale M^* adjointe, et utilisent un continuel va et vient entre la représentation de M et celle de M^*, par passage à l'adjoint sur les coefficients de la représentation, qui se trouvent être bornés. Dans le cas non borné, il semble assez raisonnable de supposer que M admet un adjoint M^*, mais on ne voit pas comment s'assurer que les coefficients de la représentation, construits comme des dérivées de Radon-Nikodym, admettent des adjoints honnêtes. Nous utiliserons donc des hypothèses de nature différente, évitant tout passage à l'adjoint. Il resterait à comprendre la relation entre les deux types d'hypothèses, dans le cas borné.

g) Soit (h_t) une courbe adaptée dans l'espace de Fock, nulle en 0 et continue. Nous dirons que (h_t) est une <u>quasimartingale</u> si, pour tout intervalle borné $[s,t]$, le nombre

$$V_{s,t} = \sup_\tau \Sigma_i \|E_{r_i}(h_{r_{i+1}}-h_{r_i})\|$$

est fini ; ici $\tau=(s=r_0<r_1<\ldots<r_k=t)$ parcourt l'ensemble des subdivisions finies de $[s,t]$, et E_{r_i} est le projecteur sur Φ_{r_i} . La norme de l'espace de Fock est une norme L^2 sur l'espace de Wiener, plus grande que la norme L^1 : notre courbe est donc une quasimartingale brownienne classique, et nous n'avons besoin d'aucune théorie hilbertienne générale (qui doit bien exister quelque part, la notion ayant un sens sur tout espace de Hilbert muni d'une famille spectrale).

Que nous dit la théorie des quasimartingales browniennes ? D'abord, que la courbe (h_t) admet une décomposition dans L^1

$$h_t = a_t + m_t$$

en un processus à variation intégrable (sur tout intervalle fini) et une martingale. Le premier processus est donné par une limite faible dans L^1

$$a_t - a_s = \lim_\tau \ \Sigma_i \ E_{r_i}(h_{r_{i+1}} - h_{r_i})$$

Un argument de semi-continuité montre alors que $\|a_t - a_s\|_2 \leqq V_{s,t}$, et il en résulte que (a_t) est une courbe à variation finie au sens de la norme hilbertienne (on voit facilement que la convergence faible dans L^1 peut être remplacée par la convergence faible dans L^2, autrement dit dans l'espace de Fock). Comme a_t et h_t appartiennent à L^2, il en est de même de m_t par différence, et (m_t) est une courbe à accroissements orthogonaux dans l'espace de Fock, relativement à la filtration $(\Phi_{t]})$. Ici encore, il serait bon de savoir traiter ce genre de décompositions dans un cadre plus général.

Une inégalité du type

$$\| E_s(h_t - h_s) \| \leqq \int_s^t f(r)dr \quad \text{(où } f \text{ est localement intégrable)}$$

entraîne pour la partie à variation finie a_t une représentation $\int_0^t \alpha_r dr$, avec $\|\alpha_r\| \leqq f(r)$ pour presque tout r .

Revenons alors à la formule (6) : nous avons pour $s \leqq t$

$$E_s(L_t - L_s) = E_s[\int_s^t u_r H_r^- \mathcal{E}(u_{r]}) dr]$$

et, comme E_s diminue la norme

$$\| E_s(L_t - L_s) \| \leqq \int_s^t |u_r| \, \| H_r^- \mathcal{E}(u_{r]}) \| \, dr$$

Ainsi, <u>la courbe</u> (L_r) <u>est une quasimartingale au sens précédent</u>.

III. EXISTENCE D'UNE REPRESENTATION : RECHERCHE DE H^+

Nous prenons maintenant le problème par l'autre bout : nous nous donnons une martingale d'opérateurs (M_t) , et nous faisons les deux hypothèses suivantes (pour tout u étagé, $s<t$)

(11) $\quad \sup_{a \in \mathbb{R}} \| M_t \mathcal{E}(u_{a]}) - M_s \mathcal{E}(u_{a]}) \|^2 \leqq \int_s^t f(r,u)dr$, $f \in L^1_{loc}$

(12) $\quad \sup_{a \in \mathbb{R}} \| E_s(M_t \mathcal{E}(u_{t \wedge a]}) - M_s \mathcal{E}(u_{s \wedge a]}) \| \leqq \int_s^t g(r,u)dr$, $g \in L^2_{loc}$.

Cette inégalité se ramène d'ailleurs aisément à la forme plus simple

(12') $\quad \| E_a(M_t \mathcal{E}(u_{t]}) - M_a \mathcal{E}(u_{a]}) \| \leqq \int_a^t g(r,u)dr \qquad (a \leqq t)$.

Nous allons montrer que ces conditions sont aussi <u>suffisantes</u> pour que M soit représentable - mais nous devons rappeler aussi que nous travaillons sur une très petite classe de vecteurs cohérents : le problème traité ici est bien plus simple que celui de Parthasarathy-Simha.

Nous commencerons par extraire le coefficient H^+, ce qui n'exigera que des conditions du type (11) (dans l'approche de P-S, en appliquant ce résultat à M^* et en repassant à l'adjoint, on obtiendrait H^- aussi).

Pour tout a, considérons la martingale brownienne ordinaire

$$\lambda_t^a = \begin{cases} M_t\mathcal{E}(u_{a]})-M_a\mathcal{E}(u_{a]}) & \text{si } t\geqq a \\ 0 & \text{si } t\leqq a \end{cases}$$

Elle admet une représentation classique en i.s.

$$\lambda_t^a = \int_0^t \xi_r^a(u)dB_r \qquad \text{avec} \quad \xi_r^a(u)=0 \text{ si } r\leqq a$$

(en fait, $\xi_r^a(u)$ ne dépend que de $u_{a]}$). Comme l'application $a\mapsto\lambda_t^a$ est continue en moyenne quadratique, un résultat ancien de C. Doléans (Publ. Inst. Stat. Paris 16, 1967, p.23-34), repris par Stricker et Yor (ZW 45, 1978, p. 109-134) permet de choisir une version de la fonction $\xi_r^a(\omega,u)$, mesurable par rapport à la tribu produit de $\mathcal{B}(\mathbb{R}_+)$ (en a) par la tribu prévisible $\mathcal{P}$ (en (r,ω)). Nous avons d'après (11), pour $a\leqq s\leqq t$

$$\int_s^t \|\xi_r^a(u)\|^2\, dr = \| M_t\mathcal{E}(u_{a]})-M_s\mathcal{E}(u_{a]})\|^2 \leqq \int_s^t f(r,u)dr$$

et par conséquent $\|\xi_r^a(u)\|^2 \leqq f(r,u)$ pour presque tout $r\geqq a$. Comme rien ne nous empêche de remplacer ξ_r^a par 0 pour les mauvais r, nous pouvons supposer cette inégalité vérifiée partout. Soient $a<b<t$; nous avons

$$M_t\mathcal{E}(u_{a]})-M_b\mathcal{E}(u_{a]}) = \int_b^t \xi_r^a(u)dB_r$$

mais aussi

$$M_t\mathcal{E}(u_{a]})-M_b\mathcal{E}(u_{a]}) = M_t\mathcal{E}(u_{a]b]})-M_b\mathcal{E}(u_{a]b]}) = \int_b^t \xi_r^b(u_{a]})dB_r \quad .$$

D'après l'unicité de la représentation en i.s. browniennes, on a

(13) pour $a<b$ fixés, $\xi_r^a(u)=\xi_r^b(u_{a]})$ p.s. pour presque tout $r>b$.

Appliquant le théorème de Fubini, on voit que pour tout a fixé

(13') pour presque tout $r>a$, on a $\xi_r^a(u)=\xi_r^b(u_{a]})$ p.s. pour presque tout $b\in]a,r[$

Nous utilisons alors la topologie essentielle (Cf. Dellacherie-Meyer, Probabilités et Potentiel, IV.36-39), qui ignore les ensembles de mesure nulle au sens de Lebesgue : nous posons pour $r>0$

(14) $\quad \xi_r(u) = \text{liminfess}_{\varepsilon\downarrow 0}\, (\xi_r^{r-\varepsilon}(u))^+ - \text{liminfess}_{\varepsilon\downarrow 0}\, (\xi_r^{r-\varepsilon}(u))^-$

Cela définit un processus mesurable adapté. Comme $\|\xi_r^a(u)^\pm\|^2 \leqq f(r,u)$, un lemme de Fatou nous donne $\|\xi_r(u)\|^2\leqq 2f(r,u)$. En particulier, ξ_r est un élément de Φ .

D'après (13') on a pour tout a et presque tout $r>a$

$$\xi_r^{r-\varepsilon}(u_{a]}) = \xi_r^a(u) \quad \text{pour presque tout } \varepsilon\in]0,r-a[$$

et par conséquent, en passant à la limite

$$\xi_r(u_{a]}) = \xi_r^a(u) \quad \text{pour presque tout } r>a$$

Nous avons donc aussi

$$M_t\mathcal{E}(u_{a]}) - M_s\mathcal{E}(u_{a]}) = \int_s^t \xi_r(u)dB_r$$

Nous posons enfin

$$H_t^+\mathcal{E}(u) = \xi_t(u_{t]})\mathcal{E}(u_{[t}) .$$

Nous obtenons ainsi un processus adapté, satisfaisant à la condition (1), car $\|H_t^+\mathcal{E}(u_{a]})\| \leqq f(t,u)\exp(\|u\|^2)$ pour tout a . Cette majoration permet aussi de définir l'i.s.

$$M_t^+ = \int_0^t H_r^+ da_r^+ ,$$

et la martingale $M_t^! = M_t - M_t^+$ satisfait aux conditions (11), (12), et de plus à la condition

(15) $L_t^! = M_t^!\mathcal{E}(u_{t]})$ <u>est constante sur tout intervalle où</u> u <u>s'annule</u>.

IV. RECHERCHE DE H^- ET H°

Nous enlevons le ', et ajoutons désormais (15) à nos hypothèses sur M .

D'après les remarques faites plus haut sur les quasimartingales, la condition (12) entraîne pour le processus $L_t = M_t\mathcal{E}(u_{t]})$ une représentation

(16) $$L_t = \int_0^t \alpha_r(u)dr + m_t \quad (m_. \text{ martingale ordinaire }),$$

avec des majorations de la forme

$$\| \int_s^t \alpha_r(u_{a]})\, dr\| \leqq \int_s^t g(r,u)dr \quad \text{pour tout a}$$

où $g(.,u)$ est localement dans L^2. D'après l'hypothèse (15), on a $\alpha_.(u)=0$ dans tout intervalle où $u=0$. Comme u est étagée, elle est bornée inférieurement dans l'ensemble $\{u\neq 0\}$, et l'on peut définir

$$\xi_r(u) = \frac{1}{u(r)}\alpha_r(u) \qquad (0/0=0)$$

Rien n'empêche de choisir une version mesurable de $\alpha_.(u)$, adaptée ou même prévisible, telle que l'on ait $\|\alpha_r(u)\| \leq g(r,u)$ pour tout r, identiquement nulle dans l'ensemble $\{u=0\}$ - de sorte que la fonction $\xi_.(u)$ définie ci-dessus satisfait à

$$\| \xi_r(u)\| \leqq \frac{1}{C(u)}g(r,u)$$

C(u) étant la borne inférieure de $|u|$ dans $\{u\neq 0\}$, strictement positive du fait que u est étagée. On peut alors prendre

$$H_r^-\mathcal{E}(u) = \xi_r(u)\mathcal{E}(u_{[r})$$

ce qui définit (en prolongeant par linéarité) un processus adapté d'opérateurs, permettant de définir une intégrale stochastique $M_t^- = \int_0^t H_r^- da_r^-$ telle que la martingale $M_t^! = M_t - M_t$ ne possède plus de terme d'annihilation, i.e.

(17) <u>pour tout</u> u, $L'_t = M'_t\mathcal{E}(u_{t]})$ <u>est une martingale</u>.

Tout cela est très simple, mais malheureusement nous avons oublié la condition (1) pour notre processus H^-, autrement dit nous voulons majorer à la fois tous les $\|\xi_r(u_{a]})\|$. Ce ne sont pas les constantes $C(u_{a]})$ qui vont nous gêner, mais il faut arriver à majorer $\|\alpha_r(u_{a]})\|$ par $g(r,u)$ uniformément en a. La méthode est analogue à celle que l'on a utilisée pour H^+ : construire une version de $\xi^a_r(u)=\xi_r(u_{a]})$ mesurable en (a,r,ω), et définir la bonne version de $\xi_r(u)$ par un procédé de limites essentielles. Nous ne donnerons pas les détails.

Alors la martingale (M'_t) de (17) satisfait encore à (11), (12), (15). A nouveau nous enlevons les ', et nous écrivons

$$L_t = M_t\mathcal{E}(u_{t]}) = \int_0^t \beta_s(u)dB_s$$

$$\xi^a_r = \frac{1}{u(r)}\beta_r(u_{a]}) - M_t\mathcal{E}(u_{t\wedge a]})$$

nous régularisons les ξ^a_r comme pour H^+, et nous posons[1]

$$H^\circ_r\mathcal{E}(u) = \xi_r(u_{r]})\mathcal{E}(u_{[r})$$

$$M^\circ_t = \int_0^t H^\circ_r da^\circ_r \ , \ M'_t=M_t-M^\circ_t$$

D'après la formule (6) et la construction de M° nous avons pour $L'_t = M'_t\mathcal{E}(u_{t]})$

$$L'_t = \int_0^t u_r L'_r dB_r \quad , \quad L'_0=0 .$$

et cela entraîne que $L'=0$: donc nous avons établi que M est représentable.

REFERENCE

L'article cité de K.R. Parthasarathy et K.B. Sinha a pour titre : Stochastic integral representation of bounded quantum martingales in Fock space (Preprint, Indian Statistical Institute, New Delhi).

1. Nous passons rapidement sur les détails, et en particulier nous omettons les majorations, qui n'offrent aucun nouveau problème.

SOME ADDITIONAL REMARKS

ON FOCK SPACE STOCHASTIC CALCULUS

by K.R. Parthasarathy

These remarks refer to P.A. Meyer's article << Quelques remarques au sujet du calcul stochastique sur l'espace de Fock >>, in this volume, and use essentially the same notations.

Let Φ be Fock space over $L_2[0,\infty)$, $\mathcal{K}=\{u\in L_2[0,\infty),\ \mathrm{supp}(u)\ \text{compact}\}$ and $\mathcal{C}$ = linear manifold generated by $\{\varepsilon(u),\ u\in\mathcal{K}\}$.

PROPOSITION 1. Let $M=\{M(t)\}$, $M^*=\{M^*(t)\}$ be martingales with domain $\mathcal{C}$ and adjoint to each other on $\mathcal{C}$. Suppose

(1) $\quad \sup_t \left(\|M(t)\varepsilon(u)\|+\|M^*(t)\varepsilon(u)\|\right) < \infty \quad$ for $u\in\mathcal{K}$.

Then there exist operators $M(\infty)$, $M^*(\infty)$ with domain $\mathcal{C}$, adjoint to each other on $\mathcal{C}$, satisfying for $u\in\mathcal{K}$

(2) $\quad M(\infty)\varepsilon(u) = \lim_{t\to\infty} M(t)\varepsilon(u)$, $M^*(\infty)\varepsilon(u) = \lim_{t\to\infty} M(t)\varepsilon(u)$

Proof. Let $\mathrm{Supp}(u)\subset[0,a]$. Then the random variables $\{M(t)\varepsilon(u),\ t\geqq a\}$ and $\{M^*(t)\varepsilon(u),\ t\geqq a\}$ constitute classical martingales in Wiener space with bounded mean square norms. Hence the limits on the right sides of (2) exist. The linear independence of coherent vectors ensures that the operators $M(\infty)$ and $M^*(\infty)$ are well defined by (2) and extension to $\mathcal{C}$ by linearity. ▯

PROPOSITION 2 . There exist sequences $\{X_j\}$, $\{Y_j\}$ of operators of rank ($\leqq$) one on Φ such that

(3) $\quad M(\infty) = \Sigma_1^\infty X_j$, $M^*(\infty) = \Sigma_1^\infty Y_j$ on $\mathcal{C}$.

where the right hand sides converge strongly on $\mathcal{C}$.

Proof. Since $\mathcal{C}$ is dense in Φ we can choose in $\mathcal{C}$ a complete orthonormal basis $\{\xi_j,\ j=1,2,\ldots\}$ of Φ . Thus by proposition 1

$$M(\infty)\varepsilon(u) = \Sigma_j < \xi_j, M(\infty)\varepsilon(u)>\xi_j = \Sigma_j <M^*(\infty)\xi_j,\varepsilon(u)>\xi_j$$

for every $u\in\mathcal{K}$. Using Dirac's notation and putting $X_j=|\xi_j><M^*(\infty)\xi_j|$ (and similarily $Y_j=|\xi_j><M(\infty)\xi_j|$) .

Remark. Y_j is not necessarily the adjoint of X_j in the above proof !

Definition. An adapted process M is said to be of rank $\leqq m$ if $M(t)|_{\Phi_{t]}}$ is an operator of rank $\leqq m$ for all t.

PROPOSITION 3. Let $\{M(t)\}$, $\{M^*(t)\}$ be martingales satisfying the conditions of proposition 1. Then there exists a sequence $M_j=\{M_j(t)\}$ of martingales of rank ≤ 1 such that

(4) $$M(t) = \Sigma_j M_j(t) \text{ on } \mathcal{E} \text{ for all } t ,$$

where the right hand side converges strongly on $\mathcal{E}$.

Proof. X_j denoting the same operator as in Proposition 2, for $u \in \kappa$ define the operator $M_j(t)$ by

$$M_j(t)\varepsilon(u) = \{E_{t]}X_j\varepsilon(u_{t]})\}\varepsilon(u_{[t})$$

where $E_{t]}$ is conditional expectation given the brownian motion up to time t. Then $M_j = \{M_j(t)\}$ is a martingale, and

$$M_j(t)|_{\Phi_{t]}} = |E_{t]}\xi_j\rangle \langle E_{t]}M^*(\infty)\xi_j|$$

with the notations of the proof of proposition 2. Now the Proposition is immediate from (3) and the definitions. ▯

PROPOSITION 4. Let X be an operator of rank one on Φ and let $\{X(t)\}$ be the martingale of rank ≤ 1 defined by

(5) $$X(t)\varepsilon(u) = \{E_{t]}X\varepsilon(u_{t]})\}\varepsilon(u_{[t})$$

Then there exist adapted processes K, L of rank ≤ 1 such that

(6) $$dX = Kda^+ - Xda^\circ + Lda^- .$$

Remark. Since X is a bounded operator, $X(t)$ can be defined outside $\mathcal{E}$. However, we shall use only (5).

Proof. Suppose $X = |\xi\rangle\langle\eta|$. There exists a square integral adapted process ρ_ξ such that

$$E_{t]}\xi = E\xi + \int_0^t \rho_\xi(s)dB(s) \quad \text{where } E=E_{0]} \text{ and } B \text{ is brownian motion,}$$

and a similar representation for η. For any $v \in L_2[0,\infty)$ we have

(7) $$\langle \varepsilon(v_{t]}),\xi \rangle = \langle \varepsilon(v_{t]}), E_{t]}\xi \rangle = E\xi + \int_0^t \overline{v}(s)\langle\varepsilon(v_{s]}),\rho_\xi(s)\rangle\, ds .$$

Then for $u,v \in L_2[0,\infty)$ we have by (5)

$$\langle \varepsilon(v),X(t)\varepsilon(u)\rangle = \langle \varepsilon(v_{t]}),E_{t]}\xi\rangle \langle E_{t]}\eta,\varepsilon(u_{t]})\rangle\, e^{\int_t^\infty \overline{v}(s)u(s)ds}$$

Using (7) we get for $\frac{d}{dt}\langle \varepsilon(v),X(t)\varepsilon(u)\rangle$ the expression

$$-\overline{v}(t)u(t)\langle\varepsilon(v),X(t)\varepsilon(u)\rangle +$$
$$e^{\int_t^\infty \overline{v}u\,ds}\{\overline{v}(t)\langle\varepsilon(v_{t]}),\rho_\xi(t)\rangle\langle E_{t]}\eta,\varepsilon(u_{t]})\rangle + u(t)\langle\varepsilon(v_{t]}),E_{t]}\xi\rangle\langle\rho_\eta(t),\varepsilon(u_{t]})\rangle\}$$

On other words,

$$dX = -Xda^\circ + Kda^+ + Lda^-$$

where

$$K(t) = (|\rho_\xi(t)\rangle \langle E_{t]}\eta|) \otimes I_{[t}$$

$$L(t) = (|E_{t]}\xi\rangle \langle \rho_\eta(t)|) \otimes I_{[t}$$

and $I_{]t}$ is the identity operator in $\Phi_{[t}$.

COROLLARY. Let X be a Hilbert-Schmidt operator on Φ and let $\{X(t)\}$ be the Hilbert-Schmidt martingale defined by

$$X(t)\varepsilon(u) = \{E_{t]}X\varepsilon(u_{t]})\}\varepsilon(u_{[t}), \quad u\varepsilon L_2[0,\infty) .$$

Then there exist Hilbert-Schmidt adapted processes K, L such that

$$dX = K da^+ - X da^\circ + L da^- .$$

If $\operatorname{rank} X = m < \infty$, then K and L are of rank $\leq m$.

Proof. Immediate.

THEOREM. Let M, M^* be martingales satisfying the conditions of Proposition 1. Then there exist martingales M_j ($j=1,2,\ldots$) satisfying the following conditions

(i) $M(t) = \Sigma_j M_j(t)$ on $\mathcal{E}$, in the sense of strong convergence on $\mathcal{E}$.

(ii) For every j, $M_j(\infty) = \operatorname{slim}_{t\to\infty} M_j(t)$ is an operator of rank one.

(iii) For every j, $dM_j = K_j da^+ - M_j da^\circ + L_j da^-$, where K_j, L_j are adapted processes of rank ≤ 1.

Proof. Immediate from Propositions 1-4.

Indian Statistical Institute
7, S.J.S. Sansanwal Marg
New Delhi 110016, India

SUR LA CONSTRUCTION DE CERTAINES DIFFUSIONS

par W.A. Zheng et P.A. Meyer

Les travaux récents de E. Carlen [1] et W.A. Zheng [2] ont abouti à la construction de certaines diffusions, obtenues en perturbant un mouvement brownien au moyen d'un champ de vecteurs singulier. Dans ces travaux figure une condition globale, dite << condition d'énergie finie >>. Nous nous proposons ici de donner une condition locale, permettant d'affirmer que la diffusion évite l'ensemble des << noeuds >> de sa densité. Nous ne cherchons pas, en revanche, à minimiser les hypothèses de différentiabilité.

1. NOTATIONS ET RAPPELS. On se place sur $\mathbb{R}^d\times\mathbb{R}$, et l'on se donne une fonction continue $\rho(x,t)$ sur cet espace, positive (nous poserons souvent $\rho(.,t)=\rho_t$). Nous désignons par U l'ouvert $\{\rho>0\}$, et nous supposons que ρ y est de classe $C^{2,1}$. Dans cet ouvert aussi, nous nous donnons un champ de vecteurs $b(x,t)$ à valeurs dans $\mathbb{R}^d$, de classe $C^{1,0}$, lié à ρ par une équation de Fokker-Planck

(1) $$\dot{\rho} = \frac{1}{2}\Delta\rho - \operatorname{div}(\rho b) .$$

Le champ $\hat{b}$ défini par $b-\hat{b} = \operatorname{grad}\rho/\rho$ satisfait alors à l'équation analogue, toujours dans U

($\hat{1}$) $$\dot{\rho} = -\frac{1}{2}\Delta\rho - \operatorname{div}(\rho\hat{b}) .$$

Soit I un intervalle $[u,v]$ de $\mathbb{R}$, et soit Ω_I l'ensemble des applications continues de I dans $\mathbb{R}^d$, avec ses tribus usuelles et ses applications coordonnées X_t (nous désignerons par $\Omega_I^{\prime}$ l'espace analogue, où l'on permet une durée de vie finie ζ). Soit P^{μ} la mesure sur Ω_I sous laquelle (X_t) est un mouvement brownien de mesure initiale μ . Soit $\tau=\inf\{t : X_t\notin U\}$. Pour toute fonction positive f sur $\mathbb{R}^d$, posons

$$Q_{uv}(x,f) = E^x[f(X_v)I_{\{v<\tau\}}\exp(\int_u^v b(X_s,s)\cdot dX_s - \frac{1}{2}\int_u^v b^2(X_s,s)ds)]$$

Il est bien connu que l'on définit ainsi une fonction de transition sousmarkovienne, portée par U . Nous désignerons par Q^{μ} la mesure sur $\Omega_I^{\prime}$ sous laquelle le processus (X_t) admet cette fonction de transition. Sous cette loi, le processus (défini pour $t<\zeta$)

$$W_t = X_t - X_u - \int_u^t b(Y_s)ds \qquad \text{où l'on pose } Y_s=(X_s,s)$$

peut être considéré comme la restriction à $[0,\zeta[$ d'un mouvement brownien (défini sur un espace élargi convenable) : on peut donc considérer (X_t) comme la solution d'une équation différentielle stochastique, calculée jusqu'au temps de sortie τ de l'ouvert U .

La fonction b(x,t) étant bornée sur les compacts de U, le processus (Y_t) sort de tout compact de U à l'instant de sa durée de vie ζ : ou bien la trajectoire ne reste pas bornée dans $\mathbb{R}^d \times I$, ou bien elle reste bornée mais est adhérente à U^c, l'ensemble des noeuds de ρ .

Si l'on remplace b par $-\hat{b}$, on définit de même une fonction de transition sousmarkovienne $\hat{Q}_{uv}$. On trouvera dans [2] un argument simple de retournement du temps sur le mouvement brownien, permettant de déduire de (1) et ($\hat{1}$) la propriété de dualité que voici :

LEMME 1. Soient f,g deux fonctions positives sur $\mathbb{R}^d$. Alors on a

$$(2) \qquad \int \rho_u(x)f(x)dx\ Q_{uv}(x,dy)g(y) = \int \rho_v(y)g(y)dy\ \hat{Q}_{uv}(y,dx)f(x) .$$

En particulier, prenons f=1 . La fonction de transition $\hat{Q}_{uv}$ étant sousmarkovienne, on a $\rho_u Q_{uv} \leqq \rho_v$ p.p., et on en déduit (th. de Fubini) :

LEMME 2. Pour toute fonction positive h sur $\mathbb{R}^d \times [u,v]$ on a, en désignant par μ_u la mesure $\rho_u(x)dx$

$$(3) \qquad E_Q^{\mu_u}\left[\int_u^v h(Y_s)ds\right] \leqq \int_{\mathbb{R}^d \times [u,v]} h(x,s)\rho(x,s)dxds .$$

2. Voici le résultat que nous voulons établir :

THEOREME. Soit F la fonction sur $\mathbb{R}^d \times \mathbb{R}$

$$(4) \qquad F = \Delta\rho - \rho \operatorname{div} b - \tfrac{1}{2}\operatorname{grad}^2\rho/\rho \quad \text{sur } U \text{ , } F=0 \text{ sur } U^c .$$

Si la fonction F^- est localement intégrable, sous toute mesure Q^{μ_u} le processus (Y_t) sort de tout compact de $\mathbb{R}^d \times [u,v]$ à l'instant de sa durée de vie.

Autrement dit, le processus (Y_t) ne va jamais mourir à distance finie, dans l'ensemble $\{\rho=0\}$ des noeuds de la densité ρ.

Nous commençons par un calcul, qui résulte de la formule d'Ito appliquée dans U à $\log\rho$, et de (1). Nous le laissons au lecteur.

LEMME 3. On a pour $t<\zeta$

$$(5) \quad \log\rho(Y_v) - \log\rho(Y_u) = \int_u^v \frac{\operatorname{grad}\rho}{\rho}(Y_s)\cdot dW_s + \int_u^v \frac{1}{\rho}F(Y_s)ds$$

Soit K un compact de $\mathbb{R}^d \times [u,v]$. Posons

$$T_n = \inf\{t \leqq v : Y_t \notin K \text{ ou } \rho(Y_t) \leqq 1/n\} \text{ , } T = \lim_n T_n .$$

Il s'agit de démontrer que pour tout K et tout v

$$Q^{\mu_u}\{ u<T<v,\ \rho(Y_{T_n}) \leqq 1/n \text{ pour tout } n\} = 0 .$$

Désignons par A cet événement. Sur $\{T_n>u\}$, nous avons pour $s \leqq T_n$ $Y_s \in K$, et $\rho(Y_s) \geqq 1/n$, donc l'intégrale stochastique au second membre de (5) a une espérance nulle à l'instant T_n . Nous avons donc

$$E[\log\rho(Y_{T_n})I_{\{T_n>u\}}] \geqq E[\log\rho(Y_u)I_{\{T_n>u\}}] - E[\int_u^{T_n} \frac{1}{\rho}F^-(Y_s)ds]$$

Au premier membre, sur $\{T_n>u\}$ nous avons $Y_{T_n} \varepsilon K$, donc $\log\rho(Y_{T_n})$ est borné <u>supérieurement</u>, donc si la probabilité de A est non nulle, le côté gauche tend vers $-\infty$. Du côté droit, si $T_n>u$ on a $X_u \varepsilon K$, et l'espérance est bornée en valeur absolue par

$$\int_K |\log\rho(x)|\rho(x)dx$$

qui est finie, ρ étant localement bornée. Enfin, comme F^- est positive nous voyons que si A a une probabilité non nulle, on a

$$E[\int_u^v \frac{1}{\rho}F^-(Y_s)I_{\{X_s \varepsilon K\}}ds] = +\infty$$

Mais alors, en appliquant (3), nous avons a fortiori

$$\int_{\mathbb{R}^d\times[u,v]} I_K(x)F^-(x,s)dxds = +\infty$$

et F^- n'est pas localement intégrable. Le théorème est établi.

3. On peut aussi écrire F sous une forme plus symétrique

$$F = \frac{1}{2}\Delta\rho + \dot{\rho} + \frac{1}{2}(b+\hat{b})\cdot\text{grad}\,\rho\ .$$

Dans le cas stationnaire, le second terme disparaît, et dans le cas stationnaire symétrique, les deux derniers termes disparaissent.

REFERENCES

[1]. E. CARLEN. Conservative diffusions. Comm. in Math. Phys. 94, 1984, p. 293-315.

[2]. W.A. ZHENG. Tightness results for laws of diffusion processes - application to stochastic mechanics. A paraître, Ann. I.H.P., 1985.

W.A. Zheng
East China Normal University
Shanghai, Chine

P.A. Meyer
IRMA, 7 rue Gal Zimmer
Strasbourg

COMMENTAIRE (M. Emery)

Voici un exemple en dimension 1, qui montre que la condition de Zheng est réellement précise. On se place sur un intervalle $]0,a[$ ($a \leqq +\infty$), la fonction ρ étant indépendante de t, >0 dans $]0,a[$ et admettant un noeud en 0. On se place dans le cas stationnaire réversible ($b = -\hat{b} = \rho'/2\rho$). On peut montrer que la condition nécessaire et suffisante pour que la diffusion dans $]0,a[$ évite le noeud en 0 est $\int_{0+} dx/\rho(x) = +\infty$. Si $\rho(x)=x^\lambda$ ou $x(\log\frac{1}{x})^\lambda$, la condition suffisante de Zheng s'applique dans tout l'intervalle où le noeud est effectivement évité.

La condition nécessaire et suffisante ci-dessus s'établit ainsi. Soit f une primitive de $1/\rho$ dans $]0,a[$; alors $M_t=f\circ X_t$ est une martingale locale de crochet $\langle M,M\rangle_t=dt/\rho^2(X_t)$. Si $f(0)>-\infty$, M_t atteint $f(0)$ par valeurs supérieures en temps fini avec probabilité positive (car $d\langle M,M\rangle_t \geq dt$ au voisinage de $f(0)$), donc X peut atteindre 0. Si $f(0)=-\infty$, M ne peut atteindre $f(0)=-\infty$ sans osciller entre $-\infty$ et $+\infty$, ce qui entraîne que X oscille entre deux valeurs u,v telles que $0<u<v<a$. En appliquant la propriété de Markov forte aux temps de passage successifs, on voit que ces oscillations prennent un temps infini, donc 0 n'est pas atteint en temps fini.

NOTE SUR LES EPREUVES (Zheng Wei-an). Nous savons démontrer par la même méthode un critère de non explosion : nous supposons encore que $\rho\in C^{2,1}$, $b\in C^{1,0}$, et en outre

- $\int_0^t \int_{\mathbb{R}^d} F^-(x,s)dxds < \infty$
- il n'existe pas de courbe continue $x(t)$ telle que $\sup_{t<a} |x(t)|=\infty$ et $\inf_{t<a} \rho(x(t),t)>0$ ($a\in\mathbb{R}_+$) .

Considérons alors l'équation différentielle stochastique

$$X_t = X_0 + W_t + \int_0^t b(X_s,s)ds$$

où (W_t) est un mouvement brownien indépendant de X_0 , et la loi de X_0 admet la densité $\rho(.,0)$. Cette équation a une solution unique et non explosive, et la loi de celle-ci à l'instant t admet la densité $\rho(.,t)$.

SUR LA POSITIVITE DE CERTAINS OPERATEURS

par J. Ruiz de Chavez

Cette note fait suite à notre exposé [1] sur les travaux de Surgailis, paru dans le volume précédent du séminaire.

Soit Φ l'espace de Fock construit sur l'espace de Hilbert $H=L^2(\mathbb{R}_+,dt)$. Soit A une contraction de H : on peut lui associer de manière naturelle une contraction $\Phi(A)$ de Φ, entièrement caractérisée par la propriété

(1) $$\Phi(A)\mathcal{E}(f) = \mathcal{E}(Af) \quad \text{pour} \quad f\varepsilon H$$

où $\mathcal{E}$ est l'exponentielle de Wick. Le problème traité par Surgailis consiste à chercher quelle est la condition que l'on doit imposer à A pour que $\Phi(A)$ soit une contraction positive, au sens que voici.

Soit (X_t) une martingale localement de carré intégrable, nulle en 0, de crochet $<X,X>_t=t$. Si $\mathcal{F}$ est la tribu engendrée par les v.a. X_t, les développements en intégrales stochastiques multiples permettent d'identifier l'espace de Fock à un sous-espace de $L^2(\mathcal{F})$. Nous nous intéressons au cas où $\Phi=L^2(\mathcal{F})$ tout entier, et la positivité de $\Phi(A)$ (notion qui dépend du choix de la martingale X) signifie que cet opérateur transforme les v.a. positives en v.a. positives.

Le cas où X est un mouvement brownien et celui où X est un processus de Poisson compensé sont traités dans [1]. Cette note a pour but de montrer comment on peut traiter le cas où

(2) $$X_t = \int_0^t \frac{1}{\rho_s}(dN_s-\rho_s^2 ds)$$

où ρ est une fonction localement intégrable, partout $\neq 0$, et (N_t) est un processus de Poisson d'intensité $\rho_s^2 ds$. Ce cas se ramène très simplement à celui du processus de Poisson compensé usuel, traité par Surgailis. Nous profitons aussi de cette occasion pour montrer la <u>nécessité</u> des conditions de Surgailis (établie par celui-ci, mais non exposée dans [1]).

Rappelons d'abord le théorème de Surgailis :

THEOREME (Cas où $\rho=1$). <u>Pour que</u> $\Phi(A)$ <u>soit un opérateur positif</u>, <u>il faut et il suffit que</u> A <u>soit un noyau sousmarkovien tel que</u> $\lambda A\leq\lambda$, <u>où</u> λ <u>est la mesure de Lebesgue sur</u> $\mathbb{R}_+$.

<u>Démonstration</u>. La suffisance a été traitée dans [1]. Etablissons la nécessité. Nous avons pour toute fonction f de $L^2(\lambda)$, à support dans un intervalle borné $[0,t]$ (et donc intégrable)

(3) $$\mathcal{E}(f) = e^{-\lambda(f)}\prod_{s\in S}(1+f(s)) \qquad \text{(S, ensemble des sauts)}$$

Si f ne satisfait pas aux hypothèses ci-dessus, l'expression est celle de l'exponentielle de Doléans, plus compliquée :

(4) $$\mathcal{E}(f) = \exp(\int_0^\infty f_s dX_s)\prod_{s\in S}(1+f_s)e^{-f_s} .$$

Prenons d'abord dans (3) $f\geqq -1$. Alors $\mathcal{E}(f)\geqq 0$, donc la positivité de $\Phi(A)$ entraîne $\mathcal{E}(Af)\geqq 0$ p.s.. D'après l'expression (4)

$$f\geqq -1 \Rightarrow A(fI_{[0,t]}) \geqq -1 \text{ p.p..}$$

Prenant $f\geqq 0$, nous avons $nf\geqq -1$ pour tout n entier, donc $nA(fI_{[0,t]})\geqq -1$ p.p., et $A(fI_{[0,t]}) \geqq 0$ p.p.. Comme A est une contraction de L^2 on peut faire tendre t vers $+\infty$, donc A est <u>positif</u> . Prenant ensuite $f=-I_{[0,t]}\geqq -1$ on voit que $A(I_{[0,t]})\leqq 1$ p.p., donc A est un pseudonoyau sousmarkovien : on peut le régulariser en un vrai <u>noyau sousmarkovien</u>.

Soit f positive, à support dans $[0,t]$. On a alors d'après (3) $\mathcal{E}(f)\geqq e^{-\lambda(f)}$. Comme $\Phi(A)$ préserve les constantes (prendre f=0 dans (1)), la positivité de $\Phi(A)$ entraîne $\mathcal{E}(Af)\geqq e^{-\lambda(f)}$, donc en prenant une espérance conditionnelle par rapport à $\mathcal{F}_u$ $\mathcal{E}((Af)I_{[0,u]}) \geqq e^{-\lambda(f)}$. Nous pouvons utiliser l'expression (1) pour évaluer cela, et remarquer que $S\cap[0,u]=\emptyset$ avec probabilité >0 : dans un tel cas , $\mathcal{E}((Af)I_{[0,u]})$ se réduit à $\exp(-\int_0^u (Af_s)ds)$. Par conséquent

$$\exp(-\int_0^u (Af_s)ds) \geqq \exp(-\int_0^\infty f_s ds)$$

Faisant tendre u vers $+\infty$, on voit que $\lambda(Af)\leqq\lambda(f)$. On lève ensuite la condition de support sur f , et le théorème est établi.

Le cas de l'espace de Fock construit au dessus de $L^2(\Theta)$, où Θ est une mesure localement bornée sur $\mathbb{R}_+$, se ramène au précédent par un changement de temps déterministe : l'espace de Fock s'identifie à l'espace $L^2(\mathcal{F})$, où $\mathcal{F}$ est la tribu engendrée par le processus de Poisson compensé

(5) $$Y_t = N_t - \Theta([0,t])$$

d'intensité Θ , et la condition de positivité de $\Phi(A)$ est $\Theta A\leqq\Theta$ au lieu de $\lambda A\leqq\lambda$.

Nous revenons alors à (2) : désignons par Θ la mesure $\rho^2(t)dt$: l'espace $L^2(\mathcal{F})$ est aussi bien engendré par X (2) que par Y (5), et nous avons un isomorphisme $f\overset{i}{\mapsto} f/\rho$ de $L^2(\lambda)$ sur $L^2(\Theta)$, qui se prolonge en un isomorphisme des espaces de Fock correspondants, et qui lorsqu'on <u>identifie</u> ces espaces de Fock à $L^2(\mathcal{F})$ est simplement l'identité. En effet, dans le premier espace de Fock, si f est bornée à support dans $[0,t]$, on lit $\mathcal{E}(f)$ comme la variable aléatoire

$$e^{-\int f_s \rho_s ds} \prod_{s \in S} \left(1 + \frac{f(s)}{\rho(s)}\right)$$

tandis que, dans le second espace de Fock, $\mathcal{E}(g) = e^{-\Theta(g)} \prod_{s \in S} (1+g_s)$ se lit pour $g=f/\rho$

$$e^{-\int f_s/\rho_s\, \Theta(ds)} \prod \left(1 + \frac{f}{\rho}(s)\right)$$

qui a bien la même valeur. Pour obtenir la condition de positivité cherchée, il suffit donc d'écrire que iAi^{-1} satisfait à la condition de positivité de Surgailis. Autrement dit :

THEOREME. <u>Pour qu'une contraction</u> A <u>de</u> $L^2(\lambda)$ <u>soit telle que</u> $\Phi(A)$ <u>préserve la positivité dans</u> $L^2(\mathcal{F})$, <u>il faut et il suffit qu'il existe un noyau sousmarkovien</u> B , <u>tel que</u> $\Theta B \leq B$ ($\Theta(dx)=\rho^2(x)dx$) <u>et tel que l'on ait</u>

(6) $$Af = \rho B\left(\frac{f}{\rho}\right) \quad \text{pour} \quad f \in L^2(\lambda) .$$

Ou encore, que l'opérateur $f \longmapsto \frac{1}{\rho}A(f\rho)$ soit régularisable en un noyau sousmarkovien B diminuant Θ .

Si l'on interprète l'espace de Fock comme espace L^2 associé au mouvement brownien, la condition de positivité de $\Phi(A)$ se réduit à la propriété de contraction. Le mouvement brownien est limite de tous les processus de Poisson compensés X_t construits ci-dessus lorsque l'intensité $\rho_s^2 ds$ tend vers l'infini, la hauteur des sauts (non nécessairement positive) $1/\rho_s$ tendant vers 0 . La très grande variété de contractions satisfaisant à (6) justifie intuitivement la disparition de toute condition à la limite, mais il semble difficile de transformer cela en une démonstration entièrement probabiliste pour le cas brownien.

REFERENCES.

[1]. J. Ruiz de Chavez. Espaces de Fock pour les processus de Wiener et de Poisson. Sém. Prob. XIX.

[2]. D. Surgailis. On Poisson multiple stochastic integrals and associated Markov semigroups. Prob. and Math. Stat., 3, 1984, p.217-239.

An Application of the Bakry-Emery Criterion to Infinite Dimensional Diffusions

by

Eric A. Carlen and Daniel W. Stroock*

The note [1] by Bakry and Emery contains an important criterion with which to check whether a diffusion semigroup is hypercontractive. Although Bakry and Emery's interest in their criterion stems from its remarkable ability to give best constants in certain finite dimensional examples, what will concern us here is its equally remarkable ability to handle some infinite dimensional situations.

We begin by recalling their criterion in the setting with which we will be dealing. Let M be a connected, compact, N-dimensional smooth manifold with Riemannian metric g. Let Φ be a smooth function on M and define the differential operator L by

$$Lf = 1/2\exp(\Phi)\mathrm{div}(\exp(-\Phi)\mathrm{grad}(f)),\ f \in C^{\infty}(M),$$

and the probability measure m by

$$m(dx) = \exp(-\Phi(x))\lambda(dx)/\int\exp(-\Phi(y))\lambda(dy),$$

where λ denotes the Riemann measure on M associated with the metric g. Next, use $\{P_t: t > 0\}$ to denote the diffusion semigroup determined by L. The following facts about $\{P_t: t > 0\}$ are easy to check:

i) $\{P_t: t > 0\}$ on C(M) is a strongly continuous, conservative Markov semigroup under which $C^{\infty}(M)$ is invariant.

ii) $\{P_t: t > 0\}$ is m-reversible (i.e. P_t is symmetric in $L^2(m)$ for each $t > 0$) and $\| P_t f - \int f dm \|_{C(M)} \longrightarrow 0$ as $t \longrightarrow \infty$ for each $f \in C(M)$. In particular, for all $t > 0$ and $p \in [1,\infty)$,

$$\| P_t \|_{L^p(m) \longrightarrow L^p(m)} = 1$$

and there is a unique strongly continuous semigroup $\{\overline{P}_t: t > 0\}$ on $L^2(m)$ such that $\overline{P}_t f = P_t f$ for all $t > 0$ and $f \in C(M)$.

As a consequence, note that, for each $f \in L^2(m)$, $t \longrightarrow (f - \bar{P}_t f, f)_{L^2(m)}/t$ is a non-negative, non-increasing function and that, therefore, the <u>Dirichlet form</u> given by

$$\mathcal{E}(f,f) = \lim_{t \downarrow 0} (f - \bar{P}_t f, f)_{L^2(m)}/t$$

exists (as an element of $[0,\infty]$) for each $f \in L^2(m)$.

<u>Theorem</u> (Bakry and Emery): Denote by H_Φ the (covariant) Hessian tensor of Φ (i.e. $H_\Phi(X,Y) = X \cdot Y\Phi - \nabla_X Y\Phi$ for $X, Y \in \Gamma(T(M))$) and let Ric be the Ricci curvature on (M,g). If, as quadratic forms, $\mathrm{Ric} + H_\Phi \geq \alpha g$ for some $\alpha > 0$, then the <u>logarithmic Sobolev inequality</u> :

(L.S.) $\quad \int f^2 \log f^2 dm \leq 4/\alpha\, \mathcal{E}(f,f) + \|f\|^2_{L^2(m)} \log \|f\|^2_{L^2(m)}, \quad f \in L^2(m)$

and, therefore, the <u>hypercontractive estimate</u> :

(H.C.) $\quad \|P_t\|_{L^p(m) \longrightarrow L^q(m)} = 1,$

$1 < p \leq q < \infty$ and $t > 0$ with $e^{\alpha t} \geq (q-1)/(p-1)$

hold.

<u>Remark</u> : Actually, Bakry and Emery's result is somewhat more refined than the one just stated. However, the refinement seems to become less and less significant as N becomes large. Since we are interested here in what happens as N ∞, the stated result will suffice.

<u>Remark</u> : Several authors (e.g. O. Rathaus [5]) have observed that a logarithmic Sobolev inequality implies a <u>gap in the spectrum of L</u> . To be precise, (L.S.) implies that:

(S.G.) $\quad \| f - \int f dm \|^2_{L^2(m)} \leq 2/\alpha\, \mathcal{E}(f,f), \quad f \in L^2(m),$

or, equivalently,

(S.G.') $\quad \| \bar{P}_t f - \int f dm \|_{L^2(m)} \leq \exp(-\alpha t/2) \|f\|_{L^2(m)}, \quad f \in L^2(m).$

We now turn to the application of the Bakry-Emery result to infinite dimensional diffusions. For the sake of definiteness, let $d \geq 2$ and $\nu \geq 1$ be given, and, for $n \geq 1$, set

$$M_n = (S^d)^{\Lambda_n},$$

where $\Lambda_n = \{k \in Z^\nu : \|k\| = \max_{1 \leq i \leq \nu} |k_i| \leq n\}$, and give M_n the product Riemannian structure which it inherits from the standard structure on S^d. Let π_k be the natural projection map from M_n onto the kth sphere S^d, and, for $X \in \Gamma(T(M_n))$, set $X^{(k)} = (\pi_k)_* X$. Noting, as was done in [1], that on S^d the Ricci curvature is equal to $(d-1)$ times the metric, we see that the Ricci curvature Ric_n and the metric g_n on M_n satisfy the same relationship. Finally, let $\Phi_n \in C^\infty(M_n)$ be given and define the operator L_n, the measure m_n, the semigroup $\{P^n_t : t > 0\}$, and the Dirichlet form $\mathcal{E}_n$ accordingly. As an essentially immediate consequence the the Bakry-Emery theorem, we have the following.

<u>Theorem</u> : Assume that for all $X \in \Gamma(T(M_n))$:

$$|H_{\Phi_n}(X,X)| \leq \sum_{k,\ell \in \Lambda_n} \gamma(k-\ell) \|X^{(k)}\| \, \|X^{(\ell)}\|$$

where $\gamma : Z^\nu \longrightarrow [0,\infty)$ satisfies

$$\sum_{k \in Z^\nu} \gamma(k) \leq (1-\varepsilon)(d-1)$$

for some $0 < \varepsilon < 1$. Set $\alpha = \varepsilon(d-1)$. Then:

$$(\text{L.S.})_n \quad \int f^2 \log f^2 dm_n \leq (4/\alpha)\,\mathcal{E}_n(f,f) + \|f\|^2_{L^2(m_n)} \log \|f\|^2_{L^2(m_n)},$$

for $f \in L^2(m_n)$ and

$$(\text{H.C.})_n \quad \|P^n_t\|_{L^p(m_n) \longrightarrow L^q(m_n)} = 1,$$

$1 < p \leq q < \infty$ and $t > 0$ with $\exp(\alpha t) \geq (q-1)/(p-1)$.

In particular,

$$(\text{S.G.})_n \qquad \|f - \int f dm_n\|^2_{L^2(m_n)} \leq (2/\alpha)\,\mathcal{E}_n(f,f), \qquad f \in L^2(m_n),$$

and

$$(\text{S.G.}')_n \quad \|P^n_t f - \int f dm_n\|_{L^2(m_n)} \leq \exp(-\alpha t/2) \|f\|_{L^2(m_n)}, \quad f \in L^2(m_n).$$

<u>Proof</u> : Simply observe that, by Young's inequality, the bound

on H_{Φ_n} (as a quadratic form) in terms of g can be dominated by $\|\gamma\|_{\ell^1(Z^\nu)}$.

To complete our program, set $M_\infty = (S^d)^{Z^\nu}$, $\mathcal{F} = \{F \subseteq Z^\nu : \text{card}(F) < \infty\}$, and, for $F \in \mathcal{F}$, denote be π_F the natural projection of M_∞ onto $(S^d)^F$. (Thus, in the notation used before, $\pi_k = \pi_{\{k\}}$ and $M_n = (S^d)^{\Lambda_n}$.) Next, set $\mathfrak{D}_F = \{f\circ\pi_F : f \in C^\infty((S^d)^F)\}$, $\mathfrak{D} = \bigcup\{\mathfrak{D}_F : F \in \mathcal{F}\}$, and let $\Gamma(T(M_\infty))$ be the set of derivations from $\mathfrak{D}$ into itself. We now suppose that we are given a potential $\mathcal{J} = \{J_F : F \in \mathcal{F}\}$, where:

i) for each $F \in \mathcal{F}$, $J_F \in \mathfrak{D}_F$, and for each $k \in Z^\nu$ there are only a finite number of $F \ni k$ for which J_F is not identically zero,

ii) there is a constant $B < \infty$ such that

$$\sum_{F \ni k} |X^{(k)} J_F| \le B\, \|X^{(k)}\|, \quad k \in Z^\nu \text{ and } X \in \Gamma(T(M_\infty)),$$

iii) there is a $\gamma : Z^\nu \longrightarrow [0,\infty)$ such that

$$\sum_{k \in Z^\nu} \gamma(k) < \infty$$

and

$$\sum_{F \supseteq \{k,\ell\}} |H_{J_F}(X^{(k)}, X^{(\ell)})| \le \gamma(k-\ell)\, \|X^{(k)}\|\, \|X^{(\ell)}\|$$

for all $k,\ell \in Z^\nu$ and $X \in \Gamma(T(M_\infty))$.

Set $H_k = \sum_{F \ni k} J_F$ and define L_∞ on $\mathfrak{D}$ by

$$L_\infty f = 1/2 \sum_{k \in Z} \exp(H_k)\,\text{div}_k(\exp(-H_k)\,\text{grad}_k f)$$

where "div_k" and "grad_k" refer to the corresponding operations in the directions of the kth sphere.

In order to describe the measure m_∞, we will need to introduce the concept of a Gibbs state and this, in turn, requires us to develop a little more notation. For $n \ge 1$ and $x, y \in M_\infty$, define $Q_n(x|y) \in M_\infty$ by

$$Q_n(x|y)_k = \begin{cases} x_k & \text{if } k \in \Lambda_n \\ y_k & \text{if } k \notin \Lambda_n. \end{cases}$$

(It will be convenient, and should cause no confusion, for us to sometimes consider $x \longrightarrow Q_n(x|y)$, for fixed $y \in M_\infty$, as a function on M_n and $y \longrightarrow Q_n(x|y)$, for fixed $x \in M_\infty$, as a function on $(S^d)^{\Lambda_n^c}$.) Define

$$\Phi_n(x|y) = \sum_{F \cap \Lambda_n \neq \phi} J_F \circ Q_n(x|y)$$

and let $m_n(\cdot|y)$ denote the probability measure on M_n associated with $\Phi_n(\cdot|y)$.

We will say that a probability measure m_∞ on M_∞ is a <u>Gibbs state with potential</u> <u>$\mathcal{T}$</u> and will write $m_\infty \in \mathcal{G}(\mathcal{T})$ if, for each $n \geq 1$, $y \longrightarrow m_n(\cdot|y)$ is a regular conditional probability distribution of m_∞ given $\sigma(x_k : k \in \Lambda_n^c)$.

The following lemma summarizes some of the reasonably familiar facts about the sort of situation described above (cf. [2] and [3]).

<u>Lemma</u> : There is exactly one conservative Markov semigroup $\{P_t^\infty : t > 0\}$ on $C(M_\infty)$ such that

$$P_T^\infty f - f = \int_0^T P_t^\infty L_\infty f dt, \quad f \in \mathcal{D}.$$

Moreover, if, for each $n \geq 1$, $\Phi_n \in C^\infty(M_n)$ and the associated operator L_n are given, and if $[L_n(f \circ Q_n(\cdot|y))](x) \longrightarrow L_\infty f(x)$ uniformly in $x, y \in M_\infty$ for every $f \in \mathcal{D}$, then the associated semigroups $\{P^n : t > 0\}$ have the property that

$$[P_t^n f \circ Q_n(\cdot|y)](x) \longrightarrow P_t^\infty f(x)$$

uniformly in $(t,x,y) \in [0,T] \times M_\infty \times M_\infty$ for every $T > 0$ and $f \in C(M_\infty)$. Finally: $\mathcal{G}(\mathcal{T})$ is a non-empty, compact, convex set; $m_\infty \in \mathcal{G}(\mathcal{T})$ if and only if it is a $\{P_t^\infty : t > 0\}$-reversible measure; and for each extreme element m_∞ of $\mathcal{G}(\mathcal{T})$ there is a $y \in M_\infty$ such that $m_n(\cdot|y) \longrightarrow m_\infty$.

<u>Theorem</u> : Referring to the situation described above, assume that

$$\sum_{k\in Z^{\nu}} \gamma(k) \leq (1 - \varepsilon)(d - 1)$$

for some $0 < \varepsilon < 1$ and that m_∞ is an extreme element of $\mathfrak{H}(\mathcal{T})$ (cf. the remark below). Denote by $\mathcal{E}_\infty$ the Dirichlet form determined on $L^2(m_\infty)$ by $\{P_t^\infty : t > 0\}$. Then, for $f \in L^2(m_\infty)$:

$$(\text{L.S.})_\infty \quad \int f^2 \log f^2 dm_\infty \leq (4/\alpha)\mathcal{E}_\infty(f,f) + \| f \|^2_{L^2(m_\infty)} \log \| f \|^2_{L^2(m_\infty)},$$

where $\alpha = \varepsilon(d - 1)$. In particular,

$$(\text{H.C.})_\infty \qquad \| P_t^\infty \|_{L^p(m_\infty) \to L^q(m_\infty)} = 1,$$

$$1 < p \leq q < \infty \text{ and } t > 0 \text{ with } \exp(\alpha t) \geq (q - 1)/(p - 1),$$

$$(\text{S.G.})_\infty \qquad \| f - \int f dm_\infty \|^2_{L^2(m_\infty)} \leq 2/\alpha \ \mathcal{E}_\infty(f,f), \quad f \in L^2(m_\infty),$$

and

$$(\text{S.G.}')_\infty \qquad \| P_t^\infty f - \int f dm_\infty \|_{L^2(m_\infty)} \leq \exp(-\alpha t/2) \| f \|_{L^2(m_\infty)}, \quad f \in L^2(m_\infty),$$

where $\{P_t^\infty : t > 0\}$ is the contraction semigroup on $L^2(m_\infty)$ determined by $\{P_t^\infty : t > 0\}$.

<u>Proof</u> : Choose $y \in M_\infty$ so that $m_n = m_n(\cdot|y) \to m_\infty$. Set $\Phi_n = \Phi_n(\cdot|y)$ and define L_n and $\{P_t^n : t > 0\}$ accordingly. It is easy to check that the hypotheses of the previous theorem are satisfied for each n. In particular, $(\text{H.C.})_n$ holds for all $n \geq 1$. Moreover, the preceding lemma allows us to conclude that

$$\| P_t^\infty \|_{L^p(m_\infty) \to L^q(m_\infty)}$$

$$\leq \underline{\lim_{n\to\infty}} \| P_t^n \|_{L^p(m_n) \to L^q(m_n)}$$

for all $1 \leq p \leq q < \infty$ and $t > 0$. Hence, we now know that $(\text{H.C.})_\infty$ holds. Since $(\text{L.S.})_\infty$, $(\text{S.G.})_\infty$, and $(\text{S.G.}')_\infty$ all follow from $(\text{H.C.})_\infty$, the proof is complete.

<u>Remark:</u> It turns out that the hypotheses in the peceding theorem allow one to conclude that $\mathcal{B}(\mathcal{J})$ contains precisely one element. In addition, when the potential $\mathcal{J}$ is <u>shift invariant</u> (ie. $J_{F+k} = J_F \circ S^k$ for all k and F, where S is the natural shift operation on $C(M_\infty)$) and has <u>finite range</u> (ie. there is a cube Λ such that $J_F = 0$ for all $F \ni 0$ for which $F \not\subseteq \Lambda$), one can show that for each shift invariant probability measure μ on M_∞ and all $f \in \mathcal{D}$ there is an $A(f) \in (0,\infty)$ (not depending on μ) with the property that

$$|\int P_t^\infty f d\mu - \int f dm_\infty| \leq A(f)\exp(-\alpha t/2).$$

These and related results will be the topic of a forthcoming article by the second of the present authors and R. Holley [4].

REFERENCES

[1] Bakry, D. and Emery, M., "Hypercontractivite de semi-groupes de diffusion", C.R. Acad. Sc. Paris, t. 299, Serie I no.15 (1984).

[2] Holley, R. and Stroock, D., "L^2 theory for the stochastic Ising model", Z. Wahr. 35, pp. 87-101 (1976).

[3] Holley, R. and Stroock, D., "Diffusions on an infinite dimensional Torus", J. Fnal. Anal., vol. 42 no.1, pp. 29-63 (1981).

[4] Holley, R. and Stroock, D., "Logarithmic Sobolev inequalities and stochastic Ising models", to appear in the issue of J. Statistical Physics dedicated to the memory of M. Kac.

[5] Rothaus, O., "Logarithmic Sobolev inequalities and the spectrum of Schroedinger operators", J. Fnal. Anal., vol. 42 no.1, pp. 110-120 (1981).

*During the period of this reseach, this author was partially supported by NSF DMS-8415211 and ARO DAAG29-84-K-0005. The address of both authors is Dept. of Mathematics, M.I.T., Cambridge, MA 02140, U.S.A.

A COMPARISON THEOREM FOR SEMIMARTINGALES AND ITS APPLICATIONS

by YAN Jia-an

We work on a filtered probability space $(\Omega, \underline{\underline{F}}, P\ ;\ (\underline{\underline{F}}_t))$ satisfying the usual conditions. Let X be a semimartingale such that $\Sigma_{0<s\leqq t} |\Delta X_t| < \infty$ for $t<\infty$ (as usual, we allow an evanescent exceptional set in our inequalities without mentioning it) : this is the class of semimartingales for which Yor (Astérisque 52-53 , Temps Locaux, p.23-35) has shown the existence of local times $L^a_t(X)$ continuous in t, and cadlag in a . On the other hand, X has a unique decomposition

$$X = X_0 + M + A$$

where M is a continuous local martingale, and A is of finite variation. We denote by A^c the continuous part of A .

LEMMA 1. Assume the following conditions

(i) $L^0(X)=0$ (ii) $\int_0^{\cdot} I_{\{X_{s-}>0\}} dA^c_s \leqq 0$ (iii) $\Delta X \leqq 0$.

Then we have $X\leqq 0$ on the set $\{X_0 \leqq 0\}$.

<u>Proof</u>. We have from Tanaka-Meyer's formula

$$X^+_t = X^+_0 + \Sigma_{0<s\leqq t} I_{\{X_{s-}\leqq 0\}} X^+_s + \tfrac{1}{2}L^0_t + \Sigma_{0<s\leqq t} I_{\{X_{s-}>0\}} X^-_s + \int_0^t I_{\{X_{s-}>0\}} dX_s$$

On $\{X_0\leqq 0\}$ the first term vanishes. The second one vanishes because of (iii) and the third one because of (i). Therefore on $\{X_0 \leqq 0\}$

$$X^+_t = \Sigma_{0<s\leqq t} I_{\{X_{s-}>0\}} (X^-_s + \Delta X_s) + \int_0^t I_{\{X_{s-}>0\}} (dM_s + dA^c_s)$$

We have $X^- + \Delta X = X^+ - X_- \leqq 0$ on $\{X_- > 0\}$ by (iii) and $\int_0^t I_{\{X_{s-}>0\}} dA^c_s \leqq 0$ by (ii). Therefore

$$\int_0^t I_{\{X_{s-}>0\}} dM_s \geqq 0 \text{ on } \{X_0 \leqq 0\}$$

Since this is a continuous local martingale starting from 0, it must be equal to 0, and from this we deduce $X^+_t \leqq 0$, and finally $X\leqq 0$.

We apply this lemma to a generalization of the comparison lemma given by Ikeda-Watanabe ([1], p.352). One might extract from the proof a slightly more general version of lemma 1, but we shall not give it explicitly.

THEOREM 1. Let X^1, X^2 be solutions of two stochastic differentials equations

$$X_t^i = X_0^i + \int_0^t \sigma(s,X_{s-}^i)dM_s + \int_0^t b^i(s,X_{s-}^i)dB_s + \int_0^t c^i(s,X_{s-}^i)dC_s \quad (i=1,2)$$

where M is a continuous local martingale, B is a continuous increasing process and C an increasing process (B and C adapted). We assume

- $\sigma(s,x)$ is Borel measurable, $|\sigma(s,x)-\sigma(s,y)| \leq \rho(|x-y|)$, where ρ is an increasing function on $\mathbb{R}_+$ such that $\int_{0+} \rho^{-2}(u)du = +\infty$.
- $b^i(s,x)$, $c^i(s,x)$ are continuous on $\mathbb{R}_+\times\mathbb{R}$ given the product of the right topology on $\mathbb{R}_+$ and the ordinary topology on $\mathbb{R}$.
- $b^1(s,x)<b^2(s,x)$ and $c^1(s,x)<c^2(s,x)$
- $x<y \Rightarrow c^1(s,x)\leq c^2(s,y)$.

Then we have $X^1 \leq X^2$ on the set $\{X_0^1 \leq X_0^2\}$.

<u>Proof</u>. We may assume $X_0^1 \leq X_0^2$ everywhere. Consider the stopping time

$$T = \inf\{ t>0 : X_t^1 - X_t^2 > 0 \}$$

We assume $P\{T<\infty\}>0$ and derive a contradiction. First of all, we have $X_T^1 \geq X_T^2$ (on $\{T<\infty\}$), and $X_{T-}^1 \leq X_{T-}^2$ on $\{0<T<\infty\}$. We cannot have $X_{T-}^1 < X_{T-}^2$ on $\{0<T<\infty\}$, because $\Delta X_T^1 \leq \Delta X_T^2$ (last hypothesis) would then imply $X_T^1<X_T^2$. Therefore $X_{T-}^1=X_{T-}^2$ on $\{0<T<\infty\}$. On $T=0$, we have by convention $X_{T-}^i=X_T^i$, and it is clear that $X_T^1=X_T^2$ on this set.

Let X be the semimartingale $(X^1-X^2)_{T+t}$ on $\{T<\infty\}$, relative to the family $(\underline{\underline{F}}_{T+t})$. From the above, we have $X_0=0$. X belongs to the class of semimartingales considered at the beginning, and we set $X=M+A$ as before. There is an interval $[0,U(\omega)[$ on which $\Delta X \leq 0$, $\int_0^{\cdot} I_{\{X_{s-}>0\}} dA_s^c \leq 0$, due to the third hypothesis, and the right continuity of $b^i(T+s,X_{T+s}^i)$, $c^i(T+s,X_{T+s}^i)$. Finally, the first hypothesis will imply, exactly as in LeGall's paper [2], that $L^0(X)=0$ (this is the key point of the proof).

Then we apply lemma 1, not to X, but to X stopped at $U-$, where

$$U = \inf\{t>0 : \Delta X_t>0 \text{ or } \int_0^t I_{\{X_{s-}>0\}} dA_s^c >0 \}$$

which is a.s. $>T$ due to the above : we deduce that $X \leq 0$ on $[0,U[$, which contradicts the definition of T .

REMARKS. 1) The first hypothesis can be weakened as

- $\sigma(s,x)$ is Borel measurable, and for any x there is a $\delta(x)>0$ such that
$$|\sigma(s,x)-\sigma(s,y)| \leq \rho(|x-y|) \text{ for } y \in [x-\delta(x), x+\delta(x)] .$$

In fact, if we set $V=\inf\{t>0 : |\sigma(t,X_{t-}^1)-\sigma(t,X_{t-}^2)|>\rho(|X_{t-}^1-X_{t-}^2|)$
$L^0(X^{V-})=0$ and we may apply lemma 1 to $X^{(U\wedge V)-}$.

2) As we mentioned, the key point of the proof is to check $L^0(X)=0$, and we deduced this from our first hypothesis as in [2]. Similar conditions ensuring that $L^0(X)=0$ (see [2], Corollaire 1.2) will lead to the same conclusion $X^1 \leq X^2$.

Similarly, we can prove the following theorem.

THEOREM 2. Let X^i be solutions of the following stochastic differential equations

$$X_t^i = X_0^i + \int_0^t \sigma(s,X_{s-}^i)dW_s + \int_0^t b^i(s,X_{s-}^i)ds + \int_0^t \int_{U_0} f(s,X_{s-}^i,u)\hat{N}_p(ds,du) + \int_0^t \int_{U\setminus U_0} g^i(s,X_{s-}^i,u)N_p(ds,du) .$$

Here (W_t) is a Wiener process, N_p is the counting measure of a quasi-left continuous point process p on a standard measurable space U, $U_0 \subset U$ is a measurable subset such that $E[N_p(t,U\setminus U_0)] < \infty$ for t finite, and $\hat{N}_p = N_p - \tilde{N}_p$ ($\sim$ denoting compensation as usual).

We may assert that $X^1 \leq X^2$ on $\{X_0^1 \leq X_0^2\}$ if the following hypotheses are satisfied :

- σ and b^i are as in the preceding theorem.
- f^i, g^i are measurable functions on $\mathbb{R}_+ \times \mathbb{R} \times U$, and for any fixed $u \in U$, $f^i(s,x,u)$ and $g^i(s,x,u)$ are continuous on $\mathbb{R}_+ \times \mathbb{R}$ in the same topology as in theorem 1.
- $(x \leq y) \Rightarrow (f^1(s,x,u) \leq f^2(s,y,u)$ and $g^1(s,x,u) \leq g^2(s,y,u)$.

REFERENCES.

[1]. IKEDA (N.) and WATANABE (S.). Stochastic differential equations and diffusion processes. North Holland, Kodansha, 1981.

[2]. LE GALL (J.F.). Applications du temps local aux équations différentielles stochastiques unidimensionnelles. Sém. Prob. XVII, Lect. Notes in M. 986, p. 15-31. Springer-Verlag 1982.

Institute of Applied Mathematics
Academia Sinica
Beijing, China.

L'EXPONENTIELLE STOCHASTIQUE DES GROUPES DE LIE

par M. Hakim-Dowek et D. Lépingle

INTRODUCTION

L'intérêt pour les mouvements browniens sur les groupes de Lie est fort ancien puisqu'il remonte à un article de 1928 de F.Perrin [20], suivi longtemps après par Ito [12], Yosida [24], puis McKean [16,17]. C'est ce dernier qui a introduit la notion d'intégrale stochastique multiplicative, comme procédé pour construire un mouvement brownien sur le groupe à partir d'un mouvement brownien sur l'algèbre de Lie associée au moyen de l'application exponentielle. Plus récemment, Ibero [9], Emery [5] et Karandikar [13,14] ont étudié cette intégrale sous l'angle respectivement des diffusions, des semi-martingales discontinues et du calcul stochastique basé sur une formule d'intégration par parties.

Ces trois derniers auteurs se sont bornés à l'étude des groupes de Lie de matrices, tandis que McKean utilise le théorème d'Ado pour se ramener d'un groupe de Lie quelconque à un groupe de matrices. Notre point de vue sera différent et nous allons délibérément ignorer les groupes de matrices en nous attachant essentiellement à la nature géométrique des groupes de Lie. Cela nous permettra d'utiliser le formalisme récent de la géométrie stochastique développé après Ito par Malliavin [15], Schwartz [21,22], Bismut [1], Meyer [18,19], Ikeda et Watanabe [11], Elworthy [4]; dans le cas particulier des groupes de Lie, nous dégagerons des résultats à la fois simples et non triviaux, du moins si le groupe n'est pas commutatif.

Cette manière de voir a déjà été celle de Shigekawa [23], qui parle d'équation différentielle stochastique sur G là où les précédents auteurs parlaient d'intégrale stochastique multiplicative. Nous reprendrons certains de ses calculs de façon légèrement différente, notamment lorsqu'il utilise lui aussi le théorème d'Ado pour démontrer la non-explosion de la solution. Ce point de vue géométrique nous a conduits à manipuler essentiellement l'intégrale stochastique de Stratonovitch, et nous éviterons ainsi de parler de vecteurs tangents et de formes différentielles d'ordre deux comme en [18] et [22].

La première partie introduit la notion d'exponentielle stochastique d'une semi-martingale M de l'algèbre $\mathfrak{g}$ du groupe G, comme solution X d'une équation notée $dX_t = X_t dM_t$. Nous avons repris de [14] le terme d'exponentielle et la notation $\mathcal{E}$, cependant notre exponentielle ne correspond pas au $\mathcal{E}$ de Karandikar, qui est une exponentielle d'Ito, mais à son $\mathcal{E}^*$, exponentielle de Stratonovitch: ignorant toute structure linéaire sur G et donc - momentanément- toute notion de martingale sur G, nous n'avons pas d'exponentielle d'Ito; néanmoins, ainsi que le révèlera la quatrième partie, cette équation $dX_t = X_t dM_t$ peut être considérée également comme une équation d'Ito, et c'est pourquoi nous n'y mettrons pas d'$*$, non plus que dans $\mathcal{E}$. Un résultat important sur cette exponentielle X est qu'elle peut s'approcher par des produits de termes $\exp(M_{t_{k+1}} - M_{t_k})$, ce qui montre qu'elle coïncide avec l'intégrale stochastique multiplicative de McKean et Ibero.

La seconde partie introduit la notion de logarithme stochastique , noté $\mathcal{L}$, d'une semi-martingale X du groupe G. Cela correspond exactement à la lecture de X dans un repère mobile invariant à gauche. Là encore, on a un résultat d'approximation de $\mathcal{L}(X)$ à partir des sommes de termes $\log(X_{t_k}^{-1} X_{t_{k+1}})$.

La troisième partie commence par montrer que les applications $\mathcal{E}$ et $\mathcal{L}$ sont réciproques l'une de l'autre. On prouve que les diffusions sur $\mathfrak{g}$ de générateur à coefficients constants correspondent aux diffusions sur G de générateur à coefficients invariants à gauche (mouvements browniens gauches dans la littérature) et on termine par des formules pour $\mathcal{E}(M+N)$ et $\mathcal{L}(XY)$; Karandikar les appelle formules d'intégration par parties, on peut tout aussi bien les appeler formules de Campbell-Hausdorff stochastiques.

La quatrième partie définit une G-martingale comme l'exponentielle stochastique d'une martingale locale de l'algèbre: c'est donc une notion purement géométrique. Il est intéressant de noter que c'est exactement la notion de Γ-martingale de Darling [2] et Meyer [18] pour une connexion Γ tout à fait naturelle sur le groupe G. Un point à relever également est que dans ce cas, X converge p.s. à l'infini si et seulement si M converge p.s. Grâce à la formule d'intégration par parties, on obtient aisément les deux décompositions d'une semi-martingale du groupe en produit d'une G-martingale et d'un processus à variation finie, dans un sens comme dans l'autre.

Enfin la cinquième partie traite brièvement de l'exemple du groupe de Heisenberg: on y note que les puissances d'une martingale sont encore des martingales, et on y retrouve l'intégrale d'aire de Paul Lévy, comme chez Gaveau [7].

Au point de vue des notations, on se donne un espace probabilisé filtré $(\Omega,\mathfrak{F},(\mathfrak{F}_t),P)$ satisfaisant aux conditions habituelles. Tous les processus envisagés seront adaptés et auront leurs trajectoires continues, on ne le reprécisera plus. On se donne également un groupe de Lie G de dimension d finie et d'élément neutre e ; on peut le supposer connexe, et on note $\mathfrak{g}$ son algèbre de Lie. Le symbole C désignera l'espace des fonctions réelles C^∞ à support compact définies sur G. En suivant Schwartz [21], nous dirons que X est une semi-martingale sur G si pour toute fonction f de C, $f(X_t)$ est une semi-martingale réelle. De même, le processus X sera dit à variation finie si $f(X_t)$ est à variation finie (sur tout intervalle borné).

Nous n'utiliserons que des résultats élémentaires sur les groupes de Lie, même pas - on l'aura compris - le théorème d'Ado. En ce qui concerne la façon de noter l'intégrale de Stratonovitch, il a fallu choisir parmi les diverses possibilités actuelles du marché: nous avons choisi l'$*$, en souvenir des moments passés à la lecture de la "Géométrie stochastique sans larmes" [18].

1. EXPONENTIELLE D'UNE SEMI-MARTINGALE DE L'ALGEBRE DE LIE.

Soit M une semi-martingale sur l'algèbre de Lie $\mathfrak{g}$: elle est de la forme $M_t=M_t^iH_i$ (avec la convention d'Einstein utilisée dans toute la suite), où $(H_i,\ i=1,..$

.,r) est une famille de r éléments de $\mathfrak{G}$, et $(M^i, i=1,\dots,r)$ une famille de semi-martingales réelles. Nous allons donner un sens à l'équation différentielle stochastique sur G

$$(1) \qquad dX_t = X_t \, dM_t \ .$$

Une solution X de (1) est par définition une semi-martingale sur G telle que si f est dans C, on ait

$$\begin{aligned} f(X_t) &= f(X_0) + \int_0^t (H_i f)(X_s) * dM_s^i \\ &= f(X_0) + \int_0^t (H_i f)(X_s) \, dM_s^i + \frac{1}{2}\int_0^t (H_i H_j f)(X_s) \, d\langle M^i, M^j\rangle_s \ . \end{aligned}$$

L'intégrale stochastique de la première ligne est au sens de Stratonovitch, celle de la seconde ligne au sens d'Ito. La valeur initiale X_0 sera une v.a. $\mathcal{F}_0$-mesurable quelconque à valeurs dans G. Il est clair que la solution ne dépend pas de l'écriture particulière de M, non plus que de la valeur de M_0.

LEMME 1. <u>Soit</u> Y_t <u>une solution de l'équation</u> (1), <u>de valeur initiale</u> $Y_0=e$. <u>Alors, pour toute</u> v.a. X_0 $\mathcal{F}_0$<u>-mesurable à valeurs dans</u> G, $X_t=X_0Y_t$ <u>est solution de</u> (1) <u>avec</u> X_0 <u>pour valeur initiale</u>.

DEMONSTRATION. a) Supposons tout d'abord que X_0 soit égale à une constante g du groupe G. Pour $f\in C$, si l'on pose $h(x)=f(gx)$ sur G, on a

$$f(X_t) = h(Y_t) = h(e) + \int_0^t (H_i h)(Y_s) * dM_s^i = f(g) + \int_0^t (H_i f)(X_s) * dM_s^i$$

en vertu de l'invariance à gauche des (H_i).

b) Soit X_0 dénombrablement étagée, à valeurs (g_k) sur les éléments (A_k) d'une $\mathcal{F}_0$-partition dénombrable de Ω. Si l'on pose $X_t^k=g_k Y_t$, on aura

$$\begin{aligned} f(X_t) = \Sigma_k \, 1_{A_k} f(X_t^k) &= \Sigma_k \, 1_{A_k} \Big[f(g_k) + \int_0^t (H_i f)(g_k Y_s) * dM_s^i\Big] \\ &= f(X_0) + \int_0^t (H_i f)(X_s) * dM_s^i \ . \end{aligned}$$

c) Soit X_0 $\mathcal{F}_0$-mesurable. Par uniforme continuité de f et des $H_i f$ par rapport à la structure uniforme à droite de G, il existe pour tout n un voisinage V^n de e tel que $gh^{-1}\in V^n$ entraîne simultanément

$$|f(g)-f(h)| < \frac{1}{n} \qquad | H_i f(g) - H_i f(h)| < \frac{1}{n} \quad \text{pour } i=1,\dots,r \ .$$

Puisque G est dénombrable à l'infini, on peut extraire du recouvrement de G par les ensembles $\{V^n g, g \in G\}$ un sous-recouvrement dénombrable $\{V^n g_k^n, k \geq 1\}$. Posons

$$W_1^n = V^n g_1^n$$

$$W_k^n = V^n g_k^n \setminus (W_1^n \ \ldots \ W_{k-1}^n),$$

puis

$$A_k^n = \{X_0 \in W_k^n\}$$

$$X_t^n = g_k^n Y_t \quad \text{sur chaque } A_k^n \quad .$$

Alors, d'après b),

$$f(X_t^n) = f(X_0^n) + \int_0^t (H_i f)(X_s^n) * dM_s^i$$

et comme sur A_k^n on a

$$X_t (X_t^n)^{-1} = X_0 Y_t Y_t^{-1} (g_k^n)^{-1} \in V^n ,$$

on en tire

$$|f(X_t^n) - f(X_t)| < \frac{1}{n} \qquad \text{et} \qquad |(H_i f)(X_s^n) - (H_i f)(X_s)| < \frac{1}{n} ,$$

ce qui prouve la convergence en probabilité de $f(X_t^n)$ vers $f(X_t)$ et celle de $\int_0^t (H_i f)(X_s^n) * dM_s^i$ vers $\int_0^t (H_i f)(X_s) * dM_s^i$. ∎

THEOREME 1. <u>L'équation</u> (1) <u>admet pour toute valeur initiale</u> X_0 <u>une solution unique sur</u> $[0,\infty[$.

DEMONSTRATION. On peut se restreindre au cas où $M_0=0$ et dans ce cas M^i se décompose en $N^i + A^i$, où N^i est une martingale locale réelle nulle en 0 et A^i un processus à variation finie nul en 0. Posons

$$Q_t = \Sigma_{i=1}^r \Sigma_{j=1}^r \int_0^t |d\langle N^i, N^j\rangle_s| + \Sigma_{i=1}^r \left(\int_0^t |dA_s^i|\right)^2 \quad .$$

Par arrêt, on peut supposer $Q_\infty = \lim_{t\to\infty} Q_t$ inférieur p.s. à une constante $c>0$. Soient $a>0$ et (V,ϕ) une carte locale de domaine contenant e, tels que $\phi(e)=0$ et $\phi(V) \supset \overline{B(0,2a)}$. Soient ϕ^j des fonctions de C égales aux composantes de ϕ sur $\phi^{-1}(\overline{B(0,a)})$ et nulles sur le complémentaire de $\phi^{-1}(B(0,2a))$. Considérons le système différentiel stochastique sur $\mathbb{R}^d$

$$(2)\quad \begin{cases} Y_0 = 0 \\ dY_t^j = \lambda_i^j(Y_t)\bullet dM_t^i \\ \quad = \lambda_i^j(Y_t)\ dM_t^i + \frac{1}{2}\lambda_l^k(Y_t)\ D_k(\lambda_i^j)(Y_t)\ d\langle N^i,N^l\rangle_t \end{cases}$$

où $\lambda_i^j(y) = (H_i\phi^j)\ (\phi^{-1}(y))$ si $|y| < 2a$

$= 0$ si $|y| \geqslant 2a$.

Comme les coefficients vérifient une condition de Lipschitz uniforme, il est bien connu qu'il existe une unique solution non explosive, qui vérifie pour tout temps d'arrêt T

$$E\,[|Y_T|^2] \leqslant M\ E[Q_T].$$

En particulier, pour

$$T_1 = \inf\ \{t>0 : |Y_t|>a\}\ ,$$

il vient

$$a^2\ P(T_1<\infty) \leqslant M\ E[Q_{T_1}]\ .$$

Remplaçant ensuite dans (2) M_t par $M'_t=(M_{t+T_1}-M_{T_1})1_{\{T_1<\infty\}}$ et $\mathcal{F}_t$ par $\mathcal{F}'_t=\mathcal{F}_{t+T_1}$, puis posant, si Y' est la solution de (2'),

$$T_2 = \inf\ \{t>0 : |Y'_t|>a\}\ ,$$

on obtient

$$a^2\ P(T_2<\infty) \leqslant M\ E[(Q_{T_1+T_2}-Q_{T_1})1_{\{T_1<\infty\}}]\ ,$$

et par itération

$$a^2\ \Sigma_n\ P(T_n<\infty) \leqslant M\ E[Q_\infty] \leqslant M\ c < \infty\ .$$

Ainsi, $P(T_n<\infty)$ tend vers 0 quand n tend vers l'infini. Posant alors

$$X_t = X_0\phi^{-1}(Y_t) \qquad \text{sur } [0,T_1]$$

$$\quad = X_{T_1}\phi^{-1}(Y'_{t-T_1}) \qquad \text{sur } [T_1,T_1+T_2]$$

et ainsi de suite, on vérifie aisément que X est solution de (1) sur $[0,\infty[$. L'unicité s'obtient comme d'habitude [11] en se ramenant dans une carte locale. ∎

Nous allons voir grâce à l'approximation suivante que la solution de (1) n'est pas autre chose que l'intégrale stochastique multiplicative de McKean et Ibero.

THEOREME 2. *Soit* X *la solution de l'équation* (1), *de donnée initiale* X_0, *et soit* R *un réel strictement positif. Si pour tout* n>0 *le processus* $\overset{n}{X}$ *est défini sur* $[0,R]$ *par*

$$\overset{n}{X}_0 = X_0$$

$$\overset{n}{X}_t = \overset{n}{X}_{t_k} \exp\{\frac{t-t_k}{R2^{-n}}(M_{t_{k+1}}-M_{t_k})\} \quad \text{pour} \quad 0\leq\frac{kR}{2^n}=t_k\leq t\leq t_{k+1}=\frac{(k+1)R}{2^n}\leq R \ ,$$

alors $\overset{n}{X}$ *converge en probabilité vers* X *uniformément sur* $[0,R]$.

DEMONSTRATION. Soient encore a>0 et (V,ϕ) une carte locale de domaine contenant e tels que $\phi(e)=0$ et $\phi(V)\supset\overline{B(0,3a)}$. Posons $U=\phi^{-1}(B(0,a))$, $U'=\phi^{-1}(B(0,2a))$, $U''=\phi^{-1}(B(0,3a))$. Pour tout p entier strictement positif, on pose

$$A_p = \{\omega\in\Omega : X_t^{-1}X_u\in\overline{U} \quad \text{pour} \quad 0\leq t\leq u\leq R \quad \text{et} \quad u-t\leq R2^{-p}\} \ .$$

L'uniforme continuité de X_t sur $[0,R]$ pour la structure uniforme à gauche de G montre que $P(\bigcup_p A_p)=1$. Pour $\varepsilon>0$, on choisit p tel que $P(A_p)>1-\varepsilon$. Sur l'espace A_p muni de la probabilité conditionnelle $P(.\cap A_p)/P(A_p)$, la solution X de (1) reste identique à ce qu'elle était pour P [19,p.170]. On supposera désormais sans changer de notation que $A_p=\Omega$ p.s.

Etudions sur $[0,R_p]$, où $R_p=R2^{-p}$, la solution Y_t de l'équation (1) de donnée initiale $Y_0=e$: elle vaut $X_0^{-1}X_t$ et reste donc dans $\overline{U}$ p.s. Considérons sur le même intervalle le processus $\overset{n}{Y}$ défini (pour $n\geq p$) par

$$\overset{n}{Y}_0 = e$$

$$\overset{n}{Y}_t = \overset{n}{Y}_{t_k} \exp\{c_n(t-t_k)(M_{t_{k+1}}-M_{t_k})\} \quad \text{où} \quad c_n=\frac{2^n}{R} \quad \text{et} \quad 0\leq\frac{kR}{2^n}=t_k\leq t\leq t_{k+1}=\frac{(k+1)R}{2^n}\leq R_p .$$

Pour toute fonction f de C,

$$df(\overset{n}{Y}_t) = c_n\,(M^i_{t_{k+1}}-M^i_{t_k})\,(H_i f)(\overset{n}{Y}_t)\,dt \qquad \text{sur }]t_k,t_{k+1}[\ .$$

Soient $(\phi^j, j=1,\dots,d)$ des éléments de C qui coïncident sur $\overline{U}'$ avec les composantes de ϕ et soient nuls sur le complémentaire de U". Posons alors

$$\lambda_i^j(y) = H_i\phi^j(\phi^{-1}(y)) \qquad \text{si} \quad |y| < 3a$$

$$= 0 \qquad \text{si} \quad |y| \geqslant 3a \ .$$

Sur $[0,R_p]$, le processus $Z_t=\phi(Y_t)$ est solution du système différentiel stochastique

$$dZ_t^j = \lambda_i^j \, dM_t^i + \frac{1}{2} \lambda_l^k \, D_k(\lambda_i^j) \, d\langle M^i, M^l\rangle_t \quad ,$$

tandis que si l'on pose

$$T_n = \inf \{t>0 : \overset{n}{Y}_t \notin \overline{U}'\} \quad ,$$

le processus $\phi(\overset{n}{Y}_t)$ coïncide sur $[0,T_n \wedge R_p]$ avec le processus $\overset{n}{Z}_t$ nul en 0, continu sur $[0,R_p]$ et solution dans chaque intervalle $]t_k,t_{k+1}[$ de

$$d\overset{n}{Z}{}_t^j = c_n \, (M_{t_{k+1}}^i - M_{t_k}^i) \, \lambda_i^j \, dt \quad .$$

Mais on sait [1,19] que $\overset{n}{Z}$ converge uniformément en probabilité vers Z sur $[0,R_p]$, et par conséquent pour tout $\alpha>0$,

$$\lim_{n\to\infty} P(\sup_{0\leqslant t\leqslant R_p} |Z_t - \overset{n}{Z}_t| \leqslant \alpha) = 1 \quad ,$$

d'où encore pour $0<\alpha<a$

$$\lim_{n\to\infty} P(\{T_n \geqslant R_p\} \cap \{\sup_{0\leqslant t\leqslant R_p} |\phi(Y_t) - \phi(\overset{n}{Y}_t)| \leqslant \alpha\}) = 1 \quad .$$

L'uniforme continuité de ϕ^{-1} sur $\phi(\overline{U}')$ pour la structure uniforme à gauche de G montre que pour tout voisinage fermé W de e dans G et tout $\varepsilon>0$, il existe n_0 tel que

$$P(\bigcup_{0\leqslant t\leqslant R_p} \{\overset{n}{Y}{}_t^{-1} Y_t \notin W\}) < \varepsilon \qquad \text{pour} \quad n>n_0 \quad .$$

Approchant de même $Y_t = X_{s_k}^{-1} X_t$ par $\overset{n}{Y}_t$ dans $]s_k, s_{k+1}]$, où $s_k = kR_p$ et $k=1,\dots,2^p-1$, il vient pour n supérieur à un certain n_1

$$P(\bigcup_k \bigcup_{s_k\leqslant t\leqslant s_{k+1}} \{\overset{n}{Y}{}_t^{-1} Y_t \notin W\}) < 2^p\varepsilon \quad .$$

Mais la compacité de $\overline{U}$ permet de montrer que pour tout voisinage fermé W' de e dans G, il existe un voisinage fermé W de e dans G tel que, pour $r=2^p$, si

$x_1,\dots,x_r$ sont dans W et $g_2,\dots,g_r$ dans $\overline{U}$, on ait

$$x_r g_r^{-1} x_{r-1} \cdots g_2^{-1} x_1 g_2 g_3 \cdots g_{r-1} g_r \in W' .$$

Appliquant ce résultat lorsque $s_k < t \leq s_{k+1}$ à

$$\overset{n}{X}{}_t^{-1} X_t = \overset{n}{Y}{}_t^{-1} Y_t Y_t^{-1} \overset{n}{Y}{}_{s_k}^{-1} Y_{s_k} \cdots Y_{s_2}^{-1} \overset{n}{Y}{}_{s_1}^{-1} Y_{s_1} Y_{s_2} \cdots Y_{s_k} Y_t$$

il vient

$$P(\bigcup_{0 \leq t \leq R} \{\overset{n}{X}{}_t^{-1} X_t \notin W'\}) < 2^p \varepsilon \quad . \quad \blacksquare$$

On obtient ainsi en particulier que X_R est la limite en probabilité de $X_0 \prod_k \exp(M_{t_{k+1}} - M_{t_k})$. C'est la convergence de ces produits qui sert de base à la définition de l'intégrale stochastique multiplicative chez McKean et Ibero.

On notera désormais $\mathcal{E}(M)$ la solution de $dX_t = X_t dM_t$ de donnée initiale $X_0 = e$, et on l'appellera <u>exponentielle stochastique</u> de M. Elle ne dépend pas de la valeur de M_0.

Une conséquence immédiate du théorème 2 est le résultat suivant.

COROLLAIRE. <u>Si</u> $M_t = M_t^i H_i$, <u>$\mathcal{E}(M)$ prend ses valeurs</u> p.s. <u>dans le sous-groupe fermé engendré par</u> $\exp(\mathcal{H})$, <u>où $\mathcal{H}$ est la sous-algèbre de Lie engendrée par les</u> $(H_i, i=1,\dots,r)$.

2. <u>LOGARITHME D'UNE SEMI-MARTINGALE DU GROUPE DE LIE.</u>

Du point de vue des notations nous identifierons désormais les fonctions sur le domaine V d'une carte locale (V,ϕ) et les fonctions sur $\phi(V)$. Les fonctions $(\phi^j, j=1,\dots,d)$ désigneront des éléments de C coïncidant avec les composantes de ϕ sur le domaine V (toujours supposé relativement compact).

Dans cette deuxième partie, on associe de façon très simple une semi-martingale sur l'algèbre $\mathfrak{g}$ à une semi-martingale donnée sur le groupe G . Il faut pour cela rappeler brièvement la notion d'intégrale d'une forme différentielle le long d'une semi-martingale sur une variété [10,1,18].

Si η est une forme différentielle sur G, si X est une semi-martingale sur G, on considère un recouvrement localement fini (U^α) de G par des domaines de cartes locales, et une partition de l'unité (h^α) qui lui est subordonnée. Si dans la carte de domaine U^α la forme différentielle η s'écrit sous la forme $a_j(x)\ dx^j$, on pose

$$\int_{X_0^t} \eta = \Sigma_\alpha\ Y_t^\alpha \quad ,$$

où

$$Y_t^\alpha = \int_0^t h^\alpha(X_s) a_j(X_s) * d\phi^j(X_s).$$

Si X est une semi-martingale sur G, on appelle logarithme stochastique de X et on note $\mathcal{L}(X)$ la semi-martingale M sur $\mathcal{G}$, nulle en 0, définie par l'égalité

$$(M_t, \theta) = \int_{X_0^t} \theta$$

pour toute forme différentielle θ invariante à gauche.

Si l'on considère une base $(H_i, i=1,\ldots,d)$ de $\mathcal{G}$, les composantes M^i de M dans cette base forment exactement au sens de [18,p.87] la lecture de X dans le repère mobile (H_i).

Tout comme l'exponentielle, le logarithme stochastique peut s'obtenir par approximation. Dans le cas des groupes de matrices, ce résultat est dû à Karandikar [14].

LEMME 2. Le logarithme stochastique de X ne dépend pas de la valeur initiale X_0 mais seulement de $Y=X_0^{-1}X$.

DEMONSTRATION. Posons donc pour tout $t \geq 0$ $Y_t = X_0^{-1} X_t$ et montrons d'abord le résultat lorsque X_0 est un élément constant g de G. Au recouvrement U^α et à la partition de l'unité h^α on associe le recouvrement $V^\alpha = g^{-1}U^\alpha$ et la partition de l'unité k^α définie par $k^\alpha(y) = h^\alpha(gy)$. Si les (ϕ^j) prolongent les coordonnées dans U^α, on pose $\psi^j(y) = \phi^j(gy)$ et on a alors

$$h^\alpha(X_s) * d\phi^j(X_s) = k^\alpha(Y_s) * d\psi^j(Y_s) \quad .$$

Si $(D_j, j=1,\ldots,d)$ est la base associée à (ϕ^j) dans chaque espace tangent $T_x(G)$, où $x \in U^\alpha$, et (D_j') la base associée à (ψ^j) dans $T_y(G)$, où $y \in V^\alpha$, on a pour θ invariante à gauche

$$(D_j', \theta)(y) = (D_j, \theta)(gy)$$

d'où

$$h^{\alpha}(X_s)\ (D_j,\theta)(X_s)*d\phi^j(X_s) = k^{\alpha}(Y_s)\ (D_j',\theta)(Y_s)*d\psi^j(Y_s) \quad ,$$

ce qui montre que

$$(M_t,\theta) = \int_{Y_0}^{Y_t} \theta \ .$$

Si maintenant X_0 n'est pas constante, on termine la démonstration comme dans le lemme 1. ∎

Soit U un voisinage ouvert de e dans G tel que l'application exponentielle exp soit un difféomorphisme d'un voisinage ouvert de 0 dans $\mathfrak{g}$ sur U, et soit log la fonction sur G définie par

$$\log x = y \quad \text{pour } x = \exp y \quad \text{si } x \in U$$
$$= 0 \qquad\qquad \text{si } x \notin U \quad .$$

THEOREME 3. <u>Soit</u> X <u>une semi-martingale sur</u> G <u>et soit</u> R>0. <u>Le processus</u> $\tilde{M}$ <u>défini sur</u> [0,R] <u>pour tout</u> n>0 <u>par</u>

$$\tilde{M}_t = \Sigma_{l=0}^{k-1} \log X_{t_l}^{-1} X_{t_{l+1}} + c_n(t-t_k) \log X_{t_k}^{-1} X_{t_{k+1}}$$

<u>(avec les notations du théorème</u> 2) <u>converge en probabilité vers</u> $M=\mathcal{L}(X)$ <u>uniformément sur</u> [0,R].

DEMONSTRATION. Soient (V,ϕ) une carte de domaine V contenant e et a un réel strictement positif tels que l'application exponentielle soit un difféomorphisme de B(0,a) sur U=exp B(0,a) et que $U.U \subset V$. Comme dans la démonstration du théorème 2, on peut supposer qu'on a choisi un entier positif p tel que $X_t^{-1} X_u \in U$ pour $0 \leq t \leq u \leq R$ et $u-t \leq R2^{-p}=R_p$. On pose $Y_t = X_0^{-1} X_t$ et on étudie d'abord M_t et $\tilde{M}_t$ sur $[0,R_p]$. Pour chaque forme différentielle θ invariante à gauche,

$$d(M_t,\theta) = (D_j,\theta)(Y_t)*d\phi^j(Y_t) \quad .$$

Posons

$$\tilde{Y}_0 = e$$

$$\tilde{Y}_t = Y_{t_k} \ \exp\{c_n(t-t_k) \log Y_{t_k}^{-1} Y_{t_{k+1}}\} \quad \text{pour} \quad 0 \leq \frac{kR}{2^n} = t_k \leq t \leq t_{k+1} = \frac{(k+1)R}{2^n} \leq R_p \ .$$

Pour $0 \leq t \leq R_p$, $\overset{n}{Y}_t$ a p.s. ses valeurs dans V et

$$d\phi^j(\overset{n}{Y}_t) = c_n\,(\log Y_{t_k}^{-1} Y_{t_{k+1}})(\phi^j)(\overset{n}{Y}_t)\,dt \qquad \text{sur }]t_k, t_{k+1}[\ ;$$

par conséquent,

$$\begin{aligned}(D_j,\theta)(\overset{n}{Y}_t) * d\phi^j(\overset{n}{Y}_t) &= c_n\,(\log Y_{t_k}^{-1} Y_{t_{k+1}}, \theta)(\overset{n}{Y}_t)\,dt \\ &= c_n\,(\log Y_{t_k}^{-1} Y_{t_{k+1}}, \theta)\,dt \\ &= d(\overset{n}{M}_t, \theta)\ .\end{aligned}$$

Il résulte alors du théorème 3 de [19] que $\overset{n}{M}$ converge en probabilité vers M uniformément sur $[0, R_p]$. La convergence sur les autres intervalles de $[0, R]$ s'obtient de façon identique, d'où la convergence globale de $\overset{n}{M}$ vers M sur tout $[0,R]$. ∎

REMARQUE. Si l'on consulte la démonstration du théorème 3 de [19], on voit qu'il faut introduire une connexion sur le groupe G, ou tout au moins sur l'ouvert $\phi(V)$ de $\mathbb{R}^d$. Mais d'après l'exposé d'Emery [6], il suffit en fait de disposer d'une fonction d'interpolation, qui nous est fournie ici par l'application exponentielle. De toute manière, nous verrons dans la quatrième partie que cette application exponentielle détermine les géodésiques d'une connexion sur le groupe G; au lieu d'utiliser le résultat de Meyer, on aurait pu citer aussi le théorème A de [3], qui donne directement le résultat sur une variété mais utilise des découpages un peu différents de $[0,R]$.

3. PROPRIETES DE L'EXPONENTIELLE ET DU LOGARITHME.

Le premier travail sera de montrer que les applications $\mathcal{E}$ et $\mathcal{L}$ sont réciproques l'une de l'autre, modulo la donnée initiale.

THEOREME 4. <u>Soient</u> X <u>une semi-martingale sur</u> G <u>vérifiant</u> $X_0=e$ <u>et</u> M <u>une semi-martingale sur</u> $\mathfrak{g}$ <u>vérifiant</u> $M_0=0$. <u>Alors</u> $X=\mathcal{E}(M)$ <u>si et seulement si</u> $M=\mathcal{L}(X)$.

DEMONSTRATION. a) Supposons $M=M^i H_i$ et posons $X=\mathcal{E}(M)$, puis $N=\mathcal{L}(X)$. Pour toute forme différentielle θ invariante à gauche,

$$(N_t,\theta) = \Sigma_\alpha \int_0^t h^\alpha(X_s)\ (D_j,\theta)(X_s)*d\phi^j(X_s)$$
$$= \Sigma_\alpha \int_0^t h^\alpha(X_s)\ (D_j,\theta)(X_s)\ (H_i\phi^j)(X_s)*dM_s^i$$
$$= \Sigma_\alpha \int_0^t h^\alpha(X_s)\ (H_i,\theta)(X_s)*dM_s^i$$
$$= (H_i,\theta)\ M_t^i$$
$$= (M_t,\theta)\ .$$

b) Inversement, si $M=\mathcal{L}(X)$, si $f\in C$ et si $(H_i, i=1,\ldots,d)$ et (θ^i) sont des bases en dualité de $\mathfrak{g}$ et $\mathfrak{g}^*$, alors

$$df(X_t) = \Sigma_\alpha\ h^\alpha(X_t)\ D_jf(X_t)*d\phi^j(X_t)$$
$$= \Sigma_\alpha\ h^\alpha(X_t)\ (H_if)(X_t)\ (D_j,\theta^i)(X_t)*d\phi^j(X_t)$$
$$= (H_if)(X_t)\ (\Sigma_\alpha\ h^\alpha(X_t)\ (D_j,\theta^i)(X_t)*d\phi^j(X_t))$$
$$= (H_if)(X_t)*d(M_t,\theta^i)\ .\ \blacksquare$$

Voici maintenant deux propriétés à peu près évidentes de $\mathcal{E}$ et $\mathcal{L}$.

PROPOSITION 1. _Si_ $X=\mathcal{E}(M)$ _avec_ $M_0=0$, X _et_ M _engendrent la même filtration._

DEMONSTRATION. C'est clair puisque dans un sens on résoud une équation lipschitzienne pour obtenir X à partir de M, dans l'autre on effectue une simple intégration stochastique pour obtenir M à partir de X. C'est évident également d'après les théorèmes 2 et 3 d'approximation. ■

PROPOSITION 2. _Si_ h _est un homomorphisme de groupes de Lie de_ G _dans_ H, _d'application tangente_ h_* , _alors_

$$\mathcal{E}(h_*(M)) = h(\mathcal{E}(M)) \quad \text{et} \quad h_*(\mathcal{L}(X)) = \mathcal{L}(h(X))\ .$$

DEMONSTRATION. Pour la première égalité par exemple, on a

$$df(h(X_t)) = d(f\circ h)(X_t) = h_*(H_i)(f)(h(X_t))*dM_t^i\ .\ \blacksquare$$

Dans [8], He, Yan et Zheng ont introduit la notion de convergence parfaite d'une semi-martingale vectorielle: disons pour reprendre leur définition que sur une variété V, une semi-martingale X converge parfaitement sur un ensemble F de

$\mathfrak{F}$ si, lorsque l'on conditionne par F, la semi-martingale X est prolongeable en une semi-martingale sur $[0,\infty]$.

PROPOSITION 3. Les ensembles de convergence parfaite de M et $X=\mathcal{E}(M)$ sont p.s. égaux.

DEMONSTRATION. a) Si M converge parfaitement sur l'ensemble F, cela veut dire avec les notations de la démonstration du théorème 1 que $Q_\infty<\infty$ p.s. sur F. Si pour un p strictement positif

$$S_p = \inf \{t>0: Q_t>p\} ,$$

alors $F \subset \bigcup_p \bigcup_n (\{S_p=\infty\} \cap \{T_n=\infty\})$. Comme $X^{S_p\wedge T_n}$ est parfaitement convergente d'après sa construction , il en résulte que X converge parfaitement sur F.

b) Si X converge parfaitement sur F, on peut en conditionnant par F transformer X en une semi-martingale jusqu'à l'infini (infini compris) dont le logarithme stochastique, qui n'est pas changé sur F par la nouvelle probabilité, est aussi une semi-martingale jusqu'à l'infini puisqu'il est obtenu par intégration stochastique. Donc M converge parfaitement sur F. ∎

On va maintenant retrouver les mouvements browniens gauches de McKean [17] en montrant que les diffusions à coefficients constants sur $\mathfrak{g}$ correspondent aux diffusions sur G de générateurs invariants à gauche.

PROPOSITION 4. Soient H_0 un élément de $\mathfrak{g}$, $(H_i, i=1,\dots,r)$ un système libre de $\mathfrak{g}$ et $(B^i, i=1,\dots,r)$ un mouvement brownien sur $\mathbb{R}^r$. Si M est la diffusion sur $\mathfrak{g}$ à coefficients constants obtenue en posant $M_t=B_t^iH_i+tH_0$, alors $\mathcal{E}(M)$ est une diffusion sur G de générateur $\frac{1}{2}\Sigma_{i=1}^r H_i^2+H_0$, et inversement toute diffusion de générateur invariant à gauche sur G a pour logarithme stochastique une diffusion M du type ci-dessus.

DEMONSTRATION. a) Si $M_t=B_t^iH_i+tH_0$, pour f dans C

$$df(X_t) = (H_if)(X_t)*dB_t^i + (H_0f)(X_t)\ dt$$

$$= (H_if)(X_t)\ dB_t^i + (\tfrac{1}{2}\ \Sigma_i\ H_i^2 + H_0)(f)(X_t)\ dt .$$

b) Si X est une diffusion invariante à gauche, il existe H_0 dans $\mathfrak{g}$ et un système libre $(H_i, i=1,\ldots,r)$ dans $\mathfrak{g}$ tels que X ait pour générateur $L = \frac{1}{2}\Sigma_{i=1}^r H_i^2 + H_0$. Cela signifie précisément que pour tout élément f de C,

$$f(X_t) - f(X_0) - \int_0^t Lf(X_s)\, ds$$

est une martingale locale. Supposons pour alléger l'écriture que la diffusion X reste dans le domaine d'une carte locale (V,ϕ). Considérons alors une base $(\theta^k, k=1,\ldots,d)$ de $\mathfrak{g}^*$ telle que

$$(H_i, \theta^k) = \delta_i^k \qquad \text{pour } i=1,\ldots,r \quad k=1,\ldots,d \quad ,$$

et posons

$$\lambda_i^l = H_i\phi^l \qquad i=1,\ldots,r \quad l=1,\ldots,d$$

$$a_j^k = (D_j, \theta^k) \qquad j=1,\ldots,d \quad k=1,\ldots,d$$

de sorte qu'on aura

$$\lambda_i^j a_j^k = \delta_i^k \qquad i=1,\ldots,r \quad k=1,\ldots,d \quad .$$

Identifions $\mathfrak{g}$ à $\mathbb{R}^d$ par l'application qui à H associe $((H,\theta^k), k=1,\ldots,d)$. Si g est une fonction réelle à support compact sur $\mathbb{R}^d$ et C^∞,

$$\begin{aligned} dg(M_t) &= \partial_k g(M_t) * dM_t^k \\ &= \partial_k g(M_t)\ a_j^k(X_t) * d\phi^j(X_t) \\ &= \partial_k g\ a_j^k\ L\phi^j\, dt + \frac{1}{2}\, a_j^k\ (\partial_1\partial_k g)\ a_m^1\ (L(\phi^m\phi^j) - \phi^m L\phi^j - \phi^j L\phi^m)\, dt \\ &\quad + \frac{1}{2}\,\partial_k g\ (L(a_j^k\phi^j) - a_j^k L\phi^j - \phi^j La_j^k)\, dt + d(\text{martingale locale}) \quad . \end{aligned}$$

Or

$$\begin{aligned} a_j^k\ a_m^1\ (L(\phi^m\phi^1) - \phi^m L\phi^j - \phi^j L\phi^m) &= \frac{1}{2}\, a_j^k\ a_m^1\ \Sigma_{i=1}^r (H_i^2(\phi^m\phi^j) - \phi^m H_i^2\phi^j - \phi^j H_i^2\phi^m) \\ &= a_j^k\ a_m^1\ \Sigma_{i=1}^r (H_i\phi^m)(H_i\phi^j) \\ &= \Sigma_{i=1}^r \delta_i^k\ \delta_i^1 \quad , \end{aligned}$$

tandis que

$$\frac{1}{2}\,(L(a_j^k\phi^j) - a_j^k L\phi^j - \phi^j La_j^k) = a_j^k H_0\phi^j + \frac{1}{4}\,\Sigma_i (2(H_i a_j^k)(H_i\phi^j) + 2a_j^k H_i^2\phi^j)$$

$$= a_j^k H_0 \phi^j + \frac{1}{2} \Sigma_i (\lambda_i^j H_i a_j^k + a_j^k H_i \lambda_i^j)$$

$$= a_j^k H_0 \phi^j + \frac{1}{2} \Sigma_i H_i (\lambda_i^j a_j^k)$$

$$= (H_0, \theta^k) .$$

Il en résulte que si ∂_0 représente la dérivation dans la direction de H_0,

$$g(M_t) - \int_0^t (\frac{1}{2} \Sigma_i \partial_{ii} + \partial_0)(g)(M_s) \, ds$$

est une martingale locale, et on sait bien que cela entraîne la représentation voulue pour M. ■

Le reste de cette partie est consacré à l'étude d'une formule du type Campbell-Hausdorff pour les logarithme et exponentielle stochastiques. Rappelons que si H et K sont dans $\mathfrak{g}$, si g est dans G, on note R_g la multiplication à droite par g sur G, L_g la multiplication à gauche par g, et on pose

$$Ad(g)H = gHg^{-1} = L_{g*}(R_{g^{-1}*}(H))$$

$$ad(H)K = [H,K] .$$

Le résultat suivant a été obtenu par Karandikar [14] pour les groupes de matrices et implicitement par Shigekawa [23] dans le cas général.

PROPOSITION 5. <u>Si</u> M <u>et</u> N <u>sont deux semi-martingales sur</u> $\mathfrak{g}$,

$$\mathcal{E}(M+N) = \mathcal{E}(Ad(\mathcal{E}(N))_* M) \; \mathcal{E}(N) .$$

<u>Inversement</u>, <u>si</u> X <u>et</u> Y <u>sont deux semi-martingales sur</u> G,

$$\mathcal{L}(XY) = Ad(Y^{-1})_* \mathcal{L}(X) + \mathcal{L}(Y) .$$

DEMONSTRATION. La deuxième formule se déduisant immédiatement de la première, c'est celle-ci que nous démontrerons. Posons

$$Y = \mathcal{E}(N) \quad , \qquad X = \mathcal{E}(Ad(Y)_* M) \quad ,$$

où $Ad(Y)_* M$ désigne la semi-martingale sur $\mathfrak{g}$ définie, si $M_t = M_t^i H_i$, par

$$(Ad(Y)_* M)_t = \int_0^t Ad(Y_s) H_i * dM_s^i \quad .$$

Supposons encore que nous n'ayons besoin que d'une seule carte. Alors, pour f dans C, si l'on pose à t fixé

$$h(x) = f(xY_t) \qquad \text{et} \qquad k(y) = f(X_t y) \quad ,$$

on a

$$\begin{aligned} df(X_tY_t) &= D_k h(X_t) * d\phi^k(X_t) + D_l h(Y_t) * d\phi^l(Y_t) \\ &= D_k h(X_t)\ (Y_t H_i Y_t^{-1})(\phi^k)(X_t) * dM_t^i + D_l k(Y_t)(H_i \phi^l)(Y_t) * dN_t^i \\ &= (Y_t H_i Y_t^{-1})(h)(X_t) * dM_t^i + (H_i k)(Y_t) * dN_t^i \quad . \end{aligned}$$

Mais pour x,y,g dans G et H dans ,

$$\begin{aligned} (gHg^{-1})(f\circ R_g)(x) &= (Hf)(xg) \\ H(f\circ L_g)(y) &= (Hf)(gy), \end{aligned}$$

d'où

$$df(X_tY_t) = (H_i f)(X_tY_t)\ dM_t^i + (H_i f)(X_tY_t)\ dN_t^i \quad . \quad \blacksquare$$

LEMME 3. <u>Si</u> Y=$\mathfrak{E}$(N) <u>et</u> $N_t = N_t^i H_i$, <u>alors</u>, <u>pour tout</u> H <u>dans</u> $\mathfrak{g}$,

$$d(Ad(Y_t^{-1})H) = [Ad(Y_t^{-1})H, H_i] * dN_t^i \quad .$$

DEMONSTRATION. Pour g dans G, H dans $\mathfrak{g}$ et θ dans $\mathfrak{g}^*$, on pose $f(g) = (Ad(g^{-1})H, \theta)$. Alors,

$$df(Y_t) = H_i(f\circ L_{Y_t}) * dN_t^i$$

avec

$$\begin{aligned} f\circ L_{Y_t}(g) &= (Ad((Y_t g)^{-1})H, \theta) \\ &= (Ad(Y_t^{-1})Ad(g^{-1})H, \theta) \end{aligned}$$

puis

$$\begin{aligned} H_i(f\circ L_{Y_t}) &= (Ad(Y_t^{-1})ad(-H_i)H, \theta) \\ &= (Ad(Y_t^{-1})[H, H_i], \theta) \quad . \quad \blacksquare \end{aligned}$$

PROPOSITION 6. Si M et N sont deux semi-martingales sur $\mathfrak{g}$ nulles en 0, avec $M_t = M_t^i H_i$ et $N_t = N_t^i H_i$, si u et v sont deux réels différents de 0, alors

$$\frac{\mathcal{L}(\mathcal{E}(uM)\,\mathcal{E}(vN)) - uM - vN}{uv}$$

converge lorsque v tend vers 0 uniformément sur tout compact en probabilité vers un processus R qui vaut

$$R_t = [H_i, H_k] \int_0^t N_s^k * dM_s^i \quad .$$

DEMONSTRATION.

$$\mathcal{L}(\mathcal{E}(uM)\,\mathcal{E}(vN)) - uM - vN = u\ \mathrm{Ad}((\mathcal{E}(vN))^{-1}) - \mathrm{Id}) * M.$$

Si l'on pose pour i=1,...,r $Z_i^v = \mathrm{Ad}(\mathcal{E}(vN)^{-1})H_i$, alors d'après le lemme précédent

$$dZ_i^v = v[Z_i^v, H_k] * dN^k \quad ,$$

d'où l'on tire

$$\frac{1}{v}(Z_i^v - H_i) \to [H_i, H_k]\ N^k \quad \text{en probabilité quand } v \to 0, \text{ puis}$$

$$\frac{1}{v}(Z_i^v - H_i) * M^i \to [H_i, H_k]\ N^k * M^i \quad \text{en probabilité quand } v \to 0 \ . \quad \blacksquare$$

4. MARTINGALES SUR UN GROUPE DE LIE.

Il est maintenant possible de donner une notion naturelle de martingale (locale) sur un groupe de Lie. On dira qu'une semi-martingale X sur G est une G-martingale si $\mathcal{L}(X)$ est une martingale locale sur $\mathfrak{g}$.

D'après la proposition 2, cette notion est invariante par homomorphisme de groupes de Lie. La proposition 5 nous fournit directement la décomposition multiplicative des semi-martingales.

PROPOSITION 7. Si $X = X_0\,\mathcal{E}(M)$ et si $M = N + A$, où N est une martingale locale et A un processus à variation finie sur $\mathfrak{g}$, alors

$$X = X_0\ Y\ Z = X_0\ Z'Y' \ ,$$

où Y et Y' sont respectivement les G-martingales $\mathcal{E}(\mathrm{Ad}(\mathcal{E}(A)) * N)$ et $\mathcal{E}(N)$, et Z et Z' respectivement les processus à variation finie $\mathcal{E}(A)$ et $\mathcal{E}(\mathrm{Ad}(\mathcal{E}(N)) * A)$.

On remarquera également que ces deux décompositions sont nécessairement uniques.

PROPOSITION 8. Si M est une martingale locale sur $\mathfrak{g}$ et si $X=\mathfrak{E}(M)$, les ensembles de convergence quand t tend vers l'infini de M et de X sont p.s. égaux.

DEMONSTRATION. Si M converge p.s. sur un ensemble F, M converge parfaitement sur cet ensemble , donc également X, donc X en particulier converge p.s. sur F. Inversement, supposons que X converge p.s. sur un ensemble F. En considérant les G-martingales $(X_{n+t}, t\geq 0)$ arrêtées aux instants U^n où elles sortent du domaine d'une carte locale, on peut se ramener à l'étude d'une G-martingale X qui reste dans un domaine fixé et qui y converge p.s. On a alors, pour une base (H_i) de $\mathfrak{g}$,

$$d\phi^j(X_t) = \lambda_i^j \, dM_t^i + \frac{1}{2} \lambda_l^k \, D_k(\lambda_i^j) \, d\langle M^i, M^l\rangle_t .$$

D'après [25] ou encore [8], comme les coefficients sont bornés ainsi que ceux de la matrice inverse des (λ_i^j), les $\phi^j(X_t)$ ne peuvent converger p.s. que si les M_t^i le font également. ■

Ordinairement [2,18], pour définir une bonne notion de martingale sur une variété V, il faut munir V d'une connexion Γ, sans torsion de préférence. Sur un groupe de Lie G, il est clair que la connexion à choisir doit être invariante à gauche et transformer les courbes exp tA (t réel) en géodésiques, ce qui exige que $\nabla_A A=0$ pour tout champ de vecteurs invariant à gauche A . On peut choisir de plus Γ sans torsion, ce qui détermine Γ par la condition $\nabla_A B = \frac{1}{2}[A,B]$ pour A et B dans $\mathfrak{g}$. On va plutôt choisir $\nabla_A B = 0$, qui a pour symétrisée la connexion précédente, et qui possède de surcroît deux jolies propriétés:

a) le transport parallèle stochastique d'Ito au-dessus d'une semi-martingale sur G admet au point terminal la valeur du champ invariant à gauche déterminé par le vecteur tangent au point initial;

b) le développement d'une semi-martingale X n'est autre que $\mathfrak{L}(X)$.

Pour vérifier ces propriétés, on commence par constater que si $\nabla_A B = 0$, les composantes (λ^j) dans une carte d'un champ de vecteurs invariant à gauche et les composantes (a_j) d'une forme différentielle invariante à gauche vérifient

$$\lambda^j \Gamma^k_{ij} + D_i\lambda^k = 0 \qquad a_i \Gamma^i_{jk} - D_k a_j = 0 \quad ,$$

où les Γ^i_{jk} sont les symboles de Christoffel de la connexion; les équations du transport parallèle, qui sont $dU^k_t = -\Gamma^k_{ij} U^j_t * dX^i_t$, coïncident donc avec les équations

$$d\lambda^k_t = D_i \lambda^k_t * dX^i_t = - \Gamma^k_{ij} \lambda^j_t * dX^i_t \quad ;$$

de la même façon, les équations du développement relativement à une base (H_l)

$$\lambda^k_l \, d\xi^l_t = dX^k_t + \frac{1}{2} \Gamma^k_{ij} \, d\langle X^i, X^j \rangle_t$$

s'écrivent aussi sous la forme

$$d\xi^l_t = a^l_k \, dX^k_t + \frac{1}{2} a^l_k \, \Gamma^k_{ij} \, d\langle X^i, X^j \rangle_t = dM^l_t \quad .$$

Il reste à montrer que les Γ-martingales pour cette connexion coïncident avec les G-martingales introduites ci-dessus. Or X est une Γ-martingale si par définition pour toute carte locale de domaine V, $dX^k_t + \frac{1}{2}\Gamma^k_{ij} d\langle X^i, X^j \rangle_t$ est une différentielle de martingale locale dans l'ouvert prévisible $\{X \in V\}$; cette condition équivaut à ce que

$$a^l_k \, dX^k_t + \frac{1}{2} a^l_k \, \Gamma^k_{ij} \, d\langle X^i, X^j \rangle_t = dM^l_t$$

soit une différentielle de martingale locale dans $\{X \in V\}$, et cela correspond exactement à la notion de G-martingale.

5. MARTINGALES SUR LE GROUPE DE HEISENBERG.

Terminons par une brève étude des martingales sur le groupe H des matrices

$$g = \begin{pmatrix} 1 & x & z \\ 0 & 1 & y \\ 0 & 0 & 1 \end{pmatrix}$$

dont l'algèbre $\mathcal{H}$ est constituée par les matrices

$$\begin{pmatrix} 0 & a & c \\ 0 & 0 & b \\ 0 & 0 & 0 \end{pmatrix} = aH_1 + bH_2 + cH_3 \quad .$$

Un calcul simple montre que $\left(\lambda^j_i(g) \right) = \begin{pmatrix} 1 & 0 & 0 \\ 0 & 1 & x \\ 0 & 0 & 1 \end{pmatrix}$

et par conséquent si $M_t=M_t^iH_i$ avec $M_0=0$ et si $X=\mathcal{E}(M)$, on trouve

$$X_t^1=M_t^1 \qquad X_t^2=M_t^2 \qquad X_t^3=M_t^3+\int_0^t M_s^1 dM_s^2+\frac{1}{2}<M^1,M^2>_t$$

tandis qu'inversement

$$M_t^1=X_t^1 \qquad M_t^2=X_t^2 \qquad M_t^3=X_t^3-\int_0^t X_s^1 dX_s^2-\frac{1}{2}<X^1,X^2>_t \quad .$$

Ces formules montrent que $X_t = \exp N_t$, où

$$N_t^1=M_t^1 \qquad N_t^2=M_t^2 \qquad N_t^3=M_t^3+\frac{1}{2}\int_0^t (M_s^1 dM_s^2-M_s^2 dM_s^1) \quad .$$

On peut remarquer que M est une martingale locale si et seulement N en est une, et que la correspondance entre M et N est bijective non linéaire. Une conséquence en est le résultat suivant.

PROPOSITION 9. Si X est une H-martingale, pour tout entier relatif n, $(X)^n$ est encore une H-martingale.

DEMONSTRATION. Soit N la martingale locale associée par la bijection précédente à $M=\mathcal{L}(X)$. On calcule facilement les composantes de $\log\,(X_0)^{-n}(X_t)^n$ qui sont

$$N_t^{n,1}=nN_t^1 \qquad N_t^{n,2}=nN_t^2 \qquad N_t^{n,3}=nN_t^3-\frac{1}{2}n(n-1)(X_0^1N_t^2-X_0^2N_t^1) \quad .$$

On en déduit que $\mathcal{L}((X)^n)$ a pour composantes

$$M_t^{n,1}=nM_t^1 \qquad M_t^{n,2}=nM_t^2 \qquad M_t^{n,3}=nM_t^3-\frac{1}{2}n(n-1)\int_0^t (M_s^1 dM_s^2-M_s^2 dM_s^1)$$
$$-\frac{1}{2}n(n-1)(X_0^1M_t^2-X_0^2M_t^1) \quad ,$$

c'est donc encore une martingale locale. ∎

Une dernière remarque: si $B=(B^1,B^2)$ est un mouvement brownien sur $\mathbb{R}^2$, si $M^1=B^1$, $M^2=B^2$ et $M^3=0$, un résultat de P.Lévy montre que la martingale N de composantes

$$N_t^1=B_t^1 \qquad N_t^2=B_t^2 \qquad N_t^3=\frac{1}{2}\int_0^t (B_s^1 dB_s^2-B_s^2 dB_s^1)$$

admet une densité strictement positive pour tout $t>0$ sur tout $\mathbb{R}^3$, et il en va de même de $X = \exp N$ sur tout le groupe H. Ici, X est exactement la diffusion de générateur $\frac{1}{2}\,(H_1^2+H_2^2)$.

REFERENCES

[1] BISMUT (J.M.). Mécanique aléatoire. L.N.in M. 866,Springer 1981.

[2] DARLING (R.W.R.). Martingales in manifolds. Definitions, examples, and behaviour under maps. Sém. Proba. XVI. Supplément. L.N.in M. 921, p.217-236,Springer 1982.

[3] DARLING (R.W.R.).Approximating Ito integrals of Differential Forms and Geodesic Deviation. Z.W. 65,p.563-572,1984.

[4] ELWORTHY (K.D.). Stochastic Differential Equations on Manifolds. Cambridge University Press, 1982.

[5] EMERY (M.). Stabilité des solutions des équations différentielles stochastiques; application aux intégrales multiplicatives stochastiques. Z.W. 41,p.241-262,1978.

[6] EMERY (M.). En marge de l'exposé de Meyer: "Géométrie différentielle stochastique". Sém. Proba. XVI. Supplément. L.N.in M. 921, p.208-216, Springer 1982.

[7] GAVEAU (B.).Principe de moindre action, propagation de la chaleur et estimées sous-elliptiques sur certains groupes nilpotents. Acta mathematica 139,p.95-153,1977.

[8] HE (S.W.),YAN (J.A.),ZHENG (W.A.). Sur la convergence des semi-martingales continues dans R^n et des martingales dans une variété. Sém. Proba. XVII. L.N.in M. 986,p.179-184,Springer 1983.

[9] IBERO (M.). Intégrales stochastiques multiplicatives et construction de diffusions sur un groupe de Lie. Bull.Sc.Math. 100,p.175-191,1976.

[10] IKEDA (N.),MANABE (S.). Stochastic integral of differential forms and its applications. Stochastic Analysis. Academic Press,p.175-185,1978.

[11] IKEDA (N.),WATANABE (S.). Stochastic Differential Equations and Diffusion Processes. North Holland, 1981.

[12] ITO (K.). Brownian Motions on a Lie Group. Proc.Japan Acad. 26,p.4-10,1950.

[13] KARANDIKAR (R.L.). Multiplicative decomposition of non singular matrix valued continuous semimartingales. Ann.Proba. 10,p.1088-1091,1982.

[14] KARANDIKAR (R.L.). Girsanov type formula for a Lie group valued Brownian motion. Sém. Proba. XVII. L.N.in M. 986,p.198-204,Springer 1983.

[15] MALLIAVIN (P.). Géométrie différentielle stochastique. Les Presses de l'Université de Montréal, 1978.

[16] McKEAN (H.P.). Brownian Motion on the 3-Dimensional Rotation Group. MK 33, p.25-38,1960.

[17] McKEAN (H.P.). Stochastic Integrals. Academic Press, 1969.

[18] MEYER (P.A.). Géométrie stochastique sans larmes. Sém. Proba. XV. L.N.in M. 850,p.44-102,1981.

[19] MEYER (P.A.). Géométrie différentielle stochastique (bis). Sém. Proba. XVI. Supplément. L.N.in M. 921,p.165-207,Springer 1982.

[20] PERRIN (F.). Etude mathématique du mouvement brownien de rotation. Ann. Ecole Normale Sup. 45,p.1-51,1928.

[21] SCHWARTZ (L.). Semi-martingales sur des variétés et martingales conformes sur des variétés analytiques complexes. L.N. in M. 780,Springer 1980.

[22] SCHWARTZ (L.). Géométrie différentielle du 2ème ordre, semi-martingales et équations différentielles stochastiques sur une variété différentielle. Sém. Proba. XVI. Supplément.L.N. in M. 921,p.1-148,Springer 1982.

[23] SHIGEKAWA (I.). Transformations of the Brownian Motion on a Riemannian Symmetric Space. Z.W. 65,p.493-522,1984.

[24] YOSIDA (K.). Brownian Motion in a Homogeneous Space. Pacific J.Math. 2, p.263-296,1952.

[25] ZHENG (W.A.). Sur la convergence des martingales dans une variété riemannienne. Z.W. 63,p.511-515,1983.

M. H.-D. :
Université de Paris VII

D. L. :
Université d'Orléans

Ultimateness and the Azéma-Yor stopping time

D.P. van der Vecht
Vrije Universiteit, Amsterdam

The purpose of this note is to give a correct proof of a result of Meilijson [3,p394], which was originally based on an identity proved wrong by Neil Falkner* (theorem 2). Our proof uses a special property of the Azéma-Yor stopping time (theorem 1 and lemma 1).

Let $(B_t)_{t\geq 0}$ denote standard Brownian Motion (started at zero) and for any stopping time τ define

$$M_\tau := \sup_{0\leq t\leq \tau} B_t .$$

A stopping time τ is called *standard*, if whenever σ_1 and σ_2 are stopping times with $\sigma_1 \leq \sigma_2 \leq \tau$, then

$$E|B_{\sigma_i}| < \infty , \ i=1,2, \text{ and}$$

$$E|B_{\sigma_1} - x| \leq E|B_{\sigma_2} - x| \quad \text{for all } x \in \mathbb{R}.$$

(As N. Falkner [2,p.386] showed, a stopping time τ is standard if and only if the process $(B_{t\wedge\tau})$ is uniformly integrable.)

Let X be a random variable with EX = 0 and define the function g_X on $\mathbb{R}$ by

$$g_X(x) := \begin{cases} E(X|X\geq x) & \text{if } P(X\geq x) > 0, \\ x & \text{otherwise.} \end{cases}$$

Azéma and Yor [1,p.95,p.625] showed that the stopping time T defined by

$$T := \inf\{t: M_t \geq g_X(B_t)\}$$

embeds (the distribution of) X, i.e. $B_T \overset{D}{=} X$, and is standard. We will refer to it as the A-Y stopping time (embedding X in (B_t)). It is also known that for any standard stopping time τ, that embeds X in (B_t),

(1) $$P(M_\tau \geq g_X(x)) \leq P(M_T \geq g_X(x)) = P(B_T \geq x) = P(X\geq x)$$

for $x \in \mathbb{R}$.

For the inequality we refer to Azéma and Yor [1,p.632].

The first equality is easily seen from the definition of T, while the second holds, becausc T embeds X.

---

*I. Meilijson communicated this to me by letter.

Theorem 1.

Of all standard stopping times τ that embed X, the A-Y stopping time T is essentially* the only one with

(2) $$P(M_\tau \geq g_X(x)) = P(X \geq x) \quad , \; x \in \mathbb{R}.$$ □

A standard stopping time τ is called *ultimate*, whenever Y is a random variable with $E|Y-x| \leq E|B_\tau - x|$ for all $x \in \mathbb{R}$, then there exists a stopping time $\sigma \leq \tau$, that embeds Y.

Theorem 2. (I. Meilijson [3,p.394])

Assume τ is a standard stopping time embedding X. If τ is ultimate, then there are $a \leq 0 \leq b$ with $P(X \in \{a,b\}) = 1$. □

Proof of Theorem 1.

We write g for g_X.

Let τ be a standard stopping time embedding X such that (2) holds.
Define the stopping time H_x by $H_x := \inf\{t: B_t \geq g(x)\}$ and put $\tau_x := \tau \wedge H_x$. Then $\{M_\tau \geq g(x)\} = \{H_x \leq \tau\}$.

For $z \leq x$

$$E|B_\tau - z| \geq E|B_{\tau_x} - z| =$$

$$(g(x) - z)P(H_x \leq \tau) + E|B_\tau - z|\, 1_{\{\tau<H_x\}} =$$

$$E(X - z)\, 1_{\{X\geq x\}} + E|B_\tau - z|\, 1_{\{\tau<H_x\}} =$$

$$E|B_\tau - z| + E|B_\tau - z|(1_{\{B_\tau\geq x,\tau<H_x\}} - 1_{\{B_\tau<x,\tau\geq H_x\}}).$$

So

(3) $$E|B_\tau - z|\, 1_{\{B_\tau\geq x,\tau<H_x\}} \leq E|B_\tau - z|\, 1_{\{B_\tau<x,\tau\geq H_x\}} \quad , \; z \leq x.$$

Now using (2)

$$P(B_\tau \geq x,\ \tau < H_x) =$$

$$P(B_\tau \geq x) - P(B_\tau \geq x,\ \tau \geq H_x) =$$

$$P(X \geq x) - P(\tau \geq H_x) + P(B_\tau < x, \tau \geq H_x) =$$

$$P(B_\tau < x, \tau \geq H_x),$$

whence with $z \to -\infty$ in (3) it follows that

$$P(B_\tau \geq x, \tau < H_x) = P(B_\tau < x, \tau \geq H_x) = 0.$$

---

*apart from disagreement on a null set.

Therefore

$$\{B_\tau \geq x\} = \{M_\tau \geq g(x)\} \text{ for all } x \in \mathbb{Q} \text{ (= the rational numbers) a.s..}$$

As for all $x \in \mathbb{R}$ we can find a sequence (x_n) in $\mathbb{Q}$ increasing to x and g is left-continuous, we get

$$\{B_\tau \geq x\} = \{M_\tau \geq g(x)\} \text{ for all } x \in \mathbb{R} \text{ a.s.,}$$

whence

$$M_\tau \geq g(B_\tau) \text{ a.s..}$$

(Simply observe that

$$B_\tau \in [x, x+\tfrac{1}{n}) \Longleftrightarrow M_\tau \in [g(x), g(x+\tfrac{1}{n}))$$

for all $x \in \mathbb{R}$ and all $n \in \mathbb{N}$ a.s..)

Now $t < T$ implies $M_t < g(B_t)$ and therefore $\tau \geq T$ a.s.. As τ is standard, it follows that for any stopping time σ with $T \leq \sigma \leq \tau$ a.s..

$$E|B_\sigma - x| = E|X-x| \qquad \text{for all } x \in \mathbb{R},$$

which can only happen if $T = \tau$ a.s.. □

Let T- be the A-Y stopping time embedding -X in $(-B_t)$, then with $m_t = \inf_{0 \leq s \leq t} B_s$,

$$T- = \inf\{t\colon m_t \leq -g_{-X}(-B_t)\}$$

and

$$B_{T-} \overset{D}{=} X.$$

Lemma 1.

If T = T- a.s., then there are $a \leq 0 \leq b$ with $P(X \in \{a,b\}) = 1$.

Proof.

First observe that

$$-g_{-X}(-x) \leq x \leq g_X(x) \qquad (x \in \mathbb{R})$$

Now for a path (of (B_t)) with T = T- and $B_T = B_{T-} = x$ we have

$$M_T \geq g_X(x) \quad (\geq x) \quad \text{, and}$$

$$m_T \leq -g_{-X}(-x) \quad (\leq x).$$

That implies however that

(4) $$-g_{+X}(-x) = x \text{ or } g_X(x) = x.$$

[If such a path first reaches level M_T and then level m_T it is forced to cross level x in between (continuity of paths) and 'T stops to soon', unless $-g_{-X}(-x) = x$; conversely if level m_T is reached before level M_T,'T- stops to soon', unless $g_X(x) = x$.]

Now (4) implies $x \le$ es inf $X =: a(\le 0)$, or $x \ge$ es sup $X =: b(\ge 0)$.
As $T = T-$ a.s., we can conclude

$$B_T \le a \quad \text{or} \quad B_T \ge b \quad \text{a.s..}$$

As $X \overset{D}{=} B_T$, it follows that $P(X \notin (a,b)) = 1$.

By definition of a and b $P(X \in [a,b]) = 1$.

It follows that a and b are finite and $P(X \in \{a,b\}) = 1$. □

Proof of theorem 2.

By lemma 1 it is enough to prove $\tau = T$ a.s. and $\tau = T-$ a.s..
As $T-$ is the A-Y stopping time embedding $-X$ in $(-B_t)$, it is sufficient to prove, that an ultimate stopping time is equal to the A-Y stopping time a.s., i.e. $\tau = T$ a.s..
With H_x as in the proof of theorem 1 we have for all $x \in \mathbb{R}$ by (1)

$$P(\tau \ge H_x) \le P(T \ge H_x) = P(X \ge x).$$

As τ is ultimate and T is standard, there is a stopping time $\sigma_x \le \tau$ with $B_{\sigma_x} \overset{D}{=} B_{T\wedge H_x}$. But then

$$P(M_\tau \ge g_X(x)) \ge P(B_{\sigma_x} \ge g_X(x)) = P(B_{T\wedge H_x} \ge g_X(x)) = P(T \ge H_x),$$

and so

$$P(M_\tau \ge g_X(x)) = P(X \ge x).$$

By theorem 1 it follows that $\tau = T$ a.s.. □

References.

[1] J. AZEMA et M. YOR,
a. Une solution simple au problème de Skorokhod.
b. Le problème de Skorokhod: compléments à l'exposé précédent.
Sem. Prob. XIII, Lecture Notes in Math. 721, 1977/78.

[2] N. FALKNER,
On Skorokhod embedding in n-dimensional Brownian Motion by means of natural stopping times.
Sem. Prob. XIV, Lecture Notes in Math. 784, 1980.

[3] I. MEILIJSON,
There exists no ultimate solution to Skorokhod's problem.
Sem. Prob. XVI, Lecture Notes in Math. 920, 1980/81.

APPLICATION DU CALCUL DE MALLIAVIN AUX ÉQUATIONS DIFFÉRENTIELLES STOCHASTIQUES SUR LE PLAN

David Nualart
Facultat de Matemàtiques
Universitat de Barcelona
Gran Via 585, 08007 Barcelona. Espagne.

1. Introduction. On considère un processus à deux indices, m-dimensionnel $X = \{(X_z^1,\dots,X_z^m),\ z \in \mathbb{R}_+^2\}$ solution du système d'équations différentielles stochastiques suivant:

$$X_z^i = x^i + \int_{[0,z]} [A_j^i(X_r)dW_r^j + A_0^i(X_r)dr], \qquad i=1,\dots,m,$$

où $W = \{(W_z^1,\dots,W_z^d),\ z \in \mathbb{R}_+^2\}$ est un drap brownien d-dimensionnel, x est un point fix de $\mathbb{R}^m$ qui représente la valeur constante du processus X sur les axes, et les coefficients A_j^i $(1 \le i \le m,\ 0 \le j \le d)$ sont des fonctions C^∞ avec toutes les dérivées bornées.

Dans ce cas, on sait (voir [2], [4] et [11]) que ce système admet une solution continue unique. Alors, l'objet de cet article et d'étudier le problème suivant:

Problème: À quelles conditions de non dégénerescence sur les coefficients A_j^i la loi du vecteur aléatoire X_z admet-elle une densité, éventuellement C^∞, par rapport à la mesure de Lebesgue, pour tout point z hors des axes.

Il faut remarquer d'abord que le processus X ne vérifie pas de bonnes propriétés Markoviennes. Par exemple, la restriction de ce processus le long d'une courbe croissante et continue n'est pas une diffusion. En conséquence on ne peut pas espérer que la loi de X_z soit la solution d'une équation aux dérivées partielles du second ordre comme l'équation de Kolmogorov dans le cas d'un indice. Pour cette raison, les méthodes analytiques usuelles ne sont pas valables pour traiter le problème précédent.

Dans le cas des équations différentielles stochastiques ordinaires, Malliavin a introduit ([6]) des techniques probabilistes pour démontrer l'existence et la régularité de la densité de la solution sous les hypothèses du type Hörmander. Les idées de Malliavin ont été développées par Stroock ([9]), Shigekawa ([8]), Ikeda-Watanabe ([5]) et d'autres auteurs. D'autre part, Bismut ([1]) a utilisé une approche différente basée sur la transformation de Girsanov, qui permet d'obtenir une formule d'intégration par parties.

Alors, nous allons utiliser la méthode de Malliavin pour traiter le problème de l'existence d'une densité pour la loi de X_z. Le résultat principal (proposition 2.2) établit qu'une condition suffisante est que l'algèbre engendrée par les champs vectoriels $A_1,\ldots,A_d$ (par rapport à l'opération $A_i^{\nabla}A_j$) au point x est de dimension m. On montrera aussi des versions légèrement plus fortes de ce résultat qui font intervenir le champ A_0. Il semble raisonnable de conjecturer que la densité est C^{∞} sous ces hypothèses, mais nous n'étudierons pas cette question ici. Dans [7] on prouve le caractère C^{∞} de la densité sous une hypothèse plus forte que celle de la proposition 2.2, en considérant seulement les produits de la forme

$$A_{i_1}^{\nabla}(A_{i_2}^{\nabla}(\ldots(A_{i_{n-1}}^{\nabla}A_{i_n}))\ldots), \qquad 1\leq i_1,\ldots,i_n\leq d ,$$

au lieu de toute l'algèbre.

On remarque d'abord que les différents critères pour l'existence et la régularité de la densité d'une fonctionnelle du mouvement brownien basés sur le calcul de Malliavin, se généralisent de façon immédiate au cas d'une fonctionnelle du drap brownien. Nous allons introduire quelques notations et définitions préliminaires.

$(\Omega,\mathcal{F},P)$ sera l'espace de probabilité canonique associé au drap brownien d-dimensionnel W. C'est à dire,

$$\Omega = \{\omega : \mathbb{R}_+^2 \longrightarrow \mathbb{R}^d \ ; \ \omega \text{ continue et nulle sur les axes}\},$$

P est la mesure de Wiener à deux indices et $\mathcal{F}$ est la tribu de Borel de Ω complétée par P.

Pour tout $z \in \mathbb{R}_+^2$ on écrit $R_z = [0,z]$.

Soit H l'ensemble des fonctions $\omega\in\Omega$ telles que

$$\omega^i(z) = \int_{R_z} \dot{\omega}^i(r)\, dr ,$$

pour tous $i=1,\ldots,d$, $z\in\mathbb{R}_+^2$, où $\dot{\omega}^i \in L^2(\mathbb{R}_+^2)$. H est un espace de Hilbert avec le produit scalaire

$$< \omega_1, \omega_2 >_H = \sum_{i=1}^{d} \int_{\mathbb{R}_+^2} \dot{\omega}_1^i(r)\, \dot{\omega}_2^i(r)\, dr \ .$$

Une fonctionnelle régulière est une application $F: \Omega \longrightarrow \mathbb{R}$ du type suivant $F(\omega) = f(\omega(z_1), \dots, \omega(z_n))$, où $z_1, \dots, z_n \in \mathbb{R}_+^2$ et f est une fonction C^∞ telle que elle et toutes ses dérivées sont à croissance polynomiale. On définit d'abord les opérateurs différentiels de Malliavin sur les fonctionnelles régulières:

$$D_h F(\omega) = \sum_{i=1}^{n} \sum_{j=1}^{d} \frac{\partial f}{\partial x_i^j} (\omega(z_1), \dots, \omega(z_n)) h^j(z_i), \qquad \text{si } h \in H, \quad \text{et}$$

$$LF(\omega) = \sum_{i,k=1}^{n} \sum_{j=1}^{d} \frac{\partial^2 f}{\partial x_i^j \, \partial x_k^j} (\omega(z_1), \dots, \omega(z_n))\, \Gamma(z_i, z_k) -$$

$$- \sum_{i=1}^{n} \sum_{j=1}^{d} \frac{\partial f}{\partial x_i^j} (\omega(z_1), \dots, \omega(z_n))\, \omega^j(z_i),$$

où $\Gamma(z_i, z_k) = (x_i \wedge x_k)(y_i \wedge y_k)$, si $z_i = (x_i, y_i)$, $i=1,\dots,n$, désigne la fonction de covariance du drap brownien.

L'opérateur L peut être introduit aussi comme l'opérateur de multiplication par $-n$ sur chaque composante de la décomposition de $L^2(\Omega, \mathcal{F}, P)$ en chaos de Wiener:

$$L^2(\Omega, \mathcal{F}, P) = \bigoplus_{n=0}^{\infty} Z_n \ .$$

Alors le domaine de l'opérateur L, Dom L est l'ensemble des fonctionnelles $F \in L^2(\Omega, \mathcal{F}, P)$ telles que

$$\sum_{n=0}^{\infty} n^2 E[\mathrm{proj}_{Z_n}(F)^2] < \infty \ .$$

Les fonctionnelles régulières forment un sousensemble dense de Dom L pour la norme $\|F\|_2 + \|DF\|_2 + \|LF\|_2$.

On peut énoncer le résultat fondamental suivant.

Théorème 1.1. (cf. [5], [6], [8], [12]). Soit $F: \Omega \longrightarrow \mathbb{R}^m$, $F = (F^1, \dots, F^m)$ une application mesurable telle que,

(i) F^i et $<DF^i, DF^j>_H$ sont dans Dom L pour tous $i,j=1,\dots,m$.

(ii) Le déterminant de Malliavin $\Delta = \det(<DF^i, DF^j>_H)$ vérifie $\Delta > 0$, p.s.

Alors sous ces conditions, la loi du vecteur aléatoire F est absolument continue par rapport à la mesure de Lebesgue.

2. Application aux équations différentielles stochastiques. Soit $W = \{(W_z^1,\dots,W_z^d), z\in \mathbb{R}_+^2\}$ un processus de Wiener à deux indices, d-dimensionnel, défini dans l'espace de probabilité canonique $(\Omega, \mathcal{F}, P)$. On choisit des fonctions infiniment différentiables A_j^i, $i=1,\dots,m$, $j=0,1,\dots,d$, avec toutes les dérivées bornées. Alors, on peut considérer le processus stochastique $X = \{X_z^i, z\in \mathbb{R}_+^2, i=1,\dots,m\}$ solution du système d'équations différentielles stochastiques

$$X_{st}^i = x^i + \int_{R_{st}} A_j^i(X_r)\, dW_r^j \ , \tag{2.1}$$

avec $x\in \mathbb{R}^m$, et en supposant $dW_r^o = dr$.

Il s'agit d'imposer certaines conditions de non-dégénerescence aux coefficients A_j^i de façon que, en un point (s,t) hors des axes, le vecteur aléatoire X_{st} ait une loi absolument continue par rapport à la mesure de Lebesgue. Pour cela il faut introduire d'abord quelques notations.

Si $B_1, B_2, \dots$ sont des champs vectoriels C^∞ sur $\mathbb{R}^m$ et $\tau_1, \tau_2, \dots$ sont des nombres réels non negatifs, on écrira

$$B_1(\tau_1) = B_1 \ ,$$

$$(B_1 * B_2)(\tau_1,\tau_2) = B_1^\nabla B_2 \, 1_{\{\tau_1\le\tau_2\}} = \begin{cases} B_1^j D_j B_2 & \text{si } \tau_1 \le \tau_2 \ , \\ 0 & \text{si } \tau_1 > \tau_2 \ , \end{cases}$$

$$[B_1 * (B_2 * B_3)](\tau_1,\tau_2,\tau_3) = B_1^j (D_j B_2^k)(D_k B_3)\, 1_{\{\tau_1\le\tau_2\le\tau_3\}} + $$
$$+ B_1^j B_2^k (D_j D_k B_3)\, 1_{\{\tau_1\le\tau_3,\ \tau_2\le\tau_3\}} \ .$$

En général, si $\mathcal{Y}_n$ désigne l'ensemble des applications

$$\nu : \{1,2,\dots,n-1\} \longrightarrow \{2,\dots,n\}$$

telles que $\nu(i) > i$ pour tout i, on écrira

$$[B_1*(B_2*\dots(B_{n-1}*B_n)\dots)]^{l_n}(\tau_1,\tau_2,\dots,\tau_n) =$$

$$= \sum_{\nu\in\mathcal{Y}_n} \sum_{l_1,\dots,l_{n-1}=1}^{m} \prod_{i=1}^{n} \left\{ \left(\prod_{\{j:\nu(j)=i\}} 1_{[0,\tau_i]}(\tau_j) \right) \left(\prod_{\{j:\nu(j)=i\}} D_{l_j} \right) B_i^{l_i} \right\}, \tag{2.2}$$

avec la convention

$$\prod_{\{j:\ \nu(j)=i\}} D_{l_j} = \text{identité}, \qquad \text{et} \qquad \prod_{\{j:\ \nu(j)=i\}} 1_{[0,\tau_i]}(\tau_j) = 1,$$

si l'ensemble $\{j:\ \nu(j)=i\}$ est vide.

On remarque la propriété suivante de cette opération qu'on vient d'introduire:

Si $\tau_1 \le \tau_2 \le \dots \le \tau_n$, alors,

$$[B_1*(B_2*(\dots(B_{n-1}*B_n)\dots)](\tau_1,\dots,\tau_n) = B_1^{\nabla}(B_2^{\nabla}(B_3^{\nabla}(\dots(B_{n-1}^{\nabla}B_n)\dots).$$

D'autre part, pour $\tau_1 > \tau_2 > \dots > \tau_n$, cette opération donne une valeur égale à zero.

On considère les champs vectoriels de la forme

$$\int_{[0,1]^k} [A_{i_1}*(A_{i_2}*(\dots(A_{i_{n-1}}*A_{i_n})\dots)]\ (\tau_1,\dots,\tau_{n-1},1) \prod_{\{j:i_j=0\}} d\tau_j, \tag{2.3}$$

où $k = \text{card}\{j:\ i_j=0\}$, $i_1,\dots,i_n = 0,1,\dots,d$, $i_n\neq 0$, et $\tau_j \in [0,1]$ pour $j=1,\dots,n-1$. Par convention, si l'ensemble $\{j:\ i_j=0\}$ est vide, on prend simplement le champ

$$A_{i_1}*(A_{i_2}*(\dots(A_{i_{n-1}}*A_{i_n})\dots)(\tau_1,\dots,\tau_{n-1},1).$$

On peut énoncer alors le résultat suivant.

Théorème 2.1. On suppose que l'hypothèse suivante est satisfaite:

(H) L'espace vectoriel engendré par les champs de la forme (2.3) au point x a une dimension égale à m.

Alors, sous cette condition, la loi du vecteur X_{st} en un point (s,t) tel que $st \neq 0$, est absolument continue.

Démonstration. On fixe un point $z=(s,t)$ avec $st \neq 0$. Nous allons vérifier que le vecteur X_{st} satisfait les deux conditions du théorème 1.1. On suppose connu le fait que la condition (i) est satisfaite (cf. [7]). En plus, on sait que la matrice de Malliavin de X_{st} est égale à

$$< DX^i_{st}, DX^j_{st} >_H = \sum_{h=1}^{d} \int_{R_{st}} \xi^i_h(z,r)\, \xi^j_h(z,r)\, dr, \tag{2.4}$$

où $\{\xi^i_j(z,r),\ r \leq z\}$ est la solution de l'équation linéaire

$$\xi^i_j(z,r) = A^i_j(X_r) + \int_{[r,z]} \frac{\partial A^i_h}{\partial x_l}(X_u)\, \xi^l_j(u,r)\, dW^h_u ,$$

avec $i=1,\dots,m$; $j=1,\dots,d$.

En appliquant la méthode de variation des constantes on peut aussi écrire $\xi^i_j(z,r) = \zeta^i_k(z,r) A^k_j(X_r)$, où $\zeta^i_k(z,r)$ représente la solution du système linéaire

$$\zeta^i_j(z,r) = \delta^i_j + \int_{[r,z]} \frac{\partial A^i_h}{\partial x_l}(X_u)\, \zeta^l_j(u,r)\, dW^h_u . \tag{2.5}$$

Nous allons montrer d'abord que le processus $\zeta^i_j(u,r)$ a une version continue en (u,r) dans la région $\{(u,r) \in R_z:\ r \leq u\}$. Pour voir cela on va déduire les estimations suivantes, pour $r \leq u$, $r' \leq u'$ et $p \geq 2$

$$E(|\zeta(u,r)-\zeta(u',r')|^p) \leq C_p(E(|\zeta(u,r)-\zeta(u,r')|^p) + E(|\zeta(u,r')-\zeta(u',r')|^p)) \leq$$

$$\leq C_p(z)(|r-r'|^{p/2} + |u-u'|^{p/2}) . \tag{2.6}$$

Alors, le critére de Kolmogorov et l'inégalité (2.6) permettent de choisir une version continue de $\zeta(u,r)$. La démonstration des inégalités (2.6) utilise une méthode standard basée sur l'application des inégalités de Burkholder et de Hölder. En effet, on a, d'une part

$$E(|\zeta(u,r')-\zeta(u',r')|^p) = E(|\sum_{i,j} (\int_{[r',u]\,\Delta\,[r',u']} \frac{\partial A^i_h}{\partial x_l}(X_v)\zeta^l_j(v,r)dW^h_v)^2|^{p/2}) \leq$$

$$\leq C_p(z)\{\ |[r',u]\Delta[r',u']|^p \sup_{v,r\in R_z} E(|\sum_{i,l}(\frac{\partial A_0^i}{\partial x_l}(X_v))^2|^{p/2}|\zeta(v,r)|^p) +$$

$$+ |[r',u]\Delta[r',u']|^{p/2} \sup_{v,r\in R_z} E(|\sum_{i,l,h}(\frac{\partial A_h^i}{\partial x_l}(X_v))^2|^{p/2}|\zeta(v,r)|^p)\} \leq$$

$$\leq C_p(z)\ |u-u'|^{p/2}\ ,$$

compte tenu du fait que les dérivées $\partial A_h^i/\partial x_l$ sont bornées, et que

$$\sup_{u,r\in R_z} E(|\zeta(u,r)|^p) < \infty\ .$$

D'autre part, on a

$$E(|\zeta(u,r)-\zeta(u,r')|^p) \leq C_p\{\ E(|\sum_{i,j}(\int_{[r\vee r',u]}\frac{\partial A_h^i}{\partial x_l}(X_v)(\zeta_j^l(v,r)-\zeta_j^l(v,r'))dW_v^h)^2|^{p/2})+$$

$$+ E(|\sum_{i,j}(\int_{[r,u]-[r',u]}\frac{\partial A_h^i}{\partial x_l}(X_v)\zeta_j^l(v,r)dW_v^h)^2|^{p/2}) +$$

$$+ E(|\sum_{i,j}(\int_{[r',u]-[r,u]}\frac{\partial A_h^i}{\partial x_l}(X_v)\zeta_j^l(v,r')dW_v^h)^2|^{p/2})\} \leq$$

$$\leq C_p(z)\ [\ |r-r'|^{p/2} + \int_{[r\vee r',u]} E(|\zeta(v,r)-\zeta(v,r')|^p)dv]\ ,$$

et le lemme de Gronwall (adapté aux fonctions de deux variables) nous permet de finir la démonstration des inégalités (2.6).

Soit $\Delta = \det(\langle DX_{st}^i, DX_{st}^j\rangle_H)$ le déterminant de Malliavin associé au vecteur aléatoire X_{st}. On doit montrer que $\Delta > 0$, p.s. Supposons, au contraire, que $P\{\det\Delta=0\} > 0$ et nous allons voir que cela est contradictoire avec l'hypothèse (H). On introduit d'abord les espaces vectoriels

$$K_\sigma(\omega) = \langle A_j(X_{\xi t}(\omega)),\quad 0\leq\xi\leq\sigma,\quad j=1,\dots,d\rangle,$$

et

$$K_{0^+}(\omega) = \bigcap_{\sigma\geq 0} K_\sigma(\omega)\quad ,$$

pour tout $\omega\in\Omega$ et $\sigma\in(0,s]$.

Ces espaces ont les propriétés suivantes:

(a) L'espace $K_{0^+}(\omega)$ est p.s. constant, à cause de la loi du 0-1.

(b) Soit $\rho(\omega) = \inf\{\sigma \geq 0: \dim K_\sigma(\omega) > \dim K_{0^+}\}$. Alors $\rho(\omega) > 0$ p.s., et ρ est un temps d'arrêt par rapport à la filtration $\{F_{\sigma t}, \sigma \geq 0\}$.

Soit Q la forme quadratique associée à la matrice $< DX^i_{st}, DX^j_{st} >_H$. Pour tout $\lambda \in \mathbb{R}^m$ on a

$$Q(\lambda) = \sum_{j=1}^{d} \int_{R_{st}} (\lambda_i \xi^i_j(z,r))^2 \, dr.$$

On sait que $0 < P\{\det \Delta = 0\} = P\{\inf_{|\lambda|=1} Q(\lambda) = 0\}$. Par la continuité en r du processus $\xi(z,r)$ on obtient

$$P\ \{\exists \lambda \in \mathbb{R}^m: |\lambda|=1, \sum_{j=1}^{d} (\lambda_i A^i_j(X_{\sigma t}))^2 = 0, \quad \forall \sigma \leq s\} > 0.$$

En utilisant les propriétés (a) et (b) on en déduit l'existence d'un élément λ, $|\lambda|=1$, orthogonal à K_{0+}. C'est à dire, tel que, p.s.,

$$\lambda_i A^i_j(X_{\sigma t}) = 0, \qquad \text{pour} \quad \sigma < \rho(\omega) \quad \text{et} \quad j=1,..,d. \tag{2.7}$$

Nous allons voir que cet élément λ est orthogonal à tout champ vectoriel de la forme (2.3), évalué au point x, ce qui nous amène à une contradiction avec l'hypothèse (H). Pour poursuivre la démonstration nous avons besoin de quelques définitions préliminaires. Soit Γ l'ensemble des courbes continues $\phi : [0,t] \longrightarrow \mathbb{R}^m$. Si $Y: \mathbb{R}^m \times \overset{n)}{\ldots} \times \mathbb{R}^m \longrightarrow \mathbb{R}^m$ est une fonction C^∞ et μ est une mesure finie sur $[0,t]^n$ on définit l'application $Y^{(\mu)}: \Gamma \longrightarrow \mathbb{R}^m$ par

$$Y^{(\mu)}(\phi) = \int_{[0,t]^n} Y(\phi(\tau_1),\ldots,\phi(\tau_n))\, \mu(d\tau_1,\ldots,d\tau_n).$$

On écrira aussi $Y^{(\mu)}(\phi) = < Y(\phi), \mu>$. En particulier, si $n=1$ et μ est égale à δ_τ nous écrirons Y^τ au lieu de $Y^{(\delta_\tau)}$ et nous aurons $Y^\tau(\phi) = Y(\phi(\tau))$. Le nombre $n \geq 1$ sera appelé l'ordre de l'élément $Y^{(\mu)}$.

Soit V l'ensemble des combinaisons linéaires finies $\sum_{j=1}^{J} a^j Y_j^{(\mu_j)}$. Remarquons qu'un élément $Y^{(\mu)}$ est considéré ici comme un couple (Y,μ) : c'est à dire, que deux éléments $Y^{(\mu)}$, $Z^{(\nu)}$ différents peuvent donner lieu à la même application de Γ dans $\mathbb{R}^m$.

Si $Z^{(\nu)}$ est un élément d'ordre 1 et $Y^{(\mu)}$ est d'ordre n, on définit un nouvel élément $Z^{(\nu)}*Y^{(\mu)} \in V$ de la façon suivante

$$[Z^{(\nu)}*Y^{(\mu)}](\phi) = \int_{[0,t]^{n+1}} \sum_{k=1}^{n} Z^i(\phi(\sigma)) \frac{\partial Y}{\partial x_i^k} (\phi(\tau_1),\ldots,\phi(\tau_n)) 1_{\{\sigma \leq \tau_k\}} \nu(d\sigma) \cdot$$

$$\cdot \mu(d\tau_1,\ldots,d\tau_n). \tag{2.8}$$

Nous allons considérer les éléments de la forme A_j^{τ}, $j=1,..,d$, $\tau \in [0,t]$ et $A_0^{(l)}$, où l désigne la mesure de Lebesgue sur $[0,t]$. C'est à dire,

$$A_j^{(\tau)}(\phi) = A_j(\phi(\tau)),$$

et

$$A_0^{(l)}(\phi) = \int_0^t A_0(\phi(\tau))\, d\tau.$$

Soit $V_0 = \{A_j^t,\ j=1,..,d\}$, et

$$V_j = \{A_0^{(l)}*\eta,\ A_h^{\tau}*\eta\ ;\ \text{où } \eta \in V_{j-1},\quad h=1,..,d \quad \text{et} \quad \tau \in [0,t]\},$$

pour $j \geq 1$.

On écrit aussi

$$V_\infty = \bigcup_{j=0}^{\infty} V_j \quad .$$

Nous allons voir que, p.s., pour tout $\eta \in V_\infty$ on a

$$\lambda_i\, \eta^i(X_{\sigma\cdot}) = 0 , \tag{2.9}$$

pour tout $\sigma < \rho(\omega)$.

En prenant $\sigma=0$, (2.9) entraîne l'orthogonalité de λ avec tout champ de la forme (2.3). En effet, en utilisant la définition (2.8) dans le cas d'une fonction constante $\phi(\tau)=x$, on obtient recursivement que pour tous $i_1,\ldots,i_n=$ $=0,1,\ldots,d$, et $\tau_j \in [0,t]$ on a

$$A_{i_1}^{\tau_1}*(A_{i_2}^{\tau_2}*(\ldots(A_{i_{n-1}}^{\tau_{n-1}}*A_{i_n}^{t})\ \ldots)\ (x) =$$

$$= \int_{[0,t]^k} [A_{i_1} *(A_{i_2}(*\ldots(A_{i_{n-1}} *A_{i_n})\ldots)](\tau_1,\ldots,\tau_{n-1},t) \prod_{\{j:\ i_j=0\}} d\tau_j ,$$

où $k = \text{card}\{j:\ i_j=0\}$ et on convient que $A_{i_j}^{\tau_j} = A_0^{(1)}$ si $i_j = 0$.

La démonstration de (2.9) se fera par induction sur n. Il est clair que (2.9) est vrai si $\eta \in V_0$. Supposons que (2.9) est satisfait par $\eta \in V_{n-1}$. Un élément $\eta \in V_{n-1}$ est une combinaison linéaire finie d'éléments d'ordre n, c'est à dire,

$$\eta(\phi) = \sum_{j=1}^{M} \int_{[0,t]^n} Y_j(\phi(\tau_1),\ldots,\phi(\tau_n))\ \mu_j(d\tau_1,\ldots,d\tau_n).$$

On sait par hypothèse, que

$$Z_\sigma = \lambda_i \sum_{j=1}^{M} \int_{[0,t]^n} Y_j^i(X_{\sigma\tau_1},\ldots,X_{\sigma\tau_n})\ \mu_j(d\tau_1,\ldots,d\tau_n) = 0 \tag{2.10}$$

pour $\sigma < \rho(\omega)$.

Le processus $\{Z_\sigma,\ \sigma \geq 0\}$ est une semimartingale continue qui admet une représentation intégrale du type suivant:

$$Z_\sigma = Z_0 + \int_{[0,t]^n} \sum_{j=1}^{M} \sum_{k=1}^{n} \left[\int_{R_{\sigma\tau_k}} \lambda_i \frac{\partial Y_j^i}{\partial x_1^k}(X_{\xi\tau_1},\ldots,X_{\xi\tau_n}) A_h^1(X_{\xi\tau}) dW_{\xi\tau}^h \right] \mu(d\tau_1,\ldots,d\tau_n) +$$

$$+ \int_{[0,t]^n} \sum_{j=1}^{M} \sum_{k,k'=1}^{n} \left[\int_{R_{\sigma,\tau_k \wedge \tau_{k'}}} \lambda_i \frac{\partial^2 Y_j^i}{\partial x_1^k \partial x_{1'}^{k'}}(X_{\xi\tau_1},\ldots,X_{\xi\tau_n}) \sum_{h=1}^{d} A_h^1(X_{\xi\tau}) A_h^{1'}(X_{\xi\tau}) d\xi d\tau \right]$$

$$\cdot\ \mu(d\tau_1,\ldots,d\tau_n).$$

La variation quadratique de cette semimartingale doit être nulle pour $\sigma < \rho(\omega)$, ce qui entraîne

$$\sum_{j=1}^{M} \sum_{k=1}^{n} \lambda_i \int_{[0,t]^n} \frac{\partial Y_j^i}{\partial x_1^k}(X_{\xi\tau_1},\ldots,X_{\xi\tau_n}) A_h^1(X_{\xi\tau}) 1_{\{\tau \leq \tau_k\}}\ \mu(d\tau_1,\ldots,d\tau_n) = 0 \tag{2.11}$$

pour tous $\xi < \rho(\omega)$, $\tau \leq t$, $h=1,\ldots,d$. C'est à dire,

$$\lambda_i (A_h^\tau * \eta)^i\ (X_{\sigma\cdot}) = 0 \quad ,$$

pour $\sigma < \rho(\omega)$, $\tau \leq t$, $h=1,\dots,d$.

D'autre part, en dérivant par rapport à σ la partie à variation finie de la semimartingale Z_σ, on obtient

$$\lambda_i \sum_{j=1}^{M} \sum_{k=1}^{n} \int_{[0,t]^n} \left[\int_0^{\tau_k} A_0^l(X_{\sigma\tau}) \frac{\partial Y_j^i}{\partial x_l^k} (X_{\sigma\tau_1},\dots,X_{\sigma\tau_n}) d\tau \right] \mu(d\tau_1,\dots,d\tau_n) +$$

$$+ \lambda_i \sum_{j=1}^{M} \sum_{k,k'=1}^{n} \int_{[0,t]^n} \left[\int_0^{\tau_k \wedge \tau_{k'}} \frac{\partial^2 Y_j^i}{\partial x_l^k \partial x_{l'}^{k'}} (X_{\sigma\tau_1},\dots,X_{\sigma\tau_n}) \sum_{h=1}^{d} A_h^l(X_{\sigma\tau}) A_h^{l'}(X_{\sigma\tau})\, d\tau \right] \cdot$$

$$\cdot \mu(d\tau_1,\dots,d\tau_n) = 0 . \tag{2.12}$$

Le deuxième terme de l'expression (2.12) est nul. Pour voir cela on écrit que la variation quadratique de la semimartingale (2.11) est nulle:

$$\lambda_i \sum_{j=1}^{M} \sum_{k,k'=1}^{n} \int_{[0,t]^n} \frac{\partial^2 Y_j^i}{\partial x_{l'}^{k'} \partial x_l^k} (X_{\xi\tau_1},\dots,X_{\xi\tau_n}) A_h^l(X_{\xi\tau}) A_{h'}^{l'}(X_{\xi\tau'}) \cdot$$

$$\cdot 1_{\{\tau \leq \tau_k\}} 1_{\{\tau' \leq \tau_{k'}\}} \mu(d\tau_1,\dots,d\tau_n) +$$

$$+ \lambda_i \sum_{j=1}^{M} \sum_{k=1}^{n} \int_{[0,t]^n} \frac{\partial Y_j^i}{\partial x_l^k} (X_{\xi\tau_1},\dots,X_{\xi\tau_n}) \frac{\partial A_h^l}{\partial x_{l'}} (X_{\xi\tau}) A_{h'}^{l'}(X_{\xi\tau'}) 1_{\{\tau \leq \tau_k\}} 1_{\{\tau' \leq \tau\}} \cdot$$

$$\cdot \mu(d\tau_1,\dots,d\tau_n) = 0, \tag{2.13}$$

pour tous $\xi < \rho(\omega)$ et $h,h'=1,\dots,d$.

Si on prend $h=h'$, le premier terme de (2.13) est symétrique en (τ,τ') tandis que le deuxième est nul pour $\tau' > \tau$. Cela entraîne, par continuité que le premier terme est nul pour tout couple (τ,τ') et, en particulier, pour $\tau = \tau'$. En conséquence, (2.12) implique

$$\lambda_i (A_0^{(1)} * \eta)^i (X_{\sigma\cdot}) = 0,$$

ce qui complète la démonstration du théorème. □

Les champs vectoriels de la forme (2.3) peuvent être calculés recursivement. Cependant il serait intéressant d'avoir une formulation plus explicite de la condition (H). Comme conséquence du théorème 2.1, nous avons d'abord le résultat suivant.

Proposition 2.2. On suppose l'hypothèse suivante:
(H') L'algèbre engendrée par les champs vectoriels $A_1,\dots,A_d$ (par rapport à l'opération $A_i^{\nabla}A_j$) au point x est de dimension m.

Alors, sous cette condition la loi du vecteur X_{st} en un point (s,t) hors des axes est absolument continue.

Démonstration. Il suffit de voir que (H') entraîne (H). On introduit les espaces vectoriels suivants:

$\mathcal{A}_0$ = algèbre (par rapport à l'opération $A_i^{\nabla}A_j$) engendrée par les champs vectoriels $A_1,\dots,A_d$ au point x.

$\mathcal{A}_1$ = espace vectoriel engendré par les champs de la forme (2.3), au point x.

$\mathcal{A}_2$ = espace vectoriel engendré par les champs $A_1(x),\dots,A_d(x)$, et

$$\sum_{l_1,\dots,l_{n-1}=1}^{m} \prod_{i=1}^{n}\Big(\prod_{\{j:\nu(j)=i\}} D_{l_j} \Big) A_{k_i}^{l_i}(x) \Big) ,$$

où $n \geq 2$, $\nu \in \mathcal{Y}_n$, et $k_1,\dots,k_n=1,\dots,d$.

On sait que $\dim\mathcal{A}_0 = m$ et il faut voir que $\dim \mathcal{A}_1 = m$. Il est clair que $\mathcal{A}_0 \subset \mathcal{A}_2$. Alors nous allons montrer que $\mathcal{A}_2 \subset \mathcal{A}_1$. Pour toute $\nu\in\mathcal{Y}_n$, $n \geq 2$, on considère l'ensemble défini par

$$D_\nu = \{ (\tau_1,\dots,\tau_{n-1}) \in [0,1]^{n-1} : \tau_i \leq \tau_{\nu(i)} \quad \text{pour} \quad i=1,\dots,n-1\} ,$$

où $\tau_n=1$. L'inclusion $\mathcal{A}_2 \subset \mathcal{A}_1$ découle alors de la formule (2.2) et du fait que les fonctions $\{ 1_{D_\nu} , \nu\in\mathcal{Y}_n\}$ sont linéairement indépendantes. Nous allons prouver cette indépendance linéaire par induction. Pour $n=2$ cette propriété est evidente. On considère, pour $n > 2$, une combinaison linéaire

$$\sum_{\nu\in\mathcal{Y}_n} a_\nu 1_{D_\nu} = 0 .$$

Pour toute $\nu \in \mathcal{Y}_n$ on définit $\hat{\nu} \in \mathcal{Y}_{n-1}$ par $\hat{\nu}(i) = \nu(i+1)$ et on écrit $a_{\hat{\nu}}^k = a_\nu$ si $\nu(1) = k$, $k=2,\dots,n$. On sait que

$$\sum_{i=2}^{n} \sum_{\nu \in \mathcal{Y}_n : \nu(1)=i} a_\nu 1_{D_\nu}(\tau) = 0 ,$$

pour tout $\tau \in [0,1]^{n-1}$. Soit $\hat{\tau} \in [0,1]^{n-2}$, $\hat{\tau} = (\hat{\tau}_1, \ldots, \hat{\tau}_{n-2})$. On peut ordonner les coordonnées de $\hat{\tau}$ en sens croissant:

$$0 < \hat{\tau}_{k_1} < \hat{\tau}_{k_2} < \ldots < \hat{\tau}_{k_{n-2}} < 1$$

(sans perte de généralité on supposera qu'elles sont différentes). Alors, en choisissant un élément τ_1 dans chacun des intervalles $(\hat{\tau}_{k_{j-1}}, \hat{\tau}_{k_j})$ (par convention $\hat{\tau}_{k_0}=0$) on obtient

$$\sum_{i=j}^{n-2} \sum_{\nu \in \mathcal{Y}_n : \nu(1)=k_i} a_\nu 1_{D_\nu}(\tau_1, \hat{\tau}_1, \ldots, \hat{\tau}_{n-2}) = 0$$

pour $j=1,\ldots,n-2$, d'où

$$\sum_{\hat{\nu} \in \mathcal{Y}_{n-1}} a^k_{\hat{\nu}} 1_{D_{\hat{\nu}}}(\hat{\tau}) = 0$$

pour tout $k=2,\ldots,n$, et par induction tous les coefficients doivent être nuls.□

L'hypothèse (H') peut être renforcée moyennant l'utilisation du champ vectoriel A_0. Mais nous n'avons pas su trouver une expression simple des champs vectoriels de la forme (2.3) en termes de l'opération ∇ quand un ou plusieurs facteurs sont égaux à A_0. Pour le cas particulier de deux ou trois facteurs on a le résultat suivant:

Proposition 2.3. <u>La proposition 2.2 est encore vraie si dans l'hypothèse</u> (H') <u>on prend l'espace vectoriel engendré par l'algèbre</u> $\mathcal{A}_0$ <u>et par les champs vectoriels</u>

$$A_0^\nabla A_i, \quad (A_0^\nabla A_j)^\nabla A_i , \quad A_0^\nabla(A_j^\nabla A_i), \quad (A_j^\nabla A_0)^\nabla A_i, \quad A_j^\nabla(A_0^\nabla A_i)$$

<u>et</u>

$$A_0^\nabla(A_0^\nabla A_i) - \tfrac{1}{2}(A_0^\nabla A_0)^\nabla A_i, \qquad 1 \leq i,j \leq d.$$

<u>Démonstration</u>. Il suffit de faire les calculs suivants:

(a) Pour n=1,
$$\int_0^1 (A_0 * A_i)(\tau_1,1)\, d\tau_1 = A_0^{\nabla} A_i .$$

(b) Pour n=2, on prend $i_1=0$, $i_2=0$ et $i_3=i$ dans (2.3) et on obtient

$$\int_{[0,1]^2} [A_0*(A_0*A_i)](\tau_1,\tau_2,1)d\tau_1 d\tau_2 = \int_{[0,1]^2} [A_0^{l_1} D_{l_1} A_0^{l_2} D_{l_2} A_i] 1_{\{\tau_1 \le \tau_2\}} d\tau_1 d\tau_2 +$$
$$+ \int_{[0,1]^2} \tfrac{1}{2} [A_0^{l_1} A_0^{l_2} D_{l_1} D_{l_2} A_i]\, d\tau_1 d\tau_2 =$$
$$= \tfrac{1}{2} A_0^{l_1} D_{l_1} A_0^{l_2} D_{l_2} A_i + A_0^{l_1} A_0^{l_2} D_{l_1} D_{l_2} A_i = A_0^{\nabla}(A_0^{\nabla} A_i) - \tfrac{1}{2}(A_0^{\nabla} A_0)^{\nabla} A_i .$$

Si $i_1=0$, $i_2=j$, $i_3=i$, on a,

$$\int_{[0,1]} [A_0*(A_j*A_i)](\tau_1,\tau_2,1)d\tau_1 = \tau_2 A_0^{l_1} D_{l_1} A_j^{l_2} D_{l_2} A_i + A_0^{l_1} A_j^{l_2} D_{l_1} D_{l_2} A_i ,$$

et finalement, si $i_1=j$, $i_2=0$, $i_3=i$, on a

$$\int_{[0,1]} [A_j*(A_0*A_i)](\tau_1,\tau_2,1)d\tau_2 = (1-\tau_1) A_j^{l_1} D_{l_1} A_0^{l_2} D_{l_2} A_i + A_j^{l_1} A_0^{l_2} D_{l_1} D_{l_2} A_i ,$$

pour tous $\tau_1, \tau_2 \in [0,1]$.

On remarque que la condition (H') est strictement plus faible que la condition de Hörmander restreinte qui apparaît dans le cas des équations différentielles stochastiques à un indice. En effet, l'hypothèse de Hörmander utilise l'algèbre de Lie engendrée par les champs vectoriels $A_1,\dots,A_d$ qui est plus petite que l'algèbre engendrée par l'opération " ∇ ".

Par contre, la condition (H) du théorème 2.1 n'est pas comparable à la condition de Hörmander générale. En effet, si nous développons l'hypothèse (H), nous n'obtenons pas l'algèbre engendrée par $A_0, A_1,\dots,A_d$ avec l'opération " ∇ ". En effet, d'une part, s'il y a plus d'un facteur égal à A_0 on trouve des combinaisons linéaires comme $A_0^{\nabla}(A_0^{\nabla}A_i) - \tfrac{1}{2}(A_0^{\nabla}A_0)^{\nabla}A_i$. D'autre part, avec la méthode employée dans la démonstration du théorème 2.1, on ne peut pas faire sortir les produits du type $A_i^{\nabla}A_0$. Pour faire apparaître

Dans ce cas on a

$$A_1(x) = \begin{pmatrix} 1 \\ 0 \end{pmatrix} \qquad \text{et} \qquad (A_0^\nabla A_1)(x) = \begin{pmatrix} 0 \\ 1 \end{pmatrix}.$$

À cause de la proposition 2.3, le vecteur X_{st} a une loi absolument continue. Par contre la condition de Hörmander générale n'est pas satisfaite parce que $[A_0, A_1] = 0$. Cela concorde avec le fait que dans le cas d'un indice la solution du système stochastique précédent a une loi singulière:

$$X_t^1 + X_t^2 = e^{W_t + \frac{1}{2}t}$$

$$X_t^1 - X_t^2 = e^{W_t - \frac{3}{2}t} .$$

(3) Considérons l'exemple suivant,

$$X_{st}^1 = W_{st} ,$$

$$X_{st}^2 = \int_{R_{st}} X_z^1 \, dz ,$$

où

$$m=2, \quad d=1, \quad x=(0,0), \quad A_1 = \begin{pmatrix} 1 \\ 0 \end{pmatrix} \qquad \text{et} \qquad A_0 = \begin{pmatrix} 0 \\ x^1 \end{pmatrix} .$$

Dans ce cas, l'hypothèse (H) du théorème 2.1 n'est pas satisfaite. Cependant, le vecteur aléatoire (X_{st}^1, X_{st}^2) a une loi Gaussienne 2-dimensionnelle, non-dégenerée. Cet exemple montre la nécessité d'utiliser des produits du type $A_1^\nabla A_0$ qui n'apparaissent pas dans l'hypothèse (H) comme nous avons déjà remarqué.

Finalement nous voulons indiquer deux possibles extensions du théorème 2.1:

(i) En utilisant les techniques de l'article [7] on pourrait essayer de montrer le caractère C^∞ de la densité de X_{st}, sous les hypothèses du théorème 2.1.

(ii) On peut considérer le cas où la valeur du processus X_z sur les axes n'est pas constante. C'est à dire, $X_{s0} = g(s)+f(0)$ et $X_{0t} = g(0)+f(t)$, où $g,f\colon \mathbb{R}_+ \longrightarrow \mathbb{R}^m$ sont des fonctions régulières. Dans cette situation,

ces termes il faudrait utiliser les valeurs du processus $\xi(z,r)$ dans les points z à l'intérieur de $[0,z]$.

Exemples:

(1) On considère le système (m+1)-dimensionnel

$$X_z^1 = W_z \;,$$
$$X_z^i = \int_{R_z} X_r^{i-1} dW_r, \qquad \text{pour} \quad 2 \leq i \leq m,$$
$$X_z^{m+1} = 1 + \int_{R_z} X_r^{m+1}\, dW_r \;.$$

Dans ce cas, $d=1$, et $A_1 = (1, x^1, x^2, \ldots, x^{m-1}, x^{m+1})$. Les champs vectoriels A_1, $A_1^\nabla A_1$, $A_1^\nabla(A_1^\nabla A_1), \ldots$, $A_1^\nabla(A_1^\nabla \overset{m+1}{\cdots} (A_1^\nabla A_1)\ldots)$ sont linéairement indépendants au point $(0,\ldots,0,1)$. En conséquence le vecteur aléatoire X_z a une loi absolument continue en tout point hors des axes. On remarque que les m premières coordonnées de X_z sont les intégrales stochastiques itérées

$$W_z, \int_{R_z} W dW, \int_{R_z} (\int_{R_u} W dW)\, dW_u \;, \ldots,$$

et que la dernière coordonnée est la solution de l'équation linéaire

$$Y_z = 1 + \int_{R_z} Y_r dW_r.$$

D'après les résultats de [7], on sait, en plus, que la densité de X_z es C^∞.

Dans cet exemple les conditions de Hörmander ne sont pas satisfaites et la solution du même système stochastique pour le Brownien à un paramètre a une loi singulière, d'après la formule d'Itô.

(2) Soit

$$m=2, \quad d=1, \quad A_1 = \begin{pmatrix} x^1 \\ x^2 \end{pmatrix}, \quad A_0 = \begin{pmatrix} x^2 \\ x^1 \end{pmatrix} \quad \text{et} \quad x = \begin{pmatrix} 1 \\ 0 \end{pmatrix}.$$

Le système stochastique est

$$X_{st}^1 = 1 + \int_{R_{st}} X_z^1 dW_z + \int_{R_{st}} X_z^2\, dz \quad ,$$
$$X_{st}^2 = \int_{R_{st}} X_z^2\, dW_z + \int_{R_{st}} X_z^1\, dz \;.$$

il faudrait écrire les conditions de non-dégénerescence en termes des fonctions f et g, et des champs vectoriels A_i.

Bibliographie

[1] J.M. Bismut: Martingales, the Malliavin Calculus and Hypoellipticity under general Hörmander's conditions. Z. Wahrscheinlichkeitstheorie verw. Gebiete 56, 469-505 (1981).

[2] R. Cairoli: Sur une équation différentielle stochastique. C.R. Acad. Sc. Paris 274, 1739-1742 (1972).

[3] R. Cairoli, J.B. Walsh: Stochastic integrals in the plane. Acta Math. 134, 111-183 (1975).

[4] B. Hajek: Stochastic equations of hyperbolic type and a two-parameter Stratonovich calculus. Ann. Probability, 10, 451-463 (1982).

[5] N. Ikeda, S. Watanabe: Stochastic differential equations and diffusion processes. North Holland (1981).

[6] P. Malliavin: Stochastic calculus of variations and hypoelliptic operators. Proceedings of the International Conference on Stochastic Differential Equations of Kyoto 1976, pp. 195-263, Wiley (1978).

[7] D. Nualart, M. Sanz: Malliavin calculus for two-parameter Wiener functionals. Preprint.

[8] I. Shigekawa: Derivatives of Wiener functionals and absolute continuity of induced measures. J. Math. Kyoto Univ. 20-2, 263-289 (1980).

[9] D. W. Stroock: The Malliavin calculus, a functional analytic approach. Journal of Functional Analysis 44, 212-257 (1981).

[10] D. W. Stroock: Some application of stochastic calculus to partial differential equations. Lecture Notes in Math. 976, 267-382 (1983).

[11] J. Yeh: Existence of strong solutions for stochastic differential equations in the plane. Pacific J. Math. 97, 217-247 (1981).

[12] M. Zakai: The Malliavin Calculus. Preprint.

TWO PARAMETER EXTENSION OF AN OBSERVATION OF POINCARÉ

by

Gregory J. Morrow

and

Martin L. Silverstein

Summary

The infinite dimensional Ornstein-Uhlenbeck process is derived as the weak limit of processes $x^n(t,s)$ constructed from first hitting position of spheres $S^{n-1}(e^{t/2})$ for standard Brownian motion in R^n starting at the origin.

0. Introduction

Poincaré (1912) observed that relative to normalized uniform measure on the sphere $S^{n-1}(\sqrt{n})$ of radius $\sqrt{n}$, any fixed set of coordinate variables $y_1, \ldots, y_m$ converges in law as $n \uparrow \infty$ to independent standard normal variables. (See McKean (1973) for an interesting discussion of this from the "modern" point of view.) An equivalent statement is that on the unit sphere $S^{n-1}(1)$ with the random process $x^n(s)$, $0 \leq s \leq 1$ defined by

$$(0.1) \qquad x^n(s) = \begin{cases} 0 & \text{for} \quad s = 0 \\ y_1 + \ldots + y_k & \text{for} \quad s = k/n \end{cases}$$

and linear interpolation otherwise, the finite dimensional distributions converge to those of one dimensional Brownian motion starting at $s = 0$. (In fact it is not hard to establish weak convergence relative to the usual uniform topology.)

Our main result is that if the processes (0.1) for all spheres $S^{n-1}(r)$ are normalized by (division by) $\sqrt{r}$ and linked up by using the first hitting positions of n-dimensional Brownian motion starting at the origin and if $t = 1/2 \log r$ is used as the second time parameter, then again there is a limit, the infinite dimensional Ornstein-Uhlenbeck process of Malliavin (1976), Stroock (1981), Williams (1981) and Meyer (1981).

Our convergence result splits naturally into two parts. The first is

Theorem A. The finite dimensional distributions converge to those of the infinite dimensional Ornstein-Uhlenbeck process.

The proof depends on careful analysis of "Laplace's method", carried out in Section 2.

The second part of the result is weak convergence relative to the Skorohod topology on the set of càdlag function on any bounded interval with values in the usual space C of continuous functions. This is carefully formulated, stated as Theorem B and then proved in Section 3. We rely on martingale maximal inequalities and estimates of $f(h,n) = E|x^n(t+h,1) - x^n(t,1)|^p$ and again Laplace's method plays an important role. An interesting consequence of our calculations is that $\text{Lim sup}_{n\to\infty} f(h,n) = o(h)$ as $h \downarrow 0$ but $\text{Lim inf}_{h\to 0} \text{Sup}_n f(h,n) > 0$. This suggests that the weak convergence result is somewhat delicate.

1. Preliminaries

$B^n(u)$, $u \geqq 0$ is standard n-dimensional Brownian motion starting at the origin. For $-\infty < t < +\infty$

$$T^n(t) = \inf\{u > 0 : |B^n(u)|^2 = e^t\}$$

$$y^n(t) = e^{-t/2} B^n(T^n(t))$$

$$y^n(t,j) = j^{\text{th}} \quad \text{component of} \quad y^n(t) \quad .$$

It is well known and easy to prove using rotational invariance of B^n, that the distribution of $y^n(t)$ is normalized uniform surface area on the unit sphere $S^{n-1}(1)$. Define $x^n(t,s)$ for $0 \leqq s \leqq 1$ as follows:

$$x^n(t,0) = 0 \tag{1.1}$$

$$x^n(t, k/n) = \sum_{j=1}^{k} y^n(t,j) \qquad 1 \leqq k \leqq n$$

and for $k/n < s < (k+1)/n$, interpolate:

$$x^n(t,s) = n((k+1)/n - s)x(t,k/n) + n(s - k/n)x^n(t,(k+1)/n) \tag{1.2}$$

The limiting infinite dimensional Ornstein-Uhlenbeck process $x(t,s)$ can be described as follows. For each t the one parameter process $x(t,s)$, $0 \leq s \leq 1$ is standard one dimensional Brownian motion starting at 0 .

If $0 = s_0 < s_1 < \dots < s_\ell = 1$ are fixed then the one parameter processes

$$x(t,s_j) - x(t,s_{j-1}) \qquad -\infty < t < \infty$$

for $j = 1, \dots, \ell$ are independent stationary Gaussian diffusions and, in particular, Markovian. If $t_1 < t_2$ then the s-increment at time t_2 can be represented

$$x(t_2,s_j) - x(t_2,s_{j-1}) = e^{-(t_2 - t_1)/2}\{x(t_1,s_j) - x(t_1,s_{j-1})\} \tag{1.3}$$

$$+ ((s_j - s_{j-1})(1 - e^{-(t_2 - t_1)}))^{1/2} N_j$$

with N_j a mean 0 variance 1 Gaussian variable independent of all $x(t,s)$ for $t \leq t_1$. Because of the Markov property in t , this suffices to determine the finite dimensional distributions of x . In fact x has a version which is everywhere jointly continuous in t and s .

In Section 2 we will use the Fourier transforms of the finite dimensional distributions of the x^n . The corresponding Fourier transforms for x are easily calculated using (1.3) and independence of s-increments.

$$E\exp\{\sum_{j=1}^{\ell} ia_j(x(t_1,s_j) - x(t_1,s_{j-1})) + ib_j(x(t_2,s_j) - x(t_2,s_{j-1}))\} \tag{1.4}$$

$$= \exp\{-1/2 \sum_{j=1}^{\ell} (s_j - s_{j-1})(a_j^2 + b_j^2 + 2a_jb_je^{-(t_2 - t_1)/2})\} .$$

In the rest of this section we collect some formulae for integration on spheres. Good references are the first few pages of Chapter IX in Vilenkin (1968) and of Chapter 1 in Muller (1961). The symbols $d\sigma(\xi)$ or $d\sigma(\eta)$ will always denote normalized (total mass = 1) uniform surface area on $S^{n-1}(1)$. To show explicit dependence on two coordinates ξ_1, ξ_2

(1.5)
$$\int d\sigma_{n-1}(\xi) f(\xi_1,\xi_2,\tilde{\xi})$$

$$= \beta^{-1}(1/2,(n-1)/2)\beta^{-1}(1/2,(n-2)/2)\int_{-1}^{+1} dx(1-x^2)^{(n-3)/2}\int_{-1}^{+1} du(1-u^2)^{(n-4)/2}$$

$$\times \int d\sigma_{n-3}(\tilde{\xi})\, f(x,\sqrt{1-x^2}\,u,\sqrt{1-x^2}\,\sqrt{1-u^2}\,\tilde{\xi}) .$$

Where $\tilde{\xi} = (\xi_3,\dots,\xi_n)$ and subscripts $n-1$, and $n-3$ distinguish $d\sigma$ on $S^{n-1}(1)$ and $S^{n-3}(1)$. Also $\beta(p,q)$ denotes the Beta Function

$$\beta(p,q) = \int_0^1 dx\, x^{p-1}(1-x)^{q-1} = (p-1)!\,(q-1)!/(p+q-1)!$$

We take for granted the simpler formulae obtained from (1.5) by integrating out $\tilde{\xi}$ and/or u.

The joint distribtuion of $y^n(t_1)$, $y^n(t_2)$ involves the <u>spherical Poisson kernel</u> (p. 145 in Stein and Weiss (1971)) as follows:

(1.6)
$$E(F(y^n(t_1),y^n(t_2)))$$

$$= \iint d\sigma(\xi)d\sigma(\eta)(1-r^2)(1+r^2-2r\xi\cdot\eta)^{-n/2}F(\xi,\eta)$$

with $r = e^{-|t_2-t_1|/2}$.

2. Convergence of Finite Dimensional Distributions

In this section we prove Theorem A. From Section 1, this amounts to verifying convergence of

$$(2.1) \qquad E\exp\{i\sum_{j=1}^{\ell} a_j(x^n(t_1,s_j)-x^n(t_1,s_{j-1}))+b_j(x^n(t_2,s_j)-x^n(t_2,s_{j-1}))\}$$

to the right hand side of (1.4).

We begin by replacing the x^n increments in (2.1) by uninterpolated ones. For n sufficiently large we can choose integers $0=i_0<i_1<\ldots<i_\ell=n$ so that $|(i_j/n)-s_j|<1/n$ and then define

$$W^n(t_i,j)=\sum_{i_{j-1}<p\leq i_j} y^n(t_i,p) \quad .$$

To justify replacement we need only show that $M(t_i)=\max_{1\leq\ell\leq n}|y^n(t_i,\ell)|$ converges to 0 in probability. But this follows from

$$P(M(t_i)>a)\leq nP(|y^n(t_i,1)|>a)$$

$$=n\beta^{-1}(1/2,(n-1)/2)\,2\int_a^1 dx(1-x^2)^{(n-3)/2}=0(n^{1/2}(1-a^2)^{n/2}) .$$

Here and below we use Stirling's approximation to estimate

$$(2.2) \qquad \beta(1/2,(n-k)/2)\sim(2\pi/n)^{1/2} \quad .$$

Next we reduce the problem to one coordinate at t_1 and two at t_2. The two sums

$$\sum_{j=1}^{\ell} a_j W^n(t_1,j)\ , \qquad \sum_{j=1}^{\ell} b_j W^n(t_2,j)$$

have the same joint distribution as

$$A_n y^n(t_1,1)\ , \qquad B_n y^n(t_2,1)+C_n y^n(t_2,2)$$

where

(2.3) $$A_n = \left(\sum_{j=1}^{\ell} a_j^2 (i_j^n - i_{j-1}^n)\right)^{1/2}, \qquad B_n = \left(\sum_{j=1}^{\ell} a_j b_j (i_j^n - i_{j-1}^n)\right) / A_n$$

$$C_n = \left(\sum_{j=1}^{\ell} b_j^2 (i_j^n - i_{j-1}^n) - B_n^2\right)^{1/2} .$$

Clearly

(2.4) $$A_n/\sqrt{n}\ , \quad B_n/\sqrt{n}\ , \quad C_n/\sqrt{n} \ \to A, B, C$$

with the latter obtained by replacing in (2.3) each occurence of

$$i_j^n - i_{j-1}^n \quad \text{by} \quad s_j - s_{j-1} .$$

All this reduces our problem to showing that

(2.5) $$E \exp\{iA_n y^n(t_1, 1) + iB_n y^n(t_2, 1) + iC_n y^n(t_2, 2)\}$$

converges to the right side of (1.4).

By (1.5) and (1.6) we can write (2.5) as a 6-fold integral consistent with the decomposition $\xi = (\xi_1, \xi_2, \tilde{\xi})$ and the corresponding one for η. The integrand depends on $\tilde{\xi}$ and $\tilde{\eta}$ only through the inner product $\tilde{\xi} \cdot \tilde{\eta}$. This allows us to make $\tilde{\eta}$ constant, do the corresponding integral and represent (2.5) as the following 5-fold integral:

(2.6)
$$\Delta_n \int\!\!\int\!\!\int\!\!\int\!\!\int_{\{-1 \leq x, y, u, v, z \leq 1\}} dx dy du dv dz\, \mu(x, y, u, v) \exp\{iA_n x + iB_n y + iC_n \sqrt{1 - y^2}\ v\}$$

$$\times\ (1 - z^2)^{(n-5)/2} (1 + r^2 - 2ra - 2rbz)^{-n/2}$$

where

$$r = e^{-(t_2 - t_1)/2}$$

$$\Delta_n = (1 - r^2) \beta^{-2}(1/2, (n-1)/2) \beta^{-2}(1/2, (n-2)/2) \beta^{-1}(1/2, (n-3)/2)$$

$$\mu = (1-x^2)^{(n-3)/2}(1-y^2)^{(n-3)/2}(1-u^2)^{(n-4)/2}(1-v^2)^{(n-4)/2}$$

$$a = xy + \sqrt{1-x^2}\ \sqrt{1-y^2}\ uv$$

$$b = \sqrt{1-x^2}\ \sqrt{1-y^2}\ \sqrt{1-u^2}\ \sqrt{1-v^2}$$

The parameter z here represents $\tilde{\xi}\cdot\tilde{\eta}$ in the notation of (1.5). The first step in our asymptotic evaluation of (2.6) is to restrict the variables. In the rest of this section we fix $1/2 < r < 1$. Let $r^* > 0$ be determined by

$$1 - r^{*2} = (1-r)^3 .$$

If any one of $|x|$, $|y|$, $|u|$, $|v|$, $|z| > r^*$ then

$$\mu\cdot(1-z^2)^{(n-5)/2} \leqq (1-r^{*2})^{(n-5)/2} = (1-r)^{(3n-15)/2} .$$

By two applications of the Cauchy-Schwarz inequality, $|a| + |b| \leqq 1$ and so

$$(1+r^2-2ra-2rbz)^{-n/2} \leqq (1-r)^{-n} .$$

Thus we can restrict the integration in (2.6) to $|x|$, $|y|$, $|u|$, $|v|$, $|z| \leqq r^*$ with an error $O(n^{5/2}(1-r)^{n/2})$ and this $\to 0$ as $n \to \infty$. (By Stirling's approximation, $\Delta_n = O(n^{5/2})$.)

Keeping these restrictions in mind, we apply Laplace's method to the inner z integral

$$I_n = \int_{-r^*}^{r^*} dz\,(1-z^2)^{(n-5)/2}(1+r^2-2rz-2rbz)^{-n/2} .$$

An appropriate Lagrangian is

$$L(z) = \log(1-z^2) - \log(2r) - \log(Q-a-bz)$$

where we have introduced an additional notation

$$Q = (1+r^2)/2r .$$

The relevant derivatives are

$$L'(z) = (1+z)^{-1} - (1-z)^{-1} + b(Q-a-bz)^{-1}$$

$$L''(z) = -(1+z)^{-2} - (1-z)^{-2} + b^2(Q-a-bz)^{-2}$$

$$L'''(z) = 2(1+z)^{-3} - 2(1-z)^{-3} + 2b^3(Q-a-bz)^{-3} .$$

The Euler equation $L'(z) = 0$ has unique solution in $[-1,1]$

$$z^* = (Q-a-R)/b$$

with one more new notation

$$R = ((Q-a)^2 - b^2)^{1/2} .$$

We can write

$$z^* = \sigma - (\sigma^2 - 1)^{1/2} \tag{2.7}$$

with $\sigma = (Q-a)/b$ from which it is clear that $z^* > 0$. To see that $z^* < r^*$ and therefore is in the range of the integral, we argue as follows. The inequality $a + b < 1$ implies

$$\sigma - 1 = (Q-a-b)/b \geqq Q - 1 = (1-r)^2/2r \geq (1-r)^2/2$$

and so

$$1 - z^* = \sqrt{\sigma^2 - 1} - (\sigma - 1)$$

$$= 2\sqrt{\sigma - 1}\,(\sqrt{\sigma + 1} + \sqrt{\sigma - 1})^{-1}$$

$$\geqq \sqrt{2}\,(1-r)(\sqrt{\sigma+1} + \sqrt{\sigma - 1})^{-1}$$

n (2.7) z^* decreases to 0 as σ increases to $+\infty$. Thus $z^* < 2 - \sqrt{3}$ or else $\leqq 2$ and the last estimate yields $1 - z^* > \sqrt{2}\,(1+\sqrt{3})^{-1}(1-r)$. For $r > 1/2$ he first inequality implies the second and so

(2.8) $$1 - z^* > \sqrt{2}\,(1+\sqrt{3}\,)^{-1}(1-r) > (1-r)^3$$

whence $z^* < r^*$.

A little algebra including

(2.9) $$-(1+z)^{-2} - (1-z)^{-2} = -2(1+z^2)/(1-z^2)^2$$

$$Q - a - bz^* = R\,, \quad 1 - z^{*2} = 2R(Q-a-R)/b^2\,, \quad 1 + z^{*2} = 2(Q-a)(Q-a-R)/b^2$$

yields

(2.10) $$L''(z^*) = -2/(1-z^{*2})$$

and in particular

(2.11) $$L''(z^*) \leqq -2\,.$$

With the help of (2.8) we conclude that in the range

(2.12) $$-1/2 < z < z^* + (1-z^*)/2$$

we can uniformly estimate

(2.13) $$L'''(z) = O(1)\,.$$

Let $0 < \epsilon < 1$ arbitrary and choose $\alpha > 0$ such that $\alpha|L''(z)| < \epsilon$ in the range (2.12). For ϵ small, $|z - z^*| < \alpha$ implies (2.12) and therefore $|L''(z) - L''(z^*)| < \epsilon$. Also $L''(z) < -1$ and so $L(z^* \pm \alpha) \leqq L(z^*) - \alpha^2/2$. Since z^* is the only critical point, $L(z)$ is increasing for $z < z^*$ and decreasing for $z > z^*$ and so $L(z) \leqq L(z^*) - \alpha^2/2$ in the entire range $|z - z^*| \geqq \alpha$. All this allows us to expand $L(z) = L(z^*) + L''(\tilde{z})(z - z^*)^2/2$ with $\tilde{z}$ between z and z^* and obtain

(2.14) $$I_n = e^{nL(z^*)/2} \int_{z^*-\alpha}^{z^*+\alpha} dz\,(1-z^2)^{-5/2}\, e^{n\{L''(z^*) + \epsilon\theta(z)\}(z-z^*)^2/4}$$

$$+\, O(e^{nL(z^*)/2 - \alpha^2/4})\,.$$

Convention. Here and below we use θ and φ to represent quantities which are undetermined except for the estimate $|\theta|$, $|\varphi| \leqq 1$. They may be constant or functions depending on the context. Also they vary from one occurrence to another - although sometimes we use prime $(')$ to emphasize the difference.

From (2.14) we immediately get the preliminary estimate

$$I_n = e^{nL(z^*)/2} O\{\int_{z^*-\alpha}^{z^*+\alpha} dz e^{-n(z-z^*)^2/4} + e^{-n\alpha^2/4}\} .$$

The integral converges to $(4\pi/n)^{1/2}$ and so

$$I_n = O\left(n^{-1/2} e^{nL(z^*)/2}\right) . \tag{2.15}$$

Evaluating, we get

$$e^{L(z^*)} = \frac{(1 - z^{*2})}{2r(Q - a - bz^*)} = (Q - a - R)/b^2 r . \tag{2.16}$$

We write

$$(n/2\pi)^{1/2} I_n = K_n e^{-nL(z^*)/2}$$

and we will now show that $K_n \to K$. Note first that $J_n \leqq K_n \leqq L_n$ where, by (2.14)

$$J_n = (1 - (z^* - \alpha)^2)^{-5/2} (n/2\pi)^{1/2} \int_{z^*-\alpha}^{z^*+\alpha} dz e^{n\{L''(z^*) - \epsilon\}(z - z^*)^2/4} + o(1)$$

$$L_n = (1 - (z^* + \alpha)^2)^{-5/2} (n/2\pi)^{1/2} \int_{z^*-\alpha}^{z^*+\alpha} dz e^{n\{L''(z^*) + \epsilon\}(z - z^*)^2/4} + o(1) .$$

Substituting $w = \sqrt{n}\,(z - z^*)$ into both integrals, letting $n \to \infty$ and then ϵ (and therefore α) $\downarrow 0$, we see that

$$K_n \to (1 - z^*)^{-5/2} \sqrt{2}\, |L''(z^*)|^{-1/2} .$$

Thus (2.6) is asymptotically equivalent to

$$(2.17)\qquad (n/2\pi)\iiiint_{-r^* \leqq x,y,u,v \leqq r^*} dxdydudv(1-x^2)^{-3/2}(1-y^2)^{-3/2}$$

$$\times (1-u^2)^{-2}(1-v^2)^{-2}\exp\{iA_n x + iB_n y + iC_n \sqrt{1-y^2}\ v\}$$

$$\times (1-z^{*2})^{-2}(Q-a-\sqrt{(Q-a)^2-b^2})^{n/2} / r^{n/2}$$

where we have used (2.16) and the relation $\mu = b^n$ and have applied Stirling's approximation to Δ_n.

Our attention centers now on the expression which is raised to the power $n/2$ in (2.17). Write $b = 1-\beta$ and expand

$$(2.18)\qquad \{Q-a-\sqrt{(Q-a)^2-b^2}\}/r = (Q-a)/r$$

$$-(\sqrt{Q^2-1}/r)\{1-(2aQ-2\beta-a^2+\beta^2)/(Q^2-1)\}^{1/2} .$$

As above, let $0<\epsilon<1$ arbitrary and choose $\alpha>0$ such that $\beta<\alpha$ (and therefore $|a| \leqq \beta < \alpha$) guarantees validity of the expansion

$$\{1-(2aQ-2\beta-a^2+\beta^2)/(Q^2-1)\}^{1/2}$$

$$= 1+(1+\epsilon\theta)(Q^2-1)^{-1}(-aQ+\beta+a^2/2-\beta^2/2) .$$

Also α can be chosen so that $a^2<\epsilon a$ and $\beta^2<\epsilon\beta$ and with ϵ sufficiently small we can rewrite the expansion as

$$\{1-(2aQ-2\beta-a^2+\beta^2)/(Q^2-1)\}^{1/2} = 1+(Q^2-1)^{-1}(-aQ(1+\theta\epsilon)+\beta(1+\varphi\epsilon)) .$$

Now (2.18) can be expressed

$$(2.19)\qquad 1-pa-q\beta$$

with two more notations

$$p = (1/r)(1-(1+\epsilon\theta)Q(Q^2-1)^{-1/2}),\quad q = (1+\varphi\epsilon)r^{-1}(Q^2-1)^{-1/2} .$$

(In establishing (2.19) we have used the relations $\sqrt{Q^2 - 1} = (1 - r^2)/2r$ and $Q - \sqrt{Q^2 - 1} = r$.) Notice that $\beta < \alpha$ implies $x^2 < 2\alpha$ since $1 - x^2/2 > \sqrt{1 - x^2} \geqq 1 - \beta > 1 - \alpha$. Of course the same is true for y, u, v and so for α sufficiently small

$$a = xy + uv - \theta \varepsilon uv$$

$$b = 1 - (1/2 + \varphi\varepsilon)(x^2 + y^2 + u^2 + v^2)$$

in the region $\beta < \alpha$.

The above arguments allow sharp approximation in the region $\beta < \alpha$. In order to "estimate away" the contribution from $\beta \geqq \alpha$, we show that

$$F(a,\beta) = Q - a - \{(Q - a)^2 - (1 - \beta)^2\}^{1/2}$$

has a strict maximum at $a = 0$, $\beta = 0$ in the relevant range $0 \leqq \beta < 1$ and $|a| \leqq \beta$. First, $\frac{\partial F}{\partial a} = -1 + (Q - a)((Q - a)^2 - (1 - \beta)^2)^{1/2} > 0$ since $Q > 1$ and $a + b < 1$. Thus $F(a,\beta) \leqq F(\beta,\beta)$. Also

$$\frac{d}{d\beta} F(\beta,\beta) = -1 + (Q - 1)(Q^2 - 1 - 2\beta)Q - 1))^{-1/2}$$

$$= -1 + (Q - 1)(Q^2 - 2Q + 1 + (2 - 2\beta)(Q - 1))^{-1/2}$$

$$= -1 + (1 + (2 - 2\beta)/(Q - 1))^{-1/2} < 0$$

uniformly since $\beta \leqq 1 - (1 - r^{*2})^2$. But $F(0,0) = r$ and so

$$F(a,\beta)/r = (Q - a - \{(Q - a)^2 - b^2\}^{1/2})/r < 1 - \delta\beta .$$

for some $\delta > 0$. Now we proceed as for I_n and write (2.17) as

$$(2.20)\qquad (n/2\pi)^2(1-r^2)\iiiint_{\beta\leqq\alpha} dxdydudv\,(1-z^{*2})^{-2}$$

$$\times\,(1-x^2)^{-3/2}(1-y^2)^{-3/2}(1-u^2)^{-2}(1-v^2)^{-2}\exp\,(iA_n x+iB_n y+iC_n\sqrt{1-y^2}\,v)$$

$$\times\,(1-pa-q\beta)^{n/2}+O(1-\delta\alpha)^{n/2}$$

and from now on we can ignore the last (error) term. Finally, we replace x, y, u, v by $x/\sqrt{n}$, $y/\sqrt{n}$, $u/\sqrt{n}$, $v/\sqrt{n}$, noting that the set $\beta\leqq\alpha$ contains an open ball about the origin and therefore with the new variables will expand to the full space R^4 in the limit $n\to\infty$. The expression $(1-pa-q\beta)^{n/2}$ transforms into

$$(2.21)\qquad \{1-(p/n)(xy+uv-\theta\varepsilon uv)-(q/n)(1/2+\varphi\varepsilon)(x^2+y^2+u^2+v^2)\}^{n/2}$$

which converges to

$$(2.22)\qquad \exp\{-1/2\;q(1/2+\varphi\varepsilon)(x^2+y^2+u^2+v^2)-1/2\,p(xy+uv+\theta\varepsilon uv)\}$$

$$=\exp\{-(1-r^2)^{-1}(1/2+\varphi\varepsilon)(x^2+y^2+u^2+v^2)$$

$$+(1-r^2)^{-1}((r-\varepsilon\theta(1+r^2)/(1-r^2))(xy+uv+\theta'\varepsilon uv)\}\;.$$

The transform of $1-z^{*2}$ converges to

$$2\sqrt{Q^2-1}\,(Q-\sqrt{Q^2-1}\,)=(1-r^2)r^{-1}\{(1+r^2)/2r\}$$

$$=(1-r^2)\;,$$

the transforms of $(1-x^2)$, $(1-y^2)$, $(1-u^2)$, $(1-v^2)$ converge to 1 and $\exp(iA_n x/\sqrt{n}+iB_n y/\sqrt{n}+iC_n v\sqrt{1-y^2/n}\,/\sqrt{n}\,)\to\exp(iAx+iBy+iCv)$ by (2.4).

Finally, (2.21) is dominated by (2.22) which is integrable for ϵ sufficiently small, allowing us to pass to the limit under the integral sign in (2.20). Thus after letting $n\to\infty$ and then $\epsilon \downarrow 0$, we get

(2.23)

$$(2\pi)^{-2}(1-r^2)^{-1}\iiiint dxdydudv \exp\{-1/2\ (1-r^2)^{-1}(x^2+y^2)-2rxy+u^2+v^2-zruv)+ i(Ax+By+Cv)\},$$

a Gaussian integral which is easily computed. Make an orthogonal change of variables to remove the cross terms:

$$x=(w-z)/\sqrt{2} \qquad y=(x+z)/\sqrt{2}$$

$$u=(p-q)/\sqrt{2} \qquad v=(p+q)/\sqrt{2}$$

and rewrite (2.23) as

$$(2.24)\qquad (2\pi)^{-2}(1-r^2)^{-1}\iiiint dwdzdpdq \exp\{-1/2\ (1-r^2)^{-1}\{w^2+z^2 - r(w^2-z^2)+p^2+q^2-r(p^2-q^2)\}+i(w(A+B)/\sqrt{2}+z(B-A)/\sqrt{2}+pC/\sqrt{2}+qC/\sqrt{2})\}.$$

The expression inside the exponential can be regrouped

$$-1/2\ (1+r)^{-1}(w^2-i\sqrt{2}\ (1+r)(A+B)w-(1+r)^2(A+B)^2/2)$$

$$-1/4\ (1+r)(A+B)^2$$

$$-1/2\ (1-r)^{-1}(z^2-i\sqrt{2}\ (1-r)(B-A)z-(1-r)^2(B-A)^2/2)$$

$$-1/4\ (1-r)(B-A)^2$$

$$-1/2\ (1+r)^{-1}(p^2-i\sqrt{2}\ (1+r)Cp-(1+r)^2C^2/2)-1/4\ (1+r)C^2$$

$$-1/2\ (1-r)^{-1}(q^2-i\sqrt{2}\ (1-r)Cq-(1-r)^2C^2/2)-1/4\ (1-r)C^2$$

and then (2.24) is a product of 4 one-dimensional integrals which are easily computed to give

$$\exp\{-1/4\ (1+r)(A+B)^2 - 1/4\ (1-r)(B-A)^2 - 1/4\ (1+r)C^2 - 1/4\ (1-r)C^2\}$$

$$= \exp\{-1/2\ (A^2+B^2+C^2) - rAB\}$$

$$= \exp\{-1/2 \sum_{j=1}^{\ell} (s_j - s_{j-1})(a_j^2 + b_j^2 + 2ra_jb_j)\},$$

in complete agreement with (1.4). Theorem A is now proved.

3. Weak Convergence

Let C be the collection of continuous functions w on $[0,1]$ with $w(0)=0$. We equip C with the usual uniform norm, denoted $\|w\|$, making C into a Banach space. For $T>0$ let $D(T)$ be the collection of C valued functions φ with $\varphi(t)$ defined for $-T \leq t \leq T$ and satisfying

<u>Condition D.1.</u> $\varphi(t)$ <u>is right continuous in</u> C <u>for</u> $0 \leq t \leq 1$.

<u>Condition D.2.</u> <u>The left hand limits</u> $\varphi(t)$ <u>exist in</u> C <u>for</u> $0 < t \leq 1$.

<u>Condition D.3.</u> φ <u>is left continuous in</u> C <u>at</u> $t = 1$.

We equip $D(T)$ with a version of the Skorohod topology (see Skorohod (1965)) as follows. Let Λ be the collection of strictly increasing homeomorphisms λ from $[-T,T]$ onto itself such that $\|\lambda\| < \infty$ where

$$\|\lambda\| = \sup_{t \neq u} \left| \log\left\{ \frac{\lambda(t) - \lambda(u)}{t-u} \right\} \right| .$$

(Roughly speaking λ belongs to Λ if $\lambda(-T) = -T$, $\lambda(T) = T$, λ is strictly increasing and its slope is bounded away from 0 and ∞.) The metric d is defined on $D(T)$ by

$$d(\varphi,\psi) :=$$

$$\inf\{\epsilon > 0 : \lambda \in \Lambda \text{ exists with } \|\lambda\| \leq \epsilon \text{ and } \sup_t \|\varphi(t) - \psi(\lambda(t))\| \leq \epsilon\} .$$

We mentioned in Section 1 that the Ornstein-Uhlenbeck process $x(t,s)$ has a jointly continuous version and so for each $T>0$ determines a $D(T)$ valued random variable. The latter statement can be proved also for the approximating processes x^n, using properties such as "quasi left-continuity" of the original Brownian motion in R^n, even though the x^n are certainly not continuous in t. Of course it is lack of continity of x^n which forces us to deal with $D(T)$ instead of the simpler space of continuous C-valued functions.

We prove in this section,

Theorem B. For each $T>0$ the processes $x^n \to x$ weakly in $D(T)$.

Billingsley (1968) proves in Section 14, using the real line $\mathbb{R}$ in place of C, that $D(T)$ is a complete separable metric space. His arguments extend routinely to our situation and we take the extension for granted here. Thus Theorem B will follow from Theorem A if we can establish tightness of the distributions of the x^n. We also take for granted the following adaption of Theorem 15.5 in Billingsley (1968) which gives sufficient conditions for tightness. Thus we view Theorem B as proved once we establish the following two conditions.

Condition T1. For each $\alpha>0$ there exists $K\subset C$ compact such that $P(x^n(-T,\cdot)\in K)>1-\alpha$ for all n.

Condition T2. For each $\varepsilon>0$ there exists $h>0$ and a positive integer n_0 such that

$$P\Big(\sup_{|t-u|<h} \|x^n(t,\cdot)-x^n(u,\cdot)\|>\varepsilon\Big)<\varepsilon \quad \text{for} \quad n\geqq n_0 .$$

We begin with the easier Condition T.1. Let $h>0$ be such that h^{-1} is integer and consider only $n\geqq 4/h$. Choose integers $0=i_0<i_1<\ldots<i_\ell=n$ such that

$$|(i_j/n)-jh|\leqq h/4 ,$$

for $j=0,\ldots,\ell$. To simplify the writing below we put $s(j)=i_j/n$. Let

$$M^n(h) = \max_{|v-s| \leq h/2} |x^n(-T,v) - x^n(-T,s)| .$$

If $|v-s| \leq h/2$ then s and v belong to the same interval $[s(j), s(j+1)]$ for some j and so

$$M^n(h) \leq 3 \max_{j=0}^{\ell-1} \max_{s(j) \leq s \leq s(j+1)} |x^n(-T,s) - x^n(-T,s(j))|$$

$$\leq 3 \max_{j=0}^{\ell-1} \max_{i_j < k \leq i_{j+1}} |x^n(-T,k/n) - x^n(-T,s(j))| ,$$

the second inequality following from the definition by interpolation from integer multiples of n^{-1} in Section 1. Let $\epsilon > 0$ arbitrary. For each j, $s(j+1) - s(j) \leq r$ where $r \leq 2nh$ and so

$$\text{(3.1)} \qquad P(\max_{i_j < k \leq i_{j+1}} |x^n(-T,k/n) - x^n(-T,s(j))| > \epsilon)$$

$$\leq P(\max_{1 \leq i \leq r} |x_1 + \dots + x_i| > \epsilon) ,$$

where $x_1, \dots, x_r$ are the coordinates of a random vector uniformly distributed on the unit sphere $S^{n-1}(1)$. Also the partial sums of these coordinates form a martingale sequence and so by Doob's submartingale inequality (3.1) is less than

$$\epsilon^{-4} E|x_1 + \dots + x_r|^4 .$$

Putting all this together we get

$$\text{(3.2)} \qquad P(M^n(h) > \epsilon) \leq 3\ell\epsilon^{-4} E|x_1 + \dots + x_r|^4 .$$

where $\ell = h^{-1}$ and $r \leq 2nh$. To estimate the right hand side, note first that $x_1 + \dots + x_r$ has the same distribution as $\sqrt{r}\, x_1$, and using the formulae in Section 1,

$$E|x_1 + \dots + x_r|^4 = r^2 \beta^{-1}(1/2, (n-1)/2) \int_{-1}^{1} dx (1-x^2)^{(n-3)/2} x^4 .$$

For $n \geqq 6$ certainly $(n-3)/2 \geqq n/4$ and replacing x by $x/\sqrt{n}$ gives an estimate

$$r^2\beta^{-1}(1/2, (n-1)/2)\, n^{-5/2} \int_{-\sqrt{n}}^{\sqrt{n}} dx\,(1-x^2/n)^{n/4} x^4 = O(r^2 n^{-2}) = O(n^2)\ ,$$

after treating the integral as in Section 2. Thus (3.2) is replaced by

$$P(M^n(h) > \epsilon) \leqq Ah^2 \tag{3.3}$$

for $n \geqq n_0$ depending on h and $A > 0$ independent of h. Let $\alpha > 0$ arbitrary and for a sequence $\epsilon_m \downarrow 0$ choose h_m so that $Ah_m < \alpha 2^{-m}$ in (3.3). Since $x^n(-T,s)$ is always uniformly continuous in s we can shrink h_m to accomodate the finite number of $n < n_0$ and thus guarantee

$$P(M^n(h_m) > \epsilon_m) \leqq \alpha 2^{-m} \tag{3.4}$$

for all $n \geqq 1$. The set K of $w \in C$ satisfying for all m the condition $|w(s) - w(v)| < \epsilon_m$ whenever $|s-v| < h_m/2$ is compact in C by the Arzèla-Ascoli theorem and (3.4) implies $P(x^n(-T,\cdot) \in K) > 1-\alpha$ for all n. This establishes Condition T.1.

Certainly every component of the original process $B^n(T^n(t))$ is a martingale and so for $j = 1, \ldots, n$

$$e^{(u-t)/2} x^n(u, j/n) - x^n(t, j/n) \qquad t \leqq u \leqq t+h$$

is a martingale. Taking the maximum over j we conclude that

$$\|e^{(u-t)/2} x^n(u,\cdot) - x^n(t,\cdot)\|\ , \qquad t \leqq u \leqq t+h$$

is a submartingale in u and so we can estimate

$$P(\max_{t \leqq u \leqq t+h} \|e^{(u-t)/2} x^n(u,\cdot) - x^n(t,\cdot)\| > \epsilon) \tag{3.5}$$

$$\leqq \epsilon^{-m} E\|e^{h/2} x^n(t+h,\cdot) - x^n(t,\cdot)\|^m$$

for $m > 1$. Using the submartingale property along the lattice in s as above we estimate the right hand side by the same moment at $s = 1$ and replace (3.5) by

$$(3.6) \qquad P(\max_{t \leq u \leq t+h} \|e^{(u-t)/2} x^n(u,\cdot) - x^n(t,\cdot)\| > \epsilon)$$

$$\leq A_m \epsilon^{-m} E\,|e^{h/2} x^n(t+h,1) - x^n(t,1)|^m$$

with A_m the constant occuring in the submartingale inequality for the mth moment. All this suggests that the key to verifying Condition T.2 is the right kind of estimate for $E|x^n(t+h,1) - x^n(t,1)|^m$. Indeed the main result in this section is that for $h > 0$ sufficiently small

$$(3.7) \qquad E|x^n(t+h,1) - x^n(t,1)|^m \leq Kh^2$$

with $m, K > 0$ independent of h and for $n \geq n_0$ depending on h. We turn now to the proof of this inequality.

The moment is represented as an integral and then estimated via "Laplace's method" as in Section 2, but now we will keep more careful track of the error terms. Again $x^n(t,1)$ and $x^n(t+h,1)$ have the same joint distribution as $\sqrt{n}\, y^n(t,1)$ and $\sqrt{n}\, y^n(t+h,1)$. Thus

$$(3.8) \qquad E|x^n(t,1) - x^n(t+h,1)|^m =$$

$$= \beta^{-2}(1/2, (n-1)/2)\beta^{-1}(1/2, (n-2)/2)n^{m/2}$$

$$\iiint dz\,dy\,dz\,\mu(x,y)\,|x-y|^m (1-z^2)^{(n-4)/2}(1+r^2-2ra-2rbz)^{-n/2}$$

where now

$$r = e^{-h/2}$$

$$\mu = (1-x^2)^{(n-3)/2}(1-y^2)^{(n-3)/2}(1-r^2)$$

$$a = xy$$

$$b = \sqrt{1-x^2}\,\sqrt{1-y^2}\,.$$

The restriction to $|x|$, $|y|$, $|z| \leq r^*$ leaves an error term

$$2^m(1-r^{*2})^{(n-r)/2}(1-r^2)(1-r)^{-n}$$

$$\leq 2^{m+1}(1-r)^{n/2-6}$$

which can be handled.

We turn our attention now to the inner z integral I_n defined as in Section 2 but with $(1-z^2)^{(n-4)/2}$ in place of $(1-z^2)^{(n-5)/2}$. The main point is to get better control in (2.13). The argument there shows that

$$L(z) = \log(1-z^2) - \log 2r - \log(Q-a-bz)$$

has a unique maximum $z^* = (Q-a-R)/b$ with Q and R defined as before. Also

$$L''(z^*) = -2/(1-z^{*2}) \leq -2$$

and in the range (2.12) we have

$$|L'''(z)| = |z(1+z)^{-3} + 2(1-z)^{-3} + 2b^3(Q-a-bz)^{-3}| \leq 16 + 16(1-z^*)^{-3} + 2(Q-1)^{-3} .$$

The function $f(w) = (1-w^2)/2$ is concave with $f(1) = 0$ and $f'(1) = -1$. Thus $f(w) \leq 1-w$ for all w and we can estimate

$$1-z^* > 1-r^* > (1-r^{*2})/2 = (1-r)^3/2 .$$

More simply,

$$Q-1 = (1-r)^2/2r \geq (1-r^2)$$

assuming as we can that $r > 1/2$ always. Thus for z in the range (2.12) we can sharpen (2.13) to

(3.9) $$|L'''(z)| \leq 200(1-r)^{-9} .$$

Now let $\alpha = (1-r)^9/200$. Then $|z-z^*|<\alpha$ implies (2.12) and therefore (3.9) and finally $L''(z) \leq L''(z^*)+1<-1$ and so

$$L(z) \leq L(z^*) - (z-z^*)^2/2 \qquad \text{for} \quad |z-z^*|<\alpha$$

$$L(z) \leq L(z^*) - \alpha^2/2 \qquad \text{for} \quad |z-z^*| \geq \alpha$$

(since z^* is the only critical point). Then using the estimate $(1-z^2) \geq (1-r^{*2}) \geq (1-r)^3$ we obtain finally instead of (2.14),

$$\text{(3.10)} \qquad I_n \leq (1-r)^{-8} e^{nL(z^*)/2} \{ \int_{z^*-\alpha}^{z^*+\alpha} dz e^{-n(z-z^*)^2/4} + e^{-n\alpha^2/4} \} .$$

The integral is $O(n^{-1/2})$ and $\sqrt{n}\, e^{-n\alpha^2/4} \leq (\sqrt{2}/\alpha)e^{-1/2}$ and since $\alpha^{-1} = O((1-r)^{-9})$ we can replace (3.10) by

$$\text{(3.11)} \qquad I_n = O((1-r)^{-17} n^{-1/2} e^{nL(z^*)/2}) .$$

using our estimates so far, we get for $m>1$

$$\text{(3.12)} \qquad E|x^n(t,1) - x^n(t+h,1)|^m = O(n^{m/2+1} (1-r^2) \times$$

$$\{ \iint_{|x|,\,|y| \leq r^*} dxdy\mu(x,y)|x-y|^m (1-r)^{-17} e^{nL(z^*)/2} + O((1-r)^{n/2-6} n^{1/2})\}) .$$

Treating the integral in the same way that we treated (2.17), we get for $n \geq n_0$ depending on r,

$$\text{(3.13)} \qquad E|x^n(t,1) - x^n(t+h,1)|^m$$

$$= O((1-r)^{-16} \iint dxdy \exp\{-1/2(1-r^2)^{-1}(x^2+y^2-2rxy)\} |x-y|^m$$

$$+ O(n^{(m+3)/2} (1-r)^{n/2-5}) .$$

The integral can be estimated using an appropriate version of (1.3) or it can be calculated directly with the orthogonal change of variables

$$x = \frac{1}{\sqrt{2}}(z - w) \qquad y = \frac{1}{\sqrt{2}}(z + w)$$

to get

$$\iint dz dw \exp\{-1/2\,(1 - r^2)^{-1}(z^2(1 - r) + w^2(1 + r))\}\,|w|^m 2^{m/2}$$

$$= \int dz \exp\{-1/2\,(1 + r)^{-1} z^2\} \int dw \exp\{-1/2\,(1 - r)^{-1} w^2\}\,|w|^m 2^{m/2}$$

$$= O((1 - r)^{m/2}), \quad r \to 1$$

and substitution into (3.13) gives (3.7).

Because of the exponential factors occurring in (3.6) we need the elementary result

$$\text{(3.14)} \qquad \sup_n E|x^n(t,1)|^m < \infty$$

a consequence of applying Stirling's approximation to the exact formula

$$E|x^n(t,1)|^m = \beta((m+1)/2, (n-1)/2)/\beta(1/2, (n-1)/2).$$

Also arguments which are now well known and routine (see Garsia (1973)) allow us to replace (3.6) by the corresponding norm inequality (since $m > 1$) which together with (3.14) implies

$$\text{(3.15)} \qquad \sup_n E \max_{t \leqq u \leqq t+h} \|x(u,\cdot)\|^m < \infty .$$

By (3.15)

$$E \max_{t \leqq u \leqq t+h} \|x^n(u,\cdot) - x^n(t,\cdot)\|^m$$

$$\leqq E \max_{t \leqq u \leqq t+h} \|e^{(u-t)/2} x^n(u,\cdot) - x^n(t,\cdot)\|^m + O((e^{h/2} - 1)^m)$$

and by (3.14) for $t = t + h$,

$$E|e^{h/2} x^n(t+h,1) - x^n(t,1)|^m$$

$$\leqq E|x^n(t+h,1) - x^n(t,1)|^m + O((e^{h/2}-1)^m) \ .$$

These two estimates combine with (3.6) and (3.7) to give

$$P(\max_{t \leqq u \leqq t+h} \|x^n(u,\cdot) - x^n(t,\cdot)\| \geqq \epsilon) \leqq A\epsilon^{-m} \cdot h^2$$

for h sufficiently small. Now Condition T.2 is verified by partitioning the t axis and arguing as before for the s-axis. Theorem B is now proved.

References

1. Billingsley, P. (1968). Convergence of Probability Measures. Wiley, New York.

2. Garsia, A. (1973). Martingale Inequalities. W.A. Benjamin, Reading, Mass.

3. McKean, H.P. (1973). Geometry of Differential Space. Annals of Prob. 1, pp. 197-206.

4. Malliavin, P. (1976). Stochastic Calculus of Variations and Hypoelliptic Operators. Proc. Intern. Conf. on Stoch. Diff. Eqs. Kyoto 1976, pp. 195-263. New York, Wiley.

5. Meyer, P.A. (1981). Note sur les Processus d'Ornstein-Uhlenbeck. Sem. de Prob. XIV, pp. 95-132. Lect Notes in Math. 920, Springer-Verlag.

6. Müller, C. (1966). Spherical Harmonics. Lecture Notes in Mathematics 17, Springer-Verlag.

7. Poincarè, H. (1912). Calcul des Probabilitès. Gauthier-Villars, Paris.

8. Skorokhod, A.V. (1965). Studies in the Theory of Random Processes. Addison-Wesley. Reading, Mass.

9. Stein, E.M. and Weiss, G. (1971). Introduction to Fourier Analysis on Euclidean Spaces. Princeton University Press.

10. Stroock, D. (1981). The Malliavan Calculus and its Applications to 2nd Order Parabolic Differential Equations. Math. Systems Th. 13, 1981.

11. Vilenkin, N.J. (1968). Special Functions and the Theory of Group Representations. Translations of Mathematical Monographs, V. 22. American Mathematics Society.

12. Williams, D. (1981). Notes.

Washington University
St. Louis, Missouri 63130
U.S.A.

Orthogonal Polynomial Martingales on Spheres

by Martin L. Silverstein

0. Introduction

Let B_t, $0 \le t \le 1$ be standard one dimensional Brownian motion starting at 0. Fix a positive integer m and for $0 < t \le 1$ let $H_m^t(x)$ be an orthogonal polynomial of degree m for B_t. That is, $H_m^t(x)$ is a polynomial of degree m in x and $E\, H_m^t(B_t)B_t^j = 0$ for $j = 0,1,\ldots m-1$. Then for some choice of constants a_t the process

$$a_t\, H_m^t(B_t), \quad 0 < t \le 1$$

is a martingale. This well known fact can be found in Chapter 2 in McKean (1969) where $a_t H_m^t(x)$ is identified as the Hermite polynomial $H_m(t,x)$. Our main result is that this property of Brownian motion is shared by the following discrete time process defined on the unit sphere in n-dimensional Euclidean space.

For $n \ge 3$ let $x_1,\ldots,x_n$ be the usual Euclidean coordinates defined on the unit sphere $S^{n-1}(1)$ equipped with uniform measure normalized to have total mass one. The process of interest is the sum of squares process ss_k defined for $1 \le k \le n-1$ by

$$ss_k = x_1^2 + \ldots + x_k^2 .$$

Orthogonal polynomials $Q_m^{n,k}(s)$ can be defined in terms of certain Jacobi polynomials $P_m^{(\alpha,\beta)}$:

$$Q_m^{n,k}(s) = P_m^{(\alpha,\beta)}(2s-1) \tag{0.1}$$

with $\alpha = \frac{1}{2}(n-k)-1$ and $\beta = \frac{1}{2}k-1$. We will prove

<u>Theorem. For dimension</u> $n \ge 3$ and for $m = 1,2\ldots$ the process $\{ M_m^n(k),\ 1 \le k \le n-1\}$ <u>defined by</u>

$$M_m^n(k) = \frac{\Gamma(\frac{1}{2}(n-k))}{\Gamma(\frac{1}{2}(n-k)+m)}\; Q_m^{n,k}(ss_k)$$

<u>is a martingale.</u>

The proof will show that for the conditioning σ-algebra (past) at time k we can take the one generated by the coordinates $x_1,\ldots,x_k$.

A weak version of the theorem is true for the process of partial sums $s_k = x_1 + \ldots + x_k$. The orthogonal polynomials $P_m^{n,k}$ are certain Gegenbauer polynomials. If $k < \ell$ then we recover a constant times $P_m^{n,k}(s_k)$ if we condition $P_m^{n,\ell}(s_\ell)$ on the σ-algebra generated by s_k alone but in general not if we condition on the σ-algebra generated by all of $s_1, \ldots, s_k$. Of course the latter σ-algebra is needed for the martingale property.

Preliminaries on Jacobi polynomials and integration on spheres are collected in Section 1. This theorem is proved in Section 2.

1. Preliminaries

Good references for integration on spheres are the beginning of Chapter IX in Vilenkin (1968) and of Chapter 1 in Müller (1961). Starting with formulae given in the references and making routine substitutions, we see that ss_k has the distribution with density

$$(1.1) \qquad \frac{\Gamma(\frac{1}{2}n)}{\Gamma(\frac{1}{2}(n-k))\,\Gamma(\frac{1}{2}k)} \qquad (1-s)^{\frac{1}{2}(n-k)-1}\, s^{\frac{1}{2}k-1},$$

for $0 \le s \le 1$. The pair ss_k, ss_{k+1} has joint density

$$(1.2) \qquad \frac{\Gamma(\frac{1}{2}n)}{\Gamma(\frac{1}{2})\Gamma(\frac{1}{2}k)\Gamma(\frac{1}{2}(n-k-1))} \qquad (t-s)^{-\frac{1}{2}}\, s^{\frac{1}{2}k-1}\, (1-t)^{\frac{1}{2}(n-k-3)}$$

for $0 \le s \le t \le 1$, with s, t corresponding respectively to ss_k and ss_{k+1}. Of course $1 \le k \le n-1$ in (1.1) and $1 \le k \le n-2$ in (1.2). Also at one point we will need the joint density for $x_1, \ldots, x_k$, ss_{k+1}:

$$(1.3) \qquad \pi^{-\frac{1}{2}(k-1)}\, (\Gamma(\tfrac{1}{2}n)\,/\,\Gamma(\tfrac{1}{2}(n-k-1)))\, (1-t)^{\frac{1}{2}(n-k-3)}\, (t-x_1^2-\ldots-x_k^2)^{-\frac{1}{2}}$$

for $x_1^2 + \ldots + x_k^2 \le t$.

A very accessible reference for the Jacobi poynomials is Rainville (1960). For $\alpha, \beta > -1$ the Jacobi polynomials $P_m^{(\alpha,\beta)}(x)$, $m \ge 0$ are orthogonal polynomials for the density $(1-x)^\alpha\, (1+x)^\beta$, $-1 \le x \le 1$. We will use the explicit representation

$$(1.4) \qquad P_m^{(\alpha,\beta)}(x) = \sum_{j=0}^{m} \frac{(1+\alpha)_m (1+\alpha+\beta)_{m+j} (-1)^j 2^{-j} (1-x)^j}{(1+\alpha)_j (1+\alpha+\beta)_m j!\ (m-j)!}$$

with the notation $(a)_j = \Gamma(a+j)/\Gamma(a)$.

2. Proof of the theorem

Beginning with known orthogonality properties of the Jacobi polynomials mentioned in the last paragraph of Section 1, and substituting $x = 2s-1$ in (1.1), we conclude that (0.1) does indeed define orthogonal polynomials in ss_k. The theorem will be proved if we can show that

$$(2.1) \qquad E(Q_m^{n,k+1}(ss_{k+1}) \mid x_1,\ldots,x_k) = \frac{(\frac{1}{2}(n-k-1))_m}{(\frac{1}{2}(n-k))_m} Q_m^{n,k}(ss_k)$$

From (1.3) we conclude that the conditional expectation in (2.1) is unchanged if we condition only on ss_k. Combining this observation with (1.2), we see that we need only verify

$$(2.2) \qquad \int_s^1 dt\ (t-s)^{-\frac{1}{2}}(1-t)^{\frac{1}{2}(n-k-3)}\ Q_m^{n,k+1}(t)$$

$$= \int_s^1 dt\ (t-s)^{-\frac{1}{2}}(1-t)^{\frac{1}{2}(n-k-3)}\ \frac{(\frac{1}{2}(n-k-1))_m}{(\frac{1}{2}(n-k))_m}\ Q_m^{n,k}(s)$$

By (1.4) and (0.1) we can write

$$(2.3) \qquad Q_m^{n,k}(s) = \sum_{j=0}^{m} \frac{(\frac{1}{2}(n-k))_m (\frac{1}{2}(n-2))_{m+j} (-1)^j\ (1-s)^j}{(\frac{1}{2}(n-k))_j (\frac{1}{2}(n-2))_m\ j!\ (m-j)!}$$

Comparing coefficients of $(1-t)^j$ and $(1-s)^j$ on the two sides of (2.2), we see that it is enough to show

$$(2.4) \qquad \int_s^1 dt\ (t-s)^{-\frac{1}{2}}(1-t)^{\frac{1}{2}(n-k-3)+j}$$

$$= \int_s^1 dt\ (t-s)^{-\frac{1}{2}}(1-t)^{\frac{1}{2}(n-k-3)}\ \frac{(\frac{1}{2}(n-k-1))_j}{(\frac{1}{2}(n-k))_j}\ (1-s)^j$$

Substituting $x = (1-t)/(1-s)$ and using the well known Beta function identity

$$\int_0^1 dx\ x^{p-1}(1-x)^{q-1} = \Gamma(p)\ \Gamma(q)/\Gamma(p+q)$$

we reduce (2.4) to

$$\frac{\Gamma(\frac{1}{2}(n-k-1)+j)}{\Gamma(\frac{1}{2}(n-k)+j)}\ (1-s)^j = \frac{\Gamma(\frac{1}{2}(n-k-1))}{\Gamma(\frac{1}{2}(n-k))}\ \frac{(\frac{1}{2}(n-k-1))_j}{(\frac{1}{2}(n-k))_j}\ (1-s)^j$$

which is certainly true. This finishes the proof.

Remark. The basic identity (2.1) generalizes to Jacobi polynomials with α,β general. Also the increment $\frac{1}{2}$ in the parameters α,β can be replaced by any positive number. The author is presently investigating these generalizations.

References

1. McKean, H.P. (1969). Stochastic Integrals - Academic Press.

2. Morrow, G.J. and Silverstein, M.L. (1985). Two Parameter Extension of an Observation of Poincaré. This volume.

3. Muller, C. (1966). Spherical Harmonics. Lecture Notes in Mathematics 17, Springer-Verlag.

4. Rainville, E.D. (1960). Special Functions. MacMillan Co.

5. Vilenkin, N.J. (1968). Special Functions and the Theory of Group Representations. Translations of Mathematical Monographs, Vol. 22. Amer. Math. Soc.

Mathematics Department
Washington University
St. Louis, Missouri, 63130
USA

REMARK ON THE CONDITIONAL GAUGE THEOREM

K. L. Chung

This is a sequel to my note "The gauge and conditional gauge theorem" in the last volume of this Séminaire (XIX, 1983/4). That note, being prepared *in extremis*, contains a misleading error of writing, as well as some trivial misprints. The serious corrections are as follows.

p. 502, 1.7: add "for $x \in \overline{D}_2$" after "that".

p. 502,(16): delete "$\sup_{x\in\overline{D}_2}$", "$\inf_{x\in\overline{D}_2}$", and "$a_3$".

p. 502,(18): delete "a_3".

In fact, only the second inequality in (15) is needed with $x = x'$. (These obvious errors were overlooked by Falkner and Zhao, as well as the author. They were discovered when I lectured on the result in Beijing in May, 1985.)

The details of the Remark at the end of the cited note will now be supplied, with continued numbering of the displayed formulas and reference. M. Cranston informed me that the argument given below can be extended to obtain similar results for certain Lipschitz domains, by using more elaborate analysis of the domain.

We consider conditions for the validity of the conditional gauge theorem for a bounded Borel function q. In this case (5) reduces to the following:

$$\lim_{m(C)\to 0} \sup_{\substack{x\in C\\ z\in\partial D}} E_z^x\{\tau_C\} = 0 . \tag{20}$$

It follows from my previous note that this is a sufficient condition. For $d = 2$, the result by Cranston and McConnell (see my simplified proof in [8]) of course implies (20), provided that the Poisson kernel function is replaced by the Martin kernel function. For $d \geq 3$, and a bounded C^1 domain D, we can prove (20) by using the following results communicated to me by Carlos Kenig.

Let $x_0 \in D$, and $H(D)$ be the class of (strictly) positive functions which are harmonic in D with $h(x_0) = 1$. Then there exists a constant $C_1(D,x_0)$ such that for all $h \in H(D)$ we have in D

(21) $$G_D 1 \leq C_1 h ,$$

where G_D is the Green's operator for D. Next, for each $\varepsilon \in (0,1)$ there exists a constant $C_2(D,\varepsilon)$ such that for all $(x,z) \in D \times \partial D$ we have

(22) $$K(x,z) \leq C_2/|x-z|^{d-1+\varepsilon} .$$

The proof of (21) seems rather hard; that of (22) apparently follows from Widman's inequalities for $C^{1,\alpha}$ domains. Since $K(x_o,\cdot)$ is continuous on ∂D, we have $c = \inf_{z \in \partial D} K(x_o,z) > 0$. Hence we may apply (21) with $h = K(.,z)/K(x_o,z)$ to see that it holds for all $K(.,z)$, $z \in \partial D$, provided we replace C_1 by C_1/c there. We shall do so without changing the notation.

Lemma 3. Let D be a bounded C^1 domain in R^d, $d \geq 3$. There exists a constant $C_o(D)$ such that

(23) $$\sup_{\substack{x \in C \\ z \in \partial D}} E_z^x\{\tau_C\} \leq C_o(D) m(C)^{1/d(d+2)}$$

for every domain C such that $C \subset D$ and $\partial D \subset \partial C$.

Proof: Write h for $K(.,z)$. It is well known that

(24) $$E_z^x\{\tau_C\} = \frac{1}{h(x)} G_C h(x) ,$$

where G_C is the Green's operator for C. Proceeding as in [4], we have for any $s > 0$,

(25) $$G_C h = \int_0^s P_t^C h\, dt + G_C(P_s^C h) \leq sh + G_C(P_s^C h) ,$$

where $\{P_t^C\}$ is the semigroup for the (unconditioned) Brownian motion killed outside C. We know that

(26) $$P_s^C h \leq \frac{1}{(2\pi s)^{d/2}} \int_C h(y) m(dy) .$$

Using (22) with $\varepsilon = 1/2$, we obtain for any $\delta > 0$,

$$\int_C h(y)m(dy) \leq C_2(D)\{\delta^{\frac{1}{2}} + \delta^{-d+\frac{1}{2}} m(C)\} \leq C_2(D)m(C)^{1/2d} , \tag{27}$$

by integrating over $C \cap B(z,\delta)$ and $C \backslash B(z,\delta)$ respectively, and then putting $\delta = m(C)^{1/d}$. Hence by (26) and (27),

$$P_s^C h \leq C_2(D)s^{-d/2} m(C)^{1/2d} . \tag{28}$$

It follows by (28) and (21), since $G_C 1 \leq G_D 1$ (which requires no smoothness of C), that

$$\begin{aligned} G_C(P_s^C h) &\leq C_2(D)s^{-d/2} m(C)^{1/2d} G_C 1 \\ &\leq C_2(D)s^{-d/2} m(C)^{1/2d} C_1(D)h , \end{aligned} \tag{29}$$

and consequently by (25)

$$\frac{1}{h} G_C h \leq s + C_3(D)s^{-d/2} m(C)^{1/2d} . \tag{30}$$

Choosing $s = m(C)^{1/d(d+2)}$, we see that the right member of (30) becomes that of (23). Hence (23) is proved in view of (24).

Needless to say, if we use a smaller ε than $1/2$ in the step leading to (27), we get a sharper estimate. This does not matter here, though it may be interesting to determine the best estimate of this kind.

Reference

[8] Kai Lai Chung, The lifetime of conditional Brownian motion in the plane, Ann. Inst. Henri Poincaré, vol. 30, no. 4 (1984), 349-351. Errata: in the Theorem, read "only on d" for "only on D"; under (2): Y is an h-supermartingale; in (3) and (4): read "E_h^x" for "E^x" four times. I am indebted to J. L. Doob for pointing out the last few obvious misprints.

QUELQUES PROBLEMES LIES AUX SYSTEMES INFINIS DE PARTICULES ET LEURS LIMITES

Michel METIVIER
Ecole Polytechnique. 91128 Palaiseau Cédex. France*

INTRODUCTION

Le but de cet exposé est de présenter quelques idées et techniques qui deviennent classiques (qui le sont sans doute déjà pour les spécialistes) lorsque l'on considère la "limite de la loi d'un système fini de particules évoluant avec interaction, lorsque le nombre des particules tend vers l'infini". Notre but est également, après l'exposé de "situations classiques", de signaler quelques développements récents et de mentionner des problèmes ouverts d'existence et d'unicité de solutions fortes ou faibles d'équations stochastiques, qui se posent en liaison avec les systèmes étudiés et leurs limites.

Nous voulons considérer successivement deux catégories de problèmes. D'abord le cas où on considère un système d'un nombre fixe N de particules interagissant régi par un système de N équations différentielles stochastiques et où on fait tendre N vers ∞. Ensuite le cas où l'on considère un système de particules donnant lieu à des diffusions avec branchement et où on considère une suite de systèmes indexés par N dans lesquels la masse des particules est $\frac{1}{N}$, la masse totale des particules en vie à l'instant 0 est fixe et le taux de branchement (la loi du branchement étant supposée critique) croît comme N.

Dans la première situation, on observe en général un phénomène appelé "propagation du chaos" selon une terminologie de M. Kac, 1956 [10], reprise par McKean, 1967 [14], correspondant à une forme particulière de "loi des grands nombres". Nous montrerons, suivant des exposés récents de A. Sznitman [20] et A. Aldous [1] (cf. aussi C. Léonard [11]), comment ce principe de "propagation du chaos" est lié aux propriétés des lois symétriques dans un espace produit S^{∞}. Nous n'aborderons pas les problèmes de fluctuation qui viennent dans le prolongement immédiat des lois des grands nombres.

(*): D'après un exposé donné au 3e Convegno su Calcolo Stocastico. Pise. 19 Sept. 1984.

Dans la situation des processus avec branchement, étudiés largement par D. Dawson, L. Gorostiza dans le cas sans interaction (cf. aussi S. Roelly [19]), on a des théorèmes limites de nature très différente. La limite est, en général, une diffusion à valeurs mesures. Si on introduit l'interaction entre les particules, on rencontre immédiatement des problèmes non résolus d'unicité de la solution de problèmes de martingale.

Notations

1. $M^p(S)$: espace de Banach des mesures μ sur l'espace mesurable $(S,\mathcal{B}_S)$ (dans cette définition, S est une partie fermée de $\mathbb{R}^d$) telles que $\int(1+|x|^p)|\mu|(dx)<\infty$ où $|\mu|$ est la mesure variation de μ , muni de la norme $\|\mu\|_p := \int(1+|x|^p)|\mu|(dx)$. ($S$ est un espace métrisable séparable et $\mathcal{B}_S$ sa tribu borélienne). $M^p(S)$ est le dual de $C^p(S) := \{ f : f$ fonctions réelles sur S telles que $\sup_{x\in\mathbb{R}^d} \frac{|f(x)|}{1+|x|^p} \}$ muni de la norme $\|f\|_p := \sup_{x\in\mathbb{R}^d} \frac{|f(x)|}{1+|x|^p}$.

   On note $M^{p,f}(S)$ le dual faible de $C^p(S)$ et $M^p_+(S)$, $C^p_+(S)$ les cônes positifs de $M^p(S)$ et $C^p(S)$.

   $\Pi(S)$ (resp $\Pi^f(S)$) est le sous-espace topologique de $M^0_+(S)$ (resp. $M^{0,f}_+(S)$) constitué par les probabilités.

2. Soit F borélienne sur $\mathbb{R}^k$ et soit $u_i \in C^p(S)$, $i=1,\ldots,k$.

   On note $\Phi_{F;u,\ldots,u_k}$ la fonction définie sur $M^p(S)$ par :

$$\Phi_{F;u,\ldots,u_k}(\mu) = F(\langle u_1,\mu\rangle,\ldots,\langle u_k,\mu\rangle).$$

3. Ayant à utiliser constamment le crochet de dualité $\langle\,,\rangle$ entre un espace localement convexe et son dual, on notera $\langle\!\langle\,,\rangle\!\rangle$ le crochet de Meyer de deux martingales localement de carré intégrable.

I - N PARTICULES AVEC INTERACTION SE DEPLACANT DANS $\mathbb{R}^d$

L'exemple que nous traitons ici pour illustrer des idées qui deviennent classiques est essentiellement celui considéré par McKean, 1967 [14], et repris depuis par des auteurs comme Martin Löf, 1976 [13], K. Ito, 1979 [8], D. Dawson, 1981 [2], etc.

On considère un système de N particules évoluant dans $\mathbb{R}^d$. En notant $x_N^i(t)$ la position de la particule d'indice i à l'instant t, le mouvement du système est gouverné par le système suivant d'équations différentielles stochastiques

$$dx_N^i(t) = \alpha(x_N^i(t))dt + \sigma(x_N^i(t))dw^i(t) + \frac{1}{N}\sum_{\substack{j=1 \\ j\neq i}}^{N} \gamma(x_N^i(t), x_N^j(t))dt , \tag{I.1}$$

où α est un champ de vecteurs sur $\mathbb{R}^d$, σ un champ de matrices et $(x,y) \rightsquigarrow \gamma(x,y)$ une application de $\mathbb{R}^d \times \mathbb{R}^d$ dans $\mathbb{R}^d$ décrivant la "Force d'interaction" entre la particule située en x et la particule située en y, et les w^i sont N browniens indépendants.

I.1 - Première représentation (processus à valeurs mesures)

On décrit l'état du système à l'instant t par la mesure discrète

$$\mu_N(t) := \frac{1}{N}\sum_{i=1}^{N} \delta_{x_N^i(t)} \in \Pi(\mathbb{R}^d) \tag{I.1.1}$$

où δ_a est la "masse de Dirac" en a.

Faisons des hypothèses (qui seront précisées par la suite) assurant que le système stochastique (I.1) a une solution (faible ou forte) continue sur un espace fondamental Ω_N avec une filtration $(F_N(t))_{t\in[0,T]}$ et des browniens appropriés, l'application $t \rightsquigarrow \mu_N(t,\omega)$ est, pour tout $\omega \in \Omega_N$, un élément de $C([0,T] ; \Pi^f(\mathbb{R}^d))$. Plus généralement c'est un élément de $C([0,T] ; \Pi^T(\mathbb{R}^d))$ pour toute topologie T sur Π rendans continue $x \rightsquigarrow \delta_x$ de $\mathbb{R}^d$ dans $\Pi^T(\mathbb{R}^d)$.

On notera $\tilde{\Omega}_\Pi$ l'espace canonique $C([0,T] ; \Pi^f(\mathbb{R}^d))$ et $\tilde{\mu}$ le processus canonique correspondant. Si $\tilde{P}_N$ est la loi sur $\tilde{\Omega}_\Pi$ du processus μ_n défini par (I.1.1), la loi $\tilde{P}_N$ est solution du "*problème de martingale*" suivant.

Définissons :

$$G := \sum_{i=1}^{d} \alpha^i(x)\frac{\partial}{\partial x^i} + \frac{1}{2}\sum_{i,j=1}^{d} (\sigma\circ\sigma^*)^{ij}(x)\frac{\partial^2}{\partial x^i\,\partial x^j} \tag{I.1.2}$$

$$H^k(\mu)(x) := \int_{x\neq y} \gamma^k(x,y)\mu(dy) . \tag{I.1.3}$$

On a :

$[M_1]$ pour tout $u \in C_K^\infty(\mathbb{R}^d)$ le processus réel

$$M_t^u := <u,\widetilde{\mu}_t> - <u,\widetilde{\mu}_0> - \int_0^t <Gu,\widetilde{\mu}_s> ds - \int_0^t <\nabla u . H(\widetilde{\mu}_s),\widetilde{\mu}_s> ds$$

est une $\widetilde{P}_N$ martingale locale avec, pour tout u et $v \in C_K^\infty(\mathbb{R}^d)$.

$[M_2]$ $\langle\langle M^u, M^v \rangle\rangle_t = \frac{1}{N} \int_0^t <\sigma(\nabla u).\sigma(\nabla v),\widetilde{\mu}> ds$ pour $\widetilde{P}_N$.

en outre

$[M_3]$ $\widetilde{\mu}_0 = \frac{1}{N} \sum_{i=1}^{N} \delta_{x^i}$ $\widetilde{P}_N$ - p.s.

On peut donner du problème de martingale précédent une formulation équivalente en disant que la probabilité $\widetilde{P}_N$ vérifie $[M_3]$ et

[M'] pour toute $F \in C_K^\infty(\mathbb{R}^k)$, $u_1,\dots,u_k \in C_K^\infty(\mathbb{R}^d)$ le processus

$$M^{F;u_1,\dots,u_k} := \Phi_{F;u_1,\dots,u_k}(\widetilde{\mu}_t) - \Phi_{F;u_1,\dots,u_k}(\widetilde{\mu}_0) - \int_0^t \sum_{j=1}^{k} D_jF(<u_1,\widetilde{\mu}_s>, \dots$$

$$\dots <u_k,\widetilde{\mu}_s>) <u_j , (G^*\text{-div } H(\widetilde{\mu}_s)I - H(\widetilde{\mu}_s).\nabla)\widetilde{\mu}_s> ds -$$

$$- \frac{1}{2N} \int_0^t \sum_{j,\ell=1}^{k} D_{ij}F(<u_1,\widetilde{\mu}_s>,\dots<u_k,\widetilde{\mu}_s> <u_j,\widetilde{a}(\widetilde{\mu}_s)u_\ell> ds$$

est une $\widetilde{P}_N$-martingale.

Dans cette dernière formule on a noté G^* l'adjoint au sens des distributions de G , $\widetilde{a}(\widetilde{\mu})$ l'opérateur de $C_K^\infty(\mathbb{R}^d)$ dans $\mathcal{D}(\mathbb{R}^d)$ défini par :

$$<u,\widetilde{a}(\widetilde{\mu})v> := <\sigma(\nabla u).\sigma(\nabla v),\widetilde{\mu}> \tag{I.1.4}$$

et on a supposé que div $H(\widetilde{\mu})$, au sens des distributions, est une fonction localement sommable.

Le problème d'un "modèle limite" du système de particules se formule ici comme l'étude de la convergence étroite de la suite de lois $(\widetilde{P}_N)_{N\in\mathbb{N}}$.

I.2 - Deuxième représentation

Posons $S := C([0,T];\mathbb{R}^d)$. On note ξ le "processus canonique" sur S. A l'espace métrique S on ajoute un point isolé $\emptyset$ pour former l'espace (polonais) $\hat{S} := S \cup \{\emptyset\}$.

A toute trajectoire $\{x_N^i(\omega) : i=1,\dots,N\}$ du processus solution de (I.1), on associe un élément $\tilde{\tilde{\omega}}$ de $\tilde{\tilde{\Omega}} := \hat{S}^{\otimes\infty}$ défini par

$$\left.\begin{array}{ll} \tilde{\tilde{\omega}}^i := x_N^i(\omega) & \text{si } i \leqslant N \\ \tilde{\tilde{\omega}}^i := \emptyset & \text{si } i > N \end{array}\right\} \qquad (I.2.1)$$

et on note $\tilde{\tilde{P}}_N$ la probabilité image de P_N sur $\tilde{\tilde{\Omega}}$ pour cette application.

Une deuxième façon d'étudier le modèle limite est d'*étudier la convergence étroite des mesures* $\tilde{\tilde{P}}_N$ *dans l'espace polonais* $\tilde{\tilde{\Omega}}$. La convergence de $\tilde{\tilde{P}}_N$ vers $\tilde{\tilde{P}}$ signifie d'ailleurs que pour tout $J \in \mathbb{N}$ la loi des variables $\{x_N^i : i \leqslant J\}$ converge étroitement vers la loi des variables $\{\xi^i : i \leqslant J\}$ pour $\tilde{\tilde{P}}$, où l'on désigne par ξ^i la projection $\tilde{\tilde{\Omega}} \to \hat{S}^i$, et où l'on pose (conformément à (1.2.1)) $x_N^i(\omega) = \emptyset$ si $i > N$.

Dans ce qui suit, <u>on suppose les $x_N^i(0)$, $i=1,\dots,N$ i.i.d.</u>

<u>Remarque 1</u>

La famille $(x_N^i)_{i \in \mathbb{N}}$ n'est pas pour N donné une famille "échangeable" de variables aléatoires à valeurs dans S, au sens suivant : pour toute permutation σ sur $\mathbb{N}$, laissant invariante le complémentaire d'un ensemble fini, la loi de $(x_N^i)_{i \in \mathbb{N}}$ est la même que celle de $(x_N^{\sigma(i)})_{i \in \mathbb{N}}$. Par contre, si la limite $\tilde{\tilde{P}}$ existe, les variables $(\xi^i)_{i \in \mathbb{N}}$ sont "échangeables". On dit aussi que $\tilde{\tilde{P}}$ est "*symétrique*".

<u>Remarque 2</u> (rappel du théorème de de Finetti ; cf. aussi E. Hervitt-Savage, 1955 [6], et Aldous, 1983 [1]).

Soit $\mathcal{S}$ la tribu sur $\hat{S}^{\otimes\infty}$ engendrée par les applications

$$\tilde{\tilde{\omega}} \sim \frac{1}{N} \sum_{i=1}^{N} \delta_{\xi^i(\tilde{\tilde{\omega}})} \quad \text{de } \tilde{\tilde{\Omega}} \text{ dans } \Pi(\hat{S}).$$

Il s'agit clairement de la tribu appelée habituellement la *tribu symétrique*. On a alors le

THEOREME 1

1°) Si $\tilde{\tilde{P}}$ *est symétrique sur* $\hat{S}^{\otimes\infty}$ *la suite*

$$\tilde{\mu}_N = \frac{1}{N} \sum_{i \leqslant N} \delta_{\xi^i(.)} \qquad N \in \mathbb{N}^*$$

d'éléments aléatoires à valeurs dans $\Pi^f(\hat{S})$ *converge* $\tilde{\tilde{P}}$ *p.s. vers un élément aléatoire S-mesurable* $\tilde{\mu}$ *à valeurs dans* $\Pi^f(\hat{S})$. *La probabilité aléatoire* $\tilde{\mu}(\tilde{\tilde{\omega}})$ *est d'ailleurs telle que* $\tilde{\mu}(\tilde{\tilde{\omega}})^{\otimes\infty}$ *est une version de la loi conditionnelle de* $\tilde{\tilde{P}}$ *sachant* S . .

2°) Si $\tilde{\tilde{P}}$ *est symétrique et si* $\tilde{\mu} = \nu \in \Pi(\hat{S})$ *P-p.s., les variables* ξ^i *sont indépendantes de même loi* ν .

On appellera probabilité aléatoire directrice de $\tilde{\tilde{P}}$ *la probabilité aléatoire* $\tilde{\mu}$ *ci-dessus.*

Toute loi symétrique $\tilde{\tilde{P}}$ *apparaît ainsi comme un "mélange"* $E(\tilde{\mu}(.)^{\otimes\infty})$ *de lois produits sur* $\hat{S}^{\otimes\infty}$.

I.3 - Convergence des lois $\tilde{\tilde{P}}_N$ et "propagation du chaos"

Considérons les lois $\tilde{\tilde{P}}_N$ images de P_N par les applications (I.2.1) et pour chaque N considérons la probabilité aléatoire

$$\mu_N(\omega) := \frac{1}{N} \sum_{i=1}^{N} \delta_{X_N^i(\omega,.)} \in \Pi^f(S) \subset \Pi^f(\hat{S}) \ . \qquad (I.3.1)$$

Notons $\mathcal{L}(\mu_N)$ la loi de μ_N : $\mathcal{L}(\mu_N) \in \Pi(\Pi^f(S))$.

On a le théorème suivant (cf. Aldous, 1983 [1]).

THEOREME 2

1°) La suite $(\mathcal{L}(\mu_N))_{N \in \mathbb{N}}$ *est tendue dans* $\Pi^f(\Pi^f(S))$ *si et seulement si* $(\mathcal{L}(X_N^1))_{N \in \mathbb{N}}$ *est tendue dans* $\Pi^f(S)$.

2°) La suite $(\tilde{\tilde{P}}_N)_{N \in \mathbb{N}}$ *converge étroitement vers* $\tilde{\tilde{P}}$ *symétrique dans* $S^{\otimes\infty}$ *de probabilité aléatoire directrice* $\tilde{\mu}$ *si et seulement si la suite* $\mathcal{L}(\mu_N)$ *converge vers* $\mathcal{L}(\tilde{\mu})$ *dans* $\Pi^f(\Pi^f(\hat{S}))$.

Cas particulier

Supposons que la suite (μ_N) converge en loi vers une probabilité aléatoire p.s. égale à une probabilité fixe $\nu \in \Pi^f(S)$, alors les lois $\tilde{\tilde{P}}_N$ convergent vers $\nu^{\otimes\infty}$ et pour tout i la loi de la trajectoire (x_N^i) de la ième particule converge lorsque $N \to \infty$ vers la loi ν.

L'indépendance des lois limites des trajectoires des particules (pour des conditions initiales indépendantes et qui n'a pas lieu pour les trajectoires x_N^i, $N < \infty$) est un phénomène appelé *propagation du chaos* suivant une terminologie qu'on trouve dans M. Kac, 1956 [14].

I.4 - Traitement d'un exemple

Les considérations développées en I.1, I.2 et I.3 peuvent s'appliquer à n'importe quel système de particules pour lequel on peut démontrer la validité des hypothèses du théorème 2. Nous les appliquons au système décrit par (I.1) sous des hypothèses particulières.

(H_1) On a pour une constante $B \geq 0$ convenable :

$$\alpha(x).x \leq B|x|^2 \quad \text{pour tout} \quad x \in \mathbb{R}^d$$

et $\quad x \mapsto \|\alpha(x)\|$ est majorée par une fonction continue.

(H_2) $\quad \|\sigma(x)\| \leq \bar{\sigma}$ pour une constante $\bar{\sigma}$.

(H_3) $\quad |\gamma(x,y)| \leq \Gamma(|x|.|y|)$ pour une constante Γ.

(H_4) Le système (I.1) admet une solution faible unique.

Remarque (Modèles de Curie-Weiss dynamiques)

Ces modèles sont ceux pour lesquels la fonction d'interaction $\gamma(x,y)$ a la forme

$$\gamma(x,y) = -\theta(x-y) \quad \text{avec} \quad \theta > 0 . \tag{I.4.1}$$

Il s'agit d'un cas particulier d'interaction dite "champ moyen".

Dans le cas particulier traité par Dawson [2], on a : $d=1$, $\alpha(x)=-x^3+x$, $\sigma(x)=\overline{\sigma}$.

THEOREME 3

Supposons (H_1) *à* (H_3) *et en outre que les probabilités* $\frac{1}{N}\sum_{i\leq N}\delta_{x^i(0)}$ *convergent en loi vers la probabilité* $\nu_0 \in \Pi(\mathbb{R}^d)$. *Alors la suite* $\mathcal{L}(\mu_N)$ (resp. $\tilde{\tilde{P}}_N$) *est relativement compacte dans* $\Pi^f(\Pi^f(S))$ (resp. $\Pi^f(\tilde{\tilde{\Omega}})$).

Si Q_∞ *est une des valeurs d'adhérence de la suite* $\mathcal{L}(\mu_N)$, *pour* Q_∞*-presque tout* $\nu \in \Pi^f(S)$ *on a la propriété suivante :*

a) ξ_0 *a pour loi* ν_0,

b) *si* ν_t *désigne la loi de* ξ_t *pour* ν, *le processus* M :

$$M_t := \xi_t - \xi_0 - \int_0^t \alpha(\xi_s)ds - \int_0^t \left(\int_{\mathbb{R}^d} \gamma(\xi_s,y)\nu_s(dy)\right)ds$$

est une ν*-martingale locale avec*

c) $$\langle\langle M\rangle\rangle_t = \int_0^t \sigma(\xi_s)\circ\sigma^*(\xi_s)ds \quad \textit{pour } \nu.$$

Le théorème 3 fournit un résultat de convergence si la loi ν est déterminée de façon unique par les conditions a, b, c. Pour énoncer des conditions suffisantes d'unicité, nous introduisons quelques hypothèses supplémentaires.

Si β est une application borélienne de $\mathbb{R}^d\times\mathbb{R}^d$ dans $\mathbb{R}^d$ et ν une probabilité sur S, on note :

$$\overline{\beta}_{\nu,s}(x) := \int \beta(x,y)\nu_s(dy) \tag{I.4.2}$$

sur l'espace $\Pi^2(\mathbb{R}^d) := M^2(\mathbb{R}^d)\cap\Pi(\mathbb{R}^d)$ considérons la distance

$$\|\lambda-\lambda'\|_L := \sup\left\{|\langle f,\lambda-\lambda'\rangle| : \sup_x \frac{|f(x)|}{1+|x|^2} + \sup_{x\neq y}\frac{|f(x)-f(y)|}{|x-y|} \leq 1\right\}$$

On notera $\Pi^2_L(\mathbb{R}^d)$ l'espace $\Pi^2(\mathbb{R}^d)$ avec cette topologie.

On formule les hypothèses suivantes :

(H_5) Pour toute $\nu \in \Pi(S)$ telle que $\nu_t \in \Pi^2(\mathbb{R}^d)$ pour tout t, on a (hypothèse de "monotonie") pour une constante $K \geq 0$:

$$(\overline{\beta}_{\nu,s}(x) - \overline{\beta}_{\nu,s}(y)).(x-y) \leq K|x-y|^2 .$$

(H_6) Si $\nu,\nu' \in \Pi(S)$, $\nu_t, \nu'_t \in \Pi^2(\mathbb{R}^d)$ pour tout t, on a :

$$\sup_x \|\overline{\beta}_{\nu,s}(x) - \overline{\beta}_{\nu',s}(x)\| \leq K' \|\nu_s - \nu'_s\|_L$$

On a alors le résultat suivant :

THEOREME 4

Considérons, sur une base stoxhastique donnée, $(\Omega,(F_t)_{t\in[0,T]},P$, *un brownien* w *et l'équation stochastique*

$$\begin{cases} x(t) = x(0) + \int_0^t \left(\int_{\mathbb{R}^d} \beta(x(s),y)\nu_s(dy)\right)ds + \int_0^t \sigma(x(s))dw(s) \\ \nu_t = \text{loi de } x(t),\ x(0) \text{ donnée avec } E|x(0)|^2 < \infty \end{cases} \tag{I.4.3}$$

Si on suppose (H_5) *et* (H_6) *pour* β *et que* σ *est lipschitzienne, il existe un processus* $(x(t))_{t\in[0,T]}$ *unique à l'indistingabilité près, continu, solution de (I.4.3)*

Eléments de la démonstration du théorème 4

Soit Q une loi de probabilité sur $C([0,T], \mathbb{R}^d)$. Soit l'équation différentielle stochastique ordinaire

$$x^Q(t) = x(0) + \int_0^t \overline{\beta}_{Q,s}(x^Q(s))ds + \int_0^t \sigma(x^Q(s))d\,w_s .$$

Les hypothèses sur β et σ impliquent l'existence et l'unicité de x^Q. Notons $\psi(Q)$ la loi de x^Q. On a $(\psi(Q))_0 = \nu_0$ et on a facilement $\sup_{t\leq T} E|x^Q(t)|^2 < \infty$, soit $\sup_{t\leq T} \|\psi(Q)_t\|_L < \infty$.

Il est clair que la démonstration du théorème 4 revient à montrer que l'application $Q \rightsquigarrow \psi(Q)$ a un point fixe dans l'espace $C([0,T],\Pi_L^2(\mathbb{R}^d))$ (pour la topologie $\sup_{t\leq T} \|\nu_t - \nu'_t\|_L$). Or les propriétés ($H_5$) et ($H_6$) conduisent à une inégalité du type

$$\|x_t^Q - x_t^{Q'}\|^2 \leq C \int_0^t \|x_s^Q - x_s^{Q'}\|^2 ds + \int_0^t \|Q_s - Q_s'\|_L^2 \, ds . \tag{I.4.4}$$

D'où l'on déduit

$$E\Big(\sup_{t<T} \|x_t^Q - x_t^{Q'}\|^2\Big) \leq T\Big(\sup_{t\leq T} \|Q_t - Q_t'\|_L\Big) e^{CT} . \tag{I.4.5}$$

La définition de $\|.\|_L$ montre par ailleurs que

$$|\langle f,\psi(Q)_t - \psi(Q')_t\rangle| = |E(f(x_t^Q) - f(x_t^{Q'}))| \leq \|f\|_L \, E|x_t^Q - x_t^{Q'}|$$

et donc, d'après (I.4.5)

$$\sup_{t\leq T} \|\psi(Q)_t - \psi(Q')_t\|_L \leq T\, e^{CT} \sup_{t\leq T} \|Q_t - Q_t'\|_L . \tag{I.4.6}$$

On raisonne comme dans le cas des équations différentielles stochastiques ordinaires pour en déduire l'existence et l'unicité des solutions.

COROLLAIRE

Posons $\beta(x,y) = \alpha(x) + \gamma(x,y)$. Supposons (H_1), (H_2), (H_3), que σ soit lipschitzienne et que β vérifie (H_5) et (H_6). Alors les suites $(\mathcal{L}(\mu_N))$ et $(\tilde{\tilde{P}}_N)$ du théorème 3 convergent dans $\Pi^f(\Pi^f(S))$ (resp. $\Pi^f(\tilde{\tilde{\Omega}})$) vers δ_ν (resp. $\nu^{\otimes\infty}$) où ν est l'unique solution du problème de martingale a, b, c.

L'application $t \sim \nu_t$ est solution du problème d'évolution

$$\begin{cases} \dfrac{\partial \nu_t}{\partial t} = G^* \nu_t - \operatorname{Div} H(\nu_t)\, \nu_t - H(\nu_t).\nabla \nu_t \\ \nu_0 \end{cases} \tag{I.4.7}$$

La suite $((\mu_N(t))_{t\in[0,T]})_{N\geq 0}$ de processus à valeurs dans $M^f(\mathbb{R}^d)$ converge en loi vers le processus déterministe solution de (1.4.7).

Etape de la démonstration du théorème 3

1°) D'après le théorème 3, on a seulement à montrer, pour établir les compacité relatives souhaitées, que la suite des processus $(x_N^1)_{N\geq 0}$ a ses lois équitendues dans $C([0,T] ; \mathbb{R}^d)$.

Puisque $\|\sigma\| \leq \bar{\sigma}$

et $\quad x_N^1(t)=x_N^1(0)+\int_0^t[\alpha(x_N^1(s)+\frac{1}{N}\sum_{j\neq 1}\gamma(x_N^1(s),x_N^j(s))]ds+\int_0^t\sigma(x_N^1(s))dw^1(s)$,

la compacité résultera immédiatement de la majoration

$$E\Big(\sup_{t\leq T}|x_N^1(t)|+\frac{1}{N}\sum_{j=1}^N |x_N^i(t)|\Big) < \infty \quad . \tag{1.4.8}$$

Or, on a d'abord le

LEMME 1

Si $y(t) = y(0) + \int_0^t \alpha(y(s))ds + \int_0^t f(s)ds + M_t$ *où* $\alpha(x).x \leq B|x|^2$ *pour tout* x *, où* f *est borélienne et où* M_t *est une martingale de carré intégrable continue telle que* $M_0 = 0$ *et* trace $\langle\langle M\rangle\rangle_t \leq C_T\, t$ *pour tout* $t \leq T$ *, alors*

$$E\Big(\sup_{t\leq T}|y(t)|^2\Big) \leq \mathcal{C}_T\Big(E|y(0)|^2 + \int_0^T E|f(s)|^2\, ds\Big) . \tag{I.4.9}$$

Ce lemme s'obtient facilement à partir de la formule

$$|y(t)|^2 \ |y(0)|^2 + 2\int_0^t y(s).\alpha(y(s))ds + 2\int_0^t y(s).f(s)ds + 2\int_0^t y(s)dM_s$$

$$\leq |y(0)|^2 + 2B\int_0^t |y(s)|^2 ds + \int_0^t |y(s)|^2 ds + \int_0^t |f(s)|^2 ds + 2\sup_{s\leq t}\Big|\int_0^s y(u)dM_u\Big|^2 ,$$

avec l'inégalité de Doob :

$$E(\sup_{t\leq T}|y(t)|^2) \leq |y(0)|^2 + E\int_0^t (2B+1+8C_T)|y(s)|^2 ds + \int_0^t E(|f(s)|^2)ds .$$

Il suffit alors d'appliquer l'inégalité de Gronwall pour obtenir le lemme.

Si maintenant on pose $K_N(t) := \frac{1}{N}\sum_{i=j}^N |x_N^i(t)|^2$ et si on applique le lemme 1 avec $y = x^i$ et $f(t) := \frac{1}{N}\sum_{j\neq 1}\gamma(x^i(t), x^j(t))$, on obtient :

$$E(\sup_{t\leq T}|x_N^i(t)|^2) \leq \mathcal{C}_T\ E\Big\{|x_N^i(0)|^2 + 2\Gamma\int_0^T |x_N^i(t)|^2 dt + 2\Gamma\int_0^T k_N(t)dt$$

et aussi

$$E(\sup_{t\leq T} k_N(t)) \leq \mathcal{C}_T\, E\left\{k_N(0) + 4\Gamma \int_0^T k_N(t)dt\right\} .$$

L'inégalité de Gronwall fournit immédiatement (I.4.8).

2°) Il nous reste à montrer que si la loi $\mathcal{L}(\mu_N)$ converge vers Q_∞ dans $\Pi^f(\Pi^f(S))$ pour Q_∞-presque tout $\nu \in \Pi^f(S)$, ν est solution du problème de martingale a, b, c.

Pour ceci introduisons, pour tout $s<t$, tout $F \in S_s$ (où $(S_s)_{s\in[0,T]}$ est la filtration continue à droite "canonique" sur S) et toute $\varphi \in C_K(\mathbb{R}^d)$ la fonctionnelle continue bornée sur $\Pi^f(S)$:

$$F(\nu) := \langle \nu, 1_F[\varphi(\xi_t) - \varphi(\xi_s) - \int_s^t [G\varphi(\xi_u) + (\nabla\varphi(\xi_u).H(\nu_u)(\xi_u))]du \rangle .$$

Par définition :

$$E|F(\mu_N)|^2 = \frac{1}{N^2} E\left(\sum_{i=1}^d 1_F(M_t^{\varphi,i} - M_s^{\varphi,i})\right)^2 ,$$

où

$$M_t^{\varphi,i} := \varphi(x_N^i(t)) - \varphi(x_N^i(0)) - \int[\alpha(x_N^i(u)) + \frac{1}{N}\sum_{j=1}^N \gamma(x_N^i, x_N^j)\nu_N(dy)].\nabla\varphi(x_N^i(u))du .$$

La propriété de martingale de $M^{\varphi,i}$ montre que :

$$E|F(\mu_N)|^2 \leq \frac{\overline{\sigma}}{N}(t-s)\,\|\varphi'\|_\infty .$$

La convergence de $\mathcal{L}(\mu_N)$ vers Q_∞ donne alors :

$$\int |F(\nu)|^2 Q_\infty(d\nu) = 0 .$$

Ceci prouve qu'on a :

$$F(\nu) = 0 \quad Q_\infty\text{-p.s.} \qquad \text{(I.4.10)}$$

Ceci exprime précisément la propriété de martingale.

II - CAS DES PARTICULES EN MOUVEMENT DANS UN DOMAINE DE $\mathbb{R}^d$ ET AUTRES TYPES D'INTERACTION

L'extension de l'étude présentée au § 1 peut évidemment s'effectuer dans plusieurs directions :

a) Rien n'interdit dans l'équation (I.1) d'ajouter un terme d'interaction dans le coefficient de dw^i. Ce terme se traite comme le terme γ. Si on le soumet à des hypothèses de type Lipschitz, il n'apporte aucune difficulté supplémentaire.

b) Des problèmes tout à fait nouveaux apparaissent si l'on remplace (I.1) par :

$$\begin{aligned} & dx_N^i(t) = \alpha(x_N^i(t))dt + \sigma(x_N^i(t))dw^i(t) + \frac{1}{N}\sum_{i\neq j}\gamma(x_N^i(t),x_N^j(t)dt - k_N^i(t) \\ & x_N^i(t) \in \overline{O} \quad , \quad k_N^i(t) = \int_0^t \vec{n}(x_N^i(s)1_{\partial O}(x_N^i(s))d|k_N^i|(s) \quad , \end{aligned} \qquad \text{(II.1)}$$

en notant $|k_N^i|$ la variation du processus croissant, $\vec{n}$ la "normale extérieure" à $\overline{O}$, la frontière de $\overline{O}$ étant supposée régulière.

Le problème qui apparaît ici est celui de l'existence de la solution du *système* (II.1). En effet, même si $\overline{O}$ est régulier, le système de particules évolue dans le "cube" $\overline{O}^N$ qui présente des coins. Il y a donc un premier travail sur les équations différentielles stochastiques dans un domaine avec coin et avec réflexion à la frontière. Ceci a été résolu dans P.L. Lions et A.S. Sznitman, 1983 [12]. L'étude de la convergence et de la propagation du chaos qui, elle, n'introduit pas de difficulté fondamentale nouvelle par rapport au cas exposé dans I , est traité par A.S. Sznitman, 1983 [20].

c) De même que le théorème du § 1 permet de donner une interprétation "microscopique" de l'équation non linéaire (I.4.7), McKean avait proposé en 1967 [14] d'interpréter l'équation de Burger

$$\frac{\partial u}{\partial t} = \frac{1}{2}\frac{\partial^2 u}{\partial x^2} - \frac{1}{2}u\frac{\partial u}{\partial x}$$

en considérant la limite lorsque $N \to \infty$ d'un système de N particules x^i dans $\mathbb{R}$ le "générateur" du processus $\{x^i(t) = i = 1,\ldots,N\}$ dans $\mathbb{R}^N$ étant :

$$\frac{1}{2}\sum_{i=1}^{N}\frac{\partial^2}{\partial x_i} + \frac{1}{2N}\sum_{i\neq j}\delta(x^i - x^j)\left(\frac{\partial}{\partial x^i}+\frac{\partial}{\partial x^j}\right).$$

A.S. Sznitman, 1984 [21] a donné une formulation probabiliste précise au problème. L'équation (I.1) est remplacée par

$$dx^i(t) = dw^i(t) + \frac{1}{N}\sum_{j\neq \ell} dL^0(x^i - x^j)_t \quad i=1,\dots,N \tag{II.2}$$

où $L^0(x^i - x^j)$ est le temps local en 0 de $x^i - x^j$.

L'existence et l'unicité de la solution de II.2 ont été prouvées par A.S. Sznitman, S.R.S. Varadhan, 1984 [22].

d) En ce qui concerne le terme d'interaction γ, l'hypothèse (H_3) interdit des potentiels d'interaction croissant très vite avec $|x-y|$, encore moins des "barrières" du type de celle considérée en c). Que peut-on dire par exemple avec une répulsion qui croît très fortement avec $\frac{1}{|x-y|}$?

e) Un problème très intéressant est suggéré par l'évolution dans un tube de particules en phase gazeuse susceptibles d'être absorbées par une phase liquide déposée sur la paroi, avec un temps d'absorption fonction du nombre de particules au voisinage. Une formalisation possible du problème est la suivante, 0 étant un ouvert régulier de $\mathbb{R}^d$:

$$\begin{aligned} &dx_N^i(t) = 1_0(x_N^i(t))\,(x_N^i(t)dt + 1_0(x_N^i(t))dw_N^i(t) - dk_N^i(t) \\ &x_N^i(t) \in \overline{0}\,,\quad k_N^i(t) = \int_0^t 1_{\partial 0}(x_N^i(s))\vec{n}(x_N^i(s))d|k_N^i|(s) \\ &\int_0^t 1_{\partial 0}(x_N^i(s))ds = \int_0^t \frac{1}{N}\sum_{j\neq i}\rho(x_N^i(s),x_N^j(s))d|k_N^i|(s)\,. \end{aligned} \tag{II.3}$$

Le premier problème est celui de l'existence et l'unicité de la solution $(x_N^i : i=1,\dots,N)$ de (II.3) dans $\overline{0}^N$. C. Graham vient d'établir l'existence faible (cf. [24]). Rien n'est connu sur l'existence et l'unicité forte, comme sur l'unicité faible.

III - PARTICULES AVEC INTERACTION ET BRANCHEMENT

Pour N donné, on considère un système de N particules, chacune de masse $\frac{1}{N}$, opérant un mouvement de diffusion de générateur G avec une interaction γ comme dans I. La différence résulte dans le fait que chaque particule peut mourir, donnant naissance au moment de sa mort à un nombre aléatoire de particules de même masse $\frac{1}{N}$ situées au point où se trouve la particule qui meurt. Après chaque "branchement" le système des k particules en présence est gouverné jusqu'au branchement suivant par un système différentiel du type

$$dx_N^i(t) = \alpha(x_N^i(t))dt+\sigma(x_N^i(t))dw^i(t) + \frac{1}{N} \sum_{\substack{j=1 \\ j\neq i}}^{N} \gamma(x_N^i(t) , x_N^j(t))dt ,$$

les w^i étant des browniens indépendants.

On suppose que les durées de vie des différentes particules sont des variables indépendantes exponentielles de paramètre $N\lambda$ et que le nombre de descendants de chaque particule est une variable aléatoire entière de loi $(p_k)_{k \in \mathbb{N}}$. On pose :

$$m := \sum_{k \geq 0} k\, p(k)$$

$$\overline{v}^2 := \sum_{k \geq 0} (k-1)^2\, p(k) .$$

III.1 - Problème de martingale associé

Nous pouvons ici encore représenter l'état du système à l'instant t par la mesure

$$\mu_N(t) := \sum_{k \in I_t} \frac{1}{N} \delta_{x_t^k} \in M_+(\mathbb{R}^d) , \tag{III.1.1}$$

où I_t est l'ensemble des indices des particules en vie à t et x_t^k est la position à l'instant t de la particule d'indice k.

Le processus $(\mu_N(t))_{t\in[0,T]}$ a ses trajectoires dans $\widetilde{\Omega} := D([0,T];M_+(\mathbb{R}^d))$, les sauts correspondant aux instants de "branchement".

Pour tout $k>0$, $F\in C_K^\infty(\mathbb{R}^k)$ et toute famille $u_i \in C_K^\infty(\mathbb{R}^d)$, $i=1,\dots,k$, posons (voir notation 2.) :

$$L^N\Phi_{F;u_1,\dots,u_k}(\mu):=\sum_{j=1}^{k} D_jF(<u_1,\mu>,\dots,<u_k,\mu><u_j,(G^*\text{-div } H(\mu)I-H(\mu).\nabla)\mu>$$

$$-\frac{1}{2N}\sum_{i,j=1}^{k} D_{ij}F(<u_1,\mu>,\dots,<u_k,\mu>)<u_i,\tilde{a}(\mu)u_j> \quad (III.1.2)$$

$$+\sum_{\ell\in\mathbb{N}}\lambda Np(\ell)\int_{\mathbb{R}^d}[\Phi_{F;u_1,\dots u_k}(\mu+\frac{1}{N}(\ell-1)\delta_x)-\Phi_{F;u_1\dots,u_k}(\mu)]\mu(dx)$$

avec la même définition de $\tilde{a}$ qu'en (I.1.4) :

le processus μ_N possède alors la "propriété de martingale" pour toute Φ du type précédent :

$$[M''] : \Phi(\mu_N(t)) - \Phi(\mu_N(0)) - \int_0^t L^N\Phi(\mu_s)ds = \text{martingale}$$

Remarquons que la propriété [M"] implique (sans être équivalente en raison des sauts du processus μ_N) les deux propriétés suivantes [M_1'''] et [M_2'''] :

[M_1'''] Pour tout $u\in C_K^\infty(\mathbb{R}^d)$ le processus réel

$$M_{N,t}^u:=<u,\mu_N(t)>-<u,\mu_N(0)>-\int_0^t[<Gu+\nabla u.M(\mu_s),\mu_s>+N\lambda(m-1)<u,\mu_s>]ds$$

est localement une martingale de carré intégrable.

[M_2'''] Pour tout $u,v\in C_K^\infty(\mathbb{R}^d)$

$$\ll M_N^u,M_N^v\gg_t = \int_0^t[\frac{1}{N}<\nabla u^*\sigma\sigma^*\nabla v,\mu_N(s)>+\bar{v}^2<uv,\mu_N(s)>]ds.$$

III.2 - Espaces de Sobolev pour les processus μ_N

Il est commode d'introduire des techniques hilbertiennes, c'est-à-dire de pouvoir considérer le processus μ_N comme un processus à valeurs dans un espace de Hilbert $\mathbb{G}$ de telle sorte que [M_1'''] puisse s'écrire :

$$M_N(t):=\mu_N(t)-\mu_N(0)-\int_0^t[G^*\mu_s\text{-div } H(\mu_s)\mu_s+N(m-1)\mu_s]ds \quad (III.2.1)$$

est une martingale à valeurs dans $\mathbb{E}$, la propriété $[M_2''']$ s'écrivant alors

Pour tout $u,v \in \mathbb{E}'$, on a

$$<u, \ll M_N \gg_t v> = \int_0^t <u,\tilde{a}_N(\mu_s)v>ds \ , \tag{III.2.2}$$

où $\tilde{a}_N(\mu)$ est l'opérateur de $\mathcal{L}_1(\mathbb{E}', \mathbb{E})$ (voir [17]) défini par

$$<u,\tilde{a}_B(\mu)v> = \frac{1}{N}<\nabla u^*\sigma\sigma^*\nabla v,\mu> + \lambda\overline{v}^2 <uv,\mu> \ . \tag{III.2.3}$$

Nous introduisons à cet effet les espaces de Sobolev avec poids suivants :

Pour j entier > 0 , $p \geq 0$, on définit :

$$W^{j,2,p} := \left\{f : \sum_{|\alpha| \leq j} \int_{\mathbb{R}^d} |D_\alpha f(x)|^2 \frac{dx}{1+|x|^{2p}} < \infty\right\} \tag{III.2.4}$$

où $D_\alpha f$ désigne la dérivée au sens des distributions, supposée être une fonction, et α un multi-indice $(\alpha^1,\ldots\alpha^d)$ avec $|\alpha| := \sum_{i=1}^d \alpha^i$.

On considère la norme hilbertienne

$$\|f\|_{j,2,p} := \left(\sum_{|\alpha| \leq j} \int_{\mathbb{R}^d} |D_\alpha f(x)|^2 \frac{dx}{1+|x|^{2p}}\right)^{1/2} \tag{III.2.5}$$

On notera $W^{-j,2,p}$ le dual de $W^{j,2,p}$.

Comme conséquence des théorèmes classiques d'immersion de Sobolev et d'un théorème d'immersion de Hilbert-Schmidt, on a les propriétés suivantes (voir Adams [23]) :

- Si $j > \frac{d}{2}$ $W^{j,2,p}(\mathbb{R}^d) \subset C^p(\mathbb{R}^d)$ pour tout $p \geq 0$ et il existe une constante $K_{p,j}$ telle que

$$\|f\|_{C^p} \leq K_{p,j}\|f\|_{j,2,p} \ .$$

- Si $k > \frac{d}{2}$ et $q > d$ l'injection naturelle $W^{j+k,2,p}$ $W^{j,2,p+q}$ est une application de Hilbert-Schmidt.

Conséquence

a) Comme conséquence de ce qui précède, on a l'injection continue de $M^p(\mathbb{R}^d) \hookrightarrow W^{-j,2,p}$ pour $j > \frac{d}{2}$.

Par ailleurs, si on identifie $W^{0,2,p+q} := L^2(\mathbb{R}^d ; \frac{1}{1+|x|^{p+d}} dx)$ à son dual, on a les injections "naturelles" continues $(j > \frac{d}{2}, k > \frac{d}{2}, p \geq 0)$:

$$W^{j+k,2,p} \subsetneq W^{j,2,p+q} \subsetneq W^{0,2,p+q} \subsetneq W^{-j,2,p+q} \subsetneq W^{-(j+k),2,p} .$$

b) Plaçons-nous dans le cas "sous-critique" ou "critique", c'est-à-dire $m \leq 1$. Si on part d'un système fini de particules, $\mu_N(t)$ est à support fini p.s. pour tout t . Donc, pour tout p :

$$\mu_N(t) \in M^p(\mathbb{R}^d) \subset W^{-j,2,p} .$$

Si on fait sur α, σ et γ des hypothèses de différentiabilité à l'ordre j et de croissance polynomiale, on voit que l'opérateur $\mu \to G^*\mu - \mathrm{div}\, H(\mu)\mu$ applique continûment $W^{-j+2,2,p}$ dans $W^{-j,2,p}$ pour un p convenable.

Si donc $(j-2) > \frac{d}{2}$ on a $M^p(\mathbb{R}^d) \subset W^{-j+2,2,p}$ et on voit immédiatement que pour tout (t,ω) l'application $u \leadsto M_N^u(t,\omega)$ est un élément de $W^{-j,2,p}$. On peut donc écrire la formule (III.2.1) avec $\mu_N(t,\omega) \in M^p(\mathbb{R}^d)$ et M_N : *martingale à valeurs dans* $W^{-j,2,p}$.

III.3 - Compacité de la suite μ_N et limites (lorsque $m = 1$)

En utilisant l'inégalité

$$|\langle u, \tilde{a}_N(\mu) v \rangle| \leq \frac{1}{N} K_{p+q,j+1} \|\sigma\sigma^*\|_\infty \|u\|_{j+1,2,p+q} \|v\|_{j+1,2,p+q} \|\mu\|_{p+q}$$
$$+ \lambda\, \overline{v}^2 K_{p+q,j} \|u\|_{j,2,p+q} \|v\|_{j,2,p+q} \|\mu\|_{p+q}$$

valable pour $j > \frac{d}{2}$, d'après le théorème d'immersion, et le fait que $W^{j+k,2,p} \subsetneq W^{j+1,2,p+q}$ est de Hilbert Schmidt pour $q > d$, $k > \frac{d}{2} + 1$ et tout $p \geq 0$ on voit que pour $\ell > d+1$:

$$\mathrm{trace}_{W^{\ell,2,p}}(\tilde{a}_N(\mu)) \leq K_{p+q,\ell} \left[\frac{1}{N} \|\sigma\sigma^*\|_\infty + \lambda\, \overline{v}^2\right] \|\mu\|_{p+q} \qquad \text{(III.3.1)}$$

Pour cette raison il est important de montrer la borniture de moments suffisants de μ . On a le lemme suivant :

LEMME 2

On suppose que $|G(1+|x|^p)| \leq A_p(1+|x|^p)$ *pour une constante* A_p *convenable, que* $\mathrm{div}\, H(\mu) \geq 0$ *pour tout* $\mu \in M^p$. *Alors, pour tout* $\mu_N(0)$ *à support compact et tout temps d'arrêt* τ :

$$\sup_{t \leq T} E_{\mu_N(0)} \|\mu^N_{T\wedge\tau}\|_p \leq \|\mu_N(0)\|_p \, e^{K_p T} .$$

Ce lemme résulte facilement de l'expression qu'on dérive de (III.2.1) pour $E\left(\int (1+|x|^p)\mu_N(t)(dx)\right)$, de la positivité de $H(\mu)$ et du lemme de Gronwall.

On déduit dès lors très aisément de la formule (III.3.1) (par exemple à partir d'un critère du type Aldous-Rebolledo) que la suite de martingales $M_N(t)$ converge faiblement dans $D([0,T],W^{-m,2,p})$ pour $m \geq d+1$ et $p > d$ vers une martingale M de processus croissant :

$$\langle u, \langle\!\langle M \rangle\!\rangle_t \, v\rangle = \lambda \, \overline{v^2} \int \langle uv, \mu_s\rangle ds . \tag{III.3.2}$$

On a maintenant le résultat suivant en ce qui concerne la convergence de la suite $(\mu_N(\cdot))_{N\geq 0}$.

THEOREME 5

Supposons que la suite $(\mu_N(0))_{N\geq 0}$ *de mesures positives à support compact converge dans* $W^{-\ell,2,p}$ *vers* ν *(nécessairement* $\in M^p$*)* $p > d$, $\ell > d+1$. *Alors les lois* $\mathbb{P}^N$ *des processus* μ_N *sont équitendues dans l'espace de Skorohod* $D([0,T];W^{-\ell,2,p})$ *et toute limite* $\widetilde{\mathbb{P}}$ *est un processus continu, solution du problème de martingale*

(i) $$\widetilde{\mu}_t - \widetilde{\mu}_0 - \int_0^t (G^* \widetilde{\mu}_s - \operatorname{div} H(\widetilde{\mu}_s)\widetilde{\mu}_s - H(\widetilde{\mu}_s).\nabla\widetilde{\mu}_s) ds = \widetilde{M}_t$$

est une $\widetilde{\mathbb{P}}$*-martingale*

(ii) $$\langle\!\langle \widetilde{M} \rangle\!\rangle_t = \int_0^t \widetilde{a}(\mu(s)) ds$$ *avec*

$$\langle u, \widetilde{a}(\mu) v\rangle = \lambda \, \overline{v^2} \langle uv, \mu\rangle .$$

(iii) $\widetilde{\mathbb{P}}$ *est portée par* $C([0,T];W^{-\ell,2,p}) \cap L^\infty([0,T];M^p_+(\mathbb{R}^d))$

et $\widetilde{\mathbb{P}}[\widetilde{\mu}_0 = \nu] = 1$.

La compacité faible s'obtient assez facilement à l'aide du lemme 1 et d'une majoration du type :

$$\tilde{E}^N \| \int_\tau^{\tau+\theta} (G^* \tilde{\mu}_N(s) - \text{div } H(\tilde{\mu}_N(s))\tilde{\mu}_N(s) - H(\tilde{\mu}_N(s)).\nabla\tilde{\mu}_N(s))ds \|_{-\ell,2,p}$$

$$\leq K \int_0^\theta \tilde{E}_{\tilde{\mu}_N(\tau)}(\|\tilde{\mu}_N(s)\|_p)ds$$

Le passage à la limite de la propriété de martingale se fait comme d'habitude.

Remarque : Dans le cas sans interaction (H=0) et m=1 le problème de martingale est celui qui caractérise le "processus multiplicatif de D. Dawson (cf. [4] et [19]).

On a alors un théorème de convergence, en vertu du théorème d'unicité ([4], [19]).

Le problème est ouvert de l'unicité de la solution du problème de martingale (i), (ii), (iii) ci-dessus.

REFERENCES

[1] A. ALDOUS.- Exchangeability and related topics.- St-Flour, 1983.

[2] D. DAWSON.- Critical dynamics and fluctuations for a mean field model of cooperative behaviour. J. of Soc. Physics, 31, 1, 1983.

[3] D. DAWSON, G. IVANOFF.- Branching diffusions and random measures. Adv. in Prob., 5, 1978.

[4] D. DAWSON.- The critical measure diffusion process. Z. Wahr. verw. Gebiete 40, 1977, 135-145.

[5] R.L. DOBRUSHIN.- Vlasov equations. Fund. Anal. & Applied, 13-115, 1979.

[6] E. HEWITT, L.J. SAVAGE.- Symmetric measures on cartesian products. Trans. Amer. Math. Soc. 80, 1955, 470-501.

[7] R.A. HOLLEY, D.W. STROOCK.- Generalized Ornstein-Uhlenbeck processes and infinite particle branching brownian motion. Publ. Res. Inst. Math. Sc. Kyoto 14, 1979, 741-788.

[8] K. ITO.- Motions of infinite particles. Kyoto University 367, 1979, 1-33.

[9] A. JOFFE, M. METIVIER.- Weak convergence of sequences of semimartingales with applications to multitype branching processes. Adv. in Applied Proba. 1986.

[10] M. KAC.- Foundations of kinetic theory. Proc. of 3rd Berkeley Symposium on Math. Stat. & Prob. 3, 1956, 171-197.

[11] Ch. LEONARD. Thèse 3e Cycle. Univ. Paris XI, 1984.

[12] P.L. LIONS, A.S. SZNITMAN.- Stochastic differential equations with reflecting boundary conditions. 1982.

[13] A. MARTIN LÖF.- Limit theorems for the motions of a Poisson system of independent markovian particles with high density. Z. Wahr. verw. Gebiete 34, 1976, 205-223.

[14] H.P. McKEAN.- Propagation of chaos for a class of non linear parabolic equations. Lecture series in Diff. Eq. 7. Catholic Univ. 1967, 41-57.

[15] H.P. McKEAN.- A class of Markov processes associated with non linear parabolic equations. Proc. Nat. Acad. Sci. 56.

[16] H.P. McKEAN.- Fluctuations in the kinetic theory of gases. Comm. Pure Appl. Math. 28, 1975, 435-455.

[17] M. METIVIER.- Semimartingales. De Gruyter, 1982.

[18] P.A. MEYER.- Probabilités et potentiels. Hermann, 1966.

[19] S. ROELLY-COPPOLETTA.- Processus de diffusion à valeurs mesures multiplicatifs. Thèse. Univ. Paris VI, 1984.

[20] A.S. SZNITMAN.- An example of non linear diffusion process with normal reflecting boundary conditions and some related limit process. 1983.

[21] A.S. SZNITMAN.- A propagation of chaos result for Burgers'equation. Preprint, 1984.

[22] A.S. SZNITMAN, S.R.S. VARADHAN.- A multidimensional process involving local time. Preprint, 1984.

[23] R.A. ADAMS.- Sobolev spaces. Academic Press, 1975.

[24] C. GRAHAM. Systèmes de particules en interaction dans un domain à paroi collante et problèmes de martingales avec réflexion. Preprint. Ecole Polytechnique, Palaiseau.

UNE APPROCHE ELEMENTAIRE DES THEOREMES DE DECOMPOSITION DE WILLIAMS.

J.F. LE GALL (*)

0. *Introduction.*

Les liens étroits qui unissent mouvement brownien réel et processus de Bessel de dimension trois ont été étudiés notamment par Itô-Mc Kean [5], Williams [22], [23] et Pitman [14]. L'existence de ces liens est partiellement expliquée par l'observation suivante due à Mc Kean [11] en suivant les idées de Doob [2] : le processus de Bessel de dimension trois peut être défini comme le mouvement brownien réel "conditionné à converger vers $+\infty$ avant de revenir en 0". Il se trouve que le processus ainsi obtenu est aussi la norme d'un mouvement brownien à valeurs dans $\mathbb{R}^3$. Les deux théorèmes fondamentaux qui relient mouvement brownien réel et processus de Bessel de dimension trois sont les suivants ; $B = (B_t, t \geq 0)$ désigne un mouvement brownien réel issu de 0 et $R = (R_t, t \geq 0)$ un processus de Bessel de dimension trois, également issu de 0.

(A) Théorème de retournement de Williams [22].

Si $T = \inf\{t\ ;\ B_t = 1\}$ et $L = \sup\{t\ ;\ R_t = 1\}$, les processus $(1-B_{T-t}\ ;\ 0 \leq t \leq T)$ et $(R_t\ ;\ 0 \leq t \leq L)$ ont même loi.

(B) Théorème de Pitman [14]. Si $S_t = \sup\{B_s\ ;\ s \leq t\}$ et $I_t = \inf\{R_s ; s \geq t\}$, les processus $(S_t, S_t - B_t\ ;\ t \geq 0)$ et $(I_t, R_t - I_t\ ;\ t \geq 0)$ ont même loi.

Le théorème de Pitman est souvent énoncé sous la forme un peu plus faible suivante : $(2S_t - B_t\ ;\ t \geq 0)$ est un processus de Bessel de dimension trois issu de 0. Les théorèmes (A) et (B) sont très liés aux théorèmes de décomposition des trajectoires établis par Williams [22], [23] ainsi qu'à la décomposition de la mesure d'Itô des excursions due à Williams ([24], p. 98, voir aussi Rogers [18]). L'objet du présent travail est de donner une démonstration élémentaire de l'ensemble de ces résultats, qui permette aussi de bien comprendre le rôle joué par le

(*) *UNIVERSITE P. et M. CURIE - Laboratoire de Cacul des Probabilités*
4, Place Jussieu - F-75252 PARIS CEDEX 05 - FRANCE

processus de Bessel de dimension trois. Notre méthode repose sur une approximation des processus par des chaines de Markov à valeurs dans $\mathbb{Z}$. La chaine de Markov associée au mouvement brownien réel est simplement le jeu de pile ou face standard. La chaine de Markov associée au processus de Bessel de dimension trois est décrite dans la partie 1 ; c'est celle qu'avait introduite Pitman [14] pour établir le théorème (B). Cependant notre méthode est assez différente de celle de Pitman : nous commençons par établir une représentation des trajectoires des deux chaines de Markov considérées au moyen d'un arbre infini ; ensuite on obtient aisément les théorèmes (A) et (B), ou plus exactement leurs analogues discrets, en comparant les structures des arbres associés respectivement au mouvement brownien réel et au processus de Bessel de dimension trois. Dans la partie 4 nous appliquons nos méthodes aux divers théorèmes de décomposition de Williams. Notre représentation "en arbre" est très liée aux fameux théorèmes de Ray et Knight [8], [17] concernant la structure des temps locaux du mouvement brownien réel. Le passage du discret au continu se fait ici au moyen de théorèmes limites généraux pour les processus de branchement avec immigration, établis par Kawazu et Watanabe [7]. Ces résultats sont développés dans la partie 5.

Les démonstrations originales des théorèmes de décomposition de Williams [23] reposent sur des calculs de lois explicites, qui ne facilitent guère une bonne compréhension intuitive des résultats. Une approche utilisant la théorie du grossissement de filtrations a été proposée par Jeulin [6], qui retrouve aussi le théorème de Pitman. Une autre approche de ces résultats, basée sur la théorie des excursions, se trouve dans le livre d'Ikeda et Watanabe [4] . Pitman et Rogers [15] ont donné une démonstration simple du théorème (B), à l'aide d'un critère général pour qu'une fonction d'un processus de Markov reste un processus de Markov. Le principal avantage de l'utilisation de processus discrets est que tous les conditionnements deviennent faciles. On obtient très aisément, sans aucun calcul, les analogues discrets des théorèmes (A) et (B) et des théorèmes de décomposition de Williams. L'inconvénient de cette approche est que, pour obtenir les versions "continues" de ces résultats, il est ensuite nécessaire de passer à la limite. Cependant, une fois établis les résultats généraux d'approximation (proposition 1.2), ces passages à la limite ne présentent aucune difficulté.

1. *Description des processus.*

Nous utiliserons l'espace canonique $\Omega = \mathbb{Z}^{\mathbb{N}}$ muni de la tribu produit. $X = (X_n \,;\, n \in \mathbb{N})$ désigne le processus canonique. On note $(P_x \,;\, x \in \mathbb{Z})$ la famille de probabilités sur Ω qui fait de X un jeu de pile ou face standard. Soit $(Q_x \,;\, x \in \mathbb{N})$ l'unique famille de probabilités telle que (X_n, Q_x) soit une chaine de Markov avec probabilités de transition :

- $Q_o[X_1 = 1] = 1$

- si $x \geq 1$, $Q_x[X_1 = x+1] = \frac{1}{2}\frac{x+1}{x}$; $Q_x[X_1 = x-1] = \frac{1}{2}\frac{x-1}{x}$.

Cette définition est motivée par le fait qu'on peut "plonger" une chaine de Markov de loi Q dans la trajectoire d'un processus de Bessel de dimension trois : voir la preuve de la proposition 1.2. Ceci explique aussi le résultat du lemme 1.1 ci-dessous.

Pour tout $x \in \mathbb{Z}$ on pose :

$$\sigma(x) = \inf\{n \geq 0 \; ; \; X_n = x\}$$

$$\tau(x) = \inf\{n > 0 \; ; \; X_n = x\},$$

avec les conventions habituelles pour $\inf \emptyset$, $\sup \emptyset$.

<u>Lemme 1.1</u> : *Pour tout* $x \geq 1$, $(1/X_{n\wedge\sigma(1)} \; ; \; n \geq 0)$ *est une* Q_x*-martingale.*

Le résultat du lemme découle d'un calcul immédiat. Le lemme entraîne en particulier :

$$Q_x[\sigma(1) < \infty] = \lim_{p\to\infty} Q_x[1/X_{\sigma(p)\wedge\sigma(1)}] = 1/x$$

et plus généralement, si $1 \leq b \leq x$,

$$Q_x[\sigma(b) < \infty] = b/x.$$

On en déduit aisément que : $\lim_{n\to\infty} X_n = +\infty$, Q_x p.s.

<u>Proposition 1.2</u> : *Pour* $n \geq 1$ *et* $t \geq 0$ *soit* $Y^n_t = n^{-1/2} X_{[nt]}$, *où* $[u]$ *désigne la partie entière de* u. *Alors :*

a) la suite des lois de $(Y^n_t \; ; \; t \geq 0)$ *sous* P_0 *converge vers la loi du mouvement brownien réel issu de* 0 ;

b) la suite des lois de $(Y^n_t \; ; \; t \geq 0)$ *sous* Q_0 *converge vers la loi du processus de Bessel de dimension trois issu de* 0.

<u>Preuve</u> : L'assertion a) est un cas particulier du théorème d'invariance de Donsker (voir par exemple Billingsley [1]). Comme le remarque Pitman [14], l'assertion b) découle d'un résultat général de Lamperti [9] concernant l'approximation des diffusions par des chaines de Markov. On peut aussi procéder par plongement, de la manière suivante. On considère un processus de Bessel de dimension trois issu de 0,

i.e. un processus à valeurs positives $(R_t\ ;\ t \geq 0)$ solution de l'équation stochastique :

$$R_t = B_t + \int_0^t \frac{ds}{R_s},$$

où B est un mouvement brownien réel issu de 0.

Pour tout $n \geq 1$ on définit par récurrence :

$$T_0^{(n)} = 0$$

$$T_{p+1}^{(n)} = \inf\{t \geq T_p^{(n)}\ ;\ |R(t)-R(T_p^{(n)})| = n^{-1/2}\}.$$

Pour tout $p \geq 0$, soit $U_p^{(n)} = n^{1/2}\, R(T_p^{(n)})$.

On remarque que, pour tout $n \geq 1$, la loi de $U^{(n)}$ est Q_0, et que d'autre part

$$n^{-1/2}\, U_{[nt]}^{(n)} = R(T_{[nt]}^{(n)}).$$

Pour conclure il reste à remarquer que, à cause du fait que $\langle R\rangle_t = t$, on a

$$\lim_{n\to\infty} T_{[nt]}^{(n)} = t,$$

avec convergence en probabilité. Une manière simple d'obtenir ce résultat consiste à écrire, pour tout p,

$$(R(T_{p+1}^{(n)}\wedge t) - R(T_p^{(n)}\wedge t))^2 = 2\int_{T_p^{(n)}\wedge t}^{T_{p+1}^{(n)}\wedge t} (R(u) - R(T_p^{(n)}\wedge t))dR(u) + (T_{p+1}^{(n)}\wedge t - T_p^{(n)}\wedge t).$$

En sommant sur p, il vient :

$$n^{-1}|\{p\ ;\ T_p^{(n)} \leq t\}| = 2\int_0^t H^n(u)dR(u) + t + \varepsilon(n,t)$$

où H^n est un processus prévisible vérifiant $|H^n| \leq n^{-1/2}$, et $|\varepsilon(n,t)| \leq n^{-1}$.

Cela entraîne :

$$\lim_{n\to\infty} n^{-1}|\{p, T_p^{(n)} \leq t\}| = t,$$

d'où aisément le résultat voulu. □

2. *Etude de la chaine de Markov* (X_n, Q_x).

La proposition ci-dessous est à la base des résultats que nous obtiendrons dans la suite. Il s'agit évidemment d'un cas très particulier de la notion de h-processus, mais nous adoptons ici un point de vue élémentaire et nous donnerons donc une preuve complète.

Proposition 2.1 : Soient $p,q \in \mathbb{N}$ *avec* $p < q$. *La loi de* $(X_n \ ; \ 0 \leq n \leq \sigma(q))$ *sous* Q_p *coïncide avec celle de* $(X_n \ ; \ 0 \leq n \leq \sigma(q))$ *sous* P_p, *conditionnellement à* $\{\sigma(q) < \tau(0)\}$.

Preuve : Soit Q^* la loi de $(X_n \ ; \ 0 \leq n \leq \sigma(q)$ sous P_p conditionnellement à $\{\sigma(q) < \tau(0)\}$. Soient $n \geq 1$ et f,g deux fonctions définies respectivement sur $\mathbb{Z}$ et $\mathbb{Z}^n$. Alors,

$$Q^*[g(X_1,\ldots,X_n)\, f(X_{n+1})\, 1_{(n < \sigma(q))}]$$

$$= \frac{q}{p} P_p[g(X_1,\ldots,X_n)\, f(X_{n+1})\, 1_{(n < \sigma(q) \ < \tau(0))}]$$

$$= \frac{q}{p} P_p[g(X_1,\ldots,X_n)\, 1_{(n < \sigma(q))}\, 1_{(n < \tau(0))}$$

$$\times P_{X_n}[f(X_1)\, 1_{(\sigma(q) < \tau(0))}]]$$

$$= \frac{q}{p} P_p[g(X_1,\ldots,X_n)\, 1_{(n < \sigma(q))}\, 1_{(n < \tau(0))}$$

$$\times \frac{1}{2} (f(X_n + 1)\, \frac{X_n+1}{q} + f(X_n - 1)\, \frac{X_n - 1}{q})]$$

$$= \frac{q}{p} P_p[g(X_1,\ldots,X_n)\, 1_{(n < \sigma(q) < \tau(0))}$$

$$\times \frac{1}{2} (f(X_n + 1)\, \frac{X_n+1}{X_n} + f(X_n - 1)\, \frac{X_n - 1}{X_n})]$$

$$= Q^*[g(X_1,\ldots,X_n)\, \frac{1}{2} (f(X_n + 1)\, \frac{X_n+1}{X_n} + f(X_n - 1)\, \frac{X_n-1}{X_n}) 1_{(n < \sigma(p))}]$$

ce qui montre que sous Q^* le processus canonique est une chaine de Markov avec les mêmes probabilités de transition que sous Q_p. □

On déduit de la proposition 2.1 deux corollaires très importants sur la structure des trajectoires de la chaine (X_n, Q_x).

Corollaire 2.2 : Les lois sous Q_0 des processus $(X_n\ ;\ 0 \leq n \leq \sigma(p))$ et $(p - X_{\sigma(p)-n}\ ;\ 0 \leq n \leq \sigma(p)$ coïncident.

Preuve : Soient $m \geq 1$ et $Y_1,\ldots,Y_m$ m variables de Bernoulli standard indépendantes. D'après la proposition 2.1 la loi sous Q_0 de $(X_n - X_{n-1}\ ;\ 1 \leq n \leq m)$ conditionnellement à $\{\sigma(p) = m\}$ est aussi la loi de $(Y_1,\ldots,Y_m)$ conditionnellement à :

$$\{0 < Y_1 + \ldots + Y_k < p, \text{ pour tout } 1 \leq k \leq m-1\ ;\ Y_1 + \ldots + Y_m = p\}.$$

Pour des raisons de symétrie évidentes cette loi coïncide encore avec la loi de $(Y_m,\ldots,Y_1)$ conditionnellement au même évènement, qui n'est autre que la loi sous Q_0 de $(X_{m-n+1} - X_{m-n}\ ;\ 1 \leq n \leq m)$ conditionnellement à $\{\sigma(p) = m\}$. □

Pour tout $p \in \mathbb{Z}$, soit $\lambda(p) = \sup\{n \geq 0\ ;\ X_n = p\}$.

Corollaire 2.3 : Soit $p \geq 0$. La loi sous Q_0 de $(X_{\lambda(p)+n} - p\ ;\ n \geq 0)$ est Q_0.

Preuve : Il suffit de traiter le cas $p = 1$. Pour tout $q \geq 2$ posons :

$$\lambda^q(1) = \sup\{n \leq \sigma(q)\ ;\ X_n = 1\}.$$

En utilisant deux fois le corollaire 2.2 on trouve que, sous Q_0,

$$(X_{\lambda^q(1)+n} - 1\ ;\ 0 \leq n \leq \sigma(q) - \lambda^q(1))$$

$$\overset{(d)}{=} (X_{\sigma(q-1)} - X_{\sigma(q-1)-n}\ ;\ 0 \leq n \leq \sigma(q-1))$$

$$\overset{(d)}{=} (X_n;\ 0 \leq n \leq \sigma(q-1)),$$

d'où le résultat voulu en faisant tendre q vers ∞. □

Remarque : Soient R un processus de Bessel de dimension trois issu de 0, $r > 0$ et $T_r = \inf\{t \geq 0\ ;\ R_t = r\}$, $L_r = \sup\{t \geq 0\ ;\ R_t = r\}$. En utilisant la proposition 1.2 et les corollaires 2.2 et 2.3 on trouve que, d'une part les processus

$(R_t \; ; 0 \leq t \leq T_r)$ et $(r - R_{T_r - t} \; ; 0 \leq t \leq T_r)$ ont même loi, d'autre part le processus $(R_{L_r + t} - r \; ; t \geq 0)$ a même loi que R.

Remarquons qu'il n'est pas immédiat de donner une preuve directe de ces deux résultats.

Avant d'énoncer la proposition suivante nous devons introduire la mesure d'excursion $\mathfrak{m}$ de la marche aléatoire standard : $\mathfrak{m}$ est par définition la loi sous P_o de $(|X_n| \; ; 0 \leq n \leq \tau(0))$ ($\mathfrak{m}$ est une probabilité sur l'espace des trajectoires tuées après un temps fini).

Proposition 2.4 : *Soient $\tau_0, \tau_1, \ldots$ les instants de passage successifs de X en 1 :*

$$\tau_0 = \sigma(1)$$

$$\tau_{p+1} = \inf\{n > \tau_p \; ; X_n = 1\}.$$

Soit $N = \sup\{p \; ; \tau_p < \infty\}$. Alors, sous Q_0;

a) N suit une loi géométrique de paramètre $\frac{1}{2}$,

b) conditionnellement à $\{N = k\}$, les processus $(X_{\tau_{i-1}+n} - 1 \; ; 0 \leq n \leq \tau_i - \tau_{i-1})$, pour $1 \leq i \leq k$, sont indépendants de même loi $\mathfrak{m}$.

Preuve : L'assertion a) découle aisément du lemme 1.1 et de la propriété de Markov. Pour b), il suffit de montrer que la loi sous Q_1, conditionnellement à $\{\tau(1) < \infty\}$, de $(X_n - 1 \; ; 0 \leq n \leq \tau(1))$ est $\mathfrak{m}$. Soient $p \geq 2$ et F une fonction, définie sur l'espace des trajectoires tuées, dépendant d'un nombre fini de coordonnées :

$$Q_1[F(X_n - 1 \; ; 0 \leq n \leq \tau(1)) \, 1_{(\tau(1) < \sigma(p))}]$$

$$= p \, P_1[F(X_n - 1 \; ; 0 \leq n \leq \tau(1)) \, 1_{(\tau(1) < \sigma(p) < \tau(0))}]$$

$$= P_1[F(X_n - 1 \; ; 0 \leq n \leq \tau(1)) \, 1_{(\tau(1) < \sigma(p))} \, 1_{(\tau(1) < \tau(0))}]$$

$$= 2 \, P_o[F(|X_n| \; ; 0 \leq n \leq \tau(0)) \, 1_{(\tau(0) < \sigma(p-1))}],$$

où pour la première égalité on a utilisé la proposition 1.2.
On obtient le résultat voulu en faisant tendre p vers l'infini. □

3. *Représentation des trajectoires à l'aide de la notion d'arbre.*

Nous nous proposons dans cette partie de représenter les trajectoires de X sous $\mathcal{M}$, Q_0 et P_0 par des arbres (aléatoires) dont nous décrirons la structure probabiliste. L'idée d'associer à l'excursion d'une marche aléatoire standard un processus de branchement se trouve dans l'article de Dwass [3], et est aussi implicite dans Kawazu et Watanabe [7]. Neveu [13] a remarqué qu'on peut établir une correspondance bijective, préservant la mesure, entre les trajectoires de X sous $\mathcal{M}$ et les arbres associés à un processus de Galton Watson géométrique de paramètre $\frac{1}{2}$ (voir [12] pour les liens entre arbres et processus de branchement). Cette correspondance est illustrée par la figure ci-dessous.

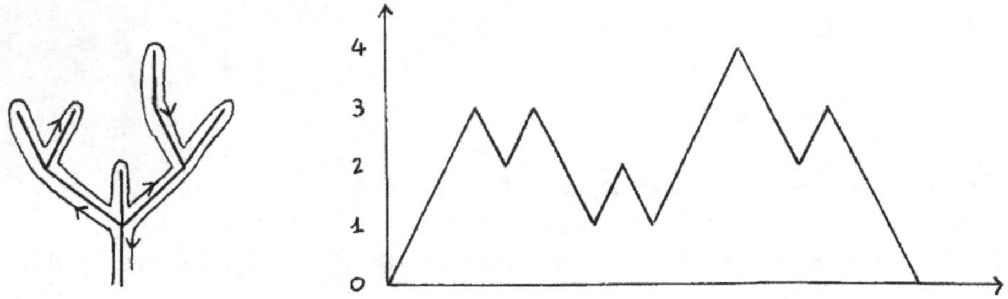

Figure 0

La structure probabiliste de l'arbre de la figure 0 est la suivante. L'arbre comprend d'abord un segment de base joignant deux points d'ordonnées respectives 0 et 1. Ce segment donne naissance à un nombre géométrique, de paramètre $\frac{1}{2}$, de segments joignant chacun des points d'ordonnées 1 et 2. Chacun de ces nouveaux segments donne naissance à un nombre géométrique, de paramètre $\frac{1}{2}$, de segments joignant des points d'ordonnées 2 et 3, et ainsi de suite (toutes les variables géométriques qui interviennent sont supposées indépendantes). Les coordonnées horizontales des points de l'arbre n'ont pas d'importance. On obtient la correspondance arbre-trajectoire en considérant l'ordonnée d'un point qui se déplace le long de l'arbre, en montant et descendant les branches. Le fait que cette correspondance préserve la mesure résulte de la remarque simple suivante : à cause des propriétés de la loi géométrique, la probabilité pour qu'étant arrivé en un point de l'arbre on se trouve face à une branche montante est toujours $\frac{1}{2}$, indépendamment du trajet effectué auparavant.

En combinant le corollaire 2.3 et la proposition 2.4 on obtient la représentation des trajectoires de X sous Q_o suggérée par la figure 1 :

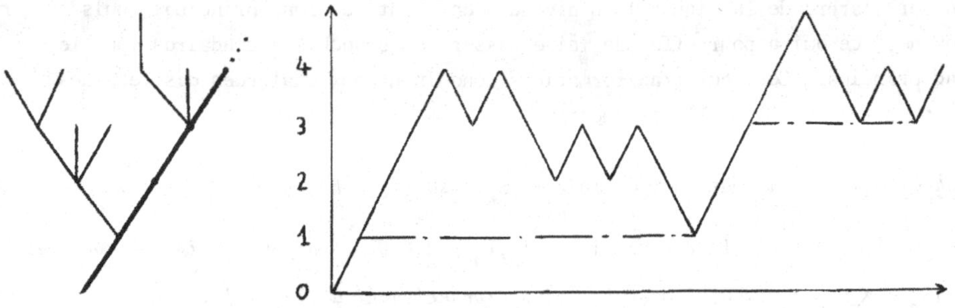

Figure 1

L'arbre de la figure 1 comprend un "tronc principal" commençant en un point d'ordonnée 0 et comportant des "noeuds" aux points d'ordonnées 1,2,.... Sur chacun de ces noeuds vient se greffer un nombre géométrique de paramètre $\frac{1}{2}$ de branches secondaires indépendantes qui ont chacune la loi de l'arbre de la figure 0. La correspondance arbre-trajectoire est la même que précédemment. Le tronc principal correspond sur la trajectoire aux instants de croissance de $\inf\{X_k\ ;\ k \geq n\}$.

On obtient aisément une représentation analogue pour les trajectoires de X sous P_o (voir la figure 2). L'idée est que le tronc principal correspond maintenant aux instants de croissance de $\sup\{X_k\ ;\ k \leq n\}$, et les branches secondaires aux excursions "sous le maximum". La structure probabiliste de l'arbre reste la même que pour Q_o, à ceci près que les branches secondaires viennent maintenant se greffer sous le tronc principal, et aussi qu'il peut se greffer des branches secondaires au niveau 0.

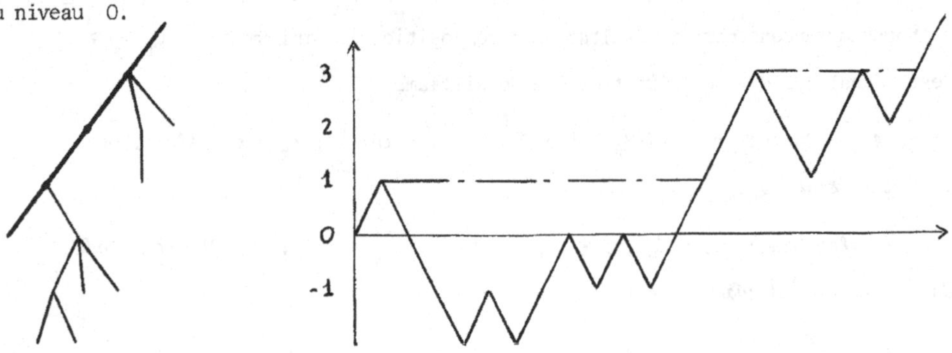

Figure 2

Il existe deux transformations simples qui font passer de l'arbre de la figure 1 à celui de la figure 2. D'une part on peut simplement faire une symétrie par rapport au tronc principal, en prenant alors garde au fait que l'arbre de la figure 1 ne possède pas de branches secondaires au niveau 0. D'autre part on peut d'abord tronquer l'arbre de la figure 1 au niveau d'un point du tronc principal, puis le retourner, ce qui a pour effet de faire passer les branches secondaires sous le tronc principal. Ces deux transformations conduisent aux analogues discrets des théorèmes (A) et (B) de l'introduction.

__Théorème 3.1__ : *Pour tout* $n \geq 0$ *soient* $S_n = \sup\{X_k \; ; \; k \leq n\}$ *et* $I_n = \inf\{X_k \; ; \; k \geq n\}$. *La loi de* $(X_n - I_n, I_n \; ; \; n \geq 0)$ *sous* Q_0 *coïncide avec celle de* $(S_n - X_n, S_n \; ; \; n \geq 0)$ *sous* P_0 *conditionnellement à* $\{X_1 = 1\}$.

__Théorème 3.2__ : *Soit* $p \geq 1$. *La loi de* $(p - X_{\lambda(p)-n} \; ; \; 0 \leq n \leq \lambda(p))$ *sous* Q_0 *coïncide avec celle de* $(X_n \; ; \; 0 \leq n \leq \sigma(p))$ *sous* P_0.

__Remarques__ :

(i) Le conditionnement par rapport à $\{X_1 = 1\}$ disparaît dans la version continue du théorème 3.1.

(ii) La notion d'arbre n'est pas indispensable à notre approche des théorèmes 3.1 et 3.2. Cependant il nous semble qu'elle permet une meilleure compréhension intuitive de ces deux résultats. De plus le fait que ces arbres soient associés naturellement à des processus de branchement conduira dans la partie 5 à une interprétation simple des théorèmes de Ray-Knight.

4. *Théorèmes de décomposition de trajectoires.*

Nous commençons par un résultat de décomposition au minimum sous Q_p $(p \geq 1)$, qui est l'analogue discret d'un théorème de Williams [23].

__Théorème 4.1__ : *Soient* $m = \inf\{X_k \; ; \; k \geq 0\}$ *et* $\gamma = \inf\{k \; ; \; X_k = m\}$. *Alors, pour tout* $h \geq 1$, *sous* Q_h,

(i) *les processus* $(X_k \; ; \; 0 \leq k \leq \gamma)$ *et* $(X_{\gamma+k} - m+1 \; ; \; k \geq 0)$ *sont indépendants, le second ayant pour loi* Q_1 ;

(ii) m *suit une loi uniforme sur* $\{1,\ldots,h\}$ *et conditionnellement à* $\{m = j\}$, *le processus* $(X_n\ ;\ 0 \le n \le \gamma)$ *a même loi que* $(X_n\ ;\ 0 \le n \le \sigma(j))$ *sous* P_h.

Preuve : Soient $p > h$ et :

$$m_p = \inf\{X_k\ ;\ k \le \sigma(p)\}$$

$$\gamma_p = \inf\{k \ge 0\ ;\ X_k = m_p\}.$$

Soient $j \in \{1,\ldots,h\}$ et F,G deux fonctions, définies sur l'espace des trajectoires tuées, dépendant d'un nombre fini de coordonnées. On a :

$$Q_h[F(X_n\ ;\ 0 \le n \le \sigma(j))G(X_{\sigma(j)+k} - j+1\ ;\ 0 \le k \le \sigma(p) - \sigma(j))\ 1_{(m_p=j)}]$$

$$= \frac{p}{h} P_h[F(X_n\ ;\ 0 \le n \le \sigma(j))$$

$$\times\ G(X_{\sigma(j)+k} - j+1\ ;\ 0 \le k \le \sigma(p) - \sigma(j))1_{(m_p=j)}]$$

$$= \frac{p}{h} P_h[F(X_n\ ;\ 0 \le n \le \sigma(j))\ 1_{(\sigma(j) < \sigma(p))}]$$

$$\times\ P_j[G(X_k - j+1\ ;\ 0 \le k \le \sigma(p))\ 1_{(\sigma(p) < \sigma(j-1))}]$$

$$= \frac{1}{h}\,\frac{p}{p-j+1}\, P_h[F(X_n\ ;\ 0 \le n \le \sigma(j))\ 1_{(\sigma(j) < \sigma(p))}]$$

$$\times\ Q_1[G(X_k\ ;\ 0 \le k \le \sigma(p-j+1))],$$

où nous avons utilisé deux fois la proposition 1.2. On obtient le théorème en faisant tendre p vers l'infini. □

Corollaire 4.2 : *Soient* $p \ge 1$ *et* :

$$\eta = \sup\{k \le \sigma(p)\ ;\ X_k = 0\}$$

$$m = \sup\{X_k\ ;\ k \le \eta\}$$

$$\gamma = \inf\{k \ge 0\ ;\ X_k = m\}.$$

Alors, sous P_0,

(i) les processus $(X_k\ ;\ 0 \le k \le n)$ *et* $(X_{n+k}\ ;\ 0 \le k \le \sigma(p) - n)$ *sont indépendants, le second ayant la loi de* $(X_k\ ;\ 0 \le k \le \sigma(p))$ *sous* Q_0 ;

(ii) m *suit une loi uniforme sur* $\{0,\ldots,p-1\}$;

(iii) conditionnellement à $\{m = j\}$ *les processus* $(X_k\ ;\ 0 \le k \le \gamma)$ *et* $(X_{n-k}\ ;\ 0 \le k \le n-\gamma)$ *sont indépendants, le premier a la loi de* $(X_k\ ;\ 0 \le k \le \sigma(j))$ *sous* P_0 *et le second la loi de* $(X_k\ ;\ 0 \le k \le \sigma(j+1)-1)$ *sous* P_0.

Preuve : En utilisant le théorème 3.2 pour "retourner le temps" en $\sigma(p)$ on est ramené à la preuve d'un résultat similaire concernant la loi de $(X_k\ ;\ 0 \le k \le \lambda(p))$ sous Q_0. L'assertion (i) découle alors de la propriété de Markov au temps $\sigma(p)$ et du corollaire 2.2. Pour établir (ii) et (iii) on applique le théorème 4.1 qui permet de décomposer la trajectoire de $(X_n\ ;\ 0 \le n \le \lambda(p))$ sous Q_p. □

Des manipulations très semblables à celle de la preuve du théorème 4.1 conduisent aisément au résultat suivant, dont la preuve est laissée au lecteur.

Théorème 4.3 : *Soit* $m = \sup\{X_k\ ;\ k \ge 0\}$. *Alors* $\mathfrak{m}\,[m \ge p] = \frac{1}{p}$. *De plus, sous* $\mathfrak{m}$ *conditionnellement à* $\{m = p\}$, *les processus* $(X_k\ ;\ 0 \le k \le \sigma(p))$ *et* $(X_{\tau(0)-k}\ ;\ 0 \le k \le \tau(0) - \sigma(p))$ *sont indépendants, le premier a la loi de* $(X_k\ ;\ 0 \le k \le \sigma(p))$ *sous* Q_0 *et le second la loi de* $(X_k\ ;\ 0 \le k \le \sigma(p+1) - 1)$ *sous* Q_0.

Remarques :

(i) A l'aide de la proposition 1.2 on déduit des théorème 4.1 et corollaire 4.2 les deux résultats suivants dûs à Williams :

Théorème ([23] theorem 3.1) : *Soient* R *un processus de Bessel de dimension trois issu de* $a > 0$, *et* $I = \inf\{R_s\ ;\ s \ge 0\}$, $T = \inf\{s\ ;\ R_s = I\}$. *Alors,*

(i) les processus $(R_t, 0 \le t \le T)$ *et* $(R_{T+t} - I\ ;\ t \ge 0)$ *sont indépendants et le second est un processus de Bessel de dimension trois issu de* 0 ;

(ii) I *suit une loi uniforme sur* $[0\ ;\ a]$ *et conditionnellement à* $\{I = b\}$, $(R_t, 0 \le t \le T)$ *est un mouvement brownien réel issu de* a *arrêté au*

premier instant où il atteint b.

<u>Corollaire ([23] theorem 3.5)</u> : Soient B *un mouvement brownien réel issu de* 0, *et* $T = \inf\{t \geq 0 \; ; \; B_t = 1\}$, $L = \sup\{s \leq T \; ; \; B_s = 0\}$, $M = \sup\{B_s \; ; \; 0 \leq s \leq L\}$ *et* $S = \inf\{s \geq 0 \; ; \; B_s = M\}$. *Alors,*

(i) les processus $(B_s \; ; \; 0 \leq s \leq L)$ *et* $(B_{L+s} \; ; \; 0 \leq s \leq T-L)$ *sont indépendants et le second est un processus de Bessel de dimension trois, issu de* 0, *arrêté au temps d'atteinte de* 1 ;

(ii) M *suit une loi uniforme sur* $[0 \; ; \; 1]$, *et, conditionnellement à* $\{M = m\}$, *les processus* $(B_s \; ; \; 0 \leq s \leq S)$ *et* $(B_{L-s} \; ; \; 0 \leq s \leq L-S)$ *sont deux mouvements browniens réels indépendants issus de* 0 *arrêtés au temps d'atteinte de* m.

Soulignons que le passage des résultats discrets aux résultats continus ne présente aucune difficulté. Esquissons le raisonnement qui permet ce passage, dans le cas du corollaire 4.2. En reprenant les notations de ce corollaire on définit quatre processus à temps continu, $U^{(p)}, V^{(p)}, W^{(p)}, B^{(p)}$, par :

$$U^{(p)}(t) = p^{-1/2} X_{[pt]} \qquad (0 \leq t \leq p^{-1}\gamma)$$

$$V^{(p)}(t) = p^{-1/2} X_{\eta-[pt]} \qquad (0 \leq t \leq p^{-1}(\eta-\gamma))$$

$$W^{(p)}(t) = p^{-1/2} X_{\eta+[pt]} \qquad (0 \leq t \leq p^{-1}(\sigma(p)-\eta))$$

$$B^{(p)}(t) = p^{-1/2} X_{[pt]} \qquad (0 \leq t \leq p^{-1}\sigma(p)).$$

$U^{(p)}, V^{(p)}, W^{(p)}$ représentent trois parties de la trajectoire de $B^{(p)}$. Appelons Φ l'application qui consiste à "recoller les morceaux" :

$$\Phi(U^{(p)}, V^{(p)}, W^{(p)}) = B^{(p)}.$$

Le corollaire 4.2 et la proposition 1.2 montrent la convergence en distribution de la suite des triplets $(U^{(p)}, V^{(p)}, W^{(p)})$ et permettent aussi d'identifier la loi du triplet limite $\Phi(U,V,W)$. D'autre part la proposition 1.2 entraîne que la suite $(B^{(p)})$ converge en distribution vers B mouvement brownien réel issu de 0 arrêté quand il atteint 1. La continuité de Φ montre alors que B a même loi que $\Phi(U,V,W)$, ce qui est le résultat recherché.

(ii) Le théorème 4.3 est l'analogue discret de la décomposition de la mesure d'Itô des excursions donnée par Williams [24] (voir Rogers [18] pour une preuve). Ici encore le passage de la version discrète à la version continue est facile, à condition de prendre garde au fait que la mesure d'Itô des excursions a une masse totale infinie, alors que $\mathcal{M}$ est une probabilité. Remarquons aussi que l'asymétrie de la décomposition du théorème 4.3 disparaît dans la version continue de ce résultat (la même remarque valait déjà pour le corollaire 4.2).

5. *Les théorèmes de Ray-Knight.*

Les descriptions des trajectoires obtenues dans la partie 3 à l'aide de la notion d'arbre sont, d'un certain point de vue, les analogues discrets des théorèmes de Ray-Knight [8], [17] sur la structure des temps locaux du mouvement brownien. Le but de cette partie est de décrire le passage des résultats discrets aux résultats continus, qui nécessite certains théorèmes limites pour les processus de branchement établis par Kawazu et Watanabe [7]. Comme le contenu de cette partie se trouve déjà, sous une forme un peu différente, dans l'article de Kawazu et Watanabe [7] (voir aussi Rogers [19]) nous ne détaillerons pas les arguments. Notre présentation est aussi très liée à l'approche donnée par Walsh [21] des théorèmes de Ray-Knight.

Nous rappelons d'abord qu'un processus à valeurs positives $(W_t\ ;\ t \geq 0)$ est le carré d'un processus de Bessel de dimension $\delta \geq 0$ si et seulement si W est solution d'une équation différentielle stochastique de la forme :

$$dW_t = 2\sqrt{W_t}\, dB_t + \delta\, dt,$$

où B désigne un mouvement brownien réel. Dans le cas où δ est un entier strictement positif, W a même loi que le carré de la norme d'un mouvement brownien à valeurs dans $\mathbb{R}^\delta$. Les liens entre processus de branchement et carrés de processus de Bessel sont mis en évidence par le théorème suivant, qui est un cas particulier du théorème 2.3 de [7].

Théorème 5.1 : *Pour tout* $m \geq 1$ *soit* $(Z_n^{(m)}\ ;\ n \geq 0)$ *un processus de Galton Watson avec immigration, défini par récurrence par les relations :*

$$Z_0^{(m)} = a_m \qquad (a_m \in \mathbb{N})$$

$$Z_{n+1}^{(m)} = \sum_{i=1}^{Z_n^{(m)}} \xi_{ni} + \eta_n$$

où les $(\xi_{ni}\ ;\ n,i \geq 0)$, $(\eta_n\ ;\ n \geq 0)$ *sont des variables aléatoires indépendantes à valeurs dans* $\mathbb{N}$, *les* ξ_{ni} *sont équidistribuées et de carré intégrable et les* η_n *sont équidistribués et intégrables. Supposons* $E[\xi_{ni}] = 1$, $var(\xi_{ni}) = c > 0$ *et* $E[\eta_n] = d \geq 0$. *Pour tout* $m \geq 1$, *soit* $(W_t^{(m)}\ ;\ t \geq 0)$ *le processus à temps continu défini par :*

$$W_t^{(m)} = \frac{2}{c\ m} Z_{[mt]}^{(m)}.$$

Alors, sous l'hypothèse $\lim(a_m/m) = a$, *la suite de processus* $W^{(m)}$ *converge, au sens de la convergence des lois marginales fini-dimensionnelles vers le carré d'un processus de Bessel de dimension* $2d/c$, *issu de* $2a/c$.

Remarque : L'apparition comme processus limites des carrés de processus de Bessel est partiellement expliquée par la propriété d'additivité de ces processus, mise en évidence par Shiga et Watanabe [20] et exploitée systématiquement par Pitman et Yor [16]. Il est d'ailleurs intéressant de comparer le théorème 5.1 ci-dessus et le théorème 4.1 de [16].

Corollaire 5.2 (*Ray, Knight* [8], [17]) :

(*i*) *Soit* B *un mouvement brownien réel issu de* 0 *et* $(L_t^a(B)\ ;\ t \geq 0, a \in \mathbb{R})$ *la famille de ses temps locaux. Soit*

$$\tau = \inf\{t \geq 0\ ;\ L_t^0(B) = 1\}.$$

Le processus $(L_\tau^a(B)\ ;\ a \geq 0)$ *est le carré d'un processus de Bessel de dimension* 0 *issu de* 1.

(*ii*) *Soient* R *un processus de Bessel de dimension trois issu de* 0 *et* $(L_t^a(R)\ ;\ t \geq 0, a \geq 0)$ *la famille de ses temps locaux. Le processus* $(L_\infty^a(R)\ ;\ a \geq 0)$ *est le carré d'un processus de Bessel de dimension deux issu de* 0.

Remarques :

(i) Le théorème de retournement de Williams montre que l'assertion (ii) est équivalente à un résultat analogue concernant les temps locaux d'un mouvement brownien B au temps d'atteinte de 1. C'est sous cette forme que l'assertion (ii) a d'abord été démontrée.

(ii) Si R est maintenant un processus de Bessel de dimension $d > 2$, issu de 0, on peut représenter le processus $(L^a_\infty(R)\ ;\ a \geq 0)$ en faisant intervenir un carré de processus de Bessel de dimension deux, changé de temps par une fonction déterministe. Une représentation analogue existe pour le processus $(L^a_{T_1}(R)\ ;\ 0 \leq a \leq 1)$, lorsque R est un processus de Bessel de dimension deux, issu de 0, et $T_1 = \inf\{t\ ;\ R_t = 1\}$ (pour ces résultats voir [10] proposition 1.1).

Preuve : Reprenons les notations des parties précédentes et posons pour $p \geq 0$, $n \geq 1$,

$$N_p(n) = \mathrm{Card}\{k \leq n-1\ ;\ X_k = p,\ X_{k+1} = p+1\}.$$

Commençons par montrer (ii) : les résultats de la partie 3 et plus précisément la représentation illustrée par la figure 1 montrent que sous Q_0, $(N_p(\infty)\ ;\ p \geq 0)$ est un processus de Galton Watson avec immigration d'un individu par génération et pour loi de reproduction la loi géométrique de paramètre $\frac{1}{2}$. Si $W^{(m)}_t = m^{-1}N_{[mt]}(\infty)$, le théorème 5.1 montre que la suite $W^{(m)}$ converge, sous Q_0, vers le carré d'un processus de Bessel de dimension deux issu de 0. D'autre part la preuve de la proposition 1.2, et les propriétés bien connues d'approximation du temps local par les nombres de montées, entraînent que la suite des lois de $W^{(m)}$ sous Q_0 converge vers la loi de $(L^a_\infty(R)\ ;\ a \geq 0)$, avec les notations du corollaire.

Pour montrer (i) on pose, pour tout $m \geq 1$,

$$\tau_m = \inf\{k \geq 0\ ;\ N_0(k) = m \quad \text{et} \quad X_k = 0\}$$

D'après la partie 3, sous la probabilité P_0, le processus $(N_p(\tau_m)\ ;\ p \geq 0)$ est un processus de Galton Watson géométrique de paramètre $\frac{1}{2}$ (sans immigration) issu de m. Si $\overline{W}^{(m)}_t = m^{-1} N_{[mt]}(\tau_m)$, la suite des lois de $\overline{W}^{(m)}$ sous P_0 converge, d'une part vers la loi d'un carré de processus de Bessel de dimension 0 issu de 1, d'autre part, pour les mêmes raisons que précédemment, vers la loi de $(L^a_\tau(3)\ ;\ a \geq 0)$. □

— — — — —

Je remercie J. Neveu pour d'utiles discussions. Je remercie également J. Pitman et M. Yor pour leurs nombreuses remarques sur une version préliminaire de ce travail.

REFERENCES :

[1] BILLINGSLEY, P. : Convergence of probability measures. New-York, Wiley, 1968.

[2] DOOB, J.L. : Conditional Brownian motion and the boundary limits of harmonic functions. Bull. Soc. Math. France 85, 431-458 (1957).

[3] DWASS, M. : Branching processes in simple random walk. Proc. Amer. Math. Soc. 51, 270-274 (1975).

[4] IKEDA, N. and WATANBE, S. : Stochastic differential equations and diffusion processes. North Holland Mathematical Library, Kodansha, 1981.

[5] ITÔ, K. and Mc KEAN, H.P. : Diffusion processes and their sample paths. Berlin-Heidelberg - New-York, Springer, 1965.

[6] JEULIN, T. : Semi-martingales et grossissement d'une filtration. Lect. Notes in Math. 833. Berlin-Heidelberg- New-York, Springer, 1980.

[7] KAWAZU, K. and WATANABE, S. : Branching processes with immigration and related limit theorems. Theory Probab. Appl. 16, 36-54 (1971).

[8] KNIGHT, F.B. : Random walks and a sojourn density process of Brownian motion. Trans. Amer. Math. Soc. 109, 56-86 (1963).

[9] LAMPERTI, J. : A new class of probability limit theorems. J. Math. Mech. 11, 749-772 (1962).

[10] LE GALL, J.F. : Sur la mesure de Hausdorff de la courbe brownienne. Sém. Proba. XIX. Lect. Notes in Math. 1123, 297-313. Berlin-Heidelberg, New-York, Springer, 1985.

[11] Mc KEAN, H.P. : Excursions of a non-singular diffusion. Z. Wahrsch. verw. Gebiete 1, 230-239 (1963).

[12] NEVEU, J. : Arbres et processus de Galton Watson. A paraître aux Annales de l'I.H.P.

[13] NEVEU, J. : Communication personnelle.

[14] PITMAN, J.W. : One-dimensional Brownian motion and the three-dimensional Bessel process. Adv. Appl. Probab. 7, 511-526 (1975).

[15] PITMAN, J.W. and ROGERS, L.C.G. : Markov functions. Ann. Probab. 9, 573-582 (1981).

[16] PITMAN, J.W. and YOR, M. : A decomposition of Bessel bridges. Z. Wahrsch. verw. Gebiete 59, 425-457 (1982).

[17] *RAY, D.B.* : Sojourn times of diffusion processes. Ill. J. Math. 7, 615-630 (1963).

[18] *ROGERS, L.C.G.* Williams characterization of the Brownian excursion law : proof and applications. Sém. Proba. XV. Lect. Notes in Math. 850, 227-250. Berlin-Heidelberg- New-York, Springer, 1981.

[19] *ROGERS, L.C.G.* : Brownian local times and branching processes. Sém. Proba. XVIII. Lect. Notes in Math. 1059, 42-55. Berlin-Heidelberg- New-York, Springer, 1984.

[20] *SHIGA, T. and WATANABE, S.* : Bessel processes as a one-parameter family of diffusion processes. Z. Wahrsch. verw. Gebiete 27, 37-46 (1973).

[21] *WALSH, J.B.* : Downcrossings and the Markov property of local time. Temps locaux. Astérisque 52-53, p. 89-115 (1978).

[22] *WILLIAMS, D.* : Decomposing the Brownian path. Bull. Amer. Math. Soc. 76, 871-873 (1970).

[23] *WILLIAMS, D.* : Path decomposition and continuity of local time for one-dimensional diffusions, I. Proc. London Math. Soc. Ser. 3, 28, 738-768 (1974).

[24] *WILLIAMS. D.* : Diffusions, Markov processes and martingales Vol. 1 : Foundations. New-York, Wiley, 1979.

Integral representation of martingales in the Brownian excursion filtration

Paul McGill

Department of Mathematics, Maynooth College, Co. Kildare, Ireland

If B_t is a Brownian motion, whose natural filtration we write as $\mathcal{B}_t$, then it is a well-known theorem of Ito that every $\mathcal{B}_t$ martingale M_t can be represented as a stochastic integral

$$M_t = M_0 + \int_0^t u_s dB_s$$

where u_t is a $\mathcal{B}_t$ predictable process. This means that every $\mathcal{B}_t$ martingale is continuous and that, in a certain sense, $\mathcal{B}_t$ is a one-dimensional filtration. In [14] Williams has introduced the notion of the excursion σ-field $\mathcal{E}^x$ below x, defined as the σ-field generated by the time change of B_t which deletes the excursions above x. Walsh [12] takes the theory a stage further by considering the associated filtration $(\mathcal{E}^x, x \in R)$. He points out that the Ray-Knight results (see also [6]) on the Markovian properties of the local time in the space variable enable us to generate an infinite number of orthogonal $\mathcal{E}^x$ martingales, so that this filtration has infinite dimension [2]. He also poses the following questions.

(a) Is every $\mathcal{E}^x$ martingale continuous?

(b) Can every $\mathcal{E}^x$ martingale be represented as a stochastic integral?

Williams [15] has proved that the answer to (a) is yes. See [7] for more details on the recurrent case. The precise formulation of (b) is more difficult because there is no obvious choice of integrating process. However Walsh has suggested that one look for an integral with respect to the local time $L(x,t)$, using the family of $\mathcal{E}^x$ martingales associated with the Ray-Knight theorems. On the other hand the conditional excursion formulae of Williams [15] provide us with a dense family $\mathcal{E}^x$

martingales. These have the added advantage that they are defined for all levels, in contrast to the Ray-Knight martingales which are only defined on a semi-infinite interval. In [13] Walsh defines a double integral, working directly with $L(x,t)$, and he then proves that the conditional excursion formulae of Williams have the required integral representation. To do this he needs to derive certain complicated analogues of Green's formula.

Our idea is to modify Walsh's procedure by integrating with respect to a different process. In order to explain more fully let us write Tanaka's formula

$$B_t \wedge x = B_0 \wedge x + \int_0^t 1_{(B_s<x)} dB_s - \tfrac{1}{2}L(x,t)$$

Time changing (see section one below) so that we only measure time spent below x gives

$$\tilde{B}(x,t) = B_0 \wedge x + \tilde{\beta}(x,t) - \tilde{L}(x,t)$$

where $\tilde{B}(x,t)$ is now a reflecting Brownian motion on $(-\infty, x]$, $\tilde{\beta}(x,t)$ is a Brownian motion, and $\tilde{L}(x,t)$ is the reflecting Brownian local time at x. It is easy to see, from the Ray-Knight theorem, that $(\tilde{L}(x,t), x \in R)$ is an $\mathcal{E}^x$ semimartingale so that we can use it to define stochastic integrals in the variable x. If we write $R^x_\lambda f(y)$ to denote the resolvent of Brownian motion killed when it hits $(-\infty, x]$ then the first order conditional excursion formula of [7] can be written as

$$\mathbf{E}[\int_0^\infty e^{-\lambda t} f(B_s)ds|\mathcal{E}^x] \quad = \quad R^x_\lambda f(0) +$$

$$\exp\{-\sqrt{2\lambda}x^-\}[R^x_\lambda f'(x+) \int_0^\infty \exp\{-\lambda t - \sqrt{2\lambda}\tilde{L}(x,t)\} d_t\tilde{L}(x,t) +$$

$$\int_0^\infty \exp\{-\lambda t - \sqrt{2\lambda}\tilde{L}(x,t)\} f(\tilde{B}(x,t))dt]$$

where we have assumed that $B_0 = 0$. Here, and throughout the rest of this paper, $R^x_\lambda f'(x+)$ is the derivative in y of $R^x_\lambda f(y)$ evaluated at $y = x+$. One is now led to guess that this $\mathcal{E}^x$ martingale can be written as some sort of stochastic integral in the space variable involving $\tilde{L}(x,t)$, the essential contrast with [13] being that we work in an intrinsic time scale. The integrals we use are parameterised stochastic integrals rather than the more sophisticated double integrals of Walsh and our approach has two important advantages. First of all we obtain all the $\mathcal{E}^x$ martingales from a single infinite-dimensional Markovian process. And also we identify a special dense subclass of martingales for which the representation takes a particularly simple form. It is this, rather than the representation itself, which we hope will prove to be most useful for subsequent calculation.

The article is organised as follows. In the first section we look at the basic continuity properties of the processes $\tilde{B}$, $\tilde{\beta}$ and $\tilde{L}$. We show here that, for each fixed t, $L(x,t)$ is a semimartingale in the filtration $\mathcal{E}^x$. It is perhaps surprising, in view of the complexity of some if the subsequent calculations, that this is an immediate consequence of the Ray-Knight theorem once we note an obvious remark. In the second section we prove that the excursion filtration is right continuous. For this we use the dense set of martingales found by Williams [15]. And from this we are able to see that $\tilde{L}$ and $\tilde{B}$ are strongly Markovian in the space variable. Such results have already been looked at by Walsh [12], but our reasoning is different.

The next section states the conditional excursion theorem (for a proof see [8]) and uses it to obtain information concerning the conditional joint law of $\tilde{L}(x,t)$ and $\tilde{B}(x,t)$ given the σ-field $\mathcal{E}^a$. The calculations are in principle fairly straightforward, though they should perhaps be omitted on a first reading. From this we are able to find the Doob-Meyer decomposition of $\tilde{L}_x$. This is the main result of the paper and yields the extra information that the process $\int^x \tilde{L}^2(y,t)dy$ has a density in the time variable. Because $\tilde{L}(x,t)$ is a semimartingale for each value of t, we can define the stochastic integral $\int^x K(y,t)d_y\tilde{L}(y,t)$ for suitable processes K. From this we are able to construct a dense family of continuous $\mathcal{E}^x$ martingales by using processes of the form $\int_0^\infty dt \int_{-\infty}^x K(y,t)d_y\tilde{L}(y,t)$. The hard part is to show that the conditional excursion martingales of Williams can be written in the appropriate form using these parameterised stochastic integrals. Once this is achieved, the general representation result is immediate. The results given here have already been announced in the note [9].

N.B. Throughout the paper C shall be a constant, whose value may differ from one equation to the next. Also it is often convenient not to specify the lower limit on certain integrals in the space variable.

Acknowledgement I wish to thank IHES (Bûres-sur-Yvette) for support during the intial stages of this work, most of which was carried out while I was employed at N.U.U. in Coleraine. Thanks go also to those who have helped by commenting on previous versions.

§1. Properties of the process at a fixed intrinsic time

Let $(\Omega, \mathcal{F}, \mathbf{P})$ be a probability space which supports a Brownian motion B_t. We will take $B_0 = 0$. Then write

$$A(x,t) = \int_0^t 1_{(B_s<x)}\,ds$$

and denote by $\tau(x,.)$ the right continuous inverse of the increasing process $A(x,.)$. Because $A(x,t)$ is $\mathcal{B}_t$ adapted it follows that $\tau(x,t)$ is a $\mathcal{B}_t$ stopping time. Define $\tilde{B}(x,t) = B(\tau(x,t))$ noting that this process, whose completed right continuous filtration we represent by $\tilde{\mathcal{B}}(x,t)$, satisfies the inequality $\tilde{B}(x,t) \le x$ for all $t \ge 0$. Then following David Williams [14], we define $\mathcal{E}^x = \tilde{\mathcal{B}}(x,\infty)$ to be the excursion σ-field of B_t below x. The increasing family $(\mathcal{E}^x, x \in R)$ is called the excursion filtration of B_t. It is known from the Ray-Knight theorems [12] that the martingale dimension of this filtration is infinite, so it is certainly not the filtration of any finite dimensional Brownian motion.

We will write $L(x,t)$ to denote the almost surely bicontinuous version of the local time of B_t, which we normalise in such a way that the occupation density formula becomes

$$\int_0^t f(B_s)ds = \int f(x)L(x,t)dx$$

Also write $\tilde{L}(x,t) = \frac{1}{2}L(x,\tau(x,t))$. In order to identify this as the local time of $\tilde{B}(x,t)$ at x we can proceed as follows. By the Tanaka formula

$$B_t \wedge x = B_0 \wedge x + \int_0^t 1_{(B_s<x)}\,dB_s - \tfrac{1}{2}L(x,t)$$

When we time change by $\tau(x,t)$ this becomes

$$\tilde{B}(x,t) = B_0 \wedge x + \tilde{\beta}(x,t) - \tilde{L}(x,t) \tag{1.a}$$

where $\tilde{\beta}(x,t) = \int_0^{\tau(x,t)} 1_{(B_s<x)}\,dB_s$ is, by Paul Levy's martingale characterisation, a $\mathcal{B}(\tau(x,t))$ Brownian motion. Now regard (1.a) as a stochastic differential equation driven by $\tilde{\beta}(x,t)$ and subject to the boundary condition that $\tilde{L}(x,t)$ increases only when $\tilde{B}(x,t) = x$.

Theorem 1.1 (see [4]) (i) $\tilde{B}(x,t)$ is a reflecting Brownian motion on $(-\infty, x]$ and is the unique strong solution of (l.a).

(ii) $\tilde{L}(x,t) = \sup\{(\tilde{\beta}(x,s) - x^+)^+ : 0 \le s \le t\}$ and hence it is $\tilde{B}(x,t)$ adapted.
(iii) $B(\tau(x,t))$ and $\mathcal{E}^x$ are conditionally independent given $\tilde{B}(x,t)$.

Proof: (iii) Let F be bounded and $\mathcal{E}^x$ measurable. We must prove that $F_t = \mathbf{E}[F|\tilde{B}(x,t)] = \mathbf{E}[F|B(\tau(x,t))]$. But this follows if every $\tilde{B}(x,t)$ martingale is a $B(\tau(x,t))$ martingale. Which is true by (i) and the Ito representation theorem for $\tilde{B}(x,t)$.

Let θ_t be the shift operator of B_t, and suppose that S is a B_t stopping time. Define $\mathcal{E}^x \circ \theta_S$ to be the σ-field generated by the process $\{B(\tau(x,t)) \circ \theta_S, t \ge 0\}$, and remark that it starts at the position $B_S \wedge x$. This need not be $\mathcal{E}^x$ measurable. The next result therefore generalises [6] Lemma 4.3.

Lemma 1.2 Let S be any B_t stopping time. If f is any B_S measurable function then for each bounded measurable g we have

$$\mathbf{E}[fg \circ \theta_S|\mathcal{E}^x] = \mathbf{E}[f\mathbf{E}_{B(S)}[g|\mathcal{E}^x]|\mathcal{E}^x]$$

Hence, if B_S is $\mathcal{E}^x$ measurable we have conditional independence of B_S and $\sigma\{B_t \circ \theta_S : t \ge 0\}$ given $\mathcal{E}^x$.

Proof: Note first that $\sigma(B_S, \mathcal{E}^x) = \sigma(B_S, \mathcal{E}^x \circ \theta_S)$ so by the strong Markov property applied at the time S

$$\mathbf{E}[fh(gH \circ \theta_S)] = \mathbf{E}[fh\mathbf{E}_{B(S)}[gH]]$$

where h is B_S measurable, H is $\mathcal{E}^x$ measurable, and both functions are bounded. Thus we see that $\mathbf{E}[f(gH \circ \theta_S)|B_S] = f\mathbf{E}_{B(S)}[gH]$ which implies that $\mathbf{E}[fg \circ \theta_S|\sigma(B_S, \mathcal{E}^x \circ \theta_S)] = f\mathbf{E}_{B(S)}[g|\mathcal{E}^x]$. The proof is finished by doing the projection onto $\mathcal{E}^x$.

The next remark will prove extremely useful. Although it is almost obvious it plays a key role in what follows.

Remark 1.3 Let $\rho : \Omega \mapsto R^+$ be measurable. Then $\tau(x,\rho) \ge \tau(y,\rho)$ whenever $x \le y$.

We shall need the following version of the Ray-Knight theorem. This formulation is due essentially to Williams [14] and a proof can be found in either [6] or [12]. First let us note that the stochastic differential equation

$$Z(a,x) = Z(0,x) + 2\int_0^a \sqrt{Z(b,x)}\,d\beta_b + 2(a \wedge x)$$

where $(\beta_a, a \geq 0)$ is a Brownian motion, has a unique continuous strong solution (see [6]) which is absorbed when the process reaches zero. And the hitting time of zero is finite almost surely.

Theorem 1.4 Let $\xi \geq 0$ be any $\mathcal{E}^x$ measurable random variable. Then given $\mathcal{E}^x$, the process $\{L(x+a, \tau(x,\xi)), a \geq 0\}$ has the same law as the process $\{Z(a, x^-), a \geq 0\}$ started at $2\tilde{L}(x,\xi)$.

We point out that by Theorem 1.1 $\tilde{L}(x,t)$ is $\mathcal{E}^x$ measurable. Also notice that if $y > x$ then

$$\tau(x,\xi) = \tau(y, A(y, \tau(x,\xi))) \tag{1.b}$$

and $A(y,\tau(x,\xi))$ is $\mathcal{E}^y$ measurable. Therefore we see that $L(y,\tau(x,\xi)) = 2\tilde{L}(y, A(y,\tau(x,\xi)))$ is $\mathcal{E}^y$ measurable. Also starting from (1.b) we can show that the analogues of the identifiable rectangles, defined by Walsh in [13], form a pre-ring. However we do not need this here. What we shall need though is the following formula due to Williams [14]. His sketched proof is given in more detail in [6] or [12].

Corollary 1.5 If $x \leq a$ then

$$\mathbf{E}[\exp\{-\lambda\tau(x,\xi)\}|\mathcal{E}^a] = \exp\{-\sqrt{2\lambda}a^- - \lambda\varsigma - \sqrt{2\lambda}\tilde{L}(a,\varsigma)\}$$

where $\varsigma = A(a, \tau(x,\xi))$.

The next lemma should be compared with some of the results of [1] although it is much easier. However we also use the Ray-Knight theorem in the proof.

Lemma 1.6 If K is any compact subset of the real line then for every $t \geq 0$ and $x \leq \inf K$ then we have

$$\mathbf{E}[\sup_{a\in K} L^p(a, \tau(x,t))|\mathcal{E}^x] \leq C[1 + \tilde{L}(x,t)]^p$$

for all $p \geq 0$.

Proof: By the previous theorem the process $\{L(a, \tau(x,t)), a \geq x\}$ is equivalent in law to a process which is majorised on every sample path (see [17]) by a $BES^2(2)$ process $\{Z(a-x,\infty), a \geq x\}$. But by writing the latter as the sum of the squares of two independent Brownian motions we find

$$\mathbf{E}[\sup_{a\in K} L^p(a,\tau(x,t))|\mathcal{E}^x] \leq \mathbf{E}[\sup_{a\in K} Z^p(a-x,\infty)|\mathcal{E}^x] \leq$$

$$\mathbf{E}(\sup_{a\in K}\beta_a^2 + \sup_{a\in K}\tilde{\beta}_a^2)^p] \leq C(1+\tilde{L}(x,t))^p$$

where for the last part we use independence and the inequality (see [3]) of Burkholder-Davis-Gundy.

Notice that $\sup_a L(a,\tau(x,t))$ is not in L_p, for this would imply uniform integrability of the $BES^2(0)$ process.

Lemma 1.7 For every $p \geq 1$

$$E[|\tilde{\beta}(x,t) - \tilde{\beta}(y,s)|^{2p}] \leq C||(x,t)-(y,s)||^p$$

where C is some constant and $||.||$ is the usual norm on R^2.

Proof: Let us write, for $y < x$

$$M(x,y;s,t) = \int_0^{\tau(x,t)} 1_{(B_u<x)}dB_u - \int_0^{\tau(y,s)} 1_{(B_u<y)}dB_u$$

Working on a fixed compact subset of R^2 and considering $M(x,y;s,t)$ as a stopped B_t martingale, we use the bilinearity of the mutual quadratic variation to compute (and forgive the abuse of notation)

$$< M(x,y,;s,t) >= t+s-2A(y,\tau(x,t)\wedge\tau(y,s))$$

But, by Remark 1.3, notice that $A(y,\tau(x,s\wedge t)) \leq A(y,\tau(x,t)\wedge\tau(y,s)) \leq A(y,\tau(y,t\wedge s))$ which can be written as

$$t\wedge s - \int_y^x L(a,\tau(x,t\wedge s))da \leq A(y,\tau(x,t)\wedge\tau(y,s)) \leq t\wedge s$$

And so we obtain the estimate

$$< M(x,y;s,t) > \leq |t-s| + 2\int_y^x L(a,\tau(x,t\wedge s))da$$

And by the inequality of Burkholder-Davis-Gundy there is a universal constant C_p such that

$$\mathbf{E}[M^{2p}(x,y;s,t)] \leq C_p\mathbf{E}[< M(x,y;s,t) >^p]$$

If however $n \geq 1$ then by Jensen's inequality and the fact that we know the law of the local time

$$\mathbf{E}\left[\left(\int_y^x L(a,\tau(x,t\wedge s))da\right)^n\right] \leq \mathbf{E}\left[(x-y)^n\left(\int_y^x L(a,\tau(x,t\wedge s))\frac{da}{x-y}\right)^n\right]$$

$$(x-y)^{(n-1)}\mathbf{E}[\int_y^x L^n(y,\tau(x,t\wedge s))da] \quad \leq \quad C(x-y)^n$$

Thus for integer values of p we can use the binomial theorem to expand the estimate for $< M(x,y;s,t) >^p$, which when we use the above inequality gives us (once we put everything together again)

$$\mathbf{E}[M^{2p}(x,y;s,t)] \leq C(|s-t|+|x-y|)^p$$

as required.

We now recall the following well-known result. For the proof we can proceed as in the appendix to [10].

Kolmogoroff Criterion: Suppose that X_t is a process indexed by R^d which satisfies

$$\mathbf{E}[|X_t - X_s|^p] \leq C||t-s||^{d+\gamma} \qquad (p>0,\gamma>0)$$

Then X_t has a version whose paths are almost surely Hölder continuous of order δ for every $\delta < (\gamma/p)$. More precisely for each bounded region of R^2 there exists a constant C, independent of ω, such that

$$|\tilde{\beta}(x,t) - \tilde{\beta}(y,s)| < C||(x,t)-(y,s)||^\alpha$$

whenever $||(x,t)-(y,s)|| < \delta(\omega)$.

Corollary 1.8 $\tilde{\beta}(x,t)$ **has a version satisfying a local Hölder inequality of order** α **for each** $\alpha < \frac{1}{2}$.

Proof: This follows from the Kolmogoroff criterion since the statement of the above lemma holds for arbitrarily large values of p.

From Theorem 1.1 (ii) we can immediately deduce the following.

Corollary 1.9 The process $(\tilde{L}(x,t),(x,t) \in R \times R^{+})$ has a version satisfying a local Holder condition of order α for every $\alpha < \frac{1}{2}$.

Proof: We have

$$\begin{aligned} |\tilde{L}(x,t) - \tilde{L}(y,s)| &\leq C(|t-s|^{\alpha} + |x-y|^{\alpha}) \\ &\leq 2C(|t-s| + |x-y|)^{\alpha} \end{aligned}$$

Which gives the result.

Theorem 1.10 (i) The random variables $(\tilde{L}(x,t), x \leq 0)$ are identical in law.
(ii) $(\tilde{L}(x,t), x \geq 0)$ is an $\mathcal{E}^{x}$ potential i.e. it is a supermartingale which vanishes at infinity.
(iii) The process $(\tilde{L}(x,t), x \in R)$ is a continuous uniformly integrable semimartingale.

Proof: (i) This follows by using the strong Markov property at the hitting time of $(-\infty, x]$.
(ii) For the supermartingale property let $0 < x < y$ and, using Remark 1.3, we get

$$\mathbf{E}[2\tilde{L}(y,t)|\mathcal{E}^{x}] = \mathbf{E}[L(y,r(y,t)) - L(y,r(x,t))|\mathcal{E}^{x}] + \mathbf{E}[L(y,r(x,t))|\mathcal{E}^{x}] \leq 2\tilde{L}(x,t)$$

by Theorem 1.4. To see that it is a potential let T_y be the first hitting time of y so that $\lim_n T_n = +\infty$ almost surely. But $\tilde{L}(x,t) = 0$ on the set $\{T_y > t\}$.
(iii) Continuity is proved above. Uniform integrability follows because for all $p \geq 0$

$$\mathbf{E}[\tilde{L}^{p}(x,t)] \leq \mathbf{E}[\tilde{L}^{p}(0,t)]$$

since $\tilde{L}(0,t)$ has the same law as the maximum of a Brownian motion. We now take $0 > y > x$ and find that

$$\mathbf{E}[2\tilde{L}(y,t)|\mathcal{E}^x] = \mathbf{E}[L(y,\tau(y,t)) - L(y,\tau(x,t))|\mathcal{E}^x] +$$

$$\mathbf{E}[L(y,\tau(x,t))|\mathcal{E}^x] \leq 2\tilde{L}(x,t) + 2(y-x).$$

again using Theorem 1.4 and Remark 1.3.

This proves a little more than we claimed, namely that $\tilde{L}(x,t) + x^-$ is an $\mathcal{E}^x$ supermartingale.

§2. Right continuity of $\mathcal{E}^x$

Most of the standard results in the general theory of processes [3] require that the filtration be right continuous. In the present context this is quite a difficult problem. The excursion filtration, as we have defined it, is assumed to be complete and traditionally this suffices if the underlying Markov process is a 'good' one. However we have not as yet been able to exhibit the process. So we try to show directly that $\mathcal{E}^{x+}$ differs from $\mathcal{E}^x$ only by null sets of the measure $\mathbf{P}$. The main difficulty is in applying the dominated convergence theorem to a suitably large class of projections.
In [12] the proof is carried out by using what is called the 'strong Markov property' of the excursion process. However our method turns on the use of the CMO martingales of Williams [15]. We have already shown in [7] how these may be calculated without the use of excursion theory. So first we write

$$K_t(n,\lambda,\mathbf{f}) = K_t(\lambda_1,\lambda_2,\ldots,\lambda_n; f_1,f_2,\ldots f_n)$$

$$= \int_0^t dt_n e^{-\lambda_n t_n} f_n(B_{t_n}) \int_0^{t_n} \cdots \int_0^{t_2} dt_1 e^{-\lambda_1 t_1} f_1(B_{t_1})$$

where the functions $\{f_n\}$ are always assumed to be continuous and to have compact support. Also it will be convenient to let $K_t(0,\lambda,\mathbf{f}) \equiv 1$.

Theorem 2.1 The filtration $\{\mathcal{E}^x, x \geq 0\}$ satisfies the usual conditions.

Proof: Since each $\mathcal{E}^x$ is defined to be complete it suffices to prove right continuity. Namely that for F any bounded measurable function on Ω we have

$$\lim_{\epsilon \downarrow 0} \mathbf{E}[F|\mathcal{E}^{x+\epsilon}] \quad = \quad \mathbf{E}[F|\mathcal{E}^x]$$

almost surely. This proves that $\mathcal{E}^{x+}$ and $\mathcal{E}^x$ differ by no more than **P** null sets. Moreover it suffices to project only those functionals of the Brownian path which are supported above the level x. And since it is enough to give the proof for a dense set of such F we can restrict ourselves to those functionals of the form $K_\infty(n, \lambda, \mathbf{f})$ where the functions $\{f_n\}$ are all supported on a compact subset of $(x, +\infty)$. To begin with we have the evaluation from [7] Theorem 2.2 of the first order CMO formula

$$\mathbf{E}[\int_0^\infty e^{-\lambda t} f(B_t) dt | \mathcal{E}^a] =$$

$$R_\lambda^a f(0) + \exp(-\sqrt{2\lambda} a^-) R_\lambda^a f'(a+) \int_0^\infty \exp\{-\lambda t - \sqrt{2\lambda} \tilde{L}(a,t)\} d_t \tilde{L}(a,t)$$

where we recall from the introduction that $R_\lambda^a f(x)$ is the resolvent of Brownian motion killed at a. We can now examine each term in turn. The first one $R_\lambda^a f(0)$ is continuous in a as can be seen from the explicit formula

$$R_\lambda^a f(x) = \frac{1}{\sqrt{2\lambda}} \int_a^\infty \left(e^{-\sqrt{2\lambda}|x-y|} - e^{-\sqrt{2\lambda}|2a-x-y|} \right) f(y) dy$$

The second term is continuous in a by the bicontinuity of $\tilde{L}$, and the explicit formula

$$R_\lambda^a f'(a+) = 2 \int_a^\infty e^{-\sqrt{2\lambda}|a-y|} f(y) dy$$

We now consider the higher order formulae

$$\mathbf{E}[\int_0^\infty e^{-\lambda t} f(B_t) K_t(n, \lambda, \mathbf{f}) dt | \mathcal{E}^a] =$$

$$\mathbf{E}[\int_0^{T_a} e^{-\lambda t} f(B_t) K_t(n, \lambda, \mathbf{f}) dt] + \mathbf{E}[\int_{T_a}^\infty e^{-\lambda t} f(B_t) K_t(n, \lambda, \mathbf{f}) dt | \mathcal{E}^a]$$

Examining each of these terms in turn we see that the first calculates by using the expression

$$\mathbf{E}_y[K_{T_a}(n, \lambda, \mathbf{f})] = R_{\mu_1}^a [f_1 R_{\mu_2}^a [f_2 \ldots [R_{\mu_n}^a [f_n] \ldots](y)$$

where $\mu_i = \lambda_i + \ldots + \lambda_n$. The second term is reduced, via the facilities of [7] Lemma 3.1 and 3.2, to the evaluation of a first order formula. The fact that the limit gives what we want follows by the same argument as in the first order case applied inductively, since at each stage the projection is continuous in the variable a.

One can certainly interpret the above calculations as confirming the Markovian properties of certain infinite dimensional processes in the space variable. We can define the process $(\tilde{L}_x, x \in R)$ with state space $C([0,\infty))$ by $\tilde{L}_x(t) = \tilde{L}(x,t)$. The state space is Polish but is not locally compact, so one cannot directly apply standard Markov process theory. The processes $\tilde{\beta}_x$ and $\tilde{B}_x$ are defined similarly.

Corollary 2.2 If K is a functional of the Brownian path which is supported above the $\mathcal{E}^x$ stopping time X then

$$\mathbf{E}[K|\mathcal{E}^{X+}] = \mathbf{E}[K|\tilde{L}_X]$$

Proof: It is enough to prove this for a dense set of such K. Suppose that $\{X_n\}$ is a sequence of discrete stopping times which decreases to X. Thus we may suppose that K has the form $K_\infty(n, \lambda, \mathbf{f})$ and we can allow all the functions to be supported above a fixed X_N. The result clearly being true for discrete stopping times, the general case now follows by taking limits.

The above appears in Walsh's article [12] while the following result and proof are taken from [13].

Lemma 2.3 The σ-field $\mathcal{E}^{-\infty}$ is $\mathbf{P}$ trivial.

Proof: Let $A \in \mathcal{E}^{-\infty}$. Then by the strong Markov property applied at the times T_{-n} we see that A is independent of the generating set $\bigcup_{n\geq 1} \mathcal{B}(T_{-n})$ for $\mathcal{E}^\infty$. Which proves the result.

The results of this section are very important since, once we know that the excursion filtration satisfies the (so-called) usual conditions, we can proceed to deploy the machinery of the general theory of processes.

§3. Calculations with the conditional excursion theorem

Let us fix the semi-infinite interval $(-\infty, a]$. The excursions of B_t from this set take their values in the space $\mathcal{W}^a$, the collection of all continuous paths γ starting at a and absorbed when they return to $(-\infty, a]$ again. The excursion process from $(-\infty, a]$ is then a mapping $\mathcal{E}^a : D \times R^+ \mapsto \mathcal{W}^a$ defined by

$$\begin{aligned} \mathcal{E}^a(\omega, s) &= B_{t\wedge T_a} \circ \theta_{\tau(a,s)-} & (\Delta\tau(a,s) \neq 0) \\ &= \Delta & (\Delta\tau(a,s) = 0) \end{aligned}$$

where Δ is the null excursion and T_a is the hitting time of $(-\infty, a]$ (we recognise that there may be a temporary risk of confusion between the two meanings of the symbol $\mathcal{E}$ but this should not cause difficulties later on). The initial excursion $\mathcal{E}^a(\omega, 0)$ from $B_0 > a$ to $(-\infty, a]$, when it exists, is independent of $\mathcal{E}^a$ and usually needs to be looked at separately.

On this space $\mathcal{W}^a$ we can define the so-called excursion measure $\mathcal{Q}^a$. If $p_t^a(x, y)$ denotes the transition density of $B_{t\wedge T_a}$ then the excursion measure has entrance law given by

$$Q_t^a[dy] = dy \frac{\partial}{\partial x} p_t(x, y)|_{x=a+} \qquad (a < y)$$

The terminology means that if $t > 0$ and Y is a Borel subset of $(a, +\infty)$ then

$$\mathcal{Q}^a[\gamma(t) \in Y] = \int_Y Q_t^a[dy]$$

$\mathcal{Q}^a$ is now completely specified by declaring that the $\mathcal{Q}^a$ conditional distribution of $\{\gamma(t+s) : s \geq 0\}$, given that $\gamma(t) > a$, is that of a Brownian motion started at $\gamma(t)$ and absorbed at a. The following is (see [8] for example) a variant of the general conditional excursion theorem.

Theorem 3.1 Let $\mathcal{A}^a \geq 0$ be a time-homogeneous function defined on the excursion space $\mathcal{W}^a$. Suppose that $\mathcal{Q}^a[\mathcal{A}^a] < +\infty$. Then for every bounded $\mathcal{B}(\tau(a,t))$ predictable process Y_t

$$Z_t = \sum_{0<s\leq t} Y_s \mathcal{A}^a \circ \mathcal{E}^a(\omega, s) - \mathcal{Q}^a[\mathcal{A}^a] \int_0^t Y_s d_s \tilde{L}(a, s)$$

is a $\mathcal{B}(\tau(a,t))$ martingale which is orthogonal to $\tilde{\beta}(a,t)$.

The effectiveness of this result for performing calculations depends to a large extent on the following auxiliary facts. They are certainly well known to experts but we think it useful to underline their importance.

Lemma 3.2 (i) Let $A(t) \geq 0$ be any continuous functional of the killed Brownian path $\{B_t : 0 < t \leq T_a\}$, such that $A(0) = 0$. If $\mathcal{A}^a$ is the corresponding function defined on $\mathcal{W}^a$ then we have

$$\mathcal{Q}^a[1 - \exp\{-\lambda \mathcal{A}^a\}] = H'(a+)$$

where $H(x) = \mathbf{E}_x[\exp\{-\lambda A(T_a)\}]$.
(ii) If N_t is a square integrable $\mathcal{B}(\tau(a,t))$ martingale which is orthogonal to $\beta(a,t)$ then $\mathbf{E}[N_\infty - N_0 | \mathcal{E}^a] = 0$.

Proof: (i) By our description of $\mathcal{Q}^a$ and the continuity of $A(t)$

$$\mathcal{Q}^a[1 - \exp\{-\lambda \mathcal{A}^a\}] = \lim_{t \downarrow 0} \int [1 - H(y)] Q_t^a(dy)$$

The result follows when we integrate by parts and take the weak limit, using our definition of Q_t^a.
(ii) See [6] Lemma 4.2.

The following is typical of the kind of results we can obtain by using the second part of the previous lemma as well as being a vital step in our main calculation.

Lemma 3.3 For $x > a$

$$\mathbf{E}_y[\exp\{-\frac{\mu^2}{2} \int_a^x L(b, \tau(a,t))db - \gamma L(x, \tau(a,t))\} | \mathcal{E}^a] =$$

$$K(\gamma, \mu, y) \exp\{-\mu Z(\gamma, \mu, x) \tilde{L}(a,t)\}$$

where we write

$$Z(\gamma, \mu, x) = \frac{\mu \sinh \mu(x-a) + 2\gamma \cosh \mu(x-a)}{\mu \cosh \mu(x-a) + 2\gamma \sinh \mu(x-a)}$$

$$K(\gamma, \mu, y) = \frac{\mu \cosh \mu(x-y) + 2\gamma \sinh \mu(x-y)}{\mu \cosh \mu(x-a) + 2\gamma \sinh \mu(x-a)}$$

when $a < y \le x$. Furthermore if $\mu = 0$ we replace

$$\mu Z(\gamma,\mu,x) \mapsto \frac{2\gamma}{1+2\gamma(x-a)} \quad ; \quad K(\gamma,\mu,x) \mapsto \frac{1+2\gamma(x-y)}{1+2\gamma(x-a)}$$

Proof: By [6] Theorem 4.5

$$\mathbf{E}_y[\exp\{-\frac{\mu^2}{2}\int_a^x L(b,\tau(a,t))db - \gamma L(x,\tau(a,t))\}|\mathcal{E}^a] = f(0)\exp\{f'(a+)\tilde{L}(a,t)\}$$

where f is the unique solution of the system

$$f'' = \mu^2 f \quad (a \le z \le x) \quad ; \quad f'(x+) - f'(x-) = 2\gamma f(x)$$

subject to the boundary conditions $f(a) = 1$ and $f'(z) = 0$ for $z > x$. Now we solve explicitly for f and substitute.

Next we introduce some more notation. If $W_s = \int_a^x L(b,\tau(a,s)-)db$ we define Y_s be the indicator function of the event $\{s + W_s < t\}$. Note that Y_s is $\mathcal{B}(\tau(a,s))$ predictable. This will be important later on. Also we shall use $T_a(x)$ to denote the hitting time of $(-\infty, a]$ by the process $\tilde{B}(x,t)$. Then in our proof we consider the function $\mathcal{A}^a(x)$ defined on the space $\mathcal{W}^a$ so that

$$\mathcal{A}^a(x) \circ \mathcal{E}(\omega,s) = \int_{\tau(a,s)-}^{\tau(a,s)} \exp\{-\gamma\tilde{L}(x,t) - \frac{\lambda^2}{2}t\}d_t\tilde{L}(x,t).$$

Lemma 3.4 If $x > a$,

$$\mathcal{Q}^a[\mathcal{A}^a(x)] = \lambda e^{\lambda(a-x)}[1 + Z(\gamma/2,\lambda,x)]/(\lambda+\gamma)$$

Proof: Following the prescription of Lemma 3.2 we first calculate

$$\mathbf{E}_y[\int_0^{T_a(x)} \exp\{-\gamma\tilde{L}(x,t) - \frac{\lambda^2}{2}t\}d_t\tilde{L}(x,t)].$$

By Ito's formula, since $\tilde{B}(x,t) = x$ on the support of $\tilde{L}(x,t)$, we have

$$\exp\{\lambda\tilde{B}(x,t) - \gamma\tilde{L}(x,t) - \frac{\lambda^2}{2}t\} - e^{\lambda y} +$$

$$(\lambda+\gamma)\int_0^t \exp\{\lambda x-\gamma\tilde{L}(x,s)-\frac{\lambda^2}{2}s\}d_s\tilde{L}(x,s)$$

$$=\lambda\int_0^t \exp\{\lambda\tilde{B}(x,s)-\gamma\tilde{L}(x,s)-\frac{\lambda^2}{2}s\}d_s\tilde{\beta}(x,s).$$

and this martingale is uniformly integrable. Stopping at the time $T_a(x)$ and taking the expectation Doob's theorem gives

$$e^{\lambda a}\mathbf{E}_y[\exp\{-\gamma\tilde{L}(x,T_a(x))-\frac{\lambda^2}{2}T_a(x)\}]-e^{\lambda y}=$$

$$-(\lambda+\gamma)\mathbf{E}_y[\int_0^t \exp\{\lambda x-\gamma\tilde{L}(x,s)-\frac{\lambda^2}{2}s\}d_s\tilde{L}(x,s)]$$

However Lemma 3.3 and a time change shows that

$$\mathbf{E}_y[\exp\{-\frac{\gamma}{2}L(x,T_a)-\frac{\lambda^2}{2}\int_a^x L(b,T_a)db\}]=$$

$$\mathbf{E}_y[\exp\{-\gamma\tilde{L}(x,T_a(x))-\frac{\lambda^2}{2}T_a(x)\}]=K(\gamma/2,\lambda,y)$$

Thus we find that

$$\mathbf{E}_y\int_0^{T_a(x)} \exp\{-\gamma\tilde{L}(x,s)-\frac{\lambda^2}{2}s\}d_s\tilde{L}(x,s)=$$

$$[e^{\lambda(y-x)}-e^{\lambda(a-x)}K(\gamma/2,\lambda,y)]/(\gamma+\lambda)$$

Taking the derivative of this in y, and evaluating at $y=a+$, we get the value of $\mathcal{Q}^a[\mathcal{A}^a(x)]$

Corollary 3.5 If $\lambda=0$ then

$$\mathcal{Q}^a[\mathcal{A}^a(x)]=1/[1+\gamma(x-a)]$$

With these preliminary calculations out of the way we are now in position to use the conditional excursion theorem.

Lemma 3.6

$$\mathbf{E}[\exp\{\lambda\tilde{B}(x,t)-\gamma\tilde{L}(x,t)-\frac{\lambda^2}{2}t\}|\mathcal{E}^a]=$$

$$\mathbf{E}[\exp\{\lambda\tilde{B}(x,t\wedge T_a(x)) - \gamma\tilde{L}(x,t\wedge T_a(x)) - \frac{\lambda^2}{2}t\wedge T_a(x)\}]+$$

$$\lambda\int_0^\infty \exp\{\lambda\tilde{B}(x,s)\}\mathbf{E}[Y_s\exp\{-\frac{\gamma}{2}L(x,\tau(a,s)) - \frac{\lambda^2}{2}(s+W_s)\}|\mathcal{E}^a]d_s\tilde{\beta}(a,s) \quad -$$

$$\lambda e^{\lambda a}[1+Z(\gamma/2,\lambda,x)]\int_0^\infty \mathbf{E}[Y_s\exp\{-\frac{\gamma}{2}L(x,\tau(a,s)) - \frac{\lambda^2}{2}(s+W_s)\}|\mathcal{E}^a]d_s\tilde{L}(a,s)$$

Proof: By Ito's formula

$$\exp\{\lambda\tilde{B}(x,t) - \gamma\tilde{L}(x,t) - \frac{\lambda^2}{2}t\} =$$

$$\exp\{\lambda\tilde{B}(x,t\wedge T_a(x)) - \gamma\tilde{L}(x,t\wedge T_a(x)) - \frac{\lambda^2}{2}t\wedge T_a(x)\}+$$

$$\lambda\int_{T_a(x)}^t \exp\{\lambda\tilde{B}(x,s) - \gamma\tilde{L}(x,s) - \frac{\lambda^2}{2}s\}d_s\tilde{B}(x,s)$$

$$-\gamma\int_{T_a(x)}^t \exp\{\lambda\tilde{B}(x,s) - \gamma\tilde{L}(x,s) - \frac{\lambda^2}{2}s\}d_s\tilde{L}(x,s) \qquad (3.a)$$

Working term by term we note that the martingale part of (3.a) is uniformly integrable. The contribution from the excursions above a is

$$\int_{T_a(x)}^t 1_{(\tilde{B}(x,s)>a)}\exp\{\lambda\tilde{B}(x,s) - \gamma\tilde{L}(x,s) - \frac{\lambda^2}{2}s\}d_s\tilde{\beta}(x,s)$$

so that by time change to the $\tau(a,t)$ time scale we get a square integrable $B(\tau(a,t))$ martingale which is orthogonal to $\tilde{\beta}(a,t)$. Therefore by Lemma 3.2 its projection onto $\mathcal{E}^a$ is zero. On the other hand

$$\int_{T_a(x)}^t 1_{(\tilde{B}(x,s)<a)}\exp\{\lambda\tilde{B}(x,s) - \gamma\tilde{L}(x,s) - \frac{\lambda^2}{2}s\}d_s\tilde{\beta}(x,s)$$

can be time changed to give

$$\mathbf{E}[\int_0^\infty Y_s\exp\{\lambda\tilde{B}(x,s) - \frac{\gamma}{2}L(x,\tau(a,s)-) - \frac{\lambda^2}{2}(s+W_s)\}d_s\tilde{\beta}(a,s)|\mathcal{E}^a]$$

$$= \int_0^\infty \exp\{\lambda\tilde{B}(a,s)\}\mathbf{E}[Y_s\exp\{-\frac{\gamma}{2}L(x,\tau(a,s)) - \frac{\lambda^2}{2}(s+W_s)\}|\mathcal{E}^a]d_s\tilde{\beta}(a,s)$$

Notice that we were able to replace $L(x, \tau(a,s)-)$ by $L(x, \tau(a,s))$ since the increasing process of $\tilde{\beta}(a,t)$ is continuous. Next we consider the bounded variation part of (3.a) which we can write as

$$(\lambda - \gamma) \int_{T_a(x)}^{t} \exp\{\lambda x - \gamma \tilde{L}(x,s) - \frac{\lambda^2}{2} s\} d_s \tilde{L}(x,s)$$

since $\tilde{B}(x,t) = x$ on the support of $\tilde{L}(x,t)$. But in the $\tau(a,t)$ time scale this looks as

$$(\lambda - \gamma) e^{\lambda x} \sum_{0<s\le t} Y_s \mathcal{A}^a(x) \circ \mathcal{E}^a(\omega, s) \exp\{-\frac{\gamma}{2} L(x, \tau(a,s)-) - \frac{\lambda^2}{2}(s + W_s)\}$$

Now by Theorem 3.1, because we know that $Y_s \exp\{-\frac{\gamma}{2} L(x, \tau(a,s)-) - \frac{\lambda^2}{2}(s + W_s)\}$ is $\mathcal{B}(\tau(a,t))$ predictable, this projects onto $\mathcal{E}^a$ to give

$$(\lambda - \gamma) e^{\lambda x} \mathcal{Q}^a[\mathcal{A}^a(x)] \int_0^\infty \mathbf{E}[Y_s \exp\{-\frac{\gamma}{2} L(x, \tau(a,s)) - \frac{\lambda^2}{2}(s + W_s)\} | \mathcal{E}^a] d_s \tilde{L}(a,s)$$

where we have invoked the continuity of $\tilde{L}(x,t)$ in order to replace $L(x, \tau(a,s)-)$ by $L(x, \tau(a,s))$. The proof is completed by using the evaluation of $\mathcal{Q}^a[\mathcal{A}^a(x)]$ from Lemma 3.4.

The following result can be proved either by the same argument this time with $\exp\{\lambda \tilde{B}(x,t) - \frac{\lambda^2}{2} t\} \tilde{L}^n(x,t)$ instead of $\exp\{\lambda \tilde{B}(x,t) - \frac{\lambda^2}{2} t - \gamma \tilde{L}(x,t)\}$. However we prefer to deduce it from the above.

Corollary 3.7

$$\mathbf{E}[\exp\{\lambda \tilde{B}(x,t) - \frac{\lambda^2}{2} t\} \tilde{L}^n(x,t) | \mathcal{E}^a] =$$

$$\mathbf{E}[\tilde{L}^n(x, t \wedge T_a(x)) \exp\{\lambda \tilde{B}(x, t \wedge T_a(x)) - \frac{\lambda^2}{2} t \wedge T_a(x)\} +$$

$$\lambda \int_0^\infty \exp\{\lambda \tilde{B}(a,s)\} \mathbf{E}[Y_s 2^{-n} L^n(x, \tau(a,s)) \exp\{-\frac{\lambda^2}{2}(s + W_s)\} | \mathcal{E}^a] d_s \tilde{\beta}(a,s)$$

$$-e^{\lambda a} \int_0^\infty \mathbf{E}[Y_s (-1)^n \frac{\partial^n}{\partial \gamma^n} [(\lambda + \lambda Z(\frac{\gamma}{2}, \lambda, x)) \exp\{-\frac{\gamma}{2} L(x, \tau(a,s))\}]_{\gamma=0+}$$

$$\exp\{-\frac{\lambda^2}{2}(s + W_s)\} | \mathcal{E}^a] d_s \tilde{L}(a,s)$$

Proof: Since $\tilde{L}$ has moments of all orders the only difficulty is in showing that we can differentiate inside the integrals. However, even in the case of the stochastic integral this is quite straightforward. We simply argue in the usual way only that we take limits in the martingale H_2 norm.

We can now prove the main result of this section. Recall that, unless otherwise stated, we always have $B_0 = 0$.

Theorem 3.8 For γ, y positive and $\mu > \lambda^2/2$

$$\lim_{x\to a} \frac{1}{x-a} \int_0^\infty e^{-\mu t}(\mathbf{E}[\exp\{\lambda\tilde{B}(x,t) - \gamma\tilde{L}(x,t)\}|\mathcal{E}^a] - \exp\{\lambda\tilde{B}(a,t) - \gamma\tilde{L}(a,t)\})dt$$

$$= -e^{\lambda a}(\gamma/\mu)1_{(a<0)} - \left(\frac{\lambda}{\mu - \lambda^2/2}\right)\int_0^\infty \exp\{\lambda\tilde{B}(a,s) - \gamma\tilde{L}(a,s) - \mu s\}$$

$$\left[\gamma 1_{(a<0)} + (2\mu - \gamma^2)\tilde{L}(a,s)\right] d_s\tilde{\beta}(a,s) - \left(\frac{e^{\lambda a}}{\mu - \lambda^2/2}\right)\int_0^\infty \exp\{-\gamma\tilde{L}(a,s) - \mu s\}$$

$$[\lambda^2 - \gamma^2 - \gamma(\lambda+\gamma)1_{(a<0)} - (\gamma+\lambda)(2\mu - \gamma^2)\tilde{L}(a,s)]d_s\tilde{L}(a,s)$$

Proof: We use Lemma 3.6, so first we need to write

$$\exp\{\lambda\tilde{B}(a,t) - \gamma\tilde{L}(a,t) - \frac{\lambda^2}{2}t\} = \exp\{\lambda\tilde{B}(a,0)\}$$

$$+\lambda\int_0^\infty 1_{[0,t]}(s)\exp\{\lambda\tilde{B}(a,s) - \gamma\tilde{L}(a,s) - \frac{\lambda^2}{2}s\}d_s\tilde{\beta}(a,s)$$

$$-(\gamma+\lambda)\int_0^\infty 1_{[0,t]}(s)\exp\{\lambda\tilde{B}(a,s) - \gamma\tilde{L}(a,s) - \frac{\lambda^2}{2}s\}d_s\tilde{L}(a,s)$$

Subtracting this from the result of Lemma 3.6 and taking the Laplace transform in t we look first at the martingale part. Because

$$\int_0^\infty \exp\{-\mu t + \frac{\lambda^2}{2}t\}Y_s dt = \exp\{-(\mu - \frac{\lambda^2}{2})(s + W_s)\}/[\mu - \frac{\lambda^2}{2}]$$

we find, using a stochastic Fubini theorem, that this contributes

$$\left(\frac{\lambda}{\mu - \lambda^2/2}\right)\lim_{x\to a}\frac{1}{x-a}\int_0^\infty \exp\{\lambda\tilde{B}(a,s)\}$$

$$(\mathbf{E}[\exp\{-\frac{\gamma}{2}L(x,\tau(a,s)) - \mu(s+W_s)\}|\mathcal{E}^a] - \exp\{-\gamma\tilde{L}(a,s) - \mu s\})d_s\tilde{\beta}(a,s)$$

And by Lemma 3.3, arguing as in the previous proof, this is equal to

$$\left(\frac{\lambda}{\mu - \lambda^2/2}\right)\int_0^\infty \exp\{\lambda\tilde{B}(a,s) - \gamma\tilde{L}(a,s) - \mu s\}[\gamma 1_{(a<0)} + (2\mu - \gamma^2)\tilde{L}(a,s)]d_s\tilde{\beta}(a,s)$$

Doing the same with the other integral and using Lemma 3.4 we see that we must evaluate

$$-e^{\lambda a}\left(\frac{\lambda}{\mu - \lambda^2/2}\right)\lim_{x\to a}\frac{1}{x-a}\int_0^\infty \{[1 + Z(\frac{\gamma}{2},\lambda,x)]$$

$$\mathbf{E}[\exp\{-\frac{\gamma}{2}L(x,\tau(a,s)) - \mu(s+W_s)\}|\mathcal{E}^a] - (1+\frac{\gamma}{\lambda})\exp\{-\gamma\tilde{L}(a,s) - \mu s\}\}d_s\tilde{L}(a,s)$$

Which we can calculate from Lemma 3.3 as before. Finally we consider the contribution from a possible initial excursion. For this take $a < 0$ and use Lemma 3.3 to calculate the limit

$$\lim_{x\to a}\frac{1}{x-a}(\mathbf{E}[\exp\{\lambda a - \frac{\gamma}{2}L(x,T_a) - \frac{\lambda^2}{2}T_a(x)\}] - e^{\lambda a}) = -\gamma 1_{(a<0)}e^{\lambda a}$$

Thus the contribution from the initial excursion is $-\frac{\gamma}{\mu}e^{\lambda a}1_{(a<0)}$ since we have the difference

$$\mathbf{E}[\exp\{\lambda a - \frac{\gamma}{2}L(x,T_a) - \frac{\lambda^2}{2}T_a(x)\}] -$$

$$\mathbf{E}[\exp\{\lambda\tilde{B}(x,t\wedge T_a(x)) - \frac{\gamma}{2}\tilde{L}(x,t\wedge T_a(x)) - \frac{\lambda^2}{2}t\wedge T_a(x)\}]$$

bounded by $e^{\lambda x}\mathbf{P}_x[t < T_a(x)]$ However from Lemma 3.3

$$\lambda\int_0^\infty e^{-\lambda t}\mathbf{P}_x[t < T_a(x)]dt = 1 - \mathrm{Sech}\sqrt{2\lambda}(x-a)$$

So dividing by $(x-a)$ and taking the limit we get zero.

In fact we do not need the above result in such generality. But we have given it here for convenience, and as an illustration of the power of the conditional excursion theorem. We really only require the first two conditional moments of $\tilde{L}$. And rather than apply a result on double limits it is easier to check, starting from Corollary 3.7, that the argument used above gives the following results.

Corollary 3.9 For each $\mu > 0$ we have

(i) $$\lim_{x\to a}\frac{1}{x-a}\int_0^\infty e^{-\mu t}\mathbf{E}[\tilde{L}(x,t)-\tilde{L}(a,t)|\mathcal{E}^a]dt =$$

$$\frac{1}{\mu}1_{(a<0)} - 2\int_0^\infty e^{-\mu s}\tilde{L}(a,s)d_s\tilde{L}(a,s).$$

(ii) $$\lim_{x\to a}\frac{1}{x-a}\int_0^\infty e^{-\mu t}\mathbf{E}[\tilde{L}^2(x,t)-\tilde{L}^2(a,t)|\mathcal{E}^a]dt =$$

$$\frac{2}{\mu}\int_0^\infty e^{-\mu s}[1+1_{(a<0)}]d_s\tilde{L}(a,s) - 4\int_0^\infty e^{-\mu s}\tilde{L}^2(a,s)d_s\tilde{L}(a,s).$$

§4. Canonical decomposition in the excursion filtration

By the results of the first section we already know that $\{\tilde{L}(x,t), x\in R\}$ is a semimartingale for each fixed t. Therefore we can write it as

$$\tilde{L}(x,t) = N(x,t) + D(x,t)$$

where $N(x,t)$ and $D(x,t)$ are respectively the martingale part and the bounded variation part of $\tilde{L}(x,t)$. Recall that by a result [11] of Stricker and Yor there is a jointly measurable version of this decomposition. And moreover, since $\{\tilde{L}(x,t) - \int^x 1_{(y<0)}\,dy, x\in R\}$ is a supermartingale, we can assume that $D(x,t) - \int^x 1_{(y<0)}\,dy$ is increasing so that almost surely it generates a positive measure. We fix a normalisation for D by requiring that

$$D(w,t) \equiv 0$$

w being assumed fixed for the moment.

In this section we will find a more explicit form for this canonical decomposition as well as investigating a similar result for the process $\tilde{B}_x$. First of all we explain the general approach. The main idea is really quite simple. Suppose that X_t, with filtration $\mathcal{X}_t$, is a process satisfying the stochastic differential equation

$$X_t = X_0 + \int_0^t \sigma(s, X_s)dB_s + \int_0^t \tau(s, X_s)ds$$

where for the moment we assume that the coefficients are smooth. If we know $\mathbf{E}[X_t|\mathcal{X}_s]$ and $\mathbf{E}[X_t^2|\mathcal{X}_s]$ for all pairs $s < t$ then, in principle, we can determine the coefficients σ and τ from the following formulae

$$\lim_{t \to s} \frac{1}{t-s}\{\mathbf{E}[X_t|\mathcal{X}_s] - X_s\} = \tau(s, X_s) \tag{4.a}$$

$$\lim_{t \to s} \frac{1}{t-s}\{\mathbf{E}[X_t^2|\mathcal{X}_s] - X_s^2\} = 2X_s\tau(s, X_s) + \sigma^2(s, X_s) \tag{4.b}$$

In our case we should calculate

$$\lim_{x \to a} \frac{1}{x-a}\{\mathbf{E}[\tilde{L}^j(x,t)|\mathcal{E}^a] - \tilde{L}^j(a,t)\}$$

for $j = 1, 2$. However we have no reason to suppose that the coefficients are smooth. Indeed they are not. It ought to be clear from the results of the previous section that in order to do calculations we must use some sort of smoothing in the time variable.

The results obtained below were motivated by the conditional Ray-Knight theorems as ennunciated by Walsh [12]. The guiding principle is that working in the intrinsic time scale merely introduced a drift term and that infinitesimally the relation between martingale parts remains unaffected. Consequently then one expects that disjoint time intervals will produce orthogonal martingales and that the quadratic variation will be the 'usual one'. For more information on the Ray-Knight martingales see [6] Theorem 4.8.

We begin with the following technical lemma. It is generally known [3] as 'la méthode des laplaciens approchés'. To set it up we suppose that Y_t is a continuous process which is a semimartingale in the filtration $\mathcal{Y}_t$ and having canonical decomposition there given by $M_t + A_t$. M_t is the martingale part while A_t has bounded variation. Both of these processes are continuous so by localisation we can assume that A_t is integrable.

Lemma 4.1 Suppose that for some $\epsilon > 0$ the set

$$\left\{\frac{1}{h}\int_0^t (\mathbf{E}[Y_{s+h}|\mathcal{Y}_s] - Y_s)\, ds, 0 < h < \epsilon\right\}$$

is uniformly integrable and converges weakly in $\mathcal{L}_1$ to the continuous process U_t. Then U_t is a version of A_t.

Proof: It suffices to prove that for every bounded random variable Z we have $\mathbf{E}[ZU_t] = \mathbf{E}[ZA_t]$. Let $Z_t = \mathbf{E}[Z|\mathcal{Y}_t]$ define a right continuous $\mathcal{Y}_t$ martingale. Let us define $U_t^h = \frac{1}{h}\int_0^t (\mathbf{E}[Y_{s+h}|\mathcal{Y}_s] - Y_s)\,ds$ so that by Ito's formula $d(Z_t U_t^h) = U_t^h dZ_t + Z_t dU_t^h$. Now take expectations and use the definition of conditional expectation to obtain

$$\mathbf{E}[ZU_t^h] = \mathbf{E}[Z_t U_t^h] = \mathbf{E}[\int_0^t Z_s dU_s^h] = \mathbf{E}[\frac{1}{h}\int_0^t Z_s (A_{s+h} - A_s)\,ds]$$

But by Fubini we transform this into $\mathbf{E}[\int_0^t dA_u \frac{1}{h}\int_{(u-h)+}^u Z_s ds]$ which converges to $\mathbf{E}[\int_0^t Z_{u-} dA_u] = \mathbf{E}[\int_0^t Z_u dA_u]$ since A_t is assumed to be continuous. However another use of Ito's formula shows this to be the same as $\mathbf{E}[ZA_t]$. And the result follows since

$$\lim_{h\downarrow 0}\mathbf{E}[ZU_t^h] = \mathbf{E}[ZU_t]$$

by hypothesis.

Lemma 4.2 If $x > a$ then $\{D(x,t) - D(a,t), t \geq 0\}$ is a decreasing process with the same Laplace transform in t as the distributional measure

$$\int_a^x 1_{(y<0)}\,dy - \frac{d}{dt}\int_a^x \tilde{L}^2(y,t)dy$$

Proof: We wish to apply Lemma 4.1 to the semimartingale

$$\left\{\int_0^\infty e^{-\mu t}\tilde{L}(x,t)dt, x \in R\right\}$$

So first we check the uniform integrability of

$$\left\{\frac{1}{h}\int_a^x dy \int_0^\infty e^{-\mu t}\left(\mathbf{E}[\tilde{L}(y+h,t)|\mathcal{E}^y] - \tilde{L}(y,t)\right)dt\right\}$$

when δ and h are sufficiently small and positive, and x lies in a fixed compact interval. However from Corollary 3.7 with $\lambda = 0$ we know (using the evaluation $\lambda Z(\gamma/2, \lambda, x) \mapsto \gamma/[1 + \gamma(x-a)]$ from Lemma 3.3) that

$$\mathbf{E}[\tilde{L}(x,t)|\mathcal{E}^a] - \tilde{L}(a,t) = \mathbf{E}[\tilde{L}(x, t \wedge T_a(x))] + \int_0^\infty \mathbf{E}[Y_s - 1_{[0,t]}(s)|\mathcal{E}^a]d_s\tilde{L}(a,s)$$

where Y_s is as defined for Lemma 3.4. Taking the Laplace transform in t gives

$$\int_0^\infty e^{-\mu t}\mathbf{E}[\tilde{L}(x,t\wedge T_a(x))]dt + \frac{1}{\mu}\int_0^\infty e^{-\mu s}\mathbf{E}[e^{-\mu W_s} - 1|\mathcal{E}^a]d_s\tilde{L}(a,s)$$

and from Lemma 3.3 the conditional expectation calculates to be

$$\text{sech}(\sqrt{2\mu}1_{(a<0)}(x-a)\exp\{-\sqrt{2\mu}\tanh[\sqrt{2\mu}(x-a)]\tilde{L}(a,t)\} - 1.$$

Using the inequalities

$$1 - e^{-x} \leq x \quad ; \quad 1 - \text{sech}x \leq x$$

we find that this is bounded by $4\mu(x-a)\tilde{L}(a,t) + \sqrt{2\mu}(x-a)$ when x is close to a. And by the Ray-Knight theorem we obtain the bound $\mathbf{E}[\tilde{L}(a,T_a(x))] \leq (x-a)$. This then shows that

$$\int_0^\infty e^{-\mu t}\left(\mathbf{E}[\tilde{L}(x,t)|\mathcal{E}^a] - \tilde{L}(a,t)\right)dt \quad \leq$$

$$\frac{1}{\mu}(x-a) + \int_0^\infty e^{-\mu t}(x-a)[2\tilde{L}(a,t) + \sqrt{\frac{2}{\mu}}]d_t\tilde{L}(a,t)$$

which gives us the bound

$$\frac{1}{h}\int_a^x dy\int_0^\infty e^{-\mu t}\left(\mathbf{E}[\tilde{L}(y+h,t)|\mathcal{E}^y] - \tilde{L}(y,t)\right)dt \quad \leq$$

$$\frac{1}{\mu}(x-a) + \int_a^x dy\int_0^\infty e^{-\mu t}[2\tilde{L}(a,t) + \sqrt{\frac{2}{\mu}}]d_t\tilde{L}(y,t)$$

However by Lemma 1.6 the r.h.s. is integrable so indeed the set is uniformly integrable. Moreover Corollary 3.9 shows that as $h\downarrow 0$ it converges to

$$\frac{1}{\mu}\int_a^x 1_{(y<0)}dy - \int_0^\infty e^{-\mu t}\int_a^x d_t\tilde{L}^2(y,t)dy$$

Since this process is continuous it must equal, by the previous lemma, the bounded variation part of $\int_0^\infty e^{-\mu t}\tilde{L}(x,t)dt$. However by Fubini and the joint measurability of the (unique) Doob-Meyer decomposition [11] this is given by $\int_0^\infty e^{-\mu t}D(x,t)dt$. The result follows.

Note that this automatically implies the almost sure relation

$$\int_0^t (D(x,s) - D(a,s))ds = t\int_a^x 1_{(y<0)}\,dy - \int_a^x dy \int_0^t d_s\tilde{L}^2(y,s)$$

This is proved by an integration by parts and then inversion of the Laplace transform. Thus we can use the r.h.s. to define the version under consideration.

Lemma 4.3 As versions we have

$$< \tilde{L}(.,t) >_x - < \tilde{L}(.,t >_a \quad = \quad 2\int_a^x \tilde{L}(y,t)dy$$

Proof: For this we wish to apply Lemma 4.1 to the semimartingale

$$\left\{\int_0^\infty e^{-\mu t}\tilde{L}^2(x,t)dt, x \in R\right\}$$

Which involves checking the uniform integrability of

$$\frac{1}{h}\int_a^x dy \int_0^\infty e^{-\mu t}(\mathbf{E}[\tilde{L}^2(y+h,t)|\mathcal{E}^y] - \tilde{L}^2(y,t))dt \tag{4.c}$$

when δ and h are sufficiently small and positive. However from Corollary 3.7 we know that

$$\mathbf{E}[\tilde{L}^2(x,t)|\mathcal{E}^a] - \tilde{L}^2(a,t) = \mathbf{E}[\tilde{L}^2(x,t\wedge T_a(x))]$$

$$+\int_0^\infty \mathbf{E}[Y_s\{2(x-a) + L(x,\tau(a,s))\} - 1_{[0,t]}(s)2\tilde{L}(a,s)|\mathcal{E}^a]d_s\tilde{L}(a,s)$$

Taking the Laplace transform in t gives

$$\int_0^\infty e^{-\mu t}\mathbf{E}[\tilde{L}^2(x,t\wedge T_a(x))]dt +$$

$$\frac{1}{\mu}\int_0^\infty e^{-\mu s}\mathbf{E}[e^{-\mu W_s}\{2(x-a) + L(x,\tau(a,s))\} - 2\tilde{L}(a,s)|\mathcal{E}^a]d_s\tilde{L}(a,s)$$

The conditional expectation $\mathbf{E}[e^{-\mu W_s}L(x,\tau(a,s))|\mathcal{E}^a]$ calculates from Lemma 3.3 (when x is close to a) as

$$[1 + 1_{(a<0)}\frac{1}{\sqrt{2\mu}}\sinh\sqrt{2\mu}(x-a)]2\,\mathrm{sech}^2[\sqrt{2\mu}(x-a)]\tilde{L}(a,t)$$

$$\exp\{-\sqrt{2\mu}\tanh[\sqrt{2\mu}(x-a)]\tilde{L}(a,t)\}.$$

Now we estimate. The Laplace transform of $\mathbf{E}[\tilde{L}^2(a,t) - \tilde{L}^2(x,t)|\mathcal{E}^a]$ is bounded by

$$\int_0^\infty e^{-\mu t}\mathbf{E}[\tilde{L}^2(x,T_a(x))]dt + \frac{2}{\mu}\int_0^\infty e^{-\mu t}(x-a)d_t\tilde{L}(a,t)\}$$

$$+\frac{2}{\mu}\int_0^\infty e^{-\mu t}[\{1-1_{(a<0)}\frac{1}{\sqrt{2\mu}}\sinh\sqrt{2\mu}(x-a)\}\operatorname{sech}^2[\sqrt{2\mu}(x-a)]$$

$$\exp\{-\sqrt{2\mu}\tanh[\sqrt{2\mu}(x-a)]\tilde{L}(a,t)\} - 1]d_t\tilde{L}(a,t)$$

Now by using the Ray-Knight theorem we find that

$$\int_0^\infty e^{-\mu t}\mathbf{E}[\tilde{L}^2(x,T_a(x))]dt \le C(x-a)$$

The same sort of inequality is valid for the second integral also. For the third we see that it is bounded above by

$$\frac{C}{\mu}\int_0^\infty e^{-\mu t}\tilde{L}^2(a,t)d_t\tilde{L}(a,t)$$

when x is sufficiently close to a. And the uniform integrability of (4.c) is immediate from Lemma 1.6 by arguing as before. Moreover from Corollary 3.9 we see that as $h \downarrow 0$ it converges to

$$\frac{2}{\mu}\int_0^\infty e^{-\mu s}\int_a^x dy(1+1_{(y<0)})d_s\tilde{L}(y,s) - 4\int_0^\infty e^{-\mu s}\int_a^x dy\tilde{L}^2(y,s)d_s\tilde{L}(y,s)$$

And since this is adapted it follows from the previous lemma that it is the bounded variation part of the process

$$\int_0^\infty e^{-\mu t}\tilde{L}^2(x,t)dt$$

Now we know, using the Ito formula, that

$$\tilde{L}^2(x,t) = \tilde{L}^2(a,t) + 2\int_a^x \tilde{L}(y,t)d_y\tilde{L}(y,t) + <\tilde{L}(.,t)>_x - <\tilde{L}(.,t)>_a$$

and also recall how [11] shows we can assume there is a measurable version of this. The bounded variation part we seek is given by

$$\int_0^\infty e^{-\mu t}dt\left(\int_a^x 2\tilde{L}(y,t)d_yD(y,t) + <\tilde{L}(.,t)>_x - <\tilde{L}(.,t)>_a\right)$$

However by the previous lemma we can identify the measure $d_yD(y,t)dt$ with $dt1_{(y<0)}dy - d_t\tilde{L}^2(y,t)dy$. Comparing with what we have, gives

$$\int_0^\infty e^{-\mu t}(<\tilde{L}(.,t)>_x - <\tilde{L}(.,t)>_a)dt =$$

$$\frac{2}{\mu}\int_0^\infty e^{-\mu t}\int_a^x d_t\tilde{L}(y,t)$$

And the result is immediate since $\tilde{L}$ has a bicontinuous version by Corollary 1.9.

The next problem is to see how the processes corresponding to different time intervals intefere. This is much harder than it might appear. As a general principle the CMO formulae of order two and greater are extremely difficult to write down explicitly. Nevertheless we are able to do the easiest case which turns out to suffice for the next lemma. Unfortunately there is as yet no published account of what we require, namely the CMO formulae for the process $\tilde{B}(x,t)$. But an inspection of [7] gives a good idea of what to expect. So the proof is given in sketch only.

Lemma 4.4 If $0 \leq s \leq t$ then

$$<\tilde{L}(.,t) - \tilde{L}(.,s), \tilde{L}(.,s)>_x \equiv 0$$

Proof: The idea is to project

$$\int_0^\infty e^{-\lambda t}\tilde{L}(x,t)dt \int_0^\infty e^{-\lambda s}\tilde{L}(x,s)ds =$$

$$\lambda\mu\int_0^\infty e^{-\lambda t}d_t\tilde{L}(x,t)\int_0^\infty e^{-\lambda s}d_s\tilde{L}(x,s) \tag{4.d}$$

onto the σ-field $\mathcal{E}^a$. The relevant modifications to be made in [7] are that the resolvent of Brownian motion must be replaced throughout by the resolvent of $\tilde{B}(x,t)$. And instead of $\exp\{-\sqrt{2\lambda}\tilde{L}(a,t)\}$ for the conditional law of $\tau(a,t)$ (see Corollary 1.5) we use instead the evaluation $\exp\{-\sqrt{2\lambda}\tanh\sqrt{2\lambda}(x-a)\tilde{L}(a,t)\}$ taken from Lemma 3.3. The killed resolvent

$$\mathbf{E}_y[\int_0^{T_a(x)} e^{-\lambda t}f(\tilde{B}(x,t))dt] \qquad (a < y \leq x)$$

can be computed as

$$\frac{2}{\sqrt{2\lambda}}\left(\frac{\sinh\sqrt{2\lambda}(y-a)}{\cosh\sqrt{2\lambda}(x-a)}\right)\int_y^x \cosh\sqrt{2\lambda}(x-z)f(z)dz$$

where we suppose (as will be the case here) that f is supported on $[y,x]$. In fact $f(z)dz$ needs to be replaced by the Dirac mass at x, which gives us

$$\frac{2}{\sqrt{2\lambda}}\left(\frac{\sinh\sqrt{2\lambda}(y-a)}{\cosh\sqrt{2\lambda}(x-a)}\right)$$

the derivative at the point $y = a+$ being given by $2\text{sech}\sqrt{2\lambda}(x-a)$. As a further, almost trivial, simplification we will only consider the case $a > 0$. Then we can read off from Lemmas 3.1 and 3.2 of [7] that the projection of (4.d) is given by

$$\lambda\mu 2\text{sech}^2\sqrt{2\lambda}(x-a)\int_0^\infty \exp\{-\lambda t-\sqrt{2\lambda}\tanh\sqrt{2\lambda}(x-a)\tilde{L}(a,t)\}d_t\tilde{L}(a,t)$$

$$\int_0^t \exp\{-\mu s-[\sqrt{2(\lambda+\mu)}\tanh\sqrt{2(\lambda+\mu)}(x-a)-\sqrt{2\lambda}\tanh\sqrt{2\lambda}(x-a)]\times$$

$$\tilde{L}(a,s)\}d_s\tilde{L}(a,s)+\frac{1}{\sqrt{2\lambda}}2\tanh\sqrt{2\lambda}(x-a)2\text{sech}\sqrt{2(\lambda+\mu)}(x-a)\times$$

$$\int_0^\infty \exp\{-(\lambda+\mu)t-\sqrt{2(\lambda+\mu)}\tanh\sqrt{2(\lambda+\mu)}(x-a)\tilde{L}(a,t)\}d_t\tilde{L}(a,t).$$

Now we take the derivative of this in x at $x = a+$. Comparing this with what we get by using the Ito formula directly, using the results of the previous two lemmas, we obtain the required result.

Lemma 4.5 The process N has a bicontinuous version.

Proof: We restrict our considerations to the compact set $[z_1, z_2] \times [u_1, u_2]$ of the plane and we re-normalise by letting $N(z_1, .) \equiv 0$. Fix an integer $p \geq 2$ and note that

$$||N(x,s)-N(y,t)||_p \leq ||N(x,s)-N(x,t)||_p + ||N(x,t)-N(y,t)||_p$$

For fixed t we know that $\{N(y,t), y \geq x\}$ has a continuous martingale version, and so we can use the inequality of Burkholder-Davis-Gundy to get (using Lemma 4.3) the estimate

$$||N(x,t)-N(y,t)||_p^p \leq C_p\mathbf{E}[(2\int_x^y \tilde{L}(a,t)da)^{p/2}] \leq C(y-x)^{p/2}$$

where we use Jensen's inequality and the fact that we know the law of $\tilde{L}(a,t)$. Next we use the fact that $\{N(x,s) - N(x,t), x \geq z_1\}$ has a continuous version also to get (by the same reasoning) using this time Lemma 4.4

$$||N(x,t) - N(x,s)||_p^p \leq C_p \mathbf{E}[\left(2\int_{z_1}^{x} \tilde{L}(a,t)da\right)^{p/2}] \leq C(t-s)^{p/4}$$

when p is a multiple of 4. However then we calculate that

$$||N(x,s) - N(y,t)||_p^p \leq C||(x,s) - (y,t)||^{p/6}$$

provided p is a multiple of 12. The claim now follows by the Kolmogoroff criterion which we stated in the first section.

This even gives us a Hölder condition on the paths of both N and D. The following is our main theorem.

Theorem 4.6 The semimartingale $\{\tilde{L}(x,t), x \in R\}$ possesses a bicontinuous version of its canonical $\mathcal{E}^x$ decomposition, this decomposition being given explicitly by the following

$$\tilde{L}(x,t) = N(x,t) + \int_a^x 1_{(y<0)}(y)dy - \frac{d}{dt}\int_a^x \tilde{L}^2(y,t)dy$$

Moreover the quadratic variation satisfies the following properties

$$< \tilde{L}(.,t) >_x - < \tilde{L}(.,t) >= 2\int_a^x \tilde{L}(y,t)dy$$

If $0 \leq r \leq s < t$ then

$$< \tilde{L}(x,t) - \tilde{L}(x,s), \tilde{L}(x,r) > \equiv 0$$

Proof: This is a consequence of the previous three lemmas. Note how the identification of $D(x,t)$ follows because we now know that this process has a bicontinuous version. For by the remark following Lemma 4.2

$$\int_0^t (D(x,s) - D(a,s))ds = t\int_a^x 1_{(y<0)}dy - \int_a^x dy \int_0^t d_s\tilde{L}^2(y,s)$$

So the identification is immediate by the fundamental theorem of calculus applied pathwise.

We now look briefly at the process $\tilde{B}(x,t)$. This is not so important as $\tilde{L}$ so we give less detail.

Theorem 4.7 The process

$$\left\{\int_0^\infty e^{-\lambda t}\tilde{B}(x,t)dt, x \in R\right\}$$

is an $\mathcal{E}^x$ semimartingale with drift term given by

$$-2\int^x da \int_0^\infty e^{-\lambda t}\tilde{L}(a,t)d_t\tilde{B}(a,t)$$

Proof: We begin by proving that the process is a quasimartingale on every compact interval $[x,y]$. So we let $x = x_0 < x_1 < \ldots < x_n = y$ be a partition and consider the sum

$$\mathbf{E}\left[\sum|\mathbf{E}\left[\int_0^\infty e^{-\lambda t}dt[\tilde{B}(x_{i+1},t) - \tilde{B}(x_i,t)|\mathcal{E}^{x_i}\right]|\right] \tag{4.e}$$

However from Lemma 3.6 we can estimate for $x \geq a$

$$|\mathbf{E}[\int_0^\infty e^{-\lambda t}\{\tilde{B}(x,t) - \tilde{B}(a,t)\}dt|\mathcal{E}^a]| =$$

$$|\int_0^\infty e^{-\lambda t}\mathbf{E}[\tilde{B}(x,t\wedge T_a(x)) - a]dt + \int_0^\infty e^{-\lambda t}dt\int_0^\infty \mathbf{E}[Y_s - 1_{[0,t]}(s)|\mathcal{E}^a]d_s\tilde{B}(x,s)|$$

$$\leq \frac{1}{\lambda(x-a)} + |\int_0^\infty e^{-\lambda t}\mathbf{E}[\exp\{-\lambda\int_a^x L(b,r(a,t))db\} - 1|\mathcal{E}^a]d_t\tilde{B}(x,t)|$$

The conditional expectation computes from Lemma 3.3, so by the inequality of Burkholder-Davis-Gundy (in semimartingale form [3]) we have the bound

$$\mathbf{E}[|\int_0^\infty e^{-\lambda t}\mathbf{E}[\exp\{-\lambda\int_a^x L(b,r(a,t))db\} - 1|\mathcal{E}^a]d_t\tilde{B}(x,t)|] \leq$$

$$C\{\mathbf{E}[\left(\int_0^\infty e^{-2\lambda t}\lambda^2(x-a)^2\tilde{L}^2(a,t)dt\right)^{1/2}] + \mathbf{E}[\int_0^\infty e^{-\lambda t}\lambda(x-a)\tilde{L}(a,t)d_t\tilde{L}(a,t)]\}$$

for x sufficiently close to a. We can bound the first term by using Jensen's inequality to take the expectation inside the square root. And because we get the bound $C(x-a)$, it follows that the sum at (4.e) is bounded independently of the partition. This completes the proof that the process $\int_0^\infty e^{-\lambda t}\tilde{B}(x,t)dt$ is an $\mathcal{E}^x$ semimartingale. The calculation of the drift term is much the same as for $\tilde{L}$.

§5. Parameterised stochastic integrals and martingale representation

Recall that we have the decomposition

$$\tilde{L}(x,t) = N(x,t) + D(x,t)$$

where $N(.,t)$ is a martingale, and $D(.,t)$ has bounded variation. We introduce the following space of two-parameter processes. Denote by $\mathcal{H}$ the collection of equivalence classes of all processes $Z(x,t)$ which are measurable w.r.t. the product of the $\mathcal{E}^x$ predictable σ-algebra and the Borel σ-algebra on R^+ and which satisfy the condition

$$\|Z\|_2^2 = \mathbf{E}\left[2\int_0^\infty\int_{-\infty}^\infty Z^2(y,t)d_t\tilde{L}(y,t)dy\right] < +\infty$$

The equivalence relation is of course the usual one relative to this norm and it is clear that $\mathcal{H}$ is a Hilbert space. It is convenient to single out the collection $\mathcal{H}^a$ of elements of $\mathcal{H}$ which can be written in the form $Z(x,t) = \int_t^\infty K(x,s)ds$ where K is bicontinuous and $\mathcal{E}^x$ adapted with compact support in x. Notice that $K(x,t)$ is not required to be $\tilde{\mathcal{B}}(x,t)$ adapted. Then by Theorem 1.9, since continuous processes are predictable, we can define the stochastic integral $\int_{-\infty}^x K(y,t)d_y\tilde{L}(y,t)$ for each fixed value of t. This enables us to produce a martingale as follows.

Lemma 5.1 For each $Z(x,t) = \int_t^\infty K(x,s)ds$ in $\mathcal{H}^a$ the process

$$\int_0^\infty dt\int_{-\infty}^x K(y,t)d_y\tilde{L}(y,t) - \int_0^\infty dt\int_{-\infty}^x 1_{(y<0)}K(y,t)dy$$

$$+\int_0^\infty\int_{-\infty}^x K(y,t)d_t\tilde{L}^2(y,t)dy$$

is a continuous square integrable $\mathcal{E}^x$ martingale whose increasing process is equal to $\int_0^\infty \int_{-\infty}^x Z^2(y,t)d_t\tilde{L}^2(y,t)dy$.

Proof: From Theorem 4.6 we can write the above expression as

$$\int_0^\infty dt \int_{-\infty}^x K(y,t)d_yN(y,t)$$

By Fubini this is a continuous martingale. For the calculation of the increasing process, we know from Theorem 4.6 that

$$< \int^{\cdot} K(y,t)d_y\tilde{L}(y,t), \int^{\cdot} K(y,s)d_y\tilde{L}(y,s) >_x = 2\int^x K(y,t)K(y,s)\tilde{L}(y,t\wedge s)dy$$

Now use the bilinearity of the bracket operation to find that the increasing process of the above martingale is given by

$$2\int_0^\infty dt \int_0^\infty ds \int^x K(y,t)K(y,s)\tilde{L}(y,t\wedge s)dy$$

The proof is completed by replacing $\tilde{L}(y,t\wedge s)$ by the corresponding integral and changing the order of integration (twice).

When Z is an element of $\mathcal{H}^a$ then we shall write the above martingale as $\int^x Z(y,t)\partial\tilde{L}(y,t)$. Obviously this does not depend on the choice of representation for Z. The next step is to extend this definition to all of $\mathcal{H}$.

Theorem 5.2 The above mapping extends uniquely to an isometry from $\mathcal{H}$ into the space of square integrable continuous $\mathcal{E}^x$ martingales.

Proof: By Lemma 5.1 if Z lies in $\mathcal{H}^a$ then the martingale $\int^x Z(y,t)\partial\tilde{L}(y,t)$ is continuous. However $\mathcal{H}^a$ is a dense collection in $\mathcal{H}$ so that if $\{Z_n\}$ is a sequence which converges to Z in the norm then the corresponding martingales form a Cauchy sequence in the martingale H_2 norm. Therefore this defines a unique continuous square integrable martingale.

It is convenient to use the notation $\int^x Z(y,t)\partial\tilde{L}(y,t)$ for the extended mapping also. Notice that we have now proved that the martingales of this type form a closed linear subspace of the square integrable $\mathcal{E}^x$ martingales. The hard part is to prove that it is a dense subspace. This is made easier by the fact that $\mathcal{H}^a$ suffices to represent the martingales arising from the conditional excursion formulae of Williams. First we introduce some more notation. As in [6] we shall write

$$K_t(n,\lambda,\mathbf{f}) = K_t(\lambda_1,\lambda_2,\ldots,\lambda_n; f_1,f_2,\ldots f_n)$$
$$= \int_0^t dt_n e^{-\lambda_n t_n} f_n(B_{t_n}) \int_0^{t_n} \cdots \int_0^{t_2} dt_1 e^{-\lambda_1 t_1} f_1(B_{t_1})$$

where the functions $\{f_n\}$ are always assumed to be continuous and to have compact support. Also it will be convenient to let $K_t(0,\lambda,\mathbf{f}) \equiv 1$. Note that here we do not require all the functions to vanish below a pre-determined level as in [6] so that the nth order formulae will necessarily be more complicated. The point is of course that these random variables, with n, $\{\lambda_n\}$, and $\{f_n\}$ all varying, generate the σ-field $\mathcal{E}^\infty$. Their projection along the excursion filtration provides us with a dense family of martingales.

Our immediate task is to examine the first order conditional excursion formulae.

$$\mathbf{E}[\int_0^\infty e^{-\lambda t} f(B_s) ds | \mathcal{E}^x] = R_\lambda^x f(0) + \exp\{\sqrt{2\lambda} x^-$$
$$[R_\lambda^x f'(x+) \int_0^\infty \exp\{-\lambda s - \sqrt{2\lambda}\tilde{L}(x,s)\} d_s \tilde{L}(x,s) +$$
$$\int_0^\infty \exp\{-\lambda s - \sqrt{2\lambda}\tilde{L}(x,s)\} f(\tilde{B}(x,s)) ds] \qquad (5.a)$$

The term which now causes trouble is the absolutely continuous integral in (5.a). The point is that, a priori, there is no reason to suppose that this does not contribute to the martingale part.

First recall from Corollary 1.5 the evaluation

$$\mathbf{E}[\exp\{-\lambda\tau(x,\xi)\} | \mathcal{E}^x] = \exp\{-\lambda\xi - \sqrt{2\lambda}\tilde{L}(x,\xi) - \sqrt{2\lambda}x^-\}$$

where $\xi \geq 0$ is any $\mathcal{E}^x$ measurable random variable.

Lemma 5.3 The martingale part of (5.a) can be written in the form

$$C + \int^x Z(y,t)\partial\tilde{L}(y,t)$$

for some Z in $\mathcal{H}^a$.

Proof: Looking at $(5.a)$ as a function of x we see that the first term on the r.h.s. contributes only a drift. So we concentrate on the two integrals. For the first one we can integrate by parts and get

$$\exp\{\sqrt{2\lambda}x^-\}R_\lambda^x f'(x+)\frac{1}{\sqrt{2\lambda}}[1-\lambda\int_0^\infty \exp\{-\lambda t-\sqrt{2\lambda}\tilde{L}(x,t)\}dt]$$

So by Ito's formula and Fubini this contributes the martingale term

$$\lambda\int_0^\infty dt\int_{-\infty}^x \exp\{\sqrt{2\lambda}y^-\}R_\lambda^y f'(y+)\exp\{-\lambda t-\sqrt{2\lambda}\tilde{L}(y,t)\}d_yN(y,t)$$

By the occupation density formula the absolutely continuous integral can be written as

$$\int^x f(y)dy\int_0^\infty \mathbf{E}[\exp\{-\lambda\tau(y,t)\}|\mathcal{E}^x]d_t\tilde{L}(y,t)$$

which makes it clear that the martingale contribution comes from the conditional expectation part. Consequently, using Fubini, we see that it is given by

$$-\sqrt{2\lambda}\int_0^\infty dt\int_{-\infty}^x \exp\{-\sqrt{2\lambda}y^- -\lambda t-\sqrt{2\lambda}\tilde{L}(y,t)\}f(\tilde{B}(y,t))d_yN(y,t).$$

And this has the required form.

Theorem 5.4 Every martingale of the form $\mathbf{E}[K_\infty(n,\lambda,f)|\mathcal{E}^x]$ can be written as

$$C+\int_0^\infty dt\int_{-\infty}^x K(y,t)d_yN(y,t)$$

where $Z(x,t)=\int_t^\infty K(x,s)ds$ is in $\mathcal{H}^a$.

Proof: We only need to look at these for $n>1$. However the inductive step is rather messy so we proceed in a more descriptive way. Consider for the moment the situation where the process starts at x. Then, by [7] Lemma 3.1 or Theorem 3.1 we have

$$\mathbf{E}_x[\int_0^\infty e^{-\mu t}g(B_t)K_t(n,\lambda,\mathbf{f})dt|\mathcal{E}^x]=$$

$$R_\lambda^x f'(x+)\int_0^\infty dt\mathbf{E}_x[\exp\{-\mu\tau(x,t)\}K_{\tau(x,t)}(n,\lambda,\mathbf{f})|\mathcal{E}^x]d_t\tilde{L}(x,t)+$$

$$\int_0^\infty dt\mathbf{E}_x[\exp\{-\mu\tau(x,t)\}K_{\tau(x,t)}(n,\lambda,\mathbf{f})|\mathcal{E}^x]g(\tilde{B}(x,t))dt \qquad (5.b)$$

Now let us consider the conditional expectation part on the r.h.s. of (5.b). It will split into two terms, corresponding respectively to the excursions below and above the level x. The first term is given by

$$\int_0^t \mathbf{E}_x[\exp\{-\mu\tau(x,t) - \lambda_n\tau(x,s)\}K_{\tau(x,s)}(n-1,\lambda,\mathbf{f})|\mathcal{E}^x]f_n(\tilde{B}(x,s))ds$$

But since $s < t$ we can use the conditional independence result of Lemma 1.2 at time $\tau(x,s)$ to see that this equals

$$\int_0^t \exp\{-\mu(t-s) - \sqrt{2\mu}[\tilde{L}(x,t) - \tilde{L}(x,s)]\}$$

$$\mathbf{E}_x[\exp\{-(\mu+\lambda_n)\tau(x,s)\}K_{\tau(x,s)}(n-1,\lambda,\mathbf{f})|\mathcal{E}^x]f_n(\tilde{B}(x,s))ds$$

where we have evaluated the conditional expectation of $\tau(x,t) - \tau(x,s)$ by using Lemma 1.2 and Corollary 1.5. The point is that we have now moved the variable t outside the conditional expectation. The second term can be treated by applying [7] Lemma 3.2 so that again the variable t comes out of the conditional expectation. Continuing this procedure, using [7] Lemmas 3.1 and 3.2 when we need to look at the excursions above x and Lemma 1.2 when we look at the process below x, we eventually obtain that (5.b) can be expressed as a sum of a number of terms of the form

$$\int_0^\infty dI(0,t)\int_0^t dI(1,t_1)\ldots\int_0^{t_{n-1}} dI(n,t_n) \tag{5.c}$$

where each $dI(j,s)$ can be written in one of the two forms

$$dI(j,s) = F(x)\exp\{-\lambda s - \sqrt{2\lambda}\tilde{L}(x,s)\}d_s\tilde{L}(x,s)$$

or

$$dI(j,s) = F(\tilde{B}(x,s))\exp\{-\lambda s - \sqrt{2\lambda}\tilde{L}(x,s)\}ds \tag{5.d}$$

Now we want to remove the singular processes. This we can do by changing the order of integration, bringing each one in turn to the extreme r.h.s. of (5.c) and then integrating by parts. This is possible because the relevant term will never contain any explicit dependence on $\tilde{B}(x,s)$ and it yields a process of the form $F(x)\exp\{-\lambda s - \sqrt{2\lambda}\tilde{L}(x,s)\}$ plus an absolutely continuous integral. Hence we can assume that in (5.c) all integrands are of the form (5.d). Now look at the integrand in the multiple integral of (5.c) and apply Ito's formula to obtain its martingale part, just as we did for the first order case, only that now there will be up to n terms. This supplies us with a parameterised stochastic integral of the required form provided we use a stochastic Fubini theorem to bring the integrating processes to the front. Finally we look at the contribution from the initial excursion. We will decompose (5.b) at time T_x so that the l.h.s. can now be written as

$$\mathbf{E}[\int_0^{T_x} e^{-\mu t} g(B_t) K_t(n,\lambda,\mathbf{f}) dt | \mathcal{E}^x] + \mathbf{E}[\int_{T_x}^{\infty} e^{-\mu t} g(B_t) K_t(n,\lambda,\mathbf{f}) dt | \mathcal{E}^x]$$

The first term does not have a martingale part, and it is independent of $\mathcal{E}^x$. The second term can be further decomposed by repeating the procedure on the first integral in $K_t(n,\lambda,\mathbf{f})$. This gives

$$\mathbf{E}[\int_{T_x}^{\infty} e^{-\mu t} g(B_t) dt \int_0^{T_x} e^{-\lambda_1 s} f_1(B_s) K_s(n-1,\lambda,\mathbf{f}) ds | \mathcal{E}^x] \quad +$$

$$\mathbf{E}[\int_{T_x}^{\infty} e^{-\mu t} g(B_t) dt \int_{T_x}^{t} e^{-\lambda_1 s} f_1(B_s) K_s(n-1,\lambda,\mathbf{f}) ds | \mathcal{E}^x] \qquad (5.e)$$

We can apply the strong Markov property at time T_x to reduce the first part of (5.e) to the consideration of a first order conditional excursion formula, which we already know how to deal with. It is clear that we can repeat the procedure to get higher order formulae of the type we have just looked at and which we can therefore represent in the required form. The proof is now finished once we remark that by Corollary 2.2 (ii) the initial σ-field is trivial.

Corollary 5.5 The square integrable $\mathcal{E}^x$ martingales can all be represented as

$$C + \int^x Z(y,t) \partial \tilde{L}(y,t)$$

where Z is an element of $\mathcal{H}$.

Proof: By the theorem this holds for a dense set of $\mathcal{E}^x$ martingales. However the martingales which satisfy this representation property form a closed subspace of the square integrable $\mathcal{E}^x$ martingales.

REFERENCES

1. **Barlow, M.T. and Yor, M.** *(Semi-)martingale inequalities and local times, Zeit. für Wahrscheinlichkeitstheorie* **55**, 237-254 (1981).

2. **Davis, M.H.A. and Varaiya, P.** *The multiplicity of an increasing family of σ-fields*, *Ann. of Prob.* **2** 958-963 (1974).

3. **Dellacherie, C. et Meyer, P.A.** *Probabilités et potentiel (Théorie des martingales)*. Herman, Paris, 1980.

4. **El-Karoui, N. et Chaleyat-Maurel, M.** *Un problème de réflexion et ses applications au temps local et aux équations différentielles stochastiques sur R - cas continu.* In: Temps Locaux, Astérisque *Vol. 52/3*, Soc. Math. France, 1977.

5. **Maisonneuve, B.** *Exit systems. Ann. Prob.* **3**, 399-411, (1975).

6. **McGill, P.** *Markov properties of diffusion local time : a martingale approach Adv. Appl. Prob.* **14** , 789-810 (1982).

7. **McGill, P.** *Calculation of some conditional excursion formulae. Zeit. für* Wahrscheinlichkeitstheorie **61**, 255-260 (1982).

8. **McGill, P.** *Time changes of Brownian motion and the conditional excursion theorem.* In: Lect. Notes in Math. *1095* Springer-Verlag, Berlin and New York, 1984.

9. **McGill, P.** *Quelques propriétés du compensateur du processus des excursions browniennes.* Comptes Rendus Acad. *Sc.* **t. 298**, Série I, no. 15 357-359, (1984).

10. **Meyer, P.** *Flot d'une équation différentielle stochastique.* In: Séminaire de Probabilités *XV, 103-117*, Lecture Notes in Mathematics *Vol. 850* , Springer-Verlag, Berlin and New York, 1981.

11. **Stricker C. and Yor, M.** *Calcul stochastique dépendant d'un paramètre, Zeit. für* Wahrscheinlichkeitstheorie **45**, 109-133 (1978).

12. **Walsh, J.B.** *Excursions and local time.* In: Temps Locaux, Astérisque *Vol. 52/3*, Soc. Math. France, 1977.

13. **Walsh, J.B.** *Stochastic integration with respect to local time.* In: Seminar on stochastic processes *1982*, Birkhaüser, Basel 1983.

14. **Williams, D.** *Markov properties of Brownian local time. Bull. Amer. Math. Soc.* **75**, 1055-56 (1969).

15. **Williams, D.** *Conditional excursion theory. In: Séminaire de Probabilité XIII, Lect. Notes in Math. 721*, Springer-Verlag, Berlin and New York, 1979.

16. **Williams, D.** *Diffusions, Markov processes, and martingales.* Wiley, Chichester, 1979.

17. **Yamada, T. and Ogura, Y.** *On the strong comparison theorems for the solutions of stochastic differential equations, Zeit.* für Wahrscheinlichkeitstheorie **56**, 3-19 (1981).

PROCESSUS PONCTUELS STATIONNAIRES ASYMPTOTIQUEMENT GAUSSIENS ET COMPORTEMENT ASYMPTOTIQUE DE PROCESSUS DE BRANCHEMENT SPATIAUX SUR-CRITIQUES

J. NEVEU

Dans l'étude asymptotique des processus de branchement spatiaux, on suppose fréquemment que, à l'instant initial, le processus est poissonien bien que cette hypothèse ne soit pas naturelle car le caractère poissonien n'est pas préservé par le mécanisme du branchement. Par contre, la propriété d'un processus ponctuel stationnaire d'être asymptotiquement gaussien au sens de la définition du paragraphe 1, est stable par un branchement stationnaire (lemme 1)

Le résultat que nous démontrons dans le second paragraphe nous paraît bien simplifier l'étude analytique du comportement asymptotique des processus sur-critiques. Nous ne l'avons pas trouvé énoncé dans la littérature mais l'idée qui lui est sous-jacente est indubitablement tout-à-fait classique. A titre d'illustration, nous l'avons appliqué à la démonstration d'un théorème de Dawson *(proposition 3 b)* en profitant de la première partie de cette note pour nous affranchir de l'hypothèse poissonienne faite sur le processus initial par cet auteur.

PROCESSUS PONCTUELS STATIONNAIRES SUR R^d ASYMPTOTIQUEMENT GAUSSIENS

Soit N un processus ponctuel sur R^d, de loi stationnaire (i.e. invariante par les translations de R^d) et de carré intégrable (i.e. telle que $E[N(G)^2] < \infty$ pour tout (= pour un) ouvert borné non vide de R^d). Si λ désigne la mesure de Lebesgue de R^d, les deux premiers moments de N sont alors de la forme

$$E[N(\cdot)] = \theta\, \lambda(dx) \text{ sur } R^d,$$

(1)

$$E[N \otimes N] = \theta^2\, \lambda(dx)\lambda(dy) + \lambda(dx)\sigma(dy-x) \quad \text{sur } R^d \times R^d$$

pour un réel $\theta \geq 0$ et une mesure de Radon symétrique σ sur R^d de sorte que

(1') $$E[N(f)] = \theta\, \lambda(f)\ , \quad Var[N(f)] = \sigma(f * \check{f})$$

au moins pour toute fonction borélienne bornée à support compact $f : R^d \to R$ (on note $\check{f}$ la fonction $\check{f}(x) = f(-x)$). Dans le cas particulier d'un processus ponctuel de Poisson stationnaire N, la mesure σ vaut simplement $\theta\varepsilon_0$.

Nous dirons que <u>N est du second ordre</u> si la mesure σ est bornée sur R^d ; dans ce cas $N(f)$ est une v.a.r. bien définie et de carré intégrable pour toute fonction $f \in L^1 \cap L^2(R^d, \lambda)$ et les formules ci-dessus sont valables pour ces fonctions. Les images d'un tel processus ponctuel N par les homothéties $x \to ax$ de R^d ($a \in R_+^*$) sont telles que lorsque $a \uparrow \infty$

(2) $$a^d\, E([a^{-d} \int N(dx)\, f(\tfrac{x}{a}) - \theta \int dx\, f(x)]^2) \to \sigma(R^2) \int dx\, f^2(x)$$

si $f \in L^1 \cap L^2$; le premier membre vaut en effet d'après ce qui précède

(2') $$a^{-d} \int d\sigma\, f(\tfrac{\cdot}{a})_* f(\tfrac{\cdot}{a}) = \int d\sigma(x)\, f*\check{f}(\tfrac{x}{a}) \leq \|\sigma\|\ \|f\|_2^2$$

et la fonction $f*\check{f}$ est continue bornée sur R^d puisque $f \in L^2$, de sorte que le second membre tend vers $\sigma(R^d)\, f*\check{f}(o)$ lorsque $a \uparrow \infty$. Notons que la formule (2) qui montre que

$$a^{-d} \int N(dx)\, f(\tfrac{x}{a}) \to \theta \int dx\, f(x)$$

dans $L^2(\Omega)$ lorsque $a \uparrow \infty$ si $f \in L^1 \cap L^2$, entraîne par un argument de densité que cette convergence a lieu aussi dans $L^1(\Omega)$ pour toute $f \in L^1(R^d)$.

Nous dirons ensuite qu'un processus ponctuel stationnaire est <u>asymptotiquement gaussien</u> s'il est du second ordre et si pour toute fonction $f \in L^1 \cap L^2$, la variable aléatoire

(3) $$a^{d/2}[a^{-d} \int N(dx)\, f(\tfrac{x}{a}) - \theta \int dx\, f(x)]$$

tend en loi vers une v.a. gaussienne (nécessairement centrée et de variance égale à $\sigma(R^d) \int dx\, f(x)^2$ d'après ce qui précède). Il est bien connu que les processus ponctuels de Poisson stationnaires sont asymptotiquement gaussiens au sens précédent, mais à la différence des processus de Poisson, les processus asymptotiquement gaussiens jouissent de la propriété de stabilité par branchement que décrit le lemme ci-dessous.

Soit Q une probabilité définie sur l'espace M_b^+ des mesures ponctuelles bornées sur R^d telle que

$$c := \int_{M_b^+} [\nu(R^d)]^2\, Q(d\nu) < \infty .$$

Associons lui un réel $m \geq o$, une probabilité μ sur R^d et une mesure signée bornée et symétrique C sur $R^d \times R^d$ par les formules

$$\int_{M_b^+} \nu(\cdot)\, Q(d\nu) = m\,\mu(\cdot) \quad \text{et donc} \quad \int_{M_b^+} \nu(R^d)\, Q(d\nu) = m\,,$$

(4)

$$\int_{M_b^+} \nu\otimes\nu(\cdot)\, Q(d\nu) = m^2\ \mu\otimes\mu + C \quad \text{sur} \quad R^d \times R^d\ ;$$

la variable aléatoire $\nu \to \nu(f)$ sur (M_b^+, Q) possède donc alors l'espérance $m\,\mu(f)$ et la variance $C(f\otimes f)$, pour toute fonction borélienne bornée $f : R^d \to R$. Remarquons aussi que si $\check{\mu}$ désigne l'image de μ par l'application $x \to -x$ de R^d dans R^d, le produit de convolution $\mu * \check{\mu}$ est l'image de la mesure produit $\mu\otimes\mu$ par l'application $(x,y) \to x - y$ de $R^d \times R^d$ dans R^d de sorte que si γ désigne l'image de la mesure C ci-dessus par cette même application, la dernière formule (4) entraîne que

(4') $$\int \nu * \check{\nu}\ Q(d\nu) = m^2\ \mu * \check{\mu} + \gamma \quad \text{sur} \quad R^d.$$

Etand donné un processus ponctuel stationnaire N_o sur R^d et une probabilité Q sur M_+^p , considérons alors un second processus ponctuel N_1 dont la loi conditionnelle en N_o soit celle de

$$\sum_j \varepsilon_{x_j} * \nu_j \qquad \text{si} \quad N_o = \sum_j \varepsilon_{x_j}$$

et si les ν_j sont des processus ponctuels indépendants de même loi Q (ne dépendant donc pas de N_o). Dans ces conditions, on a la propriété de stabilité suivante :

LEMME 1.- *Pourvu que* $\int \nu(R^d)\, Q(d\nu) < \infty$, *le processus ponctuel* N_1 *est stationnaire de carré intégrable dès que* N_o *l'est et plus précisément*

(5) $$\theta_1 = m\,\theta_o\ ,\ \sigma_1(\cdot) = m^2\ \sigma_o*(\mu * \check{\mu}) + \theta_o\,\gamma\ .$$

De plus N_1 *est asymptotiquement gaussien dès que* N_o *l'est.*

Démonstration : La première partie du lemme est classique et facile à démontrer. Puisque $N_1(f) = \sum_j \int \nu_j(dy)\ f(x_j + y)$ lorsque $N_0 = \sum_j \varepsilon_{x_j}$, les propriétés des ν_j entraînent que

$$E[N_1(f)/N_0] = \sum_j m\int\mu(dy)\ f(x_j + y) = m\ N_0\ (f * \check{\mu})$$

$$E[(N_1(f) - E[N_1(f)/N_0])^2/N_0]$$

$$= \sum_j \iint C(dydz)\ f(x_j + y)\ f(x_j + z)$$

$$= \int N_0(dx) \iint C(dydz)\ f(x + y)\ f(x + z)\ .$$

Il s'ensuit que

$$E[N_1(f)] = m\ \theta_0\ \lambda(f * \check{\mu}) = m\ \theta_0\ \lambda(f)$$

de sorte que $\theta_1 = m\ \theta_0$, et que

$$\mathrm{Var}[N_1(f)] = \mathrm{Var}(N_1(f) - E[N_1(f)/N_0]) + \mathrm{Var}(E[N_1(f)/N_0])$$

$$= \theta_0 \int dx \iint C(dydz)\ f(x + y)\ f(x + z) + m^2\ \sigma_0(f * \check{\mu} * \check{f} * \mu)$$

$$= \theta_0 \int \gamma(du)\ f * \check{f}(u) + m^2\ \sigma_0 * \mu * \check{\mu}\ (f * \check{f})$$

ce qui donne σ_1 .

Pour établir la seconde partie du lemme, il s'agit d'étudier le comportement asymptotique $(a \uparrow \infty)$ de la loi de la variable aléatoire

$$\int N_1(dx)\ f(\frac{x}{a}) = \sum_j \int \nu_j(dy)\ f(\frac{x_j + y}{a})$$

Mais asymptotiquement les mesures ponctuelles ν_j n'interviennent que par leurs masses totales car lorsque $a \uparrow \infty$

$$a^{-d} E([\sum_j \nu_j(dy)\ f(\frac{x_j + y}{a}) - \sum_j \nu_j(R^d)\ f(\frac{x_j}{a})]^2) \to 0$$

si $f \in L^1 \cap L^2$. En effet le premier membre vaut encore

$$a^{-d}\, \theta_o \int dx \int Q(d\nu)\, [\int \nu(dy)\, f(\frac{x+y}{a}) - \nu(R^d)\, f(\frac{x}{a})]^2$$

$$= \iiint Q(d\nu)\, \nu(dy)\, \nu(dz)\, [f * \check{f}(\frac{y-z}{a}) - f * \check{f}(\frac{y}{a}) - f * \check{f}(\frac{z}{a}) + f * \check{f}(0)]$$

et tend vers zéro lorsque $a \uparrow \infty$ par la continuité de $f * \check{f}$. Il s'agit donc de démontrer que les lois des v.a.

$$Z_a = a^{d/2}\, [a^{-d} \sum_j \nu_j(R^d)\, f(\frac{x_j}{a}) - \theta_1 \int dx\, f(\frac{x}{a})]$$

tendent vers une loi gaussienne lorsque $a \uparrow \infty$.

Après avoir posé $U_j = \nu_j(R^d) - m$, écrivons que

$$Z_a = a^{-d/2} \sum_j U_j\, f(\frac{x_j}{a}) + m I_a$$

où

$$I_a = a^{d/2}\, [a^{-d} \int N_o(dx)\, f(\frac{x}{a}) - \theta_o \int dx\, f(x)]$$

puis, en désignant par φ la fonction caractéristique commune des U_j que

$$E[\exp[it\, a^{-d/2} \sum_j U_j\, f(\frac{x_j}{a})]/N_o] = \prod_j \varphi[t a^{-d/2}\, f(\frac{x_j}{a})]$$

Mais comme les U_j sont des v.a. centrées de variances c, on peut trouver une fonction positive continue bornée η sur R_+, nulle à l'origine telle que

$$|\varphi(t) - \exp(-\frac{c}{2} t^2)| \leq t^2\, \eta(|t|) \qquad (t \in R)$$

et alors

$$E|\prod_j \varphi[t a^{-d/2} f(\frac{x_j}{a})] - \exp[\frac{-c}{2} t^2\, a^{-d} \sum_j f^2(\frac{x_j}{a})]|$$

$$\leq t^2\, a^{-d}\, E(\sum_j f^2(\frac{x_j}{a})\, \eta[|t| a^{\frac{-d}{2}} |f(\frac{x_j}{a})|])$$

$$= t^2\, \theta_o \int dx\, f^2(x)\, \eta[|t| a^{-d/2}\, |f(x)|]$$

$\to 0$ lorsque $a \uparrow \infty$ par convergence dominée. Il résulte de ces calculs que

$$E[\exp(it Z_a)]$$

$$= E(E(\exp[it\, a^{-d/2} \sum_j U_j\, f(\frac{x_j}{a})]/N_o) \,.\, \exp(itm\, I_a))$$

$$= E(\exp[\frac{-c}{2} t^2 a^{-d} \int N_0(dx) f^2(\frac{x}{a})] . \exp(itm I_a)) + o(1)$$

lorsque $a \uparrow \infty$.

Mais d'une part la v.a. réelle positive $a^{-d} \int N_0(dx) f^2(\frac{x}{a})$ converge dans L^1 vers $\theta_0 \int dx f^2(x)$ lorsque $a \uparrow \infty$ puisque $f^2 \in L^1(R^d)$ tandis que d'autre part, la loi de I_a tend, par hypothèse, vers une loi gaussienne centrée de variance $\sigma_0(R^d) \int dx f^2(x)$ lorsque $a \uparrow \infty$. Cela implique facilement que

$$E[\exp(itZ_a)] \to \exp[\frac{-1}{2} t^2 [c \theta_0 + m^2 \sigma_0(R^d)] \int dx f^2(x)]$$

lorsque $a \uparrow \infty$ pour tout $t \in R$ et termine la démonstration □

COMPORTEMENT ASYMPTOTIQUE DES PROCESSUS DE BRANCHEMENT SUPER CRITIQUES

Etant donné une probabilité Q sur l'espace M_b^p des mesures ponctuelles finies sur R^d , une suite $(N_n, n \geq 0)$ de processus ponctuels sur R^d définis sur un même espace de probabilité sera appelé un processus de branchement de loi Q si pour tout $n \in N$, le processus ponctuel N_{n+1} suit conditionnellement par rapport à la tribu $\mathfrak{F}_n$ engendrée par $N_0, N_1, \ldots N_n$ la même loi que $\sum_j \varepsilon_{x_j} * \nu_j$ lorsque $N_n = \sum_j \varepsilon_{x_j}$ et lorsque les processus ponctuels finis ν_j sont indépendants entre eux et de même loi Q (ne dépendant donc pas de $\mathfrak{F}_n$). Sur la loi Q , nous supposerons que $c := \int \nu(R^d)^2 Q(d\nu) < \infty$ et conserverons les notations du paragraphe précédent. Sur le processus ponctuel initial N_0 , nous supposerons soit que $\theta_0 := E[N_0(R^d)] < \infty$

soit que la loi de N_0 est stationnaire et que

$$E[N_0(\cdot)] = \theta_0 \lambda(\cdot) \qquad (\lambda : \text{mesure de Lebesgue})$$

pour un $\theta_0 < \infty$; dans le deuxième cas il est clair que les processus ponctuels N_n ont tous une loi stationnaire (parce que la loi Q des ν_j ne dépend pas des x_j) .

Au premier ordre, la propriété de branchement implique que

$$E^{\mathfrak{F}_n}[N_{n+1}(f)] = m N_n * \mu(f) = m N_n(f * \check{\mu})$$

pour toute fonction borélienne $f : R^d \to R_+$, quel que soit n et donc aussi que

$$E^{\mathfrak{F}_n}[N_{n+k}(f)] = m^k N_n(f * \check{\mu}^k) \qquad (n, k \in N)$$

Cette formule suggère évidemment que dans l'étude du comportement asymptotique des N_n, la v.a. $N_{n+k}(f)$ doit être comparée à $m^k N_n(f * \check{\mu}^k)$ et non pas à $m^k N_n(f)$. Notons aussi que suivant l'hypothèse faite sur N_o, la formule précédente entraîne que

$$E[N_n(R^d)] = \theta_n \quad \text{resp.} \quad E[N_n(\cdot)] = \theta_n \lambda(\cdot)$$

avec dans les deux cas $\theta_n = \theta_o m^n (n \in N)$.

Le lemme suivant nous paraît fondamental dans l'étude asymptotique des processus de branchement super-critiques.

<u>Lemme 2.</u>- *Pourvu que* $m > 1$ *(cas super-critique), pour tout entier* $n \in N$ *et toute fonction borélienne* f *sur* R^d, *on a quel que soit* $k \in N$

$$E([m^{-(n+k)} N_{n+k}(f) - m^{-n} N_n(f * \check{\mu}^k)]^2) \leq \frac{K\theta_o}{m^n} \|f\|^2$$

où K *désigne une constante ne dépendant que de* Q *et où* $\|f\|$ *désigne la norme* $\sup_x |f(x)|$ *si* $E[N_o(R^d)] = \theta_o$ *est supposé fini, resp. la norme de* f *dans* $L^2(R^d,\lambda)$ *si* N_o *est supposé stationnaire d'intensité* θ_o *finie.*

Comme la majoration précédente est uniforme en k, ce lemme ramène l'étude du comportement asymptotique de $m^{-p} N_p(f)$ $(p \to \infty)$ essentiellement à celle de la suite de fonctions $f * \check{\mu}^k (k \to \infty)$; or beaucoup de résultats sont connus sur le comportement asymptotique de $\mu^{k*} (k \to \infty)$! Le lemme précédent est aussi tout-à fait intuitif : il exprime en effet que pour un processus de branchement supercritique, en dehors de l'extinction, la loi des grands nombres s'applique au processus translaté $(N_{n+k}, k \geq 0)$ dès que n est assez grand pour que N_n soit grand, compte tenu de ce que les populations issues des individus de la énième génération sont indépendantes et équidistribuées.

<u>Démonstration</u> : Commençons par remarquer que conditionnellement en $\mathfrak{F}_n$ et lorsque $N_n = \sum_j \varepsilon_{x_j}$,

$$N_{n+1}(f) - m N_n(f * \check{\mu}) = \sum_j \int [\nu_j(dy) - m\mu(dy)] f(x_j + y)$$

de sorte que

$$E^{\mathfrak{F}_n}([N_{n+1}(f) - m N_n(f * \check{\mu})]^2) = \sum_j F(x_j) = \int N_n(dx) F(x)$$

si

$$F(x) := \iint C(dydz)\, f(x+y)\, f(x+z) \qquad (x \in R^d)\ .$$

Comme la mesure C est bornée par hypothèse, on a

$$\|F\|_{sup} \le \|C\|\ \|f\|^2_{sup} \text{ et } \|F\|_1 \le \|C\| \cdot \|f\|^2_2$$

si $\|C\| = \iint |C|(dydz)$. Il s'ensuit immédiatement que

$$E([N_{n+1}(f) - m\, N_n(f * \check{\mu})]^2) = \int E\, N_n(dx)\, F(x)$$
$$\le C\theta_n\ \|f\|^2$$

où $\|f\|$ désigne la norme $\|f\|_{sup}$ ou la norme $\|f\|_2$ selon l'hypothèse faite sur N_o . (On notera que les v.a. $N_{n+1}(f) - m\, N_n(f * \check{\mu})$ sont de carrés intégrables par suite des hypothèses faites sur Q sans supposer nécessairement que N_o est de carré intégrable, mais seulement que $\theta_o < \infty$) .

La démonstration du lemme repose alors simplement sur l'orthogonalité de la décomposition

$$m^{-(n+k)}\, N_{n+k}(f) - m^{-n}\, N_n(f * \check{\mu}^k)$$
$$= \sum_{j=o}^{k-1} [m^{-(n+j+1)}\, N_{n+j+1}(f * \check{\mu}^{k-j-1}) - m^{-(n+j)} N_{n+j}(f * \check{\mu}^{k-j})]$$

qui provient de ce que chaque terme du second membre appartient à $L^2(\mathfrak{F}_{n+j+1})$ et est orthogonal à $L^2(\mathfrak{F}_{n+j})$ resp. . Cette orthogonalité entraîne en effet avec l'inégalité ci-dessus que :

$$E([m^{-(n+k)} N_{n+k}(f) - m^{-n}\, N_n(f * \check{\mu}^k)]^2)$$
$$\le \sum_{j=o}^{k-1} m^{-2(n+j+1)}\, C\, \theta_{n+j}\ \|f\|^2$$

compte tenu de ce que $\|f * \check{\mu}^j\| \le \|f\|$ pour la norme sup comme pour la norme L^2 ; enfin puisque $\theta_{n+j} = \theta_o\, m^{n+j}$, la borne précédente est majorée pour tout $k \ge 0$ par

$$\sum_{j=o}^{\infty} m^{-2(n+j+1)}\, C\theta_o\, m^{n+j}\, \|f\|^2 = \frac{C}{m(m-1)}\, \frac{1}{m^n}\, \|f\|^2$$

pourvu que $m > 1$ □

Pour terminer cette note, montrons que les résultats de la proposition suivante se déduisent facilement et naturellement du lemme précédent. La difficulté a priori de ces résultats tient à la double présence du paramètre n qui apparaît à la fois dans la suite N_n et dans la normalisation des fonctions $f(x/\sqrt{n})$, mais le lemme précédent permet précisément de fixer le premier de ces n...

PROPOSITION .- *On suppose que* $m > 1$ *et que la probabilité* μ *sur* R^d *est centrée de variance finie ; on désigne par* G *la loi de Gauss centrée sur* R^d *de même covariance que* μ .

a) Si $EN_o(R^d) = \theta_o < \infty$, *la limite* $W = \lim_{n\to\infty} m^{-n} N_n(R^d)$

existe p.s. et dans L^2. *De plus pour toute fonction continue bornée* f

$$m^{-n} \int N_n(dx)\, f(\frac{x}{\sqrt{n}}) \to W \int f dG$$

dans L^2 *lorsque* $n \to \infty$.

b) Si N_o *est stationnaire du second ordre, pour toute fonction* f *de* $L^1 \cap L^2$

$$n^{\frac{+d}{2}} E([m^{-n}\, n^{\frac{-d}{2}} \int N_n(dx)\, f(\frac{x}{\sqrt{n}}) - \theta_o \lambda(f)]^2) \to c\, \lambda[(f * G)^2]$$

lorsque $n \to \infty$, *la constante* c *étant donnée par*

$$c = \sigma_o(R^d) + \theta_o \frac{\gamma(R^d)}{m(m-1)} .$$

En outre, si N_o *est asymptotiquement gaussien, les variables aléatoires*

$$n^{\frac{d}{4}} [m^{-n}\, n^{\frac{-d}{2}} \int N_n(dx)\, f(\frac{x}{\sqrt{n}}) - \theta_o\, \lambda(f)]$$

convergent en loi vers des variables gaussiennes centrées de variances $c\, \lambda[(f * G)^2]$ *lorsque* $n \to \infty$, *pour tout* $f \in L^1 \cap L^2$.

Démonstration :

1) D'après le lemme, la suite $(m^{-n} N_n(R^d)\ ,\ n \geq 0)$ est une suite de Cauchy dans L^2 et sa limite, soit W, est telle que

$$E([W - m^{-n} N_n(R^d)]^2) \leq \frac{K\theta_o}{m^n} .$$

Cette majoration géométrique entraîne la convergence presque sûre. Le résultat est d'ailleurs bien connu puisque $(N_n(R^d),\ n \geq 0)$ est un processus de Galton-Watson !

Pour toute fonction borélienne bornée f sur R^d , le lemme montre que

$$\| m^{-(n+k)} \int N_{n+k}(dx)\, f(\frac{x}{\sqrt{n+k}}) - m^{-n} \int N_n(dx) \int f(\frac{x+y}{\sqrt{n+k}})\, \overset{\vee}{\mu}{}^k(dy) \|^2_{L^2(\Omega)}$$

$$\leq \frac{K\theta_o}{m^n} \| f \|^2_{\sup}$$

tandis que le théorème de la limite centrale implique que pour toute fonction continue bornée f sur R^d

$$\lim_{k\to\infty} \int f\left(\frac{x+y}{\sqrt{n+k}}\right) \check{\mu}^{k}(dy) = \int f dG$$

quels que soient $x \in R^d$ et $n \in N$ fixés. Mais alors

$$m^{-n}\int N_n(dx)\int f\left(\frac{x+y}{\sqrt{n+k}}\right) \check{\mu}^{k}(dy) \to m^{-n}N_n(R^d)\int f dG$$

p.s. sur Ω car N_n est p.s. un processus ponctuel fini ; cette convergence a lieu aussi dans L^2 car le premier membre est dominé par la suite $(m^{-n} N_n(R^d)\|f\|, n \geq 0)$ qui converge dans L^2. Il s'ensuit que

$$\overline{\lim_{k\to\infty}} \|m^{-(n+k)}\int N_{n+k}(dx)\, f\left(\frac{x}{\sqrt{n+k}}\right) - m^{-n}\, N_n(R^d)\int f dG\|^2 \leq \frac{K\theta_o}{m^n}\|f\|^2$$

lorsque f est une fonction continue bornée sur R^d et il ne reste plus qu'à faire tendre $n \to \infty$ dans cette inégalité pour obtenir la première partie de la proposition.

2) Soit f une fonction de L^2 à laquelle nous associerons les fonctions

$$F_k^n(z) = \int f\left(z + \frac{y}{\sqrt{n+k}}\right) \mu^{k*}(dy) \qquad (n, k \in N)$$

pour pouvoir écrire que d'après le lemme

$$(n+k)^{-d/2}\, E([m^{-(n+k)}\int N_{n+k}(dx)\, f\left(\frac{x}{\sqrt{n+k}}\right) - m^{-n}\int N_n(dx)\, F_k^n\left(\frac{x}{\sqrt{n+k}}\right)]^2)$$

$$\leq K\theta_o\, m^{-n}\, \lambda(f^2)$$

Le théorème de la limite centrale entraîne d'autre part que les fonctions F_k^n tendent dans L^2 vers la fonction $f * G$ lorsque $k \to \infty$ car en utilisant la transformation de Fourier sur L^2

$$\int |F_k^n - f * G|^2\, dx = \int |\hat{F}_k^n - \hat{f}\hat{G}|^2\, dt$$

$$= \int |\hat{\mu}\left(\frac{-t}{\sqrt{n+k}}\right)^k - \hat{G}(t)|^2 |\hat{f}(t)|^2\, dt$$

$$\to 0$$

lorsque $k \to \infty$, n étant fixé

par convergence dominée. Il s'ensuit d'après (2') que

$$(n+k)^{-\frac{d}{2}} E([m^{-n}\int N_n(dx)[F_k^n(\frac{x}{\sqrt{n+k}}) - f * G(\frac{x}{\sqrt{n+k}})]]^2)$$

$$\leq m^{-2n}\|\sigma_n\|F_k^n - f * G\|_2^2$$

$$\to 0$$

lorsque $K \to \infty$, n étant fixé.

La conjonction du lemme 2 et du théorème de la limite centrale entraîne donc que pour tout $n \in N$

$$\overline{\lim_{k\to\infty}} (n+k)^{\frac{-d}{2}} E([m^{-(n+k)}\int N_{n+k}(dx)f(\frac{x}{\sqrt{n+k}}) - m^{-n}\int N_n(dx)f * G(\frac{x}{\sqrt{n+k}})]^2)$$

$$\leq \frac{K\theta_o}{m^n} \lambda(f^2)$$

En appliquant l'égalité (2) au processus ponctuel stationnaire N_n, on voit que

$$\lim_{k\to\infty} (n+k)^{\frac{-d}{2}} E([m^{-n}\int N_n(dx)f * G(\frac{x}{\sqrt{n+k}}) - \theta_o(n+k)^{\frac{d}{2}} \lambda(f * G)]^2)$$

$$= m^{-2n} \sigma_n(R^d) \lambda[(f * G)^2]$$

et comme d'après (5)

$$m^{-2n} \sigma_n(R^d) = \sigma_o(R^d) + \sum_{j=o}^{n-1} m^{-(j+2)} \theta_o \gamma(R^d)$$

$$\to \sigma_o(R^d) + \theta_o \gamma(R^d)/m(m-1) \quad \text{lorsque } n \uparrow \infty,$$

les premières formules de la partie (b) de la proposition se trouvent démontrées.

Supposons ensuite que N_o obéisse au théorème de la limite centrale et donc comme l'établit le lemme ci-dessous, que les N_n obéissent aussi à ce même théorème. Alors l'inégalité élémentaire

$$|E(e^{it X}) - E(e^{it Y})|^2 \leq t^2 E[(X-Y)^2] \qquad (t \in R)$$

et les résultats qui précèdent entraînent que les (fonctions caractéristiques φ_{n+k} des variables aléatoires centrées

$$(n+k)^{\frac{-d}{4}} [m^{-(n+k)}\int N_{n+k}(dx)f(\frac{x}{\sqrt{n+k}}) - (n+k)^{\frac{d}{2}} \theta_o \lambda(f)]$$

et celles Ψ_k^n des variables aléatoires centrées

$$(n+k)^{\frac{-d}{4}} [m^{-n} \int N_n(dx) f * G(\frac{x}{\sqrt{n+k}}) - (n+k)^{\frac{d}{2}} \theta_o \lambda(f * G)]$$

sont telles que

$$\overline{\lim_{k\to\infty}} |\varphi_{n+k}(t) - \psi_k^n(t)|^2 \le |t|^2 \frac{K\theta_o}{m^n} \lambda(f^2)$$

D'autre part, l'application du théorème de la limite centrale nous montre que

$$\lim_{k\to\infty} \psi_k^n(t) = \exp[\frac{-t^2}{2} \frac{\sigma_n(R^d)}{m^{2n}} \lambda(f * G)^2]$$

pour tout n fixé et il s'ensuit bien que

$$\lim_{n\to\infty} \varphi_n(t) = \lim_{n\to\infty} \lim_{k\to\infty} \psi_k^n(t) = \exp(\frac{-t^2}{2} c\, \lambda[(f * G)^2]) \ . \ \square$$

BIBLIOGRAPHIE

D.A. DAWSON & G. IVANOFF : Branching diffusions and random measures. Adv. Proba. J. Dekker 1978 pp. 61-103.

K. FLEISCHMANN : Scaling of supercritical spatially homogeneous branching processes. Coll. Math. Soc. J. Bolyai (1979) 337-354.

R.A. HOLLEY & S.W. STROOCK : Generalized Ornstein - Uhlenbeck processes and infinite particle branching Brownian motions. Publ. RIMS Kyoto Univ. 14 (1978) 741-788.

A RENORMALIZED LOCAL TIME FOR MULTIPLE INTERSECTIONS OF PLANAR BROWNIAN MOTION

by

Jay Rosen*
Department of Mathematics and Statistics
University of Massachusetts
Amherst, MA 01003

Abstract: We present a simple prescription for 'renormalizing' the local time for n-fold intersections of planar Brownian motion, generalizing Varadhan's formula for $n = 2$. In the latter case, we present a new proof that the renormalized local time is jointly continuous.

1. Introduction

If W_t is a planar Brownian motion with transition density function

(1.1) $$p_t(x) = \frac{e^{-|x|^2/2t}}{2\pi t},$$

then, with $W(s,t) = W_t - W_s$,

(1.2) $$\alpha(B) = \lim_{\varepsilon\to 0} \int_B p_\varepsilon(W(t_1,t_2))\dots p_\varepsilon(W(t_{n-1},t_n))dt_1\dots dt_n$$

defines a measure on

(1.3) $$R^n_\delta = \{(t_1,\dots,t_n)|\forall t_i \geq 0 \text{ and } \inf|t_j - t_k| \geq \delta\}$$

supported on

$$\{(t_1,\dots,t_n)| W_{t_1} = \dots = W_{t_n}\},$$

which has been applied in Rosen [1984a] to study the n-fold intersections of the path W. The measure $\alpha(\cdot)$ is called the n-fold intersection local time.

If we drop the condition $\inf|t_j - t_k| \geq \delta$ in (1.3), $\alpha(\cdot)$ 'blows up'. The main contribution of this paper is the following theorem which tells how to 'renormalize' (1.2). We use the notation $\{X\} = X - E(X)$.

THEOREM 1. Let

(1.4) $$I_\varepsilon(B) = \int_B \{p_\varepsilon(W(t_1,t_2))\}\dots\{p_\varepsilon(W(t_{n-1},t_n))\}dt_1\dots dt_n .$$

*This work partially supported by NSF grant MCS-8302081

Then $I_\varepsilon(B)$ converges in L^2 for all bounded Borel sets B in

$$R^n_{\leq} = \{(t_1,\ldots,t_n)|0 \leq t_1 \leq t_2 \leq \ldots \leq t_n\} .$$

REMARK 1. For $n = 2$, this theorem goes back to Varadhan [1969] and has recently seen several alternate proofs, see Rosen [1984b], Yor [1985a], [1985b], Le Gall [1985] and Dynkin [1985].

For $n = 3$ this theorem has recently been established independently by M. Yor and the present author using stochastic integrals.

A different type of renormalized local time has recently been obtained for general n by E. Dynkin.

REMARK 2. A full proof of Theorem 1 is given in Section 2. For general n the notation becomes fairly complicated, so that we felt it would be useful to illustrate our method of proof by looking carefully at the case $n = 2$.

We use the Fourier representation

$$(1.5) \qquad p_\varepsilon(x) = \frac{1}{(2\pi)^2} \int e^{ipx} e^{-\varepsilon|p|^2/2} dp$$

to write

$$(1.6) \qquad \mathbf{E}(I^2_\varepsilon(B)) = \frac{1}{(2\pi)^4} \int_{B\times B}\int e^{-\varepsilon(|p|^2+|q|^2)/2} \mathbf{E}\{e^{ipW(t_1,t_2)}\}\{e^{iqW(s_1,s_2)}\} .$$

Note that

$$(1.7) \qquad \mathbf{E}\{e^{ipW(t_1,t_2)}\}\{e^{iqW(s_1,s_2)}\} = \mathbf{E}(e^{ipW(t_1,t_2) + iqW(s_1,s_2)}) - \mathbf{E}(e^{ipW(t_1,t_2)})\mathbf{E}(e^{iqW(s_1,s_2)})$$

depends on the relative positions of s_1,s_2,t_1,t_2. We distinguish three possible cases.

CASE I: The intervals $[s_1,s_2]$, $[t_1,t_2]$ are disjoint. In this case, because W has independent increments, (1.7) vanishes.

CASE II: The intervals $[s_1,s_2]$, $[t_1,t_2]$ overlap, but neither one contains the other. For definiteness let us say

$$s_1 < t_1 < s_2 < t_2.$$

(1.7) becomes

$$(1.8) \qquad e^{-|q|^2\ell_{1/2} - |p+q|^2\ell_{2/2} - |p|^2\ell_{3/2}} - e^{-|q|^2\ell_{1/2} - (|p|^2+|q|^2)\ell_{2/2} - |p|^2\ell_{3/2}}$$
$$\leq 2e^{-|q|^2\ell_{1/2} - |p+q|^2\ell_{2/4} - |p|^2\ell_{3/2}}$$

where $\ell_1 = t_1 - s_1$, $\ell_2 = s_2 - t_1$, $\ell_3 = t_2 - s_2$.

We now integrate with respect to the variables s_1, s_2, t_1, t_2 using

(1.9) $$\int_0^T e^{-v^2 s} ds \le \frac{c}{1+v^2}$$

to find that in Case II

(1.10) $$\mathbb{E}(I_\varepsilon^2(B)) \le c \int (1+|q|^2)^{-1}(1+|p+q|^2)^{-1}(1+|p|^2)^{-1} dpdq.$$

This is easily seen to be finite and the dominated convergence theorem shows L^2 convergence.

<u>CASE III</u>: One of the intervals $[s_1,s_2]$, $[t_1,t_2]$ strictly contains the other. For definiteness, say

$$t_1 < s_1 < s_2 < t_2.$$

In such a case we refer to $[s_1,s_2]$ as an <u>isolated interval</u> and to q as an <u>isolated variable</u>.

If we attempt to use the method of Case II, we find instead of (1.10), the integral

$$\int (1+|p|^2)^{-1}(1+|p+q|^2)^{-1}(1+|p|^2)^{-1} dpdq$$

which diverges, since q appears only in one factor (hence the terminology isolated variable.)

We proceed more carefully. In Case III, (1.7) becomes

(1.11) $$\begin{aligned} & e^{-|p|^2\ell_1/2 - |p+q|^2\ell_2/2 - |p|^2\ell_3/2} \\ & \quad - e^{-|p|^2\ell_1/2 - (|p|^2+|q|^2)\ell_2/2 - |p|^2\ell_3/2} \\ & \quad = e^{-|p|^2\ell_1/2}(e^{-|p+q|^2\ell_2/2} - e^{-(|p|^2+|q|^2)\ell_2/2})e^{-|p|^2\ell_3/2} \end{aligned}$$

where $\ell_1 = s_1 - t_1$, $\ell_2 = s_2 - s_1$, $\ell_3 = t_2 - s_2$.

The key step is now to integrate first with respect to the isolated variable q in (1.6).

We use

(1.12) $$\begin{aligned} & \int e^{-\varepsilon|q|^2/2}(e^{-|p+q|^2\ell/2} - e^{-(|p|^2+|q|^2)\ell/2})dq \\ & \quad = e^{-|p^2|\ell/2}\int (e^{-p\cdot q\ell} - 1)e^{-|q|^2(\ell+\varepsilon)/2} dq = \end{aligned}$$

$$= e^{-|p|^2 \ell/2} \frac{\left(e^{p^2 \frac{\ell^2}{2(\ell+\varepsilon)}} - 1\right)}{\ell + \varepsilon} \doteq F_\varepsilon(p,\ell) \geq 0 \ .$$

The remaining integrand in (1.6) is now positive, and monotone increasing as $\varepsilon \downarrow 0$. We can use the bound

$$(1.13) \qquad F_\varepsilon(p,\ell) \leq F_0(p,\ell) = \frac{(1 - e^{-|p|^2 \ell/2})}{\ell} \leq c|p|^{2\delta} \ell^{-1+\delta}$$

for any $0 < \delta < 1$. We then integrate with respect to s_1, s_2, t_1, t_2 using (1.9) for $|p|^2$, to obtain, instead of (1.10) the bound

$$(1.14) \qquad c\int (1 + |p|^2)^{-1} |p|^{2\delta} (1 + |p|^2)^{-1} dp < \infty.$$

As before, the dominated convergence theorem gives L^2 convergence.

<u>REMARK 3</u>. With a bit more work we can show

$$(1.15) \qquad \mathbf{E}(I_\varepsilon(B) - I_{\varepsilon'}(B))^2 \leq c|\varepsilon - \varepsilon'|^\delta$$

for some $\delta > 0$. To do this we note that the expectation in (1.15) differs from (1.6) in that the factor

$$(1.16) \qquad e^{-\varepsilon(|p|^2 + |q|^2)/2}$$

is replaced by

$$(1.17) \qquad (e^{-\varepsilon|p|^2/2} - e^{-\varepsilon'|p|^2/2})(e^{-\varepsilon|q|^2/2} - e^{-\varepsilon'|q|^2/2}) \ .$$

For any non-isolated variables we use the bound

$$(1.18) \qquad |e^{-\varepsilon|p|^2/2} - e^{-\varepsilon'|p|^2/2}| \leq c|p|^{2\delta}(\varepsilon - \varepsilon') \ .$$

This suffices to show (1.15).

For use in discussing general n, we note that we can also obtain a useful bound from an isolated variable. Note:

$$(1.19) \qquad F_\varepsilon(p,\ell) - F_{\varepsilon'}(p,\ell)$$

$$= \frac{(e^{-|p|^2 \frac{\ell\varepsilon}{2(\ell+\varepsilon)}} - e^{-|p|^2 \ell/2})}{\ell + \varepsilon} - \frac{(e^{-|p|^2 \frac{\ell\varepsilon'}{2(\ell+\varepsilon')}} - e^{-|p|^2 \ell/2})}{\ell + \varepsilon'}$$

$$= (e^{-|p|^2 \frac{\ell\varepsilon}{2(\ell+\varepsilon)}} - e^{-|p|^2 \ell/2})(\frac{1}{\ell+\varepsilon} - \frac{1}{\ell+\varepsilon'})$$

$$+ (e^{-|p|^2 \frac{\ell\varepsilon}{2(\ell+\varepsilon)}} - e^{-|p|^2 \frac{\ell\varepsilon'}{2(\ell+\varepsilon')}}) \cdot \frac{1}{\ell+\varepsilon'} \ .$$

Therefore

$$(1.20)\qquad |F_{\varepsilon}(p,\ell) - F_{\varepsilon'}(p,\ell)| \leq c|p|^{2\beta}\left(\left|\frac{\ell\varepsilon}{\ell+\varepsilon} - \ell\right|^{\beta} \frac{|\varepsilon' - \varepsilon|}{(\ell+\varepsilon)(\ell+\varepsilon')} + \left|\frac{\ell\varepsilon}{\ell+\varepsilon} - \frac{\ell\varepsilon'}{\ell+\varepsilon'}\right|^{\beta} \frac{1}{\ell+\varepsilon'}\right)$$

$$= c|p|^{2\beta}\left(\frac{\ell^{2\beta}}{(\ell+\varepsilon)^{\beta}} \frac{(\varepsilon' - \varepsilon)}{(\ell+\varepsilon)(\ell+\varepsilon')} + \left|\frac{\ell^{2}(\varepsilon' - \varepsilon)}{(\ell+\varepsilon)(\ell+\varepsilon')}\right|^{\beta} \frac{1}{\ell+\varepsilon'}\right).$$

Since $|\varepsilon - \varepsilon'| \leq \max(\ell+\varepsilon, \ell+\varepsilon')$ we always have

$$(1.21)\qquad \frac{|\varepsilon' - \varepsilon|}{(\ell+\varepsilon)(\ell+\varepsilon')} \leq \frac{|\varepsilon' - \varepsilon|^{\delta}}{\ell^{1+\delta}}$$

so that returning to (1.20), we have

$$(1.22)\qquad |F_{\varepsilon}(p,\ell) - F_{\varepsilon'}(p,\ell)| \leq c|p|^{2\beta}(|\varepsilon' - \varepsilon|^{\delta}\ell^{-1+\beta-\delta} + |\varepsilon - \varepsilon|^{\delta\beta}\ell^{-(1+\delta\beta)+\beta}).$$

Taking $0 < \delta < \beta$ we find

$$(1.23)\qquad \int |F_{\varepsilon}(p,\ell) - F_{\varepsilon'}(p,\ell)|d\ell \leq c|p|^{2\beta}|\varepsilon' - \varepsilon|^{\delta\beta}.$$

For $x = (x_1,\dots,x_{n-1})$, $x_i \in R^2$ we now define

$$(1.24)\qquad I_{\varepsilon}(x,T) = \int\limits_{0\leq t_1\leq\dots\leq t_n\leq T}\int \{p_{\varepsilon}(W(t_1,t_2)-x_1)\}\dots\{p_{\varepsilon}(W(t_{n-1},t_n)-x_{n-1})\}.$$

Without the brackets, and in the region (1.3), $\lim_{\varepsilon\to 0} I_{\varepsilon}(x,\cdot)$ is the occupation density of the random field

$$X(t) = (W(t_1,t_2),\dots,W(t_{n-1},t_n)),$$

and studied in Rosen [1984]. The limit of $I_{\varepsilon}(x,T)$ as $\varepsilon \to 0$ is a renormalized version of the occupation density, and we would like to know that with probability one it is continuous in x,T - as is known to be true when $n = 2$, see Rosen [1984b], Le Gall [1985].

Unfortunately, the bounds we find in the proof of Theorem 1 do not suffice to establish (pathwise) continuity.

The next theorem refers to the known case $n = 2$. The proof given here is new, and related to the proof of Theorem 1. It is offered in the hope that it will lead to a proof for general n - and be useful in studying other processes with an independence structure similar to Brownian motion, e.g. Lévy processes and Brownian sheets.

THEOREM 2. $I_\varepsilon(x,T) = \int_0^T\int_0^t \{p_\varepsilon(W(s,t) - x)\}dsdt$ converges as to a limit process $I(x,T)$ which is jointly continuous in x and T.

Let us now define

$$\alpha_\varepsilon^{(n)}(T) = \int\limits_{0\le t_1\le\ldots\le t_n\le T}\int p_\varepsilon(W(t_1,t_2))\ldots p_\varepsilon(W(t_{n-1},t_n))dt_1\ldots dt_n$$

without brackets, so that we know $\alpha_\varepsilon^{(n)}(T) \to \infty$ as $\varepsilon \to 0$.

In case $n = 2$ or 3 we can be more explicit.

$$\alpha_\varepsilon^{(2)}(T) \sim T\,\frac{\ell g(1/\varepsilon)}{2\pi}$$

$$\alpha_\varepsilon^{(3)}(T) \sim T\left(\frac{\ell g(1/\varepsilon)}{2\pi}\right)^2 + 2\left(\frac{T\ell gT-T}{2\pi} + \gamma(T)\right)\ell g(1/\varepsilon)$$

where

$$\gamma(T) = \lim_{\varepsilon\to 0} I_\varepsilon(0,T)$$
$$= \lim_{\varepsilon\to 0}\int_0^T\int_0^t \{p_\varepsilon(W(s,t))\}dsdt$$

of Theorem 2.

It would be nice to have a similar asymptotic expansion for $\alpha_\varepsilon^{(n)}(T)$ for general n. We have not yet succeeded in finding this, but mention that E. Dynkin has found such an expansion for his renormalized local time.

2. Proof of Theorem 1

Our proof for general n is similar to the proof for $n = 2$ given in the introduction. We first integrate over isolated variables where the 'bracket' is essential.

Here are the details. Let $W(s,t) = W_t - W_s$, $i^* = i+1$, and every $\prod$ or Σ is over all possible values of the indices, unless specified otherwise. We have

$$(2.1)\qquad \mathbf{E}(I_\varepsilon^2(B)) = \int\limits_{B\times B}\int dsdt\; dpdqG_\varepsilon(p,q)\mathbf{E}(\prod\{e^{ip_jW(t_j,t_{j*})}\}\cdot\{e^{iq_jW(s_j,S_{j*})}\})$$

where

$$(2.2)\qquad G_\varepsilon(p,q) = e^{-\varepsilon(\Sigma|p_j|^2 + |q_j|^2)/2}\ .$$

By additivity, it will suffice to consider integrals of the above form where $B \times B$

is replaced by a Borel set

$$A \subseteq [0,T]^{2n}$$

in which the values of the 2n coordinates have a fixed relative ordering. Thus, e.g., if for some point in A the third component is larger than the second, then this will be true for all points in A. We rename the coordinates $r_1, r_2, \ldots, r_{2n}$ so that

$$0 < r_1 < r_2 < r_3 < \ldots < r_{2n} < T.$$

Throughout A, each s_i or t_j is uniquely identified with one of the r_k.

We say that an interval $[r_i, r_{i*}]$ is isolated if either

$$[r_i, r_{i*}[= [s_\ell, s_{\ell*}] \qquad \text{for some } \ell,$$

or

$$[r_i, r_{i*}] = [t_m, t_{m*}] \qquad \text{for some } m.$$

Let

$$I = \{i \mid [r_i, r_{i*}] \text{ is isolated}\}$$

$$I_S = \{\ell \mid [s_\ell, s_{\ell*}] \text{ is isolated}\}$$

$$I_T = \{k \mid [t_k, t_{k*}] \text{ is isolated}\} .$$

Note that the 'brackets' in (2.1) assure us that our integral will vanish unless 1, 2n-1 are not in I.

In (2.1) we expand the bracket, $\{X\} = X - E(X)$ for all non-isolated intervals, obtaining many terms, each of which will be bounded separately.

We first consider the term

$$(2.3) \qquad \int_A \int \iint dpdq\, G_\varepsilon(p,q)\mathbf{E}\left(e^{i\Sigma_{I_T^c} p_j W(t_j,t_{j*}) + \Sigma_{I_S^c} q_j W(s_j,s_{j*})} \cdot \prod_{I_T} \left\{ e^{ip_j W(t_j,t_{j*})} \right\} \prod_{I_S} \left\{ e^{iq_j W(s_j,s_{j*})} \right\} \right) dsdt .$$

Write

$$(2.4) \qquad \Sigma_{I_T^c}\, p_j W(t_j,t_{j*}) + \Sigma_{I_S^c}\, q_j W(s_j,s_{j*}) = \sum_{i=1}^{2n-1} u_i W(r_i, r_{i*}) .$$

The u_i are linear combinations of the p's and q's. More precisely, if either $i = 1$, $2n - 1$ or $i \in I$, then u_i is equal to one of the p_j or q_j. Otherwise, u_i will be the sum of exactly one p_j and one q_k.

If $i \in I$ and $[r_i, r_{i*}] = [s_\ell, s_{\ell*}]$ set $v_i = q_\ell$, while if $[r_i, r_{i*}] = [t_m, t_{m*}]$ set $v_i = p_m$. v_i is called an isolated variable. Taking expectations, (2.3) becomes

$$(2.5) \qquad \int_A\!\!\int \iint dpdq\, G_\varepsilon(p,q) e^{-\sum_{I^c} |u_i|^2 \ell_i/2} \cdot \prod_I \left(e^{-|u_i+v_i|^2 \ell_i/2} - e^{-(|u_i|^2+|v_i|^2)\ell_i/2} \right) dsdt$$

where $\ell_i = r_{i+1} - r_i$ is the length of the i'th interval. We now integrate over the isolated variables v_i, and by (1.15) we find that (2.5) is equal to

$$(2.6) \qquad \int_A\!\!\int \iint d\hat{p}d\hat{q}\, G(\hat{p},\hat{q}) e^{-\sum_{I^c} |u_i|^2 \ell_i/2} \prod_I F_\varepsilon(u_i, \ell_i) dsdt$$

where $\hat{p},\hat{q}$ denote the remaining, i.e. non-isolated variables.

The integrand in (2.6) is now positive, and as in the introduction we use the bound (1.9), (1.10) to see that (2.6) is bounded by

$$(2.7) \qquad \iint \prod_{I^c} (1 + |u_i|^2)^{-1} \prod_I |u_j|^{2\delta}\, d\hat{p}d\hat{q} .$$

From the discussion following (2.4) we see that the set $\{u_i\}_{i\in I^c}$ will span the set $\{u_j\}_{j\in I}$, and by choosing $\delta > 0$ small enough, it suffices to bound

$$(2.8) \qquad \iint \prod_{I^c} (1 + |u_i|^2)^{-1+\beta} d\hat{p}d\hat{q} .$$

Each non-isolated variable will occur as a summand in precisely two (necessarily successive) factors in (2.8). For a variable occurring in one could not be non-isolated, while if it occurred in more than two - say u_i, u_j, u_k - the other component of u_j could not be non-isolated. The upshot of this is that if $|I^c| = k$, then any $k - 1$ vectors from the set $\{u_i\}_{i\in I^c}$ will span the set of non-isolated variables. (Remember, $i = 1, 2n-1$ are both in I^c, and both u_1, u_{2n-1} are exactly equal to a non-isolated variable.) We can now use Hölder's inequality to bound (2.8).

$$(2.9) \qquad \iint \prod_{I^c} (1 + |u_i|^2)^{-1+\beta} d\hat{p}d\hat{q} = \iint \prod_{i\in I^c} \left(\prod_{\substack{I^c \\ j\neq i}} (i + |u_j|^2)^{-1+\beta} \right)^{1/k-1} d\hat{p}d\hat{q} \leq$$

$$\leq \prod_{i \in I^c} \Big\| \prod_{\substack{I^c \\ j \neq i}} (1 + |u_j|^2)^{-\frac{1+\beta}{k-1}} \Big\|_k < \infty$$

as long as

$$\frac{2(1-\beta)k}{k-1} > 2$$

i.e.

$$\beta < \frac{1}{k} .$$

This shows that the term (2.3) is uniformly bounded. The other terms which come from our expanding the 'bracket' for non-isolated intervals, can be obtained from (2.3) by replacing some factors by their expectations. As in the introduction the resulting integrals can be bounded similarly to (2.3). Thus $E(I_\varepsilon^2(B))$ is uniformly bounded, and L^2 convergence follows easily from the dominated convergence theorem.

If we wish we can even obtain

$$E(I_\varepsilon(B) - I_{\varepsilon'}(B))^2 \leq C|\varepsilon - \varepsilon'|^\delta$$

for some $\delta > 0$, by following Remark 3 of the introduction.

3. Proof of Theorem 2

The reader is advised to go through the proof of Lemma 2 in Rosen [1983] in order to appreciate the constructions introduced here.

We will show that for some $\delta > 0$, and all m even

$$E(I_\varepsilon(x,T) - I_{\varepsilon'}(x',T'))^m \leq c_m|(\varepsilon,x,T) - (\varepsilon',x',T')|^{m\delta} , \tag{3.1}$$

where the constant c_m can be chosen independent of $\varepsilon,\varepsilon' > 0$ and x,x',T,T' in any bounded set. Kolmogorov's theorem then assures us that, with probability one, for any $\beta < \delta$

$$|I_\varepsilon(x,T) - I_{\varepsilon'}(x',T')| \leq c|(\varepsilon,x,T) - (\varepsilon',x',T')|^\beta, \tag{3.2}$$

first for all rational arguments in a bounded set as described - but then for all such parameters since $I_\varepsilon(x,T)$ is clearly continuous as long as $\varepsilon > 0$.

(3.2) shows that

$$I(x,T) \doteq \lim_{\varepsilon \to 0} I_\varepsilon(x,T) \tag{3.3}$$

exists and is continuous in x,T.

It remains to prove (3.1). We concentrate first on bounding

$$(3.4)\qquad \mathbf{E}(I_\varepsilon(x,T)^m) = \int_B\!\!\cdots\!\int dsdt\int dpG_\varepsilon(x,p)\ \mathbf{E}\left(\prod_{j=1}^m \left\{e^{ip_jW(t_j,s_j)}\right\}\right)$$

where

$$(3.5)\qquad G_\varepsilon(x,p) = \prod_{j=1}^m e^{-ip_jx-\varepsilon|p_j|^2/2}$$

$$(3.6)\qquad B = \{(s,t)|0 \le s \le t \le t\}^m .$$

It suffices, by additivity, to replace B by a region $A \subseteq [0,T]^{2m}$ in which the values of the coordinates have a fixed relative ordering. Let $r_1,r_2,\ldots,r_{2m}$ relabel the coordinates so that

$$0 < r_1 < r_2 < \ldots < r_{2m} < T .$$

Thus, throughout A each r_j is uniquely identified with one of the s_ℓ or t_m.

In general, $\cup_i [r_i,r_{i*}]$ will have several components. Using independence, it is clear that in bounding (3.4) we can assume that there is only one component.

In analogy with our proof of Theorem 1, we will say that $[r_i,r_{i*}]$ is isolated if $[r_i,r_{i*}] = [s_j,t_j]$ for some j, in which case we set $v_i = p_j$ and refer to v_i as an isolated variable. Let

$$I = \{i|[r_i,r_{i*}] \quad \text{isolated}\}$$
$$J = \{j|[s_j,t_j] \quad \text{isolated}\}.$$

We note again that $1,\ 2m-1$ are not in I.

We now expand the 'brackets' in (3.4) for all non-isolated intervals $[s_j,t_j]$. We obtain many terms, of which we first consider

$$(3.7)\qquad \int_A\!\!\cdots\!\int dsdt\int dp\ G_\varepsilon(x,p)\mathbf{E}\left(\prod_{J^c} e^{ip_jW(s_j,t_j)}\cdot \prod_J\left\{e^{ip_jW(s_j,t_j)}\right\}\right).$$

We now write

$$(3.8)\qquad \sum_{J^c} p_jW(s_j,t_j) = \sum_{i=1}^{2m-1} u_iW(r_i,r_{i*}) \quad .$$

Taking expectations in (3.7) gives

$$(3.9)\qquad \int_A\!\!\cdots\!\int dsdt\int dp\ G_\varepsilon(x,p)e^{-\Sigma_{I^c}|u_i|^2\ell_i/2}\prod_I\left(e^{-|u_j+v_j|^2\ell_j/2}-e^{-(|u_j|^2+|v_j|^2)\ell_j/2}\right)$$

where again $\ell_i = r_{i+1} - r_i$ is the length of the i'th interval.

We first integrate over isolated variables using

$$(3.10)\qquad \int G_\varepsilon(x,v)\left(e^{-|u+v|^2\ell/2} - e^{-(|u|^2+|v|^2)\ell/2}\right)dv$$

$$= e^{-|u|^2\ell/2}\int e^{ixv}(e^{-uv\ell}-1)e^{-|v|^2(\ell+\varepsilon)/2}dv$$

$$= e^{-|u|^2\ell/2}\, e^{-|x|^2/2(\ell+\varepsilon)}\,\frac{(e^{-ixu(\frac{\ell}{\ell+\varepsilon}) + |u|^2/2(\frac{\ell^2}{\ell+\varepsilon})} - 1)}{\ell+\varepsilon}$$

$$= \frac{e^{-x^2/2(\ell+\varepsilon)}}{\ell+\varepsilon}\left(e^{-ixu(\frac{\ell}{\ell+\varepsilon}) - |u|^2/2(\frac{\ell\varepsilon}{\ell+\varepsilon})} - e^{-|u|^2\ell/2}\right)$$

$$= \frac{e^{-x^2/2(\ell+\varepsilon)}}{\ell+\varepsilon}\left[e^{-ixu(\frac{\ell}{\ell+\varepsilon})}\left(e^{-|u|^2/2(\frac{\ell\varepsilon}{\ell+\varepsilon})} - e^{-|u|^2\ell/2}\right) + \left(e^{-ixu(\frac{\ell}{\ell+\varepsilon})} - 1\right)e^{-|u|^2\ell/2}\right]$$

$$= \frac{A(x,\varepsilon)}{\ell+\varepsilon}[B(x,\varepsilon)(C(\varepsilon) - e^{-|u|^2\ell/2}) + (B(x,\varepsilon)-1)e^{-|u|^2\ell/2}]$$

where

$$A(x,\varepsilon) = e^{-|x|^2/2(\ell+\varepsilon)}$$

$$B(x,\varepsilon) = e^{-ixu(\frac{\ell}{\ell+\varepsilon})}$$

$$C(\varepsilon) = e^{-|u|^2/2(\frac{\ell\varepsilon}{\ell+\varepsilon})}\,.$$

We use the following bounds

$$(3.11)\qquad \left|A(x,\varepsilon)B(x,\varepsilon)\,\frac{(C(\varepsilon) - e^{-|u|^2\ell/2})}{\ell+\varepsilon}\right| \le \frac{(C(\varepsilon) - e^{-|u|^2\ell/2})}{\ell+\varepsilon}$$

$$\le \frac{(1 - e^{-|u|^2\ell/2})}{\ell} \le c|u|^{2\delta}\ell^{-1+\delta}$$

and

$$(3.12)\qquad \left|A(x,\varepsilon)\,\frac{(B(x,\varepsilon)-1)}{\ell+\varepsilon}\,e^{-|u|^2\ell/2}\right| \le A(x,\varepsilon)\,\frac{|x|^{2\delta}|u|^{2\delta}}{\ell+\varepsilon}$$

$$\le A(x,\varepsilon)\,\frac{|x|^{2\delta}}{(\ell+\varepsilon)^\delta}\,|u|^{2\delta}\ell^{-1+\delta} \le c|u|^{2\delta}\ell^{-1+\delta}$$

since

$$(3.13)\qquad A(x,\varepsilon)\frac{|x|^{2\delta}}{(\ell+\varepsilon)^{\delta}} \leq \sup_{a\geq 0}\,[e^{-a/2}a^{\delta}] < \infty .$$

To summarize, an integral (3.10) over an isolated variable v_j is bounded by

$$c|u_j|^{2\delta}\ell_j^{-1+\delta}.$$

We now integrate out dsdt to find (3.9) bounded by

$$(3.14)\qquad \int \prod_{I^c} (1+|u_j|^2)^{-1} \prod_{I} |u_i|^{2\delta} d\hat{p}$$

where $\hat{p}$ denotes again the non-isolated variables.

We note that in our present set-up every isolated interval is immediately preceded by a non-isolated interval. Thus (3.14) is bounded by

$$(3.15)\qquad \int \prod_{I^c} (1+|u_j|^2)^{-1+\gamma} d\hat{p}$$

where $\gamma = 2\delta$.

Each u_j, $u \in I^c$, is a sum of certain non-isolated variables, see (3.8), called the <u>components</u> of u_j.

Let

$$F = \{i|i \in I^c \text{ and } r_i = s_j \text{ for some } j\} .$$

Thus, for $i \in F$, some non-isolated p_j appears as a component of u_i for the first time, i.e. p_j is not a component of u_ℓ for any $\ell < i$. Since every non-isolated variable must appear for a first time, it is clear that $\{u_i\}_{i\in F}$ spans the set of non-isolated variables.

Let

$$D = I^c - F = \{i|i \in I^c \text{ and } r_i = t_j, \text{ some } j\} .$$

Lemma 4 of Rosen [1983] uses a simple induction argument to show that the set of vectors $\{u_i\}_{i\in D}$ spans the set of all its components. This does not necessarily mean that $\{u_i\}_{i\in D}$ spans the set of all non-isolated variables. The trouble comes from a non-isolated p_j such that $[s_j,t_j]$ contains only points of the form s_ℓ, i.e. no t_k's, so that p_j will not appear as a component in any u_i, $i \in D$.

Let R denote the set of such indices j. Since p_j is non-isolated, there will be at least one s_ℓ between s_j and t_j - so that, by (3.8) p_j will appear as a component in at least two u_k's, $k \in F$. Pick two such, and denote them by v_j and w_j. Note that all components of v_j and w_j other than p_j appear in u_i, where $r_i = t_j$, so $i \in D$ and therefore each of $\{u_i\}_{i\in D} \cup v_j$ and $\{u_i\}_{i\in D} \cup w_j$ contain p_j in their span. Also, as a consequence of the above, distinct indices j in R give rise to distinct $\{v_j,w_j\}$.

We therefore have

$$(3.16)\qquad \prod_{I^c} (1+|u_j|^2)^{-1} = \prod_F (1+|u_j|^2)^{-1} \prod_D (1+|u_j|^2)^{-1}$$

$$\leq \prod_F (1+|u_j|^2)^{-5/8} \prod_R (1+|v_j|^2)^{-3/8}(1+|w_j|^2)^{-3/8}$$

$$\cdot \prod_D (1+|u_j|^2)^{-1} .$$

Using Hölder's inequality we see that (3.15) squared is less then

$$(3.17)\qquad \int \prod_F (1+|u_j|^2)^{-\frac{10}{8}(1-\gamma)} d\hat{p}$$

$$\int \prod_R [(1+|v_j|^2)(1+|w_j|^2)]^{-\frac{6}{8}(1-\gamma)} \prod_D (1+|u_j|^2)^{-2+2\delta} d\hat{p} .$$

The first integral in (3.17) is clearly bounded for

$$\frac{20}{8}(1-\gamma) > 2, \quad \text{i.e.} \quad \gamma < \frac{1}{5}$$

while, using Hölder once more we find the second integral squared is bounded by

$$(3.18)\qquad \int \prod_R (1+|v_j|^2)^{-\frac{12}{8}(1-\gamma)} \prod_D (1+|u_j|^2)^{-2+2\delta} d\hat{p}$$

times a similar integral with v_j replaced by w_j. Since our previous considerations show that each of

$$\{u_i\}_{i\in D} \cup \{v_j\}_{j\in R}$$

and

$$\{u_i\}_{i\in D} \cup \{w_j\}_{j\in R}$$

span the set of non-isolated variables, (3.18) is also finite if $\gamma < \frac{1}{5}$.

This completes our proof that the term (3.7) is uniformly bounded, and as in Theorem 1 all other terms can be handled similarly. Thus $\mathbf{E}(I_\varepsilon(x,T)^m)$ is uniformly bounded.

To establish (3.1) we use

$$(3.19)\qquad E(I_\varepsilon(x,T) - I_{\varepsilon'}(x',T'))^m \le c[E(I_\varepsilon(x,T) - I_\varepsilon(x',T))^m + E(I_\varepsilon(x',T) - I_{\varepsilon'}(x',T))^m + E(I_{\varepsilon'}(x',T) - I_{\varepsilon'}(x',T'))^m]$$

and will bound each term separately.

Consider first the term

$$(3.20)\qquad E(I_\varepsilon(x,T) - I_\varepsilon(x',T))^m$$

which is similar to (3.4), except that in $G_\varepsilon(x,p)$, e^{ip_jx} is replaced by $e^{ip_jx} - e^{ip_jx'}$.

For each non-isolated variable we use the bound

$$(3.21)\qquad |e^{ipx} - e^{ipx'}| \le c|p|^\delta |x - x'|^\delta$$

while for isolated variables v, using (3.10) we need to bound

$$(3.22)\qquad (A(x,\varepsilon)B(x,\varepsilon) - A(x',\varepsilon)B(x',\varepsilon))\,\frac{c(\varepsilon) - e^{-|u|^2\ell/2}}{\ell + \varepsilon} + A(x,\varepsilon)\frac{(B(x,\varepsilon) - 1)}{\ell + \varepsilon} - A(x',\varepsilon)\frac{(B(x',\varepsilon) - 1))}{\ell + \varepsilon}\, e^{-|u|^2\ell/2} \quad .$$

By (3.11),

$$(3.23)\qquad \left|\frac{c(\varepsilon) - e^{-|u|^2\ell/2}}{\ell + \varepsilon}\right| \le c|u|^{2\delta}\ell^{-1+\delta} \quad .$$

So the first term in (3.22) is bounded by

$$(3.24)\qquad |A(x,\varepsilon) - A(x',\varepsilon)||B(x,\varepsilon)||u|^{2\delta}\ell^{-1+\delta} + A(x',\varepsilon)|B(x,\varepsilon) - B(x',\varepsilon)||u|^{2\delta}\ell^{-1+\delta} \le c(|x - x'|^\beta |u|^{2\delta}\ell^{-1+\delta-\beta} + |x - x'|^\beta |u|^{2\delta+\beta}\ell^{-1+\delta})$$

while the second term, if $|x'| \ge |x|$ we write as

$$(3.25)\qquad (A(x,\varepsilon) - A(x',\varepsilon))\,\frac{(B(x,\varepsilon) - 1)}{\ell + \varepsilon} - A(x',\varepsilon)\,\frac{(B(x',\varepsilon) - B(x,\varepsilon))}{\ell + \varepsilon}$$
$$\le \left\{1 - e^{-(|x'|^2 - |x|^2)/2(\ell+\varepsilon)}\right\} e^{-|x|^2/2(\ell+\varepsilon)}\,\frac{|u|^\delta |x|^\delta}{\ell + \varepsilon} + e^{-|x'|^2/2(\ell+\varepsilon)}\,\frac{|u|^\delta |x-x'|^\delta}{\ell + \varepsilon}$$
$$\le c|u|^\delta(|x - x'|^\beta \ell^{-1+\delta-\beta} + |x - x'|^{\delta-\beta}\ell^{-1+\beta}) \quad ,$$

using (3.13) and $|x - x'| \leq 2|x'|$.

If $|x| \leq |x'|$ we proceed similarly. These suffice to show that (3.20) is bounded $\leq c|x - x'|^{\alpha m}$ for some $\alpha > 0$.

We next turn to

$$(3.26) \qquad \mathbf{E}(I_\varepsilon(x,T) - I_{\varepsilon'}(x,T))^m$$

which is similar to (3.4) except that in $G_\varepsilon(x,p)$, $e^{-\varepsilon|p_j|^2/2}$ is replaced $e^{-\varepsilon|p_j|^2/2} - e^{-\varepsilon'|p_j|^2/2}$.

For non-isolated variables we use the bound (1.20) while for isolated variables we need to bound the difference of (3.10) and a similar expression with ε replaced by ε'.

Bound first

$$(3.27) \qquad \left|A(x,\varepsilon)B(x,\varepsilon)\,\frac{(C(\varepsilon) - e^{-|u|^2\ell/2})}{\ell + \varepsilon} - A(x,\varepsilon')B(x,\varepsilon')\,\frac{(C(\varepsilon') - e^{-|u|^2\ell/2})}{\ell + \varepsilon}\right|$$
$$\leq \left|\frac{(C(\varepsilon) - e^{-|u|^2\ell/2})}{\ell + \varepsilon} - \frac{(C(\varepsilon') - e^{-|u|^2\ell/2})}{\ell + \varepsilon'}\right|$$
$$+ |A(x,\varepsilon)B(x,\varepsilon) - A(x,\varepsilon')B(x,\varepsilon')|c|u|^{2\delta}\ell^{-1+\delta}$$

by (3.23). The first term in (3.27) is handled by (1.22) while the second is bounded by

$$(3.28) \qquad |B(x,\varepsilon) - B(x,\varepsilon')||u|^{2\delta}\ell^{-1+\delta} + |A(x,\varepsilon) - A(x,\varepsilon')||u|^{2\delta}\ell^{-1+\delta}$$
$$\leq |u|^{2\delta+\beta}|x|^\beta\left|\frac{\ell}{\ell+\varepsilon} - \frac{\ell}{\ell+\varepsilon'}\right|^\beta \ell^{-1+\delta} + |u|^{2\delta}|x|^{2\beta}\left|\frac{1}{\ell+\varepsilon} - \frac{1}{\ell+\varepsilon'}\right|^\beta \ell^{-1+\delta}$$
$$\leq |u|^{2\delta+\beta}|\varepsilon - \varepsilon'|^\beta \ell^{-1+\delta-\beta} + |u|^{2\delta}|\varepsilon - \varepsilon'|^\beta \ell^{-1+\delta-2\beta}\ .$$

We are left with bounding

$$(3.29) \qquad \left|A(x,\varepsilon)\,\frac{(B(x,\varepsilon) - 1)}{\ell + \varepsilon} - A(x,\varepsilon')\,\frac{(B(x,\varepsilon') - 1)}{\ell + \varepsilon'}\right|$$

if say, $\varepsilon < \varepsilon'$, we bound this by

$$(3.30) \qquad \left|(A(x,\varepsilon) - A(x,\varepsilon'))\frac{(B(x,\varepsilon') - 1)}{\ell + \varepsilon'} + \cdot A(x,\varepsilon)\right|\left[\frac{(B(x,\varepsilon) - 1)}{\ell + \varepsilon} - \frac{(B(x,\varepsilon') - 1)}{\ell + \varepsilon'}\right]\Bigg|$$

The first term is bounded by

$$(3.31) \qquad \left\{1 - e^{-\frac{|x|^2}{2}\left(\frac{1}{\ell+\varepsilon} - \frac{1}{\ell+\varepsilon'}\right)}\right\}A(x,\varepsilon')\frac{(B(x,\varepsilon') - 1)}{\ell + \varepsilon'}$$
$$\leq |x|^{2\alpha}(\varepsilon - \varepsilon)^\alpha|u|^{2\delta}\ell^{-1+\delta-2\alpha}\ ,$$

by (3.12) while the second is bounded by

$$(3.32)\qquad \left|A(x,\varepsilon)(B(x,\varepsilon)-1)\left(\frac{1}{\ell+\varepsilon}-\frac{1}{\ell+\varepsilon'}\right)\right| + A(x,\varepsilon)\left|\frac{B(x,\varepsilon)-B(x,\varepsilon')}{\ell+\varepsilon'}\right|$$

$$\leq A(x,\varepsilon)\frac{(B(x,\varepsilon)-1)}{\ell+\varepsilon}\frac{(\varepsilon'-\varepsilon)}{\ell+\varepsilon'} + A(x,\varepsilon)\frac{|x|^{2\delta}}{(\ell+\varepsilon)^{\delta}}|u|^{2\delta}\ell^{-1+\delta}\left(\frac{\varepsilon'-\varepsilon}{\ell+\varepsilon'}\right)^{2\delta}$$

$$\leq c|u|^{2\delta}(\varepsilon'-\varepsilon)^{\alpha}\ell^{-1+\delta-\alpha}, \quad \text{since } \varepsilon' > \varepsilon.$$

This completes the proof that (3.26) is less than $c|\varepsilon - \varepsilon'|^{\alpha m}$ for some $\alpha > 0$.

We turn to

$$(3.33)\qquad \mathbb{E}(I_\varepsilon(x,T) - I_\varepsilon(x,T'))^m,$$

which, assuming $T' > T$ is of the same form as (3.4) except that B is replaced by

$$B_{T,T'} = \{(s,t)\,|\,0 \leq s \leq t, T \leq t \leq T'\}^m .$$

It clearly suffices to show that an integral of the form (3.7) is bounded by $c\,\mathrm{Vol}(A)^{\delta}$ for some $\delta > 0$.

To this end, we first integrate all isolated variables, as before, then use the bound

$$(3.34)\qquad \int\left(\int_A F(\hat{p},r)\,ds\,dt\right)d\hat{p} \leq \mathrm{Vol}(A)^{\delta}\int\left(\int_A F(\hat{p},r)^{\frac{1}{1-\delta}}ds\,dt\right)^{1-\delta}d\hat{p} .$$

It is clear from our considerations so far, that for $\delta > 0$ sufficiently small this integral converges.

This completes the proof of Theorem 2.

It is a pleasure to thank Professors E. Dynkin and M. Yor for their helpful comments.

BIBLIOGRAPHY

E. B. Dynkin [1985] - Random fields associated with multiple points of the Brownian motion, J. Funct. Anal. 62, 3.

J. F. Le Gall [1985] - Sur le temps local d'intersection du mouvement Brownien plan et la methode de renormalization de Varadhan, Séminare de Probabilities XIX. Springer Lecture Notes in Math, 1123.

J. Rosen [1983] - A local time approach to the self-intersections of Brownian paths in space. Communications in Mathematical Physics, 88, 327-338.

J. Rosen [1984a] - Self intersections of random fields, Annals of Probability 12, 108-119.

J. Rosen [1984b] - Tanaka's formula and renormalization for intersections of planar Brownian motion, Annals of Probability. To appear.

S. R. S. Varadhan [1969] - Appendix to Euclidean Quantum Field Theory by K. Symanzik, in Local Quantum Theory, R. Jost, Ed., Academic Press, N.Y.

M. Yor [1985a] - Complements aux formules de Tanaka Rosen, Séminaire de Probabilities XIX, Springer Lecture Notes in Math, 1123.

M. Yor "1985b] - Sur la répresentation comme intégrales stochastiques des temps d' occupation du mouvement brownien dans $\mathbb{R}^d$. In this volume.

PRECISIONS SUR L'EXISTENCE ET LA CONTINUITE DES TEMPS LOCAUX D'INTERSECTION DU MOUVEMENT BROWNIEN DANS $\mathbb{R}^2$

Marc YOR

Introduction

Soit $(B_t \; ; \; t \geq 0)$ mouvement brownien à valeurs dans $\mathbb{R}^d (d = 2$ ou $3)$.

L'étude de la mesure aléatoire, définie pour $t \in \mathbb{R}_+$, par :

$$\mu_{t,\omega} : A \in (\mathbb{R}^d) \to \mu_{t,\omega}(A) = \int_0^t ds \int_s^t du \, f\Big((B_u - B_s)(\omega)\Big)$$

a été menée récemment par plusieurs auteurs (Rosen [5], [6], [7] ; Dynkin [1] ; Le Gall [3] ; Yor [9], [10]).

En particulier, à la suite des études générales de Geman-Horowitz-Rosen [2], J. Rosen [5] montre, pour tout $t \in \mathbb{R}_+$, l'existence d'une densité $(\alpha(y \; ; \; t) \; ; \; y \in \mathbb{R}^d)$ de μ_t par rapport à la mesure de Lebesgue, ainsi que l'existence d'une version bicontinue de $(\alpha(y \; ; \; t) \; ; \; y \in \mathbb{R}^d \setminus \{0\}, \; t \geq 0)$.

On a donc, pour toute fonction $f : \mathbb{R}^d \to \mathbb{R}_+$, borélienne, et tout $t \geq 0$:

$$(0.a) \qquad \int_0^t ds \int_s^t du \, f(B_u - B_s) = \int dy \, f(y) \, \alpha(y \; ; \; t)$$

L'outil principal de Rosen est la transformation de Fourier (cf : [5], [7]), bien que quelquefois, il utilise la méthode maintenant classique qui a servi pour la construction des temps locaux du mouvement brownien sur $\mathbb{R}$ (cf : Meyer [4]). Cependant, même dans ce cas, les estimations faites par Rosen s'appuient encore fortement sur la transformation de Fourier.
Le but de cette Note est de présenter l'existence et la continuité de α dans le cas $d = 2$ de façon aussi simple que possible en suivant strictement la méthode unidimensionnelle, et, en particulier, d'améliorer les résultats de continuité sur α déjà obtenus par J. Rosen ([5], [7]).

Le résultat de continuité obtenu ici est le suivant :

THEOREME : *Le processus* $(\tilde{\alpha}(y \; ; \; s) = \Pi\alpha(y \; ; \; s) - s \log \frac{1}{|y|} \; ; \; y \in \mathbb{R}^2 \setminus \{0\}, \; s \geq 0)$ *admet un prolongement continu à tout* $(y,s) \in \mathbb{R}^2 \times \mathbb{R}_+$.
Ce prolongement, que l'on note encore $\tilde{\alpha}$, *vérifie : pour tout* $t > 0$,

$$\overline{\lim_{\delta \to 0}} \frac{1}{\delta (\log \frac{1}{\delta})^{7/2}} \sup_{\substack{s \leq t \\ |x-y| \leq \delta}} |\tilde{\alpha}(x \; ; \; s) - \tilde{\alpha}(y \; ; \; s)| < \infty \qquad p.s.$$

1. Existence de α

(1.1) Nous reprenons, en la simplifiant au maximum, l'approche déjà développée en [9].

Soit $y \in \mathbb{R}^2 \setminus \{0\}$, et $\varepsilon > 0$. On a, d'après Itô :

$$\log(\varepsilon + |B_t - B_s - y|) - \log(\varepsilon + |y|)$$

$$= \int_s^t \frac{d_u(|B_u - B_s - y|)}{\varepsilon + |B_u - B_s - y|} - \frac{1}{2}\int_s^t \frac{du}{(\varepsilon + |B_u - B_s - y|)^2}$$

$$= \int_s^t \left(dB_u \; ; \; \frac{B_u - B_s - y}{|B_u - B_s - y|}\right) \frac{1}{\varepsilon + |B_u - B_s - y|} + \frac{1}{2}\int_s^t du \frac{\varepsilon}{|B_u - B_s - y| \; (\varepsilon + |B_u - B_s - y|)^2} ,$$

soit, en intégrant les deux membres de l'égalité ci-dessus par rapport à (ds) sur $[0,t]$:

$$\int_0^t ds\{\log(\varepsilon + |B_t - B_s - y|) - \log(\varepsilon + |y|)\}$$

(1.a)

$$= \int_0^t \left(dB_u \; ; \; \int_0^u ds \frac{B_u - B_s - y}{|B_u - B_s - y|} \frac{1}{(\varepsilon + |B_u - B_s - y|)}\right) + A_t^{(\varepsilon)} ,$$

où
$$A_t^{(\varepsilon)} = \frac{1}{2}\int_0^t ds \int_s^t du \frac{\varepsilon}{|B_u - B_s - y| \, (\varepsilon + |B_u - B_s - y|)^2}$$

Pour parvenir à *(1.a)*, on a interverti l'intégrale stochastique en (dB_u), et l'intégrale en (ds) ; ceci ne présente aucune difficulté, l'intégrand étant borné.

Faisons maintenant tendre ε vers 0 en *(1.a)* :

- l'intégrale en (ds) converge p.s. et dans L^p vers :

$$\int_0^t ds \, \{\log |B_t - B_s - y| - \log|y|\}$$

- l'intégrale en (dB_u) converge dans tous les L^p vers :

$$\int_0^t \left(dB_u \; ; \; \int_0^u ds \frac{B_u - B_s - y}{|B_u - B_s - y|^2}\right) ,$$

ceci étant d'ailleurs valable pour tout $y \in \mathbb{R}^2$ (y compris $y = 0$).

Pour démontrer précisément cette dernière convergence, on utilise principalement le théorème de convergence dominée de Lebesgue, et le fait que, pour tout $y \in \mathbb{R}^2$, et tout $u > 0$, la variable $\int_0^u \frac{ds}{|B_s - y|}$ appartient à tous les L^p (voir [9] pour plus de détails).

En conséquence, le processus croissant $A_t^{(\varepsilon)}$ converge dans L^p, lorsque $\varepsilon \to 0$, vers un processus croissant que l'on note $\Pi\alpha(y\ ;\ t)$.

On a donc obtenu la formule :

$$(1.b)\qquad \int_0^t ds\,\{\log|B_t-B_s-y| - \log|y|\} = \int_0^t \left(dB_u\ ;\ \int_0^u ds\ \frac{B_u-B_s-y}{|B_u-B_s-y|^2}\right) + \Pi\alpha(y;t).$$

Remarquons ensuite que l'on déduit aisément de cette formule l'existence d'une version de α mesurable en (y, ω, t).

(1.2) Nous identifions maintenant α comme densité d'occupation, c'est-à-dire que α satisfait la formule $(0.a)$, pour toute fonction $f \in C_c^\infty(\mathbb{R}^2)$. Pour cela, on associe à toute fonction $f \in C_c^\infty(\mathbb{R}^2)$ son potentiel logarithmique :

$$L_f(x) = \int (\log|x-y|)\, f(y)\, dy$$

La fonction L_f est encore de classe C^∞, et on a, en particulier : $\Delta(L_f) = 2\Pi f$.

En conséquence, on obtient, par application de la formule d'Itô :

$$(1.c)\quad \int_0^t ds\{L_f(B_t-B_s) - L_f(0)\} = \int_0^t \left(dB_u\ ;\ \int_0^u ds(\nabla L_f)(B_u-B_s)\right) + \Pi\int_0^t ds \int_s^t du\ f(B_u-B_s).$$

D'autre part, on a, par intégration à partir de la formule $(1.b)$:

$$(1.d)\quad \int_0^t ds\{L_f(B_t-B_s)-L_f(0)\} = \int_0^t \left(dB_u\ ;\ \int_0^u ds(\nabla L_f)(B_u-B_s)\right) + \Pi\int dy\ f(y)\ \alpha(y\ ;\ t).$$

La formule $(0.a)$: $\displaystyle\int_0^t ds \int_s^t du\ f(B_u-B_s) = \int dy\ f(y)\ \alpha(y\ ;\ t)$

découle alors immédiatement de la comparaison des formules $(1.c)$ et $(1.d)$.

2. Etude de la continuite de α.

Ainsi que cela est annoncé dans l'Introduction ci-dessus, l'objet de ce second paragraphe est de déduire de la formule $(1.b)$ l'existence d'une version bicontinue de $(\alpha(y\ ;\ t)\ ;\ y \in \mathbb{R}^2\setminus\{0\},\ t \geq 0)$, et d'améliorer le résultat de continuité sur $(\alpha(y\ ;\ t)\ ;\ y \in \mathbb{R}^2\setminus\{0\})$ obtenu par Rosen [5].

Dans tout ce paragraphe, on notera, pour $R > 0$, $D_R = \{z \in \mathbb{C}\ ,\ |z| < R\}$.

Remarquons qu'il suffit, à l'aide de la continuité des trajectoires du mouvement Brownien, de démontrer le théorème pour le processus $\tilde{\alpha}$ restreint à $D_R \times \mathbb{R}_+$, pour tout $R > 0$.

(2.1) Nous montrons tout d'abord l'existence d'une version bicontinue de la famille de martingales : $X_t(y) = \int_0^t \left(dB_u \; ; \; S_0^u(y)\right)$,

où $$S_0^u(y) \equiv \int_0^u ds \; \frac{B_u - B_s - y}{|B_u - B_s - y|^2} \; .$$

Nous utilisons pour cela un ensemble d'arguments plus ou moins classiques, présentés dans les sous paragraphes (2.2), (2.3) et (2.4) ci-dessous. L'application proprement dite de ces arguments sera faite en (2.5).

(2.2) *Lemme de Garsia : Soient* p *et* Ψ *deux fonctions strictement croissantes sur* $[0,\infty[$, *telles que* $p(0)=\Psi(0)=0$, et $\lim_{t\to\infty} \Psi(t) = \infty$. *Soit* $R > 0$, *et* $f : D_{2R} \to \mathbb{R}$ *une fonction continue telle que :*

$$\int_{D_R \times D_R} dx\, dy\, \Psi\left(\frac{|f(x) - f(y)|}{p(|x-y|)}\right) \leq \Gamma < \infty$$

Alors :

$$|f(x) - f(y)| \leq 8 \int_0^{2|x-y|} \Psi^{-1}\left(c\frac{\Gamma}{u^4}\right) p(du) \qquad (x,y \in D_R)$$

où c *est une constante universelle.*

(Voir, par exemple, Stroock-Varadhan [8], p. 60, pour cet énoncé).

(2.3) Une conséquence de l'inégalité exponentielle.

Rappelons tout d'abord que, si $(M_t,\, t \geq 0)$ est une martingale locale continue, nulle en 0, et que l'on note $M_t^* = \sup_{s\leq t} |M_s|$ et $(\langle M\rangle_t)$ le processus croissant de M, l'inégalité exponentielle suivante (dite aussi : inégalité de Bernstein) est satisfaite :

pour tout $t \geq 0$, $P(M_t^* \geq x \; ; \; \langle M\rangle_t^{1/2} \leq y) \leq \exp\left(-\frac{1}{2}\frac{x^2}{y^2}\right)$

La proposition suivante est alors une conséquence des inégalités obtenues en [11]

Proposition 1 : Soient p *et* q *tels que :* $p,q \in \,]1,\infty[$, *et* $\frac{1}{p} + \frac{1}{q} = 1$.

Soit $(M_i)_{i \in I}$ *une famille de martingales telle qu'il existe* $\mu > 0$ *pour lequel :*

$$\sup_{i \in I} E[\exp(\mu \langle M_i\rangle_\infty^{q-1})] < \infty$$

Alors, il existe $\gamma > 0$, *ne dépendant que de* μ *et* p, *tel que :*

$$\sup_{i \in I} E[\exp(\gamma (M_i^*)_\infty^{2/p}] < \infty$$

Nous appliquerons cette proposition uniquement dans le cas : $q = 3/2$, $p = 3$, ce qui donne : $q - 1 = 1/2$; $2/p = 2/3$.

(2.4) Une estimation de la mesure d'occupation pour le mouvement brownien plan

On suppose données, dans ce sous-paragraphe, un couple de fonctions de Young conjuguées φ et ψ (la fonction ψ introduite ici n'a, a priori, rien à voir avec la fonction Ψ du lemme (2.2)).

On note $g_t(y) = 1 + \log^+ \frac{t}{|y|^2}$ $(y \neq 0)$;

pour toute fonction $h : \mathbb{C} \to \mathbb{R}$, et tout $R > 0$, on pose : $h^R(x) = h(x) 1_{(|x| < R)}$.

On peut maintenant énoncer la :

Proposition 2 : Pour tout $n \in \mathbb{N}$, *et toute fonction* $f : \mathbb{C} \to \mathbb{R}_+$, *à support dans* D_R,

on a : $$E\Big[\Big(\int_0^t ds\, f(B_s)\Big)^n\Big] \leq C^n\, n!\, \|f\|_\varphi^n \|g_t^{2R}\|_\psi^n ,$$

où C *désigne une constante universelle.*

Démonstration : Nous ne la ferons que pour $n = 2$, le cas général étant obtenu de la même manière, par application répétée de la propriété de Markov. On a :

$$E\Big[\Big(\int_0^t ds\, f(B_s)\Big)^2\Big] = 2E\Big[\int_0^t ds\, f(B_s) \int_s^t du\, f(B_u)\Big]$$

$$= 2\, E\Big[\int_0^t ds\, f(B_s) \int_{|y| \leq 2R} dy\, f(B_s + y)\, \frac{1}{2\pi} \int_0^{t/|y|^2} \frac{du}{u} \exp\big(-\frac{1}{2u}\big)\Big]$$

L'intégrale en (du) est majorée par $C\, g_t(y)$, et on a donc, par application de l'inégalité de Hölder généralisée :

$$E\Big[\Big(\int_0^t ds\, f(B_s)\Big)^2\Big] \leq 2\, E\Big[\int_0^t ds\, f(B_s)\Big] C\, \|f\|_\varphi \|g_t^{2R}\|_\psi$$

$$\leq 2\, C^2\, \|f\|_\varphi^2\, \|g_t^{2R}\|_\psi^2 \quad \square$$

Remarquons maintenant que, si $\psi_k(x) = \int_0^t \exp(u^k) du$ $(x \geq 0)$,

on a : $\|g_t^{2R}\|_{\psi_k} < \infty$ si, et seulement si : $k \leq 1$.

Dans la suite, on prendra donc $k = 1$; la fonction φ_1, conjuguée de ψ_1, est :

$$\varphi_1(u) = \int_0^u dx\, \log(1 + x).$$

Nous aurons besoin dans la suite d'estimer $\|f\|_{\varphi_1}$, pour $f = f^R_{x,y}$, avec :

$$f^R_{x,y}(\xi) = \frac{1}{|\xi-x|\,|\xi-y|}\, 1_{(|\xi| \le R)} \text{ , et } |x|,|y| \le \frac{R}{2} .$$

Remarquons pour cela que l'on a, pour toute fonction $f : \mathbb{R}^2 \to \mathbb{R}_+$, borélienne, et toute fonction de Young φ, l'estimation grossière :

$$\|f\|_\varphi \le \sup\{1 \; ; \int dx\, \varphi\big(f(x)\big)\} \le 1 + \int dx\, \varphi\big(f(x)\big) .$$

Il s'agit donc d'évaluer :

$$\int_{|\xi| \le R} d\xi \frac{1}{|\xi-x|\,|\xi-y|} \log\left(1 + \frac{1}{|\xi-x|\,|\xi-y|}\right) .$$

Cette intégrale est majorée, lorsque $|x|, |y| \le \frac{R}{2}$, par :

$$\int_{|\xi| \le \frac{3R}{2}} d\xi \frac{1}{|\xi|\,|\xi-\theta|} \log\left(1 + \frac{1}{|\xi|\,|\xi-\theta|}\right), \text{ où } \theta = (x-y) .$$

$$= \int_{|\eta| \le \frac{3R}{2|\theta|}} d\eta \frac{1}{|\eta|\,|\eta-1|} \log\left(1 + \frac{1}{|\theta|^2\,|\eta|\,|\eta-1|}\right)$$

$$\le \int_{|\eta| \le \frac{3R}{2|\theta|}} d\eta \frac{1}{|\eta|\,|\eta-1|} \left\{\log\left(1 + \frac{1}{|\theta|^2}\right) + \log\left(1 + \frac{1}{|\eta|\,|\eta-1|}\right)\right\}$$

(à l'aide de l'inégalité : $1 + ab \le (1 + a)(1 + b)$)

$$\le C + \log\left(1 + \frac{1}{|\theta|^2}\right) . \int_{|\eta| \le \frac{3R}{2|\theta|}} d\eta \frac{1}{|\eta|\,|\eta-1|} = O\left(\left(\log \frac{1}{|\theta|}\right)^2\right) \quad (\theta \to 0) .$$

Résumons ces remarques par l'énoncé suivant :

Proposition 3 : Soient x,y *et* R *tels que :* $|x|, |y| \le \frac{R}{2}$

Posons : $f^R_{x,y}(\xi) = \frac{1}{|\xi-x|\,|\xi-y|}\, 1_{(|\xi| \le R)}$. *On a alors :*

$$\|f^R_{x,y}\|_{\varphi_1} \le \frac{1}{h(|x-y|)} \text{ , avec } h : \mathbb{R}_+ \to \mathbb{R}_+ \text{ fonction croissante continue,}$$

$$\text{et } \frac{1}{h(r)} = O\left(\left(\log \frac{1}{r}\right)^2\right) \quad (r \to 0).$$

(2.5) Nous supposons ici : $|x|, |y| \le R$ et on veut appliquer la *proposition 1* à

$$M_{x,y}(t) = \frac{1}{|x-y|}\left(X_t(x) - X_t(y)\right)$$

Pour simplifier les notations, on écrira seulement M pour $M_{x,y}$.

Remarquons que l'on a (avec les notations de (2.1)) :

$$\langle M\rangle_t = \frac{1}{|x-y|^2}\int_0^t du\ |S_o^u(y) - S_o^u(x)|^2 .$$

Or, on peut écrire : $S_o^u(y) = \int_0^u ds\ \frac{1}{\overline{B_u - B_s - y}}$

(si $\xi = a + ib \in \mathbb{C}$, avec $a,b \in \mathbb{R}$, on note : $\overline{\xi} = a - ib$),

et donc :

$$|S_o^u(y) - S_o^u(x)| \leq |x-y| \int_0^u \frac{ds}{|B_u-B_s-y|\ |B_u-B_s-x|} ,$$

ce qui entraîne, après avoir décomposé (ds) en : $ds\ 1_{(|B_u-B_s|\leq 2R)} + ds\ 1_{(|B_u-B_s|>2R)}$:

$$|S_o^u(y) - S_o^u(x)| \leq |x-y| \int_0^u ds\ \{f_{x,y}^{2R}(B_u-B_s) + \frac{1}{R^2}\} ,$$

avec $f_{x,y}^{2R}(\xi) = \frac{1}{|\xi-y|\ |\xi-x|}\ 1_{(|\xi|\ \leq\ 2R)}$.

On a donc : $\langle M\rangle_t \leq \frac{t}{R^4} + \int_0^t du\left(\int_0^u ds\ f_{x,y}^{2R}(B_u-B_s)\right)^2$,

d'où l'on déduit :

$$E[\exp(\mu\ \langle M\rangle_t^{1/2})] \leq \exp(\mu\ \frac{\sqrt{t}}{R^2})\ E[\exp\ \mu\left(\int_0^t du(\int_0^u ds\ f_{x,y}^{2R}(B_u-B_s))^2\right)^{1/2}] .$$

On obtient ensuite, en développant la fonction exponentielle en série :

$$\textit{(2.a)}\qquad E[\exp(\mu\langle M\rangle_t^{1/2})] \leq \exp(\frac{\mu\sqrt{t}}{R^2}) \sum_{n=0}^{\infty} \frac{\mu^n}{n!}\ E[\left(\int_0^t du(\int_0^u ds\ f_{x,y}^{2R}(B_u-B_s))^2\right)^{n/2}] .$$

• <u>Pour tout $n \geq 2$</u>, on majore l'expression $E[\left(\int_0^t du(\int_0^u ds\ f_{x,y}^{2R}(B_u-B_s))^2\right)^{n/2}]$

par :

$$t^{n/2}\ E[\left(\frac{1}{t}\int_0^t du(\int_0^u ds\ f_{x,y}^{2R}(B_u-B_s))^2\right)^{n/2}]$$

$$\leq t^{n/2}\ E[\frac{1}{t}\int_0^t du\left(\int_0^u ds\ f_{x,y}^{2R}(B_u-B_s)\right)^n]$$

$$=t^{\frac{n}{2}-1}\int_0^t du\, E\Big[\Big(\int_0^u ds\, f^{2R}_{x,y}(B_u-B_s)\Big)^n\Big] \le t^{n/2} E\Big[\Big(\int_0^t ds\, f^{2R}_{x,y}(B_s)\Big)^n\Big] \le t^{n/2} \|f^{2R}_{x,y}\|^n_{\varphi_1} \|g^{2R}\|^n_{\psi_1} C^n n!$$

avec les notations de la *proposition 2* ci-dessus.

. Pour $n = 1$, on majore l'expression : $E\Big[\Big(\int_0^t du\Big(\int_0^u ds\, f^{2R}_{x,y}(B_u-B_s)\Big)^2\Big)^{1/2}\Big]$

à l'aide de l'inégalité de Cauchy-Schwarz, par :

$$E\Big[\int_0^t du\Big(\int_0^u ds\, f^{2R}_{x,y}(B_u-B_s)\Big)^2\Big]^{1/2} \le \sqrt{t}\, E\Big[\Big(\int_0^t ds\, f^{2R}_{x,y}(B_s)\Big)^2\Big]^{1/2}$$

$$\le \sqrt{2}\cdot\sqrt{t}\, C\, \|f^{2R}_{x,y}\|_{\varphi_1} \|g^{2R}\|_{\psi_1} ,$$

toujours d'après la *proposition 2*.

Finalement, on obtient, en reportant ces inégalités en *(2.a)* :

$$E[\exp \mu \langle M\rangle_t^{1/2}] \le \exp\Big(\mu \frac{\sqrt{t}}{R^2}\Big)\cdot\sqrt{2} \sum_{n=o}^{\infty} \mu^n t^{n/2} (\|f^{2R}_{x,y}\|_{\varphi_1} \|g^{2R}\|_{\psi_1} C)^n .$$

$$\le \frac{2\exp\Big(\mu \frac{\sqrt{t}}{R^2}\Big)}{1-\mu\sqrt{t}\, \|f^{2R}_{x,y}\|_{\varphi_1} \|g^{2R}\|_{\psi_1} C} ,$$

et donc, en utilisant les notations de la *proposition 3*, et en changeant μ en $\mu\, h(|x-y|)$:

$$\sup_{|x|,|y|\le R} E[\exp(\mu\, h(|x-y|)\, \langle M\rangle_t^{1/2})] < \infty ,$$

pour μ suffisamment petit (dépendant de R et t seulement).
On déduit alors de la *proposition 1* que :

$$\sup_{|x|,|y|\le R} E\Big[\exp \nu \Big(h(|x-y|)\, M^*_t\Big)^{2/3}\Big] < \infty$$

pour ν suffisamment petit.

On remarque maintenant, à l'aide du lemme de Kolmogorov classique, des majorations $\frac{x^n}{n!} < \exp(x)$, pour tout n , et de l'inégalité ci-dessus, qu'il existe une version continue de $(X_t(x)\ ;\ t \ge 0,\ x \in \mathbb{R}^2)$.

On peut maintenant appliquer le *lemme de Garsia* (2.2), avec $\Psi(r) = \exp(\lambda r^{2/3})-1$ pour λ suffisamment petit, et $p(r) = r(\log \frac{1}{r})^2$, ce qui va nous permettre de préciser le module de continuité de $X_t(\cdot)$.

En effet, pour une constante $\lambda > 0$, ne dépendant que de R et t, la variable

$$\Gamma \equiv \int_{D_R \times D_R} dx\, dy\, [\exp \lambda\left(\frac{\sup_{s\le t} |X_s(x) - X_s(y)|}{p(|x-y|)}\right)^{2/3} - 1]$$

est intégrable, et donc finie p.s.

On en déduit, d'après le *lemme de Garsia* :

$$\sup_{\substack{s\le t\\ x,y \in D_{R/2}}} |X_s(x) - X_s(y)| \le C_{R,t} \int_0^{2|x-y|} \left(\log(1 + \frac{c\Gamma}{u^4})\right)^{3/2} p(du)$$

où $C_{R,t}$ est une constante ne dépendant que de R et t.

Cette dernière inégalité entraîne, pour le processus $(X_s(x) \;;\; x \in \mathbb{R}^2,\, s \ge 0)$, le résultat énoncé dans le théorème, lorsque l'on remplace $\tilde{\alpha}$ par X.

(2.6) Pour terminer l'étude de la continuité de $(\tilde{\alpha}(y\;;\;t) \;;\; y \in \mathbb{R}^2,\, t \ge 0)$ il nous reste, en vertu de la formule *(1.b)*, à préciser le module de continuité de l'expression : $L_t(z) = \int_0^t ds \log |B_s - z| \quad (z \in \mathbb{C})$.

Soient $y, z \in \mathbb{C}$. Posons $m(u) = |uy + (1-u)\, z - B_s| \quad (u \in [0,1])$

On a :

$$\log|y-B_s| - \log|z-B_s| = \int_0^1 du\, \frac{1}{m(u)}\, \frac{m'(u)\cdot m(u)}{m(u)},$$

d'où l'on déduit :

$$\sup_{s\le t} |L_s(y) - L_s(z)| \le \int_0^t ds \int_0^1 du\, \frac{|y - z|}{|uy + (1-u)z - B_s|}$$

Posons maintenant $\Psi(x) = \exp(x^2) - 1 \quad (x \ge 0)$.

Rappelons que, si $\xi \in \mathbb{C}$, il existe un mouvement brownien réel $(\beta_t(\xi) \;;\; t \ge 0)$ tel que :

$$|B_t - \xi| = |\xi| + \beta_t(\xi) + \frac{1}{2}\int_0^t \frac{ds}{|B_s - \xi|}$$

On déduit de cette identité que l'on a, pour tout $t > 0$, fixé :

$$\sup_{\xi \in \mathbb{C}} \left\| \int_0^t \frac{ds}{|B_s - \xi|} \right\|_\Psi < \infty$$

En conséquence, on a :

$$\sup_{\substack{y,z \in \mathbb{C} \\ y \neq z}} \left\| \sup_{s \leq t} \frac{|L_s(y) - L_s(z)|}{|y - z|} \right\|_\psi \leq \sup_{y,z \in \mathbb{C}} \int_o^1 du \left\| \int_o^t \frac{ds}{|uy + (1-u)z - B_s|} \right\|_\psi$$

$$\leq \sup_{\xi \in \mathbb{C}} \left\| \int_o^t \frac{ds}{|B_s - \xi|} \right\| < \infty$$

Finalement, on déduit du lemme de Garsia que pour tous R et t fixés, il existe $\delta > 0$ et une variable $C(\omega) > 0$ tels que :

pour $y,z \in D_R$, et $|y-z| < \delta$, $\sup_{s \leq t} |L_s(y) - L_s(z)| \leq C_\omega |y-z| (\log \frac{1}{|y-z|})^{1/2}$

(2.7) En rassemblant les résultats obtenus en (2.5) et (2.6), on a complètement démontré le théorème.

Nota Bene : Dans l'article de Garsia intitulé :

Continuity properties of Gaussian processes with multidimensional time parameter (Sixth Berkeley Symposium ; vol II (1970)) une version du lemme (2.2) est démontrée sous l'hypothèse supplémentaire : Ψ est convexe. Cette hypothèse n'est pas nécessaire ; voir Stroock - Varadhan [8], ou même:Garsia - Rodemich - Rumsey (Indiana Math. Journal, 20, 565-578 (1970)). Elle permet cependant à Garsia des simplications importantes de la démonstration d'origine.
En tout cas, l'application du lemme (2.2) à $\Psi(r) = \exp(\lambda r^{2/3}) - 1$ est bien licite.

REFERENCES

[1] E.B. Dynkin : Self-intersection local times, occupation fields and stochastic integrals. Preprint (1985).

[2] D. Geman, J. Horowitz, J. Rosen : A local time analysis of intersections of Brownian paths in the plane. Annals of Proba 12, 86-107, 1984.

[3] J.F. Le Gall : Sur le temps local d'intersection du mouvement brownien plan et la méthode de renormalisation de Varadhan. Sém. Probas XIX, Lect. Notes in Maths 1123. Springer (1985).

[4] P.A. Meyer : Un cours sur les intégrales stochastiques. Sém. Probas X. Lect. Notes in Maths 511. Springer (1976).

[5] J. Rosen : A local time approach to the self-intersections of Brownian paths in space. Comm. in Math. Physics. 88, 327-338 (1983).

[6] J. Rosen : Tanaka's formula and renormalization for intersections of planar Brownian motion. Ann. of Prob. To appear.

[7] J. Rosen : A renormalized local time for multiple intersections of planar Brownian motion. This volume.

[8] D.W. Stroock, S.R.S. Varadhan : Multidimensional diffusion processes. Springer-Verlag (1979).

[9] M. Yor : Compléments aux formules de Tanaka-Rosen. Sém. Probas XIX, Lect. Notes in Maths. 1123. Springer (1985).

[10] M. Yor : Sur la représentation comme intégrales stochastiques des temps d'occupation du mouvement brownien dans $\mathbb{R}^d$. Dans ce volume.

[11] M. Yor : Burkholder-Gundy type inequalities for Brownian motion, and non-moderate increasing functions. To appear.

Je remercie vivement J.F. Le Gall dont la stimulation est pour beaucoup dans l'existence de ce travail.

Sur la représentation comme intégrales stochastiques des temps d'occupation du mouvement Brownien dans $\mathbb{R}^d$.

Marc YOR

1. Introduction.

(1.1) Soit $(B_t ; t \geq 0)$ mouvement Brownien à valeurs dans $\mathbb{R}^d$, issu de 0.
L'objet de ce travail est de montrer :

(i) pour $d=1$, l'existence des temps locaux $(\ell_t^x ; x \in \mathbb{R}, t \geq 0)$ définis ici pour tout $t \geq 0$ donné comme densité par rapport à la mesure de Lebesgue de la mesure :

$$f \to \int_0^t ds\, f(B_s) \qquad (f \in C_c(\mathbb{R}))$$

(ii) pour $d=2$ ou 3, l'existence des temps locaux d'intersection $(\alpha(x;t) ; x \in \mathbb{R}^d, t \geq 0)$ définis, pour tout $t \geq 0$, comme densité par rapport à la mesure de Lebesgue de la mesure :

$$f \to \int_0^t ds \int_s^t du\, f(B_u - B_s) \qquad (f \in C_c(\mathbb{R}^d))$$

en s'appuyant uniquement sur la représentation de $f(B_s)$, resp : $f(B_u-B_s)$, comme somme d'une constante et d'une intégrale stochastique.
Cette méthode est particulièrement simple et rapide, en comparaison des méthodes plus classiques que sont les approches par le calcul stochastique (Millar [6]; Meyer [5]) ou par la transformée de Fourier (Geman-Horowitz-Rosen [3], Rosen [7]). Elle peut s'étendre très aisément à de nombreux processus de Markov, sous des hypothèses adéquates portant sur leur semi-groupe ; on devrait pouvoir obtenir ainsi les résultats de Rosen [8] qui a étudié la question (ii) pour des diffusions générales.

Un autre intérêt de la méthode est qu'elle attire l'attention sur le soin qu'il faut apporter à l'interversion de l'ordre de certaines intégrations stochastiques et déterministes. A titre d'exemple, rappelons la formule de Tanaka-Rosen en dimension 2, qui figure en [9] sous la forme :

$$\int_0^t ds\{\log|B_t-B_s-y|-\log|y|\}=\int_0^t (dB_u;\int_0^u ds \frac{B_u-B_s-y}{|B_u-B_s-y|^2})+\pi\alpha(y;t) \qquad (y\neq 0)$$

et remarquons qu'elle peut être écrite sous la forme :

$$\int_0^t ds\int_s^t (dB_u; \frac{B_u-B_s-y}{|B_u-B_s-y|^2})-\int_0^t (dB_u;\int_0^u ds \frac{B_u-B_s-y}{|B_u-B_s-y|^2})=\pi\alpha(y;t) \qquad (y\neq 0)$$

Enfin, cette méthode de représentation au moyen des intégrales stochastiques permet d'obtenir très aisément le résultat de renormalisation de Varadhan en dimension 2 ; la même méthode nous permet d'obtenir un résultat de renormalisation pour certaines intégrales triples du mouvement brownien plan [11].

(1.2) La représentation des variables $f(B_s)$, pour $f \in C_c(\mathbb{R}^d)$, et $s > 0$, a déjà rendu de grands services pour la résolution de problèmes tout à fait différents de ceux considérés ici : Bass [1] donne une solution au problème de Skorokhod à l'aide de cette représentation, tandis que Kunita [4] utilise cette représentation pour remplacer l'équation du filtrage markovien non-linéaire obtenue par Fujisaki-Kallianpur-Kunita [2], et difficile à étudier directement, par une équation équivalente pour laquelle la méthode des approximations successives converge.

2. Temps locaux du mouvement Brownien réel.

(2.1) Préliminaires.

Soit $(B_t ; t \geq 0)$ mouvement Brownien à valeurs dans $\mathbb{R}^d$, issu de 0. On note $(\mathcal{F}_t)$ sa filtration naturelle, et (P_t) son semi-groupe. On a :

$$P_t(x,dy) = \frac{1}{(2\pi t)^{d/2}} \exp(- \frac{|x-y|^2}{2t})dy.$$

Soit $f : \mathbb{R}^d \to \mathbb{R}$, fonction continue, à support compact. On a, pour $u < s$, grâce à la propriété de Markov : $\mathbb{E}[f(B_s)|\mathcal{F}_u] = P_{s-u}f(B_u)$,

puis, grâce à la formule d'Itô :

$$\text{(2.a)} \qquad \mathbb{E}[f(B_s)|\mathcal{F}_u] = \mathbb{E}[f(B_s)] + \int_0^u (dB_v ; \nabla(P_{s-v}f)(B_v))$$

d'où la représentation explicite :

$$\text{(2.b)}\quad \begin{aligned}&E[f(B_s)\,|\,\mathcal{F}_u]\\ &=E[f(B_s)]-\int dy\, f(y)\,\frac{1}{(2\pi)^{d/2}}\int_0^u (dB_v\,;\,B_v-y)\,\frac{1}{(s-v)^{1+\frac{d}{2}}}\,\exp\left(-\frac{|B_v-y|^2}{2(s-v)}\right)\end{aligned}$$

Remarques : 1) L'échange de l'ordre de l'intégration en (dy) et de l'intégration stochastique ne pose ici aucun problème.

2) La formule (2.b) n'est autre que la version intégrée (en (dy)) du développement comme intégrales stochastiques des martingales fondamentales :

$$p_{s-u}(B_u;y) \equiv \frac{1}{(2\pi(s-u))^{d/2}}\,\exp-\frac{|B_u-y|^2}{2(s-u)} \qquad (u < s)$$

On a, en effet :

$$\text{(2.c)}\quad \frac{1}{(s-u)^{d/2}}\exp-\frac{|B_u-y|^2}{2(s-u)} = \frac{1}{s^{d/2}}\exp\left(-\frac{|y|^2}{2s}\right)-\int_0^u\left(dB_v;\,\frac{B_v-y}{(s-v)^{1+\frac{d}{2}}}\right)\exp\left(-\frac{|B_v-y|^2}{2(s-v)}\right)$$

3) Si l'on fait tendre u vers $s-$ dans la formule précédente, on obtient :

$$\text{(2.d)}\quad \frac{1}{s^{d/2}}\exp\left(-\frac{|y|^2}{2s}\right)=\int_0^s\left(dB_v\,;\,\frac{B_v-y}{(s-v)^{1+\frac{d}{2}}}\right)\exp-\frac{|B_v-y|^2}{2(s-v)}$$

Cette égalité entre constante et intégrale stochastique (pour s fixé) s'explique partiellement par le fait que l'intégrand n'est pas de carré intégrable par rapport à $dvdP$. Nous verrons, par la suite, d'autres exemples de telles égalités.

(2.2) Nous conservons les notations et hypothèses utilisées en *(2.1)*. On a, pour toute $f \in C_c(\mathbb{R}^d)$:

$$\begin{aligned}\int_0^t ds\, f(B_s) &= \lim_{\varepsilon\to 0}\int_\varepsilon^t ds\, E[f(B_s)\,|\,\mathcal{F}_{s-\varepsilon}] \qquad (P\ \text{p.s.})\\ &=\lim_{\varepsilon\to 0}\int_\varepsilon^t ds\{E[f(B_s)]-\frac{1}{(2\pi)^{d/2}}\int_0^{s-\varepsilon}\frac{(dB_v;B_v-y)}{(s-v)^{1+\frac{d}{2}}}\exp\left(-\frac{|B_v-y|^2}{2(s-v)}\right.\end{aligned}$$

$$=\int_0^t ds\, E[f(B_s)]-\frac{1}{(2\pi)^{d/2}}\lim_{\varepsilon\to 0}\int dy\, f(y)\int_0^{t-\varepsilon}(dB_v;B_v-y)\int_{v+\varepsilon}^t ds\,\exp\left(-\frac{|B_v-y|^2}{2(s-v)}\right)\frac{1}{(s-v)^{1+\frac{d}{2}}}$$

Introduisons les notations suivantes :

$$\nu = \frac{d}{2} - 1 \quad \text{et} \quad \phi_\nu(x) = 2^{\nu+1}\int_x^\infty dv\; v^\nu \exp(-v) = 2^{\nu+1}(-1)^\nu x^{\nu+1}\frac{d^\nu}{dx^\nu}\left(\frac{e^{-x}}{x}\right),$$

cette dernière formule étant valable au moins pour les valeurs entières de ν.

On a alors, de façon immédiate, la

Proposition 1 : Pour toute fonction $f \in C_c(\mathbb{R}^d)$, *et tout* $t > 0$:

$$\int_0^t ds\, f(B_s) - \int_0^t ds\, E[f(B_s)]$$

(2.e)

$$= -\frac{1}{(2\pi)^{d/2}} \lim_{\varepsilon \to 0} \int dy\, f(y) \int_0^{t-\varepsilon} \frac{(dB_v; B_v - y)}{|B_v - y|^d} \left\{\phi_\nu\left(\frac{|B_v - y|^2}{2(t-v)}\right) - \phi_\nu\left(\frac{|B_v - y|^2}{2\varepsilon}\right)\right\}$$

(2.3) *Le cas de la dimension 1.*

a) Il est naturel, à la suite de la formule (2.e), de chercher à intervertir $\lim_{\varepsilon \to 0}$ et intégrales. Une telle interversion peut être légitimée sous les hypothèses suivantes :

Lemme : Soit $\mu(dy)$ *mesure positive* σ*-finie sur* $\mathbb{R}^d$.

Soit, pour tout $\varepsilon > 0$, $h_\varepsilon : [0,1] \times (\mathbb{R}_+ \times \Omega) \to \mathbb{R}^d$ *processus mesurable par rapport à* $\mathcal{B}[0,1] \otimes \mathcal{P}$, *où* $\mathcal{P}$ *désigne la tribu prévisible associée à la filtration* $(\mathcal{F}_t)$.

Supposons de plus qu'il existe une fonction $C : \mathbb{R}^d \to \mathbb{R}_+$, *mesurable, telle que :*

pour tout $\varepsilon > 0$, $\qquad E\left[\int_0^1 du\,|h_\varepsilon(y;u,\omega)|^2\right]^{1/2} \leq C(y)$

et $\qquad \int \mu(dy) C(y) < \infty$,

et, d'autre part, que $\mu(dy)$ p.s. $\quad h_\varepsilon(y;\cdot) \xrightarrow[\varepsilon \to 0]{} h(y;\cdot)$ dans $L^2(\Omega \times [0,1], P(d\omega)du)$

Alors, $\qquad \int \mu(dy) \int_0^1 (dB_u; h_\varepsilon(y;u)) \xrightarrow{L^2} \int \mu(dy) \int_0^1 (dB_u; h(y;u))$

La démonstration du lemme est une application immédiate du théorème de convergence dominée.

b) Pour la dimension $d=1$, le lemme s'applique à la formule (2.e), et on a donc montré, à l'aide de cette formule, l'existence d'un processus $L_t(y)$ indexé par t et y, tel que, pour tout t :

pour toute fonction $f : \mathbb{R} \to \mathbb{R}_+$, borélienne,

$$\int_0^t ds\ f(B_s) = \int dy\ f(y) L_t(y),$$

avec :

$$L_t(y) = \int_0^t \frac{ds}{\sqrt{2\pi s}} \exp\left(-\frac{|y|^2}{2s}\right) - \frac{1}{\sqrt{2\pi}} \int_0^t dB_v\ \mathrm{sgn}(B_v - y)\phi_{-1/2}\left(\frac{(B_v-y)^2}{2(t-v)}\right)$$

(2.4) Le cas des dimensions $d \geq 2$.

Si l'on retourne au début du paragraphe (2.2), on s'aperçoit que la méthode ci-dessus a consisté :

- d'une part, à écrire : $\displaystyle\int_0^t ds\ f(B_s) = \lim_{\varepsilon \to 0} \int dy\ f(y) \ell_{(\varepsilon)}(y,t)$,

où $$\ell_{(\varepsilon)}(y;t) = \int_\varepsilon^t ds\ \frac{1}{(2\pi\varepsilon)^{d/2}} \exp\left(-\frac{|B_s - y|^2}{2\varepsilon}\right)$$

- d'autre part, à développer $\ell_{(\varepsilon)}(y;t)$ comme somme d'une constante et d'une intégrale stochastique. De façon explicite :

$$\ell_{(\varepsilon)}(y;t) = \int_\varepsilon^t \frac{ds}{(2\pi s)^{d/2}} \exp\left(-\frac{|y|^2}{2s}\right) - \frac{1}{(2\pi)^{d/2}} \int_0^{t-\varepsilon} \frac{(dB_v; B_v - y)}{|B_v - y|^d} \left\{\phi_\nu\left(\frac{|B_v-y|^2}{2(t-v)}\right) - \phi_\nu\left(\frac{|B_v-y|^2}{2\varepsilon}\right)\right\}$$

Or, en dimension $d \geq 2$, tout point $y \neq 0$ est polaire, et on a, à l'aide de la première écriture de $\ell_{(\varepsilon)}(y;t)$: $\ell_{(\varepsilon)}(y,t) \xrightarrow[(\varepsilon \to 0)]{} 0$ P p.s.,

d'où l'on déduit, à l'aide de la seconde écriture de $\ell_{(\varepsilon)}$:

$$\text{(2.f)} \qquad \int_0^t \frac{ds}{s^{d/2}} \exp\left(-\frac{|y|^2}{2s}\right) = \int_0^t \frac{(dB_v; B_v - y)}{|B_v - y|^d}\ \phi_\nu\left(\frac{|B_v-y|^2}{2(t-v)}\right),$$

formule à rapprocher de (2.d).

3. Temps locaux d'intersection en dimensions 2 et 3.

(3.1) Préliminaires.

On reprend, cette fois pour l'étude des intégrales $\displaystyle\int_0^t ds \int_s^t du\ f(B_u - B_s)$ $(f \in C_c(\mathbb{R}^d))$

la méthode développée en (2.1) et (2.2). On a :

$$\int_0^t ds\int_s^t du\ f(B_u-B_s)=\lim_{\varepsilon\to 0}\int_0^{t-\varepsilon} ds\int_\varepsilon^{t-s} du\ E[\,f(B_{u+s}-B_s)\,|\,\mathcal{F}_{u+s-\varepsilon}\,]$$

$$=\int_0^t ds\int_s^t du\ E[\,f(B_s-B_u)\,]$$

$$-\lim_{\varepsilon\to 0}\frac{1}{(2\pi)^{d/2}}\int dy\ f(y)\int_0^{t-\varepsilon} ds\int_\varepsilon^{t-s} du\int_s^{u+s-\varepsilon}(dB_v;B_v-B_s-y)\exp\Big(-\frac{|B_v-B_s-y|^2}{2(u+s-v)}\Big)\frac{1}{(u+s-v)^{1+\frac{d}{2}}}$$

L'intégrale triple en ds du dB_v peut être réécrite sous la forme :

$$\cdot\int_0^{t-\varepsilon} ds\int_{s+\varepsilon}^{t} du\int_s^{u-\varepsilon}(dB_v;B_v-B_s-y)\exp\Big(-\frac{|B_v-B_s-y|^2}{2(u-v)}\Big)\frac{1}{(u-v)^{1+\frac{d}{2}}}$$

$$=\int_0^{t-\varepsilon}\Big(dB_v;\int_0^v ds\int_{v+\varepsilon}^t du(B_v-B_s-y)\exp-\frac{|B_v-B_s-y|^2}{2(u-v)}\ \frac{1}{(u-v)^{1+\frac{d}{2}}}\Big)$$

$$=\int_0^{t-\varepsilon}\Big(dB_v;\int_0^v ds\ \frac{B_v-B_s-y}{|B_v-B_s-y|^2}\Big\{\phi_\nu\Big(\frac{|B_v-B_s-y|^2}{2(t-v)}\Big)-\phi_\nu\Big(\frac{|B_v-B_s-y|^2}{2\varepsilon}\Big)\Big\}\Big)$$

où l'on note toujours $\qquad \phi_\nu(x)=2^{\nu+1}\int_x^\infty dv\ v^\nu\exp(-v)$

On a donc obtenu, pour toute dimension d, la

Proposition 2 : Pour toute fonction $f\in C_c(\mathbb{R}^d)$, et tout $t>0$, on a :

$$\int_0^t ds\int_s^t du\ f(B_u-B_s)-\int_0^t ds\int_s^t du\ E[\,f(B_u-B_s)\,]$$

(3.a)

$$=-\frac{1}{(2\pi)^{d/2}}\lim_{\varepsilon\to 0}\int dy\ f(y)\int_0^{t-\varepsilon}\Big(dB_v;\int_0^v ds\ \frac{B_v-B_s-y}{|B_v-B_s-y|^d}\Big\{\phi_\nu\Big(\frac{|B_v-B_s-y|^2}{2(t-v)}\Big)-\phi_\nu\Big(\frac{|B_v-B_s-y|^2}{2\varepsilon}\Big)\Big\}\Big)$$

(3.2) Le cas de la dimension 2.

a) Dans ce cas, on a : $\nu=0$ et $\phi_0(x)=2\exp(-x)$. L'intégrand qui figure dans l'intégrale stochastique de l'identité (3.a) est alors majoré, pour tout $v>0$ donné, par :

$$2\int_0^v\frac{ds}{|B_v-B_s-y|}\overset{(d)}{=}2\int_0^v\frac{ds}{|B_s-y|}$$

Or, on a, pour tout $y\in\mathbb{R}^2$, la décomposition suivante du processus radial $(|B_t-y|\ ;\ t\geqslant 0)$

$$|B_v-y|=|y|+\beta_v^{(y)}+\frac{1}{2}\int_0^v \frac{ds}{|B_s-y|},$$

où $(\beta_v^{(y)}, v \geq 0)$ désigne un mouvement brownien réel.

Ainsi, on a, pour tout $y \in \mathbb{R}^2$: $E\left[\left(\int_0^v \frac{ds}{|B_s-y|}\right)^2\right] \leq C.v.$

pour une certaine constante C, indépendante de y.

On peut donc appliquer le lemme pour déduire de la formule (3.a) l'existence d'une densité $\alpha(y;t)$ telle que :

$$\int_0^t ds \int_s^t du\, f(B_u-B_s)=\int dy\, f(y)\alpha(y;t) \tag{3.b}$$

avec :

$$\alpha(y,t)=\int_0^t ds \int_s^t du \frac{1}{2\pi(u-s)} \exp-\frac{|y|^2}{2(u-s)} - \hat{\alpha}_t(y) \tag{3.c}$$

et :

$$\hat{\alpha}_t(y)=\frac{1}{\pi}\int_0^t \left(dB_v;\int_0^v ds \frac{B_v-B_s-y}{|B_v-B_s-y|^2} \exp\left(-\frac{|B_v-B_s-y|^2}{2(t-v)}\right)\right) \tag{3.d}$$

b) Toujours dans le cas de la dimension 2, le résultat de renormalisation de Varadhan, à savoir :

$$n^2\int_0^t ds\int_s^t du\, f(n(B_u-B_s))-E\left[n^2\int_0^t ds\int_s^t du\, f(n(B_u-B_s))\right] \tag{3.e}$$

converge dans L^p, pour tout p, découle aisément des formules (3.b), (3.c) et (3.d).

En effet, l'expression (3.e) ci-dessus est égale, d'après (3.b) et (3.c), à :

$$-\int dy\, f(y)\hat{\alpha}_t\left(\frac{y}{n}\right),$$

cette expression converge, lorsque $n\to\infty$, vers :

$$\left(-\int dy\, f(y)\right)\hat{\alpha}_t(0)$$

ce qui prouve à la fois le résultat de Varadhan, et donne une représentation de la limite comme intégrale stochastique, à savoir :

$$\hat{\alpha}_t(0)=\frac{1}{\pi}\int_0^t \left(dB_v;\int_0^v ds \frac{B_v-B_s}{|B_v-B_s|^2} \exp-\frac{|B_v-B_s|^2}{2(t-v)}\right)$$

(3.3) Le cas de la dimension 3.

a) Dans ce cas, on a : $\nu=1/2$, et l'intégrand qui figure dans l'intégrale stochastique de l'identité (3.a) est majoré, pour tout $v > 0$ donné, par :

$$C\int_0^v \frac{ds}{|B_v-B_s-y|^2} \overset{(d)}{=} C\int_0^v \frac{ds}{|B_s-y|^2} \overset{(d)}{=} C\int_0^{v/|y|^2} \frac{ds}{|B_s-1|^2}.$$

Or, d'après [10] (lemme 2, p. 357), il existe une constante $c > 0$ telle que :

pour tout $t > 0$, $\mathbb{E}\left[\left(\int_0^t \frac{ds}{|B_s-1|^2}\right)^2\right] \leq c|\log t|^2.$

En conséquence, on peut encore appliquer le lemme figurant en (2.3) ci-dessus pour déduire de la formule (3.a) l'existence d'une densité $\alpha(y;t)$ telle que la formule de densité d'occupation (3.b) soit encore satisfaite, avec :

(3.f) $$\alpha(y;t)=\int_0^t ds\int_s^t du \frac{1}{(2\pi(u-s))^{3/2}} \exp-\frac{|y|^2}{2(u-s)} -\hat{\alpha}_t(y),$$

et :

(3.g) $$\hat{\alpha}_t(y)=\frac{1}{(2\pi)^{3/2}}\int_0^t (dB_v;\int_0^v ds \frac{B_v-B_s-y}{|B_v-B_s-y|^3} \phi_{1/2}(\frac{|B_v-B_s-y|^2}{2(t-v)}))$$

b) Les formules (3.f) et (3.g) permettent, avec un peu de travail supplémentaire, de retrouver le résultat principal de [10], à savoir que, en dimension 3 :

$$(B_t;\frac{1}{\sqrt{\log\frac{1}{|y|}}}\{2\pi\alpha(y;t)-\frac{t}{|y|}\}\;;\;t\geq 0)\overset{(d)}{\longrightarrow}(B_t;2\beta_t;\;t\geq 0)$$

où $(\beta_t,\, t\geq 0)$ désigne un mouvement Brownien réel issu de 0, indépendant de B, et (d) indique la convergence en loi associée à la topologie de la convergence compacte sur l'espace canonique $C(\mathbb{R}_+,\mathbb{R}^4)$.

(3.4) Le cas des dimensions $d \geq 4$.

De même qu'en (2.4), on montre en retournant au début du paragraphe (3.1), et en utilisant le fait que pour ces dimensions l'ensemble $\{(s,t):B_s-B_t=y\}$ est p.s. vide, pour tout $y\neq 0$, que notre méthode fournit l'analogue suivant de la formule (2.f):

(3.h) $$\int_0^t ds \int_s^t du \frac{1}{(u-s)^{d/2}} \exp - \frac{|y|^2}{2(u-s)} = \int_0^t (dB_v ; \int_0^v ds \frac{B_v - B_s - y}{|B_v - B_s - y|^d} \phi_v (\frac{|B_v - B_s - y|^2}{2(t-v)}))$$

REFERENCES :

[1] R.F. BASS : Skorokhod embedding via stochastic integrals. Sém. Probas. XVII. Lect. Notes in Maths 986. Springer (1983).

[2] M. FUJISAKI, G. KALLIANPUR, H. KUNITA : Stochastic differential equations for the non-linear filtering problem. Osaka J. Math. 9, 19-40, 1972.

[3] D. GEMAN, J. HOROWITZ, J. ROSEN : A local time analysis of intersections of Brownian paths in the plane. Annals of Proba., 12, 86-107, 1984.

[4] H. KUNITA : Asymptotic behavior of the non-linear filtering errors of Markov processes.
J. of Multivariate Analysis, 1, 365-393, 1971.

[5] P.A. MEYER : Un cours sur les intégrales stochastiques. Sém. Probas X, Lect. Notes in Maths 511. Springer (1976).

[6] P.W. MILLAR : Stochastic integrals and processes with stationary independent increments. Proc. 6th Berkeley Symp. Math. Stat. Prob. 3, 307-332, 1972.

[7] J. ROSEN : A local time approach to the self intersections of Brownian paths in space.
Comm. Maths. Phys. 88, 327-338 (1983).

[8] J. ROSEN : Joint continuity of the intersection local times of Markov processes, Preprint (1985).

[9] M. YOR : Compléments aux formules de Tanaka-Rosen. Sém. Probas. XIX. Lect. Notes in Maths 1123. Springer (1985).

[10] M. YOR : Renormalisation et convergence en loi pour les temps locaux d'intersection du mouvement brownien dans $\mathbb{R}^3$. Sém. Probas. XIX. Lect. Notes in Maths 1123. Springer (1985).

[11] M. YOR : A renormalisation result for some triple integrals of two-dimensional Brownian motion. To appear

---

Je remercie J.Y. Calais qui m'a permis de corriger une mauvaise formulation du lemme qui figure en (2.3).

FUNCTIONALS ASSOCIATED WITH SELF-INTERSECTIONS OF THE PLANAR BROWNIAN MOTION[1]

E.B.Dynkin

Department of Mathematics,Cornell University,

Ithaca,N.Y.14853,U.S.A.

ABSTRACT

For every k=1,2,3,...and for a wide class of measures λ,we construct a one-parameter family $\mathcal{T}_k(\lambda,u),u\ge 0$ of functionals of the planar Brownian motion (X_t,P_μ) related to its self-intersections of multiplicity k during the time interval [0,u]. We investigate various families of functionals which converge to $\mathcal{T}_k(\lambda,u)$ and we evaluate the moment functions $P_\mu[\mathcal{T}_{k_1}(\lambda_1,u)\ldots\mathcal{T}_{k_n}(\lambda_n,u)]$.

1.MAIN RESULTS

1.1. We denote by (X_t,P_μ) the Brownian motion in $\mathbb{R}^2$ with the initial law μ (which can be any σ-finite measure on $\mathbb{R}^2$). If $0<t_1<\ldots<t_n$,then the joint probability density for $X_{t_1},\ldots,X_{t_n}$ is given by the formula

(1.1) $$p_\mu(t,x)=\int\mu(dx_0)p_{t_1}(x_1-x_0)p_{t_2-t_1}(x_2-x_1)\ldots p_{t_n-t_{n-1}}(x_n-x_{n-1}).$$

Here

(1.2) $$p_t(x)=t^{-1}p(x/\sqrt{t}),\quad p(z)=(2\pi)^{-1}e^{-|z|^2/2}.$$

Put

(1.3) $$G_r(x)=\int_0^\infty e^{-rt}p_t(x)dt,$$

$$g_r(x_0)=1,\quad g_r(x_0,x_1,\ldots,x_M)=G_r(x_1-x_0)\ldots G_r(x_M-x_{M-1})\text{ for }M\ge 1.$$

---

[1]Partially supported by National Science Foundation Grant DMS-8505020.

We drop the subscript r if it is equal to 1.

We write $f \simeq g$ if $f(\epsilon)-g(\epsilon)=O(|\epsilon|^{\alpha})$ for every $0<\alpha<2$ as $\epsilon \downarrow 0$. (If ϵ is a vector $(\epsilon_1,\ldots,\epsilon_n)$, then $|\epsilon|=\max |\epsilon_i|$.) We also introduce an equivalence relation for Brownian functionals depending on parameters u and ϵ: $Y \approx Z$ means that

$$\int_0^{\infty} du\, e^{-ru}\, P_{\mu}[|Y_{\epsilon u}-Z_{\epsilon u}|^p] \simeq 0$$

for every $r>0$ and every $p \geq 2$. (Of course this relation depends on μ.)

A special role in our investigation is played by a function

(1.4) $$h_{\epsilon}=\frac{1}{\pi}\ln\frac{1}{\epsilon}$$

and by a one-parameter group of fractional linear transformations in $\mathbb{R}$

(1.5) $$\phi_h(w)=(w^{-1}+h)^{-1}=\frac{w}{1+hw}.$$

1.2. We say that a pair of measures (μ,λ) on $\mathbb{R}^2$ is *admissible* if:

(a) λ has a bounded density;

(b) either μ is finite or λ is finite and μ has a bounded Hölder continuous density.

We consider finite sequences $b=(b_1,\ldots,b_M)$ of elements taken from the set $\{1,\ldots,n\}$ subject to the condition: $b_j \neq b_{j+1}$ for $j=1,\ldots,M-1$. We call them *routes*. We note that if (μ,λ_i) is an admissible pair for $i=1,\ldots,n$, then:

1.2.A. For every route b and every $r>0$

(1.6) $$g_{rb}(\mu,\lambda_1,\ldots,\lambda_n)=\int \mu(dx_0)\lambda_1(dx_1)\ldots\lambda_n(dx_n)g_r(x_0,x_{b_1},\ldots,x_{b_M})<\infty.$$

We put

(1.7) $$G_{\mu r}(x)=\int G_r(y-x)\mu(dy).$$

1.3. We start from a probability density $q(z)$ on $\mathbb{R}^2$ such that

(1.8) $$\int |\ln |x||^k q(x)dx<\infty \quad \text{for all } k>0,$$
$$\int e^{\beta|x|}q(x)dx<\infty \quad \text{for some } \beta>0.$$

Put

(1.9) $$q^{\epsilon}(x)=\epsilon^{-2}q(x/\epsilon)$$

and consider a sequence of functionals

$$(1.10)\qquad T_k(\epsilon,\lambda,u)=\int_{D_k(u)} dt_1\ldots dt_k\ \rho(X_{t_1})q^\epsilon(X_{t_2}-X_{t_1})\ldots q^\epsilon(X_{t_k}-X_{t_{k-1}}),$$

$$k=1,2,\ldots$$

Here $\lambda(dx)=\rho(x)dx$ and

$$(1.11)\qquad D_k(u)=\{0<t_1<\ldots,t_k<u\}.$$

Theorem 1.1. *Let* (μ,λ) *be an admissible pair of measures and let* q *satisfy condition* (1.8). *There exist functionals* $\mathcal{T}_k(\lambda,u)$ *(independent of* q*) such that*

$$(1.12)\qquad \mathcal{T}_k(\epsilon,\lambda,u)\approx \mathcal{T}_k(\lambda,u).$$

Here

$$(1.13)\qquad \mathcal{T}_k(\epsilon,\lambda,u)=\sum_{\ell=1}^{k}\binom{k-1}{\ell-1}(\kappa-h_\epsilon)^{k-\ell}\ T_\ell(\epsilon,\lambda,u),$$

$$(1.13a)\qquad \kappa=\frac{1}{\pi}\int[C+\ln\frac{|y|}{\sqrt{2}}]\ q(y)\ dy,$$

$C=.5772157\ldots$ *is Euler's constant.*

1.4. Putting $\{F(T)\}=\sum_1^n a_kT_k$ for every polynomial $F(T)=\sum_1^n a_kT^k$, we rewrite formula (1.13) in a compact form

$$\mathcal{T}_k=\{T(T+\kappa-h_\epsilon)^{k-1}\}.$$

We note that

$$(1.14)\qquad \phi_h(w)^\ell=\sum_{k=\ell}^{\infty}\binom{k-1}{\ell-1}w^k(-h)^{k-\ell}$$

and therefore we get from (1.13) the following equation for generating functions

$$(1.15)\qquad \sum_{k=1}^{\infty}\mathcal{T}_k(\epsilon,\lambda,u)w^k=\sum_{\ell=1}^{\infty}\phi_{h_\epsilon-\kappa}(w)^\ell T_\ell(\epsilon,\lambda,u)$$

or

$$(1.16)\qquad \sum_{\ell=1}^{\infty}\mathcal{T}_\ell(\epsilon,\lambda,u)\phi_{\kappa-h_\epsilon}(v)^\ell=\sum_{k=1}^{\infty}v^kT_k(\epsilon,\lambda,u).$$

By comparing coefficients at v^k and then taking into account (1.12), we get

$$(1.17)\quad T_k(\epsilon,\lambda,u)=\sum_{\ell=1}^{\infty}\begin{bmatrix}k-1\\ \ell-1\end{bmatrix}(h_\epsilon-\kappa)^{k-\ell}\mathcal{T}_\ell(\epsilon,\lambda,u)\approx\sum_{k=1}^{\infty}\begin{bmatrix}k-1\\ \ell-1\end{bmatrix}(h_\epsilon-\kappa)^{k-\ell}\mathcal{T}_\ell(\lambda,u).$$

1.5. Let

$$(1.18)\qquad T(\epsilon,z,u)=\int_0^u q^\epsilon(X_t-z)dt$$

We consider a sequence

$$(1.19)\qquad T^k(\epsilon,\lambda,u)=\frac{1}{k!}\int\lambda(dz)T(\epsilon,z,u)^k$$
$$=\int\lambda(dz)\int_{D_k(u)}q^\epsilon(X_{t_1}-z)\dots q^\epsilon(X_{t_k}-z)dt_1\dots dt_k,\qquad k=1,2,\dots$$

and we renormalize it by the formula

$$(1.20)\qquad \mathcal{T}^k(\epsilon,\lambda,u)=\sum_{\ell=1}^{k}L_{k\ell}(h_\epsilon)\ T^\ell(\epsilon,\lambda,u),\qquad k=1,2,\dots$$

where $L_{k\ell}$ is a polynomial with the leading term $h^{k-\ell}$.

Theorem 1.2. *Suppose that* (μ,λ) *and* q *satisfy conditions of Theorem 1.1 and let* $\mathcal{T}_k(\lambda,u)$ *be the functionals described there. Polynomials* $L_{k\ell}$ *can be chosen in such a way that*

$$(1.21)\qquad \mathcal{T}^k(\epsilon,\lambda,u)\approx\mathcal{T}_k(\lambda,u).$$

Namely,

$$(1.22)\qquad \mathcal{Y}[\phi_h(w)]^\ell=\sum_{k=\ell}^{\infty}L_{k\ell}(h)w^k.$$

To describe $\mathcal{Y}$ *we consider independent random variables* $Y_1,\dots,Y_n,\dots$ *with the probability distribution* $q(x)dx$ *and we put*

$$(1.23)\qquad \varphi_j=-\frac{1}{\pi}\ [C+\ln(|Y_j-Y_{j+1}|/\sqrt{2})],$$

$$(1.24)\qquad Q(v)=v[1+\sum_1^\infty v^nE(\varphi_1\dots\varphi_n)].$$

The power series $\mathcal{Y}(w)$ *is uniquely determined by either of two conditions*

$$(1.25)\qquad \mathcal{Y}[Q(w)]=w\quad or\quad Q[\mathcal{Y}(v)]=v.$$

1.6. The same argument as in subsection 1.4 shows that

$$(1.26)\qquad \sum_{k=1}^{\infty}\mathcal{T}^k(\epsilon,\lambda,u)w^k=\sum_{\ell=1}^{\infty}\mathcal{Y}[\phi_{h_\epsilon}(w)]^\ell T^\ell(\epsilon,\lambda,u)$$

or

$$(1.27)\qquad \sum_{\ell=1}^{\infty} \mathcal{T}^{\ell}(\epsilon,\lambda,u)\phi_{-h_\epsilon}[Q(v)]^{\ell} = \sum_{k=1}^{\infty} v^k T^k(\epsilon,\lambda,u).$$

We get from (1.27) the following asymptotic decomposition

$$(1.28)\qquad T^k(\epsilon,\lambda,u) \approx \sum_{\ell=1}^{k} M_{k\ell}(h_\epsilon)\,\mathcal{T}_\ell(\lambda,u)$$

where $M_{k\ell}$ are polynomials defined by the formula

$$(1.29)\qquad \sum_{k=\ell}^{\infty} M_{k\ell}(h)v^k = \phi_{-h}[Q(v)]^{\ell}.$$

We note that for $n\ge k$, M_{nk} is a polynomial of degree n-k with the leading term h^{n-k}(for $n<k, M_{nk}=0$).

1.7. We denote by $\ell_i=\ell_i(b)$ the number of elements equal to i in a route $b=(b_1,\dots,b_M)$ and we denote by $\mathfrak{B}_k$ the set of all routes for which $1\le\ell_i\le k_i$, $i=1,\dots,n$.

For every $n=0,1,2,\dots$ there exists a unique polynomial $\mathcal{P}_n$ such that

$$(1.30)\qquad \int \mathcal{P}_n(\log t)\, e^{-rt}dt = \Big[-\frac{\ln r}{2\pi}\Big]^n r^{-1}.$$

Theorem 1.3. *For every* $k_1,\dots,k_n\ge 1$

$$(1.31)\qquad P_\mu\big[\mathcal{T}_{k_1}(\lambda_1,u_1)\dots\mathcal{T}_{k_n}(\lambda_n,u_n)\big] = m_k(\lambda,u)$$

where

$$(1.32)\qquad m_k(\lambda,u) = \sum_{b\in\mathfrak{B}_k} a(k,b)\int\lambda(dz)\int_{D_M(u)} p_\mu(t_1,z_{b_1};\dots;t_M,z_{b_M})\mathcal{P}_\nu[\log(u-t_M)]dt$$

with

$$(1.33)\qquad a(k,b) = \prod_{j=1}^{n}\binom{k_j-1}{\ell_j-1},\quad \nu=\sum_1^n (k_j-\ell_j);$$

$$(1.34)\qquad \lambda(dz)=\lambda_1(dz_1)\dots\lambda_M(dz_M),\qquad dt=dt_1\dots dt_M.$$

1.8. All the stated results follow from Theorem 1.4. In this theorem we deal simultaneously with several density functions q and, to avoid confusion, we write q as an extra argument for functions which depend on q.

Theorem 1.4. *Suppose that densities* $q_1,\dots,q_n$ *satisfy condition* (1.8) *and* (μ,λ_i) *is an admissible pair of measures for* $i=1,\dots,n$. *Let* $1\le m\le n$. *Put*

$$(1.35)\qquad \mathcal{C}_i(h,v)=\phi_{\kappa(q_i)-h}(v)\qquad \text{for } i=1,\dots,m,$$

$$=\phi_{-h}[\mathcal{Q}(q_i,v)]\qquad \text{for } i=m+1,\dots,n;$$

$$(1.36)\qquad T(i,\epsilon_i,u)=T_{k_i}(q_i,\epsilon_i,\lambda_i,u)\qquad \text{for } i=1,\dots,m,$$

$$=T^{k_i}(q_i,\epsilon_i,\lambda_i,u)\qquad \text{for } i=m+1,\dots,n.$$

We have

$$(1.37)\qquad \int_0^\infty e^{-ru}du\; P_\mu\Big[\prod_{i=1}^n \mathcal{T}(i,\epsilon_i,u)\Big]$$

$$\simeq r^{-1}\sum_{b\in\mathfrak{B}_k} a(k,b)\Big[-\frac{\ln r}{2\pi}\Big]^\nu g_{rb}(\mu,\lambda_1,\dots,\lambda_n)$$

where $a(k,b)$ *and* ν *are defined by* (1.33).

1.9. Theorems 1.1 through 1.4 will be proved in Section 4 after we develop necessary tools in Sections 2 and 3. The relation of the paper to the previous work is discussed in Section 5.

We use the following notation: if a_j is a real-valued function on a finite set J, then a_J means the product of a_j over all $j\in J$.

Acknowledgments. I would like to thank Marc Yor for very stimulating discussions during summer 1985 and Jay Rosen for sending me the first draft of his recent results and for presenting them during his visit to Cornell. I am especially indebted to Peter Weichman who carefully read the manuscript and corrected various mistakes. Some corrections were suggested also by Mark Hartmann and Patrick Sheppard.

2. SOME PROPERTIES OF GREEN'S FUNCTION

2.1. In this section we get some estimates and asymptotic formulae for Green's function $G_r(X)$ defined by (1.3).

It is well-known (see e.g. [IM], p.233) that

(2.1) $$G_r(x)=\frac{1}{\pi}\,K_0(\sqrt{2r}|x|)$$

where K_0 is a modified Bessel function which can be described (see [W],3.71.14,and 3.7.2) by the formula

(2.2) $$K_0(r)=-I_0(r)\ln\frac{r}{2}+B(r).$$

Here

(2.3) $$I_0(r)=\sum_0^\infty a_m\ r^{2m}/(2m)!,\quad a_m=\binom{2m}{m}2^{-2m};$$

(2.4) $$B(r)=-C+\sum_1^\infty a_m(1+\frac{1}{2}+\ldots+\frac{1}{m}-C)r^{2m}/(2m!).$$

It follows from (2.2) that

(2.5) $$\frac{1}{\pi}\,K_0(2\epsilon r)=h_\epsilon\varphi_\epsilon(r)+\psi_\epsilon(r),$$

with

$$\varphi_\epsilon(r)=I_0(2\epsilon r),\quad \psi_\epsilon(r)=\frac{1}{\pi}\,[B(2\epsilon r)-I_0(2\epsilon r)\ln r]$$

and h_ϵ given by (1.4).

Since $a_m\to 0$ and $a_m(1+\frac{1}{2}+\ldots\frac{1}{m}-C)\to 0$ as $m\to\infty$,there exist constants $\gamma_1,\gamma_2,\gamma_3$ such that

(2.6) $$\varphi_\epsilon(r)\le\gamma_1e^{2\epsilon r},\quad |\psi_\epsilon(r)|\le(\gamma_2+\gamma_3|\ln r|)e^{2\epsilon r}\ \text{for all } r>0.$$

2.2. Suppose that a random variable Y has a probability density q which satisfies condition (1.8) and put $N=|Y|/\sqrt{2}$.It follows from(2.1),(2.2) and (2.5) that

(2.7) $$G(\epsilon Y)=h_\epsilon\varphi_\epsilon(N)+\psi_\epsilon(N)\le(\gamma_1h_\epsilon+\gamma_2+\gamma_3|\ln N|)e^{2\epsilon N}$$

and by (1.8) there exist constants β_k such that

(2.8) $$E[G(\epsilon Y)^k]\le\beta_k|\ln\epsilon|^k$$

for all sufficiently small ϵ.

We claim that

(2.9) $$E\int[G(z)-G(z-\epsilon Y)]^2dz\simeq 0.$$

Indeed,the left side is equal to $2E[F(0)-F(\epsilon Y)]$ where

$$F(y)=\int G(z)G(z-y)dz=\int_0^\infty e^{-t}tp_t(y)dt$$

and (2.9) follows from an estimate

$$0\le F(0)-F(y)=(2\pi)^{-1}\int_0^\infty (1-e^{-y^2/2t})e^{-t}dt\le \text{const}.y^2(1+\int_{y^2/2}^\infty dt\, e^{-t}/t).$$

By (2.7)

(2.10) $EG(\epsilon Y)=a(\epsilon)h_\epsilon+b(\epsilon),\quad a(\epsilon)=E\varphi_\epsilon(N),\quad b(\epsilon)=E\psi_\epsilon(N).$

The functions $a(\epsilon)$ and $b(\epsilon)$ are even and analytic in a neighbourhood of 0. Since $a(0)=1, b(0)=-\kappa$ (cf.(1.13a)),we have $a(\epsilon)=1+O(\epsilon^2)$, $b(\epsilon) =-\kappa+O(\epsilon^2)$ and

(2.11) $$EG(\epsilon Y)\simeq h_\epsilon-\kappa$$

2.3. Now we investigate the functions

(2.12) $$c_k(\epsilon)=Eg(\epsilon V_1,\dots,\epsilon V_k),\quad k=1,2,\dots$$

where g is given by (1.3) (with $r=1$) and $V_1,\dots,V_k$ are i.i.d.random variables with a probability density q subject to the condition (1.8). By (2.1)

(2.13) $$c_k(\epsilon)=E\prod_{j\in J}[\frac{1}{\pi}K_0(2\epsilon R_j)]$$

where $J=\{1,2,\dots,k-1\}$, $R_j=|V_j-V_{j+1}|/\sqrt{2}$.

By (2.1) and (2.5),

(2.14) $$c_k(\epsilon)=\sum h_\epsilon^{|\Lambda|}f_{\Lambda\Gamma}(\epsilon).$$

Here $f_{\Lambda\Gamma}(\epsilon)=E(\varphi_{\epsilon,\Lambda}\psi_{\epsilon,\Gamma})$ and the sum is taken over all partitions of J into disjoint sets Γ and Λ,$|\Lambda|$ meaning cardinality of Λ.

The functions $f_{\Lambda\Gamma}(\epsilon)$ have the same properties as $a(\epsilon)$ and $b(\epsilon)$,and $f_{\Lambda\Gamma}(0)=E\psi_\Gamma$ where ψ_j are defined by (1.23).Therefore $f_{\Lambda\Gamma}(\epsilon)=E\psi_\Gamma+O(\epsilon^2)$. By (2.14)

$$c_k(\epsilon)\simeq\sum h_\epsilon^{|\Lambda|}E\psi_\Gamma.$$

2.4. Consider the set J as a linear graph with bonds $(1,2),\dots,(k-2,k-1)$. Denote the connected components of Γ enumerated in the natural order by $\Gamma_1,\dots,\Gamma_m$. The sets Γ_j and Γ_{j+1} are separated by a connected component Λ_j of Λ. Besides $\Lambda_1,\dots,\Lambda_{m-1}$ the set Λ can have two extra components: Λ_0 - to the left of Γ_1, and Λ_m - to the right of Γ_m.All numbers $k_j=|\Gamma_j|$ and $\ell_j=|\Lambda_j|$ are strictly positive except ℓ_0 and

ℓ_m which can vanish. The case m=0 is exceptional. In this case Λ=J.

Since $\psi_{\Gamma_1},\ldots,\psi_{\Gamma_m}$ are independent, $E\psi_\Gamma=a_1\ldots a_m$ where $a_i=E(\psi_1\ldots\psi_i)$. Therefore

$$c_k(\epsilon)=h_\epsilon^{k-1}+\sum h_\epsilon^{\ell_0+\ell_1+\ldots+\ell_m} a_{k_1}\ldots a_{k_m}, \tag{2.15}$$

the sum is taken over all m≥1 and all representations

$$k-1=\ell_0+k_1+\ell_1+\ldots+\ell_{m-1}+k_m+\ell_m \tag{2.16}$$

such that $\ell_0,\ell_m\geq 0$ and the rest of terms are strictly positive.

It follows from (2.16) that

$$\Lambda(\epsilon,v)=\sum_1^\infty c_k(\epsilon)v^k\simeq\phi_{-h_\epsilon}[Q(v)] \tag{2.17}$$

where Q is defined by (1.24) and the equivalence relation $\simeq$ for power series should be interpreted as an analogous relation between the corresponding coefficients.

3. RANDOM FIELDS ON DIRECTED TREES

3.1. *A directed tree* S is a finite collection of sites connected by arrows in such a way that:

(a) every site is the end of at most one arrow;

(b) there are no loops $s_1\to s_2\to\ldots\to s_m\to s_1$.

We say that a site s is *initial* if no arrow enters it. Every connected component of S contains exactly one initial site.

We consider a family of independent random variables Z_s indexed by sites $s\in S$ and random variables $Y_{ss'}$ indexed by arrows ss' and we assume that, within every connected component S_b, all Z_s are identically distributed with a law λ_b, and all $Y_{ss'}$ are identically distributed with a density q_b.

Let $\epsilon=\epsilon_s$ be a positive function on S constant on each connected component. Obviously there exists a unique solution V_s of the equations:

(3.1) $$V_{s'}-V_s=\epsilon_s Y_{ss'} \text{ for every arrow } ss',$$
$$V_s=Z_s \text{ for every initial site } s.$$

We call it *a random field over S with parameters* (ϵ,λ,q).

3.2. Suppose that a directed tree is ordered and let $1,\dots,k$ be its sites enumerated according to the ordering. We consider only orderings with the property: all arrows have the form ij with $i<j$.

If a directed tree S is connected, then 1 is its only initial site. We note that the joint density for $V_1,\dots,V_k$ is equal to

$$q_S(x_1,\dots,x_k;\epsilon,\lambda) = \rho(x_1)\prod_{ij} q^\epsilon(x_j-x_i)$$

and the joint density for $V_2,\dots,V_k$ is

$$\tilde{q}_S(x_2,\dots,x_k;\epsilon,\lambda)=\int dx_1\ q(x_1,\dots,x_k;\epsilon,\lambda)$$

where the product is taken over all arrows, $\lambda(dz)=\rho(z)dz$, and q^ϵ is defined by (1.9). Put

(3.2) $$T_S(q,\epsilon,\lambda,u)=\int_{D_k(u)} q_S(X_{t_1},\dots,X_{t_k};\epsilon,\lambda)dt_1\dots dt_k,$$

$$\tilde{T}_S(q,\epsilon,\lambda,u)=\int_{D_{k-1}(u)} \tilde{q}_S(X_{t_1},\dots,X_{t_{k-1}};\epsilon,\lambda)dt_1\dots dt_{k-1}.$$

(the domains $D_k(u)$ are defined by (1.11)). In particular, random variables T_{L_k} corresponding to the ordered tree

(3.3) $$L_k:\ 1\to 2\to\dots\to k$$

coincide with T_k defined by (1.10), and the random variables $\tilde{T}_{L^k}$ corresponding to

(3.4) $$L^k:\quad \begin{array}{c} 3 \\ \uparrow \\ 2\leftarrow 1\rightarrow 4 \\ \downarrow \cdot^{\cdot} \\ k+1 \end{array}$$

are identical to T^k given by (1.19).

Theorem 3.1. *Consider a tree* S *with ordered connected components* $S_1,\dots,S_n$ *and put*

$$T(b,u)=T_{S_b}(q_b,\epsilon_b,\lambda_b,u) \qquad \textit{for } b=1,\dots,m;$$

$$T(b,u)=\tilde{T}_{S_b}(q_b,\epsilon_b,\lambda_b,u) \qquad \textit{for } b=m+1,\dots,n.$$

Let V be the random field over S with parameters (ϵ,λ,q) and let S^* be the set of all the sites in S except the initial sites of the components $S_{m+1},\ldots,S_n$. Consider all one-to-one mappings from the set $\{1,2,\ldots,N\}$ onto S and put $a\in A$ if the restriction of a to any component S_b is monotone increasing relative to the ordering of S_b.

We have

$$\int_0^\infty e^{-ru}du\; P_\mu[\bigcap_{b=1}^{n} T(b,u)]=r^{-1}\sum_{a\in A} Eg_{\mu r}(V_{a_1\epsilon},\ldots,V_{a_N\epsilon}) \tag{3.5}$$

where V is the random field over S with parameters (ϵ,λ,q) and

$$g_{\mu r}=\int\mu(dx_0)g_r(x_0,x_1,\ldots,x_N).$$

Proof. We note that

$$P_\mu[\bigcap_{b=1}^{n} T(b,u)]$$

$$=\sum_{a\in A}\int_{0<t_{a_1}<\ldots<t_{a_N}<u} P_\mu f_{\epsilon a}(X_{t_{a_1}},\ldots,X_{t_{a_N}})\,dt_1\ldots dt_N$$

where $f_{\epsilon a}(x_1,\ldots,x_N)$ is the joint density for $V_{a_1\epsilon},\ldots,V_{a_N\epsilon}$. Since $p_\mu(t_{a_1},x_1;\ldots;t_{a_N},x_N)$ given by (1.1) is the joint density for $X_{t_{a_1}},\ldots,X_{t_{a_N}}$, we have

$$P_\mu f_{\epsilon a}(X_{t_{a_1}},\ldots,X_{t_{a_N}}) \tag{3.6}$$

$$=\int p_\mu(t_1,x_1;\ldots;t_N,x_N)f_{\epsilon a}(x_1,\ldots,x_N)dx_1\ldots dx_N$$

$$=Ep_\mu(V_{a_1\epsilon},\ldots,V_{a_N\epsilon}).$$

Formula (3.5) follows from (3.6) if we take into account that

$$\int_0^\infty e^{-ru}du\int_{D_N(u)} p_\mu(t_1,x_1;\ldots;t_N,x_N)\,dt= r^{-1}g_{\mu r}(x_1,\ldots,x_N). \tag{3.7}$$

3.3. Theorem 3.2. *Consider a tree S with ordered connected components*

$$S_b=L_{k_b} \text{ for } b=1,\ldots,m; \tag{3.8}$$

$$=L^{k_b} \text{ for } b=m+1,\ldots,n$$

and let $\mathbf{a}=(a_1,\ldots,a_N)\in A$. *Suppose that the first* ℓ_1 *elements in* $(a_1,\ldots,a_N)$ *belong to* S_{b_1}, *the next* ℓ_2 *elements belong to* S_{b_2} *with* $b_2\neq b_1$ *etc. Elements* $b_1,b_2,\ldots,b_M$ *form a route* $\mathbf{b}$ *in the sense of Subsection 1.2.*

If $(\mu,\lambda_1,\ldots,\lambda_n)$ *and* $\mathbf{q}=(q_1,\ldots,q_n)$ *satisfy the conditions of Theorem 1.4, then*

(3.9)
$$Eg_{\mu r}(V_{a_1\epsilon},\ldots,V_{a_N\epsilon}) \simeq g_{rb}(\mu,\lambda)\prod_{j=1}^{M} c_{\ell_j b_j}(\epsilon_{b_j}\sqrt{r})$$

where $g_{rb}(\mu,\lambda)$ *is given by* (1.6) *and*

(3.10)
$$c_{\ell b}(\epsilon)=\left[\int G(\epsilon y)q_b(y)dy\right]^{\ell-1} \quad \text{if } b\le m,$$
$$=\int g(\epsilon y_1,\ldots,\epsilon y_\ell)\prod_{j=1}^{\ell} q_b(y_j)dy_j \quad \text{if } b>m.$$

Proof. We have

(3.11)
$$g_{\mu r}(V_{a_1\epsilon},\ldots,V_{a_N\epsilon})=A_J$$

where $J=\{1,2,\ldots,N\}$,

(3.12)
$$A_1(\epsilon)=G_{\mu r}(V_{a_1\epsilon}),$$
$$A_j(\epsilon)=G_r(V_{a_j\epsilon}-V_{a_{j-1}\epsilon}) \text{ for } j=2,\ldots,N.$$

Let σ_b be the initial site in S_b,

$\Gamma=\{j:\ a_{j-1}$ and a_j belong to different connected components of $S\}$,

$\Lambda=\{j:\ a_{j-1}$ and a_j belong to the same connected component of $S\}$.

Note that $J=\{1\}\cup\Gamma\cup\Lambda$ and

(3.13)
$$A_1(\epsilon)=G_{\mu r}Z(a_1) \quad \text{if } a_1\in S_b, b\le m,$$
$$=G_{\mu r}[Z(\sigma_b)+\epsilon_{a_1}Y(\sigma_b,a_1)] \quad \text{if } a_1\in S_b, b>m;$$
$$A_j(0)=G_r[Z(a_j)-Z(a_{j-1})] \quad \text{if } j\in\Gamma;$$
$$A_j(\epsilon)=G_r[\epsilon_{a_j}Y(a_{j-1},a_j)] \quad \text{if } a_{j-1},a_j\in S_b,\ b\le m,$$
$$=G_r\{\epsilon_{a_j}[Y(\sigma_b,a_j)-Y(\sigma_b,a_{j-1})]\} \quad \text{if } a_{j-1},a_j\in S_b,\ b>m, j>1.$$

By (2.9),

(3.14) $$E[A_j(\epsilon)-A_j(0)]^2 \simeq 0 \text{ for } j\epsilon\Gamma.$$

Taking into account (2.8), we get

(3.15) $$EA_J(\epsilon) \simeq E[A_\Gamma(0)A_\Lambda(\epsilon)A_1(\epsilon)].$$

Note that

(3.16) $$A_\Gamma(0)=g_r(Z_{s_1},\ldots,Z_{s_M})$$

where $s_1=a_1, s_2=a_{\ell_1+1},\ldots,s_M=a_{\ell_{M-1}+1}$. Since $A_\Lambda(\epsilon)$ is a function of the Y's, it is independent of (3.16) and, by (3.15)

(3.17) $$EA_J(\epsilon) \simeq E[A_1(\epsilon)g_r(Z_{s_1},\ldots,Z_{s_M})]\; EA_\Lambda(\epsilon).$$

We claim that

(3.18) $$E([A_1(\epsilon)-A_1(0)]g_r(Z_{s_1},\ldots,Z_{s_M})) \simeq 0.$$

Indeed the function $F(x)=Eg_r(x,Z_{s_2},\ldots,Z_{s_M})$ is bounded and therefore it is sufficient to check that

(3.19) $$E[A_1(\epsilon)-A_1(0)]^2 \simeq 0.$$

Suppose that $a_1 \epsilon S_b$. If $b<m$, then $A_1(\epsilon)$ does not depend on ϵ. If $b>m$, then

$$A_1(\epsilon)-A_1(0)= G_{\mu r}[Z(\sigma_b)+\epsilon_{a_1}Y(\sigma_b,a_1)] - G_{\mu r}[Z(\sigma_b)].$$

If μ is finite, then we get (3.19) from (2.9). If μ has a bounded Hölder continuous density, then $G_{\mu r}(x)$ and its gradient are bounded and, since λ is finite, we get (3.19) from the inequality

$$|A_1(\epsilon)-A_1(0)| \le \text{const.}\,\epsilon_{a_1}|Y(\sigma_b,a_1)|.$$

The set Λ is the union of $\Lambda_1=[2,\ell_1],\ldots,\Lambda_M=[\ell_{M-1}+2,\ell_M]$. By (2.1) $G_r(x)=G(\sqrt{r}x)$ and therefore

(3.20) $$EA_{\Lambda_j}=c_{\ell_j b_j}(\epsilon_{b_j}\sqrt{r}).$$

We note that $A_{\Lambda_1},\ldots,A_{\Lambda_M}$ are independent and formula (3.9) follows from (1.6), (3.17) (3.18) and (3.20).

4. PROOFS OF MAIN RESULTS

4.1. Proof of Theorem 1.4. Let

$$\tilde{m}_k(\epsilon,\lambda,r)=\int_0^\infty e^{-ru}du\; P_\mu\Big[\prod_{i=1}^n T(i,\epsilon_i,u)\Big]. \tag{4.1}$$

It follows from Theorems 3.1 and 3.2 that

$$\tilde{m}_k(\epsilon,\lambda,r)\simeq r^{-1}\sum_{b\in\mathfrak{B}^k} g_{rb}(\mu,\lambda)\prod_{j=1}^M c_{\ell_j b_j}(\epsilon_{b_j}\sqrt{r}) \tag{4.2}$$

where $\mathfrak{B}^k$ is the set of all routes $b=(b_1,\dots,b_M)$ in $\{1,\dots,n\}$ which contain k_1 elements equal to $1,\dots,k_n$ elements equal to n.

We introduce generating functions

$$\mathcal{M}_b(\epsilon,v)=\sum_{\ell=1}^\infty c_{\ell b}(\epsilon)v^\ell. \tag{4.3}$$

By (3.10),(2.11),(2.17) and (1.35),

$$\mathcal{M}_b(\epsilon\sqrt{r},v)\simeq\mathcal{C}_b(h_{\epsilon\sqrt{r}},v)=\mathcal{C}_b(h_\epsilon-\rho,v)\quad\text{with }\rho=\frac{1}{\pi}\ln r. \tag{4.4}$$

Since $\ell_1+\dots+\ell_M=k_1+\dots+k_n$, we get from (4.3) and (4.2) that

$$\sum_{k_1,\dots,k_n\ge1}\tilde{m}_k(\epsilon,\lambda;r)\;v_1^{k_1}\dots v_n^{k_n}\simeq r^{-1}\sum_b g_{rb}(\mu,\lambda)\prod_{j=1}^M\mathcal{C}_{b_j}(h_{\epsilon_{b_j}}-\rho,v_{b_j}), \tag{4.5}$$

the sum is taken over all routes b in the space $\{1,\dots,n\}$ which pass through every point.

We note that, if $w=\mathcal{C}_i(h,v)$, then $v=\mathcal{D}_i(h,w)$ where

$$\begin{aligned}\mathcal{D}_i(h,w)&=\phi_{h-\kappa(q_i)}(w)\quad\text{for } i\le m,\\ &=\mathcal{Y}[\phi_h(w)]\quad\text{for } i>m.\end{aligned} \tag{4.6}$$

In both cases, for every ρ,

$$\mathcal{C}_i[h-\rho,\mathcal{D}_i(h,w)]=\phi_\rho(w) \tag{4.7}$$

We rewrite (4.5) in the form

$$\sum_{k_1,\dots,k_n\ge1}\tilde{m}_k(\epsilon,\lambda;r)\;\mathcal{D}_1(w_1)^{k_1}\dots\mathcal{D}_n(w_n)^{k_n}\simeq r^{-1}\sum_b g_{rb}(\mu,\lambda)\prod_{j=1}^M\phi_\rho(w_{b_j}) \tag{4.8}$$

It follows from (1.15) (1.26) and (4.6) that

$$(4.9)\qquad \sum_{k=1}^{\infty} \mathcal{T}(i,k,\epsilon_i,u)w^k = \sum_{\ell=1}^{\infty} \mathcal{D}_i(h_{\epsilon_i},w)^{\ell}\ T(i,\ell,\epsilon_i,u).$$

By comparing (4.8) and (4.9), we see that the right side in (1.37) is equal to the coefficient at $w_1^{k_1}\ldots w_n^{k_n}$ in the right side of (4.8).

If ℓ_i is the number elements in $(b_1,\ldots,b_M)$ which are equal to i, then by (1.14)

$$(4.10)\qquad \begin{aligned}\prod_{j=1}^{M} \phi_\rho(w_{b_j}) &= \prod_{i=1}^{n} \phi_\rho(w_i)^{\ell_i}\\ &= \prod_{i=1}^{n} \left\{\binom{k_i-1}{\ell_i-1} w_i^{k_i}(-\rho)^{k_i-\ell_i}\right\}\end{aligned}$$

The coefficient at $w^{k_1}\ldots w^{k_n}$ in (4.10) is $a(k,b)\rho^{\nu}$ with $a(k,b)$ and ν defined by (1.33). This implies (1.37).

4.2. Proof of Theorems 1.1 and 1.2. The integral in formula (1.32) is the convolution of functions $1_{t>0}\int\mu(dz_0)p_t(z_{b_1}-z_0)$, $p_t(z_{b_j},z_{b_{j+1}})1_{t>0}$ for $j=1,\ldots,M-1$ and $\mathcal{P}_\nu(\log t)1_{t>0}$. Therefore

$$(4.11)\qquad \int_0^{\infty} e^{-ru}du\ m_k(\lambda,u) = r^{-1}\sum_{b\in\mathcal{B}_k} a(k,b)g_{rb}(\mu,\lambda)\left[-\frac{\ln r}{2\pi}\right]^{\nu}.$$

We compare this expression with (1.37) and we get

$$(4.12)\qquad \int_0^{\infty} e^{-ru}du\ P_\mu[\mathcal{T}_{k_1}(\epsilon_1,\lambda_1,u)\ldots\mathcal{T}_{k_n}(\epsilon_n,\lambda_n,u)] \simeq \int_0^{\infty} e^{-ru}du\ m_k(\lambda,u).$$

To every $r>0$ there corresponds a measure $M_r(du,d\omega) = e^{-ru}du\ P(d\omega)$ on $\mathbb{R}_+\times\Omega$. It follows from (4.12) that $\|\mathcal{T}_k(\epsilon,\lambda,u)-\mathcal{T}_k(\epsilon',\lambda,u)\|_{r,p}\simeq 0$ where $\|\cdot\|_{r,p}$ means the $L^{2p}(M_r)$-norm. Thus there exists an $L^{2p}(M_r)$-limit

$$(4.13)\qquad \mathcal{T}_k(\lambda,u) = \lim_{\epsilon\downarrow 0} \mathcal{T}_k(\epsilon,\lambda,u)$$

and

$$(4.14)\qquad \mathcal{T}_k(\epsilon,\lambda,u) \approx \mathcal{T}_k(\lambda,u).$$

We conclude from (1.37) that $\mathcal{T}_k(q,\epsilon,\lambda,u) \approx \mathcal{T}_k(\tilde{q},\epsilon,\lambda,u)$. Hence $\mathcal{T}_k(\lambda,u)$ does not depend on the choice of q. Theorem 1.1 is proved.

The same arguments prove Theorem 1.2.

4.3. Proof of Theorem 1.3. By (4.14),(1.37) and (4.11)

$$\int_0^\infty e^{-ru}du\, P_\mu\Big(\prod_{i=1}^n \mathcal{T}_{k_i}(\lambda_i,u)\Big)$$
$$= \lim_{\epsilon\downarrow 0}\int_0^\infty e^{-ru}du\, P\Big(\prod_{i=1}^n \mathcal{T}_{k_i}(\epsilon_i,\lambda_i,u)\Big)$$
$$=\int_0^\infty e^{-ru}du\, m_k(\lambda,u)$$

which implies (1.31).

5. BIBLIOGRAPHICAL NOTES

5.1. Interest in the self-intersections of the Brownian motion has increased significantly in connection with Symanzik's ideas in quantum field theory. The functional $\mathcal{T}_2(m,1)$ where m is the Lebesgue measure has been introduced in a pioneering work [V] by Varadhan which has appeared as an Appendix to Symanzik's memoir.For k>2,the functionals $\mathcal{T}_k(\lambda)$ have appeared first in [D1] and [D2] as a tool for a probabilistic representation of $P(\varphi)_2$ fields.

In [D2] we considered polynomials of the field

(5.1) $$T_{\epsilon z}(\varsigma)=\int_0^\varsigma p_\epsilon(z,X_t)dt$$

where p is a symmetric transition density,X_t is the corresponding Markov process and ς is an exponential killing time independent of X. Assuming that Green's function

(5.2) $$G_r(x,y)=\int_0^\infty e^{-rt}\, p_t(x,y)dt$$

has singularity of the same kind as Green's function of the planar Brownian motion, we defined functions $B_{k\ell}(\epsilon,z)$ such that there exists an L^p-limit

(5.3) $$\vdots T^k\vdots_\lambda = \lim_{\epsilon\downarrow 0}\int\lambda(dz)\sum_{\ell=0}^n B_{k\ell}(\epsilon,z)T^\ell_{\epsilon z}(\varsigma).$$

for all p≥2 and for a wide class of measures λ. *In our present notations* $\vdots T^k\vdots_\lambda=\mathcal{T}_k(\lambda,\varsigma)$.

The random fields (5.3) are closely related to Wick's powers $:\Psi^{2n}:_\lambda$ of the free Gaussian field associated with X. In fact, we have arrived at our renormalization by using this relation.

The direct construction of the fields $\mathcal{T}_k$ given in the present paper for the case of the Brownian motion on $\mathbb{R}^2$ has a number of advantages:

(i) Computations are much simpler than in [D2] and we get fields $\mathcal{T}_k(\lambda,u)$ defined for each u (not only $\mathcal{T}_k(\lambda,\varsigma)$).

(ii) We prove that $\mathcal{T}_k(\lambda,u)$ is the limit of fields $\mathcal{T}^k(\epsilon,\lambda,u)$ corresponding to a rather general density function q not just to the transition density p.

(iii) We get an explicit expression for the coefficients $B_{k\ell}(\epsilon)$ as polynomials in ln ϵ (because of translation invariance of the Brownian motion, $B_{k\ell}$ do not depend on z).

(iv) We show that the functionals T_k given by (1.10) also can be renormalized to converge to $\mathcal{T}_k$. Moreover the renormalization is much simpler than in the case of T^k.

The case k=2 has been studied also in [D3] and [D4]. In [D3], the existence of L^p-limits

(5.4)
$$\Psi_\lambda(f)$$
$$=\lim_{\epsilon\downarrow 0}\int\lambda(dz)\int\int_{0<s<t} ds\, dt\, f(s,t)\Big[p_\epsilon(z,X_s)p_\epsilon(z,X_t) - \frac{p_\epsilon(z,X_s)}{2\pi(t-s)+2\epsilon}\Big]$$

has been proved for all sufficiently smooth functions f with compact support. In [D4] the functional $\Psi_\lambda(f)$ has been expressed in terms of stochastic integrals. The method is due to Rosen who used it in [R1] to get a simple proof of Varadhan's result.

5.2. Various results about the functional $\mathcal{T}_2(m,u)$ are contained in [Y1],[Y2],[Y3] and [R1],[R2] and [L1]. In particular in [L1], a relation between this functional and the measure of the Brownian sausage has been established. A renormalization for $T_3(m,u)$ is given in [Y4] (it has been discovered independently by J.Rosen).

5.3. Recently Rosen [R3] proved that for every bounded Borel set $B\subset\{0<t_1<\ldots<t_k\}$ there exists an L^2-limit

$$I^k(B)=\lim_{\epsilon\downarrow 0}\int_B \langle p_\epsilon(X_{t_1},X_{t_2})\rangle\ldots\langle p_\epsilon(X_{t_{k-1}},X_{t_k})\rangle dt_1\ldots dt_k$$

where $\langle Y\rangle=Y-EY$.An interesting open problem is to express $I^k(D_k(u))$ through $\mathcal{T}_\ell(m,u)$. Such an expression is known only for $k\le 3$.

REFERENCES

[D1] E.B.Dynkin,Local times and quantum fields,Seminar on Stochastic Processes,1983, E.Çinlar,K.L.Chung, R.K.Getoor,Eds,Birkhäuser,Boston-Basel-Stuttgart,1984.

[D2] E.B.Dynkin,Polynomials of the occupation field and related random fields,J.Funct.Anal. 58,1 (1984),20-52.

[D3] E.B.Dynkin,Random fields associated with multiple points of the Brownian motion,J.Funct.Anal. 62,3 (1985).

[D4] E.B.Dynkin,Self-intersection local times,occupation fields and stochastic integrals, Advances Appl.Math.,to appear.

[IM] K.Itô and H.P.McKean,Jr.,Diffusion Processes and Their Sample Paths,Springer-Verlag,Berlin-Heidelberg-New York,1965

[L1] J.F.Le Gall,Sur le temps local d'intersection du mouvement Brownien plan et la méthode de renormalisation de Varadhan,Séminaire de Probabilités XIX,1983/84,J.Azéma,M.Yor,Eds.,Springer-Verlag, Berlin-Heidelberg-New York-Tokyo,1985,314-331.

[R1] J.Rosen,Tanaka's formula and renormalization for intersections of planar Brownian motion,Ann. Probability, to appear.

[R2] J.Rosen,Tanaka's formula for multiple intersections of planar Brownian motion,Preprint,1984

[R3] J.Rosen,A renormalized local time for multiple intersections of planar Brownian motion, this volume.

[V] S.R.S.Varadhan,Appendix to Euclidean quantum field theory,by K.Symanzik,in: Local Quantum Theory, R.Jost,Ed., Academic Press, New York-London,1969.

[W] G.N.Watson,A Treatise on the Theory of Bessel Functions,2nd ed.,Cambridge Univ.Press,Cambridge,1952.

[Y1] M.Yor,Compléments aux formules de Tanaka-Rosen, Séminaire de Probabilités XIX,1983/84,J.Azéma, M.Yor,Eds., Springer-Verlag, Berlin-Heidelberg- New York-Tokyo,1985,332-349.

[Y2] M.Yor,Sur la représentation comme intégrales stochastiques des temps d'occupation du movement Brownien dans $\mathbb{R}^d$, this volume.

[Y3] M.Yor,Renormalisation et convergence en loi pour les temps locaux d'intersection du mouvement Brownien dans $\mathbb{R}^2$, Preprint 1985.

[Y4] M.Yor,Renormalization results for some triple integrals of two-dimensional Brownian motion,Preprint 1985.

UN THEOREME DE CONVERGENCE FONCTIONNELLE POUR LES INTEGRALES STOCHASTIQUES.

G. PAGES (*)

Au chapitre IV de son Cours d'Ecole de St Flour [3] sur les théorèmes limites, Jacod démontre un théorème général de convergence fonctionnelle pour les suites de semi-martingales lorsque la limite est une semi-martingale quasi-continue à gacuhe reposant pour l'essentiel sur des conditions de convergence des caractéristiques locales. Il est alors naturel de se demander quel type de résultat on peut espérer obtenir lorsque, au lieu de semi-martingales quelconques on considère, des intégrales stochastiques de processus prévisibles localement bornés.

Dans un premier temps, il semble logique et séduisant de faire appel, pour résoudre ce problème au théorème évoqué ci-dessus une fois explicitée la forme des caractéristiques locales d'une intégrale stochastique H.X en fonction de H et des caractéristiques locales de X. Malheureusement, outre qu'il est alors nécessaire d'imposer à la limite H.X d'être quasi-continue à gauche (1), les conditions ainsi dégagées cadrent mal avec l'idée que l'on se fait habituellement des conditions de convergence d'une suite d'intégrales (j'entends par là : "$\int H^n_s dX^n_s \xrightarrow{\mathcal{L}(\cdots)} \int H_s dX_s$" dès que "$X^n \xrightarrow{\mathcal{L}(\cdots)} X, H^n \xrightarrow{\mathcal{L}(\cdots)} H$ et $(H^n)_{n\geq 0}$ convenablement dominée"). Cette méthode fait en effet peser sur les caractéristiques locales de X de lourdes contraintes de bornitude (liées à l'identification de la limite) et même de "majoration forte au sens des processus croissants" (liées à la tension) qui en limitent sinon l'emploi du moins la portée théorique. Nous n'explorerons donc pas cette méthode ici (exhaustivement traitée dans [6] - chapitre III).

(*) *UNIVERSITE P. et M. CURIE - Laboratoire de Probabilités - 4, Place Jussieu F-75252 PARIS CEDEX 05 - FRANCE.*

---

(1) En fait le théorème général énoncé dans [3] peut-être étendu à certains cas où la semi-martingale limite n'est pas quasi-continue à gauche (cf [6]-chapitre II) étendant du même coup le champ de son "corollaire" sur les intégrales stochastiques.

Une méthode alternative consistait à considérer les intégrales stochastiques $Y^n = H^n \cdot X^n$ non plus de façon synthétique comme précédemment mais en tant que "fonctions" de processus "auxiliaires" X^n. Cette optique admise on était ramené à démontrer un nouveau critère de relative compacité faible mettant en jeu des semi-martingales dépendant de processus "auxiliaires" mais ne nécessitant plus de majoration forte des caractéristiques locales puis un théorème d'identification de la limite sans hypothèse de bornitude de ces mêmes caractéristiques locales (notons au passage que ces deux résultats intermédiaires ne sont pas dénués d'intérêt intrinsèque, ainsi le critère de compacité s'est avéré être une généralisation d'une grande partie de ceux précédemment énoncés dans [4]).

Lorsque la semi-martingale X est quasi-continue à gauche, le succès de cette démarche a été complet puisque toute hypothèse de majoration forte ou de bornitude des caractéristiques locales limites a effectivement disparu du théorème de convergence dans ce cas. Par contre, nous avons échoué pour l'instant dans nos tentatives d'appliquer le théorème d'idenfication de la limite sans hypothèse de bornitude quand X n'est pas quasi-continue à gauche et avons donc dû nous replier sur celui de [3] ; d'où la persistance des conditions de bornitudes dans ce cas.

I - Caractéristiques locales : notations et rappels.

Commençons par revenir sur la notion de troncation (cf [3]-chapitre II).

<u>*Définition (1.1)*</u> *: On appellera troncation réelle de paramètre* a $(a > 0)$ *toute application* h *de* $\mathbb{R}$ *dans* $\mathbb{R}$, *lipschitzienne, vérifiant :*

$$\forall x \in \mathbb{R} \quad \begin{cases} h(x) = x & si \quad |x| \leq \frac{a}{2} \\ h(x) = 0 & si \quad |x| \geq a \\ |h(x)| \leq |x| \wedge a \end{cases}$$

• *On appellera troncation d-dimensionnelle de paramètre* a $(a > 0)$ *toute application* h *de* $\mathbb{R}^d$ *dans* $\mathbb{R}^d$ *de la forme :*

$\forall x \in \mathbb{R}^d \quad h(x) = (h^1(x^k))_{1 \leq k \leq d}$ *où* h^1 *désigne une troncation réelle de paramètre* a.

On notera qu'une troncation d-dimensionnelle ainsi définie vérifie :

$$\forall x \in \mathbb{R}^d \quad |h(x)| \leq |x| \wedge a\, d \quad (\text{lorsque } |x| = \sum_{k=1}^{d} |x^k|).$$

Cette définition, outre la condition de Lipschitz, diffère quelque peu de celle donnée par Jacod dans [3] (elles ne coïncident que pour $d = 1$) mais cela n'a aucune incidence négative pour la suite : au contraire, sous cette forme, la troncation facilite sensiblement certains calculs (cf III) ; et bien entendu tous les résultats de [3] restent vrais avec cette "nouvelle" troncation.

Soit maintenant une semi-martingale càdlàg d-dimensionnelle définie sur une base stochastique $(\Omega,\mathcal{F},\underline{\mathcal{F}},\mathbb{P})$ ($\underline{\mathcal{F}} = (\mathcal{F}_t)_{t\geq 0}$ désigne ici une filtration càd sur l'espace probabilisé $(\Omega,\mathcal{F},\mathbb{P})$). A l'aide d'une troncation h on peut lui associer une semi-martingale spéciale en posant :

$$X_t^h = X_t - X_o - \sum_{0<s\leq t} \Delta X_s - h(\Delta X_s) \quad \text{(en particulier } |\Delta X_t^h| \leq a\ d).$$

On rappelle que la première caractéristique locale B^h est alors définie comme l'unique processus prévisible à variation finie sur les compacts, nul en 0 tel que $X^h - B^h$ soit une martingale locale). B^h dépend bien entendu de h. Quant aux deux autres caractéristiques locales C et ν, intrinsèques celles-là, elles sont données par :

$$C = \langle X^c,X^c\rangle \quad \text{où } X^c \text{ désigne la partie continue de } X$$

et : ν, mesure de Lévy associée à $\mu^X = \sum_{s>0} 1_{(\Delta X_s\neq 0)}\, \varepsilon_{(s,\Delta X_s)}$.

En raison de son importance pour la suite nous allons aussi rappeler l'énoncé du théorème de caractérisation des caractéristiques locales (démontré dans [6] - chapitre III).

<u>Théorème (1.2)</u> : ① *Une semi-martingale* X *et une troncation* h *d-dimensionnelles étant données, il existe un triplet* (B^h,C,ν), *unique à une indistinguabilité près, constitué de :*

(1.3) $B^h = (B^{h,k})_{1\leq k\leq d}$ *un processus prévisible à variation finie sur les compacts, nul en* 0.

(1.4) $C = [C^{jk}]_{1\leq j,k\leq d}$ *un processus continu adapté, nul en* 0, *tel que pour tout* ω *dans* Ω *et* $s \leq t$: $C_t(\omega) - C_s(\omega)$ *soit une matrice symétrique positive.*

(1.5) ν *une mesure aléatoire positive sur* $\mathbb{R}^+ \times \mathbb{R}^d$ *vérifiant, pour tout* ω *dans* Ω :

(*i*) $\nu(\omega,\{0\}\times\mathbb{R}^d) = \nu(\omega,\mathbb{R}^+\times\{0\}) = 0$

(*ii*) $\forall t \in \mathbb{R}^+ \quad \nu(\omega,\{t\} \times \mathbb{R}^d) \leq 1$

(*iii*) $\forall t \in \mathbb{R}^+ \quad \int_0^t \int_{\mathbb{R}^d} (|x|^2 \wedge 1)\, \nu(\omega, ds \times dx) < +\infty$

(*iv*) $\forall t \in \mathbb{R}^+ \quad \Delta B_t^h(\omega) = \int_{\mathbb{R}^d} h(x)\, \nu(\omega,\{t\} \times dx)$

tel qu'on ait les trois propriétés suivantes :

(a) $\tilde{X}^h = X^h - B^h$ *est une martingale locale*

(b) $\forall j,k \in \{1,\ldots,d\}$ $\tilde{X}^{h,j}\, \tilde{X}^{h,k} - \tilde{C}^{h,j,k}$ *est une martingale locale où :*

$$\tilde{C}_t^{h,j,k} = C_t^{j,k} + \int_0^t \int h^j\, h^k(x)\, \nu(ds \times dx) - \sum_{0 \leq s \leq t} \Delta B_s^{h,j}\, \Delta B_s^{h,k}$$

(c) *Posant* $\hat{\mathcal{C}}_{Lip}(\mathbb{R}^d) = \{f : \mathbb{R}^d \to \mathbb{R}^d$ *lipschitzienne, bornée, nulle au voisinage de* $0\}$, *on a :*

$$\forall f \in \hat{\mathcal{C}}_{Lip}(\mathbb{R}^d) \qquad \int_0^{\cdot} f(x)\, \nu(ds \times dx) - \int_0^{\cdot} f(x) \mu^X(ds \times dx)$$

est une martingale locale.

② *Réciproquement s'il existe* (B^h,C,ν) *vérifiant* (1.3), (1.4) *et* (1.5) *tel qu'on ait* (a), (b), (c) *alors* X *est une semi-martingale de caractéristiques locales* (B^h,C,ν).

__*Remarque (1.6)*__ : $\tilde{C}^h = [\langle \tilde{X}^{h,j}, \tilde{X}^{h,k} \rangle]_{1 \leq j,k \leq d}$ et d'autre part $0 \leq \mathrm{Tr}(\Delta \tilde{C}^h) \leq d\, a^2$.

Du théorème (1.2) on "déduit" la définition suivante :

__*Définition (1.7)*__ : *On appellera caractéristiques locales algébriques tout triplet* (B^h,C,ν) *défini sur une base stochastique* $(\Omega,\mathfrak{F},\underline{\mathfrak{F}})$ *vérifiant* (1.3), (1.4) *et* (1.5).

Indiquons pour finir deux notations qui seront reprises dans toute la suite par souci de concision :

- On écrira c.l. pour caractéristique locale, et
- On notera $f * \nu_t$ la quantité $\int_0^t f(x)\, \nu(ds \times dx)$ lorsqu'elle a un sens

  (ν désigne ici une mesure aléatoire quelconque).

II - Résultats généraux.

Tout processus càdlàg d-dimensionnel défini sur $(\Omega,\mathcal{F},\mathbb{P})$ et tel que, pour tout t, $X_t \in \mathcal{F}$, peut-être vu comme une variable aléatoire à valeurs dans

$\mathbb{D}^d = \{\alpha : \mathbb{R}^+ \to \mathbb{R}^d$, càdlàg$\}$ muni de la tribu $\mathcal{D}^d = \sigma\{\pi_t, t \in \mathbb{R}^+\}$ où π_t désigne :

$$\pi_t : \mathbb{D}^d \to \mathbb{R}^d$$
$$\alpha \to \alpha(t).$$

Or, il est bien connu (cf [1], puis [7] et [5]) que l'on peut munir $\mathbb{D}^d$ d'une métrique ρ_d (dite de Skorokhod), moins fine que la topologie de la convergence uniforme sur les compacts, telle que $(\mathbb{D}^d,\rho_d)$ soit un espace polonais et $\mathcal{D}^d$ l'ensemble de ses boréliens. Pour tout ce qui concerne les propriétés de la topologie de Skorokhod nous renvoyons à [1], [3] et [4] en nous contentant de rappeler, outre la caractérisation de la convergence séquentielle, deux résultats dont nous ferons explicitement usage.

Rappel (0.1) : Si $\Lambda = \{\lambda : \mathbb{R}^+ \to \mathbb{R}^+$, continue, strictement croissante, $\lambda(0) = 0$ et $\lim_{+\infty} \lambda = +\infty\}$ on a :

$$(\alpha^n \xrightarrow{Sk} \alpha) \Longleftrightarrow (\exists (\lambda^n)_{n\in\mathbb{N}} \in \Lambda^{\mathbb{N}} \ / \ \lambda^n \xrightarrow{U_K} Id_{\mathbb{R}^+} \text{ et } \alpha^n \circ \lambda^n - \alpha \xrightarrow{U_K} 0)$$

où "Sk" désigne la convergence au sens de Skorokhod et "U_K" la convergence uniforme sur les compacts.

Rappel (0.2) : Soit $A \subset \mathbb{D}^d$ et $|\cdot|$ une norme sur $\mathbb{R}^d$ (le plus souvent $|x| = \sum_{k=1}^{d} |x^k|$)

$$(A \text{ Sk-relativement compact}) \Longleftrightarrow \begin{pmatrix} \forall p \in \mathbb{N} & \sup_{\alpha\in A} \sup_{s\le p} |\alpha(s)| < +\infty \\ \\ \forall p \in \mathbb{N} & \lim_{\delta\to 0} \sup_{\alpha\in A} \hat{w}(\alpha,\delta,p) = 0 \end{pmatrix}$$

où $\hat{w}(\alpha,\delta,p) = \inf\{\max_{0\le i\le k} \left[\sup_{u,v\in[t_i,t_{i+1}[} |\alpha(u)-\alpha(v)| \right] \ 0 = t_o < t_1 < \ldots < t_k = p, t_{i+1} - t_i > \delta \quad i = 0,\ldots,p-2\}$

Rappel (0.3) : (a) Soit $\alpha \in \mathbb{D}^d$, $t \in \mathbb{R}^+$ et $\alpha^n \xrightarrow{Sk} \alpha$.

Si $\Delta_t\alpha = 0$ alors $t^n \to t \Rightarrow \Delta_{t^n}\alpha^n \to \Delta_t\alpha = 0$ (et $\alpha^n(t^n\pm) \to \alpha(t)$).

Si $\Delta_t\alpha \neq 0$ il existe une suite essentiellement unique $(t^n)_{n\ge 0}$ vérifiant :

$$\Delta_{t^n}\alpha^n \to \Delta_t\alpha \quad (\text{et } \alpha^n(t^n\pm) \to \alpha(t\pm))$$

$\Delta_{s^n}\alpha^n \to 0$ si la suite s^n diffère de t^n pour tout n à partir d'un certain rang.

(b) Soit $(\alpha^n)_{n\geq 0}$ une suite de $\mathbb{D}^d$ et $(\beta^n)_{n\geq 0}$ une suite de $\mathbb{D}^{d'}$ vérifiant $\alpha^n \xrightarrow{Sk} \alpha$ et $\beta^n \xrightarrow{Sk} \beta$. Si pour tout $t \in \mathbb{R}^+$, il existe une suite $(t^n)_{n\geq 0}$ telle que $(\Delta_{t^n}\alpha^n, \Delta_{t^n}\beta^n) \to (\Delta_t\alpha, \Delta_t\beta)$ alors :

$$(\alpha^n, \beta^n) \xrightarrow{Sk} (\alpha,\beta) \text{ dans } \mathbb{D}^{d+d'}.$$

Soient $(X^n)_{n\geq 0}$ une suite de variables aléatoires à valeurs dans $(\mathbb{D}^d, \mathcal{D}^d)$ définies sur les espaces $(\Omega^n, \mathcal{F}^n, \mathbb{P}^n)$ et X une variable aléatoire toujours à valeurs dans $(\mathbb{D}^d, \mathcal{D}^d)$, définie sur $(\Omega, \mathcal{F}, \mathbb{P})$. A $(X^n)_{n\geq 0}$ et X on associe leurs probabilités images $(\mathbb{P}^n_{X^n})_{n\geq 0}$ et $\mathbb{P}_X$ sur $(\mathbb{D}^d, \mathcal{D}^d)$. On dira que $X^n \xrightarrow{\mathcal{L}(Sk)} X$ (ou même $X^n \xrightarrow{\mathcal{L}} X$) si et seulement si $\mathbb{P}^n_{X^n} \xrightarrow{(Sk)} \mathbb{P}_X$ ("$\xrightarrow{(Sk)}$" désigne ici la convergence étroite sur $(\mathbb{D}^d, \mathcal{D}^d)$.

C'est ce type de convergence (ou les notions de compacité et de tension qui lui sont associées) que nous chercherons à obtenir tout au long de ce papier. Notons enfin que, sauf mention explicite, X désignera dorénavant le processus canonique sur $(\mathbb{D}^d, \mathcal{D}^d)$ défini par :

$$\forall \alpha \in \mathbb{D}^d \quad \forall t \in \mathbb{R}^+ \quad X_t(\alpha) = \alpha(t)$$

et que $(\mathbb{D}^d, \mathcal{D}^d)$ sera toujours supposé muni de la filtration naturelle càd de X notée $\underline{\mathcal{D}}^d(\mathcal{D}^d_t = \bigcap_{s>t} \sigma(\pi_u, u \leq s))$. Lorsque $\underline{\mathcal{D}}^d$ sera $\mathbb{P}$-complétée on écrira $\mathcal{D}^d(\mathbb{P})$ au lieu de $\underline{\mathcal{D}}^d$.

1° - *Relative compacité faible d'une suite de semi-martingales localement de carré intégrable :*

§ a - Rappels sur les sauts d'un processus càdlàg. Crible :

Pour tout $\alpha \in \mathbb{D}^d$ et $u \in \mathbb{R}_+^*$ on peut définir la suite croissante des sauts de α d'amplitude supérieure à u par :

$$T_o(u)(\alpha) = 0 \text{ et } T_{k+1}(u)(\alpha) = \inf\{t > T_k(u)(\alpha) \;/\; |\Delta_t\alpha| > u\} \qquad (k \in \mathbb{N}).$$

Définition (1.1) : *La famille* $\{T_k(u), k \in \mathbb{N}, u \in \mathbb{R}_+^*\}$ *est appelée le crible (des sauts) du processus canonique* X.
Par les mêmes formules on peut évidemment définir le crible associé à un processus càdlàg Y *quelconque défini sur une base stochastique* $(\Omega, \mathcal{F}, \underline{\mathcal{F}}, \mathbb{P})$. *Ce crible* $\{T_k^Y(u), k \in \mathbb{N}, u \in \mathbb{R}_+^*\}$ *vérifie alors de façon évidente :*

$$(1.2) \qquad \forall u \in \mathbb{R}^{+*} \quad \forall k \in \mathbb{N} \quad T_k^Y(u) = T_k(u) \circ Y.$$

Les résultats techniques que nous allons énoncer maintenant (et dont on trouvera une démonstration dans [3]-chapitre I) précisent le comportement des cribles pour la Sk-convergence des suites.

Proposition (1.3) : *Soient* $(\alpha^n)_{n\in\mathbb{N}}$ *une suite de* $\mathbb{D}^d$ *et* $\alpha \in \mathbb{D}^d$.

Si $\alpha^n \xrightarrow{Sk} \alpha$ *et* $u \in U(\alpha) = \{u > 0 \;/\; \forall t > 0 \; |\Delta_t\alpha| \neq u\}$ *on a :*

(i) $\forall k \in \mathbb{N} \quad T_k(u)(\alpha^n) \to T_k(u)(\alpha)$

(ii) $\forall k \in \mathbb{N} \quad (T_k(u)(\alpha) < +\infty) \Rightarrow (\Delta_{T_k(u)(\alpha^n)}\alpha^n \to \Delta_{T_k(u)(\alpha)}\alpha)$

Corollaire (1.4) : *Pour toute fonction* f *de* $\mathbb{R}^d$ *dans* $\mathbb{R}^k$, *continue, nulle au voisinage de* 0, *l'application* $\alpha \to \alpha - \alpha(0) - \sum_{0<s\leq \cdot} f(\Delta_s\alpha)$ *est Sk-continue.*

Ce sera donc en particulier le cas lorsque $f = Id_{\mathbb{R}^d} - h$ où h est une troncation sur $\mathbb{R}^d$.

Signalons encore une propriété fondamentale des cribles :
$\forall k \in \mathbb{N}$ $\forall u > 0$ $T_k(u)$ (resp. $T_k^Y(u)$) est un $\underline{\mathcal{D}}^d$ (resp. $\underline{\mathcal{F}}$ dès que Y est $\underline{\mathcal{F}}$-adapté)-temps d'arrêt. En outre si X (resp. Y) est $\underline{\mathcal{D}}^d(\mathbb{P})$ (resp. $\underline{\mathcal{F}}$)-prévisible $T_k(u)$ (resp. $T_k^Y(u)$) est $\underline{\mathcal{D}}^d(\mathbb{P})$ (resp. $\underline{\mathcal{F}}$)-prévisible.

§ b - Le critère de relative compacité :

Comme nous l'avons indiqué dans l'introduction le critère que nous nous proposons de démontrer ici est le fruit de perfectionnements apportés à des techniques développées et mises au point dans [4]. Par conséquent, et sauf à recopier cet article in extenso, il était impossible de rédiger ici une preuve se suffisant à elle-même. Quelques (deux...) rappels tirés de [4] vont donc s'avérer encore nécessaires.

Soit $(X^n)_{n\geq 0}$ une suite de semi-martingales localement de carré intégrable (abrégé en loc.c.i dans la suite) définies sur des bases stochastiques $(\Omega^n, \mathcal{F}^n, \underline{\mathcal{F}}^n, \mathbb{P}^n)$. On désignera par $F^n = \sum_{k=1}^{d} (\langle M^{n,k}, M^{n,k}\rangle + \int_0^{\cdot} |dA_s^{n,k}|)$ la suite des processus prévisibles croissants associés (A^n désigne ici le processus prévisible à variation finie de la décomposition canonique de la semi-martingale spéciale X^n en $X^n = M^n + A^n$) et par $(G^n)_{n\geq 0}$ une suite de processus croissants prévisibles, nuls en 0, définis sur les mêmes bases que les X^n, dominant F^n au sens des processus croissants i.e : $G^n - F^n$ est croissant (ce que l'on notera $F^n \preccurlyeq G^n$).

Rappel (1.5) : On note $\{T_k^n(u), k \in \mathbb{N}, u \in \mathbb{R}_+^*\}$ le crible engendré par les G^n. Si l'on a : (i) $(\mathbb{P}^n_{G^n})_{n\geq 0}$ est Sk-tendue

(ii) Il existe $U, U \subset]0,+\infty[$ et $\inf U = 0$, tel que :

$\forall N > 0$, $\forall u \in U, \forall k \geq 1, \forall \varepsilon, \delta > 0$, $\exists n_0 \in \mathbb{N}, \exists \sigma \in]0,\delta[, \exists R_k^n(u)$ un $\underline{\mathcal{F}}^n$-temps d'arrêt vérifiant :

$$n \geq n_0 \Rightarrow \mathbb{P}^n(R_k^n(u) \notin]T_k^n(u)-\delta, T_k^n(u)-\sigma[, T_k^n(u) \leq N + \delta) \leq \varepsilon.$$

Alors : $(\mathbb{P}^n_{X^n})_{n\geq 0}$ est Sk-tendue.

Rappel (1.6) : Soient $(\tilde{\mathbb{P}}^n)_{n\geq 0}$ une suite de probabilités sur $\mathbb{D}^d$ et $\tilde{\mathbb{P}}$ une probabilité sur $\mathbb{D}^d$, T un $\underline{\mathcal{D}}^d(\tilde{\mathbb{P}})$-temps d'arrêt prévisible sur $\mathbb{D}^d$ vérifiant :

(i) $\tilde{\mathbb{P}}^n \xrightarrow{(Sk)} \mathbb{P}$

(ii) T est $\tilde{\mathbb{P}}$-ps Sk-continu.

Alors : $\forall \varepsilon, \delta, N > 0, \exists R, \underline{\mathcal{D}}^d$-temps d'arrêt, $\exists \sigma > 0, \exists n_0 \in \mathbb{N}$ tels que

$$n \geq n_0 \Rightarrow \tilde{\mathbb{P}}^n(R \notin]T-\delta, T-\sigma[, T \leq N + \delta) \leq \varepsilon.$$

Nous sommes maintenant prêts à démontrer notre nouveau critère (baptisé C7 dans la continuité de [4] et [6]).

Critère C7 (1.7) : Outre $(X^n)_{n\geq 0}$ et $(G^n)_{n\geq 0}$ on considère une suite $(Y^n)_{n\geq 0}$ de processus càdlàg, d'-dimensionnels adaptés (définis sur les mêmes bases stochastiques que les X^n), $\tilde{\mathbb{P}}$ une probabilité sur $(\mathbb{D}^{d'},\mathcal{D}^{d'})$ et $G : \mathbb{D}^{d'} \to \mathbb{D}^1$, $\tilde{\mathbb{P}}$-ps Sk-continu et croissant, $\mathcal{D}^{d'}(\tilde{\mathbb{P}})$-prévisible. Alors si :

(i) $\tilde{\mathbb{P}}^n = \mathbb{P}^n_{Y^n} \xrightarrow{(Sk)} \tilde{\mathbb{P}}$

(ii) $\forall t > 0 \quad \sup_{s\leq t} |G_s \circ Y^n - G^n_s| \xrightarrow{\mathcal{L}} 0.$

La suite $(\mathbb{P}^n_{X^n})_{n\geq 0}$ est Sk-tendue.

Remarque (1.8) : Lorsque l'on prend $G = X$ (X processus canonique sur $\mathbb{D}^1$) et $Y^n = G^n$, on retrouve exactement l'énoncé du critère C4 de [4].

Démonstration de C7 : Le but de cette preuve est de vérifier les hypothèses de Rappel (1.5).

(a) G étant $\tilde{\mathbb{P}}$-ps Sk-continu, il vient $\mathbb{P}^n_{G\circ Y^n} \xrightarrow{(Sk)} \tilde{\mathbb{P}}_G$. Parallèlement (ii) ci-dessus en traîne $\rho_1(G^n,G\circ Y^n) \xrightarrow{\mathcal{L}} 0$ d'où il vient $\mathbb{P}^n_{G^n} \xrightarrow{(Sk)} \tilde{\mathbb{P}}_G$. Rappel (1.5) (i) est donc bien vérifié.

(b) Vérifions maintenant Rappel (1.5) (ii). On pose $U = U^G = \{u > 0/\tilde{\mathbb{P}}(\exists s/|\Delta G_s| = u) = 0\}$.
On a bien $U \subset]0,+\infty[$ et $\inf U = 0$ car U est de complémentaire dénombrable.
Au vu du § a on peut affirmer d'autre part que :

$\forall u\in U, \forall k \geq 1 \quad T^G_k(u)$ est un $\mathcal{D}^{d'}(\tilde{\mathbb{P}})$-temps d'arrêt prévisible, $\tilde{\mathbb{P}}$-ps Sk-continu.

On en déduit alors, grâce au Rappel (1.6) :

$\forall k \geq 1 \quad \forall \varepsilon,\delta,N > 0 \quad \exists R_k(u), \mathcal{D}^{d'}$-temps d'arrêt $\exists \sigma \in]0,\frac{\delta}{2}[\quad \exists n_o \in \mathbb{N}$ tels que :

$n \geq n_o \Rightarrow \tilde{\mathbb{P}}^n(R_k(u) \notin]T^G_k(u) - \frac{\delta}{2}, T^G_k(u) - \sigma[, T^G_k(u) \leq N + \frac{3\delta}{2} + \frac{\delta}{2}) \leq \frac{\varepsilon}{2}$, soit encore, en posant

$R^n_k(u) = R_k(u) \circ Y^n$ (qui est un $\mathcal{F}^n$-temps d'arrêt) :

$n \geq n_o \Rightarrow \mathbb{P}^n(R^n_k(u) \notin]T_k(u)(G\circ Y^n) - \frac{\delta}{2}, T_k(u)(G\circ Y^n) - \sigma[, T_k(u)(G\circ Y^n) \leq N + 2\delta) \leq \frac{\varepsilon}{2}.$

Par ailleurs il est évident que $\alpha^n \xrightarrow{Sk} \alpha$ et $\beta^n - \alpha^n \xrightarrow{U_K} 0$ entraînent $(\alpha^n,\beta^n) \xrightarrow{Sk} (\alpha,\beta)$. En conséquence $T_k(u)(\alpha^n)$ et $T_k(u)(\beta^n)$ convergent vers $T_k(u)(\alpha)$, d'où $T_k(u)(\alpha^n) - T_k(u)(\beta^n) \to 0$, dès que $u \in U(\alpha)$. Par suite (ii), $\mathbb{P}^n_{G^n} \xrightarrow{(Sk)} \tilde{\mathbb{P}}_G$ et $u \in U$ entraînent que $T_k(u)(G^n) - T_k(u)(G \circ Y^n) \xrightarrow{\mathcal{L}} 0$. Donc,

$$(1.9) \qquad \exists n_1 \in \mathbb{N} \;/\; n \geq n_1 \Rightarrow \mathbb{P}^n(|T^n_k(u) - T_k(u)(G \circ Y^n)| > \tfrac{\sigma}{2}) \leq \tfrac{\varepsilon}{2}.$$

Comme :

$$(R^n_k(u) \notin]T^n_k(u) - \delta, T^n_k(u) - \tfrac{\sigma}{2}[, T^n_k(u) \leq N+\delta) \subset (R^n_k(u) \notin]T_k(u)(G \circ Y^n) - \tfrac{\delta}{2}, T_k(u)(G \circ Y^n) - \sigma[,$$

$$T_k(u)(G \circ Y^n) \leq N+2\delta) \cup (|T_k(u)(G \circ Y^n) - T^n_k(u)| \geq \tfrac{\sigma}{2})$$

il vient aussitôt :

$$\forall n \geq n_1 \quad \mathbb{P}^n(R^n_k(u) \notin]T^n_k(u) - \delta, T^n_k(u) - \tfrac{\sigma}{2}[\;, T^n_k(u) \leq N + \delta) \leq \varepsilon \quad \square$$

2° - Identification de la limite :

Le théorème d'identification de la limite que nous nous proposons de démontrer dans cette partie repose pour une part importante sur des techniques de localisation. Il est donc indispensable d'exposer ici à titre préliminaire quelques compléments topologiques sur les temps de localisation.

§ a - Temps de localisation :

Définition (2.1) : Soit $\alpha \in \mathbb{D}^d$. On appelle temps de localisation de α les quantités $S_\rho(\alpha) = \inf\{s \;/\; |\alpha(s)|$ ou $|\alpha(s^-)| \geq \rho\}$ $(\rho > 0)$.

Proposition (2.2) : (a) Pour tout $\rho > 0$ S_ρ est un $\underline{\mathcal{D}}^d$-temps d'arrêt.

(b) Pour tout $\alpha \in \mathbb{D}^d$ $\rho \to S_\rho(\alpha)$ est càg, croissante et $\lim_{\rho \to +\infty} S_\rho = +\infty$.

Démonstration : On sait que, pour tout $\rho > 0$, $V_\rho(a) = \inf\{s \;/\; |\alpha(s)| > \rho\}$ est un $\underline{\mathcal{D}}^d$-temps d'arrêt comme temps d'entrée d'un processus càdlàg dans un ouvert ; or, il est facile de vérifier que : $S_\rho = \lim_{\lambda \to \rho^-} \uparrow V_\lambda$.

Ceci prouve l'assertion (a) et la continuité à gauche. Le reste est trivial. $\square$

Proposition (2.3) : *(a) Si* $\alpha^n \xrightarrow{Sk} \alpha$, $S_\rho(\alpha) \leq \underline{\lim}_n S_\rho(\alpha^n) \leq \overline{\lim}_n S_\rho(\alpha^n) \leq S_{\rho^+}(\alpha)$

(b) S_ρ *est Sk-continu en tout point de* $\{\alpha / S_\rho(\alpha) = S_{\rho^+}(\alpha)\}$.

Démonstration : (b) découle clairement de (a).

(a) Soit donc $\alpha^n \xrightarrow{Sk} \alpha$, il existe (cf Rappel (0.1)) $\lambda^n \in \Lambda$ vérifiant $\lambda^n \xrightarrow{U_K} Id_{\mathbb{R}^+}$ et $\alpha - \alpha^n \circ \lambda^n \xrightarrow{U_K} 0$. D'où en particulier :

$$\forall \theta \in \mathbb{R}^+ \quad \sup_{s \leq \theta} |\alpha^n \circ \lambda^n(s)| \to \sup_{s \leq \theta} |\alpha(s)|.$$

Or $(\theta < S_\rho(\alpha)) \Longleftrightarrow (\sup_{s\leq\theta} |\alpha(s)| > \rho)$; donc si $\theta < S_\rho(\alpha)$ il vient, pour n assez grand, $\sup_{s\leq\theta} |\alpha^n \circ \lambda^n(s)| > \rho$ ce qui entraîne $\lambda^n(\theta) < S_\rho(\alpha^n)$. D'où $\underline{\lim}_n S_\rho(\alpha^n) \geq \theta$ et partant $\underline{\lim}_n S_\rho(\alpha^n) \geq S_\rho(\alpha)$. Parallèlement $(\theta \geq S_{\rho^+}(\alpha)) \Longleftrightarrow (\sup_{s\leq\theta} |\alpha(s)| < \rho)$; donc si $\theta > S_{\rho^+}(\alpha)$ il vient pour n assez grand $\sup_{s\leq\theta} |\alpha^n \circ \lambda^n(s)| < \rho$. D'où $\lambda^n(\theta) > S_{\rho^+}(\alpha^n) \geq S_\rho(\alpha^n)$ ce qui entraîne $\theta \geq \overline{\lim}_n S_\rho(\alpha^n)$ et partant $S_{\rho^+}(\alpha) \geq \overline{\lim}_n S_\rho(\alpha^n)$. □

Introduisons maintenant l'opérateur d'arrêt en S_ρ :

Définition (2.4) : $\Phi_\rho : \mathbb{D}^d \to \mathbb{D}^d$

$$\alpha \to \Phi(\alpha) = \alpha^{S_\rho(\alpha)} : t \to \alpha(t \wedge S_\rho(\alpha))$$

Proposition (2.5) : *(a)* $\forall \rho' \geq \rho \quad S_\rho \circ \Phi_{\rho'} = S_\rho$ *et* $\Phi_\rho \circ \Phi_{\rho'} = \Phi_\rho$.

(b) $C^1_\rho = \{\alpha \in \mathbb{D}^d / S_\rho(\alpha) = S_{\rho^+}(\alpha) \leq +\infty$ *et* α *continue en* $S_\rho(\alpha)$ *si* $S_\rho(\alpha) < +\infty\}$ *et* $C^2_\rho = \{\alpha \in \mathbb{D}^d / S_\rho(\alpha) = S_{\rho^+}(\alpha) < +\infty$, α *discontinue en* $S_\rho(\alpha)$, $|\alpha\, S_\rho((\alpha)-)| < \rho\}$, Φ_ρ *est continue en tout point de* $C^1_\rho \cup C^2_\rho$.

Démonstration : (a) est évident.

(b) Soit $\alpha^n \xrightarrow{Sk} \alpha$. Au vu de la caractérisation de la relative compacité dans $\mathbb{D}^d$ (cf Rappel (0.2) ci-avant) il est clair que celle-ci est stable par arrêt.

$(\Phi_\rho(\alpha^n))_{n\geq 0}$ est donc Sk-relativement compacte. Soit alors une valeur d'adhérence β de cette suite dont on peut supposer, quitte à extraire, que $\Phi_\rho(\alpha^n) \xrightarrow{Sk} \beta$.

Soit $t \in [0,S_\rho(\alpha)[\cap \mathrm{Cont}(\beta) \cap \mathrm{Cont}(\alpha)$ (où $\mathrm{Cont}(x) = \{t \in \mathbb{R}^+/x$ est continue en $t\}$). Il existe $n_0 \in \mathbb{N}$ tel que : $n \geq n_0 \Rightarrow S_\rho(\alpha^n) > t$. Par conséquent $\Phi_\rho(\alpha^n)(t) = \alpha^n(t) \to \alpha(t) = \beta(t)$ si bien que $\beta = \alpha$ sur $[0,S_\rho(\alpha)[$. Lorsque $S_\rho(\alpha) = +\infty$ on peut alors conclure, par unicité de la valeur d'adhérence, que $\lim\limits_n \Phi_\rho(\alpha^n) = \Phi_\rho(\alpha)$.

Sinon : soit $t \in]S_\rho(\alpha),+\infty[\cap \mathrm{Cont}(\beta)$. Lorsque $\alpha \in C^1_\rho \cup C^2_\rho$, on a $S_\rho(\alpha) = S_{\rho^+}(\alpha)$, et donc $t > S_\rho(\alpha^n)$ pour $n \geq n_1$, d'après Proposition (2.3) d'où

$$\Phi_\rho(\alpha^n)(t) = \alpha^n(S_\rho(\alpha^n)) + \beta(t).$$

Deux cas sont alors possibles :

1) Soit $\alpha \in C^1_\rho$ et $\beta(t) = \lim\limits_n \alpha^n(S_\rho(\alpha^n)) = \alpha(S_\rho(\alpha))$ de façon claire.

2) Soit $\alpha \in C^2_\rho$. On considère alors la suite essentiellement unique $s^\rho_n(\alpha)$ donnée par Remarque (0.2) et vérifiant :

$$\begin{cases} \alpha^n(s^\rho_n(\alpha)) \to \alpha(S_\rho(\alpha)) \\ \alpha^n(s^\rho_n(\alpha)-) \to \alpha(S_\rho(\alpha)-) \\ s^\rho_n(\alpha) \to S_\rho(\alpha). \end{cases}$$

S'il existe $\alpha^{n'}$ extraite de α^n telle que $S_\rho(\alpha^{n'}) < s^\rho_{n'}(\alpha)$ alors, cf [3], il vient : $\alpha^{n'}(S_\rho(\alpha^{n'})) \to \alpha(S_\rho(\alpha)-)$ et $\alpha^{n'}(S_\rho(\alpha^{n'})-) \to \alpha(S_\rho(\alpha)-)$ et donc $\rho \leq |\alpha^{n'}(S_\rho(\alpha^{n'}))| \vee |\alpha^{n'}(S_\rho(\alpha^{n'})-)| \to |\alpha(S_\rho(\alpha)-)|$ ce qui contredit $\alpha \in C^2_\rho$. Par suite on a pour n assez grand : $S_\rho(\alpha^n) \geq s^\rho_n(\alpha)$ et partant $\alpha^n(S_\rho(\alpha^n)) \to \alpha(S_\rho(\alpha))$.

Finalement on obtient : $\forall t \in]S_\rho(\alpha),+\infty[\cap \mathrm{Cont}(\beta)$, $\beta(t) = \alpha(S_\rho(\alpha))$ d'où $\beta = \Phi_\rho(\alpha)$. L'unicité de cette valeur d'adhérence assure pour finir la Sk-continuité de Φ_ρ en α. □

__*Corollaire (2.6)*__ : *Soit $\mathbb{P}$ une probabilité sur $\mathbb{D}^d$. Alors :*

$$\Delta_{\mathbb{P}} = \{\rho \,/\, \mathbb{P}(C^1_\rho \cup C^2_\rho) < 1\} \quad \textit{est dénombrable.}$$

__Démonstration__ :

$${}^cC^1_\rho \cup {}^cC^2_\rho = \{S_\rho \neq S_{\rho^+}\} \cup \{\alpha/\alpha \text{ discontinue en } S_\rho(\alpha) \text{ et } |\alpha(S_\rho(\alpha)-)| = \rho\}.$$

Considérons une suite $(T^n)_{n\geq 0}$ de $\underline{\mathcal{D}}^d$-temps d'arrêt épuisant les sauts du processus canonique X. Il vient aussitôt :

$$\Delta_{\mathbb{P}} \subset \{\rho \ / \ \mathbb{P}(S_\rho \neq S_{\rho^+}) > 0\} \cup \bigcup_{n\in\mathbb{N}} \{\rho \ / \ \mathbb{P}(S_\rho(\alpha) = T^n(\alpha) \text{ et } |\alpha(T_n(\alpha)-)| = \rho) > 0\}$$

$$\subset \{\rho \ / \ \mathbb{P}(S_\rho \neq S_{\rho^+}) > 0\} \cup \bigcup_{n\in\mathbb{N}} \{\rho \ / \ \mathbb{P}_{\pi_{T^n_-}}(\{\rho\}) > 0\}.$$

S_ρ étant càg est une mesure sur $\mathbb{R}^+$ ayant au plus un nombre dénombrable d'atomes, $\Delta_{\mathbb{P}}$ est contenu dans une réunion dénombrable d'ensembles dénombrables. □

A partir de maintenant et afin d'éviter toute confusion, les temps de localisation, les opérateurs d'arrêt seront affectés d'indices rappelant la dimension de l'espace ambiant sous-jacent (on notera donc $S^d_\rho, \Phi^d_\rho, C^{d,1}_\rho$ au lieu de $S_\rho, \Phi_\rho, C^1_\rho$).
Terminons ce paragraphe par un dernier complément topologique, généralisant quelque peu la Proposition (2.5).

<u>*Proposition (2.7)*</u> : *L'application* $Id_{\mathbb{D}^d} \times \Phi^{d'}_\rho : (\mathbb{D}^{d+d'}, Sk) \to (\mathbb{D}^{d+d'}, Sk)$ *est con-*

$$(\alpha,\beta) \to (\alpha, \Phi^{d'}_\rho(\alpha))$$

tinue en tout point (α,β) *de* $\mathbb{D}^{d+d'}$ *tel que* $\beta \in C^{d',1}_\rho \cup C^{d',2}_\rho$.

<u>Démonstration</u> : Soit $(\alpha^n,\beta^n) \xrightarrow{Sk} (\alpha,\beta)$ tel que $\beta \in C^{d',1}_\rho \cup C^{d',2}_\rho$ (on notera bien que "Sk" désigne ici la topologie de Skorokhod sur $\mathbb{D}^{d+d'}$ et non la topologie produit sur $\mathbb{D}^d \times \mathbb{D}^{d'}$). Il est clair que :

$$\hat{w}((\alpha^n, \Phi^{d'}_\rho(\beta^n)), \delta, p) \leq \hat{w}((\alpha^n,\beta^n),\delta,p)$$

$$\sup_{s\leq p} |(\alpha^n(s), \Phi^{d'}_\rho(\beta^n)(s))| \leq \sup_{s\leq p} |(\alpha^n(s),\beta^n(s))|$$

pour tout $\delta, p > 0$. Par conséquent la suite $((Id_{\mathbb{D}^d} \otimes \Phi^{d'}_\rho)(\alpha^n,\beta^n))_{n\geq 0}$ est Sk-relativement compacte dans $\mathbb{D}^{d+d'}$.
Or, comme en particulier $\beta^n \xrightarrow{Sk} \beta$ dans $\mathbb{D}^{d'}$ et $\beta \in C^{d',1}_\rho \cup C^{d',2}_\rho$, il vient d'après Proposition (2.5) : $\Phi^{d'}_\rho(\beta^n) \xrightarrow{Sk} \Phi^{d'}_\rho(\beta)$ dans $\mathbb{D}^{d'}$. D'autre part on a bien sûr $\alpha^n \xrightarrow{Sk} \alpha$ dans $\mathbb{D}^d$, si bien que la seule valeur d'adhérence possible pour cette suite est $(\alpha, \Phi^{d'}_\rho(\beta))$. D'où le résultat. □

§ b - Limite en loi d'une suite de martingales locales à sauts bornés. Application à l'énoncé d'un nouveau théorème d'indentification de la limite :

Théorème (2.8) : *On considère une suite* $(X^n)_{n\geq 0}$ *de processus càdlàg adaptés, d-dimensionnels, définis sur des bases stochastiques* $(\Omega^n,\mathcal{F}^n,\underline{\mathcal{F}}^n,\mathbb{P}^n)$, $(M^n)_{n\geq 0}$ *une suite de* $(\mathbb{P}^n,\underline{\mathcal{F}}^{X^n})$*-martingales locales càdlàg, d'-dimensionnelles à sauts uniformément bornés par un réel* a *(i.e.* $\forall n\in\mathbb{N}$ $\mathbb{P}^n$*-ps* $\forall t\in\mathbb{R}^+$ $|\Delta M_t^n|\leq a)$,
X *un processus càdlàg d-dimensionnel défini sur un espace* $(\Omega,\mathcal{F},\mathbb{P})$ *et* $\underline{\mathcal{F}}^X$ *sa filtration naturelle càd,* M *un processus càdlàg défini sur* $(\Omega,\mathcal{F},\mathbb{P})$, $\underline{\mathcal{F}}^X$*-adapté. Alors si :*

$$(2.9)\qquad \mathbb{P}^n_{X^n,M^n}\xrightarrow{(Sk)}\mathbb{P}_{(X,M)}.$$

Il vient : M *est une* $(\mathbb{P},\underline{\mathcal{F}}^X)$*-martingale locale (à sauts bornés par* a*).*

Démonstration : Soit $\rho\notin\Delta^{d'}_{\mathbb{P}_M},\rho>0$ ($\Delta^{d'}_{\mathbb{P}_M}$ est dénombrable d'après Corollaire (2.6)).

Il est clair que : $\mathbb{P}_{(X,M)}(\{(\alpha,\beta)\in\mathbb{D}^{d+d'}/\beta\in C_\rho^{d',1}\cup C_\rho^{d',2}\})=\mathbb{P}_M(C_\rho^{d',1}\cup C_\rho^{d',2})=1$,

donc $\mathbb{P}_{(X,M)}$-ps $Id_{\mathbb{D}^d}\otimes\Phi_\rho^{d'}$ est Sk-continue. Par suite :

$$\mathbb{P}^n_{(X^n,M^n,S_\rho^{d'}\circ M^n_\rho)}=(Id_{\mathbb{D}^d}\otimes\Phi_\rho^{d'})(\mathbb{P}^n_{(X^n,M^n)})\xrightarrow{(Sk)}(Id_{\mathbb{D}^{d'}}\otimes\Phi_\rho^{d'})(\mathbb{P}_{(X,M)})=\mathbb{P}_{(X,M^{S_\rho^{d'}})}.$$

Or, vu que pour tout n, $\mathbb{P}^n$-ps $|\Delta M^n|\leq a$, il vient :

$$\mathbb{P}^n\text{-ps}\quad |M^{n,S_\rho^{d'}\circ M^n}|\leq|M_-^{n,S_\rho^{d'}\circ M^n}|+a\leq\rho+a.$$

D'autre part $\{(\alpha,\beta)\in\mathbb{D}^{d+d'}/\forall s\in\mathbb{R}\ |\Delta\beta(s)|\leq a\}$ est Sk-fermé donc, d'après (2.9), $\mathbb{P}$-ps $|\Delta M|\leq a$. Enfin $\Delta^{d'}_{\mathbb{P}_M}$ est dénombrable et $\lim_{\rho\to+\infty}\uparrow S_\rho^{d'}=+\infty$ (partout), on est ramené à montrer le résultat lorsque M^n et M sont ps-uniformément bornés par une constante K (borne que l'on peut évidemment supposer stricte). Considérons alors l'ensemble A de complémentaire dénombrable défini par :

$$A=\{u\ /\ \mathbb{P}(\{|\Delta M_u|\neq 0\})=0\quad\text{et}\quad s,t\in A\quad(s<t)\quad\text{fixés.}$$

M^n étant une $\underline{\mathcal{F}}^n$-martingale (comme martingale locale bornée) et X^n étant $\underline{\mathcal{F}}^n$-adapté, il vient pour toute variable aléatoire réelle bornée Z, Sk-continue $\underline{\mathcal{D}}_s^d$-mesurable définie sur $\mathbb{D}^d$:

$$E^n(Z\circ X^n(M^n_t-M^n_s)) = 0 \quad \text{pour tout} \quad n \in \mathbb{N}.$$

D'autre part, la borne K étant stricte, $\mathbb{P}_{(X,M)}$-ps ($\Phi^{d'}_K$ est Sk-continue et $\Phi^{d'}_K = \mathrm{Id}_{\mathbb{D}^{d'}}$), par conséquent l'application :

$$\psi_{s,t} : \mathbb{D}^{d+d'} \longrightarrow \mathbb{R}$$
$$(\alpha,\beta) \longrightarrow Z(\alpha)\ (\pi_t\circ\Phi^{d'}_K(\beta)-\pi_s\circ\Phi^{d'}_K(\beta))$$

est non seulement bornée par $2K\|Z\|_\infty$ mais aussi $\mathbb{P}_{(X,M)}$-ps Sk-continue puisque $s,t \in A$. Appliquant (2.9) à $\psi_{s,t}$, on obtient :

$$E_{\mathbb{P}}(Z\circ X(M_t-M_s)) = E_{\mathbb{P}_{(X,M)}}(\psi_{s,t}) = \lim_n E_{\mathbb{P}^n_{(X^n,M^n)}}(\psi_{s,t}).$$

Or, vu que $\mathbb{P}^n$-ps $|M^n| < K$, on a aussi :

$$E_{\mathbb{P}^n_{(X^n,M^n)}}(\psi_{s,t}) = E^n(Z\circ X^n(M^n_t-M^n_s)) = 0$$

et donc :

(2.10) $$E_{\mathbb{P}}(Z\circ X(M_t-M_s)) = 0.$$

Une fois remarqué (cf [3] chapitre I) que $\mathcal{D}^d_{s-} = \sigma(Z, Z \in \mathcal{C}_b(\mathbb{D}^d), \mathcal{D}^d_{s-}\text{-mesurable})$, on étend facilement par classe monotone fonctionnelle (2.10) à toutes les variables Z boréliennes bornées $\mathcal{D}_{s-}$ -mesurables.

Considérons maintenant, s et t étant cette fois deux réels quelconques, tels que $s < t$, deux suites $(s^n)_{n\geq 0}$ et $(t^n)_{n\geq 0}$ vérifiant :

$$\forall n \in \mathbb{N} \quad s < s^n < t < t^n,\ s^n,t^n \in A,\ s^n \to s \ \text{et} \ t^n \to t.$$

On a alors : $\forall n \in \mathbb{N}$ $\mathcal{D}^d_s \subset \mathcal{D}^d_{s^-_n}$ et donc, si Z est bornée, $\mathcal{D}^d_s$-mesurable,

$$\forall n \in \mathbb{N} \quad E_{\mathbb{P}}(Z\circ X(M_{t^n}-M_{s^n})) = 0$$

M étant càdlàg et bornée par K, il vient aussitôt : $M_{t^n} \xrightarrow{L^1(\mathbb{P})} M_t$ et $M_{s^n} \xrightarrow{L^1(\mathbb{P})} M_s$, d'où finalement :

$$E_{\mathbb{P}}(Z\circ X(M_t-M_s)) = 0$$

On conclut en remarquant que $\mathcal{F}_s^X = \sigma(Z\circ X, Z \subset \mathcal{D}_s^d)$. □

Théorème (2.11) : *Soit* X *un processus (mesurable) sur* $(\Omega,\mathcal{F},\mathbb{P})$, (B^h,C,ν) *un triplet de c.l. algébriques sur* $(\Omega,\mathcal{F},\underline{\mathcal{F}}^X)$ *et* $(X^n)_{n\geq 0}$ *une suite de semi-martingales définies sur* $(\Omega^n,\mathcal{F}^n,\underline{\mathcal{F}}^n,\mathbb{P}^n)$ *de c.l.* $(B^{h,n},C^n,\nu^n)$. *Si l'on a :*

(i) $(X^n,B^{h,n},\tilde{C}^{h,n}) \xrightarrow{\mathcal{L}(Sk)} (X,B^h,\tilde{C}^h)$

(ii) $\forall f \in \mathcal{C}_{Lip}(\mathbb{R}^d)$ $(X^n, f * \nu^n) \xrightarrow{\mathcal{L}(Sk)} (X, f * \nu)$

alors : X *est une* $(\mathbb{P},\underline{\mathcal{F}}^X)$*-semi-martingale de c.l.* (B^h,C,ν).

Lemme (2.12) *Pour tout* $\alpha \in \mathbb{D}^d$ *et* $f \in \mathcal{C}(\mathbb{R}^d,\mathbb{R}^k)$, *nulle au voisinage de* 0, *on pose* $f * \mu_t(\alpha) = \sum_{0<s\leq t} f(\Delta_s\alpha)$ $(t \in \mathbb{R}^+)$. *Alors l'application définie par :*

$$(f * \nu) * Id_{\mathbb{D}^{d'}} : (\mathbb{D}^{d+d'},Sk) \longrightarrow (\mathbb{D}^{d+k+d'},Sk)$$

$$(\alpha,\beta) \longrightarrow (\alpha, f * \mu(\alpha),\beta)$$

est Sk-continue.

Preuve : Ce résultat découle trivialement de ce que (cf [3])

$$\left\{\begin{array}{l} \alpha^n \circ \lambda^n - \alpha \xrightarrow{U_K} 0 \\ \\ \lambda^n \xrightarrow{U_K} Id_{\mathbb{R}^+} \end{array}\right. \Rightarrow f * \mu(\alpha^n)\circ\lambda^n - f * \mu(\alpha) \xrightarrow{U_K} 0$$ □

Démonstration du théorème (2.12) : D'après le théorème (1.2) de caractérisation le problème à résoudre ici est de vérifier que :

$\tilde{X}^h = X^h - B^h, \tilde{X}^{h,j}\tilde{X}^{h,k} - \tilde{C}^{h,j,k}$ pour $j,k \in \{1,\dots,d\}$, $f * \mu^X - f * \nu$ pour $f \in \hat{\mathcal{C}}_{Lip}(\mathbb{R}^d)$

sont des $(\mathbb{P},\underline{\mathcal{F}}^X)$-martingale locales. Pour ce faire on se repose évidemment sur le théorème (2.8) et le lemme (2.12). Etudions à titre d'exemple le cas de $\tilde{X}^h$:

(Lemme (2.12) et (i)) $\Rightarrow ((X^n,\tilde{X}^{h,n}) \xrightarrow{\mathcal{L}} (X,\tilde{X}^h))$.

D'autre part : $\forall n \in \mathbb{N}$ $|\Delta\tilde{X}^{h,n}| \leq |\Delta X^{h,n}| + |\Delta B^{h,n}| \leq 2\,ad$ $\mathbb{P}$-ps (a désigne ici le paramètre de la troncation h). Par conséquent, d'après théorème (2.8), $\tilde{X}^h$ est une $(\mathbb{P},\underline{\mathcal{F}}^X)$-martingale locale.

En ce qui nous concerne nous n'utiliserons dans la suite qu'un cas particulier du théorème (2.11) sous la forme du résultat suivant :

Théorème (2.13) :

(a) Soit $(X^n)_{n\geq 0}$ *comme dans le théorème (2.11) ;* (B^h,C,ν) *un triplet de c.l. algébriques sur* $(\mathbb{D}^d,\mathcal{D}^d,\underline{\mathcal{D}}^d)$ *et* $\mathbb{P}$ *une probabilité sur* $(\mathbb{D}^d,\mathcal{D}^d)$ *vérifiant :*

- **d$\mathbb{P}$-CCS** *(Conditions de Continuité au sens de Skorokhod,* $\mathbb{P}$*-ps) :*

$$\mathbb{P}\text{-ps}\quad \alpha \to B^h(\alpha) \text{ de } \mathbb{D}^d \text{ dans } \mathbb{D}^d \text{ est Sk-continue.}$$

$$\mathbb{P}\text{-ps}\quad \alpha \to \tilde{C}^h(\alpha) \text{ de } \mathbb{D}^d \text{ dans } \mathbb{D}^{d\otimes d} \text{ est Sk-continue.}$$

$$\forall f \in \hat{\mathcal{C}}_{Lip}(\mathbb{R}^d)\quad \mathbb{P}\text{-ps}\quad \alpha \to (\alpha, f * \nu(\alpha)) \text{ de } \mathbb{D}^d \text{ dans } \mathbb{D}^{d+1} \text{ est Sk-continue.}$$

- $[Sk\text{-}x,\beta,\gamma]$ $\quad \rho_{d(d+2)}((X^n,B^{h,n},\tilde{C}^{h,n}),(X,B^h,\tilde{C}^h)\circ X^n) \xrightarrow{\mathcal{L}} 0$

- $[Sk\text{-}x,\delta]$ $\quad \forall f \in \hat{\mathcal{C}}_{Lip}(\mathbb{R}^d)\quad \rho_{d+1}((X^n,f * \nu^n),(X,f * \nu)\circ X^n) \xrightarrow{\mathcal{L}} 0$

- $\mathbb{P}^n_{X^n} \xrightarrow{(Sk)} \mathbb{P}$.

Alors le processus canonique X sur $\mathbb{D}^d$ *est une* $(\mathbb{P},\underline{\mathcal{D}}^d)$*-semi-martingale de c.l.* (B^h,C,ν).

(b) Les conditions $[Sk\text{-}x,\beta,\gamma]$ *et* $[Sk\text{-}x,\delta]$ *sont en particulier vérifiées si l'on a :*

$$[sup\text{-}\beta]\quad \forall t \in \mathbb{R}^+\quad \sup_{s\leq t} |B^{h,n}_s - B^h_s\circ X^n| \xrightarrow{\mathcal{L}} 0$$

$$[sup\text{-}\gamma]\quad \forall t \in \mathbb{R}^+\quad \sup_{s\leq t} |\tilde{C}^{h,n}_s - \tilde{C}^h_s\circ X^n| \xrightarrow{\mathcal{L}} 0$$

$$[sup\text{-}\delta]\quad \forall t \in \mathbb{R}^+\quad \forall f \in \hat{\mathcal{C}}_{Lip}(\mathbb{R}^d)\quad \sup_{s\leq t} |f * \nu^n_s - f * \nu_s\circ X^n| \xrightarrow{\mathcal{L}} 0.$$

Avant de passer à la démonstration du théorème (2.13) nous allons énoncer un lemme relatif à **d$\mathbb{P}$-CCS** .

Lemme (2.14) : $\boxed{d\mathbb{P}\text{-CCS}} \Rightarrow \mathbb{P}$-*ps* $\alpha \to (\alpha, B^h(\alpha), \tilde{C}^h(\alpha))$ *de* $\mathbb{D}^d$ *dans* $\mathbb{D}^{d(d+2)}$ *est Sk-continue.*

Preuve : On pose, pour tout $p \in \mathbb{N}$, $g_p(x) = 1 \wedge (p|x| - 1)^+$; $g_p \in \mathcal{E}_{Lip}(\mathbb{R}^d)$. Par hypothèse l'ensemble A défini par $A = \{\beta \in \mathbb{D}^d / \alpha \to B^h(\alpha), \alpha \to \tilde{C}^h(\alpha), \alpha \to (\alpha, g_p * \nu(\alpha))$ soient continues en β pour tout $p \in \mathbb{N}\}$ est de probabilité $\mathbb{P}(A) = 1$. Il suffit donc de montrer que $\alpha \to (\alpha, B^h(\alpha), \tilde{C}^h(\alpha))$ est continue en tout point β de A.

Soit donc $\beta \in A$ et $\beta^n \xrightarrow{Sk} \beta$. D'après Rappel (0.3) (b) on est ramené à vérifier que pour tout t dans $\mathbb{R}^+$ il existe une suite $t^n \to t$ telle que :

$$(2.15) \qquad \begin{cases} \Delta_{t^n}\beta^n \to \Delta_t\beta \\ \Delta_{t^n}B^h(\beta^n) \to \Delta_t B^h(\beta) \\ \Delta_{t^n}\tilde{C}^h(\beta^n) \to \Delta_t \tilde{C}^h(\beta). \end{cases}$$

Deux cas sont alors à distinguer, t étant fixé :

1°) $\nu(\beta, \{t\} \times \mathbb{R}^d) = 0$. On en déduit que $\Delta_t B^h(\beta) = 0$, $\Delta_t \tilde{C}^h = 0$ et que toute suite $t^n \to t$ vérifiant $\Delta_{t^n}\beta^n \to \Delta_t\beta$ vérifie (2.15).

2°) $\nu(\beta, \{t\} \times \mathbb{R}^d) > 0$. Il existe par hypothèse (cf Rappel (0.3) (a)) des suites $t^{p,n}, s^n, r^n \to t$ telles que, d'une part :

$$(2.16) \qquad \begin{cases} (\Delta_{t^{p,n}}\beta^n, \Delta_{t^{p,n}}(g_p * \nu)(\beta^n)) \to (\Delta_t\beta, \Delta_t(g_p * \nu)(\beta)) \\ \Delta_{s^n}B^h(\beta^n) \to \Delta_t B^h(\beta) \\ \Delta_{r^n}\tilde{C}^h(\beta^n) \to \Delta_t \tilde{C}^h(\beta) \end{cases}$$

et, d'autre part, pour toute suite $u_n \to t$:

$$(2.17) \qquad \begin{cases} \Delta_{u^n}(g_p * \nu)(\beta^n) \to 0 & \text{si } u^n \neq t^{p,n} \text{ pour tout } n \text{ assez grand} \\ \Delta_{u^n}B^h(\beta^n) \to 0 & \text{si } u^n \neq s^n \text{ pour tout } n \text{ assez grand} \\ \Delta_{u^n}\tilde{C}^{h,n} \to 0 & \text{si } u^n \neq r^n \text{ pour tout } n \text{ assez grand} \end{cases}$$

$g_p \uparrow 1$ quand $p \to +\infty$ donc $\nu(\beta \times \{t\} \times \mathbb{R}^d) \neq 0$ entraîne l'existence d'un p_o tel que $\Delta_t g_{p_o} * \nu(\beta) > 0$. Comme $p' \geq p \Rightarrow \Delta g_{p'} * \nu(\beta) \geq \Delta g_p * \nu(\beta)$, il est clair d'après (2.17) que $t^{p,n}$ et $t^{p_o,n}$ coïncident pour n assez grand dès que $p \geq p_o$. On peut donc poser $t^n = t^{p_o,n}$ et remplacer $t^{p,n}$ par t^n dans (2.16) dès que $p \geq p_o$ (en particulier $\Delta_{t^n}\beta^n \to \Delta_t\beta$). D'autre part, soit $\Delta_t B^h(\beta) = 0$ et il vient $\Delta_{t^n}B^h(\beta^n) \to \Delta_t B^h(\beta)$, soit il existe $k_o \in \{1,\dots,d\}$ tel que $\Delta_t B^{h,k_o}(\beta) \neq 0$. Des inégalités $|h^{k_o}| \leq a g_p + \frac{2}{p}$, pour tout $p \in \mathbb{N}$, on déduit que :

$$\forall n \in \mathbb{N} \quad |\Delta_{s^n} B^{h,k_o}(\beta^n)| \leq a\, \Delta_{s^n} g_p * \nu(\beta^n) + \frac{2}{p}$$

donc pour p suffisamment grand (et $p \geq p_o$) il vient :

$$\forall n \in \mathbb{N} \quad |\Delta_{s^n} B^{h,k_o}(\beta^n)| \leq a\, \Delta_{s^n} g_p * \nu(\beta^n) + \frac{|\Delta B^{h,k_o}|}{2}.$$

(2.16) et (2.17) entraînent alors que $s^n = t^n$ pour n assez grand ce qui assure à nouveau :

$$\Delta_{t^n} B^h(\beta^n) \to \Delta_t B^h(\beta). \tag{2.18}$$

Pour montrer que r^n et t^n coïncident aussi pour n assez on procède de façon analogue. Si $\Delta_t \tilde{C}^h(\beta) = 0$ pas de problème : le choix de r^n est libre. Sinon, il existe $j_o, k_o \in \{1,\dots,d\}$ tels que $\Delta_t \tilde{C}^{h,j_o,k_o}(\beta) \neq 0$. Or :

$$|\Delta_{r^n} \tilde{C}^{h,j_o,k_o}(\beta^n)| \leq \Delta_{r^n} |h^{j_o,k_o}| * \nu(\beta^n) + |\Delta_{r^n} h^{j_o} * \nu(\beta^n)|\,|\Delta_{r^n} h^{k_o} * \nu(\beta^n)|,$$

d'où : $$|\Delta_{r^n} \tilde{C}^{h,j_o,k_o}(\beta^n)| \leq a^2\, \Delta_{r^n} g_p * \nu(\beta^n) + \frac{2a}{p} + |\Delta_{r^n} h^{j_o} * \nu(\beta^n)|\,|\Delta_{r^n} h^{k_o} * \nu(\beta^n)|.$$

Si r^n ne coïncide pas avec t^n pour tout n assez grand, il vient donc :

$$\forall p \geq p_o \quad \varlimsup_n |\Delta_{r^n} \tilde{C}^{h,j_o,k_o}(\beta^n)| \leq 0 + \frac{2a}{p} + 0 \times 0 = \frac{2a}{p}$$

ce qui contredit (2.16). D'où le résultat puisque la suite t^n vérifie bien (2.15).

Démonstration du théorème (2.13) :

(a) dP-CCS et $\mathbb{P}^n_{X^n} \xrightarrow{(Sk)} \mathbb{P}$ entraînent donc, par l'intermédiaire du lemme (2.14) que :

$$\begin{cases} (X^n, B^h \circ X^n, \tilde{C}^h \circ X^n) \xrightarrow{\mathcal{L}} (X, B^h, \tilde{C}^h) \\ (X^n, f * \nu \circ X^n) \xrightarrow{\mathcal{L}} (X, f * \nu). \end{cases}$$

Ceci ajouté à [Sk-x,β,γ] et [Sk-x,δ] implique clairement (i) et (ii) du théorème (2.11) sont ici vérifiés.

(b) L'additivité de la U_K-convergence assure le résultat. □

3° - Rappel d'un autre théorème d'identification de la limite :

Le théorème suivant est énoncé - sous une forme légèrement différente - dans [3] et dans [6] (les conditions de continuité n'y dépendent pas de la probabilité limite). Cependant, au prix de quelques modifications mineures de la démonstration donnée dans [3], on obtient l'énoncé dont nous aurons besoin pour résoudre les problèmes de convergence d'intégrales stochastiques traités dans la suite.

Théorème (3.1) : Soient $(X^n)_{n \geq 0}$ *une suite de semi-martingales d-dimensionnelles de c.ℓ.* $(B^{h,n}, C^n, \nu^n)$ *définies sur des bases stochastiques* $(\Omega^n, \mathcal{F}^n, \underline{\mathcal{F}}^n, P^n)$, (B^h, C, ν) *un triplet de c.ℓ. algébriques,* $\mathbb{P}$ *une probabilité sur* $(\mathbb{D}^d, \mathcal{D}^d)$ *et* A *une partie de* $\mathbb{R}^+$ *de complémentaire dénombrable vérifiant :*

- CBF *(Condition de Bornitude Forte). Il existe* $\Lambda : \mathbb{R}^+ \to \mathbb{R}^+$ *croissante telle que :* $\forall \alpha \in \mathbb{D}^d \quad \forall t \in \mathbb{R}^+ \quad Tr(C(\alpha)) + (|x|^2 \wedge 1) * \nu(\alpha) \leq \Lambda(t)$

- dP-CC *(Conditions de Continuité* $\mathbb{P}$*-ps) :*

$$\forall t \in \mathbb{R}^+ \quad \forall f \in \hat{\mathcal{C}}_{Lip}(\mathbb{R}^d) \quad \mathbb{P}\text{-ps} \quad \alpha \to (B^h_t(\alpha), \tilde{C}^h_t(\alpha), f * \nu_t(\alpha)) \text{ est Sk-continue.}$$

- $[\beta_A] \quad \forall t \in A \quad B^{h,n}_t - B^h_t \circ X^n \xrightarrow{\mathcal{L}} 0$

  $[\gamma_A] \quad \forall t \in A \quad \tilde{C}^{h,n}_t - \tilde{C}^h_t \circ X^n \xrightarrow{\mathcal{L}} 0$

  $[\delta_A] \quad \forall f \in \hat{\mathcal{C}}_{Lip}(\mathbb{R}^d) \quad \forall t \in A \quad f * \nu^n_t - f * \nu_t \circ X^n \xrightarrow{\mathcal{L}} 0$

• $\mathbb{P}^n_{X^n} \xrightarrow{(Sk)} \mathbb{P}$

Alors le processus canonique X *sur* $\mathbb{D}^d$ *est une* $(\mathbb{P},\underline{\mathcal{D}}^d)$ *semi-martingale de c.l.* (B^h,C,ν).

III - Convergence fonctionnelle d'intégrales stochastiques.

L'une des difficultés non négligeable de cette partie réside dans la complexité des calculs auxquels nous serons confrontés. Aussi avons-nous préféré, par souci d'intelligibilité, ne présenter les démonstrations que dans le cas où semi-martingales et processus prévisibles intégrés sont unidimensionnels. Au contraire, dans les énoncés, nous avons pris soin de ne faire aucune restriction de type dimensionnel afin de donner les résultats dans leur plus grande généralité.

1° - *Caractéristiques locales d'un couple* $(H\cdot X,X)$:

Dans la suite nous désignerons par h toutes les troncations que l'on peut fabriquer sur les espaces $\mathbb{R}^p$ à partir d'une troncation réelle h^1 fixée. La dimension de l'espace sous-jacent sera toujours précisée de façon claire par le contexte. D'autre part, X étant une semi-martingale d-dimensionnelle et H un processus prévisible à valeurs dans $\mathbb{R}^{d'} \otimes \mathbb{R}^d$, localement borné, on notera :

$$H\cdot X = \left[\sum_{k=1}^{d} H^{ik}\cdot X^k\right]_{1\le i\le d'}.$$

Le théorème qui suit explicite les formules liant les c.l. d'un couple $(H\cdot X,X)$ à celles de X et à H. En outre, et c'est le point important, il donne une réciproque affirmant que ces formules caractérisent un tel couple.

<u>*Théorème (1.1)*</u> :

(a) *Soit* X *une semi-martingale càdlàg d-dimensionnelle sur* $(\Omega,\mathcal{F},\underline{\mathcal{F}},P)$ *de c.l.* (B^h,C,ν) *sous la troncation* h *sur* $\mathbb{R}^d$ *et* H *un processus* $\underline{\mathcal{F}}$*-prévisible à valeurs dans* $\mathbb{R}^{d'} \otimes \mathbb{R}^d$, *X-intégrables. Alors les c.l.* $(B^{h,H},C^H,\nu^H)$ *du couple* $(H\cdot X,X)$ *sous la troncation* h *sur* $\mathbb{R}^{d'+d}$ *sont données par :*

$$(1.2)\qquad B^{h,H,k} = (H\cdot B^h)^k - ((H\cdot h(x))^k - h^k(H\cdot x))*\nu \quad si\ 1\le k\le d'$$
$$= B^{h,k-d'} \quad si\ d+1\le k\le d+d'$$

(1.3) $$[C^{H,j,k}]_{1\le j,k\le d'} = HC\,{}^tH, [C^{H,d'+j,d'+k}]_{1\le j,k\le d} = C$$

$$[C^{H,j,d'+k}]_{\substack{1\le j\le d'\\ 1\le k\le d}} = HC \quad et \quad [C^{H,d'+j,k}]_{\substack{1\le j\le d\\ 1\le k\le d'}} = C\,{}^tH$$

(1.4) $$\nu^H(\omega,ds\times dx\times dy) = 1\!\!1_{\mathbb{R}^+\times(\mathbb{R}^{d+d'}-\{0\})}\cdot\Theta(\nu(\omega,ds\times dy)) \quad où$$

$\Theta(\omega,s,y) = (s,H_s(\omega)\cdot y,y)$ (*i.e. la restriction à* $\mathbb{R}^+\times(\mathbb{R}^{d+d'}-\{0\})$ *de l'image de* ν *par* Θ).

(b) *Soient* Y *et* X *deux* $(\Omega,\mathcal{F},\underline{\mathcal{F}},\mathbb{P})$*-semi-martingale respectivement* d *et* d'*-dimensionnelles telles que :*

(i) $Y_0 \overset{\mathbb{P}\text{-}ps}{=} 0$

(ii) *Les c.l. de* (Y,X) *sont données par* (1.2), (1.3) *et* (1.4).

Alors : $\mathbb{P}$*-ps* $Y = H\cdot X$.

Pour la démonstration de ce résultat nous renvoyons à l'article de Jacod [2]-6. Les formules qu'on y rencontrera diffèrent cependant quelque peu de (1.2), (1.3) et (1.4) en cela qu'elles sont explicitées à l'aide du processus croissant prévisible :

$$A_t = \sum_{k=1}^{d}\int_0^t |dB_s^k| + \mathrm{Tr}(C_t) + |x|^2\wedge 1 * \nu_t$$

et des densités de Radon-Nikodym prévisibles :

$$b_t = \frac{dB_t}{dA_t},\quad c_t = \frac{dC_t}{dA_t} \quad \text{et} \quad N_t(dx) = \frac{d\nu([0,t]\times dx)}{dA_t}$$

(la troncation étant dans ce cas $h(x) = |x|\,1\!\!1_{|x|>1}$).

2° - *Théorème de convergence :*

§ a - Enoncé :

Fixons d'abord quelques notations concernant les fonctions à variation bornée sur les compacts et la topologie de la convergence en variation sur les compacts.

Définition (1.2) :

(a) Soit f une fonction de $\mathbb{R}^+$ dans $\mathbb{R}^d$. On désignera par $V_t^d(f)$ la variation de f sur $[0,t]$ pour la norme somme sur $\mathbb{R}^d$ (i.e. $|x| = \sum_{k=1}^{d} |x^k|$). V_t^d vérifie $V_t^d(f) = \sum_{k=1}^{d} V_t^1(f^k)$. L'indice d sera omis dans la suite.

(b) On notera $\mathbb{V}^d = \{f : \mathbb{R}^+ \to \mathbb{R}^d \ / \ \forall t \in \mathbb{R}^+ \ V_t(f) < +\infty\}$. La topologie (d'e.v.n) de la convergence en variation sur les compacts sur $\mathbb{V}^d$ sera symbolisée par V_K.

Théorème (2.2) : Soient h une troncation sur $\mathbb{R}^d$ de paramètre a, $(X^n)_{n\geq 0}$ une suite de $(\Omega^n, \mathcal{F}^n, \underline{\mathcal{F}}^n, \mathbb{P}^n)$-semi-martingales càdlàg, d-dimensionnelles de c.l. $(B^{h,n}, C^n, \nu^n)$, $(H^n)_{n\geq 0}$ une suite de processus $\underline{\mathcal{F}}^n$-prévisibles localement bornés à valeurs dans $\mathbb{R}^{d'} \otimes \mathbb{R}^d$, H un processus sur $\mathbb{D}^d, \underline{\mathcal{D}}^d$-prévisible localement borné à valeurs dans $\mathbb{R}^{d'} \otimes \mathbb{R}^d$, (B^h, C, ν) un triplet de c.l. algébriques définies sur $(\mathbb{D}^d, \mathcal{D}^d, \underline{\mathcal{D}}^d)$ et $\mathbb{P}$ une probabilité sur $(\mathbb{D}^d, \mathcal{D}^d)$.

Si :

- **CBH** (Condition de Bornitude de H) : Il existe $M : \mathbb{R}^+ \to \mathbb{R}^+$ croissante telle que : $\forall \alpha \in \mathbb{D}^d \quad \forall t \geq 0 \quad |H_t(\alpha)| \leq M(t)$.

- **dP-CCF** (Condition de Continuité Forte, $\mathbb{P}$-ps) :

(i) B^h de $(\mathbb{D}^d, Sk)$ dans $(\mathbb{V}^d, V_K)$ est $\mathbb{P}$-ps continue

(ii) $\tilde{C}^h$ de $(\mathbb{D}^d, Sk)$ dans $(\mathbb{V}^{d\otimes d}, V_K)$ est $\mathbb{P}$-ps continue

(iii) $f * \nu$ de $(\mathbb{D}^d, Sk)$ dans $(\mathbb{V}^1, V_K)$ est $\mathbb{P}$-ps continue pour toute f de $\mathcal{C}_{Lip}(\mathbb{R}^d)$.

- **dP-CCH** (Condition de Continuité de H, $\mathbb{P}$-ps) : $\mathbb{P}$-ps $\forall t \geq 0$ H_t est Sk-continue.

- **QCG** $\mathbb{P}$-ps ν est continue en t (i.e X est $\mathbb{P}$-Quasi-Continue à Gauche)

ou

- **CBF** (Condition de Bornitude Forte). Il existe $\Lambda : \mathbb{R}^+ \to \mathbb{R}^+$ croissante telle que :

$$\forall \alpha \in \mathbb{D}^d \qquad Tr(C_t(\alpha)) + (|x|^2 \wedge 1) * \nu_t(\alpha) \leq \Lambda(t).$$

- $[Var\text{-}\beta]$ $\quad \forall t > 0 \quad V_t(B^{h,n} - B^h \circ X^n) \xrightarrow{\mathcal{L}} 0$

$[Var\text{-}\gamma]^-$ $\quad \forall t > 0 \quad V_t(\tilde{C}^{h,n} - \tilde{C}^h \circ X^n) \xrightarrow{\mathcal{L}} 0$

$[Var\text{-}\delta]$ $\quad \forall f \in \hat{\mathcal{C}}_{Lip}(\mathbb{R}^d) \quad V_t(f * \nu^n - f * \nu \circ X^n) \xrightarrow{\mathcal{L}} 0$

$[sup\text{-}\eta]$ $\quad \forall t > 0 \quad \sup_{s \leq t} |H^n_s - H_s \circ X^n| \xrightarrow{\mathcal{L}} 0$

- $\mathbb{P}^n_{X^n} \xrightarrow{(Sk)} \mathbb{P}$.

Alors : (a) X *est une* $(\mathbb{P},\underline{\mathbb{D}}^d)$*-semi-martingale de c.l.* (B^h,C,ν).

(b) $\mathbb{P}^n_{(H^n \cdot X^n, X^n)} \xrightarrow{(Sk)} \mathbb{P}_{(H \cdot X, X)}$.

Démonstration de (a) : On applique simplement le théorème (2.13) de II-2-après avoir remarqué que la topologie de convergence en variation sur les compacts est plus fine que la topologie de la convergence uniforme sur les compacts. □

Remarque (2.3) : $\boxed{\text{CBH}}$ et $[\sup\text{-}\eta] \Rightarrow (\forall t > 0 \quad \forall \varepsilon > 0 \quad \exists n_\varepsilon \in \mathbb{N} \;/\; n \geq n_\varepsilon \Rightarrow$ $\mathbb{P}^n(\sup_{s\leq t} |H^n_s| \geq M(t) + 1) < \varepsilon)$. Par conséquent, quitte à changer M en $M+1$ dans $\boxed{\text{CBH}}$ on peut avoir à la fois $\boxed{\text{CBH}}$ et la proposition ci-dessus pour la même fonction croissante supérieure à 1 que l'on notera encore M. C'est ce que l'on supposera dans la suite.

§ b - Démonstration du théorème (2.2) (b) : Tension

Pour montrer que la suite $Z^n = (H^n \cdot X^n, X^n)$ est Sk-tendue nous allons nous appuyer sur le critère C7 de II d'une part et sur le lemme suivant (démontré dans [3]-chap. I) d'autre part.

Lemme (2.4) : Soit $(X^n)_{n\geq 0}$ *une suite de processus càdlàg définis sur* $(\Omega^n,\mathcal{F}^n,\mathbb{P}^n)$. *Si, pour tout* n, X^n *se décompose en :*

$$X^n = U^{n,q} + V^{n,q} + W^{n,q}$$

avec : (*i*) $(\mathbb{P}^n_{U^{n,q}})_{n \geq 0}$ *est Sk-tendue.*

(*ii*) $(\mathbb{P}^n_{V^{n,q}})_{n \geq 0}$ *est Sk-tendue.*

• $\forall N > 0 \quad \exists (a^N_q)_{q \geq 0}$ *tendant vers* 0 *quand* $q \to +\infty$ *telle que*

$$\lim_n \mathbb{P}^n(\sup_{s \leq N} |\Delta V^{n,q}_s| > a^N_q) = 0$$

(*iii*) $\forall N, \varepsilon > 0 \quad \lim_{q\to+\infty} \overline{\lim_n}\, \mathbb{P}^n(\sup_{s \leq N} |W^{n,q}_s| > \varepsilon) = 0$

Alors $(\mathbb{P}^n_{X^n})_{n \geq 0}$ *est Sk-tendue.*

Démonstration de (2.2), tension : (On rappelle que dans les preuves $d = d' = 1$).

On décompose Z^n dans l'esprit du lemme (2.4) de la façon suivante :

$$Z^n = \underbrace{\begin{vmatrix} H^n\cdot(\tilde{X}^{h_q,n} + (h_q - h_{1/q})*\nu^n) \\ \\ \tilde{X}^{h_q,n} + (h_q - h)*\nu^n \end{vmatrix}}_{U^{n,q}} + \underbrace{\begin{vmatrix} H^n\cdot(B^{h,n} + (h_{1/q} - h)*\nu^n \\ \\ B^{h,n} + (h_{1/q} - h)*\nu^n \end{vmatrix}}_{V^{n,q}} + \underbrace{\begin{vmatrix} H^n\cdot[(x - h_q(x))*\mu^{X^n}] \\ \\ (x - h_q(x))*\mu^{X^n} \end{vmatrix}}_{W^{n,q}} + \underbrace{\begin{vmatrix} 0 \\ \\ X^n_0 \end{vmatrix}}_{Z^n_0}$$

où $h_\rho(x) = \rho h(\frac{x}{\rho})$ (h_ρ est alors une troncation de paramètre ρa).

(a) $(U^{n,q})_{n\geq 0}$: On note $A^{n,q} = (|H^n|^2 + 1)\cdot\tilde{C}^{h_q,n} + (|H^n|+1)\cdot|h_q - h_{1/q}|*\nu^n$ le processus prévisible croissant associé à la semi-martingale localement de carré intégrable 2-dimensionnelle $U^{n,q}$. On a clairement : $A^{n,q} \prec K^n\cdot G^{n,q}$ où $K^n = (|H^n|+1)^2$ et $G^{n,q} = \tilde{C}^{h_q,n} + |h_q - h_{1/q}|*\nu^n$. Or $h_q - h_{1/q} \in \hat{\mathcal{C}}_{\mathrm{Lip}}(\mathbb{R})$ donc il existe $\gamma_q \in \hat{\mathcal{C}}_{\mathrm{Lip}}(\mathbb{R})$ $\left[\gamma_q = |h_q|^2 - |h|^2 + a(q+1)|h_q - h| + |h_q - h_{1/q}|\right]$ telle que :

$$G^{n,q} \prec \Gamma^{n,q} = \tilde{C}^{h,n} + \gamma_q*\nu^n$$

et partant, on a :

$$A^{n,q} \prec K^n\cdot\Gamma^{n,q}.$$

De [Var-γ] et [Var-δ] d'une part, [sup-n] et de la Remarque (2.3) d'autre part déduit aisément que si $\Gamma^q = \tilde{C}^h + \gamma_q * \nu$ et $K = (|H| + 1)^2$:

(2.5) $$V_t(\Gamma^{n,q} - \Gamma^q \circ X^n) \xrightarrow{\mathcal{L}} 0 \quad \text{et} \quad \sup_{s \leq t} |K^n_s - K_s \circ X^n| \xrightarrow{\mathcal{L}} 0 \text{ pour tout } t > 0.$$

Par ailleurs on a l'inégalité :

(2.6) $$\sup_{s\leq t} |K^n \cdot \Gamma^{n,q}_s - (K \cdot \Gamma^q_s) \circ X^n| \leq (\sup_{s\leq t} |K^n_s - K_s \circ X^n|) \Gamma^q_t \circ X^n + \sup_{s\leq t} |K^n_s| V_t(\Gamma^{n,q} - \Gamma^{n,q} \circ X^n).$$

Γ^q étant $\mathbb{P}$-ps Sk-continue et $\mathbb{P}^n_{X^n}$ tendant vers $\mathbb{P}$ la suite $(\Gamma_t \circ X^n)_{n\geq 0}$ est en particulier tendue (sur $\mathbb{R}$). Parallèlement $\sup_{s\leq t} |K^n_s|$ est (asymptotiquement) bornée en probabilité par $(M+1)^2$ donc a fortiori tendue (sur $\mathbb{R}$) ; si bien que, appliquant (2.5) dans (2.6) on obtient :

$$\sup_{s\leq t} |K^n \cdot \Gamma^{n,q}_s - (K \cdot \Gamma^q)_s \circ X^n| \xrightarrow{\mathcal{L}} 0.$$

K^n et $\Gamma^{n,q}$ (resp. K et Γ^q) étant clairement $\underline{\mathcal{H}}^n$ (resp. $\underline{\mathcal{D}}^1$)-prévisibles, il en est de même de $K^n \cdot \Gamma^{n,q}$ (resp. $K \cdot \Gamma^q$) donc, pour pourvoir appliquer le critère C7 de II, il reste simplement à vérifier que $\mathbb{P}$-ps $K \cdot \Gamma^q : (\mathbb{D}^1, Sk) \to (\mathbb{D}^1, Sk)$ est continue. En fait on va même montrer qu'il y a ici (Sk, U_K)-continuité.

| dP-CCF | et | dP-CCH | entraînent en effet que :

- $\Gamma^q : (\mathbb{D}^1, Sk) \to (\mathbb{V}^1, V_K)$ est $\mathbb{P}$-ps continue
- $\mathbb{P}$-ps $\forall t \geq 0$ K_t est Sk-continue.

On obtient alors la (Sk, U_K)-continuité à l'aide de l'inégalité suivante, analogue à (2.6) (où $\alpha^n \xrightarrow{Sk} \alpha$) :

(2.6') $$\sup_{s\leq t} |(K \cdot \Gamma^q_s)(\alpha^n) - (K \cdot \Gamma)_s(\alpha)| \leq \int_0^t |K_s(\alpha^n) - K_s(\alpha)| d\Gamma^q_s(\alpha)$$
$$+ \sup_{s\leq t} |K_s(\alpha^n)| V_t(\Gamma^q(\alpha^n) - \Gamma^q(\alpha))$$

et du théorème de convergence dominée (grâce à | CBH |).

Finalement on peut donc affirmer que :

$$\forall q \in \mathbb{N} \quad (\mathbb{P}^n_{U^{n,q}})_{n\geq 0} \quad \text{est Sk-tendue.}$$

(b) $(V^{n,q})_{n\geq 0}$: On pose $\overline{B}^{n,q} = B^{h,n} + (h_{1/q} - h_q) * \nu^n$. Grâce à [Var-β] et [Var-γ] il vient : $V_t(\overline{B}^{n,q} - \overline{B}^q \circ X^n) \xrightarrow{\mathcal{L}} 0$. Or ($V^q$ étant ce qu'on pense !) :

$$\sup_{s\leq t} |V^{n,q}_s - V^q_s \circ X^n| \leq \sup_{s\leq t} |H^n_s - H_s \circ X^n| \overline{B}_t \circ X^n + (1+\sup_{s\leq t}|H^n_s|) V_t(\overline{B}^{n,q} - \overline{B}^q \circ X^n).$$

Par des arguments analogues à ceux utilisés pour traiter (2.6) on obtient ici :

$$\forall t > 0 \quad \sup_{s\leq t} |V^{n,q}_s - V^q_s \circ X^n| \xrightarrow{\mathcal{L}} 0 \text{ et partant } \rho_2(V^{n,q}, V^q \circ X^n) \xrightarrow{\mathcal{L}} 0.$$

V^q étant (toujours par les mêmes méthodes) $\mathbb{P}$-ps (Sk, U_K)-continue, est en particulier (Sk,Sk)-continue. Par conséquent $\mathbb{P}^n_{V^q \circ X^n} \xrightarrow{(Sk)} \mathbb{P}_{V^q}$ ce qui assure la Sk-tendue de $(V^{n,q})_{n\geq 0}$.

D'autre part $\sup_{s\leq t} |\Delta V^{n,q}_s| \leq \sup_{s\leq t}(|H^n_s|+1) \sup_{s\leq t} |\Delta \overline{B}^{n,q}_s| \leq \frac{a}{q} (1 + \sup_{s\leq t} |H^n_s|)$

d'où $\overline{\lim_n}\, \mathbb{P}^n(\sup_{s\leq t} |\Delta V^{n,q}_s| \geq \frac{a}{q} (1 + M(t))) = 0$ d'après la Remarque (2.3).

Le lemme (2.4) (ii) est donc vérifié par $(V^{n,q})_{n\geq 0}$ avec $a^N_q = \frac{a}{q} (1 + M_{(N)})$.

(c) $(W^{n,q})_{n\geq 0}$: $\forall t > 0 \quad \mathbb{P}^n(\sup_{s\leq t} |\Delta X^n_s| > b) \leq \mathbb{P}^n(\sup_{s\leq t} |X^n_s| > \frac{b}{2})$

$(\mathbb{P}^n_{X^n})_{n\geq 0}$ étant en particulier Sk-tendue, il vient donc :

$$\lim_{b\to+\infty} \sup_{n\in\mathbb{N}} \mathbb{P}^n(\sup_{s\leq t} |\Delta X^n_s| > b) = 0. \tag{2.7}$$

Or il est clair par ailleurs que :

$$(\sup_{s\leq t} |W^{n,q}_s| > 0) \subset (\sup_{s\leq t} |\Delta X^n_s| > aq)$$

ce qui allié à (2.7), donne :

$$\lim_{q\to+\infty} \overline{\lim}\, \mathbb{P}^n(\sup_{s\le t} |W_s^{n,q}| > 0) = 0.$$

On peut donc maintenant conclure grâce au lemme (2.4) et à la convergence en loi

$\mathbb{P}^n_{X^n_o} \xrightarrow{(\mathbb{R})} \mathbb{P}_{X_o}$ à la Sk-tendue de $(\mathbb{P}^n_{Z^n})_{n\geq 0}$.

§ c - Démonstration du théorème (2.2) (b) : identification de la limite.

Suivant les hypothèses QCG et CBF nous ferons ici appel respectivement aux théorèmes (2.13) de II-2 et (3.1) de II-3 pour parvenir à nos fins.
Ce procédé quelque peu hybride est motivé comme nous le verrons à la troisième étape de la preuve par les problèmes que pose la vérification des conditions de continuité. En effet pour pouvoir espérer vérifier dP-CCS dans le théorème (2.13) pour les c.l. de (H·X,X) (cf théorème (1.1)) il nous faudrait rajouter aux hypothèses de continuité de ν la condition suivante : $\mathbb{P}$-ps $\alpha \to (\alpha, f*\nu(\alpha))$ de $(\mathbb{D}^d,Sk)$ dans $(\mathbb{D}^{d+1},Sk)$ est continue pour toute $f \in \mathcal{C}_{Lip}(\mathbb{R}^d)$.
Or cette nouvelle contrainte, ajoutée à dP-CCF (iii) entraîne QCG .

Pour obtenir un résultat dans le cas où X n'est pas $\mathbb{P}$-quasi-continue à gauche, il fallait donc en revenir au théorème classique de Jacod [3] rappelé en (3.1) de II-3 où les conditions de continuité à remplir sont plus faibles (mais imposent en contrepartie des contraintes de bornitude...).
Dans le but de ne pas allonger inconsidérément la démonstration et bien que sous QCG les sauts ΔB^h de B^h soient nuls nous avons maintenu (presque) partout l'écriture formelle générale des c.l. avec leurs sauts ; ceci permettait de mener les deux preuves de front autant qu'il était possible.
Au vu de § b on peut supposer, quitte à extraire une sous-suite, que $\mathbb{P}^n_{Z^n} \xrightarrow{(Sk)} \mathbb{Q}$, la Sk-continuité de la seconde projection de $\mathbb{D}^2$ sur $\mathbb{D}^1$ (qu'on notera Z^2 par référence au processus canonique Z sur $\mathbb{D}^2$), assurant alors que $Z^2(\mathbb{Q}) = \mathbb{P}$. L'unicité de $\mathbb{Q}$ que nous nous attacherons à montrer en fin de paragraphe entrainera alors la convergence recherchée.

1ère étape : D'après théorème (1.1) de 1-, pour tout $n \in \mathbb{N}$, Z^n est une $\mathcal{F}^n$-semi-martingale bi-dimensionnelle de c.l. $(B^{h,n,H^n}, C^{n,H^n}, \nu^{n,H^n})$ par rapport à la troncation h sur $\mathbb{R}^2$. D'autre part, à partir du triplet de c.l. algébriques (B^h, C, ν) et de H, on peut contruire sur $\mathbb{D}^1$ à l'aide des formules (1.2), (1.3) et (1.4) un triplet $(B^{h,H}, C^H, \nu^H)$. En outre, il est possible de prolonger $H, B^{h,H}, C^H$ et ν^H de façon canonique à $\mathbb{D}^2$ en posant :

$$\forall \alpha \in \mathbb{D}^2 \quad \alpha = (\alpha^1, \alpha^2) \qquad H(\alpha) = H(\alpha^2), B^{h,H}(\alpha) = B^{h,H}(\alpha^2), \text{ etc.}$$

Ainsi prolongé $(B^{h,H}, C^H, \nu^H)$ constitue évidemment un triplet de c.l. algébriques sur $\mathbb{D}^2$ vérifiant en outre :

$$(2.8) \qquad (B^{h,H}, C^H, \nu^H) \circ Z^2 = (B^{h,H}, C^H, \nu^H).$$

(Dans cette formule les c.l. sont évidemment supposées étendues à gauche et pas à droite !).
Forts de cette égalité nous écrirons maintenant indifféremment dans la suite $B^{h,H} \circ Z^n$ ou $B^{h,H} \circ X^n$, etc.
Pour conclure cette étape préliminaire calculons $\tilde{C}^{h,H}$ (resp. $\tilde{C}^{h,n,H^n}$) en fonction de $\tilde{C}^h$ (resp. $\tilde{C}^{h,n}$)

- $\tilde{C}^{h,H,2,2} = \tilde{C}^h$
- $\tilde{C}^{h,H,1,1} = C^{H,1,1} + (h^1(x))^2 * \nu^H - \sum_{0<s\leq \cdot} (\Delta_s B^{h,H,1})^2$

(où $(h^1(x))^2 * \nu = \int (h^1(x))^2 \nu^H([0,\cdot] \times dx \times dy)$)

$$= H^2 \cdot C + [h(Hx \cdot)]^2 * \nu - \sum_{0<s\leq \cdot} (\Delta_s B^{h,H,1})^2 \quad (h \text{ est ici unidimensionnelle}).$$

Or $\tilde{C}^h = C + h^2 * \nu - \sum_{0<s\leq \cdot} (\Delta_s B^h)^2$, $H^2 \cdot (h^2 * \nu) = (Hh)^2 * \nu$ et $H^2 \cdot \sum_{0<s\leq \cdot} (\Delta_s B^h)^2 =$

$$= \sum_{0<s\leq \cdot} (H_s \Delta_s B^h)^2$$

donc $\tilde{C}^{h,H,1,1} = H^2 \cdot \tilde{C}^h + [h(Hx \cdot)^2 - (Hh)^2] * \nu + \sum_{0<s\leq \cdot} (H_s \Delta_s B^h)^2 - (\Delta_s B^{h,H,1})^2$.

- Par des méthodes analogues on trouve :

$$\tilde{C}^{H,1,2} = H\cdot\tilde{C}^{h} + [h(h(H\times\cdot) - Hh)]*\nu + \sum_{0<s\leq\cdot} (\Delta B^{h}_{s})(H_s\Delta_s B^{h} - \Delta_s B^{h,H,1}).$$

Ces calculs sont évidemment valables pour $\tilde{C}^{h,n,H^n}$ et $\tilde{C}^{h,n}$.

2ème étape : Nous allons nous attacher ici à vérifier les trois conditions de convergence des c.l. contenues dans les théorèmes d'identification de la limite (2.13) et (3.1) de II. Pour ce faire il est clair qu'il suffit de démontrer [sup-β], [sup-γ] et [sup-δ] associées à $(B^{h,n,H^n},C^{n,H^n},\nu^{n,H^n})$ et $(B^{h,H},C^{H},\nu^{H})$. En fait, et sans plus de difficultés, nous allons montrer que ces conditions de convergence sont mêmes vraies en variation. Ceci nous sera utile pour des raisons stochastiques en fin d'étape.

Commençons par un lemme préliminaire :

Lemme (2.8) : Soit $W : \mathbb{R}^2 \to \mathbb{R}$, $(u,v) \to W(u,v)$ *continue bornée et vérifiant :*

(i) $\exists A > 0 \ / \ \forall u,u',v \in \mathbb{R} \quad |W(u,v) - W(u',v)| \leq A|u-u'|$

(ii) $\exists a_W > 0 \ / \ |v| \leq a_W \Rightarrow W(u,v) = 0.$

Alors, sous CBH, dP-CCF, [Var-δ], [sup-η] *et* $\mathbb{P}^n_{X^n} \xrightarrow{(Sk)} \mathbb{P}$, *on a :*

$$\forall t > 0 \quad R^n_t = V_t\left(\int_0^{\cdot} W(H^n_s,v)\nu^n(ds\times dv) - \int_0^{\cdot} W(H_s\circ X^n,v)\ \nu(X^n,ds\times dv)\right) \xrightarrow{\mathcal{L}} 0.$$

Preuve : $R^n_t \leq U^n_t + V^n_t$ où :

$$U^n_t = \int_0^t |W(H^n_s,v) - W(H_s\circ X^n,v)|\nu(X^n,ds\times dv)$$

et
$$V^n_t = V_t\left(\int_0^{\cdot} W(H^n_s,v)(\nu^n(ds\times dv) - \nu(X^n,ds\times dv))\right)$$

$$U^n_t \leq \int_0^t (A|H^n_s-H_s\circ X^n|)\wedge 2\|W\|_\infty \quad g(v)\nu(X^n,ds\times dv) \text{ où } g\in \mathcal{C}_{\mathrm{Lip}}(\mathbb{R},[0,1])$$

et vérifie $g(v) = 1$ si $|v| \geq a_W$, $g(v) = 0$ si $|v| \leq \frac{a_W}{2}$. Par suite

$$U^n_t \leq [(A\sup_{s\leq t}|H^n_s-H_s\circ X^n|)\wedge 2\|W\|_\infty]\quad g*\nu_t(X^n).$$

$g * \nu$ étant $\mathbb{P}$-ps Sk-continue d'après | d$\mathbb{P}$-CCF | et $\mathbb{P}^n_{X^n} \xrightarrow{(Sk)} \mathbb{P}$

$(g * \nu_t(X^n))_{n \geq 0}$ est tendue. [sup-n] assure alors clairement que $U^n_t \xrightarrow{\mathcal{L}} 0$.

Pour V^n_t on procède en trois temps :

(1) Tout d'abord, on suppose que $W(u,v) = a(u)b(v)$, $a \in \mathcal{C}_b(\mathbb{R})$ et $b \in \hat{\mathcal{C}}_{Lip}(\mathbb{R})$.

(W ne vérifie pas (i) a priori mais cela n'a aucune importance ici car la quantité V^n_t existe). Il vient :

$$\int_0^s W(H^n_u,v)\nu^n(du \times dv) = \int_0^s a(H^n_u)d(b*\nu^n)_u$$

$$\int_0^s W(H^n_u,v)\nu(X^n,du \times dv) = \int_0^s a(H^n_u)d(b*\nu)_u(X^n)$$

donc $V^n_t \leq \|a\|_\infty \quad V_t(b*\nu^n - b*\nu(X^n)) \xrightarrow{\mathcal{L}} 0$.

(2) La convergence en loi ci-dessus se maintient, grâce à la sous-additivité de la variation, lorsque $W \in \mathcal{V}_{\mathcal{C}_b \otimes \hat{\mathcal{C}}_{Lip}} = \mathrm{vect}\{a \otimes b \quad a \in \mathcal{C}_b(\mathbb{R}) \quad b \in \hat{\mathcal{C}}_{Lip}(\mathbb{R})\}$

(3) D'après le théorème de Stone-Weinstrass il est clair que $\mathcal{V}_{\mathcal{C}_b \otimes \hat{\mathcal{C}}_{Lip}}$ est U_K-dense dans $\{W \in \mathcal{C}_b(\mathbb{R}^2,\mathbb{R})$ vérifiant ((i) et) (ii)$\}$ et qu'en outre il existe pour un tel W une suite W^p de $\mathcal{V}_{\mathcal{C}_b \otimes \hat{\mathcal{C}}_{Lip}}$ vérifiant :

- $W^p \xrightarrow{U_K} W$

- $\exists a > 0 \;/\; \forall p \in \mathbb{N} \quad |v| \leq a \Rightarrow W^p(u,v) = 0$.

De plus, quitte à changer W^p en $(-(\|W\|_\infty - 1) \vee [W^p \wedge (\|W\|_\infty + 1)]$, on peut supposer que $\quad L = \sup_{p \in \mathbb{N}} \|W^p\|_\infty < +\infty \quad$ et $\quad \|W\|_\infty \leq L$.

Posons maintenant $A^n = (\sup_{s \leq t} |H^n_s| \leq M(t))$ et $\overline{W}^p = W^p - W$. Il vient alors :

$$V^n_t \leq \mathbb{1}_{{}^cA^n} V^n_t + V^{n,p}_t + \overline{V}^{n,p}_t$$

avec :

$$V_t^{n,p} = \mathbb{1}_{A^n} V_t\left(\int_0^{\cdot} W^p(H_s^n,v)\,(\nu^n(ds\times dv) - \nu(X^n,ds\times dv))\right)$$

$$\overline{V}_t^{n,p} = \mathbb{1}_{A^n} V_t\left(\int_0^{\cdot} \overline{W}^p(H_s^n,v)(\nu^n(ds\times dv) - \nu(X^n,ds\times dv))\right).$$

Soit $\overline{g} \in \hat{\mathcal{C}}_{Lip}(\mathbb{R})$ vérifiant $\overline{g}(v) = 0$ si $|v| \le \frac{1}{2}(a \wedge a_W)$

$\overline{g}(v) = 1$ si $|v| \ge a \wedge a_W$.

On se donne $A,\varepsilon,\eta > 0$:

$$\overline{V}_t^{n,p} \le \|\overline{W}^p\|_{[-M(t),M(t)]\times[-A,A]}(\overline{g} * \nu_t^n + \overline{g}*\nu_t(X^n)) + 2L(\nu^n([0,t]\times\{|x|>A\}) + \nu(X^n,[0,t]\times\{|x|>A\}))$$

$$\le \|\overline{W}^p\|_{[-M(t),M(t)]\times[-A,A]} \times S^n + 2L\times T^n.$$

$(X^n)_{n\ge 0}$ étant Sk-tendue, il existe $A_o > 0$ et $n_o \in \mathbb{N}$ (cf [3]-V lemme (1.8)) tels que : $n \ge n_o \Rightarrow \mathbb{P}^n(\nu^n([0,t]\times\{|x| > A_o\}) > \frac{\varepsilon}{16L}) < \frac{\eta}{3}$.

De [Var-δ] on déduit alors sans peine, en considérant une fonction de $\hat{\mathcal{C}}_{Lip}(\mathbb{R})$ adéquate qu'il existe n_1 vérifiant :

$$n \ge n_1 \Rightarrow \mathbb{P}^n(\nu(X^n,[0,t]\times\{|x| > A_o\}) > \frac{\varepsilon}{16L}) < \frac{\eta}{3}$$

d'où : $\quad n \ge n_o \vee n_1 \Rightarrow \mathbb{P}^n(2LT^n > \frac{\varepsilon}{4}) < \frac{2\eta}{3}$.

D'autre part, toujours grâce à la tension de $(\mathbb{P}^n_{X^n})_{n\ge 0}$ et [Var-δ], $(S^n)_{n\ge 0}$ est tendue donc :

$$\exists N > 0 \;/\; \forall n \in \mathbb{N} \quad \mathbb{P}^n(S^n > N) < \frac{\eta}{3}$$

Soit $p_o \in \mathbb{N}$ tel que $p \ge p_o \Rightarrow \|\overline{W}^p\|_{[-M(t),M(t)]\times[-A_o,A_o]} < \frac{\varepsilon}{4N}$. Il s'ensuit que

$\mathbb{P}^n(\|\overline{W}^p\|_{[-M(t),M(t)]\times[-A_o,A_o]} > \frac{\varepsilon}{4}) < \frac{\eta}{3}$ pour tout $n \in \mathbb{N}$ et tout $p \ge p_o$.

D'où : $\quad \lim_{p\to+\infty} \overline{\lim_n}\, \mathbb{P}^n(\overline{V}_t^{n,p} > \frac{\varepsilon}{2}) = 0.$

Comme par ailleurs $\forall p \in \mathbb{N}$ $\lim_n \mathbb{P}^n(V_t^{n,p} > \frac{\varepsilon}{2}) = 0$ d'après (2), il vient finalement :

$$\forall p \in \mathbb{N} \quad \overline{\lim_n}\, \mathbb{P}^n(V_t^n > \varepsilon) \leq 0 + 0 + \overline{\lim_n}\, \mathbb{P}^n(\overline{V}_t^{n,p} > \frac{\varepsilon}{2})$$

puisque $\mathbb{P}^n(A^n) \to 0$ d'après la Remarque (2.3). On obtient le résultat recherché en passant à la limite en p. □

• [sup-δ]. Soit $f \in \hat{\mathcal{C}}_{Lip}(\mathbb{R}^2)$. On pose $W(u,v) = f(uv,v)\,\rho(u)$ où $\rho \in \mathcal{C}_{Lip}(\mathbb{R},[0,1])$,

$$\rho(u) = 1 \text{ si } |u| \leq M(t) \text{ et } \rho(u) = 0 \text{ si } |u| \geq 2M(t).$$

En reprenant la notation $A^n = (\sup_{s\leq t} |H_s^n| \leq M(t))$ du lemme (2.8) on obtient :

$$1_{A^n}\, V_t(f{*}\nu^{n,H^n} - f{*}\nu^H{\circ}X^n) \xrightarrow{\mathcal{L}} 0$$

en appliquant (2.8) à W, et partant, puisque $1_{A^n} \xrightarrow{\mathbb{P}} 1$ d'après la Remarque (2.3), $V_t(f{*}\nu^{n,H^n} - f{*}\nu^H{\circ}X^n) \xrightarrow{\mathcal{L}} 0$.

• [sup-β]. Le résultat sur la seconde coordonnée est évident. Pour la première on procède en deux temps. Tout d'abord, en "coupant" comme dans le lemme (2.8) et à l'aide des arguments habituels, on obtient :

$$1_{A^n}\, V_t(H^n{\cdot}B^{h,n} - (H{\cdot}B^h){\circ}Z^n) \leq M(t)V_t(B^{h,n} - B^h{\circ}X^n) + \sup_{s\leq t} |H_s^n - H_s{\circ}X^n|\,V_t(B^h){\circ}X^n \xrightarrow{\mathbb{P}} 0$$

et donc $V_t(H^n{\cdot}B^{h,n} - (H{\cdot}B^h){\circ}Z^n) \xrightarrow{\mathcal{L}} 0$.

Ensuite on applique dans l'esprit de [sup-δ] ci-avant le lemme (2.8) à $W(u,v) = [uh(v) - h(u,v)]\,\rho(u)$ (le fait que la troncation h soit lipschitzienne permet de montrer que W vérifie les hypothèses du lemme (2.8)) ce qui assure la convergence de la partie résiduelle.

• [sup-γ] . Posent un problème le premier terme diagonal et le terme antidiagonal. Traitons le premier à titre d'exemple. La partie intégrale de Stieltjès en $\tilde{C}^h$ vérifie :

$$1_{A^n}\, V_t((H^n)^2{\cdot}\tilde{C}^{h,n} - (H^2{\cdot}\tilde{C}^h){\circ}Z^n) \leq M^2(t)V_t(\tilde{C}^{h,n} - \tilde{C}^h{\circ}X^n) + 2M(t)\sup_{s\leq t}|H_s^n - H_s{\circ}X^n|\,\tilde{C}_t^{h,n}{\circ}X^n \xrightarrow{\mathbb{P}} 0$$

La partie intégrée par ν se traite par le lemme (2.8) appliqué à

$$W(u,v) = ([h(uv)]^2 - [uh(v)]^2)\rho(u).$$

Reste la partie faisant intervenir les sauts de $B^{h,n}$ et B^h que l'on divise elle-même en deux. D'une part on obtient aisément :

$$\mathbb{1}_{A^n} \sum_{0<s\leq t} |(H^n_s \Delta B^{h,n}_s)^2 - (H_s \Delta B^h_s)^2 \circ Z^n| \leq \mathbb{1}_{A^n} 2aM(t) \sum_{0<s\leq t} |H^n_s \Delta B^{h,n}_s - (H_s \Delta B^h_s) \circ X^n|$$

$$\leq 2aM(t)\ V_t(H^n \cdot B^{h,n} - (H \cdot B^h) \circ X^n) \xrightarrow{\mathbb{P}} 0$$

et d'autre part :

$$\sum_{0\leq s\leq t} |(\Delta B^{h,n,H^n,1}_s)^2 - (B^{h,H,1}_s)^2 \circ Z^n| \leq 2a\ V_t(B^{h,n,H^n,1} - B^{h,H,1} \circ X^n) \xrightarrow{\mathbb{P}} 0$$

3ème étape : Attaquons-nous maintenant aux conditions [dℚ-CCS] de théorème (2.13) (sous [QCG]) et [dℚ-CC] du théorème (3.1). Supposons que nous ayons démontré que :

$$\left.\begin{array}{l} \mathbb{Q}\text{-ps} \quad \alpha \to B^{h,H}(\alpha) \text{ de } \mathbb{D}^2 \text{ dans } \mathbb{V}^2 \\ \mathbb{Q}\text{-ps} \quad \alpha \to \tilde{C}^{h,H}(\alpha) \text{ de } \mathbb{D} \text{ dans } \mathbb{V}^4 \\ \forall f \in \hat{\mathcal{E}}_{Lip}(\mathbb{R}^2)\ \mathbb{Q}\text{-ps} \quad \alpha \to f * \nu^H(\alpha) \text{ de } \mathbb{D}^2 \text{ dans } \mathbb{V}^1 \end{array}\right\} \text{sont } (Sk, V_K) \text{ continues}$$

Il est clair que [dℚ-CC] sera (largement !) vérifiée car la convergence en variation est plus fine que la convergence simple. Pour se convaincre qu'il en est de même pour [dℚ-CCS] sous [QCG] il suffit de remarquer que, d'une part la convergence en variation est plus fine que la Sk-convergence et d'autre part que tous les $\alpha \in \mathbb{D}^2$ tels que ν^H continue en s et $f * \nu^H$ (Sk,V_K)-continue en α, l'application $\alpha \to (\alpha, f*\nu^H(\alpha))$ est Sk-continue en α. Or, d'après [QCG], ν, définie sur $\mathbb{D}^1$, est $\mathbb{P}$-ps continue en s, donc, comme $Z^2(\mathbb{Q}) = \mathbb{P}$, ν étendue à $\mathbb{D}^2$ est $\mathbb{Q}$-ps continue en s. Il suffit alors de remarquer que :

$$\forall s > 0 \qquad \nu^H(\{s\}, dx \times dy) = \mathbb{1}_{\mathbb{R}^2 - \{0\}}\ \theta(\nu(\{s\} \times dx)) \quad \text{où } \theta(x) = (H_s x, x)$$

pour pouvoir en conclure que $\mathbb{Q}$-ps ν^H est continue en s.

Reste donc à motnrer (2.9). Les quantités mises en jeu ne dépendant que de la seconde projection de $\mathbb{D}^2$ sur $\mathbb{D}^1$ et vu que $Z^2(\mathbb{Q}) = \mathbb{P}$, le problème se circonscrit à montrer ces continuités $\mathbb{P}$-ps pour les c.l. non étendues. Ce "transfert" effectué, on s'aperçoit que les techniques à mettre en oeuvre pour résoudre ces questions sont analogues à celles de l'étape précédente. Nous ne reviendrons - rapidement - ici que sur l'analogue du lemme (2.8) pour illustrer cette similitude.

<u>Lemme (2.8')</u> : *Soit* W *comme dans le lemme (2.8)*

($\boxed{CBH}$ *,* $\boxed{d\mathbb{P}\text{-}CCF}$ *,* $\boxed{d\mathbb{P}\text{-}CCH}$ *)* $\Rightarrow$ *(*$\mathbb{P}$*-ps* $\alpha \to \int_0^{\cdot} W(H_s(\alpha),v)\nu(\alpha,ds \times dv)$

est (Sk, V_K) *continue de* $\mathbb{D}^1$ *dans* $\mathbb{D}^1$*).*

<u>Preuve</u> : Constatons d'abord que le lemme (2.8) ne fait intervenir qu'un nombre dénombrable de fonctions de $\hat{\mathcal{C}}_{Lip}(\mathbb{R})$: $g, \bar{g}$, les fonctions b constitutives de la suite W^p. On considère donc un α point de continuité de toutes les $f * \nu$ pour ces fonctions ainsi que des H_s pour tous les s. Par hypothèse l'ensemble de tels α est de $\mathbb{Q}$-probabilité 1.

Soit alors $\alpha^n \xrightarrow{Sk} \alpha$.

$$V_t\left(\int_0^{\cdot} W(H_s(\alpha^n),v)\,\nu(\alpha^n,ds\times dv) - \int_0^{\cdot} W(H_s(\alpha),v)\nu(\alpha,ds\times dv)\right)$$

$$\leq \int_0^t [(A|H_s(\alpha^n)-H_s(\alpha)|)\wedge 2\|W\|_\infty]\; g(v)\;\nu(\alpha,ds\times dv) + V_t\left(\int_0^{\cdot} W(H_s(\alpha^n),v)(\nu(\alpha^n,ds\times dv) - \right.$$

$$\left. - \nu(\alpha,ds\times dv))\right).$$

Le premier terme du second membre tend vers 0 grâce au théorème de convergence dominée appliqué avec la mesure finie $N(ds) = \int_0^t g(t)\;\nu(\alpha,ds\times dv)$. Quant au second on le traite en approchant W par la même suite W^p qu'en (2.8) et en imitant la preuve qui y est présentée point par point. □

4ème étape : Conditions de bornitude (sous $\boxed{CBF}$)

$$Tr(C^H) + (|x|^2\wedge 1)*\nu^H = (H^2+1)\cdot C + \{[(H^2+1)x^2]\wedge 1\}*\nu \leq (M^2+1)(C + x^2\wedge 1*\nu) \leq (M^2+1)\Lambda$$

d'où la condition recherchée.

5ème étape : Au vu des étapes précédentes et grâce aux théorèmes (2.13) et (3.1) de II, on peut affirmer que le processus canonique sur $\mathbb{D}^2, \mathcal{Z}$, est une $(\mathbb{Q},\mathcal{D}^2)$-semi-martingale de c.l. $(B^{h,H}, C^H, \nu^H)$ et de loi initiale $\delta_0 \otimes \xi$ où $\xi = \mathbb{P}_{X_0}$.
D'après le théorème (1.1) (b) il vient :

$$\mathbb{Q}\text{-ps} \quad \mathcal{Z}^1 = H \cdot \mathcal{Z}^2,$$

soit encore, vu que $\mathcal{Z}^2(\mathbb{Q}) = \mathbb{P}$:

$$\mathbb{Q} = (H \cdot X, X)\ (\mathbb{P})$$

où X désigne le processus canonique sur $\mathbb{D}^1$ et $H \cdot X$ une version ($\mathcal{D}^1$-mesurable) de la $\mathbb{P}$-intégrable stochastique de H par rapport à la semi-martingale X. Ceci détermine entièrement $\mathbb{Q}$ et assure donc que $(\mathcal{Z}^n)_{n \geq 0}$ n'admet qu'une seule valeur d'adhérence. D'où le résultat final attendu :

$$\mathbb{P}^n_{(H^n \cdot X^n, X^n)} \xrightarrow{(Sk)} \mathbb{P}_{(H \cdot X, X)}.$$

3° - Compléments :

Nous allons voir ici qu'en fait, sous certaines hypothèses d'absolue continuité des c.l. (B^h, C, ν), il est possible d'affaiblir la condition de convergence [sup-η] dans le théorème (2.2).

Soit en effet une probabilité $\mathbb{P}$ sur $(\mathbb{D}^d, \mathcal{D}^d)$ faisant du processus canonique une $\mathcal{D}^d$-semi-martingale de c.l. données par :

$$(3.1) \qquad B^h_t(\alpha) = \int_0^t b^h_s(\alpha) dF_s, \quad C_t(\alpha) = \int_0^t c_s(\alpha) dF_s \quad \text{et} \quad \nu(\alpha) = N_s(\alpha, dx) dF_s$$

où les quantités F, b^h, c et N vérifient :

(3.2)

(i) $F : \mathbb{R}^+ \to \mathbb{R}^+$ est càdlàg croissante

$\forall \alpha \in \mathbb{D}^d$, $\forall t \geq 0$ $\quad b_t^h(\alpha) \in \mathbb{R}^d$, $c_t(\alpha) \in S^+(d,\mathbb{R})$ et

$N_s(\alpha, dx) \in \{\mu$ mesures positives$/\mu(\{0\}) = 0$ et $\mu(|x^2| \wedge 1) < +\infty\}$

(ii) b^h, c et $N(f)$ sont $\mathcal{D}^d$-prévisibles pour toute f dans $\hat{\mathcal{C}}_{\mathrm{Lip}}(\mathbb{R}^d)$

(iii) Si on pose $\tilde{c}^h = [c^{j,k} + N(h^j h^k) - \sum_{0<s\leq \cdot} b_s^{h,j} b_s^{h,k} (\Delta F_s)^2]_{1\leq j\leq k\leq d}$,

alors :

- $\forall \alpha \in \mathbb{D}^d$ $\forall f \in \hat{\mathcal{C}}_{\mathrm{Lip}}(\mathbb{R}^d)$ $\quad b^h(\alpha)$, $\tilde{c}^h(\alpha)$ et $N(\alpha, f)$ sont des fonctions boréliennes de $\mathbb{R}^+$ dans $\mathbb{R}$ localement bornées uniformément en α.

- $\forall f \in \hat{\mathcal{C}}_{\mathrm{Lip}}(\mathbb{R}^d)$ $\mathbb{P}$-ps dF_s-p.s. $\alpha \to (b_s^h(\alpha), \tilde{c}_s^h(\alpha), N_s(\alpha, f))$ est Sk-continue.

(iv) F continue <u>ou</u> $\forall t > 0$ $\quad \sup_{\alpha \in \mathbb{D}^d} \sup_{s\in[0,t]} N_s(\alpha, |x|^2 \wedge 1) < +\infty$. Cette dernière condition entraîne, sous (iii),

$$\sup_{\alpha \in \mathbb{D}^d} \sup_{s\in[0,t]} (c_s(\alpha) + N_s(\alpha, |x|^2 \wedge 1)) \leq \sup_{\mathbb{D}^d \times [0,t]} \tilde{c}_s^h(\alpha) + \sup_{\mathbb{D}^d \times [0,t]} N_s(\alpha, |x|^2 \wedge 1) < +\infty$$

et correspond bien entendu, sous sa forme "intégrée", à **CBF**.

<u>Remarque (3.3)</u> : Notons au passage que, outre ces propriétés, b^h, c, N doivent nécessairement vérifier les relations : $\mathbb{P}$-ps $\forall t > 0$ $\quad c_t \, \Delta F_t = (b_t^h - N_t(h)) \Delta F_t = 0$, etc.

<u>*Théorème (3.4)*</u> : *Soient $(X^n)_{n\geq 0}$, $(H^n)_{n\geq 0}$, H comme dans le théorème (2.2) et $\mathbb{P}$ une probabilité sur $(\mathbb{D}^d, \mathcal{D}^d)$ vérifiant :*

- *X est une $(\mathbb{P}, \mathcal{D}^d)$-semi-martingale dont les c.l. sont de la forme (3.1) et vérifient (3.2).*

- CBH

- dP•dF-CCH $\mathbb{P}$-ps dF_s-p.p. H_s est Sk-continu.

- [Var-β], ¯[Var-γ], [Var-δ]

- [dF-η] (i) Il existe $\Lambda : \mathbb{R}^+ \to \mathbb{R}$ croissante vérifiant :

$$\forall t > 0 \ \ \forall \varepsilon > 0 \ \ \exists n_\varepsilon \in \mathbb{N}/n \geq n_\varepsilon \Rightarrow \mathbb{P}^n(\sup_{s \leq t} |H_s^n| \geq \Lambda(t)) \leq \varepsilon$$

(ii) dF_s-p.p. $H_s^n - H_s \circ X^n \xrightarrow{\mathcal{L}} 0$

- $\mathbb{P}_{X^n} \xrightarrow{(Sk)} \mathbb{P}$.

Alors $\mathbb{P}^n_{(H^n \cdot X^n, X^n)} \xrightarrow{(Sk)} \mathbb{P}_{(H \cdot X, X)}$.

Démonstration : (abrégée) Nous allons réexaminer certains passages de la preuve du théorème (2.2)(b)

(a) Dans un premier temps assurons nous que (B^h, C, ν) vérifie la dP-CCF . Ceci est essentiellement évident ; en effet si $\alpha^n \xrightarrow{Sk} \alpha$ et b_s^h est dF_s-p.p-continue en α, il vient par exemple, à l'aide du théorème de convergence dominée :

$$V_t(B^h(\alpha^n) - B^h(\alpha)) = \int_0^t |b_s^h(\alpha^n) - b_s^h(\alpha)| dF_s \longrightarrow 0.$$

Reste à voir, pour ce qui concerne la continuité, ce qu'il en est de l'affaiblissement de dP-CCH en dP•dF-CCH . Illustrons à nouveau cette question à l'aide du lemme (2.8'). Une relecture de ce lemme montre ainsi qu'un des problèmes à résoudre est celui de la convergence vers 0 de la quantité

$$\int_0^t (A|H_s(\alpha^n) - H_s(\alpha)|) \wedge 2\|W\|_\infty \ \ g(v) \ \nu(\alpha, ds \times dv).$$

Or cette quantité vaut $\int_0^t (A|H_s(\alpha^n) - H_s(\alpha)|) \wedge (2\|W\|_\infty) N_s(\alpha, g) \, dF_s$. Soit donc α telle que H_s soit dF_s-p.p. Sk-continu en α et $\alpha^n \xrightarrow{Sk} \alpha$; il vient :

$$dF_s\text{-p.p} \quad (A|H_s(\alpha^n) - H_s(\alpha)|) \wedge (2\|W\|_\infty) N_s(\alpha, g) \to 0 \quad \text{quand } n \to +\infty$$

et $\quad (A|H_s(\alpha^n) - H_s(\alpha)|)\wedge(2\|W\|_\infty)\, N_s(\alpha,g) \;\leq 2\|W\|_\infty\, N_s(\alpha,g) \;\in L^1(dF)$

car $s \to N(\alpha,g)$ est localement bornée. On peut donc conclure par convergence dominée.

Les autres actualisations (dans le § b concernant la tension par exemple) se font de façon analogue.

(b) L'autre type de problème à résoudre consiste à vérifier que les hypothèses (3.1), (3.2) et $[dF\text{-}\eta]$ sont ici suffisantes pour suppléer à $[\sup\text{-}\eta]$ dans la démonstration des conditions de convergence $[\sup\text{-}\beta]$, $[\sup\text{-}\gamma]$ et $[\sup\text{-}\delta]$ associées à $(B^{h,n,H^n}, C^{n,H^n}, \nu^{n,H^n})$ et $(B^{h,H}, C^H, \nu^H)$. Nous allons indiquer comment procéder sur un exemple (très) partiel. Tous les autres cas peuvent se traiter de façon analogue, au prix d'une quantité de calculs... suffisante.

Soient donc $\varepsilon > 0$ et $t > 0$ (Dorénavant on fera $\Lambda = M$ comme c'est loisible)

$$\mathbb{P}^n(\sup_{s\leq t} |\int_0^s H_u^n\, dB_u^{h,n} - (\int_0^s H_u\, dB_u^h)\circ X^n| \geq \varepsilon) \leq \mathbb{P}^n(\sup_{s\leq t}|H_s^n|>M(t))$$
$$+ \mathbb{P}^n(V_t(B^{h,n}-B^h\circ X^n) \geq \frac{\varepsilon}{2M(t)}) + \mathbb{P}^n(\int_0^t [|H_s^n-H_s\circ X^n|\wedge 2M(t)]\, |dB_s^h\circ X^n| \geq \frac{\varepsilon}{2})$$

$[dF\text{-}\eta]$ (i), $[\text{Var-}\beta]$ et (3.1) entraînent :

$$\overline{\lim_n}\, \mathbb{P}^n(\sup_{s\leq t} |\int_0^s H_u^n dB_u^{h,n} - (\int_0^s H_u dB_u^h)\circ X^n| \geq \varepsilon) \leq \overline{\lim_n}\, \mathbb{P}^n(\int_0^t [|H_s^n-H_s\circ X^n|\wedge 2M(t)]\, |b_s^h(X^n)|\, dF_s \geq \frac{\varepsilon}{2})$$

(3.2) (iii) $\Rightarrow K_t = \sup_{(\alpha,s)\in\mathbb{D}^d\times[0,t]} |b_s^h(\alpha)| < +\infty$ donc

$$\mathbb{P}^n(\int_0^t [|H_s^n-H_s\circ X^n|\wedge 2M(t)]\, |b_s^h(X^n)|\, dF_s \geq \frac{\varepsilon}{2}) \leq \mathbb{P}^n(\int_0^t |H^n-H_s\circ X^n|\wedge 2\, M(t)\, dF_s \geq \frac{\varepsilon}{2K_t})$$

D'autre part, d'après l'inégalité de Bienaymé-Tchébitcheff et le théorème de Fubini, il vient :

$$\mathbb{P}^n(\int_0^t |H_s^n-H_s\circ X^n)|\wedge 2M(t)\, dF_s \geq \frac{\varepsilon}{2K_t}) \leq \frac{2K_t}{\varepsilon}\int_0^t E^n(|H_s^n-H_s\circ X^n|\wedge 2M(t))\, dF_s$$

$$\leq \frac{\eta}{2} \quad \text{au moins pour } n \text{ assez grand}$$

(pour ce faire appliquer $[dF\text{-}\eta]$ (ii) et le théorème de convergence dominée deux fois).

Finalement on peut conclure :

$$\forall\varepsilon > 0 \quad \lim_{n} \mathbb{P}^n(\sup_{s\leq t} |\int_0^s H_u^n \, dB_u^{h,n} - (\int_0^s H_u \, dB_u^h)\circ X^n| \geq \varepsilon) = 0. \square$$

BIBLIOGRAPHIE :

[1] *P. BILLINGSLEY* : Convergence of Probability measure. Wiley, 1968.

[2] *J. JACOD* : Weak and strong solutions for stochastic differential equations. Stochastics, 3, 171-191, 1980.

[3] *J. JACOD* : Théorèmes limites pour les processus. Cours de l'Ecole d'Eté de St-Flour. Lecture Notes in Mathematics, n° 117, 1985.

[4] *J. JACOD, J. MEMIN et M. METIVIER* : On tightness and stopping times. Stochastic and their applications 14, 2, 1-45, 1982.

[5] *T. LINDVALL* : Weak convergence of probability measures and random functions in the functions space $\mathbb{D}[0,+\infty[$. Journal of Applied Probability 10, 109-121, 1973.

[6] *G. PAGÈS* : Théorèmes limites pour les semi-martingales Thèse de 3ème cycle (Laboratoire de Probabilités et Applications. Paris VI). 1985.

[7] *C. STONE* : Weak convergence of stochastic processes defined on a semi-finite interval. Proceedings of American Mathematical Society 14, 694-696, 1963.

SUR LA DEMONSTRATION DES FORMULES EN THEORIE DISCRETE DU POTENTIEL

par F. Charlot

En théorie discrète du potentiel, on associe à un noyau N divers noyaux (noyau potentiel, noyaux de réduction, etc.), et on établit un certain nombre d'identités relatives à ces noyaux à l'aide de calculs plus ou moins aisés. Dans [1] Dellacherie et Meyer montrent que ces calculs se ramènent à des calculs sur des séries formelles à indéterminées non commutatives, ce qui permet d'opérer sans se soucier si les expressions manipulées ont réellement un sens. Mais, par ailleurs, beaucoup de ces identités ont, quand N est sousmarkovien, une interprétation probabiliste et une démonstration simple à l'aide de la propriété de Markov forte. Et le théorème que nous allons démontrer ici implique que deux séries formelles à coefficients positifs sont égales dès qu'elles fournissent les mêmes noyaux chaque fois qu'on remplace leurs indéterminées par des noyaux sousmarkoviens : ainsi, le calcul markovien permet tout aussi bien d'établir en toute généralité les identités envisagées, ce qui justifie une pratique heuristique bien établie.

Comme dans [1], on se contentera de considérer l'anneau $S(x,y,z)$ des séries formelles réelles à trois indéterminées non commutatives, et on désignera par $S^+(x,y,z)$ l'ensemble des séries à coefficients positifs. Pour $n \in \mathbf{N} = \{0,1,\dots\}$, on appellera <u>exposant d'ordre</u> n toute partition de $\{1,\dots,n\}$ en trois parties A,B,C, deux d'entre elles pouvant être vides (les trois étant vides pour $n = 0$) ; on devine sans peine ce qu'est l'exposant d'un monôme de degré n : par exemple, l'exposant de y^2xyz^3x est $\{3,8\},\{1,2,4\},\{5,6,7\}$.

THEOREME.- <u>Deux éléments</u> α <u>et</u> β <u>de</u> $S^+(x,y,z)$ <u>sont égaux ssi il existe</u> $\delta \in]0,1]$ <u>tel que</u>, <u>pour tout exposant</u> A,B,C, <u>on ait</u>

$$\alpha(T\delta_A, T\delta_B, T\delta_C) = \beta(T\delta_A, T\delta_B, T\delta_C)$$

<u>où</u> T <u>est l'opérateur de translation sur</u> $\mathbf{N}$ (i.e. $Tf(n) = f(n+1)$) <u>et</u> δ_A (resp ...) <u>est l'opérateur de multiplication par</u> $\delta 1_A$ (resp ...).

La nécessité est claire. La suffisance va résulter aisément du lemme suivant

LEMME.- Soient γ un monôme de degré n et de coefficient unité, δ un élément de $]0,1]$ et ε_0 la masse de Dirac en 0. Si A,B,C est un exposant d'ordre $m \leq n$, alors la mesure $\varepsilon_0\gamma(T\delta_A, T\delta_B, T\delta_C)$ est nulle si A,B,C est distinct de l'exposant de γ, et est égale à $\delta^n\varepsilon_n$ si A,B,C est égal à l'exposant de γ.

D/ Soit $\hat{A},\hat{B},\hat{C}$ l'exposant de γ : il n'y a qu'à suivre les n bonds d'une particule partant de 0 et se déplaçant suivant la stratégie $N_1,\dots,N_n$ où N_i est le noyau $T\delta_H$, H étant égal à A,B,C resp. suivant que i appartient à $\hat{A},\hat{B},\hat{C}$ resp. .

On achève alors la démonstration du théorème par un raisonnement par récurrence : si α_n (resp β_n) désigne la somme des monômes de degré $\leq n$ de α (resp β), alors le lemme (et l'hypothèse faite sur α,β) permet de déduire $\alpha_n = \beta_n$ à partir de $\alpha_{n-1} = \beta_{n-1}$.

COROLLAIRE.- Deux éléments α et β de $S^+(x,y,z)$ sont égaux ssi, pour tout espace mesurable $(E,\underline{\underline{E}})$, on a $\alpha(M,N,P) = \beta(M,N,P)$ pour tout triplet M,N,P de noyaux sousmarkoviens (et même de norme < 1) sur $(E,\underline{\underline{E}})$.

Ainsi, on peut par exemple obtenir des formules du type "entrée et sortie", qui mènent au principe du maximum (cf [2]), ou faire de la théorie de la R-récurrence (cf [3] et [4]), pour des noyaux positifs quelconques, avec des démonstrations probabilistes.

BIBLIOGRAPHIE

[1] DELLACHERIE (C.) et MEYER (P.A.) : Probabilités et Potentiels III. Théorie discrète du Potentiel (Hermann, Paris 1983)

[2] REVUZ (D.) : Markov Chains (North-Holland, Amsterdam 1975)

[3] CELLIER (D.) : Méthode de fission pour l'étude de la récurrence des chaines de Markov (Thèse de 3e cycle, Rouen 1980)

[4] TWEEDIE (R.L.) : R-Theory for chains on a general state space (Ann. Prob. 2, 840-878, 1974)

François CHARLOT

Cité 5 Juillet
Bat. 17, App. 10

Dar El Beida
Alger

Correction au Sém. XVIII, p. 235. C. Stricker nous a signalé que l'on n'a pas le droit d'invoquer , ligne 13, le théorème de Kazamaki, la fonction $|z|^2$ n'ayant pas (contrairement à ce qui est affirmé !) un 1-potentiel newtonien borné. Cependant, on a en posant $\theta=-\lambda/c<0$

$$L_t=\theta\int_0^t X_s dB_s = \theta\int_0^t X_s d(X_s - \frac{c}{X_s}s) = \frac{\theta}{2}[X_t^2-x^2-3ct]$$

$$M_t = \exp[\ \frac{\theta}{2}(X_t^2-x^2-3ct) - \frac{\theta^2}{2}\int_0^t X_s^2 ds]$$

et comme θ est négatif , M_t est une v.a. bornée, et l'on a bien une vraie martingale. Nous devons cette remarque à M. Yor, qui nous a montré aussi comment on peut traiter le cas (plus difficile) où θ serait positif.

Correction au Sém. XIX. Dans l'article de D. Bakry Transformations de Riesz pour les semi-groupes symétriques, 2e partie, démonstration de la prop. 1, l'élément de la 4e colonne, 3e ligne de la matrice M est (f,f)(f,g) et non (f,f)(g,g).

Correction à l'article << Transformations de Riesz pour les lois gaussiennes >> Sém. Prob. XVIII, p. 191 .

La démonstration de la ligne 14, consistant à écrire $\frac{1}{p}=\frac{1-\lambda}{2}+\frac{\lambda}{p'}$, et à appliquer le théorème de Riesz-Thorin entre L^2 et $L^{p'}$, n'est pas entièrement correcte. Telle qu'elle est énoncée, elle ne s'appliquerait qu'à $p\geq 2$, et en outre, même pour p' très grand, le coefficient λ n'est pas voisin de 0 comme il est dit, mais de 1-2/p. La démonstration correcte consiste à prendre $p'>p$ pour $p>2$, $p'<p$ pour $p<2$, que l'on laisse fixe, mais à travailler sur les fonctions d'ordre n suffisamment grand au lieu des fonctions d'ordre 2 . L'A. remercie Annie Millet pour cette rectification.

Correction au Sém. XV, p. 107 ligne 22

Au lieu de	lire
Il est clair que	Il n'est pas clair que

(le problème, à ma connaissance, est encore ouvert. L. Schwartz, que je remercie pour m'avoir signalé cette erreur, a, je crois, des résultats sur cette question). (P.A. Meyer)

Correction au Sém. XVI, Supplément Géométrie Différentielle Stochastique.

p.189, second membre de (43_b), manquent des facteurs δ^u_v, δ^i_j (faciles à placer, c'est pourquoi on ne recopie pas la formule).

p.164, dernier alinéa . La description des résultats est trop optimiste (c'est la résolvante qui a une densité C^∞). (P.A. Meyer)

TABLE GENERALE DES EXPOSES DU SEMINAIRE DE PROBABILITES
(VOLUMES I A XX)

VOLUME I : 1967 (année 1966-67, LN. n° 39)

1) Voir rectifications dans le vol. III, p. 162.

VOLUME II : 1968 (année 1966-67, 2e partie, LN. n° 51)

1) Voir rectifications dans le vol. III, p. 160.

VOLUME III : 1969 (LN. n° 88)

Lecture Notes in Mathematics, Vol. 1204
Séminaire de Probabilités XX, 1984/85. Edited by J. Azéma and M. Yor

[1] Voir rectification, vol. V p. 86.

VOLUME IV : 1970 (LN. n° 124)

VOLUME V : 1971 (LN. n° 191)

table générale - vol 5

[1]) Feuille volante insérée dans le volume VIII, pour rectifier une erreur de priorité (premières lignes de l'exposé).

[2]) Rectification dans le vol. VI, p. 253.

[1]) Une partie de l'article omise par erreur. Voir le volume suivant.

[1]) Correction dans le vol. XII, p. 740. [2]) Cet article aurait dû figurer dans le vol. VI. [3]) Correction vol. IX, p. 589. [4]) Démonstration insuffisante, corrigée dans le vol. XI, p. 237. [5]) Correction dans le vol. XV p. 704. [6]) Fin de l'article portant le même titre dans le vol. VI. [7]) La dernière page manquante a été insérée comme feuille volante dans le vol. VIII.

VOLUME VIII : 1974 (LN. n° 381)

[1]) et [3]) Corrections, Sém. X, p. 544. [2]) Article supprimé (cf. Sém. X, p. 544).

VOLUME X : 1976 (LN. n° 511)

[1]) Corrections vol. XII, p. 741 et vol. XV, p. 704. [2]) Correction vol. XII, p. 478. [3]) Correction vol. XII, p. 739.

VOLUME XI : 1977 (LN. n° 528).

table générale - vol. XI

[1])et [3]) Corrections vol. XII, p. 739. [2]) Correction vol. XII, p. 523. [4]) Correction vol. XII, p. 740

VOLUME XII : 1978 (LN. n° 649)

table générale vol. 12

[1]) Rectification dans le Sém. XIII, p. 647 (l'article a été republié ailleurs sous forme améliorée).

[2]) et [3]) Corrections dans le vol. XV, p. 704.

VOLUME XIII : 1979 (LN. n° 721)

Les articles précédés du signe §, et consacrés à la "formule de balayage d'Azéma-Yor", sont étroitement liés les uns aux autres.

table générale - vol. 13

[1]) Correction, vol. XIV, p. 254. [2]) Correction, vol. XIV, p. 17. [3]) Correction vol. XIV, p. 255. [4]) Voir article du même auteur dans le vol. XV.

VOLUME XIV : 1980 (LN. n° 784)

[1]) Correction vol. XV, p. 704.

VOLUME XV : 1981 (année 1979/80) (LN. n° 850)

[1]) Correction vol. XVII, p. 509. [2]) et [4]) Corrections vol. XVI, p. 623
[3]) voir feuille d'errata du vol. XX.

VOLUME XVI : 1982 (année 1980/81) (LN. n° 920)

table générale - vol. 16

[1]) et [2]) Corrections dans le vol. XVII, p. 512.

SUPPLEMENT AU VOLUME XVI (LN. 921)

[1]) Corrections vol. XVII, p. 512 et feuille d'errata du vol. XX. [2]) Voir feuille d'errata du vol. XX.

VOLUME XVII - 1983 (année 1981/82) (LN. 986)

table générale - vol. 17

VOLUME XVIII - 1984 (année 1982/83) (LN. n° 1059)

[1]) Correction vol. XIX, p. 504. [2])et[3]) Voir feuille d'errata du vol. XX.

VOLUME XIX - 1985 (année 1983/84) (LN. n° 1123)

[1]) Voir feuille d'errata du vol. XX.

VOLUME XX - 1986 (année 1984/85) (LN. n° 1204)

PARTHASARATHY (K.R). A remark on the paper "Une martingale d'opérateurs bornés, non représentable en intégrale stochastique", by J.L. Journé and P.A.Meyer

PARATHASARATHY (K.R). Some additional remarks on Fock space stochastic calculus

PICARD (J). Une classe de processus stable par retournement du temps

PONTIER (M), STRICKER (C), SZPIRGLAS (J). Sur le théorème de représentation par rapport à l'innovation

ROSEN (J). A renormalized local time for multiple intersections of planar Brownian motion

RUIZ de CHAVEZ (J). Sur la positivité de certains opérateurs

SILVERSTEIN (M.L). Orthogonal polynomial martingales on spheres

VAN DER VECHT (D.P). Ultimateness and the Azéma-Yor stopping time

YAN (J.A). A comparison theorem for semimartingales and its applications

YOR (M). Précisions sur l'existence et la continuité des temps locaux d'intersection du mouvement brownien dans $\mathbb{R}^2$

YOR (M). Sur la représentation comme intégrales stochastiques des temps d'occupation du mouvement brownien dans $\mathbb{R}^d$

ZHENG (W.A) et MEYER (P.A). Sur la construction de certaines diffusions